洪錦魁簡介

洪錦魁畢業於明志工專（現今明志科技大學），跳級留學美國 University of Mississippi 計算機系研究所。

2023 年和 2024 年連續 2 年獲選博客來 10 大暢銷華文作家，多年來唯一電腦書籍作者獲選，也是一位跨越電腦作業系統與科技時代的電腦專家，著作等身的作家，下列是他在各時期的代表作品。

- DOS 時代：「IBM PC 組合語言、Basic、C、C++、Pascal、資料結構」。
- Windows 時代：「Windows Programming 使用 C、Visual Basic」。
- Internet 時代：「網頁設計使用 HTML」。
- 大數據時代：「R 語言邁向 Big Data 之路、Python 王者歸來」。
- AI 時代：「機器學習數學、微積分 + Python 實作」、「AI 視覺、AI 之眼」。
- 通用 AI 時代：「ChatGPT、Copilot、無料 AI、AI 職場、AI 行銷、AI 影片、AI 賺錢術」。

作品曾被翻譯為簡體中文、馬來西亞文、英文，近年來作品則是在北京清華大學和台灣深智同步發行。

他的多本著作皆曾登上天瓏、博客來、Momo 電腦書類，不同時期暢銷排行榜第 1 名，他的著作特色是，所有程式語法或是功能解說會依特性分類，同時以實用的程式範例做說明，不賣弄學問，讓整本書淺顯易懂，讀者可以由他的著作事半功倍輕鬆掌握相關知識。

Python 最強入門

ChatGPT 助攻

AI 數據科學

王者歸來

序

　　在數位浪潮奔騰而至的今日,「人工智慧」與「數據科學」已經不再只是未來願景,而是刻不容緩的必要技能。無論您是求學中的學生、正在職場打拼的專業人士,抑或純粹對科技充滿熱情的愛好者,掌握 Python 這門強大又直覺的程式語言,都將是您進入 AI 與數據科學世界的關鍵第一步。

　　本書以最務實、清晰且結構化的方式,系統性地引領讀者從 Python 基礎概念開始,逐步邁向 AI 與數據科學的核心領域。全書架構從基礎到進階、從理論到實戰,確保初學者能穩步前行,已有經驗者亦能強化既有技能。

　　前半部的章節將協助讀者建構紮實的 Python 程式基礎,內容涵蓋變數與運算、資料型態、流程控制,以及程式設計中常見的串列、元組、字典與集合等重要概念;此外,更有函數、物件導向與模組化設計,教你如何寫出高效且具可維護性的程式碼。

　　接著,本書進一步深入檔案管理、正則表達式、多媒體處理與視覺化程式設計,實務運用一覽無遺。透過圖像處理、GUI 設計、詞雲與各種資料視覺化技巧,讓程式不僅功能強大,也兼具創意與互動性。

　　在書籍的後半部,我們踏入了 AI 與數據科學的核心領域:從 NumPy 與 Pandas 的科學運算和數據分析能力,到機器學習的入門和演算法的實務應用,每一步都引領您接近 AI 的核心技術。本書以豐富的專題實作,例如波士頓房價預測、糖尿病分析、乳癌診斷模型、手寫數字辨識等經典專題,協助讀者從理論到實務,一步步打造具體的應用技能。

最後，本書特別規劃了數個電子書附錄，包含環境安裝指引、Colab 雲端開發技巧、第三方模組安裝，以及實用的 Python 指令索引表，讓讀者無論身處何方，都能快速啟動並實踐所學。

期盼本書成為您踏入 Python、AI 與數據科學之門的最佳伙伴。從這裡開始，您將體驗如何用程式語言轉換資料為智慧、將智慧融入生活，進而在這個快速變動的時代中，占得先機。讓我們攜手同行，一起邁向 AI 與數據科學的未來！

寫過許多的電腦書著作，本書沿襲筆者著作的特色，程式實例豐富，相信讀者只要遵循本書內容必定可以在最短時間精通 Python 設計，編著本書雖力求完美，但是學經歷不足，謬誤難免，尚祈讀者不吝指正。

洪錦魁 2025-05-15
jiinkwei@me.com

教學資源說明

教學資源有完整習題解答。

本書習題實作題約 295 題均有習題解答，如果您是學校老師同時使用本書教學，歡迎與本公司聯繫，本公司將提供習題解答。請老師聯繫時提供任教學校、科系、Email、和手機號碼，以方便本公司業務單位協助您。

註：教學資源不提供給一般讀者，請原諒。

讀者資源說明

請至本公司網頁 https://deepwisdom.com.tw 下載本書程式實例與習題所需的相關檔案，以及相關附錄、電子書資源，這些文件以 Word 檔案呈現。

註：讀者資源附有本書偶數題的習題解答。

臉書粉絲團

歡迎加入：王者歸來電腦專業圖書系列

歡迎加入：iCoding 程式語言讀書會 (Python, Java, C, C++, C#, JavaScript, 大數據, 人工智慧等不限)，讀者可以不定期獲得本書籍和作者相關訊息。

歡迎加入：MQTT 與 AIoT 整合運用

目錄

第 1 章　Python 基礎觀念 - 開啟 AI 與數據科學的大門

1-1　認識 Python 1-2
1-2　Python 的起源 1-3
1-3　Python 語言發展史 1-4
1-4　Python 的應用範圍 1-5
1-5　變數- 靜態語言與動態語言 1-6
1-6　系統的安裝與執行 1-6
　1-6-1　系統安裝 1-6
　1-6-2　程式設計與執行 1-7
1-7　程式註解 1-7
　1-7-1　註解符號 # 1-7
　1-7-2　三個單引號或雙引號 1-8
　1-7-3　輸出 ASCII 藝術作品 1-8
1-8　Python 彩蛋 (Easter Eggs) 1-9

第 2 章　變數與基本數學運算 - 奠定程式與分析的基礎

2-1　用 Python 做計算 2-2
2-2　認識變數 2-2
　2-2-1　基本觀念 2-2
　2-2-2　認識變數位址意義 2-4
2-3　認識程式的意義 2-5
2-4　認識註解的意義 2-5
2-5　變數的命名原則 2-6
　2-5-1　基本觀念 2-6
　2-5-2　不可當作變數的關鍵字 2-6
　2-5-3　不建議當作變數的函數 / 類別 / 異常物件名稱 2-7
　2-5-4　Python 寫作風格 (Python Enhancement Proposals)- PEP 8 2-8
　2-5-5　認識底線開頭或結尾的變數 2-8
2-6　基本數學運算 2-9
　2-6-1　賦值 2-9
　2-6-2　四則運算 2-9
　2-6-3　餘數和整除 2-10

　2-6-4　次方 2-10
　2-6-5　Python 語言控制運算的優先順序 2-10
2-7　指派運算子 2-11
2-8　Python 等號的多重指定使用 2-11
2-9　Python 的列連接 (Line Continuation) 2-12
2-10　專題 - 複利計算 / 計算圓面積與圓周長 2-13
　2-10-1　銀行存款複利的計算 2-13
　2-10-2　價值衰減的計算 2-14
　2-10-3　數學運算- 計算圓面積與周長 2-14
　2-10-4　數學模組的 pi 2-15
　2-10-5　程式輸出內建函數 2-15
2-11　認識內建函數、標準模組函數或是第 3 方模組函數 2-16

第 3 章　基礎資料型態 - 掌握 Python 內建結構與特性

3-1　type( ) 函數 3-2
3-2　數值資料型態 3-3
　3-2-1　整數 int 3-3
　3-2-2　浮點數 3-3
　3-2-3　整數與浮點數的運算 3-4
　3-2-4　不同進位數的整數 3-4
　3-2-5　強制資料型態的轉換 3-5
　3-2-6　數值運算常用的函數 3-6
　3-2-7　科學記號表示法 3-7
3-3　布林值資料型態 3-8
　3-3-1　基本觀念 3-8
　3-3-2　bool( ) 3-9
3-4　字串資料型態 3-10
　3-4-1　字串的連接 3-10
　3-4-2　處理多於一列的字串 3-11
　3-4-3　逸出字元 3-12
　3-4-4　str( ) 3-13
　3-4-5　將字串轉換為整數 3-14
　3-4-6　字串與整數相乘產生字串複製效果 .. 3-14
　3-4-7　聰明的使用字串加法和換列字元 \n . 3-15
　3-4-8　字串前加 r 3-15

3-5	字串與字元	3-16
3-5-1	ASCII 碼	3-16
3-5-2	Unicode 碼	3-16
3-5-3	utf-8 編碼	3-17
3-5-4	繁體中文字編碼總結	3-18
3-6	bytes 資料	3-20
3-6-1	字串轉成 bytes 資料	3-21
3-6-2	bytes 資料轉成字串	3-22
3-7	專題 - 地球到月球時間計算 / 計算座標軸 2 點之間距離	3-23
3-7-1	計算地球到月球所需時間	3-23
3-7-2	計算座標軸 2 個點之間的距離	3-24

第 4 章　資料輸入與輸出 - 高效讀寫技巧

4-1	格式化輸出資料使用 print( )	4-2
4-1-1	函數 print( ) 的基本語法	4-2
4-1-2	使用 % 格式化字串同時用 print( ) 輸出	4-3
4-1-3	精準控制格式化的輸出	4-4
4-1-4	{ } 和 format( ) 函數	4-5
4-1-5	f-strings 格式化字串	4-7
4-2	掌握資料輸入 input( )	4-8
4-3	字串與數學運算的橋樑 - eval( ) 的運用	4-9
4-4	實戰- 溫度轉換 / 房貸 / 故宮到羅浮宮 / 雞兔同籠 / 核廢水	4-10
4-4-1	設計攝氏溫度和華氏溫度的轉換	4-10
4-4-2	房屋貸款問題實作	4-11
4-4-3	math 模組 – 計算台北故宮到法國羅浮宮的距離	4-12
4-4-4	雞兔同籠 – 解聯立方程式	4-15
4-4-5	核廢水	4-16

第 5 章　程式流程控制精髓 - 決策與邏輯的藝術

5-1	關係運算子- 條件判斷與流程控制的基礎	5-2
5-2	邏輯運算子- 邏輯判斷的關鍵	5-2
5-3	if 敘述在程式中的運用- 決策的開始	5-3
5-4	if … else 敘述- 二選一的決策技巧	5-5
5-5	if … elif … else 敘述 – 多重條件判斷	5-7

5-5-1	基礎語法與實例	5-7
5-5-2	創意程式 – 依情緒推薦活動	5-9
5-6	巢狀 if 結構（Nested if Statements）	5-9
5-7	Python 的 match-case 流程控制	5-11
5-8	實戰- BMI/ 火箭升空 / 推薦飲料 / 潛在應用	5-13
5-8-1	設計人體體重健康判斷程式	5-13
5-8-2	火箭升空	5-14
5-8-3	推薦飲料	5-16
5-8-4	if 敘述潛在應用	5-16

第 6 章　串列 (List) 全面解析 - 靈活可變的資料容器

6-1	認識串列 (list)	6-2
6-1-1	串列基本定義	6-2
6-1-2	讀取串列元素	6-4
6-1-3	串列切片 (list slices)	6-5
6-1-4	串列統計資料函數	6-7
6-1-5	更改串列元素的內容	6-8
6-1-6	串列的相加	6-8
6-1-7	串列乘以一個數字	6-9
6-1-8	刪除串列元素	6-9
6-1-9	串列為空串列的判斷	6-10
6-1-10	刪除串列	6-11
6-1-11	補充多重指定與串列	6-11
6-2	Python 物件導向觀念與方法	6-12
6-2-1	取得串列的方法	6-13
6-2-2	了解特定方法的使用說明	6-14
6-3	串列元素是字串的常用方法	6-15
6-3-1	更改字串大小寫 lower( )/upper( ) /title( )/swapcase( )	6-15
6-3-2	刪除空白字元 rstrip( )/lstrip( ) /strip( )	6-15
6-3-3	格式化字串位置 center( )/ljust( ) /rjust( )/zfill( )	6-17
6-4	增加與刪除串列元素	6-17
6-4-1	在串列末端增加元素 append( )	6-17
6-4-2	插入串列元素 insert( )	6-18
6-4-3	刪除串列元素 pop( )	6-19

6-4-4	刪除指定的元素 remove( )	6-20
6-5	串列的排序	6-20
6-5-1	顛倒排序 reverse( )	6-20
6-5-2	sort( ) 排序	6-21
6-5-3	sorted( ) 排序	6-22
6-6	進階串列操作	6-23
6-6-1	index( )	6-23
6-6-2	count( )	6-24
6-7	嵌套串列- 串列內含串列	6-24
6-7-1	基礎觀念與實作	6-24
6-7-2	再談 append( )	6-26
6-7-3	extend( )	6-26
6-7-4	二維串列	6-27
6-7-5	嵌套串列的其他應用	6-28
6-8	串列的賦值與切片拷貝	6-29
6-8-1	串列賦值	6-30
6-8-2	位址的觀念	6-31
6-8-3	串列的切片拷貝	6-32
6-9	再談字串	6-32
6-9-1	字串的索引	6-32
6-9-2	islower()/isupper()/isdigit() /isalpha()/isalnum( )	6-33
6-9-3	字串切片	6-33
6-9-4	將字串轉成串列	6-34
6-9-5	使用 split( ) 分割字串	6-34
6-9-6	串列元素的組合 join( )	6-35
6-9-7	子字串搜尋與索引	6-35
6-9-8	字串的其它方法	6-36
6-10	in 和 not in 運算式	6-37
6-11	is 或 is not 運算式	6-38
6-11-1	觀察整數變數在記憶體位址	6-38
6-11-2	驗證 is 和 is not 是依據物件位址回傳布林值	6-39
6-12	enumerate 物件	6-40
6-13	專題　大型串列 / 認識凱薩密碼 / 使用者帳號管理	6-41
6-13-1	製作大型的串列資料	6-41
6-13-2	凱薩密碼	6-41
6-13-3	大型串列應用實例	6-42

第 7 章　迴圈設計 - 自動化流程與效能提升

7-1	基本 for 迴圈	7-2
7-1-1	for 迴圈基本運作	7-3
7-1-2	如果程式碼區塊只有一列	7-4
7-1-3	有多列的程式碼區塊	7-4
7-1-4	將 for 迴圈應用在串列區間元素	7-5
7-1-5	將 for 迴圈應用在資料類別的判斷	7-5
7-1-6	活用 for 迴圈	7-6
7-2	range( ) 函數	7-6
7-2-1	只有一個參數的 range( ) 函數的應用	7-7
7-2-2	擴充專題銀行存款複利的軌跡	7-8
7-2-3	有 2 個參數的 range( ) 函數	7-8
7-2-4	有 3 個參數的 range( ) 函數	7-9
7-2-5	活用 range( ) 應用	7-9
7-2-6	串列生成 (list generator) 的應用	7-10
7-2-7	含有條件式的串列生成	7-12
7-2-8	列出 ASCII 碼值或 Unicode 碼值的字元	7-13
7-3	進階的 for 迴圈應用	7-14
7-3-1	巢狀 for 迴圈	7-14
7-3-2	強制離開 for 迴圈- break 指令	7-15
7-3-3	for 迴圈暫時停止不往下執行 – continue 指令	7-17
7-3-4	for … else 迴圈	7-18
7-4	while 迴圈	7-19
7-4-1	基本 while 迴圈	7-20
7-4-2	認識哨兵值 (Sentinel value)	7-21
7-4-3	巢狀 while 迴圈	7-21
7-4-4	強制離開 while 迴圈- break 指令	7-22
7-4-5	while 迴圈暫時停止不往下執行 – continue 指令	7-23
7-4-6	while 迴圈條件運算式與可迭代物件	7-24
7-4-7	無限迴圈與 pass	7-25
7-5	enumerate 物件使用 for 迴圈解析	7-25
7-6	專題 - 購物車 / 成績 / 圓周率 / 國王麥粒 / 電影院劃位	7-27
7-6-1	設計購物車系統	7-27
7-6-2	建立真實的成績系統	7-27

7-6-3	計算圓周率	7-30
7-6-4	國王的麥粒	7-31
7-6-5	電影院劃位系統設計	7-31
7-6-6	Fibonacci 數列	7-32

第 8 章　元組 (Tuple) 的妙用 - 不可變結構的高效應用

8-1	元組的定義	8-2
8-2	讀取元組元素	8-3
8-3	遍歷所有元組元素	8-3
8-4	修改元組內容產生錯誤的實例	8-4
8-5	元組切片 (tuple slices)	8-4
8-6	方法與函數	8-5
8-7	串列與元組資料互換	8-5
8-8	其它常用的元組方法	8-6
8-9	enumerate 物件使用在元組	8-6
8-10	使用 zip( ) 打包多個物件	8-7
8-11	生成式 (generator)	8-9
8-12	製作大型的串列資料	8-10
8-13	元組的功能	8-10
8-14	專題 - 認識元組 / 打包與解包 /bytes 與 bytearray	8-11
8-14-1	認識元組	8-11
8-14-2	多重指定、打包與解包	8-12
8-14-3	再談 bytes 與 bytearray	8-13
8-14-4	match-case 應用在序列	8-14

第 9 章　字典 (Dict) - 鍵值對資料的靈活運用

9-1	字典基本操作	9-2
9-1-1	定義字典	9-2
9-1-2	列出字典元素的值	9-3
9-1-3	增加字典元素	9-4
9-1-4	更改字典元素內容	9-4
9-1-5	驗證元素是否存在	9-4
9-1-6	刪除字典特定元素	9-5
9-1-7	字典的 pop( ) 方法	9-7
9-1-8	字典的 popitem( ) 方法	9-8
9-1-9	刪除字典所有元素	9-8
9-1-10	建立一個空字典	9-9
9-1-11	字典的拷貝	9-9
9-1-12	取得字典元素數量	9-10
9-1-13	設計字典的可讀性技巧	9-10
9-1-14	合併字典 update( ) 與使用新方法	9-11
9-1-15	dict( )	9-12
9-1-16	再談 zip( )	9-13
9-2	遍歷字典	9-13
9-2-1	items( ) 遍歷字典的「鍵 : 值」	9-13
9-2-2	keys( ) 遍歷字典的「鍵」	9-14
9-2-3	values( ) 遍歷字典的「值」	9-15
9-2-4	sorted( ) 依鍵排序與遍歷字典	9-16
9-2-5	sorted( ) 依值排序與遍歷字典的值	9-16
9-3	match-case 與字典的結合	9-19
9-3-1	match-case 在字典基礎應用	9-19
9-3-2	創意應用：AI 客服智慧回覆系統	9-19
9-4	字典內鍵的值是串列	9-21
9-5	字典內鍵的值是字典	9-22
9-6	字典常用的函數和方法	9-22
9-6-1	len( )	9-23
9-6-2	fromkeys( )	9-23
9-6-3	get( )	9-24
9-6-4	setdefault( )	9-24
9-7	專題 - 文件分析 / 字典生成式 / 星座 / 凱薩密碼 / 摩斯密碼	9-25
9-7-1	傳統方式分析文章的文字與字數	9-25
9-7-2	字典生成式	9-27
9-7-3	設計星座字典	9-28
9-7-4	文件加密 – 凱薩密碼實作	9-28
9-7-5	摩斯密碼 (Morse code)	9-29
9-7-6	字典的潛在應用	9-30

第 10 章　集合 (Set) 實戰 - 高效數據處理的關鍵技術

10-1	建立集合	10-2
10-1-1	使用 { } 建立集合	10-2
10-1-2	集合元素是唯一	10-2
10-1-3	使用 set( ) 建立集合	10-2
10-1-4	集合的基數 (cardinality)	10-3
10-1-5	建立空集合要用 set( )	10-3
10-1-6	大數據資料與集合的應用	10-3

目錄

- 10-2　集合的操作 10-4
  - 10-2-1　交集 (intersection) 10-4
  - 10-2-2　聯集 (union) 10-5
  - 10-2-3　差集 (difference) 10-5
  - 10-2-4　是成員 in 10-6
  - 10-2-5　不是成員 not in 10-7
- 10-3　適用集合的方法 10-7
  - 10-3-1　add( ) 10-7
  - 10-3-2　remove( ) 10-8
  - 10-3-3　pop( ) 10-9
  - 10-3-4　update( ) 10-9
- 10-4　適用集合的基本函數操作 10-10
- 10-5　凍結集合 frozenset 10-10
- 10-6　專題 - 夏令營程式 / 程式效率 / 集合生成式 / 雞尾酒實例 10-11
  - 10-6-1　夏令營程式設計 10-11
  - 10-6-2　集合生成式 10-12
  - 10-6-3　集合增加程式效率 10-12
  - 10-6-4　雞尾酒的實例 10-13
  - 10-6-5　集合的潛在應用 10-14

第 11 章　函數設計 - 程式重用與維護的核心

- 11-1　Python 函數基本觀念 11-2
  - 11-1-1　函數的定義 11-2
  - 11-1-2　沒有傳入參數也沒有傳回值的函數 .. 11-3
  - 11-1-3　在 Python Shell 執行函數 11-4
- 11-2　函數的參數設計 11-5
  - 11-2-1　傳遞一個參數 11-5
  - 11-2-2　多個參數傳遞 11-6
  - 11-2-3　關鍵字參數 參數名稱 = 值 11-7
  - 11-2-4　參數預設值的處理 11-7
- 11-3　函數傳回值 11-8
  - 11-3-1　傳回 None 11-9
  - 11-3-2　簡單回傳數值資料 11-9
  - 11-3-3　傳回多筆資料的應用 – 實質是回傳 tuple 11-10
  - 11-3-4　簡單回傳字串資料 11-12
  - 11-3-5　再談參數預設值 11-12
  - 11-3-6　函數回傳字典資料 11-13
- 11-4　呼叫函數時參數是串列 11-14
  - 11-4-1　基本傳遞串列參數的應用 11-14
  - 11-4-2　觀察傳遞一般變數與串列變數到函數的區別 11-15
  - 11-4-3　在函數內修訂串列的內容 11-16
  - 11-4-4　使用副本傳遞串列 11-18
- 11-5　傳遞任意數量的參數 11-19
  - 11-5-1　基本傳遞處理任意數量的參數 11-19
  - 11-5-2　設計含有一般參數與任意數量參數的函數 11-20
  - 11-5-3　設計含有一般參數與任意數量的關鍵字參數 11-21
- 11-6　進一步認識函數 11-21
  - 11-6-1　函數文件字串 Docstring 11-22
  - 11-6-2　函數是一個物件 11-22
  - 11-6-3　函數可以是資料結構成員 11-23
  - 11-6-4　函數可以當作參數傳遞給其它函數 11-24
  - 11-6-5　函數當參數與 *args 不定量的參數 .11-25
  - 11-6-6　嵌套函數 11-25
- 11-7　遞迴式函數設計 recursive 11-26
  - 11-7-1　從掉入無限遞迴說起 11-26
  - 11-7-2　非遞迴式設計階乘數函數 11-29
  - 11-7-3　從一般函數進化到遞迴函數 11-30
  - 11-7-4　Python 的遞迴次數限制 11-33
- 11-8　區域變數與全域變數 11-33
  - 11-8-1　全域變數可以在所有函數使用 11-34
  - 11-8-2　區域變數與全域變數使用相同的名稱 11-34
  - 11-8-3　程式設計需注意事項 11-35
  - 11-8-4　locals( ) 和 globals( ) 11-35
- 11-9　匿名函數 lambda 11-36
  - 11-9-1　匿名函數 lambda 的語法 11-36
  - 11-9-2　使用 lambda 匿名函數的理由 11-37
  - 11-9-3　匿名函數應用在高階函數的參數 11-38
  - 11-9-4　匿名函數使用與 filter( ) 11-39
  - 11-9-5　匿名函數使用與 map( ) 11-40
  - 11-9-6　匿名函數使用與 reduce( ) 11-40
  - 11-9-7　深度解釋串列的排序 sort( ) 11-42

11-9-8	深度解釋排序 sorted( )	11-43
11-9-9	進階排序 Sorted( ) 的應用	11-44
11-10	pass 與函數	11-46
11-11	type 關鍵字應用在函數	11-46
11-12	裝飾器 (Decorator)	11-46
11-12-1	基礎應用	11-47
11-12-2	創意應用 - AI 智慧型函數執行計時裝飾器	11-50
11-13	專題 - 單字次數 / 歐幾里德演算法 / 函數應用	11-52
11-13-1	用函數重新設計記錄一篇文章每個單字出現次數	11-52
11-13-2	歐幾里德演算法	11-53
11-13-3	函數潛在的進階應用	11-56

第 12 章 類別與物件導向 - 打造模組化與可擴充程式

12-1	類別的定義與使用	12-2
12-1-1	什麼是類別與物件？	12-2
12-1-2	為什麼要使用類別？	12-2
12-1-3	類別與物件的關係	12-3
12-1-4	定義類別	12-3
12-1-5	操作類別的屬性與方法	12-4
12-1-6	類別的建構方法	12-5
12-1-7	屬性初始值的設定	12-7
12-2	類別的訪問權限 – 封裝 (encapsulation)	12-8
12-2-1	私有屬性	12-8
12-2-2	私有方法	12-10
12-2-3	從存取屬性值看 Python 風格 property( )	12-11
12-2-4	裝飾器 @property	12-13
12-2-5	方法與屬性的類型	12-14
12-2-6	靜態方法	12-15
12-3	類別的繼承	12-15
12-3-1	衍生類別繼承基底類別的實例應用	12-16
12-3-2	如何取得基底類別的私有屬性	12-17
12-3-3	衍生類別與基底類別有相同名稱的屬性	12-18
12-3-4	衍生類別與基底類別有相同名稱的方法	12-19

12-3-5	衍生類別引用基底類別的方法	12-21
12-3-6	衍生類別有自己的方法	12-21
12-3-7	三代同堂的類別與取得基底類別的屬性 super( )	12-22
12-3-8	兄弟類別屬性的取得	12-24
12-3-9	認識 Python 類別方法的 self 參數	12-25
12-4	多型 (polymorphism)	12-25
12-5	多重繼承	12-27
12-5-1	基本觀念	12-27
12-5-2	super( ) 應用在多重繼承的問題	12-29
12-6	type 與 is instance	12-30
12-6-1	type( )	12-30
12-6-2	isinstance( )	12-31
12-7	特殊屬性	12-32
12-7-1	文件字串 __doc__	12-32
12-7-2	__name__ 屬性	12-33
12-8	類別的特殊方法	12-35
12-8-1	__str__( ) 方法	12-35
12-8-2	__repr__( ) 方法	12-35
12-8-3	__iter__( ) 方法	12-36
12-8-4	__eq__( ) 方法	12-37
12-9	專題 - 幾何資料 / 類別設計的潛在應用	12-38
12-9-1	幾何資料	12-38
12-9-2	類別設計的潛在應用	12-39

第 13 章 模組設計與應用 - 建構專業軟體的基石

13-1	將自建的函數儲存在模組中	13-3
13-1-1	先前準備工作	13-3
13-1-2	建立函數內容的模組	13-3
13-2	應用自己建立的函數模組	13-4
13-2-1	import 模組名稱	13-4
13-2-2	導入模組內特定單一函數	13-4
13-2-3	導入模組內多個函數	13-5
13-2-4	導入模組所有函數	13-5
13-2-5	使用 as 給函數指定替代名稱	13-6
13-2-6	使用 as 給模組指定替代名稱	13-6
13-2-7	將主程式放在 main( ) 與 __name__ 搭配的好處	13-7

13-3	將自建的類別儲存在模組內	13-8
13-3-1	先前準備工作	13-9
13-3-2	建立類別內容的模組	13-9
13-4	應用自己建立的類別模組	13-10
13-4-1	導入模組的單一類別	13-10
13-4-2	導入模組的多個類別	13-11
13-4-3	導入模組內所有類別	13-11
13-4-4	import 模組名稱	13-12
13-4-5	模組內導入另一個模組的類別	13-12
13-5	隨機數 random 模組	13-14
13-5-1	randint( )	13-14
13-5-2	random( )	13-15
13-5-3	uniform( )	13-15
13-5-4	choice( )	13-16
13-5-5	shuffle( )	13-16
13-5-6	sample( )	13-17
13-5-7	seed( )	13-17
13-6	時間 time 模組	13-18
13-6-1	time( )	13-19
13-6-2	asctime( )	13-19
13-6-3	ctime(n)	13-20
13-6-4	localtime( )	13-20
13-6-5	process_time( )	13-21
13-6-6	strftime( )	13-22
13-7	系統 sys 模組	13-22
13-7-1	version 和 version_info 屬性	13-22
13-7-2	platform 屬性	13-23
13-7-3	path 屬性	13-23
13-7-4	getwindowsversion( )	13-23
13-7-5	executable	13-24
13-8	keyword 模組	13-24
13-8-1	kwlist 屬性	13-24
13-8-2	iskeyword( )	13-24
13-9	日期 calendar 模組	13-25
13-9-1	列出某年是否潤年 isleap( )	13-25
13-9-2	印出月曆 month( )	13-25
13-9-3	印出年曆 calendar( )	13-25
13-9-4	其它方法	13-26
13-10	pprint 和 string 模組	13-26

13-10-1	pprint 模組	13-26
13-10-2	string 模組	13-27
13-11	專題設計　賭場遊戲騙局 / 蒙地卡羅 模擬 / 文件加密	13-28
13-11-1	賭場遊戲騙局	13-28
13-11-2	蒙地卡羅模擬	13-29
13-11-3	再談文件加密	13-30
13-11-4	全天下只有你可以解的加密程式？ 你也可能無法解？	13-31
13-11-5	應用模組的潛在應用	13-33

第 14 章　檔案與目錄管理 - 資料讀寫與組織策略

14-1	資料夾與檔案路徑	14-2
14-2	os 模組	14-3
14-2-1	取得目前工作目錄 os.getcwd( )	14-3
14-2-2	獲得特定工作目錄的內容 os.listdir( )	14-3
14-2-3	遍歷目錄樹 os.walk( )	14-3
14-3	os.path 模組	14-5
14-3-1	取得絕對路徑 os.path.abspath	14-5
14-3-2	傳回相對路徑 os.path.relpath( )	14-6
14-3-3	檢查路徑方法 exists/isabs/isdir/isfile	14-6
14-3-4	檔案與目錄的操作 mkdir/rmdir /remove/chdir/rename	14-7
14-3-5	傳回檔案路徑 os.path.join( )	14-8
14-3-6	獲得特定檔案的大小 os.path.getsize( )	14-8
14-4	獲得特定工作目錄內容 glob	14-8
14-5	讀取檔案	14-9
14-5-1	開啟一個檔案 open( )	14-10
14-5-2	讀取整個檔案 read(n)	14-12
14-5-3	with 關鍵字	14-12
14-5-4	逐列讀取檔案內容	14-12
14-5-5	逐列讀取使用 readlines( )	14-14
14-5-6	認識讀取指針與指定讀取文字數量	14-15
14-5-7	分批讀取檔案資料	14-15
14-6	寫入檔案	14-16
14-6-1	將執行結果寫入空的文件內	14-16
14-6-2	寫入數值資料	14-17

14-6-3 輸出多列資料的實例......14-17	的錯誤訊息......15-10
14-6-4 檔案很大時的分段寫入......14-18	15-2-5 捕捉所有異常......15-10
14-6-5 writelines( )......14-19	15-3 丟出異常......15-11
14-7 讀取和寫入二進位檔案......14-19	15-4 紀錄 Traceback 字串......15-12
14-7-1 拷貝二進位檔案......14-19	15-5 finally......15-14
14-7-2 隨機讀取二進位檔案......14-20	15-6 程式斷言 assert......15-15
14-8 shutil 模組......14-21	15-6-1 設計斷言......15-15
14-9 安全刪除檔案或目錄 send2trash( )......14-22	15-6-2 停用斷言......15-18
14-10 檔案壓縮與解壓縮 zipfile......14-22	15-7 程式日誌模組 logging......15-19
14-10-1 執行檔案或目錄的壓縮......14-23	15-7-1 logging 模組......15-19
14-10-2 讀取 zip 檔案......14-24	15-7-2 logging 的等級......15-19
14-10-3 解壓縮 zip 檔案......14-24	15-7-3 格式化 logging 訊息輸出 format......15-21
14-11 再談編碼格式 encoding......14-25	15-7-4 時間資訊 asctime......15-21
14-11-1 中文 Windows 作業系統記事本預設的編碼......14-25	15-7-5 format 內的 message......15-22
14-11-2 utf-8 編碼......14-25	15-7-6 列出 levelname......15-22
14-11-3 認識 utf-8 編碼的 BOM......14-27	15-7-7 使用 logging 列出變數變化的應用..15-23
14-12 剪貼簿的應用......14-29	15-7-8 正式追蹤 factorial 數值的應用......15-23
14-13 專題設計 - 分析檔案 / 加密檔案 / 潛在應用......14-30	15-7-9 將程式日誌 logging 輸出到檔案......15-25
14-13-1 以讀取檔案方式處理分析檔案......14-30	15-7-10 隱藏程式日誌 logging 的 DEBUG 等級使用 CRITICAL......15-25
14-13-2 加密檔案......14-32	15-7-11 停用程式日誌 logging......15-25
14-13-3 檔案輸入與輸出的潛在應用......14-33	15-8 程式除錯的典故......15-26
	15-9 程式除錯與異常處理的潛在應用......15-27

第 15 章 程式除錯與異常處理 - 穩定度與安全性的保證

15-1 程式異常......15-2	
15-1-1 一個除數為 0 的錯誤......15-2	
15-1-2 撰寫異常處理程序 try...except......15-2	
15-1-3 try- except- else......15-4	
15-1-4 找不到檔案的錯誤 FileNotFoundError......15-5	
15-1-5 分析單一文件的字數......15-5	
15-1-6 分析多個文件的字數......15-6	
15-2 設計多組異常處理程序......15-7	
15-2-1 常見的異常物件......15-7	
15-2-2 設計捕捉多個異常......15-8	
15-2-3 使用一個 except 捕捉多個異常......15-9	
15-2-4 處理異常但是使用 Python 內建	

第 16 章 正則表達式 - 強效字串處理利器

16-1 使用 Python 硬功夫搜尋文字......16-2	
16-2 正則表達式的基礎......16-4	
16-2-1 建立搜尋字串模式 pattern......16-4	
16-2-2 search( ) 方法......16-5	
16-2-3 findall( ) 方法......16-6	
16-2-4 再看正則表達式......16-6	
16-3 更多搜尋比對模式......16-7	
16-3-1 使用小括號分組......16-7	
16-3-2 groups( )......16-8	
16-3-3 區域號碼是在小括號內......16-9	
16-3-4 使用管道 |......16-9	
16-3-5 搜尋時忽略大小寫......16-10	
16-4 貪婪與非貪婪搜尋......16-10	
16-4-1 搜尋時使用大括號設定比對次數....16-10	
16-4-2 貪婪與非貪婪搜尋......16-11	

16-5	正則表達式的特殊字元 16-12	17-4-1	更改影像大小 17-7
16-5-1	特殊字元表 16-13	17-4-2	影像的旋轉 17-8
16-5-2	字元分類 16-14	17-4-3	影像的翻轉 17-9
16-5-3	字元分類的 ^ 字元 16-15	17-4-4	影像像素的編輯 17-10
16-5-4	正則表示法的 ^ 字元 16-15	17-5	裁切、複製與影像合成 17-11
16-5-5	正則表示法的 $ 字元 16-16	17-5-1	裁切影像 17-11
16-5-6	單一字元使用萬用字元 "." 16-17	17-5-2	複製影像 17-12
16-5-7	所有字元使用萬用字元 ".*" 16-17	17-5-3	影像合成 17-12
16-5-8	換列字元的處理 16-18	17-5-4	將裁切圖片填滿影像區間 17-13
16-6	MatchObject 物件 16-18	17-6	影像濾鏡 17-14
16-6-1	re.match( ) 16-19	17-7	在影像內繪製圖案 17-15
16-6-2	MatchObject 幾個重要的方法 16-19	17-7-1	繪製點 17-15
16-7	搶救 CIA 情報員 - sub( ) 方法 16-21	17-7-2	繪製線條 17-15
16-7-1	一般的應用 16-21	17-7-3	繪製圓或橢圓 17-16
16-7-2	搶救 CIA 情報員 16-21	17-7-4	繪製矩形 17-16
16-8	處理比較複雜的正則表示法 16-22	17-7-5	繪製多邊形 17-16
16-8-1	將正則表達式拆成多列字串 16-22	17-8	在影像內填寫文字 17-17
16-8-2	re.VERBOSE 16-23	17-9	專題 – 建立 QR code/ 文字辨識與
16-8-3	電子郵件地址的搜尋 16-25		建立停車場管理系統 17-19
16-8-4	re.IGNORECASE/re.DOTALL	17-9-1	建立 QR code 17-19
	/re.VERBOSE 16-26	17-9-2	文字辨識與停車場管理系統 17-26
16-9	正則表達式的潛在應用 16-27		

第 17 章　影像檔案處理 - Python 在多媒體的應用

第 18 章　GUI 程式開發 - 以 tkinter 打造視覺化介面

17-1	認識 Pillow 模組的 RGBA 17-2	18-1	建立視窗 18-2
17-1-1	getrgb( ) 17-2	18-2	標籤 Label 18-3
17-1-2	getcolor( ) 17-3	18-3	視窗元件配置管理員
17-2	Pillow 模組的盒子元組 (Box tuple) 17-3		Layout Management 18-5
17-2-1	基本觀念 17-3	18-3-1	pack( ) 方法 18-5
17-2-2	計算機眼中的影像 17-4	18-3-2	grid( ) 方法 18-7
17-3	影像的基本操作 17-4	18-3-3	place( ) 方法 18-10
17-3-1	開啟影像物件 17-5	18-3-4	視窗元件位置的總結 18-11
17-3-2	影像大小屬性 17-5	18-4	功能鈕 Button 18-11
17-3-3	取得影像物件檔案名稱 17-5	18-4-1	基本觀念 18-11
17-3-4	取得影像物件的檔案格式 17-5	18-4-2	設定視窗背景 config( ) 18-13
17-3-5	儲存檔案 17-6	18-4-3	使用 lambda 表達式的好時機 18-14
17-3-6	螢幕顯示影像 17-6	18-5	變數類別 18-15
17-3-7	建立新的影像物件 17-7	18-6	文字方塊 Entry 18-16
17-4	影像的編輯 17-7	18-7	文字區域 Text 18-20
		18-8	捲軸 Scrollbar 18-22

18-9	選項鈕 Radiobutton	18-23
18-10	核取方塊 Checkbutton	18-25
18-11	對話方塊 messagebox	18-28
18-12	圖形 PhotoImage	18-30
18-12-1	圖形與標籤的應用	18-31
18-12-2	圖形與功能鈕的應用	18-32
18-13	尺度 Scale 的控制	18-33
18-14	功能表 Menu 設計	18-35
18-15	專題 - 設計小算盤	18-36

第 19 章　詞雲設計 - 文字可視化創意應用

19-1	安裝 wordcloud	19-2
19-2	我的第一個詞雲程式	19-2
19-3	建立含中文字詞雲結果失敗	19-3
19-4	建立含中文字的詞雲	19-4
19-5	進一步認識 jieba 模組的分詞	19-8
19-6	建立含圖片背景的詞雲	19-8

第 20 章　數據圖表設計 - 資料視覺化基礎

20-1	認識 matplotlib.pyplot 模組的主要函數	20-2
20-2	繪製簡單的折線圖 plot( )	20-3
20-2-1	畫線基礎實作	20-4
20-2-2	線條寬度 linewidth	20-5
20-2-3	標題的顯示	20-5
20-2-4	多組數據的應用	20-6
20-2-5	線條色彩與樣式	20-7
20-2-6	刻度設計	20-8
20-2-7	圖例 legend( )	20-9
20-2-8	保存與開啟圖檔	20-11
20-3	繪製散點圖 scatter( )	20-12
20-3-1	基本散點圖的繪製	20-12
20-3-2	系列點的繪製	20-13
20-4	Numpy 模組基礎知識	20-13
20-4-1	建立一個簡單的陣列 linspace( ) 和 arange( )	20-13
20-4-2	繪製波形	20-14
20-4-3	點樣式與色彩的應用	20-15
20-4-4	使用 plot( ) 繪製波形	20-15
20-4-5	建立不等大小的散點圖	20-16
20-4-6	填滿區間 Shading Regions	20-17

20-5	色彩映射 color mapping	20-19
20-6	繪製多個圖表	20-23
20-6-1	圖表顯示中文	20-23
20-6-2	subplot( ) 語法	20-23
20-6-3	含子圖表的基礎實例	20-24
20-6-4	子圖配置的技巧	20-25
20-7	建立畫布與子圖表物件	20-27
20-7-1	pyplot 的 API 與 OO API	20-27
20-7-2	自建畫布與建立子圖表	20-28
20-7-3	建立寬高比	20-29
20-8	長條圖的製作	20-30
20-8-1	bar( )	20-30
20-8-2	hist( )	20-32
20-9	圓餅圖的製作 pie( )	20-34
20-9-1	國外旅遊調查表設計	20-35
20-9-2	增加百分比的國外旅遊調查表	20-35
20-9-3	突出圓餅區塊的數據分離	20-36
20-10	設計 2D 動畫	20-36
20-10-1	FuncAnimation( ) 函數	20-37
20-10-2	設計移動的 sin 波	20-38
20-10-3	設計球沿著 sin 波形移動	20-39
20-11	數學表達式 / 輸出文字 / 圖表註解	20-41
20-11-1	圖表的數學表達式	20-41
20-11-2	在圖表內輸出文字 text( )	20-42
20-11-3	增加圖表註解	20-43
20-11-4	極座標繪圖	20-44

第 21 章　JSON 與世界地圖 - 全球資料繪製實戰

21-1	JSON 資料格式前言	21-2
21-2	認識 json 資料格式	21-3
21-2-1	物件 (object)	21-3
21-2-2	陣列 (array)	21-4
21-2-3	json 資料存在方式	21-4
21-3	將 Python 應用在 json 字串形式資料	21-5
21-3-1	使用 dumps( ) 將 Python 資料轉成 json 格式	21-5
21-3-2	dumps( ) 的 sort_keys 參數	21-6
21-3-3	dumps( ) 的 indent 參數	21-7

21-3-4	使用 loads( ) 將 json 格式資料轉成 Python 的資料	21-7
21-3-5	一個 json 文件只能放一個 json 物件？	21-8

21-4 將 Python 應用在 json 檔案 21-9
21-4-1	使用 dump( ) 將 Python 資料轉成 json 檔案	21-9
21-4-2	將中文字典資料轉成 json 檔案	21-10
21-4-3	使用 load( ) 讀取 json 檔案	21-12

21-5 世界人口數據的 json 檔案 21-13
21-5-1	JSON 數據檢視器	21-13
21-5-2	認識人口統計的 json 檔案	21-14
21-5-3	認識 pygal.maps.world 的國碼資訊	21-15

21-6 繪製世界地圖 21-17
21-6-1	基本觀念	21-17
21-6-2	讓地圖呈現數據	21-19
21-6-3	繪製世界人口地圖	21-19

21-7 專題 - 環境部空氣品質 21-21

第 22 章　CSV 文件處理 - 掌握結構化資料

22-1 建立一個 CSV 文件 22-2
22-2 開啟「utf-8」格式 CSV 檔案 22-3
22-2-1	使用記事本開啟	22-3
22-2-2	使用 Excel 開啟	22-4

22-3 csv 模組 22-6
22-4 讀取 CSV 檔案 22-6
22-4-1	使用 with open( ) 開啟 CSV 檔案	22-6
22-4-2	建立 Reader 物件	22-6
22-4-3	使用串列索引讀取 CSV 內容	22-7
22-4-4	DictReader( )	22-8

22-5 寫入 CSV 檔案 22-9
22-5-1	開啟欲寫入的檔案 with open( )	22-9
22-5-2	建立 writer 物件	22-9
22-5-3	輸出串列 writerow( )	22-9
22-5-4	delimiter 關鍵字	22-11
22-5-5	寫入字典資料 DictWriter( )	22-11

22-6 專題 - 使用 CSV 檔案繪製氣象圖表 ...22-13
22-6-1	台北 2025 年 1 月氣象資料	22-13
22-6-2	讀取最高溫與最低溫	22-14
22-6-3	繪製最高溫	22-14
22-6-4	天氣報告增加日期刻度	22-15
22-6-5	日期位置的旋轉	22-17
22-6-6	繪製最高溫與最低溫	22-18

22-7 CSV 真實案例實作 22-19
22-7-1	認識台灣股市的 CSV 的檔案	22-19
22-7-2	繪製股市最高價、最低價與收盤價日線圖	22-21

第 23 章　Numpy 基礎 - 科學運算必備工具

23-1 陣列 ndarray 23-2
23-2 Numpy 的資料型態 23-2
23-3 建立一維或多維陣列 23-3
23-3-1	認識 ndarray 的屬性	23-3
23-3-2	使用 array( ) 建立一維陣列	23-4
23-3-3	使用 array( ) 函數建立多維陣列	23-6
23-3-4	使用 zeros( ) 建立內容是 0 的多維陣列	23-8
23-3-5	使用 ones( ) 建立內容是 1 的多維陣列	23-9
23-3-6	使用 empty( ) 建立未初始化的多維陣列	23-10
23-3-7	其他建立陣列函數	23-11

23-4 一維陣列的四則運算與基礎操作 23-11
23-4-1	一維陣列的四則運算	23-11
23-4-2	一維陣列的關係運算子運算	23-12
23-4-3	陣列結合或是加入陣列元素 concatenate( )	23-12
23-4-4	在陣列指定索引插入元素 insert( )	23-13
23-4-5	刪除指定索引的陣列元素 delete( )	23-13

23-5 用切片提取一維陣列的元素 23-14
23-5-1	用切片提取一維陣列的元素	23-14
23-5-2	用串列提取陣列元素	23-15
23-5-3	用布林值陣列提取陣列元素	23-15

23-6 多維陣列的索引與切片 23-16
23-6-1	認識 axis 的定義	23-16
23-6-2	二維陣列的索引	23-17
23-6-3	三維陣列的索引	23-18
23-6-4	多維陣列的切片	23-19

23-7	陣列的拷貝與檢視	23-21
23-7-1	認識檢視 View	23-21
23-7-2	是否共用記憶體	23-22
23-7-3	使用參數 copy=True 複製數據	23-22
23-7-4	使用 copy( ) 函數複製陣列	23-23
23-8	更改陣列外形	23-23
23-8-1	更改陣列維度 reshape( )	23-23
23-8-2	多維陣列轉一維陣列 ravel( )	23-25
23-8-3	多維陣列轉一維陣列 flatten( )	23-26
23-8-4	轉置矩陣 transpose( )	23-28
23-8-5	新增加一個軸 newaxis	23-28
23-8-6	移除只有一個元素的軸 squeeze( )	23-29
23-9	陣列分割	23-30
23-9-1	hsplit( ) 和 vsplit( )	23-30
23-9-2	split( )	23-31
23-10	陣列合併與堆疊	23-31
23-10-1	陣列垂直合併 vstack( )	23-32
23-10-2	陣列水平合併 hstack( )	23-32
23-10-3	stack( )	23-33
23-10-4	column_stack( ) 和 row_stack( )	23-34

第 24 章　基礎統計與隨機數 – 數據科學入門

24-1	機器學習視角- 母體與樣本	24-2
24-1-1	母體與樣本	24-2
24-1-2	機器學習視角看母體與樣本	24-3
24-2	數據加總	24-4
24-3	數據分佈	24-4
24-4	數據中心指標	24-6
24-4-1	平均數 (mean)	24-6
24-4-2	中位數 (median)	24-7
24-4-3	眾數 (mode)	24-8
24-4-4	數據分佈圖	24-8
24-5	數據分散指標 – 變異數與標準差	24-11
24-5-1	變異數	24-11
24-5-2	標準差	24-13
24-5-3	數據分散指標的應用	24-14
24-6	∑符號運算規則與驗證	24-15
24-7	活用∑符號	24-17
24-8	迴歸分析	24-18

24-8-1	相關係數 (Correlation Coefficient)	24-18
24-8-2	建立線性回歸模型與數據預測	24-21
24-8-3	二次函數的迴歸模型	24-22
24-9	Numpy 隨機分佈函數	24-24
24-9-1	Numpy 的 random 模組與 Python 內建 random 模組	24-24
24-9-2	Numpy 的 random 模組基礎	24-25
24-9-3	rand( )	24-26
24-9-4	randn( )	24-26
24-9-5	normal( )	24-27
24-9-6	uniform( )	24-29
24-9-7	triangular( )	24-29
24-9-8	shuffle( ) 和 permutation( )	24-30
24-9-9	choice( )	24-31

第 25 章　Numpy 進階運算與 3D 繪圖 - 多維度資料探索

25-1	基礎數學函數	25-2
25-1-1	認識常數	25-2
25-1-2	基礎數學函數	25-2
25-1-3	捨去函數	25-3
25-1-4	基礎數學運算函數	25-3
25-1-5	最大公因數與最小公倍數	25-5
25-2	三角函數	25-5
25-3	指數與對數函數	25-6
25-3-1	指數函數	25-6
25-3-2	對數函數	25-6
25-4	陣列處理函數	25-6
25-5	陣列資料排序	25-10
25-5-1	sort( )	25-10
25-5-2	argsort( )	25-10
25-6	簡單線性代數運算	25-11
25-6-1	一元二次方程式	25-11
25-6-2	解聯立線性方程式	25-11
25-7	線性插入函數	25-12
25-8	Numpy 的廣播功能	25-13
25-9	檔案的輸入與輸出	25-14
25-9-1	讀取文字檔案	25-14
25-9-2	寫入文字檔案	25-15

目錄

25-10 專題 – 3D 繪圖到 3D 動畫 25-16
    25-10-1 3D 繪圖的基礎觀念 25-16
    25-10-2 建立 3D 等高線 25-17
    25-10-3 使用官方數據繪製 3D 圖 25-18
    25-10-4 使用 scatter( ) 函數繪製 3D 圖 ... 25-19
    25-10-5 繪製 3D 圖增加視角 25-20
    25-10-6 3D 動畫設計 25-22
25-11 專題 – 遮罩觀念與數據分類 25-22

第 26 章 Pandas 入門 - 高效資料操作與分析

26-1 Series 26-2
    26-1-1 使用串列 list 建立 Series 物件 26-2
    26-1-2 使用 Python 字典 dict 建立 Series 物件 26-3
    26-1-3 使用 Numpy 的 ndarray 建立 Series 物件 26-4
    26-1-4 建立含索引的 Series 物件 26-4
    26-1-5 使用純量建立 Series 物件 26-5
    26-1-6 列出 Series 物件索引與值 26-5
    26-1-7 Series 的運算 26-6
26-2 DataFrame 26-9
    26-2-1 建立 DataFrame 使用 Series 26-9
    26-2-2 欄位 columns 屬性 26-11
    26-2-3 Series 物件的 name 屬性 26-11
    26-2-4 使用元素是字典的串列建立 DataFrame 26-12
    26-2-5 使用字典建立 DataFrame 26-12
    26-2-6 index 屬性 26-13
    26-2-7 將 columns 欄位當作 DataFrame 物件的 index 26-13
26-3 基本 Pandas 資料分析與處理 26-14
    26-3-1 索引參照屬性 26-14
    26-3-2 直接索引 26-15
    26-3-3 四則運算方法 26-16
    26-3-4 邏輯運算方法 26-17
    26-3-5 Numpy 的函數應用在 Pandas ... 26-18
    26-3-6 NaN 相關的運算 26-19
    26-3-7 NaN 的處理 26-19
    26-3-8 幾個簡單的統計函數 26-21
    26-3-9 增加 index 26-24
    26-3-10 刪除 index 26-25
    26-3-11 排序 26-25
26-4 讀取與輸出 CSV 檔案 26-26
    26-4-1 寫入 CSV 格式檔案 26-26
    26-4-2 讀取 CSV 格式檔案 26-27
26-5 讀取與輸出 Excel 檔案 26-28
    26-5-1 寫入 Excel 格式檔案 26-28
    26-5-2 讀取 Excel 格式檔案 26-29

第 27 章 Pandas 視覺化與時間序列 - 趨勢洞察與預測

27-1 Pandas 繪圖 27-2
    27-1-1 使用 Series 繪折線圖表 27-2
    27-1-2 使用 DataFrame 繪圖表基本知識 27-3
    27-1-3 直條圖的設計 27-3
    27-1-4 一個圖表含不同數值資料 27-4
    27-1-5 多個數值軸的設計 27-6
    27-1-6 使用 Series 物件設計圓餅圖 27-7
27-2 時間序列 (Time Series) 27-8
    27-2-1 時間模組 datetime 27-8
    27-2-2 使用 Python 的 datetime 模組建立含時間戳的 Series 物件 27-10
    27-2-3 Pandas 的時間區間方法 27-12
    27-2-4 將時間序列繪製折線圖 27-14
27-3 專題：鳶尾花 27-15
    27-3-1 網路爬蟲 27-16
    27-3-2 將鳶尾花資料集轉成 DataFrame 27-17
    27-3-3 散點圖的製作 27-18
    27-3-4 鳶尾花分類統計與直條圖 27-20

第 28 章 網路爬蟲 - 自動化資料蒐集與整合

28-1 上網不再需要瀏覽器了 28-2
    28-1-1 webbrowser 模組 28-2
    28-1-2 認識 Google 地圖 28-3
    28-1-3 用地址查詢地圖的程式設計 28-4
28-2 下載網頁資訊使用 requests 模組 28-5
28-3 檢視網頁原始檔 28-6

28-3-1	以 Chrome 瀏覽器為實例	28-6
28-3-2	檢視原始檔案的重點	28-7
28-3-3	列出重點網頁內容	28-8

28-4 解析網頁使用 BeautifulSoup 模組 28-9
- 28-4-1 建立 BeautifulSoup 物件 28-9
- 28-4-2 基本 HTML 文件解析 - 從簡單開始 . 28-10
- 28-4-3 網頁標題 title 屬性 28-11
- 28-4-4 去除標籤傳回文字 text 屬性 28-12
- 28-4-5 傳回所找尋第一個符合的標籤 find( ) 28-13
- 28-4-6 傳回所找尋所有符合的標籤 find_all( ) 28-14
- 28-4-7 HTML 屬性的搜尋 28-14
- 28-4-8 select( ) 和 get( ) 28-15

28-5 網路爬蟲實戰 – 12 星座圖片下載 28-16
28-6 網路爬蟲的潛在應用 28-19

第 29 章　Python 操作台股 - 投資分析實戰

29-1 Stock( ) 建構元 29-2
29-2 Stock 物件屬性 29-2
29-3 Stock 物件方法 29-4
29-4 取得單一股票之即時資料 realtime.get( ) 29-5

第 30 章　Sympy 與符號運算 - 數學推導自動化

30-1 定義符號 30-2
- 30-1-1 name 屬性 30-2
- 30-1-2 定義多個符號變數 30-3
- 30-1-3 符號的運算 30-3
- 30-1-4 將數值代入公式 30-3
- 30-1-5 將字串轉為數學表達式 30-3
- 30-1-6 Sympy 模組支援的數學函數 30-4

30-2 解方程式 30-4
- 30-2-1 解一元一次方程式 30-4
- 30-2-2 解一元二次方程式 30-5
- 30-2-3 解含未知數的方程式 30-6

30-3 解聯立方程式 30-6
30-4 微分與 Sympy 30-7
30-5 積分與 Sympy 30-8
30-6 Sympy 模組的繪圖功能 30-8

第 31 章　AI 破冰之旅 - 從畢氏定理到餘弦相似度

31-1 畢氏定理 – 影片相似度計算 31-2
- 31-1-1 基礎數學原理 31-2
- 31-1-2 畢氏定理應用在性向測驗情境 31-2
- 31-1-3 性向測驗的適性計算 31-3
- 31-1-4 畢氏定理應用在三維空間 31-4
- 31-1-5 畢氏定理應用在更高維的空間 31-5
- 31-1-6 計算電影相似度 31-5

31-2 向量內積 / 餘弦相似度 – 推薦系統設計 31-7
- 31-2-1 協同工作的觀念 31-7
- 31-2-2 計算 B 所幫的忙 31-9
- 31-2-3 向量內積的定義 31-10
- 31-2-4 兩條直線的夾角 31-13
- 31-2-5 向量內積的性質 31-13
- 31-2-6 餘弦相似度 31-14
- 31-2-7 音樂推薦系統設計 31-15

31-3 人臉辨識（Face Recognition） 31-17
31-4 「畢氏定理」與「餘弦相似度」的 AI 應用總結 31-19
- 31-4-1 畢氏定理的 AI 應用 31-19
- 31-4-2 餘弦相似度的 AI 應用 31-19
- 31-4-3 兩者比較及 AI 使用時機 31-20

第 32 章　scikit-learn 機器學習入門 - 基礎與流程

32-1 網路購物數據調查 32-2
32-2 使用 scikit-learn 模組計算判定係數 32-3
- 32-2-1 安裝 scikit-learn 32-3
- 32-2-2 計算判定係數評估模型 32-4

32-3 預測未來值 32-6
32-4 人工智慧、機器學習、深度學習 32-7
- 32-4-1 認識機器學習 32-7
- 32-4-2 機器學習的種類 32-7
- 32-4-3 監督學習 32-8
- 32-4-4 無監督學習 32-8
- 32-4-5 強化學習 32-9

32-5 認識 scikit-learn 數據模組 datasets 32-9

17

32-6 監督學習 – 線性迴歸 32-9
  32-6-1 訓練數據與測試數據 32-9
  32-6-2 使用 make_regression( ) 函數準備
        迴歸模型數據 32-10
  32-6-3 建立訓練數據與測試數據使用
        train_test_split( ) 32-12
  32-6-4 獲得線性函數的迴歸係數與截距 32-13
  32-6-5 predict( ) 函數 32-15
  32-6-6 迴歸模型判斷 32-15
32-7 scikit-learn 產生數據 32-17
  32-7-1 使用 make_blobs( ) 函數準備群集
        數據 32-17
  32-7-2 標準化資料 32-18
  32-7-3 分割訓練資料與測試資料 32-19

第 33 章　機器學習演算法 - 原理與應用全解析

33-1 KNN(K-Nearest Neighbor) 33-2
  33-1-1 KNN 在分類問題的應用 33-2
  33-1-2 KNN 在迴歸問題的應用 33-7
33-2 邏輯斯迴歸 (Logistic regression) 33-9
33-3 支援向量機 (Support Vector Machine) . 33-13
33-4 決策樹 (Decision Tree) 演算法 33-18
  33-4-1 分類應用 33-18
  33-4-2 迴歸應用 33-21
33-5 無監督學習 - 群集分析 33-23
  33-5-1 K-means 演算法 33-23
  33-5-2 使用 make_blobs( ) 函數準備群集
        數據 33-23
  33-5-3 使用 cluster.KMeans( ) 和 fit( ) 函數
        作群集分析 33-24
  33-5-4 標記群集點和群集中心 33-26
  33-5-5 數據分群的簡單實例 33-27

第 34 章　機器學習專題 - 波士頓房價預測實務

34-1 從線性迴歸到多元線性迴歸 34-2
  34-1-1 簡單線性迴歸 34-2
  34-1-2 多元線性迴歸 34-2
34-2 簡單資料測試 34-3

34-2-1 身高、腰圍與體重的測試 34-3
34-2-2 了解模型的優劣 34-4
34-3 波士頓房價數據集 34-6
  34-3-1 認識波士頓房價數據集 34-6
  34-3-2 輸出數據集 34-7
  34-3-3 波士頓房價測試數據的房價預估 34-8
  34-3-4 殘差圖 (Residual plot) 34-10

第 35 章　機器學習專題 - 葡萄酒數據分析與分類

35-1 認識葡萄酒數據 35-2
35-2 使用 KNN 演算法執行葡萄酒分類 35-4
  35-2-1 設計葡萄酒分類程式 35-4
  35-2-2 KNN 分類器結果評估 35-5
  35-2-3 葡萄酒分類與效能分析實戰 35-9
35-3 使用邏輯斯迴歸演算法執行葡萄酒
     分類 35-10

第 36 章　機器學習專題 - 鐵達尼號生存預測

36-1 程式設計必備知識 one-hot 編碼 36-2
36-2 認識鐵達尼號 Titanic 數據集 36-3
36-3 鐵達尼號專題實作 – 邏輯斯迴歸 36-5
36-4 鐵達尼號專題實作 – 決策樹 36-8

第 37 章　機器學習專題 - 糖尿病數據分析

37-1 認識糖尿病數據集 37-2
37-2 多元線性迴歸處理糖尿病數據 37-3

第 38 章　機器學習專題 - 乳癌診斷模型訓練

38-1 認識乳癌數據集 38-2
38-2 支援向量機處理乳癌數據 38-4

第 39 章　機器學習專題 - 手寫數字影像辨識

39-1 認識手寫數字數據集 39-2
39-2 隨機森林處理手寫數字數據集 39-3
  39-2-1 隨機森林的應用 39-3
  39-2-2 手寫數字數據集分類 39-4
39-3 PCA 主成份分析 39-7

第 40 章　動畫與遊戲 - Python 創意應用（電子書）

40-1　繪圖功能
40-2　尺度控制畫布背景顏色
40-3　動畫設計
40-4　反彈球遊戲設計
40-5　專題 - 使用 tkinter 處理謝爾賓斯基三角形

附錄 A　安裝與執行 Python（電子書）

A-1　Windows 作業系統的安裝 Python 版
A-2　啟動 Python 可執行檔案
A-3　找尋 Python 可執行檔案
A-4　在 Python Shell 編輯環境
A-5　進入編輯 Python 程式環境

附錄 B　Anaconda、Spider 和 Jupyter Notebook（電子書）

B-1　下載安裝 Anaconda
B-2　Anaconda Prompt
B-3　啟動 Spider 整合環境
B-4　Jupyter Notebook 環境

附錄 C　使用 Google Colab 雲端開發環境（電子書）

C-1　進入 Google 雲端
C-2　建立雲端資料夾
C-3　進入 Google Colab 環境
C-4　編寫程式
C-5　儲存檔案
C-6　認識編輯區
C-7　新增加程式碼儲存格
C-8　更多編輯功能

附錄 D　指令、函數索引表

附錄 E　安裝第三方模組（電子書）

E-1　命令提示字元
E-2　系統多重安裝使用 pip
E-3　導入模組安裝更新版模組
E-4　安裝更新版模組
E-5　列出所安裝的模組
E-6　刪除模組
E-7　找尋更多模組
E-8　安裝新版 pip

附錄 F　RGB 色彩表（電子書）

附錄 G　是非、選擇與實作題 - 習題檔案（電子書）

附錄 H　ASCII 碼值表（電子書）

附錄 I　ChatGPT 協助學習 Python（電子書）

I-1　問 ChatGPT 有關 Python 基本觀念
I-2　Python 運算規則
I-3　Python 基本資料型態
I-4　程式除錯
I-5　輸出格式與內建函數說明
I-6　條件運算式
I-7　串列的應用
I-8　迴圈與重構程式
I-9　操作元組
I-10　字典
I-11　集合
I-12　函數
I-13　物件導向程式設計
I-14　設計與應用模組
I-15　檔案的輸入與輸出
I-16　正則表達式
I-17　Pillow 功能
I-18　詞雲功能
I-19　csv 檔案
I-20　圖表設計
I-21　網路爬蟲
I-22　機器學習入門

第 1 章
Python 基礎觀念
開啟 AI 與數據科學的大門

1-1　認識 Python

1-2　Python 的起源

1-3　Python 語言發展史

1-4　Python 的應用範圍

1-5　變數 - 靜態語言與動態語言

1-6　系統的安裝與執行

1-7　程式註解

1-8　Python 彩蛋 (Easter Eggs)

1-1 認識 Python

Python 是一種直譯式 (Interpreted language)、物件導向 (Object Oriented Language) 的程式語言，它擁有完整的函數庫，可以協助輕鬆的完成許多常見的工作。

所謂的直譯式語言是指，直譯器 (Interpretor) 會將程式碼一句一句直接執行，不需要經過編譯 (compile) 動作，將語言先轉換成機器碼，再予以執行。目前它的直譯器是 CPython，這是由 C 語言編寫的一個直譯程式，與 Python 一樣目前是由 Python 基金會管理使用。

編譯式語言,例如：C, Java

直譯式語言,例如：Python

Python 也算是一個動態的高階語言，具有垃圾回收 (garbage collection) 功能，所謂的垃圾回收是指程式執行時，直譯程式會主動收回不再需要的動態記憶體空間，將記憶體集中管理，這種機制可以減輕程式設計師的負擔，當然也就減少了程式設計師犯錯的機會。

由於 Python 是一個開放的原始碼 (Open Source)，每個人皆可免費使用或為它貢獻，除了它本身有許多內建的套件 (package) 或稱模組 (module)，許多單位也為它開發了更多套件，促使它的功能可以持續擴充，因此 Python 目前已經是全球最熱門的程式語言之一，這也是本書的主題。

Python 是一種跨平台的程式語言，幾乎主要作業系統，例如：Windows、Mac OS、UNIX/LINUX … 等，皆可以安裝和使用。當然前提是這些作業系統內有 Python 直譯器，在 Mac OS、UNIX/LINUX 皆已經有直譯器，Windows 則須自行安裝。

1-2　Python 的起源

Python 的最初設計者是吉多‧范羅姆蘇 (Guido van Rossum)，他是荷蘭人 1956 年出生於荷蘭哈勒姆，1982 年畢業於阿姆斯特丹大學的數學和計算機系，獲得碩士學位。

吉多‧范羅姆蘇 (Guido van Rossum) 在 1996 年為一本 O'Reilly 出版社作者 Mark Lutz 所著的 "Programming Python" 的序言表示：6 年前，1989 年我想在聖誕節期間思考設計一種程式語言打發時間，當時我正在構思一個新的腳本 (script) 語言的解譯器，它是 ABC 語言的後代，期待這個程式語言對 UNIX C 的程式語言設計師會有吸引力。基於我是蒙提派森飛行馬戲團 (Monty Python's Flying Circus) 的瘋狂愛好者，所以就以 Python 為名當作這個程式的標題名稱。

本圖片取材自下列網址
https://upload.wikimedia.org/wikipedia/commons/thumb/6/66/Guido_van_Rossum_OSCON_2006.jpg/800px-Guido_van_Rossum_OSCON_2006.jpg

在一些 Python 的文件或有些書封面喜歡用蟒蛇代表 Python，從吉多‧范羅姆蘇的上述序言可知，Python 靈感的來源是馬戲團名稱而非蟒蛇。不過 Python 英文是大蟒蛇，所以許多文件或 Python 基金會也就以大蟒蛇為標記。

1999 年他向美國國防部下的國防高等研究計劃署 DARPA(Defense Advanced Research Projects Agency) 提出 Computer Programming for Everybody 的研發經費申請，他提出了下列 Python 的目標。

- 這是一個簡單直覺式的程式語言，可以和主要程式語言一樣強大。
- 這是開放原始碼 (Open Source)，每個人皆可自由使用與貢獻。
- 程式碼像英語一樣容易理解與使用。
- 可在短期間內開發一些常用功能。

現在上述目標皆已經實現了，Python 已經與 C/C++、Java 一樣成為程式設計師必備的程式語言，然而它卻比 C/C++ 和 Java 更容易學習。目前 Python 語言是由 Python 軟體基金會 (www.python.org) 管理，有關新版軟體下載相關資訊可以在這個基金會取得，可參考附錄 A。

1-3 Python 語言發展史

在 1991 年 Python 正式誕生，當時的作業系統平台是 Mac。儘管吉多‧范羅姆蘇 (Guido van Rossum) 坦承 Python 是構思於 ABC 語言，但是 ABC 語言並沒有成功，吉多‧范羅姆蘇本人認為 ABC 語言並不是一個開放的程式語言，是主要原因。因此，在 Python 的推廣中，他避開了這個錯誤，將 Python 推向開放式系統，而獲得了很大的成功。

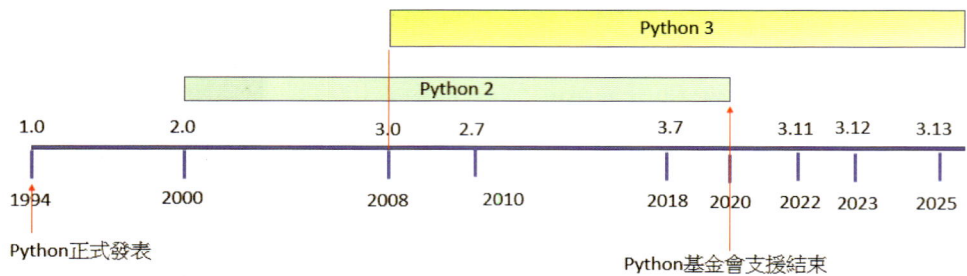

❏ Python 2.0 發表

2000 年 10 月 16 日 Python 2.0 正式發表，主要是增加了垃圾回收的功能，同時支援 Unicode，最後版本是 Python 2.7，Python 基金會自 2020 年 1 月 1 日起已經不再支援 Python 2.7 版。

所謂的 Unicode 是一種適合多語系的編碼規則，主要精神是使用可變長度位元組方式儲存字元，以節省記憶體空間。例如，對於英文字母而言是使用 1 個位元組 (byte) 空間儲存即可，對於含有附加符號的希臘文、拉丁文或阿拉伯文 … 等則用 2 個位元組空間儲存字元，兩岸華人所使用的中文字則是以 3 個位元組空間儲存字元，只有極少數的平面輔助文字需要 4 個位元組空間儲存字元。也就是說這種編碼規則已經包含了全球所有語言的字元了，所以採用這種編碼方式設計程式時，其他語系的程式只要有支援 Unicode 編碼皆可顯示。例如：法國人即使使用法文版的程式，也可以正常顯示中文字。

❏ Python 3.0 發表

2008 年 12 月 3 日 Python 3.0 正式發表。一般程式語言的發展會考慮到相容特性，但是 Python 3 在開發時為了不要受到先前 2.x 版本的束縛，因此沒有考慮相容特性，所以許多早期版本開發的程式是無法在 Python 3.x 版上執行，筆者撰寫此書時間點是 2025 年 5 月，當下最新版本是 3.13。

1-4 Python 的應用範圍

儘管 Python 是一個非常適合初學者學習的程式語言，在國外有許多兒童程式語言教學也是以 Python 為工具，然而它卻是一個功能強大的程式語言，下列是它的部分應用。

- 設計動畫遊戲。
- 支援圖形使用者介面 (GUI, Graphical User Interface) 開發，讀者可以參考筆者所著：
  Python GUI 設計活用 tkinter 之路王者歸來第 4 版
- 資料庫開發與設計動態網頁。
- 辦公室自動化，讀者可以參考筆者所著：
  Python AI 辦公室自動化
- 科學計算與大數據分析，讀者可以參考本書。
- 人工智慧與機器學習重要模組，例如：Scikit-learn、TensorFlow、Keras、Pytorch 皆是以 Python 為主要程式語言，讀者可以參考筆者所著：
  機器學習彩色圖解 + 基礎數學篇 +Python 實作王者歸來
  機器學習基礎最強入門 – 邁向 AI 高手實作王者歸來
  機器學習彩色圖解 + 基礎微積分篇 +Python 實作王者歸來
- Google、Yahoo!、YouTube、Instagram、NASA、Dropbox(檔案分享服務)、Reddit(社交網站)、Industrial Light & Magic(為星際大戰建立特效的公司) 在內部皆大量使用 Python 做開發工具。這些大公司使用 Python 做為主要程式語言，因為他們知道即使發現問題，在 Python 論壇也可以得到最快速的服務。
- 網路爬蟲、駭客攻防，讀者可以參考筆者所著：
  Python 網路爬蟲大數據擷取、清洗、儲存與分析王者歸來
- 研究演算法，讀者可以參考筆者所著：
  演算法圖解原理 x Python 實作 x 創意應用王者歸來

目前 Google 搜尋引擎、紐約股票交易所、NASA 航天行動的關鍵任務執行，皆是使用 Python 語言。

1-5 變數 - 靜態語言與動態語言

變數 (variable) 是一個語言的核心,由變數的設定可以知道這個程式所要完成的工作。

有些程式語言的變數在使用前需要先宣告它的資料型態,這樣編譯程式 (compile) 可以在記憶體內預留空間給這個變數。這個變數的資料型態經過宣告後,未來無法再改變它的資料型態,這類的程式語言稱靜態語言 (static language)。例如:C、C++、Java … 等。其實宣告變數可以協助電腦捕捉可能的錯誤,同時也可以讓程式執行速度更快,但是程式設計師需要花更多的時間打字與思考程式的規劃。

有些程式語言的變數在使用前不必宣告它的資料型態,這樣可以用比較少的程式碼完成更多工作,增加程式設計的便利性,這類程式在執行前不必經過編譯 (compile) 過程,而是使用直譯器 (interpreter) 直接直譯 (interpret) 與執行 (execute),這類的程式語言稱動態語言 (dynamic language),有時也可稱這類語言是文字碼語言 (scripting language)。例如:Python、Perl、Ruby。動態語言執行速度比經過編譯後的靜態語言執行速度慢,所以有相當長的時間動態語言只適合作短程式的設計,或是將它作為準備資料供靜態語言處理,在這種狀況下也有人將這種動態語言稱膠水碼 (glue code),但是隨著軟體技術的進步直譯器執行速度越來越快,已經可以用它執行複雜的工作了。如果讀者懂 Java、C、C++,未來可以發現,Python 相較於這些語言除了便利性,程式設計效率已經遠遠超過這些語言了,這也是 Python 成為目前最熱門程式語言的原因。

1-6 系統的安裝與執行

1-6-1 系統安裝

有關安裝 Python 的安裝或是執行常見的環境有:

- 在 Python 內建的 idle 環境執行,可參考附錄 A。這是最原始最陽春的環境,Python 有許多內建模組,可以直接導入引用,碰上外部模組則需安裝,安裝過程可以認識模組的意義,整體而言也是簡單好用,這是學習 Python 基本功最佳環境,這也是本書撰寫的主要環境。
- 安裝 Anaconda,可以使用 Spider 整合環境和 Jupyter Notebook,可以參考附錄 B。這個軟體有免費的個人版,也有商業版和企業版,建議使用免費的個人版即可。在這個軟體中，已經包含許多我們學習數據科學需要安裝的外部模組，因此可以省略安裝步驟，使用上非常便利。
- 使用 Google Colab 雲端開發環境，可以參考附錄 C。這是 Google 公司開發的 Python 虛擬機器，讀者可以使用瀏覽器 (建議是使用 Chrome) 在此環境內設計 Python 程式，在這個環境內可以不需設定，設計複雜的深度學習程式時可以免費使用 GPU(Graphics Processing Unit，圖形處理器)，同時所開發的程式可以和朋友共享。

1-6-2 程式設計與執行

Python 是直譯式程式語言，簡單的功能可以直接使用直譯方式設計與執行。要設計比較複雜的功能，建議是將指令依據語法規則組織成程式，然後再執行，這也是本書籍的重點。例如：print( ) 是輸出函數，單引號 (或是雙引號) 內的字串可以輸出。註：下列「#」是註解符號，會在 1-7-1 節解釋。

程式實例 ch1_1.py：簡單程式輸出的應用。

```
1   # ch1_1.py
2   print("Hello! Python")      # 列印字串
```

執行結果
```
======================= RESTART: D:\Python\ch1\ch1_1.py =======================
Hello! Python
```

Python 程式左邊是沒有行號，上述是筆者為了讀者閱讀方便加上去的。

1-7 程式註解

程式註解主要功能是讓你所設計的程式可讀性更高，更容易瞭解。在企業工作，一個實用的程式可以很輕易超過幾千或上萬列，此時你可能需設計好幾個月，程式加上註解，可方便你或他人，未來較便利瞭解程式內容。

1-7-1 註解符號

不論是使用 Python Shell 直譯器或是 Python 程式，「#」符號右邊的文字，皆是稱程式註解，Python 語言的直譯器會忽略此符號右邊的文字。可參考 1-6-2 節的實例。

註1 註解可以放在程式敘述的最左邊，可以參考 ch1_1.py 的第 1 列。

註2 print( ) 函數內的字串輸出可以使用雙引號，可以參考 ch1_1.py 的第 2 列。或是單引號包夾，可以參考下列實例 ch1_2.py。

```python
1  # ch1_2.py
2  print('Hello! Python')        # 列印字串
```

1-7-2 三個單引號或雙引號

如果要進行大段落的註解，可以用三個單引號，可以參考 ch1_3.py。或是 3 個雙引號將註解文字包夾，可以參考 ch1_4.py。

程式實例 ch1_3.py 和 ch1_4.py：以三個單引號包夾 (第 1 和 5 列)，當作註解標記。

```python
1  '''
2  程式實例ch1_3.py
3  作者:洪錦魁
4  使用三個單引號當作註解
5  '''
6  print("Hello! Python")
```

```python
1  """
2  程式實例ch1_4.py
3  作者:洪錦魁
4  使用三個雙引號當作註解
5  """
6  print("Hello! Python")
```

1-7-3 輸出 ASCII 藝術作品

程式設計時使用鍵盤可以輸出英文字母與 ASCII 符號，使用這些字元可以生成各類圖案，我們稱此為「ASCII 藝術作品」。

程式實例 ch1_5.py：用 print( ) 設計機器人輸出。

```python
1   # ch1_5.py
2   print("     +-------+")
3   print("     [| o o |]")
4   print("     |  L  |")
5   print("     +-------+")
6   print("        |  |  ")
7   print("       /|  |\\ ")      # "\\"是逸出字元，結果只顯示一次"\"
8   print("      / |---| \\ ")    # "\\"是逸出字元，結果只顯示一次"\"
9   print("     *  |  |  *")
10  print("        |  |  ")
11  print("       / \\/ \\ ")      # "\\"是逸出字元，結果只顯示一次"\"
12  print("      *  *  *")
```

執行結果

```
======================= RESTART: D:/Python/ch1/ch1_5.py =======================
     +-------+
     [| o o |]
     |  L  |
     +-------+
        |  |
       /|  |\
      / |---| \
     *  |  |  *
        |  |
       / \/ \
      *  *  *
```

第 7、8、11 列 print( ) 內有輸出「\\」，正式輸出時只顯示一次「\」，因為這是逸出字元，更多觀念將在 3-4-3 節解說。

1-8 Python 彩蛋 (Easter Eggs)

Python 核心程序開發人員在軟體內部設計了彩蛋 (Easter Eggs)，彩蛋有多個，最常見的有 2 個，一個是經典名句又稱 Python 之禪，一個是漫畫搞笑網站。這是其它軟體沒有見過的，非常有趣。

> 註　彩蛋通常是程序中隱藏的功能或是消息，它們常常用來向程序的開發者或者某些特定的人物致敬，或者僅僅是為了娛樂。

❑ **Python 之禪**

可以在 Python Shell 環境輸入 "import this" 即可看到經典名句，其實這些經典名句也是代表研讀 Python 的意境。

```
>>> import this
The Zen of Python, by Tim Peters

Beautiful is better than ugly.
Explicit is better than implicit.
Simple is better than complex.
Complex is better than complicated.
Flat is better than nested.
Sparse is better than dense.
Readability counts.
Special cases aren't special enough to break the rules.
Although practicality beats purity.
Errors should never pass silently.
Unless explicitly silenced.
In the face of ambiguity, refuse the temptation to guess.
There should be one-- and preferably only one --obvious way to do it.
Although that way may not be obvious at first unless you're Dutch.
Now is better than never.
Although never is often better than *right* now.
If the implementation is hard to explain, it's a bad idea.
If the implementation is easy to explain, it may be a good idea.
Namespaces are one honking great idea -- let's do more of those!
```

❑ **Python 搞笑網站**

可以在 Python Shell 環境輸入 "import antigravity" 即可連上下列網址，讀者可以欣賞 Python 趣味內容。

　　https://xkcd.com/353/

第 1 章　Python 基礎觀念 - 開啟 AI 與數據科學的大門

第 2 章
變數與基本數學運算
奠定程式與分析的基礎

2-1　用 Python 做計算

2-2　認識變數

2-3　認識程式的意義

2-4　認識註解的意義

2-5　變數的命名原則

2-6　基本數學運算

2-7　指派運算子

2-8　Python 等號的多重指定使用

2-9　Python 的列連接 (Line Continuation)

2-10　專題 - 複利計算 / 計算圓面積與圓周長

2-11　認識內建函數、標準模組函數或是第 3 方模組函數

第 2 章　變數與基本數學運算 - 奠定程式與分析的基礎

　　本章將從基本數學運算開始，一步一步講解變數的使用與命名，接著介紹 Python 的算數運算。

2-1　用 Python 做計算

　　假設讀者到麥當勞打工，一小時可以獲得 120 元時薪，如果想計算一天工作 8 小時，可以獲得多少工資？我們可以用計算機執行 "120 * 8"，然後得到執行結果。在 Python Shell 視窗，可以參考下方左邊公式。

```
>>> 120 * 8
960
```

```
>>> 120 * 8 * 300
288000
```

　　如果一年實際工作天數是 300 天，可以參考上方右邊公式計算一年所得。如果讀者一個月花費是 9000 元，可以用下列方式計算一年可以儲存多少錢。

```
>>> 9000 * 12
108000
>>> 288000 - 108000
180000
```

　　上述筆者先計算一年的花費，再將一年的收入減去一年的花費，可以得到所儲存的金額。本章筆者將一步一步推導應如何以程式觀念，處理類似的運算問題。

2-2　認識變數

　　在此先複習一下 1-5 節內容，Python 程式在設計變數時，不用先宣告，當我們設定變數內容時，變數自身會由所設定的內容決定自己的資料型態。

2-2-1　基本觀念

　　變數是一個暫時儲存資料的地方，對於 2-1 節的內容而言，如果你今天獲得了調整時薪，時薪從 120 元調整到 150 元，想要重新計算一年可以儲蓄多少錢，你將發現所有的計算將要重新開始。為了解決這個問題，我們可以考慮將時薪設為一個變數，未來如果有調整薪資，可以直接更改變數內容即可。

　　在 Python 中可以用 "=" 等號設定變數的內容，在這個實例中，我們建立了一個變數 x，然後用下列方式設定時薪，如果想要用 Python 列出時薪資料可以使用 x 或是 print(x) 函數。

```
>>> x = 120              >>> x = 120
>>> x                    >>> print(x)
120                      120
```

如果今天已經調整薪資，時薪從 120 元調整到 150 元，那麼我們可以用下列方式表達。

```
>>> x = 150
>>> x
150
```

一個程式是可以使用多個變數的，如果我們想計算一天工作 8 小時，一年工作 300 天，可以賺多少錢，假設用變數 y 儲存一年工作所賺的錢，可以用下方左邊公式計算。

```
>>> x = 150              >>> z = 9000
>>> y = x * 8 * 300      >>> a = z * 12
>>> y                    >>> a
360000                   108000
```

如果每個月花費是 9000 元，我們使用變數 z 儲存每個月花費，可以用上方右邊公式計算每年的花費，我們使用 a 儲存每年的花費，可以參考上方右邊公式。

如果我們想計算每年可以儲存多少錢，我們使用 b 儲存每年所儲存的錢，可以使用下列方式計算。

```
>>> x = 150
>>> y = x * 8 * 300
>>> z = 9000
>>> a = z * 12
>>> b = y - a
>>> b
252000
```

從上述我們很順利的使用 Python Shell 視窗計算了每年可以儲蓄多少錢的訊息了，可是上述使用 Python Shell 視窗做運算潛藏最大的問題是，只要過了一段時間，我們可能忘記當初所有設定的變數是代表什麼意義。因此在設計程式時，如果可以為變數取個有意義的名稱，未來看到程式時，可以比較容易記得。下列是筆者重新設計的變數名稱：

時薪：hourly_salary，用此變數代替 x，每小時的薪資。

年薪：annual_salary，用此變數代替 y，一年工作所賺的錢。

月支出：monthly_fee，用此變數代替 z，每個月花費。

年支出：annual_fee，用此變數代替 a，每年的花費。

年儲存：annual_savings，用此變數代替 b，每年所儲存的錢。

現在使用上述變數重新設計程式，可以得到下列結果。

```
>>> hourly_salary = 150
>>> annual_salary = hourly_salary * 8 * 300
>>> monthly_fee =  9000
>>> annual_fee = monthly_fee * 12
>>> annual_savings = annual_salary - annual_fee
>>> annual_savings
252000
```

相信經過上述說明，讀者應該了解變數的基本意義了。

2-2-2　認識變數位址意義

Python 是一個動態語言，它處理變數的觀念與一般靜態語言不同。對於靜態語言而言，例如：C 或 C++，當宣告變數時記憶體就會預留空間儲存此變數內容，例如：若是宣告與定義 x=10, y=10 時，記憶體內容可參考下方左圖。

靜態語言, 例如:C　　　　動態語言Python
　　　　　　　　　　　　相對參照觀念

對於 Python 而言，變數所使用的是參照 (reference) 位址的觀念，設定一個變數 x 等於 10 時，Python 會在記憶體某個位址儲存 10，此時我們建立的變數 x 好像是一個標誌 (tags)，標誌內容是儲存 10 的記憶體位址。如果有另一個變數 y 也是 10，則是將變數 y 的標誌內容也是儲存 10 的記憶體位址。相當於變數是名稱，不是位址，相關觀念可以參考上方右圖。

使用 Python 可以使用 id( ) 函數，獲得變數的位址，可參考下列語法。

實例 1：列出變數的位址，相同內容的變數會有相同的位址。

```
>>> x = 10
>>> y = 10           } x 和 y 是相同內容
>>> z = 20
>>> id(x)
1557448976
>>> id(y)             } x 和 y 有相同位址
1557448976
>>> id(z)
1557449136
```

2-3 認識程式的意義

延續上一節的實例，如果我們時薪改變、工作天數改變或每個月的花費改變，所有輸入與運算皆要重新開始，而且每次皆要重新輸入程式碼，這是一件很費勁的事，同時很可能會常常輸入錯誤，為了解決這個問題，我們可以開啟一個檔案，將上述運算儲存在檔案內，這個檔案就是所謂的 程式。未來有需要時，再開啟重新運算即可。

程式實例 ch2_1.py：使用程式計算每年可以儲蓄多少錢，下列是整個程式設計。

```
1  # ch2_1.py
2  hourly_salary = 150
3  annual_salary = hourly_salary * 8 * 300
4  monthly_fee = 9000
5  annual_fee = monthly_fee * 12
6  annual_savings = annual_salary - annual_fee
7  print(annual_savings)
```

執行結果
```
======================= RESTART: D:\Python\ch2\ch2_1.py =======================
252000
```

未來我們時薪改變、工作天數改變或每個月的花費改變，只要適度修改變數內容，就可以獲得正確的執行結果。

2-4 認識註解的意義

上一節的程式 ch2_1.py，儘管我們已經為變數設定了有意義的名稱，其實時間一久，常常還是會忘記各個指令的內涵。所以筆者建議，設計程式時，適度的為程式碼加上註解。在 1-7 節已經講解註解的方法，下列將直接以實例說明。

程式實例 ch2_2.py：重新設計程式 ch2_1.py，為程式碼加上註解。

```
1  # ch2_2.py
2  hourly_salary = 150                          # 設定時薪
3  annual_salary = hourly_salary * 8 * 300      # 計算年薪
4  monthly_fee = 9000                           # 設定每月花費
5  annual_fee = monthly_fee * 12                # 計算每年花費
6  annual_savings = annual_salary - annual_fee  # 計算每年儲存金額
7  print(annual_savings)                        # 列出每年儲存金額
```

執行結果　與 ch2_1.py 相同。

相信經過上述註解後，即使再過 10 年，只要一看到程式應可輕鬆瞭解整個程式的意義。

2-5 變數的命名原則

2-5-1 基本觀念

Python 對於變數的命名，在使用時有一些規則要遵守，否則會造成程式錯誤。

- 必須由英文字母、_ (底線) 或中文字開頭，建議使用英文字母。
- 變數名稱只能由英文字母、數字、_ (底線) 或中文字所組成，底線開頭的變數會被特別處理，下一小節會做說明。
- 英文字母大小寫是敏感的，例如：Name 與 name 被視為不同變數名稱。
- Python 關鍵字 (或稱系統保留字) 不可當作變數名稱，會讓程式產生錯誤，可參考 2-5-2 節。
- Python 內建函數 (function) 名稱、類別 (class) 名稱 (第 12 章)、異常物件名稱 (第 15 章) 等，不建議當作變數名稱，因為會造成函數失效，可參考 2-5-3 節。

註 雖然變數名稱可以用中文字，不過筆者不建議使用中文字。

實例 1：下列是一些不合法的變數名稱。

```
sum,1           # 變數名稱不可有 ","
3y              # 變數名稱不可由阿拉伯數字開頭
x$2             # 變數名稱不可有 "$" 符號
and             # 這是系統關鍵字不可當作變數名稱
```

實例 2：下列是一些合法的變數名稱。

```
SUM_
_fg
x5
a_b_100
總和
```

2-5-2 不可當作變數的關鍵字

實例 1：可以使用 help('keywords') 列出所有 Python 的關鍵字。

```
>>> help('keywords')
Here is a list of the Python keywords.  Enter any keyword to get more help.

False               class               from                or
None                continue            global              pass
True                def                 if                  raise
and                 del                 import              return
as                  elif                in                  try
assert              else                is                  while
async               except              lambda              with
await               finally             nonlocal            yield
break               for                 not
```

此外，我們也可以使用 help( ) 列出特定函數或是關鍵字的用法。

實例 2：列出關鍵字 and 的用法。

```
>>> help('and')
Boolean operations
******************

or_test  ::= and_test | or_test "or" and_test
and_test ::= not_test | and_test "and" not_test
not_test ::= comparison | "not" not_test
```

實例 3：列出 print( ) 函數的用法。

```
>>> help('print')
Help on built-in function print in module builtins:

print(...)
    print(value, ..., sep=' ', end='\n', file=sys.stdout, flush=False)
    
    Prints the values to a stream, or to sys.stdout by default.
    Optional keyword arguments:
    file:  a file-like object (stream); defaults to the current sys.stdout.
    sep:   string inserted between values, default a space.
    end:   string appended after the last value, default a newline.
    flush: whether to forcibly flush the stream.
```

2-5-3　不建議當作變數的函數 / 類別 / 異常物件名稱

內建函數 dir( )，加上參數 "__bulitins__"，可以列出所有內建函數名稱、類別名稱、異常物件名稱。

實例 1：列出所有 Python 內建函數名稱、類別名稱、異常物件名稱等。

```
>>> dir(__builtins__)
['ArithmeticError', 'AssertionError', 'AttributeError', 'BaseException', 'BlockingIOError', 'BrokenPipeError', 'BufferError', 'BytesWarning', 'ChildProcessError', 'ConnectionAbortedError', 'ConnectionError', 'ConnectionRefusedError', 'ConnectionResetError', 'DeprecationWarning', 'EOFError', 'Ellipsis', 'EnvironmentError', 'Exception', 'False', 'FileExistsError', 'FileNotFoundError', 'FloatingPointError', 'FutureWarning', 'GeneratorExit', 'IOError', 'ImportError', 'ImportWarning', 'IndentationError', 'IndexError', 'InterruptedError', 'IsADirectoryError', 'KeyError', 'KeyboardInterrupt', 'LookupError', 'MemoryError', 'ModuleNotFoundError', 'NameError', 'None', 'NotADirectoryError', 'NotImplemented', 'NotImplementedError', 'OSError', 'OverflowError', 'PendingDeprecationWarning', 'PermissionError', 'ProcessLookupError', 'RecursionError', 'ReferenceError', 'ResourceWarning', 'RuntimeError', 'RuntimeWarning', 'StopAsyncIteration', 'StopIteration', 'SyntaxError', 'SyntaxWarning', 'SystemError', 'SystemExit', 'TabError', 'TimeoutError', 'True', 'TypeError', 'UnboundLocalError', 'UnicodeDecodeError', 'UnicodeEncodeError', 'UnicodeError', 'UnicodeTranslateError', 'UnicodeWarning', 'UserWarning', 'ValueError', 'Warning', 'WindowsError', 'ZeroDivisionError', '__build_class__', '__debug__', '__doc__', '__import__', '__loader__', '__name__', '__package__', '__spec__', 'abs', 'all', 'any', 'ascii', 'bin', 'bool', 'breakpoint', 'bytearray', 'bytes', 'callable', 'chr', 'classmethod', 'compile', 'complex', 'copyright', 'credits', 'delattr', 'dict', 'dir', 'divmod', 'enumerate', 'eval', 'exec', 'exit', 'filter', 'float', 'format', 'frozenset', 'getattr', 'globals', 'hasattr', 'hash', 'help', 'hex', 'id', 'input', 'int', 'isinstance', 'issubclass', 'iter', 'len', 'license', 'list', 'locals', 'map', 'max', 'memoryview', 'min', 'next', 'object', 'oct', 'open', 'ord', 'pow', 'print', 'property', 'quit', 'range', 'repr', 'reversed', 'round', 'set', 'setattr', 'slice', 'sorted', 'staticmethod', 'str', 'sum', 'super', 'tuple', 'type', 'vars', 'zip']
```

內建函數

若是不小心將系統內建函數名稱當作變數,程式本身不會錯誤,但是原先函數功能會喪失。2-10-5 節會說明用程式輸出所有的內建函數。

2-5-4 Python 寫作風格 (Python Enhancement Proposals) - PEP 8

吉多‧范羅姆蘇 (Guido van Rossum) 被尊稱 Python 之父,他有編寫 Python 程式設計的風格,一般人將此稱 Python 風格 PEP(Python Enhancement Proposals),常看到有些文件稱此風格為 PEP 8,這個 8 不是版本編號,PEP 有許多文件提案,其中編號 8 是講 Python 程式設計風格,所以一般人又稱 Python 寫作風格為 PEP 8。在這個風格下,變數名稱建議是用小寫字母,如果變數名稱需用 2 個英文字表達時,建議此文字間用底線連接。例如 2-2-1 節的年薪變數,英文是 annual salary,我們可以用 annual_salary 當作變數。

在執行運算時,在運算符號左右兩邊增加空格,例如:

```
x = y + z                # 符合 Python 風格
x = (y + z)              # 符合 Python 風格
x = y+z                  # 不符合 Python 風格
x = (y+z)                # 不符合 Python 風格
```

完整的 Python 寫作風格可以參考下列網址:

www.python.org/dev/peps/pep-0008

上述僅將目前所學做說明,未來筆者還會逐步解說。註:程式設計時如果不採用 Python 風格,程式仍可以執行,不過 Python 之父吉多‧范羅姆蘇認為寫程式應該是給人看的,所以更應該寫讓人易懂的程式。

2-5-5 認識底線開頭或結尾的變數

筆者在此先列出本節內容,坦白說對初學 Python 者可能無法體會此節內容,不過讀者持續閱讀此書時會碰上這類的變數,當讀者讀完本書第 12 章時,再回頭看此節內容應可以逐步體會本節的說明。

Python 程式設計時可能會看到下列底線開頭或結尾的變數,其觀念如下:

❑ 變數名稱有前單底線,例如:_test

這是一種私有變數、函數或方法,可能是在測試中或一般應用在不想直接被調用的方法可以使用單底線開頭的變數。

- ❏ 變數名稱有後單底線，例如：dict_

    這種命名方式主要是避免與 Python 的關鍵字 (built-in keywords) 或內建函數 (built-in functions) 有相同的名稱，例如：max 是求較大值函數、min 是求較小值函數，可以參考 5-4 節，如果我們真的想建立 max 或 min 變數，可以將變數命名為 max_ 或 min_。

- ❏ 變數名稱前後有雙底線，例如：__test__

    這是保留給 Python 內建 (built-in) 的變數 (variables) 或方法 (methods) 使用。

- ❏ 變數名稱有前雙底線，例如：__test

    這也是私有方法或變數的命名，無法直接使用本名存取資料。

註：在 IDLE 或是 Spider 環境使用 Python 時，底線可以代表前一次操作的遺留值。

```
>>> 10
10
>>> _ * 5
50
```

```
In [1]: 10
Out[1]: 10
In [2]: _ * 5
Out[2]: 50
```

2-6 基本數學運算

2-6-1 賦值

從內文開始至今，已經使用許多次賦值 (=) 的觀念了，所謂賦值是一個等號的運算，將一個右邊值或是變數或是運算式設定給一個左邊的變數，稱賦值 (=) 運算。

實例 1：賦值運算，將 5 設定給變數 x，設定 y 是「x – 3」。

```
>>> x = 5
>>> y = x - 3
>>> y
2
```

2-6-2 四則運算

Python 的四則運算是指加 (+)、減 (-)、乘 (*) 和除 (/)。

實例 1：下列是加法與減法運算實例。

```
>>> x = 5 + 6
>>> x
11
>>> y = x - 10
>>> y
1
```

> **註** 再次強調，上述 5+6 等於 11 設定給變數 x，在 Python 內部運算中 x 是標誌，指向內容是 11。

實例 2：乘法與除法運算實例。

```
>>> x = 5 * 9          >>> y = 9 / 5
>>> x                  >>> y
45                     1.8
```

2-6-3　餘數和整除

餘數 (mod) 所使用的符號是 "%"，可計算出除法運算中的餘數。整除所使用的符號是 "//"，是指除法運算中只保留整數部分。

實例 1：餘數和整除運算實例。

```
>>> x = 9 % 5          >>> y = 9 // 2
>>> x                  >>> y
4                      4
```

其實在程式設計中求餘數是非常有用，例如：如果要判斷數字是奇數或偶數可以用 %，指令「num % 2」，如果是奇數所得結果是 1，如果是偶數所得結果是 0。未來當讀者學會更多指令，筆者會做更多的應用說明。

> **註** "%" 字元還有其他用途，第 4 章輸入與輸出章節會再度應用此字元。

2-6-4　次方

次方的符號是 "**"。

實例 1：平方、次方的運算實例。

```
>>> x = 3 ** 2         >>> y = 3 ** 3
>>> x                  >>> y
9                      27
```

2-6-5　Python 語言控制運算的優先順序

Python 語言碰上計算式同時出現在一個指令內時，除了括號 "( )" 內部運算最優先外，其餘計算優先次序如下。

1：次方。

2：乘法、除法、求餘數 (%)、求整數 (//)，彼此依照出現順序運算。

3：加法、減法，彼此依照出現順序運算。

實例 1：Python 語言控制運算的優先順序的應用。

```
>>> x = (5 + 6) * 8 - 2
>>> x
86
```

```
>>> y = 5 + 6 * 8 - 2
>>> y
51
```

```
>>> z = 2 * 3**3 * 2
>>> z
108
```

2-7 指派運算子

常見的指派運算子如下,下方是假設「x = 10」的實例:

運算子	語法	說明	實例	結果
+=	a += b	a = a + b	x += 5	15
-=	a -= b	a = a - b	x -=5	5
*=	a *= b	a = a * b	x *= 5	50
/=	a /= b	a = a / b	x /= 5	2.0
%=	a %= b	a = a % b	x %= 5	0
//=	a //= b	a = a // b	x //= 5	2
**=	a **= b	a = a ** b	x **= 5	100000

2-8 Python 等號的多重指定使用

使用 Python 時,可以一次設定多個變數等於某一數值。

實例 1:設定多個變數等於某一數值的應用。

```
>>> x = y = z = 10
>>> x
10
>>> y
10
>>> z
10
```

Python 也允許多個變數同時指定不同的數值。

實例 2:設定多個變數,每個變數有不同值。

```
>>> x, y, z = 10, 20, 30
>>> print(x, y, z)
10 20 30
```

當執行上述多重設定變數值後,甚至可以執行更改變數內容。

實例 3：將 2 個變數內容交換。

```
>>> x, y = 10, 20
>>> print(x, y)
10 20
>>> x, y = y, x          ← 資料交換
>>> print(x, y)
20 10
```

上述原先 x, y 分別設為「10, 20」，但是經過多重設定後變為「20, 10」。其實我們可以使用多重指定觀念更靈活應用 Python，在 2-6-3 節有求商和餘數的實例，我們可以使用 divmod( ) 函數一次獲得商和餘數，可參考下列實例。

```
>>> x = 9 // 5           ← 整數除法
>>> x
1
>>> y = 9 % 5            ← 求餘數
>>> y
4
>>> z = divmod(9, 5)     ← 計算整數除法和餘數
>>> z
(1, 4)
>>> x, y = z
>>> x
1
>>> y
4
```

上述我們使用了 divmod(9, 5) 方法一次獲得了元組值 (1, 4)，第 8 章會解說元組 (tuple)，然後使用多重指定將此元組 (1, 4) 分別設定給 x 和 y 變數。

2-9　Python 的列連接 (Line Continuation)

在設計大型程式時，常會碰上一個敘述很長，需要分成 2 列或更多列撰寫，此時可以在敘述後面加上 "\" 符號，這個符號稱繼續符號。Python 直譯器會將下一列的敘述視為這一列的敘述。特別注意，在 "\" 符號右邊不可加上任何符號或文字，即使是註解符號也是不允許。

另外，也可以在敘述內使用小括號，如果使用小括號，就可以在敘述右邊加上註解符號。

程式實例 ch2_3.py 和 ch2_4.py：將一個敘述分成多列的應用，下方右圖是符合 PEP 8 的 Python 風格設計，也就是運算符號必須放在運算元左邊。

```
1  # ch2_3.py
2  a = b = c = 10
3  x = a + b + c + 12
4  print(x)
5  # 續行方法1
6  y = a +\
7      b +\
8      c +\
9      12
10 print(y)
11 # 續行方法2
12 z = ( a +           # 此處可以加上註解
13       b +
14       c +
15       12 )
16 print(z)
```

```
1  # ch2_4.py
2  a = b = c = 10
3  x = a + b + c + 12
4  print(x)
5  # 續行方法1       # PEP 8風格
6  y = a \
7      + b \
8      + c \
9      + 12
10 print(y)
11 # 續行方法2       # PEP 8風格
12 z = ( a           # 此處可以加上註解
13       + b
14       + c
15       + 12 )
16 print(z)
```
運算符號在運算元左邊

PEP 8 風格

執行結果　ch2_3.py 和 ch2_4.py 可以得到相同的結果。

```
======================= RESTART: D:\Python\ch2\ch2_3.py =======================
42
42
42
```

2-10　專題 - 複利計算 / 計算圓面積與圓周長

2-10-1　銀行存款複利的計算

程式實例 ch2_5.py：銀行存款複利的計算，假設目前銀行年利率是 1.5%，複利公式如下，你有一筆 5 萬元，請計算 5 年後的本金和。

$$本金和 = 本金 * (1 + 年利率)^n \qquad \text{\# n 是年}$$

```
1  # ch2_5.py
2  money = 50000 * (1 + 0.015) ** 5
3  print("本金和是")
4  print(money)
```

執行結果
```
======================= RESTART: D:\Python\ch2\ch2_5.py =======================
本金和是
53864.20019421873
```

2-10-2　價值衰減的計算

程式實例 ch2_6.py：有一個品牌車輛，前 3 年每年價值衰減 15%，請問原價 100 萬的車輛 3 年後的殘值是多少。

```
1  # ch2_6.py
2  car = 1000000 * (1 - 0.15) ** 3
3  print("車輛殘值是")
4  print(car)
```

執行結果
```
=================== RESTART: D:\Python\ch2\ch2_6.py ===================
車輛殘值是
614124.9999999999
```

2-10-3　數學運算 - 計算圓面積與周長

程式實例 ch2_7.py：假設圓半徑是 5 公分，圓面積與圓周長計算公式分別如下：

　　　　圓面積 = PI * r * r　　　　　　　　# PI = 3.14159, r 是半徑
　　　　圓周長 = 2 * PI * r

```
1  # ch2_7.py
2  PI = 3.14159
3  r = 5
4  print("圓面積:單位是平方公分")
5  area = PI * r * r
6  print(area)
7  circumference = 2 * PI * r
8  print("圓周長:單位是公分")
9  print(circumference)
```

執行結果
```
=================== RESTART: D:\Python\ch2\ch2_7.py ===================
圓面積:單位是平方公分
78.53975
圓周長:單位是公分
31.4159
```

在程式語言的設計中，有一個觀念是具名常數 (named constant)，這種常數是不可更改內容。上述我們計算圓面積或圓周長所使用的 PI 是圓周率，這是一個固定的值，由於 Python 語言沒有提供此具名常數 (names constant) 的語法，上述程式筆者用大寫 PI 當作是具名常數的變數，這是一種約定成俗的習慣，其實這也是 PEP 8 程式風格，未來讀者可以用這種方式處理固定不會更改內容的變數。

2-10-4 數學模組的 pi

前一小節的圓周率筆者定義 3.14159，其實很精確了，如果要更精確可以使用 Python 內建的 math 模組，使用前需要用 import 導入模組，這時就可以定義此模組內的 pi 屬性，可以參考下列程式第 2 列，未來可以更精確使用它。

程式實例 ch2_8.py：使用 math 模組的 pi，重新設計 ch2_7.py。

```
1  # ch2_8.py
2  import math
3
4  r = 5
5  print("圓面積:單位是平方公分")
6  area = math.pi * r * r
7  print(area)
8  circumference = 2 * math.pi * r
9  print("圓周長:單位是公分")
10 print(circumference)
```

執行結果
```
======================= RESTART: D:\Python\ch2\ch2_8.py =======================
圓面積:單位是平方公分
78.53981633974483
圓周長:單位是公分
31.41592653589793
```

請參考第 6 或 8 列，筆者使用 math.pi 引用圓周率，獲得更精確的結果。筆者將在 4-5-3 節講解更多 math 模組相關內容。

2-10-5 程式輸出內建函數

建議讀者閱讀完第 7 章，再閱讀下列內容。

程式實例 ch2_9.py：2-5-3 節有介紹可以使用 dir(__builtins__) 輸出內建函數，我們可以用下列 for 迴圈程式輸出內建函數、類別和異常名稱。

```
1  # ch2_9.py
2  # 輸出內建函數名
3  builtin_functions = dir(__builtins__)
4  for function_name in builtin_functions:
5      print(function_name)
```

執行結果
```
======================= RESTART: D:/Python/ch2/ch2_9.py =======================
ArithmeticError
AssertionError
AttributeError
    …
type
vars
zip
```

建議讀者閱讀完第 13 章，再閱讀下列內容。有一個內建模組 inspect，此模組的函數 getmembers(object)，可以回傳參數 object 的項目，項目元素是字典格式。

程式實例 ch2_10.py：輸出所有 Python 內建函數。

```
1  # ch2_10.py
2  import inspect
3
4  # 輸出內建函數名
5  builtin_functions = [name for name, obj in inspect.getmembers(__builtins__) if inspect.isbuiltin(obj)]
6  for function_name in builtin_functions:
7      print(function_name)
```

執行結果
```
====================== RESTART: D:/Python/ch2/ch2_10.py ======================
__build_class__
__import__
abs
aiter
all
    …
sorted
sum
vars
```

2-11 認識內建函數、標準模組函數或是第 3 方模組函數

這一章我們用到了一些函數，部分可以直接使用，部分需要用 import 導入，基本上可以將函數分成 3 種：

內建函數：可以直接使用，例如：print( )、id( )、help( )、dir( ) … 等。

標準模組函數 (或**屬性**)：屬於安裝 Python 時，同時被安裝模組內的函數，例如：math 模組內的 pi 就是屬性或是開平方根函數 sqrt( )，使用前須用 import 導入此模組，然後用 math.pi 或是 math.sqrt( ) 引用。未來 4-5-3 節起，會有更多說明模組內的函數使用解說。

第 3 方模組函數：這是第 3 方軟體單位為 Python 開發，可以擴充 Python 功能的模組內的函數，這類函數在使用前需要先安裝模組，然後才可以使用該模組內的函數。未來第 13 章起會做更多實例解說。

第 3 章
基礎資料型態
掌握Python內建結構與特性

3-1　type( ) 函數

3-2　數值資料型態

3-3　布林值資料型態

3-4　字串資料型態

3-5　字串與字元

3-6　bytes 資料

3-7　專題 - 地球到月球時間計算 / 計算座標軸 2 點之間距離

Python 的基本資料型態有下列幾種：

- 數值資料型態 (numeric type)：常見的數值資料又可分成整數 (int) (第 3-2-1 節)、浮點數 (float) (第 3-2-2 節)。
- 布林值 (Boolean) 資料型態 (第 3-3 節)：也被視為數值資料型態。
- 文字序列型態 (text sequence type)：也就是字串 (string) 資料型態 (第 3-4 節)。
- 位元組 (bytes，有的書稱字節) 資料型態 (第 3-6 節)：這是二進位的資料型態，長度是 8 個位元。
- bytearray 資料型態 (第 8-14-3 節)。
- 序列型態 (sequence type)：list(第 6 章)、tuple(第 8 章)。
- 對映型態 (mapping type)：dict(第 9 章)。
- 集合型態 (set type)：集合 set(第 10 章)、凍結集合 (frozenset)。

其中 list、tuple、dict、set 又稱作是容器 (container)，未來在計算機科學中，讀者還會學習許多不同的容器與相關概念。

3-1　type( ) 函數

在正式介紹 Python 的資料型態前，筆者想介紹一個函數 type( )，這個函數可以列出變數的資料型態類別。這個函數在未來進入 Python 實戰時非常重要，因為變數在使用前不需要宣告，同時在程式設計過程變數的資料型態會改變，我們常常需要使用此函數判斷目前的變數資料型態。或是在進階 Python 應用中，我們會呼叫一些函數 (function) 或方法 (method)，這些函數或方法會傳回一些資料，可以使用 type( ) 獲得所傳回的資料型態。

實例 1：列出整數、浮點數、字串變數的資料型態。

```
>>> x = 10              >>> y = 2.5             >>> z = 'Python'
>>> type(x)             >>> type(y)             >>> type(z)
<class 'int'>           <class 'float'>         <class 'str'>
```

從上述執行結果可以看到，變數 x 的內容是 10，資料型態是整數 (int)。變數 y 的內容是 2.5，資料型態是浮點數 (float)。變數 z 的內容是 'Python'，資料型態是字串 (str)。下一節會說明，為何是這樣。

3-2 數值資料型態

3-2-1 整數 int

整數的英文是 integer，在電腦程式語言中一般用 int 表示。如果你學過其它電腦語言，在介紹整數時老師一定會告訴你，該電腦語言使用了多少空間儲存整數，所以設計程式時整數大小必須是在某一區間之間，否則會有溢位 (overflow) 造成資料不正確。例如：如果儲存整數的空間是 32 位元，則整數大小是在 -2147483648 和 2147483647 之間。在 Python 3 已經將整數可以儲存空間大小的限制拿掉了，所以沒有 long 了，也就是說 int 可以是任意大小的數值。

英文 googol 是指自然數 10^{100}，這是 1938 年美國數學家愛德華‧卡斯納 (Edward Kasner) 9 歲的侄子米爾頓‧西羅蒂 (Milton Sirotta) 所創造的。下列是筆者嘗試使用整數 int 顯示此 googol 值。

```
>>> googol = 10 ** 100
>>> googol
10000000000000000000000000000000000000000000000000000000000000000000000000000000000000000000000000000
```

其實 Google 公司原先設計的搜尋引擎稱 BackRub，登記公司想要以 googol 為域名，這代表網路上無邊無際的資訊，由於在登記時拼寫錯誤，所以有了現在我們了解的 Google 搜尋引擎與公司。

整數使用時比較特別的是，可以在數字中加上底線 (_)，這些底線會被忽略，如下方左圖所示：

```
>>> x = 1_1_1          >>> x = 1_000_000
>>> x                  >>> x
111                    1000000
```

有時候處理很大的數值時，適當的使用底線可以讓數字更清楚表達，例如：上方右圖是設定 100 萬的整數變數 x。

3-2-2 浮點數

浮點數的英文是 float，既然整數大小沒有限制，浮點數大小當然也是沒有限制。在 Python 語言中，帶有小數點的數字我們稱之為浮點數。例如：

x = 10.3

表示 x 是浮點數。

3-2-3 整數與浮點數的運算

Python 程式設計時不相同資料型態也可以執行運算，程式設計時常會發生整數與浮點數之間的資料運算，Python 具有簡單自動轉換能力，在計算時會將整數轉換為浮點數再執行運算。此外，某一個變數如果是整數，但是如果最後所儲存的值是浮點數，Python 也會將此變數轉成浮點數。

程式實例 ch3_1.py：整數轉換成浮點數的應用。

```
1  # ch3_1.py
2  x = 10
3  print(x)
4  print(type(x))        # 加法前列出x資料型態
5  x = x + 5.5
6  print(x)
7  print(type(x))        # 加法後列出x資料型態
```

執行結果
```
======================= RESTART: D:\Python\ch3\ch3_1.py =======================
10
<class 'int'>
15.5
<class 'float'>
```

原先變數 x 所儲存的值是整數 10，所以列出是整數。經過運算儲存了浮點數 15.5，所以列出是浮點數，相當於資料型態也改變了。

3-2-4 不同進位數的整數

在整數的使用中，除了我們熟悉的 10 進位整數運算，還有下列不同進位數的整數制度。

❑ 2 進位整數

Python 中定義凡是 0b 開頭的數字，代表這是 2 進位的整數。例如：0, 1。bin( ) 函數可以將一般整數數字轉換為 2 進位。

❑ 8 進位整數

Python 中定義凡是 0o 開頭的數字，代表這是 8 進位的整數。例如：0, 1, 2, 3, 4, 5, 6, 7。oct( ) 函數可以將一般數字轉換為 8 進位。

❑ 16 進位整數

Python 中定義凡是 0x 開頭的數字，代表這是 16 進位的整數。例如：0, 1, 2, 3, 4, 5, 6, 7, 8, 9, A, B, C, D, E, F，英文字母部分也可用小寫 a, b, c, d, e, f 代表。hex( ) 函數可以將一般數字轉換為 16 進位。

程式實例 ch3_2.py：2 進位整數、8 進位整數、16 進位整數的運算。

```
 1  # ch3_2.py
 2  print('2 進位整數運算')
 3  x = 0b1101           # 這是2進位整數
 4  print(x)             # 列出10進位的結果
 5  y = 13               # 這是10進位整數
 6  print(bin(y))        # 列出轉換成2進位的結果
 7  print('8 進位整數運算')
 8  x = 0o57             # 這是8進位整數
 9  print(x)             # 列出10進位的結果
10  y = 47               # 這是10進位整數
11  print(oct(y))        # 列出轉換成8進位的結果
12  print('16 進位整數運算')
13  x = 0x5D             # 這是16進位整數
14  print(x)             # 列出10進位的結果
15  y = 93               # 這是10進位整數
16  print(hex(y))        # 列出轉換成16進位的結果
```

執行結果

```
====================== RESTART: D:\Python\ch3\ch3_2.py ======================
2 進位整數運算
13
0b1101
8 進位整數運算
47
0o57
16 進位整數運算
93
0x5d
```

3-2-5　強制資料型態的轉換

有時候我們設計程式時，可以自行強制使用下列函數，轉換變數的資料型態。

- int( )：將資料型態強制轉換為整數。
- float( )：將資料型態強制轉換為浮點數。

程式實例 ch3_3.py：將浮點數強制轉換為整數的運算。

```
1  # ch3_3.py
2  x = 10.5
3  print(x)
4  print(type(x))       # 加法前列出x資料型態
5  y = int(x) + 5
6  print(y)
7  print(type(y))       # 加法後列出y資料型態
```

執行結果

```
====================== RESTART: D:\Python\ch3\ch3_3.py ======================
10.5
<class 'float'>
15
<class 'int'>
```

第 3 章　基礎資料型態 - 掌握 Python 內建結構與特性

程式實例 ch3_4.py：將整數強制轉換為浮點數的運算。

```
1  # ch3_4.py
2  x = 10
3  print(x)
4  print(type(x))        # 加法前列出x資料型態
5  y = float(x) + 10
6  print(y)
7  print(type(y))        # 加法後列出y資料型態
```

執行結果
```
====================== RESTART: D:\Python\ch3\ch3_4.py ======================
10
<class 'int'>
20.0
<class 'float'>
```

3-2-6　數值運算常用的函數

下列是數值運算時常用的函數。

- abs( )：計算絕對值。

- pow(x,y)：返回 x 的 y 次方。

- round( )：這是採用演算法則的 Bankers Rounding 觀念，如果處理位數左邊是奇數則使用四捨五入，如果處理位數左邊是偶數則使用五捨六入，例如：round(1.5)=2，round(2.5)=2。

- round(x,n)：處理小數時，第 2 個參數代表取到小數第幾位，小數位數的下一個小數位數採用 "5" 以下捨去，"51" 以上進位，例如：round(2.15,1)=2.1，round(2.25,1)=2.2，round(2.151,1)=2.2，round(2.251,1)=2.3。

程式實例 ch3_5.py：abs( )、pow( )、round( )、round(x,n) 函數的應用。

```
1   # ch3_5.py
2   x = -10
3   print("以下輸出abs( )函數的應用")
4   print('x = ', x)                    # 輸出x變數
5   print('abs(-10) = ', abs(x))        # 輸出abs(x)
6   x = 5
7   y = 3
8   print("以下輸出pow( )函數的應用")
9   print('pow(5,3) = ', pow(x, y))     # 輸出pow(x,y)
10  x = 47.5
11  print("以下輸出round(x)函數的應用")
12  print('x = ', x)                    # 輸出x變數
13  print('round(47.5) = ', round(x))   # 輸出round(x)
14  x = 48.5
15  print('x = ', x)                    # 輸出x變數
16  print('round(48.5) = ', round(x))   # 輸出round(x)
17  x = 49.5
```

3-6

```
18  print('x = ', x)                           # 輸出x變數
19  print('round(49.5) = ', round(x))          # 輸出round(x)
20  print("以下輸出round(x,n)函數的應用")
21  x = 2.15
22  print('x = ', x)                           # 輸出x變數
23  print('round(2.15,1) = ', round(x,1))      # 輸出round(x,1)
24  x = 2.25
25  print('x = ', x)                           # 輸出x變數
26  print('round(2.25,1) = ', round(x,1))      # 輸出round(x,1)
27  x = 2.151
28  print('x = ', x)                           # 輸出x變數
29  print('round(2.151,1) = ', round(x,1))     # 輸出round(x,1)
30  x = 2.251
31  print('x = ', x)                           # 輸出x變數
32  print('round(2.251,1) = ', round(x,1))     # 輸出round(x,1)
```

執行結果

```
==================== RESTART: D:\Python\ch3\ch3_5.py ====================
以下輸出abs( )函數的應用
x =  -10
abs(-10) =  10
以下輸出pow( )函數的應用
pow(5,3) =  125
以下輸出round(x)函數的應用
x =  47.5
round(47.5) =  48
x =  48.5
round(48.5) =  48
x =  49.5
round(49.5) =  50
以下輸出round(x,n)函數的應用
x =  2.15
round(2.15,1) =  2.1
x =  2.25
round(2.25,1) =  2.2
x =  2.151
round(2.151,1) =  2.2
x =  2.251
round(2.251,1) =  2.3
```

需留意的是，使用上述 abs( )、pow( ) 或 round( ) 函數，儘管可以得到運算結果，但是原先變數的值是沒有改變的。

3-2-7 科學記號表示法

所謂的科學記號觀念如下，一個數字轉成下列數學式：

$$a * 10^n$$

a 是浮點數，例如：123456 可以表示為 "$1.23456 * 10^5$"，這時底數是 10 我們用 E 或 e 表示，指數部分則轉為一般數字，然後省略 "*" 符號，最後表達式如下：

1.23456E+5　　　或　　　1.23456e+5

如果是碰上小於 1 的數值，則 E 或 e 右邊是負值 "-"。例如：0.000123 轉成科學記號，最後表達式如下：

    1.23E-4   或   1.23e-4

下列是示範輸出。

```
>>> x = 1.23456E+5              >>> y = 1.23e-4
>>> x                            >>> y
123456.0                         0.000123
```

下一章 4-1-2 節和 4-1-3 節筆者會介紹將一般數值轉成科學記號輸出的方式，以及格式化輸出方式。

3-3 布林值資料型態

3-3-1 基本觀念

Python 的布林值 (Boolean) 資料型態的值有兩種，True(真) 或 False(偽)，它的資料型態代號是 bool。

這個布林值一般是應用在程式流程的控制，特別是在條件運算式中，程式可以根據這個布林值判斷應該如何執行工作。如果將布林值資料型態用 int( ) 函數強制轉換成整數，如果原值是 True，將得到 1。如果原值是 False，將得到 0。

程式實例 ch3_6.py：列出布林值 True/False、強制轉換、布林值 True/False 的資料型態。

```
1  # ch3_6.py
2  x = True
3  print(x)              # 列出 x 資料
4  print(int(x))         # 列出強制轉換 int(x)
5  print(type(x))        # 列出 x 資料型態
6  y = False
7  print(y)              # 列出 y 資料
8  print(int(y))         # 列出強制轉換 int(y)
9  print(type(y))        # 列出 y 資料型態
```

執行結果

```
================= RESTART: D:\Python\ch3\ch3_6.py =================
True
1
<class 'bool'>
False
0
<class 'bool'>
```

3-3 布林值資料型態

　　在本章一開始筆者有說過，有時候也可以將布林值當作數值資料，因為 True 會被視為是 1，False 會被視為是 0，可以參考下列實例。

程式實例 ch3_7.py：將布林值與整數值相加的應用，並觀察最後變數資料型態，讀者可以發現，最後的變數資料型態是整數值。

```
1  # ch3_7.py
2  xt = True
3  x = 1 + xt
4  print(x)
5  print(type(x))        # 列出x資料型態
6
7  yt = False
8  y = 1 + yt
9  print(y)
10 print(type(y))        # 列出y資料型態
```

執行結果
```
======================= RESTART: D:\Python\ch3\ch3_7.py =======================
2
<class 'int'>
1
<class 'int'>
```

3-3-2　bool( )

　　這個 bool( ) 函數可以將所有資料轉成 True 或 False，我們可以將資料放在此函數得到布林值，數值如果是 0 或是空的資料會被視為 False。

布林值 False	整數 0
浮點數 0.0	空字串 ' '
空串列 [ ]	空元組 ( )
空字典 { }	空集合 set( )
None	

可參考下列實例：

```
>>> bool(0)
False
>>> bool(0.0)
False
>>> bool(None)
False

>>> bool(( ))
False
>>> bool([ ])
False
>>> bool({ })
False
```

至於其它的皆會被視為 True。

```
>>> bool(1)
True
>>> bool(-1)
True
>>> bool([1,2,3])
True
```

3-9

3-4 字串資料型態

所謂的**字串** (string) 資料是指**兩個單引號** (') 之間**或是兩個雙引號** (") 之間任意個數字元符號的資料,它的資料型態代號是 str。在英文字串的使用中常會發生某字中間有單引號,其實這是文字的一部份,如下所示:

This is James's ball

如果我們用單引號去處理上述字串將產生錯誤,如下所示:

```
>>> x = 'This is John's ball'
SyntaxError: invalid syntax
```

碰到這種情況,我們可以用雙引號解決,如下所示:

```
>>> x = "This is John's ball"
>>> x
"This is John's ball"
```

程式實例 ch3_8.py:使用單引號與雙引號設定與輸出字串資料的應用。

```
1  # ch3_8.py
2  x = "Deepwisdom means deepen your wisdom"    # 雙引號設定字串
3  print(x)
4  print(type(x))                                # 列出x字串資料型態
5  y = '深智數位 - Deepen your wisdom'            # 單引號設定字串
6  print(y)
7  print(type(y))                                # 列出y字串資料型態
```

執行結果

```
====================== RESTART: D:\Python\ch3\ch3_8.py ======================
Deepwisdom means deepen your wisdom
<class 'str'>
深智數位 - Deepen your wisdom
<class 'str'>
```

3-4-1 字串的連接

數學的運算子 "+",可以執行兩個字串相加,產生新的字串。

程式實例 ch3_9.py:字串連接的應用。

```
1  # ch3_9.py
2  num1 = 222
3  num2 = 333
4  num3 = num1 + num2
5  print("以下是數值相加")
6  print(num3)
7  numstr1 = "222"
8  numstr2 = "333"
9  numstr3 = numstr1 + numstr2
10 print("以下是由數值組成的字串相加")
```

```python
11  print(numstr3)
12  numstr4 = numstr1 + " " + numstr2
13  print("以下是由數值組成的字串相加，同時中間加上一空格")
14  print(numstr4)
15  str1 = "Deepmind "
16  str2 = "Deepen your mind"
17  str3 = str1 + str2
18  print("以下是一般字串相加")
19  print(str3)
```

執行結果
```
======================= RESTART: D:\Python\ch3\ch3_9.py =======================
以下是數值相加
555
以下是由數值組成的字串相加
222333
以下是由數值組成的字串相加，同時中間加上一空格
222 333
以下是一般字串相加
Deepmind Deepen your mind
```

3-4-2　處理多於一列的字串

程式設計時如果字串長度多於一列，可以使用三個單引號 (或是 3 個雙引號) 將字串包夾即可。另外須留意，如果字串多於一列我們常常會使用按 Enter 鍵方式處理，造成字串間多了分列符號。如果要避免這種現象，可以在列末端增加 "\" 符號，這樣可以避免字串內增加分列符號。

另外，也可以使用「"」符號，但是在定義時在列末端增加 "\"(可參考下列程式 8 ~ 9 列)，或是使用小括號定義字串 (可參考下列程式 11 ~ 12 列)。

程式實例 ch3_10.py：使用三個單引號處理多於一列的字串，str1 的字串內增加了分列符號，str2 字串是連續的沒有分列符號。

```python
1  # ch3_10.py
2  str1 = '''Silicon Stone Education is an unbiased organization
3  concentrated on bridging the gap ... '''
4  print(str1)                             # 字串內有分列符號
5  str2 = '''Silicon Stone Education is an unbiased organization \
6  concentrated on bridging the gap ... '''
7  print(str2)                             # 字串內沒有分列符號
8  str3 = "Silicon Stone Education is an unbiased organization " \
9         "concentrated on bridging the gap ... "
10 print(str3)                             # 使用\符號
11 str4 = ("Silicon Stone Education is an unbiased organization "
12         "concentrated on bridging the gap ... ")
13 print(str4)                             # 使用小括號
```

執行結果
```
======================= RESTART: D:\Python\ch3\ch3_10.py =======================
Silicon Stone Education is an unbiased organization
concentrated on bridging the gap ...
Silicon Stone Education is an unbiased organization concentrated on bridging the gap ...
Silicon Stone Education is an unbiased organization concentrated on bridging the gap ...
Silicon Stone Education is an unbiased organization concentrated on bridging the gap ...
```

此外，讀者可以留意第 2 列 Silicon 左邊的 3 個單引號和第 3 列末端的 3 個單引號，另外，上述第 2 列若是少了 "str1 = "，3 個單引號間的跨列字串就變成了程式的註解。

上述第 8 列和第 9 列看似 2 個字串，但是第 8 列增加 "\" 字元，換列功能會失效所以這 2 列會被連接成 1 列，所以可以獲得一個字串。最後第 11 和 12 列小括號內的敘述會被視為 1 列，所以第 11 和 12 列也將建立一個字串。

3-4-3 逸出字元

在字串使用中，如果字串內有一些特殊字元，例如：單引號、雙引號 … 等，必須在此特殊字元前加上 "\"(反斜線)，才可正常使用，這種含有 "\" 符號的字元稱逸出字元 (Escape Character)。

逸出字元	Hex 值	意義	逸出字元	Hex 值	意義
\'	27	單引號	\n	0A	換行
\"	22	雙引號	\o		8 進位表示
\\	5C	反斜線	\r	0D	游標移至最左位置
\a	07	響鈴	\x		16 進位表示
\b	08	BackSpace 鍵	\t	09	Tab 鍵效果
\f	0C	換頁	\v	0B	垂直定位

字串使用中特別是碰到字串含有單引號時，如果你是使用單引號定義這個字串時，必須要使用此逸出字元，才可以順利顯示，可參考 ch3_11.py 的第 3 列。如果是使用雙引號定義字串則可以不必使用逸出字元，可參考 ch3_11.py 的第 6 列。

程式實例 ch3_11.py：逸出字元的應用，這個程式第 9 列增加 "\t" 字元，所以 "can't" 跳到下一個 Tab 鍵位置輸出。同時有 "\n" 字元，這是換列符號，所以 "loving" 跳到下一列輸出。

```
1  # ch3_11.py
2  #以下輸出使用單引號設定的字串，需使用\'
3  str1 = 'I can\'t stop loving you.'
4  print(str1)
5  #以下輸出使用雙引號設定的字串，不需使用\'
6  str2 = "I can't stop loving you."
7  print(str2)
8  #以下輸出有\t和\n字元
9  str3 = "I \tcan't stop \nloving you."
10 print(str3)
```

執行結果
```
==================== RESTART: D:\Python\ch3\ch3_11.py ====================
I can't stop loving you.
I can't stop loving you.
I        can't stop
loving you.
```

3-4-4　str( )

str( ) 函數有好幾個用法：

● 可以設定空字串。

```
>>> x = str( )
>>> x
''
>>> print(x)

>>>
```

● 設定字串。

```
>>> x = str('ABC')
>>> x
'ABC'
```

● 可以強制將數值資料轉換為字串資料。

```
>>> x = 123
>>> type(x)
<class 'int'>
>>> y = str(x)
>>> type(y)
<class 'str'>
>>> y
'123'
```

程式實例 ch3_12.py：使用 str( ) 函數將數值資料強制轉換為字串的應用。

```
1  # ch3_12.py
2  num1 = 222
3  num2 = 333
4  num3 = num1 + num2
5  print("這是數值相加")
6  print(num3)
7  str1 = str(num1) + str(num2)
8  print("強制轉換為字串相加")
9  print(str1)
```

執行結果
```
==================== RESTART: D:\Python\ch3\ch3_12.py ====================
這是數值相加
555
強制轉換為字串相加
222333
```

3-13

上述字串相加,讀者可以想成是字串連接執行結果是一個字串,所以上述執行結果 555 是數值資料,222333 則是一個字串。

3-4-5　將字串轉換為整數

int( ) 函數可以將字串轉為整數,在未來的程式設計中也常會發生將字串轉換為整數資料,此函數的語法如下:

　　int(str, b)

上述參數 str 是字串,b 是底數,當省略 b 時預設是將 10 進位的數字字串轉成整數,如果是 2、8、或 16 進位,則需要設定 b 參數註明數字的進位。

程式實例 ch3_13.py:將不同進位數字字串資料轉換為整數資料的應用。

```
1  # ch3_13.py
2  x1 = "22"
3  x2 = "33"
4  x3 = x1 + x2
5  print("type(x3) = ", type(x3))
6  print("x3 = ", x3)                # 列印字串相加
7  x4 = int(x1) + int(x2)
8  print("type(x4) = ", type(x4))
9  print("x4 = ", x4)                # 列印整數相加
10 x5 = '1100'
11 print("2進位  '1100' = ", int(x5,2))
12 print("8進位  '22'   = ", int(x1,8))
13 print("16進位 '22'   = ", int(x1,16))
14 print("16進位 '5A'   = ", int('5A',16))
```

執行結果
```
==================== RESTART: D:\Python\ch3\ch3_13.py ====================
type(x3) =  <class 'str'>
x3 =  2233
type(x4) =  <class 'int'>
x4 =  55
2進位  '1100' =  12
8進位  '22'   =  18
16進位 '22'   =  34
16進位 '5A'   =  90
```

上述執行結果 55 是數值資料,2233 則是一個字串。

3-4-6　字串與整數相乘產生字串複製效果

在 Python 可以允許將字串與整數相乘,結果是字串將重複該整數的次數。

程式實例 ch3_14.py:字串與整數相乘的應用。

```
1  # ch3_14.py
2  x1 = "A"
3  x2 = x1 * 10
4  print(x2)                # 列印字串乘以整數
5  x3 = "ABC"
6  x4 = x3 * 5
7  print(x4)                # 列印字串乘以整數
```

執行結果
```
====================== RESTART: D:\Python\ch3\ch3_14.py ======================
AAAAAAAAAA
ABCABCABCABCABC
```

3-4-7 聰明的使用字串加法和換列字元 \n

有時設計程式時，想將字串分列輸出，可以使用字串加法功能，在加法過程中加上換列字元 "\n" 即可產生字串分列輸出的結果。

程式實例 ch3_15.py：將資料分列輸出的應用。

```
1  # ch3_15.py
2  str1 = "洪錦魁著作"
3  str2 = "機器學習基礎微積分王者歸來"
4  str3 = "Python程式語言王者歸來"
5  str4 = str1 + "\n" + str2 + "\n" + str3
6  print(str4)
```

執行結果
```
====================== RESTART: D:\Python\ch3\ch3_15.py ======================
洪錦魁著作
機器學習基礎微積分王者歸來
Python程式語言王者歸來
```

3-4-8 字串前加 r

在使用 Python 時，如果在字串前加上 r，可以防止逸出字元 (Escape Character) 被轉譯，可參考 3-4-3 節的逸出字元表，相當於可以取消逸出字元的功能。

程式實例 ch3_16.py：字串前加上 r 的應用。

```
1  # ch3_16.py
2  str1 = "Hello!\nPython"
3  print("不含r字元的輸出")
4  print(str1)
5  str2 = r"Hello!\nPython"
6  print("含r字元的輸出")
7  print(str2)
```

執行結果
```
====================== RESTART: D:\Python\ch3\ch3_16.py ======================
不含r字元的輸出
Hello!
Python
含r字元的輸出
Hello!\nPython
```

3-5 字串與字元

在 Python 沒有所謂的字元 (character) 資料,如果字串含一個字元,我們稱這是含一個字元的字串。

3-5-1 ASCII 碼

計算機內部最小的儲存單位是位元 (bit),這個位元只能儲存是 0 或 1。一個英文字元在計算機中是被儲存成 8 個位元的一連串 0 或 1 中,儲存這個英文字元的編碼我們稱 ASCII(American Standard Code for Information Interchange,美國資訊交換標準程式碼) 碼,有關 ASCII 碼的內容可以參考附錄 H (電子書)。

在這個 ASCII 表中由於是用 8 個位元定義一個字元,所以使用了 0 ~ 127 定義了 128 個字元,在這個 128 字元中有 33 個字元是無法顯示的控制字元,其它則是可以顯示的字元。至於可顯示字元有一些符號,例如:+、-、=、0 … 9、大寫 A … Z 或小寫 a … z 等。這些每一個符號皆有一個編碼,我們稱這編碼是 ASCII 碼。

我們可以使用下列執行資料的轉換。

- chr(x)：可以傳回函數 x 值的 ASCII 或 Unicode 字元。

例如:從 ASCII 表可知,字元 a 的 ASCII 碼值是 97,可以使用下列方式印出此字元。

```
>>> x = 97
>>> print(chr(x))
a
```

英文小寫與英文大寫的碼值相差 32,可參考下列實例。

```
>>> x = 97
>>> x -= 32
>>> print(chr(x))
A
```

3-5-2 Unicode 碼

電腦是美國發明的,因此 ASCII 碼對於英語系國家的確很好用,但是地球是一個多種族的社會,存在有幾百種語言與文字,ASCII 所能容納的字元是有限的,只要隨便一個不同語系的外來詞,例如:café,含重音字元就無法顯示了,更何況有幾萬中文字或其它語系文字。為了讓全球語系的使用者可以彼此用電腦溝通,因此有了 Unicode 碼的設計。

Unicode 碼的基本精神是,所有的文字皆有一個碼值,我們也可以將 Unicode 想成是一個字元集,可以參考下列網頁:

http://www.unicode.org/charts

目前 Unicode 使用 16 位元定義文字,2^{16} 等於 65536,相當於定義了 65536 個字元,它的定義方式是以 "\u" 開頭後面有 4 個 16 進位的數字,所以是從 "\u0000" 至 "\uFFFF" 之間。在上述的網頁中可以看到不同語系表,其中 East Asian Scripts 欄位可以看到 CJK,這是 Chinese、Japanese 與 Korean 的縮寫,在這裡可以看到漢字的 Unicode 碼值表,CJK 統一漢字的編碼是在 4E00 – 9FBB 之間。

至於在 Unicode 編碼中,前 128 個碼值是保留給 ASCII 碼使用,所以對於原先存在 ASCII 碼中的英文大小寫、標點符號 ⋯ 等,是可以正常在 Unicode 碼中使用,在應用 Unicode 編碼中我們很常用的是 ord( ) 函數。

- ord(x):可以傳回函數字元參數 x 的 Unicode 碼值,如果是中文字也可傳回 Unicode 碼值。如果是英文字元,Unicode 碼值與 ASCII 碼值是一樣的。有了這個函數,我們可以很輕易獲得自己名字的 Unicode 碼值。

程式實例 ch3_17.py:這個程式首先會將整數 97 轉換成英文字元 'a',然後將字元 'a' 轉換成 Unicode 碼值,最後將中文字 '魁' 轉成 Unicode 碼值。

```
1  # ch3_17.py
2  x1 = 97
3  x2 = chr(x1)
4  print(x2)              # 輸出數值97的字元
5  x3 = ord(x2)
6  print(x3)              # 輸出字元x3的Unicode(10進位)碼值
7  x4 = '魁'
8  print(hex(ord(x4)))    # 輸出字元'魁'的Unicode(16進位)碼值
```

執行結果
```
====================== RESTART: D:\Python\ch3\ch3_17.py ======================
a
97
0x9b41
```

3-5-3　utf-8 編碼

utf-8 是針對 Unicode 字元集的可變長度編碼方式,這是網際網路目前所遵循的編碼方式,在這種編碼方式下,utf-8 使用 1 ~ 4 個 byte 表示一個字元,這種編碼方式會根據不同的字元變化編碼長度。

❑ ASCII 使用 utf-8 編碼規則

對於 ASCII 字元而言，基本上它使用 1 個 byte 儲存 ASCII 字元，utf-8 的編碼方式是 byte 的第一個位元是 0，其它 7 個位元則是此字元的 ASCII 碼值。

❑ 中文字的 utf-8 編碼規則

對於需要 3 個 byte 編碼的 Unicode 中文字元而言，第 1 個 byte 的前 3 個位元皆設為 1，第 4 個位元設為 0。後面第 2 和第 3 個 byte 的前 2 位是 10，其它沒有說明的二進位全部是此中文字元的 Unicode 碼。依照此規則可以得到中文字的 utf-8 編碼規則如下：

1110xxxx 10xxxxxx 10xxxxxx   # xx 就是要填入的 Unicode 碼

例如：從 ch3_17.py 的執行結果可知魁的 Unicode 碼值是 0x9b41，如果轉成二進位方式如下所示：

10011011 01000001

我們可以用下列更細的方式，將魁的 Unicode 碼值填入 xx 內。

Utf-8中文編碼規則	1	1	1	0	x	x	x	x	1	0	x	x	x	x	x	x	1	0	x	x	x	x	x	x
魁的Unicode編碼					1	0	0	1			1	0	1	1	0	1			0	0	0	0	0	1
魁的utf-8編碼	1	1	1	0	1	0	0	1	1	0	1	0	1	1	0	1	1	0	0	0	0	0	0	1

從上圖可以得到魁的 utf-8 編碼結果是 0xe9ad81，3-6-1 節實例 2 我們可以驗證這個結果。

3-5-4 繁體中文字編碼總結

❑ 基本觀念

在講解中文編碼前，讀者須先認識 ANSI 編碼（American National Standards Institute，美國國家標準協會），ANSI 編碼是一種字元編碼方案，主要用於表示美國英語字元。事實上，當人們提到 ANSI 編碼時，他們通常指的是擴展的 ANSI 編碼，即 Windows 的 code page 編碼。對於不同的地區和語言，擴展的 ANSI 編碼使用不同的 code page。例如，code page 1252 用於西歐語言，而 cp950(cp 分別是 code 和 page 的縮寫) 則是用於繁體中文環境。

繁體中文的編碼方案下有不同的表示方式：

Big5（大五碼）是一種早期的繁體中文字元編碼方案，於 1984 年由台灣資訊工業策進會（現在的資策會）和中華電信研究院（現在的中華電信實驗室）共同制定。Big5 編碼使用 2 個 byte 表示繁體中文字元，編碼範圍為 0xA140 至 0xFEFE。Big5 編碼包含了常用繁體中文字、部分簡體中文字、符號以及拉丁字母。註：目前 Big5 碼已經沒有使用，Windows 作業系統的中文用的是 cp950 編碼。

cp950（Code Page 950）是微軟公司在其 Windows 作業系統中為繁體中文所定義的一個擴展 Big5 編碼方案。cp950 是 2 個 byte 表示繁體中文字元，它是以 Big5 編碼為基礎並擴展了字元集，涵蓋了更多的繁體中文字、符號和特殊字元，cp950 是 Windows 作業系統在繁體中文環境下的主要字元編碼方式。

總之 cp950 是一種針對繁體中文環境的擴展 Big5 編碼方案，也可以看作是繁體中文版本的擴展 ANSI 編碼。然而，隨著 Unicode 標準的普及，UTF-8 等 Unicode 編碼方案已經成為多語言字元表示的主流，這些編碼方案可以兼容世界上絕大多數的文字系統，並具有更好的擴展性。

❑ 記事本

有關中文編碼的文字檔案，最常見的應用是使用記事本編輯 txt 為副檔名的檔案，當開啟記事本後，可以在記事本的狀態欄看到所編輯檔案的編碼格式：

上述表示記事本編輯文件預設是使用「utf-8」(大小寫均可)，未來編輯檔案成功後，執行檔案 / 另存為指令，可以開啟另存新檔對話方塊，下方可以看到編碼欄位，也可以在此選擇編碼格式。

當我們在記事本執行<u>檔案</u>/<u>開啟舊檔</u>時，可以看到<u>開啟</u>對話方塊，下方有<u>編碼</u>欄位，預設是<u>自動偵測</u>，相當於可以偵測檔案編碼方式，然後開啟，筆者建議使用這個方式開啟檔案即可。

註 如果選擇錯誤編碼方式開啟檔案，會有亂碼產生。例如：ch3 資料夾有一個「mingchi.txt」檔案，這是「UTF-8」編碼，如果讀者使用「自動偵測」或是「UTF-8」編碼開啟，可以正常顯示，請參考下方左圖。如果使用「ANSI」開啟，將產生亂碼，可以參考下方右圖。

3-6　bytes 資料

使用 Python 處理一般字串資料，我們可以很放心的使用字串 str 資料型態，至於 Python 內部如何處理我們可以不用理會，這些事情 Python 的直譯程式會處理。

但是有一天你需與外界溝通或交換資料時，特別是我們是使用中文，如果我們不懂中文字串與 bytes 資料的轉換，我們所獲得的資料將會是亂碼。例如：設計電子郵件的接收程式，所接收的可能是 bytes 資料，這時我們必須學會將 bytes 資料轉成字串，否則會有亂碼產生。或是有一天你要設計供中國人使用的網路聊天室，你必須設計將使用者所傳達的中文字串轉成 bytes 資料傳上聊天室，然後也要設計將網路接收的 bytes 資料轉成中文字串，這個聊天室才可以順暢使用。

Bytes 資料格式是在字串前加上 b，例如：下列是「魁」的 bytes 資料。

b'\xe9\xad\x81'

如果是英文字串的 Bytes 資料格式，相對單純會顯示原始的字元，例如：下列是字串 "abc" 的 bytes 資料。

　　b'abc'

當讀者學會第 6 章串列、第 7 章元組時，第 8 章會擴充講解 bytes 資料與 bytearray 資料。

3-6-1　字串轉成 bytes 資料

將字串轉成 bytes 資料我們稱編碼 (encode)，所使用的是 encode( )，這個方法的參數是指出編碼的方法，可以參考下列表格。

編碼	說明
'ascii'	標準 7 位元的 ASCII 編碼
'utf-8'	Unicode 可變長度編碼，這也是最常使用的編碼
'cp-1252'	一般英文 Windows 作業系統編碼
'cp950'	繁體中文 Windows 作業系統編碼
'unicode-escape'	Unicode 的常數格式，\uxxxx 或 \Uxxxxxxxx

如果字串是英文轉成 bytes 資料相對容易，因為對於 utf-8 格式編碼，也是用一個 byte 儲存每個字串的字元。

實例 1：英文字串資料轉成 bytes 資料。

假設有一個字串 string，內容是 'abc'，我們可以使用下列方法設定，同時檢查此字串的長度。註：len( ) 函數可以輸出參數的長度。

```
>>> string = 'abc'
>>> len(string)
3
```

下列是將字串 string 用 utf-8 編碼格式轉成 bytes 資料，然後列出 bytes 資料的長度、資料型態、和 bytes 資料的內容。

```
>>> stringBytes = string.encode('utf-8')
>>> len(stringBytes)
3
>>> type(stringBytes)
<class 'bytes'>
>>> stringBytes
b'abc'
```

實例 2：中文字串資料轉成 bytes 資料。

假設有一個字串 name，內容是「洪錦魁」，我們可以使用下列方法設定，同時檢查此字串的長度。

```
>>> name = '洪錦魁'
>>> len(name)
3
```

下列是將字串 name 用 utf-8 編碼格式轉成 bytes 資料，然後列出 bytes 資料的長度、資料型態、和 bytes 資料的內容。

```
>>> nameBytes = name.encode('utf-8')
>>> len(nameBytes)
9
>>> type(nameBytes)
<class 'bytes'>
>>> nameBytes
b'\xe6\xb4\xaa\xe9\x8c\xa6\xe9\xad\x81'
```

由上述資料可以得到原來字串用了 3 個 byte 儲存一個中文字，所以 3 個中文字獲得了 bytes 的資料長度是 9。

3-6-2　bytes 資料轉成字串

對於一個專業的 Python 程式設計師而言，常常需要從網路取得資料，所取得的是 bytes 資料，這時我們需要將此資料轉成字串，將 bytes 資料轉成字串我們可以稱解碼 (decode)，所使用的是 decode( )，這個方法的參數是指出編碼的方法，與上一節的 encode( ) 相同。下列實例是延續前一小節的 bytes 變數資料。

實例 1：bytes 資料轉成字串資料。

```
>>> stringUcode = stringBytes.decode('utf-8')
>>> len(stringUcode)
3
>>> stringUcode
'abc'
```

實例 2：bytes 資料轉成字串資料。

下列是將 nameBytes 資料使用 utf-8 編碼格式轉成字串的方法，同時列出字串長度和字串內容。

```
>>> nameUcode = nameBytes.decode('utf-8')
>>> len(nameUcode)
3
>>> nameUcode
'洪錦魁'
```

讀者需留意同樣的中文字使用不同編碼方式，會有不同碼值，所以未來程式設計時看到產生亂碼，應該就是編碼問題。

3-7 專題 - 地球到月球時間計算 / 計算座標軸 2 點之間距離

3-7-1 計算地球到月球所需時間

馬赫 (Mach number) 是音速的單位，主要是紀念奧地利科學家恩斯特馬赫 (Ernst Mach)，一馬赫就是一倍音速，它的速度大約是每小時 1225 公里。

程式實例 ch3_18.py：從地球到月球約是 384400 公里，假設火箭的速度是一馬赫，設計一個程式計算需要多少天、多少小時才可抵達月球。這個程式省略分鐘數。

```
1   # ch3_18.py
2   dist = 384400                       # 地球到月亮距離
3   speed = 1225                        # 馬赫速度每小時1225公里
4   total_hours = dist // speed         # 計算小時數
5   days = total_hours // 24            # 商 = 計算天數
6   hours = total_hours % 24            # 餘數 = 計算小時數
7   print("總共需要天數")
8   print(days)
9   print("小時數")
10  print(hours)
```

執行結果
```
=================== RESTART: D:\Python\ch3\ch3_18.py ===================
總共需要天數
13
小時數
1
```

由於筆者尚未介紹完整的格式化變數資料輸出，所以使用上述方式輸出，下一章筆者會改良上述程式。Python 之所以可以成為當今的最流行的程式語言，主要是它有豐富的函數庫與方法，上述第 5 列求商，第 6 列求餘數，在 2-8 節筆者有說明 divmod() 函數，其實可以用 divmod() 函數一次取得商和餘數。觀念如下：

　　商 , 餘數 = divmod(被除數 , 除數)　　　　　# 函數方法
　　days, hours = divmod(total_hours, 24)　　　　# 本程式應用方式

建議讀者可以自行練習，筆者將使用 divmod() 函數重新設計的結果儲存在 ch3_18_1.py。

3-7-2 計算座標軸 2 個點之間的距離

有 2 個點座標分別是 (x1, y1)、(x2, y2)，求 2 個點的距離，其實這是國中數學的畢氏定理，基本觀念是直角三角形兩邊長的平方和等於斜邊的平方。

$$a^2 + b^2 = c^2$$

所以對於座標上的 2 個點我們必須計算相對直角三角形的 2 個邊長，假設 a 是 (x1-x2) 和 b 是 (y1-y2)，然後計算斜邊長，這個斜邊長就是 2 點的距離，觀念如下：

計算公式如下：

$$\sqrt{(x1 - x2)^2 + (y1 - y2)^2}$$

可以將上述公式轉成下列電腦數學表達式。

$dist = ((x1 - x2)^2 + (y1 - y2)^2) ** 0.5$ # ** 0.5 相當於開根號

在人工智慧的應用中，我們常用點座標代表某一個物件的特徵 (feature)，計算 2 個點之間的距離，相當於可以了解物體間的相似程度。如果距離越短代表相似度越高，距離越長代表相似度越低。

程式實例 ch3_19.py：有 2 個點座標分別是 (1, 8) 與 (3, 10)，請計算這 2 點之間的距離。

```
1  # ch3_19.py
2  x1 = 1
3  y1 = 8
4  x2 = 3
5  y2 = 10
6  dist = ((x1 - x2) ** 2 + (y1 - y2) ** 2) ** 0.5
7  print("2點的距離是")
8  print(dist)
```

執行結果
```
======================= RESTART: D:\Python\ch3\ch3_19.py =======================
2點的距離是
2.8284271247461903
```

第 4 章
資料輸入與輸出
高效讀寫技巧

4-1　格式化輸出資料使用 print( )

4-2　掌握資料輸入 input( )

4-3　字串與數學運算的橋樑 - eval( ) 的運用

4-4　實戰 - 溫度轉換 / 房貸 / 故宮到羅浮宮 / 雞兔同籠 / 核廢水

第 4 章　資料輸入與輸出 - 高效讀寫技巧

本章將介紹如何在螢幕上做輸入與輸出，另外也將講解幾個 Python 內建的常用函數功能。

4-1　格式化輸出資料使用 print( )

相信讀者經過前 2 章的學習，讀者使用 print( ) 函數輸出資料已經非常熟悉了，該是時候完整解說這個輸出函數的用法了。這一節將針對格式化字串做說明。基本上可以將字串格式化分為下列 3 種：

1：使用 %：適用 Python 2.x ~ 3.x，將在 4-1-2 節 ~ 4-1-3 節解說。
2：使用 {} 和 format( )：適用 Python 2.6 ~ 3.x，將在 4-1-4 節解說。
3：使用 f-strings：適用 Python 3.6(含) 以上，將在 4-1-5 節解說。

這些字串格式化雖可以單獨輸出，筆者會解說，不過一般更重要是配合 print( ) 函數輸出，這也是本節的重點，最後為了讀者可以熟悉上述輸出，筆者未來所有程式會交替使用，方便讀者可以全方面應付未來職場的需求。

4-1-1　函數 print( ) 的基本語法

它的基本語法格式如下：

　print(value, … , sep=" ", end="\n")

- value：要輸出的資料，可以一次輸出多筆資料，各資料間以逗號隔開。
- sep：當輸出多筆資料時，可以插入各筆資料的分隔字元，預設是一個空白字元。
- end：當資料輸出結束時所插入的字元，預設是插入換列字元，所以下一次 print( ) 函數的輸出會在下一列輸出。如果想讓下次輸出不換列，可以在此設定空字串，或是空格或是其它字串。

程式實例 ch4_1.py：輸出 2 筆字串，其中第 1 筆分隔字元是 " $$ "，第 2 筆分隔字元是 Tab 鍵，用「 " \t " 」符號表示。

```
1   # ch4_1.py
2   str1 = '明志科技大學'
3   str2 = '明志工專'
4   print(str1, str2, sep=" $$ ")      # 以 $$ 值分隔資料輸出
5
6   print(str1, str2, sep="\t")        # 以 Tab值分隔資料輸出
```

執行結果
```
==================== RESTART: D:\Python\ch4\ch4_1.py ====================
明志科技大學 $$ 明志工專
明志科技大學     明志工專
```

4-1-2　使用 % 格式化字串同時用 print( ) 輸出

在使用 % 字元格式化輸出時，基本使用格式如下：

　print(" …輸出格式區… " % (變數系列區 , …))

在上述輸出格式區中，可以放置變數系列區相對應的格式化字元，這些格式化字元的基本意義如下：

- %d：格式化整數輸出。
- %f：格式化浮點數輸出。
- %x(%X)：格式化小寫 (大寫)16 進位整數輸出。
- %o：格式化 8 進位整數輸出。
- %s：格式化字串輸出。
- %e(%E)：格式化科學記號小寫 e (大寫 E) 的輸出。

程式實例 ch4_2.py：格式化輸出的應用。

```python
1   # ch4_2.py
2   score = 90
3   name = "洪錦魁"
4   count = 1
5   print("%s的第 %d 次物理考試成績是 %d" % (name, count, score))
```

執行結果
```
==================== RESTART: D:\Python\ch4\ch4_2.py ====================
洪錦魁的第 1 次物理考試成績是 90
```

下列是有關使用 %x 和 %X 格式化資料輸出的實例。

```
>>> x = 27
>>> print("%x" % x)
1b
>>> print("%X" % x)
1B
```

下列是有關使用 %e 和 %E 格式化科學記號資料輸出的實例。

```
>>> x = 10000000              >>> y = 0.000123
>>> print("%e" % x)           >>> print("%e" % y)
1.000000e+07                  1.230000e-04
>>> print("%E" % x)           >>> print("%E" % y)
1.000000E+07                  1.230000E-04
```

4-1-3　精準控制格式化的輸出

print( ) 函數在格式化過程中，有提供功能可以讓我們設定保留多少格的空間讓資料做輸出，此時格式化的語法如下：

- **%(+|-)nd**：格式化整數輸出。
- **%(+|-)m.nf**：格式化浮點數輸出，省略 m 可以預留剛好空間給整數部份。
- **%(+|-)nx**：格式化 16 進位整數輸出。
- **%(+|-)no**：格式化 8 進位整數輸出。
- **%(-)ns**：格式化字串輸出。
- **%(-)m.ns**：m 是輸出字串寬度，n 是顯示字串長度，n 小於字串長度時會有裁減字串的效果。
- **%(+|-)e**：格式化科學記號 e 輸出。
- **%(+|-)E**：格式化科學記號大寫 E 輸出。

上述對浮點數而言，m 代表保留多少格數供輸出 (包含小數點)，n 則是小數資料保留格數。至於其它的資料格式 n 則是保留多少格數空間，如果保留格數空間不足將完整輸出資料，如果保留格數空間太多則資料靠右對齊。

如果是格式化數值資料或字串資料有加上負號 (-)，表示保留格數空間有多時，資料將靠左輸出。如果是格式化數值資料有加上正號 (+)，如果輸出資料是正值時，將在左邊加上正值符號。

程式實例 ch4_3.py：格式化輸出的應用，其中 y 輸出靠左對齊。

```
1   # ch4_3.py
2   x = 100
3   print("x=/%6d/" % x)
4   y = 10.5
5   print("y=/%-6.2f/" % y)
6   print("y=/%.2f/" % y)         # 省略 m 預留剛好的空間給整數部分
7   s = "Deep"
8   print("s=/%6s/" % s)
9   print("以下是保留格數空間不足的實例")
10  print("x=/%2d/" % x)
11  print("y=/%3.2f/" % y)
12  print("s=/%2s/" % s)
```

執行結果

```
======================= RESTART: D:\Python\ch4\ch4_3.py =======================
x=/   100/
y=/ 10.50 /
y=/10.50/
s=/   Deep/
以下是保留格數空間不足的實例
x=/100/
y=/10.50/
s=/Deep/
```

下方左圖是格式化輸出，正值資料將出現正號 (+)。下方右圖是格式化科學記號輸出。

```
>>> x = 10                          >>> x = 12345678
>>> print("/%+8d/" % x)             >>> print("/%10.2e/" % x)
/     +10/                          /  1.23e+07/
                                    >>> print("/%-10.2E/" % x)
                                    /1.23E+07  /
```

4-1-4 { } 和 format( ) 函數

這是 Python 增強版的格式化輸出功能，它的精神是字串使用 format 方法做格式化的動作，它的基本使用格式如下：

　　print(" …輸出格式區… ".format(變數系列區，…))

在輸出格式區內的變數使用 "{ }" 表示。

程式實例 ch4_4.py：使用 { } 和 format( ) 函數重新設計 ch4_2.py。

```
1  # ch4_4.py
2  score = 90
3  name = "洪錦魁"
4  count = 1
5  print("{}的第 {} 次物理考試成績是 {}".format(name, count, score))
```

執行結果 與 ch4_2.py 相同。

在使用 { } 代表變數時，也可以在 { } 內增加編號 n，此時 n 將是 format( ) 內變數的順序，變數多時方便你了解變數的順序。

程式實例 ch4_5.py：重新設計 ch3_4.py，在 { } 內增加編號。

```
1  # ch4_5.py
2  score = 90
3  name = "洪錦魁"
4  count = 1
5  # 以下鼓勵使用
6  print("{0}的第 {1} 次物理考試成績是 {2}".format(name,count,score))
7
8  # 以下語法對但不鼓勵使用
9  print("{2}的第 {1} 次物理考試成績是 {0}".format(score,count,name))
```

執行結果

```
======================= RESTART: D:\Python\ch4\ch4_5.py =======================
洪錦魁的第 1 次物理考試成績是 90
洪錦魁的第 1 次物理考試成績是 90
```

我們也可以將 4-1-2 節所述格式化輸出資料的觀念應用在 format( )，例如：d 是格式化整數、f 是格式化浮點數、s 是格式化字串 … 等。傳統的格式化輸出是使用 % 配合 d、s、f，使用 format 則是使用 ":"，可參考下列實例第 5 列。

程式實例 ch4_6.py：計算圓面積，同時格式化輸出。

```
1   # ch4_6.py
2   r = 5
3   PI = 3.14159
4   area = PI * r ** 2
5   print("/半徑{0:3d}圓面積是{1:10.2f}/".format(r,area))
```

1 是變數的順序
0 是變數的順序

執行結果
```
================== RESTART: D:\Python\ch4\ch4_6.py ==================
/半徑  5圓面積是      78.54/
```

在使用格式化輸出時預設是靠右輸出，也可以使用下列參數設定輸出對齊方式。

- **>**：靠右對齊
- **<**：靠左對齊
- **^**：置中對齊

程式實例 ch4_7.py：輸出對齊方式的應用。

```
1   # ch4_7.py
2   r = 5
3   PI = 3.14159
4   area = PI * r ** 2
5   print("/半徑{0:3d}圓面積是{1:10.2f}/".format(r,area))
6   print("/半徑{0:>3d}圓面積是{1:>10.2f}/".format(r,area))
7   print("/半徑{0:<3d}圓面積是{1:<10.2f}/".format(r,area))
8   print("/半徑{0:^3d}圓面積是{1:^10.2f}/".format(r,area))
```

執行結果
```
================== RESTART: D:\Python\ch4\ch4_7.py ==================
/半徑  5圓面積是      78.54/
/半徑  5圓面積是      78.54/
/半徑5  圓面積是78.54     /
/半徑 5 圓面積是   78.54  /
```

在使用 format 輸出時也可以使用填充字元，此填充字元是放在「:」後面，在「<」、「^」、「>」或指定寬度之前。下列是填充字元的應用。

```
>>> course = "AI學Python講座"
>>> print("/{0:*^20s}/".format(course))
/****AI學Python講座*****/
```

4-1-5　f-strings 格式化字串

在 Python 3.6x 版後有一個改良 format 格式化方式，稱 f-strings，這個方法以 f 為字首，在大括號 { } 內放置變數名稱和運算式，這時就**不會有**空的 { } 或是 {n}，n 是指定位置，下列以實例解說。

```
>>> city = '北京'
>>> country = '中國'
>>> f'{city} 是 {country} 的首都'
'北京 是 中國 的首都'
```

本書未來主要是使用此最新型的格式化字串做輸出。讀者可以發現將變數放在 { } 內，使用上非常方便，如果要做格式化輸出，與先前的觀念一樣，只要在 { } 內設定變數和其輸出格式即可。

程式實例 ch4_8.py：使用 f-strings 觀念重新設計 ch4_7.py。

```
1   # ch4_8.py
2   r = 5
3   PI = 3.14159
4   area = PI * r ** 2
5   print(f"/半徑{r:3d}圓面積是{area:10.2f}/")
6   print(f"/半徑{r:>3d}圓面積是{area:>10.2f}/")
7   print(f"/半徑{r:<3d}圓面積是{area:<10.2f}/")
8   print(f"/半徑{r:^3d}圓面積是{area:^10.2f}/")
```

執行結果　與 ch4_7.py 相同。

我們也可以不設定預留空間，直接設定浮點數預留 2 位小數。

```
...
>>> area = 3.1234
>>> print(f"area = {area:.2f}")
area = 3.12
```

在 Python 3.8 以後有關 f-strings 增加一個捷徑可以列印變數名稱和它的值。方法是使用在 { } 內增加 '=' 符號，可以參考下列應用。

程式實例 ch4_9.py：f-strings 和 "=" 等號 的應用。

```
1   # ch4_9.py
2   name = '洪錦魁'
3   score = 90.5
4   print(f"{name = }")
5   print(f"物理考試 {score = }")
6   print(f"物理考試 {score = :5.2f}")
```

執行結果

```
================== RESTART: D:\Python\ch4\ch4_9.py ==================
name = '洪錦魁'
物理考試 score = 90.5
物理考試 score = 90.50
```

第 4 章　資料輸入與輸出 - 高效讀寫技巧

上述用法的優點是未來可以很方便執行程式除錯，以及掌握變數資料。此外，也可以在等號右邊增加 ":" 符號與對齊方式的參數。

```
>>> city = 'Taipei'
>>> f'{city = :>10.6}'
'city =     Taipei'
```

每 3 位數加上一個逗號可以用下列方法。

```
>>> n = 1234567
>>> print(f"n 的值是 {n:,}")
n 的值是 1,234,567
```

將數字轉換為百分比，可以使用 "%" 符號，請參考下列實例。

```
>>> n = 0.9123
>>> print(f"n 的百分比值是 {n:%}")
n 的百分比值是 91.230000%
>>> print(f"n 的百分比值是 {n:.0%}")
n 的百分比值是 91%
>>> print(f"n 的百分比值是 {n:.1%}")
n 的百分比值是 91.2%
>>> print(f"n 的百分比值是 {n:.2%}")
n 的百分比值是 91.23%
```

註　上述介紹了幾個格式化輸出資料的方式，其實筆者比較喜歡 f-strings 的輸出方式，這本書未來也將以這種方式輸出為主，但這是一本教學的書籍，要讓讀者了解完整 Python 觀念，所以部分程式仍會沿用舊的格式化輸出方式。

4-2 掌握資料輸入 input( )

這個 input( ) 函數功能與 print( ) 函數功能相反，這個函數會從螢幕讀取使用者從鍵盤輸入的資料，它的使用格式如下：

　　value = input("prompt: ")　　　　　　# prompt 是提示訊息

value 是變數，所輸入的資料會儲存在此變數內，特別需注意的是所輸入的資料不論是字串或是數值資料一律回傳到 value 時是字串資料，如果要執行整數的數學運算需要用 int( ) 函數轉換為整數。

程式實例 ch4_10.py：基本資料輸入與認識輸入資料類型。

```
1  # ch4_10.py
2  print("歡迎使用成績輸入系統")
3  name = input("請輸入姓名：")
4  engh = input("請輸入英文成績：")
5  math = input("請輸入數學成績：")
6  total = int(engh) + int(math)
```

```
7    print(f"{name} 你的總分是 {total}")
8    print("="*60)
9    print(f"name資料型態是 {type(name)}")
10   print(f"engh資料型態是 {type(engh)}")
```

執行結果
```
====================== RESTART: D:\Python\ch4\ch4_10.py ======================
歡迎使用成績輸入系統
請輸入姓名：洪錦魁
請輸入英文成績：96
請輸入數學成績：99
洪錦魁 你的總分是 195
============================================================
name資料型態是 <class 'str'>
engh資料型態是 <class 'str'>
```

程式實例 ch4_11.py：設計數學魔術程式，x 是從螢幕輸入，輸入任意整數值，可以輸出 5。

```
1    # ch4_11.py
2    x = int(input("請輸入一個數字 : "))
3
4    # 對數字進行一系列神秘的數學操作
5    result = int((((x * 2) + 10) / 2) - x)
6    print(f"經過一系列複雜的數學運算後,無論什麼數字,結果始終是 : {result}")
```

執行結果
```
====================== RESTART: D:\Python\ch4\ch4_11.py ======================
請輸入一個數字 : 101
經過一系列複雜的數學運算後,無論什麼數字,結果始終是 : 5
====================== RESTART: D:\Python\ch4\ch4_11.py ======================
請輸入一個數字 : 73
經過一系列複雜的數學運算後,無論什麼數字,結果始終是 : 5
```

4-3　字串與數學運算的橋樑 - eval( ) 的運用

Python 內有一個非常好用的計算數學表達式的函數 eval( )，這個函數可以直接傳回字串內數學表達式的計算結果。

　　　result = eval(expression)　　　　　　# expression 是公式運算字串

程式實例 ch4_12.py：輸入公式，本程式可以列出計算結果。

```
1    # ch4_12.py
2    equation_string = input("請輸入數值公式 : ")
3    result = eval(equation_string)
4    print(f"計算結果 : {result}")
```

執行結果
```
====================== RESTART: D:\Python\ch4\ch4_12.py ======================
請輸入數值公式 : 7 * 9 + 12
計算結果 : 75

====================== RESTART: D:\Python\ch4\ch4_12.py ======================
請輸入數值公式 : 7*9+12
計算結果 : 75
```

由上述執行結果可以發現，第一個執行結果中輸入是「7*9+12」字串，eval( ) 函數可以處理此字串的數學表達式，然後將計算結果傳回，同時也可以發現即使此數學表達式之間有空字元也可以正常處理。

Windows 作業系統有小算盤程式，當我們使用小算盤輸入運算公式時，可以將所輸入的公式用字串儲存，然後使用 eval( ) 方法就可以得到運算結果。我們知道 input( ) 所輸入的資料是字串，當使用 int( ) 將字串轉成整數處理，其實也可以用 eval( ) 配合 input( )，直接傳回整數資料。

一個 input( ) 可以讀取一個輸入字串，我們可以靈活運用多重指定在 eval( ) 與 input( ) 函數上，然後產生一列輸入多個數值資料的效果。

程式實例 ch4_13.py：輸入 3 個數字，本程式可以輸出平均值，注意輸入時各數字間要用「,」隔開。

```
1   # ch4_13.py
2   n1, n2, n3 = eval(input("請輸入3個數字 : "))
3   average = (n1 + n2 + n3) / 3
4   print(f"3個數字平均是 {average:6.2f}")
```

執行結果
```
================== RESTART: D:\Python\ch4\ch4_13.py ==================
請輸入3個數字 : 2, 4, 6
3個數字平均是   4.00
================== RESTART: D:\Python\ch4\ch4_13.py ==================
請輸入3個數字 : 2, 4, 8
3個數字平均是   4.67
```

註 eval( ) 也可以應用在計算數學的多項式，可以參考下列實例。

```
>>> x = 10
>>> y = '5 * x**2 + 6 * x + 10'
>>> print(eval(y))
570
```

4-4 實戰 – 溫度轉換 / 房貸 / 故宮到羅浮宮 / 雞兔同籠 / 核廢水

4-4-1 設計攝氏溫度和華氏溫度的轉換

攝氏溫度 (Celsius，簡稱 C) 的由來是在標準大氣壓環境，純水的凝固點是 0 度、沸點是 100 度，中間劃分 100 等份，每個等份是攝氏 1 度。這是紀念瑞典科學家安德斯·攝爾修斯 (Anders Celsius) 對攝氏溫度定義的貢獻，所以稱攝氏溫度 (Celsius)。

華氏溫度 (Fahrenheit，簡稱 F) 的由來是在標準大氣壓環境，水的凝固點是 32 度、水的沸點是 212 度，中間劃分 180 等份，每個等份是華氏 1 度。這是紀念德國科學家丹尼爾‧加布里埃爾‧華倫海特 (Daniel Gabriel Fahrenheit) 對華氏溫度定義的貢獻，所以稱華氏溫度 (Fahrenheit)。

攝氏和華氏溫度互轉的公式如下：

攝氏溫度 = (華氏溫度 – 32) * 5 / 9
華氏溫度 = 攝氏溫度 * (9 / 5) + 32

程式實例 ch4_14.py：請輸入華氏溫度，這個程式會輸出攝氏溫度。

```
1  # ch4_14.py
2  f = input("請輸入華氏溫度 : ")
3  c = ( int(f) - 32 ) * 5 / 9
4  print(f"華氏 {f} 等於攝氏 {c:4.1f}")
```

執行結果
```
================== RESTART: D:\Python\ch4\ch4_14.py ==================
請輸入華氏溫度 : 104
華氏 104 等於攝氏 40.0
```

4-4-2 房屋貸款問題實作

每個人在成長過程可能會經歷買房子，第一次住在屬於自己的房子是一個美好的經歷，大多數的人在這個過程中可能會需要向銀行貸款。這時我們會思考需要貸款多少錢？貸款年限是多少？銀行利率是多少？然後我們可以利用上述已知資料計算每個月還款金額是多少？同時我們會好奇整個貸款結束究竟還了多少貸款本金和利息。在做這個專題實作分析時，我們已知的條件是：

貸款金額：用 loan 當變數
貸款年限：用 year 當變數
年利率：用 rate 當變數

然後我們需要利用上述條件計算下列結果：

每月還款金額：用 monthlyPay 當變數
總共還款金額：用 totalPay 當變數

處理這個貸款問題的數學公式如下：

$$每月還款金額 = \frac{貸款金額 * 月利率}{1 - \dfrac{1}{(1 + 月利率)^{貸款年限*12}}}$$

第 4 章 資料輸入與輸出 - 高效讀寫技巧

在銀行的貸款術語習慣是用年利率,所以碰上這類問題我們需將所輸入的利率先除以 100,這是轉成百分比,同時要除以 12 表示是月利率。可以用下列方式計算月利率,用 monthrate 當作變數。

monthrate = rate / (12*100)　　　　　　　# 第 5 列

為了不讓求每月還款金額的數學式變的複雜,將分子 (第 8 列) 與分母 (第 9 列)分開計算,第 10 列則是計算每月還款金額,第 11 列是計算總共還款金額。

```
1   # ch4_15.py
2   loan = eval(input("請輸入貸款金額 : "))
3   year = eval(input("請輸入年限 : "))
4   rate = eval(input("請輸入年利率 : "))
5   monthrate = rate / (12*100)              # 改成百分比的月利率
6
7   # 計算每月還款金額
8   molecules = loan * monthrate
9   denominator = 1 - (1 / (1 + monthrate) ** (year * 12))
10  monthlyPay = molecules / denominator     # 每月還款金額
11  totalPay = monthlyPay * year * 12        # 總共還款金額
12
13  print(f"每月還款金額 {int(monthlyPay)}")
14  print(f"總共還款金額 {int(totalPay)}")
```

執行結果
```
================== RESTART: D:\Python\ch4\ch4_15.py ==================
請輸入貸款金額 : 6000000
請輸入年限 : 20
請輸入年利率 : 2.0
每月還款金額 30353
總共還款金額 7284720
```

4-4-3　math 模組 – 計算台北故宮到法國羅浮宮的距離

math 是標準函數庫模組,由於沒有內建在 Python 直譯器內,所以使用前需要匯入此模組,匯入方式是使用 import,可以參考下列語法。

　　　import math

當匯入模組後,我們可以在 Python 的 IDLE 環境使用 dir(math) 了解此模組提供那些屬性或函數 (或稱方法) 可以呼叫使用。

```
>>> import math
>>> dir(math)
['__doc__', '__loader__', '__name__', '__package__', '__spec__', 'acos', 'acosh'
, 'asin', 'asinh', 'atan', 'atan2', 'atanh', 'ceil', 'copysign', 'cos', 'cosh',
'degrees', 'e', 'erf', 'erfc', 'exp', 'expm1', 'fabs', 'factorial', 'floor', 'fm
od', 'frexp', 'fsum', 'gamma', 'gcd', 'hypot', 'inf', 'isclose', 'isfinite', 'is
inf', 'isnan', 'ldexp', 'lgamma', 'log', 'log10', 'log1p', 'log2', 'modf', 'nan'
, 'pi', 'pow', 'radians', 'remainder', 'sin', 'sinh', 'sqrt', 'tan', 'tanh', 'ta
u', 'trunc']
```

下列是常用 math 模組的屬性與函數：

- pi：PI 值 (3.14152653589753)，直接設定值稱屬性。使用 math 模組時必須在前面加 math，例如：math.pi，此觀念應用在所有模組函數或是屬性運算。
- e：e 值 (2.718281828459045)，直接設定值稱屬性。
- inf：極大值，直接設定值稱屬性。
- ceil(x)：傳回大於 x 的最小整數，例如：ceil(3.5) = 4。
- floor(x)：傳回小於 x 的最大整數，例如：floor(3.9) = 3。
- trunc(x)：刪除小數位數。例如：trunc(3.5) = 3。
- pow(x,y)：可以計算 x 的 y 次方，相當於 x**y。例如：pow(2,3) = 8.0。
- sqrt(x)：開根號，相當於 x**0.5，例如：sqrt(4) = 2.0。
- radians( )：將角度轉成弧度，常用在三角函數運作。

```
>>> import math
>>> angle_degree = 45
>>> angle_radians = math.radians(angle_degree)
>>> print(angle_radians)
0.7853981633974483
```

- degrees( )：將弧度轉成角度。

```
>>> import math
>>> angle_radians = math.pi / 4
>>> angle_degrees = math.degrees(angle_radians)
>>> print(angle_degrees)
45.0
```

- 三角函數：sin( )、cos( )、tan( )，…參數是弧度。其實 acos(-1) 是可以計算圓周率，可參考下方右邊的程式片段。

```
>>> import math
>>> angle_radians = math.pi / 6
>>> sin_value = math.sin(angle_radians)
>>> cos_value = math.cos(angle_radians)
>>> print(f"{sin_value}, {cos_value}")
0.49999999999999994, 0.8660254037844387
```

```
>>> import math
>>> print(math.acos(-1))
3.141592653589793
```

- 最大公因數與最小公倍數：gcd( ) 和 lcm( )，可以有多個參數。

```
>>> import math
>>> print(math.gcd(24, 36, 60))      # 最大公因數
12
>>> print(math.lcm(3, 4, 5))         # 最小公倍數
60
```

第 4 章　資料輸入與輸出 - 高效讀寫技巧

- 指數函數 log( )：如果是 1 個參數則以 e 為底數。如果是 2 個參數，第 1 個是要計算對數的值，第 2 個是對數的底數。

```
>>> import math
>>> value = 10
>>> natural_log = math.log(value)
>>> base = 2
>>> logarithm = math.log(value, base)
>>> print(f"natural_log = {natural_log}, logarithm = {logarithm}")
natural_log = 2.302585092994046, logarithm = 3.3219280948873626
```

- 指數函數 log2( )、log10( )：分別是以 2 為底數、以 10 為底數。

```
>>> import math
>>> value1 = 8
>>> log_base_2 = math.log2(value1)
>>> value2 = 1000
>>> log_base_10 = math.log10(value2)
>>> print(f"log_base_2 = {log_base_2}, log_base_10 = {log_base_10}")
log_base_2 = 3.0, log_base_10 = 3.0
```

地球是圓的，我們使用經度和緯度單位瞭解地球上每一個點的位置。有了 2 個地點的經緯度後，可以使用下列公式計算彼此的距離。

　　distance = r*acos(sin(x1)*sin(x2)+cos(x1)*cos(x2)*cos(y1-y2))

上述 r 是地球的半徑約 6371 公里，由於 Python 的三角函數參數皆是弧度 (radians)，我們使用上述公式時，需使用 math.radian( ) 函數將經緯度角度轉成弧度。上述公式東經和北緯是正值，西經和南緯是負值。

經度座標是介於 -180 和 180 度間，緯度座標是在 -90 和 90 度間，雖然我們是習慣稱經緯度，在用小括號表達時參數用法是 (緯度, 經度)，也就是第一個參數是放緯度，第二個參數放經度。

最簡單獲得經緯度的方式是開啟 Google 地圖，其實我們開啟後 Google 地圖後就可以在網址列看到我們目前所在地點的經緯度，點選地點就可以在網址列看到所選地點的經緯度資訊，可參考下方左圖：

由上圖可以知道台北故宮博物院的經緯度是 (25.101, 121.546)，上方右圖是法國羅浮宮的經緯度 (48.859, 2.338)，筆者簡化小數取 3 位。

程式實例 ch4_16.py：請計算台北故宮至法國羅浮宮的距離。

```
1   # ch4_16.py
2   import math
3
4   r = 6371                              # 地球半徑
5   x1, y1 = 25.101, 121.546              # 台北故宮經緯度
6   x2, y2 = 48.859, 2.338                # 羅浮宮經緯度
7
8   d = r*math.acos(math.sin(math.radians(x1))*math.sin(math.radians(x2))+
9                   math.cos(math.radians(x1))*math.cos(math.radians(x2))*
10                  math.cos(math.radians(y1-y2)))
11
12  print(f"故宮到羅浮宮距離 = {d:6.1f}")
```

執行結果
```
==================== RESTART: D:\Python\ch4\ch4_16.py ====================
故宮到羅浮宮距離 = 9824.4
```

4-4-4 雞兔同籠 – 解聯立方程式

古代孫子算經有一句話，「今有雞兔同籠，上有三十五頭，下有百足，問雞兔各幾何？」，這是古代的數學問題，表示有 35 個頭，100 隻腳，然後籠子裡面有幾隻雞與幾隻兔子。雞有 1 個頭、2 隻腳，兔子有 1 個頭、4 隻腳。我們可以使用基礎數學解此題目，也可以使用迴圈解此題目，這一小節筆者將使用基礎數學的聯立方程式解此問題。

如果使用基礎數學，將 x 代表 chicken，y 代表 rabbit，可以用下列公式推導。

chicken + rabbit = 35	相當於---- >　x + y = 35
2 * chicken + 4 * rabbit = 100	相當於---- >　2x + 4y = 100

經過推導可以得到下列結果：

x(chicken) = 20　　　　　　　　　　# 雞的數量
y(rabbit) = 15　　　　　　　　　　　# 兔的數量

整個公式推導，假設 f 是腳的數量，h 代表頭的數量，可以得到下列公式：

x(chicken) = 2h – f / 2
y(rabbit) = f / 2 – h

程式實例 ch4_17.py：請輸入頭和腳的數量，本程式會輸出雞的數量和兔的數量。

```
1   # ch4_17.py
2   h = int(input("請輸入頭的數量："))
3   f = int(input("請輸入腳的數量："))
```

```
4    chicken = int(2 * h - f / 2)
5    rabbit = int(f / 2 - h)
6    print(f'雞有 {chicken} 隻, 兔有 {rabbit} 隻')
```

執行結果
```
==================== RESTART: D:\Python\ch4\ch4_17.py ====================
請輸入頭的數量：35
請輸入腳的數量：100
雞有 20 隻, 兔有 15 隻
```

註　並不是每個輸入皆可以獲得解答，必須是合理的數字。

4-4-5　核廢水

核廢水倒入大海時，被特別關注的放射性物質主要包括銫-137、鍶-90、碘-131等，這些物質因其放射性衰變特性而被視為潛在的健康風險。

- 銫-137（Cesium-137）：是一種伽馬射線發射體，半衰期約為 30 年。銫在環境中行為類似於鉀，因此可以透過食物鏈進入人體，積累在肌肉組織中。註：所謂半衰期大約為 30 年，意味著每過 30 年，其放射性活度就會減少一半。

- 鍶-90（Strontium-90）：其半衰期約為 29 年，釋放貝塔射線。鍶在生物體中的行為類似於鈣，因此它主要在骨骼和牙齒中積累，增加發生骨癌和白血病的風險。

- 碘-131（Iodine-131）：具有較短的半衰期（約 8 天），但是它釋放的伽馬射線和貝塔射線可以對甲狀腺造成嚴重傷害，特別是在兒童和青少年中。

銫-137（Cesium-137）的活度，即其放射性衰變速率，通常以貝克勒爾（Becquerel, 縮寫為 Bq）為單位。。

程式實例 ch4_18.py：假設銫-137 初始活度數量是「1 百萬」Bq，請輸入經過年份，然後計算銫-137 剩餘活度數量。

```
1    # ch4_18.py
2    # 請輸入經過的年份數
3    t = int(input("請輸入經過的年份 : "))
4    
5    # 定義初始活度數量和半衰期
6    A0 = 1000000          # 假設初始活度為1000000(單位 : Bq)
7    T = 30                # 銫-137的半衰期為30年
8    
9    # 根據公式計算給定年份後的活度數量
10   A = A0 * (1/2) ** (t / T)
11   print(f"經過 {t} 年後, 銫-137的活度數量為 : {round(A)} Bq")
```

執行結果
```
==================== RESTART: D:\Python\ch4\ch4_18.py ====================
請輸入經過的年份 : 100
經過 100 年後, 銫-137的活度數量為 : 99213 Bq
```

第 5 章
程式流程控制精髓
決策與邏輯的藝術

5-1　關係運算子 - 條件判斷與流程控制的基礎

5-2　邏輯運算子 - 邏輯判斷的關鍵

5-3　if 敘述在程式中的運用 - 決策的開始

5-4　if … else 敘述 - 二選一的決策技巧

5-5　if … elif … else 敘述 – 多重條件判斷

5-6　巢狀 if 結構（Nested if Statements）

5-7　Python 的 match-case 流程控制

5-8　實戰 - BMI/ 火箭升空 / 推薦飲料 / 潛在應用

第 5 章　程式流程控制精髓 - 決策與邏輯的藝術

　　一個程式如果是按部就班從頭到尾，中間沒有轉折，其實是無法完成太多工作。程式設計過程難免會需要轉折，這個轉折在程式設計的術語稱 流程控制，本章將完整講解有關 if 敘述的流程控制。另外，與程式流程設計有關的 關係運算子 與 邏輯運算子 也將在本章做說明，因為這些是 if 敘述流程控制的基礎。

5-1 關係運算子 - 條件判斷與流程控制的基礎

　　Python 中的關係運算子用於比較兩個值或變數之間的關係，並根據比較結果返回布林值 (可複習 3-3 節)True 或 False，常見的關係運算子可以參考下表。這些運算子廣泛應用於條件判斷語句中，例如：if 條件句 (將在 5-3 節說明) 或是 while 迴圈 (將在第 7 章說明)，幫助決定程式的執行流程。

關係運算子	說明	實例	說明
>	大於	a > b	檢查是否 a 大於 b
>=	大於或等於	a >= b	檢查是否 a 大於或等於 b
<	小於	a < b	檢查是否 a 小於 b
<=	小於或等於	a <= b	檢查是否 a 小於或等於 b
==	等於	a == b	檢查是否 a 等於 b
!=	不等於	a != b	檢查是否 a 不等於 b

　　上述運算如果是真會傳回 True，如果是偽會傳回 False。

實例 1：下列左邊程式碼會回傳 True，下列右邊程式碼會回傳 False。

```
>>> x = 10 > 8
>>> x
True
>>> x = 8 <= 10
>>> x
True
```

```
>>> x = 10 > 20
>>> x
False
>>> x = 10 < 5
>>> x
False
```

5-2 邏輯運算子 - 邏輯判斷的關鍵

Python 所使用的邏輯運算子：

- and　　--- 相當於邏輯符號 AND
- or　　--- 相當於邏輯符號 OR
- not　　--- 相當於邏輯符號 NOT

下列是邏輯運算子 and 的圖例說明。

and	True	False
True	True	False
False	False	False

實例 1：下列左邊程式碼會回傳 True，下列右邊程式碼會回傳 False。

```
>>> x = (10 > 8) and (20 >= 10)
>>> x
True
```

```
>>> x = (10 > 8) and (10 > 20)
>>> x
False
```

下列是邏輯運算子 or 的圖例說明。

or	True	False
True	True	True
False	True	False

實例 2：下列左邊程式碼會回傳 True，下列右邊程式碼會回傳 False。

```
>>> x = (10 > 8) or (20 > 10)
>>> x
True
```

```
>>> x = (10 < 8) or (10 > 20)
>>> x
False
```

下列是邏輯運算子 not 的圖例說明。

not	True	False
	False	True

如果是 True 經過 not 運算會傳回 False，如果是 False 經過 not 運算會傳回 True。

實例 3：下列左邊程式碼會回傳 True，下列右邊程式碼會回傳 False。

```
>>> x = not(10 < 8)
>>> x
True
```

```
>>> x = not(10 > 8)
>>> x
False
```

5-3 if 敘述在程式中的運用 - 決策的開始

這個 if 敘述的基本語法如下：

```
if (條件判斷):         # 條件判斷外的小括號可有可無
    程式碼區塊
```

上述觀念是如果條件判斷是 True，則執行程式碼區塊，如果條件判斷是 False，則不執行程式碼區塊。如果程式碼區塊只有一道指令，可將上述語法寫成下列格式。

```
if (條件判斷): 程式碼區塊
```

可以用下列流程圖說明這個 if 敘述：

Python 是使用內縮方式區隔 if 敘述的程式碼區塊，編輯程式時可以用 Tab 鍵內縮或是直接內縮 4 個字元空間，表示這是 if 敘述的程式碼區塊。

```
if (age < 20):                          # 程式碼區塊 1
    print('你年齡太小')                  # 程式碼區塊 2
    print('須年滿20歲才可購買菸酒')      # 程式碼區塊 2
```

在 Python 中內縮程式碼是有意義的，相同的程式碼區塊，必須有相同的內縮，否則會產生錯誤。

實例 1：正確的 if 敘述程式碼。

```
>>> age = 18
>>> if (age < 20):
        print("你年齡太小")
        print("需年滿20歲才可以購買菸酒")
```

插入點在此時請按Enter鍵

```
>>> age = 18
>>> if (age < 20):
        print("你年齡太小")
        print("需年滿20歲才可以購買菸酒")

你年齡太小
需年滿20歲才可以購買菸酒
>>>
```

實例 2：不正確的 if 敘述程式碼，下列因為任意內縮造成錯誤。

任意內縮造成錯誤 →

```
>>> age = 18
>>> if (age < 20):
        print("你年齡太小")
         print("需年滿20歲才可以購買菸酒")
SyntaxError: unexpected indent
>>>
```

上述 if 敘述是 True 時需內縮 4 個字元空間，這是 Python 預設。讀者可能會問可不可以內縮 5 個字元空間，答案是可以的，但是記住相同程式區塊必須有相同的內縮空間。不過如果你是使用 Python 的 IDLE 編輯環境,當輸入 if 敘述後,只要按 Enter 鍵,編輯程式會自動內縮 4 個字元空間。

程式實例 ch5_1.py:if 敘述的基本應用。

```
1  # ch5_1.py
2  age = input("請輸入年齡: ")
3  if (int(age) < 20):
4      print("你年齡太小")
5      print("需年滿20歲才可以購買菸酒")
```

執行結果

```
==================== RESTART: D:/Python/ch5/ch5_1.py ====================
請輸入年齡: 18
你年齡太小
需年滿20歲才可以購買菸酒
>>>
==================== RESTART: D:/Python/ch5/ch5_1.py ====================
請輸入年齡: 21
>>>
```

程式實例 ch5_2.py:輸出絕對值的應用。

```
1  # ch5_2.py
2  print("輸出絕對值")
3  num = input("請輸入任意整數值: ")
4  x = int(num)
5  if (int(x) < 0): x = -x
6  print(f"絕對值是 {x}")
```

執行結果

```
輸出絕對值
請輸入任意整數值: 98
絕對值是 98
```
```
輸出絕對值
請輸入任意整數值: -9
絕對值是 9
```

對於上述 ch5_2.py 而言,由於 if 敘述只有一道指令,所以可以將第 5 列的 if 敘述用一列表示,當然也可以類似 ch5_1.py 方式處理。

5-4　if … else 敘述 - 二選一的決策技巧

在 Python 中 if … else 語句用於依據條件,判斷所執行的程式區塊。如果 if 後面的條件為真(True),則會執行 if 下方內縮的程式碼區塊。如果條件為假(False),則會跳過 if 部分並執行 else 後面的程式碼區塊。這種結構允許程序根據不同的條件執行不同的操作。此語法格式如下:

```
if (條件判斷):        # 條件判斷外的小括號可有可無
    程式碼區塊 1
else:
    程式碼區塊 2
```

上述觀念是如果條件判斷是 True，則執行程式碼區塊 1，如果條件判斷是 False，則執行程式碼區塊 2。可以用下列流程圖說明這個 if … else 敘述：

程式實例 ch5_3.py：重新設計 ch5_1.py，多了年齡滿 20 歲時的輸出。

```
1  # ch5_3.py
2  age = input("請輸入年齡: ")
3  if (int(age) < 20):
4      print("你年齡太小")
5      print("需年滿20歲才可以購買菸酒")
6  else:
7      print("歡迎購買菸酒")
```

執行結果

```
請輸入年齡: 18
你年齡太小
需年滿20歲才可以購買菸酒
```

```
請輸入年齡: 20
歡迎購買菸酒
```

❏ Python 寫作風格 (Python Enhancement Proposals) - PEP 8

Python 風格建議不使用 if xx == ture 判斷 True 或 False，可以直接使用 if xx。

程式實例 ch5_4.py：奇數偶數的判斷，下列第 5 ~ 8 列是傳統用法，第 10 ~ 13 列是符合 PEP 8 用法，第 15 列是 Python 高手用法。

```
1  # ch5_4.py
2  print("奇數偶數判斷")
3  num = eval(input("請輸入任意整值: "))
4  rem = num % 2
5  if (rem == 0):
6      print(f"{num} 是偶數")
7  else:
8      print(f"{num} 是奇數")
9  # PEP 8
10 if rem:
11     print(f"{num} 是奇數")
12 else:
13     print(f"{num} 是偶數")
14 # 高手用法
15 print(f"{num} 是奇數" if rem else f"{num} 是偶數")
```

執行結果

```
奇數偶數判斷
請輸入任意整值：12
12 是偶數
12 是偶數
12 是偶數
```

```
奇數偶數判斷
請輸入任意整值：21
21 是奇數
21 是奇數
21 是奇數
```

Python 精神可以簡化上述 if 語法，例如：下列是求 x, y 之最大值或最小值。

  max_ = x if x > y else y   # 取 x, y 之最大值
  min_ = x if x < y else y   # 取 x, y 之最小值

Python 是非常靈活的程式語言，上述也可以使用內建函數寫成下列方式：

  max_ = max(x, y)   # max 是內建函數，變數用後面加底線區隔
  min_ = min(x, y)   # min 是內建函數，變數用後面加底線區隔

> **註** max( ) 是內建函數，當變數名稱與內建函數名稱相同時，可以在變數用後面加底線做區隔。max( ) 可以回傳最大值，min( ) 可以回傳最小值。

程式實例 ch5_5.py：請輸入 2 個數字，這個程式會用 Python 精神語法，列出最大值與最小值。

```python
1  # ch5_5.py
2  x, y = eval(input("請輸入2個數字："))
3  max_ = x if x > y else y
4  print(f"方法 1 最大值是 : {max_}")
5  max_ = max(x, y)
6  print(f"方法 2 最大值是 : {max_}")
7
8  min_ = x if x < y else y
9  print(f"方法 1 最小值是 : {min_}")
10 min_ = min(x, y)
11 print(f"方法 2 最小值是 : {min_}")
```

執行結果

```
=================== RESTART: D:/Python/ch5/ch5_5.py ===================
請輸入2個數字：8, 5
方法 1 最大值是 : 8
方法 2 最大值是 : 8
方法 1 最小值是 : 5
方法 2 最小值是 : 5
```

5-5 if … elif … else 敘述 – 多重條件判斷

5-5-1 基礎語法與實例

在 Python 中，if … elif … else 結構提供了一種方式來處理多個條件進行決策。if 後面跟著的是初始條件，如果該條件為真，則執行其下的程式碼區塊。elif（即 else if 的

縮寫）允許你檢查多個附加條件，如果前面的條件為假，則檢查 elif 的條件。最後，else 部分捕獲所有未通過前面 if 或 elif 條件的情況。這樣的結構使得根據不同的輸入值執行不同的程式碼區塊成為可能。

例如：在美國成績計分是採取 A、B、C、D、F … 等，通常 90～100 分是 A，80～89 分是 B，70～79 分是 C，60～69 分是 D，低於 60 分是 F。使用這個敘述，很容易就可以完成給 A、B … F 的成績工作。這個敘述的基本語法如下：

```
if (條件判斷 1):          # 條件判斷外的小括號可有可無
    程式碼區塊 1
elif( 條件判斷 2 ):
    程式碼區塊 2
...
else:
    程式碼區塊 n
```

上述觀念是，如果條件判斷 1 是 True 則執行程式碼區塊 1，然後離開條件判斷。否則檢查條件判斷 2，如果是 True 則執行程式碼區塊 2，然後離開條件判斷。如果條件判斷是 False 則持續進行檢查，上述 elif 的條件判斷可以不斷擴充，如果所有條件判斷是 False 則執行 else 下方的程式碼 n 區塊。下列流程圖是假設只有 2 個條件判斷說明這個 if … elif … else 敘述。

程式實例 ch5_6.py：請輸入數字分數，程式將回應 A、B、C、D 或 F 等級。

```
1  # ch5_6.py
2  print("計算最終成績")
3  score = input("請輸入分數 : ")
```

5-8

```
4    sc = int(score)
5    if (sc >= 90):
6        print(" A")
7    elif (sc >= 80):
8        print(" B")
9    elif (sc >= 70):
10       print(" C")
11   elif (sc >= 60):
12       print(" D")
13   else:
14       print(" F")
```

執行結果

```
計算最終成績
請輸入分數：96
A
```
```
計算最終成績
請輸入分數：77
C
```
```
計算最終成績
請輸入分數：52
F
```

5-5-2 創意程式 – 依情緒推薦活動

程式實例 ch5_7.py：這個程式將問用戶現在的情緒，然後根據情緒推薦一項活動。如果用戶高興，我們推薦與朋友外出；如果用戶感到悲傷，我們推薦看一部喜劇；如果用戶感到無聊，我們推薦學習新技能；如果情緒不符合這些類別，我們將推薦散步來清新思緒。

```
1    # ch5_7.py
2    # 程式問用戶現在的情緒
3    mood = input("你現在的情緒是?(高興/悲傷/無聊/其他)：")
4    
5    # 根據情緒推薦活動
6    if mood == "高興":
7        print("太好了!去和朋友外出吧!")
8    elif mood == "悲傷":
9        print("抱歉聽到你這麼說,看一部喜劇片可能會讓你感覺更好!")
10   elif mood == "無聊":
11       print("這是學習新技能的絕佳時機!")
12   else:
13       print("有時候散步可以幫助清新思緒!")
```

執行結果

```
你現在的情緒是?(高興/悲傷/無聊/其他)：高興
太好了!去和朋友外出吧!
```
```
你現在的情緒是?(高興/悲傷/無聊/其他)：不知道
有時候散步可以幫助清新思緒!
```

5-6 巢狀 if 結構（Nested if Statements）

在 Python 中，if 敘述可用來執行條件判斷。當一個 if 敘述內還包含另一個或多個 if 敘述時，稱之為「巢狀 if 結構」。這種結構可用來處理較複雜的判斷條件與決策流程。巢狀 if 結構語法如下：

```
if 條件 1:
    if 條件 2:
        程式區塊 A（條件 1 與條件 2 皆成立時執行）
    else:
        程式區塊 B（條件 1 成立但條件 2 不成立時執行）
else:
    程式區塊 C（條件 1 不成立時執行）
```

這裡的結構代表：

- 只有當「條件 1」成立時，才會進入內層的 if（條件 2）的判斷。
- 若「條件 1」不成立，則不會進入內層判斷，直接執行外層 else 區塊（若有的話）。

程式實例 ch5_8.py：巢狀 if 的應用，成績分數與評等。

```
1   # ch5_8.py
2   score = eval(input("請輸入分數 : "))
3
4   if score >= 60:
5       print("及格")
6       if score >= 90:
7           print("等級 : A")
8       elif score >= 80:
9           print("等級 : B")
10      elif score >= 70:
11          print("等級 : C")
12      else:
13          print("等級 : D")
14  else:
15      print("不及格, 等級 : F")
```

執行結果

```
請輸入分數 : 92        請輸入分數 : 75        請輸入分數 : 48
及格                    及格                    不及格, 等級 : F
等級 : A                等級 : C
```

程式實例 ch5_9.py：巢狀 if 可以有多層結構，例如以下是三層判斷示範。

```
1   # ch5_9.py
2   age = 20
3   income = 35000
4   credit = "Excellent"
5
6   if age >= 18:
7       print("年齡達標")
8       if income >= 30000:
9           print("收入達標")
10          if credit == "Excellent":
```

```
11                print("信用評級優異，核准貸款")
12            else:
13                print("信用評級不足，拒絕貸款")
14        else:
15            print("收入不足，拒絕貸款")
16    else:
17        print("年齡未滿18歲，無法申請貸款")
```

執行結果
```
==================== RESTART: D:/Python/ch5/ch5_9.py ====================
年齡達標
收入達標
信用評級優異，核准貸款
```

巢狀 if 的注意事項：

- 巢狀結構越多，程式的複雜度越高，易導致難以維護或閱讀性降低，因此建議巢狀 if 最好不超過三層。
- Python 強調以縮排（indentation）表示程式區塊，因此必須注意內外層 if-else 的縮排，保持一致且整齊。
- 善用邏輯運算子（如 and 或 or）能簡化多層巢狀 if 結構，保持程式清晰。

程式實例 ch5_10.py：更清楚且簡潔簡化邏輯判斷重新設計 ch5_9.py 貸款程式。

```
1   # ch5_10.py
2   age = 20
3   income = 35000
4   credit = "Excellent"
5
6   if age >= 18 and income >= 30000 and credit == "Excellent":
7       print("年齡、收入及信用皆符合，核准貸款")
8   else:
9       print("條件不足，拒絕貸款")
```

執行結果
```
==================== RESTART: D:/Python/ch5/ch5_10.py ====================
年齡、收入及信用皆符合，核准貸款
```

5-7 Python 的 match-case 流程控制

Python 3.10 正式推出全新的流程控制語法：「match-case」，它為傳統的「if-elif-else」提供了更清晰、更有結構性的選擇敘述。這種語法類似於其他程式語言（例如 C 或 Java）中的 switch-case 敘述，但更具彈性及強大功能。其語法如下：

match 變數或表達式：
　　case 模式 1：

```
        # 如果模式 1 符合時執行此區塊
        程式敘述
    case 模式 2:
        # 如果模式 2 符合時執行此區塊
        程式敘述
    case _:
        # 如果上述模式都不符合，則執行此預設區塊
        程式敘述
```

在上述語法中：

- match 後面緊接著一個變數或表示式，這是我們要判斷的值。
- 每個 case 則是想要匹配的條件模式（pattern）。
- 若無任何匹配的模式，則最後一個「case _」是可選擇的 default 情況，符號「_」是代表其他所有情況。

程式實例 ch5_11.py：match-case 指令的應用。

```
1   # ch5_11.py
2   command = input("請輸入狀態 : ")
3
4   match command:
5       case "start":
6           print("系統啟動中")
7       case "stop":
8           print("系統停止中")
9       case "pause":
10          print("系統暫停")
11      case _:
12          print("無效的指令")
```

執行結果

```
請輸入狀態 : stop
系統停止中
```
```
請輸入狀態 : start
系統啟動中
```
```
請輸入狀態 : info
無效的指令
```

match-case 不只可做簡單值匹配，更支援多種高階匹配模式：

- 多值模式（multiple literals）
- OR 模式（使用 |）

程式實例 ch5_12.py：多值模式的應用。

```
1   # ch5_12.py
2   response = eval(input("請輸入系統回應 : "))
3
4   match response:
5       case 200:
```

```
 6            print("請求成功")
 7        case 400 | 401 | 403:
 8            print("客戶端錯誤")
 9        case 404:
10            print("找不到資源")
11        case 500:
12            print("伺服器錯誤")
13        case _:
14            print("未知錯誤")
```

執行結果

```
請輸入系統回應：200
請求成功
```
```
請輸入系統回應：403
客戶端錯誤
```
```
請輸入系統回應：100
未知錯誤
```

使用 match-case 時需知道：

- Python 中的 match-case 語法從 Python 3.10 起才支援，若使用舊版 Python，請改用 if-elif-else 或其他方法。
- match-case 非常強大，但需注意模式（pattern）必須與資料結構相容，否則可能匹配失敗。

下列是 match-case 與 if-elif-else 的比較：

特點	match-case	if-elif-else
語法結構	結構化清楚	相對直覺但較冗長
可讀性	更佳，結構明確	較低，冗長時易混淆
複雜條件處理	較適合資料結構解構、型態匹配	適合簡單數值或邏輯判斷
Python 版本	限 Python 3.10+	所有版本

Python 的 match-case 敘述提供了優雅的語法與更豐富的功能性，尤其在資料匹配與結構化資料的處理上具備極佳的彈性。學會善用此語法，將有效提升程式碼的可讀性與維護性，這也展現出 Python 語言不斷精進、與時俱進的設計哲學。

5-8 實戰 - BMI/ 火箭升空 / 推薦飲料 / 潛在應用

5-8-1 設計人體體重健康判斷程式

BMI(Body Mass Index) 指數又稱身高體重指數（也稱身體質量指數），是由比利時的科學家凱特勒 (Lambert Quetelet) 最先提出，這也是世界衛生組織認可的健康指數，它的計算方式如下：

BMI = 體重 (Kg) / 身高 ^{2} (公尺)

如果 BMI 在 18.5～23.9 之間，表示這是健康的 BMI 值。請輸入自己的身高和體重，然後列出是否在健康的範圍，世界衛生組織針對 BMI 指數公布更進一步資料如下：

分類	BMI
體重過輕	BMI < 18.5
正常	18.5 <= BMI and BMI < 24
超重	24 <= BMI and BMI < 28
肥胖	BMI >= 28

程式實例 ch5_13.py：人體健康體重指數判斷程式，這個程式會要求輸入身高與體重，然後計算 BMI 指數，由這個 BMI 指數判斷體重是否肥胖。

```
1   # ch5_13.py
2   height = eval(input("請輸入身高(公分) : "))
3   weight = eval(input("請輸入體重(公斤) : "))
4   bmi = weight / (height / 100) ** 2
5   if bmi >= 28:
6       print(f"體重肥胖")
7   else:
8       print(f"體重不肥胖")
```

執行結果

```
請輸入身高(公分) : 170         請輸入身高(公分) : 170
請輸入體重(公斤) : 100         請輸入體重(公斤) : 70
體重肥胖                        體重不肥胖
```

上述程式第 4 列「(height/100)」，主要是將身高由公分改為公尺。此外，Python 3.8 起的 if 用法可以擴充如下：

    if x := expression　　　　　　　# x 是布林值

這時可以將第 4～5 列改為下列一句程式碼，細節可參考 ch5_13_1.py。

```
4   if bmi := weight / ( height / 100) ** 2 >= 28:      # Python 3.8
```

上述程式可以擴充為輸入身高體重，程式可以列出世界衛生組織公佈的各 BMI 分類敘述，這將是各位的習題 ex5_9.py。

5-8-2 火箭升空

地球的天空有許多人造衛星，這些人造衛星是由火箭發射，由於地球有地心引力、太陽也有引力，火箭發射要可以到達人造衛星繞行地球、脫離地球進入太空，甚至脫離太陽系必須要達到宇宙速度方可脫離，所謂的宇宙速度觀念如下：

5-8 實戰 - BMI / 火箭升空 / 推薦飲料 / 潛在應用

❏ **第一宇宙速度**

所謂的第一宇宙速度可以稱環繞地球速度，這個速度是 7.9km/s，當火箭到達這個速度後，人造衛星即可環繞著地球做圓形移動。當火箭速度超過 7.9km/s 時，但是小於 11.2km/s，人造衛星可以環繞著地球做橢圓形移動。

❏ **第二宇宙速度**

所謂的第二宇宙速度可以稱脫離速度，這個速度是 11.2km/s，當火箭到達這個速度尚未超過 16.7km/s 時，人造衛星可以環繞太陽，成為一顆類似地球的人造行星。

❏ **第三宇宙速度**

所謂的第三宇宙速度可以稱脫逃速度，這個速度是 16.7km/s，當火箭到達這個速度後，就可以脫離太陽引力到太陽系的外太空。

速度 >= 16.7km/s
脫離太陽系

11.2km/s <= 速度 < 16.7km/s
環繞太陽移動

地球

速度 = 7.9km/s
環繞地球做圓形移動

7.9km/s < 速度 < 11.2km/s
環繞地球做橢圓移動

程式實例 ch5_14.py：請輸入火箭速度 (km/s)，這個程式會輸出人造衛星飛行狀態。

```
1  # ch5_14.py
2  v = eval(input("請輸入火箭速度 ： "))
3  if (v < 7.9):
4      print("人造衛星無法進入太空")
5  elif (v == 7.9):
6      print("人造衛星可以環繞地球作圓形移動")
7  elif (v > 7.9 and v < 11.2):
8      print("人造衛星可以環繞地球作橢圓形移動")
9  elif (v >= 11.2 and v < 16.7):
10     print("人造衛星可以環繞太陽移動")
11 else:
12     print("人造衛星可以脫離太陽系")
```

執行結果
```
請輸入火箭速度：7.5          請輸入火箭速度：7.9           請輸入火箭速度：11.8
人造衛星無法進入太空         人造衛星可以環繞地球作圓形移動   人造衛星可以環繞太陽移動

              請輸入火箭速度：9.9           請輸入火箭速度：16.7
              人造衛星可以環繞地球作橢圓形移動  人造衛星可以脫離太陽系
```

5-8-3 推薦飲料

程式實例 ch5_15.py：這個程式會根據用戶輸入的時間（24 小時制），推薦相應的飲料。如果是「早上，推薦咖啡」；「中午，推薦綠茶」；「下午，則推薦果汁」；「晚上，推薦牛奶或是無咖啡因的茶」，以幫助睡眠。

```python
1   # ch5_15.py
2   # 程式問用戶現在的時間
3   time = int(input("現在幾點了?(0-23小時制): "))
4
5   # 根據時間推薦飲料
6   if 6 <= time < 12:
7       print("早安!來一杯咖啡提提神吧!")
8   elif 12 <= time < 17:
9       print("中午時分了，來一杯綠茶怎麼樣?")
10  elif 17 <= time < 21:
11      print("傍晚了，喝點果汁補充能量!")
12  else:
13      print("晚上了，喝點牛奶或是無咖啡因的茶助眠吧!")
```

執行結果
```
現在幾點了?(0-23小時制): 9        現在幾點了?(0-23小時制): 14
早安!來一杯咖啡提提神吧!            中午時分了，來一杯綠茶怎麼樣?

現在幾點了?(0-23小時制): 18       現在幾點了?(0-23小時制): 22
傍晚了，喝點果汁補充能量!           晚上了，喝點牛奶或是無咖啡因的茶助眠吧!
```

5-8-4 if 敘述潛在應用

這一章說明了 if 敘述的應用，受限於篇幅，無法完整的解釋所有的應用，其實還可以將此章內容應用在下列領域：

❑ 使用者輸入驗證

檢查輸入的年齡是否符合投票資格。

```python
1   # test5_1.py
2   age = int(input("請輸入你的年齡:"))
3   if age >= 18:
4       print("你有投票資格")
5   else:
6       print("你沒有投票資格")
```

❑ 遊戲開發中的決策制定

根據玩家的選擇改變遊戲故事情節。

```
1   # test5_2.py
2   choice = input("你要走左邊還是右邊？(左/右):")
3   if choice == "左":
4       print("你遇到了一隻友好的龍")
5   elif choice == "右":
6       print("你發現了一個藏寶箱")
7   else:
8       print("你迷路了")
```

❑ 物聯網 (IoT) 中的條件響應

根據溫度讀數自動調整空調。

```
1   # test5_3.py
2   temperature = 30      # 假設的溫度讀數
3   if temperature > 25:
4       print("開啟空調")
5   else:
6       print("關閉空調")
```

❑ 交通應用中的路線建議

根據當前交通狀況建議最佳路線。

```
1   # test5_4.py
2   traffic_condition = "擁堵"
3   if traffic_condition == "順暢":
4       print("建議走高速公路")
5   else:
6       print("建議走替代路線")
```

❑ 社交應用中的隱私設置檢查

檢查用戶設置，決定是否顯示某些個人資訊。

```
1   # test5_5.py
2   privacy_setting = "僅好友"
3   if privacy_setting == "公開":
4       print("顯示所有個人訊息")
5   else:
6       print("僅顯示有限訊息")
```

❑ 電子商務中的折扣促銷

根據用戶購物車總金額提供相應的折扣。

第 5 章　程式流程控制精髓 - 決策與邏輯的藝術

```python
1  # test5_6.py
2  cart_total = 500      # 假設的購物車總金額
3  if cart_total > 1000:
4      print("恭喜，你獲得了10%的折扣")
5  elif cart_total > 500:
6      print("恭喜，你獲得了5%的折扣")
7  else:
8      print("增加購物車金額以獲得折扣")
```

第 6 章
串列 (List) 全面解析
靈活可變的資料容器

- 6-1　認識串列 (list)
- 6-2　Python 物件導向觀念與方法
- 6-3　串列元素是字串的常用方法
- 6-4　增加與刪除串列元素
- 6-5　串列的排序
- 6-6　進階串列操作
- 6-7　嵌套串列 - 串列內含串列
- 6-8　串列的賦值與切片拷貝
- 6-9　再談字串
- 6-10　in 和 not in 運算式
- 6-11　is 或 is not 運算式
- 6-12　enumerate 物件
- 6-13　專題 - 大型串列 / 帳號管理 / 認識凱薩密碼

第 6 章 串列 (List) 全面解析 - 靈活可變的資料容器

串列 (list) 是 Python 一種可以更改內容的資料型態，它是由一系列元素所組成的序列。如果現在我們要設計班上同學的成績表，班上有 50 位同學，可能需要設計 50 個變數，這是一件麻煩的事。如果學校單位要設計所有學生的資料庫，學生人數有 1000 人，需要 1000 個變數，這似乎是不可能的事。Python 的串列資料型態，可以只用一個變數，解決這方面的問題，要存取時可以用串列名稱加上索引值即可，這也是本章的主題。

相信閱讀至此章節，讀者已經對 Python 有一些基礎知識了，這章筆者也將講解簡單的物件導向 (Object Oriented) 觀念，同時教導讀者學習利用 Python 所提供的內建資源，未來將一步一步帶領讀者邁向高手之路。

6-1 認識串列 (list)

其實在其它程式語言，相類似的功能是稱陣列 (array)，例如：C 語言。不過，Python 的串列功能除了可以儲存相同資料型態，例如：整數、浮點數、字串，我們將每一筆資料稱元素。一個串列也可以儲存不同資料型態，例如：串列內同時含有整數、浮點數和字串。甚至一個串列也可以有其它串列、元組 (tuple，第 8 章內容) 或是字典 (dict，第 9 章內容) … 等當作是它的元素，因此，Python 可以工作的能力，將比其它程式語言強大。

串列可以有不同元素，可以用索引取得串列元素內容

6-1-1 串列基本定義

定義串列的語法格式如下：

```
x = [ 元素 1, … , 元素 n,]        # x 是假設的串列名稱
```

基本上串列的每一筆資料稱元素，這些元素放在中括號 [ ] 內，彼此用逗號 "," 隔開，上述最後一個元素，「元素 n」右邊的 "," 可有可無，這是 Python 設計編譯程式人員的貼心設計，因為當元素內容資料量夠長時，我們可能會一列放置一個元素，如下所示：

6-1 認識串列 (list)

```
sc = [['洪錦魁', 80, 95, 88, 0],
      ['洪冰儒', 98, 97, 96, 0],    ← 可有可無
     ]
```

有的設計師設計對於比較長的元素，習慣是一列放置一個元素，同時習慣元素末端加上 "," 符號，處理最後一個元素 n 時，也習慣加上此逗號。這個觀念可以應用在 Python 的其它類似的資料結構，例如：元組 (第 8 章)、字典 (第 9 章)、集合 (第 10 章)。

如果要列印串列內容，可以用 print( ) 函數，將串列名稱當作變數名稱即可。

實例 1：NBA 球員 James 前 5 場比賽得分，分別是 23、19、22、31、18，可以用下列方式定義串列。

```
james = [23, 19, 22, 31, 18]
```

實例 2：為所銷售的水果，apple、banana、orange 建立串列元素，可以用下列方式定義串列。註：在定義串列時，元素內容也可以使用中文。

```
fruits = ['apple', 'banana', 'orange']
```

或是

```
fruits = ['蘋果', '香蕉', '橘子']
```

實例 3：串列內可以有不同的資料型態，例如：修改實例 1 的 james 串列，最開始的位置，增加 1 筆元素，放他的全名。

```
James = ['Lebron James', 23, 19, 22, 31, 18]
```

程式實例 ch6_1.py：定義串列同時列印，最後使用 type( ) 列出串列資料型態。

```
1  # ch6_1.py
2  james = [23, 19, 22, 31, 18]                          # 定義james串列
3  print("列印james串列", james)
4  James = ['Lebron James',23, 19, 22, 31, 18]           # 定義James串列
5  print("列印James串列", James)
6  fruits = ['apple', 'banana', 'orange']                # 定義fruits串列
7  print("列印fruits串列", fruits)
8  cfruits = ['蘋果', '香蕉', '橘子']                      # 定義cfruits串列
9  print("列印cfruits串列", cfruits)
10 ielts = [5.5, 6.0, 6.5]                               # 定義IELTS成績串列
11 print("列印IELTS成績", ielts)
12 # 列出串列資料型態
13 print("串列james資料型態是: ",type(james))
```

執行結果

```
========================= RESTART: D:\Python\ch6\ch6_1.py =========================
列印james串列 [23, 19, 22, 31, 18]
列印James串列 ['Lebron James', 23, 19, 22, 31, 18]
列印fruits串列 ['apple', 'banana', 'orange']
列印cfruits串列 ['蘋果', '香蕉', '橘子']
列印IELTS成績 [5.5, 6.0, 6.5]
串列james資料型態是:  <class 'list'>
```

第 6 章　串列 (List) 全面解析 - 靈活可變的資料容器

6-1-2　讀取串列元素

我們可以用串列名稱與索引讀取串列元素的內容，在 Python 中元素是從索引值 0 開始配置。所以如果是串列的第一筆元素，索引值是 0，第二筆元素索引值是 1，其它依此類推，如下所示：

　　x[i]　　　　　　　　　　　　# 讀取索引 i 的串列元素

程式實例 ch6_2.py：讀取串列元素的應用。

```
1  # ch6_2.py
2  james = [23, 19, 22, 31, 18]          # 定義james串列
3  print("列印james第1場得分", james[0])
4  print("列印james第2場得分", james[1])
5  print("列印james第3場得分", james[2])
6  print("列印james第4場得分", james[3])
7  print("列印james第5場得分", james[4])
```

執行結果
```
===================== RESTART: D:\Python\ch6\ch6_2.py =====================
列印james第1場得分 23
列印james第2場得分 19
列印james第3場得分 22
列印james第4場得分 31
列印james第5場得分 18
```

上述程式經過第 2 列的定義後，串列索引值的觀念如下：

```
              james[0]  james[2]  james[4]
                 ↓        ↓        ↓
      james = [23, 19, 22, 31, 18]
                    ↑        ↑
                 james[1]  james[3]
```

所以程式第 3 列至第 7 列，可以得到上述執行結果。其實我們也可以將 2-8 節等號多重指定觀念應用在串列。

程式實例 ch6_3.py：一個傳統處理串列元素內容方式，與 Python 多重指定觀念的應用。

```
1  # ch6_3.py
2  james = [23, 19, 22, 31, 18]          # 定義james串列
3  # 傳統設計方式
4  game1 = james[0]
5  game2 = james[1]
6  game3 = james[2]
7  game4 = james[3]
8  game5 = james[4]
9  print("列印james各場次得分", game1, game2, game3, game4, game5)
10 # Python高手好的設計方式
11 game1, game2, game3, game4, game5 = james
12 print("列印james各場次得分", game1, game2, game3, game4, game5)
```

6-4

> **執行結果**
> ```
> ================== RESTART: D:\Python\ch6\ch6_3.py ==================
> 列印james各場次得分 23 19 22 31 18
> 列印james各場次得分 23 19 22 31 18
> ```

上述程式第 11 列讓整個 Python 設計簡潔許多，這是 Python 高手常用的程式設計方式，這個方式又稱**串列解包**，在上述設計中第 11 列的多重指定變數的數量需與串列元素的個數相同，否則會有錯誤產生。其實懂得用這種方式設計，才算是真正了解 Python 語言的基本精神。

❑ **Python 風格**

在處理索引時，上述程式第 4 列是好語法。

  james[0]　　　　　　　　　　# 變數名與左中括號間沒有空格，**好語法**

下列是不好的語法。

  james [0]　　　　　　　　　　# 變數名與左中括號間有空格，**不好語法**

6-1-3　串列切片 (list slices)

在設計程式時，常會需要取得串列**前幾個元素**、**後幾個元素**、**某區間元素**或是**依照一定規則排序的元素**，所取得的系列元素稱**子串列**，這個觀念稱**串列切片** (list slices)，用串列切片取得元素內容的公式觀念如下。

  [start : end : step]

上述 start、end 是索引值，此索引值可以是正值或是負值，下列是正值或是負值的索引說明圖。其中索引 0 代表串列第 1 個元素，索引 -1 是代表串列最後一個元素。

```
正值索引   0   1   2   3   4   5   6   7   8   9
陣列內容 | 0 | 1 | 2 | 3 | 4 | 5 | 6 | 7 | 8 | 9 |
負值索引  -10 -9  -8  -7  -6  -5  -4  -3  -2  -1
```

切片的參數意義如下：

- start：起始索引，如果省略表示從 0 開始的所有元素。
- end：終止索引，如果省略表示到末端的所有元素，如果有索引則是不含此索引的元素。
- step：用 step 作為每隔多少區間再讀取。

在上述觀念下，假設串列名稱是 x，相關的應用解說如下：

第 6 章 串列 (List) 全面解析 - 靈活可變的資料容器

- x[start:end]   # 讀取從索引 start 到 end-1 索引的串列元素
- x [:end]   # 取得串列最前面到 end-1 名
- x [:-n]   # 取得串列前面，不含最後 n 名
- x [start:]   # 取得串列索引 start 到最後
- x [-n:]   # 取得串列後 n 名
- x [:]   # 取得所有元素，可以參考下列程式實例第 11 列
- x[::-1]   # 反向排序串列元素

下列是讀取區間，但是用 step 作為每隔多少區間再讀取。

- x [start:end:step]   # 每隔 step，讀取從索引 start 到 (end-1) 索引的串列

程式實例 ch6_4.py：串列切片的應用。

```
1  # ch6_4.py
2  x = [0, 1, 2, 3, 4, 5, 6, 7, 8, 9]
3  print(f"串列元素如下 : {x} ")
4  print(f"x[2:]      = {x[2:]}")
5  print(f"x[:2]      = {x[:2]}")
6  print(f"x[0:3]     = {x[0:3]}")
7  print(f"x[1:4]     = {x[1:4]}")
8  print(f"x[0:9:2]   = {x[0:9:2]}")
9  print(f"x[::2]     = {x[::2]}")
10 print(f"x[2::3]    = {x[2::3]}")
11 print(f"x[:]       = {x[:]}")
12 print(f"x[::-1]    = {x[::-1]}")
13 print(f"x[-3:-7:-1] = {x[-3:-7:-1]}")
14 print(f"x[-1]      = {x[-1]}")     # 這是取單一元素
```

執行結果

```
==================== RESTART: D:\Python\ch6\ch6_4.py ====================
串列元素如下 : [0, 1, 2, 3, 4, 5, 6, 7, 8, 9]
x[2:]       = [2, 3, 4, 5, 6, 7, 8, 9]
x[:2]       = [0, 1]
x[0:3]      = [0, 1, 2]
x[1:4]      = [1, 2, 3]
x[0:9:2]    = [0, 2, 4, 6, 8]
x[::2]      = [0, 2, 4, 6, 8]
x[2::3]     = [2, 5, 8]
x[:]        = [0, 1, 2, 3, 4, 5, 6, 7, 8, 9]
x[::-1]     = [9, 8, 7, 6, 5, 4, 3, 2, 1, 0]
x[-3:-7:-1] = [7, 6, 5, 4]
x[-1]       = 9
```

上述實例為了方便解說，所以串列元素使用 0 ~ 9，實務應用元素可以是任意內容。此外。程式第 14 列是讓讀者了解負索引的意義，回傳是單一元素。

程式實例 ch6_5.py：列出球隊前 3 名隊員、從索引 1 到最後隊員與後 3 名隊員子串列。

```
1  # ch6_5.py
2  warriors = ['Curry','Durant','Iquodala','Bell','Thompson']
3  first3 = warriors[:3]
4  print("前3名球員",first3)
```

```
5  n_to_last = warriors[1:]
6  print("球員索引1到最後",n_to_last)
7  last3 = warriors[-3:]
8  print("後3名球員",last3)
```

執行結果
```
==================== RESTART: D:\Python\ch6\ch6_5.py ====================
前3名球員 ['Curry', 'Durant', 'Iquodala']
球員索引1到最後 ['Durant', 'Iquodala', 'Bell', 'Thompson']
後3名球員 ['Iquodala', 'Bell', 'Thompson']
```

6-1-4 串列統計資料函數

Python 有內建一些執行統計運算的函數，如果串列內容全部是數值則可以使用這個函數：

- max( ) 函數：獲得串列的最大值。
- min( ) 函數：可以獲得串列的最小值。
- sum( ) 函數：可以獲得串列的總和。
- len( ) 函數：回傳串列元素個數。

如果串列內容全部是字元或字串則可以使用 max( ) 函數獲得串列的 unicode 碼值的最大值，min( ) 函數可以獲得串列的 unicode 碼值最小值。sum( ) 則不可使用在串列元素為非數值情況。

程式實例 ch6_6.py：計算 james 球員本季至今比賽場次，這些場次的最高得分、最低得分和得分總計。

```
1  # ch6_6.py
2  james = [23, 19, 22, 31, 18]        # 定義james的得分
3  print(f"James比賽場次 = {len(james)}")
4  print(f"最高得分 = {max(james)}")
5  print(f"最低得分 = {min(james)}")
6  print(f"得分總計 = {sum(james)}")
```

執行結果
```
==================== RESTART: D:\Python\ch6\ch6_6.py ====================
James比賽場次 = 5
最高得分 = 31
最低得分 = 18
得分總計 = 113
```

上述我們很快的獲得了統計資訊，各位可能會想，如果串列內含有字串，這個串列索引 0 元素是字串，如果這時仍然直接用 max(James) 會有錯誤的。

```
>>> James = ['Lebron James', 23, 19, 22, 31, 18]
>>> x = max(James)
Traceback (most recent call last):
  File "<pyshell#83>", line 1, in <module>
    x = max(James)
TypeError: '>' not supported between instances of 'int' and 'str'
>>>
```

碰上這類的字串我們可以使用切片方式處理，如下所示。

程式實例 ch6_7.py：重新設計 ch6_6.py，但是使用含字串元素的 James 串列。

```python
1  # ch6_7.py
2  James = ['Lebron James', 23, 19, 22, 31, 18]    # 比賽得分
3  print(f"James比賽場次 = {len(James[1:])}")
4  print(f"最高得分 = {max(James[1:])}")
5  print(f"最低得分 = {min(James[1:])}")
6  print(f"得分總計 = {sum(James[1:])}")
```

執行結果
```
==================== RESTART: D:\Python\ch6\ch6_7.py ====================
James比賽場次 = 5
最高得分 = 31
最低得分 = 18
得分總計 = 113
```

6-1-5 更改串列元素的內容

可以使用串列名稱和索引值更改串列元素的內容，這個觀念可以用在更改整數資料也可以修改字串資料。

程式實例 ch6_8.py：一家汽車經銷商原本可以銷售 Toyota、Nissan、Honda，現在 Nissan 銷售權被回收，改成銷售 Ford，可用下列方式設計銷售品牌。

```python
1  # ch6_8.py
2  cars = ['Toyota', 'Nissan', 'Honda']
3  print("舊汽車銷售品牌", cars)
4  cars[1] = 'Ford'                # 更改第二筆元素內容
5  print("新汽車銷售品牌", cars)
```

執行結果
```
==================== RESTART: D:\Python\ch6\ch6_8.py ====================
舊汽車銷售品牌 ['Toyota', 'Nissan', 'Honda']
新汽車銷售品牌 ['Toyota', 'Ford', 'Honda']
```

6-1-6 串列的相加

Python 是允許 "+" 和 "+=" 執行串列相加，相當於將串列元素結合，如果有相同的元素內容，則元素會重複出現。

程式實例 ch6_9.py：一家汽車經銷商原本可以銷售 Toyota、Nissan、Honda，現在併購一家銷售 Audi、BMW 的經銷商，可用下列方式設計銷售品牌。

```python
1  # ch6_9.py
2  cars1 = ['Toyota', 'Nissan', 'Honda']
3  print("舊汽車銷售品牌", cars1)
4  cars2 = ['Audi', 'BMW']
5  cars1 += cars2
6  print("新汽車銷售品牌", cars1)
```

執行結果
```
==================== RESTART: D:\Python\ch6\ch6_9.py ====================
舊汽車銷售品牌 ['Toyota', 'Nissan', 'Honda']
新汽車銷售品牌 ['Toyota', 'Nissan', 'Honda', 'Audi', 'BMW']
```

程式實例 ch6_10.py：整數串列相加，結果元素重複出現實例。

```
1  # ch6_10.py
2  num1 = [1, 3, 5]
3  num2 = [1, 2, 4, 6]
4  num3 = num1 + num2
5  print(num3)
```

執行結果
```
==================== RESTART: D:\Python\ch6\ch6_10.py ====================
[1, 3, 5, 1, 2, 4, 6]
```

註　如果要做串列元素值相加，可以用索引取得元素值，再執行相加。

6-1-7　串列乘以一個數字

如果將串列乘以一個數字，這個數字相當於是串列元素重複次數。

程式實例 ch6_11.py：將串列乘以數字的應用。

```
1  # ch6_11.py
2  cars = ['Benz', 'BMW', 'Honda']
3  nums = [1, 3, 5]
4  carslist = cars * 3          # 串列乘以數字
5  print(carslist)
6  numslist = nums * 5          # 串列乘以數字
7  print(numslist)
```

執行結果
```
==================== RESTART: D:\Python\ch6\ch6_11.py ====================
['Benz', 'BMW', 'Honda', 'Benz', 'BMW', 'Honda', 'Benz', 'BMW', 'Honda']
[1, 3, 5, 1, 3, 5, 1, 3, 5, 1, 3, 5, 1, 3, 5]
```

註　Python 的串列不支援串列加上數字，例如：第 6 列改成下列：

　　numslist = nums + 5　　　　　　# 串列加上數字將造成錯誤

6-1-8　刪除串列元素

可以使用下列方式刪除指定索引的串列元素：

　　del x[i]　　　　　　# 刪除索引 i 的元素

下列是刪除串列區間元素。

　　del x[start:end]　　　　　　# 刪除從索引 start 到 (end-1) 索引的元素

下列是刪除區間，但是用 step 作為每隔多少區間再刪除。

　　del x[start:end:step]　　　　　　# 每隔 step 刪除索引 start 到 (end-1) 索引的元素

程式實例 ch6_12.py：如果 NBA 勇士隊主將陣容有 5 名，其中一名隊員 Bell 離隊了，可用下列方式設計。

```
1  # ch6_12.py
2  warriors = ['Curry','Durant','Iquodala','Bell','Thompson']
3  print("2025年初NBA勇士隊主將陣容", warriors)
4  del warriors[3]                    # 不明原因離隊
5  print("2025年末NBA勇士隊主將陣容", warriors)
```

執行結果
```
===================== RESTART: D:\Python\ch6\ch6_12.py =====================
2025年初NBA勇士隊主將陣容 ['Curry', 'Durant', 'Iquodala', 'Bell', 'Thompson']
2025年末NBA勇士隊主將陣容 ['Curry', 'Durant', 'Iquodala', 'Thompson']
```

程式實例 ch6_13.py：刪除串列元素的應用。

```
1   # ch6_13.py
2   nums1 = [1, 3, 5]
3   print(f"刪除nums1串列索引1元素前    = {nums1}")
4   del nums1[1]
5   print(f"刪除nums1串列索引1元素後    = {nums1}")
6   nums2 = [1, 2, 3, 4, 5, 6]
7   print(f"刪除nums2串列索引[0:2]前    = {nums2}")
8   del nums2[0:2]
9   print(f"刪除nums2串列索引[0:2]後    = {nums2}")
10  nums3 = [1, 2, 3, 4, 5, 6]
11  print(f"刪除nums3串列索引[0:6:2]前  = {nums3}")
12  del nums3[0:6:2]
13  print(f"刪除nums3串列索引[0:6:2]後  = {nums3}")
```

執行結果
```
===================== RESTART: D:\Python\ch6\ch6_13.py =====================
刪除nums1串列索引1元素前    = [1, 3, 5]
刪除nums1串列索引1元素後    = [1, 5]
刪除nums2串列索引[0:2]前    = [1, 2, 3, 4, 5, 6]
刪除nums2串列索引[0:2]後    = [3, 4, 5, 6]
刪除nums3串列索引[0:6:2]前  = [1, 2, 3, 4, 5, 6]
刪除nums3串列索引[0:6:2]後  = [2, 4, 6]
```

以這種方式刪除串列元素最大的缺點是，元素刪除後我們無法得知刪除的是什麼內容。有時我們設計網站時，可能想將某個人從 VIP 客戶降為一般客戶，採用上述方式刪除元素時，我們就無法再度取得所刪除的元素資料，未來在 6-4-3 節會介紹另一種方式刪除資料，刪除後我們還可善加利用所刪除的資料。或是設計一個遊戲，敵人是放在串列內，用上述方式刪除殺死的敵人時，我們就無法取得被刪除敵人的座標元素資料，如果我們可以取得的話，可以在殺死敵人座標位置也許放置慶祝動畫 … 等。

6-1-9 串列為空串列的判斷

如果想建立一個串列，可是暫時不放置元素，可使用下列方式宣告。

  x = [ ]   # 這是空的串列

程式實例 ch6_14.py：刪除串列元素的應用，這個程式基本上會用 len( ) 函數判斷串列內是否有元素資料，如果有則刪除索引為 0 的元素，如果沒有則輸出串列內沒有元素了。讀者可以比較第 4 和 12 列的 if 敘述寫法，第 12 列是比較符合 PEP 8 風格。

```python
1  # ch6_14.py
2  cars = ['Toyota', 'Nissan', 'Honda']
3  print(f"cars串列長度是 = {len(cars)}")
4  if len(cars) != 0:              # 一般寫法
5      del cars[0]
6      print("刪除cars串列元素成功")
7      print(f"cars串列長度是 = {len(cars)}")
8  else:
9      print("cars串列內沒有元素資料")
10 nums = []
11 print(f"nums串列長度是 = {len(nums)}")
12 if len(nums):                   # 更好的寫法
13     del nums[0]
14     print("刪除nums串列元素成功")
15 else:
16     print("nums串列內沒有元素資料")
```

執行結果
```
====================== RESTART: D:\Python\ch6\ch6_14.py ======================
cars串列長度是 = 3
刪除cars串列元素成功
cars串列長度是 = 2
nums串列長度是 = 0
nums串列內沒有元素資料
```

6-1-10　刪除串列

Python 也允許我們刪除整個串列，串列一經刪除後就無法復原，同時也無法做任何操作了，下列是刪除串列的方式：

　　del x　　　　　　　　　　# 刪除串列 x

實例 1：建立串列、列印串列、刪除串列，然後嘗試再度輸出串列結果出現錯誤訊息，因為串列經刪除後已經不存在了。

```
>>> x = [1,2,3]
>>> print(x)
[1, 2, 3]
>>> del x
>>> print(x)
Traceback (most recent call last):
  File "<pyshell#25>", line 1, in <module>
    print(x)
NameError: name 'x' is not defined
>>>
```

6-1-11　補充多重指定與串列

在多重指定中，如果等號左邊的變數較少，可以用「* 變數」方式，將多餘的右邊內容用串列方式打包給含「*」的變數。

實例 1：將多的內容打包給 c。

```
>>> a, b, *c = 1, 2, 3, 4, 5
>>> print(a, b, c)
1 2 [3, 4, 5]
```

變數內容打包時，不一定要在最右邊，可以在任意位置。

實例 2：將多的內容打包給 b。

```
>>> a, *b, c = 1, 2, 3, 4, 5
>>> print(a, b, c)
1 [2, 3, 4] 5
```

6-2 Python 物件導向觀念與方法

在物件導向的程式設計 (Object Oriented Programming) 觀念裡，所有資料皆算是一個物件 (Object)，例如，整數、浮點數、字串或是本章所提的串列皆是一個物件。我們可以為所建立的物件設計一些方法 (method)，供這些物件使用，在這裡所提的方法表面是函數，但是這函數是放在類別 (第 12 章會介紹類別) 內，我們稱之為方法，它與函數呼叫方式不同。目前 Python 有為一些基本物件，提供預設的方法，要使用這些方法可以在物件後先放小數點，再放方法名稱，基本語法格式如下：

物件 . 方法 ( )

❑ 串列內容是字串的常用方法

- lower( )：將字串轉成小寫字。(6-3-1 節)
- upper( )：將字串轉成大寫字。(6-3-1 節)
- title( )：將字串轉成第一個字母大寫，其它是小寫。(6-3-1 節)
- swapcase( )：將字串所有大寫改小寫，所有小寫改大寫。(6-3-1 節)
- rstrip( )：刪除字串尾端多餘的空白。(6-3-2 節)
- lstrip( )：刪除字串開始端多餘的空白。(6-3-2 節)
- strip( )：刪除字串頭尾兩邊多餘的空白。(6-3-2 節)
- center( )：字串在指定寬度置中對齊。(6-3-3 節)
- rjust( )：字串在指定寬度靠右對齊。(6-3-3 節)
- ljust( )：字串在指定寬度靠左對齊。(6-3-3 節)
- zfill( )：可以設定字串長度，原字串靠右對齊，左邊多餘空間補 0。(6-3-3 節)

❑ 增加與刪除串列元素方法
- append( )：在串列末端直接增加元素。(6-4-1 節)
- insert( )：在串列任意位置插入元素。(6-4-2 節)
- pop( )：刪除串列末端或是指定的元素。(6-4-3 節)
- remove( )：刪除串列指定的元素。(6-4-4 節)

❑ 串列的排序
- reverse( )：顛倒排序串列元素。(6-5-1 節)
- sort( )：將串列元素排序。(6-5-2 節)
- sorted( )：新串列儲存新的排序串列。(6-5-3 節)

❑ 進階串列操作
- index( )：傳回特定元素內容第一次出現的索引值。(6-6-1 節)
- count( )：傳回特定元素內容出現的次數。(6-6-2 節)

6-2-1 取得串列的方法

如果想獲得字串串列的方法，可以使用 dir( ) 函數。

實例 1：列出串列元素是數字的方法。

```
>>> x = [1, 2, 3]
>>> dir(x)
['__add__', '__class__', '__contains__', '__delattr__', '__delitem__', '__dir__', '__doc__', '__eq__', '__format__', '__ge__', '__getattribute__', '__getitem__', '__gt__', '__hash__', '__iadd__', '__imul__', '__init__', '__init_subclass__', '__iter__', '__le__', '__len__', '__lt__', '__mul__', '__ne__', '__new__', '__reduce__', '__reduce_ex__', '__repr__', '__reversed__', '__rmul__', '__setattr__', '__setitem__', '__sizeof__', '__str__', '__subclasshook__', 'append', 'clear', 'copy', 'count', 'extend', 'index', 'insert', 'pop', 'remove', 'reverse', 'sort']
```

實例 2：列出串列元素是字串的方法。

```
>>> x = "ABC"
>>> dir(x)
['__add__', '__class__', '__contains__', '__delattr__', '__dir__', '__doc__', '__eq__', '__format__', '__ge__', '__getattribute__', '__getitem__', '__getnewargs__', '__gt__', '__hash__', '__init__', '__init_subclass__', '__iter__', '__le__', '__len__', '__lt__', '__mod__', '__mul__', '__ne__', '__new__', '__reduce__', '__reduce_ex__', '__repr__', '__rmod__', '__rmul__', '__setattr__', '__sizeof__', '__str__', '__subclasshook__', 'capitalize', 'casefold', 'center', 'count', 'encode', 'endswith', 'expandtabs', 'find', 'format', 'format_map', 'index', 'isalnum', 'isalpha', 'isascii', 'isdecimal', 'isdigit', 'isidentifier', 'islower', 'isnumeric', 'isprintable', 'isspace', 'istitle', 'isupper', 'join', 'ljust', 'lower', 'lstrip', 'maketrans', 'partition', 'replace', 'rfind', 'rindex', 'rjust', 'rpartition', 'rsplit', 'rstrip', 'split', 'splitlines', 'startswith', 'strip', 'swapcase', 'title', 'translate', 'upper', 'zfill']
```

6-2-2　了解特定方法的使用說明

看到前一小節密密麻麻的方法，不用緊張，也不用想要一次學會，需要時再學即可。如果想要了解上述特定方法可以使用 2-5-2 節所介紹的 help( ) 函數，可以用下列方式：

help(物件 . 方法名稱)

實例 1：列出物件 x，內建 isupper( ) 方法的使用說明。

```
>>> x = "ABC"
>>> help(x.isupper)
Help on built-in function isupper:

isupper() method of builtins.str instance
    Return True if the string is an uppercase string, False otherwise.

    A string is uppercase if all cased characters in the string are uppercase and
    there is at least one cased character in the string.
```

由上述說明可知，isupper( ) 可以傳回物件是否是大寫，如果字串物件全部是大寫將傳回 True，否則傳回 False。在上述實例，由於 x 物件的內容是 "ABC"，全部是大寫，所以傳回 True。

上述觀念同樣可以延伸應用在查詢整數物件的方法。

實例 2：列出整數物件的方法，同樣可以先設定一個整數變數，再列出此整數變數的方法 (method)。

```
>>> num = 5
>>> dir(num)
['__abs__', '__add__', '__and__', '__bool__', '__ceil__', '__class__', '__delattr
__', '__dir__', '__divmod__', '__doc__', '__eq__', '__float__', '__floor__', '__f
loordiv__', '__format__', '__ge__', '__getattribute__', '__getnewargs__', '__gt_
_', '__hash__', '__index__', '__init__', '__init_subclass__', '__int__', '__invert
__', '__le__', '__lshift__', '__lt__', '__mod__', '__mul__', '__ne__', '__neg__',
'__new__', '__or__', '__pos__', '__pow__', '__radd__', '__rand__', '__rdivmod__',
'__reduce__', '__reduce_ex__', '__repr__', '__rfloordiv__', '__rlshift__', '__rmo
d__', '__rmul__', '__ror__', '__round__', '__rpow__', '__rrshift__', '__rshift__
', '__rsub__', '__rtruediv__', '__rxor__', '__setattr__', '__sizeof__', '__str__',
'__sub__', '__subclasshook__', '__truediv__', '__trunc__', '__xor__', 'bit_length
', 'conjugate', 'denominator', 'from_bytes', 'imag', 'numerator', 'real', 'to_byt
es']
```

上述 bit_length( ) 是可以計算出要多少位元以 2 進位方式儲存此變數。

實例 3：列出需要多少位元，儲存整數變數 num。

```
>>> num = 5
>>> y = num.bit_length()
>>> y
3
>>> num = 31
>>> y = num.bit_length()
>>> y
5
```

6-3 串列元素是字串的常用方法

6-3-1 更改字串大小寫 lower( )/upper( )/title( )/swapcase( )

如果串列內的元素字串資料是小寫，例如：輸出的車輛名稱是 "benz"，其實我們可以使用前一小節的 title( ) 讓車輛名稱的第一個字母大寫，可能會更好。

程式實例 ch6_15.py：將 upper( ) 和 title( ) 應用在字串。

```
1  # ch6_15.py
2  cars = ['bmw', 'benz', 'audi']
3  carF = "我開的第一部車是 " + cars[1].title( )
4  carN = "我現在開的車子是 " + cars[0].upper( )
5  print(carF)
6  print(carN)
```

執行結果
```
=================== RESTART: D:\Python\ch6\ch6_15.py ===================
我開的第一部車是 Benz
我現在開的車子是 BMW
```

上述第 3 列是將 benz 改為 Benz，第 4 列是將 bmw 改為 BMW。下列是使用 lower( ) 將字串改為小寫的實例。

```
>>> x = 'ABC'
>>> x.lower( )
'abc'
```

使用 title( ) 時需留意，如果字串內含多個單字，所有的單字均是第一個字母大寫。

```
>>> x = "i love python"
>>> x.title()
'I Love Python'
```

下列是 swapcase( ) 的實例。

```
>>> x = 'DeepMind'
>>> x.swapcase( )
'dEEPmIND'
```

6-3-2 刪除空白字元 rstrip( )/lstrip( )/strip( )

刪除字串開始或結尾多餘空白是一個很好用的方法 (method)，特別是系統要求讀者輸入資料時，一定會有人不小心多輸入了一些空白字元，此時可以用這個方法刪除多餘的空白。

程式實例 ch6_16.py：刪除開始端與結尾端多餘空白的應用。

```
1  # ch6_16.py
2  strN = "  DeepWisdom      "
3  strL = strN.lstrip( )        # 刪除字串左邊多餘空白
4  strR = strN.rstrip( )        # 刪除字串右邊多餘空白
5  strB = strN.strip( )         # 一次刪除頭尾端多餘空白
```

```
6    print(f"/{strN}/")
7    print(f"/{strL}/")
8    print(f"/{strR}/")
9    print(f"/{strB}/")
```

執行結果
```
==================== RESTART: D:\Python\ch6\ch6_16.py ====================
/ DeepWisdom      /
/DeepWisdom     /
/ DeepWisdom/
/DeepWisdom/
```

刪除前後空白字元常常應用在讀取螢幕輸入，除了上述，下列將用實例說明整個影響。

程式實例 ch6_17.py：沒有使用 strip( ) 與有使用 strip( ) 方法處理讀取字串的觀察。

```
1   # ch6_17.py
2   string = input("請輸入名字 : ")
3   print("/%s/" % string)
4   string = input("請輸入名字 : ")
5   print("/%s/" % string.strip())
```

執行結果 下列是筆者第一筆資料的輸入，同時不使用 strip( ) 方法。

```
==================== RESTART: D:\Python\ch6\ch6_17.py ====================
請輸入名字 :      洪錦魁|
```

↑
插入點

上述按 Enter 鍵後可以得到下列輸出。

```
==================== RESTART: D:\Python\ch6\ch6_17.py ====================
請輸入名字 :      洪錦魁
/    洪錦魁    /
請輸入名字 : |
```

下列是第 2 筆資料的輸入，有使用 strip( ) 方法。

```
==================== RESTART: D:\Python\ch6\ch6_17.py ====================
請輸入名字 :      洪錦魁
/    洪錦魁    /
請輸入名字 :      洪錦魁|
```

↑
插入點

上述按 Enter 鍵後可以得到下列輸出。

```
==================== RESTART: D:\Python\ch6\ch6_17.py ====================
請輸入名字 :      洪錦魁
/    洪錦魁    /
請輸入名字 :      洪錦魁
/洪錦魁/
```

Python 是一個可以活用的程式語言，下列是使用 input( ) 函數時，直接呼叫 strip( ) 和 title( ) 方法的實例。

程式實例 ch6_18.py：活用 Python 的應用。

```
1   # ch6_18.py
2   name = input("請輸入英文名字 : ")
3   print(f"/{name}/")
4   name = input("請輸入英文名字 :       ").strip()
5   print(f"/{name}/")
6   name = input("請輸入英文名字 :              ").strip().title()
7   print(f"/{name}/")
```

執行結果
```
==================== RESTART: D:\Python\ch6\ch6_18.py ====================
請輸入英文名字 : peter
/peter/
請輸入英文名字 :       peter
/peter/
請輸入英文名字 :              peter
/Peter/
```

6-3-3　格式化字串位置 center( )/ljust( )/rjust( )/zfill( )

這幾個是格式化字串位置的功能，我們可以給一定的字串長度空間，然後可以看到字串分別置中 (center)、靠左 (ljust)、靠右 rjust( ) 對齊。

程式實例 ch6_19.py：格式化字串位置的應用。

```
1   # ch6_19.py
2   title = "Ming-Chi Institute of Technology"
3   print(f"/{title.center(50)}/")
4   dt = "Department of ME"
5   print(f"/{dt.ljust(50)}/")
6   site = "JK Hung"
7   print(f"/{site.rjust(50)}/")
8   print(f"/{title.zfill(50)}/")
```

執行結果
```
==================== RESTART: D:\Python\ch6\ch6_19.py ====================
/        Ming-Chi Institute of Technology        /
/Department of ME                                /
/                                         JK Hung/
/000000000000000000Ming-Chi Institute of Technology/
```

6-4　增加與刪除串列元素

6-4-1　在串列末端增加元素 append( )

程式設計時常常會發生需要增加串列元素的情況，如果目前元素個數是 3 個，如果想要增加第 4 個元素，讀者可能會想可否使用下列傳統方式，直接設定新增的值：

x[3] = value

實例 1：使用索引方式，為串列增加元素，但是發生索引值超過串列長度的錯誤。

```
>>> car = ['Honda', 'Toyata', 'Ford']
>>> print(car)
['Honda', 'Toyata', 'Ford']
>>> car[3] = 'Nissan'
Traceback (most recent call last):
  File "<pyshell#31>", line 1, in <module>
    car[3] = 'Nissan'
IndexError: list assignment index out of range
>>>
```

讀者可能會想可以增加一個新串列，將欲新增的元素放在新串列，然後再將原先串列與新串列相加，就達到增加串列元素的目的了。這個方法理論是可以，可是太麻煩了。Python 為串列內建了新增元素的方法 append( )，這個方法可以在串列末端直接增加元素。

x.append(' 新增元素 ')

程式實例 ch6_20.py：建立一個空串列，然後用 append( ) 2 次，增加 2 筆元素。

```
1  # ch6_20.py
2  cars = []
3  print(f"目前串列內容 = {cars}")
4  cars.append('Honda')
5  print(f"目前串列內容 = {cars}")
6  cars.append('Toyota')
7  print(f"目前串列內容 = {cars}")
```

執行結果
```
==================== RESTART: D:\Python\ch6\ch6_20.py ====================
目前串列內容 = []
目前串列內容 = ['Honda']
目前串列內容 = ['Honda', 'Toyota']
```

有時候在程式設計時需預留串列空間，未來再使用賦值方式將數值存入串列，可以使用下列方式處理。

```
>>> x = [None] * 3
>>> x[0] = 1
>>> x[1] = 2
>>> x[2] = 3
>>> x
[1, 2, 3]
```

6-4-2　插入串列元素 insert( )

append( ) 方法是固定在串列末端插入元素，insert( ) 方法則是可以在任意位置插入元素，它的使用格式如下：

insert(索引 , 元素內容)　　　　　　　　# 索引是插入位置，元素內容是插入內容

6-18

程式實例 ch6_21.py：使用 insert( ) 插入串列元素的應用。

```
1  # ch6_21.py
2  cars = ['Honda','Toyota','Ford']
3  print(f"目前串列內容  = {cars}")
4  print("在索引1位置插入Nissan")
5  cars.insert(1,'Nissan')
6  print(f"新的串列內容  = {cars}")
7  print("在索引0位置插入BMW")
8  cars.insert(0,'BMW')
9  print(f"最新串列內容  = {cars}")
```

執行結果
```
==================== RESTART: D:\Python\ch6\ch6_21.py ====================
目前串列內容 = ['Honda', 'Toyota', 'Ford']
在索引1位置插入Nissan
新的串列內容 = ['Honda', 'Nissan', 'Toyota', 'Ford']
在索引0位置插入BMW
最新串列內容 = ['BMW', 'Honda', 'Nissan', 'Toyota', 'Ford']
```

6-4-3　刪除串列元素 pop( )

　　6-1-8 節筆者有介紹使用 del 刪除串列元素，在該節筆者同時指出最大缺點是，資料刪除了就無法取得相關資訊。使用 pop( ) 方法刪除元素最大的優點是，刪除後將回傳所刪除的值，使用 pop( ) 時若是未指明所刪除元素的位置，一律刪除串列末端的元素。pop( ) 的使用方式如下：

　　　　value = x.pop( )　　　　# 沒有索引參數是刪除串列末端元素
　　　　value = x.pop(i)　　　　 # 是刪除指定索引值 i 位置的串列元素

程式實例 ch6_22.py：使用 pop( ) 刪除串列元素的應用，這個程式第 5 列未指明刪除的索引值，所以刪除了串列的最後一個元素。程式第 9 列則是刪除索引 1 位置的元素。

```
1  # ch6_22.py
2  cars = ['Honda','Toyota','Ford','BMW']
3  print("目前串列內容 = ",cars)
4  print("使用pop( )刪除串列元素")
5  popped_car = cars.pop( )              # 刪除串列末端值
6  print(f"所刪除的串列內容是 : {popped_car}")
7  print("新的串列內容 = ",cars)
8  print("使用pop(1)刪除串列元素")
9  popped_car = cars.pop(1)              # 刪除串列索引為1的值
10 print(f"所刪除的串列內容是 : {popped_car}")
11 print("新的串列內容 = ",cars)
```

執行結果
```
==================== RESTART: D:\Python\ch6\ch6_22.py ====================
目前串列內容 =  ['Honda', 'Toyota', 'Ford', 'BMW']
使用pop( )刪除串列元素
所刪除的串列內容是 : BMW
新的串列內容 =  ['Honda', 'Toyota', 'Ford']
使用pop(1)刪除串列元素
所刪除的串列內容是 : Toyota
新的串列內容 =  ['Honda', 'Ford']
```

6-4-4 刪除指定的元素 remove( )

在刪除串列元素時，有時可能不知道元素在串列內的位置，此時可以使用 remove( ) 方法刪除指定的元素，它的使用方式如下：

x.remove(想刪除的元素內容)

如果串列內有相同的元素，則只刪除第一個出現的元素，如果想要刪除所有相同的元素，必須使用迴圈，下一章將會講解迴圈的觀念。

程式實例 ch6_23.py：刪除串列中第一次出現的元素 bmw，這個串列有 2 筆 bmw 字串，最後只刪除索引 1 位置的 bmw 字串。

```
1  # ch6_23.py
2  cars = ['Honda','bmw','Toyota','Ford','bmw']
3  print(f"目前串列內容 = {cars}")
4  print("使用remove( )刪除串列元素")
5  expensive = 'bmw'
6  cars.remove(expensive)          # 刪除第一次出現的元素bmw
7  print(f"所刪除的內容是 : {expensive.upper()} 因為重複了")
8  print(f"新的串列內容 = {cars}")
```

執行結果
```
=============== RESTART: D:\Python\ch6\ch6_23.py ===============
目前串列內容 = ['Honda', 'bmw', 'Toyota', 'Ford', 'bmw']
使用remove( )刪除串列元素
所刪除的內容是 : BMW 因為重複了
新的串列內容 = ['Honda', 'Toyota', 'Ford', 'bmw']
```

6-5 串列的排序

6-5-1 顛倒排序 reverse( )

reverse( ) 可以顛倒排序串列元素，它的使用方式如下：

x.reverse( )   # 顛倒排序 x 串列元素

串列經顛倒排放後，就算永久性更改了，如果要復原，可以再執行一次 reverse( ) 方法。

其實在 6-1-3 節的切片應用中，也可以用 [::-1] 方式取得串列顛倒排序，這個方式會傳回新的顛倒排序串列，原串列順序未改變。

程式實例 ch6_24.py：使用 2 種方式執行顛倒排序串列元素。

6-5 串列的排序

```
1  # ch6_24.py
2  cars = ['Honda','bmw','Toyota','Ford','bmw']
3  print(f"目前串列內容 = {cars}")
4  # 直接列印cars[::-1]顛倒排序,不更改串列內容
5  print(f"列印使用[::-1]顛倒排序\n{cars[::-1]}")
6  # 更改串列內容
7  print("使用reverse( )顛倒排序串列元素")
8  cars.reverse()            # 顛倒排序串列
9  print(f"新的串列內容 = {cars}")
```

執行結果
```
================= RESTART: D:\Python\ch6\ch6_24.py =================
目前串列內容 = ['Honda', 'bmw', 'Toyota', 'Ford', 'bmw']
列印使用[::-1]顛倒排序
['bmw', 'Ford', 'Toyota', 'bmw', 'Honda']
使用reverse( )顛倒排序串列元素
新的串列內容 = ['bmw', 'Ford', 'Toyota', 'bmw', 'Honda']
```

6-5-2　sort( ) 排序

sort( ) 方法可以對串列元素排序,這個方法可以同時對純數值元素與純英文字串元素有非常好的效果。要留意的是,經排序後原串列的元素順序會被永久更改。它的使用格式如下:

　　x.sort(key=None, reverse=False)　　　　　　　　　　# 由小到大排序 x 串列

- key:是選項,可以指定一個函數,用於從每個元素中提取一個比較鍵,預設值是 None。
- reverse:是選項,一個布林值,預設是 False,表示串列元素將由小到大排序。如果設置為 True,將由大到小排序。

程式實例 ch6_25.py:串列元素排序的應用。

```
1  # ch6_25.py
2  # 基本排序
3  numbers = [3, 5, 1, 4, 2]
4  numbers.sort()
5  print(numbers)           # 輸出:[1, 2, 3, 4, 5]
6
7  # 降序排序
8  numbers = [3, 5, 1, 4, 2]
9  numbers.sort(reverse=True)
10 print(numbers)           # 輸出:[5, 4, 3, 2, 1]
11
12 # 使用函數定義排序
13 words = ["banana", "apple", "strawberry"]
14 words.sort(key=len)
15 print(words)             # 輸出:['apple', 'banana', 'strawberry']
```

執行結果
```
================= RESTART: D:/Python/ch6/ch6_25.py =================
[1, 2, 3, 4, 5]
[5, 4, 3, 2, 1]
['apple', 'banana', 'strawberry']
```

6-21

6-5-3 sorted( ) 排序

前一小節的 sort( ) 排序將造成串列元素順序永久更改，如果你不希望更改串列元素順序，可以使用另一種排序 sorted( )，使用這個排序可以獲得想要的排序結果，我們可以用新串列儲存新的排序串列，同時原先串列的順序將不更改。它的使用格式如下：

newx = sorted(iterable, key=None, reverse=False)

- iterable：必需，要排序的可迭代物件，例如：串列、元組或字串。
- key：是選項，可以指定一個函數，用於依據函數設定從每個元素中提取，預設值是 None。
- reverse：是選項，一個布林值，預設是 False，表示串列元素將由小到大排序。如果設置為 True，將由大到小排序。

程式實例 ch6_26.py：sorted( ) 排序的應用，小到大、大到小、用 Key 函數指定依字串長度排序、對字串排序。

```
 1  # ch6_26.py
 2  # 基本排序
 3  numbers = [3, 5, 1, 4, 2]
 4  sorted_numbers = sorted(numbers)
 5  print(sorted_numbers)          # 輸出：[1, 2, 3, 4, 5]
 6
 7  # 按降序排序
 8  sorted_numbers_desc = sorted(numbers, reverse=True)
 9  print(sorted_numbers_desc)     # 輸出：[5, 4, 3, 2, 1]
10
11  # 使用 key 函數排序
12  words = ["banana", "apple", "strawberry"]
13  sorted_words = sorted(words, key=len)
14  print(sorted_words)            # 輸出：['apple', 'banana', 'strawberry']
15
16  # 對字串排序
17  string = "hello"
18  sorted_chars = sorted(string)
19  print(sorted_chars)            # 輸出：['e', 'h', 'l', 'l', 'o']
```

執行結果
```
====================== RESTART: D:/Python/ch6/ch6_26.py ======================
[1, 2, 3, 4, 5]
[5, 4, 3, 2, 1]
['apple', 'banana', 'strawberry']
['e', 'h', 'l', 'l', 'o']
```

6-6 進階串列操作

6-6-1 index( )

這個方法用於找到指定元素在串列(或元組,可以參考第 8 章)中的第一個匹配的索引,如果搜尋值不在串列中會出現錯誤,它的使用格式如下:

索引值 = 串列(或元組)名稱 .index(value, start=0, end=len(list))

- value:必需,要搜索的元素值。
- start:可選,搜索的起始索引,預設值是 0。
- end:可選,搜索的結束索引(不包括),預設值是長度。

程式實例 ch6_27.py:傳回搜尋索引值的應用。

```
1  # ch6_27.py
2  # 在串列中使用 index()
3  fruits = ["apple", "banana", "cherry", "date"]
4  index = fruits.index("cherry")
5  print(index)                              # 輸出:2
6
7  # 指定搜索範圍,搜尋的起始索引是 1
8  fruits = ["apple", "banana", "cherry", "date", "apple"]
9  index_range = fruits.index("apple", 1)
10 print(index_range)                        # 輸出:4
```

執行結果
```
====================== RESTART: D:/Python/ch6/ch6_27.py ======================
2
4
```

如果搜尋值不在串列會出現錯誤,所以在使用前建議可以先使用 in 運算式(未來 6-10 節會介紹 in 運算式),先判斷搜尋值是否在串列內,如果是在串列內,再執行 index( ) 方法。

程式實例 ch6_28.py:程式第 2 列定義 James 串列,此串列有 Lebron James 一系列比賽得分,請計算他在第幾場得最高分,同時列出所得分數。

```
1  # ch6_28.py
2  James = ['Lebron James',23, 19, 22, 31, 18]   # 定義James串列
3  games = len(James)                             # 求元素數量
4  score_Max = max(James[1:games])                # 最高得分
5  i = James.index(score_Max)                     # 場次
6  print(f"{James[0]} 在第 {i} 場得最高分 {score_Max}")
```

執行結果
```
====================== RESTART: D:\Python\ch6\ch6_28.py ======================
Lebron James 在第 4 場得最高分 31
```

6-6-2　count( )

這個方法可以傳回特定元素在串列 (或元組)、字串內出現的次數，如果搜尋值不在串列會傳回 0，它的使用格式如下：

次數 = 串列 (或元組) 名稱 .count(搜尋值)
次數 = 字串名稱 .count(子字串 , start=0, end=len(字串名稱))

上述 start 和 end 是可選參數，用於指定搜尋的起始和結束位置。

程式實例 ch6_29.py：傳回搜尋值出現的次數的應用。

```
1  # ch6_29.py
2  # 在串列中使用 count()
3  fruits = ["apple", "banana", "cherry", "apple", "cherry"]
4  apple_count = fruits.count("apple")
5  print(apple_count)                      # 輸出：2
6
7  # 在字串中使用 count()
8  text = "Hello, how are you? How can I help you?"
9  how_count = text.count("how")
10 print(how_count)                        # 輸出：1
11
12 # 在字串中指定搜索範圍
13 how_count_range = text.count("how", 0, 15)
14 print(how_count_range)                  # 輸出：1
```

執行結果
```
===================== RESTART: D:/Python/ch6/ch6_29.py =====================
2
1
1
```

如果搜尋值不在串列會傳回 0。

```
>>> x = [1,2,3]
>>> x.count(4)
0
```

6-7　嵌套串列 - 串列內含串列

串列內含串列稱作嵌套串列。

6-7-1　基礎觀念與實作

嵌套串列的基本實例如下：

num = [1, 2, 3, 4, 5, [6, 7, 8]]

6-7 嵌套串列 - 串列內含串列

對上述而言，num 是一個串列，在這個串列內有另一個串列 [7, 8, 9]，因為內部串列的索引值是 5，所以可以用 num[5]，獲得這個元素串列的內容。

```
>>> num = [1, 2, 3, 4, 5, [6, 7, 8]]
>>> num[5]
[6, 7, 8]
>>>
```

如果想要存取串列內的串列元素，可以使用下列格式：

num[索引 1][索引 2]

索引 1 是元素串列原先索引位置，索引 2 是元素串列內部的索引。

實例 1：列出串列內的串列元素值。

```
>>> num = [1, 2, 3, 4, 5, [6, 7, 8]]
>>> print(num[5][0])
6
>>> print(num[5][1])
7
>>> print(num[5][2])
8
>>>
```

串列內含串列可以應用的範圍很廣，例如：可以用這個資料格式儲存 NBA 球員 Lebron James 的數據如下所示：

James = [['Lebron James', 'SF','12/30/1984'], 23, 19, 22, 31, 18]

其中第一個元素是串列，用於儲存 Lebron James 個人資料，其它則是儲存每場得分資料。

程式實例 ch6_30.py：擴充 ch6_28.py 先列出 Lebron James 個人資料再計算那一個場次得到最高分。程式第 2 列 'SF' 全名是 Small Forward 小前鋒。

```
 1  # ch6_30.py
 2  James = [['Lebron James','SF','12/30/84'],23,19,22,31,18]  # 定義James串列
 3  games = len(James)                                         # 求元素數量
 4  score_Max = max(James[1:games])                            # 最高得分
 5  i = James.index(score_Max)                                 # 場次
 6  name, position, born = James[0]
 7  print("姓名     : ", name)
 8  print("位置     : ", position)
 9  print("出生日期 : ", born)
10  print(f"在第 {i} 場得最高分 {score_Max}")
```

執行結果

```
================= RESTART: D:\Python\ch6\ch6_30.py =================
姓名     :  Lebron James
位置     :  SF
出生日期 :  12/30/84
在第 4 場得最高分 31
```

第 6 章　串列 (List) 全面解析 - 靈活可變的資料容器

上述程式關鍵是第 6 列，這是精通 Python 工程師常用方式，相當於下列指令：

```
name = James[0][0]
position = James[0][1]
born = James[0][2]
```

6-7-2　再談 append( )

在 6-4-1 節我們有提過可以使用 append( ) 方法，將元素插入串列的末端，其實也可以使用 append( ) 函數將某一串列插入另一串列，成為被插入串列的末端元素，方法與插入元素方式相同，這時就會產生串列中有串列的效果。它的使用格式如下：

　　串列 A.append(串列 B)　　　　　# 串列 B 成為串列 A 的末端元素

程式實例 ch6_31.py：使用 append( ) 將串列插入另一串列內成為末端元素。

```
1  # ch6_31.py
2  cars1 = ['toyota', 'nissan', 'honda']
3  cars2 = ['ford', 'audi']
4  print("原先cars1串列內容 = ", cars1)
5  print("原先cars2串列內容 = ", cars2)
6  cars1.append(cars2)
7  print(f"執行append()後串列cars1內容 = {cars1}")
8  print(f"執行append()後串列cars2內容 = {cars2}")
```

執行結果

```
===================== RESTART: D:\Python\ch6\ch6_31.py =====================
原先cars1串列內容 = ['toyota', 'nissan', 'honda']
原先cars2串列內容 = ['ford', 'audi']
執行append()後串列cars1內容 = ['toyota', 'nissan', 'honda', ['ford', 'audi']]
執行append()後串列cars2內容 = ['ford', 'audi']
```

6-7-3　extend( )

這也是 2 個串列連接的方法，與 append( ) 類似，不過這個方法只適用 2 個串列連接，不能用在一般元素。同時在連接後，extend( ) 會將串列分解成元素，一一插入串列。它的使用格式如下：

　　串列 A.extend(串列 B)　　　　　# 串列 B 將分解成元素插入串列 A 末端

程式實例 ch6_32.py：使用 extend( ) 方法取代 ch6_31.py，並觀察執行結果。

```
1  # ch6_32.py
2  cars1 = ['toyota', 'nissan', 'honda']
3  cars2 = ['ford', 'audi']
4  cars1.extend(cars2)
5  print(f"執行extend()後串列cars1內容 = {cars1}")
6  print(f"執行extend()後串列cars2內容 = {cars2}")
```

執行結果

```
==================== RESTART: D:\Python\ch6\ch6_32.py ====================
執行extend()後串列cars1內容 = ['toyota', 'nissan', 'honda', 'ford', 'audi']
執行extend()後串列cars2內容 = ['ford', 'audi']
```

上述執行後 cars1 將是含有 5 個元素的串列，每個元素皆是字串。註：也可以參考使用 "+=" 完成相同操作，可以複習 ch6_9.py。

6-7-4 二維串列

所謂的二維串列 (two dimension list) 可以想成是二維空間，下列是一個考試成績系統的表格：

姓名	國文	英文	數學	總分
洪錦魁	80	95	88	0
洪冰儒	98	97	96	0
洪雨星	91	93	95	0
洪冰雨	92	94	90	0
洪星宇	92	97	80	0

上述總分先放 0，筆者會教導讀者如何處理這個部分，假設串列名稱是 sc，在 Python 我們可以用下列方式記錄成績系統。

sc = [[' 洪錦魁 ', 80, 95, 88, 0],
　　　 [' 洪冰儒 ', 98, 97, 96, 0],
　　　 [' 洪雨星 ', 91, 93, 95, 0],
　　　 [' 洪冰雨 ', 92, 94, 90, 0],
　　　 [' 洪星宇 ', 92, 97, 80, 0],
　　　]

上述最後一筆串列元素「[' 洪星宇 ', 92, 97, 80, 0]」右邊的 "," 可有可無，6-1-1 節已有說明。假設我們先不考慮表格的標題名稱，當我們設計程式時可以使用下列方式處理索引。

姓名	國文	英文	數學	總分
[0][0]	[0][1]	[0][2]	[0][3]	[0][4]
[1][0]	[1][1]	[1][2]	[1][3]	[1][4]
[2][0]	[2][1]	[2][2]	[2][3]	[2][4]
[3][0]	[3][1]	[3][2]	[3][3]	[3][4]
[4][0]	[4][1]	[4][2]	[4][3]	[4][4]

上述表格最常見的應用是，我們使用迴圈計算每個學生的總分，這將在下一章補充說明，在此我們將用現有的知識處理總分問題，為了簡化筆者只用 2 個學生姓名為實例說明。

程式實例 ch6_33.py：二維串列的成績系統總分計算。

```
1  # ch6_33.py
2  sc = [['洪錦魁', 80, 95, 88, 0],
3        ['洪冰儒', 98, 97, 96, 0],
4       ]
5  sc[0][4] = sum(sc[0][1:4])
6  sc[1][4] = sum(sc[1][1:4])
7  print(sc[0])
8  print(sc[1])
```

執行結果
```
==================== RESTART: D:\Python\ch6\ch6_33.py ====================
['洪錦魁', 80, 95, 88, 263]
['洪冰儒', 98, 97, 96, 291]
```

6-7-5 嵌套串列的其他應用

嵌套串列除了前幾小節的應用外，還可以應用在下列領域：

❑ 多維數據集

當需要表示多維數據集時，嵌套串列非常有用。例如，可以用來存儲三維空間中的數據點集。

```
points = [
    [1, 2, 3],
    [4, 5, 6],
    [7, 8, 9]
]
```

❑ 組織層次結構數據

嵌套串列可以用來組織具有層次結構的數據，例如文件系統的目錄結構。

```
directory_structure = [
    ["Documents", [
        "file1.txt",
        "file2.txt"
    ]],
    ["Pictures", [
        "pic1.jpg",
        "pic2.png"
    ]]
]
```

❑ 表格數據

嵌套串列可以用來存儲和操作表格數據，其中每個內部串列代表一組數據，並且每個元素代表一個單元格的值。

```
table_data = [
    ["Name", "Age", "City"],
    ["Alice", 25, "New York"],
    ["Bob", 30, "Los Angeles"]
]
```

❏ **棋盤表示**

在開發棋類遊戲，例如：國際象棋或五子棋時，可以使用嵌套串列來表示棋盤的狀態。

```
chessboard = [
    ["R", "N", "B", "Q", "K", "B", "N", "R"],
    ["P", "P", "P", "P", "P", "P", "P", "P"],
    ["", "", "", "", "", "", "", ""],
    ["", "", "", "", "", "", "", ""],
    ["", "", "", "", "", "", "", ""],
    ["", "", "", "", "", "", "", ""],
    ["p", "p", "p", "p", "p", "p", "p", "p"],
    ["r", "n", "b", "q", "k", "b", "n", "r"]
]
```

❏ **圖形表示 (Graph Representation)**

在計算機科學中，圖是由節點(或頂點)和邊組成的結構。嵌套串列可以用來表示圖，其中每個元素代表一個節點，並且內部串列包含與該節點相連的其他節點。

```
graph = [
    [1, 2],         # Node 0 連接到 Node 1 and 2
    [0, 3],         # Node 1 連接到 Node 0 and 3
    [0, 3, 4],      # Node 2 連接到 Node 0, 3, and 4
    [1, 2],         # Node 3 連接到 Node 1 and 2
    [2]             # Node 4 連接到 Node 2
]
```

在這個例子中，graph 是一個嵌套串列，其中每個內部串列代表與該節點相連的其他節點的串列。這是一種稱為「鄰接串列」的圖形表示法，它是表示圖形的一種緊湊而高效的方式。這種表示法對於圖形遍歷和搜尋演算法，例如：深度優先搜尋或廣度優先搜尋非常有用。

6-8 串列的賦值與切片拷貝

在 Python 中串列是可變物件，這意味著你可以更改串列的內容。然而，當你將一個串列賦值給另一個變數時，你只是建立一個變數物件指向同一個串列物件，而不是建立了一個新的串列。對於拷貝，則會建立一個新的串列物件，其中包含原始串列中的所有元素。

第 6 章　串列 (List) 全面解析 - 靈活可變的資料容器

6-8-1　串列賦值

假設我喜歡的運動是，籃球與棒球，可以用下列方式設定串列：

mysports = ['basketball', 'baseball']

如果我的朋友也是喜歡這 2 種運動，讀者可能會想用下列方式設定串列。

friendsports = mysports

程式實例 ch6_34.py：列出我和朋友所喜歡的運動。

```
1  # ch6_34.py
2  mysports = ['basketball', 'baseball']
3  friendsports = mysports
4  print(f"我喜歡的運動     = {mysports}")
5  print(f"我朋友喜歡的運動 = {friendsports}")
```

執行結果
```
===================== RESTART: D:\Python\ch6\ch6_34.py =====================
我喜歡的運動     = ['basketball', 'baseball']
我朋友喜歡的運動 = ['basketball', 'baseball']
```

初看上述執行結果好像沒有任何問題，可是如果我想加入美式足球 football 當作喜歡的運動，我的朋友想加入傳統足球 soccer 當作喜歡的運動，這時我喜歡的運動如下：

basketball、baseball、football

我朋友喜歡的運動如下：

basketball、baseball、soccer

程式實例 ch6_35.py：繼續使用 ch6_34.py，加入美式足球 football 當作我喜歡的運動，我的朋友想加入傳統足球 soccer 當作喜歡的運動，同時列出執行結果。

```
1  # ch6_35.py
2  mysports = ['basketball', 'baseball']
3  friendsports = mysports
4  print(f"我喜歡的運動     = {mysports}")
5  print(f"我朋友喜歡的運動 = {friendsports}")
6  mysports.append('football')
7  friendsports.append('soccer')
8  print(f"我喜歡的最新運動     = {mysports}")
9  print(f"我朋友喜歡的最新運動 = {friendsports}")
```

執行結果
```
===================== RESTART: D:\Python\ch6\ch6_35.py =====================
我喜歡的運動         = ['basketball', 'baseball']
我朋友喜歡的運動     = ['basketball', 'baseball']
我喜歡的最新運動     = ['basketball', 'baseball', 'football', 'soccer']
我朋友喜歡的最新運動 = ['basketball', 'baseball', 'football', 'soccer']
```

這時獲得的結果，不論是我和我的朋友喜歡的運動皆相同，football 和 soccer 皆是變成 2 人共同喜歡的運動。類似這種只要有一個串列更改元素會影響到另一個串列同步更改，這是賦值的特性，所以使用上要小心。

6-8-2 位址的觀念

在 2-2-2 節筆者有介紹過變數位址的意義，該節觀念也可以應用在 Python 的其它資料型態，對於串列而言，如果使用下列方式設定 2 個串列變數相等，相當於只是將變數位址拷貝給另一個變數。

friendsports = mysports

上述相當於是將 mysports 變數位址拷貝給 friendsport。所以程式實例 ch6_35.py 在執行時，2 個串列變數所指的位址相同，當新增運動項目時，皆是將運動項目加在同一變數位址，可參考下列實例。

程式實例 ch6_36.py：重新設計 ch6_35.py，增加列出串列變數的位址。

```
1  # ch6_36.py
2  mysports = ['basketball', 'baseball']
3  friendsports = mysports
4  print(f"列出mysports位址      = {id(mysports)}")
5  print(f"列出friendsports位址  = {id(friendsports)}")
6  print(f"我喜歡的運動          = {mysports}")
7  print(f"我朋友喜歡的運動      = {friendsports}")
8  mysports.append('football')
9  friendsports.append('soccer')
10 print(" -- 新增運動項目後 -- ")
11 print(f"列出mysports位址      = {id(mysports)}")
12 print(f"列出friendsports位址  = {id(friendsports)}")
13 print(f"我喜歡的最新運動      = {mysports}")
14 print(f"我朋友喜歡的最新運動  = {friendsports}")
```

執行結果

```
==================== RESTART: D:\Python\ch6\ch6_36.py ====================
列出mysports位址      = 2449022481408
列出friendsports位址  = 2449022481408
我喜歡的運動          = ['basketball', 'baseball']
我朋友喜歡的運動      = ['basketball', 'baseball']
 -- 新增運動項目後 --
列出mysports位址      = 2449022481408
列出friendsports位址  = 2449022481408
我喜歡的最新運動      = ['basketball', 'baseball', 'football', 'soccer']
我朋友喜歡的最新運動  = ['basketball', 'baseball', 'football', 'soccer']
```

由上述執行結果可以看到，使用程式第 3 列設定串列變數相等時，實際只是將串列位址拷貝給另一個串列變數。

6-8-3 串列的切片拷貝

切片拷貝 (copy) 觀念是，執行拷貝後產生新串列物件，當一個串列改變後，不會影響另一個串列的內容，這是本小節的重點。方法應該如下：

```
friendsports = mysports[ : ]          # 切片拷貝
```

程式實例 ch6_37.py：使用拷貝方式重新設計 ch6_36.py。下列是與 ch6_36.py 之間，唯一不同的程式碼。

```
3   friendsports = mysports[:]
```

執行結果

```
================ RESTART: D:\Python\ch6\ch6_37.py ================
列出mysports位址       = 1916798923648
列出friendsports位址   = 1916755227776
我喜歡的運動           = ['basketball', 'baseball']
我朋友喜歡的運動       = ['basketball', 'baseball']
        -- 新增運動項目後 --
列出mysports位址       = 1916798923648
列出friendsports位址   = 1916755227776
我喜歡的最新運動       = ['basketball', 'baseball', 'football']
我朋友喜歡的最新運動   = ['basketball', 'baseball', 'soccer']
```

由上述執行結果可知，我們已經獲得了 2 個不同位址的串列，同時也得到了想要的結果，或是將第 3 列改為下列 copy( ) 方法，也可以得到相同的結果。

```
firendsports = mysports.copy( )
```

讀者可以自行練習，上述程式儲存在 ch6_37_1.py。

6-9 再談字串

3-4 節筆者介紹了字串 (str) 的觀念，在 Python 的應用中可以將單一字串當作是一個序列，這個序列是由字元 (character) 所組成，可想成字元序列。不過字串與串列不同的是，字串內的單一元素內容是不可更改的。

6-9-1 字串的索引

可以使用索引值的方式取得字串內容，索引方式則與串列相同。

程式實例 ch6_38.py：使用正值與負值的索引列出字串元素內容。

```
1  # ch6_38.py
2  string = "Abc"
3  # 正值索引
4  print(f" {string[0] = }",
```

```
5          f"\n {string[1] = }",
6          f"\n {string[2] = }")
7  # 負值索引
8  print(f" {string[-1] = }",
9          f"\n {string[-2] = }",
10         f"\n {string[-3] = }")
11 # 多重指定觀念
12 s1, s2, s3 = string
13 print(f"多重指定觀念的輸出測試 {s1}{s2}{s3}")
```

執行結果
```
===================== RESTART: D:\Python\ch6\ch6_38.py =====================
string[0] = 'A'
string[1] = 'b'
string[2] = 'c'
string[-1] = 'c'
string[-2] = 'b'
string[-3] = 'A'
多重指定觀念的輸出測試 Abc
```

6-9-2　islower()/isupper()/isdigit()/isalpha()/isalnum( )

實例 1：列出字串是否全部大寫 isupper( )？是否全部小寫 islower( )？是否全部數字 isdigit( )？是否全部英文字母 isalpha( )？可以參考下方左圖。

```
>>> s = 'abc'                      >>> s = 'Abc'
>>> s.isupper()                    >>> s.isupper()
False                              False
>>> s.islower()                    >>> s.islower()
True                               False
>>> s.isdigit()
False
>>> n = '123'                      >>> x = '123abc'
>>> n.isdigit()                    >>> x.isalnum()
True                               True
>>> s.isalpha()                    >>> x = '123@#'
True                               >>> x.isalnum()
>>> n.isalpha()                    False
False
```

留意，上述必須全部符合才會傳回 True，否則傳回 False，可參考右上方圖。函數 isalnum( ) 則可以判斷字串是否只有字母或是數字，可以參考上面右下方圖。

6-9-3　字串切片

6-1-3 節串列切片的觀念可以應用在字串，下列將直接以實例說明。

程式實例 ch6_39.py：字串切片的應用。

```
1  # ch6_39.py
2  string = "Deep Learning"                    # 定義字串
3  print(f"列印string第0-2元素        = {string[0:3]}")
4  print(f"列印string第1-3元素        = {string[1:4]}")
5  print(f"列印string第1,3,5元素      = {string[1:6:2]}")
6  print(f"列印string第1到最後元素    = {string[1:]}")
7  print(f"列印string前3元素          = {string[0:3]}")
8  print(f"列印string後3元素          = {string[-3:]}")
```

```
 9  print("="*60)
10  print(f"列印string第1-3元素      = {'Deep Learning'[1:4]}")
```

執行結果

```
==================== RESTART: D:\Python\ch6\ch6_39.py ====================
列印string第0-2元素      = Dee
列印string第1-3元素      = eep
列印string第1,3,5元素    = epL
列印string第1到最後元素   = eep Learning
列印string前3元素        = Dee
列印string後3元素        = ing
列印string第1-3元素      = eep
```

程式設計時有時候也可以看到不使用變數，直接用字串做切片，讀者可以參考比較第 4 和 10 列。

6-9-4　將字串轉成串列

list( ) 函數可以將參數內字串轉成串列，下列是字串轉為串列的實例，以及使用切片更改串列內容了。

```
>>> x = list('Deepmind')
>>> x
['D', 'e', 'e', 'p', 'm', 'i', 'n', 'd']
>>> y = x[4:]
>>> y
['m', 'i', 'n', 'd']
```

字串本身無法用切片方式更改內容，但是將字串改為串列後，就可以了。

6-9-5　使用 split( ) 分割字串

這個方法 (method)，可以將字串以空格或其它符號為分隔符號，將字串拆開，變成一個串列。

- str1.split( )　　　　　　# 以空格當做分隔符號將字串拆開成串列
- str2.split(ch)　　　　　# 以 ch 字元當做分隔符號將字串拆開成串列

變成串列後我們可以使用 len( ) 獲得此串列的元素個數，這個相當於可以計算字串是由多少個英文字母組成，由於中文字之間沒有空格，所以本節所述方法只適用在純英文文件。如果我們可以將一篇文章或一本書讀至一個字串變數後，可以使用這個方法獲得這一篇文章或這一本書的字數。

程式實例 ch6_40.py：將 2 種不同類型的字串轉成串列，其中 str1 使用空格當做分隔符號，str2 使用 "\" 當做分隔符號 (因為這是逸出字元，所以使用 \\)，同時這個程式會列出這 2 個串列的元素數量。

```
1   # ch6_40.py
2   str1 = "Silicon Stone Education"
3   str2 = "D:\Python\ch6"
4
5   sList1 = str1.split()                      # 字串轉成串列
6   sList2 = str2.split("\\")                  # 字串轉成串列
7   print(f"{str1} 串列內容是 {sList1}")        # 列印串列
8   print(f"{str1} 串列字數是 {len(sList1)}")   # 列印字數
9   print(f"{str2} 串列內容是 {sList2}")        # 列印串列
10  print(f"{str2} 串列字數是 {len(sList2)}")   # 列印字數
```

執行結果
```
====================== RESTART: D:\Python\ch6\ch6_40.py ======================
Silicon Stone Education 串列內容是 ['Silicon', 'Stone', 'Education']
Silicon Stone Education 串列字數是 3
D:\Python\ch6 串列內容是 ['D:', 'Python', 'ch6']
D:\Python\ch6 串列字數是 3
```

6-9-6　串列元素的組合 join( )

在網路爬蟲設計的程式應用中，我們可能會常常使用 join( ) 方法將所獲得的路徑與檔案名稱組合，它的語法格式如下：

　　連接字串 .join(串列)

基本上串列元素會用連接字串組成一個字串。

程式實例 ch6_41.py：將串列內容連接。

```
1   # ch6_41.py
2   path = ['D:','ch6','ch6_41.py']
3   connect = '\\'                        # 路徑分隔字元
4   print(connect.join(path))
5   connect = '*'                         # 普通字元
6   print(connect.join(path))
```

執行結果
```
====================== RESTART: D:\Python\ch6\ch6_41.py ======================
D:\ch6\ch6_41.py
D:*ch6*ch6_41.py
```

6-9-7　子字串搜尋與索引

相關函數如下：

- find( )：從頭找尋子字串，找到回傳第一次出現索引，沒找到則回傳 -1。
- rfind( )：從尾找尋子字串，找到回傳最後出現索引，沒找到則回傳 -1。
- index( )：從頭找尋子字串，找到回傳第一次出現索引，沒找到則產生例外錯誤。
- rindex( )：從尾找尋子字串，找到回傳最後出現索引，沒找到則產生例外錯誤。
- count( )：列出子字串出現次數。

第 6 章　串列 (List) 全面解析 - 靈活可變的資料容器

實例 1：find( ) 和 index( ) 的應用。

```
>>> mystr = 'Deepmind mean Deepen your mind'
>>> s = 'mind'
>>> mystr.find(s)
4
>>> mystr.index(s)
4
```

實例 2：rfind( ) 和 rindex( ) 的應用。

```
>>> mystr.rfind(s)
26
>>> mystr.rindex(s)
26
```

實例 3：count( ) 的應用。

```
>>> mystr.count(s)
2
```

實例 4：如果找不到時，find( ) 和 index( ) 的差異。

```
>>> mystr.find('book')
-1
>>> mystr.index('book')
Traceback (most recent call last):
  File "<pyshell#65>", line 1, in <module>
    mystr.index('book')
ValueError: substring not found
```

6-9-8　字串的其它方法

本節將講解下列字串方法，startswith( ) 和 endswith( ) 如果是真則傳回 True，如果是偽則傳回 False。

- startswith( )：可以列出字串起始文字是否是特定子字串。
- endswith( )：可以列出字串結束文字是否是特定子字串。
- replace(ch1,ch2)：將 ch1 字串由另一字串 ch2 取代。
- removeprefix( )：Python 3.9 新增功能，可以輕鬆移除字串的前綴。
- removesuffix( )：Python 3.9 新增功能，可以輕鬆移除字串的後綴。

程式實例 ch6_42.py：列出字串 "CIA" 是不是起始或結束字串，以及出現次數。最後這個程式會將 Linda 字串用 Lxx 字串取代，這是一種保護情報員名字不外洩的方法。

```
1  # ch6_42.py
2  msg = '''CIA Mark told CIA Linda that the secret USB had given to CIA Peter'''
3  print(f"字串開頭是CIA : {msg.startswith('CIA')}")
4  print(f"字串結尾是CIA : {msg.endswith('CIA')}")
5  print(f"CIA出現的次數 : {msg.count('CIA')}")
6  msg = msg.replace('Linda','Lxx')
7  print(f"新的msg內容 : {msg}")
```

執行結果

```
================= RESTART: D:\Python\ch6\ch6_42.py =================
字串開頭是CIA : True
字串結尾是CIA : False
CIA出現的次數 : 3
新的msg內容 : CIA Mark told CIA Lxx that the secret USB had given to CIA Peter
```

當有一本小說時，可以由此觀念計算各個人物出現次數，也可由此判斷那些人是主角那些人是配角。

下列是新增 removeprefix( ) 與 removesuffix( ) 方法的應用。

```
>>> text = "HelloWorld.py"
>>> # 移除前綴 "Hello"
... print(text.removeprefix("Hello"))    # World.py
World.py
>>> # 移除後綴 ".py"
... print(text.removesuffix(".py"))      # HelloWorld
HelloWorld
```

過去若要達成相同的效果，需要搭配 startswith( )、endswith( ) 與切片處理，現在直接內建，更方便易讀。

6-10 in 和 not in 運算式

主要是用於判斷一個物件是否屬於另一個物件，物件可以是字串 (string)、串列 (list)、元組 (Tuple) (第 8 章介紹)、字典 (Dict) (第 9 章介紹)。它的語法格式如下：

    boolean = obj in A   # 物件 obj 在物件 A 內會傳回 True
    boolean = obj not A   # 物件 obj 不在物件 A 內會傳回 True

其實這個功能比較常見是用在偵測某元素是否存在串列中，例如：以 ch6_27.py 的實例而言，如果元素不在串列會產生程式錯誤，這時就可以先用 in 做偵測，當元素存在才使用 index( ) 函數，如下所示：

```
fruits = ["apple", "banana", "cherry", "date"]
if "cherry" in fruits:
    index = fruits.index("cherry")
    print(index)
```

程式實例 ch6_43.py：這個程式基本上會要求輸入一個水果，如果串列內目前沒有這個水果，就將輸入的水果加入串列內。

```
1   # ch6_43.py
2   fruits = ['apple', 'banana', 'watermelon']
3   fruit = input("請輸入水果 = ")
4   if fruit in fruits:
5       print("這個水果已經有了")
6   else:
7       fruits.append(fruit)
8       print("謝謝提醒已經加入水果清單: ", fruits)
```

執行結果
```
==================== RESTART: D:\Python\ch6\ch6_43.py ====================
請輸入水果 = apple
這個水果已經有了
>>>
==================== RESTART: D:\Python\ch6\ch6_43.py ====================
請輸入水果 = orange
謝謝提醒已經加入水果清單: ['apple', 'banana', 'watermelon', 'orange']
```

6-11 is 或 is not 運算式

可以用於比較兩個物件是否相同，在此所謂相同並不只是內容相同，而是指物件變數指向相同的記憶體，物件可以是變數、字串、串列、元組 (Tuple) (第 8 章介紹)、字典 (Dict) (第 9 章介紹)。它的語法格式如下：

    boolean = obj1 is obj2　　　　　　# 物件 obj1 等於物件 obj2 會回傳 True
    boolean = obj1 is not obj2　　　　 # 物件 obj1 不等於物件 obj2 會回傳 True

程式實例 ch6_44.py：is 和 is not 的實例。

```
1   # ch6_44.py
2   # 比較兩個指向相同物件的變數
3   a = [1, 2, 3]
4   b = a
5   print(a is b)                  # 輸出: True
6
7   # 比較兩個指向不同物件的變數，即使它們的值相等
8   c = [1, 2, 3]
9   print(a is c)                  # 輸出: False
10
11  # 比較兩個指向不同物件的變數
12  d = [4, 5, 6]
13  e = [4, 5, 6]
14  print(d is not e)              # 輸出: True
15
16  # 比較兩個指向相同物件的變數
17  f = d
18  print(d is not f)              # 輸出: False
```

執行結果
```
==================== RESTART: D:/Python/ch6/ch6_44.py ====================
True
False
True
False
```

6-11-1 觀察整數變數在記憶體位址

6-11 is 或 is not 運算式

在 2-2-2 節已經簡單說明 id( ) 可以獲得變數的位址，在 6-8-2 節已經講解可以使用 id( ) 函數獲得串列變數位址，其實這個函數也可以獲得整數 (或浮點數) 變數在記憶體中的位址，當我們在 Python 程式中設立變數時，如果兩個整數 (或浮點數) 變數內容相同，它們會使用相同的記憶體位址儲存此變數。

程式實例 ch6_45.py：整數變數在記憶體位址的觀察，這個程式比較特別的是，程式執行初，變數 x 和 y 值是 10，所以可以看到經過 id( ) 函數後，彼此有相同的記憶體位置。變數 z 和 r 由於值與 x 和 y 不相同，所以有不同的記憶體位址，經過第 8 列運算後 r 的值變為 10，最後得到 x、y 和 r 不僅值相同，同時也指向相同的記憶體位址。

```
1  # ch6_45.py
2  x = 10
3  y = 10
4  z = 15
5  r = 20
6  print("x = %d, y = %d, z = %d, r = %d" % (x, y, z, r))
7  print(f"x位址={id(x)}, y位址={id(y)}, z位址={id(z)}, r位址={id(r)}")
8  r = x                                  # r的值將變為10
9  print(f"{x = }, {y = }, {z = }, {r = }")
10 print(f"x位址={id(x)}, y位址={id(y)}, z位址={id(z)}, r位址={id(r)}")
```

執行結果
```
====================== RESTART: D:/Python/ch6/ch6_45.py ======================
x = 10, y = 10, z = 15, r = 20
x位址=140716297221192, y位址=140716297221192, z位址=140716297221352, r位址=140716297221512
x = 10, y = 10, z = 15, r = 10
x位址=140716297221192, y位址=140716297221192, z位址=140716297221352, r位址=140716297221192
```

當 r 變數值變為 10 時，它所指的記憶體位址與 x 和 y 變數相同了。

6-11-2 驗證 is 和 is not 是依據物件位址回傳布林值

程式實例 ch6_46.py：is 和 is not 運算式應用在整數變數。

```
1  # ch6_46.py
2  x = 10
3  y = 10
4  z = 15
5  r = z - 5
6  print("is測試")
7  boolean = x is y
8  print(f"x位址 = {id(x)}, y位址 = {id(y)}")
9  print(f"{x = }, {y = }, {boolean}")
10 boolean = x is z
11 print(f"x位址 = {id(x)}, z位址 = {id(z)}")
12 print(f"{x = }, {z = }, {boolean}")
13 boolean = x is r
14 print(f"x位址 = {id(x)}, r位址 = {id(r)}")
15 print(f"{x = }, {r = }, {boolean}")
16 print("="*60)
```

6-39

```
16  print("="*60)
17  print("is not測試")
18  boolean = x is not y
19  print(f"x位址 = {id(x)}, y位址 = {id(y)}")
20  print(f"{x = }, {y = }, {boolean}")
21  boolean = x is not z
22  print(f"x位址 = {id(x)}, z位址 = {id(z)}")
23  print(f"{x = }, {z = }, {boolean}")
24  boolean = x is not r
25  print(f"x位址 = {id(x)}, r位址 = {id(r)}")
26  print(f"{x = }, {r = }, {boolean}")
```

執行結果

```
====================== RESTART: D:/Python/ch6/ch6_46.py ======================
is測試
x位址 = 140716297221192, y位址 = 140716297221192
x = 10, y = 10, True
x位址 = 140716297221192, z位址 = 140716297221352
x = 10, z = 15, False
x位址 = 140716297221192, r位址 = 140716297221192
x = 10, r = 10, True
=============================================================================
is not測試
x位址 = 140716297221192, y位址 = 140716297221192
x = 10, y = 10, False
x位址 = 140716297221192, z位址 = 140716297221352
x = 10, z = 15, True
x位址 = 140716297221192, r位址 = 140716297221192
x = 10, r = 10, False
```

6-12 enumerate 物件

　　enumerate( ) 方法可以將 iterable(迭代) 類數值的元素用索引值與元素配對方式傳回，返回的數據稱 enumerate 物件，特別是用這個方式可以為可迭代物件的每個元素增加索引值，這對未來數據科學的應用是有幫助的。其中 iterable 類數值可以是串列 (list)，元組 (tuple)，集合 (set)… 等。它的語法格式如下：

　　　　obj = enumerate(iterable[, start = 0])　　　　# 若省略 start = 設定，預設索引值是 0

註 下一章筆者介紹完迴圈的觀念，會針對可迭代物件 (iterable object) 做更進一步說明。

　　未來我們可以使用 list( ) 將 enumerate 物件轉成串列，使用 tuple( ) 將 enumerate 物件轉成元組 (第 8 章說明)。

程式實例 ch6_47.py：將串列資料轉成 enumerate 物件，再將 enumerate 物件轉成串列的實例，start 索引起始值分別為 0 和 10。

```
1  # ch6_47.py
2  drinks = ["coffee", "tea", "wine"]
3  enumerate_drinks = enumerate(drinks)              # 數值初始是0
4  print("轉成串列輸出, 初始索引值是 0 = ",list(enumerate_drinks))
```

```
5
6  enumerate_drinks = enumerate(drinks, start = 10)      # 數值初始是10
7  print("轉成串列輸出, 初始索引值是10 = ",list(enumerate_drinks))
```

執行結果
```
==================== RESTART: D:/Python/ch6/ch6_47.py ====================
轉成串列輸出, 初始索引值是 0 =  [(0, 'coffee'), (1, 'tea'), (2, 'wine')]
轉成串列輸出, 初始索引值是10 =  [(10, 'coffee'), (11, 'tea'), (12, 'wine')]
```

上述程式第 4 列的 list( ) 函數可以將 enumerate 物件轉成串列，從列印的結果可以看到每個串列物件元素已經增加索引值了。在下一章筆者介紹完迴圈基本觀念後，7-5 節還將繼續使用迴圈解析 enumerate 物件。

6-13 專題 - 大型串列 / 認識凱薩密碼 / 使用者帳號管理

6-13-1 製作大型的串列資料

有時我們想要製作更大型的串列資料結構，例如：串列的元素是串列，可以參考下列實例。

實例 1：串列的元素是串列。

```
>>> asia = ['Beijing', 'Hongkong', 'Tokyo']
>>> usa = ['Chicago', 'New York', 'Hawaii', 'Los Angeles']
>>> europe = ['Paris', 'London', 'Zurich']
>>> world = [asia, usa, europe]
>>> type(world)
<class 'list'>
>>> world
[['Beijing', 'Hongkong', 'Tokyo'], ['Chicago', 'New York', 'Hawaii', 'Los Angele
s'], ['Paris', 'London', 'Zurich']]
```

6-13-2 凱薩密碼

公元前約 50 年凱薩被公認發明了凱薩密碼，主要是防止部隊傳送的資訊遭到敵方讀取。

凱薩密碼的加密觀念是將每個英文字母往後移，對應至不同字母，只要記住所對應的字母，未來就可以解密。例如：將每個英文字母往後移 3 個次序，實例是將 A 對應 D、B 對應 E、C 對應 F，原先的 X 對應 A、Y 對應 B、Z 對應 C 整個觀念如下所示：

A	B	C	D	...	V	W	X	Y	Z
D	E	F	G	...	Y	Z	A	B	C

第 6 章 串列 (List) 全面解析 - 靈活可變的資料容器

所以現在我們需要的就是設計 " ABC … XYZ" 字母可以對應 " DEF … ABC"，可以參考下列實例完成。

實例 1：建立 ABC … Z 字母的字串，然後使用切片取得前 3 個英文字母，與後 23 個英文字母。最後組合，可以得到新的字母排序。註：第 9 章還會擴充此觀念。

```
>>> abc = 'ABCDEFGHIJKLMNOPQRSTUVWYZ'
>>> front3 = abc[:3]
>>> end23 = abc[3:]
>>> subText = end23 + front3
>>> print(subText)
DEFGHIJKLMNOPQRSTUVWYZABC
```

6-13-3　大型串列應用實例

以下是大型串列可以的應用實例，以下部分程式碼尚未講解語法，讀者可以先有概念即可。另外，在大型數據運算、機器學習、圖像處理，雖然可以用串列儲存資料，但是通常會用更有效率的數學模組 Numpy，未來會做說明。

❑ 數據分析

```python
# 假設有一個大型串列，儲存了來自某個資料庫的數據
data = [23, 45, 67, 89, 12, 34, 56, 78] * 1000    # 重複串列以建立大型串列

# 計算平均值
average_value = sum(data) / len(data)
print(average_value)                              # 輸出平均值
```

❑ 機器學習和人工智慧

```python
# 假設有一個大型串列，儲存了訓練數據集，重複串列建立大型串列
training_data = [[0.1, 0.2], [0.2, 0.3], [0.3, 0.4]] * 1000

# 假設有一個簡單的線性迴歸模型
def simple_linear_model(x, w, b):
    return w * x + b

# 計算模型在所有訓練數據上的預測
predictions = [simple_linear_model(x[0], 1.5, 0.5) for x in training_data]
```

❑ 網路爬蟲

```python
# 假設有一個大型串列，儲存了爬取的URL，建立包含10000個URL的串列
urls = ["http://example.com/page" + str(i) for i in range(1, 10001)]

# 進行網絡爬取，示範網站上進行爬取
# for url in urls:
#     response = requests.get(url)
#     # ...進一步處理
```

❑ 科學計算和模擬

```python
# 假設有一個大型串列，儲存了模擬的時間序列數據
time_series_data = [i * 0.1 for i in range(10000)]

# 計算每個時間點的正弦值
sine_values = [math.sin(value) for value in time_series_data]
```

❑ 圖形和影像處理

```python
# 假設有一個大型串列，存儲了一個影像的像素值
image_data = [[150, 200, 255] * 1000] * 1000   # 建立含1000x1000個像素的串列

# 進行影像處理，例如將所有像素值減半
processed_image_data = [[pixel // 2 for pixel in row] for row in image_data]
```

第 7 章
迴圈設計
自動化流程與效能提升

7-1　基本 for 迴圈

7-2　range( ) 函數

7-3　進階的 for 迴圈應用

7-4　while 迴圈

7-5　enumerate 物件使用 for 迴圈解析

7-6　專題 - 購物車 / 成績 / 圓周率 / 國王麥粒 / 電影院劃位

第 7 章　迴圈設計 - 自動化流程與效能提升

假設現在要求讀者設計一個 1 加到 10 的程式,然後列印結果,讀者可能用下列方式設計這個程式。

程式實例 ch7_1.py:從 1 加到 10,同時列印結果。

```
1  # ch7_1.py
2  sum = 1+2+3+4+5+6+7+8+9+10
3  print("總和 = ", sum)
```

執行結果
```
======================= RESTART: D:\Python\ch7\ch7_1.py =======================
總和 =  55
```

如果現在要求各位從 1 加到 100 或 1000,此時,若是仍用上述方法設計程式,就顯得很不經濟。

另一種狀況,一個資料庫串列內含 1000 客戶的名字,如果現在要舉辦晚宴,所以要列印客戶姓名,用下列方式設計,將是很不實際的行為。

程式實例 ch7_2.py:一個不完整且不切實際的程式。

```
1  # ch7_2.py -- 不完整的程式
2  vipNames = ['James','Linda','Peter', ... , 'Kevin']
3  print("客戶1 = ", vipNames[0])
4  print("客戶2 = ", vipNames[1])
5  print("客戶3 = ", vipNames[2])
6  ...
7  ...
8  print("客戶999 = ", vipNames[999])
```

你的程式可能要寫超過 1000 列,當然碰上這類問題,是不可能用上述方法處理的,不過幸好 Python 語言提供我們解決這類問題的方式,可以輕鬆用迴圈解決,這也是本章的主題。

7-1　基本 for 迴圈

for 迴圈可以讓程式將整個物件內的元素遍歷 (也可以稱迭代),在遍歷期間,同時可以紀錄或輸出每次遍歷的狀態或稱軌跡。例如:第 2 章的專題計算銀行複利問題,在該章節由於尚未介紹迴圈的觀念,我們無法紀錄每一年的本金和,有了本章的觀念我們可以輕易記錄每一年的本金和變化,for 迴圈基本語法如下:

    for var in 可迭代物件 :　　　　　　# 可迭代物件英文是 iterable object
        程式碼區塊

可迭代物件 (iterable object) 可以是串列、元組、字典與集合或 range( )，在資訊科學中迭代 (iteration) 可以解釋為重複執行敘述，上述語法可以解釋為將可迭代物件的元素當作 var，重複執行，直到每個元素皆被執行一次，整個迴圈才會停止。

設計上述程式碼區塊時，必需要留意縮排的問題，可以參考 if 敘述觀念。由於目前筆者只有介紹串列 (list)，所以讀者可以想像這個可迭代物件 (iterable) 是串列 (list)，第 8 章筆者會講解元組 (Tuple)，第 9 章會講解字典 (Dict)，第 10 章會講解集合 (Set)。另外，上述 for 迴圈的可迭代物件也常是 range( ) 函數產生的可迭代物件，將在 7-2 節說明。

7-1-1　for 迴圈基本運作

例如：如果一個 NBA 球隊有 5 位球員，分別是 Curry、Jordan、James、Durant、Obama，現在想列出這 5 位球員，那麼就很適合使用 for 迴圈執行這個工作。

程式實例 ch7_3.py：列出球員名稱。

```
1  # ch7_3.py
2  players = ['Curry', 'Jordan', 'James', 'Durant', 'Obama']
3  for player in players:
4      print(player)
```

執行結果

```
======================= RESTART: D:\Python\ch7\ch7_3.py =======================
Curry
Jordan
James
Durant
Obama
```

上述程式執行的觀念是，當第一次執行下列敘述時：

　　for player in players:

player 的內容是 'Curry'，然後執行 print(player)，所以會印出 'Curry'，我們也可以將此稱第一次迭代。由於串列 players 內還有其它的元素尚未執行，所以會執行第二次迭代，當執行第二次迭代下列敘述時：

　　for player in players:

player 的內容是 'Jordan'，然後執行 print(player)，所以會印出 'Jordan'。由於串列 players 內還有其它的元素尚未執行，所以會執行第三次迭代，…，當執行第五次迭代下列敘述時：

　　for player in players:

player 的內容是 'Obama'，然後執行 print(player)，所以會印出 'Obama'。第六次要執行 for 迴圈時，由於串列 players 內所有元素已經執行，所以這個迴圈就算執行結束。下列是迴圈的流程示意圖。

7-1-2　如果程式碼區塊只有一列

使用 for 迴圈時，如果程式碼區塊只有一列，它的語法格式可以用下列方式表達：

for var in 可迭代物件：程式碼區塊

程式實例 ch7_4.py：重新設計 ch7_3.py。

```
1  # ch7_4.py
2  players = ['Curry', 'Jordan', 'James', 'Durant', 'Obama']
3  for player in players:print(player)
```

執行結果　與 ch7_3.py 相同。

7-1-3　有多列的程式碼區塊

如果 for 迴圈的程式碼區塊有多列程式敘述時，要留意這些敘述同時需要做縮排處理，它的語法格式可以用下列方式表達：

for var in 可迭代物件：
　　程式碼
　　...

程式實例 ch7_5.py：這個程式在設計時，首先將串列的元素英文名字全部設定為小寫，然後 for 迴圈的程式碼區塊是有 2 列，這 2 列 (第 4 和 5 列) 皆需內縮處理，編輯程式會預設內縮 4 格，player.title( ) 的 title( ) 方法可以處理第一個字母以大寫顯示。

```
1  # ch7_5.py
2  players = ['curry', 'jordan', 'james', 'durant', 'obama']
3  for player in players:
```

```
4    print(f"{player.title()}, it was a great game.")
5    print(f"我迫不及待想看下一場比賽 {player.title()}")
```

執行結果
```
==================== RESTART: D:\Python\ch7\ch7_5.py ====================
Curry, it was a great game.
我迫不及待想看下一場比賽 Curry
Jordan, it was a great game.
我迫不及待想看下一場比賽 Jordan
James, it was a great game.
我迫不及待想看下一場比賽 James
Durant, it was a great game.
我迫不及待想看下一場比賽 Durant
Obama, it was a great game.
我迫不及待想看下一場比賽 Obama
```

7-1-4　將 for 迴圈應用在串列區間元素

Python 也允許將 for 迴圈應用在 6-1-3 節串列切片上。

程式實例 ch7_6.py：列出串列前 3 位和後 3 位的球員名稱。

```
1  # ch7_6.py
2  players = ['Curry', 'Jordan', 'James', 'Durant', 'Obama']
3  print("列印前3位球員")
4  for player in players[:3]:
5      print(player)
6  print("列印後3位球員")
7  for player in players[-3:]:
8      print(player)
```

執行結果
```
==================== RESTART: D:\Python\ch7\ch7_6.py ====================
列印前3位球員
Curry
Jordan
James
列印後3位球員
James
Durant
Obama
```

這個觀念其實很有用，例如：如果你設計一個學習網站，想要每天列出前 3 名學生基本資料同時表揚，可以將每個人的學習成果放在串列內，同時用降冪排序方式處理，最後可用本節觀念列出前 3 名學生資料。

註　升冪是指由小到大排列。降冪是指由大到小排列。

7-1-5　將 for 迴圈應用在資料類別的判斷

程式實例 ch7_7.py：有一個 files 串列內含一系列檔案名稱，請將 ".py" 的 Python 程式檔案另外建立到 py 串列，然後列印。

```
1  # ch7_7.py
2  files = ['da1.c','da2.py','da3.py','da4.java']
```

```
3  py = []
4  for file in files:
5      if file.endswith('.py'):      # 以 .py為副檔名
6          py.append(file)           # 加入串列
7  print(py)
```

執行結果
```
===================== RESTART: D:\Python\ch7\ch7_7.py =====================
['da2.py', 'da3.py']
```

7-1-6 活用 for 迴圈

在 6-2-1 節實例 2 筆者列出了字串的相關方法，其實也可以使用 for 迴圈列出所有 Python 內建字串的方法。

實例 1：列出 Python 內建字串的方法，下列只顯示部分方法。

```
>>> string = 'abc'
>>> for i in dir(string):
        print(i)

__add__
__class__
__contains__
```

7-2 range( ) 函數

Python 可以使用 range( ) 函數產生一個等差級序列，我們又稱這等差級序列為可迭代物件 (iterable object)，也可以稱是 range 物件。由於 range( ) 是產生等差級序列，我們可以直接使用，將此等差級序列當作迴圈的計數器。

在前一小節我們使用「for var in 可迭代物件」當作迴圈，這時會使用可迭代物件元素當作迴圈指標，如果是要迭代物件內的元素，這是好方法。但是如果只是要執行普通的迴圈迭代，由於可迭代物件佔用一些記憶體空間，所以這類迴圈需要用較多系統資源。這時我們應該直接使用 range( ) 物件，這類迭代只有迭代時的計數指標需要記憶體，所以可以省略記憶體空間，range( ) 的用法與串列的切片 (slice) 類似。

range(start, stop, step)

上述 stop 是唯一必須的值，等差級序列是產生 stop 的前一個值。例如：如果省略 start，所產生等差級序列範圍是從 0 至 stop-1。step 的預設是 1，所以預設等差序列是遞增 1。如果將 step 設為 2，等差序列是遞增 2。如果將 step 設為 -1，則是產生遞減的等差序列。

下列是沒有 start 和有 start 列印 range( ) 物件內容。

```
>>> for x in range(3):
        print(x)

0
1
2
```

```
>>> for x in range(0,3):
        print(x)

0
1
2
```

上述執行迴圈迭代時，即使是執行 3 圈，但是系統不用一次預留 3 個整數空間儲存迴圈計數指標，而是每次迴圈用 1 個整數空間儲存迴圈計數指標，所以可以節省系統資源。下列是 range( ) 含 step 參數的應用，左邊是建立 1～10 之間的奇數序列，右邊是建立每次遞減 2 的序列。

```
>>> for x in range(1,10,2):
        print(x)

1
3
5
7
9
```

```
>>> for x in range(3,-3,-2):
        print(x)

3
1
-1
```

7-2-1　只有一個參數的 range( ) 函數的應用

當 range(n) 函數搭配一個參數時：

　　range(n)　　　　　　# n 是 stop，它將產生 0, 1, … , n-1 的可迭代物件內容

下列是測試 range( ) 方法。

程式實例 ch7_8.py：輸入數字，本程式會將此數字當作列印星星的數量。

```
1  # ch7_8.py
2  n = int(input("請輸入星號數量 : "))   # 定義星號的數量
3  for number in range(n):                # for迴圈
4      print("*",end="")                  # 列印星號
```

執行結果

```
==================== RESTART: D:\Python\ch7\ch7_8.py ====================
請輸入星號數量 : 3
***
>>>
==================== RESTART: D:\Python\ch7\ch7_8.py ====================
請輸入星號數量 : 10
**********
```

在上述實例第 3 列的 for 迴圈，其中變數 number 沒有使用，表示迴圈只是固定輸出星號數量，這時可以使用「 _ 」(底線) 代替 number，所以程式第 3 列可以用下列語法取代 (程式實例可以參考 ch7_8_1.py)：

　　for _ in range(n):

第 7 章　迴圈設計 - 自動化流程與效能提升

7-2-2　擴充專題銀行存款複利的軌跡

在 2-10-1 節筆者有設計了銀行複利的計算，當時由於 Python 所學語法有限所以無法看出每年本金和的變化，這一節將以實例輝說。

程式實例 ch7_9.py：參考 ch2_5.py 的利率與本金，以及年份，本程式會列出每年的本金和的軌跡。

```
1  # ch7_9.py
2  money = 50000
3  rate = 0.015
4  n = 5
5  for i in range(n):
6      money *= (1 + rate)
7      print(f"第 {i+1} 年本金和 : {int(money)}")
```

執行結果
```
==================== RESTART: D:\Python\ch7\ch7_9.py ====================
第 1 年本金和 : 50749
第 2 年本金和 : 51511
第 3 年本金和 : 52283
第 4 年本金和 : 53068
第 5 年本金和 : 53864
```

7-2-3　有 2 個參數的 range( ) 函數

當 range( ) 函數搭配 2 個參數時，它的語法格式如下：

range(start, stop))　　# start 是起始值，stop-1 是終止值

上述可以產生 start 起始值到 stop-1 終止值之間每次遞增 1 的序列，start 或 stop 可以是負整數，如果終止值小於起始值則是產生空序列或稱空 range 物件，可參考下列左圖的程式實例。

```
>>> for x in range(10,2):
        print(x)

>>>
```

```
>>> for x in range(-1,2):
        print(x)

-1
0
1
```

上方右圖是迴圈設計時使用負值當作起始值。

程式實例 ch7_10.py：輸入正整數值 n，這個程式會計算從 0 加到 n 之值。

```
1  # ch7_10.py
2  n = int(input("請輸入n值 : "))
3  sum_ = 0      # sum是內建函數，不適合當作變數，所以加上 _
4  for num in range(1,n+1):
```

7-8

```
5       sum_ += num
6   print("總和 = ", sum_)
```

執行結果
```
==================== RESTART: D:\Python\ch7\ch7_10.py ====================
請輸入n值 : 10
總和 =  55
```

7-2-4　有 3 個參數的 range( ) 函數

當 range( ) 函數搭配 3 個參數時，它的語法格式如下：

range(start, stop, step)　　　　# start 是起始值，stop-1 是終止值，step 是間隔值

然後會從起始值開始產生等差級數，每次間隔 step 時產生新數值元素，到 stop-1 為止，下列左圖是產生 2 ~ 10 間的偶數。

```
>>> for x in range(2,11,2):          >>> for x in range(10,0,-2):
        print(x)                             print(x)

2                                     10
4                                     8
6                                     6
8                                     4
10                                    2
```

此外，step 值也可以是負值，此時起始值必須大於終止值，可以參考上述右圖。

7-2-5　活用 range( ) 應用

程式設計時我們也可以直接應用 range( )，可以產生程式精簡的效果。

程式實例 ch7_11.py：輸入一個正整數 n，這個程式會列出從 1 加到 n 的總和。

```
1   # ch7_11.py
2   n = int(input("請輸入整數:"))
3   sum_ = sum(range(n + 1))
4   print(f"從1到{n}的總和是 = {sum_}")
```

執行結果
```
==================== RESTART: D:\Python\ch7\ch7_11.py ====================
請輸入整數:10
從1到10的總和是 = 55
```

上述程式筆者使用了可迭代物件的內建函數 sum 執行總和的計算，它的工作原理並不是一次預留儲存 1, 2, … 10 的記憶體空間，然後執行運算。而是只有一個記憶體空間，每次將迭代的指標放在此空間，然後執行 sum( ) 運算，可以增加工作效率與節省系統記憶體空間。

程式實例 ch7_12.py：建立一個整數平方的串列，為了避免數值太大，若是輸入大於 10，此大於 10 的數值將被設為 10。

```
1  # ch7_12.py
2  squares = []                          # 建立空串列
3  n = int(input("請輸入整數:"))
4  if n > 10 : n = 10                    # 最大值是10
5  for num in range(1, n+1):
6      squares.append(num ** 2)          # 加入串列
7  print(squares)
```

執行結果
```
==================== RESTART: D:\Python\ch7\ch7_12.py ====================
請輸入整數:12
[1, 4, 9, 16, 25, 36, 49, 64, 81, 100]
>>>
==================== RESTART: D:\Python\ch7\ch7_12.py ====================
請輸入整數:10
[1, 4, 9, 16, 25, 36, 49, 64, 81, 100]
>>>
==================== RESTART: D:\Python\ch7\ch7_12.py ====================
請輸入整數:5
[1, 4, 9, 16, 25]
```

7-2-6 串列生成 (list generator) 的應用

生成式 (generator) 是一種使用迭代方式產生 Python 數據資料的方式，例如：可以產生串列、字典、集合等。這是結合迴圈與條件運算式的精簡程式碼的方法，如果讀者會用此觀念設計程式，表示讀者的 Python 功力已跳脫初學階段，如果你是有其它程式語言經驗的讀者，表示你已經逐漸跳脫其它程式語言的枷鎖，逐步蛻變成真正 Python 程式設計師。

程式實例 ch7_13.py：從觀念說起，建立 0～5 的串列，讀者最初可能會用下列方法。

```
1  # ch7_13.py
2  xlst = []
3  xlst.append(0)
4  xlst.append(1)
5  xlst.append(2)
6  xlst.append(3)
7  xlst.append(4)
8  xlst.append(5)
9  print(xlst)
```

執行結果
```
==================== RESTART: D:\Python\ch7\ch7_13.py ====================
[0, 1, 2, 3, 4, 5]
```

如果要讓程式設計更有效率，讀者可以使用一個 for 迴圈和 range( )。

程式實例 ch7_14.py：使用一個 for 迴圈和 range( ) 重新設計上述程式。

```
1  # ch7_14.py
2  xlst = []
```

```
3  for n in range(6):
4      xlst.append(n)
5  print(xlst)
```

執行結果 與 ch7_13.py 相同。

或是直接使用 list( ) 將 range(n) 當作是參數。

程式實例 ch7_15.py：直接使用 list( ) 將 range(n) 當作是參數，重新設計上述程式。

```
1  # ch7_15.py
2  xlst = list(range(6))
3  print(xlst)
```

執行結果 與 ch7_13.py 相同。

上述方法均可以完成工作，但是如果要成為真正的 Python 工程師，建議是使用串列生成式 (list generator) 的觀念。在說明實例前先看串列生成式的語法：

新串列 = [運算式 for 項目 in 可迭代物件]

上述語法觀念是，將每個可迭代物件套入運算式，每次產生一個串列元素。如果將串列生成式的觀念應用在上述實例，整個內容如下：

xlst = [n for n in range(6)]

上述第 1 個 n 是產生串列的值，也可以想成迴圈結果的值，第 2 個 n 是 for 迴圈的一部份，用於迭代 range(6) 內容。

程式實例 ch7_16.py：用串列生成式產生串列。

```
1  # ch7_16.py
2  xlst = [ n for n in range(6)]
3  print(xlst)
```

執行結果 與 ch7_13.py 相同。

讀者需記住，第 1 個 n 是產生串列的值，其實這部份也可以是一個運算式，如果將上述觀念應用在改良 ch7_12.py，可以將該程式第 5 ～ 6 列轉成串列生成語法，此時內容可以修改如下：

square = [num ** 2 for num in range(1, n+1)]

此外，用這種方式設計時，相較於 ch7_12.py，我們可以省略第 2 列建立空串列。

程式實例 ch7_17.py：重新設計 ch7_12.py，進階串列生成的應用。

```
1  # ch7_17.py
2  n = int(input("請輸入整數:"))
3  if n > 10 : n = 10          # 最大值是10
4  squares = [num ** 2 for num in range(1, n+1)]
5  print(squares)
```

執行結果 與 ch7_12.py 相同。

程式實例 ch7_18.py：有一個攝氏溫度串列 celsius，這個程式會利用此串列生成華氏溫度串列 fahrenheit。

```
1  # ch7_18.py
2  celsius = [21, 25, 29]
3  fahrenheit = [(x * 9 / 5 + 32) for x in celsius]
4  print(fahrenheit)
```

執行結果
```
==================== RESTART: D:\Python\ch7\ch7_18.py ====================
[69.8, 77.0, 84.2]
```

7-2-7　含有條件式的串列生成

多了 if 條件的串列生成，其語法如下：

　　新串列 = [運算式 for 項目 in 可迭代物件 if 條件式]

實例 1：用傳統方式建立 1, 3, … , 9 的串列：

```
>>> for num in range(1,10):
        if num % 2 == 1:
            oddlist.append(num)

>>> oddlist
[1, 3, 5, 7, 9]
```

實例 2：使用 Python 精神，設計含有條件式的串列生成程式。

```
>>> oddlist = [num for num in range(1,10) if num % 2 == 1]
>>> oddlist
[1, 3, 5, 7, 9]
```

實例 3：多個條件的串列生成，建立 0～100 間可以被 3 和 5 整除的串列。

```
>>> y = [x for x in range(100) if x % 3 == 0 and x % 5 == 0]
>>> print(y)
[0, 15, 30, 45, 60, 75, 90]
```

實例 4：if … else 條件的應用，建立 0～10 間，偶數保持不變，奇數乘以 -1 的串列。

```
>>> y = [x if x % 2 == 0 else -x for x in range(10)]
>>> print(y)
[0, -1, 2, -3, 4, -5, 6, -7, 8, -9]
```

7-2-8　列出 ASCII 碼值或 Unicode 碼值的字元

學習程式語言重要是活用，在 3-5-1 節筆者介紹了 ASCII 碼，下列是列出碼值 32 至 127 間的 ASCII 字元。

```
>>> for x in range(32,128):
        print(chr(x),end='')

 !"#$%&'()*+,-./0123456789:;<=>?@ABCDEFGHIJKLMNOPQRSTUVWXYZ[\]^_`abcdefghijklmno
pqrstuvwxyz{|}~
```

在 3-5-2 節筆者介紹了 Unicode 碼，下列是產生 Unicode 字元 0x6d2a 至 0x6e29 之間的字元。

```
>>> for x in range(0x6d2a, 0x6e2a):
        print(chr(x),end='')
```

洪洫洬洭洮洯洰洱洲洳洴洵洶洷洸洹洺活洼洽派洿浀流浂浃浄浅浆浇浈浉浊测浌济济浏浐浑
浒浓浔浕浖浗浘浙浚浛浜浝浞浟浠浡浢浣浤浥浦浧浨浩浪浫浬浭浮浯浰浱浲浳浴浶海浸浹浺
浻浼浽浾浿涀涁涂涃涄涅涆涇消涉涊涋涌涍涎涏涐涑涒涓涔涕涖涗涘涙涚涛涜涝涞涟涠
涡涢涣涤涥润涧涨涩涪涫涬涭涮涯液涱液涳涴涵涶涷涸涹涺涻涼涽涾涿淀淁淂淃淄淅淆淇淈淉
淊淋淌淍淎淏淐淑淒淓淔淕淖淗淘淙淚淛淜淝淞淟淠淡淢淣淤淥淦淧淨淩淪淫淬淭淮淯淰深
淲淳淴淵淶混淸淹淺添淼渀渁渂渃渄清渆渇済渉渊渋渌渍渎渏渐渑渒渓渔渕渖渗渘渙
渚減渜渝渞渟渠渡渢渣渤渥渦渧渨温渪渫測渭

程式實例 ch7_18_1.py：在 3-5-2 節筆者介紹了 Unicode 碼，羅馬數字 1 ～ 10 的 Unicode 字元是 0x2160 至 0x2169 之間，如下所示。此程式會輸出 1 ～ 10 的羅馬數字。

Ⅰ	Ⅱ	Ⅲ	Ⅳ	Ⅴ	Ⅵ	Ⅶ	Ⅷ
U+2160	U+2161	U+2162	U+2163	U+2164	U+2165	U+2166	U+2167

Ⅸ	Ⅹ	Ⅺ	Ⅻ	Ⅼ	Ⅽ	Ⅾ	Ⅿ
U+2168	U+2169	U+216A	U+216B	U+216C	U+216D	U+216E	U+216F

```
1  # ch7_18_1.py
2  for x in range(0x2160, 0x216a):
3      print(chr(x), end=' ')
```

執行結果
```
==================== RESTART: D:/Python/ch7/ch7_18_1.py ====================
Ⅰ Ⅱ Ⅲ Ⅳ Ⅴ Ⅵ Ⅶ Ⅷ Ⅸ Ⅹ
```

有關更多阿拉伯數字與 Unicode 字元碼的對照表，讀者可以參考下列 Unicode 字符百科的網址。

https://unicode-table.com/cn/sets/arabic-numerals/

7-3 進階的 for 迴圈應用

7-3-1 巢狀 for 迴圈

一個迴圈內有另一個迴圈，我們稱這是巢狀迴圈。如果外層迴圈要執行 n 次，內層迴圈要執行 m 次，則整個迴圈執行的次數是 n*m 次，設計這類迴圈時要特別注意下列事項：

- 外層迴圈的索引值變數與內層迴圈的索引值變數建議是不要相同，以免混淆。
- 程式碼的內縮一定要小心。

下列是巢狀迴圈基本語法：

for var1 in 可迭代物件：   # 外層 for 迴圈
    ...
    for var2 in 可迭代物件：   # 內層 for 迴圈
        ....

程式實例 ch7_19.py：列印 9*9 的乘法表。

```
1  # ch7_19.py
2  for i in range(1, 10):
3      for j in range(1, 10):
4          result = i * j
5          print(f"{i}*{j}={result:<3d}", end=" ")
6      print()          # 換列輸出
```

執行結果
```
================ RESTART: D:\Python\ch7\ch7_19.py ================
1*1=1   1*2=2   1*3=3   1*4=4   1*5=5   1*6=6   1*7=7   1*8=8   1*9=9
2*1=2   2*2=4   2*3=6   2*4=8   2*5=10  2*6=12  2*7=14  2*8=16  2*9=18
3*1=3   3*2=6   3*3=9   3*4=12  3*5=15  3*6=18  3*7=21  3*8=24  3*9=27
4*1=4   4*2=8   4*3=12  4*4=16  4*5=20  4*6=24  4*7=28  4*8=32  4*9=36
5*1=5   5*2=10  5*3=15  5*4=20  5*5=25  5*6=30  5*7=35  5*8=40  5*9=45
6*1=6   6*2=12  6*3=18  6*4=24  6*5=30  6*6=36  6*7=42  6*8=48  6*9=54
7*1=7   7*2=14  7*3=21  7*4=28  7*5=35  7*6=42  7*7=49  7*8=56  7*9=63
8*1=8   8*2=16  8*3=24  8*4=32  8*5=40  8*6=48  8*7=56  8*8=64  8*9=72
9*1=9   9*2=18  9*3=27  9*4=36  9*5=45  9*6=54  9*7=63  9*8=72  9*9=81
```

上述程式第 5 列「<3d」主要是供 result 使用，表示每一個輸出預留 3 格，同時靠左輸出。同一列「end=" "」則是設定，輸出完空一格，下次輸出不換列。當內層迴圈執行完一次，則執行第 6 列，這是外層迴圈敘述，主要是設定下次換列輸出，相當於下次再執行內層迴圈時換列輸出。

程式實例 ch7_20.py：繪製直角三角形。

```
1  # ch7_20.py
2  for i in range(1, 10):
3      for j in range(1, 10):
4          if j <= i:
5              print("aa", end="")
6      print()                    # 換列輸出
```

執行結果
```
====================== RESTART: D:\Python\ch7\ch7_20.py ======================
aa
aaaa
aaaaaa
aaaaaaaa
aaaaaaaaaa
aaaaaaaaaaaa
aaaaaaaaaaaaaa
aaaaaaaaaaaaaaaa
aaaaaaaaaaaaaaaaaa
```

上述程式實例主要是訓練讀者雙層迴圈的邏輯觀念，其實也可以使用單層迴圈繪製上述直角三角形，讀者可以當作習題練習。

7-3-2　強制離開 for 迴圈 - break 指令

在設計 for 迴圈時，如果期待某些條件發生時可以離開迴圈，可以在迴圈內執行 break 指令，可立即離開迴圈，這個指令通常是和 if 敘述配合使用。下列是常用的語法格式：

```
for var in 可迭代物件：
    程式碼區塊 1
    if 條件運算式：        # 判斷條件運算式
        程式碼區塊 2
        break             # 如果條件運算式是 True 則離開 for 迴圈
    程式碼區塊 3
```

下列是流程圖，其中在 for 迴圈內的 if 條件判斷，也許前方有程式碼區塊 1、if 條件內有程式碼區塊 2 或是後方有程式碼區塊 3，只要 if 條件判斷是 True，則執行 if 條件內的程式碼區塊 2 後，可立即離開迴圈。

例如：如果你設計一個比賽，可以將參加比賽者的成績列在串列內，如果想列出前 20 名參加決賽，可以設定 for 迴圈當選取 20 名後，即離開迴圈，此時就可以使用 break 功能。

程式實例 ch7_21.py：列出球員名稱，螢幕輸球員人數，這個程式同時設定，如果螢幕輸入的人數大於串列的球員數時，自動將所輸入的人數降為串列的球員數。

```
1   # ch7_21.py
2   players = ['Curry','Jordan','James','Durant','Obama','Kevin','Lin']
3   n = int(input("請輸入人數 = "))
4   if n > len(players) : n = len(players)    # 列出人數不大於串列元素數
5   index = 0                                  # 索引
6   for player in players:
7       if index == n:
8           break
9       print(player, end=" ")
10      index += 1                             # 索引加1
```

執行結果

```
==================== RESTART: D:\Python\ch7\ch7_21.py ====================
請輸入人數 = 5
Curry Jordan James Durant Obama
>>>
==================== RESTART: D:\Python\ch7\ch7_21.py ====================
請輸入人數 = 9
Curry Jordan James Durant Obama Kevin Lin
```

程式實例 ch7_22.py：一個串列 scores 內含有 10 個分數元素，請列出最高分的前 5 個成績。

```
1   # ch7_22.py
2   scores = [94, 82, 60, 91, 88, 79, 61, 93, 99, 77]
3   scores.sort(reverse = True)            # 從大到小排列
4   count = 0
5   for sc in scores:
6       count += 1
7       print(sc, end=" ")
8       if count == 5:                     # 取前5名成績
9           break                          # 離開for迴圈
```

執行結果
```
==================== RESTART: D:\Python\ch7\ch7_22.py ====================
99 94 93 91 88
```

7-3-3　for 迴圈暫時停止不往下執行 – continue 指令

在設計 for 迴圈時，如果期待某些條件發生時可以不往下執行迴圈內容，此時可以用 continue 指令，這個指令通常是和 if 敘述配合使用。下列是常用的語法格式：

```
for var in 可迭代物件：
    程式碼區塊 1
    if 條件運算式：    # 如果條件運算式是 True 則不執行程式碼區塊 3
        程式碼區塊 2
        continue
    程式碼區塊 3
```

下列是流程圖，相當於如果發生 if 條件判斷是 True 時，則不執行「程式碼區塊 3」內容。

程式實例 ch7_23.py：有一個串列 scores 紀錄 James 的比賽得分，設計一個程式可以列出 James 有多少場次得分大於或等於 30 分。

```
1   # ch7_23.py
2   scores = [33, 22, 41, 25, 39, 43, 27, 38, 40]
3   games = 0
4   for score in scores:
5       if score < 30:                      # 小於30則不往下執行
6           continue
7       games += 1                          # 場次加1
8   print(f"有{games}場得分超過30分")
```

執行結果
```
==================== RESTART: D:\Python\ch7\ch7_23.py ====================
有6場得分超過30分
```

程式實例 ch7_24.py：有一個串列 players，這個串列的元素也是串列，包含球員名字和身高資料，列出所有身高是 200(含) 公分以上的球員資料。

```
1   # ch7_24.py
2   players = [['James', 202],
3              ['Curry', 193],
4              ['Durant', 205],
5              ['Jordan', 199],
6              ['David', 211]]
7   for player in players:
8       if player[1] < 200:
9           continue
10      print(player)
```

執行結果
```
==================== RESTART: D:\Python\ch7\ch7_24.py ====================
['James', 202]
['Durant', 205]
['David', 211]
```

對於上述 for 迴圈而言，每次執行第 7 列時，player 的內容是 players 的一個元素，而這個元素是一個串列，例如：第一次執行時 player 內容是如下：

['James', 202]

執行第 8 列時，player[1] 的值是 202。由於 if 判斷的結果是 False，所以會執行第 10 列的 print(player) 指令，其他可依此類推。

7-3-4　for … else 迴圈

在設計 for 迴圈時，如果期待所有的 if 敘述條件是 False 時，在最後一次迴圈後，可以執行特定程式區塊指令，可使用這個敘述，這個指令通常是和 if 和 break 敘述配合使用。下列是常用的語法格式：

```
for var in 可迭代物件：
    if 條件運算式：          # 如果條件運算式是 True 則離開 for 迴圈
        程式碼區塊 1
        break
else:
    程式碼區塊 2             # 最後一次迴圈條件運算式是 False 則執行
```

其實這個語法很適合傳統數學中測試某一個數字 n 是否是質數 (Prime Number)，質數的條件是：

- 2 是質數。
- n 不可被 2 至 n-1 的數字整除。

程式實例 ch7_25.py：質數測試的程式，如果所輸入的數字是質數則列出是質數，否則列出不是質數。

```
1   # ch7_25.py
2   num = int(input("請輸入大於1的整數做質數測試 = "))
3   if num == 2:                          # 2是質數所以直接輸出
4       print(f"{num}是質數")
5   else:
6       for n in range(2, num):           # 用2 .. num-1當除數測試
7           if num % n == 0:              # 如果整除則不是質數
8               print(f"{num}不是質數")
9               break                     # 離開迴圈
10      else:                             # 否則是質數
11          print(f"{num}是質數")
```

執行結果
```
==================== RESTART: D:\Python\ch7\ch7_25.py ====================
請輸入大於1的整數做質數測試 = 12
12不是質數
>>>
==================== RESTART: D:\Python\ch7\ch7_25.py ====================
請輸入大於1的整數做質數測試 = 13
13是質數
```

註 質數的英文是 Prime number，prime 的英文有強者的意義，所以許多有名的職業球員喜歡用質數當作背號，例如：Lebron James 是 23，Michael Jordan 是 23，Kevin Durant 是 7。

7-4　while 迴圈

這也是一個迴圈，基本上迴圈會一直執行直到條件運算為 False 才會離開迴圈，所以設計 while 迴圈時一定要設計一個條件可以離開迴圈，相當於讓迴圈結束。程式

第 7 章　迴圈設計 - 自動化流程與效能提升

設計時，如果忘了設計條件可以離開迴圈，程式造成無限迴圈狀態，此時可以同時按 Ctrl+C，中斷程式的執行離開無限迴圈的陷阱。

一般 while 迴圈使用的語意上是條件控制迴圈，在符合特定條件下執行。for 迴圈則是算一種計數迴圈，會重複執行特定次數。

> while 條件運算：
>> 程式碼區塊

下列是 while 迴圈語法流程圖。

7-4-1　基本 while 迴圈

程式實例 ch7_26.py：這個程式會輸出你所輸入的內容，當輸入 q 時，程式才會執行結束。

```
1  # ch7_26.py
2  msg1 = '人機對話專欄,告訴我心事吧,我會重複你告訴我的心事!'
3  msg2 = '輸入 q 可以結束對話'
4  msg = msg1 + '\n' + msg2 + '\n' + '= '
5  input_msg = ''                  # 預設為空字串
6  while input_msg != 'q':
7      input_msg = input(msg)
8      if input_msg != 'q':        # 如果輸入不是q才輸出訊息
9          print(input_msg)
```

執行結果
```
======================= RESTART: D:\Python\ch7\ch7_26.py =======================
人機對話專欄,告訴我心事吧,我會重複你告訴我的心事!
輸入 q 可以結束對話
= I love you
I love you
人機對話專欄,告訴我心事吧,我會重複你告訴我的心事!
輸入 q 可以結束對話
= q
```

上述程式儘管可以完成工作，但是當我們在設計大型程式時，如果可以有更明確的標記，記錄程式是否繼續執行將更佳，下列筆者將用一個布林變數值 active 當作標記，如果是 True 則 while 迴圈繼續，否則 while 迴圈結束。

程式實例 ch7_27.py：改良 ch7_26.py 程式的可讀性，使用標記 active 紀錄是否迴圈繼續。

```python
1   # ch7_27.py
2   msg1 = '人機對話專欄,告訴我心事吧,我會重複你告訴我的心事!'
3   msg2 = '輸入 q 可以結束對話'
4   msg = msg1 + '\n' + msg2 + '\n' + '= '
5   active = True
6   while active:                       # 迴圈進行直到active是False
7       input_msg = input(msg)
8       if input_msg != 'q':            # 如果輸入不是q才輸出訊息
9           print(input_msg)
10      else:
11          active = False              # 輸入是q所以將active設為False
```

執行結果　與 ch7_26.py 相同。

7-4-2　認識哨兵值 (Sentinel value)

在程式設計時，我們可以在 while 迴圈中設定一個輸入數值當作迴圈執行結束的值，這個值稱哨兵值 (Sentinel value)。

程式實例 ch7_28.py：計算輸入值的總和，哨兵值是 0，如果輸入 0 則程式結束。

```python
1   # ch7_28.py
2   n = int(input("請輸入一個值 : "))
3   sum = 0
4   while n:
5       sum += n
6       n = int(input("請輸入一個值 : "))
7   print("輸入總和 = ", sum)
```

執行結果
```
==================== RESTART: D:\Python\ch7\ch7_28.py ====================
請輸入一個值 : 5
請輸入一個值 : 8
請輸入一個值 : 10
請輸入一個值 : 0
輸入總和 =  23
```

7-4-3　巢狀 while 迴圈

while 迴圈也允許巢狀迴圈，此時的語法格式如下：

　　while 條件運算：　　　　　　　　# 外層 while 迴圈
　　　　...
　　　　while 條件運算：　　　　　　# 內層 while 迴圈
　　　　　　...

下列是我們已經知道 while 迴圈會執行幾次的應用。

程式實例 ch7_29.py：使用 while 迴圈重新設計 ch7_19.py，列印 9*9 乘法表。

```
1  # ch7_29.py
2  i = 1                          # 設定i初始值
3  while i <= 9:                  # 當i大於9跳出外層迴圈
4      j = 1                      # 設定j初始值
5      while j <= 9:              # 當j大於9跳出內層迴圈
6          result = i * j
7          print(f"{i}*{j}={result:<3d}", end=" ")
8          j += 1                 # 內層迴圈加1
9      print()                    # 換列輸出
10     i += 1                     # 外層迴圈加1
```

執行結果　與 ch7_19.py 相同。

7-4-4　強制離開 while 迴圈 - break 指令

7-3-2 節所介紹的 break 指令與觀念，也可以應用在 while 迴圈。在設計 while 迴圈時，如果期待某些條件發生時可以離開迴圈，可以在迴圈內執行 break 指令，就可以立即離開迴圈，這個指令通常是和 if 敘述配合使用。下列是常用的語法格式：

```
while 條件運算式 A：
    程式碼區塊 1
    if 條件運算式 B：         # 判斷條件運算式 B
        程式碼區塊 2
        break                # 如果條件運算式 B 是 True 則離開 while 迴圈
    程式碼區塊 3
```

程式實例 ch7_30.py：這個程式會先建立 while 無限迴圈，如果輸入 q，則可跳出這個 while 無限迴圈。程式內容主要是要求輸入水果，然後輸出此水果。

```
1  # ch7_30.py
2  msg1 = '人機對話專欄,請告訴我妳喜歡吃的水果!'
3  msg2 = '輸入 q 可以結束對話'
4  msg = msg1 + '\n' + msg2 + '\n' + '= '
5  while True:                            # 這是while無限迴圈
6      input_msg = input(msg)
7      if input_msg == 'q':               # 輸入q可用break跳出迴圈
8          break
9      else:
10         print(f"我也喜歡吃 {input_msg.title()}")
```

執行結果
```
=============== RESTART: D:\Python\ch7\ch7_30.py ===============
人機對話專欄,請告訴我妳喜歡吃的水果!
輸入 q 可以結束對話
= apple
我也喜歡吃 Apple
人機對話專欄,請告訴我妳喜歡吃的水果!
輸入 q 可以結束對話
= q
```

程式實例 ch7_31.py：簡單密碼登入系統設計，第 2 列設定密碼，第 3 列設定嘗試次數。

```
1   # ch7_31.py
2   correct_password = "python123"
3   attempts_left = 3                      # 限制嘗試次數
4
5   while attempts_left > 0:
6       password = input("請輸入密碼 : ")
7
8       if password == correct_password:
9           print("登入成功！歡迎使用系統")
10          break                           # 密碼正確，跳出迴圈
11      else:
12          attempts_left -= 1
13          print(f"密碼錯誤，剩餘嘗試次數 : {attempts_left}")
14
15  else:         # 若while迴圈正常結束(未break)，則執行此區塊
16      print("密碼輸入錯誤次數過多，帳戶已鎖定")
```

執行結果

```
請輸入密碼 : test
密碼錯誤，剩餘嘗試次數 : 2
請輸入密碼 : 1234
密碼錯誤，剩餘嘗試次數 : 1
請輸入密碼 : python123
登入成功！歡迎使用系統
```

```
請輸入密碼 : test
密碼錯誤，剩餘嘗試次數 : 2
請輸入密碼 : 1234
密碼錯誤，剩餘嘗試次數 : 1
請輸入密碼 : 123
密碼錯誤，剩餘嘗試次數 : 0
密碼輸入錯誤次數過多，帳戶已鎖定
```

7-4-5　while 迴圈暫時停止不往下執行 – continue 指令

在設計 while 迴圈時，如果期待某些條件發生時可以不往下執行迴圈內容，此時可以用 continue 指令，這個指令通常是和 if 敘述配合使用。下列是常用的語法格式：

```
while 條件運算 A：
    程式碼區塊 1
    if 條件運算式 B：    # 如果條件運算式 B 是 True 則不執行程式碼區塊 3
        程式碼區塊 2
        continue
    程式碼區塊 3
```

程式實例 ch7_32.py：列出 1 至 10 之間的偶數。

```
1   # ch7_32.py
2   index = 0
3   while index <= 10:
4       index += 1
5       if index % 2:          # 測試是否奇數
6           continue           # 不往下執行
7       print(index)           # 輸出偶數
```

執行結果

```
==================== RESTART: D:\Python\ch7\ch7_32.py ====================
2
4
6
8
10
```

7-4-6　while 迴圈條件運算式與可迭代物件

while 迴圈的條件運算式也可與可迭代物件配合使用，此時它的語法格式 觀念 1 如下：

while var in 可迭代物件：　　　　　　# 如果 var in 可迭代物件是 True 則繼續
　　程式區塊

語法格式 觀念 2 如下：

while 可迭代物件：　　　　　　　　　# 迭代物件是空的才結束
　　程式區塊

程式實例 ch7_33.py：刪除串列內的 apple 字串，程式第 5 列，只要在 fruits 串列內可以找到變數 fruit 內容是 apple，就會傳回 True，迴圈將繼續。

```
1  # ch7_33.py
2  fruits = ['apple', 'orange', 'apple', 'banana', 'apple']
3  fruit = 'apple'
4  print("刪除前的fruits", fruits)
5  while fruit in fruits:        # 只要串列內有apple迴圈就繼續
6      fruits.remove(fruit)
7  print("刪除後的fruits", fruits)
```

執行結果
```
==================== RESTART: D:\Python\ch7\ch7_33.py ====================
刪除前的fruits ['apple', 'orange', 'apple', 'banana', 'apple']
刪除後的fruits ['orange', 'banana']
```

程式實例 ch7_34.py：有一個串列 buyers，此串列內含購買者和消費金額，如果購買金額超過或達到 1000 元，則歸類為 VIP 買家 vipbuyers 串列。否則是 Gold 買家 goldbuyers 串列。

```
1  # ch7_34.py
2  buyers = [['James', 1030],           # 建立買家購買紀錄
3            ['Curry', 893],
4            ['Durant', 2050],
5            ['Jordan', 990],
6            ['David', 2110]]
7  goldbuyers = []                      # Gold買家串列
8  vipbuyers =[]                        # VIP買家串列
9  while buyers:                        # 買家分類完成,迴圈才會結束
10     index_buyer = buyers.pop()
11     if index_buyer[1] >= 1000:       # 用1000圓執行買家分類條件
12         vipbuyers.append(index_buyer) # 加入VIP買家串列
13     else:
14         goldbuyers.append(index_buyer) # 加入Gold買家串列
15 print("VIP 買家資料", vipbuyers)
16 print("Gold買家資料", goldbuyers)
```

執行結果
```
==================== RESTART: D:\Python\ch7\ch7_34.py ====================
VIP 買家資料 [['David', 2110], ['Durant', 2050], ['James', 1030]]
Gold買家資料 [['Jordan', 990], ['Curry', 893]]
```

上述程式第 9 列只要串列不是空串列，while 迴圈就會一直執行。

7-4-7 無限迴圈與 pass

pass 指令是什麼事也不做，如果我們想要建立一個無限迴圈可以使用下列寫法。

```
while True:
    pass
```

也可以將 True 改為阿拉伯數字 1，如下所示：

```
while 1:
    pass
```

不過不建議這麼做，這會讓程式進入無限迴圈。這個指令有時候會用在設計一個迴圈或函數 (將在第 11-10 節解說) 尚未完成時，先放 pass，未來再用完整程式碼取代。

程式實例 ch7_35.py：pass 應用在迴圈的實例，這個程式的迴圈尚未設計完成，所以筆者先用 pass 處理。

```
1  # ch7_35.py
2  schools = ['明志科大', '台灣科大', '台北科大']
3  for school in schools:
4      pass
```

執行結果　沒有任何資料輸出。

7-5 enumerate 物件使用 for 迴圈解析

延續 6-12 節的 enumerate 物件可知，這個物件是由索引值與元素值配對出現。我們使用 for 迴圈迭代一般物件 (例如：串列) 時，無法得知每個物件元素的索引，但是可以利用 enumerate( ) 方法建立 enumerate 物件，建立原物件的索引資訊。

然後我們可以使用 for 迴圈將每一個物件的索引值與元素值解析出來。

程式實例 ch7_36.py：繼續設計 ch6_47.py，將 enumerate 物件的索引值與元素值解析出來。

```
1   # ch7_36.py
2   drinks = ["coffee", "tea", "wine"]
3   # 解析enumerate物件
4   for drink in enumerate(drinks):              # 數值初始是0
5       print(drink)
6   for count, drink in enumerate(drinks):
7       print(count, drink)
8   print("*****************")
9   # 解析enumerate物件
10  for drink in enumerate(drinks, 10):          # 數值初始是10
11      print(drink)
12  for count, drink in enumerate(drinks, 10):
13      print(count, drink)
```

執行結果
```
======================= RESTART: D:\Python\ch7\ch7_36.py =======================
(0, 'coffee')
(1, 'tea')
(2, 'wine')
0 coffee
1 tea
2 wine
*****************
(10, 'coffee')
(11, 'tea')
(12, 'wine')
10 coffee
11 tea
12 wine
```

上述程式第 6 列觀念如下：

```
          第1個變數是計數值
              第2個變數是元素值
                                計數值 元素值
for count, drink in enumerate(drinks):
    print(count, drink)
```

由於 enumerate(drinks) 產生的 enumerate 物件是配對存在，可以用 2 個變數遍歷這個物件，只要仍有元素尚未被遍歷迴圈就會繼續。為了讓讀者了解 enumerate 物件的奧妙，下列是重新設計 ch7_23.py，這個程式更有效率，同時也是 Python 高手的用法。

程式實例 ch7_37.py：重新設計 ch7_23.py，使用 emuerate( ) 觀念列出那些場次得分超過 30 分 (含)。註：場次從第 1 場開始。

```
1   # ch7_37.py
2   scores = [33, 22, 41, 25, 39, 43, 27, 38, 40]
3   # 解析enumerate物件
4   for count, score in enumerate(scores, 1):    # 初始值是 1
5       if score >= 30:
6           print(f"場次 {count} : 得分 {score}")
```

執行結果
```
==================== RESTART: D:\Python\ch7\ch7_37.py ====================
場次 1 : 得分 33
場次 3 : 得分 41
場次 5 : 得分 39
場次 6 : 得分 43
場次 8 : 得分 38
場次 9 : 得分 40
```

7-6 專題 - 購物車 / 成績 / 圓周率 / 國王麥粒 / 電影院劃位

7-6-1 設計購物車系統

程式實例 ch7_38.py：簡單購物車的設計，這個程式執行時會列出所有商品，讀者可以選擇商品，如果所輸入商品在商品串列則加入購物車，如果輸入 Q 或 q 則購物結束，輸出所購買商品。

```python
1  # ch7_38.py
2  store = 'DeepMind購物中心'
3  products = ['電視','冰箱','洗衣機','電扇','冷氣機']
4  cart = []                              # 購物車
5  print(store)
6  print(products,"\n")
7  while True:                            # 這是while無限迴圈
8      msg = input("請輸入購買商品(q=quit) : ")
9      if msg == 'q' or msg=='Q':
10         break
11     else:
12         if msg in products:
13             cart.append(msg)
14 print("今天購買商品", cart)
```

執行結果
```
==================== RESTART: D:\Python\ch7\ch7_38.py ====================
DeepMind購物中心
['電視', '冰箱', '洗衣機', '電扇', '冷氣機']

請輸入購買商品(q=quit) : 電視
請輸入購買商品(q=quit) : 冰箱
請輸入購買商品(q=quit) : q
今天購買商品 ['電視', '冰箱']
```

7-6-2 建立真實的成績系統

在 6-7-4 節筆者介紹了成績系統的計算，如下所示：

第 7 章 迴圈設計 - 自動化流程與效能提升

姓名	國文	英文	數學	總分
洪錦魁	80	95	88	0
洪冰儒	98	97	96	0
洪雨星	91	93	95	0
洪冰雨	92	94	90	0
洪星宇	92	97	80	0

更真實的成績系統應該如下所示：

座號	姓名	國文	英文	數學	總分	平均	名次
1	洪錦魁	80	95	88	0	0	0
2	洪冰儒	98	97	96	0	0	0
3	洪雨星	91	93	95	0	0	0
4	洪冰雨	92	94	90	0	0	0
5	洪星宇	92	97	80	0	0	0

在上述成績系統表格中，我們使用各科考試成績然後必需填入每個人的總分、平均、名次。要處理上述成績系統，關鍵是學會二維串列的排序，如果想針對串列內第 n 個元素值排序，使用方法如下：

二維串列 .sort(key=lambda x:x[n])

上述函數方法參數有 lambda 關鍵字，讀者可以不理會直接參考輸入，即可獲得排序結果，未來介紹函數時，在 11-9 節筆者會介紹此關鍵字。

程式實例 ch7_39.py：設計真實的成績系統排序。

```
1  # ch7_39.py
2  sc = [[1, '洪錦魁', 80, 95, 88, 0, 0, 0],
3        [2, '洪冰儒', 98, 97, 96, 0, 0, 0],
4        [3, '洪雨星', 91, 93, 95, 0, 0, 0],
5        [4, '洪冰雨', 92, 94, 90, 0, 0, 0],
6        [5, '洪星宇', 92, 97, 80, 0, 0, 0],
7       ]
8  # 計算總分與平均
9  print("填入總分與平均")
10 for i in range(len(sc)):
11     sc[i][5] = sum(sc[i][2:5])              # 填入總分
12     sc[i][6] = round((sc[i][5] / 3), 1)     # 填入平均
13     print(sc[i])
14 sc.sort(key=lambda x:x[5],reverse=True)     # 依據總分高往低排序
15 # 以下填入名次
16 print("填入名次")
17 for i in range(len(sc)):                    # 填入名次
18     sc[i][7] = i + 1
19     print(sc[i])
```

7-6 專題 - 購物車 / 成績 / 圓周率 / 國王麥粒 / 電影院劃位

```
20   # 以下依座號排序
21   sc.sort(key=lambda x:x[0])              # 依據座號排序
22   print("最後成績單")
23   for i in range(len(sc)):
24       print(sc[i])
```

執行結果

```
======================= RESTART: D:\Python\ch7\ch7_39.py =======================
填入總分與平均
[1, '洪錦魁', 80, 95, 88, 263, 87.7, 0]
[2, '洪冰儒', 98, 97, 96, 291, 97.0, 0]
[3, '洪雨星', 91, 93, 95, 279, 93.0, 0]
[4, '洪冰雨', 92, 94, 90, 276, 92.0, 0]
[5, '洪星宇', 92, 97, 80, 269, 89.7, 0]
填入名次
[2, '洪冰儒', 98, 97, 96, 291, 97.0, 1]
[3, '洪雨星', 91, 93, 95, 279, 93.0, 2]
[4, '洪冰雨', 92, 94, 90, 276, 92.0, 3]
[5, '洪星宇', 92, 97, 80, 269, 89.7, 4]
[1, '洪錦魁', 80, 95, 88, 263, 87.7, 5]
最後成績單
[1, '洪錦魁', 80, 95, 88, 263, 87.7, 5]
[2, '洪冰儒', 98, 97, 96, 291, 97.0, 1]
[3, '洪雨星', 91, 93, 95, 279, 93.0, 2]
[4, '洪冰雨', 92, 94, 90, 276, 92.0, 3]
[5, '洪星宇', 92, 97, 80, 269, 89.7, 4]
```

我們成功的建立了成績系統，其實上述成績系統還不是完美，如果發生 2 個人的成績相同時，座號屬於後面的人名次將往下掉一名。

程式實例 ch7_40.py：筆者修改成績報告，如下所示：

座號	姓名	國文	英文	數學	總分	平均	名次
1	洪錦魁	80	95	88	0	0	0
2	洪冰儒	98	97	96	0	0	0
3	洪雨星	91	93	95	0	0	0
4	洪冰雨	92	94	90	0	0	0
5	洪星宇	92	97	90	0	0	0

請注意洪星宇的數學成績是 90 分，下列是程式實例 ch7_40.py 的執行結果：

```
======================= RESTART: D:\Python\ch7\ch7_40.py =======================
填入總分與平均
[1, '洪錦魁', 80, 95, 88, 263, 87.7, 0]
[2, '洪冰儒', 98, 97, 96, 291, 97.0, 0]
[3, '洪雨星', 91, 93, 95, 279, 93.0, 0]
[4, '洪冰雨', 92, 94, 90, 276, 92.0, 0]
[5, '洪星宇', 92, 97, 90, 279, 93.0, 0]
填入名次
[2, '洪冰儒', 98, 97, 96, 291, 97.0, 1]
[3, '洪雨星', 91, 93, 95, 279, 93.0, 2]
[5, '洪星宇', 92, 97, 90, 279, 93.0, 3]
[4, '洪冰雨', 92, 94, 90, 276, 92.0, 4]
[1, '洪錦魁', 80, 95, 88, 263, 87.7, 5]
最後成績單
[1, '洪錦魁', 80, 95, 88, 263, 87.7, 5]
[2, '洪冰儒', 98, 97, 96, 291, 97.0, 1]
[3, '洪雨星', 91, 93, 95, 279, 93.0, 2]
[4, '洪冰雨', 92, 94, 90, 276, 92.0, 4]
[5, '洪星宇', 92, 97, 90, 279, 93.0, 3]
```

很明顯洪星宇與洪雨星總分相同，但是洪星宇的座號比較後面造成名次是第 3 名，相同成績的洪雨星是第 2 名。要解決這類的問題，有 2 個方法，一是在填入名次時檢查分數是否和前一個分數相同，如果相同則採用前一個序列的名次。另一個方法是在填入名次後我們必須增加一個迴圈，檢查是否有成績總分相同，相當於每個總分與前一個總分做比較，如果與前一個總分相同，必須將名次調整與前一個元素名次相同，這將是讀者的習題。

7-6-3 計算圓周率

在第 2 章的習題 7 筆者有說明計算圓周率的知識，筆者使用了萊布尼茲公式，當時筆者也說明了此級數收斂速度很慢，這一節我們將用迴圈處理這類的問題。我們可以用下列公式說明萊布尼茲公式：

$$pi = 4(1 - \frac{1}{3} + \frac{1}{5} - \frac{1}{7} + \cdots + \frac{(-1)^{i+1}}{2i-1})$$

程式實例 ch7_41.py：使用萊布尼茲公式計算圓周率，這個程式會計算到 1 百萬次，同時每 10 萬次列出一次圓周率的計算結果。

```
1  # ch7_41.py
2  x = 1000000
3  pi = 0
4  for i in range(1,x+1):
5      pi += 4*((-1)**(i+1) / (2*i-1))
6      if i % 100000 == 0:          # 隔100000執行一次
7          print(f"當 {i : :7d} 時 PI = {pi:20.19f}")
```

執行結果

```
==================== RESTART: D:\Python\ch7\ch7_41.py ====================
當 i =  100000 時 PI = 3.1415826535897197758
當 i =  200000 時 PI = 3.1415876535897617750
當 i =  300000 時 PI = 3.1415893202564642017
當 i =  400000 時 PI = 3.1415901535897439167
當 i =  500000 時 PI = 3.1415906535896920282
當 i =  600000 時 PI = 3.1415909869230147500
當 i =  700000 時 PI = 3.1415912250182609355
當 i =  800000 時 PI = 3.1415914035897172241
當 i =  900000 時 PI = 3.1415915424786509114
當 i = 1000000 時 PI = 3.1415916535897743245
```

從上述可以得到當迴圈到 40 萬次後，此圓周率才進入我們熟知的 3.14159xx。

7-6-4 國王的麥粒

程式實例 ch7_42.py：古印度有一個國王很愛下棋，打片全國無敵手，昭告天下只要能打贏他，即可以協助此人完成一個願望。有一位大臣提出挑戰，結果國王真的輸了，國王也願意信守承諾，滿足此位大臣的願望。結果此位大臣提出想要麥粒：

第 1 個棋盤格子要 1 粒 ---- 其實相當於 2^0

第 2 個棋盤格子要 2 粒 ---- 其實相當於 2^1

第 3 個棋盤格子要 4 粒 ---- 其實相當於 2^2

第 4 個棋盤格子要 8 粒 ---- 其實相當於 2^3

第 5 個棋盤格子要 16 粒 ---- 其實相當於 2^4

....

第 64 個棋盤格子要 xx 粒 ---- 其實相當於 2^{63}

國王聽完哈哈大笑的同意了，管糧的大臣一聽大驚失色，不過也想出一個辦法，要贏棋的大臣自行到糧倉計算麥粒和運送，結果國王沒有失信天下，贏棋的大臣無法取走天文數字的所有麥粒，這個程式會計算到底這位大臣要取走多少麥粒。

```python
1   # ch7_42.py
2   sum = 0
3   for i in range(64):
4       if i == 0:
5           wheat = 1
6       else:
7           wheat = 2 ** i
8       sum += wheat
9   print(f'麥粒總共 = {sum}')
```

執行結果
```
===================== RESTART: D:\Python\ch7\ch7_42.py =====================
麥粒總共 = 18446744073709551615
```

7-6-5 電影院劃位系統設計

程式實例 ch7_43.py：設計電影院劃位系統，這個程式會先輸出目前座位表，然後可以要求輸入座位，最後輸出座位表。

```python
1   # ch7_43.py
2   print("電影院劃位系統")
3   sc = [[' ', ' 1', ' 2', ' 3', ' 4'],
4         ['A', '口','口','口','口'],
5         ['B', '■','口','口','口'],
6         ['C', '口','■','■','口'],
7         ['D', '口','口','口','口'],
8        ]
```

```
 9   for seatrow in sc:              # 輸出目前座位表
10       for seat in seatrow:
11           print(seat, end=' ')
12       print()
13   row = input("請輸入 A - D 排 : ")
14   r = int(row,16) - 9
15   col = int(input("請輸入 1 - 4 號 : "))
16   sc[r][col] = '■'
17   print("="*60)
18   for seatrow in sc:              # 輸出最後座位表
19       for seat in seatrow:
20           print(seat, end=' ')
21       print()
```

執行結果

```
================= RESTART: D:\Python\ch7\ch7_43.py =================
電影院劃位系統
   1  2  3  4
A □ □ □ □
B ■ ■ □ □
C ■ ■ □ □
D □ □ □ □
請輸入 A - D 排 : A
請輸入 1 - 4 號 : 2
============================================================
   1  2  3  4
A □ ■ □ □
B ■ ■ □ □
C ■ ■ □ □
D □ □ □ □
```

7-6-6　Fibonacci 數列

　　Fibonacci 數列的起源最早可以追溯到 1150 年印度數學家 Gopala，在西方最早研究這個數列的是費波納茲李奧納多 (Leonardo Fibonacci)，費波納茲李奧納多是義大利的數學家 (約 1170 – 1250)，出生在比薩，為了計算兔子成長率的問題，求出各代兔子的個數可形成一個數列，此數列就是費波納茲 (Fibonacci) 數列，他描述兔子生長的數目時的內容如下：

　　1：最初有一對剛出生的小兔子。

　　2：小兔子一個月後可以成為成兔。

　　3：一對成兔每個月後可以生育一對小兔子。

　　4：兔子永不死去。

　　下列是上述兔子繁殖的圖例說明。

後來人們將此兔子繁殖數列稱費式數列，經過上述解說，可以得到費式數列數字的規則如下：

1： 此數列的第一個值是 0，第二個值是 1，如下所示：

    fib[0] = 0
    fib[1] = 1

2： 其它值則是前二個數列值的總和

    fib[n] = fib[n-1] + fib[n-2]，for n >= 2

最後費式數列值應該是 0, 1, 1, 2, 3, 5, 8, 13, 21, 34, …

程式實例 ch7_44.py：用迴圈產生前 0～9 的費式數列數字。

```
1   # ch7_44.py
2   fib = []
3   n = 9
4   fib.append(0)                       # fib[0] = 0
5   fib.append(1)                       # fib[1] = 1
6   for i in range(2,n+1):
7       f = fib[i-1] + fib[i-2]         # fib[i] = fib[i-1]+fib[i-2]
8       fib.append(f)                   # 加入費式數列
9   for i in range(n+1):
10      print(fib[i], end=', ')         # 輸出費式數列
```

執行結果
```
==================== RESTART: D:\Python\ch7\ch7_44.py ====================
0, 1, 1, 2, 3, 5, 8, 13, 21, 34,
```

第 7 章　迴圈設計 - 自動化流程與效能提升

第 8 章
元組 (Tuple) 的妙用
不可變結構的高效應用

8-1　元組的定義

8-2　讀取元組元素

8-3　遍歷所有元組元素

8-4　修改元組內容產生錯誤的實例

8-5　元組切片 (tuple slices)

8-6　方法與函數

8-7　串列與元組資料互換

8-8　其它常用的元組方法

8-9　enumerate 物件使用在元組

8-10　使用 zip( ) 打包多個串列

8-11　生成式 (generator)

8-12　製作大型的串列資料

8-13　元組的功能

8-14　專題 - 認識元組 / 打包與解包 /bytes 與 bytearray

第 8 章　元組 (Tuple) 的妙用 - 不可變結構的高效應用

在大型的商業或遊戲網站設計中，串列 (list) 是非常重要的資料型態，因為記錄各種等級客戶、遊戲角色 … 等，皆需要使用串列，串列資料可以隨時變動更新。Python 提供另一種資料型態稱元組 (tuple)，這種資料型態結構與串列完全相同，元組與串列最大的差異是，它的元素值與元素個數不可更動，有時又可稱不可改變的串列，這也是本章的主題。

8-1 元組的定義

串列在定義時是將元素放在中括號內，元組的定義則是將元素放在小括號 "( )" 內，下列是元組的語法格式。

   mytuple = (元素 1, … , 元素 n,)　　　　　　# mytuple 是假設的元組名稱

基本上元組的每一筆資料稱元素，元素可以是整數、字串或串列 … 等，這些元素放在小括號 ( ) 內，彼此用逗號 "," 隔開，最右邊的元素 n 的 "," 可有可無。如果要列印元組內容，可以使用 print( ) 函數，將元組名稱當作變數名稱即可。

如果元組內的元素只有一個，在定義時需在元素右邊加上逗號「,」。

   mytuple = (元素 1,)　　　　　　　　　　　　# 只有一個元素的元組

程式實例 ch8_1.py：定義與列印元組，最後使用 type( ) 列出元組資料型態。

```
1  # ch8_1.py
2  numbers1 = (1, 2, 3, 4, 5)         # 定義元組元素是整數
3  fruits = ('apple', 'orange')       # 定義元組元素是字串
4  mixed = ('James', 50)              # 定義元組元素是不同型態資料
5  val_tuple = (10,)                  # 只有一個元素的元祖
6  print(numbers1)
7  print(fruits)
8  print(mixed)
9  print(val_tuple)
10 # 列出元組資料型態
11 print("元組mixed資料型態是: ",type(mixed))
```

執行結果
```
==================== RESTART: D:/Python/ch8/ch8_1.py ====================
(1, 2, 3, 4, 5)
('apple', 'orange')
('James', 50)
(10,)
元組mixed資料型態是:  <class 'tuple'>
```

另外一個簡便建立元組有多個元素的方法是，用等號「=」，右邊有一系列元素，元素彼此用逗號隔開。

實例 1：簡便建立元組的方法。

```
>>> x = 5, 6
>>> type(x)
<class 'tuple'>
>>> x
(5, 6)
```

8-2 讀取元組元素

定義元組時是使用小括號「( )」，如果想要讀取元組內容和串列是一樣的用中括號「[ ]」。在 Python 中元組元素和串列一樣是從索引值 0 開始配置。所以如果是元組的第一筆元素，索引值是 0，第二筆元素索引值是 1，其他依此類推，如下所示：

mytuple[i]   # 讀取索引 i 的元組元素

程式實例 ch8_2.py：讀取元組元素，與一次指定多個變數值的應用。

```
1  # ch8_2.py
2  numbers1 = (1, 2, 3, 4, 5)      # 定義元組元素是整數
3  fruits = ('apple', 'orange')    # 定義元組元素是字串
4  val_tuple = (10,)               # 只有一個元素的元祖
5  print(numbers1[0])              # 以中括號索引值讀取元素內容
6  print(numbers1[4])
7  print(fruits[0],fruits[1])
8  print(val_tuple[0])
9  x, y = ('apple', 'orange')
10 print(x,y)
11 x, y = fruits
12 print(x,y)
```

執行結果
```
==================== RESTART: D:\Python\ch8\ch8_2.py ====================
1
5
apple orange
10
apple orange
apple orange
```

8-3 遍歷所有元組元素

在 Python 可以使用 for 迴圈遍歷所有元組元素，用法與串列相同。

程式實例 ch8_3.py：假設元組是由字串和數值組成，這個程式會列出元組所有元素內容。

```
1  # ch8_3.py
2  keys = ('magic', 'xaab', 9099)  # 定義元組元素是字串與數字
3  for key in keys:
4      print(key)
```

執行結果
```
================== RESTART: D:/Python/ch8/ch8_3.py ==================
magic
xaab
9099
```

8-4 修改元組內容產生錯誤的實例

元組元素內容是不可更改的，下列是嘗試更改元組元素內容的錯誤實例。

```
>>> fruits = ("apple", "orange")
>>> print(fruits[0])
apple
>>> fruits[0] = "watermelon"
Traceback (most recent call last):
  File "<pyshell#6>", line 1, in <module>
    fruits[0] = "watermelon"
TypeError: 'tuple' object does not support item assignment
>>>
```

上述出現錯誤訊息，指出「TypeError 指出 tuple 物件不支援賦值」，相當於不可更改它的元素值。

8-5 元組切片 (tuple slices)

元組切片觀念與 6-1-3 節串列切片觀念相同，下列將直接用程式實例說明。

程式實例 ch8_4.py：元組切片的應用。

```
1   # ch8_4.py
2   fruits = ('apple', 'orange', 'banana', 'watermelon', 'grape')
3   print(fruits[1:3])
4   print(fruits[:2])
5   print(fruits[1:])
6   print(fruits[-2:])
7   print(fruits[0:5:2])
```

執行結果
```
==================== RESTART: D:\Python\ch8\ch8_4.py ====================
('orange', 'banana')
('apple', 'orange')
('orange', 'banana', 'watermelon', 'grape')
('watermelon', 'grape')
('apple', 'banana', 'grape')
```

8-6 方法與函數

應用在串列上的方法或函數如果不會更改元組內容,則可以將它應用在元組,例如:len( )、index( ) 和 count( )。如果會更改元組內容,則不可以將它應用在元組,例如:append( )、insert( ) 或 pop( )。

程式實例 ch8_5.py:列出元組元素長度 (個數)、元素索引位置和出現次數。

```
1  # ch8_5.py
2  fruits = ("apple", "banana", "cherry", "date", "cherry")
3  print(f"fruits 元組長度是 {len(fruits)}")      # 輸出 5
4
5  index = fruits.index("cherry")
6  print(f"cherry 索引位置是 {index}")            # 輸出 2
7
8  cherry_count = fruits.count("cherry")
9  print(f"cherry 出現次數是 {cherry_count}")     # 輸出 2
```

執行結果
```
================== RESTART: D:\Python\ch8\ch8_5.py ==================
fruits 元組長度是 5
cherry 索引位置是 2
cherry 出現次數是 2
```

8-7 串列與元組資料互換

程式設計過程,也許會有需要將其他資料型態轉成串列 (list) 與元組 (tuple),或是串列與元組資料型態互換,可以使用下列指令。

list(data):將元組或其他資料型態改為串列。

tuple(data):將串列或其他資料型態改為元組

程式實例 ch8_6.py:將元組改為串列,然後增加元素測試。

```
1  # ch8_6.py
2  keys = ('magic', 'xaab', 9099)    # 定義元組元素是字串與數字
3  list_keys = list(keys)            # 將元組改為串列
4  list_keys.append('secret')        # 增加元素
5  print("列印元組", keys)
6  print("列印串列", list_keys)
```

執行結果
```
================== RESTART: D:\Python\ch8\ch8_6.py ==================
列印元組 ('magic', 'xaab', 9099)
列印串列 ['magic', 'xaab', 9099, 'secret']
```

上述第 4 列由於 list_keys 已經是串列,所以可以使用 append( ) 方法。

第 8 章　元組 (Tuple) 的妙用 - 不可變結構的高效應用

8-8　其它常用的元組方法

方法	說明
max(tuple)	獲得元組內容最大值
min(tuple)	獲得元組內容最小值

程式實例 ch8_7.py：元組內建方法 max( )、min( ) 的應用。

```
1   # ch8_7.py
2   tup = (1, 3, 5, 7, 9)
3   print("tup最大值是", max(tup))
4   print("tup最小值是", min(tup))
```

執行結果
```
==================== RESTART: D:\Python\ch8\ch8_7.py ====================
tup最大值是 9
tup最小值是 1
```

8-9　enumerate 物件使用在元組

　　在 6-12 與 7-5 節皆已有說明 enumerate( ) 的用法，有一點筆者當時沒有提到，當我們將 enumerate( ) 方法產生的 enumerate 物件轉成串列時，其實此串列的配對元素是元組，在此筆者直接以實例解說。

程式實例 ch8_8.py：測試 enumerate 物件轉成串列後，原先的元素變成元組資料型態。

```
1   # ch8_8.py
2   drinks = ["coffee", "tea", "wine"]
3   enumerate_drinks = enumerate(drinks)              # 數值初始是0
4   lst = list(enumerate_drinks)
5   print("轉成串列輸出, 初始索引值是 0 = ", lst)
6   print(type(lst[0]))
```

執行結果
```
==================== RESTART: D:\Python\ch8\ch8_8.py ====================
轉成串列輸出, 初始索引值是 0 =  [(0, 'coffee'), (1, 'tea'), (2, 'wine')]
<class 'tuple'>
```

程式實例 8_9.py：分別將元組轉成初始索引值是 0 和 10 的 enumerate 物件，然後解析此物件。

```
1   # ch8_9.py
2   drinks = ("coffee", "tea", "wine")
3   # 解析enumerate物件
4   for drink in enumerate(drinks):                   # 數值初始是0
5       print(drink)
6   for count, drink in enumerate(drinks):
```

8-6

```
7        print(count, drink)
8    print("****************")
9    # 解析enumerate物件
10   for drink in enumerate(drinks, 10):          # 數值初始是10
11       print(drink)
12   for count, drink in enumerate(drinks, 10):
13       print(count, drink)
```

執行結果
```
===================== RESTART: D:\Python\ch8\ch8_9.py =====================
(0, 'coffee')
(1, 'tea')
(2, 'wine')
0 coffee
1 tea
2 wine
****************
(10, 'coffee')
(11, 'tea')
(12, 'wine')
10 coffee
11 tea
12 wine
```

8-10　使用 zip( ) 打包多個物件

　　這是一個內建函數，參數內容主要是 2 個或更多個可迭代 (iterable) 的物件，如果有存在多個物件 (例如：串列或元組)，可以用 zip( ) 將多個物件打包成 zip 物件，然後未來視需要將此 zip 物件轉成串列 (使用 list( )) 或元組 (使用 tuple( ))。不過讀者要知道，這時物件的元素將是元組。

程式實例 ch8_10.py：zip( ) 的應用。

```
1   # ch8_10.py
2   fields = ['Name', 'Age', 'Hometown']
3   info = ['Peter', '30', 'Chicago']
4   zipData = zip(fields, info)              # 執行zip
5   print(type(zipData))                     # 列印zip資料類型
6   player = list(zipData)                   # 將zip資料轉成串列
7   print(player)                            # 列印串列
```

執行結果
```
===================== RESTART: D:\Python\ch8\ch8_10.py =====================
<class 'zip'>
[('Name', 'Peter'), ('Age', '30'), ('Hometown', 'Chicago')]
```

　　如果放在 zip( ) 函數的串列參數，長度不相等，由於多出的元素無法匹配，轉成串列物件後 zip 物件元素數量將是較短的數量。

第 8 章　元組 (Tuple) 的妙用 - 不可變結構的高效應用

程式實例 ch8_11.py：重新設計 ch8_10.py，fields 串列元素數量個數是 3 個，info 串列數量元素個數只有 2 個，最後 zip 物件元素數量是 2 個。

```
1   # ch8_11.py
2   fields = ['Name', 'Age', 'Hometown']
3   info = ['Peter', '30']
4   zipData = zip(fields, info)         # 執行zip
5   print(type(zipData))                # 列印zip資料類型
6   player = list(zipData)              # 將zip資料轉成串列
7   print(player)                       # 列印串列
```

執行結果
```
==================== RESTART: D:\Python\ch8\ch8_11.py ====================
<class 'zip'>
[('Name', 'Peter'), ('Age', '30')]
```

如果在 zip( ) 函數內增加 "*" 符號，相當於可以 unzip( ) 串列。

程式實例 ch8_12.py：擴充設計 ch8_10.py，恢復 zip 前的串列。

```
1   # ch8_12.py
2   fields = ['Name', 'Age', 'Hometown']
3   info = ['Peter', '30', 'Chicago']
4   zipData = zip(fields, info)         # 執行zip
5   print(type(zipData))                # 列印zip資料類型
6   player = list(zipData)              # 將zip資料轉成串列
7   print(player)                       # 列印串列
8
9   f, i = zip(*player)                 # 執行unzip
10  print("fields = ", f)
11  print("info   = ", i)
```

執行結果
```
==================== RESTART: D:\Python\ch8\ch8_12.py ====================
<class 'zip'>
[('Name', 'Peter'), ('Age', '30'), ('Hometown', 'Chicago')]
fields =  ('Name', 'Age', 'Hometown')
info   =  ('Peter', '30', 'Chicago')
```

上述實例 zip( ) 函數內的參數是串列，其實參數也可以是元組或是混合不同的資料型態，甚至是 3 個或更多個資料。下列是將 zip( ) 應用在 3 個元組的實例。

```
>>> x1 = (1,2,3)
>>> x2 = (4,5,6)
>>> x3 = (7,8,9)
>>> a = zip(x1,x2,x3)
>>> tuple(a)
((1, 4, 7), (2, 5, 8), (3, 6, 9))
```

8-11 生成式 (generator)

在 7-2-6 和 7-2-7 節有說明串列生成式，當時的語法是左右兩邊是中括號「[」、「]」，讀者可能會想是否可以用小括號「(」、「)」，就可以產生元組生成式 (tuple generator)，此時語法如下：

    num = (n for n in range(6))

其實上述並不是產生元組生成式，而是產生生成式 (generator) 物件，這是一個可迭代物件，你可以用迭代方式取出內容，也可以用 list( ) 將此生成式變為串列，或是用 tuple( ) 將此生成式變為元組，但是只能使用一次，因為這個生成式物件不會記住所擁有的內容，如果想要第 2 次使用，將得到空串列。

實例 1：建立生成式，同時用迭代輸出。

```
>>> x = (n for n in range(3))
>>> type(x)
<class 'generator'>
>>> for n in x:
        print(n)

0
1
2
```

實例 2：建立生成式，同時轉成串列，第二次轉成元組，結果元組內容是空的。

```
>>> x = (n for n in range(3))
>>> xlst = list(x)
>>> print(xlst)
[0, 1, 2]
>>> xtup = tuple(x)
>>> print(xtup)
()
```

實例 3：建立生成式，同時轉成元組，第二次轉成串列，結果串列內容是空的。

```
>>> x = (n for n in range(3))
>>> xtup = tuple(x)
>>> print(xtup)
(0, 1, 2)
>>> xlst = list(x)
>>> print(xlst)
[]
```

8-12 製作大型的串列資料

有時我們想要製作更大型的串列資料結構，串列的元素是元組，可以參考下列實例。

實例 1：串列的元素是元組。

```
>>> asia = ('Beijing', 'HongKong', 'Tokyo')          ← 建立元組方法1
>>> usa = ('Chicago', 'New York', 'Hawaii', 'Los Angeles')
>>> europe = 'Paris', 'London', 'Zurich'             ← 建立元組方法2
>>> type(asia)
<class 'tuple'>
>>> type(europe)
<class 'tuple'>
>>> world = [asia, usa, europe]                       ← 建立串列
>>> type(world)
<class 'list'>
>>> world
[('Beijing', 'HongKong', 'Tokyo'), ('Chicago', 'New York', 'Hawaii', 'Los Angeles'), ('Paris', 'London', 'Zurich')]
```

8-13 元組的功能

讀者也許好奇，元組的資料結構與串列相同，但是元組有不可更改元素內容的限制，為何 Python 要有類似但功能卻受限的資料結構存在？原因是元組有下列優點。

❏ 可以更安全的保護資料

程式設計中可能會碰上有些資料是永遠不會改變的事實，將它儲存在元組 (tuple) 內，可以安全地被保護。例如：影像處理時物件的長、寬或每一像素的色彩資料，很多都是以元組為資料類型。

❏ 增加程式執行速度

元組 (tuple) 結構比串列 (list) 簡單，佔用較少的系統資源，程式執行時速度比較快。

當瞭解了上述元組的優點後，其實未來設計程式時，如果確定資料可以不更改，就儘量使用元組資料類型吧！下列是元組的可能應用，部分語法尚未介紹，讀者可以參考即可：

❏ 字串格式化

```
# 使用元組來格式化字串
name = "Alice"
age = 25
info = "Name: %s, Age: %d" % (name, age)
print(info)            # 輸出: Name: Alice, Age: 25
```

❏ 儲存不可變的數據集

```python
# 定義一個元組來存儲一個不可變的數據集
# 圓周率 π，自然常數 e，黃金比例Golden Ratio的近似值 φ (phi)
constants = (3.14159, 2.71828, 1.61803)     #
print(constants)              # 輸出: (3.14159, 2.71828, 1.61803)
```

❏ 儲存大量座標數據

```python
# 假設有一個串列，每個元素是一個座標點
coordinates_list = [(x, y) for x in range(100) for y in range(100)]

# 轉換成元組以保護數據不被修改
coordinates_tuple = tuple(coordinates_list)
print(coordinates_tuple[:5])                # 輸出前 5 個座標點
```

❏ 函數返回多個值

```python
# 定義一個函數，返回多個值，使用格式是元組
def get_min_max(numbers):
    return min(numbers), max(numbers)

numbers = [5, 1, 9, 3, 7, 6]
min_value, max_value = get_min_max(numbers)
print(f'Min: {min_value}, Max: {max_value}')    # 輸出: Min: 1, Max: 9
```

❏ 字典的項目

```python
# 使用元組作為字典的鍵或值
coordinate_data = {
    (35.6895, 139.6917): 'Tokyo',
    (34.0522, -118.2437): 'Los Angeles',
    (40.7128, -74.0060): 'New York'
}
print(coordinate_data)   # 輸出座標和相應的城市名
```

8-14 專題-認識元組/打包與解包/bytes與bytearray

8-14-1 認識元組

元組由於具有安全、內容不會被竄改、資料結構單純、執行速度快等優點，所以，程式設計師喜歡將設計程式所保留的資料以元組儲存。

在 2-8 節和 3-7-1 節筆者有介紹使用 divmod( ) 函數，我們知道這個函數的傳回值是商和餘數，當時筆者用下列公式表達這個函數的用法。

商 , 餘數 = divmod(被除數 , 除數)   # 函數方法

更嚴格說，divmod( ) 的傳回值是元組，所以我們可以使用元組解包 (tuple unpacking) 方式取得商和餘數，註：下一小節會解釋元組解包。

程式實例 ch8_13.py：使用元組觀念重新設計 ch3_18.py，計算地球到月球的時間。

```
1  # ch8_13.py
2  dist = 384400             # 地球到月亮距離
3  speed = 1225              # 馬赫速度每小時1225公里
4  total_hours = dist // speed   # 計算小時數
5  data = divmod(total_hours, 24)  # 商和餘數
6  print("divmod傳回的資料型態是 : ", type(data))
7  print(f"總共需要 {data[0]} 天")
8  print(f"{data[1]} 小時")
```

執行結果
```
================== RESTART: D:\Python\ch8\ch8_13.py ==================
divmod傳回的資料型態是 :  <class 'tuple'>
總共需要 13 天
1 小時
```

從上述第 6 列的執行結果可以看到傳回值 data 的資料型態是元組 tuple。若是我們再看 divmod( ) 函數公式，可以得到第一個參數「商」相當於是索引 0 的元素，第二個參數「餘數」相當於是索引 1 的元素。

8-14-2　多重指定、打包與解包

在前面章節筆者已經說明多重指定，也有實例說明多重指定應用在元組，在程式開發的專業術語我們可以將串列、元組、字典、集合 … 等稱容器，在多重指定中，等號左右 2 邊也可以是容器，只要它們的結構相同即可。有一個指令如下：

　　x, y = (10, 20)

這在專業程式設計的術語稱元組解包 (tuple unpacking)，然後將元素內容設定給對應的變數。在 6-1-11 筆者有說明下列實例：

　　a, b, *c = 1,2,3,4,5

上述我們稱多的 3,4,5 將打包 (packing) 成串列給 c。

在多重指定中等號兩邊可以是容器，可參考下列實例。

實例 1：等號兩邊是容器的應用。
```
>>> [a, b, c] = (1, 2, 3)
>>> print(a, b, c)
1 2 3
```

上述並不是更改將 1, 2, 3 設定給串列造成更改串列內容，而是將兩邊都解包，所以可以得到 a, b, c 分別是 1, 2, 3。Python 處理解包時，也可以將此解包應用在多維度的容器，只要兩邊容器的結構相同即可。

實例 2：解包多維度的容器。

```
>>> [a, [b, c]] = (1, (2, 3))
>>> print(a, b, c)
1 2 3
```

容器的解包主要是可以在程式設計時避免多重索引造成程式閱讀困難，我們可以用更容易了解方式閱讀程式。

```
>>> x = ('Tom', (90, 95))
>>> print('name='+ str(x[0]) + ' math=' + str(x[1][0]) + ' eng=' + str(x[1][1]))
name=Tom math=90 eng=95
```

上述由索引了解成績是複雜的，若是改用下列方式將簡潔許多。

```
>>> (name, (math, eng)) = ('Tom', (90, 95))
>>> print('name='+ name + ' math=' + str(math) + ' eng=' + str(eng))
name=Tom math=90 eng=95
```

程式實例 ch8_14.py：for 迴圈解包物件的應用。

```
1   # ch8_14.py
2   fields = ['台北', '台中', '高雄']
3   info = [80000, 50000, 60000]
4   zipData = zip(fields, info)              # 執行zip
5   sold_info = tuple(zipData)               # 將zip資料轉成元組
6   for city, sales in sold_info:
7       print(f'{city} 銷售金額是 {sales}')
```

執行結果

```
==================== RESTART: D:\Python\ch8\ch8_14.py ====================
台北 銷售金額是 80000
台中 銷售金額是 50000
高雄 銷售金額是 60000
```

8-14-3 再談 bytes 與 bytearray

在 3-6 節筆者有介紹 bytes 資料，其實這是二進制的資料格式，使用 8 位元儲存整數序列。更進一步說二進制資料格式有 bytes 和 bytearray 等 2 種：

bytes：內容是不可變，可以想成是元組，可以使用 bytes( ) 將串列內容轉成 bytes 資料。

實例 1：將串列 [1, 3, 5, 255] 或是元組 (1, 3, 5, 255) 轉成 bytes 資料。

```
>>> x = [1, 3, 5, 255]                    >>> x = (1, 3, 5, 255)
>>> x_bytes = bytes(x)                    >>> x_bytes = bytes(x)
>>> x_bytes                               >>> x_bytes
b'\x01\x03\x05\xff'                       b'\x01\x03\x05\xff'
```

下列是先顯示 x_bytes[0] 的內容，然後嘗試更改 x_bytes[0] 資料造成錯誤。

```
>>> x_bytes[0]
1
>>> x_bytes[0] = 50
Traceback (most recent call last):
  File "<pyshell#11>", line 1, in <module>
    x_bytes[0] = 50
TypeError: 'bytes' object does not support item assignment
```

bytearray：內容是可變，可以想成是串列，可以使用 bytearray( ) 將串列內容轉成 bytearray 資料。

實例 2：將串列 [1, 3, 5, 255] 或是元組 (1, 3, 5, 255) 轉成 bytearray 資料。

```
>>> x = [1, 3, 5, 255]                    >>> x = (1, 3, 5, 255)
>>> x_bytearray = bytearray(x)            >>> x_bytearray = bytearray(x)
>>> x_bytearray                           >>> x_bytearray
bytearray(b'\x01\x03\x05\xff')            bytearray(b'\x01\x03\x05\xff')
```

下列是先顯示 x_bytearray[0] 的內容，然後嘗試更改 x_bytearray[0] 資料成功。

```
>>> x_bytearray[0]
1
>>> x_bytearray[0] = 50
>>> x_bytearray[0]
50
```

8-14-4　match-case 應用在序列

5-7 節筆者介紹了 match-case 觀念，此指令也可以直接對序列型態（例如：tuple、list）進行解構，非常方便，本節將直接用實例解說。

程式實例 ch8_15.py：match-case 應用在元組，解析座標點的實例。

```
 1  # ch8_15.py
 2  point = (3, 0)
 3
 4  match point:
 5      case (0, 0):
 6          print("原點位置")
 7      case (x, 0):
 8          print(f"在 X 軸上, X 座標是{x}")
 9      case (0, y):
10          print(f"在 Y 軸上, Y 座標是{y}")
11      case (x, y):
12          print(f"一般座標點, X座標是{x}, Y座標是{y}")
13      case _:
14          print("無效點")
```

執行結果

```
================== RESTART: D:/Python/ch8/ch8_15.py ==================
在 X 軸上, X 座標是3
```

在上述範例中，match-case 直接將點的座標自動分解並取得 x 與 y 的值。

第 9 章
字典 (Dict)
鍵值對資料的靈活運用

9-1 　字典基本操作

9-2 　遍歷字典

9-3 　match-case 與字典的結合

9-4 　字典內鍵的值是串列

9-5 　字典內鍵的值是字典

9-6 　字典常用的函數和方法

9-7 　專題 - 文件分析 / 字典生成式 / 星座 / 凱薩密碼 / 摩斯密碼

第 9 章　字典 (Dict) - 鍵值對資料的靈活運用

　　串列 (list) 與元組 (tuple) 是依序排列可稱是序列資料結構，只要知道元素的特定位置，即可使用索引觀念取得元素內容。這一章的重點是介紹字典 (dict)，它並不是依序排列的資料結構，通常可稱是非序列資料結構，所以無法使用類似串列的索引 [0, 1, … n] 觀念取得元素內容。

9-1　字典基本操作

　　字典是一個非序列的資料結構，它的元素是用「鍵 : 值」方式配對儲存，在操作時是用鍵 (key) 取得值 (value) 的內容，在真實的應用中我們是可以將字典資料結構當作正式的字典使用，查詢鍵時，就可以列出相對應的值內容。這一節主要是講解建立、刪除、複製、合併相關函數與知識。

方法	說明	參考
pop( )	刪除指定的字典元素	9-1-7 節
popitem( )	後進先出方式刪除元素	9-1-8 節
clear( )	刪除所有字典元素	9-1-9 節
copy( )	複製字典	9-1-11 節
len( )	獲得字典元素數量	9-1-12 節
update( )	合併字典	9-1-14 節
dict( )	建立字典	9-1-15 節

9-1-1　定義字典

　　定義字典時，是將「鍵 : 值」放在大括號 "{ }" 內，字典的語法如下：

x = { 鍵 1: 值 1, … , 鍵 n: 值 n, }　　　　　　# x 是字典變數名稱

字典的鍵 (key) 一般常用的是字串或數字當作是鍵，在一個字典中不可有重複的鍵 (key) 出現。字典的值 (value) 可以是任何 Python 的資料物件，所以可以是數值、字串、串列、字典 … 等。最右邊的「鍵 n: 值 n」的「,」可有可無。

程式實例 ch9_1.py：以水果行和麵店為例定義一個字典，同時列出字典。下列字典是設定水果一斤的價格、麵一碗的價格，最後使用 type( ) 列出字典資料型態。

```
1  # ch9_1.py
2  fruits = {'西瓜':15, '香蕉':20, '水蜜桃':25}
3  noodles = {'牛肉麵':100, '肉絲麵':80, '陽春麵':60}
4  print(fruits)
5  print(noodles)
6  # 列出字典資料型態
7  print("字典fruits資料型態是: ",type(fruits))
```

執行結果

```
==================== RESTART: D:\Python\ch9\ch9_1.py ====================
{'西瓜': 15, '香蕉': 20, '水蜜桃': 25}
{'牛肉麵': 100, '肉絲麵': 80, '陽春麵': 60}
字典fruits資料型態是:  <class 'dict'>
```

9-1-2　列出字典元素的值

字典的元素是「鍵:值」配對設定，如果想要取得元素的值，可以將鍵當作是索引方式處理。例如：下列可傳回 fruits 字典水蜜桃鍵的值。

　　　fruits[' 水蜜桃 ']　　　　　　　　# 用字典變數 [' 鍵 '] 取得值

程式實例 ch9_2.py：分別列出 ch9_1.py，水果店水蜜桃一斤的價格和麵店牛肉麵一碗的價格。

```
1  # ch9_2.py
2  fruits = {'西瓜':15, '香蕉':20, '水蜜桃':25}
3  noodles = {'牛肉麵':100, '肉絲麵':80, '陽春麵':60}
4  print("水蜜桃一斤 = ", fruits['水蜜桃'], "元")
5  print("牛肉麵一碗 = ", noodles['牛肉麵'], "元")
```

執行結果

```
==================== RESTART: D:\Python\ch9\ch9_2.py ====================
水蜜桃一斤 =  25 元
牛肉麵一碗 =  100 元
```

有趣的活用「鍵:值」，如果有一字典如下：

　　　fruits = {0:' 西瓜 ', 1:' 香蕉 ', 2:' 水蜜桃 '}

上述字典鍵是整數時，也可以使用下列方式取得值：

　　　fruits[0]　　　　　# 取得鍵是 0 的值

第 9 章　字典 (Dict) - 鍵值對資料的靈活運用

程式實例 ch9_3.py：有趣列出特定鍵的值。

```
1  # ch9_3.py
2  fruits = {0:'西瓜', 1:'香蕉', 2:'水蜜桃'}
3  print(fruits[0], fruits[1], fruits[2])
```

執行結果
```
================ RESTART: D:\Python\ch9\ch9_3.py ================
西瓜 香蕉 水蜜桃
```

9-1-3　增加字典元素

可使用下列語法格式增加字典元素：

　　x[鍵] = 值　　　　　　　# x 是字典變數

程式實例 ch9_4.py：為 fruits 字典增加橘子一斤 18 元。

```
1  # ch9_4.py
2  fruits = {'西瓜':15, '香蕉':20, '水蜜桃':25}
3  fruits['橘子'] = 18
4  print(fruits)
5  print("橘子一斤 = ", fruits['橘子'], "元")
```

執行結果
```
================ RESTART: D:\Python\ch9\ch9_4.py ================
{'西瓜': 15, '香蕉': 20, '水蜜桃': 25, '橘子': 18}
橘子一斤 =  18 元
```

9-1-4　更改字典元素內容

市面上的水果價格是浮動的，如果發生價格異動可以使用本節觀念更改。

程式實例 ch9_5.py：將 fruits 字典的香蕉一斤改成 12 元。

```
1  # ch9_5.py
2  fruits = {'西瓜':15, '香蕉':20, '水蜜桃':25}
3  print("舊價格香蕉一斤 = ", fruits['香蕉'], "元")
4  fruits['香蕉'] = 12
5  print("新價格香蕉一斤 = ", fruits['香蕉'], "元")
```

執行結果
```
================ RESTART: D:\Python\ch9\ch9_5.py ================
舊價格香蕉一斤 =  20 元
新價格香蕉一斤 =  12 元
```

9-1-5　驗證元素是否存在

可以用下列語法驗證元素是否存在。

　　　　鍵 in mydict　　　　　　　# 可驗證鍵元素是否存在

程式實例 ch9_6.py：這個程式會要求輸入「鍵:值」，然後由字典的鍵判斷此元素是否在 fruits 字典，如果不在此字典則將此「鍵:值」加入字典。

```
1  # ch9_6.py
2  fruits = {'西瓜':15, '香蕉':20, '水蜜桃':25}
3  key = input("請輸入鍵(key) = ")
4  if key in fruits:
5      print(f"{key}已經在字典了")
6  else:
7      value = input("請輸入值(value) = ")
8      fruits[key] = value
9      print("新的fruits字典內容 = ", fruits)
```

執行結果
```
================== RESTART: D:\Python\ch9\ch9_6.py ==================
請輸入鍵(key) = 西瓜
西瓜已經在字典了

================== RESTART: D:\Python\ch9\ch9_6.py ==================
請輸入鍵(key) = 蘋果
請輸入值(value) = 18
新的fruits字典內容 =  {'西瓜': 15, '香蕉': 20, '水蜜桃': 25, '蘋果': '18'}
```

9-1-6 刪除字典特定元素

如果想要刪除字典的特定元素，它的語法格式如下：

　　del x[鍵]　　　# 假設 x 是字典，可刪除特定鍵的元素
　　del x　　　　　 # 假設 x 是字典，可刪除字典 x

上述刪除時，如果字典元素 (或是字典) 不存在會產生刪除錯誤，程式會異常中止，所以一般會事先使用 in 關鍵字測試元素是否在字典內。

註　筆者將在第 15 章講解程式異常中止。

程式實例 ch9_7.py：刪除 fruits 字典的西瓜元素。

```
1  # ch9_7.py
2  fruits = {'西瓜':15, '香蕉':20, '水蜜桃':25}
3  print("水果字典:", fruits)
4  fruit = input("請輸入要刪除的水果 : ")
5  if fruit in fruits:
6      del fruits[fruit]
7      print("新水果字典:", fruits)
8  else:
9      print(f"{fruit} 不在水果字典內")
```

執行結果　下列是測試「西瓜」存在然後刪除的實例。

```
================== RESTART: D:/Python/ch9/ch9_7.py ==================
水果字典: {'西瓜': 15, '香蕉': 20, '水蜜桃': 25}
請輸入要刪除的水果 : 西瓜
新水果字典: {'香蕉': 20, '水蜜桃': 25}
```

第 9 章　字典 (Dict) - 鍵值對資料的靈活運用

下列是測試「蘋果」不存在的實例。

```
==================== RESTART: D:/Python/ch9/ch9_7.py ====================
水果字典: {'西瓜': 15, '香蕉': 20, '水蜜桃': 25}
請輸入要刪除的水果 : 蘋果
蘋果 不在水果字典內
```

程式實例 ch9_8.py：刪除字典的測試，這個程式前 4 列是沒有任何問題，第 5 列嘗試列印已經被刪除的字典，所以產生錯誤，錯誤原因是沒有定義 fruits 字典。

```
1  # ch9_8.py
2  fruits = {'西瓜':15, '香蕉':20, '水蜜桃':25}
3  print("舊fruits字典內容:", fruits)
4  del fruits
5  print("新fruits字典內容:", fruits)          # 錯誤! 錯誤!
```

執行結果
```
==================== RESTART: D:/Python/ch9/ch9_8.py ====================
舊fruits字典內容: {'西瓜': 15, '香蕉': 20, '水蜜桃': 25}
Traceback (most recent call last):
  File "D:/Python/ch9/ch9_8.py", line 5, in <module>
    print("新fruits字典內容:", fruits)          # 錯誤! 錯誤!
NameError: name 'fruits' is not defined
```

上述程式設計最大的缺點是當字典不存在時，程式會有錯誤產生。函數 locals( ) 可以使用字典方式列出所有的變數，更進一步說明會在 11-8-4 節，我們可以利用 locals( ) 函數的特性，用下列方式測試變數是否存在。

　　變數 in locals( )

程式實例 ch9_8_1.py：輸入要刪除的變數，如果變數存在就刪除，如果變數不存在則輸出變數不存在。

```
1  # ch9_8_1.py
2  fruits = {'西瓜':15, '香蕉':20, '水蜜桃':25}
3  var_dict = input("請輸入要刪除的變數 : ")
4  if var_dict in locals():       # 檢查變數是否存在
5      print(f"{var_dict} 變數存在")
6      del fruits
7      print(f"刪除 {var_dict} 變數成功")
8  else:
9      print(f"{var_dict} 變數不存在")
```

執行結果　下列是測試變數存在與不存在的實例。

```
==================== RESTART: D:/Python/ch9/ch9_8_1.py ====================
請輸入要刪除的變數 : fruits
fruits 變數存在
刪除 fruits 變數成功
>>>
==================== RESTART: D:/Python/ch9/ch9_8_1.py ====================
請輸入要刪除的變數 : apple
apple 變數不存在
```

Python 有提供函數 isinstance(var, type)，可以讓我們測試 var 是否是 type 資料類型，例如：下列指令可以測試 var 變數是否是字典變數：

    isinstance(var, dict)

在上述函數使用時，var 必需是經過 eval( ) 函數轉換為正式 Python 資料類型，然後 isinstance(var, dict) 可以測試 var 是不是字典類型。

程式實例 ch9_8_2.py：我們可以擴充前一個程式，驗證變數是否存？如果變數存在，則更進一步驗證變數是不是字典，如果是字典才刪除此變數。

```
1   # ch9_8_2.py
2   fruits = {'西瓜':15, '香蕉':20, '水蜜桃':25}
3   var = input("請輸入要刪除的字典變數 ： ")
4   if var in locals():
5       var = eval(var)
6       if isinstance(var, dict):
7           print(f"'fruits' 字典變數存在")
8           del fruits
9           print(f"刪除字典變數成功")
10      else:
11          print(f"字典變數不存在")
12  else:
13      print(f"{var} 變數不存在")
```

執行結果
```
================ RESTART: D:/Python/ch9/ch9_8_2.py ================
請輸入要刪除的字典變數 ： fruits
'fruits' 字典變數存在
刪除字典變數成功
>>>
================ RESTART: D:/Python/ch9/ch9_8_2.py ================
請輸入要刪除的字典變數 ： apple
apple 變數不存在
```

9-1-7　字典的 pop( ) 方法

Python 字典的 pop() 方法也可以刪除字典內特定的元素，同時傳回所刪除元素的值，它的語法格式如下：

    ret_value = dictObj.pop(key[, default])　　　　　　　　# dictObj 是欲刪除元素的字典

上述 key 是要搜尋刪除的元素的鍵，找到時就將該元素從字典內刪除，同時將刪除鍵的值回傳。當找不到 key 時則傳回 default 設定的內容，如果沒有設定則導致 KeyError，程式異常終止。

程式實例 ch9_9.py：刪除字典元素同時可以傳回所刪除字典元素的應用。

```
1   # ch9_9.py
2   fruits = {'西瓜':15, '香蕉':20, '水蜜桃':25}
3   print("舊fruits字典內容:", fruits)
```

```
4  objKey = '西瓜'
5  value = fruits.pop(objKey)
6  print("新fruits字典內容:", fruits)
7  print("刪除內容:", objKey + ":" + str(value))
```

執行結果

```
===================== RESTART: D:\Python\ch9\ch9_9.py =====================
舊fruits字典內容: {'西瓜': 15, '香蕉': 20, '水蜜桃': 25}
新fruits字典內容: {'香蕉': 20, '水蜜桃': 25}
刪除內容: 西瓜:15
```

實例 1：所刪除的元素不存在，導致 "KeyError"，程式異常終止。

```
>>> num = {1:'a',2:'b'}
>>> value = num.pop(3)
Traceback (most recent call last):
  File "<pyshell#229>", line 1, in <module>
    value = num.pop(3)
KeyError: 3
```

實例 2：所刪除的元素不存在，列印 "does not exist" 字串。

```
>>> num = {1:'a',2:'b'}
>>> value = num.pop(3, 'does no exist')
>>> value
'does no exist'
```

9-1-8 字典的 popitem( ) 方法

Python 字典的 popitem() 方法可以用後進先出 (Last In First Out, LIFO) 刪除字典內的元素，同時傳回所刪除的元素，所傳回的是元組 (key, value)，它的語法格式如下：

　　　valueTup = dictObj.popitem()　　　　　　　# 可後進先出方式刪除字典的元素

如果字典是空的，會有錯誤異常產生。

程式實例 ch9_10.py：以後進先出方式刪除字典的元素。

```
1  # ch9_10.py
2  fruits = {'西瓜':15, '香蕉':20, '水蜜桃':25}
3  print("舊fruits字典內容:", fruits)
4  valueTup = fruits.popitem()
5  print("新fruits字典內容:", fruits)
6  print("刪除內容:", valueTup)
```

執行結果

```
===================== RESTART: D:\Python\ch9\ch9_10.py =====================
舊fruits字典內容: {'西瓜': 15, '香蕉': 20, '水蜜桃': 25}
新fruits字典內容: {'西瓜': 15, '香蕉': 20}
刪除內容: ('水蜜桃', 25)
```

9-1-9 刪除字典所有元素

Python 有提供方法 clear( ) 可以將字典的所有元素刪除，此時字典仍然存在，不過將變成空的字典。

程式實例 ch9_11.py：使用 clear( ) 方法刪除 fruits 字典的所有元素。

```
1  # ch9_11.py
2  fruits = {'西瓜':15, '香蕉':20, '水蜜桃':25}
3  print("舊fruits字典內容:", fruits)
4  fruits.clear()
5  print("新fruits字典內容:", fruits)
```

執行結果
```
==================== RESTART: D:\Python\ch9\ch9_11.py ====================
舊fruits字典內容: {'西瓜': 15, '香蕉': 20, '水蜜桃': 25}
新fruits字典內容: {}
```

9-1-10　建立一個空字典

在程式設計時，也允許先建立一個空字典，建立空字典的語法如下：

  mydict = { }　　　　　　　　　　　　　　　# mydict 是字典名稱

上述建立完成後，可以用 9-1-3 節增加字典元素的方式為空字典建立元素。

程式實例 ch9_12.py：建立 week 空字典，然後為 week 字典建立元素。

```
1  # ch9_12.py
2  week = {}            # 建立空字典
3  print("星期字典", week)
4  week['Sunday'] = '星期日'
5  week['Monday'] = '星期一'
6  print("星期字典", week)
```

執行結果
```
==================== RESTART: D:\Python\ch9\ch9_12.py ====================
星期字典 {}
星期字典 {'Sunday': '星期日', 'Monday': '星期一'}
```

9-1-11　字典的拷貝

在大型程式開發過程，也許為了要保護原先字典內容，所以常會需要將字典拷貝，此時可以使用此方法。

  new_dict = mydict.copy( )　　　　　# mydict 會被複製至 new_dict

上述所複製的字典是獨立存在新位址的字典。

程式實例 ch9_13.py：複製字典的應用，同時列出新字典所在位址，如此可以驗證新字典與舊字典是不同的字典。

```
1  # ch9_13.py
2  fruits = {'西瓜':15, '香蕉':20, '水蜜桃':25, '蘋果':18}
3  cfruits = fruits.copy( )
4  print("位址 = ", id(fruits), "  fruits元素 = ", fruits)
5  print("位址 = ", id(cfruits), "  fruits元素 = ", cfruits)
```

第 9 章　字典 (Dict) - 鍵值對資料的靈活運用

執行結果
```
================== RESTART: D:\Python\ch9\ch9_13.py ==================
位址 =  2467012697024    fruits元素 =  {'西瓜': 15, '香蕉': 20, '水蜜桃': 25, '蘋果': 18}
位址 =  2467048174208    fruits元素 =  {'西瓜': 15, '香蕉': 20, '水蜜桃': 25, '蘋果': 18}
```

9-1-12　取得字典元素數量

在串列 (list) 或元組 (tuple) 使用的方法 len( ) 也可以應用在字典，它的語法如下：

　　length = len(mydict)　　　　　　　　# 將回傳 mydict 字典的元素數量給 length

程式實例 ch9_14.py：列出空字典和一般字典的元素數量，本程式第 4 列由於是建立空字典，所以第 7 列印出元素數量是 0。

```
1  # ch9_14.py
2  fruits = {'西瓜':15, '香蕉':20, '水蜜桃':25, '蘋果':18}
3  noodles = {'牛肉麵':100, '肉絲麵':80, '陽春麵':60}
4  empty_dict = {}
5  print("fruits字典元素數量    = ", len(fruits))
6  print("noodles字典元素數量   = ", len(noodles))
7  print("empty_dict字典元素數量 = ", len(empty_dict))
```

執行結果
```
================== RESTART: D:\Python\ch9\ch9_14.py ==================
fruits字典元素數量     = 4
noodles字典元素數量    = 3
empty_dict字典元素數量 = 0
```

9-1-13　設計字典的可讀性技巧

設計大型程式的實務上，字典的元素內容很可能是由長字串所組成，碰上這類情況建議從新的一列開始安置每一個元素，如此可以大大增加字典內容的可讀性。例如，有一個 players 字典，元素是由「鍵 (球員名字): 值 (球隊名稱)」所組成。如果，我們使用傳統方式設計，將讓整個字典定義變得很複雜，如下所示：

```
players = {'Stephen Curry':'Golden State Warriors','Kevin Durant':'Golden State Warriors',
'Lebron James':'Cleveland Cavaliers','James Harden':'Houston Rockets','Paul Gasol':'San Antonio Spurs'}
```

碰上這類字典，建議是使用符合 PEP 8 的 Python 風格設計，每一列定義一筆元素，如下所示：

```
players = {'Stephen Curry':'Golden State Warriors',
           'Kevin Durant':'Golden State Warriors',
           'Lebron James':'Cleveland Cavaliers',
           'James Harden':'Houston Rockets',
           'Paul Gasol':'San Antonio Spurs'}
```

或是：

```
players = {
    'Stephen Curry':'Golden State Warriors',
    'Kevin Durant':'Golden State Warriors',
    'Lebron James':'Cleveland Cavaliers',
    'James Harden':'Houston Rockets',
    'Paul Gasol':'San Antonio Spurs',
}
```

程式實例 ch9_15.py：字典元素是長字串的應用。

```python
1   # ch9_15.py
2   players = {
3       'Stephen Curry':'Golden State Warriors',
4       'Kevin Durant':'Golden State Warriors',
5       'Lebron James':'Cleveland Cavaliers',
6       'James Harden':'Houston Rockets',
7       'Paul Gasol':'San Antonio Spurs',
8   }
9   print(f"Stephen Curry是 {players['Stephen Curry']} 的球員")
10  print(f"Kevin Durant是 {players['Kevin Durant']} 的球員")
11  print(f"Paul Gasol是 {players['Paul Gasol']} 的球員")
```

執行結果
```
====================== RESTART: D:\Python\ch9\ch9_15.py ======================
Stephen Curry是 Golden State Warriors 的球員
Kevin Durant是 Golden State Warriors 的球員
Paul Gasol是 San Antonio Spurs 的球員
```

9-1-14　合併字典 update( ) 與使用新方法

如果想要將 2 個字典合併可以使用 update( ) 方法。

程式實例 ch9_16.py：字典合併的應用，經銷商 A(dealerA) 銷售 Nissan、Toyota 和 Lexus 等 3 個品牌的車子，經銷商 B(dealerB) 銷售 BMW、Benz 等 2 個品牌的車子，設計程式當經銷商 A 併購了經銷商 B 後，列出經銷商 A 所銷售的車子。

```python
1   # ch9_16.py
2   dealerA = {1:'Nissan', 2:'Toyota', 3:'Lexus'}
3   dealerB = {11:'BMW', 12:'Benz'}
4   dealerA.update(dealerB)
5   print(dealerA)
```

執行結果
```
====================== RESTART: D:\Python\ch9\ch9_16.py ======================
{1: 'Nissan', 2: 'Toyota', 3: 'Lexus', 11: 'BMW', 12: 'Benz'}
```

在合併字典時，特別需注意的是，如果發生鍵 (key) 相同則第 2 個字典的值可以取代原先字典的值，所以設計字典合併時要特別注意。

程式實例 ch9_16_1.py：重新設計 ch9_16.py，經銷商 A 和經銷商 B 所銷售的汽車品牌發生鍵相同，造成經銷商 A 併購經銷商 B 時，原先經銷商 A 銷售的汽車品牌被覆蓋，這個程式原先經銷商 A 銷售的 Lexus 品牌將被覆蓋。

```python
1   # ch9_16_1.py
2   dealerA = {1:'Nissan', 2:'Toyota', 3:'Lexus'}
3   dealerB = {3:'BMW', 4:'Benz'}
4   dealerA.update(dealerB)
5   print(dealerA)
```

執行結果
```
===================== RESTART: D:\Python\ch9\ch9_16_1.py =====================
{1: 'Nissan', 2: 'Toyota', 3: 'BMW', 4: 'Benz'}
```

在 Python 3.5 以後的版本，合併字典新方法是使用 {**a, **b}。

實例 1：合併字典新方法。

```
>>> a = {1:'Nissan', 2:'Toyota'}
>>> b = {2:'Lexus', 3:'BMW'}
>>> {**a, **b}
{1: 'Nissan', 2: 'Lexus', 3: 'BMW'}
```

實例 2：這個觀念也可以應用在 2 個以上的字典合併。

```
>>> c = {4:'Benz'}
>>> {**a, **b, **c}
{1: 'Nissan', 2: 'Lexus', 3: 'BMW', 4: 'Benz'}
```

在 Python 3.9 以後的版本，增加了合併字典運算子「|」和更新運算子「|=」。

```
>>> dict1 = {'a': 1, 'b': 2}
>>> dict2 = {'b': 3, 'c': 4}
>>> # 使用 | 運算子合併字典, 產生新的字典
>>> merged_dict = dict1 | dict2
>>> print(merged_dict)
{'a': 1, 'b': 3, 'c': 4}
>>> # 使用 |= 更新既有字典
>>> dict1 |= dict2
>>> print(dict1)
{'a': 1, 'b': 3, 'c': 4}
>>>
```

9-1-15　dict( )

在資料處理中我們可能會碰上雙值序列的串列資料，如下所示：

[[' 日本 ',' 東京 '], [' 泰國 ',' 曼谷 '], [' 英國 ',' 倫敦 ']]

可將上述想成是普通的「[鍵 , 值]」序列，我們可以使用 dict( ) 將此序列轉成字典，其中雙值序列的第一個是鍵，第二個是值。

程式實例 ch9_16_2.py：將雙值序列的串列轉成字典。

```
1  # ch9_16_2.py
2  nation = [['日本','東京'],['泰國','曼谷'],['英國','倫敦']]
3  nationDict = dict(nation)
4  print(nationDict)
```

執行結果
```
=============== RESTART: D:\Python\ch9\ch9_16_2.py ===============
{'日本': '東京', '泰國': '曼谷', '英國': '倫敦'}
```

如果上述元素是元組 (tuple)，例如：「(' 日本 ',' 東京 ')」也可以完成相同的工作。

實例 1：將將雙值序列的串列轉成字典，其中元素是元組 (tuple)。

```
>>> x = [('a','b'), ('c','d')]
>>> y = dict(x)
>>> y
{'a': 'b', 'c': 'd'}
```

實例 2：下列是雙值序列是元組 (tuple) 的其它實例。

```
>>> x = ('ab', 'cd', 'ed')
>>> y = dict(x)
>>> y
{'a': 'b', 'c': 'd', 'e': 'd'}
```

9-1-16　再談 zip( )

在 8-11 節筆者已經說明 zip( ) 的用法，其實我們也可以使用 zip( ) 快速建立字典。

實例 1：zip( ) 應用 1。

```
>>> mydict = dict(zip('abcde', range(5)))
>>> print(mydict)
{'a': 0, 'b': 1, 'c': 2, 'd': 3, 'e': 4}
```

實例 2：zip( ) 應用 2。

```
>>> mydict = dict(zip(['a', 'b', 'c'], range(3)))
>>> print(mydict)
{'a': 0, 'b': 1, 'c': 2}
```

9-2　遍歷字典

大型程式設計中，字典用久了會產生相當數量的元素，也許是幾千筆或幾十萬筆 … 或更多。本節將使用函數，說明如何遍歷字典的「鍵」、「值」、「鍵:值」對。

9-2-1　items( ) 遍歷字典的「鍵:值」

Python 有提供方法 items( )，會回傳元組格式的「(鍵, 值)」配對元素，我們可用元組解包方式取得個別內容，例如：若是以 ch9_17.py 的 players 字典為實例，可以使用 for 迴圈加上 items( ) 方法，如下所示：

```
for name, team in players.items( ):
    print(f"姓名:{name}")
    print(f"隊名:{team}")
```

上述只要尚未完成遍歷字典，for 迴圈將持續進行，如此就可以完成遍歷字典，同時傳回所有的「鍵:值」。

程式實例 ch9_17.py：列出 players 字典所有元素，相當於所有球員資料。

```python
1  # ch9_17.py
2  players = {'Stephen Curry':'Golden State Warriors',
3             'Kevin Durant':'Golden State Warriors',
4             'Lebron James':'Cleveland Cavaliers'}
5  for name, team in players.items( ):
6      print(f"姓名:{name}")
7      print(f"隊名:{team}")
```

執行結果

```
================== RESTART: D:\Fython\ch9\ch9_17.py ==================
姓名:Stephen Curry
隊名:Golden State Warriors
姓名:Kevin Durant
隊名:Golden State Warriors
姓名:Lebron James
隊名:Cleveland Cavaliers
```

早期字典 (dict) 是一個無序的資料結構，Python 只會保持「鍵:值」不會關注元素的排列順序。但是 Python 3.7 以後，字典會保留元素插入順序。

讀者需留意 items( ) 方法所傳回其實是一個元組，我們只是使用 name, team 分別取得所傳回的元組內容，可參考下列實例。

```
>>> d = {1:'a', 2:'b'}
>>> for x in d.items():
        print(type(x))
        print(x)

<class 'tuple'>
(1, 'a')
<class 'tuple'>
(2, 'b')
```

9-2-2　keys( ) 遍歷字典的「鍵」

有時候我們不想要取得字典的值 (value)，只想要鍵 (keys)，Python 有提供方法 keys( )，可以讓我們取得字典的鍵內容，若是以 ch9_17.py 的 players 字典為實例，我們可以直接使用下方左邊的程式碼取得字典的鍵內容。

```
for name in players:        for name in players.keys():
    print(name)                 print(name)
```

此外，Python 有提供方法 keys( )，可以參考右邊程式碼的方法，讓我們取得字典的鍵內容。

程式實例 ch9_18.py：列出 players 字典所有的鍵 (keys)，此例是所有球員名字。

```python
1  # ch9_18.py
2  players = {'Stephen Curry':'Golden State Warriors',
3             'Kevin Durant':'Golden State Warriors',
```

```
4                'Lebron James':'Cleveland Cavaliers'}
5    for name in players:
6        print(name)
7        print(f"Hi! {name} 我喜歡看你在 {players[name]} 的表現")
```

執行結果
```
==================== RESTART: D:/Python/ch9/ch9_18.py ====================
Stephen Curry
Hi! Stephen Curry 我喜歡看你在 Golden State Warriors 的表現
Kevin Durant
Hi! Kevin Durant 我喜歡看你在 Golden State Warriors 的表現
Lebron James
Hi! Lebron James 我喜歡看你在 Cleveland Cavaliers 的表現
```

上述實例第 5 列改為 players.keys( ) 也可以得到一樣的結果，可參考 ch9_18_1.py。

```
5    for name in players.keys():
```

程式實例 ch9_19.py：將串列生成式應用在獲得字典的鍵。

```
1    # ch9_19.py
2    players = {'Stephen Curry':'Golden State Warriors',
3               'Kevin Durant':'Golden State Warriors',
4               'Lebron James':'Cleveland Cavaliers'}
5    keys_list = [key for key in players]
6    print(keys_list)
```

執行結果
```
==================== RESTART: D:\Python\ch9\ch9_19.py ====================
['Stephen Curry', 'Kevin Durant', 'Lebron James']
```

9-2-3 values( ) 遍歷字典的「值」

如果我們想取得字典值列表，可以將鍵變為字典的索引，若是以前面實例的 players 字典為實例，可以參考 ch9_20.py。

此外，Python 有提供方法 values( )，可以讓我們取得字典值列表，若是以前面實例的 players 字典為實例，可以參考 ch9_20_1.py。

程式實例 ch9_20.py 和 ch9_20_1.py：ch9_20.py 是省略 values ( ) 方法，這個方法 team 變成字典的索引。ch9_20_1.py 使用 values( ) 方法列出 players 字典的值列表。

```
5    for team in players:              5    for team in players.values():
6        print(players[team])          6        print(team)
```

執行結果
```
==================== RESTART: D:\Python\ch9\ch9_20.py ====================
Golden State Warriors
Golden State Warriors
Cleveland Cavaliers
```

第 9 章 字典 (Dict) - 鍵值對資料的靈活運用

9-2-4 sorted( ) 依鍵排序與遍歷字典

Python 的字典功能並不會處理排序，如果想要遍歷字典同時列出排序結果，可以使用方法 sorted( )。

程式實例 ch9_21.py：重新設計程式實例 ch9_19.py，但是名字將以排序方式列出結果，這個程式的重點是第 5 列。

```
5   for name in sorted(players):
6       print(name)
7       print(f"Hi! {name} 我喜歡看你在 {players[name]} 的表現")
```

執行結果
```
===================== RESTART: D:\Python\ch9\ch9_21.py =====================
Kevin Durant
Hi! Kevin Durant 我喜歡看你在 Golden State Warriors 的表現
Lebron James
Hi! Lebron James 我喜歡看你在 Cleveland Cavaliers 的表現
Stephen Curry
Hi! Stephen Curry 我喜歡看你在 Golden State Warriors 的表現
```

9-2-5 sorted( ) 依值排序與遍歷字典的值

在 Python 中 sorted( ) 函數可以用來對各種可迭代物件進行排序，包括字典。當使用 sorted( ) 對字典進行排序時，需要特別注意的是，sorted( ) 預設情況下僅會對字典的鍵 (key) 進行排序，返回的是一個包含已排序鍵的串列，而不是一個已排序的字典 (因為字典本身是無序的數據結構，在 Python 3.7 中雖然字典保持了插入順序，但仍然不被視為有序)。

❑ 字典依「鍵」排序回傳串列

程式實例 ch9_21_1.py：字典依據鍵排序，回傳串列。

```
1   # ch9_21_1.py
2   my_dict = {'Orange':60, 'Apple':100, 'Grape':80}
3   sorted_keys = sorted(my_dict)
4   print(f"依據 key 排序 = {sorted_keys}")
```

執行結果
```
===================== RESTART: D:\Python\ch9\ch9_21_1.py =====================
依據 key 排序 = ['Apple', 'Grape', 'Orange']
```

❑ 生成依「鍵」排序效果的新字典

如果你想要在遍歷時或以其他方式獲取一個按鍵排序的字典結構，可以結合使用 sorted( ) 和字典推導式。

9-16

程式實例 ch9_22.py：生成依鍵排序效果的新字典。

```
1   # ch9_22.py
2   my_dict = {'Orange':60, 'Apple':100, 'Grape':80}
3   sorted_dict_by_key = {k: my_dict[k] for k in sorted(my_dict)}
4   print(f"依據 key 排序的新字典 = {sorted_dict_by_key}")
```

執行結果
```
==================== RESTART: D:\Python\ch9\ch9_22.py ====================
依據 key 排序的新字典 = {'Apple': 100, 'Grape': 80, 'Orange': 60}
```

❑ **生成元素是字典的排序串列**

sorted( ) 函數可以對字典進行排序，排序結果用串列回傳，此時其語法如下：

　　sorted_list = sorted(my_dict.items( ), key=lambda x: x[n], reverse=True)

上述 my_dict 是要排序的字典，items( ) 方法用於將字典轉換為一個包含「(鍵 , 值)」配對元素的元組。key 參數是一個排序的參考鍵，lambda x: x[n] 公式，n 是配對元素的索引，如果 n 是 0 表示對 (鍵 , 值) 配對的鍵排序，如果 n 是 1 表示對 (鍵 , 值) 配對的值排序。reverse 參數表示排序的方式，如果為 True 表示降序，否則表示升序，預設是 False 表示升序。

註　未來 11-9 節筆者還會介紹 lambda 匿名函數。

此方法回傳的 sorted_list，其資料類型是串列，元素是元組，元組內有 2 個元素分別是原先字典的鍵和值。

程式實例 ch9_23.py：將水果字典分別依鍵與值排序，回傳是串列。

```
1   # ch9_23.py
2   fruits = {'Orange':60, 'Apple':100, 'Grape':80}
3   print(f"原始水果字典 : {fruits}")
4
5   # 依據字典的鍵排序的串列 -- 水果名稱
6   fruits_key = sorted(fruits.items(), key=lambda item:item[0])
7   print(f"依據字典的鍵排序的串列 : {fruits_key}")
8   print("  品項    價格")
9   for i in range(len(fruits_key)):
10      print(f"{fruits_key[i][0]:6}   {fruits_key[i][1]}")
11
12  # 依據字典的值排序的串列 -- 售價
13  fruits_value = sorted(fruits.items(), key=lambda item:item[1])
14  print(f"依據字典的值排序的串列 : {fruits_value}")
15  print("  品項    價格")
16  for i in range(len(fruits_value)):
17      print(f"{fruits_value[i][0]:6}   {fruits_value[i][1]}")
```

第 9 章　字典 (Dict) - 鍵值對資料的靈活運用

執行結果

```
================== RESTART: D:\Python\ch9\ch9_23.py ==================
原始水果字典 : {'Orange': 60, 'Apple': 100, 'Grape': 80}
依據字典的鍵排序的串列 : [('Apple', 100), ('Grape', 80), ('Orange', 60)]
品項    價格
Apple   100
Grape   80
Orange  60
依據字典的值排序的串列 : [('Orange', 60), ('Grape', 80), ('Apple', 100)]
品項    價格
Orange  60
Grape   80
Apple   100
```

❑ 生成依「值」排序效果的新字典

這時需使用字典生成式的觀念，字典生成式語法觀念如下：

　　新字典 = { 鍵運算式 : 值運算式 for 運算式 in 可迭代物件 }

下列是基本應用，假設有 2 列指令如下：

　　servers = ['Server1', 'Server2', 'Server3']
　　requests = {server:0 for server in servers}

上述相當於可以得到下列結果。

　　requests = {'Server1': 0, 'Server2': 0, 'Server3': 0}

程式實例 ch9_24.py：生成依值排序的新字典。

```
1  # ch9_24.py
2  fruits = {'Orange':60, 'Apple':100, 'Grape':80}
3
4  # 按值排序字典並創建一個新的字典
5  fruits_sort = {k: v for k, v in sorted(fruits.items(), key=lambda item: item[1])}
6  print(f"依據字典的值排序的字典 : {fruits_sort}")
```

執行結果

```
================== RESTART: D:\Python\ch9\ch9_24.py ==================
依據字典的值排序的字典 : {'Orange': 60, 'Grape': 80, 'Apple': 100}
```

上述第 5 列是字典生成式，其程式碼是由以下幾部分組成：

- {k: v ...}：這指明了新字典的結構，其中 k 代表鍵，v 代表值。這表明對於每個迭代的元素，我們將建立一個「鍵值對」，鍵為 k，值為 v。

- for k, v in ...：這是一個迭代語句，用於遍歷提供給字典生成式的可迭代物件。在這個例子中，迭代的是由 sorted( ) 函數回傳排序後的「鍵值對」串列。k, v 是元組解包，用於從每個元組中提取鍵和值。

9-18

- sorted(my_dict.items(), key=lambda item: item[1])：這是提供給迭代語句的可迭代物件，它是一個排序後的鍵值對串列，可以參考前一個實例解說。

總之這個程式碼中的字典生成式透過對原字典的「鍵值對」依值進行排序，然後為排序後的每個鍵值對建立一個新的字典項目，最終組成一個全新的字典，其實這是 Python 高手才會用的方法。

9-3 match-case 與字典的結合

9-3-1 match-case 在字典基礎應用

5-7 節筆者介紹了 match-case 的基本觀念，8-14-4 節介紹了 match-case 在序列數據的應用，我們也可以將 match-case 應用在字典結構。

程式實例 ch9_24_1.py：match-case 在字典匹配的應用。

```
1   # ch9_24_1.py
2   user = {"name": "Alice", "age": 30}
3   
4   match user:
5       case {"name": "Alice", "age": age}:
6           print(f"Alice 的年齡是 {age}")
7       case {"name": "Bob", "age": age}:
8           print(f"Bob 的年齡是 {age}")
9       case _:
10          print("未知使用者")
```

執行結果
```
==================== RESTART: D:/Python/ch9/ch9_24_1.py ====================
Alice 的年齡是 30
```

9-3-2 創意應用：AI 客服智慧回覆系統

在人工智慧客服系統中，我們常需要根據使用者的詢問，迅速提供相對應的回覆。利用 match-case 語法搭配字典資料結構，我們可以輕易地設計出一套簡單又有效的「智慧客服回覆系統」。

註　這一節的程式會使用函數設計觀念，建議可以閱讀完第 11 章，再來閱讀此創意程式。

程式實例 ch9_24_2.py：假設有一間咖啡廳推出了一個 AI 智慧客服機器人，可回答顧客的常見問題，例如詢問營業時間、特色商品、推薦餐點等等。這時候，我們可以用字典來儲存問題類型與相關資訊，並使用 match-case 快速比對顧客的詢問來給出適合的回覆。

第 9 章　字典 (Dict) - 鍵值對資料的靈活運用

```python
1   # ch9_24_2.py
2   # AI客服機器人的資料庫
3   faq_db = {
4       "營業時間": "我們營業時間為每天早上 8:00 至晚上 9:00",
5       "地址": "本店位於台北市大安區敦化南路二段 46 號",
6       "招牌商品": "我們的招牌是「經典手沖咖啡」以及「藍莓起司蛋糕」",
7       "推薦飲品": "推薦您試試我們的拿鐵咖啡，口感滑順濃郁！",
8   }
9
10  def ai_customer_service(question: str):
11      # 使用match-case判斷問題的關鍵字
12      match question:
13          case {"intent": "詢問", "type": "營業時間"}:
14              return faq_db["營業時間"]
15          case {"intent": "詢問", "type": "地址"}:
16              return faq_db["地址"]
17          case {"intent": "推薦", "category": "甜點"}:
18              return faq_db["招牌商品"]
19          case {"intent": "推薦", "category": "飲料"}:
20              return faq_db["推薦飲品"]
21          case _:
22              return "很抱歉，我不太明白您的問題，您可以換個方式再問一次嗎?"
23
24  # 模擬顧客的詢問
25  user_question_1 = {"intent": "詢問", "type": "營業時間"}
26  user_question_2 = {"intent": "推薦", "category": "甜點"}
27  user_question_3 = {"intent": "詢問", "type": "地址"}
28  user_question_4 = {"intent": "其他"}
29
30  # 回覆顧客
31  print(ai_customer_service(user_question_1))
32  print(ai_customer_service(user_question_2))
33  print(ai_customer_service(user_question_3))
34  print(ai_customer_service(user_question_4))
```

執行結果
```
====================== RESTART: D:/Python/ch9/ch9_24_2.py ======================
我們營業時間為每天早上 8:00 至晚上 9:00
我們的招牌是「經典手沖咖啡」以及「藍莓起司蛋糕」
本店位於台北市大安區敦化南路二段 46 號
很抱歉，我不太明白您的問題，您可以換個方式再問一次嗎?
```

這個程式設計說明與創意點如下：

- 巧妙結合 match-case 與字典：我們透過 match-case 的高階模式匹配功能，將顧客問題以字典形式比對，快速定位問題類型。

- 可擴充性佳：未來若有更多問題類型或答案，只需在 faq_db 中加入新項目，並簡單調整 match-case 即可，方便維護與更新。

- 易讀且具語意性：程式結構清晰明瞭，未來擴充更多情境也能輕易掌握，不僅可用於客服系統，也可延伸至智慧居家或語音助理等多種應用領域。

9-4 字典內鍵的值是串列

在 Python 的應用中也允許將串列放在字典內，這時串列將是字典某鍵的值。如果想要遍歷這類資料結構，需要使用巢狀迴圈和字典的方法 items( )，外層迴圈是取得字典的鍵，內層迴圈則是將含串列的值拆解。下列是定義 sports 字典的實例：

```
3   sports = {'Curry':['籃球', '美式足球'],
4             'Durant':['棒球'],
5             'James':['美式足球', '棒球', '籃球']}
```

上述 sports 字典內含 3 個 " 鍵 : 值 " 配對元素，其中值的部分皆是串列。程式設計時外層迴圈配合 items( ) 方法，設計如下：

```
7   for name, favorite_sport in sports.items( ):
8       print(f"{name} 喜歡的運動是： ")
```

上述設計後，鍵內容會傳給 name 變數，值內容會傳給 favorite_sport 變數，所以第 8 列將可列印鍵內容。內層迴圈主要是將 favorite_sport 串列內容拆解，它的設計如下：

```
10      for sport in favorite_sport:
11          print(f"  {sport}")
```

上述串列內容會隨迴圈傳給 sport 變數，所以第 11 列可以列出結果。

程式實例 ch9_25.py：字典內含串列元素的應用，本程式會先定義內含字串的字典，然後再拆解列印。

```
1  # ch9_25.py
2  # 建立內含字串的字典
3  sports = {'Curry':['籃球', '美式足球'],
4            'Durant':['棒球'],
5            'James':['美式足球', '棒球', '籃球']}
6  # 列印key名字 + 字串'喜歡的運動'
7  for name, favorite_sport in sports.items( ):
8      print(f"{name} 喜歡的運動是： ")
9  # 列印value,這是串列
10     for sport in favorite_sport:
11         print(f"  {sport}")
```

執行結果

```
==================== RESTART: D:\Python\ch9\ch9_25.py ====================
Curry 喜歡的運動是：
   籃球
   美式足球
Durant 喜歡的運動是：
   棒球
James 喜歡的運動是：
   美式足球
   棒球
   籃球
```

第 9 章　字典 (Dict) - 鍵值對資料的靈活運用

9-5 字典內鍵的值是字典

在 Python 的應用中也允許將字典放在字典內，這時字典將是字典某鍵的值。假設微信 (wechat_account) 帳號是用字典儲存，鍵有 2 個值是由另外字典組成，這個內部字典另有 3 個鍵，分別是 last_name、first_name 和 city，下列是設計實例。

```
 3  wechat_account = {'cshung':{
 4                              'last_name':'洪',
 5                              'first_name':'錦魁',
 6                              'city':'台北'},
 7                    'kevin':{
 8                              'last_name':'鄭',
 9                              'first_name':'義盟',
10                              'city':'北京'}}
```

至於列印方式一樣需使用 items( ) 函數，可參考下列實例。

程式實例 ch9_26.py：列出字典內含字典的內容。

```
 1  # ch9_26.py
 2  # 建立內含字典的字典
 3  wechat_account = {'cshung':{
 4                              'last_name':'洪',
 5                              'first_name':'錦魁',
 6                              'city':'台北'},
 7                    'kevin':{
 8                              'last_name':'鄭',
 9                              'first_name':'義盟',
10                              'city':'北京'}}
11  # 列印內含字典的字典
12  for account, account_info in wechat_account.items( ):
13      print("使用者帳號 = ", account)              # 列印鍵(key)
14      name = account_info['last_name'] + " " + account_info['first_name']
15      print(f"姓名        = {name}")               # 列印值(value)
16      print(f"城市        = {account_info['city']}")  # 列印值(value)
```

執行結果

```
================== RESTART: D:\Python\ch9\ch9_26.py ==================
使用者帳號 =  cshung
姓名        = 洪 錦魁
城市        = 台北
使用者帳號 =  kevin
姓名        = 鄭 義盟
城市        = 北京
```

9-6 字典常用的函數和方法

這一節主要是講解下列進階應用字典的方法。

9-6 字典常用的函數和方法

方法	說明	參考
fromkeys( )	使用序列建立字典	9-6-2 節
get( )	搜尋字典的鍵	9-6-3 節
setdefault( )	搜尋字典的鍵，如果不存在則加入此鍵	9-6-4 節

9-6-1 len( )

前面已經介紹過 len( )，這個觀念也可以應用在列出字典內的字典元素的個數。

程式實例 ch9_27.py：列出字典以及字典內的字典元素的個數。

```python
1  # ch9_27.py
2  # 建立內含字典的字典
3  wechat = {'cshung':{
4                      'last_name':'洪',
5                      'first_name':'錦魁',
6                      'city':'台北'},
7            'kevin':{
8                     'last_name':'鄭',
9                     'first_name':'義盟',
10                    'city':'北京'}}
11 # 列印字典元素個數
12 print(f"wechat字典元素個數       {len(wechat)}")
13 print(f"wechat['cshung']元素個數 {len(wechat['cshung'])}")
14 print(f"wechat['kevin']元素個數  {len(wechat['kevin'])}")
```

執行結果
```
================== RESTART: D:\Python\ch9\ch9_27.py ==================
wechat字典元素個數       2
wechat['cshung']元素個數 3
wechat['kevin']元素個數  3
```

9-6-2 fromkeys( )

這是建立字典的一個方法，它的語法格式如下：

  mydict = dict.fromkeys(seq[, value])   # 使用 seq 序列建立字典

上述會使用 seq 序列建立字典，序列內容將是字典的鍵，如果沒有設定 value 則用 none 當字典鍵的值。

程式實例 ch9_28.py：分別使用串列和元組建立字典。

```python
1  # ch9_28.py
2  # 將串列轉成字典
3  seq1 = ['name', 'city']        # 定義串列
4  list_dict1 = dict.fromkeys(seq1)
5  print(f"字典1 {list_dict1}")
6  list_dict2 = dict.fromkeys(seq1, 'Chicago')
```

9-23

```
 7  print(f"字典2 {list_dict2}")
 8  # 將元組轉成字典
 9  seq2 = ('name', 'city')           # 定義元組
10  tup_dict1 = dict.fromkeys(seq2)
11  print(f"字典3 {tup_dict1}")
12  tup_dict2 = dict.fromkeys(seq2, 'New York')
13  print(f"字典4 {tup_dict2}")
```

執行結果
```
==================== RESTART: D:\Python\ch9\ch9_28.py ====================
字典1 {'name': None, 'city': None}
字典2 {'name': 'Chicago', 'city': 'Chicago'}
字典3 {'name': None, 'city': None}
字典4 {'name': 'New York', 'city': 'New York'}
```

9-6-3　get( )

搜尋字典的鍵，如果鍵存在則傳回該鍵的值，如果不存在則傳回預設值。

　　　　ret_value = mydict.get(key[, default=none])　　　　# mydict 是欲搜尋的字典

key 是要搜尋的鍵，如果找不到 key 則傳回 default 的值 (如果沒設 default 值就傳回 none)。

程式實例 ch9_29.py：get( ) 方法的應用。

```
1  # ch9_29.py
2  fruits = {'Apple':20, 'Orange':25}
3  ret_value1 = fruits.get('Orange')
4  print(f"Value = {ret_value1}")
5  ret_value2 = fruits.get('Grape')
6  print(f"Value = {ret_value2}")
7  ret_value3 = fruits.get('Grape', 10)
8  print(f"Value = {ret_value3}")
```

執行結果
```
==================== RESTART: D:\Python\ch9\ch9_29.py ====================
Value = 25
Value = None
Value = 10
```

9-6-4　setdefault( )

這個方法基本上與 get( ) 相同，不同之處在於 get( ) 方法不會改變字典內容。使用 setdefault( ) 方法時若所搜尋的鍵不在，會將「鍵 : 值」加入字典。如果有設定預設值則將「鍵 : 預設值」加入字典，如果沒有設定預設值則將「鍵 :none」加入字典。

　　　　ret_value = mydict.setdefault(key[, default=none])　　　# mydict 是欲搜尋的字典

程式實例 ch9_30.py：setdefault( ) 方法，鍵在字典內的應用。

```
1   # ch9_30.py
2   # key在字典內
3   my_dict = {'apple': 1, 'banana': 2}
4
5   # 使用 setdefault() 獲取 'apple' 的值
6   value1 = my_dict.setdefault('apple', 0)
7   print(value1)
8
9   # 使用 setdefault() 獲取 'orange' 的值
10  value2 = my_dict.setdefault('orange', 3)
11  print(value2)
12
13  # 輸出更新後的字典
14  print(my_dict)
```

執行結果
```
====================== RESTART: D:\Python\ch9\ch9_30.py ======================
1
3
{'apple': 1, 'banana': 2, 'orange': 3}
```

程式實例 ch9_31.py：setdefault( ) 方法，鍵不在字典內的應用。

```
1   # ch9_31.py
2   person = {'name':'John'}
3   print("原先字典內容", person)
4
5   # 'age'鍵不存在
6   age = person.setdefault('age')
7   print(f"增加age鍵 {person}")
8   print(f"age = {age}")
9   # 'sex'鍵不存在
10  sex = person.setdefault('sex', 'Male')
11  print(f"增加sex鍵 {person}")
12  print(f"sex = {sex}")
```

執行結果
```
====================== RESTART: D:\Python\ch9\ch9_31.py ======================
原先字典內容 {'name': 'John'}
增加age鍵 {'name': 'John', 'age': None}
age = None
增加sex鍵 {'name': 'John', 'age': None, 'sex': 'Male'}
sex = Male
```

9-7 專題 - 文件分析 / 字典生成式 / 星座 / 凱薩密碼 / 摩斯密碼

9-7-1 傳統方式分析文章的文字與字數

程式實例 ch9_32.py：這個專案主要是設計一個程式，可以記錄一段英文文字，或是一篇文章所有單字以及每個單字的出現次數，這個程式會用單字當作字典的鍵 (key)，用值 (value) 當作該單字出現的次數。

第 9 章　字典 (Dict) - 鍵值對資料的靈活運用

```python
1  # ch9_32.py
2  song = """Are you sleeping, are you sleeping, Brother John, Brother John?
3  Morning bells are ringing, morning bells are ringing.
4  Ding ding dong, Ding ding dong."""
5  mydict = {}                          # 空字典未來儲存單字計數結果
6  print("原始歌曲")
7  print(song)
8
9  # 以下是將歌曲大寫字母全部改成小寫
10 songLower = song.lower()             # 歌曲改為小寫
11 print("小寫歌曲")
12 print(songLower)
13
14 # 將歌曲的標點符號用空字元取代
15 for ch in songLower:
16     if ch in ".,?":
17         songLower = songLower.replace(ch,'')
18 print("不再有標點符號的歌曲")
19 print(songLower)
20
21 # 將歌曲字串轉成串列
22 songList = songLower.split()
23 print("以下是歌曲串列")
24 print(songList)                      # 列印歌曲串列
25
26 # 將歌曲串列處理成字典
27 for wd in songList:
28     if wd in mydict:                 # 檢查此字是否已在字典內
29         mydict[wd] += 1              # 累計出現次數
30     else:
31         mydict[wd] = 1               # 第一次出現的字建立此鍵與值
32
33 print("以下是最後執行結果")
34 print(mydict)                        # 列印字典
```

執行結果

```
=================== RESTART: D:\Python\ch9\ch9_32.py ===================
原始歌曲
Are you sleeping, are you sleeping, Brother John, Brother John?
Morning bells are ringing, morning bells are ringing.
Ding ding dong, Ding ding dong.
小寫歌曲
are you sleeping, are you sleeping, brother john, brother john?
morning bells are ringing, morning bells are ringing.
ding ding dong, ding ding dong.
不再有標點符號的歌曲
are you sleeping are you sleeping brother john brother john
morning bells are ringing morning bells are ringing
ding ding dong ding ding dong
以下是歌曲串列
['are', 'you', 'sleeping', 'are', 'you', 'sleeping', 'brother', 'john', 'brother', 'john', 'morning', 'bells', 'are', 'ringing', 'morning', 'bells', 'are', 'ringing', 'ding', 'ding', 'dong', 'ding', 'ding', 'dong']
以下是最後執行結果
{'are': 4, 'you': 2, 'sleeping': 2, 'brother': 2, 'john': 2, 'morning': 2, 'bells': 2, 'ringing': 2, 'ding': 4, 'dong': 2}
```

上述程式註解非常清楚，整個程式依據下列方式處理。

1：將歌曲全部改成小寫字母同時列印，可參考 10 ~ 12 列。

2：將歌曲的標點符號「,.?」全部改為空白同時列印，可參考 15 ~ 19 列。

3：將歌曲字串轉成串列同時列印串列，可參考 22 ~ 24 列。

4：將歌曲串列處理成字典同時計算每個單字出現次數，可參考 27 ~ 31 列。

5：最後列印字典。

9-7-2 字典生成式

在 7-2-6 節筆者有介紹串列生成的觀念，我們可以將該觀念應用在字典生成式，此時語法如下：

> 新字典 = { 鍵運算式 : 值運算式 for 運算式 in 可迭代物件 }

假設有 2 列指令如下：

> servers = ['Server1', 'Server2', 'Server3']
> requests = {server:0 for server in servers}

上述相當於可以得到下列結果。

> requests = {'Server1': 0, 'Server2': 0, 'Server3': 0}

程式實例 ch9_33.py：使用字典生成式記錄單字 deepmind，每個字母出現的次數。

```
1  # ch9_33.py
2  word = 'deepmind'
3  alphabetCount = {alphabet:word.count(alphabet) for alphabet in word}
4  print(alphabetCount)
```

執行結果
```
=============== RESTART: D:\Python\ch9\ch9_33.py ===============
{'d': 2, 'e': 2, 'p': 1, 'm': 1, 'i': 1, 'n': 1}
```

很不可思議，只需一列程式碼 (第 3 列) 就將一個單字每個字母的出現次數列出來，坦白說這就是 Python 奧妙的地方。上述程式的執行原理是將每個單字出現的次數當作是鍵的值，其實這是真正懂 Python 的程式設計師會使用的方式。當然如果硬要挑出上述程式的缺點，就在於對字母 e 而言，在 for 迴圈中會被執行 3 次，下一章筆者會介紹集合 (set)，筆者會改良這個程式，讓讀者邁向 Python 高手之路。

當你了解了上述 ch9_33.py 後，若是再看 ch9_32.py 可以發現第 27 至 31 列是將串列改為字典同時計算每個單字的出現次數，該程式花了 5 列處理這個功能，其實我們可以使用 1 列就取代原先需要 5 列處理這個功能。

程式實例 ch9_34.py：使用字典生成方式重新設計 ch9_32.py，這個程式的重點是第 27 列取代了原先的第 27 至 31 列。

```
27  mydict = {wd:songList.count(wd) for wd in songList}
```

另外可以省略第 5 列設定空字典。

```
5  #mydict = {}                    # 省略,空字典未來儲存單字計數結果
```

執行結果　與 ch9_32.py 相同。

9-7-3 設計星座字典

程式實例 ch9_35.py：星座字典的設計，這個程式會要求輸入<u>星座</u>，如果所輸入的<u>星座</u>正確則輸出此星座的<u>時間區間和本月運勢</u>，如果所輸入的<u>星座</u>錯誤，則輸出<u>星座輸入錯誤</u>。

```
 1  # ch9_35.py
 2  season = {'水瓶座':'1月20日 - 2月18日，需警惕小人',
 3            '雙魚座':'2月19日 - 3月20日，凌亂中找立足',
 4            '白羊座':'3月21日 - 4月19日，運勢比較低迷',
 5            '金牛座':'4月20日 - 5月20日，財運較佳',
 6            '雙子座':'5月21日 - 6月21日，運勢好可錦上添花',
 7            '巨蟹座':'6月22日 - 7月22日，不可鬆懈大意',
 8            '獅子座':'7月23日 - 8月22日，會有成就感',
 9            '處女座':'8月23日 - 9月22日，會有挫折感',
10            '天秤座':'9月23日 - 10月23日，運勢給力',
11            '天蠍座':'10月24日 - 11月22日，中規中矩',
12            '射手座':'11月23日 - 12月21日，可羨煞眾人',
13            '魔羯座':'12月22日 - 1月19日，需保有謙虛',
14            }
15
16  wd = input("請輸入欲查詢的星座 : ")
17  if wd in season:
18      print(wd, " 本月運勢 : ", season[wd])
19  else:
20      print("星座輸入錯誤")
```

執行結果
```
================ RESTART: D:\Python\ch9\ch9_35.py ================
請輸入欲查詢的星座 : 獅子座
獅子座  本月運勢 :  7月23日 - 8月22日，會有成就感
```

9-7-4 文件加密 – 凱薩密碼實作

延續 6-13-2 節的內容，在 Python 資料結構中，要執行加密可以使用字典的功能，觀念是將<u>原始字元</u>當作<u>鍵</u> (key)，<u>加密結果當作值</u> (value)，這樣就可以達到加密的目的，若是要讓字母往後移 3 個字元，相當於要建立下列字典。

encrypt = {'a':'d', 'b':'e', 'c':'f', 'd':'g', … , 'x':'a', 'y':'b', 'z':'c'}

程式實例 ch9_36.py：設計一個加密程式，使用 "python" 做測試。

```
 1  # ch9_36.py
 2  abc = 'abcdefghijklmnopqrstuvwxyz'
 3  encry_dict = {}
 4  front3 = abc[:3]
 5  end23 = abc[3:]
 6  subText = end23 + front3
 7  encry_dict = dict(zip(abc, subText))    # 建立字典
 8  print("列印編碼字典\n", encry_dict)      # 列印字典
 9
10  msgTest = input("請輸入原始字串 : ")
```

```python
11
12  cipher = []
13  for i in msgTest:
14      v = encry_dict[i]                    # 執行每個字元加密
15      cipher.append(v)                     # 加密
16  ciphertext = ''.join(cipher)             # 加密結果
17                                           # 將串列轉成字串
18  print("原始字串 ", msgTest)
19  print("加密字串 ", ciphertext)
```

執行結果

```
=================== RESTART: D:\Python\ch9\ch9_36.py ===================
列印編碼字典
{'a': 'd', 'b': 'e', 'c': 'f', 'd': 'g', 'e': 'h', 'f': 'i', 'g': 'j', 'h': 'k'
, 'i': 'l', 'j': 'm', 'k': 'n', 'l': 'o', 'm': 'p', 'n': 'q', 'o': 'r', 'p': 's'
, 'q': 't', 'r': 'u', 's': 'v', 't': 'w', 'u': 'x', 'v': 'y', 'w': 'z', 'x': 'a'
, 'y': 'b', 'z': 'c'}
請輸入原始字串 : python
原始字串   python
加密字串   sbwkrq
```

9-7-5 摩斯密碼 (Morse code)

摩斯密碼是美國人艾爾菲德‧維爾 (Alfred Vail, 1807 – 1859) 與布里斯‧摩絲 (Breese Morse, 1791 – 1872) 在 1836 年發明的，這是一種時通時斷訊號代碼，可以使用無線電訊號傳遞，透過不同的排列組合表達不同的英文字母、數字和標點符號。

其實也可以稱此為一種密碼處理方式，下列是英文字母的摩斯密碼表。

A：.-	B：-...	C：-.-.	D：-..	E：.
F：..-.	G：--.	H：....	I：..	J：.---
K：-.-	L：.-..	M：--	N：-.	O：---
P：.--.	Q：--.-	R：.-.	S：...	T：-
U：..-	V：...-	W：.--	X：-..-	Y：-.--
Z：--..				

下列是阿拉伯數字的摩斯密碼表。

| 1：.---- | 2：..--- | 3：...-- | 4：....- | 5：..... |
| 6：-.... | 7：--... | 8：---.. | 9：----. | 10：----- |

> **註** 摩斯密碼由一個點 (•) 和一劃 (-) 組成，其中點是一個單位，劃是三個單位。程式設計時，點 (•) 用「.」代替，劃 (-) 用「-」代替。

處理摩斯密碼可以建立字典，再做轉譯。也可以為摩斯密碼建立一個串列或元組，直接使用英文字母 A 的 Unicode 碼值是 65 的特性，將碼值減去 65，就可以獲得此摩斯密碼。

程式實例 ch9_37.py：使用字典建立摩斯密碼，然後輸入一個英文字，這個程式可以輸出摩斯密碼。

```python
# ch9_37.py
morse_code = {'A':'.-', 'B':'-...', 'C':'-.-.','D':'-..','E':'.',
              'F':'..-.', 'G':'--.', 'H':'....', 'I':'..', 'J':'.---',
              'K':'-.-', 'L':'.-..','M':'--', 'N':'-.','O':'---',
              'P':'.--.','Q':'--.-','R':'.-.','S':'...','T':'-',
              'U':'..-','V':'...-','W':'.--','X':'-..-','Y':'-.--',
              'Z':'--..'}

wd = input("請輸入大寫英文字: ")
for c in wd:
    print(morse_code[c])
```

執行結果
```
=================== RESTART: D:\Python\ch9\ch9_37.py ===================
請輸入大寫英文字: ABC
.-
-...
-.-.
```

9-7-6 字典的潛在應用

下列是字典的可能應用，讀者可以參考：

❏ 儲存與查詢配置設定

```python
config = {
    "api_url": "https://api.example.com",
    "api_key": "your_api_key_here",
    "timeout": 30
}

print(config["api_url"])   # 輸出: https://api.example.com
```

❏ 儲存與查詢人員資訊

```python
employees = {
    "Alice": {"age": 25, "department": "HR"},
    "Bob": {"age": 30, "department": "Engineering"}
}

print(employees["Alice"]["department"])   # 輸出: HR
```

❏ 記錄項目的計數

```python
words = ["apple", "banana", "cherry", "apple", "cherry", "banana", "apple"]
word_counts = {}

for word in words:
    word_counts[word] = word_counts.get(word, 0) + 1

print(word_counts)           # 輸出: {'apple': 3, 'banana': 2, 'cherry': 2}
```

第 10 章
集合 (Set) 實戰
高效數據處理的關鍵技術

10-1 建立集合

10-2 集合的操作

10-3 適用集合的方法

10-4 適用集合的基本函數操作

10-5 凍結集合 frozenset

10-6 專題 - 夏令營程式 / 程式效率 / 集合生成式 / 雞尾酒實例

集合的基本觀念是無序且每個元素是<u>唯一</u>的，其實也可以將集合看成是字典的鍵，每個鍵皆是唯一的，集合元素的<u>值</u>是不可變的 (immutable)，常見的元素有<u>整數 (intger)</u>、<u>浮點數 (float)</u>、<u>字串 (string)</u>、<u>元組 (tuple)</u> … 等。至於可變 (mutable) 內容<u>串列 (list)</u>、<u>字典 (dict)</u>、<u>集合 (set)</u> … 等不可以是集合元素。但是集合本身是<u>可變的</u> (mutable)，我們可以<u>增加</u>或<u>刪除</u>集合的元素。

集合主要用途是成員測試和消除重複的元素。

10-1 建立集合

集合是由元素組成，基本觀念是<u>無序</u>且每個元素是<u>唯一</u>的。例如：一個骰子有 6 面，每一面是一個數字，每個數字是一個元素，我們可以使用集合代表這 6 個數字。

{1, 2, 3, 4, 5, 6}

10-1-1 使用 { } 建立集合

Python 可以使用大括號 "{ }" 建立集合，下列是建立 lang 集合，此集合元素是 'Python'、'C'、'Java'。

```
>>> lang = {'Python', 'C', 'Java'}
>>> lang
{'Python', 'Java', 'C'}
```

下列是建立 A 集合，集合元素是自然數 1, 2, 3, 4, 5。

```
>>> A = {1, 2, 3, 4, 5}
>>> A
{1, 2, 3, 4, 5}
```

10-1-2 集合元素是唯一

因為集合元素是唯一，所以即使建立集合時有元素重複，也只有一份會被保留。

```
>>> A = {1, 1, 2, 2, 3, 3, 3}
>>> A
{1, 2, 3}
```

10-1-3 使用 set( ) 建立集合

Python 內建的 set( ) 函數也可以建立集合，set( ) 函數參數只能有一個元素，此元素的內容可以是<u>字串 (string)</u>、<u>串列 (list)</u>、<u>元組 (tuple)</u>、<u>字典 (dict)</u> … 等。下列是使用 set( ) 建立集合，元素內容是字串。

```
>>> A = set('Deepmind')
>>> A
{'i', 'm', 'd', 'D', 'n', 'e', 'p'}
```

從上述運算我們可以看到原始字串 e 有 2 個，但是在集合內只出現一次，因為集合元素是唯一的。此外，雖然建立集合時的字串是 'Deepmind'，但是在集合內字母順序完全被打散了，因為集合是無序的。

下列是使用串列建立集合的實例。

```
>>> A = set(['Python', 'Java', 'C'])
>>> A
{'Python', 'Java', 'C'}
```

10-1-4 集合的基數 (cardinality)

所謂集合的基數 (cardinality) 是指集合元素的數量，可以使用 len( ) 函數取得。

```
>>> A = {1, 3, 5, 7, 9}
>>> len(A)
5
```

10-1-5 建立空集合要用 set( )

如果使用 { }，將是建立空字典。建立空集合必須使用 set( )。

程式實例 ch10_1.py：建立空字典與空集合。

```
1  # ch10_1.py
2  empty_dict = {}                          # 這是建立空字典
3  print("列印類別 = ", type(empty_dict))
4  empty_set = set()                        # 這是建立空集合
5  print("列印類別 = ", type(empty_set))
```

執行結果
```
================= RESTART: D:\Python\ch10\ch10_1.py =================
列印類別 =  <class 'dict'>
列印類別 =  <class 'set'>
```

10-1-6 大數據資料與集合的應用

筆者的朋友在某知名企業工作，收集了海量資料使用串列保存，這裡面有些資料是重複出現，他曾經詢問筆者應如何將重複的資料刪除，筆者告知如果使用 C 語言可能需花幾小時解決，但是如果了解 Python 的集合觀念，只要花約 1 分鐘就解決了。其實只要將串列資料使用 set( ) 函數轉為集合資料，再使用 list( ) 函數將集合資料轉為串列資料就可以了。

第 10 章　集合 (Set) 實戰 - 高效數據處理的關鍵技術

程式實例 ch10_2.py：將串列內重複性的資料刪除。

```
1  # ch10_2.py
2  fruits1 = ['apple', 'orange', 'apple', 'banana', 'orange']
3  x = set(fruits1)              # 將串列轉成集合
4  fruits2 = list(x)             # 將集合轉成串列
5  print("原先串列資料fruits1 = ", fruits1)
6  print("新的串列資料fruits2 = ", fruits2)
```

執行結果
```
==================== RESTART: D:\Python\ch10\ch10_2.py ====================
原先串列資料fruits1 =  ['apple', 'orange', 'apple', 'banana', 'orange']
新的串列資料fruits2 =  ['banana', 'apple', 'orange']
```

10-2　集合的操作

10-2-1　交集 (intersection)

　　有 A 和 B 兩個集合，如果想獲得相同的元素，則可以使用交集。例如：你舉辦了數學 (可想成 A 集合) 與物理 (可想成 B 集合)2 個夏令營，如果想統計有那些人同時參加這 2 個夏令營，可以使用此功能。

　　交集的數學符號是 ∩，若是以上圖而言就是：**A ∩ B**。

　　在 Python 語言的交集符號是 "&"，另外，也可以使用 intersection( ) 方法完成這個工作。

程式實例 ch10_3.py：有數學與物理 2 個夏令營，這個程式會列出同時參加這 2 個夏令營的成員。

```
1  # ch10_3.py
2  math = {'Kevin', 'Peter', 'Eric'}           # 設定參加數學夏令營成員
3  physics = {'Peter', 'Nelson', 'Tom'}        # 設定參加物理夏令營成員
4  both1 = math & physics
5  print("同時參加數學與物理夏令營的成員 ",both1)
6  both2 = math.intersection(physics)
7  print("同時參加數學與物理夏令營的成員 ",both2)
```

執行結果
```
==================== RESTART: D:\Python\ch10\ch10_3.py ====================
同時參加數學與物理夏令營的成員   {'Peter'}
同時參加數學與物理夏令營的成員   {'Peter'}
```

10-2-2 聯集 (union)

有 A 和 B 兩個集合，如果想獲得所有的元素，則可以使用聯集。例如：你舉辦了數學 (可想成 A 集合) 與物理 (可想成 B 集合)2 個夏令營，如果想統計有參加數學或物理夏令營的全部成員，可以使用此功能。

聯集的數學符號是 ∪，若是以上圖而言就是 **A ∪ B**。

在 Python 語言的聯集符號是 "|"，另外，也可以使用 union( ) 方法完成這個工作。

程式實例 ch10_4.py：有數學與物理 2 個夏令營，這個程式會列出有參加數學或物理夏令營的所有成員。

```
1  # ch10_4.py
2  math = {'Kevin', 'Peter', 'Eric'}         # 設定參加數學夏令營成員
3  physics = {'Peter', 'Nelson', 'Tom'}      # 設定參加物理夏令營成員
4  allmember1 = math | physics
5  print("參加數學或物理夏令營的成員 ",allmember1)
6  allmember2 = math.union(physics)
7  print("參加數學或物理夏令營的成員 ",allmember2)
```

執行結果
```
================== RESTART: D:\Python\ch10\ch10_4.py ==================
參加數學或物理夏令營的成員  {'Nelson', 'Kevin', 'Eric', 'Peter', 'Tom'}
參加數學或物理夏令營的成員  {'Nelson', 'Kevin', 'Eric', 'Peter', 'Tom'}
```

10-2-3 差集 (difference)

有 A 和 B 兩個集合，如果想獲得屬於 A 集合元素，同時不屬於 B 集合則可以使用差集 (A-B)。如果想獲得屬於 B 集合元素，同時不屬於 A 集合則可以使用差集 (B-A)。例如：你舉辦了數學 (可想成 A 集合) 與物理 (可想成 B 集合)2 個夏令營，如果想瞭解參加數學夏令營但是沒有參加物理夏令營的成員，可以使用此功能。

如果想統計參加物理夏令營但是沒有參加數學夏令營的成員，也可以使用此功能。

在 Python 語言的差集符號是 "-"，另外 也可以使用 difference( ) 方法完成這個工作。

程式實例 ch10_5.py：有數學與物理 2 個夏令營，這個程式會列出參加數學夏令營但是沒有參加物理夏令營的所有成員。另外也會列出參加物理夏令營但是沒有參加數學夏令營的所有成員。

```
1  # ch10_5.py
2  math = {'Kevin', 'Peter', 'Eric'}           # 設定參加數學夏令營成員
3  physics = {'Peter', 'Nelson', 'Tom'}        # 設定參加物理夏令營成員
4  math_only1 = math - physics
5  print("參加數學夏令營同時沒有參加物理夏令營的成員 ",math_only1)
6  math_only2 = math.difference(physics)
7  print("參加數學夏令營同時沒有參加物理夏令營的成員 ",math_only2)
8  physics_only1 = physics - math
9  print("參加物理夏令營同時沒有參加數學夏令營的成員 ",physics_only1)
10 physics_only2 = physics.difference(math)
11 print("參加物理夏令營同時沒有參加數學夏令營的成員 ",physics_only2)
```

執行結果
```
==================== RESTART: D:\Python\ch10\ch10_5.py ====================
參加數學夏令營同時沒有參加物理夏令營的成員  {'Kevin', 'Eric'}
參加數學夏令營同時沒有參加物理夏令營的成員  {'Kevin', 'Eric'}
參加物理夏令營同時沒有參加數學夏令營的成員  {'Tom', 'Nelson'}
參加物理夏令營同時沒有參加數學夏令營的成員  {'Tom', 'Nelson'}
```

10-2-4　是成員 in

Python 的關鍵字 in 可以測試元素是否是集合的元素成員。

程式實例 ch10_6.py：關鍵字 in 的應用。

```
1  # ch10_6.py
2  # 方法1
3  fruits = set("orange")
4  print("字元a是屬於fruits集合?", 'a' in fruits)
5  print("字元d是屬於fruits集合?", 'd' in fruits)
6  # 方法2
7  cars = {"Nissan", "Toyota", "Ford"}
8  boolean = "Ford" in cars
9  print("Ford in cars", boolean)
10 boolean = "Audi" in cars
11 print("Audi in cars", boolean)
```

執行結果

```
==================== RESTART: D:\Python\ch10\ch10_6.py ====================
字元a是屬於fruits集合? True
字元d是屬於fruits集合? False
Ford in cars True
Audi in cars False
```

程式實例 ch10_7.py：使用迴圈列出所有參加數學夏令營的學生。

```python
1   # ch10_7.py
2   math = {'Kevin', 'Peter', 'Eric'}        # 設定參加數學夏令營成員
3   print("列印參加數學夏令營的成員")
4   for name in math:
5       print(name)
```

執行結果

```
==================== RESTART: D:\Python\ch10\ch10_7.py ====================
列印參加數學夏令營的成員
Eric
Kevin
Peter
```

10-2-5　不是成員 not in

Python 的關鍵字 not in 可以測試元素是否不是集合的元素成員。

程式實例 ch10_8.py：關鍵字 not in 的應用。

```python
1   # ch10_8.py
2   # 方法1
3   fruits = set("orange")
4   print("字元a是不屬於fruits集合?", 'a' not in fruits)
5   print("字元d是不屬於fruits集合?", 'd' not in fruits)
6   # 方法2
7   cars = {"Nissan", "Toyota", "Ford"}
8   boolean = "Ford" not in cars
9   print("Ford not in cars", boolean)
10  boolean = "Audi" not in cars
11  print("Audi not in cars", boolean)
```

執行結果

```
==================== RESTART: D:\Python\ch10\ch10_8.py ====================
字元a是不屬於fruits集合? False
字元d是不屬於fruits集合? True
Ford not in cars False
Audi not in cars True
```

10-3　適用集合的方法

10-3-1　add( )

add( ) 可以增加一個元素，它的語法格式如下：

集合 A.add(新增元素)

上述會將 add( ) 參數的新增元素加到呼叫此方法的集合 A 內。

程式實例 ch10_9.py：在集合內新增元素的應用。

```
1   # ch10_9.py
2   cities = { 'Taipei', 'Beijing', 'Tokyo'}
3   # 增加一般元素
4   cities.add('Chicago')
5   print('cities集合內容 ', cities)
6   # 增加已有元素並觀察執行結果
7   cities.add('Beijing')
8   print('cities集合內容 ', cities)
9   # 增加元組元素並觀察執行結果
10  tup = (1, 2, 3)
11  cities.add(tup)
12  print('cities集合內容 ', cities)
```

執行結果
```
=============== RESTART: D:\Python\ch10\ch10_9.py ===============
cities集合內容  {'Tokyo', 'Chicago', 'Beijing', 'Taipei'}
cities集合內容  {'Tokyo', 'Chicago', 'Beijing', 'Taipei'}
cities集合內容  {'Tokyo', (1, 2, 3), 'Beijing', 'Taipei', 'Chicago'}
```

上述第 7 列，由於集合已經有 'Beijing' 字串，將不改變集合 cities 內容。另外，集合是無序的，你可能獲得不同的排列結果。

10-3-2　remove( )

如果指定刪除的元素存在集合內 remove( ) 可以刪除這個集合元素，如果指定刪除的元素不存在集合內，將有 KeyError 產生。它的語法格式如下：

　　集合 A.remove(欲刪除的元素)

上述會將集合 A 內，remove( ) 參數指定的元素刪除。

程式實例 ch10_10.py：使用 remove( ) 刪除集合元素成功的應用。

```
1   # ch10_10.py
2   countries = {'Japan', 'China', 'France'}
3   print("刪除前的countries集合 ", countries)
4   country = input("請輸入國家 : ")
5   if country in countries:
6       countries.remove('Japan')
7       print("刪除後的countries集合 ", countries)
8   else:
9       print(f"{country} 不存在")
```

執行結果
```
=============== RESTART: D:\Python\ch10\ch10_10.py ===============
刪除前的countries集合  {'Japan', 'France', 'China'}
請輸入國家 : Japan
刪除後的countries集合  {'France', 'China'}
```

10-3-3 pop( )

pop( ) 是用隨機方式刪除集合元素，所刪除的元素將被傳回，如果集合是空集合則程式會產生 TypeError 錯誤。

    ret_element = 集合 A.pop( )

上述會隨機刪除集合 A 內的元素，所刪除的元素將被傳回 ret_element。

程式實例 ch10_11.py：使用 pop( ) 刪除集合元素的應用。

```
1   # ch10_11.py
2   animals = {'dog', 'cat', 'bird'}
3   print("刪除前的animals集合 ", animals)
4   ret_element = animals.pop( )
5   print("刪除後的animals集合 ", animals)
6   print("所刪除的元素是      ", ret_element)
```

執行結果

```
================= RESTART: D:\Python\ch10\ch10_11.py =================
刪除前的animals集合  {'cat', 'dog', 'bird'}
刪除後的animals集合  {'dog', 'bird'}
所刪除的元素是       cat
```

10-3-4 update( )

可以將一個集合的元素加到呼叫此方法的集合內，它的語法格式如下：

    集合 A.update(集合 B)

上述是將集合 B 的元素加到集合 A 內。

程式實例 ch10_12.py：update( ) 的應用。

```
1   # ch10_12.py
2   cars1 = {'Audi', 'Ford', 'Toyota'}
3   cars2 = {'Nissan', 'Toyota'}
4   print("執行update( )前列出cars1和cars2內容")
5   print("cars1 = ", cars1)
6   print("cars2 = ", cars2)
7   cars1.update(cars2)
8   print("執行update( )後列出cars1和cars2內容")
9   print("cars1 = ", cars1)
10  print("cars2 = ", cars2)
```

執行結果

```
================= RESTART: D:\Python\ch10\ch10_12.py =================
執行update( )前列出cars1和cars2內容
cars1 =  {'Audi', 'Ford', 'Toyota'}
cars2 =  {'Toyota', 'Nissan'}
執行update( )後列出cars1和cars2內容
cars1 =  {'Ford', 'Nissan', 'Toyota', 'Audi'}
cars2 =  {'Toyota', 'Nissan'}
```

10-4 適用集合的基本函數操作

函數名稱	說明
len( )	元素數量
max( )	最大值
min( )	最小值
sorted( )	傳回已經排序的串列，集合本身則不改變
sum( )	總合

程式實例 ch10_13.py：集合函數的應用。

```
1   # ch10_13.py
2   # 創建一個集合
3   myset = {5, 3, 8, 1, 2}
4
5   print(f"集合元素數量    : {len(myset)}")
6   print(f"集合元素最大值  : {max(myset)}")
7   print(f"集合元素最小值  : {min(myset)}")
8   print(f"集合元素總和    : {sum(myset)}")
9
10  # 使用 sorted() 函數對集合進行排序
11  sorted_list = sorted(myset)
12  print(f"小到大排序 : {sorted_list}")              # 輸出: [1, 2, 3, 5, 8]
13  sorted_list_desc = sorted(myset, reverse=True)
14  print(f"大到小排序 : {sorted_list_desc}")         # 輸出: [8, 5, 3, 2, 1]
```

執行結果
```
================== RESTART: D:\Python\ch10\ch10_13.py ==================
集合元素數量    : 5
集合元素最大值  : 8
集合元素最小值  : 1
集合元素總和    : 19
小到大排序 : [1, 2, 3, 5, 8]
大到小排序 : [8, 5, 3, 2, 1]
```

10-5 凍結集合 frozenset

　　set 是可變集合，frozenset 是不可變集合也可直譯為凍結集合，這是一個新的類別 (class)，只要設定元素後，這個凍結集合就不能再更改了。如果將元組 (tuple) 想成不可變串列 (immutable list)，凍結集合就是不可變集合 (immutable set)。

　　凍結集合的不可變特性優點是可以用它作字典的鍵 (key)，也可以作為其它集合的元素。凍結集合的建立方式是使用 frozenset( ) 函數，凍結集合建立完成後，不可使用 add( ) 或 remove( ) 更動凍結集合的內容。但是可以執行 intersection( )、union( )、difference( )... 等方法。

程式實例 ch10_14.py：建立凍結集合與操作。

```
1   # ch10_14.py
2   X = frozenset([1, 3, 5])
3   Y = frozenset([5, 7, 9])
4   print(X)
5   print(Y)
6   print("交集   = ", X & Y)
7   print("聯集   = ", X | Y)
8   A = X & Y
9   print("交集A = ", A)
10  A = X.intersection(Y)
11  print("交集A = ", A)
```

執行結果
```
================== RESTART: D:\Python\ch10\ch10_14.py ==================
frozenset({1, 3, 5})
frozenset({9, 5, 7})
交集   =  frozenset({5})
聯集   =  frozenset({1, 3, 5, 7, 9})
交集A =  frozenset({5})
交集A =  frozenset({5})
```

10-6 專題 - 夏令營程式 / 程式效率 / 集合生成式 / 雞尾酒實例

10-6-1 夏令營程式設計

程式實例 ch10_15.py：有一個班級有 10 個人，其中有 3 個人參加了數學夏令營，另外有 3 個人參加了物理夏令營，這個程式會列出參加數學或物理夏令營的人，同時也會列出有那些人沒有參加暑期夏令營。

```
1   # ch10_15.py
2   # students是學生名單集合
3   students = {'Peter', 'Norton', 'Kevin', 'Mary', 'John',
4               'Ford', 'Nelson', 'Damon', 'Ivan', 'Tom'
5              }
6
7   Math = {'Peter', 'Kevin', 'Damon'}           # 數學夏令營參加人員
8   Physics = {'Nelson', 'Damon', 'Tom' }        # 物理夏令營參加人員
9
10  MorP = Math | Physics
11  print("有 %d 人參加數學或物理夏令營名單   : " % len(MorP), MorP )
12  unAttend = students - MorP
13  print("沒有參加任何夏令營有 %d 人名單是 : " % len(unAttend), unAttend)
```

第 10 章　集合 (Set) 實戰 - 高效數據處理的關鍵技術

執行結果

```
==================== RESTART: D:\Python\ch10\ch10_15.py ====================
有 5 人參加數學或物理夏令營名單　：{'Nelson', 'Peter', 'Kevin', 'Tom', 'Damon'}
沒有參加任何夏令營有 5 人名單是　：{'John', 'Mary', 'Ivan', 'Norton', 'Ford'}
```

10-6-2　集合生成式

我們在先前的章節已經看過串列和字典的生成式了，其實集合也有生成式，語法如下：

　　　　新集合 = { 運算式 for 運算式 in 可迭代項目 }

程式實例 ch10_16.py：產生 1,3, …, 99 的集合。

```
1  # ch10_16.py
2  A = {n for n in range(1,100,2)}
3  print(type(A))
4  print(A)
```

執行結果

```
==================== RESTART: D:\Python\ch10\ch10_16.py ====================
<class 'set'>
{1, 3, 5, 7, 9, 11, 13, 15, 17, 19, 21, 23, 25, 27, 29, 31, 33, 35, 37, 39, 41,
43, 45, 47, 49, 51, 53, 55, 57, 59, 61, 63, 65, 67, 69, 71, 73, 75, 77, 79, 81,
83, 85, 87, 89, 91, 93, 95, 97, 99}
```

在集合的生成式中，我們也可以增加 if 測試句 (可以有多個)。

程式實例 ch10_17.py：產生 11,33, …, 99 的集合。

```
1  # ch10_17.py
2  A = {n for n in range(1,100,2) if n % 11 == 0}
3  print(type(A))
4  print(A)
```

執行結果

```
==================== RESTART: D:\Python\ch10\ch10_17.py ====================
<class 'set'>
{33, 99, 11, 77, 55}
```

集合生成式可以讓程式設計變得很簡潔，例如：過去我們要建立一系列有規則的序列，先要使用串列生成式，然後將串列改為集合，現在可以直接用集合生成式完成此工作。

10-6-3　集合增加程式效率

在 ch9_33.py 程式第 3 列的 for 迴圈如下：

　　　for alphabet in word

10-12

10-6 專題 - 夏令營程式 / 程式效率 / 集合生成式 / 雞尾酒實例

word 的內容是 'deepmind'，在上述迴圈中將造成字母 e 會處理 2 次，其實只要將集合觀念應用在 word，由於集合不會有重複的元素，所以只要處理一次即可，此時可以將上述迴圈改為：

```
for alphabet in set(word)
```

經上述處理字母 e 將只執行一次，所以可以增進程式效率。

程式實例 ch10_18.py：使用集合觀念重新設計 ch9_33.py。

```
1   # ch10_18.py
2   word = 'deepmind'
3   alphabetCount = {alphabet:word.count(alphabet) for alphabet in set(word)}
4   print(alphabetCount)
```

執行結果
```
===================== RESTART: D:\Python\ch10\ch10_18.py =====================
{'e': 2, 'm': 1, 'i': 1, 'p': 1, 'n': 1, 'd': 2}
```

10-6-4 雞尾酒的實例

雞尾酒是酒精飲料，由基酒和一些飲料調製而成，下列是一些常見的雞尾酒飲料以及它的配方。

- 藍色夏威夷佬 (Blue Hawaiian)：蘭姆酒 (rum)、甜酒 (sweet wine)、椰奶 (coconut cream)、鳳梨汁 (pineapple juice)、檸檬汁 (lemon juice)。

- 薑味莫西多 (Ginger Mojito)：蘭姆酒 (rum)、薑 (ginger)、薄荷葉 (mint leaves)、萊姆汁 (lime juice)、薑汁汽水 (ginger soda)。

- 紐約客 (New Yorker)：威士忌 (whiskey)、紅酒 (red wine)、檸檬汁 (lemon juice)、糖水 (sugar syrup)。

- 血腥瑪莉 (Bloody Mary)：伏特加 (vodka)、檸檬汁 (lemon juice)、番茄汁 (tomato juice)、酸辣醬 (tabasco)、少量鹽 (little salt)。

程式實例 ch10_19.py：為上述雞尾酒建立一個字典，上述字典的鍵 (key) 是字串，也就是雞尾酒的名稱，字典的值是集合，內容是各種雞尾酒的材料配方。這個程式會列出含有伏特加配方的酒，和含有檸檬汁的酒、含有蘭姆酒但沒有薑的酒。

```
1   # ch10_19.py
2   cocktail = {
3       'Blue Hawaiian':{'Rum','Sweet Wine','Cream','Pineapple Juice','Lemon Juice'},
4       'Ginger Mojito':{'Rum','Ginger','Mint Leaves','Lime Juice','Ginger Soda'},
5       'New Yorker':{'Whiskey','Red Wine','Lemon Juice','Sugar Syrup'},
```

10-13

```
 6          'Bloody Mary':{'Vodka','Lemon Juice','Tomato Juice','Tabasco','little Sale'}
 7          }
 8  # 列出含有Vodka的酒
 9  print("含有Vodka的酒 : ")
10  for name, formulas in cocktail.items():
11      if 'Vodka' in formulas:
12          print(name)
13  # 列出含有Lemon Juice的酒
14  print("含有Lemon Juice的酒 : ")
15  for name, formulas in cocktail.items():
16      if 'Lemon Juice' in formulas:
17          print(name)
18  # 列出含有Rum但是沒有薑的酒
19  print("含有Rum但是沒有薑的酒 : ")
20  for name, formulas in cocktail.items():
21      if 'Rum' in formulas and not ('Ginger' in formulas):
22          print(name)
23  # 列出含有Lemon Juice但是沒有Cream或是Tabasco的酒
24  print("含有Lemon Juice但是沒有Cream或是Tabasco的酒 : ")
25  for name, formulas in cocktail.items():
26      if 'Lemon Juice' in formulas and not formulas & {'Cream', 'Tabasco'}:
27          print(name)
```

執行結果
```
================= RESTART: D:\Python\ch10\ch10_19.py =================
含有Vodka的酒 :
Bloody Mary
含有Lemon Juice的酒 :
Blue Hawaiian
New Yorker
Bloody Mary
含有Rum但是沒有薑的酒 :
Blue Hawaiian
含有Lemon Juice但是沒有Cream或是Tatasco的酒 :
New Yorker
```

上述程式用 in 測試指定的雞尾酒材料配方是否在所傳回字典值 (value) 的 formulas 集合內，另外程式第 26 列則是將 formulas 與集合元素 'Cream'、'Tabasco' 做交集 (&)，如果 formulas 內沒有這些配方結果會是 False，經過 not 就會是 True，則可以列印 name。

10-6-5 集合的潛在應用

❏ 檢查兩個產品列表中的共同和獨特產品

假設你正在管理一個零售商店，並且有兩個供應商提供產品列表。你想知道哪些產品是由兩個供應商共同提供的，以及哪些產品是獨特的。

```
1  # ch10_20.py
2  # 供應商 A 和 B 的產品列表
3  supplier_a_products = {"apple", "banana", "cherry", "date", "elderberry"}
4  supplier_b_products = {"banana", "cherry", "fig", "grape"}
5
```

```
6   # 找到共同產品
7   common_products = supplier_a_products.intersection(supplier_b_products)
8   print(f"共同產品 : {common_products}")
9
10  # 找到只由供應商 A 提供的獨特產品
11  unique_to_a = supplier_a_products - supplier_b_products
12  print(f"供應商 A 的獨特產品 : {unique_to_a}")
13
14  # 找到只由供應商 B 提供的獨特產品
15  unique_to_b = supplier_b_products - supplier_a_products
16  print(f"供應商 B 的獨特產品 : {unique_to_b}")
17
18  # 所有提供的產品
19  all_products = supplier_a_products.union(supplier_b_products)
20  print(f"所有產品 : {all_products}")
```

執行結果
```
==================== RESTART: D:\Python\ch10\ch10_20.py ====================
共同產品 : {'cherry', 'banana'}
供應商 A 的獨特產品 : {'elderberry', 'date', 'apple'}
供應商 B 的獨特產品 : {'grape', 'fig'}
所有產品 : {'elderberry', 'cherry', 'grape', 'fig', 'banana', 'date', 'apple'}
```

❏ 建立一個簡單的飛行路線查詢系統

在這個實例中，我們將使用凍結集合 (frozenset) 來表示飛行路線，並使用字典來儲存每條路線的相關資訊。註：這個實例有用到下一章要介紹的函數，建議完成下一章閱讀，再回頭看此實例。

```
1   # ch10_21.py
2   # 定義飛行路線
3   routes = {
4       frozenset({"Los Angeles", "New York"}): {"距離": 2451, "時間": "5h 15m"},
5       frozenset({"New York", "Chicago"}): {"距離": 713, "時間": "2h 5m"},
6       frozenset({"Chicago", "Los Angeles"}): {"距離": 1744, "時間": "4h 5m"},
7       frozenset({"New York", "San Francisco"}): {"距離": 2572, "時間": "5h 30m"}
8   }
9
10  def get_route_info(city1, city2):
11      # 使用 frozenset 確保無論城市的順序如何，都可以正確查詢路線
12      route = frozenset({city1, city2})
13      if route in routes:
14          info = routes[route]
15          print(f"距離 : {info['距離']:5d} miles, 時間 : {info['時間']}")
16      else:
17          print(f"No route found between {city1} and {city2}")
18
19  # 查詢路線資訊
20  get_route_info("New York", "Los Angeles")
21  get_route_info("Los Angeles", "New York")
22  get_route_info("New York", "Chicago")
23  get_route_info("San Francisco", "New York")
```

第 10 章　集合 (Set) 實戰 - 高效數據處理的關鍵技術

執行結果

```
==================== RESTART: D:\Python\ch10\ch10_21.py ====================
距離 :  2451 miles, 時間 : 5h 15m
距離 :  2451 miles, 時間 : 5h 15m
距離 :   713 miles, 時間 : 2h 5m
距離 :  2572 miles, 時間 : 5h 30m
```

　　在這個實例中，我們首先定義了一個 routes 字典，其中的每個鍵都是一個由起點和終點城市組成的固定集合，而每個值都是一個包含該路線距離和飛行時間的字典。然後，我們定義了一個 get_route_info( ) 函數，該函數接受兩個城市名作為參數，並查詢和輸出他們之間的路線資訊。由於我們使用了固定集合作為字典的鍵，所以無論城市的順序如何，我們都可以正確地查詢到路線資訊。

第 11 章
函數設計
程式重用與維護的核心

11-1 Python 函數基本觀念

11-2 函數的參數設計

11-3 函數傳回值

11-4 呼叫函數時參數是串列

11-5 傳遞任意數量的參數

11-6 進一步認識函數

11-7 遞迴式函數設計 recursive

11-8 區域變數與全域變數

11-9 匿名函數 lambda

11-10 pass 與函數

11-11 type 關鍵字應用在函數

11-12 裝飾器 (Decorator)

11-13 專題 - 單字次數 / 歐幾里德演算法 / 函數應用

第 11 章　函數設計 - 程式重用與維護的核心

所謂的函數 (function) 其實就是一系列指令敘述所組成，它的目的有兩個。

1：　當我們在設計一個大型程式時，若是能將這個程式依功能，將其分割成較小的功能，然後依這些較小功能要求撰寫函數程式，如此，不僅使程式簡單化，同時最後程式偵錯也變得容易。另外，撰寫大型程式時應該是團隊合作，每一個人負責一個小功能，可以縮短程式開發的時間。

2：　在一個程式中，也許會發生某些指令被重複書寫在許多不同的地方，若是我們能將這些重複的指令撰寫成一個函數，需要用時再加以呼叫，如此，不僅減少編輯程式的時間，同時更可使程式精簡、清晰、明瞭。

下列是呼叫函數的基本流程圖。

當一個程式在呼叫函數時，Python 會自動跳到被呼叫的函數上執行工作，執行完後，會回到原先程式執行位置，然後繼續執行下一道指令。

11-1　Python 函數基本觀念

從前面的學習相信讀者已經熟悉使用 Python 內建的函數了，例如：len( )、add( )、remove( ) … 等。有了這些函數，我們可以隨時呼叫使用，讓程式設計變得很簡潔，這一章主題將是如何設計這類的函數。

11-1-1　函數的定義

函數的語法格式如下：

```
def 函數名稱 ( 參數值 1[, 參數值 2, … ]):
    """ 函數註解 (docstring) """
    程式碼區塊                              # 需要內縮
    return [ 回傳值 1, 回傳值 2 , … ]         # 中括號可有可無
```

❑ **函數名稱**

名稱必需是唯一的,程式未來可以呼叫引用,它的命名規則與一般變數相同,不過在 PEP 8 的 Python 風格下建議第一個英文字母用小寫。

❑ **參數值**

這是可有可無,完全視函數設計需要,可以接收呼叫函數傳來的變數,各參數值之間是用逗號「,」隔開。

❑ **函數註解**

這是可有可無,不過如果是參與大型程式設計計畫,當負責一個小程式時,建議所設計的函數需要加上註解,可以方便自己或他人閱讀。主要是註明此函數的功能,由於可能是有多列註解所以可以用 3 個雙引號 (或單引號) 包夾。許多英文 Python 資料將此稱 docstring(document string 的縮寫)。

筆者將在 11-6 節說明如何引用此函數註解。

❑ **return [回傳值 1, 回傳值 2 , …]**

不論是 return 或接續右邊的回傳值皆是可有可無,如果有回傳多個資料彼此需以逗號 "," 隔開。

11-1-2　沒有傳入參數也沒有傳回值的函數

程式實例 ch11_1.py:第一次設計 Python 函數。

```
1   # ch11_1.py
2   def greeting():
3       """我的第一個Python函數設計"""
4       print("Python歡迎你")
5       print("祝福學習順利")
6       print("謝謝")
7   
8   # 以下的程式碼也可稱主程式
9   greeting()
10  greeting()
11  greeting()
```

第 11 章　函數設計 - 程式重用與維護的核心

執行結果
```
==================== RESTART: D:\Python\ch11\ch11_1.py ====================
Python歡迎你
祝福學習順利
謝謝
Python歡迎你
祝福學習順利
謝謝
Python歡迎你
祝福學習順利
謝謝
```

在程式設計的觀念中，有時候我們也可以將第 8 列以後的程式碼稱<u>主程式</u>。讀者可以想想看，如果沒有函數功能我們的程式設計將如下所示：

程式實例 ch11_2.py：重新設計 ch11_1.py，但是不使用函數設計。

```
1  # ch11_2.py
2  print("Python歡迎你")
3  print("祝福學習順利")
4  print("謝謝")
5  print("Python歡迎你")
6  print("祝福學習順利")
7  print("謝謝")
8  print("Python歡迎你")
9  print("祝福學習順利")
10 print("謝謝")
```

執行結果　與 ch11_1.py 相同。

上述程式雖然也可以完成工作，但是可以發現重複的語句太多了，這不是一個好的設計。同時如果發生要將「Python 歡迎你」改成「Python 歡迎你們」，程式必需修改 3 次相同的語句。經以上講解讀者應可以了解函數對程式設計的好處了吧！

11-1-3　在 Python Shell 執行函數

當程式執行完 ch11_1.py 時，在 Python Shell 視窗可以看到執行結果，此時我們也可以在 Python 提示訊息 (Python prompt) 直接輸入 ch11_1.py 程式所建的函數啟動與執行。下列是在 Python 提示訊息輸入 greeting( ) 函數的實例。

```
==================== RESTART: D:\Python\ch11\ch11_1.py ====================
Python歡迎你
祝福學習順利
謝謝
Python歡迎你
祝福學習順利
謝謝
Python歡迎你
祝福學習順利
謝謝
>>> greeting()
Python歡迎你
祝福學習順利
謝謝
```

11-4

11-2 函數的參數設計

11-1 節的程式實例沒有傳遞任何參數,在真實的函數設計與應用中大多是需要傳遞一些參數的。例如:在前面章節當我們呼叫 Python 內建函數時,例如:len( )、print( ) … 等,皆需要輸入參數,接下來將講解這方面的應用與設計。

11-2-1 傳遞一個參數

程式實例 ch11_3.py:函數內有參數的應用。

```
1  # ch11_3.py
2  def greeting(name):
3      """Python函數需傳遞名字name"""
4      print("Hi,", name, "Good Morning!")
5  greeting('Nelson')
```

執行結果
```
==================== RESTART: D:\Python\ch11\ch11_3.py ====================
Hi, Nelson Good Morning!
```

上述執行時,第 5 列呼叫函數 greeting( ) 時,所放的參數是 Nelson,這個字串將傳給函數括號內的 name 參數,所以程式第 4 列會將 Nelson 字串透過 name 參數列印出來。

在 Python 應用中,有時候也常會將第 4 列寫成下列語法,可參考 ch11_3_1.py,執行結果是相同的。

```
4      print("Hi, " + name + " Good Morning!")
```

特別留意由於我們可以在 Python Shell 環境呼叫函數,所以在設計與使用者 (user) 交流的程式時,也可以先省略第 5 列的呼叫,讓呼叫留到 Python 提示訊息 (prompt) 環境。

程式實例 ch11_4.py:程式設計時不做呼叫,在 Python 提示訊息環境呼叫。

```
1  # ch11_4.py
2  def greeting(name):
3      """Python函數需傳遞名字name"""
4      print("Hi, " + name + " Good Morning!")
```

執行結果
```
==================== RESTART: D:\Python\ch11\ch11_4.py ====================
>>> greeting('Nelson')
Hi, Nelson Good Morning!
>>> greeting('Tina')
Hi, Tina Good Morning!
```

上述程式最大的特色是 greeting('Nelson') 與 greeting('Tina'),皆是從 Python 提示訊息環境做輸入。

11-2-2 多個參數傳遞

當所設計的函數需要傳遞多個參數，呼叫此函數時就需要特別留意傳遞參數的位置需要正確，最後才可以獲得正確的結果。最常見的傳遞參數是數值或字串資料，在進階的程式應用中有時也會需要傳遞串列、元組、字典或函數。

程式實例 ch11_5.py：設計減法的函數 subtract( )，第一個參數會減去第二個參數，然後列出執行結果。

```
1  # ch11_5.py
2  def subtract(x1, x2):
3      """ 減法設計 """
4      result = x1 - x2
5      print(result)                # 輸出減法結果
6  print("本程式會執行 a - b 的運算")
7  a = eval(input("a = "))
8  b = eval(input("b = "))
9  print("a - b = ", end="")        # 輸出a-b字串,接下來輸出不跳行
10 subtract(a, b)
```

執行結果
```
==================== RESTART: D:\Python\ch11\ch11_5.py ====================
本程式會執行 a - b 的運算
a = 10
b = 5
a - b = 5
```

上述函數功能是減法運算，所以需要傳遞 2 個參數，然後執行第一個數值減去第 2 個數值。呼叫這類的函數時，就必需留意參數的位置，否則會有錯誤訊息產生。對於上述程式而言，變數 a 和 b 皆是從螢幕輸入，執行第 10 列呼叫 subtract( ) 函數時，a 將傳給 x1，b 將傳給 x2。

程式實例 ch11_6.py：這也是一個需傳遞 2 個參數的實例，第一個是興趣 (interest)，第二個是主題 (subject)。

```
1  # ch11_6.py
2  def interest(interest_type, subject):
3      """ 顯示興趣和主題 """
4      print("我的興趣是 " + interest_type )
5      print("在 " + interest_type + " 中，最喜歡的是 " + subject)
6      print()
7
8  interest('旅遊', '敦煌')
9  interest('程式設計', 'Python')
```

執行結果
```
==================== RESTART: D:\Python\ch11\ch11_6.py ====================
我的興趣是 旅遊
在 旅遊 中，最喜歡的是 敦煌

我的興趣是 程式設計
在 程式設計 中，最喜歡的是 Python
```

上述程式第 8 列呼叫 interest( ) 時,「旅遊」會傳給 interest_type、「敦煌」會傳給 subject。第 9 列呼叫 interest( ) 時,「程式設計」會傳給 interest_type、「Python」會傳給 subject。對於上述的實例,相信讀者應該了解呼叫需要傳遞多個參數的函數時,所傳遞參數的位置很重要否則會有不可預期的錯誤。

11-2-3　關鍵字參數　參數名稱 = 值

所謂的關鍵字參數 (keyword arguments) 是指呼叫函數時,參數是用「參數名稱 = 值」配對方式呈現,這個時候參數的位置就不重要了。

程式實例 ch11_7.py:這個程式基本上是重新設計 ch11_6.py,但是傳遞參數時,直接用「參數名稱 = 值」配對方式傳送。

```
1   # ch11_7.py
2   def interest(interest_type, subject):
3       """ 顯示興趣和主題 """
4       print(f"我的興趣是 {interest_type}")
5       print(f"在 {interest_type} 中,最喜歡的是 {subject}")
6       print()
7
8   interest(interest_type = '旅遊', subject = '敦煌')    # 位置正確
9   interest(subject = '敦煌', interest_type = '旅遊')    # 位置更動
```

執行結果

```
================= RESTART: D:\Python\ch11\ch11_7.py =================
我的興趣是 旅遊
在 旅遊 中,最喜歡的是 敦煌

我的興趣是 旅遊
在 旅遊 中,最喜歡的是 敦煌
```

讀者可以留意程式第 8 列和第 9 列的「interest_type = ' 旅遊 '」,當呼叫函數用配對方式傳送參數時,即使參數位置不同,程式執行結果也會相同,因為在呼叫時已經明確指出所傳遞的值是要給那一個參數了。另外,第 4 和 5 列則是筆者使用最新的 f-strings 字串處理方式做輸出,讀者可以體會不一樣的設計方式,其實簡潔許多,但是各位未來在職場可以看到各式不同設計,所以這本書盡量也用多元方式做解說。

11-2-4　參數預設值的處理

在設計函數時也可以給參數預設值,如果呼叫這個函數沒有給參數值時,函數的預設值將派上用場。特別需留意:函數設計時含有預設值的參數,必需放置在參數列的最右邊,請參考下列程式第 2 列,如果將「subject = ' 敦煌 '」與「interest_type」位置對調,程式會有錯誤產生。

程式實例 ch11_8.py：重新設計 ch11_7.py，這個程式會將 subject 的預設值設為「敦煌」。程式用不同方式呼叫，讀者可以從中體會參數預設值的意義。

```python
1   # ch11_8.py
2   def interest(interest_type, subject = '敦煌'):
3       """ 顯示興趣和主題 """
4       print(f"我的興趣是 {interest_type}")
5       print(f"在 {interest_type}  中，最喜歡的是 {subject}")
6       print()
7
8   interest('旅遊')                                           # 傳遞一個參數
9   interest(interest_type='旅遊')                             # 傳遞一個參數
10  interest('旅遊', '張家界')                                 # 傳遞二個參數
11  interest(interest_type='旅遊', subject='張家界')           # 傳遞二個參數
12  interest(subject='張家界', interest_type='旅遊')           # 傳遞二個參數
13  interest('閱讀', '旅遊類')                                 # 傳遞二個參數,不同的主題
```

執行結果
```
==================== RESTART: D:\Python\ch11\ch11_8.py ====================
我的興趣是 旅遊
在 旅遊 中，最喜歡的是 敦煌

我的興趣是 旅遊
在 旅遊 中，最喜歡的是 敦煌

我的興趣是 旅遊
在 旅遊 中，最喜歡的是 張家界

我的興趣是 旅遊
在 旅遊 中，最喜歡的是 張家界

我的興趣是 旅遊
在 旅遊 中，最喜歡的是 張家界

我的興趣是 閱讀
在 閱讀 中，最喜歡的是 旅遊類
```

上述程式第 8 列和 9 列只傳遞一個參數，所以 subject 就會使用預設值「敦煌」，第 10 列、11 列和 12 列傳送了 2 個參數，其中第 11 和 12 列筆者用「參數名稱 = 值」用配對方式呼叫傳送，可以獲得一樣的結果。第 13 列主要說明使用不同類的參數一樣可以獲得正確語意的結果。

11-3　函數傳回值

在前面的章節實例我們有執行呼叫許多內建的函數，有時會傳回一些有意義的資料，例如：len( ) 回傳元素數量。有些沒有回傳值，此時 Python 會自動回傳 None，例如：print( )。為何會如此？本節會完整解說函數回傳值的知識。

```
>>> result = print("Hello, Python!")
Hello, Python!
>>> print(result)
None
>>>
```

11-3-1　傳回 None

前 2 個小節所設計的函數全部沒有「return [回傳值]」，Python 在直譯時會自動將回傳處理成「return None」，相當於回傳 None，None 在 Python 中獨立成為一個資料型態 NoneType，下列是實例觀察。

程式實例 ch11_9.py：重新設計 ch11_3.py，這個函數沒有做傳回值設計，不過將列出 Python 回傳 greeting( ) 函數的結果，同時列出傳回值的資料型態。

```
1  # ch11_9.py
2  def greeting(name):
3      """Python函數需傳遞名字name"""
4      print("Hi, ", name, " Good Morning!")
5
6  ret_value = greeting('Nelson')
7  print(f"greeting()傳回值 = {ret_value}")
8  print(f"{ret_value} 的 type  = {type(ret_value)}")
```

執行結果
```
==================== RESTART: D:\Python\ch11\ch11_9.py ====================
Hi,  Nelson  Good Morning!
greeting( )傳回值 =  None
None  的 type  =  <class 'NoneType'>
```

上述函數 greeting( ) 沒有 return，Python 將自動處理成 return None。其實即使函數設計時有 return 但是沒有傳回值，Python 也將自動處理成 return None，可參考下列實例第 5 列。

程式實例 ch11_10.py：重新設計 ch11_9.py，函數末端增加 return。

```
5      return          # Python自動回傳 None
```

執行結果　與 ch11_9.py 相同。

11-3-2　簡單回傳數值資料

參數具有回傳值功能，將可以大大增加程式的可讀性，回傳的基本方式可參考下列程式第 5 列：

　　　　　return result　　　　　　# result 就是回傳的值

程式實例 ch11_11.py：利用函數的回傳值，重新設計 ch11_5.py 減法的運算。

```
1  # ch11_11.py
2  def subtract(x1, x2):
3      """ 減法設計 """
4      result = x1 - x2
5      return result                  # 回傳減法結果
6  print("本程式會執行 a - b 的運算")
7  a = int(input("a = "))
8  b = int(input("b = "))
9  print("a - b = ", subtract(a, b))    # 輸出a-b字串和結果
```

執行結果
```
==================== RESTART: D:\Python\ch11\ch11_11.py ====================
本程式會執行 a - b 的運算
a = 10
b = 5
a - b = 5
```

一個程式常常是由許多函數所組成，下列是程式含 2 個函數的應用。

程式實例 ch11_12.py：設計加法和減法器。

```python
 1  # ch11_12.py
 2  def subtract(x1, x2):
 3      """ 減法設計 """
 4      return x1 - x2                    # 回傳減法結果
 5  def addition(x1, x2):
 6      """ 加法設計 """
 7      return x1 + x2                    # 回傳加法結果
 8
 9  # 使用者輸入
10  print("請輸入運算")
11  print("1:加法")
12  print("2:減法")
13  op = int(input("輸入1/2: "))
14  a = int(input("a = "))
15  b = int(input("b = "))
16
17  # 程式運算
18  if op == 1:
19      print("a + b = ", addition(a, b))    # 輸出a-b字串和結果
20  elif op == 2:
21      print("a - b = ", subtract(a, b))    # 輸出a-b字串和結果
22  else:
23      print("運算方法輸入錯誤")
```

執行結果
```
==================== RESTART: D:\Python\ch11\ch11_12.py ====================
請輸入運算
1:加法
2:減法
輸入1/2: 1
a = 5
b = 3
a + b =  8
>>>
==================== RESTART: D:\Python\ch11\ch11_12.py ====================
請輸入運算
1:加法
2:減法
輸入1/2: 2
a = 5
b = 3
a - b =  2
```

11-3-3　傳回多筆資料的應用 – 實質是回傳 tuple

使用 return 回傳函數資料時，也允許回傳多筆資料，各筆資料間只要以逗號隔開即可，讀者可參考下列實例第 8 列。

程式實例 ch11_13.py：請設定「x1=x2=10」變數，此函數將傳回加法、減法、乘法、除法的執行結果。

```
1  # ch11_13.py
2  def mutifunction(x1, x2):
3      """ 加，減，乘，除四則運算 """
4      addresult = x1 + x2
5      subresult = x1 - x2
6      mulresult = x1 * x2
7      divresult = x1 / x2
8      return addresult, subresult, mulresult, divresult
9
10 x1 = x2 = 10
11 add, sub, mul, div = mutifunction(x1, x2)
12 print("加法結果 = ", add)
13 print("減法結果 = ", sub)
14 print("乘法結果 = ", mul)
15 print("除法結果 = ", div)
```

執行結果
```
================= RESTART: D:\Python\ch11\ch11_13.py =================
加法結果 =  20
減法結果 =  0
乘法結果 =  100
除法結果 =  1.0
```

上述函數 mutifunction( ) 第 8 列回傳了加法、減法、乘法與除法的運算結果，Python 會將此打包為元組 (tuple) 物件，所以真正的回傳值只有一個，程式第 11 列則是 Python 將回傳的元組 (tuple) 解包，更多打包與解包的觀念可以參考 8-14-2 節。

程式實例 ch11_13_1.py：重新設計前一個程式，驗證函數回傳多個數值，其實是回傳元組物件 (tuple)，同時列出結果。

```
1  # ch11_13_1.py
2  def mutifunction(x1, x2):
3      """ 加，減，乘，除四則運算 """
4      addresult = x1 + x2
5      subresult = x1 - x2
6      mulresult = x1 * x2
7      divresult = x1 / x2
8      return addresult, subresult, mulresult, divresult
9
10 x1 = x2 = 10
11 ans = mutifunction(x1, x2)
12 print("資料型態 : ", type(ans))
13 print("加法結果 = ", ans[0])
14 print("減法結果 = ", ans[1])
15 print("乘法結果 = ", ans[2])
16 print("除法結果 = ", ans[3])
```

執行結果
```
================ RESTART: D:/Python/ch11/ch11_13_1.py ================
資料型態 :  <class 'tuple'>
加法結果 =  20
減法結果 =  0
乘法結果 =  100
除法結果 =  1.0
```

第 11 章　函數設計 - 程式重用與維護的核心

從上述第 11 列我們可以知道回傳的資料型態是元組 (tuple)，所以我們在第 13～16 列可以用輸出元組 (tuple) 索引方式列出運算結果。

11-3-4　簡單回傳字串資料

回傳字串的方法與 11-3-2 節回傳數值的方法相同。

程式實例 ch11_14.py：一般中文姓名是 3 個字，筆者將中文姓名拆解為第一個字是姓 lastname，第二個字是中間名 middlename，第三個字是名 firstname。這個程式內有一個函數 guest_info( )，參數意義分別是名 firstname、中間名 middlename 和姓 lastname，以及性別 gender 組織起來，同時加上問候語回傳。

```
1   # ch11_14.py
2   def guest_info(firstname, middlename, lastname, gender):
3       """ 整合客戶名字資料 """
4       if gender == "M":
5           welcome = lastname + middlename + firstname + '先生歡迎你'
6       else:
7           welcome = lastname + middlename + firstname + '小姐歡迎妳'
8       return welcome
9
10  info1 = guest_info('宇', '星', '洪', 'M')
11  info2 = guest_info('雨', '冰', '洪', 'F')
12  print(info1)
13  print(info2)
```

執行結果
```
============ RESTART: D:\Python\ch11\ch11_14.py ============
洪星宇先生歡迎你
洪冰雨小姐歡迎妳
```

如果讀者是處理外國人的名字，則需在 lastname、middlename 和 firstname 之間加上空格，同時外國人名字處理方式順序是 firstname middlename lastname，這將是讀者的習題。

11-3-5　再談參數預設值

雖然大多數國人的名字是 3 個字所組成，但是偶爾也會遇上 2 個字的狀況，例如：著名影星劉濤。其實外國人的名字中，有些人也是只有 2 個字，因為沒有中間名 middlename。如果要讓 ch11_14.py 更完美，可以在函數設計時將 middlename 預設為空字串，這樣就可以處理沒有中間名的問題，參考 ch11_8.py 可知，設計時必需將預設為空字串的參數放函數參數列的最右邊。

程式實例 ch11_15.py：重新設計 ch11_14.py，這個程式會將 middlename 預設為空字串，這樣就可以處理沒有中間名 middlename 的問題，請留意函數設計時需將此參數預

11-12

設放在最右邊,可以參考第 2 列。

```
1   # ch11_15.py
2   def guest_info(firstname, lastname, gender, middlename = ''):
3       """ 整合客戶名字資料 """
4       if gender == "M":
5           welcome = f"{lastname}{middlename}{firstname}先生歡迎你"
6       else:
7           welcome = f"{lastname}{middlename}{firstname}小姐歡迎妳"
8       return welcome
9
10  info1 = guest_info('濤', '劉', 'M')
11  info2 = guest_info('雨', '洪', 'F', '冰')
12  print(info1)
13  print(info2)
```

執行結果
```
================== RESTART: D:\Python\ch11\ch11_15.py ==================
劉濤先生歡迎你
洪冰雨小姐歡迎妳
```

上述第 5 列和 7 列筆者使用 f-strings 方式設計,第 10 列呼叫 guest_info( ) 函數時只有 3 個參數,middlename 就會使用預設的空字串。第 11 列呼叫 guest_info( ) 函數時有 4 個參數,middlename 就會使用呼叫函數時所設的字串「冰」。

11-3-6　函數回傳字典資料

函數除了可以回傳數值或字串資料外,也可以回傳比較複雜的資料,例如:字典或串列 … 等。

程式實例 ch11_16.py:這個程式會呼叫 build_vip 函數,在呼叫時會傳入 VIP_ID 編號和 Name 姓名資料,函數將回傳所建立的字典資料。

```
1   # ch11_16.py
2   def build_vip(id, name):
3       """ 建立VIP資訊 """
4       vip_dict = {'VIP_ID':id, 'Name':name}
5       return vip_dict
6
7   member = build_vip('101', 'Nelson')
8   print(member)
```

執行結果
```
================== RESTART: D:\Python\ch11\ch11_16.py ==================
{'VIP_ID': '101', 'Name': 'Nelson'}
```

上述字典資料只是一個簡單的應用,真正的企業建立 VIP 資料的案例中,可能還需要性別、電話號碼、年齡、電子郵件、地址 … 等資訊。在建立 VIP 資料過程,也許有些人會樂意提供手機號碼,有些人不樂意提供,函數設計時我們也可以將 Tel 電話號碼當作預設為空字串。碰上有提供電話號碼時,程式再將它納入字典內容。

第 11 章　函數設計 - 程式重用與維護的核心

程式實例 ch11_17.py：擴充 ch11_16.py，增加電話號碼，呼叫時若沒有提供電話號碼則字典不含此欄位，呼叫時若有提供電話號碼則字典含此欄位。

```python
1   # ch11_17.py
2   def build_vip(id, name, tel = ''):
3       """ 建立VIP資訊 """
4       vip_dict = {'VIP_ID':id, 'Name':name}
5       if tel:
6           vip_dict['Tel'] = tel
7       return vip_dict
8
9   member1 = build_vip('101', 'Nelson')
10  member2 = build_vip('102', 'Henry', '0952222333')
11  print(member1)
12  print(member2)
```

執行結果
```
==================== RESTART: D:\Python\ch11\ch11_17.py ====================
{'VIP_ID': '101', 'Name': 'Nelson'}
{'VIP_ID': '102', 'Name': 'Henry', 'Tel': '0952222333'}
```

程式第 10 列呼叫 build_vip( ) 函數時，由於有提供電話號碼欄位，所以上述程式第 5 列會得到 if 敘述的 tel 是 True，所以在第 6 列會將此欄位增加到字典中。

11-4　呼叫函數時參數是串列

11-4-1　基本傳遞串列參數的應用

在呼叫函數時，也可以將串列 (此串列可以是由數值、字串或字典所組成) 當參數傳遞給函數，然後設計函數遍歷串列內容，執行更進一步的運作。

程式實例 ch11_18.py：傳遞串列給 product_msg( ) 函數，函數會遍歷串列，然後列出一封產品發表會的信件。

```python
1   # ch11_18.py
2   def product_msg(customers):
3       str1 = '親愛的: '
4       str2 = '本公司將在2023年12月20日夏威夷舉行產品發表會'
5       str3 = '總經理:深智公司敬上'
6       for customer in customers:
7           msg = str1 + customer + '\n' + str2 + '\n' + str3
8           print(msg, '\n')
9
10  members = ['Damon', 'Peter', 'Mary']
11  product_msg(members)
```

執行結果
```
==================== RESTART: D:\Python\ch11\ch11_18.py ====================
親愛的: Damon
本公司將在2023年12月20日夏威夷舉行產品發表會
總經理:深智公司敬上

親愛的: Peter
本公司將在2023年12月20日夏威夷舉行產品發表會
總經理:深智公司敬上

親愛的: Mary
本公司將在2023年12月20日夏威夷舉行產品發表會
總經理:深智公司敬上
```

11-4-2 觀察傳遞一般變數與串列變數到函數的區別

在正式講解下一節修訂串列內容前，筆者先用 2 個簡單的程式說明傳遞整數變數與傳遞串列變數到函數的差別。如果傳遞的是一般整數變數，其實只是將此變數值傳給函數，此變數內容在函數更改時原先主程式的變數值不會改變。

程式實例 ch11_19.py：主程式呼叫函數時傳遞整數變數，這個程式會在主程式以及函數中列出此變數的值與位址的變化。

```
1   # ch11_19.py
2   def mydata(n):
3       print("副程式 id(n) = : ", id(n), "\t", n)
4       n = 5
5       print("副程式 id(n) = : ", id(n), "\t", n)
6
7   x = 1
8   print("主程式 id(x) = : ", id(x), "\t", x)
9   mydata(x)
10  print("主程式 id(x) = : ", id(x), "\t", x)
```

執行結果
```
==================== RESTART: D:\Python\ch11\ch11_19.py ====================
主程式 id(x) = :  140728203463096         1
副程式 id(n) = :  140728203463096         1
副程式 id(n) = :  140728203463224         5
主程式 id(x) = :  140728203463096         1
```

從上述程式可以發現主程式在呼叫 mydata( ) 函數時傳遞了參數 x，在 mydata( ) 函數中將變數設為 n，當第 4 列變數 n 內容更改為 5 時，這個變數在記憶體的地址也更改了，所以函數 mydata( ) 執行結束時回到主程式，第 10 列可以得到原先主程式的變數 x 仍然是 1。

如果主程式呼叫函數所傳遞的是串列變數，其實是將此串列變數的位址參照傳給函數，如果在函數中此串列變數位址參照的內容更改時，原先主程式串列變數內容會隨著改變。

程式實例 ch11_19_1.py：主程式呼叫函數時,傳遞串列變數,這個程式會在主程式以及函數中列出此串列變數的值與位址的變化。

```
1   # ch11_19_1.py
2   def mydata(n):
3       print(f"函  數 id(n) = :  {id(n)} \t {n}")
4       n[0] = 5
5       print(f"函  數 id(n) = :  {id(n)} \t {n}")
6
7   x = [1, 2]
8   print("主程式 id(x) = : ", id(x), "\t", x)
9   mydata(x)
10  print("主程式 id(x) = : ", id(x), "\t", x)
```

執行結果
```
==================== RESTART: D:/Python/ch11/ch11_19_1.py ====================
主程式 id(x) = :   2189510454528         [1, 2]
函  數 id(n) = :   2189510454528         [1, 2]
函  數 id(n) = :   2189510454528         [5, 2]
主程式 id(x) = :   2189510454528         [5, 2]
```

從上述執行結果可以得到,串列變數的位址不論是在主程式或是函數皆保持一致,所以第 4 列函數 mydata( ) 內串列內容改變時,函數執行結束回到主程式可以看到主程式串列內容也更改了。

11-4-3　在函數內修訂串列的內容

由前一小節可以知道 Python 允許主程式呼叫函數時,傳遞的參數是串列名稱,這時在函數內直接修訂串列的內容,同時串列經過修正後,主程式的串列也將隨著永久性更改結果。

程式實例 ch11_20.py：設計一個麥當勞的點餐系統,顧客在麥當勞點餐時,可以將所點的餐點放入 unserved 串列,服務完成後將已服務餐點放入 served 串列。

```
1   # ch11_20.py
2   def kitchen(unserved, served):
3       """ 將未服務的餐點轉為已經服務 """
4       print("\n廚房處理顧客所點的餐點")
5       while unserved:
6           current_meal = unserved.pop( )
7           # 模擬出餐點過程
8           print(f"菜單: {current_meal}")
9           # 將已出餐點轉入已經服務串列
10          served.append(current_meal)
11      print( )
12
13  def show_unserved_meal(unserved):
14      """ 顯示尚未服務的餐點 """
15      print("=== 下列是尚未服務的餐點 ===")
16      if not unserved:
17          print("*** 沒有餐點 ***")
```

```python
18      for unserved_meal in unserved:
19          print(unserved_meal)
20
21  def show_served_meal(served):
22      """ 顯示已經服務的餐點 """
23      print("=== 下列是已經服務的餐點 ===")
24      if not served:
25          print("*** 沒有餐點 ***")
26      for served_meal in served:
27          print(served_meal)
28
29  unserved = ['大麥克', '可樂', '麥克雞塊']     # 所點餐點
30  served = []                                # 已服務餐點
31  # 列出餐廳處理前的點餐內容
32  show_unserved_meal(unserved)               # 列出未服務餐點
33  show_served_meal(served)                   # 列出已服務餐點
34  # 餐廳服務過程
35  kitchen(unserved, served)                  # 餐廳處理過程
36  # 列出餐廳處理後的點餐內容
37  show_unserved_meal(unserved)               # 列出未服務餐點
38  show_served_meal(served)                   # 列出已服務餐點
```

執行結果

```
======================= RESTART: D:\Python\ch11\ch11_20.py =======================
=== 下列是尚未服務的餐點 ===
大麥克
可樂
麥克雞塊
=== 下列是已經服務的餐點 ===
*** 沒有餐點 ***

廚房處理顧客所點的餐點
菜單： 麥克雞塊
菜單： 可樂
菜單： 大麥克

=== 下列是尚未服務的餐點 ===
*** 沒有餐點 ***
=== 下列是已經服務的餐點 ===
麥克雞塊
可樂
大麥克
```

這個程式的主程式從第 29 列開始，基本上將所點的餐點放 unserved 串列，第 30 列將已經處理的餐點放在 served 串列，程式剛開始是設定空串列。為了瞭解所做的設定，所以第 32 和 33 列是列出尚未服務的餐點和已經服務的餐點。

程式第 35 列是呼叫 kitchen( ) 函數，這個程式主要是列出餐點，同時將已經處理的餐點從尚未服務串列 unserved，轉入已經服務的串列 served。

程式第 37 和 38 列再執行一次列出尚未服務餐點和已經服務餐點，以便驗證整個執行過程。

對於上述程式而言，讀者可能會好奇，主程式部分與函數部分是使用相同的串列變數 served 與 unserved，所以經過第 35 列呼叫 kitchen( ) 後造成串列內容的改變，是否設計這類欲更改串列內容的程式，函數與主程式的變數名稱一定要相同？答案是否定的。

11-17

第 11 章　函數設計 - 程式重用與維護的核心

程式實例 ch11_21.py：重新設計 ch11_20.py，但是主程式的尚未服務串列改為 order_list，已經服務串列改為 served_list，下列只列出主程式內容。

```
29  order_list = ['大麥克', '可樂', '麥克雞塊']    # 所點餐點
30  served_list = []                              # 已服務餐點
31  # 列出餐廳處理前的點餐內容
32  show_unserved_meal(order_list)                # 列出未服務餐點
33  show_served_meal(served_list)                 # 列出已服務餐點
34  # 餐廳服務過程
35  kitchen(order_list, served_list)              # 餐廳處理過程
36  # 列出餐廳處理後的點餐內容
37  show_unserved_meal(order_list)                # 列出未服務餐點
38  show_served_meal(served_list)                 # 列出已服務餐點
```

執行結果　與 ch11_20.py 相同。

上述結果最主要原因是，當傳遞串列給函數時，即使函數內的串列與主程式串列是不同的名稱，但是函數串列 unserved/served 與主程式串列 order_list/served_list 是指向相同的記憶體位置，所以在函數更改串列內容時主程式串列內容也隨著更改。

11-4-4　使用副本傳遞串列

有時候設計餐廳系統時，可能想要保存餐點內容，但是經過先前程式設計可以發現 order_list 串列已經變為空串列了，為了避免這樣的情形發生，可以在呼叫 kitchen( ) 函數時傳遞副本串列，處理方式如下：

　　　　kitchen(order_list[:], served_list)　　　　　　　　# 傳遞副本串列 (可以參考 6-8-3 節)

程式實例 ch11_22.py：重新設計 ch11_21.py，但是保留原 order_list 的內容，整個程式主要是在第 36 列，筆者使用副本傳遞串列，其它只是程式語意註解有一些小調整，例如：原先函數 show_unserved_meal( ) 改名為 show_order_meal( )。

```
1   # ch11_22.py
2   def kitchen(unserved, served):
3       """ 將未服務的餐點轉為已經服務 """
4       print("\n廚房處理顧客所點的餐點")
5       while unserved:
6           current_meal = unserved.pop( )
7           # 模擬出餐點過程
8           print(f"菜單: {current_meal}")
9           # 將已出餐點轉入已經服務串列
10          served.append(current_meal)
11      print()
12  
13  def show_order_meal(unserved):
14      """ 顯示所點的餐點 """
15      print("=== 下列是所點的餐點 ===")
16      if not unserved:
```

```
17              print("*** 沒有餐點 ***")
18          for unserved_meal in unserved:
19              print(unserved_meal)
20
21      def show_served_meal(served):
22          """ 顯示已經服務的餐點 """
23          print("=== 下列是已經服務的餐點 ===")
24          if not served:
25              print("*** 沒有餐點 ***")
26          for served_meal in served:
27              print(served_meal)
28
29      order_list = ['大麥克', '可樂', '麥克雞塊']      # 所點餐點
30      served_list = []                              # 已服務餐點
31      # 列出餐廳處理前的點餐內容
32      show_order_meal(order_list)                   # 列出所點的餐點
33      show_served_meal(served_list)                 # 列出已服務餐點
34      # 餐廳服務過程
35      kitchen(order_list[:], served_list)           # 餐廳處理過程
36      # 列出餐廳處理後的點餐內容
37      show_order_meal(order_list)                   # 列出所點的餐點
38      show_served_meal(served_list)                 # 列出已服務餐點
```

執行結果

```
======================= RESTART: D:\Python\ch11\ch11_22.py =======================
=== 下列是所點的餐點 ===
大麥克
可樂
麥克雞塊
=== 下列是已經服務的餐點 ===
*** 沒有餐點 ***

廚房處理顧客所點的餐點
菜單: 麥克雞塊
菜單: 可樂
菜單: 大麥克

=== 下列是所點的餐點 ===
大麥克
可樂
麥克雞塊
=== 下列是已經服務的餐點 ===
麥克雞塊
可樂
大麥克
```

由上述執行結果可以發現,原先儲存點餐的 order_list 串列經過 kitchen( ) 函數後,此串列的內容沒有改變。

11-5 傳遞任意數量的參數

11-5-1 基本傳遞處理任意數量的參數

在設計 Python 的函數時,有時候可能會碰上不知道會有多少個參數會傳遞到這個函數,此時可以用下列方式設計。

程式實例 ch11_23.py：建立一個冰淇淋的配料程式，一般冰淇淋可以在上面加上配料，這個程式在呼叫製作冰淇淋函數 make_icecream( ) 時，可以傳遞 0 到多個配料，然後 make_icecream( ) 函數會將配料結果的冰淇淋列出來。

```
1  # ch11_23.py
2  def make_icecream(*toppings):
3      """ 列出製作冰淇淋的配料 """
4      print("這個冰淇淋所加配料如下")
5      for topping in toppings:
6          print("--- ", topping)
7
8  make_icecream('草莓醬')
9  make_icecream('草莓醬', '葡萄乾', '巧克力碎片')
```

執行結果
```
==================== RESTART: D:\Python\ch11\ch11_23.py ====================
這個冰淇淋所加配料如下
---  草莓醬
這個冰淇淋所加配料如下
---  草莓醬
---  葡萄乾
---  巧克力碎片
```

上述程式最關鍵的是第 2 列 make_icecream( ) 函數的參數「*toppings」，這個加上「*」符號的參數代表可以有 0 到多個參數將傳遞到這個函數內。參數「*toppings」另一個特色是，它可以將所傳遞的參數轉成元組 (tuple)，讀者可以自行練習，在第 7 列增加 print(type(toppings)) 指令，驗證傳遞的參數資料型態是元組，筆者將此測試實例儲存至 ch11_23_1.py 檔案內。

程式 ch11_23.py 另一個重要觀念是，如果呼叫 make_icecream( ) 時沒有傳遞參數，第 5 列的 for 迴圈將不會執行第 6 列的內容，讀者可以自行練習，筆者將此測試實例儲存至 ch11_23_2.py 檔案內。

11-5-2 設計含有一般參數與任意數量參數的函數

程式設計時有時會遇上需要傳遞一般參數與任意數量參數，碰上這類狀況，任意數量的參數必需放在最右邊。

程式實例 ch11_24.py：重新設計 ch11_23.py，傳遞參數時第一個參數是冰淇淋的種類，然後才是不同數量的冰淇淋的配料。

```
1  # ch11_24.py
2  def make_icecream(icecream_type, *toppings):
3      """ 列出製作冰淇淋的配料 """
4      print("這個 ", icecream_type, " 冰淇淋所加配料如下")
5      for topping in toppings:
6          print("--- ", topping)
7
8  make_icecream('香草', '草莓醬')
9  make_icecream('芒果', '草莓醬', '葡萄乾', '巧克力碎片')
```

執行結果

```
==================== RESTART: D:\Python\ch11\ch11_24.py ====================
這個  香草   冰淇淋所加配料如下
---
  草莓醬
這個  芒果   冰淇淋所加配料如下
---
  草莓醬
---
  葡萄乾
---
  巧克力碎片
```

11-5-3 設計含有一般參數與任意數量的關鍵字參數

在 11-2-3 節筆者有介紹呼叫函數的參數是<u>關鍵字參數</u>，<u>參數</u>是用「<u>參數名稱 = 值</u>」配對方式呈現。我們也可以設計含任意數量關鍵字參數的函數，方法是在函數內使用 **kwargs(kwargs 是程式設計師可以自行命名的參數，可以想成 key word arguments)，這時關鍵字參數將會變成任意數量的字典元素，其中引數是鍵，對應的值是字典的值。

程式實例 ch11_25.py：這個程式基本上是用 build_dict( ) 函數建立一個球員的字典資料，主程式會傳入一般參數與任意數量的關鍵字參數，最後可以列出執行結果。

```python
1  # ch11_25.py
2  def build_dict(name, age, **players):
3      """ 建立NBA球員的字典資料 """
4      info = {}                # 建立空字典
5      info['Name'] = name
6      info['Age'] = age
7      for key, value in players.items( ):
8          info[key] = value
9      return info              # 回傳所建的字典
10
11 player_dict = build_dict('James', '32',
12                          City = 'Cleveland',
13                          State = 'Ohio')
14
15 print(player_dict)           # 列印所建字典
```

執行結果

```
==================== RESTART: D:\Python\ch11\ch11_25.py ====================
{'Name': 'James', 'Age': '32', 'City': 'Cleveland', 'State': 'Ohio'}
```

上述最關鍵的是第 2 列 build_dict( ) 函數內的參數「**players」，這是可以接受任意數量關鍵字參數，它可以將所傳遞的關鍵字參數群組化成字典 (dict)。

11-6 進一步認識函數

在 Python 中所有東西皆是物件，例如：字串、串列、字典、…、甚至函數也是物件，我們可以將函數賦值給一個變數，也可以將函數當作參數傳送，甚至將函數回傳，當然也可以動態建立或是銷毀。這讓 Python 使用起來非常有彈性，也可以做其它程式語言無法做到的事情，但是其實也多了一些理解的難度。

第 11 章　函數設計 - 程式重用與維護的核心

在程式設計中，函數和其他物件，例如：數字、字串和串列等，享有相同的地位，所以函數又稱為「第一類物件 (First-Class Objects)」。

11-6-1　函數文件字串 Docstring

請再看一次 ch11_3.py 程式：

```
1  # ch11_3.py
2  def greeting(name):
3      """Python函數需傳遞名字name"""
4      print("Hi,", name, "Good Morning!")
5  greeting('Nelson')
```

上述函數 greeting( ) 名稱下方是「"""Python 函數需傳遞名字 name """」字串，Python 語言將此函數註解稱文件字串 docstring(document string 的縮寫)。一個公司設計大型程式時，常常將工作分成很多小程式，每個人的工作將用函數完成，為了要讓其他團隊成員可以了解你所設計的函數，所以必需用文件字串註明此函數的功能與用法。

我們可以使用 help(函數名稱) 列出此函數的文件字串，可以參考下列實例。假設程式已經執行了 ch11_3.py 程式，下列是列出此程式的 greeting( ) 函數的文件字串。

```
>>> help(greeting)
Help on function greeting in module __main__:

greeting(name)
    Python函數需傳遞名字name
```

如果我們只是想要看函數註解，可以使用下列方式。

```
>>> print(greeting.__doc__)
Python函數需傳遞名字name
```

上述奇怪的「greeting.__doc__」就是 greeting( ) 函數文件字串的變數名稱，「__」是 2 個底線，這是系統保留名稱的方法，未來筆者還會介紹這方面的知識。

11-6-2　函數是一個物件

在 Python 中函數也是一個物件，假設有一個函數如下：

```
>>> def upperStr(text):
        return text.upper()

>>> upperStr('deepstone')
'DEEPSTONE'
```

我們可以使用物件賦值方式處理此物件，或是說將函數設定給一個變數。

```
>>> upperLetter = upperStr
```

11-22

經上述執行後 upperLetter 也變成了一個函數，所以可以執行下列操作。

```
>>> upperLetter('deepstone')
'DEEPSTONE'
```

從上述執行可以知道 upperStr 和 upperLetter 指的是同一個函數物件。此外，一個函數若是拿掉小括號 ( )，這個函數就是一個記憶體內的位址，可參考下列驗證，由於 upperStr 和 upperLetter 是指相同物件，所以它們的記憶體位址相同。

```
>>> upperStr
<function upperStr at 0x0040F150>
>>> upperLetter
<function upperStr at 0x0040F150>
```

如果我們用 type( ) 觀察，可以得到 upperStr 和 upperLetter 皆是函數物件。

```
>>> type(upperStr)
<class 'function'>
>>> type(upperLetter)
<class 'function'>
```

11-6-3 函數可以是資料結構成員

函數既然可以是一個物件，我們就可以將函數當作資料結構 (例如：串列、元組 …) 的元素，自然我們也可以迭代這些函數，這個觀念可以應用在自建函數或內建函數。

程式實例 ch11_25_1.py：將所定義的函數 total 與 Python 內建的函數 min( )、max( )、sum( ) 等，當作是串列的元素，然後迭代，內建函數會列出 <built-in …>，非內建函數則列出記憶體位址。

```
1  # ch11_25_1.py
2  def total(data):
3      return sum(data)
4
5  x = (1,5,10)
6  myList = [min, max, sum, total]
7  for f in myList:
8      print(f)
```

執行結果
```
================== RESTART: D:/Python/ch11/ch11_25_1.py ==================
<built-in function min>
<built-in function max>
<built-in function sum>
<function total at 0x00A9C618>
```

程式實例 ch11_25_2.py：用 for 迴圈迭代串列內的元素，這些元素是函數，這次有傳遞參數 (1, 5, 10)。

```
1   # ch11_25_2.py
2   def total(data):
3       return sum(data)
4
5   x = (1,5,10)
6   myList = [min, max, sum, total]
7   for f in myList:
8       print(f, f(x))
```

執行結果

```
==================== RESTART: D:\Python\ch11\ch11_25_2.py ====================
<built-in function min> 1
<built-in function max> 10
<built-in function sum> 16
<function total at 0x04155BB8> 16
```

11-6-4　函數可以當作參數傳遞給其它函數

在 Python 中函數也可以當作參數被傳遞給其它函數，當函數當作參數傳遞時，可以不用加上 ( ) 符號，這樣 Python 就可以將函數當作物件處理。如果加上括號，會被視為呼叫這個函數。

程式實例 ch11_25_3.py：函數當作是傳遞參數的基本應用。

```
1   # ch11_25_3.py
2   def add(x, y):
3       return x+y
4
5   def mul(x, y):
6       return x*y
7
8   def running(func, arg1, arg2):
9       return func(arg1, arg2)
10
11  result1 = running(add, 5, 10)       # add函數當作參數
12  print(result1)
13  result2 = running(mul, 5, 10)       # mul函數當作參數
14  print(result2)
```

執行結果

```
==================== RESTART: D:/Python/ch11/ch11_25_3.py ====================
15
50
```

上述第 8 列 running( ) 函數的第 1 個參數是函數，第 2 和 3 個參數是一般數值，這個 running 函數會依所傳遞的第一個參數，才會知道要呼叫 add( ) 或 mul( )，然後才將 arg1 和 arg2 傳遞給指定的函數。在上述程式中，running( ) 函數可以接受其它函數當作參數的函數又稱此為高階函數 (Higher-order function)。

11-6-5　函數當參數與 *args 不定量的參數

前面已經解說可以將函數當傳遞參數使用，其實也可以配合 *args 共同使用。

程式實例 ch11_25_4.py：函數當參數與 *args 不定量參數配合使用。

```
1  # ch11_25_4.py
2  def mysum(*args):
3      return sum(args)
4
5  def run_with_multiple_args(func, *args):
6      return func(*args)
7
8  print(run_with_multiple_args(mysum,1,2,3,4,5))
9  print(run_with_multiple_args(mysum,6,7,8,9))
```

執行結果
```
================== RESTART: D:/Python/ch11/ch11_25_4.py ==================
15
30
```

第 5 列 run_with_multiple_args( ) 函數可以接受一個函數，與一系列的參數。

11-6-6　嵌套函數

所謂的嵌套函數是指函數內部也可以有函數，有時候可以利用這個特性執行複雜的運算。或是嵌套函數也具有可重複使用、封裝，隱藏數據的效果。

程式實例 ch11_25_5.py：計算 2 個座標點之距離，外層函數是第 2 ~ 7 列的 dist( )，此函數第 3 ~ 4 列是內層 mySqrt( ) 函數。註：程式標註執行順序。

```
1  # ch11_25_5.py
2  def dist(x1,y1,x2,y2):         # 計算2點之距離函數
3      def mySqrt(z):             # 計算開根號值
4          return z ** 0.5
5      dx = (x1 - x2) ** 2
6      dy = (y1 - y2) ** 2
7      return mySqrt(dx+dy)
8
9  print(dist(0,0,1,1))
```

執行結果
```
================== RESTART: D:/Python/ch11/ch11_25_5.py ==================
1.4142135623730951
```

上述程式執行第 9 列後會進入第 2 ~ 7 列的 dist( ) 函數，然後先執行第 5 和 6 列分別計算 dx 和 dy，當執行第 7 列 return mySqrt(dx+dy) 時，會先執行內部函數 mySqrt(dx+dy)，mySqrt(dx+dy) 計算完成，最後再執行 return mySqrt(dx+dy)。

11-7 遞迴式函數設計 recursive

坦白說遞迴觀念很簡單，但是不容易學習，本節將從最簡單說起。一個函數本身，可以呼叫本身的動作，稱遞迴式的呼叫，遞迴函數呼叫有下列特性。

1： 遞迴函數在每次處理時，都會使問題的範圍縮小。
2： 必須有一個終止條件來結束遞迴函數。

遞迴函數可以使程式變得很簡潔，但是設計這類程式如果一不小心很容易掉入無限迴圈的陷阱，所以使用這類函數時一定要特別小心。

11-7-1 從掉入無限遞迴說起

如前所述一個函數可以呼叫自己，這個工作稱「遞迴」，設計遞迴最容易掉入無限遞迴的陷阱。

程式實例 ch11_25_6.py：設計一個遞迴函數，因為這個函數沒有終止條件，所以變成一個無限迴圈，這個程式會一直輸出 5, 4, 3, … 。為了讓讀者看到輸出結果，這個程式會每隔 1 秒輸出一次數字。

```python
1  # ch11_25_6.py
2  import time
3  def recur(i):
4      print(i, end='\t')
5      time.sleep(1)          # 休息 1 秒
6      return recur(i-1)
7
8  recur(5)
```

執行結果
```
================== RESTART: D:\Python\ch11\ch11_25_6.py ==================
5    4    3    2    1    0    -1    -2
```

註 上述第 5 列呼叫 time 模組的 sleep( ) 函數，參數是 1，可以休息 1 秒。

上述會一直輸出，在 Spyder 環境必須執行 Interrupt kernel 才可以停止，在 Python Shell 環境可以按 Ctrl + C 件讓程式停止。上述第 6 列雖然是用 recur(i-1)，讓數字範圍縮小，但是最大的問題是沒有終止條件，所以造成了無限遞迴。為此，我們在設計遞迴時需要使用 if 條件敘述，註明終止條件。

程式實例 ch11_25_7.py：這是最簡單的遞迴函數，列出 5, 4, … 1 的數列結果，這個問題很清楚了，結束條件是 1，所以可以在 recur( ) 函數內撰寫結束條件。

```python
1  # ch11_25_7.py
2  import time
3  def recur(i):
```

11-7 遞迴式函數設計 recursive

```
4        print(i, end='\t')
5        time.sleep(1)              # 休息 1 秒
6        if (i <= 1):               # 結束條件
7            return 0
8        else:
9            return recur(i-1)      # 每次呼叫讓自己減 1
10
11   recur(5)
```

執行結果
```
==================== RESTART: D:\Python\ch11\ch11_25_7.py ====================
5    4    3    2    1
```

上述當第 9 列 recur(i-1)，當參數是「i-1」是 1 時，進入 recur( ) 函數後會執行第 7 列的 return 0，所以遞迴條件就結束了。

程式實例 ch11_25_8.py：設計遞迴函數輸出 1, 2, …, 5 的結果。

```
1   # ch11_25_8.py
2   def recur(i):
3       if (i < 1):                # 結束條件
4           return 0
5       else:
6           recur(i-1)             # 每次呼叫讓自己減 1
7           print(i, end='\t')
8
9   recur(5)
```

執行結果
```
==================== RESTART: D:\Python\ch11\ch11_25_8.py ====================
1    2    3    4    5
```

Python 語言或是說一般有提供遞迴功能的程式語言，是採用堆疊方式儲存遞迴期間尚未執行的指令，所以上述程式在每一次遞迴期間皆會將第 7 列先儲存在堆疊，一直到遞迴結束，再一一取出堆疊的資料執行。

這個程式第 1 次進入 recur( ) 函數時，因為 i 等於 5，所以會先執行第 6 列 recur(i-1)，這時會將尚未執行的第 7 列 printf( ) 推入 (push) 堆疊。第 2 次進入 recur( ) 函數時，因為 i 等於 4，所以會先執行第 6 列 recur(i-1)，這時會將尚未執行的第 7 列 printf( ) 推入堆疊。其他依此類推，所以可以得到下列圖形。

第1次遞迴 i = 5	第2次遞迴 i = 4	第3次遞迴 i = 3	第4次遞迴 i = 2	第5次遞迴 i = 1
				print(i=1)
			print(i=2)	print(i=2)
		print(i=3)	print(i=3)	print(i=3)
	print(i=4)	print(i=4)	print(i=4)	print(i=4)
print(i=5)	print(i=5)	print(i=5)	print(i=5)	print(i=5)

第 11 章 函數設計 - 程式重用與維護的核心

> **註** 上圖將資料推入堆疊，英文是「push」。

這個程式第 6 次進入 recur( ) 函數時，因為 i 等於 0，因為 i < 0 這時會執行第 4 列，所以執行第 4 列 return 0，這時函數終止。接著函數會將儲存在堆疊的指令一一取出執行，執行時是採用後進先出，也就是從上往下取出執行，整個圖例說明如下：

print(i=1)				
print(i=2)	print(i=2)			
print(i=3)	print(i=3)	print(i=3)		
print(i=4)	print(i=4)	print(i=4)	print(i=4)	
print(i=5)	print(i=5)	print(i=5)	print(i=5)	print(i=5)
取出最上方 輸出 1	取出最上方 輸出 2	取出最上方 輸出 3	取出最上方 輸出 4	取出最上方 輸出 5

> **註** 上圖從堆疊取出資料，英文是「pop」。

上述由左到右，所以可以得到 1, 2, …, 5 的輸出。下一個實例是計算累加總和，比上述實例稍微複雜，讀者可以逐步推導，累加的基本觀念如下：

$$\text{sum}(n) = \underbrace{1 + 2 + \ldots + (r-1)}_{\text{sum}(n-1)} + n = n + \text{sum}(n-1)$$

將上述公式轉成遞迴公式觀念如下：

$$\text{sum}(n) = \begin{cases} 1 & n = 1 \\ n + \text{sum}(n-1) & n \geq 1 \end{cases}$$

程式實例 ch11_25_9.py：使用遞迴函數計算 1 + 2 + … + 5 之總和。

```
1  # ch11_25_9.py
2  def sum(n):
3      if (n <= 1):               # 結束條件
4          return 1
5      else:
6          return n + sum(n-1)
7
8  print(f"total(5) = {sum(5)}")
```

執行結果

```
==================== RESTART: D:\Python\ch11\ch11_25_9.py ====================
total(5) = 15
```

11-7-2 非遞迴式設計階乘數函數

「階乘數」觀念是由法國數學家克里斯蒂安・克蘭普 (Christian Kramp, 1760-1826) 所發表，他是學醫但是卻同時對數學感興趣，發表許多數學文章。在數學中，正整數的階乘 (factorial) 是所有小於及等於該數的正整數的積，假設 n 的階乘，表達式如下：

  n!

同時也定義 0 和 1 的階乘是 1。

  0! = 1
  1! = 1

實例 1：n 是 3，下列是階乘數的計算方式。

  n! = 1 * 2 * 3

結果是 6

實例 2：列出 5 的階乘的結果。

  5! = 5 * 4 * 3 * 2 * 1 = 120

我們可以使用下列定義階乘公式。

$$\text{factorial}(n) = \begin{cases} 1 & n = 0 \\ 1*2*\ldots n & n \geq 1 \end{cases}$$

程式實例 ch11_25_10.py：設計非遞迴式的階乘函數，分別計算當 n = 5 (或 3) 的值。

```python
1  # ch11_25_10.py
2  def factorial(n):
3      """ 計算n的階乘, n 必須是正整數 """
4      fact = 1
5      for i in range(1,n+1):
6          fact *= i
7      return fact
8
9  value = 3
10 print(f"{value} 的階乘結果是 = {factorial(value)}")
11 value = 5
12 print(f"{value} 的階乘結果是 = {factorial(value)}")
```

執行結果

```
==================== RESTART: D:\Python\ch11\ch11_25_10.py ====================
3 的階乘結果是 = 6
5 的階乘結果是 = 120
```

11-7-3 從一般函數進化到遞迴函數

如果針對階乘數 n >= 1 的情況，我們可以將階乘數用下列公式表示：

$$factorial(n) = 1*2* \ldots *(n-1)*n = n*factorial(n-1)$$

其中 $(n-1)*n$ 的部分即 factorial(n-1)

有了上述觀念後，可以將階乘公式改成下列公式。

$$factorial(n) = \begin{cases} 1 & n = 0 \\ n*factorial(n-1) & n \geq 1 \end{cases}$$

上述每一步驟傳遞 fcatorial(n-1)，會將問題變小，這就是遞迴式的觀念。

程式實例 ch11_26.py：使用遞迴函數執行階乘 (factorial) 運算。

```python
1  # ch11_26.py
2  def factorial(n):
3      """ 計算n的階乘, n 必須是正整數 """
4      if n == 1:
5          return 1
6      else:
7          return (n * factorial(n-1))
8  
9  value = 3
10 print(f"{value} 的階乘結果是 = {factorial(value)}")
11 value = 5
12 print(f"{value} 的階乘結果是 = {factorial(value)}")
```

執行結果

```
==================== RESTART: D:\Python\ch11\ch11_26.py ====================
3 的階乘結果是 = 6
5 的階乘結果是 = 120
```

上述 factorial( ) 函數的終止條件是參數值為 1 的情況，由第 4 列判斷然後傳回 1，下列是正整數為 3 時遞迴函數的情況解說。

上述程式筆者介紹了遞迴式呼叫 (Recursive call) 計算階乘問題，程式中雖然沒有很明顯的說明記憶體儲存中間數據，不過實際上是有使用記憶體，筆者將詳細解說，下列是遞迴式呼叫的過程。

11-7 遞迴式函數設計 recursive

```
3 * factorial(2)          3 * factorial(2) = 6
   2 * factorial(1)          2 * factorial(1) = 2
      factorial(1) = 1          factorial(1) = 1
     遞推                        迴歸
   3的階乘遞推過程              3的階乘迴歸過程
```

下列是編譯程式應用堆疊方式使用記憶體的情形。

步驟1的push　　步驟2的push　　步驟3的push

		factorial(1) = 1
	2 * factorial(1)	2 * factorial(1)
3 * factorial(2)	3 * factorial(2)	3 * factorial(2)

階乘計算使用堆疊(stack)的說明，這是由左到右進入堆疊push操作過程

編譯程式實際迴歸處理過程，就是將數據從堆疊中取出，整個觀念如下：

步驟1的pop　　步驟2的pop　　步驟3的pop

factorial(1) = 1　　factorial(2) = 2　　factorial(3) = 6

factorial(1) = 1		
2 * factorial(1)	2 * factorial(1)	
3 * factorial(2)	3 * factorial(2)	3 * factorial(2)

階乘計算使用堆疊(stack)的說明，這是由左到右離開堆疊的pop過程

階乘數的觀念，在數據科學領域，最常見的應用的是業務員旅行問題。業務員旅行也是演算法裡面一個非常著名的問題，許多人在思考業務員如何從拜訪不同的城市中，找出最短的拜訪路徑，下列將逐步分析。

❑ 2 個城市

假設有新竹、竹東，2 個城市，拜訪方式有 2 個選擇。

11-31

第 11 章　函數設計 - 程式重用與維護的核心

　　　　　新竹　　竹東　　　或　　　新竹　　竹東
　　　　　　新竹到竹東　　　　　　　　竹東到新竹

❑ 3 個城市

　　假設現在多了一個城市竹北，所以可以從竹北出發，先前知道 2 個城市有 2 條路徑，從新竹或竹東出發也可以有 2 條路徑，所以可以有 6 條拜訪方式。

竹北到新竹到竹東　　　竹北到竹東到新竹　　　竹東到竹北到新竹

新竹到竹東到竹北　　　新竹到竹北到竹東　　　竹東到新竹到竹北

　　如果再細想，2 個城市的拜訪路徑有 2 種，3 個城市的拜訪路徑有 6 種，其實符合階乘公式：

　　2! = 1 * 2 = 2
　　3! = 1 * 2 * 3 = 6

❑ 4 個城市

　　比 3 個城市多了一個城市，所以拜訪路徑選擇總數如下：

　　4! = 1 * 2 * 3 * 4 = 24

　　總共有 24 條拜訪路徑，如果有 5 個或 6 個城市要拜訪，拜訪路徑選擇總數如下：

　　5! = 1 * 2 * 3 * 4 * 5 = 120
　　6! = 1 * 2 * 3 * 4 * 5 * 6 = 720

相當於假設拜訪 N 個城市，業務員旅行的演算法時間複雜度是 N!，N 值越大拜訪路徑就越多，而且以階乘方式成長。假設當拜訪城市達到 30 個，假設超級電腦每秒可以處理 10 兆個路徑，若想計算每種可能路徑需要 8411 億年，讀者可能會覺得不可思議，其實筆者也覺得不可思議，這將是讀者的習題。

11-7-4　Python 的遞迴次數限制

Python 預設最大遞迴次數 1000 次，我們可以先導入 sys 模組，未來第 13 章筆者會介紹導入模組更多知識。讀者可以使用 sys.getrecursionlimit( ) 列出 Python 預設或目前遞迴的最大次數。

```
>>> import sys
>>> sys.getrecursionlimit()
1000
```

sys.setrecursionlimit(x) 則可以設定最大遞迴次數，參數 x 就是遞迴次數，下列是設定遞迴 100 次的實例。

```
>>> import sys
>>> sys.setrecursionlimit(100)
>>> sys.getrecursionlimit()
100
```

11-8　區域變數與全域變數

在設計函數時，另一個重點是適當的使用變數名稱，某個變數只有在該函數內使用，影響範圍限定在這個函數內，這個變數稱區域變數 (local variable)。如果某個變數的影響範圍是整個程式，則這個變數稱全域變數 (global variable)。

```
def funa( )
    a = 0                  ← 區域變數
    ....

def funb( )
    b = 0                  ← 區域變數
    ....

c = 1                      ← 全域變數
```

第 11 章　函數設計 - 程式重用與維護的核心

　　Python 程式在呼叫函數時會建立一個記憶體工作區間，在這個記憶體工作區間可以處理屬於這個函數的變數，當函數工作結束，返回原先呼叫程式時，這個記憶體工作區間就被收回，原先存在的變數也將被銷毀，這也是為何區域變數的影響範圍只限定在所屬的函數內。

　　對於全域變數而言，一般是在主程式內建立，程式在執行時，不僅主程式可以引用，所有屬於這個程式的函數也可以引用，所以它的影響範圍是整個程式，直到整個程式執行結束。

11-8-1　全域變數可以在所有函數使用

　　一般在主程式內建立的變數稱全域變數，這個變數可以供主程式內與本程式的所有函數引用。

程式實例 ch11_27.py：這個程式會設定一個全域變數，然後函數也可以呼叫引用。

```
1  # ch11_27.py
2  def printmsg( ):
3      """ 函數本身沒有定義變數，只有執行列印全域變數功能 """
4      print("函數列印: ", msg)      # 列印全域變數
5
6  msg = 'Global Variable'           # 設定全域變數
7  print("主程式列印: ", msg)         # 列印全域變數
8  printmsg( )                       # 呼叫函數
```

執行結果
```
==================== RESTART: D:\Python\ch11\ch11_27.py ====================
主程式列印:  Global Variable
函數列印:  Global Variable
```

11-8-2　區域變數與全域變數使用相同的名稱

　　在程式設計時建議全域變數與函數內的區域變數不要使用相同的名稱，因為對新手而言很容易造成混淆。如果發生全域變數與函數內的區域變數使用相同的名稱時，Python 會將相同名稱的區域與全域變數視為不同的變數，在區域變數所在的函數是使用區域變數內容，其它區域則是使用全域變數的內容。

程式實例 ch11_28.py：區域變數與全域變數定義了相同的變數 msg，但是內容不相同。然後執行列印，可以發現在函數與主程式所列印的內容有不同的結果。

```
1  # ch11_28.py
2  def printmsg( ):
3      """ 函數本身有定義變數，將執行列印區域變數功能 """
4      msg = 'Local Variable'        # 設定區域變數
5      print("函數列印: ", msg)       # 列印區域變數
```

```
6
7   msg = 'Global Variable'            # 這是全域變數
8   print("主程式列印: ", msg)          # 列印全域變數
9   printmsg( )                         # 呼叫函數
```

執行結果
```
==================== RESTART: D:\Python\ch11\ch11_28.py ====================
主程式列印: Global Variable
函數列印 : Local Variable
```

11-8-3 程式設計需注意事項

一般程式設計時有關使用區域變數需注意下列事項，否則程式會有錯誤產生。

- 區域變數內容無法在其它函數引用。
- 區域變數內容無法在主程式引用。
- 如果在函數內要修改全域變數值，需在函數內用 global 宣告此變數。

程式實例 ch11_29.py：使用 global 在函數內宣告全域變數。

```
1   # ch11_29.py
2   def printmsg():
3       global msg
4       msg = "Java"              # 更改全域變數
5       print(f"函數列印   :更改後: {msg}")
6   msg = "Python"
7   print(f"主程式列印:更改前: {msg}")
8   printmsg()
9   print(f"主程式列印:更改後: {msg}")
```

執行結果
```
==================== RESTART: D:\Python\ch11\ch11_29.py ====================
主程式列印:更改前: Python
函數列印   :更改後: Java
主程式列印:更改後: Java
```

11-8-4　locals( ) 和 globals( )

Python 有提供函數讓我們了解目前變數名稱與內容。

- locals( )：可以用字典方式列出所有的區域變數名稱與內容。
- globals( )：可以用字典方式列出所有的全域變數名稱與內容。

程式實例 ch11_30.py：列出所有區域變數與全域變數的內容。

```
1   # ch11_30.py
2   def printlocal():
3       lang = "Java"
4       print(f"語言 : {lang}")
5       print(f"區域變數 : {locals()}")
6   msg = "Python"
7   printlocal()
8   print(f"語言 : {msg}")
9   print(f"全域變數 : {globals()}")
```

執行結果

```
==================== RESTART: D:\Python\ch11\ch11_30.py ====================
語言 : Java
區域變數 : {'lang': 'Java'}
語言 : Python
全域變數 : {'__name__': '__main__', '__doc__': None, '__package__': None, '__loa
der__': <class '_frozen_importlib.BuiltinImporter'>, '__spec__': None, '__annota
tions__': {}, '__builtins__': <module 'builtins' (built-in)>, '__file__': 'D:\\P
ython\\ch11\\ch11_30.py', 'printlocal': <function printlocal at 0x036867C8>, 'ms
g': 'Python'}
```

請留意在上述全域變數中，最後一筆 'msg':'Python' 是我們程式設定，其它均是系統內建，未來我們會針對此部分做說明。

11-9 匿名函數 lambda

所謂的匿名函數 (anonymous function) 是指一個沒有名稱的函數，適合使用在程式中只存在一小段時間的情況。Python 是使用 def 定義一般函數，匿名函數則是使用 lambda 來定義，有的人稱之為 lambda 表達式，也可以將匿名函數稱 lambda 函數。有時會將匿名函數與 Python 的內建函數 filter( )、map( )、reduce( )… 等共同使用，此時匿名函數將只是這些函數的參數，未來將以實例做解說。

11-9-1 匿名函數 lambda 的語法

匿名函數最大特色是可以有許多的參數，但是只能有一個程式碼表達式，然後可以將執行結果傳回。

    lambda arg1[, arg2, … argn]:expression   # arg1 是參數，可以有多個參數

上述 expression 就是匿名函數 lambda 表達式的內容。

程式實例 ch11_31.py：使用一般函數設計回傳平方值。

```
1  # ch11_31.py
2  # 使用一般函數
3  def square(x):
4      value = x ** 2
5      return value
6
7  # 輸出平方值
8  print(square(10))
```

執行結果

```
==================== RESTART: D:/Python/ch11/ch11_31.py ====================
100
```

程式實例 ch11_32.py：這是單一參數的匿名函數應用，可以傳回平方值。

```
1  # ch11_32.py
2  # 定義lambda函數
3  square = lambda x: x ** 2
4
5  # 輸出平方值
6  print(square(10))
```

執行結果　與 ch11_31.py 相同。

下列是匿名函數含有多個參數的應用。

程式實例 ch11_33.py：含 2 個參數的匿名函數應用，可以傳回參數的積 (相乘的結果)。

```
1  # ch11_33.py
2  # 定義lambda函數
3  product = lambda x, y: x * y
4
5  # 輸出相乘結果
6  print(product(5, 10))
```

執行結果
```
==================== RESTART: D:\Python\ch11\ch11_33.py ====================
50
```

11-9-2　使用 lambda 匿名函數的理由

一個 lambda 更佳的使用時機是存在一個函數的內部，可以參考下列實例。

程式實例 ch11_33_1.py：這是一個「2x+b」方程式，有 2 個變數，第 5 列定義 linear 時，才確定 lambda 方程式是「2x+5」，所以第 6 列可以得到 25。

```
1  # ch11_33_1.py
2  def func(b):
3      return lambda x : 2 * x + b
4
5  linear  = func(5)          # 5將傳給lambda的 b
6  print(linear(10))          # 10是lambda的 x
```

執行結果
```
==================== RESTART: D:/Python/ch11/ch11_33_1.py ====================
25
```

程式實例 ch11_33_2.py：重新設計 ch11_33_1.py，使用一個函數但是有 2 個方程式。

```
1  # ch11_33_2.py
2  def func(b):
3      return lambda x : 2 * x + b
4
5  linear  = func(5)          # 5將傳給lambda的 b
6  print(linear(10))          # 10是lambda的 x
7
8  linear2 = func(3)
9  print(linear2(10))
```

第 11 章 函數設計 - 程式重用與維護的核心

執行結果
```
=================== RESTART: D:/Python/ch11/ch11_33_2.py ===================
25
23
```

11-9-3 匿名函數應用在高階函數的參數

匿名函數一般是用在不需要函數名稱的場合，例如：一些高階函數 (Higher-order function) 的部分參數是函數，這時就很適合使用匿名函數，同時讓程式變得更簡潔。在正式以實例講解前，我們先舉一個使用一般函數當作函數參數的實例。

程式實例 ch11_33_3.py：以一般函數當作函數參數的實例。

```
1  # ch11_33_3.py
2  def mycar(cars,func):
3      for car in cars:
4          print(func(car))
5  def wdcar(carbrand):
6      return "My dream car is " + carbrand.title()
7
8  dreamcars = ['porsche','rolls royce','maserati']
9  mycar(dreamcars, wdcar)
```

執行結果
```
=================== RESTART: D:\Python\ch11\ch11_33_3.py ===================
My dream car is Porsche
My dream car is Rolls Royce
My dream car is Maserati
```

上述第 9 列呼叫 mycar( ) 使用 2 個參數，第 1 個參數是 dreamcars 字串，第 2 個參數是 wdcar( ) 函數，wdcar( ) 函數的功能是結合字串「My dream car is」和將 dreamcars 串列元素的字串第 1 個字母用大寫。

其實上述 wdcar( ) 函數就是使用匿名函數的好時機。

程式實例 ch11_33_4.py：重新設計 ch11_33_3.py，使用匿名函數取代 wdcar( )。

```
1  # ch11_33_4.py
2  def mycar(cars,func):
3      for car in cars:
4          print(func(car))
5
6  dreamcars = ['porsche','rolls royce','maserati']
7  mycar(dreamcars, lambda carbrand:"My dream car is " + carbrand.title())
```

執行結果 與 ch11_33_3.py 相同。

未來 18-4-3 節筆者還會以實例解說使用 lambda 表達式的好時機。

11-9-4 匿名函數使用與 filter( )

有一個內建函數 filter( )，主要是篩選序列，它的語法格式如下：

　　filter(func, iterable)

上述函數將依次對 iterable (可以重複執行，例如：字串 string、串列 list 或元組 tuple) 的元素 (item) 放入 func(item) 內，然後將 func( ) 函數執行結果是 True 的元素 (item) 組成新的篩選物件 (filter object) 傳回。

程式實例 ch11_34.py：使用傳統函數定義方式將串列元素內容是奇數的元素篩選出來。

```
1  # ch11_34.py
2  def oddfn(x):
3      return x if (x % 2 == 1) else None
4
5  mylist = [5, 10, 15, 20, 25, 30]
6  filter_object = filter(oddfn, mylist)      # 傳回filter object
7
8  # 輸出奇數串列
9  print("奇數串列: ",[item for item in filter_object])
```

執行結果
```
================== RESTART: D:\Python\ch11\ch11_34.py ==================
奇數串列:  [5, 15, 25]
```

上述第 9 列筆者使用「item for item in filter_object」，這是可以取得 filter object 元素的方式，這個操作方式與下列 for 迴圈類似。

　　for item in filter_object:
　　　　print(item)

若是想要獲得串列結果，可以使用下列方式：

　　oddlist = [item for item in filter_object]

程式實例 ch11_35.py：重新設計 ch11_34.py，將 filter object 轉為串列，下列只列出與 ch11_34.py 不同的程式碼。

```
7  oddlist = [item for item in filter_object]
8  # 輸出奇數串列
9  print("奇數串列: ",oddlist)
```

執行結果 與 ch11_34.py 相同。

匿名函數的最大優點是可以讓程式變得更簡潔，可參考下列程式實例。

第 11 章　函數設計 - 程式重用與維護的核心

程式實例 ch11_36.py：使用匿名函數重新設計 ch11_35.py。

```
1  # ch11_36.py
2  mylist = [5, 10, 15, 20, 25, 30]
3
4  oddlist = list(filter(lambda x: (x % 2 == 1), mylist))
5
6  # 輸出奇數串列
7  print("奇數串列: ",oddlist)
```

執行結果　與 ch11_35.py 相同。

上述程式第 4 列筆者直接使用 list( ) 函數將傳回的 filter object 轉成串列了。

11-9-5　匿名函數使用與 map( )

Google 有一篇大數據領域著名的論文 MapReduce:Simplified Data Processing on Large Clusters，接下來的 2 節筆者將介紹 map( ) 和 reduce( ) 函數。

有一個內建函數 map( )，它的語法格式如下：

　　　map(func, iterable)

這個函數將依次對 iterable 重複執行，例如：字串 string、串列 list 或元組 tuple) 的元素 (item) 放入 func(item) 內，然後將 func( ) 函數執行結果傳回。

程式實例 ch11_37.py：使用匿名函數對串列元素執行計算平方運算。

```
1  # ch11_37.py
2  mylist = [5, 10, 15, 20, 25, 30]
3
4  squarelist = list(map(lambda x: x ** 2, mylist))
5
6  # 輸出串列元素的平方值
7  print("串列的平方值: ",squarelist)
```

執行結果
```
==================== RESTART: D:\Python\ch11\ch11_37.py ====================
串列的平方值:  [25, 100, 225, 400, 625, 900]
```

11-9-6　匿名函數使用與 reduce( )

內建函數 reduce( )，它的語法格式如下：

　　　reduce(func, iterable)　　　　　　　　# func 必需有 2 個參數

它會先對可迭代物件的第 1 和第 2 個元素操作，結果再和第 3 個元素操作，直到最後一個元素。假設 iterable 有 4 個元素，可以用下列方式解說。

11-9 匿名函數 lambda

reduce(f, [a, b, c, d]) = f(f(f(a, b), c), d)

早期 reduce( ) 是內建函數,現在被移至 **funtools** 模組,所以在使用前需在程式前方加上下列 import。

   from functools import reduce   # 導入 reduce( )

程式實例 ch11_37_1.py:設計字串轉整數的函數,為了驗證轉整數正確,筆者將此字串加 10,最後再輸出。

```
1  # ch11_37_1.py
2  from functools import reduce
3  def strToInt(s):
4      def func(x, y):
5          return 10*x+y
6      def charToNum(s):
7          print("s = ", type(s), s)
8          mydict = {'0':0,'1':1,'2':2,'3':3,'4':4,'5':5,'6':6,'7':7,'8':8,'9':9}
9          n = mydict[s]
10         print("n = ", type(n), n)
11         return n
12     return reduce(func,map(charToNum,s))
13
14 string = '5487'
15 x = strToInt(string) + 10
16 print("x = ", x)
```

執行結果
```
==================== RESTART: D:/Python/ch11/ch11_37_1.py ====================
s =  <class 'str'> 5
n =  <class 'int'> 5
s =  <class 'str'> 4
n =  <class 'int'> 4
s =  <class 'str'> 8
n =  <class 'int'> 8
s =  <class 'str'> 7
n =  <class 'int'> 7
x =  5497
```

這本書是以教學為目的,所以筆者會講解程式演變過程,上述程式第 8 和第 9 列可以簡化如下:

```
8          n = {'0':0,'1':1,'2':2,'3':3,'4':4,'5':5,'6':6,'7':7,'8':8,'9':9}[s]
```

上述可以參考 ch11_37_2.py,當然我們可以進一步簡化 charToNum( ) 函數如下:

```
6      def charToNum(s):
7          return {'0':0,'1':1,'2':2,'3':3,'4':4,'5':5,'6':6,'7':7,'8':8,'9':9}[s]
8      return reduce(func,map(charToNum,s))
```

上述可以參考 ch11_37_3.py。

程式實例 ch11_37_4.py：使用 lambda 簡化前一個程式設計。

```
1  # ch11_37_4.py
2  from functools import reduce
3  def strToInt(s):
4      def charToNum(s):
5          return {'0':0,'1':1,'2':2,'3':3,'4':4,'5':5,'6':6,'7':7,'8':8,'9':9}[s]
6      return reduce(lambda x,y:10*x+y, map(charToNum,s))
7
8  string = '5487'
9  x = strToInt(string) + 10
10 print("x = ", x)
```

執行結果　與 ch11_37_1.py 相同。

11-9-7　深度解釋串列的排序 sort( )

6-5-2 節筆者介紹了串列的排序，更完整串列排序的語法如下：

　　x.sort(key=None, reverse=False)

其中，x 是要排序的串列，key 參數是一個排序的鍵，如果不提供 key 參數，則 sort() 方法會按照串列元素的大小進行排序。當初省略了使用參數 key，因為使用預設。

從 lambda 表達式可知，我們可以使用下列方式定義字串長度。

```
>>> str_len = lambda x:len(x)
>>> print(str_len('abc'))
3
```

有了上述觀念，我們可以使用下列方式獲得串列內每個字串元素的長度。

```
>>> str_len = lambda x:len(x)
>>> strs = ['abc', 'ab', 'abcde']
>>> print([str_len(e) for e in strs])
[3, 2, 5]
```

程式實例 ch11_37_5.py：使用 sort( ) 函數執行字串長度排序。

```
1  # ch11_37_5.py
2  str_len = lambda x:len(x)
3  strs = ['abc', 'ab', 'abcde']
4  strs.sort(key = str_len)
5  print(strs)
```

執行結果
```
=============== RESTART: D:/Python/ch11/ch11_37_5.py ===============
['ab', 'abc', 'abcde']
```

我們可以直接將 lambda 表達式寫入 sort( ) 函數內，可以得到相結果。

程式實例 ch11_37_6.py：將 lambda 寫入 sort( ) 函數內。

```
1  # ch11_37_6.py
2  strs = ['abc', 'ab', 'abcde']
3  strs.sort(key = lambda x:len(x))
4  print(strs)
```

執行結果 與 ch11_37_5.py 相同。

請觀察一個二維陣列的排序而言，假設使用預設可以看到下列結果。

```
>>> sc = [['John', 80],['Tom', 90], ['Kevin', 77]]
>>> sc.sort()
>>> print(sc)
[['John', 80], ['Kevin', 77], ['Tom', 90]]
```

從執行結果可以看到是使用二維陣列元素的第 0 個索引位置的人名排序，參考前面 lambda 表達式觀念，我們可以使用下列方式表達。

```
>>> sc = [['John', 80],['Tom', 90], ['Kevin', 77]]
>>> sc.sort(key = lambda x:x[0])
>>> print(sc)
[['John', 80], ['Kevin', 77], ['Tom', 90]]
```

上述 x[0] 就是索引 0，我們可以指定索引位置排序。

程式實例 ch11_37_7.py：假設索引 1 是分數，執行分數排序。

```
1  # ch11_37_7.py
2  sc = [['John', 80],['Tom', 90], ['Kevin', 77]]
3  sc.sort(key = lambda x:x[1])
4  print(sc)
```

執行結果
```
==================== RESTART: D:/Python/ch11/ch11_37_7.py ====================
[['Kevin', 77], ['John', 80], ['Tom', 90]]
```

11-9-8 深度解釋排序 sorted( )

sorted( ) 排序的語法如下：

　　sorted_obj = sorted(iterable, key=None, reverse=False)

參數 iterable 是可以排序的物件，最後可以得到新的排序物件 (sorted_obj)。其實 sort( ) 與 sorted( ) 是觀念類似，sort( ) 是用可以排序的物件呼叫 sort( ) 函數，最後會更改可以排序的物件結果。sorted( ) 是將可以排序的物件當作第 1 個參數，最後排序結果回傳，不更改原先可以排序的物件。9-2-5 節筆者使用字典的鍵排序，也可以應用在一般二維陣列排序，下列是預設的排序，如下：

```
>>> sc = [['John', 80],['Tom', 90], ['Kevin', 77]]
>>> newsc = sorted(sc)
>>> print(newsc)
[['John', 80], ['Kevin', 77], ['Tom', 90]]
```

程式實例 ch11_37_8.py：採用元素索引 1 的分數排序。

```
1  # ch11_37_8.py
2  sc = [['John', 80],['Tom', 90], ['Kevin', 77]]
3  newsc = sorted(sc, key = lambda x:x[1])
4  print(newsc)
```

執行結果　與 ch11_37_7.ipynb 相同。

程式實例 ch9_23.py 節筆者介紹了字典的鍵排序，當時介紹了第 1 個參數是 fruits.items( )，這個參數其實就是 iterable 物件，字典的鍵是索引 0，值是索引 1。

程式實例 ch11_37_9.py：字典成績依照人名 (鍵) 與分數 (值) 排序。

```
1  # ch11_37_9.py
2  sc = {'John':80, 'Tom':90, 'Kevin':77}
3  newsc1 = sorted(sc.items(), key = lambda x:x[0])   # 依照key排序
4  print("依照人名排序")
5  print(newsc1)
6
7  newsc2 = sorted(sc.items(), key = lambda x:x[1])   # 依照value排序
8  print("依照分數排序")
9  print(newsc2)
```

執行結果
```
==================== RESTART: D:/Python/ch11/ch11_37_9.py ====================
依照人名排序
[('John', 80), ('Kevin', 77), ('Tom', 90)]
依照分數排序
[('Kevin', 77), ('John', 80), ('Tom', 90)]
```

11-9-9　進階排序 Sorted( ) 的應用

在演算法的經典應用中有一個貪婪演算法問題，此問題敘述是，有一個小偷帶了一個背包可以裝 1 公斤的貨物不被發現，現在到一個賣場，有下列物件可以選擇：

1：Acer 筆電：價值 40000 元，重 0.8 公斤。

2：Asus 筆電：價值 35000 元，重 0.7 公斤。

3：iPhone 手機：價值 38000 元，重 0.3 公斤。

4：iWatch 手錶：價值 15000 元，重 0.1 公斤。

5：Go Pro 攝影：價值 12000 元，重 0.1 公斤。

要處理這類問題，首先是使用適當的資料結構儲存上述資料，我們可以使用字典儲存上述資料，然後使用<u>鍵</u> (key) 儲存貨物名稱，<u>鍵的值</u> (value) 使用元組，所以整個字典結構將如下所示 (筆者故意打亂順序)：

```python
things = {'iWatch手錶':(15000, 0.1),      # 定義商品
          'Asus    筆電':(35000, 0.7),
          'iPhone手機':(38000, 0.3),
          'Acer    筆電':(40000, 0.8),
          'Go Pro攝影':(12000, 0.1),
          }
```

如果現在我們想要執行商品價值排序，這時的 sorted( ) 語法將如下：

sorted_dict = sorted(my_dict.items(), key=lambda x: x[1][0], reverse=True)

上述重點是 lambda x:x[1][0]，[1] 代表字典的值也就是元組，[0] 代表元組的第 1 個元素，此例是商品價值。

程式實例 ch11_37_10.ipynb：將商品依價值排序。註：此程式 item 是原公式的 x。

```python
 1  # ch11_37_10.py
 2  things = {'iWatch手錶':(15000, 0.1),      # 定義商品
 3            'Asus    筆電':(35000, 0.7),
 4            'iPhone手機':(38000, 0.3),
 5            'Acer    筆電':(40000, 0.8),
 6            'Go Pro攝影':(12000, 0.1),
 7            }
 8
 9  # 商品依價值排序
10  th = sorted(things.items(), key=lambda item:item[1][0])
11  print('所有商品依價值排序如下')
12  print('商品', '         商品價格   ', ' 商品重量')
13  for i in range(len(th)):
14      print(f"{th[i][0]:8s}{th[i][1][0]:10d}{th[i][1][1]:10.2f}")
```

執行結果

```
================= RESTART: D:\Python\ch11\ch11_37_10.py =================
所有商品依價值排序如下
商品              商品價格    商品重量
Go Pro攝影         12000      0.10
iWatch手錶         15000      0.10
Asus    筆電       35000      0.70
iPhone手機         38000      0.30
Acer    筆電       40000      0.80
```

有關貪婪演算法的進一步學習，讀者可以參考筆者所著「演算法 – 圖解原理 x Python 程式實作 x 創意應用」。

11-10　pass 與函數

在 7-4-7 節已經有對 pass 指令做介紹，其實當我們在設計大型程式時，可能會先規劃各個函數的功能，然後逐一完成各個函數設計，但是在程式完成前我們可以先將尚未完成的函數內容放上 pass。

程式實例 ch11_38.py：將 pass 應用在函數設計。

```
1  # ch11_38.py
2  def fun(arg):
3      pass
```

執行結果　程式沒有執行結果。

11-11　type 關鍵字應用在函數

關鍵字 type 可以列出函數的資料型態。

程式實例 ch11_39.py：輸出函數與匿名函數的資料類型。

```
1  # ch11_39.py
2  def fun(arg):
3      pass
4
5  print("列出fun的type類型         : ", type(fun))
6  print("列出lambda的type類型      : ", type(lambda x:x))
7  print("列出內建函數abs的type類型: ", type(abs))
```

執行結果
```
================== RESTART: D:\Python\ch11\ch11_39.py ==================
列出fun的type類型         :  <class 'function'>
列出lambda的type類型      :  <class 'function'>
列出內建函數abs的type類型:  <class 'builtin_function_or_method'>
```

11-12　裝飾器 (Decorator)

Python 裝飾器的核心語法如下：

```
def decorator(func):
    def wrapper(*args, **kwargs):
        # 前置處理
        result = func(*args, **kwargs)
        # 後置處理
        return result
    return wrapper
```

11-12 裝飾器 (Decorator)

我們將運用此基礎架構，完整解說裝飾器的基礎知識與應用。

11-12-1 基礎應用

在程式設計時我們會設計一些函數，有時候我們想在函數內增加一些功能，但是又不想更改原先的函數，這時可以使用 Python 所提供的裝飾器 (decorator)。裝飾器其實也是一種函數，基本上此函數會接收一個函數，然會回傳另一個函數。

程式實例 ch11_39_1.py：簡單列印所傳遞的字串然後輸出的實例。

```
1  # ch11_39_1.py
2  def greeting(string):
3      return string
4
5  print(greeting("Hello! iPhone"))
```

執行結果
```
==================== RESTART: D:\Python\ch11\ch11_39_1.py ====================
Hello! iPhone
```

假設我們不想更改 greeting( ) 函數內容，但是希望可以將輸出改成大寫，此時就是使用裝飾器的時機。

程式實例 ch11_39_2.py：裝飾器函數的基本操作，這個程式將設計一個 upper( ) 裝飾器，這個程式除了將所輸入字串改成大寫，同時也列出所裝飾的函數名稱，以及函數所傳遞的參數。

```
1  # ch11_39_2.py
2  def upper(func):                        # 裝飾器
3      def wrapper(args):
4          oldresult = func(args)
5          result = oldresult.upper()
6          print('函數名稱 : ', func.__name__)
7          print('函數參數 : ', args)
8          return result
9      return wrapper
10
11  def greeting(string):                   # 問候函數
12      return string
13
14  mygreeting = upper(greeting)            # 手動裝飾器
15  print(mygreeting('Hello! iPhone'))
```

執行結果
```
==================== RESTART: D:/Python/ch11/ch11_39_2.py ====================
函數名稱 :  greeting
函數參數 :  Hello! iPhone
HELLO! IPHONE
```

上述程式第 14 列是手動設定裝飾器，第 15 列是呼叫裝飾器和列印。

11-47

裝飾器設計的原則是有一個函數當作參數，然後在裝飾器內重新定義一個含有裝飾功能的新函數，可參考第 3 ~ 8 列。第 4 列是獲得原函數 greeting( ) 的結果，第 5 列是將 greeting( ) 的結果裝修成新的結果，也就是將字串轉成大寫。第 6 列是列印原函數的名稱，在這裡我們使用了 func.__name__，這是函數名稱變數。第 7 列是列印所傳遞參數內容，第 8 列是傳回新的結果。

上述第 14 列是手動設定裝飾器，在 Python 可以在欲裝飾的函數前面加上 @decorator，decorator 是裝飾器名稱，下列實例是用 @upper 直接定義裝飾器。

程式實例 ch11_39_3.py：第 10 列直接使用 @upper 定義裝飾器方式，取代手動定義裝飾器，重新設計 ch11_39_2.py，程式第 14 列可以直接呼叫 greeting( ) 函數。

```
1   # ch11_39_3.py
2   def upper(func):                    # 裝飾器
3       def wrapper(args):
4           oldresult = func(args)
5           result = oldresult.upper()
6           print('函數名稱 : ', func.__name__)
7           print('函數參數 : ', args)
8           return result
9       return wrapper
10  @upper                              # 設定裝飾器
11  def greeting(string):               # 問候函數
12      return string
13
14  print(greeting('Hello! iPhone'))
```

執行結果 與 ch11_39_2.py 相同。

裝飾器另一個常用觀念是為一個函數增加除錯的檢查功能，例如有一個除法函數如下：

```
>>> def mydiv(x,y):
        return x/y

>>> mydiv(6,2)
3.0
>>> mydiv(6,0)
Traceback (most recent call last):
  File "<pyshell#22>", line 1, in <module>
    mydiv(6,0)
  File "<pyshell#20>", line 2, in mydiv
    return x/y
ZeroDivisionError: division by zero
```

很明顯若是 div( ) 的第 2 個參數是 0 時，將造成除法錯誤，不過我們可以使用裝飾器編修此除法功能。

程式實例 ch11_39_4.py：設計一個裝飾器 @errcheck，為一個除法增加除數為 0 的檢查功能。

```python
1   # ch11_39_4.py
2   def errcheck(func):                # 裝飾器
3       def wrapper(*args):
4           if args[1] != 0:
5               result = func(*args)
6           else:
7               result = "除數不可為0"
8           print('函數名稱 : ', func.__name__)
9           print('函數參數 : ', args)
10          print('執行結果 : ', result)
11          return result
12      return wrapper
13  @errcheck                          # 設定裝飾器
14  def mydiv(x, y):                   # 函數
15      return x/y
16
17  print(mydiv(6,2))
18  print(mydiv(6,0))
```

執行結果
```
==================== RESTART: D:\Python\ch11\ch11_39_4.py ====================
函數名稱 :  mydiv
函數參數 :  (6, 2)
執行結果 :  3.0
3.0
函數名稱 :  mydiv
函數參數 :  (6, 0)
執行結果 :  除數不可為0
除數不可為0
```

在上述程式第 3 列的 newFunc(*args) 中出現 *args，這會接收所傳遞的參數同時以元組 (tuple) 方式儲存，第 4 列是檢查除數是否為 0，如果不為 0 則執行第 5 列除法運算，設定除法結果在 result 變數。如果第 4 列檢查除數是 0 則執行第 7 列，設定 result 變數內容是 " 除數不可為 0"。

一個函數可以有 2 個以上的裝飾器，方法是在函數上方設定裝飾器函數即可，當有多個裝飾器函數時，會由下往上次序一次執行裝飾器，這個觀念又稱<u>裝飾器堆疊</u> (decorator stacking)。

程式實例 ch11_39_5.py：擴充設計 ch11_39_3.py 程式，主要是為 greeting( ) 函數增加 @bold 裝飾器函數，這個函數會在字串前後增加 bold 字串。另一個需注意的是，@bold 裝飾器是在 @upper 裝飾器的上方。

```
1   # ch11_39_5.py
2   def upper(func):                    # 大寫裝飾器
3       def wrapper_upper(args):
4           oldresult = func(args)
5           result = oldresult.upper()
6           return result
7       return wrapper_upper
8   def bold(func):                     # 加粗體字串裝飾器
9       def wrapper_bold(args):
10          return 'bold' + func(args) + 'bold'
11      return wrapper_bold
12
13  @bold                               # 設定加粗體字串裝飾器
14  @upper                              # 設定大寫裝飾器
15  def greeting(string):               # 問候函數
16      return string
17
18  print(greeting('Hello! iPhone'))
```

執行結果
```
================= RESTART: D:/Python/ch11/ch11_39_5.py =================
boldHELLO! IPHONEbold
```

上述程式會先執行下方的 @upper 裝飾器，這時可以得到字串改為大寫，然後再執行 @bold 裝飾器，最後得到字串前後增加 bold 字串。裝飾器位置改變也將改變執行結果，可參考下列實例。**程式實例 ch11_39_6.py** 是更是改 @upper 和 @bold 次序，重新設計 ch11_39_5.py，並觀察執行結果。

```
13  @upper                              # 設定大寫裝飾器
14  @bold                               # 設定加粗體字串大寫裝飾器
```

```
================= RESTART: D:/Python/ch11/ch11_39_6.py =================
BOLDHELLO! IPHONEBOLD
```

11-12-2　創意應用 - AI 智慧型函數執行計時裝飾器

在現代程式設計與效能分析中，經常需要測量函數執行的時間，以找出程式效能的瓶頸或改進點。

程式實例 ch11_39_7.py：運用 Python 的裝飾器 (Decorator) 設計一個創意又實用的「智慧型函數執行計時裝飾器」，此裝飾器能夠自動：

- 計算函數的執行時間。
- 提供易讀的計時輸出格式。
- 自動提示函數是否需要進行效能改善 (如執行時間超過設定標準)。

11-12 裝飾器 (Decorator)

```python
1   # ch11_39_7.py
2   import time
3   # 創意裝飾器 - 智慧型執行計時
4   def smart_timer(threshold=1.0):
5       def decorator(func):
6           def wrapper(*args, **kwargs):
7               start_time = time.time()        # 計時開始
8               result = func(*args, **kwargs)
9               end_time = time.time()          # 計時結束
10  
11              duration = end_time - start_time
12              print(f"函數 '{func.__name__}' 執行時間:{duration:.4f} 秒")
13  
14              # 智慧提示 - 超過時間閾值時提醒
15              if duration > threshold:
16                  print(f"'{func.__name__}' 執行時間超過建議值 {threshold:.2f} 秒,建議優化")
17              else:
18                  print(f"'{func.__name__}' 執行效率良好")
19  
20              return result
21          return wrapper
22      return decorator
23  
24  # 測試函數1 - 快速執行的函數
25  @smart_timer(threshold=0.5)
26  def fast_function():
27      time.sleep(0.3)
28      return "快速函數完成"
29  # 測試函數2 - 較慢的函數
30  @smart_timer(threshold=0.5)
31  def slow_function():
32      time.sleep(0.8)
33      return "慢速函數完成"
34  # 執行測試
35  print(fast_function())
36  print('-'*30)
37  print(slow_function())
```

執行結果

```
==================== RESTART: D:/Python/ch11/ch11_39_7.py ====================
函數 'fast_function' 執行時間:0.3013 秒
'fast_function' 執行效率良好
快速函數完成
------------------------------
函數 'slow_function' 執行時間:0.8007 秒
'slow_function' 執行時間超過建議值 0.50 秒,建議優化
慢速函數完成
```

這個程式設計說明與未來應用如下:

- 智慧提醒功能:裝飾器透過「時間閾值(threshold)」自動提示是否需要改善效能,能協助開發人員快速發現效能瓶頸。

- 客製化閾值設計:提供了自由調整的閾值參數(threshold),讓開發者可依照需求設定適合自己的執行標準。

第 11 章　函數設計 - 程式重用與維護的核心

- **易擴充性**：可進一步整合至 AI 分析系統或日誌系統中，進一步記錄與分析函數效能。
- **通用性高**：此裝飾器不受函數內容限制，適用於任何 Python 函數。

透過這個裝飾器的應用設計，我們不僅有效利用 Python 的裝飾器語法，更融入實務需求，讓程式設計更智慧且具備高效能監控能力。這種設計模式同時提供開發人員直觀、有趣且可擴充的工具，是 Python 裝飾器靈活運用的絕佳範例。

11-13　專題 - 單字次數 / 歐幾里德演算法 / 函數應用

11-13-1　用函數重新設計記錄一篇文章每個單字出現次數

程式實例 ch11_40.py：這個程式主要是設計 2 個函數，modifySong( ) 會將所傳來的字串有標點符號部分用空白字元取代。wordCount( ) 會將字串轉成串列，同時將串列轉成字典，最後遍歷字典然後記錄每個單字出現的次數。

```python
1  # ch11_40.py
2  def modifySong(songStr):              # 將歌曲的標點符號用空字元取代
3      for ch in songStr:
4          if ch in ".,?":
5              songStr = songStr.replace(ch,'')
6      return songStr                    # 傳回取代結果
7
8  def wordCount(songCount):
9      global mydict
10     songList = songCount.split()      # 將歌曲字串轉成串列
11     print("以下是歌曲串列")
12     print(songList)
13     mydict = {wd:songList.count(wd) for wd in set(songList)}
14
15 data = """Are you sleeping, are you sleeping, Brother John, Brother John?
16 Morning bells are ringing, morning bells are ringing.
17 Ding ding dong, Ding ding dong."""
18
19 mydict = {}                           # 空字典未來儲存單字計數結果
20 print("以下是將歌曲大寫字母全部改成小寫同時將標點符號用空字元取代")
21 song = modifySong(data.lower())
22 print(song)
23
24 wordCount(song)                       # 執行歌曲單字計數
25 print("以下是最後執行結果")
26 print(mydict)                         # 列印字典
```

執行結果

```
======================= RESTART: D:/Python/ch11/ch11_40.py =======================
以下是將歌曲大寫字母全部改成小寫同時將標點符號用空字元取代
are you sleeping are you sleeping brother john brother john
morning bells are ringing morning bells are ringing
ding ding dong ding ding dong
以下是歌曲串列
['are', 'you', 'sleeping', 'are', 'you', 'sleeping', 'brother', 'john', 'brother
', 'john', 'morning', 'bells', 'are', 'ringing', 'morning', 'bells', 'are', 'rin
ging', 'ding', 'ding', 'dong', 'ding', 'ding', 'dong']
以下是最後執行結果
{'dong': 2, 'ding': 4, 'ringing': 2, 'brother': 2, 'you': 2, 'are': 4, 'john': 2
, 'bells': 2, 'sleeping': 2, 'morning': 2}
```

11-13-2 歐幾里德演算法

歐幾里德是古希臘的數學家，在數學中歐幾里德演算法主要是求最大公因數的方法，這個方法就是我們在國中時期所學的輾轉相除法，這個演算法最早是出現在歐幾里德的幾何原本。這一節筆者除了解釋此演算法也將使用 Python 完成此演算法。

11-13-2-1 土地區塊劃分

假設有一塊土地長是 40 公尺寬是 16 公尺，如果我們想要將此土地劃分成許多正方形土地，同時不要浪費土地，則最大的正方形土地邊長是多少？

其實這類問題在數學中就是最大公因數的問題，土地的邊長就是任意 2 個要計算最大公因數的數值。上述我們可以將較長邊除以短邊，相當於 40 除以 16，可以得到餘數是 8，此時土地劃分如下：

第 11 章　函數設計 - 程式重用與維護的核心

　　如果餘數不是 0，將剩餘土地執行較長邊除以較短邊，相當於 16 除以 8，可以得到商是 2，餘數是 0。

　　現在餘數是 0，這時的商是 8，這個 8 就是最大公因數，也就是土地的邊長，如果劃分土地可以得到下列結果。

　　也就是說 16 x 48 的土地，用邊長 8(8 是最大公因數) 劃分，可以得到不浪費土地條件下的最大土地區塊。

11-13-2-2　最大公因數 (Greatest Common Divisor)

　　有 2 個數字分別是 n1 和 n2，所謂的公因數是可以被 n1 和 n2 整除的數字，1 是它們的公因數，但不是最大公因數。假設最大公因數是 gcd，找尋最大公因數可以從 n=2, 3, … 開始，每次找到比較大的公因數時將此 n 設給 gcd，直到 n 大於 n1 或 n2，最後的 gcd 值就是最大公約數。

程式實例 ch11_41.py：設計最大公因數 gcd 函數，然後輸入 2 筆數字做測試。

```
1   # ch11_41.py
2   def gcd(n1, n2):
3       g = 1                               # 最初化最大公因數
4       n = 2                               # 從2開始檢測
5       while n <= n1 and n <= n2:
6           if n1 % n == 0 and n2 % n == 0:
7               g = n                       # 新最大公因數
8           n += 1
9       return g
10
11  n1, n2 = eval(input("請輸入2個整數值 : "))
12  print("最大公因數是 : ", gcd(n1,n2))
```

執行結果
```
==================== RESTART: D:\Python\ch11\ch11_41.py ====================
請輸入2個整數值 : 16, 40
最大公因數是 :  8

==================== RESTART: D:\Python\ch11\ch11_41.py ====================
請輸入2個整數值 : 99, 33
最大公因數是 :  33
```

上述先設定最大公因數 gcd 是 1，用 n 等於 2 當「除數」開始測試，每次迴圈加 1 方式測試是否是最大公因數。註：Python 內建 math 模組可用 gcd() 計算最大公因數，可參考 4-4-3 節。

11-13-2-3 輾轉相除法

輾轉相除法就是歐幾里德演算法的原意，有 2 個數使用輾轉相除法求最大公因數，步驟如下：

1： 計算較大的數。
2： 讓較大的數當作被除數，較小的數當作除數。
3： 兩數相除。
4： 兩數相除的餘數當作下一次的除數，原除數變被除數，如此循環直到餘數為 0，當餘數為 0 時，這時的除數就是最大公因數。

假設兩個數字分別是 40 和 16，則最大公因數的計算方式如下：

$$40 \bmod 16 = 8$$

$$16 \bmod 8 = 0$$

當餘數是0, 除數就是最大公因數

程式實例 ch11_42.py：使用輾轉相除法，計算輸入 2 個數字的最大公因數。

```python
1   # ch11_42.py
2   def gcd(a, b):
3       if a < b:
4           a, b = b, a
5       while b != 0:
6           tmp = a % b
7           a = b
8           b = tmp
9       return a
10
11  a, b = eval(input("請輸入2個整數值 : "))
12  print("最大公因數是 : ", gcd(a, b))
```

執行結果 與 ch11_41.py 相同。

11-13-2-4　遞迴式函數設計處理歐幾里德算法

如果讀者熟練 Python，可以用遞迴式函數設計歐幾里德演算法，函數只要一列。

程式實例 ch11_43.py：使用遞迴式函數設計歐幾里德演算法。

```
1  # ch11_43.py
2  def gcd(a, b):
3      return a if b == 0 else gcd(b, a % b)
4
5  a, b = eval(input("請輸入2個整數值 : "))
6  print("最大公因數是 : ", gcd(a, b))
```

執行結果 與 ch11_41.py 相同。

11-13-2-5　最小公倍數 (Least Common Multiple)

其實最小公倍數 (英文簡稱 lcm) 就是兩數相乘除以 gcd，公式如下：

　　a * b / gcd

程式實例 ch11_44.py：擴充 ch11_43.py 功能，同時計算最小公倍數。

```
1   # ch11_44.py
2
3   def gcd(a, b):
4       return a if b == 0 else gcd(b, a % b)
5
6   def lcm(a, b):
7       return a * b // gcd(a, b)
8
9   a, b = eval(input("請輸入2個整數值 : "))
10  print("最大公因數是 : ", gcd(a, b))
11  print("最小公倍數是 : ", lcm(a, b))
```

執行結果
```
===================== RESTART: D:\Python\ch11\ch11_44.py =====================
請輸入2個整數值 : 8, 12
最大公因數是 :  4
最小公倍數是 :  24
```

註　Python 內建 math 模組可用 lcm() 計算最小公倍數，可參考 4-4-3 節。

11-13-3　函數潛在的進階應用

這一節筆者敘述進階函數設計可能的應用，部分語法可能尚未介紹，讀者可以自行參考，未來了解語法後，可以重讀這些程式：

❏ 建立高階函數 (Higher-order functions)

```python
1   # ch11_45.py
2   def create_multiplier(multiplier):
3       def multiplier_function(number):
4           return number * multiplier
5
6       return multiplier_function
7
8   # 建立一個將數字乘以2的函數
9   double_function = create_multiplier(2)
10
11  # 使用返回的函數
12  result = double_function(5)              # 返回值是 10
13  print(result)                            # 輸出: 10
14
15  # 建立一個將數字乘以3的函數
16  triple_function = create_multiplier(3)
17
18  # 使用返回的函數
19  result = triple_function(5)              # 返回值是 15
20  print(result)                            # 輸出: 15
```

在上述實例中，create_multiplier( ) 函數接受一個參數 multiplier，並定義了一個內嵌函數 multiplier_function( )，該函數將其參數 number 乘以 multiplier，然後 create_multiplier( ) 函數回傳 multiplier_function 函數物件然後。

我們可以呼叫 create_multiplier( ) 來建立新的函數，例如 double_function 和 triple_function，它們分別將其參數乘以 2 和 3。這展示了如何使用高階函數來動態建立並返回其他函數，最後顯示了函數可以作為回傳值的概念。

❏ 建立事件處理程式 (Event Handler)

```python
1   # ch11_46.py
2   def event_handler(event):
3       def register_handler(handler_function):
4           print(f"處理(Handling) {event} with {handler_function.__name__}")
5           handler_function(event)
6       return register_handler
7
8   def on_click(event):                     # 按一下
9       print(f"按一下 : {event}")
10
11  def on_hover(event):                     # 懸停留
12      print(f"懸停留 : {event}")
13
14  # 創建事件處理器
15  click_handler = event_handler("按一下事件")
16  hover_handler = event_handler("懸停留事件")
17
18  # 註冊和觸發事件
19  click_handler(on_click)
20  hover_handler(on_hover)
```

上述實例 event_handler( ) 函數接受一個事件，並返回一個可以註冊事件處理函數的函數，然後使用返回的函數來註冊和觸發事件。

第 12 章
類別與物件導向打造模組化與可擴充程式

12-1　類別的定義與使用

12-2　類別的訪問權限 – 封裝 (encapsulation)

12-3　類別的繼承

12-4　多型 (polymorphism)

12-5　多重繼承

12-6　type 與 is instance

12-7　特殊屬性

12-8　類別的特殊方法

12-9　專題 - 幾何資料 / 類別設計的潛在應用

第 12 章　類別與物件導向 - 打造模組化與可擴充程式

Python 其實是一種物件導向 (Object Oriented Programming) 語言，在 Python 中所有的資料類型皆是物件，Python 也允許程式設計師自創資料類型，這種自創的資料類型就是本章的主題類別 (class)。

12-1　類別的定義與使用

在學習 Python 的過程中，「類別」是一個相當重要的觀念。透過類別的設計方式，程式可以更加結構化，並且更容易管理與擴充。

12-1-1　什麼是類別與物件？

在 Python 中，「類別」可以想像成一種「藍圖（blueprint）」，用來定義某一種物件的屬性（attributes）與方法（methods）。例如，如果我們將「銀行」想像成一個類別，銀行的屬性可能包含「銀行品牌」、「存款者」和「帳上金額」，而方法可能包含「存款」、「提款」和「結匯」。

當我們根據類別來建立出一個實際存在的個體，這個個體就稱作「物件（Object）」，也稱為「實例（Instance）」。例如，根據銀行類別建立出來的每一個存款者就是這個類別的「物件」。

簡單來說：

- 類別：是抽象的定義（例如：台北銀行）。
- 物件：是具體的實體（例如：存款者）。

在學習 Python 的過程中，「類別」是一個相當重要的觀念。透過類別的設計方式，程式可以更加結構化，並且更容易管理與擴充。

12-1-2　為什麼要使用類別？

使用類別有以下幾個重要的好處：

- 程式碼重複使用：類別允許程式設計師一次定義通用的屬性和方法，然後多次使用。例如定義好銀行類別後，就可以創建多位具有相同特性但屬性不同的存款者。
- 程式結構清晰易懂：類別讓程式碼組織更清楚，易於維護及擴充。透過適當的分類，程式碼可以有更清晰的邏輯結構。

- 模組化開發：使用類別能將大型程式拆分為許多獨立的元件，每個元件都可獨立開發、測試和維護。
- 抽象化與封裝：類別將複雜的內部細節封裝起來，外界只需透過清晰的介面來使用，增加程式安全性和穩定性。

12-1-3 類別與物件的關係

當一個類別被定義後，必須透過建立「物件」來使用這個類別。類別是一個抽象的概念，定義了物件的特性與行為。

以銀行類別為例：

- Bank 類別（Bank Class）定義類別應具備的特性（例如：品牌）與行為（例如：存款、提款、結匯）。
- 銀行物件（Bank Object）則是根據此定義而產生的具體，例如：「存款者」，每個物件可以有不同的屬性值。

簡言之，類別是抽象定義，而物件則是該定義下的具體實體。每個物件都有自己獨立的屬性資料，但共享類別中定義的方法。

12-1-4 定義類別

類別的語法定義如下：

class Classname( ):   # 類別名稱第一個字母 Python 風格建議使用大寫
　　statement 1
　　…
　　statement n

本節將以銀行為例，說明最基本的類別觀念。

程式實例 ch12_1.py：Banks 的類別定義。

```
1  # ch12_1.py
2  class Banks():
3      ''' 定義銀行類別 '''
4      bankname = 'Taipei Bank'        # 定義屬性
5      def motto(self):                # 定義方法
6          return "以客為尊"
```

執行結果 這個程式沒有輸出結果。

對上述程式而言，Banks 是類別名稱，在這個類別中筆者定義了一個屬性 (attribute) bankname 與一個方法 (method)motto。

在類別內定義方法 (method) 的方式與第 11 章定義函數的方式相同，但是一般不稱之為函數 (function) 而是稱之為方法 (method)，在程式設計時我們可以隨時呼叫函數，但是只有屬於該類別的物件 (object) 才可調用相關的方法。

12-1-5　操作類別的屬性與方法

若是想操作類別的屬性與方法首先需宣告該類別的物件 (object) 變數，可以簡稱物件，然後使用下列方式操作。

object. 類別的屬性
object. 類別的方法 ( )

程式實例 ch12_2.py：擴充 ch12_1.py，列出銀行名稱與服務宗旨。

```
1  # ch12_2.py
2  class Banks():
3      ''' 定義銀行類別 '''
4      bankname = 'Taipei Bank'      # 定義屬性
5      def motto(self):              # 定義方法
6          return "以客為尊"
7
8  userbank = Banks()                # 定義物件userbank
9  print("目前服務銀行是 ", userbank.bankname)
10 print("銀行服務理念是 ", userbank.motto())
```

執行結果
```
============== RESTART: D:\Python\ch12\ch12_2.py ==============
目前服務銀行是  Taipei Bank
銀行服務理念是  以客為尊
```

從上述執行結果可以發現我們成功地存取了 Banks 類別內的屬性與方法了。上述程式觀念是，程式第 8 列定義了 userbank 當作是 Banks 類別的物件，然後使用 userbank 物件讀取了 Banks 類別內的 bankname 屬性與 motto( ) 方法。這個程式主要是列出 bankname 屬性值與 motto( ) 方法傳回的內容。

當我們建立一個物件後，這個物件就可以向其它 Python 物件一樣，可以將這個物件當作串列、元組、字典或集合元素使用，也可以將此物件當作函數的參數傳送，或是將此物件當作函數的回傳值。

12-1-6 類別的建構方法

建立類別很重要的一個工作是初始化整個類別,所謂的初始化類別是類別內建立一個初始化方法 (method),這是一個特殊方法,當在程式內宣告這個類別的物件時將自動執行這個方法。初始化方法有一個固定名稱是 "__init__( )",,寫法是 init 左右皆是 2 個底線字元,init 其實是 initialization 的縮寫,通常又將這類初始化的方法稱建構方法 (constructor)。在這初始化的方法內可以執行一些屬性變數設定,下列筆者先用一個實例做解說。

程式實例 ch12_3.py:重新設計 ch12_2.py,設定初始化方法,同時存第一筆開戶的錢 100 元入銀行,然後列出存款金額。

```
1   # ch12_3.py
2   class Banks():
3       ''' 定義銀行類別 '''
4       bankname = 'Taipei Bank'            # 定義屬性
5       def __init__(self, uname, money):   # 初始化方法
6           self.name = uname               # 設定存款者名字
7           self.balance = money            # 設定所存的錢
8
9       def get_balance(self):              # 獲得存款餘額
10          return self.balance
11
12  hungbank = Banks('hung', 100)           # 定義物件hungbank
13  print(hungbank.name.title(), " 存款餘額是 ", hungbank.get_balance())
```

執行結果
```
==================== RESTART: D:\Python\ch12\ch12_3.py ====================
Hung  存款餘額是   100
```

上述在程式 12 列定義 Banks 類別的 hungbank 物件時,Banks 類別會自動啟動 __init__( ) 初始化函數,在這個定義中 self 是必需的,同時需放在所有參數的最前面 (相當於最左邊),Python 在初始化時會自動傳入這個參數 self,代表的是類別本身的物件,未來在類別內想要參照各屬性與函數執行運算皆要使用 self,可參考第 6、7 和 10 列。

在這個 Banks 類別的 __init__(self, uname, money) 方法中,有另外 2 個參數 uname 和 money,未來我們在定義 Banks 類別的物件時 (第 12 列) 需要傳遞 2 個參數,分別給 uname 和 money。至於程式第 6 和 7 列內容如下:

self.name = uname   # name 是 Banks 類別的屬性
self.balance = money   # balance 是 Banks 類別的屬性

讀者可能會思考既然 __init__ 這麼重要,為何 ch12_2.py 沒有這個初始化函數仍可運行,其實對 ch12_2.py 而言是使用預設沒有參數的 __init__( ) 方法。

12-5

第 12 章 類別與物件導向 - 打造模組化與可擴充程式

在程式第 9 列另外有一個 get_balance(self) 方法，在這個方法內只有一個參數 self，所以呼叫時可以不用任何參數，可以參考第 13 列。這個方法目的是傳回存款餘額。

程式實例 ch12_4.py：擴充 ch12_3.py，主要是增加執行存款與提款功能，同時在類別內可以直接列出目前餘額。

```python
1  # ch12_4.py
2  class Banks():
3      ''' 定義銀行類別 '''
4      bankname = 'Taipei Bank'              # 定義屬性
5      def __init__(self, uname, money):     # 初始化方法
6          self.name = uname                 # 設定存款者名字
7          self.balance = money              # 設定所存的錢
8
9      def save_money(self, money):          # 設計存款方法
10         self.balance += money             # 執行存款
11         print("存款 ", money, " 完成")     # 列印存款完成
12
13     def withdraw_money(self, money):      # 設計提款方法
14         self.balance -= money             # 執行提款
15         print("提款 ", money, " 完成")     # 列印提款完成
16
17     def get_balance(self):                # 獲得存款餘額
18         print(self.name.title(), " 目前餘額: ", self.balance)
19
20 hungbank = Banks('hung', 100)             # 定義物件hungbank
21 hungbank.get_balance()                    # 獲得存款餘額
22 hungbank.save_money(300)                  # 存款300元
23 hungbank.get_balance()                    # 獲得存款餘額
24 hungbank.withdraw_money(200)              # 提款200元
25 hungbank.get_balance()                    # 獲得存款餘額
```

執行結果

```
==================== RESTART: D:\Python\ch12\ch12_4.py ====================
Hung  目前餘額: 100
存款  300 完成
Hung  目前餘額: 400
提款  200 完成
Hung  目前餘額: 200
```

類別建立完成後，我們隨時可以使用多個物件引用這個類別的屬性與函數，可參考下列實例。

程式實例 ch12_5.py：使用與 ch12_4.py 相同的 Banks 類別，然後定義 2 個物件使用操作這個類別。下列是與 ch12_4.py 不同的程式碼內容。

```python
20 hungbank = Banks('hung', 100)             # 定義物件hungbank
21 johnbank = Banks('john', 300)             # 定義物件johnbank
22 hungbank.get_balance()                    # 獲得hung存款餘額
23 johnbank.get_balance()                    # 獲得john存款餘額
24 hungbank.save_money(100)                  # hung存款100
25 johnbank.withdraw_money(150)              # john提款150
26 hungbank.get_balance()                    # 獲得hung存款餘額
27 johnbank.get_balance()                    # 獲得john存款餘額
```

執行結果

```
==================== RESTART: D:\Python\ch12\ch12_5.py ====================
Hung  目前餘額:  100
John  目前餘額:  300
存款   100   完成
提款   150   完成
Hung  目前餘額:  200
John  目前餘額:  150
```

12-1-7 屬性初始值的設定

在先前程式的 Banks 類別中第 4 列 bankname 是設為 "Taipei Bank"，其實這是初始值的設定，通常 Python 在設初始值時是將初始值設在 __init__( ) 方法內，下列這個程式同時將定義 Banks 類別物件時，省略開戶金額，相當於定義 Banks 類別物件時只要 2 個參數。

程式實例 ch12_6.py：設定開戶 (定義 Banks 類別物件) 只要姓名，同時設定開戶金額是 0 元，讀者可留意第 7 和 8 列的設定。

```python
1   # ch12_6.py
2   class Banks():
3       ''' 定義銀行類別 '''
4
5       def __init__(self, uname):              # 初始化方法
6           self.name = uname                    # 設定存款者名字
7           self.balance = 0                     # 設定開戶金額是0
8           self.bankname = "Taipei Bank"        # 設定銀行名稱
9
10      def save_money(self, money):             # 設計存款方法
11          self.balance += money                # 執行存款
12          print("存款 ", money, " 完成")        # 列印存款完成
13
14      def withdraw_money(self, money):         # 設計提款方法
15          self.balance -= money                # 執行提款
16          print("提款 ", money, " 完成")        # 列印提款完成
17
18      def get_balance(self):                   # 獲得存款餘額
19          print(self.name.title(), " 目前餘額: ", self.balance)
20
21  hungbank = Banks('hung')                     # 定義物件hungbank
22  print("目前開戶銀行 ", hungbank.bankname)     # 列出目前開戶銀行
23  hungbank.get_balance()                       # 獲得hung存款餘額
24  hungbank.save_money(100)                     # hung存款100
25  hungbank.get_balance()                       # 獲得hung存款餘額
```

執行結果

```
==================== RESTART: D:\Python\ch12\ch12_6.py ====================
目前開戶銀行  Taipei Bank
Hung  目前餘額:  0
存款  100  完成
Hung  目前餘額:  100
```

12-2 類別的訪問權限 – 封裝 (encapsulation)

學習類別至今可以看到我們可以從程式直接引用類別內的屬性 (可參考 ch12_6.py 的第 22 列) 與方法 (可參考 ch12_6.py 的第 23 列)，像這種類別內的屬性可以讓外部引用的稱公有 (public) 屬性，而可以讓外部引用的方法稱公有方法。前面所使用的 Banks 類別內的屬性與方法皆是公有屬性與方法。但是程式設計時可以發現，外部直接引用時也代表可以直接修改類別內的屬性值，這將造成類別資料不安全。

精神上，Python 提供一個私有屬性與方法的觀念，這個觀念的主要精神是類別外無法直接更改類別內的私有屬性，類別外也無法直接呼叫私有方法，這個觀念又稱封裝 (encapsulation)。

實質上，Python 是沒有私有屬性與方法的觀念的，因為高手仍可使用其它方式取得所謂的私有屬性與方法。

12-2-1 私有屬性

為了確保類別內的屬性的安全，其實有必要限制外部無法直接存取類別內的屬性值。

程式實例 ch12_7.py：外部直接存取屬性值，造成存款餘額不安全的實例。

```
21  hungbank = Banks('hung')              # 定義物件hungbank
22  hungbank.get_balance()
23  hungbank.balance = 10000              # 類別外直接竄改存款餘額
24  hungbank.get_balance()
```

執行結果
```
==================== RESTART: D:\Python\ch12\ch12_7.py ====================
Hung 目前餘額： 0
Hung 目前餘額： 10000
```

上述程式第 23 列筆者直接在類別外就更改了存款餘額了，當第 24 列輸出存款餘額時，可以發現在沒有經過 Banks 類別內的 save_money( ) 方法存錢動作，整個餘額就從 0 元增至 10000 元。為了避免這種現象產生，Python 對於類別內的屬性增加了私有屬性 (private attribute) 的觀念，應用方式是宣告時在屬性名稱前面增加 __(2 個底線)，宣告為私有屬性後，類別外的程式就無法引用了。

程式實例 ch12_8.py：重新設計 ch12_7.py，主要是將 Banks 類別的屬性宣告為私有屬性，這樣就無法由外部程式修改了。

12-2 類別的訪問權限 – 封裝 (encapsulation)

```python
1   # ch12_8.py
2   class Banks():
3       ''' 定義銀行類別 '''
4
5       def __init__(self, uname):          # 初始化方法
6           self.__name = uname              # 設定私有存款者名字
7           self.__balance = 0               # 設定私有開戶金額是0
8           self.__bankname = "Taipei Bank"  # 設定私有銀行名稱
9
10      def save_money(self, money):         # 設計存款方法
11          self.__balance += money          # 執行存款
12          print("存款 ", money, " 完成")    # 列印存款完成
13
14      def withdraw_money(self, money):     # 設計提款方法
15          self.__balance -= money          # 執行提款
16          print("提款 ", money, " 完成")    # 列印提款完成
17
18      def get_balance(self):               # 獲得存款餘額
19          print(self.__name.title(), " 目前餘額: ", self.__balance)
20
21  hungbank = Banks('hung')                 # 定義物件hungbank
22  hungbank.get_balance()
23  hungbank.__balance = 10000               # 類別外直接竄改存款餘額
24  hungbank.get_balance()
```

執行結果

```
==================== RESTART: D:\Python\ch12\ch12_8.py ====================
Hung  目前餘額:  0
Hung  目前餘額:  0
```

請讀者留意第 6、7 和 8 列筆者設定私有屬性的方式，上述程式第 23 列筆者嘗試修改存款餘額，但可從輸出結果可以知道修改失敗，因為執行結果的存款餘額是 0。對上述程式而言，存款餘額只會依存款 (save_money( )) 和提款 (withdraw_money( )) 方法被觸發時，依參數金額更改。

❏ 破解私有屬性

下列是執行完 ch12_8.py 後，筆者嘗試設定私有屬性結果失敗的實例。

```
>>> hungbank.__balance = 12000
>>> hungbank.get_balance()
Hung  目前餘額:  0
```

其實 Python 的高手可以用其它方式設定或取得私有屬性，若是以執行完 ch12_8.py 之後為例，可以使用下列觀念存取私有屬性：

  物件名稱._類別名稱私有屬性 # 此例相當於 hungbank._Banks__balance

下列是執行結果。

```
>>> hungbank._Banks__balance = 12000
>>> hungbank.get_balance()
Hung  目前餘額:  12000
```

實質上私有屬性因為可以被外界調用，所以設定私有屬性名稱時就需小心。

12-2-2　私有方法

既然類別有私有的屬性，其實也有私有方法 (private method)，它的觀念與私有屬性類似，基本精神是類別外的程式無法調用，留意實質上類別外依舊可以調用此私有方法。至於宣告定義方式與私有屬性相同，只要在方法前面加上 __(2 個底線) 符號即可。若是延續上述程式實例，我們可能會遇上換匯的問題，通常銀行在換匯時會針對客戶對銀行的貢獻訂出不同的匯率與手續費，這個部分是客戶無法得知的，碰上這類的應用就很適合以私有方法處理換匯程式，為了簡化問題，下列是在初始化類別時，先設定美金與台幣的匯率以及換匯的手續費，其中匯率 (__rate) 與手續費率 (__service_charge) 皆是私有屬性。

```
 9         self.__rate = 30                    # 預設美金與台幣換匯比例
10         self.__service_charge = 0.01        # 換匯的服務費
```

下列是使用者可以呼叫的公有方法，在這裡只能輸入換匯率的金額。

```
23     def usa_to_taiwan(self, usa_d):         # 美金兌換台幣方法
24         self.result = self.__cal_rate(usa_d)
25         return self.result
```

在上述公有方法中呼叫了 __cal_rate(usa_d)，這是私有方法，類別外無法呼叫使用，下列是此私有方法的內容。

```
27     def __cal_rate(self,usa_d):             # 計算換匯這是私有方法
28         return int(usa_d * self.__rate * (1 - self.__service_charge))
```

在上述私有方法中可以看到內部包含比較敏感且不適合給外部人參與的數據。

程式實例 ch12_9.py：下列是私有方法應用的完整程式碼實例。

```
 1  # ch12_9.py
 2  class Banks():
 3      ''' 定義銀行類別 '''
 4
 5      def __init__(self, uname):              # 初始化方法
 6          self.__name = uname                 # 設定私有存款者名字
 7          self.__balance = 0                  # 設定私有開戶金額是0
 8          self.__bankname = "Taipei Bank"     # 設定私有銀行名稱
 9          self.__rate = 30                    # 預設美金與台幣換匯比例
10          self.__service_charge = 0.01        # 換匯的服務費
11
12      def save_money(self, money):            # 設計存款方法
13          self.__balance += money             # 執行存款
14          print("存款 ", money, " 完成")      # 列印存款完成
15
16      def withdraw_money(self, money):        # 設計提款方法
17          self.__balance -= money             # 執行提款
18          print("提款 ", money, " 完成")      # 列印提款完成
19
20      def get_balance(self):                  # 獲得存款餘額
```

```
21          print(self.__name.title(), " 目前餘額: ", self.__balance)
22
23      def usa_to_taiwan(self, usa_d):            # 美金兌換台幣方法
24          self.result = self.__cal_rate(usa_d)
25          return self.result
26
27      def __cal_rate(self,usa_d):                # 計算換匯這是私有方法
28          return int(usa_d * self.__rate * (1 - self.__service_charge))
29
30  hungbank = Banks('hung')                       # 定義物件hungbank
31  usdallor = 50
32  print(usdallor, " 美金可以兌換 ", hungbank.usa_to_taiwan(usdallor), " 台幣")
```

執行結果
```
==================== RESTART: D:\Python\ch12\ch12_9.py ====================
50  美金可以兌換  1485  台幣
```

❑ 破解私有方法

如果類別外直接呼叫私有屬性會產生錯誤，當執行完 ch12_9.py 後，請執行下列指令。

```
>>> hungbank.__cal_rate(50)
Traceback (most recent call last):
  File "<pyshell#9>", line 1, in <module>
    hungbank.__cal_rate(50)
AttributeError: 'Banks' object has no attribute '__cal_rate'
```

破解私有方法方式類似破解私有屬性，當執行完 ch12_9.py 後，可以執行下列指令，直接計算匯率。

```
>>> hungbank._Banks__cal_rate(50)
1485
```

12-2-3 從存取屬性值看 Python 風格 property( )

經過前 2 節的說明，相信讀者對於 Python 的物件導向程式封裝設計有一些基礎了，這一節將講解偏向 Python 風格的操作。為了容易說明與瞭解，這一節將用簡單的實例解說。

程式實例 ch12_9_1.py：定義成績類別 Score，這時外部可以列印與修改成績。

```
1  # ch12_9_1.py
2  class Score():
3      def __init__(self, score):
4          self.score = score
5
6  stu = Score(50)
7  print(stu.score)
8  stu.score = 100
9  print(stu.score)
```

執行結果
```
==================== RESTART: D:/Python/ch12/ch12_9_1.py ====================
50
100
```

由於外部可以隨意更改成績,所以這是有風險、不恰當的。為了保護成績,我們可以將分數設為私有屬性,同時未來改成 getter 和 setter 的觀念存取這個私有屬性。

程式實例 ch12_9_2.py:將 score 設為私有屬性,設計含 getter 觀念的 getscore( ) 和 setter 觀念的 setscore( ) 存取分數,這時外部無法直取存取 score。

```
1   # ch12_9_2.py
2   class Score():
3       def __init__(self, score):
4           self.__score = score
5       def getscore(self):
6           print("inside the getscore")
7           return self.__score
8       def setscore(self, score):
9           print("inside the setscore")
10          self.__score = score
11
12  stu = Score(0)
13  print(stu.getscore())
14  stu.setscore(80)
15  print(stu.getscore())
```

執行結果
```
=================== RESTART: D:/Python/ch12/ch12_9_2.py ===================
inside the getscore
0
inside the setscore
inside the getscore
80
```

如果外部強制修訂私有屬性 score,將不會得逞,下面想在外部更改 score 為 100,但是結果失敗。

```
>>> stu.score = 100
>>> stu.getscore()
inside the getscore
80
```

上述雖然可以運行,但是新式 Python 設計風格是使用 property( ) 方法,這個方法使用觀念如下:

新式屬性 = property(getter[,setter[,fdel[,doc]]])

getter 是獲取屬性值函數,setter 是設定屬性值函數,fdel 是刪除屬性值函數,doc 是屬性描述,傳回的是新式屬性,未來可以由此新式屬性存取私有屬性內容。

程式實例 ch12_9_3.py:使用 Python 風格重新設計 ch12_9_2.py,讀者需留意第 11 列的 property( ),在這裡設定 sc 當作 property( ) 的傳回值,未來可以直接由 sc 存取私有屬性 __score。

12-2 類別的訪問權限 – 封裝 (encapsulation)

```
1   # ch12_9_3.py
2   class Score():
3       def __init__(self, score):
4           self.__score = score
5       def getscore(self):
6           print("inside the getscore")
7           return self.__score
8       def setscore(self, score):
9           print("inside the setscore")
10          self.__score = score
11      sc = property(getscore, setscore)    # Python 風格
12
13  stu = Score(0)
14  print(stu.sc)
15  stu.sc = 80
16  print(stu.sc)
```

執行結果
```
================== RESTART: D:/Python/ch12/ch12_9_3.py ==================
inside the getscore
0
inside the setscore
inside the getscore
80
```

上述執行第 14 列時相當於執行 getscore( )，執行第 15 列時相當於執行 setscore( )。此外，我們雖然改用 property( ) 讓工作呈現 Python 風格，但是在主程式仍可以使用 getscore( ) 和 setscore( ) 方法的。

12-2-4 裝飾器 @property

延續前一節的討論，我們可以使用裝飾器 @property，首先可以將 getscore( ) 和 setscore( ) 方法的名稱全部改為 sc( )，然後在 sc( ) 方法前加上下列裝飾器：

- @property：放在 getter 方法前。

- @sc.setter：放在 setter 方法前。

程式實例 ch12_9_4.py：使用裝飾器重新設計 ch12_9_3.py。

```
1   # ch12_9_4.py
2   class Score():
3       def __init__(self, score):
4           self.__score = score
5       @property
6       def sc(self):
7           print("inside the getscore")
8           return self.__score
9       @sc.setter
10      def sc(self, score):
11          print("inside the setscore")
12          self.__score = score
13
14  stu = Score(0)
15  print(stu.sc)
16  stu.sc = 80
17  print(stu.sc)
```

執行結果 與 ch12_9_3.py 相同。

經上述設計後未來無法存取私有屬性。

```
>>> stu.__score
Traceback (most recent call last):
  File "<pyshell#71>", line 1, in <module>
    stu.__score
AttributeError: 'Score' object has no attribute '__score'
```

上述我們只是將 sc 特性應用在 Score 類別內的屬性 __score，其實這個觀念可以擴充至一般程式設計，例如：計算面積。

程式實例 ch12_9_5.py：計算正方形的面積。

```
1  # ch12_9_5.py
2  class Square():
3      def __init__(self, sideLen):
4          self.__sideLen = sideLen
5      @property
6      def area(self):
7          return self.__sideLen ** 2
8
9  obj = Square(10)
10 print(obj.area)
```

執行結果
```
==================== RESTART: D:/Python/ch12/ch12_9_5.py ====================
100
```

12-2-5 方法與屬性的類型

嚴格區分設計 Python 物件導向程式時，又可將類別的方法區分為實例方法 (屬性) 與類別方法 (屬性)。

實例方法與屬性的特色是有 self，屬性開頭是 self，同時所有方法的第一個參數是 self，這些是建立類別物件時，屬於物件的一部份。先前所述的皆是實例方法與屬性，使用時需建立此類別的物件，然後由物件調用。

類別方法前面則是 @classmethod，所不同的是第一個參數習慣是用 cls。類別方法與屬性不需要實例化，它們可以由類別本身直接調用。另外，類別屬性會隨時被更新。

程式實例 ch12_9_6.py：類別方法與屬性的應用，這個程式執行時，每次建立 Counter( ) 類別物件 (11-13 列)，類別屬性值會更新，此外，這個程式使用類別名稱就可以直接調用類別屬性與方法。

```
1   # ch12_9_6.py
2   class Counter():
3       counter = 0                              # 類別屬性,可由類別本身調用
4       def __init__(self):
5           Counter.counter += 1                 # 更新指標
6       @classmethod
7       def show_counter(cls):                   # 類別方法,可由類別本身調用
8           print("class method")
9           print("counter = ", cls.counter)     # 也可使用Counter.counter調用
10          print("counter = ", Counter.counter)
11
12  one = Counter()
13  two = Counter()
14  three = Counter()
15  Counter.show_counter()
```

執行結果
```
==================== RESTART: D:/Python/ch12/ch12_9_6.py ====================
class method
counter =  3
counter =  3
```

12-2-6 靜態方法

靜態方法是由 @staticmethod 開頭，不需原先的 self 或 cls 參數，這只是碰巧存在類別的函數，與類別方法和實例方法沒有綁定關係，這個方法也是由類別名稱直接調用。

程式實例 ch12_9_7.py：靜態方法的調用實例。

```
1   # ch12_9_7.py
2   class Pizza():
3       @staticmethod
4       def demo():
5           print("I like Pizza")
6
7   Pizza.demo()
```

執行結果
```
==================== RESTART: D:/Python/ch12/ch12_9_7.py ====================
I like Pizza
```

12-3 類別的繼承

在程式設計時有時我們感覺某些類別已經大致可以滿足我們的需求，這時我們可以修改此類別完成我們的工作，可是這樣會讓程式顯得更複雜。或是我們可以重新寫新的類別，可是這樣會讓我們需要維護更多程式。

碰上這類問題解決的方法是使用繼承，也就是延續使用舊類別，設計子類別繼承此類別，然後在子類別中設計新的屬性與方法，這也是本節的主題。

在物件導向程式設計中類別是可以繼承的，其中被繼承的類別稱父類別 (parent class)、基底類別 (base class) 或超類別 (superclass)，繼承的類別稱子類別 (child class) 或衍生類別 (derived class)。類別繼承的最大優點是許多父類別的公有方法或屬性，在子類別中不用重新設計，可以直接引用。

```
基底類別Base Class          衍生類別Derived Class
  公有屬性                    繼承Base Class公有屬性
  公有方法                    繼承Base Class公有方法

                             自有的屬性與方法
```

在程式設計時，基底類別 (base class) 必需在衍生類別 (derived class) 前面，整個程式碼結構如下：

```
class BaseClassName( ):                              # 先定義基底類別
    Base Class 的內容
class DerivedClassName(BaseClassName):               # 再定義衍生類別
    Derived Class 的內容
```

衍生類別繼承了基底類別的公有屬性與方法，同時也可以有自己的屬性與方法。

12-3-1 衍生類別繼承基底類別的實例應用

在延續先前說明的 Banks 類別前，筆者先用簡單的範例做說明。

程式實例 ch12_9_8.py：設計 Father 類別，也設計 Son 類別，Son 類別繼承了 Father 類別，Father 類別有 hometown( ) 方法，然後 Father 類別和 Son 類別物件皆會呼叫 hometown( ) 方法。

```python
1   # ch12_9_8.py
2   class Father():
3       def hometown(self):
4           print('我住在台北')
5
6   class Son(Father):
7       pass
8
9   hung = Father()
10  ivan = Son()
11  hung.hometown()
12  ivan.hometown()
```

執行結果

```
================== RESTART: D:\Python\ch12\ch12_9_8.py ==================
我住在台北
我住在台北
```

上述 Son 類別繼承了 Father 類別,所以第 12 列可以呼叫 Father 類別然後可以列印相同的字串。

程式實例 ch12_10.py:延續 Banks 類別建立一個分行 Shilin_Banks,這個衍生類別沒有任何資料,直接引用基底類別的公有函數,執行銀行的存款作業。下列是與 ch12_9.py 不同的程式碼。

```
30  class Shilin_Banks(Banks):
31      # 定義士林分行
32      pass
33
34  hungbank = Shilin_Banks('hung')            # 定義物件hungbank
35  hungbank.save_money(500)
36  hungbank.get_balance()
```

執行結果

```
================== RESTART: D:\Python\ch12\ch12_10.py ==================
存款   500   完成
Hung  目前餘額:  500
```

上述第 35 和 36 列所引用的方法就是基底類別 Banks 的公有方法。

12-3-2 如何取得基底類別的私有屬性

基於保護原因,基本上類別定義外是無法直接取得類別內的私有屬性,即使是它的衍生類別也無法直接讀取,如果真是要取得可以使用 return 方式,傳回私有屬性內容。

在延續先前的 Banks 類別前,筆者先用短小易懂的程式講解這個觀念。

程式實例 ch12_10_1.py:設計一個子類別 Son 的物件存取父類別私有屬性的應用。

```
1   # ch12_10_1.py
2   class Father():
3       def __init__(self):
4           self.__address = '台北市羅斯福路';
5       def getaddr(self):
6           return self.__address
7
8   class Son(Father):
9       pass
10
11  hung = Father()
12  ivan = Son()
13  print('父類別 : ',hung.getaddr())
14  print('子類別 : ',ivan.getaddr())
```

執行結果

```
================== RESTART: D:/Python/ch12/ch12_10_1.py ==================
父類別 :   台北市羅斯福路
子類別 :   台北市羅斯福路
```

第 12 章　類別與物件導向 - 打造模組化與可擴充程式

從上述第 14 列我們可以看到子類別物件 ivan 順利的取得父類別的 address 私有屬性 address。

程式實例 ch12_11.py：衍生類別物件取得基底類別的銀行名稱 bankname 的屬性。

```
30      def bank_title(self):                      # 獲得銀行名稱
31          return self.__bankname
32
33  class Shilin_Banks(Banks):
34      # 定義士林分行
35      pass
36
37  hungbank = Shilin_Banks('hung')                 # 定義物件hungbank
38  print("我的存款銀行是: ", hungbank.bank_title())
```

執行結果
```
==================== RESTART: D:\Python\ch12\ch12_11.py ====================
我的存款銀行是:  Taipei Bank
```

12-3-3　衍生類別與基底類別有相同名稱的屬性

程式設計時，衍生類別也可以有自己的初始化 __init__( ) 方法，同時也有可能衍生類別的屬性與方法名稱和基底類別重複，碰上這個狀況 Python 會先找尋衍生類別是否有這個名稱，如果有則先使用，如果沒有則使用基底類別的名稱內容。

程式實例 ch12_11_1.py：衍生類別與基底類別有相同名稱的簡單說明。

```
1   # ch12_11_1.py
2   class Person():
3       def __init__(self,name):
4           self.name = name
5   class LawerPerson(Person):
6       def __init__(self,name):
7           self.name = name + "律師"
8
9   hung = Person("洪錦魁")
10  lawer = LawerPerson("洪錦魁")
11  print(hung.name)
12  print(lawer.name)
```

執行結果
```
==================== RESTART: D:/Python/ch12/ch12_11_1.py ====================
洪錦魁
洪錦魁律師
```

上述衍生類別與基底類別有相同的屬性 name，但是衍生類別物件將使用自己的屬性。下列是 Banks 類別的應用說明。

程式實例 ch12_12.py：這個程式主要是將 Banks 類別的 bankname 屬性改為公有屬性，但是在衍生類別中則有自己的初始化方法，主要是基底類別與衍生類別均有 bankname 屬性，不同類別物件將呈現不同的結果，下列是第 8 列的內容。

12-18

```
8            self.bankname = "Taipei Bank"        # 設定公有銀行名稱
```

下列是修改部分程式碼內容。

```
33  class Shilin_Banks(Banks):
34      # 定義士林分行
35      def __init__(self, uname):
36          self.bankname = "Taipei Bank - Shilin Branch"   # 定義分行名稱
37
38  jamesbank = Banks('James')                      # 定義Banks類別物件
39  print("James's banks = ", jamesbank.bankname)   # 列印銀行名稱
40  hungbank = Shilin_Banks('Hung')                 # 定義Shilin_Banks類別物件
41  print("Hung's banks  = ", hungbank.bankname)    # 列印銀行名稱
```

執行結果
```
==================== RESTART: D:\Python\ch12\ch12_12.py ====================
James's banks =  Taipei Bank
Hung's banks  =  Taipei Bank - Shilin Branch
```

從上述可知 Banks 類別物件 James 所使用的 bankname 屬性是 Taipei Bank，Shilin_Banks 物件 Hung 所使用的 bankname 屬性是 Taipei Bank – Shilin Branch。

12-3-4　衍生類別與基底類別有相同名稱的方法

程式設計時，衍生類別也可以有自己的方法，同時也有可能衍生類別的方法名稱和基底類別方法名稱重複，碰上這個狀況 Python 會先找尋衍生類別是否有這個名稱，如果有則先使用，如果沒有則使用基底類別的名稱內容。

程式實例 ch12_12_1.py：衍生類別的方法名稱和基底類別方法名稱重複的應用。

```
1   # ch12_12_1.py
2   class Person():
3       def job(self):
4           print("我是老師")
5
6   class LawerPerson(Person):
7       def job(self):
8           print("我是律師")
9
10  hung = Person()
11  ivan = LawerPerson()
12  hung.job()
13  ivan.job()
```

執行結果
```
==================== RESTART: D:/Python/ch12/ch12_12_1.py ====================
我是老師
我是律師
```

程式實例 ch12_13.py：衍生類別與基底類別名稱重複的實例，這個程式的基底類別與衍生類別均有 bank_title( ) 函數，Python 會由觸發 bank_title( ) 方法的物件去判別應使用那一個方法執行。

```
30     def bank_title(self):                    # 獲得銀行名稱
31         return self.__bankname
32
33 class Shilin_Banks(Banks):
34     # 定義士林分行
35     def __init__(self, uname):
36         self.bankname = "Taipei Bank - Shilin Branch"   # 定義分行名稱
37     def bank_title(self):                    # 獲得銀行名稱
38         return self.bankname
39
40 jamesbank = Banks('James')                   # 定義Banks類別物件
41 print("James's banks = ", jamesbank.bank_title())   # 列印銀行名稱
42 hungbank = Shilin_Banks('Hung')              # 定義Shilin_Banks類別物件
43 print("Hung's banks  = ", hungbank.bank_title())    # 列印銀行名稱
```

執行結果
```
================== RESTART: D:\Python\ch12\ch12_13.py ==================
James's banks =  Taipei Bank
Hung's banks  =  Taipei Bank - Shilin Branch
```

上述程式的觀念如下：

上述第 30 列的 bank_title( ) 是屬於 Banks 類別，第 37 列的 bank_title( ) 是屬於 Shilin_Banks 類別。第 40 列是 Banks 物件，所以 41 列會觸發第 30 列的 bank_title( ) 方法。第 42 列是 Shilin_Banks 物件，所以 42 列會觸發第 37 列的 bank_title( ) 方法。其實上述方法就是物件導向的多型 (polymo-phism)，但是多型不一定需要是有父子關係的類別。讀者可以將以上想成方法多功能化，相同的函數名稱，放入不同類型的物件可以產生不同的結果。至於使用者可以不必需要知道是如何設計，隱藏在內部的設計細節交由程式設計師負責。12-4 節筆者還會舉實例說明。

12-3-5 衍生類別引用基底類別的方法

衍生類別引用基底類別的方法時需使用 super( )，下列將使用另一類的類別了解這個觀念。

程式實例 ch12_14.py：這是一個衍生類別呼叫基底類別方法的實例，筆者首先建立一個 Animals 類別，然後建立這個類別的衍生類別 Dogs，Dogs 類別在初始化中會使用 super( ) 呼叫 Animals 類別的初始化方法，可參考第 14 列，經過初始化處理後，mydog.name 將由 "lily" 變為 "My pet lily"。

```
1   # ch12_14.py
2   class Animals():
3       """Animals類別, 這是基底類別 """
4       def __init__(self, animal_name, animal_age ):
5           self.name = animal_name    # 紀錄動物名稱
6           self.age = animal_age      # 紀錄動物年齡
7
8       def run(self):                 # 輸出動物 is running
9           print(self.name.title(), " is running")
10
11  class Dogs(Animals):
12      """Dogs類別, 這是Animal的衍生類別 """
13      def __init__(self, dog_name, dog_age):
14          super().__init__('My pet ' + dog_name.title(), dog_age)
15
16  mycat = Animals('lucy', 5)         # 建立Animals物件以及測試
17  print(mycat.name.title(), ' is ', mycat.age, " years old.")
18  mycat.run()
19
20  mydog = Dogs('lily', 6)            # 建立Dogs物件以及測試
21  print(mydog.name.title(), ' is ', mydog.age, " years old.")
22  mydog.run()
```

執行結果
```
================== RESTART: D:\Python\ch12\ch12_14.py ==================
Lucy  is  5  years old.
Lucy  is running
My Pet Lily  is  6  years old.
My Pet Lily  is running
```

12-3-6 衍生類別有自己的方法

物件導向設計很重要的一環是衍生類別有自己的方法。

程式實例 ch12_14_1.py：擴充 ch12_14.py，讓 Dogs 類別有自己的方法 sleeping( )。

```
1   # ch12_14_1.py
2   class Animals():
3       """Animals類別, 這是基底類別 """
4       def __init__(self, animal_name, animal_age ):
5           self.name = animal_name    # 紀錄動物名稱
6           self.age = animal_age      # 紀錄動物年齡
```

```python
7
8       def run(self):                    # 輸出動物 is running
9           print(self.name.title(), " is running")
10
11  class Dogs(Animals):
12      """Dogs類別, 這是Animal的衍生類別 """
13      def __init__(self, dog_name, dog_age):
14          super().__init__('My pet ' + dog_name.title(), dog_age)
15      def sleeping(self):
16          print("My pet", "is sleeping")
17
18  mycat = Animals('lucy', 5)             # 建立Animals物件以及測試
19  print(mycat.name.title(), ' is ', mycat.age, " years old.")
20  mycat.run()
21
22  mydog = Dogs('lily', 6)                # 建立Dogs物件以及測試
23  print(mydog.name.title(), ' is ', mydog.age, " years old.")
24  mydog.run()
25  mydog.sleeping()
```

執行結果
```
=================== RESTART: D:/Python/ch12/ch12_14_1.py ===================
Lucy  is  5  years old.
Lucy  is running
My Pet Lily  is  6  years old.
My Pet Lily  is running
My pet is sleeping
```

上述 Dogs 子類別有一個自己的方法 sleep( )，第 25 列則是呼叫自己的子方法。

12-3-7 三代同堂的類別與取得基底類別的屬性 super( )

在繼承觀念裡，我們也可以使用 Python 的 super( ) 方法取得基底類別的屬性，這對於設計三代同堂的類別是很重要的。

下列是一個三代同堂的程式，在這個程式中有祖父 (Grandfather) 類別，它的子類別是父親 (Father) 類別，父親類別的子類別是 Ivan 類別。其實 Ivan 要取得父親類別的屬性很容易，可是要取得祖父類別的屬性時就會碰上困難，解決方式是使用在 Father 類別與 Ivan 類別的 __init__( ) 方法中增加下列設定：

super( ).__init__( )   # 將父類別的屬性複製

這樣就可以解決 Ivan 取得祖父 (Grandfather) 類別的屬性了。

程式實例 ch12_15.py：這個程式會建立一個 Ivan 類別的物件 ivan，然後分別呼叫 Father 類別和 Grandfather 類別的方法列印資訊，接著分別取得 Father 類別和 Grandfather 類別的屬性。

```
1   # ch12_15
2   class Grandfather():
3       """ 定義祖父的資產 """
4       def __init__(self):
5           self.grandfathermoney = 10000
6       def get_info1(self):
7           print("Grandfather's information")
8
9   class Father(Grandfather):          # 父類別是Grandfather
10      """ 定義父親的資產 """
11      def __init__(self):
12          self.fathermoney = 8000
13          super().__init__()
14      def get_info2(self):
15          print("Father's information")
16
17  class Ivan(Father):                 # 父類別是Father
18      """ 定義Ivan的資產 """
19      def __init__(self):
20          self.ivanmoney = 3000
21          super().__init__()
22      def get_info3(self):
23          print("Ivan's information")
24      def get_money(self):            # 取得資產明細
25          print("\nIvan資產: ", self.ivanmoney,
26                "\n父親資產: ", self.fathermoney,
27                "\n祖父資產: ", self.grandfathermoney)
28
29  ivan = Ivan()
30  ivan.get_info3()                    # 從Ivan中獲得
31  ivan.get_info2()                    # 流程 Ivan -> Father
32  ivan.get_info1()                    # 流程 Ivan -> Father -> Grandtather
33  ivan.get_money()                    # 取得資產明細
```

執行結果

```
================= RESTART: D:\Python\ch12\ch12_15.py =================
Ivan's information
Father's information
Grandfather's information

Ivan資產:   3000
父親資產:   8000
祖父資產:   10000
```

上述程式各類別的相關圖形如下：

12-3-8 兄弟類別屬性的取得

假設有一個父親 (Father) 類別，這個父親類別有 2 個兒子分別是 Ivan 類別和 Ira 類別，如果 Ivan 類別想取得 Ira 類別的屬性 iramoney，可以使用下列方法。

```
Ira( ).iramoney                    # Ivan 取得 Ira 的屬性 iramoney
```

程式實例 ch12_16.py：設計 3 個類別，Father 類別是 Ivan 和 Ira 類別的父類別，所以 Ivan 和 Ira 算是兄弟類別，這個程式可以從 Ivan 類別分別讀取 Father 和 Ira 類別的資產屬性。這個程式最重要的是第 21 列，請留意取得 Ira 屬性的寫法。

```python
 1  # ch12_16.py
 2  class Father():
 3      """ 定義父親的資產 """
 4      def __init__(self):
 5          self.fathermoney = 10000
 6
 7  class Ira(Father):                              # 父類別是Father
 8      """ 定義Ira的資產 """
 9      def __init__(self):
10          self.iramoney = 8000
11          super().__init__()
12
13  class Ivan(Father):                             # 父類別是Father
14      """ 定義Ivan的資產 """
15      def __init__(self):
16          self.ivanmoney = 3000
17          super().__init__()
18      def get_money(self):                        # 取得資產明細
19          print("Ivan資產： ", self.ivanmoney,
20                "\n父親資產： ", self.fathermoney,
21                "\nIra資產 :  ", Ira().iramoney)   # 注意寫法
22
23  ivan = Ivan()
24  ivan.get_money()                                # 取得資產明細
```

執行結果
```
================== RESTART: D:\Python\ch12\ch12_16.py ==================
Ivan資產：  3000
父親資產：  10000
Ira資產 :   8000
```

上述程式各類別的相關圖形如下：

12-3-9　認識 Python 類別方法的 self 參數

如果讀者懂 Java 可以知道類別的方法沒有 self 參數，這一節將用一個簡單的實例，講解 self 參數的觀念。

程式實例 ch12_16_1.py：建立類別物件與呼叫類別方法。

```
1  # ch12_16_1.py
2  class Person():
3      def interest(self):
4          print("Smiling is my interest")
5
6  hung = Person()
7  hung.interest()
```

執行結果

```
==================== RESTART: D:/Python/ch12/ch12_16_1.py ====================
Smiling is my interest
```

其實上述第 7 列相當於將 hung 當作是 self 參數，然後傳遞給 Person 類別的 interest( ) 方法。甚至各位也可以用下列方式，獲得相同的輸出。

```
>>> Person.interest(hung)
Smiling is my interest
```

上述只是好玩，不建議如此。

12-4　多型 (polymorphism)

在 12-3-4 節筆者已經有說明基底類別與衍生類別有相同方法名稱的實例，其實那就是本節欲說明的多型 (polymorphism) 的基本觀念，但是在多型 (polymorphism) 的觀念中是不侷限在必需有父子關係的類別。

程式實例 ch12_17.py：這個程式有 3 個類別，Animals 類別是基底類別，Dogs 類別是 Animals 類別的衍生類別，基於繼承的特性所以 2 個類別皆有 which( ) 和 action( ) 方法，另外設計了一個與上述無關的類別 Monkeys，這個類別也有 which( ) 和 action( ) 方法，然後程式分別呼叫 which( ) 和 action( ) 方法，程式會由物件類別判斷應該使用那一個方法回應程式。

```
1  # ch12_17.py
2  class Animals():
3      """Animals類別, 這是基底類別 """
4      def __init__(self, animal_name):
5          self.name = animal_name          # 紀錄動物名稱
6      def which(self):                     # 回傳動物名稱
7          return 'My pet ' + self.name.title()
```

```
 8      def action(self):                      # 動物的行為
 9          return ' sleeping'
10
11 class Dogs(Animals):
12     """Dogs類別,這是Animal的衍生類別 """
13     def __init__(self, dog_name):            # 紀錄動物名稱
14         super().__init__(dog_name.title())
15     def action(self):                        # 動物的行為
16         return ' running in the street'
17
18 class Monkeys():
19     """猴子類別,這是其他類別 """
20     def __init__(self, monkey_name):         # 紀錄動物名稱
21         self.name = 'My monkey ' + monkey_name.title()
22     def which(self):                         # 回傳動物名稱
23         return self.name
24     def action(self):                        # 動物的行為
25         return ' running in the forest'
26
27 def doing(obj):                              # 列出動物的行為
28     print(obj.which(), "is", obj.action())
29
30 my_cat = Animals('lucy')                     # Animals物件
31 doing(my_cat)
32 my_dog = Dogs('gimi')                        # Dogs物件
33 doing(my_dog)
34 my_monkey = Monkeys('taylor')                # Monkeys物件
35 doing(my_monkey)
```

執行結果

```
==================== RESTART: D:\Python\ch12\ch12_17.py ====================
My pet Lucy is  sleeping
My pet Gimi is  running in the street
My monkey Taylor is  running in the forest
```

上述程式各類別的相關圖形如下:

對上述程式而言,第 30 列的 my_cat 是 Animal 類別物件,所以在 31 列的物件會觸發 Animal 類別的 which( ) 和 action( ) 方法。第 32 列的 my_dog 是 Dogs 類別物

件，所以在 33 列的物件會觸發 Dogs 類別的 which( ) 和 action( ) 方法。第 34 列的 my_monkey 是 Monkeys 類別物件，所以在 35 列的物件會觸發 Monkeys 類別的 which( ) 和 action( ) 方法。

12-5 多重繼承

12-5-1 基本觀念

在物件導向的程式設計中，也常會發生一個類別繼承多個類別的應用，此時子類別也同時繼承了多個類別的方法。在這個時候，讀者應該了解發生多個父類別擁有相同名稱的方法時，應該先執行那一個父類別的方法。在程式中可用下列語法代表繼承多個類別。

  class 類別名稱 (父類別 1, 父類別 2, … , 父類別 n):
    類別內容

程式實例 ch12_18.py：這個程式 Ivan 類別繼承了 Father 和 Uncle 類別，Grandfather 類別則是 Father 和 Uncle 類別的父類別。在這個程式中筆者只設定一個 Ivan 類別的物件 ivan，然後由這個類別分別呼叫 action3( )、action2( ) 和 action1( )，其中 Father 和 Uncle 類別同時擁有 action2( ) 方法，讀者可以觀察最後是執行那一個 action2( ) 方法。

```python
1   # ch12_18.py
2   class Grandfather():
3       """ 定義祖父類別 """
4       def action1(self):
5           print("Grandfather")
6   
7   class Father(Grandfather):
8       """ 定義父親類別 """
9       def action2(self):        # 定義action2()
10          print("Father")
11  
12  class Uncle(Grandfather):
13      """ 定義叔父類別 """
14      def action2(self):        # 定義action2()
15          print("Uncle")
16  
17  class Ivan(Father, Uncle):
18      """ 定義Ivan類別 """
19      def action3(self):
20          print("Ivan")
21  
22  ivan = Ivan()
23  ivan.action3()               # 順序 Ivan
24  ivan.action2()               # 順序 Ivan -> Father
25  ivan.action1()               # 順序 Ivan -> Father -> Grandfather
```

第 12 章　類別與物件導向 - 打造模組化與可擴充程式

執行結果
```
==================== RESTART: D:\Python\ch12\ch12_18.py ====================
Ivan
Father
Grandfather
```

上述程式各類別的相關圖形如下：

```
              Grandfather類別
             /              \
            ↓                ↓
       Father類別         Uncle類別
            \                /
             ↓              ↓
              Ivan類別
```

程式實例 ch12_19.py：這個程式基本上是重新設計 ch12_18.py，主要是 Father 和 Uncle 類別的方法名稱是不一樣，Father 類別是 action3( ) 和 Uncle 類別是 action2( )，這個程式在建立 Ivan 類別的 ivan 物件後，會分別啟動各類別的 actionX( ) 方法。

```python
 1  # ch12_19.py
 2  class Grandfather():
 3      """ 定義祖父類別 """
 4      def action1(self):
 5          print("Grandfather")
 6
 7  class Father(Grandfather):
 8      """ 定義父親類別 """
 9      def action3(self):          # 定義action3()
10          print("Father")
11
12  class Uncle(Grandfather):
13      """ 定義叔父類別 """
14      def action2(self):          # 定義action2()
15          print("Uncle")
16
17  class Ivan(Father, Uncle):
18      """ 定義Ivan類別 """
19      def action4(self):
20          print("Ivan")
21
22  ivan = Ivan()
23  ivan.action4()                  # 順序 Ivan
24  ivan.action3()                  # 順序 Ivan -> Father
25  ivan.action2()                  # 順序 Ivan -> Father -> Uncle
26  ivan.action1()                  # 順序 Ivan -> Father -> Uncle -> Grandfather
```

執行結果
```
================== RESTART: D:\Python\ch12\ch12_19.py ==================
Ivan
Father
Uncle
Grandfather
```

12-5-2　super( ) 應用在多重繼承的問題

我們知道 super( ) 可以繼承父類別的方法，我們先看看可能產生的問題。

程式實例 ch12_19_1.py：一般常見 super( ) 應用在多重繼承的問題。

```
 1  # ch12_19_1.py
 2  class A():
 3      def __init__(self):
 4          print('class A')
 5
 6  class B():
 7      def __init__(self):
 8          print('class B')
 9
10  class C(A,B):
11      def __init__(self):
12          super().__init__()
13          print('class C')
14
15  x = C()
```

執行結果
```
================== RESTART: D:/Python/ch12/ch12_19_1.py ==================
class A
class C
```

上述第 10 列我們設定類別 C 繼承類別 A 和 B，可是當我們設定物件 x 是類別 C 的物件時，可以發現第 10 列 C 類別的第 2 個參數 B 類別沒有被啟動。其實 Python 使用 super( ) 的多重繼承，在此算是協同作業 (co-operative)，我們必需在基底類別也增加 super( ) 設定，才可以正常作業。

程式實例 ch12_19_2.py：重新設計 ch12_19_1.py，增加第 4 和第 9 列，解決一般常見 super( ) 應用在多重繼承的問題。

```
 1  # ch12_19_2.py
 2  class A():
 3      def __init__(self):
 4          super().__init__()
 5          print('class A')
 6
 7  class B():
 8      def __init__(self):
 9          super().__init__()
10          print('class B')
11
```

```
12  class C(A,B):
13      def __init__(self):
14          super().__init__()
15          print('class C')
16
17  x = C()
```

執行結果
```
==================== RESTART: D:/Python/ch12/ch12_19_2.py ====================
class B
class A
class C
```

上述我們得到所有類別的最初化方法 (__init__()) 均被啟動了,這個觀念很重要,因為我們如果在最初化方法中想要子類別繼承所有父類別的屬性時,必需要全部的父類別均被啟動,例如可以參考 ex12_9.py。

12-6　type 與 is instance

一個大型程式設計可能是由許多人合作設計,有時我們想了解某個物件變數的資料類型,或是所屬類別關係,可以使用本節所述的方法。

12-6-1　type( )

這個函數先前已經使用許多次了,可以使用 type( ) 函數得到某一物件變數的類別名稱。

程式實例 ch12_20.py:列出類別物件與物件內方法的資料類型。

```
1   # ch12_20.py
2   class Grandfather():
3       """ 定義祖父類別 """
4       pass
5
6   class Father(Grandfather):
7       """ 定義父親類別 """
8       pass
9
10  class Ivan(Father):
11      """ 定義Ivan類別 """
12      def fn(self):
13          pass
14
15  grandfather = Grandfather()
16  father = Father()
17  ivan = Ivan()
18  print("grandfather物件類型: ", type(grandfather))
19  print("father物件類型     : ", type(father))
20  print("ivan物件類型       : ", type(ivan))
21  print("ivan物件fn方法類型 : ", type(ivan.fn))
```

執行結果

```
==================== RESTART: D:\Python\ch12\ch12_20.py ====================
grandfather物件類型:   <class '__main__.Grandfather'>
father物件類型     :   <class '__main__.Father'>
ivan物件類型       :   <class '__main__.Ivan'>
ivan物件fn方法類型 :   <class 'method'>
```

由上圖可以得到類別的物件類型是 class，同時會列出「__main__. 類別的名稱」。如果是類別內的方法同時也列出 "method" 方法。

12-6-2　isinstance( )

isinstance( ) 函數可以傳回物件的類別是否屬於某一類別，它包含 2 個參數，它的語法如下：

isinstance(物件 , 類別)　　　　　　　　# 可傳回 True 或 False

如果物件的類別是屬於第 2 個參數類別或屬於第 2 個參數的子類別，則傳回 True，否則傳回 False。

程式實例 ch12_21.py：一系列 isinstance( ) 函數的測試。

```python
1   # ch12_21.py
2   class Grandfather():
3       """ 定義祖父類別 """
4       pass
5
6   class Father(Grandfather):
7       """ 定義父親類別 """
8       pass
9
10  class Ivan(Father):
11      """ 定義Ivan類別 """
12      def fn(self):
13          pass
14
15  grandfa = Grandfather()
16  father = Father()
17  ivan = Ivan()
18  print("ivan屬於Ivan類別: ", isinstance(ivan, Ivan))
19  print("ivan屬於Father類別: ", isinstance(ivan, Father))
20  print("ivan屬於GrandFather類別: ", isinstance(ivan, Grandfather))
21  print("father屬於Ivan類別: ", isinstance(father, Ivan))
22  print("father屬於Father類別: ", isinstance(father, Father))
23  print("father屬於Grandfather類別: ", isinstance(father, Grandfather))
24  print("grandfa屬於Ivan類別: ", isinstance(grandfa, Ivan))
25  print("grandfa屬於Father類別: ", isinstance(grandfa, Father))
26  print("grandfa屬於Grandfather類別: ", isinstance(grandfa, Grandfather))
```

執行結果

```
================== RESTART: D:\Python\ch12\ch12_21.py ==================
ivan屬於Ivan類別：  True
ivan屬於Father類別：  True
ivan屬於GrandFather類別：  True
father屬於Ivan類別：  False
father屬於Father類別：  True
father屬於Grandfather類別：  True
grandfa屬於Ivan類別：  False
grandfa屬於Father類別：  False
grandfa屬於Grandfather類別：  True
```

12-7 特殊屬性

設計或是看到別人設計的 Python 程式時，若是看到「__xx__」類的字串就要特別留意了，這是系統保留的變數或屬性參數，我們可以使用 dir( ) 列出 Python 目前環境的變數、屬性、方法。

```
>>> dir()
['__annotations__', '__builtins__', '__doc__', '__loader__', '__name__', '__package__', '__spec__']
```

下列幾小節筆者將簡要說明幾個重要常見的屬性。

12-7-1 文件字串 __doc__

在 11-6-1 節筆者已經有一些說明，本節將以程式實例解說。文件字串的英文原意是文件字串 (docstring)，Python 鼓勵程式設計師在設計函數或類別時，盡量為函數或類別增加文件的註解，未來可以使用「__doc__」特殊屬性列出此文件註解。

程式實例 ch12_22.doc：將文件註解應用在函數。

```
1  # ch12_22.py
2  def getMax(x, y):
3      '''文件字串實例
4  建議x, y是整數
5  這個函數將傳回較大值'''
6      if int(x) > int(y):
7          return x
8      else:
9          return y
10
11 print(getMax(2, 3))            # 列印較大值
12 print(getMax.__doc__)          # 列印文件字串docstring
```

執行結果

```
================== RESTART: D:\Python\ch12\ch12_22.py ==================
3
文件字串實例
建議x, y是整數
這個函數將傳回較大值
```

程式實例 ch12_23.doc：將文件註解應用在類別與類別內的方法。

```python
1   # ch12_23.py
2   class Myclass:
3       '''文件字串實例
4   Myclass類別的應用'''
5       def __init__(self, x):
6           self.x = x
7       def printMe(self):
8           '''文字檔字串實例
9   Myclass類別內printMe方法的應用'''
10          print("Hi", self.x)
11  
12  data = Myclass(100)
13  data.printMe()
14  print(data.__doc__)              # 列印Myclass文件字串docstring
15  print(data.printMe.__doc__)      # 列印printMe文件字串docstring
```

執行結果
```
==================== RESTART: D:\Python\ch12\ch12_23.py ====================
Hi 100
文件字串實例
Myclass類別的應用
文字檔字串實例
Myclass類別內printMe方法的應用
```

了解以上觀念後，如果讀者看到有一個程式碼如下：

```
>>> x = 'abc'
>>> print(x.__doc__)
str(object='') -> str
str(bytes_or_buffer[, encoding[, errors]]) -> str

Create a new string object from the given object. If encoding or
errors is specified, then the object must expose a data buffer
that will be decoded using the given encoding and error handler.
Otherwise, returns the result of object.__str__() (if defined)
or repr(object).
encoding defaults to sys.getdefaultencoding().
errors defaults to 'strict'.
>>>
```

以上只是列出 Python 系統內部有關字串的 docstring。

12-7-2 __name__ 屬性

如果你是 Python 程式設計師，常在網路上看別人寫的程式，一定會經常在程式末端看到下列敘述：

if __name__ == '__main__':
　　doSomething( )

初學 Python 時，筆者照上述撰寫，程式一定可以執行，當時不曉得意義，覺得應該要告訴讀者。如果上述程式是自己執行，那麼「__name__」就一定是「__main__」。

程式實例 ch12_24.py：一個程式只有一列，就是列印「__name__」。

```
1  # ch12_24.py
2  print('ch12_24.py module name = ', __name__)
```

執行結果
```
==================== RESTART: D:\Python\ch12\ch12_24.py ====================
ch12_24.py module name =  __main__
```

經過上述實例，所以我們知道，如果程式如果是自己執行時，「__name__」就是「__main__」，所以下列程式實例可以列出結果。

程式實例 ch12_25.py：「__name__ == __main__」的應用。

```
1  # ch12_25.py
2  def myFun():
3      print("__name__ == __main__")
4  if __name__ == '__main__':
5      myFun()
```

執行結果
```
==================== RESTART: D:\Python\ch12\ch12_25.py ====================
__name__ == __main__
```

如果 ch12_24.py 是被 import 到另一個程式時，則「__name__」是本身的檔案名稱。下一章筆者會介紹關於 import 的知識，它的用途是將模組導入，方便程式呼叫使用。

程式實例 ch12_26.py：這個程式 import 導入 ch12_24.py，結果「__name__」變成了 ch12_24。

```
1  # ch12_26.py
2  import ch12_24
```

執行結果
```
==================== RESTART: D:\Python\ch12\ch12_26.py ====================
ch12_24.py module name =  ch12_24
```

程式實例 ch12_27.py：這個程式 import 導入 ch12_25.py，由於「__name__」已經不再是「__main__」，所以程式沒有任何輸出。

```
1  # ch12_27.py
2  import ch12_25
```

執行結果
```
==================== RESTART: D:\Python\ch12\ch12_27.py ====================
```

所以總結「__name__ 是可以判別這個程式是自己執行或是被其他程式 import 導入當成模組使用，其實學到這裡讀者可能仍然感覺不出「__main__」與「__name__」的好處，沒關係，筆者會在 13-2-7 節講解這種設計的優點。

12-8 類別的特殊方法

12-8-1 __str__( ) 方法

這是類別的特殊方法，可以協助返回易讀取的字串。

程式實例 ch12_28.py：在沒有定義「__str__( )」方法情況下，列出類別的物件。

```
1  # ch12_28.py
2  class Name:
3      def __init__(self, name):
4          self.name = name
5
6  a = Name('Hung')
7  print(a)
```

執行結果
```
=================== RESTART: D:\Python\ch12\ch12_28.py ===================
<__main__.Name object at 0x03624830>
```

上述在沒有定義「__str__( )」方法下，我們獲得了一個不太容易閱讀的結果。

程式實例 ch12_29.py：在定義「__str__( )」方法下，重新設計上一個程式。

```
1  # ch12_29.py
2  class Name:
3      def __init__(self, name):
4          self.name = name
5      def __str__(self):
6          return f"{self.name}"
7
8  a = Name('Hung')
9  print(a)
```

執行結果
```
=================== RESTART: D:\Python\ch12\ch12_29.py ===================
Hung
```

上述定義了「__str__( )」方法後，就得到一個適合閱讀的結果了。對於程式 ch12_29.py 而言，如果我們在 Python Shell 視窗輸入 a，將一樣獲得不容易閱讀的結果。

```
=================== RESTART: D:\Python\ch12\ch12_29.py ===================
Hung
>>> a
<__main__.Name object at 0x04204850>
```

12-8-2 __repr__( ) 方法

上述原因是，如果只是在 Python Shell 視窗讀入類別變數 a，系統是呼叫「__repr__( )」方法做回應，為了要獲得容易閱讀的結果，我們也需定義此方法。

12-35

程式實例 ch12_30.py：定義「__repr__( )」方法，其實此方法內容與「__str__( )」相同所以可以用等號取代。

```
1   # ch12_30.py
2   class Name:
3       def __init__(self, name):
4           self.name = name
5       def __str__(self):
6           return f"{self.name}"
7       __repr__ = __str__
8
9   a = Name('Hung')
10  print(a)
```

執行結果
```
==================== RESTART: D:\Python\ch12\ch12_30.py ====================
Hung
>>> a
Hung
```

12-8-3　__iter__( ) 方法

建立類別的時候也可以將類別定義成一個迭代物件，類似 list 或 tuple，供 for … in 循環內使用，這時類別需設計 next( ) 方法，取得下一個值，直到達到結束條件，可以使用 raise StopIteration(第 15 章會解說，raise) 終止繼續。

程式實例 ch12_31.py：Fib 序列數的設計。

```
1   # ch12_31.py
2   class Fib():
3       def __init__(self, max):
4           self.max = max
5
6       def __iter__(self):
7           self.a = 0
8           self.b = 1
9           return self
10
11      def __next__(self):
12          fib = self.a
13          if fib > self.max:
14              raise StopIteration
15          self.a, self.b = self.b, self.a + self.b
16          return fib
17  for i in Fib(100):
18      print(i)
```

執行結果
```
==================== RESTART: D:\Python\ch12\ch12_31.py ====================
0
1
1
2
3
5
8
13
21
34
55
89
```

12-8-4 __eq__( ) 方法

假設我們想要了解 2 個字串或其它內容是否相同，依照我們的知識可以使用 equals( ) 方法。

程式實例 ch12_32.py：設計檢查字串是否相等。

```
1  # ch12_32.py
2  class City():
3      def __init__(self, name):
4          self.name = name
5      def equals(self, city2):
6          return self.name.upper() == city2.name.upper()
7
8  one = City("Taipei")
9  two = City("taipei")
10 three = City("myhome")
11 print(one.equals(two))
12 print(one.equals(three))
```

執行結果
```
================= RESTART: D:/Python/ch12/ch12_32.py =================
True
False
```

上述第 11 列 one.equals(two)，如果 one 等於 two 回傳 True，否則回傳 False。現在我們將 equals( ) 方法改為 __eq( )__，可以參考下列實例。

程式實例 ch12_33.py：使用 __eq( )__ 取代 equals( ) 方法，結果可以得到和 ch12_32.py 相同的結果。

```
1  # ch12_33.py
2  class City():
3      def __init__(self, name):
4          self.name = name
5      def __eq__(self, city2):
6          return self.name.upper() == city2.name.upper()
7
8  one = City("Taipei")
9  two = City("taipei")
10 three = City("myhome")
11 print(one == two)
12 print(one == three)
```

執行結果 與 ch12_32.py 相同。

上述是類別的特殊方法，主要是了解內容是否相同，下列是擁有這類特色的其它系統方法。

邏輯方法	說明
__eq__(self, other)	self == other # 等於
__ne__(self, other)	self != other # 不等於
__lt__(self, other)	self < other # 小於
__gt__(self, other)	self > other # 大於
__le__(self, other)	self <= other # 小於或等於
__ge__(self, other)	self >= other # 大於或等於

數學方法	說明
__add__(self, other)	self + other # 加法
__sub__(self, other)	self – other # 減法
__mul__(self, other)	self * other # 乘法
__floordiv__(self, other)	self // other # 整數除法
__truediv__(self, other)	self / other # 除法
__mod__(self, other)	self % other # 餘數
__pow__(self, other)	self ** other # 次方

12-9 專題 - 幾何資料 / 類別設計的潛在應用

12-9-1 幾何資料

程式實例 ch12_34.py：設計一個 Geometric 類別，這個類別主要是設定 color 是 Green。另外設計一個 Circle 類別，這個類別有 getRadius( ) 可以獲得半徑，setRadius( ) 可以設定半徑，getDiameter( ) 可以取得直徑，getPerimeter( ) 可以取得圓周長，getArea( ) 可以取得面積，getColor( ) 可以取得顏色。

```python
1   # ch12_34.py
2   class Geometric():
3       def __init__(self):
4           self.color = "Green"
5   class Circle(Geometric):
6       def __init__(self,radius):
7           super().__init__()
8           self.PI = 3.14159
9           self.radius = radius
10      def getRadius(self):
11          return self.radius
12      def setRadius(self,radius):
13          self.radius = radius
14      def getDiameter(self):
```

```
15              return self.radius * 2
16          def getPerimeter(self):
17              return self.radius * 2 * self.PI
18          def getArea(self):
19              return self.PI * (self.radius ** 2)
20          def getColor(self):
21              return color
22
23      A = Circle(5)
24      print("圓形的顏色 : ", A.color)
25      print("圓形的半徑 : ", A.getRadius())
26      print("圓形的直徑 : ", A.getDiameter())
27      print("圓形的圓周 : ", A.getPerimeter())
28      print("圓形的面積 : ", A.getArea())
29      A.setRadius(10)
30      print("圓形的直徑 : ", A.getDiameter())
```

執行結果
```
==================== RESTART: D:\Python\ch12\ch12_34.py ====================
圓形的顏色 : Green
圓形的半徑 : 5
圓形的直徑 : 10
圓形的圓周 : 31.4159
圓形的面積 : 78.53975
圓形的直徑 : 20
```

12-9-2 類別設計的潛在應用

這一節筆者敘述類別設計可能的應用，部分語法可能尚未介紹，讀者可以自行參考，未來了解語法後，可以重讀這些程式：

❏ 商品庫存管理類別

```
1   # ch12_35.py
2   # 定義 Inventory 類別來管理商品庫存
3   class Inventory:
4       # 初始化方法，建立一個空的商品字典
5       def __init__(self):
6           self.items = {}              # 商品字典，鍵是商品名，值是商品數量
7
8       # 庫存中添加商品,如果商品存在則更新其數量；如果不存在則添加到字典中
9       def add_item(self, item, quantity):
10          self.items[item] = self.items.get(item, 0) + quantity
11
12      # 庫存中移除商品
13      def remove_item(self, item, quantity):
14          # 檢查商品是否存在且數量充足，然後從庫存中移除指定數量的商品
15          if item in self.items and self.items[item] >= quantity:
16              self.items[item] -= quantity
17              # 如果商品數量為0，從字典中移除該商品
18              if self.items[item] == 0:
19                  del self.items[item]
20
21  # 使用 Inventory 類別來管理庫存
22  inventory = Inventory()                  # 建立 Inventory 物件
23  inventory.add_item('apple', 10)          # 向庫存中添加10個蘋果
24  inventory.remove_item('apple', 3)        # 從庫存中移除3個蘋果
```

```
25
26  # 查看庫存的目前狀態
27  print(inventory.items)                    # 輸出：{'apple': 7}
```

這是一個名為 Inventory 的類別來管理商品庫存，在 Inventory 類別的初始化方法 __init__ 中，建立了一個空的字典 items 來存儲商品的名稱和數量。

add_item( ) 方法允許我們向庫存中添加指定數量的商品，如果商品已經存在於庫存中，它會更新商品的數量；如果商品不存在，它會添加新商品到庫存中。

remove_item( ) 方法允許我們從庫存中移除指定數量的商品，如果商品存在且庫存數量充足，它會減少商品的數量；如果商品數量減少到 0，它會從庫存中完全移除該商品。

❑ 車輛類別的程式設計

```
1   # ch12_36.py
2   # 定義 Vehicle 類別來表示車輛
3   class Vehicle:
4       # 初始化方法，設置車輛的製造商、型號和生產年份
5       def __init__(self, make, model, year):
6           self.make = make            # 車輛的製造商
7           self.model = model          # 車輛的型號
8           self.year = year            # 車輛的生產年份
9
10      # 方法回傳車輛的基本資料
11      def get_info(self):
12          # 回傳格式化的車輛資料字串
13          return f'{self.year} {self.make} {self.model}'
14
15  # 使用 Vehicle 類別來建立車輛物件並獲取車輛資料
16  car = Vehicle('Lexus', 'ES 300h', 2025)   # 建立一個 Vehicle 對象
17  info = car.get_info()                      # get_info方法獲取車輛資料
18  print(info)                                # 輸出：'2025 ES 300h'
```

這個程式定義了一個名為 Vehicle 的類別來表示車輛。在 Vehicle 類別的初始化方法 __init__ 中，設定了三個屬性：make(製造商)、model(型號) 和 year(生產年份) 來儲存車輛的基本信息。我們定義了一個 get_info( ) 方法來回傳車輛的基本資料。這個方法使用 f-string 格式化字串來組合和返回一個包含車輛製造商、型號和生產年份的字符串。

最後建立了一個 Vehicle 物件 car，並呼叫 get_info( ) 方法來獲取並輸出車輛的資料。

❑ 學生管理類別的程式

```python
1   # ch12_37.py
2   # 定義 StudentManager 類別來管理學生資料
3   class StudentManager:
4       # 初始化方法，建立一個空的學生字典
5       def __init__(self):
6           self.students = {}          # 學生字典,鍵是學生ID,值是學生名字
7
8       # 方法用於添加新學生到字典中
9       def add_student(self, id, name):
10          self.students[id] = name    # 添加學生
11
12      # 移除指定ID的學生，檢查學生ID是否存在，如果存在則移除
13      def remove_student(self, id):
14          if id in self.students:
15              del self.students[id]
16
17  # 使用 StudentManager 類別來管理學生
18  manager = StudentManager()              # 建立 StudentManager 物件
19  manager.add_student(1, 'Hung')          # 添加學生 Hung
20  manager.remove_student(1)               # 移除學生ID為 1 的學生
21
22  # 用 print(manager.students) 來查看學生字典的當前狀態
23  print(manager.students)                 # 輸出：{}
```

上述程式定義了一個名為 StudentManager 的類別來管理學生資料。此類別的初始化方法 __init__ 中，我們建立了一個空的字典 students 來存儲學生的 ID 和名字。

add_student( ) 方法允許我們添加新學生到字典中，它接受兩個參數，學生的 ID 和名字，並將它們添加到 students 字典中。

remove_student( ) 方法允許我們從字典中移除指定 ID 的學生，它檢查指定的 ID 是否存在於字典中，如果存在，則從字典中移除該學生。

第 12 章 類別與物件導向 - 打造模組化與可擴充程式

第 13 章
模組設計與應用
建構專業軟體的基石

13-1　將自建的函數儲存在模組中
13-2　應用自己建立的函數模組
13-3　將自建的類別儲存在模組內
13-4　應用自己建立的類別模組
13-5　隨機數 random 模組
13-6　時間 time 模組
13-7　系統 sys 模組
13-8　keyword 模組
13-9　日期 calendar 模組
13-10　pprint 和 string 模組
13-11　專題設計 - 賭場遊戲騙局 / 蒙地卡羅模擬 / 文件加密

第 13 章　模組設計與應用 - 建構專業軟體的基石

　　第 11 章介紹了函數 (function)，第 12 章說明了類別 (class)，其實在大型計畫的程式設計中，每個人可能只是負責一小功能的函數或類別設計，為了可以讓團隊其他人可以互相分享設計成果，最後每個人所負責的功能函數或類別將儲存在模組 (module) 中，然後供團隊其他成員使用。在網路上或國外的技術文件常可以看到有的文章將模組 (module) 稱為套件 (package)，意義是一樣的。

　　通常我們將模組分成 3 大類：

1：　我們自己程式建立的模組，本章 13-1 節至 13-4 節會做說明。
2：　Python 內建的模組，下列是 Python 常用的模組：

模組名稱	功能	本書出現章節
calendar	日曆	13-9 節
csv	csv 檔案	22 章
datetime	日期與時間	22-6-4 節
json	Json 檔案	21 章
keyword	關鍵字	13-8 節
logging	程式日誌	15-7 節
math	常用數學	4-4-3 節
os	作業系統	14-2 節
os.path	路徑管理	14-3 節
random	隨機數	13-5 節
re	正則表達式	16-2 節
statistics	統計	24-4-3 節
sys	系統	13-7 節
time	時間	13-6 節
zipfile	壓縮與解壓縮	14-10 節

3：　外部模組 (也稱第三方模組)，需使用 pip 安裝，未來章節會在使用時說明，可參考附錄 E。

　　本章主要講解將自己所設計的函數或類別儲存成模組然後加以引用，最後也將說明 Python 常用的內建模組。Python 最大的優勢是免費資源，因此有許多公司使用它開發了許多功能強大的模組，這些模組稱外部模組或第三方模組，未來章節筆者會逐步說明使用外部模組執行更多有意義的工作。

13-1 將自建的函數儲存在模組中

一個大型程式一定是由許多的函數或類別所組成，為了讓程式的工作可以分工以及增加程式的可讀性，我們可以將所建的函數或類別儲存成「模組」(module)，未來再加以呼叫引用。

13-1-1 先前準備工作

假設有一個程式內容是用於建立冰淇淋 (ice cream) 與飲料 (drink)，如下所示：

程式實例 ch13_1.py：這個程式基本上是擴充 ch11_23.py，再增加建立飲料的函數 make_drink( )。

```
1   # ch13_1.py
2   def make_icecream(*toppings):
3       # 列出製作冰淇淋的配料
4       print("這個冰淇淋所加配料如下")
5       for topping in toppings:
6           print("--- ", topping)
7
8   def make_drink(size, drink):
9       # 輸入飲料規格與種類,然後輸出飲料
10      print("所點飲料如下")
11      print("--- ", size.title())
12      print("--- ", drink.title())
13
14  make_icecream('草莓醬')
15  make_icecream('草莓醬', '葡萄乾', '巧克力碎片')
16  make_drink('large', 'coke')
```

執行結果
```
=============== RESTART: D:\Python\ch13\ch13_1.py ===============
這個冰淇淋所加配料如下
---   草莓醬
這個冰淇淋所加配料如下
---   草莓醬
---   葡萄乾
---   巧克力碎片
所點飲料如下
---   Large
---   Coke
```

假設我們會常常需要在其它程式呼叫 make_icecream( ) 和 make_drink( )，此時可以考慮將這 2 個函數建立成模組 (module)，未來可以供其它程式呼叫使用。

13-1-2 建立函數內容的模組

模組的副檔名與 Python 程式檔案一樣是 py，對於程式實例 ch13_1.py 而言，我們可以只保留 make_icecream( ) 和 make_drink( )。

程式實例 makefood.py：使用 ch13_1.py 建立一個模組，此模組名稱是 makefood.py。

```python
1   # makefood.py
2   # 這是一個包含2個函數的模組(module)
3   def make_icecream(*toppings):
4       ''' 列出製作冰淇淋的配料 '''
5       print("這個冰淇淋所加配料如下")
6       for topping in toppings:
7           print("--- ", topping)
8   
9   def make_drink(size, drink):
10      ''' 輸入飲料規格與種類,然後輸出飲料 '''
11      print("所點飲料如下")
12      print("--- ", size.title())
13      print("--- ", drink.title())
```

執行結果 由於這不是一般程式所以沒有任何執行結果。

現在我們已經成功地建立模組 makefood.py 了。

13-2 應用自己建立的函數模組

有幾種方法可以應用函數模組，下列將分成 6 小節說明。

13-2-1　import 模組名稱

要導入 13-1-2 節所建的模組，只要在程式內加上下列簡單的語法即可：

　　import makefood

程式中要引用模組的函數語法如下：

模組名稱 . 函數名稱　　　# 模組名稱與函數名稱間有小數點 "."

程式實例 ch13_2.py：實際導入模組 makefood.py 的應用。

```python
1   # ch13_2.py
2   import makefood           # 導入模組makefood.py
3   
4   makefood.make_icecream('草莓醬')
5   makefood.make_icecream('草莓醬', '葡萄乾', '巧克力碎片')
6   makefood.make_drink('large', 'coke')
```

執行結果 與 ch13_1.py 相同。

13-2-2　導入模組內特定單一函數

如果只想導入模組內單一特定的函數，可以使用下列語法：

> from 模組名稱 import 函數名稱

未來程式引用所導入的函數時可以省略模組名稱。

程式實例 ch13_3.py：這個程式只導入 makefood.py 模組的 make_icecream( ) 函數，所以程式第 4 和 5 列執行沒有問題，但是執行程式第 6 列時就會產生錯誤。

```
1  # ch13_3.py
2  from makefood import make_icecream    # 導入模組makefood.py的函數make_icecream
3
4  make_icecream('草莓醬')
5  make_icecream('草莓醬', '葡萄乾', '巧克力碎片')
6  make_drink('large', 'coke')           # 因為沒有導入此函數所以會產生錯誤
```

執行結果

```
================== RESTART: D:\Python\ch13\ch13_3.py ==================
這個冰淇淋所加配料如下
---    草莓醬
這個冰淇淋所加配料如下
---    草莓醬
---    葡萄乾
---    巧克力碎片
Traceback (most recent call last):
  File "D:\Python\ch13\ch13_3.py", line 6, in <module>
    make_drink('large', 'coke')         # 因為沒有導入此函數所以會產生錯誤
NameError: name 'make_drink' is not defined
```

13-2-3 導入模組內多個函數

如果想導入模組內多個函數時，函數名稱間需以逗號隔開，語法如下：

from 模組名稱 import 函數名稱 1, 函數名稱 2, … , 函數名稱 n

程式實例 ch13_4.py：重新設計 ch13_3.py，增加導入 make_drink( ) 函數。

```
1  # ch13_4.py
2  # 導入模組makefood.py的make_icecream和make_drink函數
3  from makefood import make_icecream, make_drink
4
5  make_icecream('草莓醬')
6  make_icecream('草莓醬', '葡萄乾', '巧克力碎片')
7  make_drink('large', 'coke')
```

執行結果　與 ch13_1.py 相同。

13-2-4 導入模組所有函數

如果想導入模組內所有函數時，語法如下：

> from 模組名稱 import *

程式實例 ch13_5.py：導入模組所有函數的應用。

```python
1  # ch13_5.py
2  from makefood import *        # 導入模組makefood.py所有函數
3
4  make_icecream('草莓醬')
5  make_icecream('草莓醬', '葡萄乾', '巧克力碎片')
6  make_drink('large', 'coke')
```

執行結果　與 ch13_1.py 相同。

13-2-5　使用 as 給函數指定替代名稱

有時候會碰上你所設計程式的函數名稱與模組內的函數名稱相同，或是感覺模組的函數名稱太長，此時可以自行給模組的函數名稱一個替代名稱，未來可以使用這個替代名稱代替原先模組的名稱。語法格式如下：

> from 模組名稱 import 函數名稱 as 替代名稱

程式實例 ch13_6.py：使用替代名稱 icecream 代替 make_icecream，重新設計 ch13_3.py。

```python
1  # ch13_6.py
2  # 使用icecream替代make_icecream函數名稱
3  from makefood import make_icecream as icecream
4
5  icecream('草莓醬')
6  icecream('草莓醬', '葡萄乾', '巧克力碎片')
```

執行結果
```
==================== RESTART: D:\Python\ch13\ch13_6.py ====================
這個冰淇淋所加配料如下
--- 草莓醬
這個冰淇淋所加配料如下
--- 草莓醬
--- 葡萄乾
--- 巧克力碎片
```

13-2-6　使用 as 給模組指定替代名稱

Python 也允許給模組替代名稱，未來可以使用此替代名稱導入模組，其語法格式如下：

> import 模組名稱 as 替代名稱

程式實例 ch13_7.py：使用 m 當作模組替代名稱，重新設計 ch13_2.py。

```python
1  # ch13_7.py
2  import makefood as m         # 導入模組makefood.py的替代名稱m
3
4  m.make_icecream('草莓醬')
5  m.make_icecream('草莓醬', '葡萄乾', '巧克力碎片')
6  m.make_drink('large', 'coke')
```

執行結果 與 ch13_1.py 相同。

13-2-7 將主程式放在 main( ) 與 __name__ 搭配的好處

在 ch13_1.py 中筆者為了不希望將此程式當成模組被引用時，執行了主程式的內容，所以將此程式的主程式部分刪除另外建立了 makefood 程式，其實我們可以將 ch13_1.py 的主程式部分使用下列方式設計，未來可以直接導入模組，不用改寫程式。

程式實例 new_makefood.py：重新設計 ch13_1.py，讓程式可以當作模組使用。

```python
1  # new_makefood.py
2  def make_icecream(*toppings):
3      # 列出製作冰淇淋的配料
4      print("這個冰淇淋所加配料如下")
5      for topping in toppings:
6          print("--- ", topping)
7  
8  def make_drink(size, drink):
9      # 輸入飲料規格與種類,然後輸出飲料
10     print("所點飲料如下")
11     print("--- ", size.title())
12     print("--- ", drink.title())
13 
14 def main():
15     make_icecream('草莓醬')
16     make_icecream('草莓醬', '葡萄乾', '巧克力碎片')
17     make_drink('large', 'coke')
18 
19 if __name__ == '__main__':
20     main()
```

執行結果 與 ch13_1.py 相同。

上述程式我們將原先主程式內容放在第 14 ~ 17 列的 main( ) 內，然後在第 19 ~ 20 列筆者增加下列敘述：

```
if __name__ == '__main__':
    main( )
```

上述表示，如果自己獨立執行 new_makefood.py，會去調用 main( )，執行 main( ) 的內容。如果這個程式被當作模組引用 import new_makefood，則不執行 main( )。

程式實例 new_ch13_2_1.py：重新設計 ch13_2.py，導入 ch13_1.py 模組，並觀察執行結果。

```python
1  # new_ch13_2_1.py
2  import ch13_1            # 導入模組ch13_1.py
3  
4  ch13_1.make_icecream('草莓醬')
5  ch13_1.make_icecream('草莓醬', '葡萄乾', '巧克力碎片')
6  ch13_1.make_drink('large', 'coke')
```

執行結果

```
================= RESTART: D:/Python/ch13/new_ch13_2_1.py =================
這個冰淇淋所加配料如下
---    草莓醬
這個冰淇淋所加配料如下
---    草莓醬
---    葡萄乾
---    巧克力碎片
所點飲料如下
---    Large
---    Coke
這個冰淇淋所加配料如下
---    草莓醬
這個冰淇淋所加配料如下
---    草莓醬
---    葡萄乾
---    巧克力碎片
所點飲料如下
---    Large
---    Coke
```

從上述可以發現 ch13_1.py 被當模組導入時已經執行了一次原先 ch13_1.py 的內容，new_ch13_2_1.py 呼叫方法時再執行一次，所以可以得到上述結果。

程式實例 new_ch13_2_2.py：重新設計 ch13_2.py，導入 new_makefood.py 模組，並觀察執行結果。

```
1  # new_ch13_2_2.py
2  import new_makefood            # 導入模組new_makefood.py
3
4  new_makefood.make_icecream('草莓醬')
5  new_makefood.make_icecream('草莓醬', '葡萄乾', '巧克力碎片')
6  new_makefood.make_drink('large', 'coke')
```

執行結果

```
================= RESTART: D:\Python\ch13\new_ch13_2_2.py =================
這個冰淇淋所加配料如下
---    草莓醬
這個冰淇淋所加配料如下
---    草莓醬
---    葡萄乾
---    巧克力碎片
所點飲料如下
---    Large
---    Coke
```

上述由於 new_makefood.py 被當模組導入時，不執行 main( )，所以我們獲得了正確結果。

13-3 將自建的類別儲存在模組內

第 12 章筆者介紹了類別，當程式設計越來越複雜時，可能我們也會建立許多類別，Python 也允許我們將所建立的類別儲存在模組內，這將是本節的重點。

13-3-1　先前準備工作

筆者將使用第 12 章的程式實例，說明將類別儲存在模組方式。

程式實例 ch13_8.py：筆者修改了 ch12_13.py，簡化了 Banks 類別，同時讓程式有 2 個類別，至於程式內容讀者應該可以輕易了解。

```python
1   # ch13_8.py
2   class Banks():
3       ''' 定義銀行類別 '''
4
5       def __init__(self, uname):              # 初始化方法
6           self.__name = uname                 # 設定私有存款者名字
7           self.__balance = 0                  # 設定私有開戶金額是0
8           self.__title = "Taipei Bank"        # 設定私有銀行名稱
9
10      def save_money(self, money):            # 設計存款方法
11          self.__balance += money             # 執行存款
12          print("存款 ", money, " 完成")       # 列印存款完成
13
14      def withdraw_money(self, money):        # 設計提款方法
15          self.__balance -= money             # 執行提款
16          print("提款 ", money, " 完成")       # 列印提款完成
17
18      def get_balance(self):                  # 獲得存款餘額
19          print(self.__name.title(), " 目前餘額: ", self.__balance)
20
21      def bank_title(self):                   # 獲得銀行名稱
22          return self.__title
23
24  class Shilin_Banks(Banks):
25      ''' 定義士林分行 '''
26      def __init__(self, uname):
27          self.title = "Taipei Bank - Shilin Branch"   # 定義分行名稱
28      def bank_title(self):                   # 獲得銀行名稱
29          return self.title
30
31  jamesbank = Banks('James')                  # 定義Banks類別物件
32  print("James's banks = ", jamesbank.bank_title())   # 列印銀行名稱
33  jamesbank.save_money(500)                   # 存錢
34  jamesbank.get_balance()                     # 列出存款金額
35  hungbank = Shilin_Banks('Hung')             # 定義Shilin_Banks類別物件
36  print("Hung's banks  = ", hungbank.bank_title())    # 列印銀行名稱
```

執行結果
```
=================== RESTART: D:\Python\ch13\ch13_8.py ===================
James's banks =  Taipei Bank
存款  500   完成
James   目前餘額:  500
Hung's banks  =  Taipei Bank - Shilin Branch
```

13-3-2　建立類別內容的模組

模組的副檔名與 Python 程式檔案一樣是 py，對於程式實例 ch13_8.py 而言，我們可以只保留 Banks 類別和 Shilin_Banks 類別。

程式實例 banks.py：使用 ch13_8.py 建立一個模組，此模組名稱是 banks.py。

```python
 1  # banks.py
 2  # 這是一個包含2個類別的模組(module)
 3  class Banks():
 4      ''' 定義銀行類別 '''
 5      def __init__(self, uname):             # 初始化方法
 6          self.__name = uname                # 設定私有存款者名字
 7          self.__balance = 0                 # 設定私有開戶金額是0
 8          self.__title = "Taipei Bank"       # 設定私有銀行名稱
 9
10      def save_money(self, money):           # 設計存款方法
11          self.__balance += money            # 執行存款
12          print("存款 ", money, " 完成")      # 列印存款完成
13
14      def withdraw_money(self, money):       # 設計提款方法
15          self.__balance -= money            # 執行提款
16          print("提款 ", money, " 完成")      # 列印提款完成
17
18      def get_balance(self):                 # 獲得存款餘額
19          print(self.__name.title(), " 目前餘額: ", self.__balance)
20
21      def bank_title(self):                  # 獲得銀行名稱
22          return self.__title
23
24  class Shilin_Banks(Banks):
25      ''' 定義士林分行 '''
26      def __init__(self, uname):
27          self.title = "Taipei Bank - Shilin Branch"   # 定義分行名稱
28      def bank_title(self):                  # 獲得銀行名稱
29          return self.title
```

執行結果 由於這不是程式所以沒有任何執行結果。

現在我們已經成功地建立模組 banks.py 了。

13-4 應用自己建立的類別模組

其實導入模組內的類別與導入模組內的函數觀念是一致的，下列將分成各小節說明。

13-4-1 導入模組的單一類別

觀念與 13-2-2 節相同，它的語法格式如下：

    from 模組名稱 import 類別名稱

程式實例 ch13_9.py：使用導入模組方式，重新設計 ch13_8.py。由於這個程式只導入 Banks 類別，所以此程式不執行原先 35 和 36 列。

```
1  # ch13_9.py
2  from banks import Banks                       # 導入banks模組的Banks類別
3
4  jamesbank = Banks('James')                    # 定義Banks類別物件
5  print("James's banks = ", jamesbank.bank_title())  # 列印銀行名稱
6  jamesbank.save_money(500)                     # 存錢
7  jamesbank.get_balance()                       # 列出存款金額
```

執行結果
```
================== RESTART: D:\Python\ch13\ch13_9.py ==================
James's banks =  Taipei Bank
存款   500   完成
James   目前餘額：  500
```

由執行結果讀者應該體會，整個程式變得非常簡潔了。

13-4-2　導入模組的多個類別

觀念與 13-2-3 節相同，如果模組內有多個類別，我們也可以使用下列方式導入多個類別，所導入的類別名稱間需以逗號隔開。

　　　　from 模組名稱 import 類別名稱 1, 類別名稱 2, …, 類別名稱 n

程式實例 ch13_10.py：以同時導入 Banks 類別和 Shilin_Banks 類別方式，重新設計 ch13_8.py。

```
1  # ch13_10.py
2  # 導入banks模組的Banks和Shilin_Banks類別
3  from banks import Banks, Shilin_Banks
4
5  jamesbank = Banks('James')                    # 定義Banks類別物件
6  print("James's banks = ", jamesbank.bank_title())  # 列印銀行名稱
7  jamesbank.save_money(500)                     # 存錢
8  jamesbank.get_balance()                       # 列出存款金額
9  hungbank = Shilin_Banks('Hung')               # 定義Shilin_Banks類別物件
10 print("Hung's banks  = ", hungbank.bank_title())   # 列印銀行名稱
```

執行結果　與 ch13_8.py 相同。

13-4-3　導入模組內所有類別

觀念與 13-2-4 節相同，如果想導入模組內所有類別時，語法如下：

　　　　from 模組名稱 import *

程式實例 ch13_11.py：使用導入模組所有類別方式重新設計 ch13_8.py。

```
1  # ch13_11.py
2  from banks import *                              # 導入banks模組所有類別
3
4  jamesbank = Banks('James')                       # 定義Banks類別物件
5  print("James's banks = ", jamesbank.bank_title())   # 列印銀行名稱
6  jamesbank.save_money(500)                        # 存錢
7  jamesbank.get_balance()                          # 列出存款金額
8  hungbank = Shilin_Banks('Hung')                  # 定義Shilin_Banks類別物件
9  print("Hung's banks  = ", hungbank.bank_title())    # 列印銀行名稱
```

執行結果 與 ch13_8.py 相同。

13-4-4 import 模組名稱

觀念與 13-2-1 節相同，要導入 13-3-2 節所建的模組，只要在程式內加上下列簡單的語法即可：

    import banks

程式中要引用模組的類別，語法如下：

    模組名稱.類別名稱　　　# 模組名稱與類別名稱間有小數點 "."

程式實例 ch13_12.py：使用 import 模組名稱方式，重新設計 ch13_8.py，讀者應該留意第 2、4 和 8 列的設計方式。

```
1  # ch13_12.py
2  import banks                                     # 導入banks模組
3
4  jamesbank = banks.Banks('James')                 # 定義Banks類別物件
5  print("James's banks = ", jamesbank.bank_title())   # 列印銀行名稱
6  jamesbank.save_money(500)                        # 存錢
7  jamesbank.get_balance()                          # 列出存款金額
8  hungbank = banks.Shilin_Banks('Hung')            # 定義Shilin_Banks類別物件
9  print("Hung's banks  = ", hungbank.bank_title())    # 列印銀行名稱
```

執行結果 與 ch13_8.py 相同。

13-4-5 模組內導入另一個模組的類別

有時候可能一個模組內有太多類別了，此時可以考慮將一系列的類別分成 2 個或更多個模組儲存。如果拆成類別的模組彼此有衍生關係，則子類別也需將父類別導入，執行時才不會有錯誤產生。下列是將 Banks 模組拆成 2 個模組的內容。

程式實例 banks1.py：這個模組含父類別 Banks 的內容。

```python
 1  # banks1.py
 2  # 這是一個包含Banks類別的模組(module)
 3  class Banks():
 4      # 定義銀行類別
 5      def __init__(self, uname):              # 初始化方法
 6          self.__name = uname                 # 設定私有存款者名字
 7          self.__balance = 0                  # 設定私有開戶金額是0
 8          self.__title = "Taipei Bank"        # 設定私有銀行名稱
 9  
10      def save_money(self, money):            # 設計存款方法
11          self.__balance += money             # 執行存款
12          print("存款 ", money, " 完成")      # 列印存款完成
13  
14      def withdraw_money(self, money):        # 設計提款方法
15          self.__balance -= money             # 執行提款
16          print("提款 ", money, " 完成")      # 列印提款完成
17  
18      def get_balance(self):                  # 獲得存款餘額
19          print(self.__name.title(), " 目前餘額: ", self.__balance)
20  
21      def bank_title(self):                   # 獲得銀行名稱
22          return self.__title
```

程式實例 shilin_banks.py：這個模組含子類別 Shilin_Banks 的內容，讀者應留意第 3 列，筆者在這的模組內導入了 banks1.py 模組的 Banks 類別。

```python
 1  # shilin_banks.py
 2  # 這是一個包含Shilin_Banks類別的模組(module)
 3  from banks1 import Banks                    # 導入Banks類別
 4  
 5  class Shilin_Banks(Banks):
 6      # 定義士林分行
 7      def __init__(self, uname):
 8          self.title = "Taipei Bank - Shilin Branch"  # 定義分行名稱
 9      def bank_title(self):                   # 獲得銀行名稱
10          return self.title
```

程式實例 ch13_13.py：在這個程式中，筆者在第 2 和 3 列分別導入 2 個模組，至於整個程式的執行結果與 ch13_8.py 相同。

```python
 1  # ch13_13.py
 2  from banks1 import Banks                    # 導入banks模組的Banks類別
 3  from shilin_Banks import Shilin_Banks       # 導入Shilin_Banks模組的Shilin_Banks類別
 4  
 5  jamesbank = Banks('James')                  # 定義Banks類別物件
 6  print("James's banks = ", jamesbank.bank_title())   # 列印銀行名稱
 7  jamesbank.save_money(500)                   # 存錢
 8  jamesbank.get_balance()                     # 列出存款金額
 9  hungbank = Shilin_Banks('Hung')             # 定義Shilin_Banks類別物件
10  print("Hung's banks  = ", hungbank.bank_title())    # 列印銀行名稱
```

執行結果 與 ch13_8.py 相同。

13-5 隨機數 random 模組

所謂的**隨機數**是指平均散佈在某區間的數字，隨機數其實用途很廣，最常見的應用是設計遊戲時可以控制輸出結果，其實賭場的吃角子老虎機器就是靠它賺錢。這節筆者將介紹幾個 random 模組中最有用的 7 個方法，同時也會分析賭場賺錢的利器。

函數名稱	說明
randint(x, y)	產生 x(含) 到 y(含) 之間的隨機整數 (13-5-1 節)
random( )	產生 0(含) 到 1(不含) 之間的隨機浮點數 (13-5-2 節)
uniform(x, y)	產生 x(含) 到 y(含) 之間的隨機浮點數 (13-5-3 節)
choice(串列)	可以在串列中隨機傳回一個元素 (13-5-4 節)
shuffle(串列)	將串列元素重新排列 (13-5-5 節)
sample(串列 , 數量)	隨機傳回第 2 個參數數量不重複的串列元素 (13-5-6 節)
seed(x)	x 是種子值，未來每次可以產生相同的隨機數 (13-5-7 節)

程式執行前需要先導入此模組。

    import random

13-5-1 randint( )

這個方法可以隨機產生指定區間的整數，它的語法如下：

    randint(min, max)   # 可以產生 min(含) 與 max(含) 之間的整數值

實例 1：列出在 1 ~ 100、500 ~ 1000 的隨機數字。

```
>>> import random
>>> n = 3
>>> for i in range(n):
        print(f"1 - 100 : {random.randint(1,100)}")

1 - 100 : 81
1 - 100 : 48
1 - 100 : 24
```

```
>>> import random
>>> n = 3
>>> for i in range(n):
        print(f"500 - 1000 : {random.randint(500,1000)}")

500 - 1000 : 553
500 - 1000 : 743
500 - 1000 : 880
```

程式實例 ch13_14.py：猜數字遊戲，這個程式首先會用 randint( ) 方法產生一個 1 到 10 之間的數字，然後如果猜的數值太小會要求猜大一些，然後如果猜的數值太大會要求猜小一些。

```
1  # ch13_14.py
2  import random                          # 導入模組random
3
4  min, max = 1, 10
5  ans = random.randint(min, max)         # 隨機數產生答案
```

```
 6   while True:
 7       yourNum = int(input("請猜1-10之間數字: "))
 8       if yourNum == ans:
 9           print("恭喜!答對了")
10           break
11       elif yourNum < ans:
12           print("請猜大一些")
13       else:
14           print("請猜小一些")
```

執行結果

```
==================== RESTART: D:\Python\ch13\ch13_14.py ====================
請猜1-10之間數字: 5
請猜小一些
請猜1-10之間數字: 3
恭喜!答對了
```

　　一般賭場的機器其實可以用隨機數控制輸贏，例如：某個猜大小機器，一般人以為猜對率是 50%，但是只要控制隨機數賭場可以直接控制輸贏比例，這將是讀者的習題。

13-5-2　random( )

　　random( ) 可以隨機產生 0.0(含) ～ 1.0(不含) 之間的隨機浮點數。

程式實例 ch13_15.py：產生 5 筆 0.0 ～ 1.0 之間的隨機浮點數。

```
1  # ch13_15.py
2  import random
3
4  for i in range(5):
5      print(random.random())
```

執行結果

```
==================== RESTART: D:\Python\ch13\ch13_15.py ====================
0.3340460627789491
0.1390031649087078
0.3329062294553633
0.6536495727386593
0.6654772243763364
```

13-5-3　uniform( )

　　uniform( ) 可以隨機產生 (x,y) 之間的浮點數，它的語法格式如下。

　　uniform(x,y)

　　x 是隨機數最小值，包含 x 值。Y 是隨機數最大值，不包含該值。

程式實例 ch13_16.py：產生 5 筆 1 ～ 10 之間隨機浮點數的應用。

```
1  # ch13_16.py
2  import random                          # 導入模組random
3
4  for i in range(5):
5      print("uniform(1,10) : ", random.uniform(1, 10))
```

執行結果
```
==================== RESTART: D:\Python\ch13\ch13_16.py ====================
uniform(1,10) :  5.637137664182962
uniform(1,10) :  8.284893862678931
uniform(1,10) :  7.362813167954998
uniform(1,10) :  3.49437118325869
uniform(1,10) :  9.76260746624548
```

13-5-4　choice( )

這個方法可以讓我們在一個串列 (list) 中隨機傳回一個元素。

程式實例 ch13_17.py：有一個水果串列，使用 choice( ) 方法隨機選取一個水果。

```
1  # ch13_17.py
2  import random                        # 導入模組random
3
4  fruits = ['蘋果', '香蕉', '西瓜', '水蜜桃', '百香果']
5  print(random.choice(fruits))
```

執行結果　下列是程式執行 2 次的執行結果。

```
==================== RESTART: D:\Python\ch13\ch13_17.py ====================
蘋果
>>>
==================== RESTART: D:\Python\ch13\ch13_17.py ====================
香蕉
```

程式實例 ch13_17_1.py：骰子有 6 面點數是 1～6 區間，這個程式會產生 10 次 1～6 之間的值。

```
1  # ch13_17_1.py
2  import random                        # 導入模組random
3
4  for i in range(10):
5      print(random.choice([1,2,3,4,5,6]), end=",")
```

執行結果
```
==================== RESTART: D:/Python/ch13/ch13_17_1.py ====================
5,5,2,6,4,6,1,2,6,1,
```

13-5-5　shuffle( )

這個方法可以將串列元素重新排列，如果你欲設計撲克牌 (Poker) 遊戲，在發牌前可以使用這個方法將牌打亂重新排列。

程式實例 ch13_18.py：將串列內的撲克牌次序打亂，然後重新排列。

```
1  # ch13_18.py
2  import random                        # 導入模組random
3
4  porker = ['2', '3', '4', '5', '6', '7', '8',
5            '9', '10', 'J', 'Q', 'K', 'A']
6  for i in range(3):
7      random.shuffle(porker)           # 將次序打亂重新排列
8      print(porker)
```

執行結果

```
==================== RESTART: D:\Python\ch13\ch13_18.py ====================
['7', '5', '10', '8', '2', 'A', '9', '3', 'Q', 'J', '4', 'K', '6']
['Q', '4', 'A', 'K', '10', '5', '6', '2', '3', '9', '7', '8', 'J']
['5', 'Q', '7', '8', '4', 'K', '2', '3', '9', '6', 'A', 'J', '10']
```

將串列元素打亂，很適合老師出防止作弊的考題，例如：如果有 50 位學生，為了避免學生有偷窺鄰座的考卷，建議可以將出好的題目處理成串列，然後使用 for 迴圈執行 50 次 shuffle( )，這樣就可以得到 50 份考題相同但是次序不同的考卷。

13-5-6　sample( )

sample( ) 它的語法如下：

　　sample(串列 , 數量)

可以隨機傳回第 2 個參數數量，不重複的串列元素。

程式實例 ch13_19.py：設計大樂透彩卷號碼，大樂透號碼是由 6 個 1 ~ 49 數字組成，然後外加一個特別號，這個程式會產生 6 個號碼以及一個特別號。

```python
1  # ch13_19.py
2  import random                                    # 導入模組random
3
4  lotterys = random.sample(range(1,50), 7)         # 7組號碼
5  specialNum = lotterys.pop()                      # 特別號
6
7  print("第xxx期大樂透號碼 ", end="")
8  for lottery in sorted(lotterys):                 # 排序列印大樂透號碼
9      print(lottery, end=" ")
10 print(f"\n特別號:{specialNum}")                  # 列印特別號
```

執行結果

```
==================== RESTART: D:\Python\ch13\ch13_19.py ====================
第xxx期大樂透號碼 2 10 19 21 23 49
特別號:17
```

13-5-7　seed( )

使用 random.randint( ) 方法每次產生的隨機數皆不相同，例如：若是重複執行 ch13_15.py，可以看到每次皆是不一樣的 5 個隨機數。

```
==================== RESTART: D:\Python\ch13\ch13_15.py ====================
0.7616811105609169
0.5354693387875408
0.217459731378704
0.4477280362241797
0.3795560630926311
>>>
==================== RESTART: D:\Python\ch13\ch13_15.py ====================
0.3153321377288724
0.6509061227489719
0.8822413770228371
0.6234330361805784
0.0426809187678574
```

第 13 章　模組設計與應用 - 建構專業軟體的基石

在人工智慧應用，我們希望每次執行程式皆可以產生相同的隨機數做測試，此時可以使用 random 模組的 seed(x) 方法，其中參數 x 是種子值，例如設定 x=5，當設此種子值後，未來每次使用隨機函數，例如：randint( )、random( )，產生隨機數時，都可以得到相同的隨機數。

程式實例 ch13_20.py：改良 ch13_15.py，在第 3 列增加 random.seed(5) 種子值設定，每次執行皆可以產生相同系列的隨機數。

```
1  # ch13_20.py
2  import random
3  random.seed(5)
4  for i in range(5):
5      print(random.random())
```

執行結果
```
================ RESTART: D:\Python\ch13\ch13_20.py ================
0.6229016948897019
0.7417869892607294
0.7951935655656966
0.9424502837770503
0.7398985747399307
>>>
================ RESTART: D:\Python\ch13\ch13_20.py ================
0.6229016948897019
0.7417869892607294
0.7951935655656966
0.9424502837770503
0.7398985747399307
```

13-6　時間 time 模組

程式設計時常需要時間資訊，例如：計算某段程式執行所需時間或是獲得目前系統時間，下表是時間模組常用的函數說明。

函數名稱	說明
time( )	回傳自 1970 年 1 月 1 日 00:00:00AM 以來的秒數 (13-6-1 節)
sleep(n)	可以讓工作暫停 n 秒 (11-7-1 節)
asctime( )	列出可以閱讀方式的目前系統時間 (13-6-2 節)
ctime(n)	n 是要轉換成時間字串的秒數，n 省略則與 asctime( ) 相同 (13-6-3 節)
localtime( )	可以返回目前時間的結構資料 (13-6-4 節)
clock( )	取得程式執行的時間 –- 舊版，未來不建議使用
process_time( )	取得程式執行的時間 --- 新版 (13-6-5 節)
strftime( )	格式化時間的方法 (13-6-6 節)

使用上述時間模組時，需要先導入此模組。

　　　import time

13-6-1　time( )

time( ) 方法可以傳回自 1970 年 1 月 1 日 00:00:00AM 以來的秒數，初看好像用處不大，其實如果你想要掌握某段工作所花時間則是很有用，例如：若應用在程式實例 ch13_14.py，你可以用它計算猜數字所花時間。

實例 1：計算自 1970 年 1 月 1 日 00:00:00AM 以來的秒數。

```
>>> import time
>>> int(time.time())
1657200593
```

讀者的執行結果將和筆者不同，因為我們是在不同的時間點執行這個程式。

程式實例 ch13_21.py：擴充 ch13_14.py 的功能，主要是增加計算花多少時間猜對數字。

```
1  # ch13_21.py
2  import random                          # 導入模組random
3  import time                            # 導入模組time
4
5  min, max = 1, 10
6  ans = random.randint(min, max)         # 隨機數產生答案
7  yourNum = int(input("請猜1-10之間數字："))
8  starttime = int(time.time())           # 起始秒數
9  while True:
10     if yourNum == ans:
11         print("恭喜!答對了")
12         endtime = int(time.time())     # 結束秒數
13         print("所花時間: ", endtime - starttime, " 秒")
14         break
15     elif yourNum < ans:
16         print("請猜大一些")
17     else:
18         print("請猜小一些")
19     yourNum = int(input("請猜1-10之間數字："))
```

執行結果
```
=============== RESTART: D:\Python\ch13\ch13_21.py ===============
請猜1-10之間數字：5
請猜小一些
請猜1-10之間數字：3
恭喜!答對了
所花時間:  1  秒
```

❑ **Python 寫作風格 (Python Enhancement Proposals) - PEP 8**

上述程式第 2 和 3 列導入模組 random 和 time，筆者分兩列導入，這是符合 PEP 8 的風格，如果寫成一列就不符合 PEP 8 風格。

　　　　import random, time　　　　　　　# 不符合 PEP 8 風格

13-6-2　asctime( )

這個方法會以可以閱讀方式輸出目前系統時間，回傳的字串是用英文表達，星期與月份是英文縮寫。

實例 1：列出目前系統時間。

```
>>> import time
>>> time.asctime()
'Thu Jul  7 21:44:00 2022'
```

13-6-3 ctime(n)

參數 n 是要轉換為時間字串的秒數 (13-6-1 節)，如果省略 n 則與 asctime( ) 相同。

實例 1：省略 n 和設定 n(可參考 13-6-1 節的實例 1) 的結果。

```
>>> import time
>>> time.ctime()
'Thu Jul  7 22:04:30 2022'
>>> time.ctime(1657200600)
'Thu Jul  7 21:30:00 2022'
```

13-6-4 localtime( )

這個方法可以返回元組 (tuple) 的日期與時間結構資料，所返回的結構可以用索引方式獲得個別內容。

索引	名稱	說明
0	tm_year	西元的年，例如：2020
1	tm_mon	月份，值在 1～12 間
2	tm_mday	日期，值在 1～31 間
3	tm_hour	小時，值在 0～23 間
4	tm_min	分鐘，值在 0～59 間
5	tm_sec	秒鐘，值在 0～59 間
6	tm_wday	星期幾的設定，0 代表星期一，1 代表星期 2
7	tm_yday	代表這是一年中的第幾天
8	tm_isdst	夏令時間的設定，0 代表不是，1 代表是

程式實例 ch13_22.py：是使用 localtime( ) 方法列出目前時間的結構資料，同時使用索引列出個別內容，第 7 列則是用物件名稱方式顯示西元年份。

```
1  # ch13_22.py
2  import time                          # 導入模組time
3
4  xtime = time.localtime()
5  print(xtime)                         # 列出目前系統時間
6  print("年 ", xtime[0])
7  print("年 ", xtime.tm_year)           # 物件設定方式顯示
8  print("月 ", xtime[1])
9  print("日 ", xtime[2])
10 print("時 ", xtime[3])
```

```
11    print("分  ", xtime[4])
12    print("秒  ", xtime[5])
13    print("星期幾    ", xtime[6])
14    print("第幾天    ", xtime[7])
15    print("夏令時間 ", xtime[8])
```

執行結果
```
================== RESTART: D:\Python\ch13\ch13_22.py ==================
time.struct_time(tm_year=2022, tm_mon=7, tm_mday=7, tm_hour=21, tm_min=47, tm_se
c=29, tm_wday=3, tm_yday=188, tm_isdst=0)
年   2022
年   2022
月   7
日   7
時   21
分   47
秒   29
星期幾    3
第幾天    188
夏令時間  0
```

上述索引第 13 列 [6] 是代表星期幾的設定，0 代表星期一，1 代表星期 2。上述第 14 列索引 [7] 是第幾天的設定，代表這是一年中的第幾天。上述第 15 列索引 [8] 是夏令時間的設定，0 代表不是，1 代表是。

13-6-5　process_time( )

取得程式執行的時間，第一次呼叫時是傳回程式開始執行到執行 process_time( ) 歷經的時間，第二次以後的呼叫則是說明與前一次呼叫 process_time( ) 間隔的時間。這個 process_time( ) 的時間計算會排除 CPU 沒有運作時的時間，例如：在等待使用者輸入的時間就不會被計算。

程式實例 ch13_23.py：擴充設計 ch7_41.py 計算圓周率，增加每 10 萬次，列出所需時間，讀者需留意，每台電腦所需時間不同。

```
1   # ch13_23.py
2   import time
3   x = 1000000
4   pi = 0
5   time.process_time()
6   for i in range(1,x+1):
7       pi += 4*((-1)**(i+1) / (2*i-1))
8       if i != 1 and i % 100000 == 0:      # 隔100000執行一次
9           e_time = time.process_time()
10          print(f"當 {i:=7d} 時 PI={pi:8.7f}, 所花時間={e_time}")
```

執行結果
```
================== RESTART: D:\Python\ch13\ch13_23.py ==================
當 i= 100000 時 PI=3.1415827, 所花時間=0.203125
當 i= 200000 時 PI=3.1415877, 所花時間=0.265625
當 i= 300000 時 PI=3.1415893, 所花時間=0.3125
當 i= 400000 時 PI=3.1415902, 所花時間=0.375
當 i= 500000 時 PI=3.1415907, 所花時間=0.421875
當 i= 600000 時 PI=3.1415910, 所花時間=0.484375
當 i= 700000 時 PI=3.1415912, 所花時間=0.546875
當 i= 800000 時 PI=3.1415914, 所花時間=0.59375
當 i= 900000 時 PI=3.1415915, 所花時間=0.640625
當 i=1000000 時 PI=3.1415917, 所花時間=0.6875
```

13-6-6　strftime( )

格式化時間的方法，可以將一個時間元組或 struct_time 物件轉換為一個格式化的時間字串，此方法的語法如下：

strftime(format[, t])

其中 format 是一個字串，表示時間的格式，而 t 是一個可選的時間元組，如果省略，將使用當前時間，下面是一些常見的格式化代碼：

- %Y：年份，4 位數字。
- %m：月份，4 位數字。
- %d：日，2 位數字。
- %H：小時 (24 小時制)，2 位數字。
- %M：分鐘，2 位數字。
- %S：秒，2 位數字。

程式實例 ch13_23_1.py：輸出目前時間。

```
1  # ch13_23_1.py
2  import time
3  formatted_time = time.strftime("%Y-%m-%d %H:%M:%S", time.localtime())
4  print(formatted_time)
```

執行結果
```
================ RESTART: D:/Python/ch13/ch13_23_1.py ================
2023-11-06 17:10:43
```

13-7 系統 sys 模組

這個模組可以了解 Python Shell 系統訊息。

13-7-1　version 和 version_info 屬性

這兩個屬性皆可以列出目前所使用 Python 的版本訊息，但它們的格式和用途不同。sys.version 是一個包含 Python 解釋器版本號、構建號和編譯器資訊的字串，通常在交互式解釋器啟動時顯示。而 sys.version_info 是一個包含五個組件 (主版本號、次版本號、微版本號、發布級別和序列號) 的元組，其中除了發布級別是字符串 ('alpha'、'beta'、'candidate' 或 'final')，其他都是整數，總之 sys.version_info 提供了一種更結構化的方式來獲取和使用版本信息。

實例 1：列出目前所使用 Python 的版本訊息。

```
>>> import sys
>>> print(sys.version)
3.11.2 (tags/v3.11.2:878ead1, Feb  7 2023, 16:38:35) [MSC v.1934 64 bit (AMD64)]
>>> print(sys.version_info)
sys.version_info(major=3, minor=11, micro=2, releaselevel='final', serial=0)
```

13-7-2　platform 屬性

可以傳回目前 Python 的使用平台。

```
>>> import sys
>>> print(sys.platform)
win32
```

13-7-3　path 屬性

Python 的 sys.path 參數是一個串列資料，這個串列紀錄模組所在的目錄，當我們使用 import 匯入模組時，Python 會到此串列目錄找尋檔案，然後匯入。

程式實例 ch13_24.py：列出筆者電腦目前環境變數 path 的值。

```
1  # ch13_24.py
2  import sys
3  for dirpath in sys.path:
4      print(dirpath)
```

執行結果

```
================== RESTART: D:\Python\ch13\ch13_24.py ==================
D:\Python\ch13
C:\Users\User\AppData\Local\Programs\Python\Python312\Lib\idlelib
C:\Users\User\AppData\Local\Programs\Python\Python312\python312.zip
C:\Users\User\AppData\Local\Programs\Python\Python312\DLLs
C:\Users\User\AppData\Local\Programs\Python\Python312\Lib
C:\Users\User\AppData\Local\Programs\Python\Python312
C:\Users\User\AppData\Local\Programs\Python\Python312\Lib\site-packages
C:\Users\User\AppData\Local\Programs\Python\Python312\Lib\site-packages\win32
C:\Users\User\AppData\Local\Programs\Python\Python312\Lib\site-packages\win32\lib
C:\Users\User\AppData\Local\Programs\Python\Python312\Lib\site-packages\Pythonwin
```

讀者可以看到筆者電腦所列出 sys.path 的內容，當我們匯入模組時 Python 會依上述順序往下搜尋所匯入的模組，當找到第一筆時就會匯入。上述 sys.path 第 0 個元素是 D:\Python\ch13，這是筆者所設計模組的目錄，如果筆者不小心設計了相同系統模組，例如：time，同時它的搜尋路徑在標準 Python 程式庫的模組路徑前面，將造成程式無法存取標準程式庫的模組。

13-7-4　getwindowsversion( )

傳回目前 Python 安裝環境的 Windows 作業系統版本。

```
>>> import sys
>>> print(sys.getwindowsversion())
sys.getwindowsversion(major=10, minor=0, build=22621, platform=2, service_pack='')
```

13-7-5 executable

列出目前所使用 Python 可執行檔案路徑。

```
>>> import sys
>>> print(sys.executable)
C:\Users\User\AppData\Local\Programs\Python\Python311\pythonw.exe
```

13-8 keyword 模組

這個模組有一些 Python 關鍵字的功能。

13-8-1 kwlist 屬性

這個屬性含所有 Python 的關鍵字。

```
>>> import keyword
>>> print(keyword.kwlist)
['False', 'None', 'True', 'and', 'as', 'assert', 'async', 'await', 'break', 'class', 'continue', 'def', 'del', 'elif', 'else', 'except', 'finally', 'for', 'from', 'global', 'if', 'import', 'in', 'is', 'lambda', 'nonlocal', 'not', 'or', 'pass', 'raise', 'return', 'try', 'while', 'with', 'yield']
```

13-8-2 iskeyword( )

這個方法可以傳回參數的字串是否是關鍵字，如果是傳回 True，如果否傳回 False。

程式實例 ch13_25.py：檢查串列內的字是否是關鍵字。

```
1  # ch13_25.py
2  import keyword
3
4  keywordLists = ['as', 'while', 'break', 'sse', 'Python']
5  for x in keywordLists:
6      print(f"{x:>8s} {keyword.iskeyword(x)}")
```

執行結果

```
==================== RESTART: D:\Python\ch13\ch13_25.py ====================
      as True
   while True
   break True
     sse False
  Python False
```

13-9　日期 calendar 模組

日期模組有一些日曆資料，可很方便使用，本節將分成幾個小節介紹常用的方法，使用此模組前需要先導入 "import calendar"。

13-9-1　列出某年是否潤年 isleap( )

如果是潤年傳回 True，否則傳回 False。下列是分別列出 2020 年和 2025 年是否潤年。

```
>>> import calendar
>>> print(calendar.isleap(2020))
True
>>> print(calendar.isleap(2025))
False
```

13-9-2　印出月曆 month( )

這個方法完整的參數是 month(year,month)，可以列出指定年份月份的月曆，下列是輸出 2025 年 1 月的月曆。

```
>>> import calendar
>>> print(calendar.month(2025,1))
    January 2025
Mo Tu We Th Fr Sa Su
       1  2  3  4  5
 6  7  8  9 10 11 12
13 14 15 16 17 18 19
20 21 22 23 24 25 26
27 28 29 30 31
```

13-9-3　印出年曆 calendar( )

這個方法完整的參數是 calendar(year)，可以列出指定年份的年曆，下列是輸出 2025 年的月曆。

```
>>> import calendar
>>> print(calendar.calendar(2025))
                                  2025

      January                    February                    March
Mo Tu We Th Fr Sa Su      Mo Tu We Th Fr Sa Su      Mo Tu We Th Fr Sa Su
       1  2  3  4  5                      1  2                      1  2
 6  7  8  9 10 11 12       3  4  5  6  7  8  9       3  4  5  6  7  8  9
13 14 15 16 17 18 19      10 11 12 13 14 15 16      10 11 12 13 14 15 16
20 21 22 23 24 25 26      17 18 19 20 21 22 23      17 18 19 20 21 22 23
27 28 29 30 31            24 25 26 27 28            24 25 26 27 28 29 30
                                                    31

                                  . . .
```

13-9-4 其它方法

實例 1：列出 2000 年至 2022 年間有幾個潤年。

```
>>> calendar.leapdays(2000, 2022)
6
```

實例 2：列出 2019 年 12 月的月曆。

```
>>> calendar.monthcalendar(2019, 12)
[[0, 0, 0, 0, 0, 0, 1], [2, 3, 4, 5, 6, 7, 8], [9, 10, 11, 12, 13, 14, 15], [16, 17, 18, 19, 20, 21, 22], [23, 24, 25, 26, 27, 28, 29], [30, 31, 0, 0, 0, 0, 0]]
```

上述每週被當作串列的元素，元素也是串列，元素是從星期一開始計數，非月曆日期用 0 填充，所以可以知道 12 月 1 日是星期日。

實例 3：列出某年某月 1 日是星期幾，以及該月天數。

```
>>> calendar.monthrange(2019, 12)
(6, 31)
```

上述指出 2019 年 12 月有 31 天，12 月 1 日是星期日 (星期一的傳回值是 0)。

13-10 pprint 和 string 模組

13-10-1 pprint 模組

先前所有程式皆是使用 print( ) 做輸出，它的輸出原則是在 Python Shell 輸出，一列滿了才跳到下一列輸出，pprint 模組的 pprint( ) 用法與 print( ) 基本觀念相同，不過 pprint( ) 會執行一列輸出一個元素，輸出結果比較容易閱讀。

程式實例 ch13_26.py：程式 ch13_24.py 輸出 sys.path 的數據，當時為了執行結果清爽，筆者使用 for 迴圈方式一次輸出一筆數據，其實我們使用 pprint( ) 可以獲得幾乎同樣的結果。下列是比較 print( ) 與 pprint( ) 的結果。

```
1  # ch13_26.py
2  import sys
3  from pprint import pprint
4  print("使用print")
5  print(sys.path)
6  print("使用pprint")
7  pprint(sys.path)
```

執行結果

```
==================== RESTART: D:\Python\ch13\ch13_26.py ====================
使用print
['D:\\Python\\ch13', 'C:\\Users\\User\\AppData\\Local\\Programs\\Python\\Python312\\Lib\\idlelib'
, 'C:\\Users\\User\\AppData\\Local\\Programs\\Python\\Python312\\python312.zip', 'C:\\Users\\User
\\AppData\\Local\\Programs\\Python\\Python312\\DLLs', 'C:\\Users\\User\\AppData\\Local\\Programs\
\Python\\Python312\\Lib', 'C:\\Users\\User\\AppData\\Local\\Programs\\Python\\Python312', 'C:\\Us
ers\\User\\AppData\\Local\\Programs\\Python\\Python312\\Lib\\site-packages', 'C:\\Users\\User\\Ap
pData\\Local\\Programs\\Python\\Python312\\Lib\\site-packages\\win32', 'C:\\Users\\User\\AppData\
\Local\\Programs\\Python\\Python312\\Lib\\site-packages\\win32\\lib', 'C:\\Users\\User\\AppData\\
Local\\Programs\\Python\\Python312\\Lib\\site-packages\\Pythonwin']
使用pprint
['D:\\Python\\ch13',
 'C:\\Users\\User\\AppData\\Local\\Programs\\Python\\Python312\\Lib\\idlelib',
 'C:\\Users\\User\\AppData\\Local\\Programs\\Python\\Python312\\python312.zip',
 'C:\\Users\\User\\AppData\\Local\\Programs\\Python\\Python312\\DLLs',
 'C:\\Users\\User\\AppData\\Local\\Programs\\Python\\Python312\\Lib',
 'C:\\Users\\User\\AppData\\Local\\Programs\\Python\\Python312',
 'C:\\Users\\User\\AppData\\Local\\Programs\\Python\\Python312\\Lib\\site-packages',
 'C:\\Users\\User\\AppData\\Local\\Programs\\Python\\Python312\\Lib\\site-packages\\win32',
 'C:\\Users\\User\\AppData\\Local\\Programs\\Python\\Python312\\Lib\\site-packages\\win32\\lib',
 'C:\\Users\\User\\AppData\\Local\\Programs\\Python\\Python312\\Lib\\site-packages\\Pythonwin']
```

13-10-2　string 模組

在 6-13-2 節實例 1 筆者曾經設定字串 abc='AB .... YZ'，當讀者懂了本節觀念，可以輕易使用本節觀念處理這類問題。這是字串模組，在這個模組內有一系列程式設計有關字串，可以使用 strings 的屬性讀取這些字串，使用前需要 import string。

string.digits：'0123456789'。

string.hexdigits：'0123456789abcdefABCDEF'。

string.octdigits：'01234567'。

string.ascii_letters：'abcdefghijklmnopqrstuvwxyzABCEDFGHIJKLMNOPQRSTUVWXYZ'

string.ascii_lowercase：'abcdefghijklmnopqrstuvwxyz'

string.ascii_uppercase：'ABCEDFGHIJKLMNOPQRSTUVWXYZ'

下列是實例驗證。

```
>>> import string
>>> string.digits
'0123456789'
>>> string.hexdigits
'0123456789abcdefABCDEF'
>>> string.octdigits
'01234567'
>>> string.ascii_letters
'abcdefghijklmnopqrstuvwxyzABCDEFGHIJKLMNOPQRSTUVWXYZ'
>>> string.ascii_lowercase
'abcdefghijklmnopqrstuvwxyz'
>>> string.ascii_uppercase
'ABCDEFGHIJKLMNOPQRSTUVWXYZ'
```

另外：string.whitespace 則是空白字元。

```
>>> string.whitespace
' \t\n\r\x0b\x0c'
```

上述符號可以參考 3-4-3 節。

13-11 專題設計 – 賭場遊戲騙局 / 蒙地卡羅模擬 / 文件加密

13-11-1 賭場遊戲騙局

全球每一家賭場皆裝潢得很漂亮，各種噱頭讓我們想一窺內部。其實絕大部份的賭場有關電腦控制的機台皆是可以作弊的，讀者可以想想如果是依照 1:1 的比例輸贏，賭場那來的費用支付員工薪資、美麗的裝潢、…。其實每一台機器皆可以設定莊家的輸贏比例，在這種狀況玩家以為自己手氣背 其實非也，只是機台已被控制。

程式實例 ch13_27.py：這是一個猜大小的遊戲，程式執行初可以設定莊家的輸贏比例，剛開始玩家有 300 美金賭本，每次賭注是 100 美金，如果猜對賭金增加 100 美金，如果猜錯賭金減少 100 美金，賭金沒了，或是按 Q 或 q 則程式結束。

```
1   # ch13_27.py
2   import random                          # 導入模組random
3   money = 300                            # 賭金總額
4   bet = 100                              # 賭注
5   min, max = 1, 100                      # 隨機數最小與最大值設定
6   winPercent = int(input("請輸入莊家贏的比率(0-100)之間 :"))
7
8   while True:
9       print(f"歡迎光臨 : 目前籌碼金額 {morey} 美金 ")
10      print(f"每次賭注 {bet} 美金 ")
11      print("猜大小遊戲: L或l表示大,  S或s表示小, Q或q則程式結束")
12      customerNum = input("= ")          # 讀取玩家輸入
13      if customerNum == 'Q' or customerNum == 'q':    # 若輸入Q或q
14          break                                        # 程式結束
15      num = random.randint(min, max)     # 產生是否讓玩家答對的隨機數
16      if num > winPercent:               # 隨機數在此區間回應玩家猜對
17          print("恭喜!答對了\n")
18          money += bet                   # 賭金總額增加
19      else:                              # 隨機數在此區間回應玩家猜錯
20          print("答錯了!請再試一次\n")
21          money -= bet                   # 賭金總額減少
22      if money <= 0:
23          break
24
25  print("歡迎下次再來")
```

執行結果

```
==================== RESTART: D:\Python\ch13\ch13_27.py ====================
請輸入莊家贏的比率(0-100)之間 :90
歡迎光臨 : 目前籌碼金額 300 美金
每次賭注 100 美金
猜大小遊戲: L或l表示大, S或s表示小, Q或q則程式結束
= l
答錯了!請再試一次

歡迎光臨 : 目前籌碼金額 200 美金
每次賭注 100 美金
猜大小遊戲: L或l表示大, S或s表示小, Q或q則程式結束
= l
答錯了!請再試一次

歡迎光臨 : 目前籌碼金額 100 美金
每次賭注 100 美金
猜大小遊戲: L或l表示大, S或s表示小, Q或q則程式結束
= s
答錯了!請再試一次

歡迎下次再來
```

這個程式的關鍵點 1 是程式第 6 列，莊家可以在程式起動時先設定贏的比率。第 2 個關鍵點是程式第 15 列產生的隨機數，由 1 ~ 100 的隨機數決定玩家是贏或輸，猜大小只是晃子。例如：莊家剛開始設定贏的機率是 90%，相當於如果隨機數是在 91 ~ 100 間算玩家贏，如果隨機數是 1 ~ 90 算玩家輸。

13-11-2 蒙地卡羅模擬

我們可以使用蒙地卡羅模擬計算 PI 值，首先繪製一個外接正方形的圓，圓的半徑是 1。

由上圖可以知道矩形面積是 4，圓面積是 PI。

如果我們現在要產生 1000000 個點落在方形內的點，可以由下列公式計算點落在圓內的機率：

圓面積 / 矩形面積 = PI / 4
落在圓內的點個數 (Hits) = 1000000 * PI / 4
如果落在圓內的點個數用 Hits 代替，則可以使用下列方式計算 PI。
PI = 4 * Hits / 1000000

程式實例 ch13_28.py：蒙地卡羅模擬隨機數計算 PI 值，這個程式會產生 100 萬個隨機點。

```python
1   # ch13_28.py
2   import random
3
4   trials = 1000000
5   Hits = 0
6   for i in range(trials):
7       x = random.random() * 2 - 1         # x軸座標
8       y = random.random() * 2 - 1         # y軸座標
9       if x * x + y * y <= 1:              # 判斷是否在圓內
10          Hits += 1
11  PI = 4 * Hits / trials
12
13  print("PI = ", PI)
```

執行結果
```
===================== RESTART: D:\Python\ch13\ch13_28.py =====================
PI =  3.141648
```

13-11-3 再談文件加密

在 9-7-4 節筆者已經講解文件加密的觀念，有一個模組 string，這個模組有一個屬性是 printable，這個屬性可以列出所有 ASCII 的可以列印字元。

```
>>> import string
>>> string.printable
'0123456789abcdefghijklmnopqrstuvwxyzABCDEFGHIJKLMNOPQRSTUVWXYZ!"#$%&\'()*+,-./:;<=>?@[\\]^_`{|}~ \t\n\r\x0b\x0c'
```

上述字串最大的優點是可以處理所有的文件內容，所以我們在加密編碼時已經可以應用在所有文件。在上述字元中最後幾個是逸出字元，可以參考 3-4-3 節，在做編碼加密時我們可以將這些字元排除。

```
>>> abc = string.printable[:-5]
>>> abc
'0123456789abcdefghijklmnopqrstuvwxyzABCDEFGHIJKLMNOPQRSTUVWXYZ!"#$%&\'()*+,-./:;<=>?@[\\]^_`{|}~ '
```

程式實例 ch13_29.py：設計一個加密函數，然後為字串執行加密，所加密的字串在第 16 列設定，取材自 1-8 節 Python 之禪的內容。

13-11 專題設計 - 賭場遊戲騙局 / 蒙地卡羅模擬 / 文件加密

```
1    # ch13_29.py
2    import string
3
4    def encrypt(text, encryDict):           # 加密文件
5        cipher = []
6        for i in text:                      # 執行每個字元加密
7            v = encryDict[i]                # 加密
8            cipher.append(v)                # 加密結果
9        return ''.join(cipher)              # 將串列轉成字串
10
11   abc = string.printable[:-5]             # 取消不可列印字元
12   subText = abc[-3:] + abc[:-3]           # 加密字串
13   encry_dict = dict(zip(subText, abc))    # 建立字典
14   print("列印編碼字典\n", encry_dict)      # 列印字典
15
16   msg = 'If the implementation is easy to explain, it may be a good idea.'
17   ciphertext = encrypt(msg, encry_dict)
18
19   print("原始字串 ", msg)
20   print("加密字串 ", ciphertext)
```

執行結果

```
================ RESTART: D:\Python\ch13\ch13_29.py ================
列印編碼字典
 {'}': '0', ' ': '~', '1': ' ', '2': '0', '3': '1', '4': '2', '5': '3', '6': '4', '7': '5', '8': '6', '9': '7', 'a': '8', 'b': '9', 'c': 'a', 'd': 'b', 'e': 'c', 'f': 'd', 'g': 'e', 'h': 'f', 'i': 'g', 'j': 'h', 'k': 'i', 'l': 'j', 'm': 'k', 'n': 'l', 'o': 'm', 'p': 'n', 'q': 'o', 'r': 'p', 's': 'q', 't': 'r', 'u': 's', 'v': 't', 'w': 'u', 'x': 'v', 'y': 'w', 'z': 'x', 'A': 'y', 'B': 'z', 'C': 'A', 'D': 'B', 'E': 'C', 'F': 'D', 'G': 'E', 'H': 'F', 'I': 'G', 'J': 'H', 'K': 'I', 'L': 'J', 'M': 'K', 'N': 'L', 'O': 'M', 'P': 'N', 'Q': 'O', 'R': 'P', 'S': 'Q', 'T': 'R', 'U': 'S', 'V': 'T', 'W': 'U', 'X': 'V', 'Y': 'W', 'Z': 'X', '!': 'Y', '"': 'Z', '#': '!', '$': '"', '%': '#', '&': '$', "'": '%', '(': '&', ')': "'", '*': '(', '+': ')', ',': '*', '-': '+', '.': ',', '/': '-', ':': '.', ';': '/', '<': ':', '=': ';', '>': '<', '?': '=', '@': '>', '[': '?', '\\': '@', ']': '[', '^': '\\', '_': ']', '`': '^', '{': '_', '|': '`', '}': '{', '~': '|', ' ': '}'}
原始字串  If the implementation is easy to explain, it may be a good idea.
加密字串  Li2wkh2lpsohphqwdwlrq2lv2hdvB2wr2hAsodlq/2lw2pdB2eh2d2jrrg2lghd;
```

可以加密就可以解密，解密的字典基本上是將加密字典的鍵與值對掉即可，如下所示：至於完整的程式設計將是讀者的習題。

　　decry_dict = dict(zip(abc, subText))

13-11-4　全天下只有你可以解的加密程式？你也可能無法解？

　　上述加密字元間有一定規律，所以若是碰上高手是可以解此加密規則，如果你想設計一個只有你自己可以解的加密程式，在程式實例 ch13_33.py 第 12 列可以使用下列方式處理。

　　　　newAbc = abc[:]   # 產生新字串拷貝
　　　　abllist = list(newAbc)   # 字串轉成串列

13-31

第 13 章　模組設計與應用 - 建構專業軟體的基石

```
        random.shuffle(abclist)                    # 重排串列內容
        subText = ''.join(abclist)                  # 串列轉成字串
```

　　上述相當於打亂字元的對應順序，如果你這樣做就必需將上述 subText 儲存至資料庫內，也就是保存字元打亂的順序，否則連你未來也無法解此加密結果。

程式實例 ch13_30.py：無法解的加密程式，這個程式每次執行皆會有不同的加密效果。

```
 1  # ch13_30.py
 2  import string
 3  import random
 4  def encrypt(text, encryDict):              # 加密文件
 5      cipher = []
 6      for i in text:                          # 執行每個字元加密
 7          v = encryDict[i]                    # 加密
 8          cipher.append(v)                    # 加密結果
 9      return ''.join(cipher)                  # 將串列轉成字串
10
11  abc = string.printable[:-5]                 # 取消不可列印字元
12  newAbc = abc[:]                             # 產生新字串拷貝
13  abclist = list(newAbc)                      # 轉成串列
14  random.shuffle(abclist)                     # 打亂串列順序
15  subText = ''.join(abclist)                  # 轉成字串
16  encry_dict = dict(zip(subText, abc))        # 建立字典
17  print("列印編碼字典\n", encry_dict)          # 列印字典
18
19  msg = 'If the implementation is easy to explain, it may be a good idea.'
20  ciphertext = encrypt(msg, encry_dict)
21
22  print("原始字串 ", msg)
23  print("加密字串 ", ciphertext)
```

執行結果　下列是兩次執行顯示不同的結果。

```
================= RESTART: D:\Python\ch13\ch13_30.py =================
列印編碼字典
 {'z': 'O', '.': '1', ']': '2', 's': '3', 'l': '4', 'O': '5', 'u': '6', '>': '7',
 '8': '8', '`': '9', 'w': 'a', '~': 'b', '.': 'c', 'D': 'd', 'N': 'e', '3': 'f',
 'J': 'g', '{': 'h', 'h': 'i', '6': 'j', 'Y': 'k', '?': 'l', '2': 'm', '(': 'n',
 'i': 'o', '/': 'p', '^': 'q', 't': 'r', 'r': 'c', 's': 'R', 't': 'e', 'u': '5', 'v': 'v',
 '\\': 'w', 'X': 'x', 'x': 'r', 'y': 'y', 'H': 'z', 'y': 'A', '/': 'B', 'Z': 'C', 'B': 'D',
 '9': 'E', '~': 'F', '7': 'G', '[': 'H', 'd': 'I', 'j': 'J', 'j': 'K', 'p': 'L',
 '*': 'M', 'q': 'N', '&': 'O', '$': 'P', 'U': 'Q', 'm': 'R', ';': 'S', '#': 'T',
 'f': 'U', '}': 'V', '{': 'W', '=': 'X', 'X': 'Y', 'Q': 'Z', '%': 'Z', ')': '!', '-': '"',
 'O': '#', 'o': '$', 'n': '%', '1': '&', 'V': '"', '"': '(', 'k': ')', '<': '*',
 'P': '+', 'g': ',', 'w': '-', 'G': '.', '"': '/', 'v': '', 'S': '<',
 '4': '=', 'b': '>', 'K': '?', 'M': '@', 'E': '[', 'T': '\\', 'x': ']', 'C': '',
 '^': '+', 'L': '', '|': '{', '@': '|', 'A': '}', 'a': '~', '""': ''}
原始字串  If the implementation is easy to explain, it may be a good idea.
加密字串  JUSriuSoRL4uRu%r~ro$%So3Su~3ASr$SuJL4~o%hSorSR~AS>uS~S,$$ISolu~1
```

```
原始字串  If the implementation is easy to explain, it may be a good idea.
加密字串  /92uyf2M"rkf"fsu\uMms2MZ2f\Zg2um2fErk\Ms)2Mu2"\g2?f2\2pmm32M3f\x
```

13-32

坦白說由上述執行結果可以發現加密結果更亂、更難理解，如何驗證上述加密是正確，這將是讀者的習題。

13-11-5　應用模組的潛在應用

讀者需留意，下列所述的潛在應用，部份超出本節內容，部份不是完整的程式，主要是列出本節內容的潛在應用。

❑ 隨機且公平的廣告信件發送

這段程式碼模擬了如何隨機分配用戶接收不同的廣告設計，以便進行廣告 A 與廣告 B 的測試。這是市場研究和用戶行為分析中常見的應用，有助於公司了解哪種廣告更能吸引用戶。在這裡使用 random.choice( ) 來隨機選擇廣告設計，然後檢查並平衡兩組的大小，以確保測試是公平的。

```python
# ch13_31.py
import random

# 假設一家公司想要測試兩種不同的廣告設計，以看哪一種效果更好
ad_designs = ['Design A', 'Design B']

# 公司有一個1000人的郵件列表，想要隨機選擇一半接收A廣告，一半接收B廣告
recipients = {'Design A': [], 'Design B': []}

# 隨機分配郵件
for i in range(1, 1001):
    chosen_design = random.choice(ad_designs)          # 隨機選擇一種設計
    recipients[chosen_design].append(f'user_{i}')

# 確保每種設計都有500個用戶
while len(recipients['Design A']) != 500:
    if len(recipients['Design A']) > 500:
        user_to_move = recipients['Design A'].pop()
        recipients['Design B'].append(user_to_move)
    else:
        user_to_move = recipients['Design B'].pop()
        recipients['Design A'].append(user_to_move)

# 假設這裡會發送郵件，然後根據用戶反饋進行分析

# 輸出每種設計的接收者數量，確保它們是平均分配的
print(f"A 廣告接收者數量 : {len(recipients['Design A'])}")
print(f"B 廣告接收者數量 : {len(recipients['Design B'])}")
```

第 13 章　模組設計與應用 - 建構專業軟體的基石

❏ 負載均衡器模擬 - 在開發階段模擬請求分配不同伺服器

```python
1   # ch13_32.py
2   import random
3
4   # 假設生產線上有一批產品序列號
5   product_serials = list(range(1000, 2000))
6
7   # 抽檢10個產品進行品質檢查
8   samples = random.sample(product_serials, 10)
9
10  for serial in samples:
11      # 這裡會有一個品質檢查的函數
12      print(f"檢查序列號 : {serial}")
```

❏ 日誌時間戳記錄 - 在企業應用程序中記錄事件發生的確切時間

```python
1   # ch13_33.py
2   import time
3
4   def log_event(event):
5       timestamp = time.strftime("%Y-%m-%d %H:%M:%S", time.localtime())
6       print(f"{timestamp} : {event}")
7
8   # 假設發生了一個事件
9   log_event("User login")
```

第 14 章
檔案與目錄管理
資料讀寫與組織策略

14-1 資料夾與檔案路徑

14-2 os 模組

14-3 os.path 模組

14-4 獲得特定工作目錄內容 glob

14-5 讀取檔案

14-6 寫入檔案

14-7 讀取和寫入二進位檔案

14-8 shutil 模組

14-9 安全刪除檔案或目錄 send2trash( )

14-10 檔案壓縮與解壓縮 zipFile

14-11 再談編碼格式 encoding

14-12 剪貼簿的應用

14-13 專題設計 - 分析檔案 / 加密檔案 / 潛在應用

第 14 章　檔案與目錄管理 - 資料讀寫與組織策略

本章筆者將講解使用 Python 處理 Windows 作業系統內檔案的完整相關知識，例如：檔案路徑的管理、檔案的讀取與寫入、目錄的管理、檔案壓縮與解壓縮、認識編碼規則與剪貼簿的相關應用。

14-1　資料夾與檔案路徑

有一個檔案路徑圖形如下：

對於 ch14_1.py 而言，它的檔案路徑名稱是：

　　D:\Python\ch14\ch14_1.py

對於 ch14_1.py 而言，它的目前工作資料夾 (也可稱目錄) 名稱是：

　　D:\Python\ch14

Windows 作業系統可以使用 2 種方式表達檔案路徑，下列是以 ch14_1.py 為例：

1： 絕對路徑：路徑從根目錄開始表達，例如：若以 14-1 節的檔案路徑圖為例，它的絕對路徑是：

　　D:\Python\ch14\ch14_1.py

2： 相對路徑：是指相對於目前工作目錄的路徑，例如：若以 14-1 節的檔案路徑圖為例，若是目前工作目錄是 D:\Python\ch14，它的相對路徑是：

　　ch14_1.py

另外，在作業系統處理資料夾的觀念中會使用 2 個特殊符號 "." 和 ".."，"." 指的是目前資料夾，".." 指的是上一層資料夾。但是在使用上，當指目前資料夾時也可以省略 ".\"。所以使用 ".\ch14_1.py" 與 "ch14_1.py" 意義相同。

14-2 os 模組

在 Python 內有關檔案路徑的模組是 os，所以在本節實例最前面均需導入此模組。

    import os   # 導入 os 模組

函數名稱	功能說明
os.getcwd( )	取得目前工作目錄 (14-2-1 節)
os.listdir( )	取得目前工作目錄的內容 (14-2-2 節)
os.walk( )	遍歷目錄內容 (14-2-3 節)

14-2-1 取得目前工作目錄 os.getcwd( )

os 模組內的 getcwd( ) 可以取得目前工作目錄。

實例 1.py：列出目前工作目錄。

```
1  # ch14_1.py
2  import os
3
4  print(os.getcwd())              # 列出目前工作目錄
```

執行結果

```
==================== RESTART: D:\Python\ch14\ch14_1.py ====================
D:\Python\ch14
```

14-2-2 獲得特定工作目錄的內容 os.listdir( )

這個方法將以串列方式列出特定工作目錄的內容。

程式實例 ch14_2.py：以 2 種方式列出 D:\Python\ch14 的工作目錄內容。

```
1  # ch14_2.py
2  import os
3
4  print(os.listdir("D:\\Python\\ch14"))
5  print(os.listdir("."))          # 這代表目前工作目錄
```

執行結果

```
==================== RESTART: D:\Python\ch14\ch14_2.py ====================
['ch14_1.py', 'ch14_2.py']
['ch14_1.py', 'ch14_2.py']
```

14-2-3 遍歷目錄樹 os.walk( )

在 os 模組內有提供一個 os.walk( ) 方法可以讓我們遍歷目錄樹，這個方法每次執行迴圈時將傳回 3 個值：

1：   目前工作目錄名稱 (dirName)。

2： 目前工作目錄底下的子目錄串列 (sub_dirNames)。

3： 目前工作目錄底下的檔案串列 (fileNames)。

下列是語法格式：

    for dirName, sub_dirNames, fileNames in os.walk(目錄路徑):
        程式區塊

上述 dirName, sub_dirNames, fileNames 名稱可以自行命名，順序則不可以更改，至於目錄路徑可以使用絕對位址或相對位址，可以使用 os.walk('.') 代表目前工作目錄。

程式實例 ch14_3.py：在筆者範例 D:\Python\ch14 目錄下有一個 oswalk 目錄，此目錄內容如下：

本程式將遍歷此 oswalk 目錄，同時列出內容。

```
1  # ch14_3.py
2  import os
3
4  for dirName, sub_dirNames, fileNames in os.walk('oswalk'):
5      print("目前工作目錄名稱：    ", dirName)
6      print("目前子目錄名稱串列：  ", sub_dirNames)
7      print("目前檔案名稱串列：    ", fileNames, "\n")
```

執行結果

```
==================== RESTART: D:\Python\ch14\ch14_3.py ====================
目前工作目錄名稱：     oswalk
目前子目錄名稱串列：   ['mydir', 'mytest']
目前檔案名稱串列：     ['data1.txt']

目前工作目錄名稱：     oswalk\mydir
目前子目錄名稱串列：   ['mysubdir']
目前檔案名稱串列：     ['data2.txt', 'data3.txt']

目前工作目錄名稱：     oswalk\mydir\mysubdir
目前子目錄名稱串列：   []
目前檔案名稱串列：     ['data6.txt']

目前工作目錄名稱：     oswalk\mytest
目前子目錄名稱串列：   []
目前檔案名稱串列：     ['data4.txt', 'data5.txt']
```

從上述執行結果可以看到，os.walk( ) 將遍歷指定目錄底下的子目錄同時傳回子目錄串列和檔案串列，如果所傳回的子目錄串列是 [ ] 代表底下沒有子目錄。

14-3 os.path 模組

在 os 模組內有另一個常用模組 os.path，講解與檔案路徑有關的資料夾知識，由於 os.path 是在 os 模組內，所以導入 os 模組後不用再導入 os.path 模組。

函數名稱	功能說明
os.path.abspath( )	取得絕對路徑 (14-3-1 節)
os.path.relpath( )	取得相對路徑 (14-3-2 節)
os.path.exists( )	檢查路徑是否存在 (14-3-3 節)
os.path.isabs( )	檢查是否絕對路徑 (14-3-3 節)
os.path.isdir( )	檢查路徑是否資料夾 (14-3-3 節)
os.path.isfile( )	檢查路徑是否檔案 (14-3-3 節)
os.path.mkdir( )	建立資料夾 (14-3-4 節)
os.path.rmdir( )	刪除資料夾 (14-3-4 節)
os.path.remove( )	刪除檔案 (14-3-4 節)
os.path.chdir( )	更改目前工作目錄 (14-3-4 節)
os.path.rename( )	更改檔案路徑 (14-3-4 節)
os.path.join( )	回傳結合的檔案路徑 (14-3-5 節)
os.path.getsize( )	取得特定檔案的大小 (14-3-6 節)

14-3-1 取得絕對路徑 os.path.abspath

os.path 模組的 abspath(path) 會傳回 path 的絕對路徑，通常我們可以使用這個方法將檔案或資料夾的相對路徑轉成絕對路徑。

程式實例 ch14_4.py：取得絕對路徑的應用。

```
1  # ch14_4.py
2  import os
3
4  print(os.path.abspath('.'))         # 列出目前目錄的絕對路徑
5  print(os.path.abspath('..'))        # 列出上一層目錄的絕對路徑
6  print(os.path.abspath('ch14_4.py')) # 列出檔案的絕對路徑
```

執行結果
```
====================== RESTART: D:\Python\ch14\ch14_4.py ======================
D:\Python\ch14
D:\Python
D:\Python\ch14\ch14_4.py
```

註　'.' 代表目前目錄，'..' 代表父目錄或稱上一層目錄。

14-3-2　傳回相對路徑 os.path.relpath( )

os.path 模組的 relpath(path, start) 會傳回從 start 到 path 的相對路徑，如果省略 start，則傳回目前工作目錄至 path 的相對路徑。

程式實例 ch14_5.py：傳回特定路徑相對路徑的應用。

```
1  # ch14_5.py
2  import os
3
4  print(os.path.relpath('D:\\'))                  # 目前目錄至D:\的相對路徑
5  print(os.path.relpath('D:\\Python\\ch13'))      # 目前目錄至特定path的相對路徑
6  print(os.path.relpath('D:\\', 'ch14_5.py'))     # 目前檔案至D:\的相對路徑
```

執行結果

```
===================== RESTART: D:\Python\ch14\ch14_5.py =====================
..\..
..\ch13
..\..\..
```

14-3-3　檢查路徑方法 exists/isabs/isdir/isfile

下列是常用檢查路徑的 os.path 模組方法。

exists(path)：如果 path 的存在傳回 True 否則傳回 False。

isabs(path)：如果 path 是絕對路徑傳回 True 否則傳回 False。

isdir(path)：如果 path 是資料夾傳回 True 否則傳回 False。

isfile(path)：如果 path 是檔案傳回 True 否則傳回 False。

實例 1：主要是使用 ch14_1.py 檔案測試上述方法。

```
import os
print(os.path.exists('ch14_1.py'))
True
print(os.path.exists('test.py'))
False
print(os.path.isabs('ch14_1.py'))
False
print(os.path.isdir('ch14_1.py'))
False
print(os.path.isfile('ch14_1.py'))
True
```

上述比較常使用的方法是 os.path.exists( )，例如：在網路爬蟲的應用中，可以將爬取的檔案儲存在特定資料夾，這時可以先用 exists( ) 方法檢查資料夾是否存在，如果不存在可以先建立資料夾，再將檔案儲存在資料內，讀者可以參考下一節的 ch14_6.py 實例。

14-3-4　檔案與目錄的操作 mkdir/rmdir/remove/chdir/rename

這幾個方法是在 os 模組內，建議執行下列操作前先用 os.path.exists( ) 檢查是否存在。

- mkdir(path)：建立 path 目錄。例如：下列是建立 test 目錄。

  mkdir('test')

- rmdir(path)：刪除 path 目錄，限制只能是空的目錄。如果要刪除底下有檔案的目錄需參考 14-8 節使用 rmtree( )。例如：下列是刪除 test1 目錄。

  mkdir('test1')

- remove(path)：刪除 path 檔案。例如：下列是刪除 test.py。

  remove('test.py')

- chdir(path)：將目前工作資料夾改至 path。例如：下列是將目前工作目錄移至 D:\\Python。

  chdir('D:\\Python')

- rename(old_name, new_name)：將檔案由 old_name 改為 new_name。

程式實例 ch14_6.py：使用 mkdir 建立資料夾的應用。

```
1  # ch14_6.py
2  import os
3
4  mydir = 'test'
5  # 如果mydir不存在就建立此資料夾
6  if os.path.exists(mydir):
7      print(f"{mydir} 已經存在")
8  else:
9      os.mkdir(mydir)
10     print(f"建立 {mydir} 資料夾成功")
```

執行結果
```
================== RESTART: D:\Python\ch14\ch14_6.py ==================
建立 test 資料夾成功
```

程式實例 ch14_7.py：使用 rmdir 刪除資料夾的應用。

```
1  # ch14_7.py
2  import os
3
4  mydir = 'test'
5  # 如果mydir存在就刪除此資料夾
6  if os.path.exists(mydir):
7      os.rmdir(mydir)
8      print(f"刪除 {mydir} 資料夾成功")
9  else:
10     print(f"{mydir} 資料夾不存在")
```

執行結果

```
==================== RESTART: D:\Python\ch14\ch14_7.py ====================
刪除 test 資料夾成功
```

14-3-5　傳回檔案路徑 os.path.join( )

網路爬蟲的應用中，因為爬取的資料有許多，這時不同類型的資料需儲存在不同的資料夾，這個方法可以將 os.path.join( ) 參數內的字串結合為一個資料夾，讀者也可以想成是檔案路徑，此方法的參數可以有 2 個到多個。

程式實例 ch14_8.py：os.path.join( ) 方法的應用，這個程式會用 2、3、4 個參數測試這個方法。

```python
1  # ch14_8.py
2  import os
3
4  print(os.path.join('D:\\','Python','ch14','ch14_8.py'))  # 4個參數
5  print(os.path.join('D:\\Python','ch14','ch14_8.py'))     # 3個參數
6  print(os.path.join('D:\\Python\\ch14','ch14_8.py'))      # 2個參數
```

執行結果

```
==================== RESTART: D:\Python\ch14\ch14_8.py ====================
D:\Python\ch14\ch14_8.py
D:\Python\ch14\ch14_8.py
D:\Python\ch14\ch14_8.py
```

14-3-6　獲得特定檔案的大小 os.path.getsize( )

這個方法可以獲得特定檔案的大小。

實例 1：獲得 ch14_1.py 的檔案大小，從執行結果可以知道是 92 位元組。

```
import os
print(os.path.getsize("D:\\Python\\ch14\\ch14_1.py"))
92
```

14-4　獲得特定工作目錄內容 glob

Python 內還有一個模組 glob 可用於列出特定工作目錄內容 (不含子目錄)，當導入這個模組後可以使用 glob 方法獲得特定工作目錄的內容，這個方法最大特色是可以使用萬用字元 "*"，例如：可用 "*.txt" 獲得所有 txt 副檔名的檔案。"?" 可以任意字元、"[abc]" 必需是 abc 字元。更多應用可參考下列實例。

程式實例 ch14_9.py:方法 1 是列出所有工作目錄的檔案,方法 2 是列出 ch14_1 開頭的副檔名是 py 檔案,方法 3 是列出 ch14_2 開頭的所有檔案。

```python
1   # ch14_9.py
2   import os
3   import glob
4
5   print("方法1:列出\\Python\\ch14工作目錄的所有檔案與大小")
6   for file in glob.glob('D:\\Python\\ch14\\*.*'):
7       print(f"{file} : {os.path.getsize(file)} bytes")
8
9   print("方法2:列出目前工作目錄的特定檔案")
10  for file in glob.glob('ch14_1*.py'):
11      print(file)
12
13  print("方法3:列出目前工作目錄的特定檔案")
14  for file in glob.glob('ch14_2*.*'):
15      print(file)
```

執行結果
```
==================== RESTART: D:\Python\ch14\ch14_9.py ====================
方法1:列出\Python\ch14工作目錄的所有檔案與大小
D:\Python\ch14\ch14_1.py : 92 bytes
D:\Python\ch14\ch14_2.py : 150 bytes
D:\Python\ch14\ch14_3.py : 262 bytes
D:\Python\ch14\ch14_4.py : 266 bytes
D:\Python\ch14\ch14_5.py : 288 bytes
D:\Python\ch14\ch14_6.py : 240 bytes
D:\Python\ch14\ch14_7.py : 231 bytes
D:\Python\ch14\ch14_8.py : 244 bytes
D:\Python\ch14\ch14_9.py : 477 bytes
方法2:列出目前工作目錄的特定檔案
ch14_1.py
方法3:列出目前工作目錄的特定檔案
ch14_2.py
```

目前 ch14 資料夾檔案不多,當檔案變多時,方法 2 和方法 3 將會看到更多輸出。

14-5 讀取檔案

Python 處理讀取或寫入檔案首先需將檔案開啟,然後可以接受一次讀取所有檔案內容或是逐列讀取檔案內容,常用讀取檔案相關方法可以參考下表。

方法	說明
open( )	開啟檔案,可以參考 14-5-1 節。
read( )	讀取檔案可以參考 14-5-2 節。
readline( )	讀取一列資料,可以參考 14-5-4 節。
readlines( )	讀取多列資料,用串列回傳,可以參考 14-5-5 節。
tell( )	回傳讀寫指標的位置,可以參考 14-5-6 節。

14-5-1　開啟一個檔案 open( )

open( ) 函數可以開啟一個檔案供讀取或寫入，如果這個函數執行成功，會傳回檔案匯流物件，這個函數的基本使用格式如下：

file_Obj = open(file, mode="r", encoding)　　　　　　# 左邊是最常用的 3 個參數

❑ **file**

用字串列出欲開啟的檔案，如果不指名路徑則開啟目前工作資料夾。

❑ **mode**

開啟檔案的模式，如果省略代表是 mode="r"，使用時如果 mode="w" 或其它，也可以省略 mode=，直接寫 "w"。也可以同時具有多項模式，第一項 (字母) 代表讀或寫的模式，第二項 (字母) 代表檔案類型，例如：'wb" 代表以二進位檔案開啟供寫入，可以是下列基本模式。下列是第一個字母的操作意義。

- "r"：這是預設，開啟檔案供讀取 (read)。
- "w"：開啟檔案供寫入，如果原先檔案有內容將被覆蓋。
- "a"：開啟檔案供寫入，如果原先檔案有內容，新寫入資料將附加在後面。
- "x"：開啟一個新的檔案供寫入，如果所開啟的檔案已經存在會產生錯誤。

下列是第二個字母的意義，代表檔案類型。

- "b"：開啟二進位檔案模式。
- "t"：開啟文字檔案模式，這是預設。

❑ **encoding**

在中文 Windows 作業系統下，檔案常用的編碼方式有 cp950 和 utf-8 編碼兩種。encoding 是設定編碼方式，如果沒有中文字預設是使用 utf-8 編碼，如果有中文字預設是使用 cp950 編碼 (ANSI)。我們可以使用這個參數，設定檔案物件的編碼格式。

❑ **file_Obj**

這是檔案物件，讀者可以自行給予名稱，未來 print( ) 函數可以將輸出導向此物件，不使用時要關閉 "file_Obj.close( )"，才可以返回作業系統的檔案管理員觀察執行結果。

程式實例 ch14_10.py：將資料輸出到檔案的實例，其中輸出到 out14_1w.txt 採用 "w"

14-5 讀取檔案

模式，輸出到 out14_1a.txt 採用 "a" 模式。

```
1   # ch14_10.py
2   fobj1 = open("out14_10w.txt", mode="w")    # 取代先前資料
3   print("測試 mode=a 參數，預設 ANSI 編碼", file=fobj1)
4   fobj1.close()
5   fobj2 = open("out14_10a.txt", mode="a")    # 附加資料後面
6   print("Testing mode=w, using utf-8 format", file=fobj2)
7   fobj2.close()
```

執行結果 這個程式執行後需至 ch14 資料夾查看執行結果內容，在新版的記事本，可以在視窗下方的狀態欄位看到目前視窗內容的檔案格式，從執行結果，可以看到一樣是使用預設，含中文字內容的檔案格式是 ANSI，在中文 Windows 環境相當於 cp950 編碼。不含中文字內容的檔案格式是 utf-8，在中文 Windows 環境相當於 utf-8 編碼。

這個程式如果執行程式一次，可以得到 out12_1a.txt 和 out12_1w.txt 內容相同。但是如果持續執行，out12_1a.txt 內容會持續增加，out12_1w.txt 內容則保持不變，下列是執行第 2 次此程式的結果。

程式實例 ch14_10_1.py：開啟檔案供輸出時，直接設定輸出編碼格式。

```
1   # ch14_10_1.py
2   fobj1 = open("out14_10_1w.txt", mode="w", encoding="cp950")
3   print("測試 mode=a 參數，預設 ANSI 編碼", file=fobj1)
4   fobj1.close( )
5   fobj2 = open("out14_10_1a.txt", mode="a", encoding="utf-8")
6   print("Testing mode=w, using utf-8 format", file=fobj2)
7   fobj2.close( )
```

執行結果 與 ch14_10.py 相同。

14-5-2　讀取整個檔案 read(n)

檔案開啟後，可以使用 read(n) 讀取所開啟的檔案，n 是代表要讀取的文字數量，若是省略 n，可以讀取整個檔案，使用 read( ) 讀取時，所有的檔案內容將以一個字串方式被讀取然後存入字串變數內，未來只要印此字串變數相當於可以列印整個檔案內容。

14-5-3　with 關鍵字

Python 提供一個關鍵字 with，在開啟檔案與建立檔案物件時使用方式如下：

with open( ) as 檔案物件 :
　　相關系列指令

with 指令會在區塊指令結束後自動將檔案關閉，檔案經「with open( ) as 檔案物件」開啟後會有一個檔案物件，就可以使用前一節的 read( ) 讀取此檔案物件的內容。

程式實例 ch14_11.py：在 ch14 資料夾內有 data14_11.txt，請讀取此檔案與輸出。

```
1   # ch14_11.py
2   fn = 'data14_11.txt'              # 設定欲開啟的檔案
3   with open(fn, 'r', encoding='cp950') as fObj:
4       data = fObj.read()            # 讀取檔案到變數data
5   print(data)                       # 輸出變數data
```

執行結果

```
==================== RESTART: D:\Python\ch14\ch14_11.py ====================
深智數位
Deepmind Co.
Deepen your wisdom.
>>>
```

14-5-4　逐列讀取檔案內容

在 Python 若想逐列讀取檔案內容，可以使用下列迴圈：

for line in fObj:　　　　　　# line 和 fObj 可以自行取名，fObj 是檔案物件
　　迴圈相關系列指令

程式實例 ch14_12.py：逐列讀取和輸出檔案。

```
1   # ch14_12.py
2   fn = 'data14_11.txt'          # 設定欲開啟的檔案
3   with open(fn, 'r', encoding='cp950') as fObj:
4       for line in fObj:          # 相當於逐列讀取
5           print(line)            # 輸出line
```

執行結果
```
================== RESTART: D:\Python\ch14\ch14_12.py ==================
深智數位

Deepmind Co.

Deepen your wisdom.

>>>
```

因為以記事本編輯的 data14_11.txt 文字檔每列末端有換列符號，同時 print( ) 在輸出時也有一個換列輸出的符號，所以會得到上述每列輸出後有空一列的結果。

程式實例 ch14_13.py：重新設計 ch14_12.py，但是刪除每列末端的換列符號。

```
1   # ch14_13.py
2   fn = 'data14_11.txt'          # 設定欲開啟的檔案
3   with open(fn, 'r', encoding='cp950') as fObj:
4       for line in fObj:          # 相當於逐列讀取
5           print(line.rstrip())   # 輸出line
```

執行結果
```
================== RESTART: D:\Python\ch14\ch14_13.py ==================
深智數位
Deepmind Co.
Deepen your wisdom.
>>>
```

讀取整列也可以使用 readline( )，可以參考下列實例。

程式實例 ch14_14.py：使用 readline( ) 讀取整列資料。

```
1   # ch14_14.py
2   fn = 'data14_11.txt'          # 設定欲開啟的檔案
3   with open(fn, 'r', encoding='cp950') as fObj:
4       txt1 = fObj.readline()
5       print(txt1)                # 輸出txt1
6       txt2 = fObj.readline()
7       print(txt2)                # 輸出txt2
```

執行結果
```
================== RESTART: D:\Python\ch14\ch14_14.py ==================
深智數位

Deepmind Co.

>>>
```

14-5-5　逐列讀取使用 readlines( )

使用 with 關鍵字配合 open( ) 時，所開啟的檔案物件目前只在 with 區塊內使用，適用在特別是想要遍歷此檔案物件時。Python 另外有一個方法 readlines( ) 可以採用逐列讀取方式，一次讀取全部 txt 的內容，同時以串列方式儲存，另一個特色是讀取時每列的換列字元皆會儲存在串列內，同時一列資料是一個串列元素。當然更重要的是我們可以在 with 區塊外遍歷原先檔案物件內容。

在本書所附資料夾的 ch14 資料夾有下列 data14_15.txt 檔案。

```
data14_15.txt

明志科技大學
台塑關係企業
我愛明志工專

第 1 行，第 1 欄    21 個字元    100%    Windows (CRLF)    ANSI
```

程式實例 ch14_15.py：使用 readlines( ) 逐列讀取 data14_15.txt，存入串列，然後列印此串列的結果。

```
1   # ch14_15.py
2   fn = 'data14_15.txt'          # 設定欲開啟的檔案
3   with open(fn, 'r', encoding='cp950') as fObj:
4       mylist = fObj.readlines()
5   print(mylist)
```

執行結果
```
=============== RESTART: D:\Python\ch14\ch14_15.py ===============
['明志科技大學\n', '台塑關係企業\n', '我愛明志工專\n']
>>>
```

由上述執行結果可以看到在 txt 檔案的換列字元也出現在串列元素內，如果想要逐列輸出所保存的串列內容，可以使用 for 迴圈。

程式實例 ch14_16.py：擴充 ch14_15.py，逐列輸出 ch14_15.py 所保存的串列內容。

```
6   for line in mylist:
7       print(line.rstrip())       # 列印串列
```

執行結果
```
=============== RESTART: D /Python/ch14/ch14_16.py ===============
明志科技大學
台塑關係企業
我愛明志工專
```

14-14

14-5-6　認識讀取指針與指定讀取文字數量

在真實的檔案讀取應用中，我們可能要分批讀取檔案資料，這時的 read( ) 使用觀念如下：

　　fObj.read(n)　　　　　　　# 註：在 cp950 開啟檔案時 n 是要讀取的文字數量

使用這種方式讀取檔案時，可以使用 tell( ) 獲得目前讀取檔案指針的位置，單位是位元組，要讀取的檔案 data14_17.data 內容如下：

```
MingChi是明志的英文
```

程式實例 ch14_17.py：讀取 3 個文字數量，同時列出讀取後的指針位置。

```python
1  # ch14_17.py
2  fn = 'data14_17.txt'              # 設定欲開啟的檔案
3  with open(fn, 'r', encoding='cp950') as fObj:
4      print(f"指針位置 {fObj.tell()}")
5      txt1 = fObj.read(3)
6      print(f"{txt1}, 指針位置 {fObj.tell()}")
7      txt2 = fObj.read(3)
8      print(f"{txt2}, 指針位置 {fObj.tell()}")
9      txt3 = fObj.read(3)
10     print(f"{txt3}, 指針位置 {fObj.tell()}")
```

執行結果
```
==================== RESTART: D:/Python/ch14/ch14_17.py ====================
指針位置 0
Min, 指針位置 3
gCh, 指針位置 6
i是明, 指針位置 11
```

14-5-7　分批讀取檔案資料

在真實的檔案讀取應用中，如果檔案很大時，我們可能要分批讀取檔案資料，下列是 data14_18.txt 檔案內容。

```
Silicon Stone Education is a world leader in education-based
 certification exams and practice test solutions for academic
institutions, workforce and corporate technology markets,
delivered through an expansive network of over 250+ Silicon
Stone Education Authorized testing sites worldwide in America,
Asia and Europe.
```

第 14 章　檔案與目錄管理 - 資料讀寫與組織策略

程式實例 ch14_18.py：用一次讀取 100 字元方式，讀取 data14_18.txt 檔案。

```
1  # ch14_18.py
2  fn = 'data14_18.txt'          # 設定欲開啟的檔案
3  chunk = 100
4  msg = ''
5  with open(fn, 'r', encoding='utf-8') as fObj:
6      while True:
7          txt = fObj.read(chunk)   # 一次讀取chunk數量
8          if not txt:
9              break
10         msg += txt
11 print(msg)
```

執行結果
```
================= RESTART: D:/Python/ch14/ch14_18.py =================
Silicon Stone Education is a world leader in education-based
 certification exams and practice test solutions for academic
institutions, workforce and corporate technology markets,
delivered through an expansive network of over 250+ Silicon
Stone Education Authorized testing sites worldwide in America,
Asia and Europe.
```

14-6　寫入檔案

　　程式設計時一定會碰上要求將執行結果保存起來，此時就可以將執行結果存入檔案內，寫入檔案常用的方法可以參考下表。

方法	說明
write(str)	將字串 str 資料寫入檔案，可以參考 14-6-1 節。
writelines([s1, s2, … sn])	將串列資料寫入檔案，可以參考 14-6-5 節。

14-6-1　將執行結果寫入空的文件內

　　輸出到檔案可以使用 write( ) 方法，語法格式如下：

　　　len = 檔案物件.write(欲輸出資料)　　　　　# 可將資料輸出到檔案物件

　　上述方法會傳回輸出資料的資料長度。

程式實例 ch14_19.py：輸出資料到檔案的應用，同時輸出寫入的檔案長度。

```
1  # ch14_19.py
2  fn = 'out14_19.txt'
3  string = 'I love Python.'
4
5  with open(fn, 'w', encoding='cp950') as fObj:
6      print(fObj.write(string))
```

執行結果
```
==================== RESTART: D:/Python/ch14/ch14_19.py ====================
14
```

在 ch14 資料夾可以看到 out14_19.txt 檔案,開啟可以得到 I love Python.。

14-6-2 寫入數值資料

write( ) 輸出時無法寫入數值資料,可參考下列錯誤範例。

程式實例 ch14_20.py:使用 write( ) 寫入數值資料產生錯誤的實例。

```python
1  # ch14_20.py
2  fn = 'out14_20.txt'
3  x = 100
4
5  with open(fn, 'w') as file_Obj:
6      file_Obj.write(x)           # 直接寫入數值x產生錯誤
```

執行結果
```
==================== RESTART: D:/Python/ch14/ch14_20.py ====================
Traceback (most recent call last):
  File "D:/Python/ch14/ch14_20.py", line 6, in <module>
    file_Obj.write(x)           # 直接寫入數值x產生錯誤
TypeError: write() argument must be str, not int
```

如果想要使用 write( ) 將數值資料寫入檔案,必需使用 str( ) 將數值資料轉成字串資料,讀者可以自我練習,筆者將這個練習儲存至 ch14_20_1.py。

```python
6      file_Obj.write(str(x))      # 使用str(x)輸出
```

14-6-3 輸出多列資料的實例

如果多列資料輸出到檔案,設計程式時需留意各列間的換列符號問題,write( ) 不會主動在列的末端加上換列符號,如果有需要需自己處理。

程式實例 ch14_21.py:使用 write( ) 輸出多列資料的實例。

```python
1  # ch14_21.py
2  fn = 'out14_21.txt'
3  str1 = 'I love Python.'
4  str2 = '洪錦魁著'
5
6  with open(fn, 'w', encoding='cp950') as fObj:
7      fObj.write(str1)
8      fObj.write(str2)
```

執行結果

out14_21 - 記事本
```
I love Python.洪錦魁著
```

14-6-4　檔案很大時的分段寫入

有時候檔案或字串很大時，我們也可以用分批寫入方式處理。

程式實例 ch14_22.py：將一個字串用每次 100 字元方式寫入檔案，這個程式也會紀錄每次寫入的字元數，第 2-11 列的文字取材自「Python 之禪」的內容。

```python
1   # ch14_22.py
2   zenofPython = '''Beautiful is better than ugly.
3   Explicit is better than implicits.
4   Simple is better than complex.
5   Flat is better than nested.
6   Sparse is better than desse.
7   Readability counts.
8   Special cases aren't special enough to break the rules.
9   ...
10  ...
11  By Tim Peters'''
12
13  fn = 'out14_22.txt'
14  size = len(zenofPython)
15  offset = 0
16  chunk = 100                              # 每次寫入的單位
17  with open(fn, 'w', encoding='cp950') as fObj:
18      while True:
19          if offset > size:
20              break
21          print(fObj.write(zenofPython[offset:offset+chunk]))
22          offset += chunk
```

執行結果
```
================ RESTART: D:/Python/ch14/ch14_22.py ================
100
100
51
```

在 ch14 資料夾有 out14_22.txt，此檔案內容如下：

```
Beautiful is better than ugly.
Explicit is better than implicits.
Simple is better than complex.
Flat is better than nested.
Sparse is better than desse.
Readability counts.
Special cases aren't special enough to break the rules.
...
...
By Tim Peters
```

從上述執行結果可以看到寫了 3 次，第 3 次是 51 個字元。

14-6-5　writelines( )

這個方法可以將串列內的元素寫入檔案。

程式實例 ch14_23.py：writelines( ) 使用實例。

```
1  # ch14_23.py
2  fn = 'out14_23.txt'
3  mystr = ['相見時難別亦難\n', '東風無力百花殘\n', '春蠶到死絲方盡']
4
5  with open(fn, 'w', encoding='cp950') as fObj:
6      fObj.writelines(mystr)
```

執行結果

```
相見時難別亦難
東風無力百花殘
春蠶到死絲方盡
```

14-7　讀取和寫入二進位檔案

14-7-1　拷貝二進位檔案

一般圖檔、語音檔…等皆是二進位檔案，如果要開啟二進位檔案在 open( ) 檔案時需要使用 'rb'，要寫入二進位檔案在 open( ) 檔案時需要使用 'wb'。

程式實例 ch14_24.py：圖片檔案的拷貝，圖片檔案是二進位檔案，這個程式會拷貝 hung.jpg，新拷貝的檔案是 hung1.jpg。

```
1  # ch14_24.py
2  src = 'hung.jpg'
3  dst = 'hung1.jpg'
4  tmp = ''
5
6  with open(src, 'rb') as file_rd:
7      tmp = file_rd.read()
8      with open(dst, 'wb') as file_wr:
9          file_wr.write(tmp)
```

執行結果　可以在 ch14 資料夾看到 hung.jpg 和 hung1.jpg(這是新的複製檔案)。

第 14 章　檔案與目錄管理 - 資料讀寫與組織策略

hung.jpg　　　　　　　　　　　　　　　　　　　　　　hun1.jpg

14-7-2　隨機讀取二進位檔案

在使用 Python 讀取二進位檔案時，是可以隨機控制讀寫指針的位置，也就是我們可以不必從頭開始讀取，讀了每個 byte 資料才可以讀到檔案最後位置。整個觀念是使用 tell( ) 和 seek( ) 方法，tell( ) 可以傳回從檔案開頭算起，目前讀寫指針的位置，以 byte 為單位。seek( ) 方法可以讓目前讀寫指針跳到指定位置，seek( ) 方法的語法如下：

　　offsetValue = seek(offset, origin)

整個 seek( ) 方法會傳回目前讀寫指針相對整體資料的位移值，至於 origrin 的意義如下：

origin 是 0(預設)，讀寫指針移至開頭算起的第 offset 的 byte 位置。

origin 是 1，讀寫指針移至目前位置算起的第 offset 的 byte 位置。

origin 是 2，讀寫指針移至相對結尾的第 offset 的 byte 位置。

程式實例 ch14_25.py：建立一個 0-255 的二進位檔案。

```
1  # ch14_25.py
2  dst = 'bdata'
3  bytedata = bytes(range(0,256))
4  with open(dst, 'wb') as file_dst:
5      file_dst.write(bytedata)
```

執行結果　這只是建立一個 bdata 二進位檔案。

程式實例 ch14_26.py：隨機讀取二進位檔案的應用。

```
1   # ch14_26.py
2   src = 'bdata'
3
4   with open(src, 'rb') as file_src:
5       print("目前位移 : ", file_src.tell())
6       file_src.seek(10)
7       print("目前位移 : ", file_src.tell())
8       data = file_src.read()
9       print("目前內容 : ", data[0])
10      file_src.seek(255)
11      print("目前位移 : ", file_src.tell())
12      data = file_src.read()
13      print("目前內容 : ", data[0])
```

執行結果
```
==================== RESTART: D:\Python\ch14\ch14_26.py ====================
目前位移 :  0
目前位移 :  10
目前內容 :  10
目前位移 :  255
目前內容 :  255
```

14-8　shutil 模組

　　這個模組有提供一些方法可以讓我們在 Python 程式內執行檔案或目錄的複製、刪除、更動位置和更改名稱。當然在使用前需加上下列載入模組指令。

　　　import shutil　　　　　　# 載入模組指令

下列是此模組常用的方法。

語法	說明
shutil.copy(src, dst)	檔案的複製
shutil.copytree(src, dst)	目錄 (含子目錄) 的複製
shutil.move(src, dst)	檔案 (或目錄) 移動或是更改檔案 (或目錄) 名稱
shutil.rmtree(dir)	刪除含有資料的目錄

　　其實上述檔案或目錄的管理功能與 os.path 模組功能類似，比較特別的是 rmtree( ) 可以刪除含檔案的目錄，os.path 模組的 rmdir( ) 只能刪除空的目錄，如果要刪除含資料檔案的目錄需使用本節所述的 rmtree( )。

程式實例 ch14_27.py：刪除 dir27 目錄，這個目錄底下有資料檔 data27.txt。

```
1   # ch14_27.py
2   import shutil
3
4   shutil.rmtree('dir27')
```

執行結果　D:\Python\ch14\dir27 將被刪除。

14-9 安全刪除檔案或目錄 send2trash( )

　　Python 內建的 shutil 模組在刪除檔案後就無法復原了，目前有一個第三方的模組 send2trash，執行刪除檔案或資料夾後是將被刪除的檔案放在資源回收筒，如果後悔可以救回。不過在使用此模組前需先下載這個外部模組。可以進入安裝 Python 的資料夾，然後在 DOS 環境安裝此模組，安裝指令如下：

　　　pip install send2trash

　　有關安裝第 3 方模組的方法可參考附錄 E，安裝完成後就可以使用下列方式刪除檔案或目錄了。

　　　import send2trash　　　　　　　　　　# 導入 send2trash 模組
　　　send2trash.send2trash(檔案或資料夾)　　# 語法格式

程式實例 ch14_28.py：刪除檔案 data14_28.txt，未來可以在資源回收筒找到此檔案。

```
1  # ch14_28.py
2  import send2trash
3
4  send2trash.send2trash('data14_28.txt')
```

執行結果　下列是資源回收筒的找到此 data14_28.txt 的結果。

14-10 檔案壓縮與解壓縮 zipfile

　　Windows 作業系統有提供功能將一般檔案或目錄執行壓縮，壓縮後的副檔名是 zip，Python 內有 zipfile 模組也可以將檔案或目錄執行壓縮以及解壓縮。當然程式開頭需要加上下列指令導入此模組。

　　　import zipfile

14-10-1 執行檔案或目錄的壓縮

執行檔案壓縮前首先要使用 ZipFile( ) 方法建立一份壓縮後的檔名，在這個方法中另外要加上 'w' 參數，註明未來是供 write( ) 方法寫入。

fileZip = zipfile.ZipFile('out.zip', 'w')   # out.zip 是未來儲存壓縮結果

上述 fileZip 和 out.zip 皆可以自由設定名稱，fileZip 是壓縮檔物件代表的是 out.zip，未來將被壓縮的檔案資料寫入此物件，就可以執行將結果存入 out.zip。由於 ZipFile( ) 無法執行整個目錄的壓縮，不過可用迴圈方式將目錄底下的檔案壓縮，即可達到壓縮整個目錄的目的。

程式實例 ch14_29.py：這個程式會將目前工作目錄底下的 zipdir29 目錄壓縮，壓縮結果儲存在 out29.zip 內。這個程式執行前的 zipdir29 內容如下：

下列是程式內容，其中 zipfile.ZIP_DEFLATED 是註明壓縮方式。

```
1  # ch14_29.py
2  import zipfile
3  import glob, os
4
5  fileZip = zipfile.ZipFile('out29.zip', 'w')
6  for name in glob.glob('zipdir29/*'):           # 遍歷zipdir29目錄
7      fileZip.write(name, os.path.basename(name), zipfile.ZIP_DEFLATED)
8
9  fileZip.close()
```

執行結果　可以在相同目錄得到下列壓縮檔案 out29.zip。

14-10-2 讀取 zip 檔案

ZipFile 物件有 namelist( ) 方法可以傳回 zp 檔案內所有被壓縮的檔案或目錄名稱，同時以串列方式傳回此物件。這個傳回的物件可以使用 infolist( ) 方法傳回各元素的屬性，檔案名稱 filename、檔案大小 file_size、壓縮結果大小 compress_size、檔案時間 data_time。

程式實例 ch14_30.py：將 ch14_29.py 所建的 zip 檔案解析，列出所有被壓縮的檔案，以及檔案名稱、檔案大小和壓縮結果大小。

```
1  # ch14_30.py
2  import zipfile
3
4  listZipInfo = zipfile.ZipFile('out29.zip', 'r')
5  print(listZipInfo.namelist())          # 以列表列出所有壓縮檔案
6  print("\n")
7  for info in listZipInfo.infolist():
8      print(info.filename, info.file_size, info.compress_size)
```

執行結果

```
================ RESTART: D:\Python\ch14\ch14_30.py ================
['20161024洪錦魁.jpg', 'antarctica2.jpg', 'forZipTest.docx', 'IMG_1658.jpg', 'IMG_8036.jpg', 'IMG_8096.jpg', 'IMG_8957.JPG', 'Thumbs.db']


20161024洪錦魁.jpg 166763 166531
antarctica2.jpg 1440258 1430105
forZipTest.docx 1266045 1252488
IMG_1658.jpg 1478242 1475740
IMG_8036.jpg 2885322 2877251
IMG_8096.jpg 1473764 1471145
IMG_8957.JPG 129424 126337
Thumbs.db 89088 81337
```

14-10-3 解壓縮 zip 檔案

解壓縮 zip 檔案可以使用 extractall( ) 方法。

程式實例 ch14_31.py：將程式實例 ch14_29.py 所建的 out29.zip 解壓縮，同時將壓縮結果存入 out31 目錄。

```
1  # ch14_31.py
2  import zipfile
3
4  fileUnZip = zipfile.ZipFile('out29.zip')
5  fileUnZip.extractall('out31')
6  fileUnZip.close()
```

執行結果

Data (D:) > Python > ch14
名稱
out31

14-11 再談編碼格式 encoding

14-11-1 中文 Windows 作業系統記事本預設的編碼

請開啟中文 Windows 作業系統的記事本建立下列檔案,註:新版的記事本是使用「utf-8」當作預設的編碼。

請執行檔案 / 另存新檔指令。

上述請將編碼改為「ANSI」,在這個編碼格式下,在 Python 的 open( ) 內可以使用 encoding="cp950" 編碼的方式開啟檔案,請將上述檔案存至 data14_32.txt。

程式實例 ch14_32.py:使用 encoding="cp950" 執行開啟 data14_32.txt,然後輸出。

```
1  # ch14_32.py
2
3  fn = 'data14_32.txt'                    # 設定欲開啟的檔案
4  file_Obj = open(fn, encoding='cp950')   # 預設encoding='cp950'開檔案
5  data = file_Obj.read()                  # 讀取檔案到變數data
6  file_Obj.close()                        # 關閉檔案物件
7  print(data)                             # 輸出變數data相當於輸出檔案
```

執行結果
```
================== RESTART: D:\Python\ch14\ch14_32.py ==================
Python語言
王者歸來
```

14-11-2 utf-8 編碼

utf-8 英文全名是 8-bit Unicode Transformation Format,這是一種適合多語系的編碼規則,主要精神是使用可變長度位元組方式儲存字元,以節省記憶體空間。例如,對於英文字母而言是使用 1 個位元組空間儲存即可,對於含有附加符號的希臘文、拉丁文

第 14 章　檔案與目錄管理 - 資料讀寫與組織策略

或阿拉伯文 … 等則用 2 個位元組空間儲存字元，兩岸華人所使用的中文字則是以 3 個位元組空間儲存字元，只有極少數的平面輔助文字需要 4 個位元組空間儲存字元。也就是說這種編碼規則已經包含了全球所有語言的字元了，所以採用這種編碼方式設計網頁時，其他國家的瀏覽器只要有支援 utf-8 編碼皆可顯示。例如，美國人即使使用英文版的 Internet Explorer 瀏覽器，也可以正常顯示中文字。

另外，有時我們在網路世界瀏覽其它國家的網頁時，發生顯示亂碼情況，主要原因就是對方網頁設計師並沒有將此屬性設為 "utf-8"。例如，早期最常見的是，大陸簡體中文的編碼是 "gb2312"，這種編碼方式是以 2 個字元組儲存一個簡體中文字，由於這種編碼方式不是適用多語系，無法在繁體中文 Windows 環境中使用，如果大陸的網頁設計師採用此編碼，將造成港、澳或台灣繁體中文 Widnows 的使用者在繁體中文視窗環境瀏覽此網頁時出現亂碼。

其實 utf-8 是國際通用的編碼，如果你使用 Linux 或 Max OS，一般也是用國際編碼，所以如果開啟檔案發生錯誤，請先檢查文件的編碼格式。ch14 資料夾有「utf-8」編碼的 data14_33.txt 檔案。

註　建議編輯簡體中文時使用 utf-8 編碼儲存，可以保存完整內容，未來再用 utf-8 編碼格式開啟。

程式實例 ch14_33.py：重新設計 ch14_32.py，用 encoding='950' 開啟 data14_33.txt 檔案發生錯誤的實例。

```
1   # ch14_33.py
2
3   fn = 'data14_33.txt'                    # 設定欲開啟的檔案
4   file_Obj = open(fn, encoding='cp950')   # 預設encoding='cp950'開檔案
5   data = file_Obj.read()                  # 讀取檔案到變數data
6   file_Obj.close()                        # 關閉檔案物件
7   print(data)                             # 輸出變數data相當於輸出檔案
```

執行結果
```
================= RESTART: D:\Python\ch14\ch14_33.py =================
Traceback (most recent call last):
  File "D:\Python\ch14\ch14_33.py", line 5, in <module>
    data = file_Obj.read()                  # 讀取檔案到變數data
UnicodeDecodeError: 'cp950' codec can't decode byte 0x9e in position 8: illegal multibyte sequence
```

14-26

上述很明顯指出是解碼 decode 錯誤。

程式實例 ch14_34.py：重新設計 ch14_33.py，使用「encoding='utf-8'」。

```
1  # ch14_34.py
2
3  fn = 'data14_33.txt'               # 設定欲開啟的檔案
4  file_Obj = open(fn, encoding='utf-8')   # 預設encoding='utf-8'開檔案
5  data = file_Obj.read()             # 讀取檔案到變數data
6  file_Obj.close()                   # 關閉檔案物件
7  print(data)                        # 輸出變數data相當於輸出檔案
```

執行結果 可以得到 ch14_32.py 的結果。

14-11-3 認識 utf-8 編碼的 BOM

使用中文 Windows 作業系統的記事本儲存檔案時，也可以選擇「具有 BOM 的 UTF-8」格式儲存，如下所示：

儲存後可以得到下列 ch14_35.txt 的結果。

上述檔案會讓作業系統會在文件前端增加位元組順序記號 (Byte Order Mark, 簡稱 BOM)，俗稱文件前端代碼，主要功能是判斷文字以 Unicode 表示時，位元組的排序方式。

程式實例 ch14_35.py：使用逐列讀取方式讀取 utf-8 編碼格式的 data14_33.txt 檔案，驗證 BOM 的存在。

```python
1  # ch14_35.py
2
3  fn = 'data14_33.txt'                          # 設定欲開啟的檔案
4  with open(fn, encoding='utf-8') as file_Obj:  # 開啟utf-8檔案
5      obj_list = file_Obj.readlines()           # 每次讀一列
6
7  print(obj_list)                               # 列印串列
```

執行結果
```
==================== RESTART: D:\Python\ch14\ch14_35.py ====================
['\ufeffPython語言\n', '王者歸來\n']
```

從上述執行結果可以看到 \ufeff 字元，其實 u 代表這是 Unicode 編碼格式，fe 和 ff 是 16 進位的編碼格式，這是代表編碼格式。在 utf-8 的編碼中有 2 種編碼格式主張，有一派主張數值較大的 byte 要放在前面，這種方式稱 Big Endian(BE) 系統。另一派主張數值較小的 byte 要放在前面，這種方式稱 Little Endian(LE) 系統。目前 Windows 系統的編法是 LE 系統，它的 BOM 內容是 \ufeff，由於目前沒有所謂的 \ufffe 內容，所以一般就用 BOM 內容是 \ufeff 時代表這是 LE 的編碼系統。這 2 個字元在 Unicode 中是不佔空間，所以許多時候是不感覺它們的存在。

open( ) 函數使用時，也可以很明確的使用 encoding='utf-8-sig' 格式，這時即使是逐列讀取也可以將 BOM 去除。

程式實例 ch14_36.py：重新設計 ch14_35.py，使用 encoding=「utf-8-sig」格式。

```python
1  # ch14_36.py
2
3  fn = 'data14_33.txt'                              # 欲開啟的檔案
4  with open(fn, encoding='utf-8-sig') as file_Obj:  # utf-8-sig
5      obj_list = file_Obj.readlines()               # 每次讀一列
6
7  print(obj_list)                                   # 列印串列
```

執行結果　從執行結果可以看到 \ufeff 字元沒有了。

```
==================== RESTART: D:/Python/ch14/ch14_36.py ====================
['Python語言\n', '王者歸來\n']
```

另外有一些專業的文字編輯軟體也有提供在存檔時，使用「utf-8」格式但是去除 BOM 方式存檔。例如：NotePad 軟體，可參考下列畫面。

14-12 剪貼簿的應用

請執行編碼 / 編譯成 UTF-8 碼 (檔首無 BOM)。

請將執行結果存入 data14_37.txt。

程式實例 ch14_37.py：重新設計 ch14_35.jpy，這次改讀取 data14_37.txt，並觀察執行結果，可以看到 \ufeff 字元不見了。

```
1  # ch14_37.py
2
3  fn = 'data14_37.txt'                          # 設定欲開啟的檔案
4  with open(fn, encoding='utf-8') as file_Obj:  # 開啟utf-8檔案
5      obj_list = file_Obj.readlines()           # 每次讀一列
6
7  print(obj_list)                               # 列印串列
```

執行結果
```
==================== RESTART: D:/Python/ch14/ch14_37.py ====================
['Python語言\n', '王者歸來\n']
```

14-12 剪貼簿的應用

　　剪貼簿的功能是屬第三方 pyperclip 模組內，使用前需使用下列方式安裝此模組，更多知識可參考附錄 E：

```
pip install pyperclip
```

程式前面需加上下列導入 pyperclip 模組功能。

```
import pyperclip
```

安裝完成後就可以使用下列 2 個方法：

- copy( )：可將串列資料拷貝至剪貼簿。
- paste( )：將剪貼簿資料拷貝回字串變數。

程式實例 ch14_38.py：將資料拷貝至剪貼簿，再將剪貼簿資料拷貝回字串變數 string，同時列印 string 字串變數。

```
1  # ch14_38.py
2  import pyperclip
3
4  pyperclip.copy('明志科大-勤勞樸實')    # 將字串拷貝至剪貼簿
5  string = pyperclip.paste()           # 從剪貼簿拷貝回string
6  print(string)                         # 列印
```

執行結果
```
==================== RESTART: D:\Python\ch14\ch14_38.py ====================
明志科大-勤勞樸實
```

其實上述執行第 4 列後，如果你開啟剪貼簿 (可開啟 Word 再進入剪貼簿功能) 可以看到 " 明志科大 - 勤勞樸實 " 字串已經出現在剪貼簿。程式第 5 列則是將剪貼簿資料拷貝至 string 字串變數，第 6 列則是列印 string 字串變數。

14-13 專題設計 - 分析檔案 / 加密檔案 / 潛在應用

14-13-1 以讀取檔案方式處理分析檔案

我們有學過字串、串列、字典、設計函數、檔案開啟與讀取檔案，這一節將舉一個實例可以應用上述觀念。

程式實例 ch14_39.py：有一首兩隻老虎的兒歌放在 data14_39.txt 檔案內，其實這首耳熟能詳的兒歌是法國歌曲，原歌詞如下：

14-13 專題設計 - 分析檔案 / 加密檔案 / 潛在應用

```
data14_39 - 記事本
檔案(F) 編輯(E) 格式(O) 檢視(V) 說明
Are you sleeping, are you sleeping, Brother John, Broth
Morning bells are ringing, morning bells are ringing.
Ding ding dong, Ding ding dong.
第1列，第1行    100%  Windows (CRLF)  UTF-8
```

這個程式主要是列出每個歌詞出現的次數，為了單純全部單字改成小寫顯示，這個程式將用字典保存執行結果，字典的鍵是單字、字典的值是單字出現次數。為了讓讀者了解本程式的每個步驟，筆者輸出每一個階段的變化。

```
 1  # ch14_39.py
 2  def modifySong(songStr):              # 將歌曲的標點符號用空字元取代
 3      for ch in songStr:
 4          if ch in ".,?":
 5              songStr = songStr.replace(ch,'')
 6      return songStr                    # 傳回取代結果
 7
 8  def wordCount(songCount):
 9      global mydict
10      songList = songCount.split()      # 將歌曲字串轉成串列
11      print("以下是歌曲串列")
12      print(songList)
13      mydict = {wd:songList.count(wd) for wd in set(songList)}
14
15  fn = "data14_39.txt"
16  with open(fn) as file_Obj:            # 開啟歌曲檔案
17      data = file_Obj.read()            # 讀取歌曲檔案
18      print("以下是所讀取的歌曲")
19      print(data)                        # 列印歌曲檔案
20
21  mydict = {}                           # 空字典未來儲存單字計數結果
22  print("以下是將歌曲大寫字母全部改成小寫同時將標點符號用空字元取代")
23  song = modifySong(data.lower())
24  print(song)
25
26  wordCount(song)                       # 執行歌曲單字計數
27  print("以下是最後執行結果")
28  print(mydict)                         # 列印字典
```

執行結果
```
==================== RESTART: D:\Python\ch14\ch14_39.py ====================
以下是所讀取的歌曲
Are you sleeping, are you sleeping, Brother John, Brother John?
Morning bells are ringing, morning bells are ringing.
Ding ding dong, Ding ding dong.
以下是將歌曲大寫字母全部改成小寫同時將標點符號用空字元取代
are you sleeping are you sleeping brother john brother john
morning bells are ringing morning bells are ringing
ding ding dong ding ding dong
以下是歌曲串列
['are', 'you', 'sleeping', 'are', 'you', 'sleeping', 'brother', 'john', 'brother', 'john', 'morning', 'bells', 'are', 'ringing', 'morning', 'bells', 'are', 'ringing', 'ding', 'ding', 'dong', 'ding', 'ding', 'dong']
以下是最後執行結果
{'john': 2, 'morning': 2, 'ringing': 2, 'you': 2, 'ding': 4, 'are': 4, 'bells': 2, 'sleeping': 2, 'brother': 2, 'dong': 2}
```

第 14 章　檔案與目錄管理 - 資料讀寫與組織策略

14-13-2　加密檔案

13-11-3 筆者已經介紹加密文件的觀念了，但是那只是為一個字串執行加密，更進一步我們可以設計為一個檔案加密，一般檔案有 '\n' 或 '\t' 字元，所以我們必需在加密與解密字典內增加考慮這 2 個字元。

程式實例 ch14_40.py：這個程式筆者將加密由 Tim Peters 所寫的「Python 之禪」，當然首先筆者將此「Python 之禪」建立在 ch14 資料夾內檔名是 zenofPython.txt，然後讀取此檔案，最後列出加密結果。讀者需留意第 11 列，不可列印字元只刪除最後 3 個字元。

```python
1   # ch14_40.py
2   import string
3
4   def encrypt(text, encryDict):         # 加密文件
5       cipher = []
6       for i in text:                    # 執行每個字元加密
7           v = encryDict[i]              # 加密
8           cipher.append(v)              # 加密結果
9       return ''.join(cipher)            # 將串列轉成字串
10
11  abc = string.printable[:-3]           # 取消不可列印字元
12  subText = abc[-3:] + abc[:-3]         # 加密字串字串
13  encry_dict = dict(zip(subText, abc))  # 建立字典
14
15  fn = "zenofPython.txt"
16  with open(fn) as file_Obj:            # 開啟檔案
17      msg = file_Obj.read()             # 讀取檔案
18
19  ciphertext = encrypt(msg, encry_dict)
20
21  print("原始字串")
22  print(msg)
23  print("加密字串")
24  print(ciphertext)
```

執行結果

```
============== RESTART: D:\Python\ch14\ch14_40.py ==============
原始字串
The Zen of Python, by Tim Peters

Beautiful is better than ugly.
Explicit is better than implicit.
Simple is better than complex.
Complex is better than complicated.
Flat is better than nested.
Sparse is better than dense.
Readability counts.
Special cases aren't special enough to break the rules.
Although practicality beats purity.
Errors should never pass silently.
Unless explicitly silenced.
In the face of ambiguity, refuse the temptation to guess.
There should be one-- and preferably only one --obvious way to do it.
Although that way may not be obvious at first unless you're Dutch.
Now is better than never.
Although never is often better than *right* now.
If the implementation is hard to explain, it's a bad idea.
If the implementation is easy to explain, it may be a good idea.
Namespaces are one honking great idea -- let's do more of those!
加密字串
Wkh0#hq0ri0SBwkrq/0eB0W1p0Shwhuv22Ehdxwlixo01v0ehwwhu0wkdq0xjoB;2HAso1f1w01v0ehw
whu0wkdq01psolflw;2V1psoh01v0ehwwhu0wkdq0frpsohA;2Frpsoh A01v0ehwwhu0wkdq0frpsolf
dwhg;2Iodw01v0ehwwhu0wkdq0qhvwhg;2Vsduvh01v0ehwwhu0wkdq0ghqvh;2Uhdgde1o1wB0frxqw
v;2Vshf1do0fdvhv0duhq*w0vshf1do0hqrxjk0wr0euhdn0wkh0uxohv;2Dowkrxjk0sudfw1fdo1wB
0ehdwv0sxu1wB;2Huuruv0vkrxog0qhyhu0sdvv0v1ohqwoB;2Xqohvv0hAso1f1
```

第 15 章
程式除錯與異常處理
穩定度與安全性的保證

15-1　程式異常

15-2　設計多組異常處理程序

15-3　丟出異常

15-4　紀錄 Traceback 字串

15-5　finally

15-6　程式斷言 assert

15-7　程式日誌模組 logging

15-8　程式除錯的典故

15-9　程式除錯與異常處理的潛在應用

第 15 章　程式除錯與異常處理 - 穩定度與安全性的保證

15-1　程式異常

　　有時也可以將程式錯誤 (error) 稱作程式異常 (exception)，相信每一位寫程式的人一定會常常碰上程式錯誤，過去碰上這類情況程式將終止執行，同時出現錯誤訊息，錯誤訊息內容通常是顯示 Traceback，然後列出異常報告。Python 提供功能可以讓我們捕捉異常和撰寫異常處理程序，當發生異常被我們捕捉時會去執行異常處理程序，然後程式可以繼續執行。

15-1-1　一個除數為 0 的錯誤

　　本節將以一個除數為 0 的錯誤開始說明。

程式實例 ch15_1.py：建立一個除法運算的函數，這個函數將接受 2 個參數，然後執行第一個參數除以第二個參數。

```
1  # ch15_1.py
2  def division(x, y):
3      return x / y
4
5  print(division(10, 2))      # 列出10/2
6  print(division(5, 0))       # 列出5/0
7  print(division(6, 3))       # 列出6/3
```

執行結果
```
================= RESTART: D:\Python\ch15\ch15_1.py =================
5.0
Traceback (most recent call last):
  File "D:\Python\ch15\ch15_1.py", line 6, in <module>
    print(division(5, 0))       # 列出5/0
  File "D:\Python\ch15\ch15_1.py", line 3, in division
    return x / y
ZeroDivisionError: division by zero
```

　　上述程式在執行第 5 列時，一切還是正常。但是到了執行第 6 列時，因為第 2 個參數是 0，導致發生 ZeroDivisionError: division by zero 的錯誤，所以整個程式就執行終止了。其實對於上述程式而言，若是程式可以執行第 7 列，是可以正常得到執行結果的，可是程式第 6 列已經造成程式終止了，所以無法執行第 7 列。

15-1-2　撰寫異常處理程序 try...except

　　這一小節筆者將講解如何捕捉異常與設計異常處理程序，發生異常被捕捉時程式會執行異常處理程序，然後跳開異常位置，再繼續往下執行。這時要使用 try...except 指令，它的語法格式如下：

```
try:
    指令                        # 預先設想可能引發錯誤異常的指令
except 異常物件：                # 若以 ch15_1.py 而言，異常物件就是指 ZeroDivisionError
    異常處理程序                 # 通常是指出異常原因，方便修正
```

上述會執行「try:」(未來敘述會省略「:」符號，用 try 表示) 下面的指令，如果正常則跳離 except 部分，如果指令有錯誤異常，則檢查此異常是否是異常物件所指的錯誤，如果是代表異常被捕捉了，則執行此異常物件下面的異常處理程序。

程式實例 ch15_2.py：重新設計 ch15_1.py，增加異常處理程序。

```
 1  # ch15_2.py
 2  def division(x, y):
 3      try:                            # try - except指令
 4          return x / y
 5      except ZeroDivisionError:       # 除數為0時執行
 6          print("除數不可為0")
 7  
 8  print(division(10, 2))              # 列出10/2
 9  print(division(5, 0))               # 列出5/0
10  print(division(6, 3))               # 列出6/3
```

執行結果
```
================= RESTART: D:\Python\ch15\ch15_2.py =================
5.0
除數不可為0
None
2.0
```

上述程式執行第 8 列時，會將參數 (10, 2) 帶入 division( ) 函數，由於執行 try 的指令的「x / y」沒有問題，所以可以執行「return x / y」，這時 Python 將跳過 except 的指令。當程式執行第 9 列時，會將參數 (5, 0) 帶入 division( ) 函數，由於執行 try 的指令的「x / y」產生了除數為 0 的 ZeroDivisionError 異常，這時 Python 會找尋是否有處理這類異常的 except ZeroDivisionError 存在，如果有就表示此異常被捕捉，就去執行相關的錯誤處理程序，此例是執行第 6 列，輸出「除數不可為 0」的錯誤。函數回返然後印出結果 None，None 是一個物件表示結果不存在，最後返回程式第 10 列，繼續執行相關指令。

從上述可以看到，程式增加了 try...except 後，若是異常被 except 捕捉，出現的異常訊息比較友善了，同時不會有程式中斷的情況發生。

特別需留意的是在 try...except 的使用中，如果在 try 後面的指令產生異常時，這個異常不是我們設計的 except 異常物件，表示異常沒被捕捉到，這時程式依舊會像 ch15_1.py 一樣，直接出現錯誤訊息，然後程式終止。

第 15 章　程式除錯與異常處理 - 穩定度與安全性的保證

程式實例 ch15_2_1.py：重新設計 ch15_2.py，但是程式第 9 列使用字元呼叫除法運算，造成程式異常。

```
1  # ch15_2_1.py
2  def division(x, y):
3      try:                         # try - except指令
4          return x / y
5      except ZeroDivisionError:    # 除數為0時執行
6          print("除數不可為0")
7
8  print(division(10, 2))           # 列出10/2
9  print(division('a', 'b'))        # 列出'a' / 'b'
10 print(division(6, 3))            # 列出6/3
```

執行結果

```
=================== RESTART: D:\Python\ch15\ch15_2_1.py ===================
5.0
Traceback (most recent call last):
  File "D:\Python\ch15\ch15_2_1.py", line 9, in <module>
    print(division('a', 'b'))        # 列出'a' / 'b'
  File "D:\Python\ch15\ch15_2_1.py", line 4, in division
    return x / y
TypeError: unsupported operand type(s) for /: 'str' and 'str'
```

　　由上述執行結果可以看到異常原因是 TypeError，由於我們在程式中沒有設計 except TypeError 的異常處理程序，所以程式會終止執行。更多相關處理將在 15-2 節說明。

15-1-3　try - except - else

　　Python 在「try – except」中又增加了 else 指令，這個指令存放的主要目的是 try 內的指令正確時，可以執行 else 內的指令區塊，我們可以將這部分指令區塊稱正確處理程序，這樣可以增加程式的可讀性。此時語法格式如下：

```
try:
    指令                    # 預先設想可能引發異常的指令
except 異常物件：            # 若以 ch15_1.py 而言，異常物件就是指 ZeroDivisionError
    異常處理程序            # 通常是指出異常原因，方便修正
else:
    正確處理程序            # 如果指令正確實執行此區塊指令
```

程式實例 ch15_3.py：使用「try – except – else」重新設計 ch15_2.py。

```
1  # ch15_3.py
2  def division(x, y):
3      try:                         # try - except指令
4          ans =  x / y
```

```
5        except ZeroDivisionError:    # 除數為0時執行
6            print("除數不可為0")
7        else:
8            return ans               # 傳回正確的執行結果
9
10  print(division(10, 2))             # 列出10/2
11  print(division(5, 0))              # 列出5/0
12  print(division(6, 3))              # 列出6/3
```

執行結果　與 ch15_2.py 相同。

15-1-4　找不到檔案的錯誤 FileNotFoundError

程式設計時另一個常常發生的異常是開啟檔案時找不到檔案，這時會產生 FileNotFoundError 異常。

程式實例 ch15_4.py：開啟一個不存在的檔案 ch15_4.txt 產生異常的實例，這個程式會有一個異常處理程序，如果檔案找不到則輸出「找不到檔案」。如果檔案存在，則列印檔案內容。

```
1   # ch15_4.py
2
3   fn = 'data15_4.txt'                # 設定欲開啟的檔案
4   try:
5       with open(fn) as file_Obj:     # 預設mode=r開啟檔案
6           data = file_Obj.read()     # 讀取檔案到變數data
7   except FileNotFoundError:
8       print(f"找不到 {fn} 檔案")
9   else:
10      print(data)                    # 輸出變數data
```

執行結果
```
==================== RESTART: D:\Python\ch15\ch15_4.py ====================
找不到 data15_4.txt 檔案
```

程式實例 ch15_5.py：與 ch15_4.txt 內容基本上相同，只是開啟已經存在的檔案。

```
3   fn = 'data15_5.txt'                # 設定欲開啟的檔案
```

執行結果
```
==================== RESTART: D:\Python\ch15\ch15_5.py ====================
深智數位科技
深度學習滴水穿石
Deepen your mind.
```

15-1-5　分析單一文件的字數

有時候在讀一篇文章時，可能會想知道這篇文章的字數，這時我們可以採用下列方式分析。在正式分析前，可以先來看一個簡單的程式應用。

程式實例 ch15_6.py：分析一個文件內有多少個單字。

```
1  # ch15_6.py
2
3  fn = 'data15_6.txt'              # 設定欲開啟的檔案
4  try:
5      with open(fn) as file_Obj:   # 用預設mode=r開啟檔案
6          data = file_Obj.read()   # 讀取檔案到變數data
7  except FileNotFoundError:
8      print(f"找不到 {fn} 檔案")
9  else:
10     wordList = data.split()       # 將文章轉成串列
11     print(f"{fn} 文章的字數是 {len(wordList)}")    # 列印文章字數
```

執行結果
```
==================== RESTART: D:\Python\ch15\ch15_6.py ====================
data15_6.txt 文章的字數是 43
```

如果程式設計時常常有需要計算某篇文章的字數，可以考慮將上述計算文章的字數處理成一個函數，這個函數的參數是文章的檔名，然後函數直接印出文章的字數。

程式實例 ch15_7.py：設計一個計算文章字數的函數 wordsNum，只要傳遞文章檔案名稱，就可以獲得此篇文章的字數。

```
1  # ch15_7.py
2  def wordsNum(fn):
3      """適用英文文件, 輸入文章的檔案名稱,可以計算此文章的字數"""
4      try:
5          with open(fn) as file_Obj:   # 用預設mode=r開啟檔案
6              data = file_Obj.read()   # 讀取檔案到變數data
7      except FileNotFoundError:
8          print(f"找不到 {fn} 檔案")
9      else:
10         wordList = data.split()       # 將文章轉成串列
11         print(f"{fn} 文章的字數是 {len(wordList)}")    # 文章字數
12
13 file = 'data15_6.txt'                # 設定欲開啟的檔案
14 wordsNum(file)
```

執行結果　與 ch15_6.py 相同。

15-1-6　分析多個文件的字數

程式設計時你可能需設計讀取許多檔案做分析，部分檔案可能存在，部分檔案可能不存在，這時就可以使用本節的觀念做設計了。在接下來的程式實例分析中，筆者將欲讀取的檔案名稱放在串列內，然後使用迴圈將檔案分次傳給程式實例 ch15_7.py 建立的 wordsNum 函數，如果檔案存在將印出字數，如果檔案不存在將列出找不到此檔案。

程式實例 ch15_8.py：分析 data1.txt、data2.txt、data3.txt 這 3 個檔案的字數，同時筆者在 ch15 資料夾沒有放置 data2.txt，所以程式遇到分析此檔案時，將列出找不到此檔案。

```
1   # ch15_8.py
2   def wordsNum(fn):
3       """適用英文文件，輸入文章的檔案名稱,可以計算此文章的字數"""
4       try:
5           with open(fn) as file_Obj:    # 用預設mode=r開啟檔案
6               data = file_Obj.read()    # 讀取檔案到變數data
7       except FileNotFoundError:
8           print(f"找不到 {fn} 檔案")
9       else:
10          wordList = data.split()        # 將文章轉成串列
11          print(f"{fn} 文章的字數是 {len(wordList)}")    # 文章字數
12  
13  files = ['data1.txt', 'data2.txt', 'data3.txt']      # 檔案串列
14  for file in files:
15      wordsNum(file)
```

執行結果
```
==================== RESTART: D:\Python\ch15\ch15_8.py ====================
data1.txt  文章的字數是  43
找不到 data2.txt 檔案
data3.txt  文章的字數是  39
```

15-2 設計多組異常處理程序

在程式實例 ch15_1.py、ch15_2.py 和 ch15_2_1.py 的實例中，我們很清楚瞭解了程式設計中有太多各種不可預期的異常發生，所以我們需要瞭解設計程式時可能需要同時設計多個異常處理程序。

15-2-1 常見的異常物件

異常物件名稱	說明
AttributeError	通常是指物件沒有這個屬性
Exception	一般錯誤皆可使用
FileNotFoundError	找不到 open( ) 開啟的檔案
IOError	在輸入或輸出時發生錯誤
IndexError	索引超出範圍區間
KeyError	在映射中沒有這個鍵
MemoryError	需求記憶體空間超出範圍
NameError	物件名稱未宣告
StopIteration	迭代器沒有更多元素了
SyntaxError	語法錯誤
SystemError	直譯器的系統錯誤
TypeError	資料型別錯誤
ValueError	傳入無效參數
ZeroDivisionError	除數為 0

第 15 章　程式除錯與異常處理 - 穩定度與安全性的保證

在 ch15_2_1.py 的程式應用中可以發現，異常發生時如果 except 設定的異常物件不是發生的異常，相當於 except 沒有捕捉到異常，所設計的異常處理程序變成無效的異常處理程序。Python 提供了一個通用型的異常物件 Exception，它可以捕捉各式的基礎異常。

程式實例 ch15_9.py：重新設計 ch15_2_1.py，異常物件設為 Exception。

```
1  # ch15_9.py
2  def division(x, y):
3      try:                        # try - except指令
4          return x / y
5      except Exception:           # 通用錯誤使用
6          print("通用錯誤發生")
7
8  print(division(10, 2))          # 列出10/2
9  print(division(5, 0))           # 列出5/0
10 print(division('a', 'b'))       # 列出'a' / 'b'
11 print(division(6, 3))           # 列出6/3
```

執行結果
```
==================== RESTART: D:\Python\ch15\ch15_9.py ====================
5.0
通用錯誤發生
None
通用錯誤發生
None
2.0
```

從上述可以看到第 9 列除數為 0 或是第 10 列字元相除所產生的異常皆可以使用 except Exception 予以捕捉，然後執行異常處理程序。甚至這個通用型的異常物件也可以應用在取代 FileNotFoundError 異常物件。

程式實例 ch15_10.py：使用 Exception 取代 FileNotFoundError，重新設計 ch15_8.py。

```
7      except Exception:
8          print(f"Exception找不到 {fn} 檔案")
```

執行結果
```
==================== RESTART: D:\Python\ch15\ch15_10.py ====================
data1.txt   文章的字數是  43
Exception找不到 data2.txt 檔案
data3.txt   文章的字數是  39
```

15-2-2　設計捕捉多個異常

在 try...except 的使用中，可以設計多個 except 捕捉多種異常，此時語法如下：

try:
　　指令　　　　　　　　　　　　# 預先設想可能引發錯誤異常的指令
except 異常物件 1:　　　　　　　# 如果指令發生異常物件 1 執行
　　異常處理程序 1

```
        except 異常物件 2:              # 如果指令發生異常物件 2 執行
            異常處理程序 2
```

當然也可以視情況設計更多異常處理程序。

程式實例 ch15_11.py：重新設計 ch15_9.py 設計捕捉 2 個異常物件，可參考第 5 和 7 列。

```
 1  # ch15_11.py
 2  def division(x, y):
 3      try:                            # try - except指令
 4          return x / y
 5      except ZeroDivisionError:       # 除數為0使用
 6          print("除數為0發生")
 7      except TypeError:               # 資料型別錯誤
 8          print("使用字元做除法運算異常")
 9
10  print(division(10, 2))              # 列出10/2
11  print(division(5, 0))               # 列出5/0
12  print(division('a', 'b'))           # 列出'a' / 'b'
13  print(division(6, 3))               # 列出6/3
```

執行結果
```
================== RESTART: D:/Python/ch15/ch15_11.py ==================
5.0
除數為0發生
None
使用字元做除法運算異常
None
2.0
```

15-2-3　使用一個 except 捕捉多個異常

Python 也允許設計一個 except，捕捉多個異常，此時語法如下：

```
    try:
        指令                                # 預先設想可能引發錯誤異常的指令
    except ( 異常物件 1, 異常物件 2, … ):     # 指令發生其中所列異常物件執行
        異常處理程序
```

程式實例 ch15_12.py：重新設計 ch15_11.py，用一個 except 捕捉 2 個異常物件，下列程式讀者需留意第 5 列的 except 的寫法。

```
 1  # ch15_12.py
 2  def division(x, y):
 3      try:                            # try - except指令
 4          return x / y
 5      except (ZeroDivisionError, TypeError):   # 2個異常
 6          print("除數為0發生 或 使用字元做除法運算異常")
 7
 8  print(division(10, 2))              # 列出10/2
 9  print(division(5, 0))               # 列出5/0
10  print(division('a', 'b'))           # 列出'a' / 'b'
11  print(division(6, 3))               # 列出6/3
```

第 15 章　程式除錯與異常處理 - 穩定度與安全性的保證

執行結果

```
==================== RESTART: D:\Python\ch15\ch15_12.py ====================
5.0
除數為0發生 或 使用字元做除法運算異常
None
除數為0發生 或 使用字元做除法運算異常
None
2.0
```

15-2-4　處理異常但是使用 Python 內建的錯誤訊息

在先前所有實例，當發生異常同時被捕捉時皆是使用我們自建的異常處理程序，Python 也支援發生異常時使用系統內建的異常處理訊息。此時語法格式如下：

```
try:
    指令                    # 預先設想可能引發錯誤異常的指令
except 異常物件 as e:        # 使用 as e
    print(e)               # 輸出 e
```

上述 e 是系統內建的異常處理訊息，e 可以是任意字元，筆者此處使用 e 是因為代表 error 的內涵。當然上述 except 語法也接受同時處理多個異常物件，可參考下列程式實例第 5 列。

程式實例 ch15_13.py：重新設計 ch15_12.py，使用 Python 內建的錯誤訊息。

```
1  # ch15_13.py
2  def division(x, y):
3      try:                                    # try - except指令
4          return x / y
5      except (ZeroDivisionError, TypeError) as e:   # 2個異常
6          print(e)
7
8  print(division(10, 2))        # 列出10/2
9  print(division(5, 0))         # 列出5/0
10 print(division('a', 'b'))     # 列出'a' / 'b'
11 print(division(6, 3))         # 列出6/3
```

執行結果

```
==================== RESTART: D:\Python\ch15\ch15_13.py ====================
5.0
division by zero
None
unsupported operand type(s) for /: 'str' and 'str'
None
2.0
```

上述執行結果的錯誤訊息皆是 Pytnon 內部的錯誤訊息。

15-2-5　捕捉所有異常

程式設計許多異常是我們不可預期的，很難一次設想周到，Python 提供語法讓我們可以一次捕捉所有異常，此時 try – except 語法如下：

```
try:
    指令                              # 預先設想可能引發錯誤異常的指令
except:                              # 捕捉所有異常
    異常處理程序                      # 通常是 print 輸出異常說明
```

程式實例 ch15_14.py：一次捕捉所有異常的設計。

```
 1  # ch15_14.py
 2  def division(x, y):
 3      try:                         # try - except指令
 4          return x / y
 5      except:                      # 捕捉所有異常
 6          print("異常發生")
 7  
 8  print(division(10, 2))           # 列出10/2
 9  print(division(5, 0))            # 列出5/0
10  print(division('a', 'b'))        # 列出'a' / 'b'
11  print(division(6, 3))            # 列出6/3
```

執行結果
```
==================== RESTART: D:\Python\ch15\ch15_14.py ====================
5.0
異常發生
None
異常發生
None
2.0
```

15-3 丟出異常

　　前面所介紹的異常皆是 Python 直譯器發現異常時，自行丟出異常物件，如果我們不處理程式就終止執行，如果我們使用 try...except 處理程式可以在異常中回復執行。這一節要探討的是，我們設計程式時如果發生某些狀況，我們自己將它定義為異常然後丟出異常訊息，程式停止正常往下執行，同時讓程式跳到自己設計的 except 去執行。它的指令是 raise，語法如下：

```
    raise Exception('msg')           # 呼叫 Exception，msg 是傳遞錯誤訊息
    ...
    ...
    try:
        指令
    except Exception as err:         # err 是任意取的變數名稱，內容是 msg
        print("message", + str(err)) # 列印錯誤訊息
```

程式實例 ch15_15.py：目前有些金融機構在客戶建立網路帳號時，會要求密碼長度必需在 5 到 8 個字元間，接下來我們設計一個程式，這個程式內有 passWord( ) 函數，這個函數會檢查密碼長度，如果長度小於 5 或是長度大於 8 皆拋出異常。在第 11 列會有一系列密碼供測試，然後以迴圈方式執行檢查。

```
1   # ch15_15.py
2   def passWord(pwd):
3       """檢查密碼長度必須是5到8個字元"""
4       pwdlen = len(pwd)                       # 密碼長度
5       if pwdlen < 5:
6           raise Exception('密碼長度不足')      # 密碼長度不足
7       if pwdlen > 8:
8           raise Exception('密碼長度太長')      # 密碼長度太長
9       print('密碼長度正確')
10  
11  for pwd in ('aaabbbccc', 'aaa', 'aaabbb'):  # 測試系列密碼值
12      try:
13          passWord(pwd)
14      except Exception as err:
15          print("密碼長度檢查異常發生： ", str(err))
```

執行結果

```
=================== RESTART: D:\Python\ch15\ch15_15.py ===================
密碼長度檢查異常發生：  密碼長度太長
密碼長度檢查異常發生：  密碼長度不足
密碼長度正確
```

上述當密碼長度不足或密碼長度太長，皆會拋出異常，這時 passWord( ) 函數回傳的是 Exception 物件 (第 6 和 8 列)，這時原先 Exception( ) 內的字串 (' 密碼長度不足 ' 或 ' 密碼長度太長 ') 會透過第 14 列傳給 err 變數，然後執行第 15 列內容。

15-4 紀錄 Traceback 字串

相信讀者學習至今，已經經歷了許多程式設計的錯誤，每次錯誤螢幕皆出現 Traceback 字串，在這個字串中指出程式錯誤的原因。例如，請參考程式實例 ch15_2_1.py 的執行結果，該程式使用 Traceback 列出了錯誤。

如果我們導入 traceback 模組，就可以使用 traceback.format_exc( ) 記錄這個 Traceback 字串。

程式實例 ch15_16.py：重新設計程式實例 ch15_15.py，增加紀錄 Traceback 字串，這個紀錄將被記錄在 errch15_16.txt 內。

15-4 紀錄 Traceback 字串

```python
1   # ch15_16.py
2   import traceback                              # 導入taceback
3
4   def passWord(pwd):
5       """檢查密碼長度必須是5到8個字元"""
6       pwdlen = len(pwd)                         # 密碼長度
7       if pwdlen < 5:                            # 密碼長度不足
8           raise Exception('密碼長度不足')
9       if pwdlen > 8:                            # 密碼長度太長
10          raise Exception('密碼長度太長')
11      print('密碼長度正確')
12
13  for pwd in ('aaabbbccc', 'aaa', 'aaabbb'):    # 測試系列密碼值
14      try:
15          passWord(pwd)
16      except Exception as err:
17          errlog = open('errch15_16.txt', 'a')  # 開啟錯誤檔案
18          errlog.write(traceback.format_exc())  # 寫入錯誤檔案
19          errlog.close()                        # 關閉錯誤檔案
20          print("將Traceback寫入錯誤檔案errch15_16.txt完成")
21          print("密碼長度檢查異常發生: ", str(err))
```

執行結果

```
=================== RESTART: D:\Python\ch15\ch15_16.py ===================
將Traceback寫入錯誤檔案errch15_16.txt完成
密碼長度檢查異常發生:  密碼長度太長
將Traceback寫入錯誤檔案errch15_16.txt完成
密碼長度檢查異常發生:  密碼長度不足
密碼長度正確
```

如果使用記事本開啟 errch15_16.txt，可以得到下列結果。

```
Traceback (most recent call last):
  File "D:/Python/ch15/ch15_16.py", line 15, in <module>
    passWord(pwd)
  File "D:/Python/ch15/ch15_16.py", line 10, in passWord
    raise Exception('密碼長度太長')
Exception: 密碼長度太長
Traceback (most recent call last):
  File "D:/Python/ch15/ch15_16.py", line 15, in <module>
    passWord(pwd)
  File "D:/Python/ch15/ch15_16.py", line 8, in passWord
    raise Exception('密碼長度不足')
Exception: 密碼長度不足
```

上述程式第 17 列筆者使用 'a' 附加檔案方式開啟檔案，主要是程式執行期間可能有多個錯誤，為了必需記錄所有錯誤所以使用這種方式開啟檔案。上述程式最關鍵的地方是第 17 至 19 列，在這裡我們開啟了記錄錯誤的 errch15_16.txt 檔案，然後將錯誤寫入此檔案，最後關閉此檔案。這個程式紀錄的錯誤是我們拋出的異常錯誤，其實在 15-1 和 15-2 節中我們設計了異常處理程序，避免錯誤造成程式中斷，實務上 Python 還是有紀錄錯誤，可參考下一個實例。

15-13

程式實例 ch15_17.py：重新設計 ch15_14.py，主要是將程式異常的訊息保存在 errch15_17.txt 檔案內，本程式的重點是第 8 至 10 列。

```python
1   # ch15_17.py
2   import traceback
3
4   def division(x, y):
5       try:                            # try - except指令
6           return x / y
7       except:                         # 捕捉所有異常
8           errlog = open('errch15_17.txt', 'a')        # 開啟錯誤檔案
9           errlog.write(traceback.format_exc())        # 寫入錯誤檔案
10          errlog.close()                              # 關閉錯誤檔案
11          print("將Traceback寫入錯誤檔案errch15_17.txt完成")
12          print("異常發生")
13
14  print(division(10, 2))              # 列出10/2
15  print(division(5, 0))               # 列出5/0
16  print(division('a', 'b'))           # 列出'a' / 'b'
17  print(division(6, 3))               # 列出6/3
```

執行結果

```
================== RESTART: D:\Python\ch15\ch15_17.py ==================
5.0
將Traceback寫入錯誤檔案errch15_17.txt完成
異常發生
None
將Traceback寫入錯誤檔案errch15_17.txt完成
異常發生
None
2.0
```

如果使用記事本開啟 errch15_17.txt，可以得到下列結果。

```
Traceback (most recent call last):
  File "D:/Python/ch15/ch15_17.py", line 6, in division
    return x / y
ZeroDivisionError: division by zero
Traceback (most recent call last):
  File "D:/Python/ch15/ch15_17.py", line 6, in division
    return x / y
TypeError: unsupported operand type(s) for /: 'str' and 'str'
```

15-5 finally

　　Python 的關鍵字 finally 功能是和 try 配合使用，在 try 之後可以有 except 或 else，這個 finally 關鍵字是必需放在 except 和 else 之後，同時不論是否有異常發生一定會執行這個 finally 內的程式碼。這個功能主要是用在 Python 程式與資料庫連接時，輸出連接相關訊息。

程式實例 ch15_18.py：重新設計 ch15_14.py，增加 finally 關鍵字。

```
 1  # ch15_18.py
 2  def division(x, y):
 3      try:                                # try - except指令
 4          return x / y
 5      except:                             # 捕捉所有異常
 6          print("異常發生")
 7      finally:                            # 離開函數前先執行此程式碼
 8          print("階段任務完成")
 9
10  print(division(10, 2),"\n")             # 列出10/2
11  print(division(5, 0),"\n")              # 列出5/0
12  print(division('a', 'b'),"\n")          # 列出'a' / 'b'
13  print(division(6, 3),"\n")              # 列出6/3
```

執行結果

```
================ RESTART: D:\Python\ch15\ch15_18.py ================
階段任務完成
5.0

異常發生
階段任務完成
None

異常發生
階段任務完成
None

階段任務完成
2.0
```

　　上述程式執行時，如果沒有發生異常，程式會先輸出字串「階段任務完成」然後返回主程式，輸出 division( ) 的回傳值。如果程式有異常會先輸出字串「異常發生」，再執行 finally 的程式碼輸出字串「階段任務完成」然後返回主程式輸出「None」。

15-6　程式斷言 assert

15-6-1　設計斷言

　　Python 的 assert 關鍵字主要功能是協助程式設計師在程式設計階段，對整個程式的執行狀態做一個全面性的安全檢查，以確保程式不會發生語意上的錯誤。例如，我們在第 12 章設計銀行的存款程式時，我們沒有考慮到存款或提款是負值的問題，我們也沒有考慮到如果提款金額大於存款金額的情況。

程式實例 ch15_19.py：重新設計 ch12_4.py，這個程式主要是將第 22 列的存款金額改為 -300 和第 24 列提款金額大於存款金額，接著觀察執行結果。

```
1  # ch15_19.py
2  class Banks():
3      # 定義銀行類別
4      title = 'Taipei Bank'                    # 定義屬性
```

15-15

```
5    def __init__(self, uname, money):          # 初始化方法
6        self.name = uname                       # 設定存款者名字
7        self.balance = money                    # 設定所存的錢
8
9    def save_money(self, money):                # 設計存款方法
10        self.balance += money                  # 執行存款
11        print("存款 ", money, " 完成")          # 列印存款完成
12
13    def withdraw_money(self, money):            # 設計提款方法
14        self.balance -= money                  # 執行提款
15        print("提款 ", money, " 完成")          # 列印提款完成
16
17    def get_balance(self):                      # 獲得存款餘額
18        print(self.name.title(), " 目前餘額: ", self.balance)
19
20 hungbank = Banks('hung', 100)                  # 定義物件hungbank
21 hungbank.get_balance()                         # 獲得存款餘額
22 hungbank.save_money(-300)                      # 存款-300元
23 hungbank.get_balance()                         # 獲得存款餘額
24 hungbank.withdraw_money(700)                   # 提款700元
25 hungbank.get_balance()                         # 獲得存款餘額
```

執行結果

```
==================== RESTART: D:\Python\ch15\ch15_19.py ====================
Hung  目前餘額:  100
存款 -300  完成
Hung  目前餘額:  -200
提款  700  完成
Hung  目前餘額:  -900
```

上述程式語法上是沒有錯誤，但是犯了 2 個程式語意上的設計錯誤，分別是存款金額出現了負值和提款金額大於存款金額的問題。所以我們發現存款餘額出現了負值 -200 和 -900 的情況。接下來筆者將講解如何解決上述問題。

斷言 (assert) 主要功能是確保程式執行的某個階段，必須符合一定的條件，如果不符合這個條件時程式主動拋出異常，讓程式終止同時程式主動印出異常原因，方便程式設計師偵錯。它的語法格式如下：

assert 條件 , ' 字串 '

上述意義是程式執行至此階段時測試條件，如果條件回應是 True，程式不理會逗號 "," 右邊的字串正常往下執行。如果條件回應是 False，程式終止同時將逗號 "," 右邊的字串輸出到 Traceback 的字串內。對上述程式 ch15_19.py 而言，很明顯我們重新設計 ch15_20.py 時必須讓 assert 關鍵字做下列 2 件事：

1： 確保存款與提款金額是正值，否則輸出錯誤，可參考第 10 和 15 列。
2： 確保提款金額小於等於存款金額，否則輸出錯誤，可參考第 16 列。

15-6 程式斷言 assert

程式實例 ch15_20.py：重新設計 ch15_19.py，在這個程式第 27 列我們先測試存款金額小於 0 的狀況。

```python
 1  # ch15_20.py
 2  class Banks():
 3      # 定義銀行類別
 4      title = 'Taipei Bank'                   # 定義屬性
 5      def __init__(self, uname, money):       # 初始化方法
 6          self.name = uname                   # 設定存款者名字
 7          self.balance = money                # 設定所存的錢
 8  
 9      def save_money(self, money):            # 設計存款方法
10          assert money > 0, '存款money必需大於0'
11          self.balance += money                # 執行存款
12          print("存款 ", money, " 完成")        # 列印存款完成
13  
14      def withdraw_money(self, money):        # 設計提款方法
15          assert money > 0, '提款money必需大於0'
16          assert money <= self.balance, '存款金額不足'
17          self.balance -= money                # 執行提款
18          print("提款 ", money, " 完成")        # 列印提款完成
19  
20      def get_balance(self):                  # 獲得存款餘額
21          print(self.name.title(), " 目前餘額: ", self.balance)
22  
23  hungbank = Banks('hung', 100)               # 定義物件hungbank
24  hungbank.get_balance()                      # 獲得存款餘額
25  hungbank.save_money(300)                    # 存款300元
26  hungbank.get_balance()                      # 獲得存款餘額
27  hungbank.save_money(-300)                   # 存款-300元
28  hungbank.get_balance()                      # 獲得存款餘額
```

執行結果
```
=================== RESTART: D:\Python\ch15\ch15_20.py ===================
Hung  目前餘額:  100
存款  300  完成
Hung  目前餘額:  400
Traceback (most recent call last):
  File "D:\Python\ch15\ch15_20.py", line 27, in <module>
    hungbank.save_money(-300)                 # 存款-300元
  File "D:\Python\ch15\ch15_20.py", line 10, in save_money
    assert money > 0, '存款money必需大於0'
AssertionError: 存款money必需大於0
```

上述執行結果很清楚程式第 27 列將存款金額設為負值 -300 時，呼叫 save_money( ) 方法結果在第 10 列的 assert 斷言地方出現 False，所以設定的錯誤訊息「存款必需大於 0」的字串被印出來，這種設計方便我們在真實的環境做最後程式語意檢查。

程式實例 ch15_21.py：重新設計 ch15_20.py，這個程式我們測試了當提款金額大於存款金額的狀況，可參考第 27 列，下列只列出主程式內容。

15-17

```
23  hungbank = Banks('hung', 100)          # 定義物件hungbank
24  hungbank.get_balance()                 # 獲得存款餘額
25  hungbank.save_money(300)               # 存款300元
26  hungbank.get_balance()                 # 獲得存款餘額
27  hungbank.withdraw_money(700)           # 提款700元
28  hungbank.get_balance()                 # 獲得存款餘額
```

執行結果

```
==================== RESTART: D:\Python\ch15\ch15_21.py ====================
Hung 目前餘額: 100
存款 300 完成
Hung 目前餘額: 400
Traceback (most recent call last):
  File "D:\Python\ch15\ch15_21.py", line 27, in <module>
    hungbank.withdraw_money(700)                    # 提款700元
  File "D:\Python\ch15\ch15_21.py", line 16, in withdraw_money
    assert money <= self.balance, '存款金額不足'
AssertionError: 存款金額不足
```

上述當提款金額大於存款金額時，這個程式將造成第 16 列的 assert 斷言條件是 False，所以觸發了列印「存款金額不足」的訊息。由上述的執行結果，我們就可以依據需要修正程式的內容。

15-6-2　停用斷言

斷言 assert 一般是用在程式開發階段，如果整個程式設計好了以後，想要停用斷言 assert，可以在 Windows 的命令提示環境，執行程式時使用 "-O" 選項停用斷言。此時可以用 python.exe 執行所設計的 Python 程式，若以 ch15_21.py 為實例，如果我們要停用斷言可以使用下列指令停用斷言。

　　python.exe -O D:\Python\ch15\ch15_21.py

執行結果將看到不再有 Traceback 錯誤訊息產生，因為斷言被停用了。

```
命令提示字元
Microsoft Windows [版本 10.0.22621.2428]
(c) Microsoft Corporation. 著作權所有，並保留一切權利。

C:\Users\User>python -O d:\Python\ch15\ch15_21.py
Hung 目前餘額: 100
存款 300 完成
Hung 目前餘額: 400
提款 700 完成
Hung 目前餘額: -300

C:\Users\User>
```

15-7 程式日誌模組 logging

　　程式設計階段難免會有錯誤產生，沒有得到預期的結果，在產生錯誤期間到底發生什麼事情？程式碼執行順序是否有誤或是變數值如何變化？這些都是程式設計師想知道的事情。筆者過去碰上這方面的問題，常常是在程式碼幾個重要節點增加 print( ) 函數輸出關鍵變數，以了解程式的變化，程式修訂完成後再將這幾個 print( ) 刪除，坦白說是有一點麻煩。

　　Python 有程式日誌 logging 功能，這個功能可以協助我們執行程式的除錯，有了這個功能我們可以自行設定關鍵變數在每一個程式階段的變化，由這個關鍵變數的變化可方便我們執行程式的除錯，同時未來不想要顯示這些關鍵變數資料時，可以不用刪除，只要適度加上指令就可隱藏它們，這將是本節個主題。

15-7-1　logging 模組

　　Python 內有提供 logging 模組，這個模組有提供方法可以讓我們使用程式日誌 logging 功能，在使用前須先使用 import 導入此模組。

　　　　import logging

15-7-2　logging 的等級

　　logging 模組共分 5 個等級，從最低到最高等級順序如下：

DEBUG 等級

　　使用 logging.debug( ) 顯示程式日誌內容，所顯示的內容是程式的小細節，最低層級的內容，感覺程式有問題時可使用它追蹤關鍵變數的變化過程。

INFO 等級

　　使用 logging.info( ) 顯示程式日誌內容，所顯示的內容是紀錄程式一般發生的事件。

WARNING 等級

　　使用 logging.warning( ) 顯示程式日誌內容，所顯示的內容雖然不會影響程式的執行，但是未來可能導致問題的發生。

ERROR 等級

用 logging.error( ) 顯示程式日誌內容，會顯示程式在某些狀態引發錯誤的緣由。

CRITICAL 等級

使用 logging.critical( ) 顯示程式日誌內容，這是最重要的等級，通常是顯示將讓整個系統當掉或中斷的錯誤。

程式設計時，可以使用下列函數設定顯示資訊的等級：

  logging.basicConfig(level=logging.DEBUG)   # 假設是設定 DEBUG 等級

當設定 logging 為某一等級時，未來只有此等級或更高等級的 logging 會被顯示。

程式實例 ch15_22.py：顯示所有等級的 logging 訊息。

```
1  # ch15_22.py
2  import logging
3
4  logging.basicConfig(level=logging.DEBUG)      # 等級是DEBUG
5  logging.debug('logging message, DEBUG')
6  logging.info('logging message, INFO')
7  logging.warning('logging message, WARNING')
8  logging.error('logging message, ERROR')
9  logging.critical('logging message, CRITICAL')
```

執行結果
```
================== RESTART: D:\Python\ch15\ch15_22.py ==================
DEBUG:root:logging message, DEBUG
INFO:root:logging message, INFO
WARNING:root:logging message, WARNING
ERROR:root:logging message, ERROR
CRITICAL:root:logging message, CRITICAL
```

上述每一個輸出前方有「DEBUG(或 INFO 其他等級):root:(其他依此類推) 前導訊息」，這是該 logging 輸出模式預設的輸出訊息註明輸出 logging 模式。

程式實例 ch15_23.py：顯示 WARNING 等級或更高等級的輸出。

```
1  # ch15_23.py
2  import logging
3
4  logging.basicConfig(level=logging.WARNING)    # 等級是WARNING
5  logging.debug('logging message, DEBUG')
6  logging.info('logging message, INFO')
7  logging.warning('logging message, WARNING')
8  logging.error('logging message, ERROR')
9  logging.critical('logging message, CRITICAL')
```

執行結果
```
================== RESTART: D:\Python\ch15\ch15_23.py ==================
WARNING:root:logging message, WARNING
ERROR:root:logging message, ERROR
CRITICAL:root:logging message, CRITICAL
```

當我們設定 logging 的輸出等級是 WARNING 時，較低等級的 logging 輸出就被隱藏了。當瞭解了上述 logging 輸出等級的特性後，筆者通常在設計大型程式時，程式設計初期階段會將 logging 等級設為 DEBUG，如果確定程式大致沒問題後，就將 logging 等級設為 WARNING，最後再設為 CRITICAL。這樣就可以不用再像過去一樣程式設計初期使用 print( ) 紀錄關鍵變數的變化，當程式確定完成後，需要一個一個檢查 print( ) 然後將它刪除。

15-7-3 格式化 logging 訊息輸出 format

從 ch15_22.py 和 ch15_23.py 可以看到輸出訊息前方有前導輸出訊息，我們可以使用在 logging.basicConfig( ) 方法內增加 format 格式化輸出訊息為「空字串 ' '」方式，取消顯示前導輸出訊息。

logging.basicConfig(level=logging.DEBUG, format = ' ')

程式實例 ch15_24.py：重新設計 ch15_22.py，取消顯示 logging 的前導輸出訊息。

```
1  # ch15_24.py
2  import logging
3
4  logging.basicConfig(level=logging.DEBUG, format='')
5  logging.debug('logging message, DEBUG')
6  logging.info('logging message, INFO')
7  logging.warning('logging message, WARNING')
8  logging.error('logging message, ERROR')
9  logging.critical('logging message, CRITICAL')
```

執行結果
```
==================== RESTART: D:\Python\ch15\ch15_24.py ====================
logging message, DEBUG
logging message, INFO
logging message, WARNING
logging message, ERROR
logging message, CRITICAL
```

從上述執行結果很明顯，模式前導的輸出訊息沒有了。

15-7-4 時間資訊 asctime

我們可以在 format 內配合 asctime 列出系統時間，這樣可以列出每一重要階段關鍵變數發生的時間。

程式實例 ch15_25.py：列出每一個 logging 輸出時的時間。

```
1  # ch15_25.py
2  import logging
3
4  logging.basicConfig(level=logging.DEBUG, format='%(asctime)s')
5  logging.debug('logging message, DEBUG')
```

```
6  logging.info('logging message, INFO')
7  logging.warning('logging message, WARNING')
8  logging.error('logging message, ERROR')
9  logging.critical('logging message, CRITICAL')
```

執行結果
```
================== RESTART: D:\Python\ch15\ch15_25.py ==================
2022-07-10 18:03:25,168
2022-07-10 18:03:25,213
2022-07-10 18:03:25,220
2022-07-10 18:03:25,230
2022-07-10 18:03:25,238
```

我們的確獲得了每一個 logging 的輸出時間，但是經過 format 處理後原先 logging.xxx( ) 內的輸出資訊卻沒有了，這是因為我們在 format 內只有留時間字串訊息。

15-7-5　format 內的 message

如果想要輸出原先 logging.xxx( ) 的輸出訊息，必須在 format 內增加 message 格式。

程式實例 ch15_26.py：增加 logging.xxx( ) 的輸出訊息。

```
1  # ch15_26.py
2  import logging
3
4  logging.basicConfig(level=logging.DEBUG, format='%(asctime)s : %(message)s')
5  logging.debug('logging message, DEBUG')
6  logging.info('logging message, INFO')
7  logging.warning('logging message, WARNING')
8  logging.error('logging message, ERROR')
9  logging.critical('logging message, CRITICAL')
```

執行結果
```
================== RESTART: D:\Python\ch15\ch15_26.py ==================
2022-07-10 18:04:39,212 : logging message, DEBUG
2022-07-10 18:04:39,240 : logging message, INFO
2022-07-10 18:04:39,244 : logging message, WARNING
2022-07-10 18:04:39,251 : logging message, ERROR
2022-07-10 18:04:39,256 : logging message, CRITICAL
```

15-7-6　列出 levelname

levelname 屬性是記載目前 logging 的顯示層級是那一個等級。

程式實例 ch15_27.py：列出目前 level 所設定的等級。

```
1   # ch15_27.py
2   import logging
3
4   logging.basicConfig(level=logging.DEBUG,
5                       format='%(asctime)s - %(levelname)s : %(message)s')
6   logging.debug('logging message.')
7   logging.info('logging message.')
8   logging.warning('logging message')
9   logging.error('logging message')
10  logging.critical('logging message')
```

15-7 程式日誌模組 logging

執行結果

```
==================== RESTART: D:\Python\ch15\ch15_27.py ====================
2022-07-10 18:06:14,602 - DEBUG : logging message.
2022-07-10 18:06:14,618 - INFO : logging message.
2022-07-10 18:06:14,623 - WARNING : logging message
2022-07-10 18:06:14,629 - ERROR : logging message
2022-07-10 18:06:14,634 - CRITICAL : logging message
```

15-7-7 使用 logging 列出變數變化的應用

這一節將說明使用 logging 追蹤變數的變化，下列是追蹤索引值的變化。

程式實例 ch15_28.py：追蹤索引值變化的實例。

```
1  # ch15_28.py
2  import logging
3
4  logging.basicConfig(level=logging.DEBUG,
5                      format='%(asctime)s - %(levelname)s : %(message)s')
6  logging.debug("程式開始")
7  for i in range(5):
8      logging.debug(f"目前索引 {i}")
9  logging.debug("程式結束")
```

執行結果

```
==================== RESTART: D:\Python\ch15\ch15_28.py ====================
2022-07-10 18:07:22,504 - DEBUG : 程式開始
2022-07-10 18:07:22,520 - DEBUG : 目前索引 0
2022-07-10 18:07:22,527 - DEBUG : 目前索引 1
2022-07-10 18:07:22,533 - DEBUG : 目前索引 2
2022-07-10 18:07:22,539 - DEBUG : 目前索引 3
2022-07-10 18:07:22,543 - DEBUG : 目前索引 4
2022-07-10 18:07:22,549 - DEBUG : 程式結束
```

上述程式紀錄了整個索引值的變化過程，讀者需留意第 8 列的輸出，它的輸出結果是在「%(message)s」定義。

15-7-8 正式追蹤 factorial 數值的應用

在程式 ch11_26.py 筆者曾經使用遞迴函數計算階乘 factorial，接下來筆者想用一般迴圈方式追蹤階乘計算的過程。

程式實例 ch15_29.py：使用 logging 追蹤階 factorial 階乘計算的過程。

```
1  # ch15_29.py
2  import logging
3
4  logging.basicConfig(level=logging.DEBUG,
5                      format='%(asctime)s - %(levelname)s : %(message)s')
6  logging.debug("程式開始")
7
8  def factorial(n):
9      logging.debug(f"factorial {n} 計算開始")
10     ans = 1
11     for i in range(n + 1):
```

15-23

第 15 章 程式除錯與異常處理 - 穩定度與安全性的保證

```
12          ans *= i
13          logging.debug('i = ' + str(i) + ', ans = ' + str(ans))
14      logging.debug(f"factorial {n} 計算結束")
15      return ans
16
17  num = 5
18  print(f"factorial({num}) = {factorial(num)}")
19  logging.debug("程式結束")
```

執行結果
```
==================== RESTART: D:\Python\ch15\ch15_29.py ====================
2022-07-10 18:10:07,187 - DEBUG : 程式開始
2022-07-10 18:10:07,224 - DEBUG : factorial 5 計算開始
2022-07-10 18:10:07,232 - DEBUG : i = 0, ans = 0
2022-07-10 18:10:07,239 - DEBUG : i = 1, ans = 0
2022-07-10 18:10:07,249 - DEBUG : i = 2, ans = 0
2022-07-10 18:10:07,257 - DEBUG : i = 3, ans = 0
2022-07-10 18:10:07,265 - DEBUG : i = 4, ans = 0
2022-07-10 18:10:07,271 - DEBUG : i = 5, ans = 0
2022-07-10 18:10:07,278 - DEBUG : factorial 5 計算結束
factorial(5) = 0
2022-07-10 18:10:07,289 - DEBUG : 程式結束
```

在上述使用 logging 的 DEBUG 過程可以發現階乘數從 0 開始，造成所有階段的執行結果皆是 0，程式的錯誤，下列程式第 11 列，筆者更改此項設定為從 1 開始。

程式實例 ch15_30.py：修訂 ch15_29.py 的錯誤，讓階乘從 1 開始。

```
1  # ch15_30.py
2  import logging
3
4  logging.basicConfig(level=logging.DEBUG,
5                      format='%(asctime)s - %(levelname)s : %(message)s')
6  logging.debug('程式開始')
7
8  def factorial(n):
9      logging.debug(f"factorial {n} 計算開始")
10     ans = 1
11     for i in range(1, n + 1):
12         ans *= i
13         logging.debug('i = ' + str(i) + ', ans = ' + str(ans))
14     logging.debug(f"factorial {n} 計算結束")
15     return ans
16
17 num = 5
18 print(f"factorial({num}) = {factorial(num)}")
19 logging.debug('程式結束')
```

執行結果
```
==================== RESTART: D:\Python\ch15\ch15_30.py ====================
2022-07-10 18:11:14,553 - DEBUG : 程式開始
2022-07-10 18:11:14,577 - DEBUG : factorial 5 計算開始
2022-07-10 18:11:14,582 - DEBUG : i = 1, ans = 1
2022-07-10 18:11:14,589 - DEBUG : i = 2, ans = 2
2022-07-10 18:11:14,594 - DEBUG : i = 3, ans = 6
2022-07-10 18:11:14,600 - DEBUG : i = 4, ans = 24
2022-07-10 18:11:14,605 - DEBUG : i = 5, ans = 120
2022-07-10 18:11:14,610 - DEBUG : factorial 5 計算結束
factorial(5) = 120
2022-07-10 18:11:14,620 - DEBUG : 程式結束
```

15-7-9　將程式日誌 logging 輸出到檔案

程式很長時，若將 logging 輸出在螢幕，其實不太方便逐一核對關鍵變數值的變化，此時我們可以考慮將 logging 輸出到檔案，方法是在 logging.basicConfig( ) 增加「filename=" 檔案名稱 "」，這樣就可以將 logging 輸出到指定的檔案內。

程式實例 ch15_31.py：將程式實例的 logging 輸出到 out15_31.txt。

```
4  logging.basicConfig(filename='out15_31.txt', level=logging.DEBUG,
5                      format='%(asctime)s - %(levelname)s : %(message)s')
```

執行結果
```
==================== RESTART: D:\Python\ch15\ch15_31.py ====================
factorial(5) = 120
```

這時在目前工作資料夾可以看到 out15_31.txt，開啟後可以得到下列結果。

```
out15_31 - 記事本
檔案(F) 編輯(E) 格式(O) 檢視(V) 說明
2022-07-10 18:12:28,524 - DEBUG : 程式開始
2022-07-10 18:12:28,524 - DEBUG : factorial 5 計算開始
2022-07-10 18:12:28,525 - DEBUG : i = 1, ans = 1
2022-07-10 18:12:28,525 - DEBUG : i = 2, ans = 2
2022-07-10 18:12:28,525 - DEBUG : i = 3, ans = 6
2022-07-10 18:12:28,525 - DEBUG : i = 4, ans = 24
2022-07-10 18:12:28,525 - DEBUG : i = 5, ans = 120
2022-07-10 18:12:28,525 - DEBUG : factorial 5 計算結束
2022-07-10 18:12:28,541 - DEBUG : 程式結束
```

15-7-10　隱藏程式日誌 logging 的 DEBUG 等級使用 CRITICAL

先前筆者有說明 logging 有許多等級，只要設定高等級，Python 就會忽略低等級的輸出，所以如果我們程式設計完成，也確定沒有錯誤，其實可以將 logging 等級設為最高等級，所有較低等級的輸出將被隱藏。

程式實例 ch15_32.py：重新設計 ch15_30.py，將程式內 DEBUG 等級的 logging 隱藏。

```
4  logging.basicConfig(level=logging.CRITICAL,
5                      format='%(asctime)s - %(levelname)s : %(message)s')
```

執行結果
```
==================== RESTART: D:\Python\ch15\ch15_32.py ====================
factorial(5) = 120
```

15-7-11　停用程式日誌 logging

可以使用下列方法停用日誌 logging。

　　　　logging.disable(level)　　　　　# level 是停用 logging 的等級

第 15 章　程式除錯與異常處理 - 穩定度與安全性的保證

上述可以停用該程式碼後指定等級以下的所有等級，如果想停用全部參數可以使用 logging.CRITICAL 等級，這個方法一般是放在 import 下方，這樣就可以停用所有的 logging。

程式實例 ch15_33.py：重新設計 ch15_30.py，這個程式只是在原先第 3 列空白列加上下列程式碼。

```
3   logging.disable(logging.CRITICAL)          # 停用所有logging
```

執行結果　與 ch15_32.py 相同。

15-8　程式除錯的典故

通常我們又將程式除錯稱 Debug，De 是除去的意思，bug 是指小蟲，其實這是有典故的。1944 年 IBM 和哈佛大學聯合開發了 Mark I 電腦，此電腦重 5 噸，有 8 英呎高，51 英呎長，內部線路加總長是 500 英哩，沒有中斷使用了 15 年，下列是此電腦圖片。

本圖片轉載自 http://www.computersciencelab.com

在當時有一位女性程式設計師 Grace Hopper，發現了第一個電腦蟲 (bug)，一隻死的蛾 (moth) 的雙翅卡在繼電器 (relay)，促使資料讀取失敗，下列是當時 Grace Hopper 記錄此事件的資料。

本圖片轉載自 http://www.computersciencelab.com

當時 Grace Hopper 寫下了下列兩句話。

> Relay #70 Panel F (moth) in relay.
> First actual case of bug being found.

大意是編號 70 的繼電器出問題 (因為蛾)，這是真實電腦上所發現的第一隻蟲。自此，電腦界認定用 debug 描述「找出及刪除程式錯誤」應歸功於 Grace Hopper。

15-9 程式除錯與異常處理的潛在應用

這一節所提供的潛在應用方向，語法或模組有目前所學的超出範圍，片段程式不一定可以執行，讀者可以參考，只要繼續閱讀本書，未來就可以重返學習。

❑ 資料庫操作異常處理

```
1  # ch15_34.py
2  import sqlite3
3
4  try:
5      # 嘗試連接到資料庫
6      conn = sqlite3.connect('example.db')
7      cursor = conn.cursor()
8      # 嘗試執行查詢，可能會引發異常
9      cursor.execute('SELECT * FROM non_existent_table')
10 except sqlite3.Error as e:
11     # 捕獲並處理 SQLite 特定的異常
12     print(f"Database error: {e}")
13 except Exception as e:
```

```
14      # 捕獲並處理其他所有異常
15      print(f"Exception occurred: {e}")
16  finally:
17      # 確保資料庫連接被關閉
18      conn.close()
```

❑ 文件讀取與寫入異常處理

```
1   # ch15_35.py
2   try:
3       # 嘗試打開一個不存在的檔案
4       with open('non_existent_file.txt', 'r') as f:
5           data = f.read()
6   except FileNotFoundError:
7       # 如果文件不存在, 捕獲異常
8       print("The file was not found")
9   except IOError:
10      # 處理 I/O 錯誤, 例如:讀取錯誤
11      print("An I/O error occurred")
```

❑ 網絡請求錯誤處理

```
1   # ch15_36.py
2   import requests
3
4   try:
5       # 嘗試發出網絡請求
6       response = requests.get('http://example.com')
7       # 如果請求返回了錯誤響應, 會引發 HTTPError
8       response.raise_for_status()
9   except requests.exceptions.HTTPError as e:
10      # 處理 HTTP 錯誤
11      print(f"HTTP Error: {e}")
12  except requests.exceptions.ConnectionError as e:
13      # 處理連接錯誤
14      print(f"Connection Error: {e}")
15  except requests.exceptions.Timeout as e:
16      # 處理請求超時錯誤
17      print(f"Timeout Error: {e}")
```

❑ 使用者輸入驗證

```
1   # ch15_37.py
2   user_input = input("Please enter a number: ")
3
4   try:
5       # 嘗試將使用者輸入轉換為整數
6       val = int(user_input)
7       print(f"Valid number entered: {val}")
8   except ValueError:
9       # 如果輸入不能轉換為整數, 處理 ValueError
10      print("That's not a number!")
```

第 16 章
正則表達式
強效字串處理利器

16-1 使用 Python 硬功夫搜尋文字
16-2 正則表達式的基礎
16-3 更多搜尋比對模式
16-4 貪婪與非貪婪搜尋
16-5 正則表達式的特殊字元
16-6 MatchObject 物件
16-7 搶救 CIA 情報員 - sub( ) 方法
16-8 處理比較複雜的正則表示法
16-9 正則表達式的潛在應用

第 16 章　正則表達式 - 強效字串處理利器

　　正則表達式 (Regular Expression) 主要功能是執行模式的比對與搜尋，甚至 Word 文件也可以使用正則表達式處理搜尋 (search) 與取代 (replace) 功能，本章首先會介紹如果沒用正則表達式，如何處理搜尋文字功能，再介紹使用正則表達式處理這類問題，讀者會發現整個工作變得更簡潔容易。

16-1 使用 Python 硬功夫搜尋文字

　　如果現在打開手機的聯絡資訊可以看到，台灣手機號碼的格式如下：

　　0952-282-020　　　　　　# 可以表示為 xxxx-xxx-xxx，每個 x 代表一個 0-9 數字

　　從上述可以發現手機號碼格式是 4 個數字，1 個連字符號，3 個數字，1 個連字符號，3 個數字所組成。

程式實例 ch16_1.py：用傳統知識設計一個程式，然後判斷字串是否有含台灣的手機號碼格式。

```
 1  # ch16_1.py
 2  def taiwanPhoneNum(string):
 3      """檢查是否有含手機聯絡資訊的台灣手機號碼格式"""
 4      if len(string) != 12:          # 如果長度不是12
 5          return False               # 傳回非手機號碼格式
 6
 7      for i in range(0, 4):          # 如果前4個字出現非數字字元
 8          if string[i].isdecimal() == False:
 9              return False           # 傳回非手機號碼格式
10
11      if string[4] != '-':           # 如果不是'-'字元
12          return False               # 傳回非手機號碼格式
13
14      for i in range(5, 8):          # 如果中間3個字出現非數字字元
15          if string[i].isdecimal() == False:
16              return False           # 傳回非手機號碼格
17
18      if string[8] != '-':           # 如果不是'-'字元
19          return False               # 傳回非手機號碼格式
20
21      for i in range(9, 12):         # 如果最後3個字出現非數字字元
22          if string[i].isdecimal() == False:
23              return False           # 傳回非手機號碼格
24      return True                    # 通過以上測試
25
26  print("I love Ming-Chi:　是台灣手機號碼", taiwanPhoneNum('I love Ming-Chi'))
27  print("0932-999-199:　　 是台灣手機號碼", taiwanPhoneNum('0932-999-199'))
```

執行結果

```
=================== RESTART: D:\Python\ch16\ch16_1.py ===================
I love Ming-Chi:　是台灣手機號碼 False
0932-999-199:　　 是台灣手機號碼 True
```

上述程式第 4 和 5 列是判斷字串長度是否 12，如果不是則表示這不是手機號碼格式。程式第 7 至 9 列是判斷字串前 4 碼是不是數字，如果不是則表示這不是手機號碼格式，註：如果是數字字元 isdecimal( ) 會傳回 True。程式第 11 至 12 列是判斷這個字元是不是 '-'，如果不是則表示這不是手機號碼格式。程式第 14 至 16 列是判斷字串索引 [5][6][7] 碼是不是數字，如果不是則表示這不是手機號碼格式。程式第 18 至 19 列是判斷這個字元是不是 '-'，如果不是則 表示這不是手機號碼格式。程式第 21 至 23 列是判斷字串索引 [9][10][11] 碼是不是數字，如果不是則表示這不是手機號碼格式。如果通過了以上所有測試，表示這是手機號碼格式，程式第 24 列傳回 True。

在真實的環境應用中，我們可能需面臨一段文字，這段文字內穿插一些數字，然後我們必需將手機號碼從這段文字抽離出來。

程式實例 ch16_2.py：將電話號碼從一段文字抽離出來。

```
1   # ch16_2.py
2   def taiwanPhoneNum(string):
3       """檢查是否有含手機聯絡資訊的台灣手機號碼格式"""
4       if len(string) != 12:          # 如果長度不是12
5           return False               # 傳回非手機號碼格式
6
7       for i in range(0, 4):          # 如果前4個字出現非數字字元
8           if string[i].isdecimal() == False:
9               return False           # 傳回非手機號碼格式
10
11      if string[4] != '-':           # 如果不是'-'字元
12          return False               # 傳回非手機號碼格式
13
14      for i in range(5, 8):          # 如果中間3個字出現非數字字元
15          if string[i].isdecimal() == False:
16              return False           # 傳回非手機號碼格
17
18      if string[8] != '-':           # 如果不是'-'字元
19          return False               # 傳回非手機號碼格式
20
21      for i in range(9, 12):         # 如果最後3個字出現非數字字元
22          if string[i].isdecimal() == False:
23              return False           # 傳回非手機號碼格
24      return True                    # 通過以上測試
25
26  def parseString(string):
27      """解析字串是否含有電話號碼"""
28      notFoundSignal = True          # 註記沒有找到電話號碼為True
29      for i in range(len(string)):   # 用迴圈逐步抽取12個字元做測試
30          msg = string[i:i+12]
31          if taiwanPhoneNum(msg):
32              print(f"電話號碼是：{msg}")
33              notFoundSignal = False
34      if notFoundSignal:             # 如果沒有找到電話號碼則列印
35          print(f"{string} 字串不含電話號碼")
36
37  msg1 = 'Please call my secretary using 0930-919-919 or 0952-001-001'
38  msg2 = '請明天17:30和我一起參加明志科大教師節晚餐'
39  msg3 = '請明天17:30和我一起參加明志科大教師節晚餐,可用0933-080-080聯絡我'
40  parseString(msg1)
41  parseString(msg2)
42  parseString(msg3)
```

執行結果
```
================= RESTART: D:\Python\ch16\ch16_2.py =================
電話號碼是：0930-919-919
電話號碼是：0952-001-001
請明天17:30和我一起參加明志科大教師節晚餐 字串不含電話號碼
電話號碼是：0933-080-080
```

第 16 章　正則表達式 - 強效字串處理利器

從上述執行結果可以得到我們成功的從一個字串分析，然後將電話號碼分析出來了。分析方式的重點是程式第 26 列到 35 列的 parseString 函數，這個函數重點是第 29 至 33 列，這個迴圈會逐步抽取字串的 12 個字元做比對，將比對字串放在 msg 字串變數內，下列是各迴圈次序的 msg 字串變數內容。

```
msg = 'Please call '         # 第 1 次 [0:12]
msg = 'lease call m'         # 第 2 次 [1:13]
msg = 'ease call my'         # 第 3 次 [2:14]
…
msg = '0930-939-939'         # 第 31 次 [30:42]
…
msg = '0952-001-001'         # 第 48 次 [47:59]
```

程式第 28 列將沒有找到電話號碼 notFoundSignal 設為 True，如果有找到電話號碼程式 33 列將 notFoundSignal 標示為 False，當 parseString( ) 函數執行完，notFoundSignal 仍是 True，表示沒找到電話號碼，所以第 35 列輸出「字串不含電話號碼」。

上述使用所學的 Python 硬功夫雖然解決了我們的問題，但是若是將電話號碼改成中國手機號 (xxx-xxxx-xxxx)、美國手機號 (xxx-xxx-xxxx) 或是一般公司行號的電話，整個號碼格式不一樣，要重新設計可能需要一些時間。不過不用擔心，接下來筆者將講解 Python 的正則表達式可以輕鬆解決上述困擾。

16-2　正則表達式的基礎

Python 有關正則表達式的方法是在 re 模組內，所以使用正則表達式需要導入 re 模組。

```
import re                    # 導入 re 模組
```

16-2-1　建立搜尋字串模式 pattern

在前一節我們使用 isdecimal( ) 方法判斷字元是否 0-9 的數字。

正則表達式是一種文字模式的表達方法，在這個方法中使用「\d」表示 0-9 的數字字元，採用這個觀念我們可以將前一節的手機號碼 xxxx-xxx-xxx 改用下列正則表達方式表示：

'\d\d\d\d-\d\d\d-\d\d\d'

由逸出字元的觀念可知，將上述表達式當字串放入函數內需增加 '\'，所以整個正則表達式的使用方式如下：

'\\d\\d\\d\\d-\\d\\d\\d-\\d\\d\\d'

在 3-4-8 節筆者有介紹字串前加 r 可以防止字串內的逸出字元被轉譯，所以又可以將上述正則表達式簡化為下列格式：

r'\d\d\d\d-\d\d\d-\d\d\d'

16-2-2　search( ) 方法

Regex 是 Regular expression 的簡稱，模組名稱是 re，在 re 模組內有 search( ) 方法，可以執行字串搜尋，此方法的語法格式如下：

rtn_match = re.search(pattern, string, flags)

若是以台灣的手機號碼為例，pattern 內容如下：

pattern = r'\d\d\d\d-\d\d\d-\d\d\d'

string 是所搜尋的字串，flags 可以省略，未來會介紹幾個 flags 常用相關參數的應用。使用 search( ) 函數可以回傳 rtn_match 物件，這是 re.Match 物件，這個物件可以使用 group( ) 函數得到所要的資訊，若是以 ch16_3.py 為實例，就是手機號碼，可以參考下列實例第 13 列。

程式實例 ch16_3.py：使用正則表達式重新設計 ch16_2.py。

```
1   # ch16_3.py
2   import re
3
4   msg1 = 'Please call my secretary using 0930-919-919 or 0952-001-001'
5   msg2 = '請明天17:30和我一起參加明志科大教師節晚餐'
6   msg3 = '請明天17:30和我一起參加明志科大教師節晚餐，可用0933-080-080聯絡我'
7
8   def parseString(string):
9       """解析字串是否含有電話號碼"""
10      pattern = r'\d\d\d\d-\d\d\d-\d\d\d'
11      phoneNum = re.search(pattern, string)
12      if phoneNum != None:            # 如果phoneNum不是None表示取得號碼
13          print(f"電話號碼是: {phoneNum.group()}")
14      else:
15          print(f"{string} 字串不含電話號碼")
16
17  parseString(msg1)
18  parseString(msg2)
19  parseString(msg3)
```

執行結果

```
================= RESTART: D:\Python\ch16\ch16_3.py =================
電話號碼是: 0930-919-919
請明天17:30和我一起參加明志科大教師節晚餐 字串不含電話號碼
電話號碼是: 0933-080-080
```

在程式實例 ch16_2.py，使用了 taiwanPhoneNum( ) 函數共 23 列程式碼做字串解析，當我們使用 Python 的正則表達式時，只用第 10 和 11 列共 2 列就解析了字串是否含手機號碼了，整個程式變的簡單許多。不過上述 msg1 字串內含 2 組手機號碼，使用 search( ) 只傳回第一個發現的號碼，下一節將改良此方法。

16-2-3　findall( ) 方法

從方法的名字就可以知道，這個方法可以傳回所有找到的手機號碼。這個方法會將搜尋到的手機號碼用串列方式傳回，這樣就不會有只顯示第一筆搜尋到手機號碼的缺點，如果沒有比對相符的號碼就傳回 [ ] 空串列。要使用這個方法的關鍵指令如下：

　　rtn_list = re.findall(pattern, string, flags)

上述函數 pattern、string 和 flags 參數用法與 search( ) 函數相同，回傳的物件 rtn_list 是串列，若是以 ch16_4.py 為例，回傳的就是所找到的電話串列。

程式實例 ch16_4.py：使用 re.findall( ) 重新設計 ch16_3.py，可以找到所有的手機號碼。

```
 8  def parseString(string):
 9      """解析字串是否含有電話號碼"""
10      pattern = r'\d\d\d\d-\d\d\d-\d\d\d'
11      phoneNum = re.findall(pattern, string)
12      if phoneNum != None:            # 如果phoneNum不是None表示取得號碼
13          print(f"電話號碼是: {phoneNum}")
14      else:
15          print(f"{string} 字串不含電話號碼")
```

執行結果

```
================= RESTART: D:/Python/ch16/ch16_4.py =================
電話號碼是: ['0930-919-919', '0952-001-001']
電話號碼是: []
電話號碼是: ['0933-080-080']
```

16-2-4　再看正則表達式

下列是我們目前的正則表達式所搜尋的字串模式：

　　r'\d\d\d\d-\d\d\d-\d\d\d'

其中可以看到「\d」重複出現，對於重複出現的字串可以用大括號內部加上重複次數方式表達，所以上述可以用下列方式表達。

  r'\d{4}-\d{3}-\d{3}'

程式實例 ch16_5.py：使用本節觀念重新設計 ch16_4.py，下列只列出不一樣的程式內容。

```
10      pattern = r'\d{4}-\d{3}-\d{3}'
```

執行結果　與 ch16_4.py 相同。

16-3 更多搜尋比對模式

先前我們所用的實例是手機號碼，試想想看如果我們改用市區電話號碼的比對，台北市的電話號碼如下：

  02-26669999   # 可用 xx-xxxxxxxx 表達

下列將以上述電話號碼模式說明。

16-3-1 使用小括號分組

依照 16-2 節的觀念，可以用下列正則表示法表達上述市區電話號碼。

  r'\d\d-\d\d\d\d\d\d\d\d'

所謂括號分組是以<u>連字號</u>"-" 區別，然後用小括號隔開群組，可以用下列方式重新規劃上述表達式。

  r'(\d\d)-(\d\d\d\d\d\d\d\d)'

也可簡化為：

  r'(\d{2})-(\d{8})'

當使用 re.search( ) 執行比對時，未來可以使用 group( ) 傳回比對符合的不同分組，例如：group( ) 或 group(0) 傳回第一個比對相符的文字與 ch16_3.py 觀念相同。如果 group(1) 則傳回括號的第一組文字，group(2) 則傳回括號的第二組文字。

第 16 章　正則表達式 - 強效字串處理利器

程式實例 ch16_6.py：使用小括號分組的觀念，將各分組內容輸出。

```
1  # ch16_6.py
2  import re
3
4  msg = 'Please call my secretary using 02-26669999'
5  pattern = r'(\d{2})-(\d{8})'
6  phoneNum = re.search(pattern, msg)           # 傳回搜尋結果
7
8  print(f"完整號碼是： {phoneNum.group()}")     # 顯示完整號碼
9  print(f"完整號碼是： {phoneNum.group(0)}")    # 顯示完整號碼
10 print(f"區域號碼是： {phoneNum.group(1)}")    # 顯示區域號碼
11 print(f"電話號碼是： {phoneNum.group(2)}")    # 顯示電話號碼
```

執行結果
```
==================== RESTART: D:\Python\ch16\ch16_6.py ====================
完整號碼是： 02-26669999
完整號碼是： 02-26669999
區域號碼是： 02
電話號碼是： 26669999
```

　　如果所搜尋比對的正則表達式字串有月小括號分組時，若是使用 findall( ) 方法處理，會傳回元素是元組 (tuple) 的串列 (list)，元組內的每個元素就是搜尋的分組內容。

程式實例 ch16_7.py：使用 findall( ) 重新設計 ch16_6.py，這個實例會多增加一組電話號碼。

```
1  # ch16_7.py
2  import re
3
4  msg = 'Please call my secretary using 02-26669999 or 02-11112222'
5  pattern = r'(\d{2})-(\d{8})'
6  phoneNum = re.findall(pattern, msg)           # 傳回搜尋結果
7  print(phoneNum)
```

執行結果
```
==================== RESTART: D:\Python\ch16\ch16_7.py ====================
[('02', '26669999'), ('02', '11112222')]
```

16-3-2　groups( )

　　注意這是 group**s**( )，有在 group 後面加上 **s**，當我們使用 re.search( ) 搜尋字串時，可以使用這個方法取得分組的內容。這時還可以使用 2-8 節的多重指定的觀念，例如：若以 ch16_8.py 為例，在第 7 列我們可以使用下列多重指定獲得區域號碼和當地電話號碼。

```
areaNum, localNum = phoneNum.groups( )          # 多重指定
```

程式實例 ch16_8.py：重新設計 ch16_6.py，分別列出區域號碼與電話號碼。

```
1  # ch16_8.py
2  import re
3
4  msg = 'Please call my secretary using 02-26669999'
5  pattern = r'(\d{2})-(\d{8})'
6  phoneNum = re.search(pattern, msg)         # 傳回搜尋結果
7  areaNum, localNum = phoneNum.groups()      # 留意是groups()
8  print(f"區域號碼是：{areaNum}")              # 顯示區域號碼
9  print(f"電話號碼是：{localNum}")             # 顯示電話號碼
```

執行結果
```
=================== RESTART: D:\Python\ch16\ch16_8.py ===================
區域號碼是：02
電話號碼是：26669999
```

16-3-3　區域號碼是在小括號內

在一般電話號碼的使用中，常看到區域號碼是用小括號包夾，如下所示：

　　(02)-26669999

在處理小括號時，方式是「\(」和「\)」，可參考下列實例。

程式實例 ch16_9.py：重新設計 ch16_8.py，第 4 列的區域號碼是 (02)，讀者需留意第 4 列和第 5 列的設計。

```
1  # ch16_9.py
2  import re
3
4  msg = 'Please call my secretary using (02)-26669999'
5  pattern = r'(\(\d{2}\))-(\d{8})'
6  phoneNum = re.search(pattern, msg)         # 傳回搜尋結果
7  areaNum, localNum = phoneNum.groups()      # 留意是groups()
8  print(f"區域號碼是：{areaNum}")              # 顯示區域號碼
9  print(f"電話號碼是：{localNum}")             # 顯示電話號碼
```

執行結果
```
=================== RESTART: D:\Python\ch16\ch16_9.py ===================
區域號碼是：(02)
電話號碼是：26669999
```

16-3-4　使用管道

「|(pipe)」在正則表示法稱管道，使用管道我們可以同時搜尋比對多個字串，例如：如果想要搜尋 Mary 和 Tom 字串，可以使用下列表示。

　　　　pattern = 'Mary|Tom'　　　　　　# 注意單引號 ' 或 | 旁不可留空白

程式實例 ch16_10.py：管道搜尋多個字串的實例。

```
1   # ch16_10.py
2   import re
3
4   msg = 'John and Tom will attend my party tonight. John is my best friend.'
5   pattern = 'John|Tom'                    # 搜尋John和Tom
6   txt = re.findall(pattern, msg)          # 傳回搜尋結果
7   print(txt)
8   pattern = 'Mary|Tom'                    # 搜尋Mary和Tom
9   txt = re.findall(pattern, msg)          # 傳回搜尋結果
10  print(txt)
```

執行結果
```
==================== RESTART: D:\Python\ch16\ch16_10.py ====================
['John', 'Tom', 'John']
['Tom']
```

16-3-5　搜尋時忽略大小寫

搜尋時若是在 search( ) 或 findall( ) 內增加第三個參數 re.I 或 re.IGNORECASE，搜尋時就會忽略大小寫，至於列印輸出時將以原字串的格式顯示。

程式實例 ch16_11.py：以忽略大小寫方式執行找尋相符字串。

```
1   # ch16_11.py
2   import re
3
4   msg = 'john and TOM will attend my party tonight. JOHN is my best friend.'
5   pattern = 'John|Tom'                            # 搜尋John和Tom
6   txt = re.findall(pattern, msg, re.I)            # 傳回搜尋忽略大小寫的結果
7   print(txt)
8   pattern = 'Mary|tom'                            # 搜尋Mary和tom
9   txt = re.findall(pattern, msg, re.I)            # 傳回搜尋忽略大小寫的結果
10  print(txt)
```

執行結果
```
==================== RESTART: D:\Python\ch16\ch16_11.py ====================
['john', 'TOM', 'JOHN']
['TOM']
```

16-4　貪婪與非貪婪搜尋

16-4-1　搜尋時使用大括號設定比對次數

在 16-2-4 節我們有使用過大括號，當時講解「\d{4}」代表重複 4 次，也就是大括號的數字是設定重複次數。可以將這個觀念應用在搜尋一般字串，例如：「(son){3}」

代表所搜尋的字串是 'sonsonson'，如果有一字串是 'sonson'，則搜尋結果是不符。大括號除了可以設定重複次數，也可以設定指定範圍，例如：「(son){3,5}」代表所搜尋的字串如果是 'sonsonson'、'sonsonsonson' 或 'sonsonsonsonson' 皆算是相符合的字串。「(son){3,5}」正則表達式相當於下列表達式：

((son)(son)(son))|((son)(son)(son)(son))|((son)(son)(son)(son)(son))

程式實例 ch16_12.py：設定搜尋 son 字串重複 3-5 次皆算搜尋成功。

```
1  # ch16_12.py
2  import re
3
4  def searchStr(pattern, msg):
5      txt = re.search(pattern, msg)
6      if txt == None:              # 搜尋失敗
7          print("搜尋失敗 ",txt)
8      else:                        # 搜尋成功
9          print("搜尋成功 ",txt.group())
10
11 msg1 = 'son'
12 msg2 = 'sonson'
13 msg3 = 'sonsonson'
14 msg4 = 'sonsonsonson'
15 msg5 = 'sonsonsonsonson'
16 pattern = '(son){3,5}'
17 searchStr(pattern,msg1)
18 searchStr(pattern,msg2)
19 searchStr(pattern,msg3)
20 searchStr(pattern,msg4)
21 searchStr(pattern,msg5)
```

執行結果
```
================== RESTART: D:\Python\ch16\ch16_12.py ==================
搜尋失敗  None
搜尋失敗  None
搜尋成功  sonsonson
搜尋成功  sonsonsonson
搜尋成功  sonsonsonsonson
```

使用大括號時，也可以省略第一或第二個數字，這相當於不設定最小或最大重複次數。例如：「(son){3,}」代表重複 3 次以上皆符合，「(son){,10}」代表重複 10 次以下皆符合。有關這方面的實作，將留給讀者練習，可參考習題 3。

16-4-2 貪婪與非貪婪搜尋

在講解貪婪與非貪婪搜尋前，筆者先簡化程式實例 ch16_12.py，使用相同的搜尋模式 '(son){3,5}'，搜尋字串是 'sonsonsonsonson'，看看結果。

程式實例 ch16_13.py：使用搜尋模式「(son){3,5}」，搜尋字串 'sonsonsonsonson'。

```python
1  # ch16_13.py
2  import re
3
4  def searchStr(pattern, msg):
5      txt = re.search(pattern, msg)
6      if txt == None:                  # 搜尋失敗
7          print("搜尋失敗 ",txt)
8      else:                            # 搜尋成功
9          print("搜尋成功 ",txt.group())
10
11 msg = 'sonsonsonsonson'
12 pattern = '(son){3,5}'
13 searchStr(pattern,msg)
```

執行結果
```
=================== RESTART: D:\Python\ch16\ch16_13.py ===================
搜尋成功  sonsonsonsonson
```

其實由上述程式所設定的搜尋模式可知 3、4 或 5 個 son 重複就算找到了，可是 Python 執行結果是列出最多重複的字串，5 次重複，這是 Python 的預設模式，這種模式又稱貪婪 (greedy) 模式。

另一種是列出最少重複的字串，以這個實例而言是重複 3 次，這稱非貪婪模式，方法是在正則表達式的搜尋模式右邊增加 ? 符號。

程式實例 ch16_14.py：以非貪婪模式重新設計 ch16_13.py，請讀者留意第 12 列的正則表達式的搜尋模式最右邊的「?」符號。

```
12    pattern = '(son){3,5}?'        # 非貪婪模式
```

執行結果
```
=================== RESTART: D:\Python\ch16\ch16_14.py ===================
搜尋成功   sonsonson
```

16-5 正則表達式的特殊字元

為了不讓一開始學習正則表達式太複雜，在前面 4 個小節筆者只介紹了「\d」，同時穿插介紹一些字串的搜尋。我們知道「\d」代表的是數字字元，也就是從 0-9 的阿拉伯數字，如果使用管道 | 的觀念，「\d」相當於是下列正則表達式：

(0|1|2|3|4|5|6|7|8|9)

這一節將針對正則表達式的特殊字元做一個完整的說明。

16-5-1 特殊字元表

字元	使用說明
\d	0-9 之間的整數字元
\D	除了 0-9 之間的整數字元以外的其他字元
\s	空白、定位、Tab 鍵、換行、換頁字元
\S	除了空白、定位、Tab 鍵、換行、換頁字元以外的其他字元
\w	數字、字母和底線 _ 字元，[A-Za-z0-9_]
\W	除了數字、字母和底線 _ 字元，[a-Za-Z0-9_]，以外的其他字元

上述特殊字元表有時會和下列特殊符號一起使用：

- "+"：表示左邊或是括號的字元可以重複 1 至多次。
- "*"：表示左邊或是括號的字元可以重複 0 至多次。
- "?"：表示左邊或是括號的字元可有可無。

下列是一些使用上述表格觀念的正則表達式的實例說明。

程式實例 ch16_15.py：將一段英文句子的單字分離，同時將英文單字前 4 個字母是 John 的單字分離。筆者設定如下：

```
pattern = '\w+'          # 不限長度的數字、字母和底線字元當作符合搜尋
pattern = 'John\w*'      # John 開頭後面接 0- 多個數字、字母和底線字元
```

```
1  # ch16_15.py
2  import re
3  # 測試1將字串從句子分離
4  msg = 'John, Johnson, Johnnason and Johnnathan will attend my party tonight.'
5  pattern = '\w+'                      # 不限長度的單字
6  txt = re.findall(pattern,msg)        # 傳回搜尋結果
7  print(txt)
8  # 測試2將John開始的字串分離
9  msg = 'John, Johnson, Johnnason and Johnnathan will attend my party tonight.'
10 pattern = 'John\w*'                  # John開頭的單字
11 txt = re.findall(pattern,msg)        # 傳回搜尋結果
12 print(txt)
```

執行結果
```
============ RESTART: D:\Python\ch16\ch16_15.py ============
['John', 'Johnson', 'Johnnason', 'and', 'Johnnathan', 'will', 'attend', 'my', 'party', 'tonight']
['John', 'Johnson', 'Johnnason', 'Johnnathan']
```

程式實例 ch16_16.py：正則表達式的應用，下列程式重點是第 5 列。

\d+：表示不限長度的數字。

\s：表示空格。

\w+：表示不限長度的數字、字母和底線字元連續字元。

```
1  # ch16_16.py
2  import re
3
4  msg = '1 cat, 2 dogs, 3 pigs, 4 swans'
5  pattern = '\d+\s\w+'
6  txt = re.findall(pattern,msg)      # 傳回搜尋結果
7  print(txt)
```

執行結果
```
=================== RESTART: D:\Python\ch16\ch16_16.py ===================
['1 cat', '2 dogs', '3 pigs', '4 swans']
```

16-5-2　字元分類

Python 可以使用中括號來設定字元，可參考下列範例。

- [a-z]：代表 a-z 的小寫字元。
- [A-Z]：代表 A-Z 的大寫字元。
- [aeiouAEIOU]：代表英文發音的母音字元。
- [2-5]：代表 2-5 的數字。

在字元分類中，中括號內可以不用放上正則表示法的反斜線 \ 執行，"、、？、*、(、) 等字元的轉譯。例如：[2-5.] 會搜尋 2-5 的數字和句點，這個語法不用寫成 [2-5\.]。

程式實例 ch16_17.py：搜尋字元的應用，這個程式首先將搜尋 [aeiouAEIOU]，然後將搜尋 [2-5.]。

```
1  # ch16_17.py
2  import re
3  # 測試1搜尋[aeiouAEIOU]字元
4  msg = 'John, Johnson, Johnnason and Johnnathan will attend my party tonight.'
5  pattern = '[aeiouAEIOU]'
6  txt = re.findall(pattern,msg)      # 傳回搜尋結果
7  print(txt)
8  # 測試2搜尋[2-5.]字元
9  msg = '1. cat, 2. dogs, 3. pigs, 4. swans'
10 pattern = '[2-5.]'
11 txt = re.findall(pattern,msg)      # 傳回搜尋結果
12 print(txt)
```

執行結果
```
=================== RESTART: D:\Python\ch16\ch16_17.py ===================
['o', 'o', 'o', 'o', 'a', 'o', 'a', 'o', 'a', 'a', 'i', 'a', 'e', 'a', 'o', 'i']
['.', '2', '.', '3', '.', '4', '.']
```

16-5-3 字元分類的 ^ 字元

在 16-5-2 節字元的處理中，如果在中括號內的左方加上 ^ 字元，意義是搜尋不在這些字元內的所有字元。

程式實例 ch16_18.py：使用字元分類的 ^ 字元重新設計 ch16_17.py。

```
1   # ch16_18.py
2   import re
3   # 測試1搜尋不在[aeiouAEIOU]的字元
4   msg = 'John, Johnson, Johnnason and Johnnathan will attend my party tonight.'
5   pattern = '[^aeiouAEIOU]'
6   txt = re.findall(pattern,msg)          # 傳回搜尋結果
7   print(txt)
8   # 測試2搜尋不在[2-5.]的字元
9   msg = '1. cat, 2. dogs, 3. pigs, 4. swans'
10  pattern = '[^2-5.]'
11  txt = re.findall(pattern,msg)          # 傳回搜尋結果
12  print(txt)
```

執行結果
```
================ RESTART: D:\Python\ch16\ch16_18.py ================
['J', 'h', 'n', ',', ' ', 'J', 'h', 'n', 's', 'n', ',', ' ', 'J', 'h', 'n', 'n',
 's', 'n', ' ', 'n', 'd', ' ', 'J', 'h', 'n', 'n', 't', 'h', 'n', ' ', 'w', 'l',
 'l', ' ', 't', 't', 'n', 'd', ' ', 'm', 'y', ' ', 'p', 'r', 't', 'y', ' ', 't',
 'n', 'g', 'h', 't', '.']
['1', ' ', 'c', 'a', 't', ',', ' ', ' ', 'd', 'o', 'g', 's', ',', ' ', ' ', 'p',
 'i', 'g', 's', ',', ' ', ' ', 's', 'w', 'a', 'n', 's']
```

上述第一個測試結果不會出現 [aeiouAEIOU] 字元，第二個測試結果不會出現 [2-5.] 字元。

16-5-4 正則表示法的 ^ 字元

這個 ^ 字元與 16-5-3 節的 ^ 字元完全相同，但是用在不一樣的地方，意義不同。在正則表示法中起始位置加上 ^ 字元，表示是正則表示法的字串必須出現在被搜尋字串的起始位置，如果搜尋成功才算成功。

程式實例 ch16_19.py：正則表示法 ^ 字元的應用，測試 1 字串 John 是在最前面所以可以得到搜尋結果，測試 2 字串 John 不是在最前面，結果搜尋失敗傳回空字串。

```
1   # ch16_19.py
2   import re
3   # 測試1搜尋John字串在最前面
4   msg = 'John will attend my party tonight.'
5   pattern = '^John'
6   txt = re.findall(pattern,msg)          # 傳回搜尋結果
7   print(txt)
8   # 測試2搜尋John字串不是在最前面
9   msg = 'My best friend is John'
10  pattern = '^John'
11  txt = re.findall(pattern,msg)          # 傳回搜尋結果
12  print(txt)
```

16-5-5 正則表示法的 $ 字元

正則表示法的末端放置 $ 字元時，表示是正則表示法的字串必須出現在被搜尋字串的最後位置，如果搜尋成功才算成功。

程式實例 ch16_20.py：正則表示法 $ 字元的應用，測試 1 是搜尋字串結尾是非英文字元、數字和底線字元，由於結尾字元是 "."，所以傳回所搜尋到的字元。測試 2 是搜尋字串結尾是非英文字元、數字和底線字元，由於結尾字元是 "8"，所以傳回搜尋結果是空字串。測試 3 是搜尋字串結尾是數字字元，由於結尾字元是 "8"，所以傳回搜尋結果傳回 "8"。測試 4 是搜尋字串結尾是數字字元，由於結尾字元是 "."，所以傳回搜尋結果是空字串。

```
1  # ch16_20.py
2  import re
3  # 測試1搜尋最後字元是非英文字母數字和底線字元
4  msg = 'John will attend my party 28 tonight.'
5  pattern = '\W$'
6  txt = re.findall(pattern,msg)        # 傳回搜尋結果
7  print(txt)
8  # 測試2搜尋最後字元是非英文字母數字和底線字元
9  msg = 'I am 28'
10 pattern = '\W$'
11 txt = re.findall(pattern,msg)        # 傳回搜尋結果
12 print(txt)
13 # 測試3搜尋最後字元是數字
14 msg = 'I am 28'
15 pattern = '\d$'
16 txt = re.findall(pattern,msg)        # 傳回搜尋結果
17 print(txt)
18 # 測試4搜尋最後字元是數字
19 msg = 'I am 28 year old.'
20 pattern = '\d$'
21 txt = re.findall(pattern,msg)        # 傳回搜尋結果
22 print(txt)
```

執行結果
```
================ RESTART: D:\Python\ch16\ch16_20.py ================
['.']
[]
['8']
[]
```

我們也可以將 16-5-4 節的 ^ 字元和 $ 字元混合使用，這時如果既要符合開始字串也要符合結束字串。

程式實例 ch16_21.py：搜尋開始到結束皆是數字的字串，字串內容只要有非數字字元就算搜尋失敗。測試 2 中由於中間有非數字字元，所以搜尋失敗。讀者應留意程式第 5 列的正則表達式的寫法。

```
1   # ch16_21.py
2   import re
3   # 測試1搜尋開始到結尾皆是數字的字串
4   msg = '09282028222'
5   pattern = '^\d+$'
6   txt = re.findall(pattern,msg)        # 傳回搜尋結果
7   print(txt)
8   # 測試2搜尋開始到結尾皆是數字的字串
9   msg = '0928tuyr990'
10  pattern = '^\d+$'
11  txt = re.findall(pattern,msg)        # 傳回搜尋結果
12  print(txt)
```

執行結果
```
==================== RESTART: D:\Python\ch16\ch16_21.py ====================
['09282028222']
[]
```

16-5-6　單一字元使用萬用字元 "."

萬用字元 (wildcard)"." 表示可以搜尋除了換列字元以外的所有字元，但是只限定一個字元。

程式實例 ch16_22.py：萬用字元的應用，搜尋一個萬用字元加上 at，在下列輸出中第 4 筆，由於 at 符合，Python 自動加上空白字元。第 6 筆由於只能加上一個字元，所以搜尋結果是 lat。

```
1   # ch16_22.py
2   import re
3   msg = 'cat hat sat at matter flat'
4   pattern = '.at'
5   txt = re.findall(pattern,msg)        # 傳回搜尋結果
6   print(txt)
```

執行結果
```
==================== RESTART: D:\Python\ch16\ch16_22.py ====================
['cat', 'hat', 'sat', ' at', 'mat', 'lat']
```

如果搜尋的是真正的 "." 字元，須使用反斜線 "\."。

16-5-7　所有字元使用萬用字元 ".*"

若是將前一小節所介紹的 "." 字元與 "*" 組合，可以搜尋所有字元，意義是搜尋 0 到多個萬用字元 (換列字元除外)。

程式實例 ch16_23.py：搜尋所有字元 ".*" 的組合應用。

```
1   # ch16_23.py
2   import re
3
4   msg = 'Name: Jiin-Kwei Hung Address: 8F, Nan-Jing E. Rd, Taipei'
5   pattern = 'Name: (.*) Address: (.*)'
6   txt = re.search(pattern,msg)        # 傳回搜尋結果
7   Name, Address = txt.groups()
8   print("Name:    ", Name)
9   print("Address: ", Address)
```

執行結果
```
==================== RESTART: D:\Python\ch16\ch16_23.py ====================
Name:     Jiin-Kwei Hung
Address:  8F, Nan-Jing E. Rd, Taipei
```

16-5-8 換列字元的處理

使用 16-5-7 節觀念用 ".*" 搜尋時碰上換列字元，搜尋就停止。Python 的 re 模組提供參數 re.DOTALL，功能是包括搜尋換列字元，可以將此參數放在 search( ) 或 findall( ) 函數內當作是第 3 個參數的 flags。

程式實例 ch16_24.py：測試 1 是搜尋換列字元以外的字元，測試 2 是搜尋含換列字元的所有字元。由於測試 2 有包含換列字元，所以輸出時，換列字元主導分 2 列輸出。

```
1   # ch16_24.py
2   import re
3   #測試1搜尋除了換列字元以外字元
4   msg = 'Name: Jiin-Kwei Hung \nAddress: 8F, Nan-Jing E. Rd, Taipei'
5   pattern = '.*'
6   txt = re.search(pattern,msg)              # 傳回搜尋不含換列字元結果
7   print("測試1輸出: ", txt.group())
8   #測試2搜尋包括換列字元
9   msg = 'Name: Jiin-Kwei Hung \nAddress: 8F, Nan-Jing E. Rd, Taipei'
10  pattern = '.*'
11  txt = re.search(pattern,msg,re.DOTALL)    # 傳回搜尋含換列字元結果
12  print("測試2輸出: ", txt.group())
```

執行結果
```
==================== RESTART: D:\Python\ch16\ch16_24.py ====================
測試1輸出:  Name: Jiin-Kwei Hung
測試2輸出:  Name: Jiin-Kwei Hung
Address: 8F, Nan-Jing E. Rd, Taipei
```

16-6 MatchObject 物件

16-2-2 節已經講解使用 re.search( ) 搜尋字串，搜尋成功時可以產生 MatchObject 物件，這裡將先介紹另一個搜尋物件的方法 re.match( )，這個方法的搜尋成功後也將產生 MatchObject 物件。接著本節會分成幾個小節，再講解 MatchObject 幾個重要的方法 (method)。

16-6-1　re.match( )

　　這本書已經講解了搜尋字串中最重要的 2 個方法 re.search( ) 和 re.findall( )，re 模組另一個方法是 re.match( )，這個方法其實和 re.search( ) 相同，差異是 re.match( ) 是只搜尋比對字串開始的字，如果失敗就算失敗。re.search( ) 則是搜尋整個字串。至於 re.match( ) 搜尋成功會傳回 MatchObject 物件，若是搜尋失敗會傳回 None，這部分與 re.search( ) 相同。

程式實例 ch16_25.py：re.match( ) 的應用。測試 1 是將 John 放在被搜尋字串的最前面，測試 2 沒有將 John 放在被搜尋字串的最前面。

```
1   # ch16_25.py
2   import re
3   #測試1搜尋使用re.match()
4   msg = 'John will attend my party tonight.'   # John是第一個字串
5   pattern = 'John'
6   txt = re.match(pattern,msg)                  # 傳回搜尋結果
7   if txt != None:
8       print("測試1輸出: ", txt.group())
9   else:
10      print("測試1搜尋失敗")
11  #測試2搜尋使用re.match()
12  msg = 'My best friend is John.'              # John不是第一個字串
13  txt = re.match(pattern,msg,re.DOTALL)        # 傳回搜尋結果
14  if txt != None:
15      print("測試2輸出: ", txt.group())
16  else:
17      print("測試2搜尋失敗")
```

執行結果
```
===================== RESTART: D:\Python\ch16\ch16_25.py =====================
測試1輸出:  John
測試2搜尋失敗
```

16-6-2　MatchObject 幾個重要的方法

　　當使用 re.search( ) 或 re.match( ) 搜尋成功時，會產生 MatchOjbect 物件。

程式實例 ch16_26.py：看看 MatchObject 物件是什麼。

```
1   # ch16_26.py
2   import re
3   #測試1搜尋使用re.match()
4   msg = 'John will attend my party tonight.'
5   pattern = 'John'
6   txt = re.match(pattern,msg)                  # re.match()
7   if txt != None:
8       print("使用re.match()輸出MatchObject物件: ", txt)
9   else:
10      print("測試1搜尋失敗")
11  #測試1搜尋使用re.search()
```

```
12  txt = re.search(pattern,msg)                    # re.search()
13  if txt != None:
14      print("使用re.search()輸出MatchObject物件: ", txt)
15  else:
16      print("測試1搜尋失敗")
```

執行結果

```
================== RESTART: D:\Python\ch16\ch16_26.py ==================
使用re.match()輸出MatchObject物件:   <re.Match object; span=(0, 4), match='John'>
使用re.search()輸出MatchObject物件:  <re.Match object; span=(0, 4), match='John'>
```

從上述可知當使用 re.match( ) 和 re.search( ) 皆搜尋成功時，2 者的 MatchObject 物件內容是相同的。span 是註明成功搜尋字串的起始位置和結束位置，從此處可以知道起始索引位置是 0，結束索引位置是 4。match 則是註明成功搜尋的字串內容。

Python 提供下列取得 MatchObject 物件內容的重要方法。

方法	說明
group( )	可傳回搜尋到的字串，本章已有許多實例說明。
end( )	可傳回搜尋到字串的結束位置。
start( )	可傳回搜尋到字串的起始位置。
span( )	可傳回搜尋到字串的 (起始 , 結束) 位置。

程式實例 ch16_27.py：分別使用 re.match( ) 和 re.search( ) 搜尋字串 John，獲得成功搜尋字串時，分別用 start( )、end( ) 和 span( ) 方法列出字串出現的位置。

```
1   # ch16_27.py
2   import re
3   #測試1搜尋使用re.match()
4   msg = 'John will attend my party tonight.'
5   pattern = 'John'
6   txt = re.match(pattern,msg)                    # re.match()
7   if txt != None:
8       print("搜尋成功字串的起始索引位置 : ", txt.start())
9       print("搜尋成功字串的結束索引位置 : ", txt.end())
10      print("搜尋成功字串的結束索引位置 : ", txt.span())
11  #測試2搜尋使用re.search()
12  msg = 'My best friend is John.'
13  txt = re.search(pattern,msg)                   # re.search()
14  if txt != None:
15      print("搜尋成功字串的起始索引位置 : ", txt.start())
16      print("搜尋成功字串的結束索引位置 : ", txt.end())
17      print("搜尋成功字串的結束索引位置 : ", txt.span())
```

執行結果

```
================== RESTART: D:\Python\ch16\ch16_27.py ==================
搜尋成功字串的起始索引位置 : 0
搜尋成功字串的結束索引位置 : 4
搜尋成功字串的結束索引位置 : (0, 4)
搜尋成功字串的起始索引位置 : 18
搜尋成功字串的結束索引位置 : 22
搜尋成功字串的結束索引位置 : (18, 22)
```

16-7 搶救 CIA 情報員 - sub( ) 方法

Python re 模組內的 sub( ) 方法可以用新的字串取代原本字串的內容。

16-7-1 一般的應用

sub( ) 方法的基本使用語法如下：

    result = re.sub(pattern, newstr, msg)   # msg 是整個欲處理的字串或句子

pattern 是欲搜尋的字串，如果搜尋成功則用 newstr 取代，同時成功取代的結果回傳給 result 變數，如果搜尋到多筆相同字串，這些字串將全部被取代，需留意原先 msg 內容將不會改變。如果搜尋失敗則將 msg 內容回傳給 result 變數，當然 msg 內容也不會改變。

程式實例 ch16_28.py：這是字串取代的應用，測試 1 是發現 2 個字串被成功取代 (Eli Nan 被 Kevin Thomson 取代)，同時列出取代結果。測試 2 是取代失敗，所以 txt 與原 msg 內容相同。

```
1  # ch16_28.py
2  import re
3  #測試1取代使用re.sub()結果成功
4  msg = 'Eli Nan will attend my party tonight. My best friend is Eli Nan'
5  pattern = 'Eli Nan'                  # 欲搜尋字串
6  newstr = 'Kevin Thomson'             # 新字串
7  txt = re.sub(pattern,newstr,msg)     # 如果找到則取代
8  if txt != msg:                       # 如果txt與msg內容不同表示取代成功
9      print("取代成功: ", txt)          # 列出成功取代結果
10 else:
11     print("取代失敗: ", txt)          # 列出失敗取代結果
12 #測試2取代使用re.sub()結果失敗
13 pattern = 'Eli Thomson'              # 欲搜尋字串
14 txt = re.sub(pattern,newstr,msg)     # 如果找到則取代
15 if txt != msg:                       # 如果txt與msg內容不同表示取代成功
16     print("取代成功: ", txt)          # 列出成功取代結果
17 else:
18     print("取代失敗: ", txt)          # 列出失敗取代結果
```

執行結果
```
================== RESTART: D:\Python\ch16\ch16_28.py ==================
取代成功:  Kevin Thomson will attend my party tonight. My best friend is Kevin Thomson
取代失敗:  Eli Nan will attend my party tonight. My best friend is Eli Nan
```

16-7-2 搶救 CIA 情報員

社會上有太多需要保護當事人隱私權利的場合，例如：情報機構在內部文件不可直接將情報員的名字列出來，歷史上太多這類實例造成情報員的犧牲，這時可以使用「***」代替原本的「姓名」。使用 Python 的正則表示法，可以輕鬆協助我們執行這方面的工作。這一節將先用程式碼，然後解析此程式。

程式實例 ch16_29.py：將 CIA 情報員名字，用名字「第一個字母」和「***」取代。

```
1   # ch16_29.py
2   import re
3   # 使用隱藏文字執行取代
4   msg = 'CIA Mark told CIA Linda that secret USB had given to CIA Peter.'
5   pattern = r'CIA (\w)\w*'              # 欲搜尋CIA + 空一格後的名字
6   newstr = r'\1***'                     # 新字串使用隱藏文字
7   txt = re.sub(pattern,newstr,msg)      # 執行取代
8   print("取代成功: ", txt)              # 列出取代結果
```

執行結果
```
==================== RESTART: D:/Python/ch16/ch16_29.py ====================
取代成功:  M*** told L*** that secret USB had given to P***.
```

上述程式第一個關鍵是第 5 列，這一列將搜尋 CIA 字串外加空一格後出現不限長度的字串 (可以是英文大小寫或數字或底線所組成)。觀念是括號內的「(\w)」代表必須只有一個字元，同時小括號代表這是一個分組 (group)，由於整列只有一個括號所以知道這是第一分組，同時只有一個分組，括號外的「\w*」表示可以有 0 到多個字元。所以「(\w)\w*」相當於是「1～多個字元」組成的單字，同時存在分組 1。

上述程式第 6 列的 \1 代表用分組 1 找到的第 1 個字母當作字串開頭，後面 *** 則是接在第 1 個字母後的字元。對 CIA Mark 而言所找到的第一個字母是 M，所以取代的結果是 M***。對 CIA Linda 而言所找到的第一個字母是 L，所以取代的結果是 L***。對 CIA Peter 而言所找到的第一個字母是 P，所以取代的結果是 P***。

16-8 處理比較複雜的正則表示法

有一個正則表示法內容如下：

```
pattern = r((\d{2}|\(\d{2}\))?(\s|-)?\d{8}(\s*(ext|x|ext.)\s*\d{3,5})?)
```

其實相信大部分的讀者看到上述正則表示法，就想棄械投降了，坦白說的確是複雜，不過不用擔心，筆者將一步一步解析讓事情變簡單。

16-8-1 將正則表達式拆成多列字串

在 3-4-2 節筆者有介紹可以使用 3 個單引號 (或是雙引號) 將過長的字串拆成多列表達，這個觀念也可以應用在正則表達式，當我們適當的拆解後，可以為每一列加上註解，整個正則表達式就變得簡單了。若是將上述 pattern，拆解成下列表示法，整個就變得簡單了。

```
pattern = r'''(
    (\d{2}|\(\d{2}\))?          # 區域號碼
    (\s|-)?                      # 區域號碼與電話號碼的分隔符號
    \d{8}                        # 電話號碼
    (\s*(ext|ext.)\s*\d{2,4})?   # 2-4 位數的分機號碼
    )'''
```

接下來筆者分別解釋相信讀者就可以瞭解了，第一列區域號碼是 2 位數，可以接受有括號的區域號碼，也可以接受沒有括號的區域號碼，例如：02 或 (02) 皆可以。第二列是設定區域號碼與電話號碼間的字元，可以接受空白字元或 – 字元當作分隔符號。第三列是設定 8 位數數字的電話號碼。第四列是分機號碼，分機號碼可以用 ext 或 ext. 當作起始字元，空一定格數，然後接受 2-4 位數的分機號碼。

16-8-2　re.VERBOSE

使用 Python 時，如果想在正則表達式中加上註解，可參考 16-8-1 節，必須配合使用 re.VERBOSE 參數，然後將此參數放在 search( ) 或 findall( )。

程式實例 ch16_30.py：搜尋市區電話號碼的應用，這個程式可以搜尋下列格式的電話號碼。

```
12345678                    # 沒有區域號碼
02 12345678                 # 區域號碼與電話號碼間沒有空格
02-12345678                 # 區域號碼與電話號碼間使用- 分隔
(02)-12345678               # 區域號碼有小括號
02-12345678 ext 123         # 有分機號
02-12345678 ext. 123        # 有分機號，ext. 右邊有 .
```

```python
1   # ch16_30.py
2   import re
3
4   msg = '''02-88223349,
5            (02)-26669999,
6            02-29998888 ext 123,
7            1234567899999,
8            02 33887766 ext. 1234,
9            02 33887799 ext. 12345,
10           12345,
11           123'''
12  pattern = r'''(
13      (\d{2}|\(\d{2}\))?           # 區域號碼
14      (\s|-)?                       # 區域號碼與電話號碼的分隔符號
15      \d{8}                         # 電話號碼
16      (\s*(ext|ext.)\s*\d{2,4})?    # 2-4 位數的分機號碼
17      )'''
18  phoneNum = re.findall(pattern, msg, re.VERBOSE)    # 傳回搜尋結果
19  print("以下是符合的電話號碼")
20  for num in phoneNum:
21      print(num[0])
```

以下是符合的電話號碼
02-88223349
(02)-26669999
02-29998888 ext 123
12345678
02 33887766 ext. 1234
02 33887799 ext. 1234

第 16 章 正則表達式 - 強效字串處理利器

由於搜尋時回傳的串列元素是元組，此元組的索引 0 是所搜尋到的電話號碼，所以第 21 列取 num[0] 做輸出即可。上述程式最大的缺點是，如果電話號碼輸入錯誤，例如第 7 列輸入「123456789999」，很明顯超出電話號碼的 8 位數字原則，程式會取前 8 位數字「12345678」當作是符合的電話號碼。分機號碼也是，如果輸入錯誤，分機號碼輸入「12345」，超出分機號碼最多 4 位數的原則，程式會取前 4 個數字「1234」當作是符合的分機號碼。

在正則表達式中為了處理這類問題，需使用「\b」，這稱「單詞邊界 (word boundary)」。這意味著它匹配的是單詞字元與非單詞字元之間的位置，而不是實際的字符本身。在這裡所謂的「單詞字元」指的是字母、數字或底線之字元，例如：數字、大小寫英文字母和底線 (_)，即符合 16-5-1 節所述「\w」的字元。而「非單詞字元」是指任何不是字母、數字或底線的字元，即符合 16-5-1 節所述「\W」的字元，包括空格、標點符號或字串的開始和結束位置。

以下是一些使用「\b」的實例及其匹配的說明：

- \bhi\b：匹配獨立的單詞 "hi"，不會匹配 "highlight" 中的 "hi"。
- \b7\b：匹配獨立的數字 "7"，不會匹配 "8675309" 中的 "7"。
- @\b：匹配 "@" 符號後面直接跟著非單詞字元或字串結束的位置。

程式實例 ch16_31.py：改良 ch16_30.py，超出電話號碼或是分機號碼不算符合。

```
 1  # ch16_31.py
 2  import re
 3
 4  msg = '''02-88223349,
 5          (02)-26669999,
 6          02-29998888 ext 123,
 7          1234567899999,
 8          02 33887766 ext. 1234,
 9          02 33887799 ext. 12345,
10          12345,
11          123'''
12  pattern = r'''(
13      (\d{2}|\(\d{2}\))?         # 區域號碼
14      (\s|-)?                    # 區域號碼與電話號碼的分隔符號
15      \b\d{8}\b                  # 電話號碼
16      (\s*(ext|ext.)\s*\d{2,4}\b)?  # 2-4位數的分機號碼
17      )'''
18  phoneNum = re.findall(pattern, msg, re.VERBOSE)    # 傳回搜尋結果
19  print("以下是符合的電話號碼")
20  for num in phoneNum:
21      print(num[0])
```

16-24

16-8 處理比較複雜的正則表示法

執行結果
```
==================== RESTART: D:/Python/ch16/ch16_31.py ====================
以下是符合的電話號碼
02-88223349
(02)-26669999
02-29998888 ext 123
02 33887766 ext. 1234
02 33887799
```

上述第 12 ~ 16 列定義一個名為 pattern 的多列正則表達式，並使用了 re.VERBOSE 參數，這允許正則表達式以更加可讀的方式呈現，可以包含空白和註解。

- (\d{2}|\(\d{2}\))?：這是選項，匹配兩位數字的區域代碼，區域代碼可以用括號包圍，也可以沒有括號。
- (\s|-)?：匹配區域代碼與電話號碼之間的分隔符號，可以是空格或短橫線，這部分也是可選的選項。
- \b\d{8}\b：匹配正好 8 位數字的電話號碼，「\b」確保前後是單詞邊界，所以這些數字前後不能直接連接其他數字。
- (\s*(ext|ext.)\s*\d{2,4}\b)?：匹配 2 到 4 位數字的分機號碼，前面可以有 "ext" 或 "ext."，以及前後可能的空白。分機號碼的結尾也被「\b」所限定，防止其後直接連接其他數字。

使用 re.findall( ) 函數與定義的正則表達式 pattern 在 msg 字串中尋找所有匹配的結果。最後，告知使用者將顯示符合的電話號碼。

根據這段程式碼，它會找出 msg 字串中所有格式正確的電話號碼 (包括區域碼、電話號碼及可選的分機號碼)，並將它們輸出。不符合上述正則表達式模式的字串，如單獨的 "12345" 或是超過 8 位數的 "1234567899999"，將不會被匹配。需留意的是第 9 列的電話號碼，因為前面的「02 33887799」電話號碼符合匹配原則，即使分機號碼不符合，此程式也會輸出符合的部分。

16-8-3　電子郵件地址的搜尋

在文書處理過程中，也很常見必須在文件內將電子郵件地址解析出來，下列是這方面的應用。下列是 Pattern 內容。

```
pattern = r'''(
    [a-zA-Z0-9_.]+          # 使用者帳號
    @                        # @符號
    [a-zA-Z0-9-.]+          # 主機域名domain
    [\.]                     # .符號
    [a-zA-Z]{2,4}\b          # 可能是com或edu或其它
    ([\.])?                  # .符號，也可能無特別是美國
    ([a-zA-Z]{2,4}\b)?       # 國別
    )'''
```

第 16 章　正則表達式 - 強效字串處理利器

　　第 1 列使用者帳號常用的有 a-z 字元、A-Z 字元、0-9 數字、底線 _、點 .。第 2 列是 @ 符號。第 3 列是主機域名，常用的有 a-z 字元、A-Z 字元、0-9 數字、分隔符號 -、點 .。第 4 列是點 . 符號。第 5 列最常見的是 com 或 edu，也可能是 cc 或其它，這通常由，常用的有 a-z 字元、A-Z 字元，同時加上「\b」，限制須由 2 至 4 個字元組成。第 6 列是點 . 符號，在美國通常只要前 5 列就夠了，但是在其他國家則常常需要此欄位，所以此欄位後面是 ? 字元。第 7 列通常是國別，例如：台灣是 tw、中國是 cn、日本是 ja，常用的有 a-z 字元、A-Z 字元，同時加上「\b」，限制須由 2 至 4 個字元組成。

程式實例 ch16_32.py：電子郵件地址的搜尋。

```
 1  # ch16_32.py
 2  import re
 3
 4  msg = '''txt@deepwisdom.comyyy.twkkk,
 5            ser@deepmind.com.tw,
 6            aaa@gmail.comcomkk,
 7            kkk@gmail.com,
 8            abc@aa,
 9            abcdefg'''
10  pattern = r'''(
11      [a-zA-Z0-9_.]+            # 使用者帳號
12      @                          # @符號
13      [a-zA-Z0-9-.]+            # 主機域名domain
14      [\.]                       # . 符號
15      [a-zA-Z]{2,4}\b            # 可能是com或edu或其它
16      ([\.])?                    # . 符號，也可能無特別是美國
17      ([a-zA-Z]{2,4}\b)?         # 國別
18      )'''
19  eMail = re.findall(pattern, msg, re.VERBOSE)    # 傳回搜尋結果
20  print("以下是符合的電子郵件地址")
21  for mail in eMail:
22      print(mail[0])
```

執行結果
```
================= RESTART: D:/Python/ch16/ch16_32.py =================
以下是符合的電子郵件地址
ser@deepmind.com.tw
kkk@gmail.com
```

16-8-4　re.IGNORECASE/re.DOTALL/re.VERBOSE

　　在 16-3-5 節筆者介紹了 re.IGNORECASE 參數，在 16-5-8 節筆者介紹了 re.DOTALL 參數，在 16-8-2 節筆者介紹了 re.VERBOSE 參數，我們可以分別在 re.search( )、re.findall( ) 或是 re.match( ) 方法內使用它們，可是一次只能放置一個參數，如果我們想要一次放置多個參數特性，應如何處理？方法是使用 16-3-4 節的 管道 | 觀念，例如：可以使用下列方式：

　　　　datastr = re.search(pattern, msg, re.IGNORECASE|re.DOTALL|re.VERBOSE)

其實這一章已經講解了相當多的正則表達式的知識了，未來各位在寫論文、做研究或職場上相信會有相當幫助。如果仍覺不足，可以自行到 Python 官網獲得更多正則表達式的知識。

16-9 正則表達式的潛在應用

❏ 解析和轉換檔案名稱 – 將底線 (_) 改為 "-"

```python
1   # ch16_33.py
2   import re
3
4   # 定義一個函數用於重命名檔案串列
5   def rename_files(files):
6       # 定義正則表達式模式匹配檔案名的一部分
7       # (\w+)    匹配一個或多個單詞字元(字母、數字或底線)
8       # (\d{4}) 匹配四位數字（代表年份）
9       # (\d{2}) 匹配兩位數字（代表月份）
10      pattern = r"(\w+)_(\d{4})_(\d{2})"
11      for file in files:                              # 遍歷檔案串列
12          # 使用 sub() 函數替換匹配的名稱
13          # \1, \2, \3 分別對應第一、第二、第三個捕獲組匹配的內容
14          # 這裡將 底線( _ ) 替換為 ( - )
15          new_name = re.sub(pattern, r"\1-\2-\3", file)
16          print(f"Old : {file},   New: {new_name}")   # 輸出舊和新檔名
17
18  # 檔案名稱串列
19  files = [
20      "report_2023_04.pdf",
21      "report_2023_05.pdf",
22      "summary_2023_04.docx"
23  ]
24
25  rename_files(files)   # 呼叫函數，傳入檔案名稱串列
26
27  # 輸出
28  # Old: report_2023_04.pdf,   New: report-2023-04.pdf
29  # Old: report_2023_05.pdf,   New: report-2023-05.pdf
30  # Old: summary_2023_04.docx,   New: summary-2023-04.docx
```

上述程式定義了一個名為 rename_files( ) 的函數，它接收一個 files 串列，其中包含了需要重命名的檔案名稱。在函數內部，定義了一個正則表達式 pattern。這個模式用於匹配檔案名稱中的三部份：文件類型前綴，例如："report"，年份和月份。這三部份分別被圓括號包圍，這意味著它們會被作為「捕獲組」保存下來，以便後續引用。

函數遍歷 files 串列中的每個檔案名稱。對於每個檔案名稱，它使用 re.sub 函數來進行替換操作。re.sub( ) 函數的第一個參數是正則表達式 pattern，第二個參數是替換模式，其中「\1」、「\2」和「\3」分別引用第一、第二和第三個捕獲組匹配到的字串。

替換模組將底線 (_) 替換為 (-)，例如：將檔案名稱的格式從 "report_2023_04.pdf" 變為 "report-2023-04.pdf"。每次替換後，函數都會輸出原始的檔案名稱和新的檔案名稱，方便讀者對比。

❏　驗證和格式化信用卡號碼

```python
# ch16_34.py
import re

def validate_and_format_credit_card(number):
    # 定義Visa信用卡號碼的正則表達式，Visa卡號以4開頭，並有16位數字
    pattern = r"^(?:4[0-9]{12}(?:[0-9]{3})?)$"

    # 使用match方法檢查提供的卡號是否符合正則表達式模式。
    match = re.match(pattern, number)
    if match:
        # 如果匹配成功，使用findall方法分組每四位數字
        # 然後用join方法將這些組用 "-" 連接成一個格式化的字串
        formatted = "-".join(re.findall(r"....", number))
        return True, formatted   # 返回一個元組和驗證成功格式化的卡號
    return False, None           # 如果匹配不成功，返回False和None

# 測試卡號
card_number = "4111111111111111"
is_valid, formatted = validate_and_format_credit_card(card_number)
print(is_valid, formatted)       # 輸出結果應該為True和格式化後的卡號
```

❏　數據清洗 - 移除或替換字串中的特殊字元

```python
# ch16_35.py
import re

def clean_text(text):
    # 刪除不可列印字元和特殊符號，只保留字母、數字和空格
    pattern = r"[^\w\s]"
    cleaned_text = re.sub(pattern, "", text)
    return cleaned_text

dirty_data = "Name: John Doe; Age: 30; %Salary: $5000"
print(clean_text(dirty_data))
# 輸出: Name John Doe Age 30 Salary 5000
```

第 17 章
影像檔案處理
Python 在多媒體的應用

17-1 認識 Pillow 模組的 RGBA

17-2 Pillow 模組的盒子元組 (Box tuple)

17-3 影像的基本操作

17-4 影像的編輯

17-5 裁切、複製與影像合成

17-6 影像濾鏡

17-7 在影像內繪製圖案

17-8 在影像內填寫文字

17-9 專題 – 建立 QR code/ 文字辨識與建立停車場管理系統

第 17 章　影像檔案處理 - Python 在多媒體的應用

在 2025 年代，高畫質的手機已經成為個人標準配備，也許你可以使用許多影像軟體處理手機所拍攝的相片，本章筆者將教導您以 Python 處理這些相片。本章將使用 Pillow 模組，所以請先導入此模組。

pip install pillow

注意在程式設計中需導入的是 PIL 模組，主要原因是要向舊版 Python Image Library 相容，如下所示：

from PIL import Image 或是 from PIL import ImageColor

上述 Image 是 Pillow 模組的核心，可以操作和保存不同格式的影像。ImageColor 則是提供方法，用於處理圖像色彩。

17-1　認識 Pillow 模組的 RGBA

在 Pillow 模組中 RGBA 分別代表紅色 (Red)、綠色 (Green)、藍色 (Blue) 和透明度 (Alpha)，這 4 個與顏色有關的數值組成元組 (tuple)，每個數值是在 0 ~ 255 之間。如果 Alpha 的值是 255 代表完全不透明，值越小透明度越高。其實它的色彩使用方式與 HTML 相同，其他有關顏色的細節可參考附錄 F。

17-1-1　getrgb( )

這個函數可以將顏色符號或字串轉為元組，在這裡可以使用英文名稱 (例如："red")、色彩數值 (例如：#ff0000)、rgb 函數 (例如：rgb(255, 0, 0) 或 rgb 函數以百分比代表顏色 (例如：rgb(100%, 0%, 0%))。這個函數在使用時，如果字串無法被解析判別，將造成 ValueError 異常。這個函數的使用語法如下：

(r, g, b) = getrgb(color)　　　　　　　# 返回色彩元組

程式實例 ch17_1.py：使用 getrgb( ) 方法傳回色彩的元組。

```
1  # ch17_1.py
2  from PIL import ImageColor
3
4  print(ImageColor.getrgb("#0000ff"))
5  print(ImageColor.getrgb("rgb(0, 0, 255)"))
6  print(ImageColor.getrgb("rgb(0%, 0%, 100%)"))
7  print(ImageColor.getrgb("Blue"))
8  print(ImageColor.getrgb("red"))
```

執行結果
```
==================== RESTART: D:\Python\ch17\ch17_1.py ====================
(0, 0, 255)
(0, 0, 255)
(0, 0, 255)
(0, 0, 255)
(255, 0, 0)
```

17-1-2　getcolor( )

功能基本上與 getrgb( ) 相同，它的使用語法如下：

　　(r, g, b) = getcolor(color, "mode")　　　　　# 返回色彩元組
　　(r, g, b, a) = getcolor(color, "mode")　　　# 返回色彩元組

mode 若是填寫 "RGBA" 則可返回 RGBA 元組，如果填寫 "RGB" 則返回 RGB 元組。

程式實例 ch17_2.py：測試使用 getcolor( ) 函數，了解返回值。

```
1  # ch17_2.py
2  from PIL import ImageColor
3
4  print(ImageColor.getcolor("#0000ff", "RGB"))
5  print(ImageColor.getcolor("rgb(0, 0, 255)", "RGB"))
6  print(ImageColor.getcolor("Blue", "RGB"))
7  print(ImageColor.getcolor("#0000ff", "RGBA"))
8  print(ImageColor.getcolor("rgb(0, 0, 255)", "RGBA"))
9  print(ImageColor.getcolor("Blue", "RGBA"))
```

執行結果
```
==================== RESTART: D:\Python\ch17\ch17_2.py ====================
(0, 0, 255)
(0, 0, 255)
(0, 0, 255)
(0, 0, 255, 255)
(0, 0, 255, 255)
(0, 0, 255, 255)
```

17-2　Pillow 模組的盒子元組 (Box tuple)

17-2-1　基本觀念

下圖是 Pillow 模組的影像座標的觀念。

最左上角的像素座標 (x,y) 是 (0,0)，x 軸像素值往右遞增，y 軸像素值往下遞增。盒子元組的參數是，(left, top, right, bottom)，意義如下：

left：盒子左上角的 x 軸座標。
top：盒子左上角的 y 軸座標。
right：盒子右下角的 x 軸座標。
bottom：盒子右下角的 y 軸座標。

若是上圖藍底是一張圖片，則可以用 (2, 1, 4, 2) 表示它的盒子元組 (box tuple)，可想成它的影像座標。

17-2-2　計算機眼中的影像

上述影像座標格子的列數和行數稱解析度 (resolution)，例如：我們說某個影像是 1280 x 720，表示寬度的格子數有 1280，高度的格子數有 720。

影像座標的每一個像素可以用顏色值代表，如果是灰階色彩，可以用 0 ~ 255 的數字表示，0 是最暗的黑色，255 代表白色。也就是說我們可以用一個矩陣 (matirix) 代表一個灰階的圖。

如果是彩色的圖，每個像素是用 (R,G,B) 代表，R 是 Red、G 是 Green、B 是 Blue，每個顏色也是 0 ~ 255 之間，我們所看到的色彩其實就是由這 3 個原色所組成。如果矩陣每個位置可以存放 3 個元素的元組，我們可以用含 3 個顏色值 (R, G, B) 的元組代表這個像素，這時可以只用一個陣列 (matrix) 代表此彩色圖像。如果我們堅持一個陣列只放一個顏色值，我們可以用 3 個矩陣 (matrix) 代表此彩色圖像。

在人工智慧的圖像識別中，很重要的是找出圖像特徵，所使用的卷積 (convolution) 運算就是使用這些圖像的矩陣數字，執行更進一步的運算。

17-3　影像的基本操作

本節使用的影像檔案是 rushmore.jpg，在 ch17 資料夾可以找到，此圖片內容如下。

17-3-1 開啟影像物件

可以使用 open( ) 方法開啟一個影像物件，參數是放置欲開啟的影像檔案。

17-3-2 影像大小屬性

可以使用 size 屬性獲得影像大小，這個屬性可傳回影像寬 (width) 和高 (height)。

程式實例 ch17_3.py：在 ch17 資料夾有 rushmore.jpg 檔案，這個程式會列出此影像檔案的寬和高。

```
1  # ch17_3.py
2  from PIL import Image
3
4  rushMore = Image.open("rushmore.jpg")        # 建立Pillow物件
5  print("列出物件型態 : ", type(rushMore))
6  width, height = rushMore.size                # 獲得影像寬度和高度
7  print("寬度 = ", width)
8  print("高度 = ", height)
```

執行結果
```
================ RESTART: D:\Python\ch17\ch17_3.py ================
列出物件型態 :  <class 'PIL.JpegImagePlugin.JpegImageFile'>
寬度 =  270
高度 =  161
```

17-3-3 取得影像物件檔案名稱

可以使用 filename 屬性獲得影像的原始檔案名稱。

程式實例 ch17_4.py：獲得影像物件的檔案名稱。

```
1  # ch17_4.py
2  from PIL import Image
3
4  rushMore = Image.open("rushmore.jpg")        # 建立Pillow物件
5  print("列出物件檔名 : ", rushMore.filename)
```

執行結果
```
================ RESTART: D:\Python\ch17\ch17_4.py ================
列出物件檔名 :  rushmore.jpg
```

17-3-4 取得影像物件的檔案格式

可以使用 format 屬性獲得影像檔案格式 (可想成影像檔案的副檔名)，此外，可以使用 format_description 屬性獲得更詳細的檔案格式描述。

程式實例 ch17_5.py：獲得影像物件的副檔名與描述。

```
1  # ch17_5.py
2  from PIL import Image
3
4  rushMore = Image.open("rushmore.jpg")        # 建立Pillow物件
5  print("列出物件副檔名 : ", rushMore.format)
6  print("列出物件描述   : ", rushMore.format_description)
```

執行結果
```
====================== RESTART: D:\Python\ch17\ch17_5.py ======================
列出物件副檔名 :  JPEG
列出物件描述   :  JPEG (ISO 10918)
```

17-3-5 儲存檔案

可以使用 save( ) 方法儲存檔案，甚至我們也可以將 jpg 檔案轉存成不同影像格式，例如：tif、png…等，相當於圖檔以不同格式儲存。

程式實例 ch17_6.py：將 rushmore.jpg 轉存成 out17_6.png。

```
1  # ch17_6.py
2  from PIL import Image
3
4  rushMore = Image.open("rushmore.jpg")        # 建立Pillow物件
5  rushMore.save("out17_6.png")
```

執行結果　在 ch17 資料夾將可以看到所建的 out17_6.png。

17-3-6 螢幕顯示影像

可以使用 show( ) 方法直接顯示影像，在 Windows 作業系統下可以使用此方法呼叫 Windows 相片檢視器顯示影像畫面。

程式實例 ch17_6_1.py：在螢幕顯示 rushmore.jpg 影像。

```
1  # ch17_6_1.py
2  from PIL import Image
3
4  rushMore = Image.open("rushmore.jpg")        # 建立Pillow物件
5  rushMore.show()
```

執行結果

17-3-7 建立新的影像物件

可以使用 new( ) 方法建立新的影像物件,它的語法格式如下:

  new(mode, size, color=0)

mode 可以有多種設定,一般建議用 "RGBA"(建立 png 檔案) 或 "RGB"(建立 jpg 檔案) 即可。size 參數是一個元組 (tuple),可以設定新影像的寬度和高度。color 預設是黑色,不過我們可以參考附錄 F 建立不同的顏色。

程式實例 ch17_7.py:建立一個水藍色 (aqua) 的影像檔案 out17_7.jpg。

```
1  # ch17_7.py
2  from PIL import Image
3
4  pictObj = Image.new("RGB", (300, 180), "aqua")    # 建立aqua顏色影像
5  pictObj.save("out17_7.jpg")
```

執行結果　在 ch17 資料夾可以看到下列 out17_7.jpg 檔案。

程式實例 ch17_8.py:建立一個透明的黑色影像檔案 out17_8.png。

```
1  # ch17_8.py
2  from PIL import Image
3
4  pictObj = Image.new("RGBA", (300, 180))        # 建立完全透明影像
5  pictObj.save("out17_8.png")
```

執行結果　檔案開啟後因為透明,看不出任何效果。

17-4 影像的編輯

17-4-1 更改影像大小

Pillow 模組提供 resize( ) 方法可以調整影像大小,它的使用語法如下:

  resize((width, heigh), Image.BILINEAR)   # 雙線取樣法,也可以省略

第一個參數是新影像的寬與高，以元組表示，這是整數。第二個參數主要是設定更改影像所使用的方法，常見的有上述方法外，也可以設定 Image.NEAREST 最低品質，Image.ANTIALIAS 最高品質，Image.BISCUBIC 三次方取樣法，一般可以省略。

程式實例 ch17_9.py：分別將圖片寬度與高度增加為原先的 2 倍，

```
1  # ch17_9.py
2  from PIL import Image
3
4  pict = Image.open("rushmore.jpg")        # 建立Pillow物件
5  width, height = pict.size
6  newPict1 = pict.resize((width*2, height))    # 寬度是2倍
7  newPict1.save("out17_9_1.jpg")
8  newPict2 = pict.resize((width, height*2))    # 高度是2倍
9  newPict2.save("out17_9_2.jpg")
```

執行結果　下列分別是 out17_9_1.jpg(左) 與 out17_9_2.jpg(右) 的執行結果。

17-4-2　影像的旋轉

Pillow 模組提供 rotate( ) 方法可以逆時針旋轉影像，如果旋轉是 90 度或 270 度，影像的寬度與高度會有變化，圖像本身比率不變，多的部分以黑色影像替代，如果是其他角度則影像維持不變。

程式實例 ch17_10.py：將影像分別旋轉 90 度、180 度和 270 度。

```
1  # ch17_10.py
2  from PIL import Image
3
4  pict = Image.open("rushmore.jpg")            # 建立Pillow物件
5  pict.rotate(90).save("out17_10_1.jpg")       # 旋轉90度
6  pict.rotate(180).save("out17_10_2.jpg")      # 旋轉180度
7  pict.rotate(270).save("out17_10_3.jpg")      # 旋轉270度
```

執行結果　下列分別是旋轉 90、180、270 度的結果。

在使用 rotate( ) 方法時也可以增加第 2 個參數 expand=True，如果有這個參數會放大影像，讓整個影像顯示，多餘部分用黑色填滿。

程式實例 ch17_11.py：沒有使用 expand=True 參數與有使用此參數的比較。

```
1  # ch17_11.py
2  from PIL import Image
3
4  pict = Image.open("rushmore.jpg")                      # 建立Pillow物件
5  pict.rotate(45).save("out17_11_1.jpg")                 # 旋轉45度
6  pict.rotate(45, expand=True).save("out17_11_2.jpg")    # 旋轉45度圖像擴充
```

執行結果 下列分別是 out17_11_1.jpg 與 out17_11_2.jpg 影像內容。

17-4-3 影像的翻轉

可以使用 transpose( ) 讓影像翻轉，這個方法使用語法如下：

　　　　transpose(Image.FLIP_LEFT_RIGHT)　　　# 影像左右翻轉
　　　　transpose(Image.FLIP_TOP_BOTTOM)　　　# 影像上下翻轉

程式實例 ch17_12.py：影像左右翻轉與上下翻轉的實例。

```
1  # ch17_12.py
2  from PIL import Image
3
4  pict = Image.open("rushmore.jpg")                              # 建立Pillow物件
5  pict.transpose(Image.FLIP_LEFT_RIGHT).save("out17_12_1.jpg")   # 左右
6  pict.transpose(Image.FLIP_TOP_BOTTOM).save("out17_12_2.jpg")   # 上下
```

執行結果 下列分別是左右翻轉與上下翻轉的結果。

17-4-4 影像像素的編輯

Pillow 模組的 getpixel( ) 方法可以取得影像某一位置像素 (pixel) 的色彩。

　　　　getpixel((x,y))　　　　　　　# 參數是元組 (x,y)，這是像素位置

程式實例 ch17_13.py：先建立一個影像，大小是 (300,100)，色彩是 Yellow，然後列出影像中心點的色彩。最後將影像儲存至 out17_13.png。

```
1  # ch17_13.py
2  from PIL import Image
3
4  newImage = Image.new('RGBA', (300, 100), "Yellow")
5  print(newImage.getpixel((150, 50)))     # 列印中心點的色彩
6  newImage.save("out17_13.png")
```

執行結果 下列是執行結果與 out17_13.png 內容。

```
================== RESTART: D:\Python\ch17\ch17_13.py ==================
(255, 255, 0, 255)
```

Pillow 模組的 putpixel( ) 方法可以在影像的某一個位置填入色彩，常用的語法如下：

　　　　putpixel((x,y), (r, g, b, a))　　　　　　# 2 個參數分別是位置與色彩元組

上述色彩元組的值是在 0 ~ 255 間，若是省略 a 代表是不透明。另外我們也可以用 17-1-2 節的 getcolor( ) 當做第 2 個參數，用這種方法可以直接用附錄 F 的色彩名稱填入指定像素位置，例如：下列是填入藍色 (blue) 的方法。

　　　　putpixel((x,y), ImageColor.getcolor('Blue', "RGBA"))　# 需先導入 ImageColor

程式實例 ch17_14.py：建立一個 300*300 的影像底色是黃色 (Yellow)，然後 (50, 50, 250, 150) 是填入青色 (Cyan)，此時將上述執行結果存入 out17_14_1.png。然後將藍色 (Blue) 填入 (50, 151, 250, 250)，最後將結果存入 out17_14_2.png。

```
1   # ch17_14.py
2   from PIL import Image
3   from PIL import ImageColor
4
5   newImage = Image.new('RGBA', (300, 300), "Yellow")
6   for x in range(50, 251):                              # x軸區間在50-250
7       for y in range(50, 151):                          # y軸區間在50-150
8           newImage.putpixel((x, y), (0, 255, 255, 255)) # 填青色
9   newImage.save("out17_14_1.png")                       # 第一階段存檔
10  for x in range(50, 251):                              # x軸區間在50-250
11      for y in range(151, 251):                         # y軸區間在151-250
12          newImage.putpixel((x, y), ImageColor.getcolor("Blue", "RGBA"))
13  newImage.save("out17_14_2.png")                       # 第一階段存檔
```

執行結果 下列分別是第一階段與第二階段的執行結果。

17-5 裁切、複製與影像合成

17-5-1 裁切影像

　　Pillow 模組有提供 crop( ) 方法可以裁切影像，其中參數是一個元組，元組內容是 (左 , 上 , 右 , 下) 的區間座標。

程式實例 ch17_15.py：裁切 (80, 30, 150, 100) 區間。

```
1   # ch17_15.py
2   from PIL import Image
3
4   pict = Image.open("rushmore.jpg")              # 建立Pillow物件
5   cropPict = pict.crop((80, 30, 150, 100))       # 裁切區間
6   cropPict.save("out17_15.jpg")
```

執行結果 下列是 out17_15.jpg 的裁切結果。

17-5-2 複製影像

假設我們想要執行影像合成處理，為了不要破壞原影像內容，建議可以先保存影像，再執行合成動作。Pillow 模組有提供 copy( ) 方法可以複製影像。

程式實例 ch17_16.py：複製影像，再將所複製的影像儲存。

```
1  # ch17_16.py
2  from PIL import Image
3
4  pict = Image.open("rushmore.jpg")       # 建立Pillow物件
5  copyPict = pict.copy()                   # 複製
6  copyPict.save("out17_16.jpg")
```

執行結果 下列是 out17_16.jpg 的執行結果。

17-5-3 影像合成

Pillow 模組有提供 paste( ) 方法可以影像合成，它的語法如下：

底圖影像 .paste(插入影像 , (x,y))   # (x,y) 元組是插入位置

程式實例 ch17_17.py：使用 rushmore.jpg 影像，為這個影像複製一份 copyPict，裁切一份 cropPict，將 cropPict 合成至 copyPict 內 2 次，將結果存入 out17_17.jpg。

```
1  # ch17_17.py
2  from PIL import Image
3
4  pict = Image.open("rushmore.jpg")            # 建立Pillow物件
5  copyPict = pict.copy()                        # 複製
6  cropPict = copyPict.crop((80, 30, 150, 100))  # 裁切區間
7  copyPict.paste(cropPict, (20, 20))            # 第一次合成
8  copyPict.paste(cropPict, (20, 100))           # 第二次合成
9  copyPict.save("out17_17.jpg")                 # 儲存
```

17-12

執行結果

17-5-4　將裁切圖片填滿影像區間

在 Windows 作業系統使用中常看到圖片填滿某一區間，其實我們可以用雙層迴圈完成這個工作。

程式實例 ch17_18.py：將一個裁切的圖片填滿某一個影像區間，最後儲存此影像，在這個影像設計中，筆者也設定了留白區間，這區間是影像建立時的顏色。

```
1   # ch17_18.py
2   from PIL import Image
3
4   pict = Image.open("rushmore.jpg")              # 建立Pillow物件
5   copyPict = pict.copy()                         # 複製
6   cropPict = copyPict.crop((80, 30, 150, 100))   # 裁切區間
7   cropWidth, cropHeight = cropPict.size          # 獲得裁切區間的寬與高
8
9   width, height = 600, 320                       # 新影像寬與高
10  newImage = Image.new('RGB', (width, height), "Yellow")   # 建立新影像
11  for x in range(20, width-20, cropWidth):       # 雙層迴圈合成
12      for y in range(20, height-20, cropHeight):
13          newImage.paste(cropPict, (x, y))       # 合成
14
15  newImage.save("out17_18.jpg")                  # 儲存
```

執行結果

17-6 影像濾鏡

Pillow 模組內有 ImageFilter 模組，使用此模組可以增加 filter( ) 方法為圖片加上濾鏡效果。此方法的參數意義如下：

- BLUR 模糊
- CONTOUR 輪廓
- DETAIL 細節增強
- EDGE_ENHANCE 邊緣增強
- EDGE_ENHANCE_MORE 深度邊緣增強
- EMBOSS 浮雕效果
- FIND_EDGES 邊緣訊息
- SMOOTH 平滑效果
- SMOOTH_MORE 深度平滑效果
- SHARPEN 銳利化效果

程式實例 ch17_19.py：使用濾鏡處理圖片。

```
1  # ch17_19.py
2  from PIL import Image
3  from PIL import ImageFilter
4  rushMore = Image.open("rushmore.jpg")        # 建立Pillow物件
5  filterPict = rushMore.filter(ImageFilter.BLUR)
6  filterPict.save("out17_19_BLUR.jpg")
7  filterPict = rushMore.filter(ImageFilter.CONTOUR)
8  filterPict.save("out17_19_CONTOUR.jpg")
9  filterPict = rushMore.filter(ImageFilter.EMBOSS)
10 filterPict.save("out17_19_EMBOSS.jpg")
11 filterPict = rushMore.filter(ImageFilter.FIND_EDGES)
12 filterPict.save("out17_19_FIND_EDGES.jpg")
```

執行結果

BLUR

CONTOUR

EMBOSS

FIND_EDGES

17-7 在影像內繪製圖案

Pillow 模組內有一個 ImageDraw 模組，可以利用此模組繪製點 (Points)、線 (Lines)、矩形 (Rectangles)、橢圓 (Ellipses)、多邊形 (Polygons)。

在影像內建立圖案物件方式如下：

```python
from PIL import Image, ImageDraw
newImage = Image.new('RGBA', (300, 300), "Yellow")   # 建立300*300黃色底的影像
drawObj = ImageDraw.Draw(newImage)
```

17-7-1 繪製點

ImageDraw 模組的 point( ) 方法可以繪製點，語法如下：

　　point([(x1,y1), … (xn,yn)], fill)　　　　　　　# fill 是設定顏色

第一個參數是由元組 (tuple) 組成的串列，(x,y) 是欲繪製的點座標。fill 可以是 RGBA( ) 或是直接指定顏色。

17-7-2 繪製線條

ImageDraw 模組的 line( ) 方法可以繪製線條，語法如下：

　　line([(x1,y1), … (xn,yn)], width, fill)　　　　# width 是寬度，預設是 1

第一個參數是由元組 (tuple) 組成的串列，(x,y) 是欲繪製線條的點座標，如果多於 2 個點，則這些點會串接起來。fill 可以是 RGBA( ) 或是直接指定顏色。

程式實例 ch17_20.py：繪製點和線條的應用。

```python
 1  # ch17_20.py
 2  from PIL import Image, ImageDraw
 3
 4  newImage = Image.new('RGBA', (300, 300), "Yellow")   # 建立300*300黃色底的影像
 5  drawObj = ImageDraw.Draw(newImage)
 6
 7  # 繪製點
 8  for x in range(100, 200, 3):
 9      for y in range(100, 200, 3):
10          drawObj.point([(x,y)], fill='Green')
11
12  # 繪製線條, 繪外框線
13  drawObj.line([(0,0), (299,0), (299,299), (0,299), (0,0)], fill="Black")
14  # 繪製右上角美工線
15  for x in range(150, 300, 10):
16      drawObj.line([(x,0), (300,x-150)], fill="Blue")
17  # 繪製左下角美工線
18  for y in range(150, 300, 10):
19      drawObj.line([(0,y), (y-150,300)], fill="Blue")
20  newImage.save("out17_20.png")
```

執行結果

17-7-3　繪製圓或橢圓

ImageDraw 模組的 ellipse( ) 方法可以繪製圓或橢圓，語法如下：

　　ellipse((left,top,right,bottom), fill, outline)　　　　# outline 是外框顏色

第一個參數是由元組 (tuple) 組成的，(left,top,right,bottom) 是包住圓或橢圓的矩形左上角與右下角的座標。fill 可以是 RGBA( ) 或是直接指定顏色，outline 是可選擇是否加上。

17-7-4　繪製矩形

ImageDraw 模組的 rectangle( ) 方法可以繪製矩形，語法如下：

　　rectangle((left,top,right,bottom), fill, outline)# outline 是外框顏色

第一個參數是由元組 (tuple) 組成的，(left,top,right,bottom) 是矩形左上角與右下角的座標。fill 可以是 RGBA( ) 或是直接指定顏色，outline 是可選擇是否加上。

17-7-5　繪製多邊形

ImageDraw 模組的 polygon( ) 方法可以繪製多邊形，語法如下：

　　polygon([(x1,y1), … (xn,yn)], fill, outline)　　　　# outline 是外框顏色

第一個參數是由元組 (tuple) 組成的串列，(x,y) 是欲繪製多邊形的點座標，在此需填上多邊形各端點座標。fill 可以是 RGBA( ) 或是直接指定顏色，outline 是可選擇是否加上。

程式實例 ch17_21.py：設計一個圖案。

```
1   # ch17_21.py
2   from PIL import Image, ImageDraw
3   
4   newImage = Image.new('RGBA', (300, 300), 'Yellow')   # 建立300*300黃色底的影像
5   drawObj = ImageDraw.Draw(newImage)
6   
7   drawObj.rectangle((0,0,299,299), outline='Black')    # 影像外框線
8   drawObj.ellipse((30,60,130,100),outline='Black')     # 左眼外框
9   drawObj.ellipse((65,65,95,95),fill='Blue')           # 左眼
10  drawObj.ellipse((170,60,270,100),outline='Black')    # 右眼外框
11  drawObj.ellipse((205,65,235,95),fill='Blue')         # 右眼
12  drawObj.polygon([(150,120),(180,180),(120,180),(150,120)],fill='Aqua') # 鼻子
13  drawObj.rectangle((100,210,200,240), fill='Red')     # 嘴
14  newImage.save("out17_21.png")
```

執行結果

17-8 在影像內填寫文字

ImageDraw 模組也可以用於在影像內填寫英文或中文，所使用的函數是 text( )，語法如下：

text((x,y), text, fill, font)　　　　# text 是想要寫入的文字

如果要使用預設方式填寫文字，可以省略 font 參數，可以參考 ch17_22.py 第 8 列。如果想要使用其它字型填寫文字，需呼叫 ImageFont 模組的 truetype( ) 方法選用字型，完整的寫法是 ImageFont.truetype( )，同時設定字型大小。在使用 ImageFont.truetype( ) 方法前需在程式前方導入 ImageFont 模組，可參考 ch17_22.py 第 2 列，這個方法的語法如下：

text(字型路徑 , 字型大小)

17-17

第 17 章　影像檔案處理 - Python 在多媒體的應用

Windows 系統字型是放在 C:\Windows\Fonts 資料夾內，在此你可以選擇想要的字型。

點選字型，按滑鼠右鍵，執行內容，再選安全性標籤可以看到此字型的檔案名稱。下列是點選 Old English Text 的示範輸出。

讀者可以用複製方式獲得字型的路徑，有了字型路徑後，就可以輕鬆在影像內輸出各種字型了。

17-18

程式實例 ch17_22.py：在影像內填寫文字，第 7 ~ 8 列是使用預設字型，執行英文字串「Ming-Chi Institute of Technology」的輸出。第 10 ~ 11 列是設定字型為 Old English Text，字型大小是 36，輸出相同的字串。第 13 ~ 15 列是設定字型為華康新綜藝體，字型大小是 48，輸出中文字串「明志科技大學」。

> 註　如果你的電腦沒有華康新綜藝體，執行這個程式會有錯誤，所以筆者有附一個 ch17_22_1.py 是使用 Microsoft 的新細明體字型，你可以自行體會中文的輸出。

```
1   # ch17_22.py
2   from PIL import Image, ImageDraw, ImageFont
3
4   newImage = Image.new('RGBA', (600, 300), 'Yellow')   # 建立300*300黃色底的影像
5   drawObj = ImageDraw.Draw(newImage)
6
7   strText = 'Ming-Chi Institute of Technology'         # 設定欲列印英文字串
8   drawObj.text((50,50), strText, fill='Blue')          # 使用預設字型與字型大小
9   # 使用古老英文字型，字型大小是36
10  fontInfo = ImageFont.truetype('C:\Windows\Fonts\OLDENGL.TTF', 36)
11  drawObj.text((50,100), strText, fill='Blue', font=fontInfo)
12  # 處理中文字體
13  strCtext = '明志科技大學'                             # 設定欲列印中文字串
14  fontInfo = ImageFont.truetype('C:\Windows\Fonts\DFZongYiStd-W9.otf', 48)
15  drawObj.text((50,180), strCtext, fill='Blue', font=fontInfo)
16  newImage.save("out17_22.png")
```

執行結果

17-9 專題 – 建立 QR code/ 文字辨識與建立停車場管理系統

17-9-1　建立 QR code

QR code 是目前最流行的二維掃描碼，1994 年日本 Denso-Wave 公司發明的，英文字 QR 所代表的意義是 Quick Response 意義是快速反應。QR code 最早是應用在汽車

製造商為了追蹤零件，目前已經應用在各行各業。它的最大特色是可以儲存比普通條碼更多資料，同時也不需對準掃描器。

17-9-1-1　QR code 的應用

下列是常見的 QR code 應用：

❏ 顯示網址資訊

使用掃描時可以進入此 QR code 的網址。

❏ 行動支付

這方面感覺大陸比我們快速，消費者掃描店家的 QR code 即可完成支付。或是店家掃描消費者手機的 QR code 也可以完成支付。部分地區的停車場，也是採用司機掃描出口的 QR code 完成停車支付。

❏ 電子票卷

參展票、高鐵票、電影票 … 等，將消費者所購買的票卷資訊使用 QR code 傳輸給消費者的手機，只要出示此 QR code，相當於可以進場了。

❏ 文字資訊

QR code 可以儲存的資訊很多，常看到有的人名片上有 QR code，當掃描後就可以獲得該名片主人的資訊，例如：姓名、電話號碼、地址、電子郵件地址 … 等。

17-9-1-2　QR code 的結構

QR code 是由邊框區和資料區所組成，資料區內有定位標記、校正圖塊、版本資訊、原始資訊、容錯資訊所組成，這些資訊經過編碼後產生二進位字串，白色格子代表 0，黑色格子代表 1，這些格子一般又稱作是模塊。其實經過編碼後，還會使用遮罩 (masking) 方法將原始二進位字串與遮罩圖案 (Mask Pattern) 做 XOR 運算，產生實際的編碼，經過處理後的 QR code 辨識率將更高。下列是 QR code 基本外觀如下：

❏ 邊框區

這也可以稱是非資料區，至少需有 4 個模塊，主要是避免 QR code 周遭的圖影響辨識。

❏ 定位標記

在上述外觀中，左上、左下、右上是定位標記，外型是 '回'，在使用 QR code 掃描時我們可以發現不用完全對準也可以，主要是這 3 個定位標記幫助掃描定位。

❏ 校正圖塊

主要是校正辨識。

❏ 容錯功能

QR code 有容錯功能，所以如果 QR code 有破損，有時仍然可以讀取，一般 QR code 的面積越大，容錯能力越強。

級別	容錯率
L 等級	7% 的字碼可以修正
M 等級	15% 的字碼可以修正
Q 等級	25% 的字碼可以修正
H 等級	30% 的字碼可以修正

17-9-1-3　QR code 的容量

目前有 40 個不同版本，版本 1 是 21x21 模塊，模塊是 QR code 最小的單位，每增加一個版本，長寬各增加 4 個模塊，所以版本 40 是由 177x177 模塊組成，下列是以版本 40 為例做容量解說。

資料型別	最大資料容量
數字	最多 7089 個字元
字母	最多 4296 個字元
二進位數字	最多 2953 個位元組
日文漢字 / 片假名	最多 1817 個字元 (採用 Shift JIS)
中文漢字	最多 984 個字元 (utf-8), 最多 1800 個字元 (big5/gb2312)

第 17 章　影像檔案處理 - Python 在多媒體的應用

17-9-1-4　建立 QR code 基本知識

使用前需安裝模組：

　　pip install qrcode

常用的幾個方法如下：

　　img = qrcode.make(" 網址資料 ")　　　　　　　# 產生網址資料的 QR code 物件 img
　　img.save("filename")　　　　　　　　　　　　# filename 是儲存 QR code 的檔名

程式實例 ch17_23.py：建立 https://deepwisdom.com.tw/ 的 QR code，這個程式會先列出 img 物件的資料型態，同時將此物件存入 out17_23.jpg 檔案內。

```
1  # ch17_23.py
2  import qrcode
3
4  codeText = 'http://deepwisdom.com.tw'
5  img = qrcode.make(codeText)          # 建立QR code 物件
6  print("檔案格式", type(img))
7  img.save("out17_23.jpg")
```

執行結果　下列分別是執行結果與 out17_23.jpg 的 QR code 結果。

```
================ RESTART: D:\Python\ch17\ch17_23.py ================
檔案格式 <class 'qrcode.image.pil.PilImage'>
```

程式實例 ch17_23_1.py：建立「Python 王者歸來」字串的 QR code。

```
1  # ch17_23_1.py
2  import qrcode
3
4  codeText = 'Python王者歸來'
5  img = qrcode.make(codeText)          # 建立QR code 物件
6  print("檔案格式", type(img))
7  img.save("out17_23_1.jpg")
```

執行結果　掃描後可以得到下方右圖的字串。

17-22

17-9　專題 – 建立 QR code/ 文字辨識與建立停車場管理系統

Python王者歸來

2019/07/10 14:18:58

17-9-1-5　細看 qrcode.make( ) 方法

從上述我們使用 qrcode.make( ) 方法建立 QR code，這是使用預設方法建立 QR code，實際 qrcode.make( ) 方法內含 3 個子方法，整個方法原始碼如下：

```
def make(data=None, **kwargs):
    qr =qrcode. QRCode(**kwargs)         # 設定條碼格式
    qr.add_data(data)                     # 設定條碼內容
    return qr.make_image( )               # 建立條碼圖檔
```

❏ 設定條碼格式

它的內容如下：

qr = qrcode.QRCode(version, error_correction, box_size, border, image_factory, mask_pattern)

下列是此參數解說。

- version：QR code 的版次，可以設定 1 ~ 40 間的版次。
- error_correction：從容錯率 7%、15%、25%、30%，參數如下：
  - qrcode.constants.ERROR_CORRECT_L：7%
  - qrcode.constants.ERROR_CORRECT_M：15%(預設)
  - qrcode.constants.ERROR_CORRECT_Q：25%
  - qrcode.constants.ERROR_CORRECT_H：30%
- box_size：每個模塊的像素個數。
- border：這是邊框區的厚度，預設是 4。
- image_factory：圖片格式，預設是 PIL。
- mask_pattern：mask_pattern 參數是 0 ~ 7，如果省略會自行使用最適當方法。

❏ 設定條碼內容

```
qr.add_data(data)            # data 是所設定的條碼內容
```

17-23

❑ 建立條碼圖檔

　　　　img = qr.make_image([fill_color], [back_color], [image_factory])

　　預設前景是黑色，背景是白色，可以使用 fill_color 和 back_color 分別更改前景和背景顏色，最後建立 qrcode.image.pil.PilImage 物件。

程式實例 ch17_23_2.py：建立 ' 明志科技大學 ' 黃底藍字的 QR code。

```
1  # ch17_23_2.py
2  import qrcode
3
4  qr = qrcode.QRCode(version=1,
5                     error_correction=qrcode.constants.ERROR_CORRECT_M,
6                     box_size=10,
7                     border=4)
8  qr.add_data("明志科技大學")
9  img = qr.make_image(fill_color='blue', back_color='yellow')
10 img.save("out17_23_2.jpg")
```

執行結果 掃描後可以得到下方右圖的字串。

17-9-1-6　QR code 內有圖案

　　有時候有些場合可以看到建立 QR code 時在中央位置有圖案，掃描時仍然可以獲得正確的結果，這是因為 QR code 有容錯能力。其實我們可以使用 17-5-3 節影像合成的觀念處理。

程式實例 ch17_23_3.py：筆者將自己的圖像當做 QR code 的圖案，然後不影響掃描結果。在這個實例中，筆者使用藍色白底的 QR code，同時使用 version=5。

```
1  # ch17_23_3.py
2  import qrcode
3  from PIL import Image
4
5  qr = qrcode.QRCode(version=5,
6                     error_correction=qrcode.constants.ERROR_CORRECT_M,
7                     box_size=10,
8                     border=4)
9  qr.add_data("明志科技大學")
10 img = qr.make_image(fill_color='blue')
11 width, height = img.size              # QR code的寬與高
12 with Image.open('jhung.jpg') as obj:
13     obj_width, obj_height = obj.size
14     img.paste(obj, ((width-obj_width)//2, (height-obj_height)//2))
15 img.save("out17_23_3.jpg")
```

17-9 專題 – 建立 QR code/ 文字辨識與建立停車場管理系統

執行結果 讀者可以自行掃描然後得到正確的結果。

17-9-1-7 建立含 QR code 的名片

有時候可以看到有些人的名片上有 QR code，使用手機掃描後此名片的資訊會被帶入聯絡人的欄位。為了要完成此工作，我們必須 vCard(virtual card) 格式。它的資料格式如下：

BEGIN:VCARD

…

特定屬性資料

…

END:VCARD

上述資料必須建在一個字串上，未來只要將此字串當作 QR code 資料即可。下列是常用的屬性：

屬性	使用說明	實例
FN	名字	FN: 洪錦魁
ORG	公司抬頭	ORG: 深智公司
TITLE	職務名稱	TITLE: 作者
TEL	電話；類型 CELL: 手機號 FAX: 傳真號 HOME: 住家號 WORK: 公司號	TEL;CELL:0900123123 TEL;WORK:02-22223333
ADR	公司地址	ADR: 台北市基隆路
EMAIL	電子郵件信箱	EMAIL:jiinkwei@me.com
URL	公司網址	URL:https://deepmind.com.tw

17-25

程式實例 ch17_23_4.py：建立個人名片資訊。

```
 1  # ch17_23_4.py
 2  import qrcode
 3
 4  vc_str = '''
 5  BEGIN:VCARD
 6  FN:洪錦魁
 7  TEL;CELL:0900123123
 8  TEL;FAX:02-27320553
 9  ORG:深智公司
10  TITLE:作者
11  EMAIL:jiinkwei@me.com
12  URL:https://deepmind.com.tw
13  ADR:台北市基隆路
14  END:VCARD
15  '''
16
17  img = qrcode.make(vc_str)
18  img.save("out17_23_4.jpg")
```

執行結果　下列左圖是此程式產生的 QR coce，如果讀者使用微信掃描，可以讀取所建的 VCARD 資料可以參考下列右圖。

```
BEGIN:VCARD
FN:洪錦魁
TEL;CELL:0900123123
TEL;FAX:02-27320553
ORG:深智公司
TITLE:作者
EMAIL:jiinkwei@me.com
URL:https://www.deepmind.-
com.tw
ADR:台北市基隆路
END:VCARD
```

17-9-2　文字辨識與停車場管理系統

Tesseract OCR 是一個文字辨識 (OCR, Optical Character Recognition) 的系統，可以在多個平台上運作，目前這是一個開放資源的免費軟體。1985-1994 年間由惠普 (HP) 實驗室開發，1996 年開發為適用 Windows 系統。有接近十年期間，這個軟體沒有太大進展，在 2005 年惠普公司將這個軟體釋出為免費使用 (open source)，2006 年起這個軟體改由 Google 贊助與維護。

這一節筆者將簡單介紹使用 Python 處理文字辨識，以及應用在車牌的辨識，同時設計簡單的停車管理系統。

17-9-2-1 安裝 pytesseract 模組

pytesseract 是一個 Python 與 Tesseract-OCR 之間的介面程式，這個程式的官網就自稱是 Tesseract-OCR 的 wrapper，它會自行呼叫 Tesseract-OCR 的內部程式執行辨識功能，我們可以呼叫 pytesseract 的方法，就可以完成辨識工作，可以使用下列方式安裝這個模組。

pip install pytesseract

17-9-2-2 文字辨識程式設計

安裝完 Tesseract-OCR 後，預設情況下是可以執行英文和阿拉伯數字的辨識，下列是數字與英文字的圖檔辨識，並將結果印出和儲存，在使用 pytesseract 前，需要導入 pytesseract 模組。

import pytesseract

程式實例 ch17_24.py：這個程式會辨識車牌，所使用的車牌圖檔 atq9305.jpg 如下。

```
1  # ch17_24.py
2  from PIL import Image
3  import pytesseract
4
5  text = pytesseract.image_to_string(Image.open('d:\\Python\\ch17\\atq9305.jpg'))
6  print(type(text), "   ", text)
```

執行結果 這個程式無法在 Python 的 IDLE 下執行，需在命令提示環境執行。

```
PS C:\Users\User> python d:\Python\ch17\ch17_24.py
<class 'str'>      ATQ9305
```

註 如果車牌拍的角度不好，有可能會造成辨識錯誤。

程式實例 ch17_25.py：這個程式會辨識車牌，同時列出車子進場時間和出場時間。如果是初次進入車輛，程式會列出車輛進場時間，同時將此車輛與進場時間用 carDict 字典儲存。如果車輛已經入場，再次掃描時，系統會輸出車號和此車的出場時間。

```python
1   # ch17_25.py
2   from PIL import Image
3   import pytesseract
4   import time
5
6   carDict = {}
7   myPath = "d:\\Python\\ch17\\"
8   while True:
9       carPlate = input("請掃描或輸入車牌(Q/q代表結束) : ")
10      if carPlate == 'Q' or carPlate == 'q':
11          break
12      carPlate = myPath + carPlate
13      keyText = pytesseract.image_to_string(Image.open(carPlate))
14      if keyText in carDict:
15          exitTime = time.asctime()
16          print("車輛出場時間 : ", keyText, ":", exitTime)
17          del carDict[keyText]
18      else:
19          entryTime = time.asctime()
20          print("車輛入場時間 : ", keyText, ":", entryTime)
21          carDict[keyText] = entryTime
```

執行結果

```
PS C:\Users\User> python d:\Python\ch17\ch17_25.py
請掃描或輸入車牌(Q/q代表結束) : atq9305.jpg
車輛入場時間 :    ATQ9305

 : Mon Jul 11 15:44:48 2022
請掃描或輸入車牌(Q/q代表結束) : atq9305.jpg
車輛出場時間 :    ATQ9305

 : Mon Jul 11 15:45:10 2022
請掃描或輸入車牌(Q/q代表結束) : q
PS C:\Users\User>
```

17-9-2-3 辨識繁體中文

Tesseract-OCR 也可以辨識繁體中文，下列將以實例說明識別 data17_26.jpg 繁體中文的圖檔。

1：從無到有一步一步教導讀者 R 語言的使用

2：學習本書不需要有統計基礎，但在無形中本

書已灌溉了統計知識給你

程式實例 ch17_26.py：執行繁體中文圖片文字的辨識，這個程式最重要的是筆者在 image_to_string( ) 方法內增加了第 2 個參數 lang='chi_tra' 參數，這個參數會引導程式使用，繁體中文資料檔「chi_tra.traineddata」做辨識。

17-9 專題 – 建立 QR code/ 文字辨識與建立停車場管理系統

```
1  # ch17_26.py
2  from PIL import Image
3  import pytesseract
4
5  text = pytesseract.image_to_string(Image.open('d:\\Python\\ch17\\data17_26.jpg'),
6                                     lang='chi_tra')
7  print(text)
8  with open('d:\\Python\\ch17\\out17_26.txt', 'w') as fn:
9      fn.write(text)
```

執行結果
```
PS C:\Users\User> python d:\Python\ch17\ch17_26.py
1：從無到有一步一步教導讀者R語言的使用
2：學習本書不需要有統計基礎，但在無形中本
書已灌溉了統計知識給你
```

在上述辨識處理中，沒有錯誤，這是一個非常好的辨識結果。不過筆者在使用時發現，如果圖檔的字比較小，會有較多辨識錯誤情況。註：上述是早期 Python 3.7 的執行結果，筆者使用 Python 3.11 測試，雖然可以辨識，但是產生許多空格與空的段落，這個情況也會發生在簡體中文圖檔的測試。

17-9-2-4　辨識簡體中文

辨識簡體中文和繁體中文步驟相同，下列將以實例說明識別 data17_27.jpg 簡體中文的圖檔。

　　　　1：从无到有一步一步教导读者 R 语言的使用

　　　　2：学习本书不需要有统计基础，但在无形中本

　　　　書已灌溉了统计知识给你

程式實例 ch17_27.py：執行簡體中文圖片文字的辨識，這個程式最重要的是在 image_to_string( ) 方法內增加了第 2 個參數 lang='chi_sim' 參數，這個參數會引導程式使用語言檔案，簡體中文資料檔「chi_sim.traineddata」做辨識。這個程式另外需留意的是，第 8 列在開啟檔案時需要增加 encoding='utf-8'，這是為了將簡體中文寫入檔案。

```
1  # ch17_27.py
2  from PIL import Image
3  import pytesseract
4
5  text = pytesseract.image_to_string(Image.open('d:\\Python\\ch17\\data17_27.jpg'),
6                                     lang='chi_sim')
7  print(text)
8  with open('d:\\Python\\ch17\\out17_27.txt', 'w', encoding='utf-8') as fn:
9      fn.write(text)
```

第 17 章　影像檔案處理 - Python 在多媒體的應用

執行結果
```
PS C:\Users\User> python d:\Python\ch17\ch17_27.py
1: 从无到有一步一步教导读者R语言的使用
2: 学习本书不需要有统计基础，但在无形中本
书已灌溉了统计知识给你
```

　　在使用時，筆者也發現如果發生無法辨識情況，程式將回應空白。

第 18 章
GUI 程式開發
以 tkinter 打造視覺化介面

18-1　建立視窗
18-2　標籤 Label
18-3　視窗元件配置管理員 Layout Management
18-4　功能鈕 Button
18-5　變數類別
18-6　文字方塊 Entry
18-7　文字區域 Text
18-8　捲軸 Scrollbar
18-9　選項鈕 Radiobutton
18-10　核取方塊 Checkboxes
18-11　對話方塊 messagebox
18-12　圖形 PhotoImage
18-13　尺度 Scale 的控制
18-14　功能表 Menu 設計
18-15　專題 – 設計小算盤

第 18 章　GUI 程式開發 - 以 tkinter 打造視覺化介面

GUI 英文全名是 Graphical User Interface，中文可以翻譯為圖形使用者介面，本章將介紹使用 tkinter 模組設計這方面的程式。

Tk 是一個開放原始碼 (open source) 的圖形介面的開發工具，最初發展是從 1991 年開始，具有跨平台的特性，可以在 Linux、Windows、Mac OS … 等作業系統上執行，這個工具提供許多圖形介面，例如：功能表 (Menu)、按鈕 (Button) … 等。目前這個工具已經移植到 Python 語言，在 Python 語言稱 tkinter 模組。

在安裝 Python 時，就已經同時安裝此模組了，在使用前只需宣告導入此模組即可，如下所示：

　　from tkinter import *

註　在 Python 2 版本模組名稱是 Tkinter，Python 3 版本的模組名稱改為 tkinter。

18-1　建立視窗

可以使用下列方法建立視窗。

　　window = Tk( )　　　　# 這是自行定義的 Tk 物件名稱，也可以取其它名稱
　　window.mainloop( )　　# 放在程式最後一列

通常我們將使用 Tk( ) 方法建立的視窗稱根視窗 (root window)，未來可以在此根視窗建立許多元件 (widget)，甚至也可以在此根視窗建立上層視窗，此例筆者用 window 當做物件名稱，你也可以自行取其它名稱。上述 mainloop( ) 方法可以讓程式繼續執行，同時進入等待與處理視窗事件，若是按視窗右上方的關閉鈕，此程式才會結束。

程式實例 ch18_1.py：建立空白視窗。

```
1  # ch18_1.py
2  from tkinter import *
3
4  window = Tk()
5  window.mainloop()
```

執行結果

18-2 標籤 Label

上述視窗產生時，我們可以拖曳移動視窗或更改視窗大小，下列是與視窗相關的方法：

- title( )：視窗標題。
- geometry("width**x**height")：視窗的寬與高，單位是像素。
- maxsize(width,height)：拖曳時可以設定視窗最大的寬 (width) 與高 (height)。
- resizeable(True,True)：可設定可否更改視窗大小，第一個參數是寬，第二個參數是高，如果要固定視窗寬與高，可以使用 resizeable(0,0)

程式實例 ch18_2.py：建立視窗標題 MyWindow，同時設定寬是 300，高是 160。

```
1  # ch18_2.py
2  from tkinter import *
3  
4  window = Tk()
5  window.title("MyWindow")     # 視窗標題
6  window.geometry("300x160")   # 視窗大小
7  
8  window.mainloop()
```

執行結果

18-2 標籤 Label

Label( ) 方法可以用於在視窗內建立文字或圖形標籤，有關圖形標籤將在 18-12 節討論，它的使用格式如下：

　　　Label(父物件 ,options, …)

Label( ) 方法的第一個參數是父物件，表示這個標籤將建立在那一個父物件 (可想成父視窗或稱容器) 內。下列是 Label( ) 方法內其它常用的 options 參數：

- text：標籤內容，如果有 "\n" 則可創造多列文字。
- width：標籤寬度，單位是字元。

18-3

第 18 章　GUI 程式開發 - 以 tkinter 打造視覺化介面

- height：標籤高度，單位是字元。
- bg 或 background：背景色彩。
- fg 或 foreground：字型色彩。
- font( )：可選擇字型與大小，可參考 ch18_4_1.py。
- textvariable：可以設定標籤以變數方式顯示，可參考 ch18_14.py。
- image：標籤以圖形方式呈現，將在 18-12 節解說。
- relief：預設是 relief=flat，可由此控制標籤的外框，有下列選項：

  flat　groove　raised　ridge　solid　sunken

- justify：在多列文件時最後一列的對齊方式 LEFT/CENTER/RIGHT(靠左 / 置中 / 靠右)，預設是置中對齊。

程式實例 ch18_3.py：建立一個標籤，內容是 I like tkinter。

```
1  # ch18_3.py
2  from tkinter import *
3
4  window = Tk()
5  window.title("ch18_3")              # 視窗標題
6  label = Label(window,text="I like tkinter")
7  label.pack()                         # 包裝與定位元件
8
9  window.mainloop()
```

執行結果　下方右圖示滑鼠拖曳增加視窗寬度的結果，可以看到完整視窗標題。

　　上述第 7 列的 pack( ) 方法主要是包裝視窗的元件和定位視窗的物件，所以可以在視窗內見到上述視窗元件，此例視窗元件是標籤。對上述第 6 列和第 7 列，我們也可以組合成一列，可參考下列程式實例。

程式實例 ch18_3_1.py：使用 Label( ).pack( ) 方式重新設計 ch18_3.py。

```
6   label = Label(window,text="I like tkinter").pack()
```

執行結果　與 ch18_3.py 相同。

程式實例 ch18_4.py：擴充 ch18_3.py，標籤寬度是 15，背景是淺黃色。

```
1  # ch18_4.py
2  from tkinter import *
3
4  window = Tk()
5  window.title("ch18_4")              # 視窗標題
6  label = Label(window,text="I like tkinter",
7                bg="lightyellow",     # 標籤背景是淺黃色
8                width=15)             # 標籤寬度是15
9  label.pack()                        # 包裝與定位元件
10
11 window.mainloop()
```

執行結果

程式實例 ch18_4_1.py：重新設計 ch18_4.py，使用 font 更改字型與大小的應用。

```
1  # ch18_4_1.py
2  from tkinter import *
3
4  window = Tk()
5  window.title("ch18_4_1")            # 視窗標題
6  label = Label(window,text="I like tkinter",
7                bg="lightyellow",     # 標籤背景是淺黃色
8                width=15,             # 標籤寬度是15
9                font="Helvetica 16 bold italic")
10 label.pack()                        # 包裝與定位元件
11
12 window.mainloop()
```

執行結果

上述最重要是第 9 列，Helvetica 是字型名稱，16 是字型大小，bold、italic 則是粗體與斜體，如果不設定則使用預設一般字體。

18-3 視窗元件配置管理員 Layout Management

在設計 GUI 程式時，可以使用 3 種方法包裝和定位各元件的位置，這 3 個方法又稱視窗元件配置管理員 (Layout Management)，下列將分成 3 小節說明。

18-3-1 pack( ) 方法

在正式講解 pack( ) 方法前，請先參考下列程式實例。

第 18 章　GUI 程式開發 - 以 tkinter 打造視覺化介面

程式實例 ch18_5.py：一個視窗含 3 個標籤的應用。

```
1  # ch18_5.py
2  from tkinter import *
3
4  window = Tk()
5  window.title("ch18_5")                # 視窗標題
6  lab1 = Label(window,text="明志科技大學",
7              bg="lightyellow",         # 標籤背景是淺黃色
8              width=15)                 # 標籤寬度是15
9  lab2 = Label(window,text="長庚大學",
10             bg="lightgreen",          # 標籤背景是淺綠色
11             width=15)                 # 標籤寬度是15
12 lab3 = Label(window,text="長庚科技大學",
13             bg="lightblue",           # 標籤背景是淺藍色
14             width=15)                 # 標籤寬度是15
15 lab1.pack()                           # 包裝與定位元件
16 lab2.pack()                           # 包裝與定位元件
17 lab3.pack()                           # 包裝與定位元件
18
19 window.mainloop()
```

執行結果

由上圖可以看到當視窗有多個元件時，使用 pack( ) 可以讓元件由上往下排列然後顯示，其實這也是系統的預設環境。使用 pack( ) 方法時，也可以增加 side 參數設定元件的排列方式，此參數的值如下：

- TOP：這是預設，由上往下排列。
- BOTTOM：由下往上排列。
- LEFT：由左往右排列。
- RIGHT：由右往左排列。

另外，使用 pack( ) 方法時，視窗元件間的距離是 1 像素，如果期待有適度間距，可以增加參數 padx/pady，代表水平間距 / 垂直間距，可以分別在元件間增加間距。

程式實例 ch18_6.py：在 pack( ) 方法內增加「side=BOTTOM」重新設計 ch18_5.py。

```
15 lab1.pack(side=BOTTOM)                # 包裝與定位元件
16 lab2.pack(side=BOTTOM)                # 包裝與定位元件
17 lab3.pack(side=BOTTOM)                # 包裝與定位元件
```

執行結果

18-3 視窗元件配置管理員 Layout Management

程式實例 ch18_6_1.py：重新設計 ch18_6.py，在長庚大學標籤上下增加 5 像素間距。

```
15   lab1.pack(side=BOTTOM)              # 包裝與定位元件
16   lab2.pack(side=BOTTOM,pady=5)       # 包裝與定位元件,增加y軸間距
17   lab3.pack(side=BOTTOM)              # 包裝與定位元件
```

執行結果

程式實例 ch18_7.py：在 pack( ) 方法內增加「side=LEFT」重新設計 ch18_5.py。

```
15   lab1.pack(side=LEFT)                # 包裝與定位元件
16   lab2.pack(side=LEFT)                # 包裝與定位元件
17   lab3.pack(side=LEFT)                # 包裝與定位元件
```

執行結果

程式實例 ch18_7_1.py：重新設計 ch18_5.py，在長庚大學標籤左右增加 5 像素間距。

```
15   lab1.pack(side=LEFT)                # 包裝與定位元件
16   lab2.pack(side=LEFT,padx=5)         # 包裝與定位元件,增加x軸間距
17   lab3.pack(side=LEFT)                # 包裝與定位元件
```

執行結果

程式實例 ch18_8.py：在 pack( ) 方法內混合使用 side 參數重新設計 ch18_5.py。

```
15   lab1.pack()                         # 包裝與定位元件
16   lab2.pack(side=RIGHT)               # 包裝與定位元件
17   lab3.pack(side=LEFT)                # 包裝與定位元件
```

執行結果

18-3-2　grid( ) 方法

18-3-2-1　基本觀念

　　這是一種格狀或是想成是 Excel 試算表方式，包裝和定位視窗元件的方法，觀念是使用 row 和 column 參數，下列是此格狀方法的觀念。

18-7

row=0,column=0	row=0,column=1	..	row=0,column=n
row=1,column=0	row=1,column=1	..	row=1,column=n
:	:		:
row=n,column=0	row=n,column=1	..	row=n,column=n

註 上述也可以將最左上角的 row 和 column 從 1 開始計數。

可以適度調整 grid( ) 方法內的 row 和 column 值，即可包裝視窗元件的位置。

程式實例 ch18_9.py：使用 grid( ) 方法取代 pack( ) 方法重新設計 ch18_5.py。

```
15  lab1.grid(row=0,column=0)           # 格狀包裝
16  lab2.grid(row=1,column=0)           # 格狀包裝
17  lab3.grid(row=1,column=1)           # 格狀包裝
```

執行結果

程式實例 ch18_10.py：格狀包裝的另一個應用。

```
15  lab1.grid(row=0,column=0)           # 格狀包裝
16  lab2.grid(row=1,column=2)           # 格狀包裝
17  lab3.grid(row=2,column=1)           # 格狀包裝
```

執行結果

在 grid( ) 方法內也可以增加 sticky 參數，可以用此參數設定「N/S/W/E」意義是「上/下/左/右」對齊。此外，也可以增加 padx/pady 參數分別設定元件與相鄰元件的 x 軸間距 /y 軸間距。

18-3-2-2　columnspan 參數

可以設定控件在 column 方向的合併數量，在正式講解 columnspan 參數功能前，筆者先介紹建立一個含 8 個標籤的應用。

18-8

18-3 視窗元件配置管理員 Layout Management

程式實例 ch18_10_1.py：使用 grid 方法建立含 8 個標籤的應用。

```
1   # ch18_10_1.py
2   from tkinter import *
3
4   window = Tk()
5   window.title("ch18_10_1")              # 視窗標題
6   lab1 = Label(window,text="標籤1",relief="raised")
7   lab2 = Label(window,text="標籤2",relief="raised")
8   lab3 = Label(window,text="標籤3",relief="raised")
9   lab4 = Label(window,text="標籤4",relief="raised")
10  lab5 = Label(window,text="標籤5",relief="raised")
11  lab6 = Label(window,text="標籤6",relief="raised")
12  lab7 = Label(window,text="標籤7",relief="raised")
13  lab8 = Label(window,text="標籤8",relief="raised")
14  lab1.grid(row=0,column=0)
15  lab2.grid(row=0,column=1)
16  lab3.grid(row=0,column=2)
17  lab4.grid(row=0,column=3)
18  lab5.grid(row=1,column=0)
19  lab6.grid(row=1,column=1)
20  lab7.grid(row=1,column=2)
21  lab8.grid(row=1,column=3)
22
23  window.mainloop()
```

執行結果

如果發生了標籤 2 和標籤 3 的區間是被一個標籤佔用，此時就是使用 columnspan 參數的場合。

程式實例 ch18_10_2.py：重新設計 ch18_10_1.py，將標籤 2 和標籤 3 合併成一個標籤。

```
1   # ch18_10_2.py
2   from tkinter import *
3
4   window = Tk()
5   window.title("ch18_10_2")              # 視窗標題
6   lab1 = Label(window,text="標籤1",relief="raised")
7   lab2 = Label(window,text="標籤2",relief="raised")
8   lab4 = Label(window,text="標籤4",relief="raised")
9   lab5 = Label(window,text="標籤5",relief="raised")
10  lab6 = Label(window,text="標籤6",relief="raised")
11  lab7 = Label(window,text="標籤7",relief="raised")
12  lab8 = Label(window,text="標籤8",relief="raised")
13  lab1.grid(row=0,column=0)
14  lab2.grid(row=0,column=1,columnspan=2)
15  lab4.grid(row=0,column=3)
16  lab5.grid(row=1,column=0)
17  lab6.grid(row=1,column=1)
18  lab7.grid(row=1,column=2)
19  lab8.grid(row=1,column=3)
20
21  window.mainloop()
```

18-9

第 18 章　GUI 程式開發 - 以 tkinter 打造視覺化介面

執行結果

18-3-2-3　rowspan 參數

可以設定控件在 row 方向的合併數量，若是看程式實例 ch18_10_1.py，如果發生了標籤 2 和標籤 6 的區間是被一個標籤佔用　此時就是使用 rowspan 參數的場合。

程式實例 ch18_10_3.py：重新設計 ch18_10_1.py，將標籤 2 和標籤 6 合併成一個標籤。

```
1   # ch18_10_3.py
2   from tkinter import *
3
4   window = Tk()
5   window.title("ch18_10_3")              # 視窗標題
6   lab1 = Label(window,text="標籤1",relief="raised")
7   lab2 = Label(window,text="標籤2",relief="raised")
8   lab3 = Label(window,text="標籤3",relief="raised")
9   lab4 = Label(window,text="標籤4",relief="raised")
10  lab5 = Label(window,text="標籤5",relief="raised")
11  lab7 = Label(window,text="標籤7",relief="raised")
12  lab8 = Label(window,text="標籤8",relief="raised")
13  lab1.grid(row=0,column=0)
14  lab2.grid(row=0,column=1,rowspan=2)
15  lab3.grid(row=0,column=2)
16  lab4.grid(row=0,column=3)
17  lab5.grid(row=1,column=0)
18  lab7.grid(row=1,column=2)
19  lab8.grid(row=1,column=3)
20
21  window.mainloop()
```

執行結果

18-3-3　place( ) 方法

這是使用 place( ) 方法內的 x 和 y 參數直接設定視窗元件的左上方位置，單位是像素，視窗顯示區的左上角是 (x=0,y=0)，x 是往右遞增，y 是往下遞增。同時使用這種方法時，視窗將不會自動調整大小而是使用預設的大小顯示，可參考 ch18_11.py 的執行結果。

程式實例 ch18_11.py：使用 place( ) 方法直接設定標籤的位置，重新設計 ch18_5.py。

```python
1   # ch18_11.py
2   from tkinter import *
3
4   window = Tk()
5   window.title("ch18_11")              # 視窗標題
6   lab1 = Label(window,text="明志科技大學",
7                bg="lightyellow",       # 標籤背景是淺黃色
8                width=15)               # 標籤寬度是15
9   lab2 = Label(window,text="長庚大學",
10               bg="lightgreen",        # 標籤背景是淺綠色
11               width=15)               # 標籤寬度是15
12  lab3 = Label(window,text="長庚科技大學",
13               bg="lightblue",         # 標籤背景是淺藍色
14               width=15)               # 標籤寬度是15
15  lab1.place(x=0,y=0)                  # 直接定位
16  lab2.place(x=30,y=50)                # 直接定位
17  lab3.place(x=60,y=100)               # 直接定位
18
19  window.mainloop()
```

執行結果

18-3-4　視窗元件位置的總結

　　我們使用 tkinter 模組設計 GUI 程式時，雖然可以使用 place( ) 方法定位元件的位置，不過筆者建議盡量使用 pack( ) 和 grid( ) 方法定位元件的位置，因為當視窗元件一多時，使用 place( ) 需計算元件位置較不方便，同時若有新增或減少元件時又需重新計算設定元件位置，這樣會比較不方便。

18-4　功能鈕 Button

18-4-1　基本觀念

　　功能鈕也可稱是按鈕，在視窗元件中我們可以設計按一下功能鈕時，執行某一個特定的動作。它的使用格式如下：

第 18 章　GUI 程式開發 - 以 tkinter 打造視覺化介面

Button(父物件 , options, …)

Button( ) 方法的第一個參數是父物件，表示這個功能鈕將建立在那一個視窗內。下列是 Button( ) 方法內其它常用的 options 參數：

- text：功能鈕名稱。
- width：寬，單位是字元寬。
- height：高，單位是字元高。
- bg 或 background：背景色彩。
- fg 或 foreground：字型色彩。
- image：功能鈕上的圖形，可參考 18-12-2 節。
- command：按一下功能鈕時，執行此所指定的方法。

程式實例 ch18_12.py：當按一下功能鈕時可以顯示字串「I love Python」，底色是淺黃色，字串顏色是藍色。

```
1  # ch18_12.py
2  from tkinter import *
3
4  def msgShow():
5      label["text"] = "I love Python"
6      label["bg"] = "lightyellow"
7      label["fg"] = "blue"
8
9  window = Tk()
10 window.title("ch18_12")           # 視窗標題
11 label = Label(window)             # 標籤內容
12 btn = Button(window,text="Message",command=msgShow)
13
14 label.pack()
15 btn.pack()
16
17 window.mainloop()
```

執行結果

程式實例 ch18_13.py：擴充設計 ch18.12.py，若按 Exit 鈕，視窗可以結束。

```
1  # ch18_13.py
2  from tkinter import *
3
4  def msgShow():
5      label["text"] = "I love Python"
```

```
 6      label["bg"] = "lightyellow"
 7      label["fg"] = "blue"
 8
 9  window = Tk()
10  window.title("ch18_13")             # 視窗標題
11  label = Label(window)               # 標籤內容
12  btn1 = Button(window,text="Message",width=15,command=msgShow)
13  btn2 = Button(window,text="Exit",width=15,command=window.destroy)
14  label.pack()
15  btn1.pack(side=LEFT)                # 按鈕1
16  btn2.pack(side=RIGHT)               # 按鈕2
17
18  window.mainloop()
```

執行結果

上述第 13 列的 window.destroy 可以關閉 window 視窗物件，同時程式結束。另一個常用的是 window.quit，可以讓 Python Shell 內執行的程式結束，但是 window 視窗則繼續執行，未來 ch18_16.py 會做實例說明。

18-4-2 設定視窗背景 config( )

config(option=value) 其實是視窗元件的共通方法，透過設定 option 為 bg 參數時，可以設定視窗元件的背景顏色。

程式實例 ch18_13_1.py：在視窗右下角有 3 個鈕，按 Yellow 鈕可以將視窗背景設為黃色，按 Blue 按鈕可以將視窗背景設為藍色，按 Exit 按鈕可以結束程式。

```
 1  # ch18_13_1.py
 2  from tkinter import *
 3
 4  def yellow():                       # 設定視窗背景是黃色
 5      window.config(bg="yellow")
 6  def blue():                         # 設定視窗背景是藍色
 7      window.config(bg="blue")
 8
 9  window = Tk()
10  window.title("ch18_13_1")
11  window.geometry("300x200")          # 固定視窗大小
12  # 依次建立3個鈕
13  exitbtn = Button(window,text="Exit",command=window.destroy)
14  bluebtn = Button(window,text="Blue",command=blue)
15  yellowbtn = Button(window,text="Yellow",command=yellow)
16  # 將3個鈕包裝定位在右下方
17  exitbtn.pack(anchor=S,side=RIGHT,padx=5,pady=5)
18  bluebtn.pack(anchor=S,side=RIGHT,padx=5,pady=5)
19  yellowbtn.pack(anchor=S,side=RIGHT,padx=5,pady=5)
20
21  window.mainloop()
```

執行結果

18-4-3 使用 lambda 表達式的好時機

在 ch18_13_1.py 設計過程，Yellow 按鈕和 Blue 按鈕是執行相同工作，但是所傳遞的顏色參數不同，其實這是使用 lambda 表達式的好時機，我們可以透過 lambda 表達式呼叫相同方法，但是傳遞不同參數方式簡化設計。

程式實例 ch18_13_2.py：使用 lambda 表達式重新設計 ch18_13_1.py。

```
1  # ch18_13_2.py
2  from tkinter import *
3
4  def bColor(bgColor):              # 設定視窗背景顏色
5      window.config(bg=bgColor)
6
7  window = Tk()
8  window.title("ch18_13_2")
9  window.geometry("300x200")        # 固定視窗大小
10 # 依次建立3個鈕
11 exitbtn = Button(window,text="Exit",command=window.destroy)
12 bluebtn = Button(window,text="Blue",command=lambda:bColor("blue"))
13 yellowbtn = Button(window,text="Yellow",command=lambda:bColor("yellow"))
14 # 將3個鈕包裝定位在右下方
15 exitbtn.pack(anchor=S,side=RIGHT,padx=5,pady=5)
16 bluebtn.pack(anchor=S,side=RIGHT,padx=5,pady=5)
17 yellowbtn.pack(anchor=S,side=RIGHT,padx=5,pady=5)
18
19 window.mainloop()
```

上述也可以省略第 4-5 列的 bColor( ) 函數，此時第 12 和 13 列的 lambda 將改成下列。

command=lambda:window.config(bg="blue")
command=lambda:window.config(bg="yellow")

讀者可以自我練習，筆者將練習結果放在 ch18_13_3.py。

18-5 變數類別

有些視窗元件在執行時會更改內容，此時可以使用 tkinter 模組內的變數類別 (Variable Classes)，它的使用方式如下：

- x = IntVar( )   # 整數變數，預設是 0
- x = DoubleVar( )   # 浮點數變數，預設是 0.0
- x = StringVar( )   # 字串變數，預設是 ""
- x = BooleanVar( )   # 布林值變數，True 是 1，False 是 0

可以使用 get( ) 方法取得變數內容，可以使用 set( ) 方法設定變數內容。

程式實例 ch18_14.py：這個程式在執行時若按 Hit 鈕可以顯示「I like tkinter」字串，如果已經顯示此字串則改成不顯示此字串。這個程式第 17 列是將標籤內容設為變數 x，第 8 列是設定顯示標籤時的標籤內容，第 11 列則是將標籤內容設為空字串如此可以達到不顯示標籤內容。

```
1   # ch18_14.py
2   from tkinter import *
3
4   def btn_hit():                          # 處理按鈕事件
5       global msg_on                       # 這是全域變數
6       if msg_on == False:
7           msg_on = True
8           x.set("I like tkinter")         # 顯示文字
9       else:
10          msg_on = False
11          x.set("")                       # 不顯示文字
12
13  window = Tk()
14  window.title("ch18_14")                 # 視窗標題
15
16  msg_on = False                          # 全域變數預設是False
17  x = StringVar()                         # Label的變數內容
18
19  label = Label(window,textvariable=x,    # 設定Label內容是變數x
20                fg="blue",bg="lightyellow",  # 淺黃色底藍色字
21                font="Verdana 16 bold",   # 字型設定
22                width=25,height=2).pack() # 標籤內容
23  btn = Button(window,text="Hit",command=btn_hit).pack()
24
25  window.mainloop()
```

執行結果

18-6 文字方塊 Entry

所謂的 文字方塊 Entry，通常是指單一列的文字方塊，它的使用格式如下：

  Entry(父物件 , options, …)

Entry( ) 方法的第一個參數是 父物件，表示這個文字方塊將建立在那一個視窗內。下列是 Entry( ) 方法內其它常用的 options 參數：

- width：寬，單位是字元寬。
- height：高，單位是字元高。
- bg 或 background：背景色彩。
- fg 或 froeground：字型色彩。
- state：輸入狀態，預設是 NORMAL 表示可以輸入，DISABLE 則是無法輸入。
- textvariable：文字變數。
- show：顯示輸入字元，例如：show='*' 表示顯示星號，常用在密碼欄位輸入。

程式實例 ch18_15.py：在視窗內建立標籤和文字方塊，讀者也可以在文字方塊內執行輸入，其中第 2 個文字方塊物件 e2 有設定 show='*'，所以輸入時所輸入的字元用 '*' 顯示。

```
 1  # ch18_15.py
 2  from tkinter import *
 3
 4  window = Tk()
 5  window.title("ch18_15")              # 視窗標題
 6
 7  lab1 = Label(window,text="Account ") grid(row=0)
 8  lab2 = Label(window,text="Password").grid(row=1)
 9
10  e1 = Entry(window)                   # 文字方塊1
11  e2 = Entry(window,show='*')          # 文字方塊2
12  e1.grid(row=0,column=1)              # 定位文字方塊1
13  e2.grid(row=1,column=1)              # 定位文字方塊2
14
15  window.mainloop()
```

執行結果

上述第 7 列筆者設定 grid(row=0)，在沒有設定「column=x」的情況，系統將自動設定「column=0」，第 8 列的觀念相同。

程式實例 ch18_16.py：擴充上述程式，增加 Print 按鈕和 Quit 按鈕，若是按 Print 按鈕，可以在 Python Shell 視窗看到所輸入的 Account 和 Password。若是按 Quit 按鈕，可以看到在 Python Shell 視窗執行的程式結束，但是螢幕上仍可以看到此 ch18_16 視窗在執行。

```python
1   # ch18_16.py
2   from tkinter import *
3   def printInfo():                      # 列印輸入資訊
4       print("Account: %s\nPassword: %s" % (e1.get(),e2.get()))
5
6   window = Tk()
7   window.title("ch18_16")               # 視窗標題
8
9   lab1 = Label(window,text="Account ").grid(row=0)
10  lab2 = Label(window,text="Password").grid(row=1)
11
12  e1 = Entry(window)                    # 文字方塊1
13  e2 = Entry(window,show='*')           # 文字方塊2
14  e1.grid(row=0,column=1)               # 定位文字方塊1
15  e2.grid(row=1,column=1)               # 定位文字方塊2
16
17  btn1 = Button(window,text="Print",command=printInfo)
18  btn1.grid(row=2,column=0)
19  btn2 = Button(window,text="Quit",command=window.quit)
20  btn2.grid(row=2,column=1)
21
22  window.mainloop()
```

執行結果

下列是先按 Print 鈕，再按 Quit 鈕，在 Python Shell 視窗的執行結果。

```
==================== RESTART: D:\Python\ch18\ch18_16.py ====================
Account: deepmind
Password: deepmind
```

從上述執行結果可以看到，Print 鈕和 Quit 鈕並沒有切齊上方的標籤和文字方塊，我們可以在 grid( ) 方法內增加 sticky 參數，同時將此參數設為 W，即可靠左對齊欄位。另外，也可以使用 pady 設定物件上下的間距，padx 則是可以設定左右的間距。

程式實例 ch18_17.py：使用 sticky=W 參數和 pady=10 參數，重新設計 ch18_16.py。

```
17  btn1 = Button(window,text="Print",command=printInfo)
18  # sticky=W可以設定物件與上面的Label切齊，pady設定上下間距是10
19  btn1.grid(row=2,column=0,sticky=W,pady=10)
20  btn2 = Button(window,text="Quit",command=window.quit)
21  # sticky=W可以設定物件與上面的Entry切齊，pady設定上下間距是10
22  btn2.grid(row=2,column=1,sticky=W,pady=10)
```

執行結果

❑ **在 Entry 插入字串**

在 tkinter 模組的應用中可以使用 insert(index,s) 方法插入字串，s 是所插入的字串，字串會插入在 index 位置前。程式設計時可以使用這個方法為文字方塊建立預設的文字，通常會將它放在 Entry( ) 方法建立完文字方塊後，可參考下列實例第 14 和 15 列。

程式實例 ch18_18.py：擴充 ch18_17.py，為程式建立預設的 Account 為 "kevin"，Password 為 "pwd"。相較於 ch18_17.py 這個程式增加第 14 和 15 列。

```
12  e1 = Entry(window)                # 文字方塊1
13  e2 = Entry(window,show='*')       # 文字方塊2
14  e1.insert(1,"Kevin")              # 預設文字方塊1內容
15  e2.insert(1,"pwd")                # 預設文字方塊2內容
```

執行結果

❑ **在 Entry 刪除字串**

在 tkinter 模組的應用中可以使用「delete(first,last=None)」方法刪除 Entry 內的字串，如果要刪除整個字串可以使用「delete(0,END)」。

程式實例 ch18_19.py：擴充程式實例 ch18_18.py，當按 Print 按鈕後，清空文字方塊 Entry 的內容。

18-6 文字方塊 Entry

```
1   # ch18_19.py
2   from tkinter import *
3   def printInfo():                        # 列印輸入資訊
4       print("Account: %s\nPassword: %s" % (e1.get(),e2.get()))
5       e1.delete(0,END)                    # 刪除文字方塊1
6       e2.delete(0,END)                    # 刪除文字方塊2
7
8   window = Tk()
9   window.title("ch18_19")                 # 視窗標題
10
11  lab1 = Label(window,text="Account ").grid(row=0)
12  lab2 = Label(window,text="Password").grid(row=1)
13
14  e1 = Entry(window)                      # 文字方塊1
15  e2 = Entry(window,show='*')             # 文字方塊2
16  e1.insert(1,"Kevin")                    # 預設文字方塊1內容
17  e2.insert(1,"pwd")                      # 預設文字方塊2內容
18  e1.grid(row=0,column=1)                 # 定位文字方塊1
19  e2.grid(row=1,column=1)                 # 定位文字方塊2
20
21  btn1 = Button(window,text="Print",command=printInfo)
22  # sticky=W可以設定物件與上面的Label切齊，pady設定上下間距是10
23  btn1.grid(row=2,column=0,sticky=W,pady=10)
24  btn2 = Button(window,text="Quit",command=window.quit)
25  # sticky=W可以設定物件與上面的Entry切齊，pady設定上下間距是10
26  btn2.grid(row=2,column=1,sticky=W,pady=10)
27
28  window.mainloop()
```

執行結果

Entry 的應用

在結束本節前，筆者將講解標籤、文字方塊、按鈕的綜合應用，當讀者徹底瞭解本程式後，其實應該有能力設計小算盤程式。

程式實例 ch18_20.py：設計可以執行加法運算的程式。

```
1   # ch18_20.py
2   from tkinter import *
3   def add():                              # 加法運算
4       n3.set(n1.get()+n2.get())
5
6   window = Tk()
7   window.title("ch18_20")                 # 視窗標題
8
9   n1 = IntVar()
10  n2 = IntVar()
11  n3 = IntVar()
12
```

18-19

```
13  e1 = Entry(window,width=8,textvariable=n1)      # 文字方塊1
14  label = Label(window,width=3,text='+')          # 加號
15  e2 = Entry(window,width=8,textvariable=n2)      # 文字方塊2
16  btn = Button(window,width=5,text='=',command=add)   # =按鈕
17  e3 = Entry(window,width=8,textvariable=n3)      # 儲存結果文字方塊
18
19  e1.grid(row=0,column=0)                # 定位文字方塊1
20  label.grid(row=0,column=1,padx=5)      # 定位加號
21  e2.grid(row=0,column=2)                # 定位文字方塊2
22  btn.grid(row=1,column=1,pady=5)        # 定位=按鈕
23  e3.grid(row=2,column=1)                # 定位儲存結果
24
25  window.mainloop()
```

執行結果 下列分別是程式執行初、輸入數值、按等號鈕的結果。

上述第 20 列內有「padx=5」相當於設定加號標籤左右間距是 5 像素，第 22 列「pady=5」是設定等號按鈕上下間距是 5。當我們按等號鈕時，程式會執行第 3 列的 add( ) 函數執行加法運算，在此函數的 n1.get( ) 可以取得 n1 變數值，n3.set( ) 則是設定 n3 變數值。

18-7 文字區域 Text

可以想成是 Entry 的擴充，可以在此輸入多列資料，甚至也可以使用此區域建立簡單的文字編輯程式或是利用它設計網頁瀏覽程式。它的使用格式如下：

　　Text(父物件 , options, …)

Text( ) 方法的第一個參數是父物件，表示這個文字區域將建立在那一個視窗內。下列是 Text( ) 方法內其它常用的 options 參數：

- width：寬，單位是字元寬。
- height：高，單位是字元高。
- bg 或 background：背景色彩。
- fg 或 foreground：字型色彩。
- state：輸入狀態，預設是 NORMAL 表示可以輸入，DISABLE 則是無法輸入。

- **xcrollbarcommand**：水平捲軸的連結。
- **ycrollbarcommand**：垂直捲軸的連結，可參考下一節的實例。
- **wrap**：這是換列參數，預設是 CHAR，如果輸入資料超出列寬度時，必要時會將單字依拼音拆成不同列輸出。如果是 WORD 則不會將單字拆成不同列輸出。如果是 NONE，則不換列，這時將有水平捲軸。

程式實例 ch18_21.py：文字區域 Text 的基本應用。

```
1  # ch18_21.py
2  from tkinter import *
3
4  window = Tk()
5  window.title("ch18_21")              # 視窗標題
6
7  text = Text(window,height=2,width=30)
8  text.insert(END,"我懷念\n我的明志工專生活點滴")
9  text.pack()
10
11 window.mainloop()
```

執行結果

上述 insert( ) 方法的第一個參數 END 表示插入文字區域末端，由於目前文字區域是空的，所以就插在前面。

程式實例 ch18_22.py：插入多筆字串，發生文字區域不夠使用，造成部分字串無法顯示。

```
1  # ch18_22.py
2  from tkinter import *
3
4  window = Tk()
5  window.title("ch18_22")              # 視窗標題
6
7  text = Text(window,height=2,width=30)
8  text.insert(END,"我懷念\n一個人的極境旅行")
9  str = """2016年12月,我一個人訂了機票和船票,
10 開始我的南極旅行,飛機經杜拜再往阿根廷的烏斯懷雅,
11 在此我登上郵輪開始我的南極之旅"""
12 text.insert(END,str)
13 text.pack()
14
15 window.mainloop()
```

執行結果

由上述執行結果可以發現字串 str 許多內容沒有顯示，此時可以增加文字區域 Text 的列數，另一種方法是可以使用捲軸，其實這也是比較高明的方法。

18-8 捲軸 Scrollbar

對前一節的實例而言，視窗內只有文字區域 Text，所以捲軸在設計時，可以只有一個參數，就是視窗物件，過去實例我們均使用 window 當作視窗物件，此時可以用下列指令設計捲軸。

　　　　　scrollbar = Scrollbar(window)　　　　　　　# scrollbar 是捲軸物件

程式實例 ch18_23.py：擴充程式實例 ch18_22.py，主要是增加捲軸功能。

```
1  # ch18_23.py
2  from tkinter import *
3
4  window = Tk()
5  window.title("ch18_23")                  # 視窗標題
6  scrollbar = Scrollbar(window)            # 卷軸物件
7  text = Text(window,height=2,width=30)    # 文字區域物件
8  scrollbar.pack(side=RIGHT,fill=Y)        # 靠右安置與父物件高度相同
9  text.pack(side=LEFT,fill=Y)              # 靠左安置與父物件高度相同
10 scrollbar.config(command=text.yview)
11 text.config(yscrollcommand=scrollbar.set)
12 text.insert(END,"我懷念\n一個人的極境旅行")
13 str = """2016年12月,我一個人訂了機票和船票,
14 開始我的南極旅行,飛機經杜拜再往阿根廷的烏斯懷雅,
15 在此我登上郵輪開始我的南極之旅"""
16 text.insert(END,str)
17
18 window.mainloop()
```

執行結果

上述程式第 8 和 9 列的「fill=Y」主要是設定此物件高度與父物件相同，第 10 列 scrollbar.config( ) 方法主要是為 scrollbar 物件設定選擇性參數內容，此例是設定 command 參數，它的用法與下列觀念相同。

　　　　　scrollbar["command"] = text.yview   # 設定執行方法

也就是當移動捲軸時，會去執行所指定的方法，此例是執行 yview( ) 方法。第 11 列是將文字區域的選項參數 yscrollcommand 設定為 scrollbar.set，表示將文字區域與捲軸做連結。

18-9 選項鈕 Radiobutton

選項鈕 Radio Button 名稱的由來是無線電的按鈕，在收音機時代可以用無線電的按鈕選擇特定頻道。選項鈕最大的特色可以用滑鼠按一下方式選取此選項，同時一次只能有一個選項被選取，例如：在填寫學歷欄時，如果一系列選項是：高中、大學、碩士、博士，此時你只能勾選一個項目。我們可以使用 Radiobutton( ) 方法建立選項鈕，它的使用方法如下：

　　Radiobutton(父物件 , options, …)

Radiobutton( ) 方法的第一個參數是父物件，表示這個選項鈕將建立在那一個視窗內。下列是 Radiobutton( ) 方法內其它常用的 options 參數：

- text：選項鈕旁的文字。
- font：字型。
- height：選項鈕的文字有幾列，預設是 1 列。
- width：選項鈕的文字區間有幾個字元寬，省略時會自行調整為實際寬度。
- padx：預設是 1，可設定選項鈕與文字的間隔。
- pady：預設是 1，可設定選項鈕的上下間距。
- value：選項鈕的值，可以區分所選取的選項鈕。
- indicatoron：當此值為 0 時，可以建立盒子選項鈕。
- command：當使用者更改選項時，會自動執行此函數。
- variable：設定或取得目前選取的選項按鈕，它的值型態通常是 IntVar 或 StringVar。

程式實例 ch18_24.py：這是一個簡單選項鈕的應用，程式剛執行時預設選項是男生此時視窗上方顯示尚未選擇，然後我們可以點選男生或女生，點選完成後可以顯示你是男生或你是女生。

```
1   # ch18_24.py
2   from tkinter import *
3   def printSelection():
4       label.config(text="你是" + var.get())
5
6   window = Tk()
7   window.title("ch18_24")                      # 視窗標題
8
9   var = StringVar()
```

第 18 章　GUI 程式開發 - 以 tkinter 打造視覺化介面

```
10  var.set("男生")                              # 預設選項
11  label = Label(window,text="尚未選擇", bg="lightyellow",width=30)
12  label.pack()
13
14  rb1 = Radiobutton(window,text="男生",
15                    variable=var,value='男生',
16                    command=printSelection).pack()
17  rb2 = Radiobutton(window,text="女生",
18                    variable=var,value='女生',
19                    command=printSelection).pack()
20
21  window.mainloop()
```

執行結果

上述第 9 列是設定 var 變數是 StringVar( ) 物件，也是字串物件。第 10 列是設定預設選項是男生，第 11 和 12 列是設定標籤資訊。第 14 ~ 16 列是建立男生選項鈕，第 17 ~ 19 列是建立女生選項鈕。當有按鈕產生時，會執行第 3 ~ 4 列的函數，這個函數會由 var.get( ) 獲得目前選項鈕，然後將此選項鈕對應的 value 值設定給標籤物件 label 的 text，所以可以看到所選的結果。

上述建立選項鈕方法雖然好用，但是當選項變多時程式就會顯得比較複雜，此時可以考慮使用字典儲存選項，然後用遍歷字典方式建立選項鈕，可參考下列實例。

程式實例 ch18_25.py：為字典內的城市資料建立選項鈕，當我們點選最喜歡的城市時，Python Shell 視窗將列出所選的結果。

```
1   # ch18_25.py
2   from tkinter import *
3   def printSelection():
4       print(cities[var.get()])             # 列出所選城市
5
6   window = Tk()
7   window.title("ch18_25")                   # 視窗標題
8   cities = {0:"東京",1:"紐約",2:"巴黎",3:"倫敦",4:"香港"}
9
10  var = IntVar()
11  var.set(0)                                # 預設選項
12  label = Label(window,text="選擇最喜歡的城市",
13                fg="blue",bg="lightyellow",width=30).pack()
14
15  for val, city in cities.items():          # 建立選項紐
16      Radiobutton(window,
17                  text=city,
18                  variable=var,value=val,
19                  command=printSelection).pack()
20
21  window.mainloop()
```

18-24

執行結果 下列左邊是最初畫面,右邊是選擇紐約。

當選擇紐約選項鈕時,可以在 Python Shell 視窗看到下列結果。

此外,tkinter 也提供盒子選項鈕的觀念,可以在 Radiobutton 方法內使用 indicatoron(意義是 indicator on) 參數,將它設為 0。

程式實例 ch18_26.py:使用盒子選項鈕重新設計 ch18_25.py,重點是第 18 列。

```
15  for val, city in cities.items():       # 建立選項鈕
16      Radiobutton(window,
17              text=city,
18              indicatoron = 0,           # 用盒子取代選項鈕
19              width=30,
20              variable=var,value=val,
21              command=printSelection).pack()
```

執行結果

18-10 核取方塊 Checkbutton

核取方塊在螢幕上是一個方框,它與選項鈕最大的差異在它是複選。我們可以使用 Checkbutton( ) 方法建立核取方塊,它的使用方法如下:

Checkbutton(父物件 , options, …)

18-25

Checkbutton( ) 方法的第一個參數是父物件，表示這個核取方塊將建立在那一個視窗內。下列是 Checkbutton( ) 方法內其它常用的 options 參數：

- text：核取方塊旁的文字。
- font：字型。
- height：核取方塊的文字有幾列，預設是 1 列。
- width：核取方塊的文字有幾個字元寬，省略時會自行調整為實際寬度。
- padx：預設是 1，可設定核取方塊與文字的間隔。
- pady：預設是 1，可設定核取方塊的上下間距。
- command：當使用者更改選項時，會自動執行此函數。
- variable：設定或取得目前選取的核取方塊，它的值型態通常是 IntVar 或 StringVar。

程式實例 ch18_27.py：建立核取方塊的應用。

```
1   # ch18_27.py
2   from tkinter import *
3
4   window = Tk()
5   window.title("ch18_27")                      # 視窗標題
6
7   Label(window,text="請選擇喜歡的運動",
8         fg="blue",bg="lightyellow",width=30).grid(row=0)
9
10  var1 = IntVar()
11  Checkbutton(window,text="美式足球",
12              variable=var1).grid(row=1,sticky=W)
13  var2 = IntVar()
14  Checkbutton(window,text="棒球",
15              variable=var2).grid(row=2,sticky=W)
16  var3 = IntVar()
17  Checkbutton(window,text="籃球",
18              variable=var3).grid(row=3,sticky=W)
19
20  window.mainloop()
```

執行結果 下方左圖是程式執行出畫面，右圖是筆者嘗試勾選的畫面。

18-10 核取方塊 Checkbutton

　　如果核取方塊項目不多時，可以參考上述實例使用 Checkbutton( ) 方法一步一步建立核取方塊的項目，如果項目很多時可以將項目組織成字典，然後使用迴圈觀念建立這個核取項目，可參考下列實例。

程式實例 ch18_28.py：以 sports 字典方式儲存運動核取方塊項目，然後建立此核取方塊，當有選擇項目時，若是按確定鈕可以在 Python Shell 視窗列出所選的項目。

```python
1  # ch18_28.py
2  from tkinter import *
3
4  def printInfo():
5      selection = ''
6      for i in checkboxes:                      # 檢查此字典
7          if checkboxes[i].get() == True:       # 被選取則執行
8              selection = selection + sports[i] + "\t"
9      print(selection)
10
11 window = Tk()
12 window.title("ch18_28")                       # 視窗標題
13
14 Label(window,text="請選擇喜歡的運動",
15       fg="blue",bg="lightyellow",width=30).grid(row=0)
16
17 sports = {0:"美式足球",1:"棒球",2:"籃球",3:"網球"}   # 運動字典
18 checkboxes = {}                               # 字典存放被選取項目
19 for i in range(len(sports)):                  # 將運動字典轉成核取方塊
20     checkboxes[i] = BooleanVar()              # 布林變數物件
21     Checkbutton(window,text=sports[i],
22                 variable=checkboxes[i]).grid(row=i+1,sticky=W)
23
24 Button(window,text="確定",width=10,command=printInfo).grid(row=i+2)
25
26 window.mainloop()
```

執行結果

上述右方若是按確定鈕，可以在 Python Shell 視窗看到下列結果。

```
==================== RESTART: D:\Python\ch18\ch18_28.py ====================
美式足球      籃球      網球
```

上述第 17 列的 sports 字典是儲存核取方塊的運動項目，第 18 列的 checkboxes 字典則是儲存核取按鈕是否被選取，第 19 ~ 22 列是迴圈會將 sports 字典內容轉成核取方塊，其中第 20 列是將 checkboxes 內容設為 BooleanVar 物件，經過這樣設定未來第 7 列才可以用 get( ) 方法取得它的內容。第 24 列是建立確定按鈕，當按此鈕時會執行第 4 ~ 9 列的 printInfo( ) 函數，這個函數主要是將被選取的項目列印出來。

18-11 對話方塊 messagebox

Python 的 tkinter 模組內有 messagebox 模組，這個模組提供了 8 個對話方塊，這些對話方塊有不同場合的使用時機，本節將做說明。

- showinfo(title,message,options)：顯示一般提示訊息，可參考下方左圖。

- showwarning(title,message,options)：顯示警告訊息，可參考上方右圖。
- showerror(title,message,options)：顯示錯誤訊息，可參考下方左圖。

- askquestion(title,message,options)：顯示詢問訊息。若按是或 Yes 鈕回傳回 "yes"，若按否或 No 鈕會傳回 "no"，可參考上方右圖。

18-11 對話方塊 messagebox

- askokcancel(title,message,options)：顯示確定或取消訊息。若按確定或 OK 鈕會傳回 True，若按取消或 Cancel 鈕會傳回 False，可參考下方左圖。

- askyesno(title,message,options)：顯示是或否訊息。若按是或 Yes 鈕會傳回 True，若按否或 No 鈕會傳回 False，可參考上方右圖。

- askyesnocancel(title,message,options)：顯示是或否或取消訊息，可參考下方左圖。

- askretrycancel(title,message,options)：顯示重試或取消訊息。若按重試或 Retry 鈕會傳回 True，若按取消或 Cancel 鈕會傳回 False，可參考上方右圖。

上述對話方塊方法內的參數大致相同，title 是對話方塊的名稱，message 是對話方塊內的文字。options 是選擇性參數可能值有下列 3 種：

- default constant：預設按鈕是 OK(確定)、Yes(是)、Retry(重試) 在前面，也可更改此設定。

- icon(constant)：可設定所顯示的圖示，有 INFO、ERROR、QUESTION、WARNING 等 4 種圖示可以設定。

- parent(widget)：指出當對話方塊關閉時，焦點視窗將返回此父視窗。

程式實例 ch18_29.py：對話方塊設計的基本應用。

```
1  # ch18_29.py
2  from tkinter import *
3  from tkinter import messagebox
4
5  def myMsg():                          # 按Good Morning按鈕時執行
6      messagebox.showinfo("My Message Box","Python tkinter早安")
7
8  window = Tk()
9  window.title("ch18_29")               # 視窗標題
10 window.geometry("300x160")            # 視窗寬300高160
11
12 Button(window,text="Good Morning",command=myMsg).pack()
13
14 window.mainloop()
```

執行結果

18-12 圖形 PhotoImage

圖片功能可以應用在許多地方，例如：標籤、功能鈕、選項鈕、文字區域 … 等。在使用前可以用 PhotoImage( ) 方法建立此圖形物件，然後再將此物件適度應用在其它視窗元件。它的語法如下：

　　　　PhotoImage(file="xxx.gif")　　　　# 副檔名 gif

需留意 PhotoImage( ) 方法早期只支援 gif 檔案格式，不接受常用的 jpg 或 png 格式的圖檔，筆者發現目前已可以支援 png 檔案了。為了單純建議可以將 gif 檔案放在程式所在資料夾。

程式實例 ch18_30.py：視窗顯示 ma.gif 圖檔的基本應用。

```
1  # ch18_30.py
2  from tkinter import *
3
4  window = Tk()
5  window.title("ch18_30")               # 視窗標題
6
7  html_gif = PhotoImage(file="ma.gif")
8  Label(window,image=html_gif).pack()
9
10 window.mainloop()
```

18-30

執行結果

18-12-1 圖形與標籤的應用

程式實例 ch18_31.py：視窗內同時有文字標籤和圖形標籤的應用。

```
1  # ch18_31.py
2  from tkinter import *
3
4  window = Tk()
5  window.title("ch18_31")              # 視窗標題
6
7  sselogo = PhotoImage(file="sse.gif")
8  lab1 = Label(window,image=sselogo).pack(side="right")
9
10 sseText = """SSE全名是Silicon Stone Education,這家公司在美國,
11 這是國際專業證照公司,產品多元與豐富."""
12 lab2 = Label(window,text=sseText,bg="lightyellow",
13             padx=10).pack(side="left")
14
15 window.mainloop()
```

執行結果

由上圖執行結果可以看到文字標籤第 2 列輸出時，是預設置中對齊。我們可以在 Label( ) 方法內增加「justify=LEFT」參數，讓第 2 列資料可以靠左輸出。

程式實例 ch18_32.py：重新設計 ch18_31.py，讓文字標籤的第 2 列資料靠左輸出，主要是第 13 列增加 justify=LEFT 參數。

```
12    lab2 = Label(window,text=sseText,bg="lightyellow",
13                 justify=LEFT,padx=10).pack(side="left")
```

執行結果

18-12-2　圖形與功能鈕的應用

一般功能鈕是用文字當作按鈕名稱，我們也可以用圖形當按鈕名稱，若是我們要使用圖形當作按鈕，在 Button( ) 內可以省略 text 參數設定按鈕名稱，但是在 Button( ) 內要增加 image 參數設定圖形物件。若是要圖形和文字並存在功能鈕，需增加參數「compund=xx」，xx 可以是 LEFT、TOP、RIGHT、BOTTOM、CENTER，分別代表圖形在文字的左、上、右、下、中央。

程式實例 ch18_33.py：重新設計 ch18_12.py，使用 sun.gif 圖形取代 Message 名稱按鈕。

```
1   # ch18_33.py
2   from tkinter import *
3
4   def msgShow():
5       label["text"] = "I love Python"
6       label["bg"] = "lightyellow"
7       label["fg"] = "blue"
8
9   window = Tk()
10  window.title("ch18_33")              # 視窗標題
11  label = Label(window)                # 標籤內容
12
13  sun_gif = PhotoImage(file="sun.gif")
14  btn = Button(window,image=sun_gif,command=msgShow)
15
16  label.pack()
17  btn.pack()
18
19  window.mainloop()
```

18-32

18-13 尺度 Scale 的控制

執行結果

程式實例 ch18_33_1.py：將圖形放在文字的上方，可參考上方第 3 張圖。

```
14    btn = Button(window,image=sun_gif,command=msgShow,
15                 text="Click me",compound=TOP)
```

程式實例 ch18_33_2.py：將圖形放在文字的中央，可參考上方第 4 張圖。

```
14    btn = Button(window,image=sun_gif,command=msgShow,
15                 text="Click me",compound=CENTER)
```

18-13 尺度 Scale 的控制

Scale 可以翻譯為尺度，Python 的 tkinter 模組有提供尺度 Scale( ) 功能，我們可以移動尺度盒產生某一範圍的數字。建立尺度方法是 Scale( )，它的語法格式如下：

Scale(父物件 , options, …)

Scale( ) 方法的第一個參數是父物件，表示這個尺度控制將建立在那一個視窗內。下列是 Scale( ) 方法內其它常用的 options 參數：

- from_：尺度範圍值的初值。
- to：尺度範圍值的末端值。
- orient：預設是水平尺度，可以設定水平 HORIZONTAL 或垂直 VERTICAL。
- command：當使用者更改選項時，會自動執行此函數。
- length：尺度長度，預設是 100。

程式實例 ch18_34.py：一個簡單產生水平尺度與垂直尺度的應用，尺度值的範圍在 0-10 之間，垂直尺度使用預設長度，水平尺度則設為 300。

```
1   # ch18_34.py
2   from tkinter import *
3
4   window = Tk()
5   window.title("ch18_34")              # 視窗標題
6
7   slider1 = Scale(window,from_=0,to=10).pack()
8   slider2 = Scale(window,from_=0,to=10,
9                   length=300,orient=HORIZONTAL).pack()
10
11  window.mainloop()
```

第 18 章　GUI 程式開發 - 以 tkinter 打造視覺化介面

執行結果

使用尺度時可以用 set( ) 方法設定尺度的值，get( ) 方法取得尺度的值。

程式實例 ch18_35.py：重新設計 ch18_34.py，這個程式會將水平尺度的初值設為 3，同時按 Print 鈕可以在 Python Shell 視窗列出尺度值。

```
1   # ch18_35.py
2   from tkinter import *
3
4   def printInfo():
5       print(slider1.get(),slider2.get())
6
7   window = Tk()
8   window.title("ch18_35")              # 視窗標題
9
10  slider1 = Scale(window,from_=0,to=10)
11  slider1.pack()
12  slider2 = Scale(window,from_=0,to=10,
13                  length=300,orient=HORIZONTAL)
14  slider2.set(3)                        # 設定水平尺度值
15  slider2.pack()
16  Button(window,text="Print",command=printInfo).pack()
17
18  window.mainloop()
```

執行結果　下方左圖是最初視窗，右圖是調整結果。

上述右邊圖按 Print 鈕，可以得到下列尺度值的結果。

```
===================== RESTART: D:\Python\ch18\ch18_35.py =====================
5 7
```

18-14 功能表 Menu 設計

視窗一般均會有功能表設計，功能表是一種下拉式的表單，在這表單中我們可以設計功能表項目。建立功能表的方法是 Menu( )，它的語法格式如下：

Menu(父物件 , options, …)

Menu( ) 方法的第一個參數是父物件，表示這個功能表將建立在那一個視窗內。下列是 Menu( ) 方法內其它常用的 options 參數：

- activebackground：當滑鼠移置此功能表項目時的背景色彩。
- bg：功能表項目未被選取時的背景色彩。
- fg：功能表項目未被選取時的前景色彩。
- image：功能表項目的圖示。
- tearoff：功能表上方的分隔線，有分隔線時 tearoff 等於 1，此時功能表項目從 1 位置開始放置。如果將 tearoff 設為 0 時，此時不會顯示分隔線，但是功能表項目將從 0 位置開始存放。

下列是其它相關的方法：

- add_cascade( )：建立階層式功能表，同時讓此子功能項目與父功能表建立連結。
- add_command( )：增加功能表項目。
- add_separator( )：增加分隔線。

程式實例 ch18_36.py：功能表的設計，這個程式設計了檔案與說明功能表，在檔案功能表內有開新檔案、儲存檔案與結束功能表項目。在說明功能表內有程式說明項目。

```
1  # ch18_36.py
2  from tkinter import *
3  from tkinter import messagebox
4
5  def newfile():
6      messagebox.showinfo("開新檔案","可在此撰寫開新檔案程式碼")
7
8  def savefile():
9      messagebox.showinfo("儲存檔案","可在此撰寫儲存檔案程式碼")
10
11 def about():
12     messagebox.showinfo("程式說明","作者:洪錦魁")
13
14 window = Tk()
15 window.title("ch18_36")
16 window.geometry("300x160")          # 視窗寬300高160
17
18 menu = Menu(window)                 # 建立功能表物件
```

```
19  window.config(menu=menu)
20
21  filemenu = Menu(menu)                    # 建立檔案功能表
22  menu.add_cascade(label="檔案",menu=filemenu)
23  filemenu.add_command(label="開新檔案",command=newfile)
24  filemenu.add_separator()                 # 增加分隔線
25  filemenu.add_command(label="儲存檔案",command=savefile)
26  filemenu.add_separator()                 # 增加分隔線
27  filemenu.add_command(label="結束",command=window.destroy)
28
29  helpmenu = Menu(menu)                    # 建立說明功能表
30  menu.add_cascade(label="說明",menu=helpmenu)
31  helpmenu.add_command(label="程式說明",command=about)
32
33  mainloop()
```

執行結果

上述第 18 ~ 19 列是建立功能表物件。第 21 ~ 27 列是建立檔案功能表，此功能表內有開新檔案、儲存檔案、結束功能表項目，當執行開新檔案時會去執行第 5 ~ 6 列的 newfile( ) 函數，當執行儲存檔案時會去執行第 8 ~ 9 列的 savefile( ) 函數，當執行結束時會結束程式。

上述第 29 ~ 31 列是建立說明功能表，此功能表內有說明功能表項目，當執行說明功能時會去執行第 11 ~ 12 列的 about( ) 函數。

18-15 專題 - 設計小算盤

在此筆者再介紹一個視窗控件的共通屬性錨 anchor，如果應用在標籤所謂的錨 anchor 其實是指標籤文字在標籤區域輸出位置的設定，在預設情況 Widget 控件是上下與左右置中對齊，我們可以使用 anchor 選項設定元件的對齊，它的觀念如下圖：

nw	n	ne
w	center	e
sw	s	se

程式實例 ch18_36_1.py：讓字串在標籤右下方空間輸出。

```
1   # ch18_36_1.py
2   from tkinter import *
3
4   root = Tk()
5   root.title("ch18_36_1")
6   label=Label(root,text="I like tkinter",
7               fg="blue",bg="yellow",
8               height=3,width=15,
9               anchor="se")
10  label.pack()
11
12  root.mainloop()
```

執行結果

學會本章內容，其實就可以設計簡單的小算盤了，下列將介紹完整的小算盤設計。

程式實例 ch18_37.py：設計簡易的計算器，這個程式筆者在按鈕設計中大量使用 lambda，主要是數字鈕與算術運算式鈕使用相同的函數，只是傳遞的參數不一樣，使用 lambda 可以簡化設計。

```
1   # ch18_37.py
2   from tkinter import *
3   def calculate():                        # 執行計算並顯示結果
4       result = eval(equ.get())
5       equ.set(equ.get() + "=\n" + str(result))
6
7   def show(buttonString):                 # 更新顯示區的計算公式
8       content = equ.get()
9       if content == "0":
10          content = ""
11      equ.set(content + buttonString)
12
13  def backspace():                        # 刪除前一個字元
14      equ.set(str(equ.get()[:-1]))
15
16  def clear():                            # 清除顯示區,放置0
17      equ.set("0")
18
19  root = Tk()
20  root.title("計算器")
21
22  equ = StringVar()
23  equ.set("0")                            # 預設是顯示0
24
25  # 設計顯示區
26  label = Label(root,width=25,height=2,relief="raised",anchor=SE,
27                textvariable=equ)
28  label.grid(row=0,column=0,columnspan=4,padx=5,pady=5)
```

```python
29
30  # 清除顯示區按鈕
31  clearButton = Button(root,text="C",fg="blue",width=5,command=clear)
32  clearButton.grid(row = 1, column = 0)
33  # 以下是row1的其它按鈕
34  Button(root,text="DEL",width=5,command=backspace).grid(row=1,column=1)
35  Button(root,text="%",width=5,command=lambda:show("%")).grid(row=1,column=2)
36  Button(root,text="/",width=5,command=lambda:show("/")).grid(row=1,column=3)
37  # 以下是row2的其它按鈕
38  Button(root,text="7",width=5,command=lambda:show("7")).grid(row=2,column=0)
39  Button(root,text="8",width=5,command=lambda:show("8")).grid(row=2,column=1)
40  Button(root,text="9",width=5,command=lambda:show("9")).grid(row=2,column=2)
41  Button(root,text="*",width=5,command=lambda:show("*")).grid(row=2,column=3)
42  # 以下是row3的其它按鈕
43  Button(root,text="4",width=5,command=lambda:show("4")).grid(row=3,column=0)
44  Button(root,text="5",width=5,command=lambda:show("5")).grid(row=3,column=1)
45  Button(root,text="6",width=5,command=lambda:show("6")).grid(row=3,column=2)
46  Button(root,text="-",width=5,command=lambda:show("-")).grid(row=3,column=3)
47  # 以下是row4的其它按鈕
48  Button(root,text="1",width=5,command=lambda:show("1")).grid(row=4,column=0)
49  Button(root,text="2",width=5,command=lambda:show("2")).grid(row=4,column=1)
50  Button(root,text="3",width=5,command=lambda:show("3")).grid(row=4,column=2)
51  Button(root,text="+",width=5,command=lambda:show("+")).grid(row=4,column=3)
52  # 以下是row5的其它按鈕
53  Button(root,text="0",width=12,
54          command=lambda:show("0")).grid(row=5,column=0,columnspan=2)
55  Button(root,text=".",width=5,
56          command=lambda:show(".")).grid(row=5,column=2)
57  Button(root,text="=",width=5,bg ="yellow",
58          command=lambda:calculate()).grid(row=5,column=3)
59
60  root.mainloop()
```

執行結果

第 19 章
詞雲設計
文字可視化創意應用

19-1 安裝 wordcloud

19-2 我的第一個詞雲程式

19-3 建立含中文字詞雲結果失敗

19-4 建立含中文字的詞雲

19-5 進一步認識 jieba 模組的分詞

19-6 建立含圖片背景的詞雲

第 19 章　詞雲設計 - 文字可視化創意應用

在企業環境中，wordcloud 模組可以幫助完成以下工作用詞雲表達：

- 市場研究：分析社交媒體貼文或產品評論，了解消費者關注點。
- 客戶反饋分析： 從客戶反饋中提取關鍵詞，幫助企業識別服務或產品的優勢和不足。
- 員工反饋：生成員工調查或反饋會議文字記錄的詞雲，洞察員工的主要關切。
- 內容策略：分析網站內容或臉書貼文，優化 SEO 和內容行銷策略。
- 品牌監控：監控品牌評論，評估大眾對品牌的看法。

19-1　安裝 wordcloud

可以用下列方式安裝 wordcloud 模組。

　　pip install wordcloud

19-2　我的第一個詞雲程式

要建立詞雲程式，首先是導入 wordcloud 模組，可以使用下列語法：

　　from wordcloud import WordCloud

除此，我們必需為詞雲建立一個 txt 文字檔案，未來此檔案的文字將出現在詞雲內，下列是筆者所建立的 data19_1.txt 檔案。

```
Microsoft Adobe AutoDesk IBM Google Facebook Oracle Asus TSMC
Amazon Acer Python C C++ Pascal Fortran Cobol Assembly Language
WeChar Line Messenger Telegram Keynote Pages Numbers Chrome
Skype NASA Data Structure Database BigData NoSql PHP MySQL DOS
Windows System PyCharm Wordcloud
```

產生詞雲的步驟如下：

1： 讀取詞雲的文字檔。
2： 詞雲使用 WordCloud( ) 此方法不含參數表示使用預設環境，然後使用 generate( ) 建立步驟 1 文字檔的詞雲物件。

3： 詞雲物件使用 to_image( ) 建立詞雲影像檔。

4： 使用 show( ) 顯示詞雲影像檔。

程式實例 ch19_1.py：我的第一個詞雲程式。

```
1   # ch19_1.py
2   from wordcloud import WordCloud
3
4   with open("data19_1.txt") as fp:      # 英文字的文字檔
5       txt = fp.read()                    # 讀取檔案
6
7   wd = WordCloud().generate(txt)         # 由txt文字產生WordCloud物件
8   imageCloud = wd.to_image()             # 由WordCloud物件建立詞雲影像檔
9   imageCloud.show()                      # 顯示詞雲影像檔
```

執行結果

其實螢幕顯示的是一個圖片框檔案，筆者此例只列出詞雲圖片，每次執行皆看到不一樣字詞排列的詞雲圖片，如上方所示，上述背景預設是黑色，未來筆者會介紹使用 background_color 參數更改背景顏色。上述第 8 列是使用詞雲物件的 to_image( ) 方法產生詞雲圖片的影像檔，第 9 列則是使用詞雲物件的 show( ) 方法顯示詞雲圖片。

其實也可以使用 matplotlib 模組的方法產生詞雲圖片的影像檔案，與顯示詞雲圖片的影像檔案，未來會做說明。

19-3 建立含中文字詞雲結果失敗

使用程式實例 ch19_1.py，但是使用中文字的 txt 檔案時，將無法正確顯示詞雲，可參考 ch19_2.py。

程式實例 ch19_2.py：無法正確顯示中文字的詞雲程式，本程式的中文詞雲檔案 data19_2.txt 如下：

第 19 章　詞雲設計 - 文字可視化創意應用

下列是程式碼內容。

```
1  # ch19_2.py
2  from wordcloud import WordCloud
3
4  with open("data19_2.txt") as fp:      # 含中文的文字檔
5      txt = fp.read()                    # 讀取檔案
6
7  wd = WordCloud().generate(txt)         # 由txt文字產生WordCloud物件
8  imageCloud = wd.to_image()             # 由WordCloud物件建立詞雲影像檔
9  imageCloud.show()                      # 顯示詞雲影像檔
```

執行結果

從上述結果很明顯，中文字無法正常顯示，用方框代表。

19-4　建立含中文字的詞雲

首先需要安裝中文分詞函數庫模組 jieba(也有人翻譯為結巴)，這個模組可以用於句子與詞的分割、標註，可以進入下列網站：

https://pypi.org/project/jieba/#files

然後請下載 jieba-0.39.zip 檔案。

19-4

19-4 建立含中文字的詞雲

下載完成後，需要解壓縮，筆者是將此檔案儲存在 d:\Python\ch19，然後筆者進入此解壓縮檔案的資料夾 ch19，然後輸入「python setup.py install」進行安裝 jieba 模組。

```
python setup.py install
```

jieba 模組內有 cut( ) 方法，這個方法可以將所讀取的文件檔案執行分詞，英文文件由於每個單字空一格所以比較單純，中文文件則是借用 jieba 模組的 cut( ) 方法。由於我們希望所斷的詞可以空一格，所以可以採用下列敘述執行。

```
cut_text = ' '.join(jieba.cut(txt))        # 產生分詞的字串
```

此外，我們需要為詞雲建立物件，所採用方法是 generate( )，整個敘述如下：

```
wordcloud = WordCloud(                     # 建立詞雲物件
        font_path="C:/Windows/Fonts/mingliu",
        background_color="white",width=1000,height=880).generate(cut_text)
```

在上述建立含中文字的詞雲物件時，需要在 WorldCloud( ) 方法內增加 font_path 參數，這是設定中文字所使用的字型，另外筆者也增加 background_color 參數設定詞雲的背景顏色，width 是設定單位是像素的寬度，height 是設定單位是像素的高度，若是省略 background_color、width、height 則使用預設。

在正式講解建立中文字的詞雲影像前，我們可以先使用 jieba 測試此模組的分詞能力。

實例 1：jieba 模組 cut( ) 方法的測試。

```
>>> import jieba
>>> words = jieba.cut('我最喜歡的學校是台塑企業集團的明志工專')
>>> for word in words:
        print(word)

Building prefix dict from the default dictionary ...
Dumping model to file cache C:\Users\User\AppData\Local\Temp\jieba.cache
Loading model cost 1.021 seconds.
Prefix dict has been built succesfully.
我
最
喜歡
的
學校
是
台塑
企業
集團
的
明志
工專
```

從上述測試可以看到 jieba 的確有很好的分詞能力。

第 19 章　詞雲設計 - 文字可視化創意應用

程式實例 ch19_3.py：建立含中文字的詞雲影像。

```
1  # ch19_3.py
2  from wordcloud import WordCloud
3  import jieba
4
5  with open("data19_2.txt") as fp:            # 含中文的文字檔
6      txt = fp.read()                          # 讀取檔案
7
8  cut_text = ' '.join(jieba.cut(txt))          # 產生分詞的字串
9
10 wd = WordCloud(                              # 建立詞雲物件
11     font_path="C:/Windows/Fonts\mingliu",
12     background_color="white",width=1000,height=880).generate(cut_text)
13
14 imageCloud = wd.to_image()                   # 由WordCloud物件建立詞雲影像檔
15 imageCloud.show()                            # 顯示詞雲影像檔
```

執行結果

在建立詞雲影像檔案時，也可以使用 matplotlib 模組 (第 20 章會做更完整的說明)，使用此模組的 imshow( ) 建立詞雲影像檔，然後使用 show( ) 顯示詞雲影像檔。

程式實例 ch19_4.py：使用 matplotlib 模組建立與顯示詞雲影像，同時將寬設為 800，高設為 600。

```
1  # ch19_4.py
2  from wordcloud import WordCloud
3  import matplotlib.pyplot as plt
4  import jieba
5
6  with open("data19_2.txt") as fp:            # 含中文的文字檔
7      txt = fp.read()                          # 讀取檔案
8
9  cut_text = ' '.join(jieba.cut(txt))          # 產生分詞的字串
10
```

19-6

```
11  wd = WordCloud(                                # 建立詞雲物件
12      font_path="C:/Windows/Fonts\mingliu",
13      background_color="white",width=800,height=600).generate(cut_text)
14
15  plt.imshow(wd)                                  # 由WordCloud物件建立詞雲影像檔
16  plt.show()                                      # 顯示詞雲影像檔
```

執行結果

通常以 matplotlib 模組顯示詞雲影像檔案時，可以增加 axis("off") 關閉軸線。

程式實例 ch19_5.py：關閉顯示軸線，同時背景顏色改為黃色。

```
1   # ch19_5.py
2   from wordcloud import WordCloud
3   import matplotlib.pyplot as plt
4   import jieba
5
6   with open("data19_2.txt") as fp:                # 含中文的文字檔
7       txt = fp.read()                             # 讀取檔案
8
9   cut_text = ' '.join(jieba.cut(txt))             # 產生分詞的字串
10
11  wd = WordCloud(                                 # 建立詞雲物件
12      font_path="C:/Windows/Fonts\mingliu",
13      background_color="yellow",width=800,height=400).generate(cut_text)
14
15  plt.imshow(wd)                                  # 由WordCloud物件建立詞雲影像檔
16  plt.axis("off")                                 # 關閉顯示軸線
17  plt.show()                                      # 顯示詞雲影像檔
```

執行結果

19-7

第 19 章　詞雲設計 - 文字可視化創意應用

> **註**　中文分詞是人工智慧應用在中文語意分析 (semantic analysis) 的一門學問，對於英文字而言由於每個單字用空格或標點符號分開，所以可以很容易執行分詞。所有中文字之間沒有空格，所以要將一段句子內有意義的詞語解析，比較困難，一般是用匹配方式或統計學方法處理，目前精準度已經達到 97% 左右，細節則不在本書討論範圍。

19-5　進一步認識 jieba 模組的分詞

前面所使用的文字檔，中文字部分均是一個公司名稱的名詞，檔案內容有適度空一格了，我們也可以將詞雲應用在一整段文字，這時可以看到 jieba 模組 cut( ) 方法自動分割整段中文的功力，其實正確率高達 97%。

程式實例 ch19_6.py：使用 data19_6.txt 應用在 ch19_5.py。

```
6    with open("data19_6.txt") as fp:          # 含中文的文字檔
```

執行結果

19-6　建立含圖片背景的詞雲

在先前所產生的詞雲外觀是矩形，建立詞雲時，另一個特色是可以依據圖片的外型產生詞雲，如果有一個透明背景的圖片，可以依據此圖片產生相同外型的詞雲。一般圖片如果要建立透明背景可以進入 https://www.remove.bg/zh，將圖片拖曳至此網頁的特定區，就可以自動產生透明背景圖，然後下載即可。

19-6 建立含圖片背景的詞雲

欲建立這類的詞雲需增加使用 Numpy 模組，可參考下列敘述：

```
bgimage = np.array(Image.open("star.gif"))
```

上述 np.array( ) 是建立陣列，所使用的參數是 Pillow 物件，這時可以將圖片用大型矩陣表示，然後在有顏色的地方填詞。最後在 WordCloud( ) 方法內增加 mask 參數，執行遮罩限制圖片形狀，如下所示：

```
wordcloud = WordCloud(
    font_path="C:/Windows/Fonts\mingliu",
    background_color="white",
    mask=bgimage).generate(cut_text)
```

需留意當使用 mask 參數後，width 和 height 的參數設定就會失效，所以此時可以省略設定這 2 個參數。本程式所使用的星圖 star.gif 是一個星狀的無背景圖。

程式實例 ch19_7.py：建立星狀的詞雲圖，所使用的背景圖檔是 star.gif，所使用的文字檔是 data19_6.txt。

```
1   # ch19_7.py
2   from wordcloud import WordCloud
3   from PIL import Image
4   import matplotlib.pyplot as plt
5   import jieba
6   import numpy as np
7
8   with open("data19_6.txt") as fp:        # 含中文的文字檔
9       txt = fp.read()                     # 讀取檔案
10  cut_text = ' '.join(jieba.cut(txt))     # 產生分詞的字串
11
12  bgimage = np.array(Image.open("star.gif"))  # 背景圖
13
14  wd = WordCloud(                         # 建立詞雲物件
15      font_path="C:/Windows/Fonts\mingliu",
16      background_color="white",
17      mask=bgimage).generate(cut_text)    # mask設定
18
19  plt.imshow(wd)                          # 由WordCloud物件建立詞雲影像檔
20  plt.axis("off")                         # 關閉顯示軸線
21  plt.show()                              # 顯示詞雲影像檔
```

19-9

第 19 章　詞雲設計 - 文字可視化創意應用

執行結果

程式實例 ch19_8.py：建立人外型的詞雲圖，所使用的背景圖檔是 hung.gif，所使用的文字檔是 data19_1.txt，所使用的字型是 C:\Windows\Fonts\OLDENGL.TTF。

```python
1   # ch19_8.py
2   from wordcloud import WordCloud
3   from PIL import Image
4   import matplotlib.pyplot as plt
5   import numpy as np
6
7   with open("data19_1.txt") as fp:            # 文字檔
8       txt = fp.read()                         # 讀取檔案
9
10  bgimage = np.array(Image.open("hung.gif"))  # 背景圖
11
12  wd = WordCloud(                             # 建立詞雲物件
13      font_path="C:/Windows/Fonts\OLDENGL.TTF",
14      background_color="white",
15      mask=bgimage).generate(txt)             # mask設定
16
17  plt.imshow(wd)                              # 由WordCloud物件建立詞雲影像檔
18  plt.axis("off")                             # 關閉顯示軸線
19  plt.show()                                  # 顯示詞雲影像檔
```

執行結果

hung.gif

第 20 章
數據圖表設計
資料視覺化基礎

20-1　認識 matplotlib.pyplot 模組的主要函數

20-2　繪製簡單的折線圖 plot( )

20-3　繪製散點圖 scatter( )

20-4　Numpy 模組基礎知識

20-5　色彩映射 color mapping

20-6　繪製多個圖表

20-7　建立畫布與子圖表物件

20-8　長條圖的製作

20-9　圓餅圖的製作 pie( )

20-10　設計 2D 動畫

20-11　數學表達式 / 輸出文字 / 圖表註解

第 20 章　數據圖表設計 - 資料視覺化基礎

　　進階的 Python 或數據科學的應用過程，許多時候需要將資料視覺化，方便可以直覺以圖表方式看目前的數據，本章將解說數據圖形的繪製，所使用的工具是 matplotlib 繪圖庫模組，使用前需先安裝：

　　　pip install matplotlib

　　matplotlib 是一個龐大的繪圖庫模組，本章我們只導入其中的 pyplot 子模組就可以完成許多圖表繪製。

　　　import matplotlib.pyplot as plt

　　當導入上述 matplotlib.pyplot 模組後，系統會建立一個畫布 (Figure)，同時預設會將畫布當作一個軸物件 (axes)，所謂的軸物作可以想像成一個座標軸空間，這個軸物件的預設名稱是 plt，我們可以使用 plt 呼叫相關的繪圖方法，就可以在畫布 (Figure) 內繪製圖表。註：未來筆者會介紹一個畫布內有多個子圖的應用。

　　本章將敘述 matplotlib 的重點，更完整使用說明可以參考下列網站。

　　　http://matplotlib.org

註 如果想要了解完整的 matplotlib，可以參考筆者所著「Python 資料視覺化王者歸來」。

20-1　認識 matplotlib.pyplot 模組的主要函數

　　下列是繪製圖表常用函數：

函數名稱	說明
plot(系列資料)	繪製折線圖 (20-2 節)
scatter(系列資料)	繪製散點圖 (20-3 節)
bar(系列資料)	繪製長條圖 (20-8-1 節)
hist(系列資料)	繪製直方圖 (20-8-2 節)
pie(系列資料)	繪製圓餅圖 (20-9 節)

　　下列是座標軸設定的常用函數。

20-2 繪製簡單的折線圖 plot( )

函數名稱	說明
axis( )	可以設定座標軸的最小和最大刻度範圍 (20-2-1 節)
xlim(x_Min, x_Max)	設定 x 軸的刻度範圍
ylim(y_Min, y_Max)	設定 y 軸的刻度範圍
title(標題)	設定座標軸的標題 (20-2-3 節)
xlabel(名稱)	設定 x 軸的名稱 (20-2-3 節)
ylabel(名稱)	設定 y 軸的名稱 (20-2-3 節)
xticks(刻度值)	設定 x 軸刻度值 (20-2-6 節)
yticks(刻度值)	設定 y 軸刻度值 (20-2-6 節)
legend( )	設定座標的圖例 (20-2-7 節)
text( )	在座標軸指定位置輸出字串 (20-11-2 節)
grid( )	圖表增加格線 (20-2-1 節)
show( )	顯示圖表，每個程式末端皆有此函數 (20-2-1 節)
cla( )	清除圖表

下列是圖片的讀取與儲存函數。

函數名稱	說明
imread(檔案名稱)	讀取圖片檔案 (20-2-8 節)
savefig(檔案名稱)	將圖片存入檔案 (20-2-8 節)
save(檔案名稱 , 儲存方法)	儲存動態圖表 (20-10-2 節)

20-2 繪製簡單的折線圖 plot( )

這一節將從最簡單的折線圖開始解說，常用語法格式如下：

plot(x, y, lw=x, ls='x', label='xxx', color)

- x：x 軸系列值，如果省略系列自動標記 0, 1, …，可參考 20-2-1 節。
- y：y 軸系列值，可參考 20-2-1 節。
- lw：lw 是 linewidth 的縮寫，折線圖的線條寬度，可參考 20-2-2 節。
- ls：ls 是 linestyle 的縮寫，折線圖的線條樣式，可參考 20-2-5 節。
- color：縮寫是 c，可以設定色彩，可參考 20-2-5 節。
- label：圖表的標籤，可參考 20-2-3 節。

第 20 章　數據圖表設計 - 資料視覺化基礎

20-2-1　畫線基礎實作

我們可以將含數據的串列當參數傳給 plot( )，串列內的數據會被視為 y 軸的值，x 軸的值會依串列值的索引位置自動產生。

程式實例 ch20_1.py：繪製折線的應用，square[ ] 串列有 9 筆資料代表 y 軸值，這個實例使用串列生成式建立 x 軸數據。第 7 列 show( ) 方法，可以顯示圖表。

```
1  # ch20_1.py
2  import matplotlib.pyplot as plt
3
4  x = [x for x in range(9)]          # 產生0, 1, ... 8串列
5  squares = [0, 1, 4, 9, 16, 25, 36, 49, 64]
6  plt.plot(x, squares)               # 串列squares數據是y軸的值
7  plt.show()
```

執行結果

上圖中左上方可以看到 Figure 1，這就是畫布的預設名稱，1 代表目前的畫布編號，內部的圖表就是建立畫布後自動建立的軸物件 (axes)。第 6 列用畫布預設的軸物件 plt 呼叫 plot( ) 函數繪製線條，預設顏色是藍色，更多相關設定 20-2-5 節會解說。如果 x 軸的數據是 0, 1, … n 時，在使用 plot( ) 時省略 x 軸數據 (第 4 列)，可以得到一樣的結果，讀者可以自己練習，筆者將練習結果放在 ch20_1_1.py。

從上述執行結果可以看到左下角的軸刻度不是 (0,0)，我們可以使用 axis( ) 設定 x,y 軸的最小和最大刻度，這個函數的語法如下：

　　　axis([xmin, xmax, ymin, ymax])

axis( ) 函數的參數是元組 [xmin, xmax, ymin, ymax]，分別代表 x 和 y 軸的最小和最大座標。

程式實例 ch20_2.py：將軸刻度 x 軸設為 0～8，y 軸刻度設為 0～70。

```python
1   # ch20_2.py
2   import matplotlib.pyplot as plt
3
4   squares = [0, 1, 4, 9, 16, 25, 36, 49, 64]
5   plt.plot(squares)            # 串列squares數據是y軸的值
6   plt.axis([0, 8, 0, 70])      # x軸刻度0-8，y軸刻度0-70
7   plt.show()
```

執行結果 可以參考下方左圖。

在做資料分析時，有時候會想要在圖表內增加格線，這可以讓整個圖表 x 軸對應的 y 軸值更加清楚，可以使用 grid( ) 函數。本書所附 ch20_2_1.py 是增加格線重新設計 ch20_2.py，此程式的重點是增加第 7 列，如下所示，執行結果可以參考上方右圖。

```
7   plt.grid()
```

20-2-2　線條寬度 linewidth

使用 plot( ) 時預設線條寬度是 1，可以多加一個 linewidth(縮寫是 lw) 參數設定線條的粗細，相關實例將在下一小節。

20-2-3　標題的顯示

目前 matplotlib 模組預設不支援中文顯示，筆者將在 20-6-1 節講解更改字型，讓圖表可以顯示中文，下列是幾個與圖表標題有關的方法。

- title(標題名稱, fontsize= 字型大小)　　　　　　# 圖表標題
- xlabel(標題名稱, fontsize= 字型大小)　　　　　# x 軸標題
- ylabel(標題名稱, fontsize= 字型大小)　　　　　# y 軸標題

預設標題字型大小是 12 點字，但是可以使用 fontsize 參數更改字型大小。

第 20 章　數據圖表設計 - 資料視覺化基礎

程式實例 ch20_3.py：將線條寬度設為 10(lw = 10)，標題字型大小是 24，x 軸標題字型大小是 16，y 軸字型大小是使用預設 12，讀者可以比較彼此的差異。

```
1  # ch20_3.py
2  import matplotlib.pyplot as plt
3
4  squares = [0, 1, 4, 9, 16, 25, 36, 49, 64]
5  plt.plot(squares, lw=10)          # 線條寬度是10
6  plt.title('Test Chart', fontsize=24)
7  plt.xlabel('Value', fontsize=16)
8  plt.ylabel('Square')
9  plt.show()
```

執行結果　可以參考下方左圖。

20-2-4　多組數據的應用

目前所有的圖表皆是只有一組數據，其實可以擴充多組數據，只要在 plot( ) 內增加數據串列參數即可，此時 plot( ) 的參數如下：

　　　　plot(seq, 第一組數據, seq, 第二組數據, …)　　　　　　　　# seq 是 x 軸串列值

程式實例 ch20_4.py：設計多組數據圖的應用。

```
1  # ch20_4.py
2  import matplotlib.pyplot as plt
3
4  data1 = [1, 4, 9, 16, 25, 36, 49, 64]    # data1線條
5  data2 = [1, 3, 6, 10, 15, 21, 28, 36]    # data2線條
6  seq = [1,2,3,4,5,6,7,8]
7  plt.plot(seq, data1, seq, data2)         # data1&2線條
8  plt.title("Test Chart")                  # 字型大小是預設
9  plt.xlabel("x-Value")                    # 字型大小是預設
10 plt.ylabel("y-Value")                    # 字型大小是預設
11 plt.show()
```

執行結果　可以參考上方右圖。

上述以不同顏色顯示線條是系統預設，我們也可以自訂線條色彩。

20-2-5　線條色彩與樣式

如果想設定線條色彩，可以在 plot( ) 內增加下列 color 顏色參數設定，下列是常見的色彩表。

色彩字元	色彩說明	色彩字元	色彩說明
'b'	blue(藍色)	'm'	magenta(品紅)
'c'	cyan(青色)	'r'	red(紅色)
'g'	green(綠色)	'w'	white(白色)
'k'	black(黑色)	'y'	yellow(黃色)

下列是常見的樣式表。

字元	說明	字元	說明
'-' 或 "solid'	這是預設實線	'>'	右三角形
'--' 或 'dashed'	虛線	's'	方形標記
'-.' 或 'dashdot'	虛點線	'p'	五角標記
':' 或 'dotted'	點線	'*'	星星標記
'.'	點標記	'+'	加號標記
','	像素標記	'-'	減號標記
'o'	圓標記	'x'	X 標記
'v'	反三角標記	'H'	六邊形 1 標記
'^'	三角標記	'h'	六邊形 2 標記
'<'	左三角形		

色彩和樣式可以混合使用，例如：'r-.' 代表紅色虛點線。

程式實例 ch20_5.py：採用不同色彩與線條樣式繪製圖表。

```
1  # ch20_5.py
2  import matplotlib.pyplot as plt
3
4  data1 = [1, 2, 3, 4, 5, 6, 7, 8]            # data1線條
5  data2 = [1, 4, 9, 16, 25, 36, 49, 64]       # data2線條
6  data3 = [1, 3, 6, 10, 15, 21, 28, 36]       # data3線條
7  data4 = [1, 7, 15, 26, 40, 57, 77, 100]     # data4線條
8
9  seq = [1, 2, 3, 4, 5, 6, 7, 8]
```

```
10  plt.plot(seq,data1,'g--',seq,data2,'r-.',seq,data3,'y:',seq,data4,'k.')
11  plt.title("Test Chart", fontsize=24)
12  plt.xlabel("x-Value", fontsize=14)
13  plt.ylabel("y-Value", fontsize=14)
14  plt.show()
```

執行結果　可以參考下方左圖。

在上述第 10 列最右邊 'k.' 代表繪製黑點而不是繪製線條，由這個觀念讀者應該了解，可以使用不同顏色繪製散點圖 (20-3 節會介紹另一個方法 scatter( ) 繪製散點圖)。上述格式應用是很活的，如果我們使用 '-*' 可以繪製線條，同時在指定點加上星星標記。註：如果沒有設定顏色，系統會自行配置顏色。程式實例 ch20_5_1.py 是重新設計 ch20_5.py 繪製線條，同時為各個點加上標記，程式重點是第 10 列。執行結果：可以參考上方右圖。

```
10  plt.plot(seq,data1,'-*',seq,data2,'-o',seq,data3,'-^',seq,data4,'-s')
```

20-2-6　刻度設計

目前所有繪製圖表 x 軸和 y 軸的刻度皆是 plot( ) 方法針對所輸入的參數採用預設值設定，請先參考下列實例。

程式實例 ch20_6.py：假設 3 大品牌車輛 2021-2023 的銷售數據如下：

Benz	3367	4120	5539
BMW	4000	3590	4423
Lexus	5200	4930	5350

請使用上述方法將上述資料繪製成圖表。

```
1   # ch20_6.py
2   import matplotlib.pyplot as plt
3
4   Benz = [3367, 4120, 5539]              # Benz線條
5   BMW = [4000, 3590, 4423]               # BMW線條
6   Lexus = [5200, 4930, 5350]             # Lexus線條
7   seq = [2021, 2022, 2023]               # 年度
8
9   plt.plot(seq, Benz, '-*', seq, BMW, '-o', seq, Lexus, '-^')
10  plt.title("Sales Report", fontsize=24)
11  plt.xlabel("Year", fontsize=14)
12  plt.ylabel("Number of Sales", fontsize=14)
13  plt.show()
```

執行結果 可以參考下方左圖。

上述程式最大的遺憾是 x 軸的刻度，對我們而言，其實只要有 2021 ~ 2023 這 3 個年度的刻度即可，還好可以使用 pyplot 模組的 xticks( )/yticks( ) 分別設定 x/y 軸刻度。

程式實例 ch20_6_1.py：是重新設計 ch20_6.py，自行設定刻度，這個程式的重點是增加第 8 列，將 seq 串列當參數放在 plt.xticks( ) 內。**執行結果**：可以參考上方右圖。

```
8   plt.xticks(seq)
```

20-2-7 圖例 legend( )

本章至今所建立的圖表，坦白說已經很好了，缺點是缺乏各種線條代表的意義，在 Excel 中稱圖例 (legend)，下列筆者將直接以實例說明。

程式實例 ch20_7.py：為 ch20_6_1.py 建立圖例。

```
1   # ch20_7.py
2   import matplotlib.pyplot as plt
3
```

第 20 章 數據圖表設計 - 資料視覺化基礎

```
4   Benz = [3367, 4120, 5539]                # Benz線條
5   BMW = [4000, 3590, 4423]                 # BMW線條
6   Lexus = [5200, 4930, 5350]               # Lexus線條
7
8   seq = [2021, 2022, 2023]                 # 年度
9   plt.xticks(seq)                          # 設定x軸刻度
10  plt.plot(seq, Benz, '-*', label='Benz')
11  plt.plot(seq, BMW, '-o', label='BMW')
12  plt.plot(seq, Lexus, '-^', label='Lexus')
13  plt.legend(loc='best')
14  plt.title("Sales Report", fontsize=24)
15  plt.xlabel("Year", fontsize=14)
16  plt.ylabel("Number of Sales", fontsize=14)
17  plt.show()
```

執行結果

這個程式最大不同在第 10 ~ 12 列，下列是以第 10 列解說。

　　plt.plot(seq, Benz, '-*', label='Benz')

上述呼叫 plt.plot( ) 時需同時設定 label，最後使用第 13 列方式執行 legend( ) 圖例的呼叫。其中參數 loc 可以設定圖例的位置，可以有下列設定方式：

'best'：0　　　　　　　　　　　'center left'：6
'upper right'：1　　　　　　　　'center right'：7
'upper left'：2　　　　　　　　 'lower center'：8
'lower left'：3　　　　　　　　 'upper center'：9
'lower right'：4　　　　　　　　'center'：10
'right'：5　　(與 'center right' 相同)

如果省略 loc 設定，則使用預設 'best'。在應用時可以參考上面使用整數值，例如：設定 loc=0 與上述效果相同。若是顧慮程式可讀性建議使用文字串方式設定。本書 ch20

資料夾內有 ch20_7_1.py ~ ch20_7_4.py，這些檔案的第 13 列設定分別如下，讀者可以執行了解差異。

程式實例 ch20_7_1.py：省略 loc 設定，結果與 ch20_7.py 相同。

```
13  plt.legend()
```

程式實例 ch20_7_2.py：設定 loc=0，結果與 ch20_7.py 相同。

```
13  plt.legend(loc=0)
```

程式實例 ch20_7_3.py：設定圖例在右上角。

```
13  plt.legend(loc='upper right')
```

程式實例 ch20_7_4.py：設定圖例在左邊中央。

```
13  plt.legend(loc=6)
```

20-2-8　保存與開啟圖檔

圖表設計完成，可以使用 savefig( ) 保存圖檔，這個方法需放在 show( ) 的前方，表示先儲存再顯示圖表。

程式實例 ch20_8.py：擴充 ch20_7.py，在螢幕顯示圖表前，先將圖表存入目前資料夾的 out20_8.jpg。

```
17  plt.savefig('out20_8.jpg')
18  plt.show()
```

執行結果　讀者可以在 ch20 資料夾看到 out20_8.jpg 檔案。

要開啟圖檔可以使用 matplotlib.image 模組的 imread( )，可以參考下列實例。

程式實例 ch20_9.py：開啟 out20_8.jpg 檔案。

```
1  # ch20_9.py
2  import matplotlib.pyplot as plt
3  import matplotlib.image as img
4
5  fig = img.imread('out20_8.jpg')
6  plt.imshow(fig)
7  plt.show()
```

執行結果　上述程式可以順利開啟 out20_8.jpg 檔案。

20-3 繪製散點圖 scatter( )

儘管我們可以使用 plot( ) 繪製散點圖，不過本節仍將介紹繪製散點圖常用的方法 scatter( )。

20-3-1 基本散點圖的繪製

繪製散點圖可以使用 scatter( )，最基本語法應用如下：

scatter(x, y, s, marker, color, cmap)　　　　　# 更多參數應用未來幾小節會解說

- x, y：上述相當於可以在 (x,y) 位置繪圖。
- s：是繪圖點的大小，預設是 20。
- marker：點的樣式，可以參考 20-2-5 節。
- color(或 c)：是顏色，可以參考 20-2-5 節。
- cmap：彩色圖表，可以參考 20-4-5 節。

如果我們想繪製系列點，可以將系列點的 x 軸值放在一個串列，y 軸值放在另一個串列，然後將這 2 個串列當參數放在 scatter( ) 即可。

程式實例 ch20_10.py：繪製系列點的應用。

```
1  # ch20_10.py
2  import matplotlib.pyplot as plt
3
4  xpt = [1,2,3,4,5]
5  ypt = [1,4,9,16,25]
6  plt.scatter(xpt, ypt)
7  plt.show()
```

執行結果 可以參考下方左圖。

20-3-2 系列點的繪製

在程式設計時，有些系列點的座標可能是由程式產生，其實應用方式是一樣的。另外，可以在 scatter( ) 內增加 color(也可用 c) 參數，可以設定點的顏色。

程式實例 ch20_11.py：繪製黃色的系列點，這個系列點有 100 個點，x 軸的點由 range(1,101) 產生，相對應 y 軸的值則是 x 的平方值。

```
1  # ch20_11.py
2  import matplotlib.pyplot as plt
3
4  xpt = list(range(1,101))      # 建立1-100序列x座標點
5  ypt = [x**2 for x in xpt]     # 以x平方方式建立y座標點
6  plt.scatter(xpt, ypt, color='y')
7  plt.show()
```

執行結果 可以參考上方右圖，因為點密集存在，看起來像是線條。

20-4 Numpy 模組基礎知識

Numpy 是 Python 的一個擴充模組，主要是可以高速度的支援多維度空間的陣列與矩陣運算，以及一些數學運算，本節筆者將使用其最簡單產生陣列功能做解說，這個功能可以擴充到加速生成數據圖表的設計。Numpy 模組的第一個字母模組名稱 n 是小寫，使用前我們需導入 numpy 模組，如下所示：

  import numpy as np

20-4-1 建立一個簡單的陣列 linspace( ) 和 arange( )

在 Numpy 模組中最基本的就是 linspace( ) 方法，這個方法可以產生相同等距的陣列，它的語法如下：

  linspace(start, end, num) # 這是最常用簡化的語法

start 是起始值，end 是結束值，num 是設定產生多少個等距點的陣列值，num 的預設值是 50。

另一個常看到產生陣列的方法是 arange( )，語法如下：

  arange(start, stop, step) # start 和 step 是可以省略

第 20 章　數據圖表設計 - 資料視覺化基礎

arange( ) 函數的 arange 其實是 array range 的縮寫，意義是陣列範圍。start 是起始值如果省略預設值是 0，stop 是結束值但是所產生的陣列不包含此值，step 是陣列相鄰元素的間距如果省略預設值是 1。

程式實例 ch20_12.py：建立 0, 1, …, 9, 10 的陣列。

```
1  # ch20_12.py
2  import numpy as np
3
4  x1 = np.linspace(0, 10, num=11)    # 使用linspace()產生陣列
5  print(type(x1), x1)
6  x2 = np.arange(0,11,1)             # 使用arange()產生陣列
7  print(type(x2), x2)
8  x3 = np.arange(11)                 # 簡化語法產生陣列
9  print(type(x3), x3)
```

執行結果
```
================== RESTART: D:/Python/ch20/ch20_12.py ==================
<class 'numpy.ndarray'> [ 0.  1.  2.  3.  4.  5.  6.  7.  8.  9. 10.]
<class 'numpy.ndarray'> [ 0  1  2  3  4  5  6  7  8  9 10]
<class 'numpy.ndarray'> [ 0  1  2  3  4  5  6  7  8  9 10]
```

20-4-2　繪製波形

在國中數學中我們有學過 sin( ) 和 cos( ) 觀念，其實有了陣列數據，我們可以很方便繪製 sin 和 cos 的波形變化。

程式實例 ch20_13.py：繪製 sin( ) 和 cos( ) 的波形，在這個實例中呼叫 plt.scatter( ) 方法 2 次，相當於也可以繪製 2 次波形圖表。

```
1  # ch20_13.py
2  import matplotlib.pyplot as plt
3  import numpy as np
4
5  xpt = np.linspace(0, 10, 500)   # 建立含500個元素的陣列
6  ypt1 = np.sin(xpt)              # y陣列的變化
7  ypt2 = np.cos(xpt)
8  plt.scatter(xpt, ypt1)          # 用預設顏色
9  plt.scatter(xpt, ypt2)          # 用預設顏色
10 plt.show()
```

執行結果　可以參考下方左圖。

上述實例雖然是繪製點，但是 x 軸在 0 ~ 10 之間就有 500 個點 (可以參考第 5 列)，會產生好像繪製線條的效果。

20-4-3　點樣式與色彩的應用

程式實例 ch20_14.py：使用 scatter( ) 函數時可以用 marker 設定點的樣式，也可以建立色彩數列，相當於為每一個點建立一個色彩，可以參考第 6 ~ 9 列。這是在 0 ~ 2π 之間建立 50 個點，所以可以看到虛線的效果。

```
1   # ch20_14.py
2   import matplotlib.pyplot as plt
3   import numpy as np
4
5   N = 50                                          # 色彩數列的點數
6   colorused = ['b','c','g','k','m','r','y']       # 定義顏色
7   colors = []                                     # 建立色彩數列
8   for i in range(N):                              # 隨機設定顏色
9       colors.append(np.random.choice(colorused))
10  x = np.linspace(0.0, 2*np.pi, N)                # 建立 50 個點
11  y1 = np.sin(x)
12  plt.scatter(x, y1, c=colors, marker='*')        # 繪製 sine
13  y2 = np.cos(x)
14  plt.scatter(x, y2, c=colors, marker='s')        # 繪製 cos
15  plt.show()
```

執行結果　可以參考上方右圖。

20-4-4　使用 plot( ) 繪製波形

其實一般在繪製波形時，比較常用的還是 plot( ) 方法。

第 20 章 數據圖表設計 - 資料視覺化基礎

程式實例 ch20_15.py：使用系統預設顏色，繪製不同波形的應用。

```
1   # ch20_15.py
2   import matplotlib.pyplot as plt
3   import numpy as np
4   
5   left = -2 * np.pi
6   right = 2 * np.pi
7   x = np.linspace(left, right, 100)
8   f1 = 2 * np.sin(x)                  # 波形 1
9   f2 = np.sin(2*x)                    # 波形 2
10  f3 = 0.5 * np.sin(x)                # 波形 3
11  plt.plot(x, f1)
12  plt.plot(x, f2)
13  plt.plot(x, f3)
14  plt.show()
```

執行結果　可以參考下方左圖。

20-4-5 建立不等大小的散點圖

在 scatter( ) 方法中，(x,y) 的資料可以是串列也可以是矩陣，預設所繪製點大小 s 的值是 20，這個 s 可以是一個值也可以是一個陣列資料，當它是一個陣列資料時，利用更改陣列值的大小，我們就可以建立不同大小的散點圖。

程式實例 ch20_16.py：繪製大小不一的散點，可以參考第 12 列。

```
1   # ch20_16.py
2   import matplotlib.pyplot as plt
3   import numpy as np
4   
5   points = 30
6   colorused = ['b','c','g','k','m','r','y']   # 定義顏色
7   colors = []                                  # 建立色彩數列
8   for i in range(points):                      # 隨機設定顏色
9       colors.append(np.random.choice(colorused))
10  x = np.random.randint(1,11,points)           # 建立 x
```

20-16

```
11   y = np.random.randint(1,11,points)          # 建立 y
12   size = (points * np.random.rand(points))**2 # 散點大小數列
13   plt.scatter(x, y, s=size, c=colors)         # 繪製散點
14   plt.xticks(np.arange(0,12,step=1.0))        # x 軸刻度
15   plt.yticks(np.arange(0,12,step=1.0))        # y 軸刻度
16   plt.show()
```

執行結果 可以參考上方右圖。

上述程式第 12 列 np.random.rand(points) 是建立 30(第 5 列有設定 points 等於 30) 個 0～1 之間的隨機數。程式另一個重點是第 14 和 15 列，使用了 np.arange( ) 函數建立 x 和 y 軸的刻度。上述第 9 列呼叫了 np.random.choice( ) 函數，雖然是 Numpy 模組，但是用法觀念和 13-5-4 節的 choice( ) 函數相同，可以從色彩串列 colorused 參數中隨機選擇一種色彩。

20-4-6　填滿區間 Shading Regions

在繪製波形時，有時候想要填滿區間，此時可以使用 matplotlib 模組的 fill_between( ) 方法，基本語法如下：

　　　　fill_between(x, y1, y2, color, alpha, options, …)　　　　　　# options 是其它參數

上述函數會填滿所有相對 x 軸數列 y1 和 y2 的區間，如果不指定填滿顏色會使用預設的線條顏色填滿，通常填滿顏色會用較淡的顏色，所以可以設定 alpha 參數將顏色調淡。

程式實例 ch20_17.py：填滿「0～y」區間的應用，所使用的 y 軸值函數是 sin(3x)。

```
1   # ch20_17.py
2   import matplotlib.pyplot as plt
3   import numpy as np
4
5   left = -np.pi
6   right = np.pi
7   x = np.linspace(left, right, 100)
8   y = np.sin(3*x)                    # y陣列的變化
9
10  plt.plot(x, y)
11  plt.fill_between(x, 0, y, color='green', alpha=0.1)
12  plt.show()
```

執行結果 可以參考下方左圖。

第 20 章 數據圖表設計 - 資料視覺化基礎

使用 fill_between( ) 函數時也可以增加 where 參數設定 x 軸資料顯示的空間。

程式實例 ch20_18.py：假設有 2 個函數分別如下，請繪製 $f(x)$ 和 $g(x)$ 函數圍住的區間。

$$f(x) = x^2 - 2$$
$$g(x) = -x^2 + 2x + 2$$

```
1  # ch20_18.py
2  import matplotlib.pyplot as plt
3  import numpy as np
4
5  # 函數f(x)的係數
6  a1 = 1
7  c1 = -2
8  x = np.linspace(-2, 3, 1000)
9  y1 = a1*x**2 + c1
10 plt.plot(x, y1, color='b')        # 藍色是 f(x)
11
12 # 函數g(x)的係數
13 a2 = -1
14 b2 = 2
15 c2 = 2
16 x = np.linspace(-2, 3, 1000)
17 y2 = a2*x**2 + b2*x + c2
18 plt.plot(x, y2, color='g')        # 綠色是 g(x)
19
20 # 繪製區間
21 plt.fill_between(x, y1=y1, y2=y2, where=(x>=-1)&(x<=2),
22                  facecolor='yellow')
23
24 plt.grid()
25 plt.show()
```

執行結果 可以參考上方右圖。

20-18

20-5 色彩映射 color mapping

在前面的實例，為了要產生數列內有不同的色彩必須建立色彩串列。在色彩的使用中是允許色彩也是陣列 (或串列) 隨著數據而做變化，此時色彩的變化是根據所設定的色彩映射值 (color mapping) 而定，例如有一個色彩映射值是 rainbow 內容如下：

數值低　　　　　　　　　　　　數值高

在陣列 (或串列) 中，數值低的值顏色在左邊，會隨者數值變高顏色往右邊移動。當然在程式設計中，我們需在 scatter( ) 中增加 c 參數設定，這時可以設定數值顏色是依據 x 軸或 y 軸變化，c 就變成一個色彩陣列 (或串列)。然後我們需增加參數 cmap(英文是 color map)，這個參數主要是指定使用那一種色彩映射值。

程式實例 ch20_19.py：使用 rainbow 色彩映射表，將色彩改為依 x 軸值變化，繪製下列公式，固定點的寬度為 50 的線條。

$$y = 1 - 0.5|(x-2)|$$

```
1  # ch20_19.py
2  import matplotlib.pyplot as plt
3  import numpy as np
4
5  x = np.linspace(0, 5, 500)          # 含500個元素的陣列
6  y = 1 - 0.5*np.abs(x-2)             # y陣列的變化
7  plt.scatter(x,y,s=50,c=x,cmap='rainbow')  # 色彩隨 x 軸值變化
8  plt.show()
```

執行結果　可以參考下方左圖。

第 20 章　數據圖表設計 - 資料視覺化基礎

函數 colorbar( ) 可以建立色彩條，色彩條可以標記色彩的變化。

程式實例 ch20_20.py：重新設計 ch20_19.py，主要是將將色彩改為依 y 軸值變化，同時使用不同的色彩條。

```
7  plt.scatter(x,y,s=50,c=y,cmap='rainbow')   # 色彩隨 y 軸值變化
8  plt.colorbar()                             # 色彩條
9  plt.show()
```

執行結果　如上方右圖。

目前 matplotlib 協會所提供的色彩映射內容如下：

● 序列色彩映射表：可以參考下方左圖。

● 序列 2 色彩映射表：可以參考上方右圖。

● 直覺一致的色彩映射表：可以參考下方左圖。

● 發散式的色彩映射表：可以參考上方右圖。

● 定性色彩映射表：可以參考下方左圖。

20-20

20-5 色彩映射 color mapping

- 雜項色彩映射表：可以參考上方右圖。

資料來源 matplotlib 協會
http://matplotlib.org/examples/color/colormaps_reference.html

如果有一天你做大數據研究時，當收集了無數的數據後，可以將數據以圖表顯示，然後用色彩判斷整個數據趨勢。

程式實例 ch20_21.py：產生 100 個 0.0 至 1.0 之間的隨機數，第 9 列的 cmp='brg' 意義是使用 brg 色彩映射表繪出這個圖表，基本觀念色彩會隨 x 軸變化。當關閉圖表時，會詢問是否繼續，如果輸入 n/N 則結束。其實因為數據是隨機數，所以每次皆可產生不同的效果。

```python
1   # ch20_21.py
2   import matplotlib.pyplot as plt
3   import numpy as np
4
5   num = 100
6   while True:
7       x = np.random.random(100)           # 建立x軸100個隨機數字
8       y = np.random.random(100)           # 建立y軸100個隨機數字
9       plt.scatter(x,y,s=100,c=x,cmap='brg')   # 繪製散點圖
10      plt.show()
11      yORn = input("是否繼續 ?(y/n) ")      # 詢問是否繼續
12      if yORn == 'n' or yORn == 'N':      # 輸入n或N則程式結束
13          break
```

執行結果 可以參考下方左圖，註：每次執行皆有不一樣的結果。

20-21

第 20 章　數據圖表設計 - 資料視覺化基礎

上述程式筆者使用第 5 列的 num 控制產生隨機數的數量，其實讀者可以自行修訂，增加或減少隨機數的數量，以體會本程式的運作。

我們也可以針對隨機數的特性，讓每個點隨著隨機數的變化產生有序列的隨機移動，經過大量值的運算後，每次均可產生不同但有趣的圖形。

程式實例 ch20_22.py：隨機數移動的程式設計，這個程式在設計時，最初點的起始位置是 (0,0)，程式第 7 列可以設定下一個點的 x 軸是往右移動 3 或是往左移動 3，程式第 9 列可以設定下一個點的 y 軸是往上移動 1 或 5 或是往下移動 1 或 5。每此執行完 10000 點的測試後，會詢問是否繼續。如果繼續先將上一回合的終點座標當作新回合的起點座標 (28 至 29 列)，然後清除串列索引 x[0] 和 y[0] 以外的元素 (30 至 31 列)。

```
1   # ch20_22.py
2   import matplotlib.pyplot as plt
3   import random
4
5   def loc(index):
6       ''' 處理座標的移動 '''
7       x_mov = random.choice([-3, 3])              # 隨機x軸移動值
8       xloc = x[index-1] + x_mov                   # 計算x軸新位置
9       y_mov = random.choice([-5, -1, 1, 5])       # 隨機y軸移動值
10      yloc = y[index-1] + y_mov                   # 計算y軸新位置
11      x.append(xloc)                              # x軸新位置加入串列
12      y.append(yloc)                              # y軸新位置加入串列
13
14  num = 10000                                     # 設定隨機點的數量
15  x = [0]                                         # 設定第一次執行x座標
16  y = [0]                                         # 設定第一次執行y座標
17  while True:
18      for i in range(1, num):
19          loc(i)                                  # 建立點的座標
20      t = x
21      plt.scatter(x, y, s=2, c=t, cmap='brg')     # 色彩隨x軸變化
22      plt.axis('off')                             # 隱藏座標
23      plt.show()
24      yORn = input("是否繼續 ?(y/n) ' ")          # 詢問是否繼續
```

```
25      if yORn == 'n' or yORn == 'N':         # 輸入n或N則程式結束
26          break
27      else:
28          x[0] = x[num-1]                      # 上次結束x座標成新的起點x座標
29          y[0] = y[num-1]                      # 上次結束y座標成新的起點y座標
30          del x[1:]                            # 刪除舊串列x座標元素
31          del y[1:]                            # 刪除舊串列y座標元素
```

執行結果 可以參考上方右圖，註：每次執行皆有不一樣的結果。

上述第 22 列 plt.axis('off') 可以隱藏座標。

20-6 繪製多個圖表

20-6-1 圖表顯示中文

在程式內增加 rcParams( ) 方法配置中文字型參數，就可以顯示中文了。

```
plt.rcParams['font.family'] = ['Microsoft JhengHei']    # 設定中文字體
plt.rcParams['axes.unicode_minus'] = False              # 可以顯示負號
```

這時所有圖表文字皆會改成上述微軟正黑體 (Microsoft JhengHei)，讀者可以任選 C:\Windows\Fonts 內的字型名稱。

20-6-2 subplot( ) 語法

函數 subplot( ) 可以在視窗圖表 (Figure) 內建立子圖表 (axes)，也可稱此為子圖或軸物件，此函數基本語法如下：

plt.subplot(nrows, ncols, index)

上述函數會回傳一個子圖表物件，函數內參數預設是 (1, 1, 1)，相關意義如下：

- (nrows, ncols, index)：這是 3 個整數，nrows 是代表上下 (垂直要繪幾張子圖)，ncols 是代表左右 (水平要繪幾張子圖)，index 代表是第幾張子圖。如果規劃是一個 Figure 繪製上下 2 張子圖，那麼 subplot( ) 的應用如下：

subplot(2, 1, 1)

subplot(2, 1, 2)

如果規劃是一個 Figure 繪製左右 2 張子圖，那麼 subplot( ) 的應用如下：

```
subplot(1, 2, 1)        subplot(1, 2, 2)
```

如果規劃是一個 Figure 繪製上下 2 張子圖，左右 3 張子圖，那麼 subplot( ) 的應用如下：

```
subplot(2, 3, 1)   subplot(2, 3, 2)   subplot(2, 3, 3)
subplot(2, 3, 4)   subplot(2, 3, 5)   subplot(2, 3, 6)
```

- 3 個連續數字：可以是分開或連續的數字，例如：subplot(231) 相當於 subplot(2, 3, 1)。subplot(111) 相當於 subplot(1, 1, 1)，這個更完整的寫法是 subplot(nrows=1, ncols=1, index=1)。

20-6-3　含子圖表的基礎實例

程式實例 ch20_23.py：在一個 Figure 內繪製上下子圖的應用。

```
1   # ch20_23.py
2   import matplotlib.pyplot as plt
3   import numpy as np
4
5   plt.rcParams["font.family"] = ["Microsoft JhengHei"]
6   plt.rcParams["axes.unicode_minus"] = False
7   # 建立衰減數列
8   x1 = np.linspace(0.0, 5.0, 50)
9   y1 = np.cos(3 * np.pi * x1) * np.exp(-x1)
10  # 建立非衰減數列
11  x2 = np.linspace(0.0, 2.0, 50)
12  y2 = np.cos(3 * np.pi * x2)
13
14  plt.subplot(2,1,1)
15  plt.title('衰減數列')
16  plt.plot(x1, y1, 'go-')
17  plt.ylabel('衰減值')
18
19  plt.subplot(2,1,2)
20  plt.plot(x2, y2, 'm.-')
21  plt.xlabel('時間(秒)')
22  plt.ylabel('非衰減值')
23
24  plt.show()
```

執行結果 可以參考下方左圖。

程式實例 ch20_24.py：在一個 Figure 內繪製左右子圖的應用。

```
1   # ch20_24.py
2   import matplotlib.pyplot as plt
3
4   data1 = [1, 2, 3, 4, 5, 6, 7, 8]        # data1線條
5   data2 = [1, 4, 9, 16, 25, 36, 49, 64]   # data2線條
6   seq = [1, 2, 3, 4, 5, 6, 7, 8]
7   plt.subplot(1, 2, 1)                    # 子圖1
8   plt.plot(seq, data1, '-*')
9   plt.subplot(1, 2, 2)                    # 子圖2
10  plt.plot(seq, data2, 'm-o')
11  plt.show()
```

執行結果 可以參考上方右圖。

20-6-4　子圖配置的技巧

程式實例 ch20_25.py：使用 2 列繪製 3 個子圖的技巧。

```
1   # ch20_25.py
2   import numpy as np
3   import matplotlib.pyplot as plt
4
5   def f(t):
6       return np.exp(-t) * np.sin(2*np.pi*t)
7
8   plt.rcParams["font.family"] = ["Microsoft JhengHei"]
9   plt.rcParams["axes.unicode_minus"] = False
10  x = np.linspace(0.0, np.pi, 100)
11  plt.subplot(2,2,1)              # 子圖 1
12  plt.plot(x, f(x))
13  plt.title('子圖 1')
14  plt.subplot(2,2,2)              # 子圖 2
15  plt.plot(x, f(x))
16  plt.title('子圖 2')
```

20-25

第 20 章　數據圖表設計 - 資料視覺化基礎

```
17 plt.subplot(2,2,3)        # 子圖 3
18 plt.plot(x, f(x))
19 plt.title('子圖 3')
20 plt.show()
```

執行結果

上述我們完成了使用 2 列顯示 3 個子圖的目的，請留意第 17 列 subplot( ) 函數的第 3 個參數。此外，也可以將上述第 11、14、17 列改為 3 位連續數字格式，分別是 (221)、(222)、(223)，讀者可以參考程式實例 ch20_25_1.py，可以得到一樣的結果。

程式實例 ch20_26.py：修訂 ch20_25.py 設定第 3 個子圖可以佔據整個列，讀者可以留意第 17 列 subplot( ) 函數的參數設定。

```
17 plt.subplot(2,1,2)        # 子圖 3
```

執行結果　可以參考下方左圖。

20-26

程式實例 ch20_27.py：第一個子圖表佔據第 1 行，第 2 行則有上下 2 個子圖表。

```
1  # ch20_27.py
2  import matplotlib.pyplot as plt
3
4  plt.subplot(1,2,1)        # 建立子圖表 1,2,1
5  plt.text(0.15,0.5,'subplot(1,2,1)',fontsize='16',c='b')
6  plt.subplot(2,2,2)        # 建立子圖表 2,2,2
7  plt.text(0.15,0.5,'subplot(2,2,2)',fontsize='16',c='m')
8  plt.subplot(2,2,4)        # 建立子圖表 2,2,4
9  plt.text(0.15,0.5,'subplot(2,2,4)',fontsize='16',c='m')
10 plt.show()
```

執行結果　可以參考上方右圖。

20-7 建立畫布與子圖表物件

至今筆者所述建立圖表皆是使用預設的 plt 畫布物件，其實 matplotlib 模組也提供自建畫布與子圖表 (或稱軸物件) 的功能。

函數名稱	說明
fig = plt.figure(figsize=(w, h))	建立寬是 w(預設是 6.4)、高是 h(預設是 4.8) 的畫布物件 fig，單位是英寸
ax = fig.add_subplot(nrow, ncol, index)	建立 nrow x ncol 個畫布，子圖是 index
fig, ax = plt.subplots(nrows, ncols)	建立 nrows x ncols 個畫布 fig，有 ax 多維個子圖。

20-7-1 pyplot 的 API 與 OO API

20-6 節 (含) 以前使用的繪圖函數皆算是 pyplot 模組的 API 函數，matplotlib 模組另外提供了物件導向 (Object Oritented) 的 API 函數可以供我們使用。下表是建立圖表常用的 API 函數，不過 OO API 是使用圖表物件調用。

Pyplot API	OO API	說明
text	text	在座標任意位置增加文字
annotate	annotate	在座標任意位置增加文字和箭頭
xlabel	set_xlabel	設定 x 軸標籤
ylabel	set_ylabel	設定 y 軸標籤
xlim	set_xlim	設定 x 軸範圍
ylim	set_ylim	設定 y 軸範圍

第 20 章 數據圖表設計 - 資料視覺化基礎

Pyplot API	OO API	說明
title	set_title	設定圖表標題
figtext	text	在圖表任意位置增加文字
suptitle	suptitle	在圖表增加標題
axis	set_axis_off	關閉圖表標記
axis('equal')	set_aspect('equal')	定義 x 和 y 軸的單位長度相同
xticks( )	xaxis.set_ticks( )	設定 x 軸刻度
yticks( )	yaxis.set_ticks( )	設定 y 軸刻度

20-7-2 自建畫布與建立子圖表

程式實例 ch20_28.py：使用自建畫布觀念繪製 sin 波形。

```
1   # ch20_28.py
2   import matplotlib.pyplot as plt
3   import numpy as np
4
5   plt.rcParams["font.family"] = ["Microsoft JhengHei"]
6   plt.rcParams["axes.unicode_minus"] = False
7   N = 50                                          # 色彩數列的點數
8   colorused = ['b','c','g','k','m','r','y']       # 定義顏色
9   colors = []                                     # 建立色彩數列
10  for i in range(N):                              # 隨機設定顏色
11      colors.append(np.random.choice(colorused))
12  x = np.linspace(0.0, 2*np.pi, N)                # 建立 50 個點
13  y = np.sin(x)
14  fig = plt.figure()                              # 建立畫布物件
15  ax = fig.add_subplot()                          # 建立子圖(或稱軸物件)ax
16  ax.scatter(x, y, c=colors, marker='*')          # 繪製 sin
17  ax.set_title("建立畫布與軸物件,使用OO API繪圖", fontsize=16)
18  plt.show()
```

執行結果 可以參考下方左圖。

上述第 15 列的 add_subplot( ) 函數內沒有參數，表示只有一個子圖物件。其實上述程式第 14 列的 figure( ) 和第 15 列的 add_subplot( ) 函數，也可以直接使用 subplots( ) 函數取代，這個函數右邊有 s，表示可以回傳多個子圖，這時可以使用索引方式繪製子圖。

程式實例 ch20_29.py：使用 OO API 函數繪製 4 個子圖的實例。

```python
1   # ch20_29.py
2   import matplotlib.pyplot as plt
3   import numpy as np
4
5   plt.rcParams["font.family"] = ["Microsoft JhengHei"]
6   plt.rcParams["axes.unicode_minus"] = False
7   fig, ax = plt.subplots(2, 2)                    # 建立4個子圖
8   x = np.linspace(0, 2*np.pi, 300)
9   y = np.sin(x**2)
10  ax[0, 0].plot(x, y,'b')                         # 子圖索引 0,0
11  ax[0, 0].set_title('子圖[0, 0]')
12  ax[0, 1].plot(x, y,'g')                         # 子圖索引 0,1
13  ax[0, 1].set_title('子圖[0, 1]')
14  ax[1, 0].plot(x, y,'m')                         # 子圖索引 1,0
15  ax[1, 0].set_title('子圖[1, 0]')
16  ax[1, 1].plot(x, y,'r')                         # 子圖索引 1,1
17  ax[1, 1].set_title('子圖[1, 1]')
18  fig.suptitle("4個子圖的實作",fontsize=16)       # 圖表主標題
19  plt.tight_layout()                              # 緊縮佈局
20  plt.show()
```

執行結果 可以參考上方右圖。

上述第 18 列的 suptitle( ) 函數可以繪製圖表物件標題。第 19 列的 tight_layout( ) 函數則是可以緊縮佈局，可以避免子圖間的標題重疊。

20-7-3 建立寬高比

使用 matplotlib 模組時，圖表會自行調整長與寬，有時我們想要調整寬高比，可以使用 axis( ) 或是 ast_aspect( ) 函數，使用 'equal' 參數，例如：函數 axis("equal") 或是 set_aspect('equal') 可以建立圖表的寬高單位長度相同。

程式實例 ch20_30.py：繪製半徑是 5 個圓，(0,0) 子圖是使用預設，其他皆有設定寬高比相同，觀察執行結果。

```python
1   # ch20_30.py
2   import matplotlib.pyplot as plt
3   import numpy as np
4
5   plt.rcParams["font.family"] = ["Microsoft JhengHei"]
6   plt.rcParams["axes.unicode_minus"] = False
7   # 繪製半徑 5 的圓
```

```
8   angle = np.linspace(0, 2*np.pi, 100)
9   fig, ax = plt.subplots(2, 2)       # 建立 2 x 2 子圖
10
11  ax[0, 0].plot(5 * np.cos(angle), 5 * np.sin(angle))
12  ax[0, 0].set_title('繪圓形, 看起來像橢圓')
13  ax[0, 1].plot(5 * np.cos(angle), 5 * np.sin(angle))
14  ax[0, 1].axis('equal')
15  ax[0, 1].set_title('寬高比相同, 是圓形')
16  ax[1, 0].plot(5 * np.cos(angle), 5 * np.sin(angle))
17  ax[1, 0].axis('equal')
18  ax[1, 0].set(xlim=(-5, 5), ylim=(-5, 5))
19  ax[1, 0].set_title('設定寬和高相同區間')
20  ax[1, 1].plot(5 * np.cos(angle), 5 * np.sin(angle))
21  ax[1, 1].set_aspect('equal', 'box')
22  ax[1, 1].set_title('設定寬高比相同')
23  fig.tight_layout()
24  plt.show()
```

執行結果 可以參考下方左圖。

上述 (1,1) 子圖，因為第 21 列增加 'box' 參數，子圖以正方形盒子顯示。現在上述參數是使用 'equal'，如果改為數值，則此數值代表寬高比。例如：若是將第 21 列程式碼函數改為 set_aspect(2)，表示寬度 1 單位相當於高度 2 單位，這時將得到上方右圖的結果，筆者將此實例存至 ch20_31.py。

20-8 長條圖的製作

20-8-1 bar( )

在長條圖的製作中，我們可以使用 bar( ) 方法，常用的語法如下：

　　bar(x, y, width)

x 是一個串列主要是長條圖 x 軸位置，y 是串列代表 y 軸的值，width 是長條圖的寬度，預設是 0.85。

程式實例 ch20_32.py：有一個選舉，James 得票 135、Peter 得票 412、Norton 得票 397，用長條圖表示。

```python
1  # ch20_32.py
2  import numpy as np
3  import matplotlib.pyplot as plt
4
5  plt.rcParams["font.family"] = ["Microsoft JhengHei"]
6  votes = [135, 412, 397]              # 得票數
7  N = len(votes)                        # 計算長度
8  x = np.arange(N)                      # 長條圖x軸座標
9  width = 0.35                          # 長條圖寬度
10 plt.bar(x, votes, width)              # 繪製長條圖
11
12 plt.ylabel('得票數')
13 plt.title('選舉結果')
14 plt.xticks(x, ('James', 'Peter', 'Norton')) # x 軸刻度
15 plt.yticks(np.arange(0, 450, 30))             # y 軸刻度
16 plt.show()
```

執行結果　可以參考下方左圖。

程式實例 ch20_33.py：擲骰子的機率設計，一個骰子有 6 面分別記載 1, 2, 3, 4, 5, 6，這個程式會用隨機數計算 600 次，每個數字出現的次數，同時用直條圖表示，為了讓讀者有不同體驗，筆者將圖表顏色改為綠色。

```python
1  # ch20_33.py
2  import numpy as np
3  import matplotlib.pyplot as plt
4  from random import randint
5
6  def dice_generator(times, sides):
7      ''' 處理隨機數 '''
```

20-31

```python
8       for i in range(times):
9           ranNum = randint(1, sides)        # 產生1-6隨機數
10          dice.append(ranNum)
11  def dice_count(sides):
12      '''計算1-6個出現次數'''
13      for i in range(1, sides+1):
14          frequency = dice.count(i)         # 計算i出現在dice串列的次數
15          frequencies.append(frequency)
16
17  plt.rcParams["font.family"] = ["Microsoft JhengHei"]
18  times = 600                               # 擲骰子次數
19  sides = 6                                 # 骰子有幾面
20  dice = []                                 # 建立擲骰子的串列
21  frequencies = []                          # 儲存每一面骰子出現次數串列
22  dice_generator(times, sides)              # 產生擲骰子的串列
23  dice_count(sides)                         # 將骰子串列轉成次數串列
24  x = np.arange(6)                          # 長條圖x軸座標
25  width = 0.35                              # 長條圖寬度
26  plt.bar(x, frequencies, width, color='g') # 繪製長條圖
27  plt.ylabel('次數')
28  plt.xlabel('骰子點數')
29  plt.title('測試 600 次')
30  plt.xticks(x, ('1', '2', '3', '4', '5', '6'))
31  plt.yticks(np.arange(0, 150, 15))
32  plt.show()
```

執行結果 可以參考上方右圖。

上述程式最重要的是第 11 ~ 15 列的 dice_count( ) 函數，這個函數主要是將含 600 個元素的 dice 串列，分別計算 1, 2, 3, 4, 5, 6 各出現的次數，然後將結果儲存至 frequencies 串列。

20-8-2　hist( )

這也是一個直方圖的製作，特別適合在統計分佈數據繪圖，它的基本語法如下：

　　h = hist(x, bins, color)　　# 傳回值 h 可有可無

在此只介紹常用的參數，x 是一個串列或陣列 (23 章會解說陣列) 是每個 bins 分佈的數據。bins 則是箱子 (可以想成長條) 的個數或是可想成組別個數。color 則是設定長條顏色。

傳回值 h 是元組，可以不理會，如果有設定傳回值，則 h 值所傳回的 h[0] 是 bins 的數量陣列，每個索引記載這個 bins 的 y 軸值，由索引數量也可以知道 bins 的數量，相當於是直方長條數。h[1] 也是陣列，此陣列記載 bins 的 x 軸 bin 的切割位置值。

程式實例 ch20_34.py：以 hist 長條圖列印擲骰子 10000 次的結果，需留意由於是隨機數產生骰子的 6 個面，所以每次執行結果皆會不相同，這個程式同時列出 hist( ) 的傳回值，也就是骰子出現的次數。

```python
1  # ch20_34.py
2  import matplotlib.pyplot as plt
3  from random import randint
4
5  def dice_generator(times, sides):
6      ''' 處理隨機數 '''
7      for i in range(times):
8          ranNum = randint(1, sides)      # 產生1-6隨機數
9          dice.append(ranNum)
10
11 plt.rcParams["font.family"] = ["Microsoft JhengHei"]
12 times = 10000                            # 擲骰子次數
13 sides = 6                                # 骰子有幾面
14 dice = []                                # 建立擲骰子的串列
15 dice_generator(times, sides)             # 產生擲骰子的串列
16 h = plt.hist(dice,sides)                 # 繪製hist圖
17 print("bins的y軸 ",h[0])
18 print("bins的x軸 ",h[1])
19 plt.ylabel('次數')
20 plt.title('測試 10000 次')
21 plt.show()
```

執行結果 可以參考下方左圖。

```
================ RESTART: D:/Python/ch20/ch20_34.py ================
bins的y軸  [1643. 1672. 1613. 1721. 1670. 1681.]
bins的x軸  [1.         1.83333333 2.66666667 3.5        4.33333333 5.16666667
 6.        ]
```

上述直方圖的長條彼此連接，如果在第 16 列的 plt.hist( ) 函數內增加 rwidth=0.8，可以設定寬度是 8 成，則可以建立各直方長條間有間距，可以參考上方右圖，讀者可以自我練習，筆者將結果存入 ch20_35.py。如果在 hist( ) 函數內設定 cumulative=True，

可以讓直方長條具有累加效果，下列是同時設定 rwidth=0.5，可以得到下列結果，細節讀者可以參考 ch20_36.py。

20-9 圓餅圖的製作 pie( )

在圓餅圖的製作中，我們可以使用 pie( ) 方法，常用的語法如下：

pie(x, options, …)

x 是一個串列，主要是圓餅圖 x 軸的資料，options 代表系列選擇性參數，可以是下列參數內容。

- labels：圓餅圖項目所組成的串列。
- colors：圓餅圖項目顏色所組成的串列，如果省略則用預設顏色。
- explode：可設定是否從圓餅圖分離的串列，0 表示不分離，一般可用 0.1 分離，數值越大分離越遠，例如：讀者在程式實例 ch20_39.py 可改用 0.2 測試，效果不同，預設是 0。
- autopct：表示項目的百分比格式，基本語法是 "% 格式 %%"，例如："%d%%" 表示整數百分比，"%1.2f%%" 表示整數 1 位數，小數 2 位數，當整數部分不足時會自動擴充。
- labeldistance：項目標題與圓餅圖中心的距離是半徑的多少倍，預設是 1.1 倍。
- center：圓中心座標，預設是 0。

- shadow：True 表示圓餅圖形有陰影，False 表圓餅圖形沒有陰影，預設是 False。

20-9-1 國外旅遊調查表設計

程式實例 ch20_37.py：國外旅遊調查表。

```python
1  # ch20_37.py
2  import matplotlib.pyplot as plt
3
4  plt.rcParams["font.family"] = ["Microsoft JhengHei"]
5  area = ['大陸','東南亞','東北亞','美國','歐洲','澳紐']
6  people = [10000,12600,9600,7500,5100,4800]
7  plt.pie(people,labels=area)
8  plt.title('五月份國外旅遊調查表',fontsize=16,color='b')
9  plt.show()
```

執行結果

上述讀者可以看到旅遊地點標籤在圓餅圖外，這是因為預設 labeldistance 是 1.1，如果要將旅遊地點標籤放在圓餅圖內需設定此值是小於 1.0。

20-9-2 增加百分比的國外旅遊調查表

參數 autopct 可以增加百分比，一般百分比是設定到小數 2 位。

程式實例 ch20_38.py：使用含 2 位小數的百分比，重新設計 ch20_37.py。

```python
1  # ch20_38.py
2  import matplotlib.pyplot as plt
3
4  plt.rcParams["font.family"] = ["Microsoft JhengHei"]
5  area = ['大陸','東南亞','東北亞','美國','歐洲','澳紐']
6  people = [10000,12600,9600,7500,5100,4800]
7  plt.pie(people,labels=area,autopct="%1.2f%%")
8  plt.title('五月份國外旅遊調查表',fontsize=16,color='b')
9  plt.show()
```

第 20 章　數據圖表設計 - 資料視覺化基礎

執行結果　可以參考下方左圖。

五月份國外旅遊調查表　　　　　　五月份國外旅遊調查表

20-9-3　突出圓餅區塊的數據分離

　　設計圓餅圖時可以將需要特別關注的圓餅區塊分離，這時可以使用 explode 參數，不分離的區塊設為 0.0，要分離的區塊可以設定小數值，例如：可以設定 0.1，數值越大分離越大。

程式實例 ch20_39.py：設定澳紐圓餅區塊分離 0.1。

```
1  # ch20_39.py
2  import matplotlib.pyplot as plt
3
4  plt.rcParams["font.family"] = ["Microsoft JhengHei"]
5  area = ['大陸','東南亞','東北亞','美國','歐洲','澳紐']
6  people = [10000,12600,9600,7500,5100,4800]
7  exp = [0.0,0.0,0.0,0.0,0.0,0.1]
8  plt.pie(people,labels=area,explode=exp,autopct="%1.2f%%")
9  plt.title('五月份國外旅遊調查表',fontsize=16,color='b')
10 plt.show()
```

執行結果　可以參考上方右圖。

20-10　設計 2D 動畫

　　使用 matplotlib 模組除了可以繪製靜態圖表，也可以繪製動態圖表，這一節將講解繪製動態圖表常用的 animation 模組。

20-10-1　FuncAnimation( ) 函數

FuncAnimation 函數名稱其實是 Function+Animation 的縮寫，他的工作原理是在一定時間間隔不斷地調用動畫參數，以達到動畫的效果，為了要使用 FuncAnimation( ) 函數，需要導入 animation 模組，如下所示：

　　import matplotlib.animation as animation

未來 FuncAnimation( ) 需使用 animation.FuncAnimaiton( ) 方式調用。或是使用下列方式直接導入 FuncAnimation( ) 函數。

　　from matplotlib.animation import FuncAnimation

導入上述模組後，就可以直接使用 FuncAnimation( ) 函數設計動態圖表，此函數語法如下：

　　animation.FuncAnimation(fig, func, frames=None, init_func=None,
　　　　　　　　　　　　　　save_count=None)

上述動畫的運作規則，主要是重複調用 func 函數參數來製作動畫，各參數意義如下：

- fig：用於顯示動態圖形物件。
- func：每一個幀調用的函數，透過第一個參數給幀的下一個值，程式設計師習慣用 animate( ) 或是 update( ) 為函數名稱，當做 func 參數。
- frames：可選參數，這是可以迭代的，主要是傳遞給 func 的動畫數據來源。如果所給的是整數，系統會使用 range(frames) 方式處理。
- init_func：這是起始函數，會在第一個幀之前被調用一次，主要是繪製清晰的框架。這個函數必須回傳物件，以便重新繪製。
- save_count：這是可選參數，這是從幀到緩存的後備，只有在無法推斷幀數時使用，預設是 100。
- interval：這是可選參數，每個幀之間的延遲時間，預設是 100，相當於 0.1 秒。
- repeat：當串列內的系列幀顯示完成時，是否繼續，預設是 True。
- blit：是否優化繪圖，預設是 False。

下列各節主要是使用各種實例介紹 matplotlib 模組各類動畫的應用。

20-10-2 設計移動的 sin 波

程式實例 ch20_40.py：設計會移動的 sin 波形，同時將此 sin 波動畫存至 sin.gif 檔案內。

```python
1  # ch20_40.py
2  import matplotlib.pyplot as plt
3  import numpy as np
4  from matplotlib.animation import FuncAnimation
5
6  # 建立最初化的 line 資料 (x, y)
7  def init():
8      line.set_data([], [])
9      return line,
10 # 繪製 sin 波形，這個函數將被重複調用
11 def animate(i):
12     x = np.linspace(0, 2*np.pi, 500)        # 建立 sin 的 x 值
13     y = np.sin(2 * np.pi * (x - 0.01 * i))  # 建立 sin 的 y 值
14     line.set_data(x, y)                      # 更新波形的資料
15     return line,
16
17 # 建立動畫需要的 Figure 物件
18 fig = plt.figure()
19 # 建立軸物件與設定大小
20 ax = plt.axes(xlim=(0, 2*np.pi), ylim=(-2, 2))
21 # 最初化線條 line，變數，須留意變數 line 右邊的逗號','是必須的
22 line, = ax.plot([], [], lw=3, color='g')
23 # interval = 20，相當於每隔 20 毫秒執行 animate()動畫
24 ani = FuncAnimation(fig, animate,
25                     frames = 200,
26                     init_func = init,
27                     interval = 20)           # interval是控制速度
28 ani.save('sin.gif', writer='pillow')         # 儲存 sin.gif 檔案
29 plt.show()
```

執行結果 可以參考下方左圖。

上述程式第 18 列 figure( ) 函數是建立 Figure 物件，然後第 20 列 axes( ) 函數是在此 Figure 物件內建立軸物件，此函數內的 xlim( ) 是設定軸物件的 x 軸寬度，ylim( ) 是設定軸物件 y 軸的高度。

20-10 設計 2D 動畫

程式第 22 列內容如下：

line, = ax.plot([ ], [ ], lw=3, color='g')

這個 line 右邊的「,」不可省略，我們可以將此 line 視為是變數，未來只要填上參數 [ ],[ ] 值，這個動畫就會執行。動畫的基礎是 animate( ) 函數，這個函數會被重複調用，第 11 列是 animate(i) 函數名稱，其中 i 的值第一次被呼叫時是 0，第二次被呼叫時是 1，其餘可依此類推遞增，因為 FuncAnimation( ) 函數內的參數 frames 值是 200，相當於會重複調用函數 animati(i)200 次，超過 200 次後 i 計數又會重新開始。在第 12 列會設定變數 line 所需的 x，第 13 列是設定變數所需的 y 值，需留意在 y 值公式中有使用變數 i，這也是造成每一次調用會產生新的 y 值。第 14 列會使用 line.set_data( ) 函數，這個函數會將 x 和 y 資料填入變數 line，因為 y 值不一樣了所以會產生新的波形。

line.set_data(x, y)

第 28 列則是使用 save( ) 函數將 sin 波動畫存至 sin.gif 檔案內，此函數第一個參數是所存的檔案名稱，第 2 個參數是寫入的方法，預設是 'ffmpeg'，此例是使用 pillow 方法。

程式實例 ch20_41.py：上述程式 ch20_40.py 第 12 列筆者採用 x 軸 $0-2\pi$ 區間有 500 個點，如果點數不足，例如：10 個點，將無法建立完整的 sin 波形，但是也將產生有趣的動畫，此動畫將存入 sin2.gif 檔案內。

```
12      x = np.linspace(0, 2*np.pi, 10)       # 建立 sin 的 x 值
```

執行結果 可以參考上方右圖。

20-10-3 設計球沿著 sin 波形移動

程式實例 ch20_42.py：設計紅色球在 sin 波形上移動。

```
1   # ch20_42.py
2   import numpy as np
3   import matplotlib.pyplot as plt
4   from matplotlib.animation import FuncAnimation
5
6   # 建立最初化點的位置
7   def init():
8       dot.set_data([], [])                  # 更新紅色點的資料
9       return dot,
10  # 繪製 sin 波形, 這個函數將被重複調用
```

第 20 章　數據圖表設計 - 資料視覺化基礎

```
11   def animate(i):
12       dot.set_data([x[i]], [y[i]])      # 更新紅色點的資料
13       return dot,
14
15   # 建立動畫需要的 Figure 物件
16   fig = plt.figure()
17   N = 200
18   # 建立軸物件與設定大小
19   ax = plt.axes(xlim=(0, 2*np.pi), ylim=(-1.5, 1.5))
20   # 建立和繪製 sin 波形
21   x = np.linspace(0, 2*np.pi, N)
22   y = np.sin(x)
23   line, = ax.plot(x, y, color='g',linestyle='-',linewidth=3)
24   # 建立和繪製紅點
25   dot, = ax.plot([],[],color='red',marker='o',
26                  markersize=15,linestyle='')
27   # interval = 20, 相當於每隔 20 毫秒執行 animate()動畫
28   ani = FuncAnimation(fig=fig, func=animate,
29                       frames=N,
30                       init_func=init,
31                       interval=20,
32                       blit=True,
33                       repeat=True)
34   plt.show()
```

執行結果　可以參考下方左圖。

如果我們現在想要設計紅色球沿著 sin 波的軌跡移動，同時隱藏波形，可以刪除第 23 列的繪製 sin 波的線即可。

程式實例 ch20_43.py：隱藏 sin 波，程式只要取消第 23 列功能即可。

```
23   #line, = ax.plot(x, y, color='g',linestyle='-',linewidth=3)
```

執行結果　可以參考上方右圖。

20-11 數學表達式 / 輸出文字 / 圖表註解

20-11-1 圖表的數學表達式

在建立圖表過程，我們很可能需要表達一些數學符號：

$$\alpha \quad \beta \quad \pi \quad \mu \quad \frac{2}{5x} \quad \sqrt{x}$$

- 圓周率的表達方式是 \pi。
- 如果數學表達式內有數字，數字需使用大括號 { } 包夾。
- 鍵盤上的英文字母或是數學符號，可以直接放在金錢符號 "$" 內即可。
- 符號 "^" 可以建立上標。
- 符號 "_" 可以建立下標。
- 分數符號表達方式是「\frac{ }{ }」，其中左邊 { } 是分子，右邊 { } 是分母。
- 開根號可以使用「\sqrt[ ]{ }」表示，[ ] 是開根號的次方，如果是開平方根則此 [ ] 符號可以省略，{ } 則是根號內容。

下列是建立數學符號會需要的小寫希臘字母撰寫方式。

α \alpha	β \beta	χ \chi	δ \delta	ϵ \digamma	ε \epsilon
η \eta	γ \gamma	℩ \iota	κ \kappa	λ \lambda	μ \mu
ν \nu	ω \omega	φ \phi	π \pi	ψ \psi	ρ \rho
σ \sigma	τ \tau	θ \theta	υ \upsilon	ε \varepsilon	ε \varkappa
φ \varphi	ϖ \varpi	ϱ \varrho	ε \varsigma	ϑ \vartheta	ξ \xi
ζ \zeta					

上述符號表取材自 matplotlib 官方網站

程式實例 ch20_44.py：建立衰減函數的標題，這個函數取材自 ch20_23.py。

```
1  # ch20_44.py
2  import matplotlib.pyplot as plt
3  import numpy as np
```

```
 4
 5  plt.rcParams["font.family"] = ["Microsoft JhengHei"]
 6  plt.rcParams["axes.unicode_minus"] = False
 7  # 建立衰減數列
 8  x = np.linspace(0.0, 5.0, 50)
 9  y = np.cos(3 * np.pi * x) * np.exp(-x)
10
11  plt.title(r'衰減數列 cos($3\pi x * e^{x})$' ,fontsize=20)
12  plt.plot(x, y, 'go-')
13  plt.ylabel('衰減值')
14  plt.show()
```

執行結果

程式實例 ch20_45.py：在圖表內建立數學符號的應用。

```
1  # ch20_45.py
2  import matplotlib.pyplot as plt
3
4  plt.title(r'$\frac{7}{9}+\sqrt{7}+\alpha\beta$',fontsize=20)
5  plt.show()
```

執行結果　$\frac{7}{9} + \sqrt{7} + \alpha\beta$

20-11-2　在圖表內輸出文字 text( )

在繪製圖表過程有時需要在圖上標記文字，這時可以使用 text( ) 函數，此函數基本使用格式如下：

　　plt.text(x, y, s)

- x, y：是文字輸出的左下角座標，x, y 不是絕對刻度，這是相對座標刻度，大小會隨著座標刻度增減。
- s：是輸出的字串。

程式實例 ch20_46.py：圖表 (1, 0) 位置輸出文字 sin(x) 的應用。

```python
1   # ch20_46.py
2   import matplotlib.pyplot as plt
3   import numpy as np
4
5   x = np.linspace(0, 2*np.pi, 100)
6   y = np.sin(x)
7   plt.plot(1,0,'bo')                      # 輸出藍點
8   plt.text(1,0,'sin(x)',fontsize=20)      # 輸出公式
9   plt.plot(x,y)
10  plt.grid()
11  plt.show()
```

執行結果

20-11-3 增加圖表註解

模組 matplotlib 的 annotate( ) 函數除了可以在圖表上增加文字註解，也可以支援箭頭之類的工具，此函數基本語法如下：

　　plt.annotate(text, xy, xytext, xycoords)

上述函數最簡單的格式是在 xy 座標位置輸出 text 文字，也可以從文字位置加上箭頭指向特定位置。上述參數意義如下：

- text：註解文字。
- xy：文字箭頭指向的座標點，這是元組 (x, y)。
- xytext：在 (x, y) 輸出文字註解。
- arrowprops：箭頭樣式，預設顏色參數 facecolor 是 black(黑色)。

第 20 章　數據圖表設計 - 資料視覺化基礎

程式實例 ch20_47.py：建立圖表註解的應用。

```
 1  # ch20_47.py
 2  import matplotlib.pyplot as plt
 3  import numpy as np
 4
 5  plt.rcParams["font.family"] = ["Microsoft JhengHei"]
 6  plt.rcParams["axes.unicode_minus"] = False
 7  x = np.linspace(0.0, np.pi, 500)
 8  y = np.cos(2 * np.pi * x)
 9  plt.plot(x, y, 'm', lw=2)
10  plt.annotate('局部極大值',
11              xy=(2, 1),
12              xytext=(2.5, 1.2),
13              arrowprops=dict(arrowstyle='->',
14                              facecolor='black'))
15  plt.annotate('局部極小值',
16              xy=(1.5, -1),
17              xytext=(2.0, -1.25),
18              arrowprops=dict(arrowstyle='-'))
19  plt.text(0.8,1.2,'Annotate的應用',fontsize=20,color='b')
20  plt.ylim(-1.5, 1.5)
21  plt.show()
```

執行結果

上述實例重點是第 10 ~ 14 列建立了有含箭頭 (->) 的線條與註解文字，文字內容是局部極大值。第 15 ~ 18 列是建立不含箭頭 (-) 的線條與註解文字，文字內容是局部極小值。

20-11-4　極座標繪圖

　　極座標 (Polar coordinate system) 是一個二維的座標系統，在這個座標系統，每一個點的位置使用夾角和相對原點的距離表示：

20-44

20-11 數學表達式 / 輸出文字 / 圖表註解

假設有一個圓上的點(x, y)，這個圓的半徑是r，則在極坐標系統下這個點的座標將如下所示：

$x = r\ cos\theta$

$y = r\ sin\theta$

要建立極座標圖，可以使用下列函數：

subplot(⋯, projection='polar')
add_subplot(⋯, projection='polar')
subplots(⋯, subplot_kw=dict(projection='polar'))

程式實例 ch20_48.py：繪製下列極座標圖形，第 11 列增加 tight_layout( ) 可以控制標題不要太靠近上邊界。

$r = 0 - 1$

$angle = 2\pi r$

```python
1   # ch20_48.py
2   import matplotlib.pyplot as plt
3   import numpy as np
4
5   plt.rcParams["font.family"] = ["Microsoft JhengHei"]
6   ax = plt.subplot(projection='polar')
7   r = np.arange(0, 1, 0.001)
8   theta = 2 * 2*np.pi * r
9   ax.plot(theta, r, 'm', lw=3)
10  plt.title("極座標圖表",fontsize=16)
11  plt.tight_layout()      # 圖表標題可以緊縮佈局
12  plt.show()
```

20-45

第 20 章 數據圖表設計 - 資料視覺化基礎

執行結果

第 21 章
JSON 與世界地圖
全球資料繪製實戰

21-1　JSON 資料格式前言

21-2　認識 json 資料格式

21-3　將 Python 應用在 json 字串形式資料

21-4　將 Python 應用在 json 檔案

21-5　世界人口數據的 json 檔案

21-6　繪製世界地圖

21-7　專題 - 環境部空氣品質

第 21 章　JSON 與世界地圖 - 全球資料繪製實戰

21-1　JSON 資料格式前言

　　JSON 是由美國程式設計師 Douglas Crockford 創建的，JSON(JavaScript Object Notation) 文件是一種輕量級的數據交換格式，由 JSON 英文全文字義我們可以推敲 JSON 的緣由，最初是為 JavaScript 開發的，易於人閱讀和編寫，同時也易於機器解析和生成。它是以文字格式為基礎，可以用於任何可以存儲文字的地方。這裡有一些常見的 JSON 文件應用場景：

- Web 開發：JSON 是 Web 應用程式中前後端通信的標準格式，它通常用於發送和接收結構化數據。例如：我們可以將 JavaScript 物件轉成 JSON，然後將 JSON 傳送到伺服器。也可以從伺服器接收 JSON，然後將 JSON 轉成 JavaScript 物件。
- APIs：大多數網絡 API 都使用 JSON 格式來提供數據，因為它與多種程式語言兼容。
- 配置文件：許多應用程式和服務使用 JSON 文件來存儲配置設置。
- 資料儲存：一些資料庫，例如：MongoDB，支持 JSON 格式來儲存數據。
- 行動應用開發：行動應用程式使用 JSON 來處理數據，這樣可以輕鬆的在不同平台之間共享數據。
- 插件和擴展：瀏覽器插件和某些應用程式擴展使用 JSON 文件來存儲設置或信息。
- 數據交換：不同應用程式之間的數據交換常常使用 JSON，因為它比 XML 輕量，且易於解析。
- 物聯網 (IoT)：由於 JSON 的輕量級特性，它非常適合用於物聯網設備，這些設備通常對資源和頻寬有限制。

　　這些只是 JSON 應用的一些例子，實際上它的使用非常廣泛，涵蓋了各種不同的技術領域。註：json 檔案可以用記事本開啟。

　　下列是 Facebook 將個人貼文以 JSON 格式儲存的實例。

```
{
  "data": [
    {
      "message": "Python最強入門邁向頂尖高手之路
王者歸來
今天正式預購
全彩印刷1046頁，訂價1000元",
      "created_time": "2019-07-18T16:30:18+0000",
      "id": "1116138285252667_1129971143869381"
    },
    {
      "message": "Python 邁向頂尖高手之路
王者歸來
使用Python 建立了有個人風格的QR code，
利用QR code有容錯率特性，我在建立母校網頁的QR code時，同時將母校logo嵌入了在此QR code內。
使用微信掃瞄可以直接進入母校網頁。",
      "created_time": "2019-07-11T17:28:53+0000",
      "id": "1116138285252667_1125256707674158"
    }
  ],
  "paging": {
    "previous": "https://graph.facebook.com/v3.3/1116138285252667/posts?limit=2&format=j
    "next": "https://graph.facebook.com/v3.3/1116138285252667/posts?limit=2&format=json&
  }
}
```

Python 程式設計時需使用 import json 導入 json 模組，由於 JSON 的模組是 json，所以又常用小寫 json 稱此資料格式。

21-2 認識 json 資料格式

json 的資料格式有 2 種，分別是：

- 物件 (object)：一般用大括號 { } 表示。
- 陣列 (array)：一般用中括號 [ ] 表示。

21-2-1 物件 (object)

在 json 中物件就是用「鍵:值 (key:value)」方式配對儲存，物件內容用左大括號 "{" 開始，右大括號 "}" 結束，鍵 (key) 和值 (value) 用 ":" 區隔，每一組「鍵:值」間以逗號 "," 隔開，以下是取材自 json.org 的官方圖說明。

在 json 格式中鍵 (key) 是一個字串 (string)。值可以是數值 (number)、字串 (string)、布林值 (bool)、陣列 (array) 或是 null 值。

例如：下列是 json 物件的實例。

{"Name":"Hung", "Age":25}

使用 json 時需留意，鍵 (key) 必須是文字，例如下列是錯誤的實例。

{"Name":"Hung", 25:"Key"}

在 json 格式中字串需用雙引號，同時在 json 文件內不可以有註解。

21-2-2　陣列 (array)

陣列基本上是一系列的值 (value) 所組成，用左中括號 "[" 開始，右中括號 "]" 結束。各值之間用逗號 "," 隔開，以下是取材自 json.org 的官方圖說明。

陣列的值可以是數值 (number)、字串 (string)、布林值 (bool) 、陣列 (array) 或是 null 值。

21-2-3　json 資料存在方式

前 2 小節所述是 json 的資料格式定義，但是在 Python 中它存在方式是字串 (string)。

'json 資料'　　　　　　　　　　# 可參考程式實例 ch21_1.py 的第 3 筆輸出

使用 json 模組執行將 Python 資料轉成 json 字串類型資料或是 json 檔案，是使用不同方法，下列 21-3 和 21-4 節將分別說明。

21-3　將 Python 應用在 json 字串形式資料

本節主要說明 json 資料以字串形式存在時的應用。

21-3-1　使用 dumps( ) 將 Python 資料轉成 json 格式

在 json 模組內有 dumps( )，可以將 Python 資料轉成 json 字串格式，下列是轉化對照表。

Python 資料	JSON 資料
dict	object
list, tuple	array
str, unicode	string
int, float, long	number
True	true
False	false
None	null

程式實例 ch21_1.py：將 Python 的串列與元組資料轉成 json 的陣列資料的實例。

```
1  # ch21_1.py
2  import json
3
4  listNumbers = [5, 10, 20, 1]              # 串列資料
5  tupleNumbers = (1, 5, 10, 9)              # 元組資料
6  jsonData1 = json.dumps(listNumbers)       # 將串列資料轉成json資料
7  jsonData2 = json.dumps(tupleNumbers)      # 將串列資料轉成json資料
8  print("串列轉換成json的陣列", jsonData1)
9  print("元組轉換成json的陣列", jsonData2)
10 print("json陣列在Python的資料類型 ", type(jsonData1))
```

執行結果

```
=============== RESTART: D:\Python\ch21\ch21_1.py ===============
串列轉換成json的陣列 [5, 10, 20, 1]
元組轉換成json的陣列 [1, 5, 10, 9]
json陣列在Python的資料類型  <class 'str'>
```

特別留意，上述第 10 列輸出最終 json 在 Python 的資料類型，結果是用字串方式存在。若以 jsonData1 為例，從上述執行結果我們可以了解，在 Python 內它的資料是如下：

'[5, 10, 20, 1]'

21-5

第 21 章　JSON 與世界地圖 - 全球資料繪製實戰

程式實例 ch21_2.py：將 Python 由字典元素所組成的串列轉成 json 陣列，轉換後原先字典元素變為 json 的物件。

```python
1  # ch21_2.py
2  import json
3
4  listObj = [{'Name':'Peter', 'Age':25, 'Gender':'M'}]    # 串列元素是字典
5  jsonData = json.dumps(listObj)                           # 串列轉成 json
6  print("串列轉換成json的陣列", jsonData)
7  print("json陣列在Python的資料類型 ", type(jsonData))
```

執行結果
```
==================== RESTART: D:\Python\ch21\ch21_2.py ====================
串列轉換成json的陣列 [{"Name": "Peter", "Age": 25, "Gender": "M"}]
json陣列在Python的資料類型  <class 'str'>
```

讀者應留意 json 物件的字串是用<u>雙引號</u>。

21-3-2　dumps( ) 的 sort_keys 參數

Python 的字典是無序的資料，使用 dumps( ) 將 Python 資料轉成 json 物件時，可以增加使用「sort_keys=True」，則可以將轉成 json 格式的物件排序。

程式實例 ch21_3.py：將字典轉成 json 格式的物件，分別是未使用排序與有使用排序。最後將未使用排序與有使用排序的物件做比較是否相同，得到是被視為不同物件。

```python
1  # ch21_3.py
2  import json
3
4  players = {'Stephen Curry':'Golden State Warriors',
5             'Kevin Durant':'Golden State Warriors',
6             'Lebron James':'Cleveland Cavaliers',
7             'James Harden':'Houston Rockets',
8             'Paul Gasol':'San Antonio Spurs',
9            }
10 jsonObj1 = json.dumps(players)                           # 未用排序將字典轉成json
11 jsonObj2 = json.dumps(players, sort_keys=True)           # 有用排序將字典轉成json
12 print("未用排序將字典轉換成json的物件", jsonObj1)
13 print("使用排序將字典轉換成json的物件", jsonObj2)
14 print("有排序與未排序物件是否相同      ", jsonObj1 == jsonObj2 )
15 print("json物件在Python的資料類型 ", type(jsonObj1))
```

執行結果
```
==================== RESTART: D:\Python\ch21\ch21_3.py ====================
未用排序將字典轉換成json的物件 {"Stephen Curry": "Golden State Warriors", "Kevin
 Durant": "Golden State Warriors", "Lebron James": "Cleveland Cavaliers", "James
 Harden": "Houston Rockets", "Paul Gasol": "San Antonio Spurs"}
使用排序將字典轉換成json的物件 {"James Harden": "Houston Rockets", "Kevin Durant
": "Golden State Warriors", "Lebron James": "Cleveland Cavaliers", "Paul Gasol":
 "San Antonio Spurs", "Stephen Curry": "Golden State Warriors"}
有排序與未排序物件是否相同      False
json物件在Python的資料類型  <class 'str'>
```

從上述執行結果 json 物件在 Python 的存放方式也是字串。

21-3-3 dumps( ) 的 indent 參數

從 ch21_3.py 的執行結果可以看到資料是不太容易閱讀，特別是資料量如果是更多的時候。所以一般將 Python 的字典資料轉成 json 格式的物件時，可以加上 indent 設定縮排 json 物件的「鍵:值」，讓 json 物件可以更容易顯示。

程式實例 ch21_4.py：將 Python 的字典轉成 json 格式物件時，設定縮排 4 個字元寬度。

```
1  # ch21_4.py
2  import json
3
4  players = {'Stephen Curry':'Golden State Warriors',
5             'Kevin Durant':'Golden State Warriors',
6             'Lebron James':'Cleveland Cavaliers',
7             'James Harden':'Houston Rockets',
8             'Paul Gasol':'San Antonio Spurs',
9            }
10 jsonObj = json.dumps(players, sort_keys=True, indent=4)
11 print(jsonObj)
```

執行結果
```
==================== RESTART: D:/Python/ch21/ch21_4.py ====================
{
    "James Harden": "Houston Rockets",
    "Kevin Durant": "Golden State Warriors",
    "Lebron James": "Cleveland Cavaliers",
    "Paul Gasol": "San Antonio Spurs",
    "Stephen Curry": "Golden State Warriors"
}
```

21-3-4 使用 loads( ) 將 json 格式資料轉成 Python 的資料

在 json 模組內有 loads( )，可以將 json 格式資料轉成 Python 資料，下列是轉化對照表。

JSON 資料	Python 資料
object	dict
array	list
string	unicode
number(int)	int, long
Number(real)	float
true	True
false	False
null	None

程式實例 ch21_5.py：將 json 的物件資料轉成 Python 資料的實例，需留意在建立 json 資料時，需加上引號，因為 json 資料在 Python 內是以字串形式存在。

```python
1  # ch21_5.py
2  import json
3
4  jsonObj = '{"b":80, "a":25, "c":60}'     # json物件
5  dictObj = json.loads(jsonObj)            # 轉成Python物件
6  print(dictObj)
7  print(type(dictObj))
```

執行結果
```
==================== RESTART: D:\Python\ch21\ch21_5.py ====================
{'b': 80, 'a': 25, 'c': 60}
<class 'dict'>
```

從上述可以看到 json 物件轉回 Python 資料時的資料類型。

21-3-5　一個 json 文件只能放一個 json 物件？

有一點要注意的是一個 json 文件只能放一個 json 物件，例如：下列是無效的。

{"Japan":"Tokyo"}
{"China":"Beijing"}

如果要放多個 json 物件，可以用一個父 json 物件處理，上述可以更改成下列方式。

{"Asia":
　　[{"Japan":"Tokyo"},
　　　 {"China":"Beijing"}]
}

Asia 是父 json，相當於「國家 : 首都」json 物件保存在陣列中，未來用 "Asia" 存取此 json 資料。實務上這是一般 json 檔案的配置方式，例如：本章一開始所述的 Facebook 內部資料，就是用這種方式處理。

程式實例 ch21_5_1.py：建立一個父 json 物件，此父 json 物件內有 2 個 json 子物件。

```python
1  # ch21_5_1.py
2  import json
3
4  obj = '{"Asia":[{"Japan":"Tokyo"},{"China":"Beijing"}]}'
5  json_obj = json.loads(obj)
6  print(json_obj)
7  print(json_obj["Asia"])
8  print(json_obj["Asia"][0])
9  print(json_obj["Asia"][1])
10 print(json_obj["Asia"][0]["Japan"])
11 print(json_obj["Asia"][1]["China"])
```

執行結果

```
==================== RESTART: D:/Python/ch21/ch21_5_1.py ====================
{'Asia': [{'Japan': 'Tokyo'}, {'China': 'Beijing'}]}
[{'Japan': 'Tokyo'}, {'China': 'Beijing'}]
{'Japan': 'Tokyo'}
{'China': 'Beijing'}
Tokyo
Beijing
```

上述程式可以執行，但是最大的缺點是第 4 列不容易閱讀，此時我們可以用程式實例 ch21_5_2.py 方式改良。

程式實例 ch21_5_2.py：改良建立 json 資料的方法，程式比較容易閱讀，本程式使用 4～7 列改良原先的第 4 列。讀者須留意實務上，4～6 列每列末端需加上 "\"，表示這是一個字串。

```
4   obj = '{"Asia":\
5           [{"Japan":"Tokyo"},\
6            {"China":"Beijing"}]\
7          }'
```

執行結果　與 ch21_5_1.py 相同。

21-4　將 Python 應用在 json 檔案

我們在程式設計時，更重要的是將 Python 的資料以 json 格式的檔案儲存，未來可以供其它不同的程式語言讀取。或是使用 Python 讀取其他語言資料，然後以 json 格式儲存的資料。

21-4-1　使用 dump( ) 將 Python 資料轉成 json 檔案

在 json 模組內有 dump( )(註：沒有 s)，可以將 Python 資料轉成 json 檔案格式，這個檔案格式的副檔名是 json，下列將直接以程式實例解說 dump( ) 的用法。

程式實例 ch21_6.py：將一個字典資料，使用 json 格式儲存在 out21_6.json 檔案內。在這個程式實例中，dump( ) 方法的第一個參數是欲儲存成 json 格式的資料，第二個參數是欲儲存的檔案物件。

```
1   # ch21_6.py
2   import json
3
4   obj = {"Asia":\
5           [{"Japan":"Tokyo"},\
6            {"China":"Beijing"}]\
```

第 21 章 JSON 與世界地圖 - 全球資料繪製實戰

```
7      }
8  fn = 'out21_6.json'
9  with open(fn, 'w') as fnObj:
10     json.dump(obj, fnObj)
```

執行結果　在目前工作資料夾可以新增 json 檔案，檔名是 out21_6.json。如果用記事本開啟，可以得到下列結果。

```
{"Asia": [{"Japan": "Tokyo"}, {"China": "Beijing"}]}
```

從上述可以看到儲存英文資料時，系統自動用 UTF-8 格式儲存。

21-4-2　將中文字典資料轉成 json 檔案

如果想要儲存的字典資料含中文字時，使用上一小節方式，將造成開啟此 json 檔案時，以 16 進位碼值方式顯示「\uxxxx」，用記事本開啟時造成文件不易閱讀。

程式實例 ch21_7.py：用中文資料重新設計 ch21_6.py。

```
1  # ch21_7.py
2  import json
3
4  objlist = [{"日本":"Japan", "首都":"Tykyo"},
5             {"美州":"USA", "首都":"Washirgton"}]
6
7  fn = 'out21_7.json'
8  with open(fn, 'w') as fnObj:
9      json.dump(objlist, fnObj)
```

執行結果

```
[{"\u65e5\u672c": "Japan", "\u9996\u90fd": "Tykyo"},
{"\u7f8e\u5dde": "USA", "\u9995\u90fd": "Washington"}]
```

可以得到上述文件不易閱讀的結果。上述可以看到，當用 16 進位碼寫入中文時，系統仍是用 UTF-8 格式儲存。如果我們想要順利顯示所儲存的中文資料，在使用 json.dump( ) 時，增加「ensure_ascii=False」，意義是中文字以中文方式寫入，如果沒有或是 ensure_ascii 是 True 時，中文以 \uxxxx 格式寫入。此外，我們一般會在 json.dump( ) 內增加 indent 參數，這是設定字典元素內縮字元數，常見是設為「indent=2」。

程式實例 ch21_8.py：使用「ensure_ascii=False」參數寫入中文字典資料，同時設定「indent=2」，請將結果儲存至 out21_8.json。

```
1  # ch21_8.py
2  import json
3
4  objlist = [{"日本":"Japan", "首都":"Tykyo"},
5             {"美州":"USA", "首都":"Washington"}]
6
7  fn = 'out21_8.json'
8  with open(fn, 'w') as fnObj:
9      json.dump(objlist, fnObj, indent=2, ensure_ascii=False)
```

執行結果

```
[
  {
    "日本": "Japan",
    "首都": "Tykyo"
  },
  {
    "美州": "USA",
    "首都": "Washington"
  }
]
```

上述可以得到當寫入中文時，中文格式是 ANSI 格式。如果想要使用 UTF-8 格式儲存 json 檔案，在開啟 open 檔案時，需增加使用「encoding=utf-8」參數。

程式實例 ch21_9.py：使用「encoding=utf-8」參數重新設計 ch21_8.py，請將結果儲存至 out21_9.json。

```
1  # ch21_9.py
2  import json
3
4  objlist = [{"日本":"Japan", "首都":"Tykyo"},
5             {"美州":"USA", "首都":"Washington"}]
6
7  fn = 'out21_9.json'
8  with open(fn, 'w', encoding='utf-8') as fnObj:
9      json.dump(objlist, fnObj, indent=2, ensure_ascii=False)
```

執行結果 下列是使用記事本開啟的結果。

```
[
  {
    "日本": "Japan",
    "首都": "Tykyo"
  },
  {
    "美州": "USA",
    "首都": "Washington"
  }
]
```

21-4-3　使用 load( ) 讀取 json 檔案

在 json 模組內有 load( )(註：沒有 s)，可以讀取 json 檔案，讀完後這個 json 檔案將被轉換成 Python 的資料格式，下列將直接以程式實例解說 load( ) 的用法。

程式實例 ch21_10.py：讀取 json 檔案 out21_9.json，同時列出結果。

```
1  # ch21_10.py
2  import json
3
4  fn = 'out21_9.json'
5  with open(fn, 'r', encoding='utf-8') as fnObj:
6      data = json.load(fnObj)
7
8  print(data)
9  print(type(data))
```

執行結果
```
===================== RESTART: D:\Python\ch21\ch21_10.py =====================
[{'日本': 'Japan', '首都': 'Tykyo'}, {'美州': 'USA', '首都': 'Washington'}]
<class 'list'>
```

註 如果是讀取純英文資料，第 5 列可以省略「encoding='utf-8'」。

21-5　世界人口數據的 json 檔案

21-5-1　JSON 數據檢視器

在本書 ch21 資料夾內有 populations.json 檔案，這是一個非官方在 2000 年和 2010 年的人口統計數據，這一節筆者將一步一步講解如何使用 json 資料檔案。

若是將這個檔案用記事本開啟，內容如下：

在網路上任何一個號稱是真實統計的 json 數據，在用記事本開啟後，初看一定是複雜的，讀者碰上這個問題首先不要慌。有一個網址如下，提供了 JSON 數據檢視器，可以很清楚的檢視 JSON 數據，請參考下列網址：

https://www.bejson.com/jsonviewernew/

只要將 JSON 數據複製到左邊窗格，然後點選中間窗格的 JSON，再展開就可以很清楚的看到此 JSON 數據格式。

上述左邊點選格式化，可以看到更清楚的「鍵：值」json 資料。

21-5-2 認識人口統計的 json 檔案

從上圖基本上我們可以了解它的資料格式，這是一個串列，串列元素是字典，有些國家只有 2000 年的資料，有些國家只有 2010 年的資料，有些國家則同時有這 2 個年度的資料，每個字典內有 4 個鍵：值，如下所示：

{
　"Country Name":"World",
　"Country Code":"WLD",
　"Year":"2000",
　"Numbers":"6117806174.56156"
}

上述欄位分別是國家名稱 (Country Name)、國家代碼 (Country Code)、年份 (Year) 和人口數 (Numbers)。從上述檔案我們應該注意到，人口數在我們日常生活理解應該是整數，可是這個數據資料是用字串表達，另外，在非官方的統計數據中，難免會有錯誤，例如：上述 World 國家 (這是全球人口統計) 的 2010 年人口數資料出現了小數點，這個需要我們用程式處理。

程式實例 ch21_11.py：列出 populations.json 資料中，各國的代碼，以及列出 2000 年各國人口數據。

```
1   # ch21_11.py
2   import json
3
4   fn = 'populations.json'
5   with open(fn) as fnObj:
6       getDatas = json.load(fnObj)                     # 讀json檔案
7
8   for getData in getDatas:
9       if getData['Year'] == '2000':                   # 篩選2000年的數據
10          countryName = getData['Country Name']       # 國家名稱
11          countryCode = getData['Country Code']       # 國家代碼
12          population = int(float(getData['Numbers'])) # 人口數據
13          print('國家代碼 =', countryCode,
14                '國家名稱 =', countryName,
15                '人口數 =', population)
```

執行結果

```
================= RESTART: D:\Python\ch21\ch21_11.py =================
國家代碼 = WLD 國家名稱 = World 人口數 = 6117806174
國家代碼 = AFG 國家名稱 = Afghanistan 人口數 = 25951672
國家代碼 = ALB 國家名稱 = Albania 人口數 = 3072478
國家代碼 = DZA 國家名稱 = Algeria 人口數 = 30534041
國家代碼 = ASM 國家名稱 = American Samoa 人口數 = 57995
國家代碼 = AND 國家名稱 = Andorra 人口數 = 65258
國家代碼 = AGO 國家名稱 = Angola 人口數 = 13926705
國家代碼 = ATG 國家名稱 = Antigua and Barbuda 人口數 = 78536
國家代碼 = ARG 國家名稱 = Argentina 人口數 = 36931013
國家代碼 = ARM 國家名稱 = Armenia 人口數 = 3076653
國家代碼 = ABW 國家名稱 = Aruba 人口數 = 91031
國家代碼 = AUS 國家名稱 = Australia 人口數 = 19153581
```

上述重點是第 12 列，當我們碰上含有小數點的字串時，需先將這個字串轉成浮點數，然後再將浮點數轉成整數。

21-5-3 認識 pygal.maps.world 的國碼資訊

前一節有關 populations.json 國家代碼是 3 個英文字母，如果我們想要使用這個 json 資料繪製世界人口地圖，需要配合 pygal.maps.world 模組的方法，這個模組的國家代碼是 2 個英文字母，所以需要將 populations.json 國家代碼轉成 2 個英文字母。這裡本節先介紹 2 個英文字的國碼資訊，pygal.maps.world 模組內有 COUNTRIES 字典，在

第 21 章 JSON 與世界地圖 - 全球資料繪製實戰

這個字典中國碼是 2 個英文字元,從這裡我們可以列出相關國家與代碼的列表。使用 pygal.maps.world 模組前需先安裝此模組,如下所示:

```
pip install pygal_maps_world
```

程式實例 ch21_12.py:列出 pygal.maps.world 模組 COUNTRIES 字典的 2 個英文字元的國家代碼與完整的國家名稱列表。

```python
1  # ch21_12.py
2  from pygal.maps.world import COUNTRIES
3
4  for countryCode in sorted(COUNTRIES.keys()):
5      print("國家代碼 :",countryCode," 國家名稱 = ",COUNTRIES[countryCode])
```

執行結果
```
================= RESTART: D:\Python\ch21\ch21_12.py =================
國家代碼 : ad  國家名稱 =  Andorra
國家代碼 : ae  國家名稱 =  United Arab Emirates
國家代碼 : af  國家名稱 =  Afghanistan
國家代碼 : al  國家名稱 =  Albania
國家代碼 : am  國家名稱 =  Armenia
國家代碼 : ao  國家名稱 =  Angola
國家代碼 : aq  國家名稱 =  Antarctica
國家代碼 : ar  國家名稱 =  Argentina
國家代碼 : at  國家名稱 =  Austria
國家代碼 : au  國家名稱 =  Australia
```

接著筆者將講解,輸出 2 個字母的國家代碼時,同時輸出此國家,這個程式相當於是將 2 個不同來源的數據作配對。

程式實例 ch21_13.py:從 populations.json 取每個國家名稱資訊,然後將每一筆國家名稱放入 getCountryCode( ) 方法中找尋相關國家代碼,如果有找到則輸出相對應的國家代碼,如果找不到則輸出「名稱不吻合」。

```python
1  # ch21_13.py
2  import json
3  from pygal.maps.world import COUNTRIES
4
5  def getCountryCode(countryName):
6      '''輸入國家名稱回傳國家代碼'''
7      for dictCode, dictName in COUNTRIES.items():     # 搜尋國家與國家代碼字典
8          if dictName == countryName:
```

```
9                return dictCode                    # 如果找到則回傳國家代碼
10      return None                                  # 找不到則回傳None
11
12 fn = 'populations.json'
13 with open(fn) as fnObj:
14     getDatas = json.load(fnObj)                   # 讀取人口數據json檔案
15
16 for getData in getDatas:
17     if getData['Year'] == '2000':                 # 篩選2000年的數據
18         countryName = getData['Country Name']
19         countryCode = getCountryCode(countryName) # 國家名稱
20         population = int(float(getData['Numbers'])) # 人口數
21         if countryCode != None:
22             print(countryCode, ":", population)   # 國家名稱相符
23         else:
24             print(countryName," 名稱不吻合:")       # 國家名稱不吻合
```

執行結果
```
==================== RESTART: D:\Python\ch21\ch21_13.py ====================
World   名稱不吻合:
af : 25951672
al : 3072478
dz : 30534041
American Samoa   名稱不吻合:
ad : 65258
ao : 13926705
Antigua and Barbuda   名稱不吻合:
```

上述會有「名稱不吻合」輸出是因為這是 2 個不同單位的數據，例如：在 Arab World 在 populations.json 是一筆記錄，在 pygal.maps.world 模組的 COUNTRIES 字典中沒有這個紀錄。至於有關上述的更深層應用，將在下一節解說。

21-6 繪製世界地圖

21-6-1 基本觀念

其實 pygal.maps.world 模組，最重要的功能是繪製世界地圖。它有一個世界地圖的圖表類型是 Worldmap，可以使用它建立世界地圖。首先須呼叫 World( ) 宣告繪製世界地圖物件，下列是示範程式碼。

worldMap = pygal.maps.world.World( )   # worldMap 是自行定義的物件名稱

有了世界地圖物件後可以利用 title 屬性，語法是「worldMap.title=" 標題名稱 "」，設定圖表標題，更多相關細節筆者將以程式實例做解說。建立地圖內容是使用 add( ) 方法，這個方法的第一個參數是標籤，第二個參數是串列 (list)，串列內容是國家代碼，可參考 ch21_12.py 的輸出，相同串列的國家會用相同顏色顯示。

第 21 章　JSON 與世界地圖 - 全球資料繪製實戰

程式實例 ch21_14.py：建立一個世界地圖，同時標記中國 (cn)。

```
1  # ch21_14.py
2  import pygal.maps.world
3
4  worldMap = pygal.maps.world.World()         # 建立世界地圖物件
5  worldMap.title = 'China in the Map'          # 世界地圖標題
6  worldMap.add('China',['cn'])                 # 標記中國
7  worldMap.render_to_file('out21_14.svg')      # 儲存地圖檔案
```

執行結果　可參考下方左圖。

上述程式第 6 列的第一個參數 'China' 標籤，將出現在上圖圈起來的地方，第二個串列參數內的元素 'cn' 將讓此代碼的國家 (此例是中國) 以不同顏色顯示，相當於每一個國家代碼在地圖上的位置已經被標註了。第 7 列 render_to_file( ) 方法主要是將地圖輸出至指定檔案內，這是 svg 檔案，可以用瀏覽器開啟。

程式實例 ch21_15.py：標記 Asia，同時串列內容有中國 (cn)、日本 (ja) 與泰國 (th)。

```
1  # ch21_15.py
2  import pygal.maps.world
3
4  worldMap = pygal.maps.world.World()              # 建立世界地圖物件
5  worldMap.title = 'China/Japan/Thailand'          # 世界地圖標題
6  worldMap.add('Asia',['cn', 'jp', 'th'])          # 標記Asia
7  worldMap.render_to_file('out21_15.svg')          # 儲存地圖檔案
```

執行結果　可參考上方右圖。

程式實例 ch21_16.py：標記 Asia, Europe, Africa 和 North America，同時各洲又標記 3 個國家。

```
1  # ch21_16.py
2  import pygal.maps.world
3
4  worldMap = pygal.maps.world.World()                              # 建立世界地圖物件
5  worldMap.title = ' Asia, Europe, Africa, and North America'      # 世界地圖標題
```

21-18

```
 6  worldMap.add('Asia',['cn', 'jp', 'th'])              # 標記Asia
 7  worldMap.add('Europe',['fr', 'de', 'it'])            # 標記Europe
 8  worldMap.add('Africa',['eg', 'ug', 'ng'])            # 標記Africa
 9  worldMap.add('North America',['ca', 'us', 'mx'])     # 標記北美洲
10  worldMap.render_to_file('out21_16.svg')              # 儲存地圖檔案
```

執行結果 可參考下方左圖。

21-6-2 讓地圖呈現數據

先前實例在 add( ) 方法的第 2 個參數的元素是國家代碼字串,所以地圖顯示的是國家區塊。如果我們設計地圖時,在 add( ) 方法的第 2 個參數的元素改為字典,此字典的「鍵:值」是「國家代碼:數據」,則未來將滑鼠游標移至國家區塊時可以浮現數據。

程式實例 ch21_17.py:重新設計 ch21_15.py,列出中國、泰國和日本的人口。

```
1  # ch21_17.py
2  import pygal.maps.world
3
4  worldMap = pygal.maps.world.World()                   # 建立世界地圖物件
5  worldMap.title = 'Populations in China/Japan/Thailand'  # 世界地圖標題
6  worldMap.add('Asia',{'cn':1262645000,
7                       'jp':126870000,
8                       'th':63155029})                  # 標記人口資訊
9  worldMap.render_to_file('out21_17.svg')               # 儲存地圖檔案
```

執行結果 可參考上方右圖。

21-6-3 繪製世界人口地圖

經過以上說明,相信各位應該可以逐步了解程式 ch21_13.py,筆者設計一個程式嘗試將有關人口數的國家代碼由 3 為字元轉換成 2 個字元的用心,因為這個模組是用 2 個字元代表國家的地圖區塊。

第 21 章　JSON 與世界地圖 - 全球資料繪製實戰

程式實例 ch21_18.py：本程式基本上是擴充 ch21_13.py，將 populations.json 的 2000 年的人口數據，放在地圖內，相當於繪製 2000 年的世界人口地圖。設計時需留意，首先需將國家代碼與人口數據以字典 dictData 方式儲存，可參考第 24 列。再將字典 dictData 放入 add( ) 方法內，可以參考第 28 列。

```python
 1  # ch21_18.py
 2  import json
 3  import pygal.maps.world
 4  from pygal.maps.world import COUNTRIES
 5
 6  def getCountryCode(countryName):
 7      '''輸入國家名稱回傳國家代碼'''
 8      for dictCode, dictName in COUNTRIES.items():      # 搜尋國家與國家代碼字典
 9          if dictName == countryName:
10              return dictCode                            # 如果找到則回傳國家代碼
11      return None                                        # 找不到則回傳None
12
13  fn = 'populations.json'
14  with open(fn) as fnObj:
15      getDatas = json.load(fnObj)                        # 讀取人口數據json檔案
16
17  dictData = {}                                          # 定義地圖使用的字典
18  for getData in getDatas:
19      if getData['Year'] == '2000':                      # 篩選2000年的數據
20          countryName = getData['Country Name']          # 國家名稱
21          countryCode = getCountryCode(countryName)
22          population = int(float(getData['Numbers']))    # 人口數
23          if countryCode != None:
24              dictData[countryCode] = population         # 代碼:人口數據加入字典
25
26  worldMap = pygal.maps.world.World()
27  worldMap.title = "World Population in 2000"
28  worldMap.add('Year 2000', dictData)
29  worldMap.render_to_file('out21_18.svg')                # 儲存地圖檔案
```

執行結果　可參考下方左圖。

其實我們也可以使用上述觀念將世界人口地圖依據人口數做分類。

程式實例 ch21_19.py：將世界人口地圖依據 1 億人作為國家分類。

```python
1   # ch21_19.py
2   import json
3   import pygal.maps.world
4   from pygal.maps.world import COUNTRIES
5
6   def getCountryCode(countryName):
7       '''輸入國家名稱回傳國家代碼'''
8       for dictCode, dictName in COUNTRIES.items():      # 搜尋國家與國家代碼字典
9           if dictName == countryName:
10              return dictCode                            # 如果找到則回傳國家代碼
11      return None                                        # 找不到則回傳None
12
13  fn = 'populations.json'
14  with open(fn) as fnObj:
15      getDatas = json.load(fnObj)                        # 讀取人口數據json檔案
16
17  dictData = {}                                          # 定義地圖使用的字典
18  for getData in getDatas:
19      if getData['Year'] == '2000':                      # 篩選2000年的數據
20          countryName = getData['Country Name']          # 國家名稱
21          countryCode = getCountryCode(countryName)
22          population = int(float(getData['Numbers']))    # 人口數
23          if countryCode != None:
24              dictData[countryCode] = population         # 代碼:人口數據加入字典
25
26  dict1, dict2 = {}, {}                                  # 定義人口數分級的字典
27  for code, population in dictData.items():
28      if population > 100000000:
29          dict1[code] = population                       # 人口數大於1000000000
30      else:
31          dict2[code] = population                       # 人口數小於1000000000
32
33  worldMap = pygal.maps.world.World()
34  worldMap.title = "World Population in 2000"
35  worldMap.add('Over 1000000000', dict1)
36  worldMap.add('Under 1000000000', dict2)
37  worldMap.render_to_file('out21_19.svg')                # 儲存地圖檔案
```

執行結果　可參考上方右圖。

上述程式最重要的地方是第 26 至 31 列，dict1 是定義未來存放人口數超過 1 億的國家字典，dict2 是定義人口數小於 1 億的國家。

21-7　專題 - 環境部空氣品質

筆者有說明網站有許多資料是使用 json 檔案，下列是環境部空氣品質下載網頁資訊。下列可以看到 JSON 按鈕，請點選可以看到空氣品質指標 (aqi) 的 json 檔案的網頁。但是空氣品質下載網址或網頁經常改變，所以筆者使用已經下載的空氣品質檔案 aqi.json 當作實例解說，此檔案在 ch21 資料夾。

第 21 章　JSON 與世界地圖 - 全球資料繪製實戰

環境部的空氣品質 json 檔案，這個數據是複雜的，如果我們想要清洗數據只保留**城市名稱**、**站台名稱**、**站台 ID**、**PM2.5** 的值，可以使用下列方式處理。

程式實例 ch21_20.py：讀取環境部的空氣品質 json 檔案 aqi.json，這個程式會列出**城市名稱**、**站台名稱**、**站台 ID**、**PM2.5** 的值。

```
1   # ch21_20.py
2   import json
3
4   fn = 'aqi.json'
5   with open(fn) as fnObj:
6       getDatas = json.load(fnObj)                    # 讀json檔案
7
8   for getData in getDatas:
9       county = getData['County']                     # 城市名稱
10      sitename = getData['SiteName']                 # 站台名稱
11      siteid = getData['SiteId']                     # 站台ID
12      pm25 = getData['PM2.5']                        # PM2.5值
13      print('城市名稱 =%4s   站台ID =%3s   PM2.5值 =%3s   站台名稱 = %s ' %
14             (county, siteid, pm25, sitename))
```

執行結果

```
================== RESTART: D:\Python\ch21\ch21_20.py ==================
城市名稱 = 彰化縣   站台ID = 35   PM2.5值 =  5   站台名稱 = 二林
城市名稱 = 新北市   站台ID = 67   PM2.5值 = 19   站台名稱 = 三重
城市名稱 = 苗栗縣   站台ID = 27   PM2.5值 =  2   站台名稱 = 三義
城市名稱 = 新北市   站台ID =  5   PM2.5值 = 21   站台名稱 = 土城
城市名稱 = 臺北市   站台ID = 11   PM2.5值 = 20   站台名稱 = 士林
```

註　筆者此節篩選了 PM2.5，這是細懸浮粒，是指空氣中懸浮的顆粒物，其直徑小於或等於 2.5 微米，來源可能是工業污染、汽機車廢氣、或是沙塵暴或是其它污染物，由於直徑小可以穿越呼吸道直接進入肺部，造成可怕的肺部疾病，目前 WHO 將此認定是癌症重要來源之一。同時 PM2.5 數值如果太高，也直接代表空氣污染嚴重，目前環保署標準比照美國、日本、新加坡將 PM2.5 日平均設為 35 微克 / 立方公尺，全年平均為 15 微克 / 立方公尺。

第 22 章
CSV 文件處理
掌握結構化資料

22-1 建立一個 CSV 文件
22-2 開啟「utf-8」格式 CSV 檔案
22-3 csv 模組
22-4 讀取 CSV 檔案
22-5 寫入 CSV 檔案
22-6 專題 - 使用 CSV 檔案繪製氣象圖表
22-7 CSV 真實案例實作

第 22 章　CSV 文件處理 - 掌握結構化資料

　　CSV 是一個縮寫，它的英文全名是 Comma-Seperated Values，由字面意義可以解說是逗號分隔值，當然逗號是主要資料欄位間的分隔值，不過目前也有非逗號的分隔值。這是一個純文字格式的文件，沒有圖片、不用考慮字型、大小、顏色 … 等。

　　簡單的說，CSV 數據是指同一列 (row) 的資料彼此用逗號 (或其它符號) 隔開，同時每一列 (row) 數據是一筆 (record) 資料，幾乎所有試算表 (Excel)、文字編輯器與資料庫檔案均支援這個文件格式。本章將講解操作此檔案的基本知識，同時也將講解如何將 Excel 的工作表改存成 CSV 檔案、將 CSV 檔案內容改成用 Excel 儲存，以及講解讀取與輸出 Excel 檔案的方法。

> **註**　其實目前網路開放資訊大都有提供 CSV 檔案的下載，未來讀者在工作時也可以將 Excel 工作表改用 CSV 格式儲存。

22-1　建立一個 CSV 文件

　　為了更詳細解說，筆者先用 ch22 資料夾的 report.xlsx 檔案產生一個 CSV 文件，未來再用這個文件做說明。目前視窗內容是 report.xlsx，如下所示：

請執行檔案 / 另存新檔 / 瀏覽，然後選擇目前 D:\Python\ch22 資料夾。CSV 檔案一樣有「utf-8」和「cp950」格式，未來開啟檔案時，需選擇適合的格式才可以開啟該檔案，在存檔類型欄位有下列 2 種 CSV 格式可以選擇：

- CSV UTF-8(逗號分隔)：這是「utf-8」格式的 CSV 檔案。
- CSV (逗號分隔)：這是「cp950」(ANSI) 格式的 CSV 檔案。

此例，請在存檔類型選 CSV UTF-8(逗號分隔)，然後將檔案名稱改為 csvReport。

按儲存鈕後，可以得到下列結果。

我們已經成功的建立一個 CSV 檔案了，檔名是 csvReport.csv，可以關閉上述 Excel 視窗了。

22-2 開啟「utf-8」格式 CSV 檔案

22-2-1 使用記事本開啟

CSV 檔案的特色是幾乎可以在所有不同的試算表內編輯，當然也可以在一般的文字編輯程式內查閱使用，如果我們現在使用記事本開啟這個 CSV 檔案，可以看到這個檔案的原貌。

第 22 章　CSV 文件處理 - 掌握結構化資料

請留意檔案格式是「具有 BOM 的 UTF」，這類格式又和「UTF 不一樣」，讀者可以複習 14-11-3 節。

22-2-2　使用 Excel 開啟

對於「utf-8」格式的 CSV 檔案，使用 Excel 開啟時會出現匯入字串精靈對話方塊。

上述請選擇預設環境，如上所示，然後按下一步鈕。

22-2 開啟「utf-8」格式 CSV 檔案

上述請在分隔符號選擇「逗點」，然後按完成鈕，就可以開啟「utf-8」格式的 CSV 檔案，同時不會有亂碼。

在第 14 章筆者也是使用「cp950」(ANSI) 方式開啟與寫入檔案，但是未來讀者可能會在國際網站讀取 CSV 檔案，所碰上的大部分會是「utf-8」格式的檔案，這一章筆者會交叉使用「utf-8」或「cp950」方式開啟與寫入檔案。

22-5

22-3 csv 模組

Python 有內建 csv 模組，導入這個模組後，可以很輕鬆讀取 CSV 檔案，方便未來程式的操作，所以本章程式前端要加上下列指令。

    import csv

22-4 讀取 CSV 檔案

22-4-1 使用 with open( ) 開啟 CSV 檔案

在讀取 CSV 檔案前第一步是使用 open( ) 開啟檔案，語法格式如下：

  with open(檔案名稱 , encoding='xx') as csvFile
      相關系列指令

上述如果是讀取英文資料可以省略 encoding 參數，讀取中文資料建議是設定開啟中文檔案的編碼格式，有關 open( ) 函數的詳細用法，可以參考 4-3-1 節。

22-4-2 建立 Reader 物件

有了 CSV 檔案物件後，下一步是可以使用 csv 模組的 reader( ) 建立 Reader 物件，Python 可以使用 list( ) 將這個 Reader 物件轉換成串列 (list)，我們就可以很輕鬆的使用這個串列資料了。

程式實例 ch22_1.py：開啟 csvReport.csv 檔案，讀取 csv 檔案可以建立 Reader 物件 csvReader，再將 csvReader 物件轉成串列資料，然後輸出串列資料。

```
1  # ch22_1.py
2  import csv
3
4  fn = 'csvReport.csv'
5  with open(fn,encoding='utf-8') as csvFile:   # 開啟csv檔案
6      csvReader = csv.reader(csvFile)          # 建立Reader物件
7      listReport = list(csvReader)             # 將資料轉成串列
8      for row in listReport:                   # 迴圈輸出串列內容
9          print(row)
```

執行結果

```
======================= RESTART: D:\Python\ch22\ch22_1.py =======================
['\ufeff名字', '年度', '產品', '價格', '數量', '業績', '城市']
['Diana', '2025年', 'Black Tea', '10', '600', '6000', 'New York']
['Diana', '2025年', 'Green Tea', '7', '660', '4620', 'New York']
['Diana', '2026年', 'Black Tea', '10', '750', '7500', 'New York']
['Diana', '2026年', 'Green Tea', '7', '900', '6300', 'New York']
['Julia', '2025年', 'Black Tea', '10', '1200', '12000', 'New York']
['Julia', '2026年', 'Black Tea', '10', '1260', '12600', 'New York']
['Steve', '2025年', 'Black Tea', '10', '1170', '11700', 'Chicago']
['Steve', '2025年', 'Green Tea', '7', '1260', '8820', 'Chicago']
['Steve', '2026年', 'Black Tea', '10', '1350', '13500', 'Chicago']
['Steve', '2026年', 'Green Tea', '7', '1440', '10080', 'Chicago']
```

上述程式需留意是，程式第 6 列所建立的 Reader 物件 csvReader，只能在 with 關鍵區塊內使用，此例是 5 ~ 7 列，未來我們要繼續操作這個 CSV 檔案內容，需使用第 7 列所建的串列 listReport 或是重新開檔與讀檔。

如果再仔細看輸出的內容，可以看到這是串列資料，串列內的元素也是串列，也就是原始 csvReport.csv 內的一列資料是一個元素。

註 上述執行結果可以看到，原先數值資料在轉換成串列時變成了字串，所以未來要讀取 CSV 檔案時，必需要將數值字串轉換成數值格式。

22-4-3 使用串列索引讀取 CSV 內容

我們也可以使用串列索引知識，讀取 CSV 內容。

程式實例 ch22_2.py：使用索引列出串列內容。

```
1  # ch22_2.py
2  import csv
3
4  fn = 'csvReport.csv'
5  with open(fn,encoding='utf-8') as csvFile:    # 開啟csv檔案
6      csvReader = csv.reader(csvFile)           # 建立Reader物件
7      listReport = list(csvReader)              # 將資料轉成串列
8
9  print(listReport[0][1], listReport[0][2])
10 print(listReport[1][2], listReport[1][5])
11 print(listReport[2][3], listReport[2][6])
```

執行結果

```
======================= RESTART: D:\Python\ch22\ch22_2.py =======================
年度 產品
Black Tea 6000
7 New York
```

22-4-4　DictReader( )

這也是一個讀取 CSV 檔案的方法，不過傳回的是排序字典 (OrderedDict) 類型，所以可以用欄位名稱當索引方式取得資料。在美國許多文件以 CSV 檔案儲存時，常常人名的 Last Name(姓) 與 First Name(名) 是分開以不同欄位儲存，讀取時可以使用這個方法，可參考 ch22 資料夾的 csvPeople.csv 檔案。

```
csvPeople
檔案   編輯   檢視
first_name,last_name,city
Eli,Manning,New York
Kevin ,James,Cleveland
Mike,Jordon,Chicago
第1行，第1欄   100%   Windows (CRLF)   UTF-8
```

程式實例 ch22_3.py：使用 DictReader( ) 讀取 csv 檔案，然後列出 DictReader 物件內容。

```python
1  # ch22_3.py
2  import csv
3
4  fn = 'csvPeople.csv'
5  with open(fn) as csvFile:                    # 開啟csv檔案
6      csvDictReader = csv.DictReader(csvFile)  # 讀檔案建立DictReader物件
7      for row in csvDictReader:                # 列出DictReader各列內容
8          print(row)
```

執行結果
```
================== RESTART: D:\Python\ch22\ch22_3.py ==================
{'first_name': 'Eli', 'last_name': 'Manning', 'city': 'New York'}
{'first_name': 'Kevin ', 'last_name': 'James', 'city': 'Cleveland'}
{'first_name': 'Mike', 'last_name : 'Jordon', 'city': 'Chicago'}
```

程式實例 ch22_4.py：上述輸出是字典資料，將 csvPeople.csv 檔案的 last_name 與 first_name 解析出來，這個程式只有修改第 8 列。

```
8          print(row['first_name'], row['last_name'])
```

執行結果
```
================== RESTART: D:/Python/ch22/ch22_4.py ==================
Eli Manning
Kevin James
Mike Jordon
```

22-5 寫入 CSV 檔案

22-5-1 開啟欲寫入的檔案 with open( )

想要將資料寫入 CSV 檔案，首先是要開啟一個檔案供寫入，使用 with 關鍵字時，語法如下所示：

with open(' 檔案名稱 ', 'w', newline=' ',encoding='xx') as csvFile:
　　...

如果開啟的檔案只能寫入，則可以加上參數 'w'，這表示是 write only 模式，只能寫入。

22-5-2 建立 writer 物件

如果應用前一節的 csvFile 物件，接下來需建立 writer 物件，語法如下：

with open(' 檔案名稱 ', 'w', newline=' ', encoding='xx') as csvFile:
　　outWriter = csv.writer(csvFile)
　　...

上述開啟檔案時多加參數「newline=' '」，可避免輸出時每列之間多空一列。

22-5-3 輸出串列 writerow( )

writerow( ) 可以輸出串列資料。

程式實例 ch22_5.py：輸出串列資料的應用。

```
1  # ch22_5.py
2  import csv
3
4  fn = 'out22_5.csv'
5  with open(fn,'w',newline='',encoding="utf-8") as csvFile:   # 開啟csv檔案
6      csvWriter = csv.writer(csvFile)                          # 建立Writer物件
7      csvWriter.writerow(['姓名', '年齡', '城市'])
8      csvWriter.writerow(['Hung', '35', 'Taipei'])
9      csvWriter.writerow(['James', '40', 'Chicago'])
```

執行結果　下列是用記事本開啟檔案的結果。

第 22 章 CSV 文件處理 - 掌握結構化資料

```
out22_5
檔案  編輯  檢視
姓名,年齡,城市
Hung,35,Taipei
James,40,Chicago

第1行,第1欄   100%   Windows (CRLF)   UTF-8
```

請留意上述檔案格式是「UTF-8」，而不是 22-2-1 節的「具有 BOM 的 UTF」CSV 格式，上述如果用 Excel 的檔案/開啟指令，會出現亂碼。或是使用 Excel 的資料標籤，從「取得及轉換資料/從文字/CSV 匯入」，選擇要開啟的 CSV 檔案，然後可以看到下列對話方塊。

```
out22_5.csv
檔案原點                    分隔符號        資料類型偵測
65001: Unicode (UTF-8)  ▼   逗號     ▼    依據前 200 個列

姓名    年齡   城市
Hung    35    Taipei
James   40    Chicago

                                              載入 ▼
```

上述再按「載入」鈕即可以載入此「utf-8」格式的 CSV 檔案。

程式實例 ch22_6.py：複製 CSV 檔案，這個程式會讀取檔案，然後將檔案寫入另一個檔案方式，達成拷貝的目的。

```
1  # ch22_6.py
2  import csv
3
4  infn = 'csvReport.csv'                        # 來源檔案
5  outfn = 'out22_6.csv'                         # 目的檔案
6  with open(infn,encoding='utf-8') as csvRFile: # 開啟csv檔案供讀取
7      csvReader = csv.reader(csvRFile)          # 讀檔案建立Reader物件
8      listReport = list(csvReader)              # 將資料轉成串列
9
```

```
10  with open(outfn,'w',newline='',encoding="utf-8") as csvOFile:
11      csvWriter = csv.writer(csvOFile)          # 建立Writer物件
12      for row in listReport:                     # 將串列寫入
13          csvWriter.writerow(row)
```

執行結果 讀者可以開啟 out22_6.csv 檔案，內容將和 csvReport.csv 檔案相同。

22-5-4 delimiter 關鍵字

delimiter 是分隔符號，這個關鍵字是用在 writer( ) 方法內，將資料寫入 CSV 檔案時預設同一列區隔欄位是逗號，用這個符號將區隔欄位的分隔符號改為逗號。

程式實例 ch22_7.py：將分隔符號改為定位點字元 (\t)。

```
1  # ch22_7.py
2  import csv
3
4  fn = 'out22_7.csv'
5  with open(fn, 'w', newline = '') as csvFile:      # 開啟csv檔案
6      csvWriter = csv.writer(csvFile, delimiter='\t') # 建立Writer物件
7      csvWriter.writerow(['Name', 'Age', 'City'])
8      csvWriter.writerow(['Hung', '35', 'Taipei'])
9      csvWriter.writerow(['James', '40', 'Chicago'])
```

執行結果 下列是用記事本開啟 out22_7.csv 的結果。

```
Name    Age     City
Hung    35      Taipei
James   40      Chicago
```

當用 '\t' 字元取代逗號後，Excel 視窗開啟這個檔案時，會將每列資料擠在一起，所以最好方式是用記事本開啟這類的 CSV 檔案。

22-5-5 寫入字典資料 DictWriter( )

DictWriter( ) 可以寫入字典資料，其語法格式如下：

dictWriter = csv.DictWriter(csvFile, fieldnames=fields)

第 22 章　CSV 文件處理 - 掌握結構化資料

上述 dictWriter 是字典的 Writer 物件，在上述指令前我們需要先設定 fields 串列，這個串列將包含未來字典內容的鍵 (key)。

程式實例 ch22_8.py：使用 DictWriter( ) 將字典資料寫入 CSV 檔案。

```
 1  # ch22_8.py
 2  import csv
 3
 4  fn = 'out22_8.csv'
 5  with open(fn, 'w', newline = '') as csvFile:        # 開啟csv檔案
 6      fields = ['Name', 'Age', 'City']
 7      dictWriter = csv.DictWriter(csvFile,fieldnames=fields)   # 建立Writer物件
 8
 9      dictWriter.writeheader()                        # 寫入標題
10      dictWriter.writerow({'Name':'Hung', 'Age':'35', 'City':'Taipei'})
11      dictWriter.writerow({'Name':'James', 'Age':'40', 'City':'Chicago'})
```

執行結果　下方左圖是用 Excel 開啟 out22_8.csv 的結果。

上述程式第 9 列的 writeheader( ) 主要是寫入我們在第 7 列設定的 fieldname。

程式實例 ch22_9.py：使用中文資料改寫程式實例 ch22_8.py，同時將欲寫入 CSV 檔案的資料改成串列資料，此串列資料的元素是字典。

```
 1  # ch22_9.py
 2  import csv
 3
 4  # 定義串列,元素是字典
 5  dictList = [{'姓名':'Hung','年齡':'35','城市':'台北'},
 6              {'姓名':'James', '年齡':'40', '城市':'芝加哥'}]
 7
 8  fn = 'out22_9.csv'
 9  with open(fn, 'w', newline = '', encoding = 'utf-8') as csvFile:
10      fields = ['姓名', '年齡', '城市']
11      dictWriter = csv.DictWriter(csvFile,fieldnames=fields)   # 建立Writer物件
12      dictWriter.writeheader()                                 # 寫入標題
13      for row in dictList:
14          dictWriter.writerow(row)                             # 寫入內容
```

執行結果　開啟 out22_9.csv 的結果可以參考上方右圖。

22-6 專題 – 使用 CSV 檔案繪製氣象圖表

其實網路上有許多 CSV 檔案，原始的檔案有些複雜，不過我們可以使用 Python 讀取檔案，然後篩選我們要的欄位，整個工作就變得比較簡單了。本節主要是用實例介紹將圖表設計應用在 CSV 檔案。

22-6-1 台北 2025 年 1 月氣象資料

在 ch22 資料夾內有 TaipeiWeatherJan.csv 檔案，這是 2025 年 1 月份台北市的氣象資料，這個檔案的 Excel 內容如下：

	A	B	C	D
1	Date	HighTemperature	MeanTemperature	LowTemperature
2	2025/1/1	26	23	20
3	2025/1/2	25	22	18
4	2025/1/3	22	20	19
5	2025/1/4	27	24	20
6	2025/1/5	25	22	19

程式實例 **ch22_10.py**：讀取 TaipeiWeatherJan.csv 檔案，然後用串列方式輸出標題列，同時也使用 enumerate( ) 方式輸出索引和標題列。

```
1  # ch22_10.py
2  import csv
3
4  fn = 'TaipeiWeatherJan.csv'
5  with open(fn) as csvFile:
6      csvReader = csv.reader(csvFile)
7      headerRow = next(csvReader)       # 讀取文件下一列
8  print(headerRow)
9
10 for i, header in enumerate(headerRow):
11     print(i, header)
```

執行結果
```
================== RESTART: D:\Python\ch22\ch22_10.py ==================
['Date', 'HighTemperature', 'MeanTemperature', 'LowTemperature']
0 Date
1 HighTemperature
2 MeanTemperature
3 LowTemperature
```

從上圖我們可以得到 TaipeiWeatherJan.csv 有 4 個欄位，分別是記載日期 (Date)、當天最高溫 (HighTemperature)、平均溫度 (MeanTemperature)、最低溫度 (LowTemperature)。上述第 7 列的 next( ) 可以讀取下一列。

22-13

22-6-2 讀取最高溫與最低溫

程式實例 ch22_11.py：讀取 TaipeiWeatherJan.csv 檔案的最高溫與最低溫。這個程式會將一月份的最高溫放在 highTemps 串列，最低溫放在 lowTemps 串列。

```python
1  # ch22_11.py
2  import csv
3
4  fn = 'TaipeiWeatherJan.csv'
5  with open(fn) as csvFile:
6      csvReader = csv.reader(csvFile)
7      headerRow = next(csvReader)              # 讀取文件下一列
8      highTemps, lowTemps = [], []             # 設定空串列
9      for row in csvReader:
10         highTemps.append(row[1])             # 儲存最高溫
11         lowTemps.append(row[3])              # 儲存最低溫
12
13 print("最高溫 : ", highTemps)
14 print("最低溫 : ", lowTemps)
```

執行結果

```
================== RESTART: D:\Python\ch22\ch22_11.py ==================
最高溫 :  ['26', '25', '22', '27', '25', '25', '26', '22', '18', '20', '21', '22', '18', '15', '15', '16', '23', '23', '22', '18', '15', '17', '16', '17', '18', '19', '24', '26', '25', '27', '18']
最低溫 :  ['20', '18', '19', '20', '19', '20', '20', '18', '16', '16', '18', '18', '14', '12', '13', '13', '16', '18', '18', '12', '12', '12', '13', '14', '13', '13', '13', '16', '17', '14', '14']
```

22-6-3 繪製最高溫

其實這一節內容不複雜，所有繪圖方法前面各小節已有說明。

程式實例 ch22_12.py：繪製 2025 年 1 月份，台北每天氣溫的最高溫，請注意第 12 列儲存溫度時使用 int(row[1])，相當於用整數儲存。

```python
1  # ch22_12.py
2  import csv
3  import matplotlib.pyplot as plt
4
5  plt.rcParams["font.family"] = ["Microsoft JhengHei"]
6  fn = 'TaipeiWeatherJan.csv'
7  with open(fn) as csvFile:
8      csvReader = csv.reader(csvFile)
9      headerRow = next(csvReader)              # 讀取文件下一列
10     highTemps = []                           # 設定空串列
11     for row in csvReader:
12         highTemps.append(int(row[1]))        # 儲存最高溫
13 plt.figure(figsize=(12, 8))                  # 設定繪圖區大小
14 plt.plot(highTemps)
15 plt.title("2025年1月台北天氣報告", fontsize=24)
16 plt.ylabel(r'溫度 $C^{o}$', fontsize=14)
17 plt.show()
```

22-14

執行結果

2025年1月台北天氣報告

上述如果省略第 13 列，則是用預設大小的畫布，繪製最高溫。

22-6-4　天氣報告增加日期刻度

　　天氣圖表建立過程，我們可能想加上日期在 x 軸的刻度上，這時我們需要使用 Python 內建的 datetime 模組，在使用前請用下列方式導入模組。

　　from datetime import datetime

　　然後可以使用下列方法將日期字串解析為日期物件：

　　strptime(string, format)

　　string 是要解析的日期字串，format 是該日期字串目前格式，下表是日期格式參數的意義。

參數	說明	參數	說明
%Y	4 位數年份，例如：2017	%H	24 小時 (0-23)
%y	2 位數年份，例如：17	%I	12 小時 (1-12)
%m	月份 (1-12)	%p	AM 或 PM
%B	月份名稱，例如：January	%M	分鐘 (0-59)
%A	星期名稱，例如：Sunday	%S	秒 (0-59)
%d	日期 (1-31)		

22-15

第 22 章　CSV 文件處理 - 掌握結構化資料

程式實例 ch22_13.py：將字串轉成日期物件。

```
1  # ch22_13.py
2  from datetime import datetime
3
4  dateObj = datetime.strptime('2025/1/1', '%Y/%m/%d')
5  print(dateObj)
```

執行結果
```
=================== RESTART: D:\Python\ch22\ch22_13.py ===================
2025-01-01 00:00:00
```

我們可以在 plot( ) 方法內增加日期串列參數時，就可以在圖表增加日期刻度。

程式實例 ch22_14.py：為圖表增加日期刻度。

```
1  # ch22_14.py
2  import csv
3  import matplotlib.pyplot as plt
4  from datetime import datetime
5
6  plt.rcParams["font.family"] = ["Microsoft JhengHei"]
7  fn = 'TaipeiWeatherJan.csv'
8  with open(fn) as csvFile:
9      csvReader = csv.reader(csvFile)
10     headerRow = next(csvReader)              # 讀取文件下一列
11     dates, highTemps = [], []                # 設定空串列
12     for row in csvReader:
13         highTemps.append(int(row[1]))        # 儲存最高溫
14         currentDate = datetime.strptime(row[0], "%Y/%m/%d")
15         dates.append(currentDate)
16
17 plt.figure(figsize=(12, 8))                  # 設定繪圖區大小
18 plt.plot(dates, highTemps)                   # 圖標增加日期刻度
19 plt.title("2025年1月台北天氣報告", fontsize=24)
20 plt.ylabel(r'溫度 $C^{o}$', fontsize=14)
21 plt.show()
```

執行結果

2025年1月台北天氣報告

這個程式的第一個重點是第 14 和 15 列，主要是將日期字串轉成物件，然後存入 dates 日期串列。第二個重點是第 18 列，在 plot( ) 方法中第一個參數是放 dates 日期串列。上述缺點是如果圖表寬度不足容易造成日期重疊，可以參考下一節將日期旋轉改良。

22-6-5　日期位置的旋轉

上一節的執行結果可以發現日期是水平放置，autofmt_xdate( ) 設定日期旋轉，語法如下：

```
fig = plt.figure( xxx )           # xxx 是相關設定資訊，回傳 fig 物件
...
fig.autofmt_xdate(rotation=xx)    # xx 是角度，rotation 若省略則系統使用最佳化
```

程式實例 ch22_15.py：重新設計 ch22_14.py，增加將日期旋轉。

```
18  plt.plot(dates, highTemps)                # 圖標增加日期刻度
19  fig.autofmt_xdate()                        # 預設最佳化角度旋轉
20  plt.title("2025年1月台北天氣報告", fontsize=24)
```

執行結果

程式實例 ch22_16.py：將日期字串調整為旋轉 60 度。

```
19  fig.autofmt_xdate(rotation=60)            # 日期旋轉60度
```

執行結果

22-6-6 繪製最高溫與最低溫

在 TaipeiWeatherJan.csv 檔案內有最高溫與最低溫的欄位，下列將繪製最高、最低溫以及填滿區間溫度。

程式實例 ch22_17.py：繪製最高溫與最低溫，這個程式有 2 個重點：

- 程式第 13 至 22 列使用異常處理方式，因為讀者在讀取真實的網路數據時，常常會有不可預期的資料發生，例如：資料少了或是資料格式錯誤，往往造成程式中斷，為了避免程式因數據不良，所以使用異常處理方式。
- 第 25 和 26 列是分別繪製最高溫與最低溫，第 27 列是填滿最高溫度和最低溫度區間。

```
1   # ch22_17.py
2   import csv
3   import matplotlib.pyplot as plt
4   from datetime import datetime
5
6   plt.rcParams["font.family"] = ["Microsoft JhengHei"]
7   fn = 'TaipeiWeatherJan.csv'
8   with open(fn) as csvFile:
9       csvReader = csv.reader(csvFile)
10      headerRow = next(csvReader)              # 讀取文件下一列
11      dates, highTemps, lowTemps = [], [], []  # 設定空串列
12      for row in csvReader:
13          try:
14              currentDate = datetime.strptime(row[0], "%Y/%m/%d")
15              highTemp = int(row[1])           # 設定最高溫
16              lowTemp = int(row[3])            # 設定最低溫
17          except Exception:
18              print('有缺值')
19          else:
20              highTemps.append(highTemp)       # 儲存最高溫
21              lowTemps.append(lowTemp)         # 儲存最低溫
22              dates.append(currentDate)        # 儲存日期
23
24  fig = plt.figure(figsize=(12, 8))            # 設定繪圖區大小
25  plt.plot(dates, highTemps)                   # 繪製最高溫
26  plt.plot(dates, lowTemps)                    # 繪製最低溫
27  plt.fill_between(dates,highTemps,lowTemps,color='y',alpha=0.2) # 填滿
28  fig.autofmt_xdate()                          # 日期旋轉
29  plt.title("2025年1月台北天氣報告", fontsize=24)
30  plt.ylabel(r'溫度 $C^{o}$', fontsize=14)
31  plt.show()
```

執行結果

2025年1月台北天氣報告

22-7 CSV 真實案例實作

22-7-1 認識台灣股市的 CSV 的檔案

台灣上櫃與上市股票皆是以 CSV 檔案儲存交易紀錄，這一節筆者將簡單說明上櫃股票資訊取的與實務應用。請使用下列網址進入證券櫃檯買賣中心網頁：

https://www.tpex.org.tw/

可以進入此網站。

22-19

第 22 章　CSV 文件處理 - 掌握結構化資料

請點選**上櫃** / **盤後資訊** / **個股日成交資訊**，可以看到下列畫面：

讀者可以參考上述圈選欄位自行輸入股票代碼和資料年月就可以看到特定股票在特定年月份的成交盤後資訊。下列是筆者填選 **112/10** 月份、**股票代碼**是 **3479 安勤公司**的盤後資訊。

上述可以看到**另存 CSV**，或是**下載 CSV 檔 (UTF-8)** 鈕，點選就可以下載。為了方便檢視 CSV 內容，請點選**另存 CSV** 鈕，就可以下載，在本書 ch22 資料夾已經有這個檔案「ST43_3479_202310.csv」，內容如下：

22-20

	A	B	C	D	E	F	G	H	I
1	個股日成交資訊								
2	股票代號:3479								
3	股票名稱:安勤								
4	資料日期:112/10								
5	日期	成交仟股	成交仟元	開盤	最高	最低	收盤	漲跌	筆數
6	112/10/02	324	32,491	99.5	101	99.5	100.5	1.8	296
7	112/10/03	296	29,591	100.5	101	99.1	99.1	-1.4	288
8	112/10/04	195	19,359	99	99.7	98.7	99.3	0.2	165
9	112/10/05	184	18,408	99.5	100.5	99.5	100.5	1.2	171
10	112/10/06	326	32,525	100.5	101	99.3	99.9	-0.6	256

...

	A	B	C	D	E	F	G	H	I
24	112/10/30	238	23,030	95.5	97.5	95.2	97	1.6	240
25	112/10/31	374	36,062	97	98	94.3	94.6	-2.4	390
26	共20筆								

22-7-2　繪製股市最高價、最低價與收盤價日線圖

22-6 節筆者介紹了繪製氣象圖表，雖然讀取了 CSV 檔案，但那是簡化後的檔案，真實的 CSV 檔案，應該是類似前一小節，特定股票的盤後資訊 CSV 檔案。在這裡我們碰上 3 個問題：

1：CSV 檔案前幾列是介紹此檔案的相關資訊，這與要繪製的圖表無關。

2：日期是民國格式，我們需要將民國日期格式改為西元日期格式。

3：CSV 檔案末端列是此檔案的統計資訊，這也是和要繪製的圖表無關。

程式實例 ch22_18.py：繪製安勤公司股票最高價、最低價與收盤價日線圖。

```
1  # ch22_18.py
2  import csv
3  import matplotlib.pyplot as plt
4  from datetime import datetime
5
6  def convert_tw_date_to_ad(tw_date):
7      # 分割日期為年、月、日
8      year, month, day = map(int, tw_date.split('/'))
9      # 將民國年轉換為西元年
10     year += 1911
11     # 重組日期並返回
12     return f"{year}-{month:02d}-{day:02d}"
13
14 plt.rcParams["font.family"] = ["Microsoft JhengHei"]
15 fn = 'ST43_3479_202310.csv'
16 with open(fn) as csvFile:
17     csvReader = csv.reader(csvFile)
18     for _ in range(5):                          # 跳過前5列
19         next(csvReader)
```

```
20      all_rows = list(csvReader)
21      data_without_last_row = all_rows[:-1]           # 跳過最後一列
22
23      mydates, highPrices, lowPrices, closePrices = [], [], [], []
24
25      for row in data_without_last_row:
26          try:
27              # 將日期轉換為西元年格式
28              converted_date = convert_tw_date_to_ad(row[0])
29              # 使用 strptime 解析轉換後的日期字串
30              parseDate = datetime.strptime(converted_date, "%Y-%m-%d")
31              currentDate = parseDate.strftime("%Y-%m-%d")    # 轉換後日期
32              highPrice = eval(row[4])                # 設定最高價
33              lowPrice = eval(row[5])                 # 設定最低價
34              closePrice = eval(row[6])               # 設定收盤價
35          except Exception:
36              print(f'有缺值 {row}')
37          else:
38              highPrices.append(highPrice)            # 儲存最高價
39              lowPrices.append(lowPrice)              # 儲存最低價
40              closePrices.append(closePrice)          # 儲存收盤價
41              mydates.append(currentDate)             # 儲存日期
42
43  fig = plt.figure(figsize=(12, 8))                   # 設定繪圖區大小
44  plt.plot(mydates, highPrices, '-*', label='最高價')   # 繪製最高價
45  plt.plot(mydates, lowPrices, '-o', label='最低價')    # 繪製最低價
46  plt.plot(mydates, closePrices, '-^', label='收盤價')  # 繪製收盤價
47  plt.legend()
48  fig.autofmt_xdate()                                 # 日期旋轉
49  plt.title("2023年10月安勤公司日線圖", fontsize=24)
50  plt.ylabel('價格', fontsize=14)
51  plt.show()
```

執行結果

這個程式第 18 ~ 19 列可以跳過 CSV 檔案的前 5 列。第 20 ~ 21 列是將所有列轉成串列，然後切片去除最後一列。第 18 ~ 21 列也可以用切片 [5:-1] 簡化，細節可以參考 ch22_18_1.py。第 6 ~ 12 列則是將民國日期格式處理成西元格式。程式第 28 列呼叫 convert_tw_to_ad( ) 後可以得到西元格式的日期，程式第 30 列轉換後的日期格式會有「時：分：秒」，第 31 列則是轉成不含「時：分：秒」格式。

第 23 章
Numpy 基礎
科學運算必備工具

23-1　陣列 ndarray

23-2　Numpy 的資料型態

23-3　建立一維或多維陣列

23-4　一維陣列的四則運算與基礎操作

23-5　用切片提取一維陣列的元素

23-6　多維陣列的索引與切片

23-7　陣列的拷貝與檢視

23-8　更改陣列外形

23-9　陣列分割

23-10　陣列合併與堆疊

第 23 章　Numpy 基礎 - 科學運算必備工具

Python 是一個應用範圍很廣的程式語言，雖然串列 (list) 和元組 (tuple) 可以執行一維陣列 (one-dimension array) 或是多維陣列 (multi-dimension array) 運算。但是如果我們強調需要使用高速計算時，伴隨的優點卻同時產生了一些缺點：

- 執行速度慢。
- 需要較多系統資源。

為此許多為求高速運算的模組因而誕生，在科學運算或人工智慧領域最常見，因應高速運算而有的模組 Numpy，此名稱所代表的是 Numerical Python。在 20-4 節起有簡單的說明，這一章則做更完整的解說。

23-1　陣列 ndarray

Numpy 模組所建立的陣列資料型態稱 ndarray(n-dimension array)，n 是代表維度，例如：稱一維陣列、二維陣列、… n 維陣列。ndarray 陣列幾個特色如下：

- 陣列大小是固定。
- 陣列元素內容的資料型態是相同。

也因為上述 Numpy 陣列的特色，讓它運算時可以有較好的執行速度與需要較少的系統資源。

23-2　Numpy 的資料型態

Numpy 支援比 Python 更多資料型態，下列是 Numpy 所定義的資料型態。

- bool_：和 Python 的 bool 相容，以一個位元組儲存 True 或 False。
- int_：預設的整數型態，與 C 語言的 long 相同，通常是 int32 或 int64。
- intc：與 C 語言的 int 相同，通常是 int32 或 int64。
- intp：用於索引的整數，與 C 的 size_t 相同，通常是 int32 或 int64。
- int8：8 位元整數 (-128 ~ 127)。
- int16：16 位元整數 (-32768 ~ 32767)。
- int32：32 位元整數 (-2147483648 ~ 2147483647)。

- int64：64 位元整數 (-9223372036854775808 ~ 9223372036854775807)。
- uint8：8 位元無號整數 (0 ~ 255)。
- uint16：16 位元無號整數 (0 ~ 65535)。
- uint32：32 位元無號整數 (0 ~ 4294967295)。
- uint64：64 位元無號整數 (0 ~ 18446744073709551615)。
- float_：與 Python 的 float 相同。
- float16：半精度浮點數，符號位，5 位指數，10 位尾數。
- float32：單精度浮點數，符號位，8 位指數，23 位尾數。
- float64：雙倍精度浮點數，符號位，11 位指數，52 位尾數。
- complex_：複數，complex_128 的縮寫。
- complex64：複數，由 2 個 32 位元浮點數表示 (實部和虛部)。
- complex128：複數，由 2 個 64 位元浮點數表示 (實部和虛部)。

23-3 建立一維或多維陣列

　　使用 Numpy 的陣列有一維、二維或是多維。二維陣列可以視為多個大小相同的一維陣列所組成，三維陣列可以視為多個大小相同的二維陣列堆疊所組成，更多維的觀念可以依此類推。建立陣列最簡單常用的方法是 array( ) 函數，這一節筆者將講解如何使用 array( ) 建立一維陣列或是多維函數。

23-3-1　認識 ndarray 的屬性

　　當使用 Numpy 模組建立陣列後，此陣列的資料型態是 ndarray，可以使用下列方式獲得 ndarray 的屬性，下列是幾個常用的屬性。

- ndarray.dtype：陣列元素型態。
- ndarray.itemsize：陣列元素資料型態大小 (或稱所佔空間)，單位是為位元組。
- ndarray.ndim：陣列的維度。
- ndarray.shape：陣列維度元素個數的元組，也可以用於調整陣列大小。
- ndarray.size：陣列元素個數。

23-3-2 使用 array( ) 建立一維陣列

我們可以使用 array( ) 函數建立一維陣列，array( ) 函數的語法如下：

numpy.array(object, dtype=None, copy=True, ndmin)

上述參數意義如下：

- object：陣列資料。
- dtype：資料類型，如果省略將使用可以容納資料最省的類型。
- copy：這是布林值，預設是 True，object 內容會被複製，23-7-3 節會有實例。
- ndmin：設定陣列應該具有的最小維度。

建立時在小括號內填上中括號，然後將陣列數值放在中括號內，彼此用逗號隔開。

實例 1：建立一維陣列，陣列內容是 1, 2, 3，同時列出陣列的資料型態。

```
>>> import numpy as np
>>> x = np.array([1, 2, 3])
>>> print(type(x))              ← 列印x資料類型
<class 'numpy.ndarray'>
>>> print(x)                    ← 列印x陣列內容
[1 2 3]
```

上述所建立的陣列輸出時，與串列的區隔是各元素間沒有逗號，此一維陣列圖形如下：

```
x[0]  1
x[1]  2
x[2]  3
```

陣列建立好了，可以用索引方式取得或設定內容。

實例 2：列出陣列元素內容。

```
>>> import numpy as np
>>> x = np.array([1, 2, 3])
>>> print(x[0])
1
>>> print(x[1])
2
>>> print(x[2])
3
```

實例 3：設定陣列內容。

```
>>> import numpy as np
>>> x = np.array([1, 2, 3])
>>> x[1] = 10
>>> print(x)
[ 1 10  3]
```

實例 4：認識 ndarray 的屬性。

```
>>> import numpy as np
>>> x = np.array([1, 2, 3])
>>> x.dtype              ← 列印x陣列元素型態
dtype('int32')
>>> x.itemsize           ← 列印x陣列元素大小
4
>>> x.ndim               ← 列印x陣列維度
1
>>> x.shape              ← 列印x陣列外形,3是第1維元素個數
(3,)
>>> x.size               ← 列印x陣列元素個數
3
```

上述 x.dtype 獲得 int32，表示是 32 位元的整數。x.itemsize 是陣列元素大小，其中以位元組為單位，一個位元組是 8 個位元，由於元素是 32 位元整數，所以回傳是 4。x.ndim 回傳陣列維度是 1，表示這是一維陣列。x.shape 以元組方式回傳第一維元素個數是 3，未來二維陣列還會解說。x.size 則是回傳元素個數。

實例 5：array( ) 函數也可以接受使用 dtype 參數設定元素的資料型態。

```
>>> import numpy as np
>>> x = np.array([2, 4, 6], dtype=np.int8)
>>> x.dtype
dtype('int8')
```

上述因為元素是 8 位元整數，所以執行 x.itemsize，所得的結果是 1。

```
>>> x.itemsize
1
```

實例 6：浮點數陣列的建立與列印。

```
>>> import numpy as np
>>> y = np.array([1.1, 2.3, 3.6])
>>> y.dtype
dtype('float64')
>>> y
array([1.1, 2.3, 3.6])
>>> print(y)
[1.1 2.3 3.6]
```

上述所建立的一維陣列圖形如下：

x[0]	1.1
x[1]	2.3
x[2]	3.6

需留意，如果 array( ) 函數內放一個數值，沒有中括號，則結果是一個純量。

實例 7：只是建立純量，因此維度是 0，外形是空的元組。

```
>>> import numpy as np
>>> x = np.array(8)
>>> x.ndim
0
>>> x.shape
()
```

23-3-3　使用 array( ) 函數建立多維陣列

二維陣列是由等長的一維陣列所組成，在使用 array( ) 建立陣列時，如果設定參數 ndmin 就可以建立多維陣列。

程式實例 ch23_1.py：建立二維陣列。

```
1  # ch23_1.py
2  import numpy as np
3
4  row1 = [1, 2, 3]
5  arr1 = np.array(row1, ndmin=2)
6  print(f"陣列維度 = {arr1.ndim}")
7  print(f"陣列外型 = {arr1.shape}")
8  print(f"陣列大小 = {arr1.size}")
9  print("陣列內容")
10 print(arr1)
11 print("-"*70)
12 row2 = [4, 5, 6]
13 arr2 = np.array([row1,row2], ndmin=2)    # ndmin=2可以省略
14 print(f"陣列維度 = {arr2.ndim}")
15 print(f"陣列外型 = {arr2.shape}")
16 print(f"陣列大小 = {arr2.size}")
17 print("陣列內容")
18 print(arr2)
```

執行結果
```
==================== RESTART: D:\Python\ch23\ch23_1.py ====================
陣列維度 = 2
陣列外型 = (1, 3)
陣列大小 = 3
陣列內容
[[1 2 3]]        ← 也可以由中括號數了解維度
- - - - - - - - - - - - - - - - - - - - - - - - - - - - - - - - - - - -
陣列維度 = 2
陣列外型 = (2, 3)
陣列大小 = 6
陣列內容
[[1 2 3]
 [4 5 6]]        ← 也可以由中括號數了解維度
```

上述第 13 列，當將 2 個長度相同的串列放在中括號內，已經是建立二維陣列了，所以也可以省略「ndmin=2」的參數，讀者可以練習，結果可以參考 ch23_1_1.c。

程式實例 ch23_2.py：另一種設定二維陣列的方式重新設計 ch23_1.py。

```
1   # ch23_2.py
2   import numpy as np
3
4   x = np.array([[1, 2, 3], [4, 5, 6]])
5   print(f"陣列維度 = {x.ndim}")
6   print(f"陣列外型 = {x.shape}")
7   print(f"陣列大小 = {x.size}")
8   print("陣列內容")
9   print(x)
```

執行結果
```
==================== RESTART: D:\Python\ch23\ch23_2.py ====================
陣列維度 = 2
陣列外型 = (2, 3)
陣列大小 = 6
陣列內容
[[1 2 3]
 [4 5 6]]
```

上述所建立的二維陣列，與二維陣列索引的圖形如下：

1	2	3
4	5	6

二維陣列內容

x[0, 0]	x[0, 1]	x[0, 2]
x[1, 0]	x[1, 1]	x[1, 2]

二維陣列索引

也可以用 x[0][2] 代表 x[0, 2]，雖然可以獲得一樣的結果，但是實務上仍是有差異。

❑ 語法與運作

- x[0][1]
  - 這是逐步索引：首先取出 x[0] 的結果（例如，它是 x 的第一列），然後在該結果中再索引 [1]。
  - 需要兩步完成：首先取子陣列（或元素），再進一步從該子結果中取值。
  - 它要求 x[0] 返回的是一個可以再索引的物件，例如 numpy.array 或類似結構。

- x[0, 1]
  - 這是一次性索引：直接對 x 的位置 (0, 1) 進行取值。
  - 使用的是 numpy 的多維索引方式，效率更高，且更適合處理多維數據。

❑ 性能差異

x[0, 1] 通常比 x[0][1] 快，因為它是單次操作，而後者需要額外的中間步驟（提取 x[0] 並再索引）。

❑ 潛在問題

如果 x 是多維的 numpy 陣列,兩者通常給出相同的結果。但如果 x 是其他類型的數據結構,例如嵌套的 Python 串列,x[0][1] 可以運作,而 x[0, 1] 會導致錯誤,因為嵌套串列不支持多維索引。

程式實例 ch23_3.py:認識引用二維陣列索引的方式。

```
1   # ch23_3.py
2   import numpy as np
3
4   x = np.array([[1, 2, 3], [4, 5, 6]])
5   # 逐步索引, 速度慢
6   print(x[0][2])
7   print(x[1][2])
8
9   # 單次索引, 速度快
10  print(x[0, 2])
11  print(x[1, 2])
```

執行結果
```
====================== RESTART: D:\Python\ch23\ch23_3.py ======================
3
6
3
6
```

程式實例 ch23_4.py:嵌套索引陣列,無法使用單次索引。

```
1   # ch23_4.py
2
3   # 嵌套串列
4   x = [[1, 2, 3], [4, 5, 6]]
5   # 逐步索引
6   print(x[0][2])
7   print(x[1][2])
8
9   # 單次索引, 會有錯誤
10  #print(x[0, 2])
11  #print(x[1, 2])
```

23-3-4　使用 zeros( ) 建立內容是 0 的多維陣列

函數 zeros( ) 可以建立內容是 0 的陣列,語法如下:

np.zeros(shape, dtype=float)

上述參數意義如下:

- shape:陣列外形。
- dtype:預設是浮點數資料類型,也可以用此設定資料類型。

程式實例 ch23_5.py：分別建立 1 x 3 一維和 2 x 3 二維外形的陣列，一維陣列元素資料類型是浮點數 (float)，二維陣列元素資料類型是 8 位元無號整數 (unit8)。

```
1   # ch23_5.py
2   import numpy as np
3
4   x1 = np.zeros(3)
5   print(x1)
6   print("-"*70)
7   x2 = np.zeros((2, 3), dtype=np.uint8)
8   print(x2)
```

執行結果
```
====================== RESTART: D:\Python\ch23\ch23_5.py ======================
[0. 0. 0.]
----------------------------------------------------------------------
[[0 0 0]
 [0 0 0]]
```

在電腦視覺實務應用上，常用這個函數建立二維陣列，也可以說是建立一個影像，因為所建立的內容是 0，相當於建立黑色影像。

23-3-5　使用 ones( ) 建立內容是 1 的多維陣列

函數 ones( ) 可以建立內容是 1 的陣列，語法如下：

　　np.ones(shape, dtype=None)

上述參數意義如下：

● shape：陣列外形。

● dtype：預設是 64 浮點數資料類型 (float64)，也可以用此設定資料類型。

程式實例 ch23_6.py：分別建立 1 x 3 一維和 2 x 3 二維外形的陣列，一維陣列元素資料類型是浮點數 (float)，二維陣列元素資料類型是 8 位元無號整數 (unit8)。

```
1   # ch23_6.py
2   import numpy as np
3
4   x1 = np.ones(3)
5   print(x1)
6   print("-"*70)
7   x2 = np.ones((2, 3), dtype=np.uint8)
8   print(x2)
```

執行結果
```
====================== RESTART: D:\Python\ch23\ch23_6.py ======================
[1. 1. 1.]
----------------------------------------------------------------------
[[1 1 1]
 [1 1 1]]
```

在實務應用上，常用這個函數建立二維陣列，也可以說是建立一個影像，假設要建立白色影像，可以將結果乘以 255。

23-3-6　使用 empty( ) 建立未初始化的多維陣列

函數 empty( ) 可以建立指定形狀與資料類型內容的陣列，陣列內容則未初始化，因此是記憶體殘留的值，此函數語法如下：

```
np.empty(shape, dtype=float)
```

上述參數意義如下：

- shape：陣列外形。
- dtype：預設是浮點數資料類型 (float)，也可以用此設定資料類型。

程式實例 ch23_6_1.py：分別建立 1 x 3 一維和 2 x 3 二維外形的未初始化陣列，一維陣列元素資料類型是浮點數 (float)，二維陣列元素資料類型是 8 位元無號整數 (unit8)。

```python
1   # ch23_6_1.py
2   import numpy as np
3
4   x1 = np.empty(3)
5   print(x1)
6   print("-"*70)
7   x2 = np.empty((2, 3), dtype=np.uint8)
8   print(x2)
```

執行結果　下列結果值是記憶體殘留值。

```
==================== RESTART: D:\Python\ch23\ch23_6_1.py ====================
[ 4.94065646e-324  3.95252517e-323 -1.57864235e-314]
----------------------------------------------------------------------
[[  0   6 120]
 [129  52   2]]
```

函數 empty( ) 提供了一種高效的方法來建立陣列，但其內容是隨機且未定義的，僅適合在隨後會被完全填充的情境中使用。使用時需注意：

- 不可依賴未初始化值：empty( ) 的用途通常是配合後續填值操作，因此不能依賴 empty( ) 所返回的陣列內容。
- 適合的場合：如果需要大量建立臨時陣列，但馬上會被新數據覆蓋，可以用 empty( ) 提高效率。
- 避免誤解：如果需要明確的初始值（如零），應使用 zeros( )。

常見錯誤觀念：

- 認為 empty( ) 陣列全為零：這是錯誤的，因為 empty( ) 陣列的內容純屬隨機。
- 用於未填值的計算：因為內容不確定，直接使用會導致錯誤或不穩定的結果。

23-3-7　其他建立陣列函數

- linspace(start, end, num)：可以參考 20-4-1 節。
- arange(start, stop, step)：可以參考 20-4-1 節。
- diag(lst, dtype)：建立對角線是 lst，其餘是 0 的矩陣。
- eye(n, dtype=float)：建立一個 n x n 的單位矩陣。
- tile(arr, (m, n))：將 arr 陣列拼貼成 m x n 陣列。

實例 1：使用 diag( ) 函數建立矩陣。

```
>>> np.diag([1,3,5])
array([[1, 0, 0],
       [0, 3, 0],
       [0, 0, 5]])
```

實例 2：使用 eye( ) 函數建立矩陣。

```
>>> np.eye(3)
array([[1., 0., 0.],
       [0., 1., 0.],
       [0., 0., 1.]])
```

實例 3：使用 tile( ) 函數建立矩陣，讀者需留意這是拼貼而成。

```
>>> np.tile([1,2],(3,2))
array([[1, 2, 1, 2],
       [1, 2, 1, 2],
       [1, 2, 1, 2]])
>>>
>>> np.tile(np.array([[1,3],[5,7]]),(2,3))
array([[1, 3, 1, 3, 1, 3],
       [5, 7, 5, 7, 5, 7],
       [1, 3, 1, 3, 1, 3],
       [5, 7, 5, 7, 5, 7]])
```

23-4　一維陣列的四則運算與基礎操作

23-4-1　一維陣列的四則運算

我們可以將一般 Python 數學運算符號「+」、「-」、「*」、「/」、「//」、「%」、「**」應用在 Numpy 的陣列。

實例 1：陣列與整數的加法運算。

```
>>> import numpy as np
>>> x = np.array([1, 2, 3])
>>> y = x + 5
>>> print(y)
[6 7 8]
```

讀者可以將上述觀念應用在其它數學運算符號。

實例 2：陣列加法運算。

```
>>> import numpy as np
>>> x = np.array([1, 2, 3])
>>> y = np.array([10, 20, 30])
>>> z = x + y
>>> print(z)
[11 22 33]
```

實例 3：陣列乘法運算。

```
>>> import numpy as np
>>> x = np.array([1, 2, 3])
>>> y = np.array([10, 20, 30])
>>> z = x * y
>>> print(z)
[10 40 90]
```

實例 4：陣列除法運算。

```
>>> import numpy as np
>>> x = np.array([1, 2, 3])
>>> y = np.array([10, 20, 30])
>>> z = x / y
>>> print(z)
[0.1 0.1 0.1]
>>> z = y / x
>>> print(z)
[10. 10. 10.]
```

23-4-2　一維陣列的關係運算子運算

Python 關係運算子，可以參考 5-1 節。也可以應用在陣列運算。

實例 1：關係運算子應用在一維陣列的運算。

```
>>> import numpy as np
>>> x = np.array([1, 2, 3])
>>> y = np.array([10, 20, 30])
>>> z = x > y
>>> print(z)
[False False False]
>>> z = x < y
>>> print(z)
[ True  True  True]
```

23-4-3　陣列結合或是加入陣列元素 concatenate( )

可以使用 concatenate( ) 執行 2 個陣列結合，或是將元素加入陣列。

實例 1：將 2 個陣列結合。

```
>>> import numpy as np
>>> x = np.array([1, 2, 3])
>>> y = np.array([4, 5])
>>> z = np.concatenate((x, y))
>>> print(z)
[1 2 3 4 5]
```

實例 2：將元素加入陣列。

```
>>> import numpy as np
>>> x = np.array([1, 2, 3])
>>> z = np.concatenate((x, [4, 5]))
>>> print(z)
[1 2 3 4 5]
```

23-4-4　在陣列指定索引插入元素 insert( )

可以使用 insert(陣列 , 索引 , 元素) 在陣列指定索引位置插入元素。

實例 1：在陣列 x 指定索引 2 插入元素 9。

```
>>> import numpy as np
>>> x = np.array([1, 2, 3, 4, 5])
>>> z = np.insert(x, 2, 9)
>>> print(z)
[1 2 9 3 4 5]
```

實例 2：在陣列 x 指定索引 1, 3 分別插入插入元素 7 和 9。

```
>>> import numpy as np
>>> x = np.array([1, 2, 3, 4, 5])
>>> z = np.insert(x, [1, 3], [7, 9])
>>> print(z)
[1 7 2 3 9 4 5]
```

23-4-5　刪除指定索引的陣列元素 delete( )

delete( ) 可以刪除陣列指定索引位置的元素。

實例 1：刪除陣列 x 索引 1 位置的元素。

```
>>> import numpy as np
>>> x = np.array([1, 2, 3, 4, 5])
>>> z = np.delete(x, 1)
>>> print(z)
[1 3 4 5]
```

實例 2：刪除陣列 x 索引 1 和 3 位置的元素。

```
>>> import numpy as np
>>> x = np.array([1, 2, 3, 4, 5])
>>> z = np.delete(x, [1, 3])
>>> print(z)
[1 3 5]
```

23-5 用切片提取一維陣列的元素

23-5-1 用切片提取一維陣列的元素

Numpy 陣列的切片與 Python 串列切片相同，可以參考 6-1-3 節，觀念如下：

[start : end : step]

在切片的應用中，除了可以取得切片內容，也可以設定切片內容，例如：在做影像處理時，可以使用切片觀念設定某一區塊的內容。

程式實例 ch23_7.py：取得陣列切片內容，與設定切片內容的應用。

```
1  # ch23_7.py
2  import numpy as np
3
4  x = np.array([0, 1, 2, 3, 4, 5, 6, 7, 8, 9])
5  print(f"陣列元素如下 : {x} ")
6  print(f"x[2:]       = {x[2:]}")
7  print(f"x[:2]       = {x[:2]}")
8  print(f"x[0:3]      = {x[0:3]}")
9  print(f"x[1:4]      = {x[1:4]}")
10 print(f"x[0:9:2]    = {x[0:9:2]}")
11 print(f"x[-1]       = {x[-1]}")
12 print(f"x[::2]      = {x[::2]}")
13 print(f"x[2::3]     = {x[2::3]}")
14 print(f"x[2::-1]    = {x[2::-1]}")
15 print(f"x[::-1]     = {x[::-1]}")
16 print(f"x[:]        = {x[:]}")
17 print(f"x[::]       = {x[::]}")
18 print(f"x[-3:-7:-1] = {x[-3:-7:-1]}")
19 print("設定切片內容")
20 x[2:9:2] = 0
21 print(f"x = {x}")
```

執行結果

```
==================== RESTART: D:\Python\ch23\ch23_7.py ====================
陣列元素如下 : [0 1 2 3 4 5 6 7 8 9]
x[2:]       = [2 3 4 5 6 7 8 9]
x[:2]       = [0 1]
x[0:3]      = [0 1 2]
x[1:4]      = [1 2 3]
x[0:9:2]    = [0 2 4 6 8]
x[-1]       = 9
x[::2]      = [0 2 4 6 8]
x[2::3]     = [2 5 8]
x[2::-1]    = [2 1 0]
x[::-1]     = [9 8 7 6 5 4 3 2 1 0]
x[:]        = [0 1 2 3 4 5 6 7 8 9]
x[::]       = [0 1 2 3 4 5 6 7 8 9]
x[-3:-7:-1] = [7 6 5 4]
設定切片內容
x = [0 1 0 3 0 5 0 7 0 9]
```

23-5-2 用串列提取陣列元素

此外，也可以使用隨機方式取得陣列內容，相當於使用串列指定所要的內容。

程式實例 ch23_7_1.py：使用串列提取陣列元素。

```
1  # ch23_7_1.py
2  import numpy as np
3
4  x = np.array([10,11,12,13,14,15,16,17,18,19])
5  print(f"陣列元素如下 : {x} ")
6  print(f"x[[1,4,7]] = {x[[1,4,7]]}")
7  print(f"x[[2,5,8]] = {x[[2,5,8]]}")
8  print(f"x[[3,5,5]] = {x[[3,5,5]]}")
```

執行結果
```
================== RESTART: D:/Python/ch23/ch23_7_1.py ==================
陣列元素如下 : [10 11 12 13 14 15 16 17 18 19]
x[[1,4,7]] = [11 14 17]
x[[2,5,8]] = [12 15 18]
x[[3,5,5]] = [13 15 15]
```

23-5-3 用布林值陣列提取陣列元素

使用 Python 中的 布林值（Boolean） 來提取 NumPy 陣列內容是一種相當常見且實用的技巧，稱為布林索引（Boolean indexing）。透過此技巧，可以有效率地從陣列中篩選資料，這在資料處理和分析應用中非常廣泛。可以應用在以下場景：

● 資料分析與探索性資料分析。

● 數據科學的資料前處理 (Preprocessing)。

● 機器學習模型訓練前的數據清理與篩選。

● 金融數據分析（股價、指標篩選）。

● 統計模擬與研究。

程式實例 ch23_7_2.py：建立偶數為 True 的布林值陣列，然後更改內容與觀察結果。

```
1   # ch23_7_2.py
2   import numpy as np
3
4   x = np.array([10,21,32,43,54,65,76,87,98,9])
5   print(f"原始的 x = {x}")              # 原始陣列
6   even = (x%2 == 0)                      # 建立偶數為True的布林值陣列
7   print(f"even      = {even}")           # 輸出布林值陣列
8   print(f"x[even]   = {x[even]}")        # 布林值切片
9   x[even] = 0
10  print(f"最後的 x = {x}")              # 結果陣列
```

執行結果
```
================== RESTART: D:/Python/ch23/ch23_7_2.py ==================
原始的 x = [10 21 32 43 54 65 76 87 98  9]
even    = [ True False  True False  True False  True False  True False]
x[even] = [10 32 54 76 98]
最後的 x = [ 0 21  0 43  0 65  0 87  0  9]
```

23-6 多維陣列的索引與切片

在多維陣列的應用中，基本觀念圖形如下：

```
                axis = 1
        索引   0   1   2   3   4
              ┌───┬───┬───┬───┬───┐
          0   │ 0 │ 1 │ 2 │ 3 │ 4 │
              ├───┼───┼───┼───┼───┤
axis = 0  1   │ 5 │ 6 │ 7 │ 8 │ 9 │
              ├───┼───┼───┼───┼───┤
          2   │10 │11 │12 │13 │14 │
              └───┴───┴───┴───┴───┘
```

上述是 3 x 5 的二維陣列，3 所指的是列 (row)，5 則是指行 (column)。對於二維陣列而言軸數是 2，分別 axis=0，axis=1，上述圖形也說明了垂直線是軸 0 (axis=0)，水平線是軸 1 (axis=1)。，更多軸的定義將在 23-6-1 節說明。

23-6-1　認識 axis 的定義

程式實例 ch23_8.py：建立 3 x 5 的二維陣列同時列印結果。

```
1  # ch23_8.py
2  import numpy as np
3
4  x1 = [0, 1, 2, 3, 4]
5  x2 = [5, 6, 7, 8, 9]
6  x3 = [10, 11, 12, 13, 14]
7  x4 = np.array([x1, x2, x3])
8  print(x4)
```

執行結果　這個程式可以得到下列結果。

```
              axis = 1
         [[ 0  1  2  3  4]
axis = 0  [ 5  6  7  8  9]
          [10 11 12 13 14]]
```

在軸 (axis) 的定義中，最小軸編號代表陣列的最外層，所以上述最外層的軸編號是 0，相當於 axis=0，在此層有 3 個子陣列，分別是 [0, 1, 2, 3, 4]、[5, 6, 7, 8, 9]、[10, 11, 12, 13, 14] 等。最大數值的軸代表最內層，此例是 axis=1，每個陣列有 5 個元素。2 個二維陣列，可以建立三維陣列，可參考下列實例。

程式實例 ch23_9.py：建立 2 x 3 x 5 的三維陣列同時列印結果。

```
1   # ch23_9.py
2   import numpy as np
3
4   x1 = [0, 1, 2, 3, 4]
5   x2 = [5, 6, 7, 8, 9]
6   x3 = [10, 11, 12, 13, 14]
7   x4 = np.array([x1, x2, x3])
8   x5 = np.array([x4, x4])
9   print(x5)
```

執行結果 這個程式可以得到下列結果。

$$
\begin{array}{c}
\xrightarrow{\text{axis = 2}} \\
[[[\ 0\ \ 1\ \ 2\ \ 3\ \ 4] \\
[\ 5\ \ 6\ \ 7\ \ 8\ \ 9] \\
[10\ 11\ 12\ 13\ 14]] \\
\\
[[\ 0\ \ 1\ \ 2\ \ 3\ \ 4] \\
[\ 5\ \ 6\ \ 7\ \ 8\ \ 9] \\
[10\ 11\ 12\ 13\ 14]]]
\end{array}
$$

讀者可以留意軸編號是由最外層往最內層編號。

23-6-2 二維陣列的索引

下列是二維陣列內容與相對位置的索引圖。

0	1	2	3	4
5	6	7	8	9
10	11	12	13	14

(0,0)	(0,1)	(0,2)	(0,3)	(0,4)
(1,0)	(1,1)	(1,2)	(1,3)	(1,4)
(2,0)	(2,1)	(2,2)	(1,4)	(2,4)

二維陣列內容　　　　　　　　二維陣列索引

要索引二維陣列內容須使用 2 個索引，分別是 axis=0 的索引編號與 axis=1 的索引編號，細節可以參考下列實例。

程式實例 ch23_10.py：列出二維陣列特定索引的陣列元素。

```
1   # ch23_10.py
2   import numpy as np
3
4   x1 = [0, 1, 2, 3, 4]
5   x2 = [5, 6, 7, 8, 9]
6   x3 = [10, 11, 12, 13, 14]
7   x4 = np.array([x1, x2, x3])
8   print("建議用此方法")
9   print(f"x4[2,1] = {x4[2,1]}")
10  print(f"x4[1,3] = {x4[1,3]}")
```

23-6-3 三維陣列的索引

下列是三維陣列內容與相對位置的索引圖。

0	1	2	3	4
5	6	7	8	9
10	11	12	13	14

(0,0,0)	(0,0,1)	(0,0,2)	(0,0,3)	(0,0,4)
(0,1,0)	(0,1,1)	(0,1,2)	(0,1,3)	(0,1,4)
(0,2,0)	(0,2,1)	(0,2,2)	(0,1,4)	(0,2,4)

0	1	2	3	4
5	6	7	8	9
10	11	12	13	14

(1,0,0)	(1,0,1)	(1,0,2)	(1,0,3)	(1,0,4)
(1,1,0)	(1,1,1)	(1,1,2)	(1,1,3)	(1,1,4)
(1,2,0)	(1,2,1)	(1,2,2)	(1,1,4)	(1,2,4)

三維陣列內容　　　　　　三維陣列索引

要索引三維陣列內容須使用 3 個索引，分別是 axis=0 的索引編號、axis=1 的索引編號與 axis=2 的索引編號，細節可以參考下列實例。

程式實例 ch23_11.py：列出三維陣列特定索引的陣列元素。

```
1   # ch23_11.py
2   import numpy as np
3
4   x1 = [0, 1, 2, 3, 4]
5   x2 = [5, 6, 7, 8, 9]
6   x3 = [10, 11, 12, 13, 14]
7   x4 = np.array([x1, x2, x3])
8   x5 = np.array([x4, x4])
9   print("建議用此方法")
10  print(f"x5[0,2,1] = {x5[0,2,1]}")
11  print(f"x5[0,1,3] = {x5[0,1,3]}")
12  print(f"x5[1,0,1] = {x5[1,0,1]}")
13  print(f"x5[1,1,4] = {x5[1,1,4]}")
```

執行結果
```
================= RESTART: D:\Python\ch23\ch23_11.py =================
建議用此方法
x5[0,2,1] = 11
x5[0,1,3] = 8
x5[1,0,1] = 1
x5[1,1,4] = 9
```

在三維陣列索引中，除了可以索引單一元素，也可以索引一維或是二維陣列，可以參考下列實例。

程式實例 ch23_12.py：在三維陣列中索引一維或是二維陣列。

```
1   # ch23_12.py
2   import numpy as np
3
4   x = np.array([[[0, 1, 2, 3],
5                  [4, 5, 6, 7]],
6
7                 [[10, 11, 12, 13],
8                  [14, 15, 16, 17]],
9
10                [[20, 21, 22, 23],
11                 [24, 25, 26, 27]]])
12
13  print(f"x[0,0,1] = {x[0,0,1]}")
14  print(f"x[1,1,2] = {x[1,1,2]}")
15  print(f"x[2,1,3] = {x[2,1,3]}")
16  print(f"x[0,1] = {x[0,1]}")
17  print(f"x[1,1] = {x[1,1]}")
18  print("x[0] = ")
19  print(x[0])
20  print("x[2] = ")
21  print(x[2])
```

執行結果
```
================= RESTART: D:/Python/ch23/ch23_12.py =================
x[0,0,1] = 1
x[1,1,2] = 16
x[2,1,3] = 27
x[0,1] = [4 5 6 7]
x[1,1] = [14 15 16 17]
x[0] =
[[0 1 2 3]
 [4 5 6 7]]
x[2] =
[[20 21 22 23]
 [24 25 26 27]]
```

23-6-4 多維陣列的切片

23-5 節陣列切片的觀念也可以應用在多維陣列，因為切片可能造成降維度，下列將直接以實例解說。

程式實例 ch23_13.py：多維陣列切片的應用。

```
1   # ch23_13.py
2   import numpy as np
3
4   x1 = [0, 1, 2, 3, 4]
5   x2 = [5, 6, 7, 8, 9]
6   x3 = [10, 11, 12, 13, 14]
7   x = np.array([x1, x2, x3])
8   print("x[:,:]    = 結果是二維陣列")         # 結果是二維陣列
9   print(x[:,:])
10  print("-"*70)
11  print("x[2,:4]   = 結果是一維陣列")         # 結果是一維陣列
12  print(x[2,:4])
13  print("-"*70)
```

23-19

```
14  print("x[2,:]   =  結果是一維陣列")        # 結果是一維陣列
15  print(x[2,:])
16  print("-"*70)
17  print("x[:2,:1] =  結果是二維陣列")        # 結果是二維陣列
18  print(x[:2,:1])
19  print("-"*70)
20  print("x[:,4:]  =  結果是二維陣列")        # 結果是二維陣列
21  print(x[:,4:])
22  print("-"*70)
23  print("x[:,4]   =  結果是一維陣列")        # 結果是一維陣列
24  print(x[:,4])
```

執行結果

```
=================== RESTART: D:\Python\ch23\ch23_13.py ===================
x[:,:]   = 結果是二維陣列
[[ 0  1  2  3  4]
 [ 5  6  7  8  9]
 [10 11 12 13 14]]
----------------------------------------------------------------------
x[2,:4]  = 結果是一維陣列
[10 11 12 13]
----------------------------------------------------------------------
x[2,:]   = 結果是一維陣列
[10 11 12 13 14]
----------------------------------------------------------------------
x[:2,:1] = 結果是二維陣列
[[0]
 [5]]
----------------------------------------------------------------------
x[:,4:]  =  結果是二維陣列
[[ 4]
 [ 9]
 [14]]
----------------------------------------------------------------------
x[:,4]   =  結果是一維陣列
[ 4  9 14]
```

上述切片可以使用下列圖例解說，需要特別留意的是，紅色虛線框的結果是使用切片降維成一維陣列的結果。另外，x[:,4:] 和 x[:,4] 表面上結果是 4, 9, 14，但是 x[:,4] 第 2 個索引指明切片是第 4 行 (column)，所以得到的是降維度結果，也就是從二維資料降成一維結果。

處理維度之間的切片是使用 [,]，不是使用「 [ ][ ] 」，如果使用「 [ ][ ] 」做切片有時候會造成錯誤。

23-7 陣列的拷貝與檢視

23-7-1 認識檢視 View

使用切片時，如果變數的記憶體是陣列原位址，如果切片內容改變，將造成陣列內容跟隨改變，這種觀念稱檢視 (View)。

程式實例 ch23_14.py：檢視的觀念。

```
1  # ch23_14.py
2  import numpy as np
3
4  x = np.array([0, 1, 2, 3, 4, 5, 6, 7])
5  print(x)              # 輸出 x 內容
6  a = x[2:6]
7  print(a)              # 輸出切片內容
8  a[0:3] = 9
9  print(x)              # 輸出 x 內容
```

執行結果
```
==================== RESTART: D:\Python\ch23\ch23_14.py ====================
[0 1 2 3 4 5 6 7]
[2 3 4 5]
[0 1 9 9 9 5 6 7]
```

在上述變數 a 是陣列 x 的切片，第 8 列切片 a 內容改變，第 9 列可以得到陣列 x 內容改變。這是因為陣列 a 的位址與原先 x 陣列 x[2:6] 的位址相同，所以更改陣列 a，相當於更改陣列 x[2:6]。

程式實例 ch23_15.py：使用串列方式提取部分陣列內容，這時串列的值就是要提取的陣列索引，所提取的結果是陣列，然後修改陣列內容，可以得到原陣列內容沒有改變。

```
1  # ch23_15.py
2  import numpy as np
3
4  x = np.array([0, 1, 2, 3, 4, 5, 6, 7])
5  print(x)              # 輸出 x 內容
6  a = x[[2,6]]          # 用串列當作切片
7  print(a)              # 輸出陣列內容
8  a[0:2] = 9
9  print(x)              # 輸出 x 內容
```

執行結果
```
==================== RESTART: D:/Python/ch23/ch23_15.py ====================
[0 1 2 3 4 5 6 7]
[2 6]
[0 1 2 3 4 5 6 7]
```

上述第 6 列是提取索引 2 和 6 的陣列內容，同時將提取結果設定給陣列 a，第 8 列是修改陣列 a，第 9 列得到原陣列 x 內容沒有改變，主要是陣列 a 的位址與原先陣列 x 位址不同。

23-7-2　是否共用記憶體

Numpy 模組有 shares_memory(a, b) 可以回傳陣列 a 與 b 是否共用記憶體。

程式實例 ch23_16.py：測試是否共用記憶體。

```python
1  # ch23_16.py
2  import numpy as np
3
4  x = np.array([0, 1, 2, 3, 4, 5, 6, 7])
5  a = x[2:6]
6  b = x[[2,6]]
7  print(f"np.shares_memory(x,a) = {np.shares_memory(x,a)}")
8  print(f"np.shares_memory(x,b) = {np.shares_memory(x,b)}")
```

執行結果
```
==================== RESTART: D:/Python/ch23/ch23_16.py ====================
np.shares_memory(x,a) = True
np.shares_memory(x,b) = False
```

23-7-3　使用參數 copy=True 複製數據

設定 np.array( ) 建立陣列函數的參數 copy 設為 True，相當於「copy=True」，就可以得到複製陣列的目的。假設 x1 是 Numpy 的陣列，可以使用下列方式複製數據。

　　x2 = np.array(x1, copy=True)

經過上述複製後，x2 是 x1 的副本，同時使用不同的記憶體空間，當內容修改時彼此不會互相影響。

程式實例 ch23_17.py：使用 np.array( ) 函數複製陣列數據的實例。

```python
1  # ch23_17.py
2  import numpy as np
3
4  x1 = np.array([0, 1, 2, 3, 4, 5])
5  x2 = np.array(x1, copy=True)
6  print(x1)
7  print(x2)
8  print('-'*70)
9  x2[0] = 9
10 print(x1)
11 print(x2)
12 print('-'*70)
13 print(f"np.shares_memory(x1,x2) = {np.shares_memory(x1,x2)}")
```

執行結果
```
==================== RESTART: D:\Python\ch23\ch23_17.py ====================
[0 1 2 3 4 5]
[0 1 2 3 4 5]
----------------------------------------------------------------------
[0 1 2 3 4 5]
[9 1 2 3 4 5]
----------------------------------------------------------------------
np.shares_memory(x1,x2) = False
```

上述第 9 列，當更改 x2[0] 內容時，x1[0] 內容不會受影響，因為陣列 x1 和 x2 分別佔據不同的記憶體空間。

23-7-4　使用 copy( ) 函數複製陣列

另一種常用複製陣列方式是使用 copy( ) 函數，假設 x1 是 Numpy 的陣列，可以使用下列方式複製數據。

　　x2 = x1.copy( )

經過上述複製後，x2 是 x1 的副本，當內容修改時彼此不會互相影響。

程式實例 ch23_18.py：使用 copy( ) 函數重新設計 ch23_17.py。

```
1  # ch23_18.py
2  import numpy as np
3
4  x1 = np.array([0, 1, 2, 3, 4, 5])
5  x2 = x1.copy()
6  print(x1)
7  print(x2)
8  print('-'*70)
9  x2[0] = 9
10 print(x1)
11 print(x2)
12 print('-'*70)
13 print(f"np.shares_memory(x1,x2) = {np.shares_memory(x1,x2)}")
```

執行結果　與 ch23_17.py 相同。

在實務上我們常常使用這個 copy( ) 函數功能複製一份影像，然後操作另一份影像，但是原始影像保留。

23-8　更改陣列外形

在做電腦視覺處理時，有時候需要更改數值的維度，因此必須進行維度的處理，這一節將講解 Numpy 模組相關函數。

23-8-1　更改陣列維度 reshape( )

函數 reshape( ) 可以更改陣列維度，語法如下：

　　np.reshape(a, newshape)

第 23 章　Numpy 基礎 - 科學運算必備工具

上述 a 是要更改的陣列，newshape 是新陣列的外形，newshape 可以是整數或是元組，上述經過更改後，原陣列外形將不更改。

程式實例 ch23_19.py：將 1 x 16 陣列改為 2 x 8 陣列。

```
1  # ch23_19.py
2  import numpy as np
3
4  x = np.arange(16)
5  print(f"原陣列 x = {x}")
6  y = np.reshape(x,(2,8))
7  print("新陣列 y =")
8  print(y)
9  print(f"原陣列 x = {x}")
```

執行結果

```
============== RESTART: D \Python\ch23\ch23_19.py ==============
原陣列 x = [ 0  1  2  3  4  5  6  7  8  9 10 11 12 13 14 15]
新陣列 y =
[[ 0  1  2  3  4  5  6  7]
 [ 8  9 10 11 12 13 14 15]]
原陣列 x = [ 0  1  2  3  4  5  6  7  8  9 10 11 12 13 14 15]
```

有時候 reshape( ) 函數的元組 newshape 的其中一個元素是 -1，這表示將依照另一個元素安排元素內容。

程式實例 ch23_20.py：重新設計 ch23_19.py，但是 newshape 元組的其中一個元素值是 -1，整個 newshape 內容是 (4,-1)。

```
6  y = np.reshape(x,(4,-1))
```

執行結果

```
============== RESTART: D:/Python/ch23/ch23_20.py ==============
原陣列 x = [ 0  1  2  3  4  5  6  7  8  9 10 11 12 13 14 15]
新陣列 y =
[[ 0  1  2  3]
 [ 4  5  6  7]
 [ 8  9 10 11]
 [12 13 14 15]]
原陣列 x = [ 0  1  2  3  4  5  6  7  8  9 10 11 12 13 14 15]
```

程式實例 ch23_21.py：重新設計 ch23_19.py，但是 newshape 元組的其中一個元素值是 -1，整個 newshape 內容是 (-1, 8)。

```
6  y = np.reshape(x,(-1,8))
```

執行結果

```
============== RESTART: D:/Python/ch23/ch23_21.py ==============
原陣列 x = [ 0  1  2  3  4  5  6  7  8  9 10 11 12 13 14 15]
新陣列 y =
[[ 0  1  2  3  4  5  6  7]
 [ 8  9 10 11 12 13 14 15]]
原陣列 x = [ 0  1  2  3  4  5  6  7  8  9 10 11 12 13 14 15]
```

23-8-2 多維陣列轉一維陣列 ravel( )

ravel( ) 函數可用於將多維陣列「展平」成一維陣列，也就是將多維陣列拉平成一維的串列形式，回傳的是檢視 (View)。其語法如下：

np.ravel(a, order='C')

上述參數意義如下：

- a：要展平的多維陣列或矩陣。
- order：指定展平的順序。
  - 'C'（預設）：依列展平（Row-major order），類似於 C 語言的記憶體順序。
  - 'F'：依行展平（Column-major order），類似於 Fortran 的記憶體順序。

此函數的特性

- 返回展平的陣列：回傳的是陣列的「視圖」，而不是副本（除非陣列的記憶體不連續）。
- 影響多維陣列的外觀，不改變其底層數據：np.ravel( ) 只是改變陣列的「外觀」，而不改變其記憶體結構。

程式實例 ch23_22.py：將二維陣列轉成一維陣列。

```
1  # ch23_22.py
2  import numpy as np
3
4  a = np.array([[1, 2, 3], [4, 5, 6]])
5  print(f"原陣列 : \n{a}")
6  print(f"展平後 : {np.ravel(a)}")
```

執行結果
```
================= RESTART: D:\Python\ch23\ch23_22.py =================
原陣列 :
[[1 2 3]
 [4 5 6]]
展平後 : [1 2 3 4 5 6]
```

讀者必須了解，原陣列是形狀是 (2, 3) 的二維陣列，經過展開後，變成 (6,)，不是 (1, 6)，兩者的差異是：

- (6,)：
  - 是一個一維陣列，只有 6 個元素，沒有多餘的維度。
  - 例如：array([1, 2, 3, 4, 5, 6])。
  - 此陣列可以直接用於數學計算或條件篩選。

- (1, 6)：
  - 是一個二維陣列，只有 1 列和 6 行。
  - 例如：array([[1, 2, 3, 4, 5, 6]])。
  - 雖然在外觀上和一維陣列類似，但它有兩個維度，且列和行的概念明確。

程式實例 ch23_22_1.py：將高維陣列轉成一維陣列。

```
1   # ch23_22_1.py
2   import numpy as np
3
4   a = np.array([[[1, 2], [3, 4]], [[5, 6], [7, 8]]])
5   print("原陣列 : \n", a)
6   print("展平後 : ", np.ravel(a))
```

執行結果
```
==================== RESTART: D:\Python\ch23\ch23_22_1.py ====================
原陣列 :
 [[[1 2]
   [3 4]]

  [[5 6]
   [7 8]]]
展平後 :  [1 2 3 4 5 6 7 8]
```

將多維數據轉成一維數據，目的如下：

- 簡化數據處理：在某些運算中，需要將多維數據展平為一維數據（例如機器學習中的特徵向量處理）。
- 快速遍歷數據：展平後可以輕鬆遍歷陣列中的所有元素。
- 轉換數據形狀：有時候需要將多維數據拉成一維進行其他操作。

23-8-3　多維陣列轉一維陣列 flatten( )

這個 flatten( ) 函數的用法也是將多維陣列展平為一維陣列。與 np.ravel( ) 不同的是，flatten( ) 會回傳一個新創建的一維陣列，這是一個副本拷貝 (copy)，與原陣列無關。其語法如下：

a = ndarray.flatten(order='C')

上述參數意義如下：

- ndarray：要展平的多維陣列或矩陣。
- order：指定展平的順序。
  - 'C'（預設）：依列展平（Row-major order），類似於 C 語言的記憶體順序。
  - 'F'：依行展平（Column-major order），類似於 Fortran 的記憶體順序。

此函數特性：

- **生成副本**：flatten( ) 總是返回展平後的新陣列，與原陣列無關。
- **適用於多維陣列**：可以用於任何維度的陣列，返回一維展平結果。
- **flatten( ) 是不可變操作**，原陣列的結構保持不變。

程式實例 ch23_22_2.py：flatten( ) 函數的基本用法。

```
1   # ch23_22_2.py
2   import numpy as np
3
4   a = np.array([[1, 2, 3], [4, 5, 6]])
5   print(f"原陣列 : \n{a}")
6   print(f"展平後 : {a.flatten()}")
```

執行結果

```
================== RESTART: D:\Python\ch23\ch23_22_2.py ==================
原陣列 :
[[1 2 3]
 [4 5 6]]
展平後 : [1 2 3 4 5 6]
```

np.ravel( ) 和 flatten( ) 都能展平陣列，但有一個重要的區別：

- ravel( ) 回傳的是陣列的「視圖」，不會創建新的數據。
- flatten( ) 則回傳陣列的「副本」，創建新的數據。

程式實例 ch23_22_3.py：比較 ravel( ) 和 flatten( ) 的差異。

```
1   # ch23_22_3.py
2   import numpy as np
3
4   a = np.array([[1, 2], [3, 4]])
5
6   # 使用 ravel()
7   b = np.ravel(a)
8   b[0] = 10
9   print("原陣列 : \n", a)      # 原陣列會改變
10
11  # 使用 flatten()
12  c = a.flatten()
13  c[0] = 20
14  print("原陣列 : \n", a)      # 原陣列不會改變
```

執行結果

```
================== RESTART: D:\Python\ch23\ch23_22_3.py ==================
原陣列 :
 [[10  2]
 [ 3  4]]
原陣列 :
 [[10  2]
 [ 3  4]]
```

上述第 13 列雖然設定「c[0] = 20」，但是 c 和 a 是 2 個不同的陣列，所以輸出時，這個設定不影響陣列 a 的內容。

23-8-4　轉置矩陣 transpose( )

所謂的轉置矩陣是指將 n x m 矩陣轉成 m x n 矩陣，transpose( ) 可以執行矩陣的轉置。transpose( ) 也可以使用 T 取代，執行矩陣轉置。

實例 1：矩陣轉置的應用。

```
>>> import numpy as np
>>> x = np.arange(8).reshape(4, 2)
>>> print(x)
[[0 1]
 [2 3]
 [4 5]
 [6 7]]
>>> y = x.transpose()
>>> print(y)
[[0 2 4 6]
 [1 3 5 7]]
```

實例 2：使用 T 執行矩陣轉置。

```
>>> import numpy as np
>>> x = np.arange(8).reshape(4,2)
>>> y = x.T
>>> print(y)
[[0 2 4 6]
 [1 3 5 7]]
```

在 AI 領域，尤其是深度學習（Deep Learning）中，轉置是非常重要的基本操作之一。例如：影像資料通常以 (高度 , 寬度 , 色彩通道)（H, W, C）表示，但許多深度學習框架要求輸入資料需為：

- PyTorch：(色彩通道 , 高度 , 寬度) (C, H, W)
- TensorFlow：(高度 , 寬度 , 色彩通道) (H, W, C)

23-8-5　新增加一個軸 newaxis

新增軸後，所得到的是檢視 (View)。

實例 1：將一維陣列新增軸 (axis) 0，變為二維陣列。

```
>>> import numpy as np
>>> x = np.array([1,2,3])
>>> y = x[np.newaxis,:]
>>> print(y)
[[1 2 3]]
```

如果現在檢測 2 個變數，因為是檢視，所以可以看到擁有相同的記憶體。

```
>>> np.shares_memory(x,y)
True
```

實例 2：將一維陣列新增軸 (axis) 1，變為二維陣列。

```
>>> import numpy as np
>>> x = np.array([1,2,3])
>>> y = x[:,np.newaxis]
>>> print(y)
[[1]
 [2]
 [3]]
```

實例 3：將 2 x 3 的二維陣列新增軸 (axis) 0，變為 1 x 2 x 3 的三維陣列。

```
>>> import numpy as np
>>> x = np.arange(6).reshape(2,-1)
>>> print(x)
[[0 1 2]
 [3 4 5]]
>>> y = x[np.newaxis,:,:]
>>> print(y)
[[[0 1 2]
  [3 4 5]]]
```

實例 4：將 2 x 3 的二維陣列新增軸 (axis) 1，變為 2 x 1 x 3 的三維陣列。

```
>>> import numpy as np
>>> x = np.arange(6).reshape(2,-1)
>>> y = x[:,np.newaxis,:]
>>> print(y)
[[[0 1 2]]

 [[3 4 5]]]
```

實例 5：將 2 x 3 的二維陣列新增軸 (axis) 2，變為 2 x 3 x 1 的三維陣列。

```
>>> import numpy as np
>>> x = np.arange(6).reshape(2,-1)
>>> y = x[:,:,np.newaxis]
>>> print(y)
[[[0]
  [1]
  [2]]

 [[3]
  [4]
  [5]]]
```

在 AI 領域中，NumPy 的 np.newaxis 是一個非常重要且常用的技巧，其主要用途是增加陣列的維度。這在資料前處理和深度學習模型的應用中扮演關鍵角色。例如：在電腦視覺應用中，若資料原本缺乏 channel 維度（如灰階圖片），可以用此增加 channel 或 feature 維度。

23-8-6　移除只有一個元素的軸 squeeze( )

實例 1：將 1 x 2 的二維陣列改為一維陣列。

```
>>> import numpy as np
>>> x = np.array([[1,2,3]])
>>> print(x)
[[1 2 3]]
>>> y = x.squeeze()
>>> print(y)
[1 2 3]
```

實例 2：將 2 x 1 x 3 的三維陣列改為 2 x 3 的二維陣列。

```
>>> import numpy as np
>>> x = np.arange(6).reshape(2,1,3)
>>> print(x)
[[[0 1 2]]

 [[3 4 5]]]
>>> y = x.squeeze()
>>> print(y)
[[0 1 2]
 [3 4 5]]
```

23-9 陣列分割

在 AI 領域中，陣列分割（Array Splitting）是資料前處理的重要技術，典型用途包括：

- 訓練集、驗證集與測試集分割。
- 特徵工程與多模態特徵分割。
- 分散式與並行計算資料準備。
- 時序分析與序列模型的資料切割。

23-9-1　hsplit( ) 和 vsplit( )

hsplit(arr, n) 可以將陣列依水平方向分割成 n 等份，vsplit(arr, n) 可以將陣列依垂直方向分割成 n 等份。

實例 1：使用 hsplit( ) 方法依水平方向分割陣列為 2 個子陣列。

```
>>> import numpy as np
>>> x = np.arange(16).reshape(4, 4)
>>> print(x)
[[ 0  1  2  3]
 [ 4  5  6  7]
 [ 8  9 10 11]
 [12 13 14 15]]
>>> y1, y2 = np.hsplit(x,2)
>>> print(y1)
[[ 0  1]
 [ 4  5]
 [ 8  9]
 [12 13]]
>>> print(y2)
[[ 2  3]
 [ 6  7]
 [10 11]
 [14 15]]
```

實例 2：使用 vsplit( ) 方法依垂直方向分割陣列為 2 個子陣列。

```
>>> import numpy as np
>>> x = np.arange(16).reshape(4, 4)
>>> y1, y2 = np.vsplit(x,2)
>>> print(y1)
[[0 1 2 3]
 [4 5 6 7]]
>>> print(y2)
[[ 8  9 10 11]
 [12 13 14 15]]
```

23-9-2　split( )

split(arr, n, axis=a) 可以將陣列依 axis 方向分割成 n 等份，如果省略 axis 參數則 axix=0。

實例 1：將 4 x 4 的二維陣列依軸 (axis) 0 方向分割成 2 份。

```
>>> import numpy as np
>>> x = np.arange(16).reshape(4,4)
>>> y1, y2 = np.split(x,2)
>>> print(y1)
[[0 1 2 3]
 [4 5 6 7]]
>>> print(y2)
[[ 8  9 10 11]
 [12 13 14 15]]
```

實例 2：將 4 x 4 的二維陣列依軸 (axis) 1 方向分割成 2 份。

```
>>> import numpy as np
>>> x = np.arange(16).reshape(4,4)
>>> y1, y2 = np.split(x,2,axis=1)
>>> print(y1)
[[ 0  1]
 [ 4  5]
 [ 8  9]
 [12 13]]
>>> print(y2)
[[ 2  3]
 [ 6  7]
 [10 11]
 [14 15]]
```

23-10　陣列合併與堆疊

在 AI 領域中，陣列合併用途廣泛，除了可應用在樣本數增加外，還有下列用途：

- 資料集整合。
- 特徵合併（特別是多模態資料）。

- 深度學習模型輸入資料準備。
- 訓練與驗證資料的重組與交叉驗證。
- 強化學習經驗管理。

23-10-1　陣列垂直合併 vstack( )

函數 vstack( ) 可以垂直合併陣列，此函數的語法如下：

　x = np.vstack(tup)

上述參數是 tup 元組，元組內容是要垂直合併的兩個陣列。

程式實例 ch23_23.py：垂直合併陣列。

```python
1  # ch23_23.py
2  import numpy as np
3
4  x1 = np.arange(4).reshape(2,2)
5  print(f"陣列 1 \n{x1}")
6  x2 = np.arange(4,8).reshape(2,2)
7  print(f"陣列 2 \n{x2}")
8  x = np.vstack((x1,x2))
9  print(f"合併結果 \n{x}")
```

執行結果
```
=============== RESTART: D:\Python\ch23\ch23_23.py ===============
陣列 1
[[0 1]
 [2 3]]
陣列 2
[[4 5]
 [6 7]]
合併結果
[[0 1]
 [2 3]
 [4 5]
 [6 7]]
```

影像就是以陣列方式儲存，使用 vstack( ) 可以將兩幅影像垂直合併。

23-10-2　陣列水平合併 hstack( )

函數 hstack( ) 可以水平合併陣列，比函數的語法如下：

　x = np.hstack(tup)

上述參數 tup 是元組，元組內容是要水平合併的兩個陣列。

程式實例 ch23_24.py：水平合併陣列。

```
1  # ch23_24.py
2  import numpy as np
3
4  x1 = np.arange(4).reshape(2,2)
5  print(f"陣列 1 \n{x1}")
6  x2 = np.arange(4,8).reshape(2,2)
7  print(f"陣列 2 \n{x2}")
8  x = np.hstack((x1,x2))
9  print(f"合併結果 \n{x}")
```

執行結果
```
================== RESTART: D:\Python\ch23\ch23_24.py ==================
陣列 1
[[0 1]
 [2 3]]
陣列 2
[[4 5]
 [6 7]]
合併結果
[[0 1 4 5]
 [2 3 6 7]]
```

影像就是以陣列方式儲存，使用 hstack( ) 可以將兩幅影像水平合併。

23-10-3　stack( )

函數 stack(tup, axis=a) 可以依照 axis 軸執行合併 tup 的陣列。

程式實例 ch23_25.py：執行依照軸 0 方向合併陣列。

```
1  # ch23_25.py
2  import numpy as np
3
4  x1 = np.arange(6).reshape(2,-1)
5  print(f"陣列 1 \n{x1}")
6  x2 = np.arange(6,12).reshape(2,-1)
7  print(f"陣列 2 \n{x2}")
8  y = np.stack((x1,x2))
9  print(f"axis = 0 合併結果 \n{y}")
```

執行結果
```
================== RESTART: D:/Python/ch23/ch23_25.py ==================
陣列 1
[[0 1 2]
 [3 4 5]]
陣列 2
[[ 6  7  8]
 [ 9 10 11]]
axis = 0 合併結果
[[[ 0  1  2]
  [ 3  4  5]]

 [[ 6  7  8]
  [ 9 10 11]]]
```

對於 2 x 3 陣列的合併，可以得到 2 x 2 x 3 陣列的結果，與前 2 小節合併方式不同。

23-10-4　column_stack( ) 和 row_stack( )

column_stack( ) 可以將一維陣列依 column 方向堆疊到二維陣列，row_stack( ) 可以將一維陣列依 row 方向堆疊到二維陣列。

實例 3：使用 column_stack( ) 將一維陣列依 column 方向堆疊到二維陣列。

```
>>> import numpy as np
>>> x = np.arange(4).reshape(2,2)
>>> y = np.array([5,6])
>>> z = np.column_stack((x,y))
>>> print(z)
[[0 1 5]
 [2 3 6]]
```

實例 4：使用 row_stack( ) 將一維陣列依 row 方向堆疊到二維陣列。

```
>>> import numpy as np
>>> x = np.arange(4).reshape(2,2)
>>> y = np.array([5,6])
>>> z = np.row_stack((x,y))
>>> print(z)
[[0 1]
 [2 3]
 [5 6]]
```

第 24 章
基礎統計與隨機數
數據科學入門

24-1 機器學習視角 - 母體與樣本

24-2 數據加總

24-3 數據分佈

24-4 數據中心指標

24-5 數據分散指標 – 變異數與標準差

24-6 Σ 符號運算規則與驗證

24-7 活用 Σ 符號

24-8 迴歸分析

24-9 Numpy 隨機分佈函數

第 24 章　基礎統計與隨機數 - 數據科學入門

　　所謂的統計學是指收集、整理、分析、和歸納數據，然後給予正確訊息的科學。本章會介紹基礎統計知識，同時在敘述過程帶入大型運算子的觀念，這將是數據科學的基礎知識。

24-1 機器學習視角 - 母體與樣本

24-1-1 母體與樣本

　　假設台灣 25 歲的成年女性約有 16 萬人，我們想要調查 25 歲女性的平均身高與體重，一個方法是要所有女性到衛生所測量身高與體重，然後加總與計算平均即可，不過這個工作牽涉太多人不易執行。一個可行的方式是從 25 歲的女性中找出一部份的人，測量身高與體重計算平均值，用這個值當作台灣 25 歲女性的平均身高與體重。

隨機抽樣

母體(population)　　　　　樣本(sample)
台灣25歲女性

　　在統計學的應用中我們稱想調查的事物集合為母體，由於母體太大無法調查每一筆資料時，因此會從母體中隨機挑選一部分組成群集來調查，再由此部份群集資料來推測母體，這個隨機挑選的部分群集稱樣本。在統計學中，又將從樣本推論母體稱推論統計學。

　　有關母體與樣本另一個實例是，台灣是一個很頻繁選舉的社會，每個人家中常常可以接到民調的電話。筆者住台北市，假設筆者接到支持哪位候選人當市長的民調，當筆者回答民調時，筆者就是一個樣本，整個台北市符合選舉資格的人就是所謂的母體。往往尚未投票，大多數人皆已經知道哪一位候選人會當選了，這就是從樣本推論母體的威力。

24-2

24-1-2　機器學習視角看母體與樣本

在機器學習模型訓練中，我們通常不可能直接獲得全部的母體數據，因此使用樣本數據來估計母體的分佈特性。這樣的樣本必須具有代表性，以便模型能夠學習到母體的核心特徵，並將這些特徵應用到未見過的數據上。母體與樣本的關係直接影響到模型的推廣性，即模型對新數據的預測能力。

- **樣本數據如何估計母體特性**：在實際應用中，母體數據的規模通常非常龐大，可能包含所有的觀測值，而樣本數據僅是母體的部分數據。機器學習模型透過樣本數據學習到的模式或特徵，是對母體特性的估計，這使得樣本的代表性和多樣性變得至關重要。例如，在人口統計調查中，從各種年齡、地區和性別中隨機抽取樣本能更真實地反映整體分佈，從而提升模型在各種情況下的準確性。

- **母體與樣本的關係對推廣性的影響**：如果樣本能充分代表母體的分佈，模型就可以更好地學習到母體的模式並在不同情境中準確推斷，具有較好的推廣性。然而，若樣本存在偏差，例如僅包含母體中特定區域的數據或特定類別的數據，模型可能會過度擬合這些偏差，導致推廣性差，難以在未見過的數據上取得良好表現。

- **樣本不足與偏差樣本的影響**
    - **樣本不足**：當樣本量不足時，模型可能無法充分學習母體的真實特性，這會導致模型訓練不足，難以適應母體的整體變化。此時，模型的準確性和穩定性可能較差，並容易對小樣本的波動產生過度反應。
    - **偏差樣本**：若樣本數據存在顯著偏差，例如以某特定類別數據為主，模型會將該類別視為一般情況，忽視其他類別的特性，進而導致偏差預測。例如在健康數據分析中，若樣本集中於健康人群，模型可能對病患的預測效果不佳。

在機器學習中，母體與樣本的概念強調了數據代表性的重要性。採用具有代表性的樣本、提高樣本量、避免偏差數據，是提升模型推廣性和準確性的關鍵。母體與樣本的關係使得統計學在機器學習數據處理中扮演了核心角色，為模型的性能和穩定性提供了理論依據。

24-2 數據加總

台灣是一個便利的社會，市區到處是便利商店，每個顧客消費金額雖然不大，但是顧客數量非常多，所以仍創造了龐大的商機。假設我們想統計某工作日的總消費金額可以使用下列公式：

$$總消費金額 = x_1 + x_2 + \cdots + x_n$$

上述 x_1 代表第 1 位客戶的消費金額，x_2 代表第 2 位客戶的消費金額，x_n 代表第 n 位客戶的消費金額。

在數學的應用中有一個加總 (或稱求和) 符號 $\sum$，這個符號念 Sigma，對於上述總消費金額，可以使用下列公式表達。

$$\sum_{i=1}^{n} x_i = x_1 + x_2 + \cdots + x_n$$

上述表示第 1 至第 n 為客戶的消費金額的加總。

註 上述數據表達方式又稱級數。

程式實例 ch24_1.py：便利商店紀錄了 10 位顧客的消費記錄如下：

66, 58, 25, 78, 58, 15, 120, 39, 82, 50

```
1  # ch24_1.py
2
3  x = [66, 58, 25, 78, 58, 15, 120, 39, 82, 50]
4  print(f'總消費金額 = {sum(x)}')
```

執行結果

```
==================== RESTART: D:\Python\ch24\ch24_1.py ====================
總消費金額 = 591
```

24-3 數據分佈

在做數據分析時，常常將數據使用長條圖或是稱頻率分佈圖表達，這樣就可以讓閱讀數據的人，一眼了解整個數據所代表的意義。常見的數據分佈有：

❑ 常態分佈

常態分佈是一種對稱的鐘形曲線，中心的數值出現的頻率最高，兩側數值的頻率依次遞減。許多自然現象（例如：身高和考試成績）都近似常態分佈。機器學習中的假設檢定（例如：t 檢定和 Z 檢定）通常假定數據呈常態分佈，以驗證統計推論的合理性。可以參考下方左圖。

❑ 均勻分佈

均勻分佈指的是每個可能的數值出現的概率相同，數據在取值範圍內均勻分佈。這種分佈在模擬和隨機生成數據時常見，在模型驗證中可以作為一種基準，以檢查模型是否對數據的每個區間表現一致。可以參考上方右圖。

❑ 偏態分佈

偏態分佈不對稱，數據集中在分佈的一端。例如，在收入分佈中，高收入者數量少、金額高，而低收入者數量多、金額小，通常呈「正偏態分佈」，可以參考下方左圖。偏態分佈的數據在處理時需要注意，如使用對數轉換來使分佈接近常態，有助於增強模型的穩定性。

負偏態分佈（左偏態分佈）是指數據在分佈圖中向左偏斜，大部分數據集中在較高的數值範圍，而較低的數值範圍有少數數據點，形成一個較長的左尾。例如，學生成績接近滿分的考試數據可能呈現負偏態，因為多數學生得分較高，而低分數較少見。可以參考上方右圖。

24-4 數據中心指標

在統計學中可以用下列 3 種數值，當作數據中心指標。

- 平均數 (mean)
- 中位數 (median)
- 眾數 (mode)

24-4-1 平均數 (mean)

所謂的平均數就是將所有資料相加，再除以資料個數，所得的值就是平均值。

在統計或數學領域，計算平均值時可以在平均值變數上方增加一條橫線 $\bar{x}$，這就是代表平均值。

上述平均值變數可以讀作 x bar，有了這個觀念，可以使用下列公式表達平均值。

$$\bar{x} = \frac{1}{n}\sum_{i=1}^{n} x_i = \frac{x_1 + x_2 + \cdots + x_n}{n}$$

另外，在統計應用中常用符號 μ 代表平均數，可以讀作 mu。在統計應用上也更精確的說，$\bar{x}$ 代表樣本平均數，μ 代表母體平均數。

程式實例 ch24_2.py：使用 ch24_1.py 的超商銷售數據計算平均消費金額。

```
1  # ch24_2.py
2  import numpy as np
3
4  x = [66, 58, 25, 78, 58, 15, 120, 39, 82, 50]
5  # 方法 1
6  print(f'平均消費金額 = {sum(x)/len(x)}')
7  # 方法 2
8  print(f'平均消費金額 = {np.mean(x)}')
```

執行結果
```
================== RESTART: D:\Python\ch24\ch24_2.py ==================
平均消費金額 = 59.1
平均消費金額 = 59.1
```

上述筆者使用硬工夫程式實作建立平均值，其實在 Numpy 模組有 mean( ) 方法，也可以直接套用建立平均值，此函數的基本語法如下，實例可以參考第 8 列。

mean(arr, axis)：arr 是需要計算平均值的陣列，預設 axis=0。

註　Numpy 也有提供 average( ) 函數可以計算平均數，此 average( ) 函數有 weights 權重參數可以設定元素的權重，如果不考慮權重可以直接將第 8 列的函數由 average(x) 取代，可以獲得一樣的結果。

24-4-2　中位數 (median)

所謂的中位數是指一組數據的中間數字，也就是有一半的數據會大於中位數，另有一半的數據是小於中位數。

在手動計算中位數過程，可以先將數據由小到大排列，如果數據是奇數個，則中位數是最中間的數字。如果數據是偶數個，則中位數是最中間 2 個數值的平均值。例如：下列左邊是有奇數個數據，下列右邊是有偶數個數據，中位數觀念如下：

2　7　9　11　20　　　2　7　9　11　20　30
　　　↑　　　　　　　　　　　↑
　　中位數　　　　　　　中位數是加總平均10

Numpy 模組的 median( ) 函數可以計算中位數，此函數的基本語法如下：

median(arr, axis)：arr 是需要計算中位數的陣列，預設 axis=0。

程式實例 ch24_3.py：中位數計算，在使用 Numpy 的 median( ) 函數計算中位數時，可以不必排序數列。

```
1  # ch24_3.py
2  import numpy as np
3
4  x1 = [7, 2, 11, 9, 20]
5  print(f'中位數 = {np.median(x1)}')
6
7  x1 = [30, 7, 2, 11, 9, 20]
8  print(f'中位數 = {np.median(x1)}')
```

執行結果
```
===================== RESTART: D:\Python\ch24\ch24_3.py =====================
中位數 = 9.0
中位數 = 10.0
```

24-4-3 眾數 (mode)

所謂的眾數是指一組數據的出現最高次數的數字。比起中位數，其實在許多場合眾數更是被廣泛應用，例如：假設你是皮鞋製造商，使用眾數更可以做出適合更多消費者尺寸的產品。

Numpy 沒有提供計算眾數的函數，不過 Python 內建的 statistics 統計模組 statistics 有 mode( ) 函數可以計算眾數。

程式實例 ch24_4.py：使用統計模組 statistics 有 mode( ) 函數計算眾數。

```
1  # ch24_4.py
2  import statistics as st
3
4  x1 = [0, 1, 1, 3, 2, 1]
5  print(f'mode = {st.mode(x1)}')
```

執行結果
```
====================== RESTART: D:\Python\ch24\ch24_4.py ======================
mode = 1
```

24-4-4 數據分佈圖

在數據處理的時候，用頻率圖表可以讓數據更簡潔易懂，可以參考下列 40 個學生的考試成績實例。

程式實例 ch24_5.py：計算 40 位學生的考試成績，列出平均成績、中位成績、眾數成績，同時使用 bar( ) 函數繪製分數的頻率分佈圖表。

```
1   # ch24_5.py
2   import numpy as np
3   import statistics as st
4   import matplotlib.pyplot as plt
5
6   sc = [60,10,40,80,80,30,80,60,70,90,50,50,50,70,60,80,80,50,60,70,
7         70,40,30,70,60,80,20,80,70,50,90,80,40,40,70,60,80,30,20,70]
8   print(f'平均成績 = {np.mean(sc)}')
9   print(f'中位成績 = {np.median(sc)}')
10  print(f'眾數成績 = {st.mode(sc)}')
11
12  hist = [0]*9
13  for s in sc:
14      if s == 10: hist[0] += 1
15      elif s == 20:
16          hist[1] += 1
17      elif s == 30:
18          hist[2] += 1
19      elif s == 40:
20          hist[3] += 1
21      elif s == 50:
```

```python
22              hist[4] += 1
23          elif s == 60:
24              hist[5] += 1
25          elif s == 70:
26              hist[6] += 1
27          elif s == 80:
28              hist[7] += 1
29          elif s == 90:
30              hist[8] += 1
31  width = 0.35
32  N = len(hist)
33  x = np.arange(N)
34  plt.rcParams['font.family'] = 'Microsoft JhengHei'
35  plt.bar(x, hist, width)
36  plt.ylabel('學生人數')
37  plt.xlabel('分數')
38  plt.xticks(x,('10','20','30','40','50','60','70','80','90'))
39  plt.title('成績表')
40  plt.show()
```

執行結果 長條圖可以參考下方左圖。

```
==================== RESTART: D:\Python\ch24\ch24_5.py ====================
平均成績 = 59.25
中位成績 = 60.0
眾數成績 = 80
```

上述如果將第 31 列改為 width = 1，也就是寬度與刻度一樣，則可以得到沒有間隙的長條圖表，可以參考上方右圖，讀者可以參考所附程式 ch24_6.py。

另一簡便設計頻率分佈圖行是使用 hist( ) 函數，可以參考下列實例。

程式實例 ch24_7.py：使用 hist( ) 函數重新設計 ch24_5.py 的分數頻率圖。

```
1   # ch24_7.py
2   import numpy as np
3   import statistics as st
4   import matplotlib.pyplot as plt
5
6   sc = [60,10,40,80,80,30,80,60,70,90,50,50,50,70,60,80,80,50,60,70,
7         70,40,30,70,60,80,20,80,70,50,90,80,40,40,70,60,80,30,20,70]
8   print(f'平均成績 = {np.mean(sc)}')
9   print(f'中位成績 = {np.median(sc)}')
10  print(f'眾數成績 = {st.mode(sc)}')
11  plt.rcParams['font.family'] = 'Microsoft JhengHei'
12  plt.hist(sc, 9)
13
14  plt.ylabel('學生人數')
15  plt.xlabel('分數')
16  plt.title('成績表')
17  plt.show()
```

執行結果 可以參考下方左圖。

如果有兩組分數，可以使用 [分數 1, 分數 2] 方式，將成績資料放在 hist( ) 函數的參數內。

程式實例 ch24_8.py：兩組成績的頻率分佈圖。

```
1   # ch24_8.py
2   import numpy as np
3   import statistics as st
4   import matplotlib.pyplot as plt
5
6   sc1 = [60,10,40,80,80,30,80,60,70,90,50,50,50,70,60,80,80,50,60,70,
7          70,40,30,70,60,80,20,80,70,50,90,80,40,40,70,60,80,30,20,70]
8
9   sc2 = [50,10,60,80,70,30,80,60,30,90,50,50,90,70,60,50,80,50,60,70,
10         60,50,30,70,70,80,10,80,70,50,90,80,40,50,70,60,80,40,20,70]
```

24-10

```
11
12    plt.rcParams['font.family'] = 'Microsoft JhengHei'
13    plt.hist([sc1,sc2],9)
14
15    plt.ylabel('學生人數')
16    plt.xlabel('分數')
17    plt.title('成績表')
18    plt.show()
```

執行結果 可以參考上方右圖。

24-5 數據分散指標 – 變異數與標準差

數據分散指標描述了數據點在數據集中的分佈範圍和變化情況，其中變異數 (Variance) 與標準差 (Standard Deviation) 是最常用的分散度測量方式。這些指標在機器學習中十分重要，因為它們可以幫助我們理解數據的擴散程度，影響模型訓練時的特徵縮放、穩定性以及訓練速度。

24-5-1 變異數

變異數的英文是 variance，從學術角度解說變異數主要是描述系列數據的離散程度，用白話角度變異數是指所有數據與平均值的偏差距離。

假設有 2 組數據如下：

(10, 10, 10, 10, 10)   # 平均值是 10
(15, 5, 18, 2, 10)   # 平均值是 10

從上述計算可以得到兩組數據的平均值是 10，當計算兩組數據的每個元素與平均值的距離時，可以得到下列結果。

(0, 0, 0, 0, 0)   # 第一組數據
(5,-5, 8,-8, 0)   # 第二組數據

在計算變異數的偏差距離時，如果直接將每筆元素做加總，可以得到兩組數據的距離是 0。

sum(0, 0, 0, 0, 0) = 0   # 第一組數據
sum(5,-5, 8,-8, 0) = 0   # 第二組數據

從上述可以看到即使兩組數據變異的程度有極大的差異，但是使用直接加總每個元素與平均值的距離會造成失真，原因是每個元素的偏差距離有正與負，在加總時正與負之間抵消了，所以正式定義變異數時，是先將每個元素與平均值的距離做平方，然後加總，再除以數據的數量。假設數據數量是 n，下列是計算變異數的步驟：

1： 計算數據的平均值。

$$\bar{x}$$

2： 計算每個元素與平均值的距離，同時取平方，最後加總。

$$(x_1 - \bar{x})^2 + (x_2 - \bar{x})^2 + \cdots + (x_n - \bar{x})^2$$

3： x 變異數最後計算公式如下：

$$變異數 = \frac{(x_1 - \bar{x})^2 + (x_2 - \bar{x})^2 + \cdots + (x_n - \bar{x})^2}{n}$$

若是使用 ∑ 符號，可以得到下列變異數公式結果：

$$變異數 = \frac{1}{n}\sum_{i=1}^{n}(x_i - \bar{x})^2$$

在做數據分析時，我們常會用有限的樣本數量去推論母體實際的變異數，雖然上述公式可用來推論實際「母體的變異數」，但會產生偏差 (bias)，故實際上我們會用 (n-1) 作為除數計算。下列式子稱「樣本變異數」，為母體變異數的不偏 (unbaised) 估計量。

$$樣本變異數 = \frac{1}{n-1}\sum_{i=1}^{n}(x_i - \bar{x})^2$$

Numpy 目前提供的變異數函數 var(x,ddof)，預設 ddof 是 0，表示可以建立母體變異數。如果 ddof=1，則表示建立 n-ddof 相當於 (n – 1)，表示建立樣本變異數。

模組	功能	函數名稱
Numpy	母體變異數	var(x, ddof), ddof 預設是 0
Numpy	樣本變異數	var(x, ddof=1)

程式實例 ch24_9.py：使用 ch24_1.py 的超商銷售數據，用 Numpy 模組的 var( ) 方法，建立的超商銷售數據的母體變異數和樣本變異數。

```
1   # ch24_9.py
2   import numpy as np
3   x = [66, 58, 25, 78, 58, 15, 120, 39, 82, 50]
```

```
4
5    print(f"Numpy模組母體變異數    : {np.var(x):6.2f}")
6    print(f"Numpy模組樣本變異數    : {np.var(x,ddof=1):6.2f}")
```

執行結果
```
================== RESTART: D:\Python\ch24\ch24_9.py ==================
Numpy模組母體變異數    : 823.49
Numpy模組樣本變異數    : 914.99
```

註　在統計上使用 s^2 代表樣本變異數 (也稱不偏變異數)，用 σ^2 代表母體變異數。

24-5-2　標準差

標準差的英文是 Standard Deviation，縮寫是 SD，當計算變異數後，將變異數的結果開根號，就是標準差。註：下列 N 是母體集合的元素個數。

$$母體標準差 = \sqrt{\frac{1}{N}\sum_{i=1}^{N}(x_i - \mu)^2}$$，N是母體集合的元素個數, μ 是母體平均值

與變異數觀念相同，標準差也有母體標準差與樣本標準差，上述是母體標準差公式，下列是樣本標準差公式。

$$樣本標準差 = \sqrt{\frac{1}{n-1}\sum_{i=1}^{n}(x_i - \bar{x})^2}$$

Numpy 目前提供的標準差函數 std(x, ddof)，預設 ddof 是 0，表示可以建立母體標準差。如果 ddof=1，則表示建立 n-ddof 相當於 (n-1)，表示建立樣本標準差。

模組	功能	函數名稱
Numpy	母體標準差	std(x, ddof), ddof 預設是 0
Numpy	樣本標準差	std(x, ddof=1)

程式實例 ch24_10.py：使用 ch24_9.py 的超商數據，延伸計算標準差。

```
1    # ch24_10.py
2    import numpy as np
3    x = [66, 58, 25, 78, 58, 15, 120, 39, 82, 50]
4
5    print(f"Numpy模組母體標準差    : {np.std(x):6.2f}")
6    print(f"Numpy模組樣本標準差    : {np.std(x,ddof=1):6.2f}")
```

執行結果
```
================== RESTART: D:\Python\ch24\ch24_10.py ==================
Numpy模組母體標準差    : 28.70
Numpy模組樣本標準差    : 30.25
```

> **註** 在統計上使用 s 代表樣本標準差，用 σ 代表母體標準差。

24-5-3 數據分散指標的應用

❏ **利用分散指標進行特徵縮放**

在機器學習中，變異數和標準差對特徵縮放，例如：標準化，十分有用。特徵縮放可以將數據縮放到相似的範圍，以便模型能更高效地訓練，避免特徵間尺度差異帶來的影響。

- 標準化：將數據的平均值調整為 0、標準差調整為 1，使數據符合標準常態分佈。公式為：

$$x' = \frac{x - \mu}{\sigma}$$

其中 μ 是數據的平均值，σ 是標準差。

- 應用：標準化能顯著提升某些對數據尺度敏感的模型，例如：支援向量機、K 近鄰演算法的表現。這種縮放讓數據的分佈更均勻，使模型能更快收斂，並減少數值不穩定性對訓練的影響。

❏ **對模型穩定性和訓練速度的影響**

- 提升模型穩定性：標準化能將不同特徵縮放到相同範圍，從而減少由於特徵值尺度不同帶來的梯度不穩定性。在梯度下降訓練中，這可以減少模型的震盪，使得訓練過程更平穩，有助於模型更快達到全局最優解。

- 加快訓練速度：在特徵差異較大的數據集中，縮放後的特徵範圍一致，可以幫助模型以更少的步數達到收斂。標準化讓演算法不會過度關注尺度較大的特徵，提升訓練效率。例如，神經網絡中的激活函數（如 Sigmoid）在輸入範圍較小時效果最佳，因此縮放數據可以提高模型性能。

❏ **根據分散指標篩選異常值**

變異數和標準差可以用來識別和篩選異常值，這對機器學習模型的準確性有重要影響。通常，異常值定義為偏離平均值多個標準差的數據點：

- 異常值篩選：在標準常態分佈中，大約 99.7% 的數據應該落在平均值的 ± 3 標準差內。如果數據點超出此範圍，則可能是異常值。

- **異常值的影響**：異常值可能會影響模型的穩定性和精確性。特別是在迴歸模型中，極端值會對模型係數產生過度影響，導致預測結果偏差。因此，在數據清洗階段，可以根據標準差篩選異常值，並進行剔除或替換處理。

❑ **實例應用**

假設我們有一組產品的售價數據，並計算出該數據的平均值和標準差。透過標準化處理，我們將所有售價數據縮放到零均值和單位標準差的範圍，這樣無論是高價產品還是低價產品的數據特徵都不會主導模型學習。此外，若發現某些售價遠高於或低於其他數據點，例如：超過 $\pm 3\sigma$ 的範圍），可以將這些數據標記為異常值，進行相應處理，以提升模型的準確性和穩定性。對於異常值，我們可以選擇以下幾種處理方式：

- **剔除異常值**：直接移除異常值，這種方法適合異常值數量較少，且異常數據不具有代表性或無法合理解釋的情況。例如，在售價數據中，如果某些極高或極低的價格明顯異常，可能是數據輸入錯誤，則可以將其剔除。
- **替換異常值**：使用某些統計量（如平均數或中位數）替換異常值，這在異常值數量較多、無法輕易剔除的情況下很有用。替換操作能避免模型過度受異常數據影響，同時保留數據的整體結構。例如，可以用中位數來替換偏離較大的售價，從而減少這些極端值對模型的影響。
- **分箱處理**：對數據進行分段或分箱，將異常值置於特定的區間中，這在數據分佈不均時尤其有效。透過分箱操作，我們可以保持數據的整體結構，同時減少異常值的影響。分箱還有助於模型學習不同區間的數據特徵，對迴歸模型或分類模型都是有益的。

總之，變異數和標準差作為數據分散指標，對機器學習數據處理過程中的特徵縮放、異常值篩選具有極大幫助。這些指標不僅能提升模型的穩定性和訓練效率，還能幫助我們發現並處理異常數據，從而提高模型的準確性。透過使用變異數和標準差進行標準化處理、異常值篩選及數據清洗，我們能夠構建更穩健的機器學習模型，並提高模型對實際場景的適應性。

24-6 Σ 符號運算規則與驗證

在前面幾節的內容我們介紹了連續加總的符號Σ，這一節將對此符號做更進一步解說。

第 24 章　基礎統計與隨機數 - 數據科學入門

❏ 規則 1

$$\sum_{i=1}^{n}(x_i + y_i) = \sum_{i=1}^{n} x_i + \sum_{i=1}^{n} y_i$$

上述公式證明如下：

$$= (x_1 + y_1) + (x_2 + y_2) + \cdots + (x_n + y_n)$$

$$= (x_1 + x_2 + \cdots + x_n) + (y_1 + y_2 + y_n)$$

$$= \sum_{i=1}^{n} x_i + \sum_{i=1}^{n} y_i$$

上述觀念同樣可以應用在減法。

$$\sum_{i=1}^{n}(x_i - y_i) = \sum_{i=1}^{n} x_i - \sum_{i=1}^{n} y_i$$

❏ 規則 2

假設 c 是常數，下列公式成立。

$$\sum_{i=1}^{n} cx_i = c \sum_{i=1}^{n} x_i$$

上述公式證明如下：

$$\sum_{i=1}^{n} cx_i = cx_1 + cx_2 + \cdots + cx_n = c(x_1 + x_2 + \cdots + x_n) = c \sum_{i=1}^{n} x_i$$

❏ 規則 3

假設 c 是常數，下列公式成立。

$$\sum_{i=1}^{n} c = nc$$

上述公式證明如下：

$$\sum_{i=1}^{n} c = \underbrace{c + c + \cdots + c}_{n \text{ 個 } c} = nc$$

24-7 活用∑符號

有一檔股票近 10 日的股價如下：

近 10 日編號	股價
1	252
2	251
3	258
4	255
5	248
6	253
7	253
8	255
9	252
10	253

假設我們想要心算上述平均價格，可能讀者會想使用下列方式計算平均價格。

(252+251+ … +253) / 10

上述的確是一個方法，但是不容易心算，其實碰上這類的問題可以設定一個基準值，將上述每個價格減去基準值，然後加總再求平均值，最後再將此平均值與基準值相加即可。

依據上述觀念，假設基準值是 250，我們可以重新建立下列表格。

近 10 日編號	股價	與基準值的差值
1	252	2
2	251	1
3	258	8
4	255	5
5	248	-2
6	253	3
7	253	3
8	255	5
9	252	2
10	253	3

第 24 章 基礎統計與隨機數 - 數據科學入門

現在我們可以很容易心算，如下所示：

= 250 + (2+1+8+5-2+3+3+5+2+3)/10
= 250 + 3
= 253

上述使用實際值減去基準值，再計算平均值，最後與基準值相加，顯然容易許多。計算平均值觀念若是以 ∑ 表達，公式如下：

$$\frac{1}{n}\sum_{i=1}^{n} x_i = c + \frac{1}{n}\sum_{i=1}^{n}(x_i - c)$$

上述公式證明如下：

$$c + \frac{1}{n}\sum_{i=1}^{n}(x_i - c) = c + \frac{1}{n}\left(\sum_{i=1}^{n} x_i - \sum_{i=1}^{n} c\right)$$

$$= c + \frac{1}{n}\sum_{i=1}^{n} x_i - \frac{1}{n}nc$$

$$= c + \frac{1}{n}\sum_{i=1}^{n} x_i - c$$

$$= \frac{1}{n}\sum_{i=1}^{n} x_i$$

24-8 迴歸分析

24-8-1 相關係數 (Correlation Coefficient)

在數據分析過程，我們計算兩組數據集之間相關係的程度，稱相關係數，相關係數值是在 -1 (含) 和 1 (含) 之間，有下列 3 種情況：

1： >= 0，表示正相關，下列是正相關的散點圖。

正相關

2：= 0，表示無關，下列是無相關的散點圖。

無關

3：<= 0，表示負相關，下列是負相關的散點圖。

負相關

如果相關係數的絕對值小於 0.3 表示低度相關，介於 0.3 和 0.7 之間表示中度相關，大於 0.7 表示高度相關。

假設相關係數是 r，則此相關係數的數學公式如下：

$$r = \frac{\sum_{i=1}^{n}(x_i - \overline{x})(y_i - \overline{y})}{\sqrt{\sum_{i=1}^{n}(x_i - \overline{x})^2}\sqrt{\sum_{i=1}^{n}(y_i - \overline{y})^2}}$$

Numpy 模組的 corrcoef(x, y) 函數，參數 x 是 x 軸值，y 是 y 軸值，回傳是一個相關係數矩陣，下列實例會做說明。

程式實例 ch24_11.py：天氣氣溫與冰品銷售的相關係數計算，第 8 列使用 round(2) 函數是計算到小數第 2 位。

第 24 章　基礎統計與隨機數 - 數據科學入門

```
1   # ch24_11.py
2   import numpy as np
3   import matplotlib.pyplot as plt
4
5   temperature = [25,31,28,22,27,30,29,33,32,26]        # 天氣溫度
6   rev = [900,1200,950,600,720,1000,1020,1500,1420,1100]  # 營業額
7
8   print(f"相關係數 = {np.corrcoef(temperature,rev).round(2)}")
9
10  plt.rcParams["font.family"] = ["Microsoft JhengHei"]  # 微軟正黑體
11  plt.scatter(temperature, rev)
12  plt.title('天氣溫度與冰品銷售')
13  plt.xlabel("溫度", fontsize=14)
14  plt.ylabel("營業額", fontsize=14)
15  plt.show()
```

執行結果
```
================== RESTART: D:\Python\ch24\ch24_11.py ==================
相關係數 = [[1.   0.87]
 [0.87 1.  ]]
```

從上述圖表我們可以很明顯感受到，天氣溫度與冰品銷售呈現正相關，下列是筆者用表格顯示 Python Shell 視窗的數據。

Python Shell 視窗的數據	天氣溫度	冰品銷售營業額
天氣溫度	1	0.87
冰品銷售營業額	0.87	1

上述是一個 2 x 2 的矩陣，天氣溫度與冰品銷售營業額與自己的相關係數結果是 1，這是必然。天氣溫度與冰品銷售的相關係數是 0.87，這也表示彼此是高度相關。

24-8-2 建立線性回歸模型與數據預測

Numpy 模組的 polyfit( ) 函數可以建立迴歸直線，此函數的基本語法如下：

polyfit(x, y, deg)

上述 deg 是多項式的最高次方，如果是一次多項式此值是 1。現在我們可以使用此函數建立前一小節的迴歸模型函數。這時我們還需要使用 Numpy 的 poly1d( ) 函數，這兩個函數用法如下：

coef = np.polyfit(temperature, rev, 1)   # 建立迴歸模型係數
reg = np.poly1d(coef)   # 建立迴歸直線函數

程式實例 ch24_12.py：延續前一個程式，使用 ch24_11.py 的天氣溫度與冰品銷售數據，建立迴歸直線方程式。

```
1   # ch24_12.py
2   import numpy as np
3
4   temperature = [25,31,28,22,27,30,29,33,32,26]    # 天氣溫度
5   rev = [900,1200,950,600,720,1000,1020,1500,1420,1100]    # 營業額
6
7   coef = np.polyfit(temperature, rev, 1)           # 迴歸直線係數
8   reg = np.poly1d(coef)                            # 線性迴歸方程式
9   print(coef.round(2))
10  print(reg)
```

執行結果
```
=================== RESTART: D:\Python\ch24\ch24_12.py ===================
[  71.63 -986.22]
71.63 x - 986.2
```

從上述我們可以得到下列迴歸直線：

$y = 71.63x - 986.2$

有了迴歸方程式，就可以做數據預測。

程式實例 ch24_13.py：擴充前一個程式，預測當溫度是 35 度時，冰品銷售的業績。

```
1   # ch24_13.py
2   import numpy as np
3
4   temperature = [25,31,28,22,27,30,29,33,32,26]    # 天氣溫度
5   rev = [900,1200,950,600,720,1000,1020,1500,1420,1100]    # 營業額
6
7   coef = np.polyfit(temperature, rev, 1)           # 迴歸直線係數
8   reg = np.poly1d(coef)                            # 線性迴歸方程式
9   print(f"當溫度是 35 度時冰品銷售金額 = {reg(35).round(0)}")
```

第 24 章　基礎統計與隨機數 - 數據科學入門

執行結果

```
==================== RESTART: D:\Python\ch24\ch24_13.py ====================
當溫度是 35 度時冰品銷售金額 = 1521.0
```

當讀者瞭解上述迴歸觀念與銷售預測後，可以使用圖表表達，整個觀念可以更加清楚。

程式實例 ch24_14.py：擴充前一個程式，使用圖表繪製散點圖與迴歸方程式。

```
1   # ch24_14.py
2   import numpy as np
3   import matplotlib.pyplot as plt
4   temperature = [25,31,28,22,27,30,29,33,32,26]          # 天氣溫度
5   rev = [900,1200,950,600,720,1000,1020,1500,1420,1100]  # 營業額
6
7   coef = np.polyfit(temperature, rev, 1)                 # 迴歸直線係數
8   reg = np.poly1d(coef)                                  # 線性迴歸方程式
9
10  plt.rcParams["font.family"] = ["Microsoft JhengHei"]   # 微軟正黑體
11  plt.scatter(temperature, rev)
12  plt.plot(temperature,reg(temperature),color='red')
13  plt.title('天氣溫度與冰品銷售')
14  plt.xlabel("溫度", fontsize=14)
15  plt.ylabel("營業額", fontsize=14)
16  plt.show()
```

執行結果

24-8-3　二次函數的迴歸模型

　　當然二次函數的觀念也可以應用在天氣溫度與冰品的銷售，不過在繪製二次函數圖形時，必須先將數據依溫度重新排序，否則所繪製的迴歸線條將有錯亂。

24-22

24-8 迴歸分析

程式實例 ch24_15.py：建立天氣溫度與冰品銷售的二次函數與迴歸線條，註：下列數據有依溫度重新排序。

```python
1   # ch24_15.py
2   import numpy as np
3   import matplotlib.pyplot as plt
4   temperature = [22,25,26,27,28,29,30,31,32,33]    # 天氣溫度
5   rev = [600,900,1100,720,950,1020,1000,1200,1420,1500]    # 營業額
6
7   coef = np.polyfit(temperature, rev, 2)           # 迴歸直線係數
8   reg = np.poly1d(coef)                            # 線性迴歸方程式
9   print(reg)
10  plt.rcParams["font.family"] = ["Microsoft JhengHei"]    # 微軟正黑體
11  plt.scatter(temperature, rev)
12  plt.plot(temperature,reg(temperature),color='red')
13  plt.title('天氣溫度與冰品銷售')
14  plt.xlabel("溫度", fontsize=14)
15  plt.ylabel("營業額", fontsize=14)
16  plt.show()
```

執行結果

```
================= RESTART: D:\Python\ch24\ch24_15.py =================
       2
4.642 x - 185.7 x + 2531
```

從上述執行結果可以得到天氣溫度與冰品銷售的二次函數如下：

$$y = 4.64x^2 - 187x + 2531$$

24-23

24-9 Numpy 隨機分佈函數

24-9-1　Numpy 的 random 模組與 Python 內建 random 模組

Numpy 的 random 模組與 13-5 節介紹的 Python 內建 random 模組，一樣可以生成隨機數，但是彼此有相當大的差異。

❑　基本用途差異

模組	功能說明	適合用途
Python 內建 random	提供簡單的隨機數產生，如整數、浮點數、抽樣、洗牌。	一般 Python 程式的隨機選擇和抽樣
NumPy numpy.random	提供大量高效能的數值型隨機數生成，包括隨機陣列的產生、機率分佈抽樣、統計模擬	科學運算、統計分析與機器學習

❑　功能比較

功能	Python random	NumPy numpy.random
產生單一隨機數	提供整數、浮點數	提供更多資料型態與效率
產生隨機陣列	不支援直接生成陣列	直接產生各種形狀的隨機陣列
各種統計分佈 (常態、二項式、Poisson 等)	不直接支援	廣泛且高效的統計分佈函數
隨機抽樣、洗牌	sample, shuffle	choice, shuffle, 更有效率
設定隨機種子 (seed)	可用 seed( )	可用 seed( ) 及進階的 Generator
效能（performance）	效能較低	效能高，適合大規模數值運算

❑　使用場景建議

- Python 內建 random：簡單應用，如程式邏輯中的隨機選擇、小型資料集抽樣、遊戲邏輯等。
- NumPy numpy.random
  - 大規模數值計算、模擬、科學研究、統計分析和機器學習。
  - 需要效率和大量資料處理時更具優勢。

❑　效率差異說明

- Python 的內建 random 模組是以 Python 實作為主，較慢，不適合大規模數值運算。

- NumPy 的 numpy.random 是用 C 語言實作，效率高，適合大量數據與陣列運算。

❑ 總結

- Python 內建的 random 適合簡單日常任務。
- NumPy 的 numpy.random 提供更豐富的統計功能、更高的效能，更適合科學運算與資料分析。

下一節起則是應用 Numpy 的 numpy.random 作說明。

24-9-2 Numpy 的 random 模組基礎

24-3 節筆者有介紹數據分佈，Numpy 的隨機函數可以產生各種不同的隨機分佈數據，下表是常見的 Numpy 內 random 模組的隨機分佈函數：

函數名稱	說明
seed(x)	建立種子值 x，觀念和 13-5-7 節相同。
rand(size)	建立從 0 到 1 之間均勻分佈隨機浮點數，size 是數量。
randint(start,end,size)	建立 start 到 end，均勻分佈整數隨機數，size 是數量。
randn(size)	建立標準常態分佈的隨機數，平均值是 0，標準差是 1。
normal(loc,scale, size)	建立平均值是 loc(預設是 0)，標準差是 scale(預設是 1)，size 數量的常態分佈 (Gaussian) 分佈隨機數。
triangular(l,m,r,size)	三角形分佈取樣，l 是最小值 left，m 是尖峰值，r 是最大值，size 是數量。
uniform(low,high,size)	在 0(含) – 1(不含) 間均勻分佈的隨機數。
shuffle(arr)	陣列數據重新排列。

註 使用前需要導入 numpy.random 模組。

先前 24-3 節筆者有說明常態分佈 (normal distribution)，常態分佈函數的數學公式如下：

$$f(x) = \frac{1}{\sigma\sqrt{2\pi}} * exp\left(\frac{-(x-\mu)^2}{2\sigma^2}\right)$$

常態分佈又稱高斯分佈 (Gaussian distribution)，上述標準差 σ 會決定分佈的幅度，平均值 μ 會決定數據分佈的位置，常態分佈的特色如下：

1：平均數、中位數與眾數為相同數值。

2：單峰的鐘型曲線，因為呈現鐘形，所以又稱鐘形曲線。

3：左右對稱。

下列是常態分佈的圖形。

24-9-3　rand( )

實例 1：產生 5 個隨機數。

```
>>> import numpy as np
>>> x = np.random.rand(5)
>>> print(x)
[0.53192327 0.4345542  0.87026082 0.01461756 0.32049892]
```

24-9-4　randn( )

randn( ) 函數主要是產生一個或多個平均值 μ 是 0，標準差 σ 是 1 的常態分佈的隨機數。語法如下：

　　np.random.randn(size)

如果省略參數 size，則回傳一個隨機數，如果想要回傳 10000 個隨機數，可以使用 np.random.randn(10000)。

程式實例 ch24_16.py：使用 randn( ) 函數繪製 10000 個隨機函數的直方圖與常態分佈的曲線圖。

```python
1   # ch24_16.py
2   import matplotlib.pyplot as plt
3   import numpy as np
4
5   mu = 0                                              # 平均值
6   sigma = 1                                           # 標準差
7   s = np.random.randn(10000)                          # 隨機數
8   print(s)
9
10  count, bins, ignored = plt.hist(s, 30, density=True)    # 直方圖
11  # 繪製曲線圖
12  plt.plot(bins, 1/(sigma * np.sqrt(2 * np.pi)) *
13              np.exp( - (bins - mu)**2 / (2 * sigma**2) ),
14          linewidth=2, color='r')
15  plt.show()
```

執行結果 可以參考下方左圖。

上述第 12 ~ 14 列是繪製常態分佈的曲線。

24-9-5　normal( )

雖然可以使用 randn( ) 產生常態分佈的隨機函數，一般數據科學家更常用的常態分佈函數是 normal( ) 函數，其語法如下：

np.random.normal(loc, scale, size)

- loc：是平均值 μ，預設是 0，這也是隨機數分佈的中心。
- scale：是標準差 σ，預設是 1，值越大圖形越矮胖，值越小圖形越瘦高。
- size：預設是 None，表示產生一個隨機數，可由此設定隨機數的數量。

上述函數與 np.random.randn( ) 最大差異在於，此常態分佈的隨機函數可以自行設定平均值 μ、標準差 σ，所以應用範圍更廣。

第 24 章　基礎統計與隨機數 - 數據科學入門

前一個實例 ch24_16.py 的第 12 ~ 14 列是繪製常態分佈的曲線，有一個外部模組 seaborn，是建立在 matplotlib 底下的視覺化模組，特別設計用於統計圖表和探索式資料分析（Exploratory Data Analysis, EDA）。在 AI、資料科學和機器學習中，Seaborn 常用來快速、高效且美觀地視覺化資料特徵、分佈、相關性和模式。使用前需安裝此模組，如下：

    pip install seaborn

在此模組可以使用 kdeplot( ) 函數繪製所產生的常態分佈曲線非常方便。KDE 又稱核密度估計（Kernel Density Estimation，簡稱 KDE）是一種非參數方法，能將資料以平滑連續曲線來顯示密度分佈狀況，其語法如下：

seaborn.kdeplot(data=None, x=None, y=None, shade=False, bw_adjust=1,
　　　　　　color=None, fill=None, linewidth=None, linestyle=None,
　　　　　　multiple='layer', ax=None)

- data：可傳入 Pandas DataFrame 或 NumPy 陣列。
- x, y：設定要繪製 KDE 的資料欄位（可單變數或雙變數）。
- shade（或新版本的 fill）：設定是否要填充曲線下方區域。
- bw_adjust：調整平滑程度（數值越大曲線越平滑）。
- multiple：多條曲線如何顯示（layer, stack, fill）。

程式實例 ch24_17.py：使用 kdeplot( ) 函數繪製所產生的常態分佈曲線，讀者可以留意第 12 列的寫法，簡潔許多。

```python
1   # ch24_17.py
2   import matplotlib.pyplot as plt
3   import numpy as np
4   import seaborn as sns
5
6   mu = 0                                              # 均值
7   sigma = 1                                           # 標準差
8   s = np.random.normal(mu, sigma, 10000)              # 隨機數
9
10  count, bins, ignored = plt.hist(s,30,density=True)  # 直方圖
11  # 繪製曲線圖
12  sns.kdeplot(s)
13  plt.show()
```

執行結果　可以參考上方右圖。

24-9-6 uniform( )

這是一個均勻分佈的隨機函數，語法如下：

np.random.uniform(low, high, size)

- low：預設是 0.0，隨機數的下限值。
- high：預設是 1.0，隨機數的上限值。
- size：預設是 1，產生隨機數的數量。

程式實例 ch24_18.py：使用 uniform( ) 函數繪製 10000 個隨機函數的直方圖與使用 seaborn 模組的 kdeplot( ) 繪製均勻分佈的曲線圖。

```
1   # ch24_18.py
2   import matplotlib.pyplot as plt
3   import numpy as np
4   import seaborn as sns
5
6   s = np.random.uniform(size=10000)        # 隨機數
7
8   plt.hist(s, 30, density=True)            # 直方圖
9   # 繪製曲線圖
10  sns.kdeplot(s)
11  plt.show()
```

執行結果 可以參考下方左圖。

24-9-7 triangular( )

函數 triangular( ) 是三角形分佈取樣函數，這個函數的語法如下：

triangular(left, mode, right, size=None)

- left：最小值。
- mode：尖峰值。
- right：最大值。
- size：樣本數。

程式實例 ch24_19.py：三角形分佈取樣的實例，最小值是 -2，尖峰值是 0，最大值是 10，樣本數是 10000。這個程式在呼叫 hist( ) 方法時，增加設定 density=True，此時 y 軸不再是次數，而是機率值。

```
1   # ch24_19.py
2   import numpy as np
3   import matplotlib.pyplot as plt
4   import seaborn as sns
5
6   s = np.random.triangular(-2, 0, 10, 10000)
7   plt.hist(s, bins=200, density=True)
8   # 繪製曲線圖
9   sns.kdeplot(s)
10  plt.show()
```

執行結果 可以參考上方右圖。

24-9-8 shuffle( ) 和 permutation( )

這兩個函數皆可以改變陣列元素的位置，shuffle( ) 函數重新排列陣列後，原始陣列元素位置已經改變。Permutation( ) 函數重新排列陣列後，原始陣列元素沒有改變，因為是回傳拷貝。這兩個函數的語法如下：

np.random.shuffle(arr, axis)
rcopy = np.random.permutation(arr, axis)

這個函數可以將陣列元素內容隨機重新排列，所以原始陣列元素位置已經改變，在機器學習中常用在將訓練數據重新排列。

程式實例 ch24_20.py：將一維與二維數據重新排列。

```
1   # ch24_20.py
2   import numpy as np
3
4   # 一維陣列
5   arr1 = np.arange(9)
6   print("一維陣列")
7   print(arr1)
8   np.random.shuffle(arr1)              # 重新排列
9   print("重新排列")
```

```
10  print(arr1)
11
12  # 二維陣列
13  arr2 = np.arange(9).reshape((3,3))
14  print("二維陣列")
15  print(arr2)
16  np.random.shuffle(arr2)          # 重新排列
17  print("重新排列")
18  print(arr2)
```

執行結果

```
==================== RESTART: D:/Python/ch24/ch24_20.py ====================
一維陣列
[0 1 2 3 4 5 6 7 8]
重新排列
[1 0 3 7 5 8 6 2 4]
二維陣列
[[0 1 2]
 [3 4 5]
 [6 7 8]]
重新排列
[[6 7 8]
 [3 4 5]
 [0 1 2]]
```

程式實例 ch24_20_1.py：permutation( ) 函數的實例。

```
1  # ch24_20_1.py
2  import numpy as np
3
4  arr = np.arange(9)
5  print("一維陣列")
6  print(f"arr1 = {arr}")
7  y = np.random.permutation(arr)    # 重新排列
8  print("重新排列")
9  print(f"arr1 = {arr}")
10 print(f"y    = {y}")
```

執行結果

```
==================== RESTART: D:/Python/ch24/ch24_20_1.py ====================
一維陣列
arr1 = [0 1 2 3 4 5 6 7 8]
重新排列
arr1 = [0 1 2 3 4 5 6 7 8]
y    = [6 7 4 3 0 8 2 5 1]
```

24-9-9　choice( )

這個函數可以依據權重，在陣列內隨機挑選 1 個或多個元素，其語法如下：

np.random.choice(arr, size, replace,w)

- arr：陣列 (可以是一維或是多維陣列)。
- size：所挑選的元素個數。
- replace：布林值，可以設定是否隨機挑選元素時允許元素重複，預設是 TRUE。

第 24 章 基礎統計與隨機數 - 數據科學入門

- w：一維陣列代表權重 (權重加總必須為 1)，預設是省略，表示是隨機均勻挑選，如果有權重陣列表示可以依此權重挑選。

程式實例 ch24_21.py：均勻挑選 3 個和 5 個陣列元素。

```
1  # ch24_21.py
2  import numpy as np
3
4  fruits = ["Apple", "Orange", "Grapes", "Banana", "Mango"]
5  fruit1 = np.random.choice(fruits,3)
6  print("隨機挑選 3 種水果")
7  print(fruit1)
8
9  fruit2 = np.random.choice(fruits,5)
10 print("隨機挑選 5 種水果 -- 可以重複")
11 print(fruit2)
12
13 fruit3 = np.random.choice(fruits,5,replace=False)
14 print("隨機挑選 5 種水果 -- 不可以重複")
15 print(fruit3)
```

執行結果

```
================== RESTART: D:/Python/ch24/ch24_21.py ==================
隨機挑選 3 種水果
['Apple' 'Grapes' 'Grapes']
隨機挑選 5 種水果 -- 可以重複
['Orange' 'Banana' 'Apple' 'Orange' 'Grapes']
隨機挑選 5 種水果 -- 不可以重複
['Banana' 'Grapes' 'Orange' 'Mango' 'Apple']
```

程式實例 ch13_22.py：依權重挑選陣列元素，筆者設定權重分別如下：

p = [0.8, 0.05, 0.05, 0.05, 0.05]   --- 相當於 Apple 有 80% 機率的權重
p = [0.05, 0.05, 0.05, 0.05, 0.8]   --- 相當於 Mango 有 80% 機率的權重

```
1  # ch24_22.py
2  import numpy as np
3
4  fruits = ["Apple", "Orange", "Grapes", "Banana", "Mango"]
5  fruit1 = np.random.choice(fruits,5,p=[0.8,0.05,0.05,0.05,0.05])
6  print("依權重挑選 5 種水果")
7  print(fruit1)
8
9  fruit2 = np.random.choice(fruits,5,p=[0.05,0.05,0.05,0.05,0.8])
10 print("依權重挑選 5 種水果")
11 print(fruit2)
```

執行結果

```
================== RESTART: D:/Python/ch24/ch24_22.py ==================
依權重挑選 5 種水果
['Apple' 'Apple' 'Apple' 'Mango' 'Apple']
依權重挑選 5 種水果
['Banana' 'Mango' 'Mango' 'Mango' 'Mango']
```

第 25 章
Numpy 進階運算與 3D 繪圖
多維度資料探索

- 25-1　基礎數學函數
- 25-2　三角函數
- 25-3　指數與對數函數
- 25-4　陣列處理函數
- 25-5　陣列資料排序
- 25-6　簡單線性代數運算
- 25-7　線性插入函數
- 25-8　Numpy 的廣播功能
- 25-9　檔案的輸入與輸出
- 25-10　專題 – 3D 繪圖到 3D 動畫
- 25-11　專題 – 遮罩觀念與數據分類

第 25 章 Numpy 進階運算與 3D 繪圖 - 多維度資料探索

25-1 基礎數學函數

25-1-1 認識常數

下列是 Numpy 內建的常數。

- pi：圓周率。
- e：歐拉數。
- inf：無窮大。
- nan：全名是 Not a number，代表空值。

實例 1：認識常數。

```
>>> import numpy as np
>>> np.pi
3.141592653589793
>>> np.e
2.718281828459045
>>> np.inf
inf
>>> np.nan
nan
```

25-1-2 基礎數學函數

下列是基礎數學運算函數。

- absolute(x)：傳回絕對值。

實例 1：absolute( ) 的應用。

```
>>> np.absolute([-3, 5, -9])
array([3, 5, 9])
```

- square(x)：傳回平方值。

實例 2：square( ) 的應用。

```
>>> np.square([1, 3])
array([1, 9], dtype=int32)
```

- sqrt(x)：傳回平方根。

實例 3：sqrt( ) 的應用。

```
>>> np.sqrt([1, 4, 9, 15])
array([1.        , 2.        , 3.        , 3.87298335])
```

- sign(x)：小於 0 傳回 -1，等於 0 傳回 0，大於 0 傳回 1。

實例 4：sign( ) 的應用。

```
>>> np.sign([-1, -0.5, 0, 0.5, 1])
array([-1., -1., 0., 1., 1.])
```

25-1-3 捨去函數

- **around(a, decimals=0)**：可以捨至最接近的偶數整數，decimals 則是指定小數位數。

實例 1：系列陣列的 around( ) 操作。

```
>>> np.around([0.49, 1.82])
array([0., 2.])
>>> np.around([0.49, 1.82], decimals=1)
array([0.5, 1.8])
>>> np.around([0.5, 1.5, 2.5, 3.5, 4.5, 5.4])
array([0., 2., 2., 4., 4., 5.])
```

- **rint(x)**：傳回最接近的整數，前一位數是奇數則 .5 採進位，前一位數是偶數則 .5 採捨去。

實例 2：系列陣列元素的 rint( ) 運作。

```
>>> np.rint([1.4, 1.5, 1.6, 2.5, 3.5])
array([1., 2., 2., 2., 4.])
```

- **floor(x)**：傳回小於或等於的最大整數。

實例 3：系列陣列元素的 floor( ) 運作。

```
>>> np.floor([-1.5, 0.8, 1.2])
array([-2., 0., 1.])
```

- **ceil(x)**：傳回大於或等於的最小整數。

實例 4：系列陣列元素的 ceil( ) 運作。

```
>>> np.ceil([-1.5, 0.8, 1.2])
array([-1., 1., 2.])
```

- **trunc(x)**：捨去小數的 trunc( ) 運作。

實例 5：系列陣列元素的 trunc( ) 運作。

```
>>> np.trunc([-1.3, -2.8, 0.5, 2.9])
array([-1., -2., 0., 2.])
```

25-1-4 基礎數學運算函數

- **add(x1, x2)**：相當於 "+" 加法運算。

第 25 章　Numpy 進階運算與 3D 繪圖 - 多維度資料探索

實例 1：加法運算。

```
>>> x1 = np.array([1, 2, 3])
>>> x2 = np.array([4, 5, 6])
>>> y = np.add(x1,x2)
>>> print(y)
[5 7 9]
```

- subtract(x1, x2)：相當於 "-" 減法運算。

實例 2：繼續實例 1，減法運算。

```
>>> y = np.subtract(x1,x2)
>>> print(y)
[-3 -3 -3]
```

- multiply(x1, x2)：相當於 "*" 乘法運算。

實例 3：繼續實例 1，乘法運算。

```
>>> y = np.multiply(x1,x2)
>>> print(y)
[ 4 10 18]
```

- divide(x1, x2)：相當於 "/" 除法運算。

實例 4：繼續實例 1，除法運算。

```
>>> y = np.divide(x1,x2)
>>> print(y)
[0.25 0.4  0.5 ]
```

- mod(x1, x2)：相當於 "%" 求餘數運算。

實例 5：繼續實例 1，求餘數運算。

```
>>> y = np.mod(x1,x2)
>>> print(y)
[1 2 3]
```

- remainder(x1, x2)：相當於 "%" 求餘數運算。

實例 6：繼續實例 1，求餘數運算。

```
>>> y = np.remainder(x1,x2)
>>> print(y)
[1 2 3]
```

- negative(x1)：相當於正號變為負號，負號變為正號。

實例 7：正負號轉換。

```
>>> np.negative([-3, 3])
array([ 3, -3])
```

25-4

25-1-5 最大公因數與最小公倍數

- gcd(x)：是傳回陣列元素的最大公因數 (greatest common divisor)。

實例 1：最大公因數 gcd( ) 的應用。

```
>>> np.gcd(12, 20)
4
>>> np.gcd.reduce([15, 35, 55])
5
```

- lcm(x1, x2)：是傳回陣列元素的最小公倍數 (lowest common multiple)。

實例 2：最小公倍數 lcm( ) 的應用。

```
>>> np.lcm(12, 20)
60
>>> np.lcm.reduce([6, 12, 60])
60
```

25-2 三角函數

- sin(x)、cos(x)、tan(x)：正弦、餘弦、正切函數。
- arcsin(x)、arccos(x)、arctan(x)：反正弦、反餘弦、反正切函數。
- sinh(x)、cosh(x)、tanh(x)：雙曲線正弦、餘弦、正切函數。
- arcsinh(x)、arccosh(x)、arctanh(x)：雙曲線反正弦、反餘弦、反正切函數。

下列是計算三角函數參數需使用的函數。

- degrees(x)：將徑度 (radians) 轉成角度數。

實例 1：將陣列徑度轉成角度數。

```
>>> import numpy as np
>>> rad = np.arange(12)*np.pi/6
>>> x = np.degrees(rad)
>>> print(x)
[  0.  30.  60.  90. 120. 150. 180. 210. 240. 270. 300. 330.]
```

- radians(x)：將角度數轉成徑度 (radians)。

實例 2：將陣列角度數轉成徑度。

```
>>> import numpy as np
>>> deg = np.arange(12)*30
>>> x = np.radians(deg)
>>> print(x)
[0.         0.52359878 1.04719755 1.57079633 2.0943951  2.61799388
 3.14159265 3.66519143 4.1887902  4.71238898 5.23598776 5.75958653]
```

25-3 指數與對數函數

25-3-1 指數函數

- exp(x)：傳回陣列元素 x 自然對數 e 的次方。

實例 1：exp( ) 的應用。

```
>>> np.exp([1,2,3])
array([ 2.71828183,  7.3890561 , 20.08553692])
```

- exp2(x)：傳回陣列元素 x 的 2 的次方。

實例 2：exp2( ) 的應用。

```
>>> np.exp2([1,2,3])
array([2., 4., 8.])
```

25-3-2 對數函數

- log(x)：傳回陣列元素 x 的自然對數值。

實例 1：log( ) 的應用。

```
>>> np.log([1, np.e, np.e**2, 0])
array([  0.,   1.,   2., -inf])
```

- log2(x)：傳回陣列元素 x，以 2 為底數的對數值。

實例 2：log2( ) 的應用。

```
>>> np.log2([0, 1, 2, 2**5])
array([-inf,   0.,   1.,   5.])
```

- log10(x)：傳回陣列元素 x，以 1C 為底數的自然對數值。

實例 3：log10( ) 的應用。

```
>>> np.log10([10, 1000, 5])
array([1.     , 3.     , 0.69897])
```

25-4 陣列處理函數

- max(arr, axis=i)：傳回 i 軸陣列最大元素。

25-4 陣列處理函數

實例 1：max( ) 的應用。

```
>>> np.max([1,2,3])
3
>>> np.max(np.arange(100).reshape(10,10))
99
```

● maximum(arr1, arr2)：傳回陣列中相同位置較大的元素值。

實例 2：maximum( ) 的應用。

```
>>> np.maximum([1, 5, 10], [3, 4, 9])
array([ 3,  5, 10])
```

● min(arr, axis=i)：傳回 i 軸陣列最小元素。

實例 3：min( ) 的應用。

```
>>> np.min([1,2,3])
1
>>> np.min(np.arange(100).reshape(10,10))
0
```

● minimum(arr1, arr2)：傳回陣列中相同位置較小的元素值。

實例 4：minimum( ) 的應用。

```
>>> np.minimum([1, 5, 10], [3, 4, 9])
array([1, 4, 9])
```

● all(arr, axis=i)：回應 i 軸陣列是否全部為 True，預設 axis = 0。

實例 5：all( ) 的應用。

```
>>> y = np.all(np.array([1,2,3]))
>>> y
True
>>> y = np.all(np.array([1,0,3]))
>>> y
False
```

● any(arr, axis=i)：回應 i 軸陣列是否有任一個元素為 True，預設 axis = 0。

實例 6：any( ) 的應用。

```
>>> y = np.any(np.array([1,0,3]))
>>> y
True
>>> y = np.any(np.array([0,0,0]))
>>> y
False
```

● unique(arr, axis=i)：刪除 i 軸陣列重複的列或行 (或頁)。

第 25 章　Numpy 進階運算與 3D 繪圖 - 多維度資料探索

實例 7：unique( ) 的應用。

```
>>> x = np.array([[1,2,3],
                  [7,8,9],
                  [7,8,9]])
>>> y = np.unique(x,axis=0)
>>> y
array([[1, 2, 3],
       [7, 8, 9]])
```

- unravel_index(i,(m,n, …))：將一維索引 i 轉為 (m,n, …) 索引。

實例 8：unravel_index( ) 的應用。

```
>>> x = np.array([[1,12,3],
                  [4,15,6],
                  [7,18,9]])
>>> y = np.unravel_index(4,x.shape)
>>> y
(1, 1)
```

上述如果將二維陣列拆平，索引 4 的元素是 15，當轉成二維陣列後此索引是 (1, 1)。

- ravel_multi_index(multi_index,(m, n))：將維度 (m,n, …) 的索引轉為一維的索引。

實例 9：ravel_multi_index( ) 的應用。

```
>>> index = np.ravel_multi_index([[1, 1, 0],
                                  [1, 0, 2]],(3,4))
>>> print(index)
[5 4 2]
```

上述函數的觀念是在 (3, 4) 的二維陣列中，從 [[1, 1, 0], [1, 0, 2]] 取 (1,1)、(1,0)、(0,2) 索引元組，然後得到拆平 (3, 4) 之索引值，所以依據對應，最後得到 [5 4 2]。

```
  0  1  [2] -3——————(0, 2)
(1, 0)→[4][5] 6  7 ——————(1, 1)
  8  9  10 11
```

- where(condition)：將陣列做關係運算式，然後導出陣列。

實例 10：where(condition) 的應用。

```
>>> x = np.array([1, 2, 3, 4, 5])
>>> y = np.where(x > 3)
>>> print(y)
(array([3, 4], dtype=int32),)
```

- where(condition, a, b)：如果條件值成立，則該位置是 a，否則是 b。

25-8

實例 11：where(condition, a, b) 的應用。

```
>>> x = np.array([1, 5, 9])
>>> y = np.where(x > 5,10,100)
>>> print(y)
[100 100  10]
```

- sum(a, axis=i)：傳回指定軸 (axis) 的陣列 a 元素的總和。

實例 12：如果是空陣列，結果是 0.0。

```
>>> np.sum([])
0.0
```

實例 13：一維陣列則是元素的加總。

```
>>> np.sum([1,2,3])
6
```

實例 14：元素是浮點數，但是設定資料是 int32。

```
>>> np.sum([1.2,1.5,3.1],dtype=np.int32)
5
```

實例 15：使用不同軸，執行二維陣列元素的加總。

```
>>> np.sum([[1,2],[3,4]])
10
>>> np.sum([[1,2],[3,4]], axis=0)
array([4, 6])
>>> np.sum([[1,2],[3,4]], axis=1)
array([3, 7])
```

- prod(arr, axis=i)：傳回指定軸 (axis) 的陣列元素的乘積。

實例 16：如果是空陣列，結果是 1.0。

```
>>> np.prod([])
1.0
```

實例 17：一維陣列則是元素的乘積。

```
>>> np.prod([1,2,3])
6
```

實例 18：二維陣列也是傳回所有元素的乘積。

```
>>> np.prod([[1,2],[3,4]])
24
```

實例 19：傳回指定軸的元素乘積。

```
>>> np.prod([[1,2],[3,4]], axis=1)
array([ 2, 12])
```

- diff(arr, n, axis=i)：傳回指定軸的元素差 (後一個元素值減去前一個元素值)，n 是代表執行幾次。

實例 20：一維陣列執行 1 次與執行 2 次的結果。

```
>>> x = np.array([1, 4, 7, 0, 5])
>>> np.diff(x)
array([ 3,  3, -7,  5])
>>> np.diff(x, n=2)
array([  0, -10,  12])
```

實例 21：使用不同軸，執行二維陣列元素差的計算。

```
>>> x = np.array([[1, 4, 6, 10], [0, 2, 5, 9]])
>>> np.diff(x)
array([[3, 2, 4],
       [2, 3, 4]])
>>> np.diff(x, axis=0)
array([[-1, -2, -1, -1]])
```

25-5　陣列資料排序

25-5-1　sort( )

sort( ) 函數可以依指定的軸排序，同時排序後 arr 的內容不會改變，其語法如下：

　　sort(arr, axis=i)

實例 1：一維陣列使用 sort( ) 排序的應用。

```
>>> arr = np.array([9, 3, 8, 1, 7])
>>> y = np.sort(arr)
>>> print(y)
[1 3 7 8 9]
```

實例 2：二維陣列使用 sort( ) 排序的應用。

```
>>> arr = np.array([[9, 3, 8, 1, 7],
                    [6, 5, 3, 2, 8]])
>>> y = np.sort(arr,axis=0)
>>> print(y)
[[6 3 3 1 7]
 [9 5 8 2 8]]
>>> y = np.sort(arr,axis=1)
>>> print(y)
[[1 3 7 8 9]
 [2 3 5 6 8]]
```

25-5-2　argsort( )

argsort( ) 函數可以依指定的軸排序，回傳排序的索引，其語法如下：

　　argsort(arr, axis=i)

實例 1：一維陣列使用 argsort( ) 排序的應用。

```
>>> arr = np.array([9,3,8,1,7])
>>> y = np.argsort(arr)
>>> print(y)
[3 1 4 2 0]
```

實例 2：二維陣列使用 sort( ) 排序的應用。

```
>>> arr = np.array([[9, 3, 8, 1, 7],
                    [6, 5, 3, 2, 8]])
>>> index = np.argsort(arr,axis=0)
>>> print(index)
[[1 0 1 0 0]
 [0 1 0 1 1]]
>>> index = np.argsort(arr,axis=1)
>>> print(index)
[[3 1 4 2 0]
 [3 2 1 0 4]]
```

25-6 簡單線性代數運算

25-6-1 一元二次方程式

Numpy 有 roots( ) 方法可以解一元二次方程式的根，假設有一個方程式如下：

$$ax^2 + bx + c = 0$$

可以直接帶入 roots([a, b, c]) 即可求解。

實例 1：求 $3x^2 + 5x + 1 = 0$ 的根。

```
>>> import numpy as np
>>> r = np.roots([3,5,1])
>>> print(r)
[-1.43425855 -0.23240812]
```

25-6-2 解聯立線性方程式

使用 Numpy 可以處理線性代數的問題，此小節筆者將簡單解說處理線性代數的問題，假設有 2 個線性方程式如下：

3x + 5y = 18
2x + 3y = 11

我們可以建立 2 個陣列儲存上述方程式，一個是 x 和 y 的係數陣列，另一個是方程式右邊值的因變數陣列。

然後可以使用 linalg 模組的 solve( ) 函數，最後可以得到下列 x=1 和 y=3 值。

```
>>> import numpy as np
>>> coeff = np.array([[3,5],[2,3]])
>>> deps = np.array([18,11])
>>> ans = np.linalg.solve(coeff, deps)
>>> print(ans)
[1. 3.]
```

下列是驗證這個結果，其中 10.999…是浮點數的問題，可視為是 11.。

```
>>> print(3*ans[0] + 5*ans[1])
18.0
>>> print(2*ans[0] + 3*ans[1])
10.999999999999998
```

25-7 線性插入函數

interp(x, xp, fp)：一維陣列的線性插入，xp 是 x 軸的點座標，yp 是 y 軸的座標，x 則是 x 軸的插入值，然後可以由此計算出 y 軸的值。

程式實例 ch25_1.py：線性插入 interp( ) 的應用，這個程式會在 x 軸 0 ~ 10 之間建立均分的 20 個點，這些點用 "o" 做標記然後是依 sin(x) 計算相對應的 y 軸值，然後採用 interp( ) 插入 100 個點，這 100 個點使用 "x" 標記，同時將 100 點連接。

```
1  # ch25_1.py
2  import numpy as np
3  import matplotlib.pyplot as plt
4
5  x = np.linspace(0, 10, 20)
6  y = np.sin(x)
7
8  xvals = np.linspace(0, 10, 100)
9  yinterp = np.interp(xvals, x, y)
10
11 plt.plot(x, y, 'o')
12 plt.plot(xvals, yinterp, '-x')
13 plt.show()
```

執行結果

25-8 Numpy 的廣播功能

Numpy 在執行 2 個陣列運算時，原則上陣列外形必須相容才可運算，如果外形不同 Numpy 可以使用廣播 (broadcast) 機制，先將比較小的陣列擴大至與較大的陣列外形相同，然後再執行運算。

實例 1：將整數 5 或陣列 [5] 與陣列 [1,2,3] 相加。

```
>>> import numpy as np
>>> x = np.array([1,2,3])
>>> y = 5
>>> z = x + y
>>> print(z)
[6 7 8]
>>> r = [5]
>>> s = x + r
>>> print(s)
[6 7 8]
```

其實對上述實例而言，不論是整數 5 或陣列 [5]，與陣列 [1,2,3] 相加時，皆會先被擴張為 (3,) 的陣列 [5,5,5]，然後再執行運算。

假設有一個 (3,) 之一維陣列，另有一個 (2,3) 的二維陣列，則 (3,) 之一維陣列會先被擴張為 (2,3) 之二維陣列然後運算。

實例 2：將 (3,) 之一維 [1,2,3] 陣列與 (2,3) 之二維陣列 [[1,2,3],[4,5,6]] 相加。

```
>>> import numpy as np
>>> x = np.array([1,2,3])
>>> y = np.array([[1,2,3],[4,5,6]])
>>> z = x + y
>>> print(z)
[[2 4 6]
 [5 7 9]]
```

其實上述是 Numpy 先將 [1,2,3] 擴張為 [[1,2,3],[1,2,3]]，然後才執行運算。

實例 3：兩個陣列皆擴張的應用。

```
>>> import numpy as np
>>> x = np.array([1,2,3]).reshape(3,1)
>>> print(x)
[[1]
 [2]
 [3]]
>>> y = np.ones(5)
>>> print(y)
[1. 1. 1. 1. 1.]
>>> z = x + y
>>> print(z)
[[2. 2. 2. 2. 2.]
 [3. 3. 3. 3. 3.]
 [4. 4. 4. 4. 4.]]
```

上述相當於在執行 x+y 時，x 會擴張為：

```
[[1 1 1 1 1]
 [2 2 2 2 2]
 [3 3 3 3 3]]
```

y 會擴張為：

```
[[1., 1., 1., 1., 1.],
 [1., 1., 1., 1., 1.],
 [1., 1., 1., 1., 1.]]
```

所以可以得到上述 z 的執行結果。其實並不是所有陣列運算皆可以擴張陣列，例如：(2,) 之一維陣列就無法擴張與 (3,) 之一維陣列執行運算。

實例 4：(2,) 之一維陣列與 (3,) 之一維陣列執行加法運算，產生錯誤的實例。

```
>>> import numpy as np
>>> x = np.array([1,2])
>>> y = np.array([1,2,3])
>>> z = x + y
Traceback (most recent call last):
  File "<pyshell#511>", line 1, in <module>
    z = x + y
ValueError: operands could not be broadcast together with shapes (2,) (3,)
```

25-9 檔案的輸入與輸出

更多相關檔案的輸入與輸出可以參考下列網址。

https://docs.scipy.org/doc/numpy/reference/routines.io.html

在真實的實例應用中，我們可以必須從檔案讀取資料，或是將資料寫入檔案，這些檔案可能是文字檔 (.txt 或 .csv) 或是二進位檔案，這將是本節的主題。

25-9-1 讀取文字檔案

Numpy 有提供 loadtxt( ) 可以執行讀取檔案，存入陣列，它的語法如下：

loadtxt(fname, dtype=<class 'float'>, comments='#', delimiter=None, skiprows=0,
　　　　usecols=None, encoding='bytes', … 其它參數)

fname 檔案名稱，dtype 資料型態，comments 檔案註解，delimiter 分隔字元，skiprows 忽略前幾 rows，usecols 讀取那些 columns，encoding 檔案編碼。

程式實例 ch25_2.py：有一個 txt 檔案內容如下，請讀取此檔案 data25_2.txt，然後列印檔案內的陣列。

```
data25_2 - 記事本
檔案(F) 編輯(E) 格式(O) 檢視(V) 說明
1,2,3,4,5,6,7,8,9
11,12,13,14,15,16,17,18,19
21,22,23,24,25,26,27,28,29
31,32,33,34,35,36,37,38,39
41,42,43,44,45,46,47,48,49
```

```
1  # ch25_2.py
2  import numpy as np
3
4  x = np.loadtxt("data25_2.txt",delimiter=',')
5  print(x)
```

執行結果
```
================== RESTART: D:\Python\ch25\ch25_2.py ==================
[[ 1.  2.  3.  4.  5.  6.  7.  8.  9.]
 [11. 12. 13. 14. 15. 16. 17. 18. 19.]
 [21. 22. 23. 24. 25. 26. 27. 28. 29.]
 [31. 32. 33. 34. 35. 36. 37. 38. 39.]
 [41. 42. 43. 44. 45. 46. 47. 48. 49.]]
```

程式實例 ch25_3.py：忽略前 2 row，只取第 (1, 3, 5)column，留意 column 是從 0 開始計數。

```
1  # ch25_3.py
2  import numpy as np
3
4  x = np.loadtxt("data25_2.txt",delimiter=',',skiprows=2,usecols=(1,3,5))
5  print(x)
```

執行結果
```
================== RESTART: D:\Python\ch25\ch25_3.py ==================
[[22. 24. 26.]
 [32. 34. 36.]
 [42. 44. 46.]]
```

25-9-2　寫入文字檔案

Numpy 有提供 savetxt( ) 可以執行將陣列寫入檔案，它的語法如下：

savetxt(fname, fmt='%.18e', comments='#', delimiter=None, header='', footer='', encoding='bytes', … 其它參數)

上述參數 header 是設定檔案開頭字串，footer 是設定檔案結尾字串，fmt 是格式化資料。

25-15

第 25 章　Numpy 進階運算與 3D 繪圖 - 多維度資料探索

程式實例 ch25_4.py：寫入陣列資料。

```
1  # ch25_4.py
2  import numpy as np
3
4  x = np.arange(16).reshape(4,4)
5  np.savetxt('out25_4_1.txt',x,delimiter=',',header='out25_4_1.txt',
6             footer='bye',fmt="%d")
7  np.savetxt('out25_4_2.txt',x,delimiter=',',header='out25_4_2.txt',
8             footer='bye',fmt="%4.2f")
```

執行結果

```
# out25_4_1.txt
0,1,2,3
4,5,6,7
8,9,10,11
12,13,14,15
# bye
```

```
# out25_4_2.txt
0.00,1.00,2.00,3.00
4.00,5.00,6.00,7.00
8.00,9.00,10.00,11.00
12.00,13.00,14.00,15.00
# bye
```

25-10　專題 – 3D 繪圖到 3D 動畫

25-10-1　3D 繪圖的基礎觀念

3D 繪圖是一種在 2D 平面上繪製 3D 曲面的方法，其觀念是在一個 x-y 平面上依據一個公式，產生 z 軸值。

$z = f(x,y)$

也就是我們需先有平面上所有點的 (x,y) 座標，這個工作可以使用 Numpy 模組的 meshgrid( ) 函數完成，然後依據 z = f(x,y) 公式建立 z 軸值，最後再將 x、y 和 z 軸值代入 3D 繪圖函數即可。例如：假設 3D 圖形的 z 座標公式是 z = x + 5y，如果 3D 圖形的 x 座標是從 0 到 5，y 座標是從 0 到 3，間距是 1，這時可以用串列建立 x 和 y 的值。註：如果點比較多可以使用串列生成式的觀念。

```
>>> x = [0, 1, 2, 3, 4, 5]
>>> y = [0, 1, 2, 3]
```

這時可以使用 meshgrid( ) 建立下列所有平面點的 (x,y) 座標。

```
>>> XX, YY = np.meshgrid(x,y)
>>> print(XX)
[[0 1 2 3 4 5]
 [0 1 2 3 4 5]
 [0 1 2 3 4 5]
 [0 1 2 3 4 5]]
>>> print(YY)
[[0 0 0 0 0 0]
 [1 1 1 1 1 1]
 [2 2 2 2 2 2]
 [3 3 3 3 3 3]]
```

有了上述 (x,y) 座標，可以使用下列方式建立每一個點的 z 座標。

```
>>> ZZ = XX + 5 * YY
>>> print(ZZ)
[[ 0  1  2  3  4  5]
 [ 5  6  7  8  9 10]
 [10 11 12 13 14 15]
 [15 16 17 18 19 20]]
```

現在只要將上述 XX、YY 和 ZZ 座標值代入 3D 繪圖函數即可產生 3D 繪圖。

25-10-2　建立 3D 等高線

等高線 (contour) 又稱輪廓線，常用函數如下：

- contour(xx,yy,zz,level)：建立等高線，level 可以設定層次。
- contourf(xx,yy,zz.level)：建立等高線同時填充，level 可以設定層次。
- clabels(cs)：標記等高線的標記。

程式實例 ch25_5.py：指數函數應用在輪廓線，建立 x 和 y 座標皆是 -3 至 3，這個程式同時將標註高度，指數函數的公式如下：

$$z = f(x, y) = (1.2 - x^2 + y^5) * \left(e^{(-x^2)} - y^2\right)$$

```python
1  # ch25_5.py
2  import matplotlib.pyplot as plt
3  import numpy as np
4
5  def f(x, y):
6      return (1.2-x**2+y**5)*np.exp(-x**2-y**2)
7
8  plt.rcParams["font.family"] = ["Microsoft JhengHei"]
9  plt.rcParams["axes.unicode_minus"] = False
10 x = np.linspace(-3.0, 3.0, 100)
11 y = np.linspace(-3.0, 3.0, 100)
12 X, Y = np.meshgrid(x, y)
13 Z = f(X, Y)
14 # 建立 2 個子圖
15 fig, ax = plt.subplots(1,2, figsize=(8,4))
16 # 繪製左圖 level 是預設
```

```
17  con = ax[0].contourf(X,Y,Z,cmap='Greens')    # 填充輪廓圖
18  plt.colorbar(con,ax=ax[0])
19  oval = ax[0].contour(X,Y,Z,colors='b')       # 輪廓圖
20  ax[0].clabel(oval,colors='b')                # 增加高度標記
21  ax[0].set_title('指數函數等高圖level是預設',fontsize=16,color='b')
22  # 繪製右圖 level=12
23  ax[1].contourf(X,Y,Z,12,cmap='Greens')       # 填充輪廓圖
24  oval = ax[1].contour(X,Y,Z,12,colors='b')    # 輪廓圖
25  ax[1].clabel(oval,colors='b')                # 增加高度標記
26  ax[1].set_title('指數函數等高圖level=12',fontsize=16,color='b')
27  plt.show()
```

執行結果

上述有 2 個子圖，彼此唯一差異是左邊 level 層次使用預設，右邊 level=12 層次，所以可以看到右邊子圖有比較多的層次環圈，同時第 17 列在左邊子圖建立一個個色彩條。程式第 18 列在建立等高圖的線條有回傳物件 oval，這個物件主要是供第 19 列呼叫 clabel( ) 函數當做第一個參數，指出標記是應用在這個物件，同時第 2 個參數 colors='b' 是註明標記是藍色。

25-10-3　使用官方數據繪製 3D 圖

matplotlib 官方模組有提供測試數據，可以使用下列方式取得。

from mpl_toolkits.mplot3d import axes3d
…
X, Y, Z = axes3d.get_test_data(0.05)

這一節將用 plot_surface( ) 函數可以繪製曲線圖，plot_wireframe( ) 函數可以繪製曲線框線做說明。要繪製 3D 圖，使用 subplots( ) 函數時需要增加下列參數：

subplot_kw={'projection':'3d'}

如果使用 add_subplot( ) 函數建立子圖則需使用下列參數：

projection='3d'

程式實例 ch25_6.py：使用測試數據和 plot_surface( ) 函數繪製曲面，plot_wireframe( ) 函數可以繪製曲線框線做說明。

```python
1   # ch25_6.py
2   from mpl_toolkits.mplot3d import axes3d
3   import matplotlib.pyplot as plt
4   import numpy as np
5   
6   plt.rcParams["font.family"] = ["Microsoft JhengHei"]
7   plt.rcParams["axes.unicode_minus"] = False
8   # 取得測試資料
9   X, Y, Z = axes3d.get_test_data(0.05)
10  # 建立 2 個子圖
11  fig,ax = plt.subplots(1,2,figsize=(8,4),subplot_kw={'projection':'3d'})
12  # 繪製曲線表面圖
13  ax[0].plot_surface(X, Y, Z, cmap="bwr")
14  ax[0].set_title('繪製曲線表面圖',fontsize=16,color='b')
15  
16  # 繪製曲線框面圖
17  #ax = fig.add_subplot(111, projection='3d')
18  ax[1].plot_wireframe(X, Y, Z, color='g')
19  ax[1].set_title('繪製曲線框線圖',fontsize=16,color='b')
20  plt.show()
```

執行結果

25-10-4　使用 scatter( ) 函數繪製 3D 圖

我們也可以使用簡單的 scatter( ) 函數繪製 3D 圖形。

第 25 章 Numpy 進階運算與 3D 繪圖 - 多維度資料探索

程式實例 ch25_7.py：這是螺旋值，x、y 和 z 軸公式可以參考 5 ~ 7 列。

```python
1  # ch25_7.py
2  import matplotlib.pyplot as plt
3  import numpy as np
4
5  z = np.linspace(0,1,300)              # z 軸值
6  x = z * np.sin(30*z)                  # x 軸值
7  y = z * np.cos(30*z)                  # y 軸值
8  colors = x + y                        # 色彩是沿 x + y 累增
9
10 # 建立 2 個子圖
11 fig,ax = plt.subplots(1,2,figsize=(8,4),subplot_kw={'projection':'3d'})
12 ax[0].scatter(x, y, z, c = colors)                    # 繪製左子圖
13 ax[1].scatter(x, y, z, c = colors, cmap='hsv')        # 繪製右子圖
14 ax[1].set_axis_off()                  # 關閉軸
15 plt.show()
```

執行結果

這個實例比較特別的是先有 0 ~ 1 的 z 軸值，可以參考第 5 列，然後由此值計算 x 和 y 的值，計算方式如下：

  x = z * sin(30z)   # 第 6 列
  y = z * cos(30z)   # 第 7 列

因此產生螺旋效果，其中左邊使用預設色彩。右邊是 cmap='hsv'，同時關閉顯示軸。

25-10-5 繪製 3D 圖增加視角

視角函數是 view_init(elev,azim)，elev 是仰角，azim 是方位角，假設物件是 ax，未來也可以使用 ax.elev 和 ax.axim 取得此仰角值和方位角值。

25-10 專題 – 3D 繪圖到 3D 動畫

程式實例 ch25_8.py：使用 scatter 繪製 3D 圖，這個程式有 3 個圖，其中第 2 個和第 3 個圖公式相同，但是第 3 個圖用不同角度觀察。

```python
1   # ch25_8.py
2   import matplotlib.pyplot as plt
3   import numpy as np
4   
5   def f1(x, y):                                   # 左邊曲面函數
6       return np.exp(-(0.5*X**2+0.5*Y**2))
7   def f2(x, y):                                   # 右邊曲面函數
8       return np.exp(-(0.1*X**2+0.1*Y**2))
9   
10  plt.rcParams["font.family"] = ["Microsoft JhengHei"]
11  plt.rcParams["axes.unicode_minus"] = False
12  N = 50
13  x = np.linspace(-5, 5, N)
14  y = np.linspace(-5, 5, N)
15  X, Y = np.meshgrid(x, y)                        # 建立 X 和 Y 資料
16  np.random.seed(10)
17  c = np.random.rand(N, N)                        # 取隨機色彩值
18  # 建立子圖
19  fig,ax = plt.subplots(1,3,figsize=(8,4),subplot_kw={'projection':'3d'})
20  # 左邊子圖乎叫 f1
21  sc = ax[0].scatter(X, Y, f1(X,Y), c=c, marker='o', cmap='hsv')
22  # 中間子圖乎叫 f2
23  sc = ax[1].scatter(X, Y, f2(X,Y), c=c, marker='o', cmap='hsv')
24  ax[1].set_axis_off()
25  # 右邊子圖乎叫 f2, 但是用不同的仰角和方位角
26  sc = ax[2].scatter(X, Y, f2(X,Y), c=c, marker='o', cmap='hsv')
27  ax[2].set_axis_off()
28  ax[2].view_init(60,-30)
29  ax[2].set_title(f"仰角={ax[2].elev},方位角={ax[2].azim}",color='b')
30  
31  plt.show()
```

執行結果

這個程式另一個特色是，雖然使用 cmap='hsv'，但是每一個點的的色彩值是在第 17 列隨機產生，所以可以看到這個色彩不是依據一個座標軸刻度大小對應色彩。

25-10-6　3D 動畫設計

20-10 節筆者介紹了 2D 動畫，當讀者了解前一小節視角函數 view_init(elev,azim) 的功能後，我們可以每經過一段時間更改 azim 方位角的值就可以產生 3D 動畫效果。

程式實例 ch25_8_1.py：使用更改方位角繪製 3D 動畫。

```python
1   # ch25_8_1.py
2   import matplotlib.pyplot as plt
3   import numpy as np
4   from matplotlib.animation import FuncAnimation
5
6   def f(x, y):                                  # 左邊曲面函數
7       return (4 - x**2 - y**2)
8   def animate(i):
9       ax.view_init(60,i)
10
11  X = np.arange(-3, 3, 0.1)                     # 曲面 X 區間
12  Y = np.arange(-3, 3, 0.1)                     # 曲面 Y 區間
13  X, Y = np.meshgrid(X, Y)                      # 建立 XY 座標
14  # 建立子圖
15  fig,ax = plt.subplots(subplot_kw={'projection':'3d'})
16  ax.plot_surface(X, Y, f(X,Y), cmap='hsv')     # 繪製 3D 圖
17  ax.set_axis_off()
18
19  ani = FuncAnimation(fig,func=animate,frames=np.arange(0,360,3),
20                      interval=60)
21  plt.show()
```

執行結果　下列是 3 個不同角度的動畫效果。

25-11　專題 – 遮罩觀念與數據分類

數據分類過程可以設定一個邊界線 (Boundary)，將數據分類，這時需使用 Numpy 的遮罩 (mask) 函數 np.ma.masked_where( )，如下：

　　np.ma.masked_where(condition, a)

上述 a 是陣列，conditon 是條件，然後回傳條件符合的遮罩陣列，也就是將符合條件的資料遮罩，下列將從簡單的遮罩實例說起。

程式實例 ch25_9.py：將符合 a > 3 條件的陣列元素資料遮罩。

```
1  # ch25_9.py
2  import numpy as np
3
4  a = np.array([2,3,4,5,6])
5  print(f'a = {a}')
6  b = np.ma.masked_where(a > 3, a)
7  print(f'b = {b}')
```

執行結果
```
==================== RESTART: D:/matplotlib/ch9/ch9_12.py ====================
a = [2 3 4 5 6]
b = [2 3 -- -- --]
```

上述因為大於 3 的元素被遮罩，所以最後回傳給 b 陣列的結果，大於 3 的元素以「--」顯示。

程式實例 ch25_10.py：使用隨機數建立 50 個散點，然後將 x 軸座標大於或等於 0.5 的座標點標上星號，小於 0.5 的座標點標上圓點，最後繪製一條垂直邊界線。

```
1  # ch25_10.py
2  import matplotlib.pyplot as plt
3  import numpy as np
4
5  np.random.seed(10)                              # 固定隨機數
6  N = 50                                          # 散點的數量
7  r = 0.5                                         # 邊界線boundary半徑
8  x = np.random.rand(N)                           # 隨機的 x 座標點
9  y = np.random.rand(N)                           # 隨機的 y 座標點
10 area = []
11 for i in range(N):                              # 建立散點區域陣列
12     area.append(30)
13 colorused = ['b','c','g','k','m','r','y']       # 定義顏色
14 colors = []
15 for i in range(N):                              # 隨機設定 N 個顏色
16     colors.append(np.random.choice(colorused))
17
18 area1 = np.ma.masked_where(x < r, area)         # 邊界線 0.5 內區域遮罩
19 area2 = np.ma.masked_where(x >= r, area)        # 邊界線 0.5 (含)外區域遮罩
20 # 大於或等於 0.5 繪製星形, 小於 0.5 繪製圓形
21 plt.scatter(x, y, s=area1, marker='*', c=colors)
22 plt.scatter(x, y, s=area2, marker='o', c=colors)
23 # 繪製邊界線
24 plt.plot((0.5,0.5),(0,1.0))                     # 繪製邊界線
25 plt.xticks(np.arange(0,1.1,step=0.1))
26 plt.yticks(np.arange(0,1.1,step=0.1))
27 plt.show()
```

25-23

第 25 章　Numpy 進階運算與 3D 繪圖 - 多維度資料探索

執行結果

第 26 章
Pandas 入門
高效資料操作與分析

26-1　Series

26-2　DataFrame

26-3　基本 Pandas 資料分析與處理

26-4　讀取與輸出 CSV 檔案

26-5　讀取與輸出 Excel 檔案

第 26 章　Pandas 入門 - 高效資料操作與分析

　　Pandas 是一個專為 Python 編寫的外部模組，可以很方便執行數據處理與分析。它的名稱主要是來自 panel、dataframe 與 series，而這 3 個單字也是 Pandas 的 3 個資料結構 Panel、DataFrame 和 Series。

　　有時候 Pandas 也被稱熊貓，使用此模組前請使用下列方式安裝：

　　　　pip install pandas

安裝完成後可以使用下列方式導入模組，以及了解目前的 Pandas 版本。

```
>>> import pandas as pd
>>> pd.__version__
'0.24.1'
```

本章將介紹 Pandas 最基礎與最常用的部分，讀者若想瞭解更多可以參考下列網址。

　　　　https://pandas.pydata.org

26-1　Series

　　Series 是一種一維的陣列資料結構，在這個陣列內可以存放整數、浮點數、字串、Python 物件 (例如：字串 list、字典 dict …)、Numpy 的 ndarray，純量，… 等。雖然是一維陣列資料，可是看起來卻好像是二維陣列資料，因為一個是索引 (index) 或稱標籤 (label)，另一個是實際的資料。

　　Series 結構與 Python 的 list 類似，不過程式設計師可以為 Series 的每個元素自行命名索引。可以使用 pandas.Series( ) 建立 Series 物件，語法如下：

　　　　pandas.Series(data=None, index=None, dtype=None, name=None, options, …)

下列章節實例，因為用下列指令導入 pandas：

　　　　import pandas as pd

所以可用 pd.Series( ) 取代上述的 pandas.Series( )。

26-1-1　使用串列 list 建立 Series 物件

　　最簡單建立 Series 物件的方式是在 data 參數使用串列。

程式實例 ch26_1.py：在 data 參數使用串列建立 Series 物件 s1，然後列出結果。

```
1  # ch26_1.py
2  import pandas as pd
3
4  s1 = pd.Series([11, 22, 33, 44, 55])
5  print(s1)
```

執行結果
```
==================== RESTART: D:\Python\ch26\ch26_1.py ====================
0    11
1    22
2    33
3    44
4    55
dtype: int64
```

我們只有建立 Series 物件 s1 內容，可是列印時看到左邊欄位有系統自建的索引，Pandas 的索引也是從 0 開始計數，這也是為什麼我們說 Series 是一個一維陣列，可是看起來像是二維陣列的原因。有了這個索引，可以使用索引存取物件內容。上述最後一個列出「dtype: int64」指出資料在 Pandas 是以 64 位元整數儲存與處理。

程式實例 ch26_2.py：延續先前實例，列出 Series 特定索引 s[1] 的內容與修改 s[1] 的內容。

```
1  # ch26_2.py
2  import pandas as pd
3
4  s1 = pd.Series([11, 22, 33, 44, 55])
5  print(f"修改前 s1[1]={s1[1]}")
6  s1[1] = 20
7  print(f"修改後 s1[1]={s1[1]}")
```

執行結果
```
==================== RESTART: D:\Python\ch26\ch26_2.py ====================
修改前 s1[1]=22
修改後 s1[1]=20
```

26-1-2　使用 Python 字典 dict 建立 Series 物件

如果我們使用 Python 的字典建立 Series 物件時，字典的鍵 (key) 就會被視為 Series 物件的索引，字典鍵的值 (value) 就會被視為 Series 物件的值。

程式實例 ch26_3.py：使用 Python 字典 dict 建立 Series 物件，同時列出結果。

```
1  # ch26_3.py
2  import pandas as pd
3
4  mydict = {'北京':'Beijing', '東京':'Tokyo'}
5  s2 = pd.Series(mydict)
6  print(f"{s2}")
```

執行結果

```
======================= RESTART: D:\Python\ch26\ch26_3.py =======================
北京     Beijing
東京     Tokyo
dtype: object
```

26-1-3　使用 Numpy 的 ndarray 建立 Series 物件

程式實例 ch26_4.py：使用 Numpy 的 ndarray 建立 Series 物件，同時列出結果。

```
1  # ch26_4.py
2  import pandas as pd
3  import numpy as np
4
5  s3 = pd.Series(np.arange(0, 7, 2))
6  print(f"{s3}")
```

執行結果

```
======================= RESTART: D:\Python\ch26\ch26_4.py =======================
0    0
1    2
2    4
3    6
dtype: int32
```

上述 np.arange(0, 7, 2) 可以產生從「0 – (7 ~ 1)」之間的序列數字，每次增加 2 所以可以得到 (0, 2, 4. 6)。

26-1-4　建立含索引的 Series 物件

目前為止我們了解在建立 Series 物件時，預設情況索引是從 0 開始計數，若是我們使用字典建立 Series 物件，字典的鍵 (key) 就是索引，其實在建立 Series 物件時，也可以使用 index 參數自行建立索引。

程式實例 ch26_5.py：建立索引不是從 0 開始計數。

```
1  # ch26_5.py
2  import pandas as pd
3
4  myindex = [3, 5, 7]
5  price = [100, 200, 300]
6  s4 = pd.Series(price, index=myindex)
7  print(f"{s4}")
```

執行結果

```
======================= RESTART: D:\Python\ch26\ch26_5.py =======================
3    100
5    200
7    300
dtype: int64
```

26-1 Series

程式實例 ch26_6.py：建立含自訂索引的 Series 物件，同時列出結果。

```
1  # ch26_6.py
2  import pandas as pd
3
4  fruits = ['Orange', 'Apple', 'Grape']
5  price = [30, 50, 40]
6  s5 = pd.Series(price, index=fruits)
7  print(f"{s5}")
```

執行結果
```
==================== RESTART: D:\Python\ch26\ch26_6.py ====================
Orange    30
Apple     50
Grape     40
dtype: int64
```

上述有時候也可以用下列方式建立一樣的 Series 物件。

```
s5 = pd.Series([30, 50, 40], index=['Orange', 'Apple', 'Grape'])
```

由上述讀者應該體會到，Series 物件有一個很大的特色是可以使用任意方式的索引。

26-1-5 使用純量建立 Series 物件

程式實例 ch26_7.py：使用純量建立 Series 物件，同時列出結果。

```
1  # ch26_7.py
2  import pandas as pd
3
4  s6 = pd.Series(9, index=[1, 2, 3])
5  print(f"{s6}")
```

執行結果
```
==================== RESTART: D:\Python\ch26\ch26_7.py ====================
1    9
2    9
3    9
dtype: int64
```

雖然只有一個純量搭配 3 個索引，Pandas 會主動將所有索引值用此純量補上。

26-1-6 列出 Series 物件索引與值

從前面實例可以知道，我們可以直接用 print(物件名稱)，列印 Series 物件，其實也可以使用下列方式得到 Series 物件索引和值。

    obj.values   # 假設物件名稱是 obj，Series 物件值 values
    obj.index   # 假設物件名稱是 obj，Series 物件索引 index

26-5

程式實例 ch26_8.py：列印 Series 物件索引和值。

```python
1  # ch26_8.py
2  import pandas as pd
3
4  s = pd.Series([30,50,40],index=['Orange','Apple','Grape'])
5  print(f"{s.values}")
6  print(f"{s.index}")
```

執行結果
```
================== RESTART: D:\Python\ch26\ch26_8.py ==================
[30 50 40]
Index(['Orange', 'Apple', 'Grape'], dtype='object')
```

26-1-7　Series 的運算

Series 運算方法許多與 Numpy 的 ndarray 或是 Python 的串列相同，但是有一些擴充更好用的功能，本小節會做解說。

程式實例 ch26_9.py：可以將切片觀念應用在 Series 物件。

```python
1  # ch26_9.py
2  import pandas as pd
3
4  s = pd.Series([0, 1, 2, 3, 4, 5])
5  print(f"s[2:4] = \n{s[2:4]}")
6  print(f"s[:3] = \n{s[:3]}")
7  print(f"s[2:] = \n{s[2:]}")
8  print(f"s[-1:] = \n{s[-1:]}")
```

執行結果
```
================== RESTART: D:\Python\ch26\ch26_9.py ==================
s[2:4] =
2    2
3    3
dtype: int64
s[:3] =
0    0
1    1
2    2
dtype: int64
s[2:] =
2    2
3    3
4    4
5    5
dtype: int64
s[-1:] =
5    5
dtype: int64
```

四則運算與求餘數的觀念也可以應用在 Series 物件。

程式實例 ch26_10.py：Series 物件相加。

```
1  # ch26_10.py
2  import pandas as pd
3
4  x = pd.Series([1, 2])
5  y = pd.Series([3, 4])
6  print(f"{x + y}")
```

執行結果
```
==================== RESTART: D:\Python\ch26\ch26_10.py ====================
0    4
1    6
dtype: int64
```

程式實例 ch26_11.py：Series 物件相乘。

```
1  # ch26_11.py
2  import pandas as pd
3
4  x = pd.Series([1, 2])
5  y = pd.Series([3, 4])
6  print(f"{x * y}")
```

執行結果
```
==================== RESTART: D:\Python\ch26\ch26_11.py ====================
0    3
1    8
dtype: int64
```

邏輯運算的觀念也可以應用在 Series 物件。

程式實例 ch26_12.py：邏輯運算應用在 Series 物件。

```
1  # ch26_12.py
2  import pandas as pd
3
4  x = pd.Series([1, 5, 9])
5  y = pd.Series([2, 4, 8])
6  print(f"{x > y}")
```

執行結果
```
==================== RESTART: D:\Python\ch26\ch26_12.py ====================
0    False
1    True
2    True
dtype: bool
```

有 2 個 Series 物件擁有相同的索引，這時也可以將這 2 個物件相加。

程式實例 ch26_13.py：Series 物件擁有相同索引，執行相加的應用。

```
1  # ch26_13.py
2  import pandas as pd
3
4  fruits = ['Orange', 'Apple', 'Grape']
5  x1 = pd.Series([20, 30, 40], index=fruits)
6  x2 = pd.Series([25, 38, 55], index=fruits)
7  y = x1 + x2
8  print(f"{y}")
```

第 26 章　Pandas 入門 - 高效資料操作與分析

執行結果
```
================== RESTART: D:\Python\ch26\ch26_13.py ==================
Orange    45
Apple     68
Grape     95
dtype: int64
```

在執行相加時，如果 2 個索引不相同，也可以執行相加，這時不同的索引的索引內容值會填上 NaN(Not a Number)，可以解釋為非數字或無定義數字。

程式實例 ch26_14.py：Series 物件擁有不同索引，執行相加的應用。

```python
1  # ch26_14.py
2  import pandas as pd
3
4  fruits1 = ['Orange', 'Apple', 'Grape']
5  fruits2 = ['Orange', 'Banana', 'Grape']
6  x1 = pd.Series([20, 30, 40], index=fruits1)
7  x2 = pd.Series([25, 38, 55], index=fruits2)
8  y = x1 + x2
9  print(f"{y}")
```

執行結果
```
================== RESTART: D:\Python\ch26\ch26_14.py ==================
Apple      NaN
Banana     NaN
Grape     95.0
Orange    45.0
dtype: float64
```

當索引是非數值而是字串時，可以使用下列方式取得元素內容。

程式實例 ch26_15.py：Series 的索引是字串，使用字串當作索引取得元素內容的應用。

```python
1  # ch26_15.py
2  import pandas as pd
3
4  fruits = ['Orange', 'Apple', 'Grape']
5  x = pd.Series([20, 30, 40], index=fruits)
6  print(f"{x['Apple']}")
7  print('-'*70)
8  print(f"{x[['Apple', 'Orange']]}")
9  print('-'*70)
10 print(f"{x[['Orange', 'Apple', 'Orange']]}")
```

執行結果
```
================== RESTART: D:\Python\ch26\ch26_15.py ==================
30
----------------------------------------------------------------------
Apple     30
Orange    20
dtype: int64
----------------------------------------------------------------------
Orange    20
Apple     30
Orange    20
dtype: int64
```

我們也可以將純量與 Series 物件做運算，甚至也可以將函數應用在 Series 物件。

程式實例 ch26_16.py：將純量與和函數應用在 Series 物件上。

```python
1  # ch26_16.py
2  import pandas as pd
3  import numpy as np
4
5
6  fruits = ['Orange', 'Apple', 'Grape']
7  x = pd.Series([20, 30, 40], index=fruits)
8  print((x + 10) * 2)
9  print('-'*70)
10 print(np.sin(x))
```

執行結果

```
==================== RESTART: D:\Python\ch26\ch26_16.py ====================
Orange     60
Apple      80
Grape     100
dtype: int64
----------------------------------------------------------------------
Orange    0.912945
Apple    -0.988032
Grape     0.745113
dtype: float64
```

上述有列出 float64，表示模組是使用 64 位元的浮點數處理此數據。

26-2 DataFrame

DataFrame 是一種二維的陣列資料結構，邏輯上而言可以視為是類似 Excel 的工作表，在這個二維陣列內可以存放整數、浮點數、字串、Python 物件 (例如：字串 list、字典 dist …)、Numpy 的 ndarray，純量，… 等。

可以使用 DataFrame( ) 建立 DataFrame 物件，語法如下：

　　pandas.DataFrame(data=None,index=None,dtype=None,name=None)

26-2-1 建立 DataFrame 使用 Series

我們可以使用組合 Series 物件成為二維陣列的 DataFrame。組合的方式是使用 pandas.concat([Series1, Series2, …], axis=0)。

在上述參數 axis 是設定軸的方向，這會牽涉到未來資料方向，預設 axis 是 0，我們可以更改此設定，例如 1，整個影響方式如下圖：

第 26 章　Pandas 入門 - 高效資料操作與分析

```
         axis = 1
        ─────────►
       ┌──────────────┐
       │              │
axis=0 │              │
       │              │
       ▼              │
       └──────────────┘
```

程式實例 ch26_17.py：建立 Beijing、HongKong、Singapore 2020-2022 年 3 月的平均溫度，成為 3 個 Series 物件。筆者設定 concat( ) 方法不設定 axis 結果不是我們預期。

```python
1   # ch26_17.py
2   import pandas as pd
3   years = range(2020, 2023)
4   beijing = pd.Series([20, 21, 19], index = years)
5   hongkong = pd.Series([25, 26, 27], index = years)
6   singapore = pd.Series([30, 29, 31], index = years)
7   citydf = pd.concat([beijing, hongkong, singapore])  # 預設axis=0
8   print(type(citydf))
9   print(citydf)
```

執行結果

```
================== RESTART: D:\Python\ch26\ch26_17.py ==================
<class 'pandas.core.series.Series'>
2020    20
2021    21
2022    19
2020    25
2021    26
2022    27
2020    30
2021    29
2022    31
dtype: int64
```

很明顯上述不是我們的預期，經過 concat( ) 方法組合後，citydf 資料型態仍是 Series，問題出現在使用 concat( ) 組合 Series 物件時 axis 的預設是 0，如果將第 7 列改為增加 axis=1 參數即可。

程式實例 ch26_18.py：重新設計 ch26_17.py 建立 DataFrame 物件。

```
7   citydf = pd.concat([beijing,hongkong,singapore],axis=1)   # axis=1
```

執行結果

```
================== RESTART: D:\Python\ch26\ch26_18.py ==================
<class 'pandas.core.frame.DataFrame'>
       0   1   2
2020  20  25  30
2021  21  26  29
2022  19  27  31
```

26-2 DataFrame

從上述執行結果我們已經得到所要的 DataFrame 物件了。

26-2-2 欄位 columns 屬性

上述 ch26_18.py 的執行結果不完美是因為欄位 columns 沒有名稱，在 pandas 中可以使用 columns 屬性設定欄位名稱。

程式實例 ch26_19.py：擴充 ch26_18.py，使用 columns 屬性設定欄位名稱。

```
1  # ch26_19.py
2  import pandas as pd
3  years = range(2020, 2023)
4  beijing = pd.Series([20, 21, 19], index = years)
5  hongkong = pd.Series([25, 26, 27], index = years)
6  singapore = pd.Series([30, 29, 31], index = years)
7  citydf = pd.concat([beijing,hongkong,singapore],axis=1)   # axis=1
8  cities = ["Beijing", "HongKong", "Singapore"]
9  citydf.columns = cities
10 print(citydf)
```

執行結果

```
============== RESTART: D:\Python\ch26\ch26_19.py ==============
      Beijing  HongKong  Singapore
2020       20        25         30
2021       21        26         29
2022       19        27         31
```

26-2-3 Series 物件的 name 屬性

Series 物件有 name 屬性，我們可以在建立物件時，在 Series( ) 內建立此屬性，也可以物件建立好了後再設定此屬性，如果有 name 屬性，在列印 Series 物件時就可以看到此屬性。

程式實例 ch26_20.py：建立 Series 物件時，同時建立 name。

```
1  # ch26_20.py
2  import pandas as pd
3
4  beijing = pd.Series([20, 21, 19], name='Beijing')
5  print(beijing)
```

執行結果

```
============== RESTART: D:\Python\ch26\ch26_20.py ==============
0    20
1    21
2    19
Name: Beijing, dtype: int64
```

程式實例 ch26_21.py：更改 ch26_19.py 的設計方式，使用 name 屬性設定 DataFrame 的 columns 欄位名稱。

26-11

```
1  # ch26_21.py
2  import pandas as pd
3  years = range(2020, 2023)
4  beijing = pd.Series([20, 21, 19], index = years)
5  hongkong = pd.Series([25, 26, 27], index = years)
6  singapore = pd.Series([30, 29, 31], index = years)
7  beijing.name = "Beijing"
8  hongkong.name = "HongKong"
9  singapore.name = "Singapore"
10 citydf = pd.concat([beijing, hongkong, singapore],axis=1)
11 print(citydf)
```

執行結果　與 ch26_19.py 相同。

26-2-4　使用元素是字典的串列建立 DataFrame

有一個串列它的元素是字典時，可以使用此串列建立 DataFrame。

程式實例 ch26_22.py：使用元素是字典的串列建立 DataFrame 物件。

```
1  # ch26_22.py
2  import pandas as pd
3  data = [{'apple':50,'Orange':30,'Grape':80},{'apple':50,'Grape':80}]
4  fruits = pd.DataFrame(data)
5  print(fruits)
```

執行結果

```
==================== RESTART: D:\Python\ch26\ch26_22.py ====================
   apple  Orange  Grape
0     50    30.0     80
1     50     NaN     80
```

上述如果碰上字典鍵 (key) 沒有對應，該位置將填入 NaN。

26-2-5　使用字典建立 DataFrame

一個字典鍵 (key) 的值 (value) 是串列時，也可以很方便使用於建立 DataFrame。

程式實例 ch26_23.py：使用字典建立 DataFrame 物件。

```
1  # ch26_23.py
2  import pandas as pd
3  cities = {'country':['China','Japan','Singapore'],
4            'town':['Beijing','Tokyo','Singapore'],
5            'population':[2000, 1600, 600]}
6  citydf = pd.DataFrame(cities)
7  print(citydf)
```

執行結果

```
==================== RESTART: D:\Python\ch26\ch26_23.py ====================
     country       town  population
0      China    Beijing        2000
1      Japan      Tokyo        1600
2  Singapore  Singapore         600
```

26-2-6　index 屬性

對於 DataFrame 物件而言，我們可以使用 index 屬性設定物件的 row 標籤，例如：若是以 ch26_23.py 的執行結果而言，0,1,2 索引就是 row 標籤，

程式實例 ch26_24.py：重新設計 ch26_23.py，將 row 標籤改為「first」、「second」、「third」。

```
1   # ch26_24.py
2   import pandas as pd
3   cities = {'country':['China','Japan','Singapore'],
4             'town':['Beijing','Tokyo','Singapore'],
5             'population':[2000, 1600, 600]}
6   rowindex = ['first', 'second', 'third']
7   citydf = pd.DataFrame(cities, index=rowindex)
8   print(citydf)
```

執行結果

```
=================== RESTART: D:\Python\ch26\ch26_24.py ===================
         country       town  population
first      China    Beijing        2000
second     Japan      Tokyo        1600
third  Singapore  Singapore         600
```

26-2-7　將 columns 欄位當作 DataFrame 物件的 index

另外，以字典方式建立 DataFrame，如果字典內某個元素被當作 index 時，這個元素就不會在 DataFrame 的欄位 columns 上出現。

程式實例 ch26_25.py：重新設計 ch26_24.py，這個程式會將 country 當做 index。

```
1   # ch26_25.py
2   import pandas as pd
3   cities = {'country':['China', 'Japan', 'Singapore'],
4             'town':['Beijing','Tokyo','Singapore'],
5             'population':[2000, 1600, 600]}
6   citydf = pd.DataFrame(cities,columns=["town","population"],
7                         index=cities["country"])
8   print(citydf)
```

執行結果

```
=================== RESTART: D:\Python\ch26\ch26_25.py ===================
                town  population
China        Beijing        2000
Japan          Tokyo        1600
Singapore  Singapore         600
```

26-3 基本 Pandas 資料分析與處理

Series 和 DataFrame 物件建立完成後，下一步就是執行資料分析與處理，Pandas 提供許多函數或方法，使用者可以針對此執行許多資料分析與處理，本節將講解基本觀念，讀者若想更進一步學習可以參考 Pandas 專著的書籍，或是參考 Pandas 官方網頁。

26-3-1 索引參照屬性

本小節將說明下列屬性的用法：

- at：使用 index 和 columns 內容取得或設定單一元素內容或陣列內容。
- iat：使用 index 和 columns 編號取得或設定單一元素內容。
- loc：使用 index 或 columns 內容取得或設定整個 row 或 columns 資料或陣列內容。
- iloc：使用 index 或 columns 編號取得或設定整個 row 或 columns 資料。

程式實例 ch26_26.py：在說明上述屬性用法前，筆者先建立一個 DataFrame 物件，然後用此物件做解說。

```
1  # ch26_26.py
2  import pandas as pd
3  cities = {'Country':['China','China','Thailand','Japan','Singapore'],
4            'Town':['Beijing','Shanghai','Bangkok','Tokyo','Singapore'],
5            'Population':[2000, 2300, 900, 1600, 600]}
6  df = pd.DataFrame(cities, columns=["Town","Population"],
7                    index=cities["Country"])
8  print(df)
```

執行結果 下列是 Python Shell 視窗的執行結果，下列實例請在此視窗執行。

```
==================== RESTART: D:\Python\ch26\ch26_26.py ====================
                Town  Population
China        Beijing        2000
China       Shanghai        2300
Thailand     Bangkok         900
Japan          Tokyo        1600
Singapore  Singapore         600
```

實例 1：使用 at 屬性 row 是 'Japan' 和 column 是 'Town'，並列出結果。

```
>>> df.at['Japan','Town']
'Tokyo'
```

如果觀察可以看到有 2 個索引內容是 'China'，如果 row 是 'China' 時，這時可以獲得陣列資料，可以參考下列實例。

實例 2：使用 at 屬性取得 row 是 'China' 和 column 是 'Town'，並列出結果。

```
>>> df.at['China', 'Town']
array(['Beijing', 'Shanghai'], dtype=object)
```

實例 3：使用 iat 屬性取得 row 是 2，column 是 0，並列出結果。

```
>>> df.iat[2,0]
'Bangkok'
```

實例 4：使用 loc 屬性取得 row 是 'Singapore'，並列出結果。

```
>>> df.loc['Singapore']
Town          Singapore
Population          600
Name: Singapore, dtype: object
```

實例 5：使用 loc 屬性取得 row 是 'Japan' 和 'Thailand'，並列出結果。

```
>>> df.loc[['Japan', 'Thailand']]
            Town  Population
Japan      Tokyo        1600
Thailand Bangkok         900
```

實例 6：使用 loc 屬性取得 row 是 'China':'Thailand'，column 是 'Town':'Population'，並列出結果。

```
>>> df.loc['China':'Thailand','Town':'Population']
             Town  Population
China     Beijing        2000
China    Shanghai        2300
Thailand  Bangkok         900
```

實例 7：使用 iloc 屬性取得 row 是 0 的資料，並列出結果。

```
>>> df.iloc[0]
Town           Beijing
Population        2000
Name: China, dtype: object
```

26-3-2　直接索引

除了上一節的方法可以取得 DataFrame 物件內容，也可以使用直接索引方式取得內容，這一小節仍將繼續使用 ch26_26.py 所建的 DataFrame 物件 df。

實例 1：直接索引取得 'Town' 的資料並列印。

```
>>> df['Town']
China          Beijing
China         Shanghai
Thailand       Bangkok
Japan            Tokyo
Singapore    Singapore
Name: Town, dtype: object
```

實例 2：取得 column 是 'Town',row 是 'Japan' 的資料並列印。

```
>>> df['Town']['Japan']
'Tokyo'
```

實例 3：取的 column 是 'Town' 和 'Population' 的資料並列印。

```
>>> df[['Town','Population']]
              Town  Population
China      Beijing        2000
China     Shanghai        2300
Thailand   Bangkok         900
Japan        Tokyo        1600
Singapore Singapore        600
```

實例 4：取得 row 編號 3 之前的資料並列印。

```
>>> df[:3]
             Town  Population
China     Beijing        2000
China    Shanghai        2300
Thailand  Bangkok         900
```

實例 5：取得 Population 大於 1000 的資料並列印。

```
>>> df[df['Population'] > 1000]
           Town  Population
China   Beijing        2000
China  Shanghai        2300
Japan     Tokyo        1600
```

26-3-3　四則運算方法

下列是適用 Pandas 的四則運算方法。

- add( )：加法運算。
- sub( )：減法運算。
- mul( )：乘法運算。
- div( )：除法運算。

程式實例 ch26_27.py：加法與減法運算。

```
1  # ch26_27.py
2  import pandas as pd
3
4  s1 = pd.Series([1, 2, 3])
5  s2 = pd.Series([4, 5, 6])
6  x = s1.add(s2)
7  print(x)
8
9  y = s1.sub(s2)
10 print(y)
```

執行結果
```
================== RESTART: D:\Python\ch26\ch26_27.py ==================
0    5
1    7
2    9
dtype: int64
0   -3
1   -3
2   -3
dtype: int64
```

程式實例 ch26_28.py：乘法與除法運算。

```
1  # ch26_28.py
2  import pandas as pd
3
4  data1 = [{'a':10, 'b':20}, {'a':30, 'b':40}]
5  df1 = pd.DataFrame(data1)
6  data2 = [{'a':1, 'b':2}, {'a':3, 'b':4}]
7  df2 = pd.DataFrame(data2)
8  x = df1.mul(df2)
9  print(x)
10
11 y = df1.div(df2)
12 print(y)
```

執行結果
```
================== RESTART: D:\Python\ch26\ch26_28.py ==================
    a    b
0  10   40
1  90  160
      a     b
0  10.0  10.0
1  10.0  10.0
```

26-3-4 邏輯運算方法

下列是適用 Pandas 的邏輯運算方法。

- gt( )、lt( )：大於、小於運算。
- ge( )、le( )：大於或等於、小於或等於運算。
- eq( )、ne( )：等於、不等於運算。

程式實例 ch26_29.py：邏輯運算 gt( ) 和 eq( ) 的應用。

```
1  # ch26_29.py
2  import pandas as pd
3
4  s1 = pd.Series([1, 5, 9])
5  s2 = pd.Series([2, 4, 8])
6  x = s1.gt(s2)
7  print(x)
8
9  y = s1.eq(s2)
10 print(y)
```

第 26 章　Pandas 入門 - 高效資料操作與分析

執行結果
```
================== RESTART: D:\Python\ch26\ch26_29.py ==================
0    False
1     True
2     True
dtype: bool
0    False
1    False
2    False
dtype: bool
```

26-3-5　Numpy 的函數應用在 Pandas

程式實例 ch26_30.py：將 Numpy 的函數 square( ) 應用在 Series，square( ) 是計算平方的函數。

```python
1  # ch26_30.py
2  import pandas as pd
3  import numpy as np
4
5  s = pd.Series([1, 2, 3])
6  x = np.square(s)
7  print(x)
```

執行結果
```
================== RESTART: D:\Python\ch26\ch26_30.py ==================
0    1
1    4
2    9
dtype: int64
```

程式實例 ch26_31.py：將 Numpy 的隨機值函數 randint( ) 應用在建立 DataFrame 物件的元素內容，假設有一個課程第一次 first、第二次 second 和最後成績 final 皆是使用隨機數給予，分數是在 60(含) 至 100(不含) 間。

```python
1  # ch26_31.py
2  import pandas as pd
3  import numpy as np
4  name = ['Frank', 'Peter', 'John']
5  score = ['first', 'second', 'final']
6  df = pd.DataFrame(np.random.randint(60,100,size=(3,3)),
7                   columns=name,
8                   index=score)
9  print(df)
```

執行結果
```
================== RESTART: D:\Python\ch26\ch26_31.py ==================
        Frank  Peter  John
first      73     95    73
second     74     87    94
final      79     76    78
```

上述第 6 列 np.random.randint(60,100,size-(3,3)) 方法可以建立 (3,3) 陣列，每格數據是在 60～99 分之間。

26-18

26-3-6 NaN 相關的運算

在大數據的資料收集中常常因為執行者疏忽，漏了收集某一時間的資料，這些可用 NaN 代替。在先前四則運算我們沒有對 NaN 的值做運算實例，其實凡與 NaN 做運算，所獲得的結果也是 NaN。

程式實例 ch26_32.py：與 NaN 相關的運算

```
1  # ch26_32.py
2  import pandas as pd
3  import numpy as np
4
5  s1 = pd.Series([1, np.nan, 5])
6  s2 = pd.Series([np.nan, 6, 8])
7  x = s1.add(s2)
8  print(x)
```

執行結果
```
===================== RESTART: D:\Python\ch26\ch26_32.py =====================
0     NaN
1     NaN
2    13.0
dtype: float64
```

26-3-7 NaN 的處理

下列是適合處理 NaN 的方法。

- dropna( )：將 NaN 刪除，然後傳回新的 Series 或 DataFrame 物件。
- fillna(value)：將 NaN 由特定 value 值取代，然後傳回新的 Series 或 DataFrame 物件。
- isna( )：判斷是否為 NaN，如果是傳回 True，如果否傳回 False。
- notna( )：判斷是否為 NaN，如果是傳回 False，如果否傳回 True。

程式實例 ch26_33.py：isna( ) 和 notna( ) 的應用。

```
1   # ch26_33.py
2   import pandas as pd
3   import numpy as np
4
5   df = pd.DataFrame([[1, 2, 3],[4, np.nan, 6],[7, 8, np.nan]])
6   print(df)
7   print("-"*70)
8   x = df.isna()
9   print(x)
10  print("-"*70)
11  y = df.notna()
12  print(y)
```

第 26 章　Pandas 入門 - 高效資料操作與分析

執行結果

```
==================== RESTART: D:\Python\ch26\ch26_33.py ====================
     0    1    2
0    1   2.0  3.0
1    4   NaN  6.0
2    7   8.0  NaN
--------------------------------------------------
       0      1      2
0  False  False  False
1  False   True  False
2  False  False   True
--------------------------------------------------
       0      1      2
0   True   True   True
1   True  False   True
2   True   True  False
```

上述 np.nan 是使用 Numpy 模組，然後在指定位置產生 NaN 數據。

程式實例 ch26_34.py：沿用先前實例在 NaN 位置填上 0。

```
1  # ch26_34.py
2  import pandas as pd
3  import numpy as np
4
5  df = pd.DataFrame([[1, 2, 3],[4, np.nan, 6],[7, 8, np.nan]])
6  z = df.fillna(0)
7  print(z)
```

執行結果

```
==================== RESTART: D:\Python\ch26\ch26_34.py ====================
     0    1    2
0    1   2.0  3.0
1    4   0.0  6.0
2    7   8.0  0.0
```

程式實例 ch26_35.py：dropna( ) 如果不含參數，會刪除含 NaN 的 row。

```
1  # ch26_35.py
2  import pandas as pd
3  import numpy as np
4
5  df = pd.DataFrame([[1, 2, 3],[4, np.nan, 6],[7, 8, np.nan]])
6  x = df.dropna(axis=0)
7  print(x)
```

執行結果

```
==================== RESTART: D:\Python\ch26\ch26_35.py ====================
     0    1    2
0    1   2.0  3.0
```

程式實例 ch26_36.py：刪除含 NaN 的 columns。

```
1  # ch26_36.py
2  import pandas as pd
3  import numpy as np
4
5  df = pd.DataFrame([[1, 2, 3],[4, np.nan, 6],[7, 8, np.nan]])
6  x = df.dropna(axis='columns')
7  print(x)
```

執行結果
```
============ RESTART: D:\Python\ch26\ch26_36.py ============
    0
0   1
1   4
2   7
```

26-3-8 幾個簡單的統計函數

- cummax(axis=None)：傳回指定軸累積的最大值。
- cummin(axis=None)：傳回指定軸累積的最小值。
- cumsum(axis=None)：傳回指定軸累積的總和。
- max(axis=None)：傳回指定軸的最大值。
- min(axis=None)：傳回指定軸的最小值。
- sum(axis=None)：傳回指定軸的總和。
- mean(axis=None)：傳回指定軸的平均數。
- median(axis=None)：傳回指定軸的中位數。
- std(axis=None)：傳回指定軸的標準差。

程式實例 ch26_37.py：請再執行一次 ch26_26.py，方便取得 DataFrame 物件 df 的數據，然後使用此數據，列出這些城市的人口總計 sum( )，和累積人口總計 cumsum( )。

```
1  # ch26_37.py
2  import pandas as pd
3  cities = {'Country':['China','China','Thailand','Japan','Singapore'],
4            'Town':['Beijing','Shanghai','Bangkok','Tokyo','Singapore'],
5            'Population':[2000, 2300, 900, 1600, 600]}
6  df = pd.DataFrame(cities, columns=["Town","Population"],
7                    index=cities["Country"])
8  print(df)
9  print('-'*70)
10 total = df['Population'].sum()
11 print('人口總計 "', total)
12 print('-'*70)
13 print('累積人口總計')
14 cum_total = df['Population'].cumsum()
15 print(cum_total)
```

第 26 章　Pandas 入門 - 高效資料操作與分析

執行結果

```
=================== RESTART: D:\Python\ch26\ch26_37.py ===================
             Town  Population
China      Beijing       2000
China     Shanghai       2300
Thailand   Bangkok        900
Japan        Tokyo       1600
Singapore Singapore        600
------------------------------------------------------------
人口總計 "  7400
------------------------------------------------------------
累積人口總計
China      2000
China      4300
Thailand   5200
Japan      6800
Singapore  7400
Name: Population, dtype: int64
```

程式實例 ch26_38.py：延續前一個實例，在 df 物件內插入人口累積總數 Cum_Population 欄位。

```
1  # ch26_38.py
2  import pandas as pd
3  cities = {'Country':['China','China','Thailand','Japan','Singapore'],
4            'Town':['Beijing','Shanghai','Bangkok','Tokyo','Singapore'],
5            'Population':[2000, 2300, 900, 1600, 600]}
6  df = pd.DataFrame(cities, columns=["Town","Population"],
7                    index=cities["Country"])
8
9  x = df['Population'].cumsum()
10 df['Cum_Population'] = x
11 print(df)
```

執行結果

```
=================== RESTART: D:\Python\ch26\ch26_38.py ===================
             Town  Population  Cum_Population
China      Beijing       2000            2000
China     Shanghai       2300            4300
Thailand   Bangkok        900            5200
Japan        Tokyo       1600            6800
Singapore Singapore        600            7400
```

程式實例 ch26_39.py：列出最多與最小人口數。

```
1  # ch26_39.py
2  import pandas as pd
3  cities = {'Country':['China','China','Thailand','Japan','Singapore'],
4            'Town':['Beijing','Shanghai','Bangkok','Tokyo','Singapore'],
5            'Population':[2000, 2300, 900, 1600, 600]}
6  df = pd.DataFrame(cities, columns=["Town","Population"],
7                    index=cities["Country"])
8
9  print('最多人口數 ', df['Population'].max())
10 print('最少人口數 ', df['Population'].min())
```

執行結果

```
=================== RESTART: D:\Python\ch26\ch26_39.py ===================
最多人口數  2300
最少人口數  600
```

26-22

26-3 基本 Pandas 資料分析與處理

程式實例 ch26_40.py：有幾位學生大學學測分數如下：

	國文	英文	數學	自然	社會
1	14	13	15	15	12
2	12	14	9	10	11
3	13	11	12	13	14
4	10	10	8	10	9
5	13	15	15	15	14

請建立此 DataFrame 物件，同時列印。

```python
1   # ch26_40.py
2   import pandas as pd
3
4   course = ['Chinese','English','Math','Natural','Society']
5   chinese = [14, 12, 13, 10, 13]
6   eng = [13, 14, 11, 10, 15]
7   math = [15, 9, 12, 8, 15]
8   nature = [15, 10, 13, 10, 15]
9   social = [12, 11, 14, 9, 14]
10
11  df = pd.DataFrame([chinese, eng, math, nature, social],
12                   columns = course,
13                   index = range(1,6))
14  print(df)
```

執行結果
```
==================== RESTART: D:\Python\ch26\ch26_40.py ====================
   Chinese  English  Math  Natural  Society
1       14       12    13       10       13
2       13       14    11       10       15
3       15        9    12        8       15
4       15       10    13       10       15
5       12       11    14        9       14
```

程式實例 ch26_41.py：列出每位學生總分數。

```python
1   # ch26_41.py
2   import pandas as pd
3
4   course = ['Chinese','English','Math','Natural','Society']
5   chinese = [14, 12, 13, 10, 13]
6   eng = [13, 14, 11, 10, 15]
7   math = [15, 9, 12, 8, 15]
8   nature = [15, 10, 13, 10, 15]
9   social = [12, 11, 14, 9, 14]
10
11  df = pd.DataFrame([chinese, eng, math, nature, social],
12                   columns = course,
13                   index = range(1,6))
14  total = [df.iloc[i].sum() for i in range(0, 5)]
15  print(total)
```

執行結果
```
==================== RESTART: D:\Python\ch26\ch26_41.py ====================
[62, 63, 59, 63, 60]
```

第 26 章　Pandas 入門 - 高效資料操作與分析

程式實例 ch26_42.py：增加總分欄位，然後列出 DataFrame。

```python
1   # ch26_42.py
2   import pandas as pd
3
4   course = ['Chinese','English','Math','Natural','Society']
5   chinese = [14, 12, 13, 10, 13]
6   eng = [13, 14, 11, 10, 15]
7   math = [15, 9, 12, 8, 15]
8   nature = [15, 10, 13, 10, 15]
9   social = [12, 11, 14, 9, 14]
10
11  df = pd.DataFrame([chinese, eng, math, nature, social],
12                    columns = course,
13                    index = range(1,6))
14  total = [df.iloc[i].sum() for i in range(0, 5)]
15  df['Total'] = total
16  print(df)
```

執行結果

```
======================= RESTART: D:\Python\ch26\ch26_42.py =======================
  Chinese  English  Math  Natural  Society  Total
1      14       12    13       10       13     62
2      13       14    11       10       15     63
3      15        9    12        8       15     59
4      15       10    13       10       15     63
5      12       11    14        9       14     60
```

程式實例 ch26_43.py：擴充設計 ch26_42.py，列出各科平均分數，同時也列出平均分數的總分。

```python
17  ave = df.mean()
```

執行結果

```
======================= RESTART: D:\Python\ch26\ch26_43.py =======================
Chinese    13.8
English    11.2
Math       12.6
Natural     9.4
Society    14.4
Total      61.4
dtype: float64
```

26-3-9　增加 index

可以使用 loc 屬性為 DataFrame 增加平均分數。

程式實例 ch26_44.py：擴充設計 ch26_43.py，在 df 下方增加 Average 平均分數。

```python
17  ave = df.mean()
18  df.loc['Average'] = ave
```

執行結果

```
======================= RESTART: D:\Python\ch26\ch26_44.py =======================
         Chinese  English  Math  Natural  Society  Total
1           14.0     12.0  13.0     10.0     13.0   62.0
2           13.0     14.0  11.0     10.0     15.0   63.0
3           15.0      9.0  12.0      8.0     15.0   59.0
4           15.0     10.0  13.0     10.0     15.0   63.0
5           12.0     11.0  14.0      9.0     14.0   60.0
Average     13.8     11.2  12.6      9.4     14.4   61.4
```

26-24

26-3-10 刪除 index

若是想刪除 index 是 Average，可以使用 drop( )，可以參考下列實例。

程式實例 ch26_45.py：擴充設計 ch26_44.py，刪除 Average。

```
17  ave = df.mean()
18  df.loc['Average'] = ave
19  df = df.drop(index=['Average'])
```

執行結果

```
================ RESTART: D:\Python\ch26\ch26_45.py ================
   Chinese  English  Math  Natural  Society  Total
1     14.0     12.0  13.0     10.0     13.0   62.0
2     13.0     14.0  11.0     10.0     15.0   63.0
3     15.0      9.0  12.0      8.0     15.0   59.0
4     15.0     10.0  13.0     10.0     15.0   63.0
5     12.0     11.0  14.0      9.0     14.0   60.0
```

26-3-11 排序

排序可以使用 sort_values( ) 可以參考下列實例。

程式實例 ch26_46.py：擴充設計 ch26_45.py，將 DataFrame 物件 Total 欄位從大排到小。

```
17  df = df.sort_values(by='Total', ascending=False)
```

執行結果

```
================ RESTART: D:\Python\ch26\ch26_46.py ================
   Chinese  English  Math  Natural  Society  Total
2       13       14    11       10       15     63
4       15       10    13       10       15     63
1       14       12    13       10       13     62
5       12       11    14        9       14     60
3       15        9    12        8       15     59
```

上述預設是從小排到大，所以 sort_values( ) 增加參數 ascending=False，改為從大排到小。

程式實例 ch26_47.py：擴充 ch26_46.py，增加名次欄位，然後填入名次 (Ranking)。

```
17  df = df.sort_values(by='Total', ascending=False)
18  rank = range(1, 6)
19  df['Ranking'] = rank
```

執行結果

```
================ RESTART: D:\Python\ch26\ch26_47.py ================
   Chinese  English  Math  Natural  Society  Total  Ranking
2       13       14    11       10       15     63        1
4       15       10    13       10       15     63        2
1       14       12    13       10       13     62        3
5       12       11    14        9       14     60        4
3       15        9    12        8       15     59        5
```

上述有一個不完美，上述第 2 row 與第 1 row，一樣是 63 分，但是名次是第 2 名，我們可以使用下列方式解決。

程式實例 ch26_48.py：擴充 ch26_47.py，設定同分數應該有相同名次。

```
21  for i in range(1, 5):
22      if df.iat[i, 5] == df.iat[i-1, 5]:
23          df.iat[i, 6] = df.iat[i-1, 6]
```

執行結果
```
================= RESTART: D:\Python\ch26\ch26_48.py =================
   Chinese  English  Math  Natural  Society  Total  Ranking
2       13       14    11       10       15     63        1
4       15       10    13       10       15     63        1
1       14       12    13       10       13     62        3
5       12       11    14        9       14     60        4
3       15        9    12        8       15     59        5
```

程式實例 ch26_49.py：擴充 ch26_48.py，依 index 重新排序，這時可以使用 sort_index( )。

```
25  df = df.sort_index()
```

執行結果
```
================= RESTART: D:\Python\ch26\ch26_49.py =================
   Chinese  English  Math  Natural  Society  Total  Ranking
1       14       12    13       10       13     62        3
2       13       14    11       10       15     63        1
3       15        9    12        8       15     59        5
4       15       10    13       10       15     63        1
5       12       11    14        9       14     60        4
```

26-4 讀取與輸出 CSV 檔案

Pandas 可以讀取的檔案有許多，例如：TXT、CSV、Json、Excel，… 等，也可以將文件以上述資料格式寫入文件。本節將說明讀寫 CSV 格式的文件。

26-4-1 寫入 CSV 格式檔案

Pandas 可以使用 to_csv( ) 將 DataFrame 物件寫入 CSV 檔案，它的語法如下：

　　to_csv(path=None, sep=',', header=True, index=True, encoding=None, …)

- path：檔案路徑 (名稱)。
- sep：分隔字元，預設是「,」。
- header：是否保留 columns，預設是 True。
- index：是否保留 index，預設是 True。
- encoding：檔案編碼方式。

26-26

程式實例 ch26_50.py：建立學測成績的 DataFrame 物件，用有保留 header 和 index 方式儲存至 out26_50a.csv，然後用沒有保留方式存入 out26_50b.csv。

```python
1   # ch26_50.py
2   import pandas as pd
3   import numpy as np
4
5   course = ['Chinese','English','Math','Natural','Society']
6   chinese = [14, 12, 13, 10, 13]
7   eng = [13, 14, 11, 10, 15]
8   math = [15, 9, 12, 8, 15]
9   nature = [15, 10, 13, 10, 15]
10  social = [12, 11, 14, 9, 14]
11
12  df = pd.DataFrame([chinese, eng, math, nature, social],
13                    columns = course,
14                    index = range(1,6))
15  df.to_csv("out26_50a.csv")
16  df.to_csv("out26_50b.csv", header=False, index=False)
```

執行結果　下方左圖是 out26_50a.csv 與右圖是 out26_50b.csv 的結果。

	A	B	C	D	E	F
1		Chinese	English	Math	Natural	Society
2	1	14	12	13	10	13
3	2	13	14	11	10	15
4	3	15	9	12	8	15
5	4	15	10	13	10	15
6	5	12	11	14	9	14

out26_50a

	A	B	C	D	E	F
1	14	12	13	10	13	
2	13	14	11	10	15	
3	15	9	12	8	15	
4	15	10	13	10	15	
5	12	11	14	9	14	
6						

out26_50b

26-4-2　讀取 CSV 格式檔案

Pandas 可以使用 read_csv( ) 讀取 CSV 檔案 (也可以讀取 TXT 檔案)，它的語法如下：

> read_csv(path=None, sep=',', header=True, index_col=None, names=None, encoding=None, userows=None, usecols=None, …)

- path：檔案路徑 (名稱)。
- sep：分隔字元，預設是「,」。
- header：設定那一 row 為欄位標籤，預設是 0。當參數有 names 時，此為 None。如果所讀取的檔案有欄位標籤時，就需設定此 header 值。
- index_col：指出第幾欄位 column 是索引，預設是 None。
- encoding：檔案編碼方式。

- nrows：設定讀取前幾 row。
- usecols：設定讀取那幾欄位。

程式實例 ch26_51.py：分別讀取 ch26_50.py 所建立的 CSV 檔案，然後列印。

```
1   # ch26_51.py
2   import pandas as pd
3
4   course = ['Chinese','English','Math','Natural','Society']
5   x = pd.read_csv("out26_50a.csv",index_col=0)
6   y = pd.read_csv("out26_50b.csv",names=course)
7   print(x)
8   print(y)
```

執行結果

```
================ RESTART: D:\Python\ch26\ch26_51.py ================
   Chinese  English  Math  Natural  Society
1       14       12    13       10       13
2       13       14    11       10       15
3       15        9    12        8       15
4       15       10    13       10       15
5       12       11    14        9       14
   Chinese  English  Math  Natural  Society
0       14       12    13       10       13
1       13       14    11       10       15
2       15        9    12        8       15
3       15       10    13       10       15
4       12       11    14        9       14
```

26-5 讀取與輸出 Excel 檔案

本節將用 Pandas 說明讀寫 Excel 格式的文件。

26-5-1 寫入 Excel 格式檔案

Pandas 可以使用 to_excel( ) 將 DataFrame 物件寫入 Excel 檔案，它的語法如下：

to_excel(path=None, header=True, index=True, encoding=None,
　　　　startrow=n, startcol=n, …)

- path：檔案路徑 (名稱)。
- header：是否保留 columns，預設是 True。
- index：是否保留 index，預設是 True。
- encoding：檔案編碼方式。
- startrow：起始列。
- startcol：起始欄。

程式實例 ch26_52.py：建立的 DataFrame 物件觀念，用有保留 header 和 index 方式儲存至 out26_52a.xlsx，然後也用沒有保留方式存入 out26_52b.xlsx。

```python
1   # ch26_52.py
2   import pandas as pd
3
4   items = ['軟體','書籍','國際證照']
5   Jan = [200, 150, 80]
6   Feb = [220, 180, 100]
7   March = [160, 200, 110]
8   April = [100, 120, 150]
9   df = pd.DataFrame([Jan, Feb, March, April],
10                    columns = items,
11                    index = range(1,5))
12  df.to_excel("out26_52a.xlsx")
13  df.to_excel("out26_52b.xlsx",header=False,index=False)
```

執行結果　下列是 out26_52a.csv 與 out26_52b.csv 的結果。

26-5-2　讀取 Excel 格式檔案

Pandas 可以使用 read_excel( ) 讀取 Excel 檔案，它的語法如下：

read_excel(excel_writer=None, sheet_name=None, names=None, header=True,
　　　　　index_col=None, names=None, encoding=None,
　　　　　userows=None, usecols=None, …)

- **excel_writer**：檔案路徑 (名稱)。
- **sheet_name**：工作表名稱。
- **header**：設定哪一 row 為欄位標籤，預設是 0。當參數有 names 時，此為 None。如果所讀取的檔案有欄位標籤時，就需設定此 header 值。
- **index_col**：指出第幾欄位 column 是索引，預設是 None。
- **names**：如果 header=0 時，可以設定欄位標籤。
- **encoding**：檔案編碼方式。

第 26 章　Pandas 入門 - 高效資料操作與分析

- nrows：設定讀取前幾 row。
- skiprows：跳過幾列。
- usecols：設定讀取那幾欄位，例如：「B:E」。

程式實例 ch26_53.py：分別讀取 ch26_52.py 所建立的 Excel 檔案，然後列印。

```
1  # ch20_53.py
2  import pandas as pd
3
4  x = pd.read_excel("out26_52a.xlsx",index_col=0)
5  items = ['軟體','書籍','國際證照']
6  y = pd.read_excel("out26_52b.xlsx",names=items)
7  print(x)
8  print("-"*70)
9  print(y)
```

執行結果

```
================== RESTART: D:\Python\ch26\ch26_53.py ==================
   軟體  書籍  國際證照
1  200  150     80
2  220  180    100
3  160  200    110
4  100  120    150
----------------------------------------------------------------------
   軟體  書籍  國際證照
0  220  180    100
1  160  200    110
2  100  120    150
```

註1　使用 read_excel( ) 讀取活頁簿工作表時，會自行判斷有資料的最後一列和最後一欄。

註2　上述含 pandas 模組的程式，最大的困擾是中文標籤欄位和數據內容沒有對齊，可以使用下列 set_option( ) 函數解決。

　　　pd.set_option('display.unicode.east_asian_width', True)

上述主要功能是設定 unicode 的亞洲文字寬度為 True。

程式實例 ch26_54.py：使用 pd.set_option( ) 函數重新設計 ch26_53.py。

```
4  pd.set_option('display.unicode.east_asian_width', True)
```

執行結果

```
================== RESTART: D:\Python\ch26\ch26_54.py ==================
   軟體  書籍  國際證照
1  200  150     80
2  220  180    100
3  160  200    110
4  100  120    150
----------------------------------------------------------------------
   軟體  書籍  國際證照
0  220  180    100
1  160  200    110
2  100  120    150
```

26-30

第 27 章
Pandas 視覺化與時間序列趨勢洞察與預測

27-1　Pandas 繪圖

27-2　時間序列 (Time Series)

27-3　專題：鳶尾花

第 27 章　Pandas 視覺化與時間序列 - 趨勢洞察與預測

27-1　Pandas 繪圖

Pandas 內有許多繪圖函數，例如：plot( )、plot.area( )、plot.bar( )、plot.box( )、plot.hist( )、plot.pie( )、plot.scatter( ) … 等。最常使用的是 plot( )，我們可以使用它為 Series 和 DataFrame 物件繪圖。

基本上這是 Pandas 模組將 matplotlib.pyplot 包裝起來的一個繪圖方法，繪圖功能參數比較少，不過也是非常好用，程式設計時需要 "import matplotlib.pyplot as plt"。其中最常用的 plot( ) 函數基本語法如下：

plot(x=None, y=None, kind="xx", title=None, legend=True, rot=None, …)

上述 kind 是選擇繪圖模式，rot 是旋轉刻度，title 是設定圖表標題，kind 是設定繪圖選項，常見的選項有：

- line：折線圖，這是預設。
- bar：直條圖。
- barh：橫條圖。
- hist：直方圖。
- box：盒鬚圖，
- scatter：散點圖。
- pie：圓餅圖。

27-1-1　使用 Series 繪折線圖表

程式實例 ch27_1.py：建立一個 Series 物件 tw，這是紀錄 1950 ~ 2010 年間，每隔 10 年台灣人口的數據，單位是萬人。

```
1  # ch27_1.py
2  import pandas as pd
3  import matplotlib.pyplot as plt
4
5  plt.rcParams["font.family"] = ["Microsoft JhengHei"]
6  population = [860, 1100, 1450, 1800, 2020, 2200, 2260]
7  tw = pd.Series(population, index=range(1950, 2011, 10))
8  tw.plot(title='台灣人口統計')
9  plt.xlabel("年度")
10 plt.ylabel("人口數")
11 plt.show()
```

執行結果 可以參考下方左圖。

27-1-2　使用 DataFrame 繪圖表基本知識

程式實例 ch27_2.py：設計一個世界大城市的人口圖，製作 DataFrame 物件，然後繪製圖表。

```
1   # ch27_2.py
2   import pandas as pd
3   import matplotlib.pyplot as plt
4
5   plt.rcParams["font.family"] = ["Microsoft JhengHei"]
6   cities = {'人口數':[1000, 850, 800, 1500, 600, 800],
7             'town':['紐約','芝加哥','曼谷','東京',
8                    '新加坡','香港']}
9   tw = pd.DataFrame(cities,columns=['人口數'],index=cities['town'])
10
11  tw.plot(title='世界城市人口數統計')
12  plt.xlabel("城市")
13  plt.ylabel("人口數")
14  plt.show()
```

執行結果 可以參考上方右圖。

27-1-3　直條圖的設計

我們也可以使用適當的 kind 參數，更改不同的圖表設計。

程式實例 ch27_3.py：使用直條圖，重新設計程式實例 ch27_2.py。

```
11  tw.plot(title='世界城市人口數統計',kind='bar')
```

執行結果 點選下方左圖 Configure subplots 圖示，再拖曳 bottom 的位置。

第 27 章　Pandas 視覺化與時間序列 - 趨勢洞察與預測

原先 y 軸標籤無法完全顯示，現在可以了，可以參考下方左圖。

27-1-4　一個圖表含不同數值資料

我們也可以使用一張圖表建立多個數值資料，例如：下列是增加城市面積的數據實例。

程式實例 ch27_4.py：擴充 DataFrame，增加城市面積資料 (平方公里)。

```
1  # ch27_4.py
2  import pandas as pd
3  import matplotlib.pyplot as plt
4
5  plt.rcParams["font.family"] = ["Microsoft JhengHei"]
6  cities = {'人口數':[1000, 850, 800, 1500, 600, 800],
7            '面積':[400,500,850,300,200,320],
8            'town':['紐約','芝加哥','曼谷','東京',
9                    '新加坡','香港']}
10 tw = pd.DataFrame(cities,columns=['人口數','面積'],index=cities['town'])
```

```
11
12  tw.plot(title='世界城市人口數統計')
13  plt.xlabel("城市")
14  plt.show()
```

執行結果　可以參考上方右圖。

在上述程式設計中,筆者將人口數的單位設為「萬」,如果我們在程式設計中填入實際人數,若是重新設計上述程式,因為面積與人口數相差太多,將造成面積的資料無法正常顯示。

程式實例 ch27_5.py:將人口單位數降為「人」,重新設計 ch27_4.py。

```
1   # ch27_5.py
2   import pandas as pd
3   import matplotlib.pyplot as plt
4
5   plt.rcParams["font.family"] = ["Microsoft JhengHei"]
6   cities = {'人口數':[10000000,8500000,8000000,15000000,6000000,8000000],
7             '面積':[400,500,850,300,200,320],
8             'town':['紐約','芝加哥','曼谷','東京',
9                     '新加坡','香港']}
10  tw = pd.DataFrame(cities,columns=['人口數','面積'],index=cities['town'])
11
12  tw.plot(title='世界城市人口數統計')
13  plt.xlabel("城市")
14  plt.show()
```

執行結果

若是要解決這類問題,建議是增加數值軸,可以參考下一小節。

27-1-5　多個數值軸的設計

這時需要使用 subplots( )，可以在一個圖表內顯示多組不同軸的數據。程式第 12 列內容如下所示：

　　　fig, ax = subplots()　　　　　# fig 是整體圖表物件，ax 是第一個軸

第 17 列使用 twinx( ) 可以建立第 2 個數值軸，內容如下：

　　　ax2 = ax.twinx( )　　　　　　# 建立第 2 個軸物件 ax2

程式實例 ch27_6.py：用第 2 個軸的觀念重新設計 ch27_5.py。

```
1   # ch27_6.py
2   import pandas as pd
3   import matplotlib.pyplot as plt
4
5   plt.rcParams["font.family"] = ["Microscft JhengHei"]
6   cities = {'人口數':[10000000,8500000,8600000,15000000,6000000,8000000],
7             '面積':[400,500,850,300,200,320],
8             'town':['紐約','芝加哥','曼谷','東京',
9                     '新加坡','香港']}
10  tw = pd.DataFrame(cities,columns=['人口數','面積'],index=cities['town'])
11
12  fig, ax = plt.subplots()
13  fig.suptitle("世界城市人口數統計")
14  ax.set_ylabel("人口數")
15  ax.set_xlabel("城市")
16
17  ax2 = ax.twinx()
18  ax2.set_ylabel("面積")
19  tw['人口數'].plot(ax=ax,rot=90)          # 繪製人口數線
20  tw['面積'].plot(ax=ax2, style='g-')      # 繪製面積線
21  ax.legend(loc=1)                         # 圖例位置在右上
22  ax2.legend(loc=2)                        # 圖例位置在左上
23  plt.show()
```

執行結果　下方左圖是類似 ch27_3.py 調整的結果。

27-1 Pandas 繪圖

程式實例 ch27_7.py：重新設計 ch27_6.py，在左側 y 軸不用科學記號表示人口數，此例在第 16 列增加下列 ticklabel_format( )。

```
16    ax.ticklabel_format(style='plain')        # 不用科學記號表示
```

執行結果　可以參考上方右圖。

以上觀念也可以用於擴充第 3 個軸，只要設定 ax3 = ax.twinx( )，其餘則參照新增軸的用法。

27-1-6　使用 Series 物件設計圓餅圖

繪製圓餅圖可以使用 plot.pie( )，有關 pie( ) 參數可以參考 20-9 節。

程式實例 ch27_8.py：使用 Series 物件繪製圓餅圖。

```
1  # ch27_8.py
2  import pandas as pd
3  import matplotlib.pyplot as plt
4
5  fruits = ['Apples','Bananas','Grapes','Pears','Oranges']
6  s = pd.Series([2300,5000,1200,2500,2900],index=fruits,
7                name='Fruits Shop')
8  explode = [0.4, 0, 0, 0.2, 0]
9  s.plot.pie(explode = explode, autopct='%1.2f%%')
10 plt.show()
```

執行結果

第 27 章　Pandas 視覺化與時間序列 - 趨勢洞察與預測

27-2　時間序列 (Time Series)

時間序列是指一系列的數據是依時間次序列出來，時間是指一系列的時間戳 (timestamp)，這些時間戳是相等間隔的時間點。音樂 mp3 文件或是一些聲音文件，其實就是時間序列的應用，因為音頻會依時間序列排成數據點，將這些數據點視覺化，就可以組織成聲音波形。這一節筆者先介紹 Python 的 datetime 模組，將它應用在 Series 物件建立時間序列，然後再介紹 Pandas 處理時間序列的工具。

27-2-1　時間模組 datetime

27-2-1-1　datetime 模組的資料型態 datetime

datetime 模組內有一個資料型態 datetime，可以用它代表一個特定時間，有一個 now( ) 方法可以列出現在時間。註：22-6-4 節有簡單介紹 datatime 模組。

程式實例 ch27_9.py：列出現在時間。

```
1  # ch27_9.py
2  from datetime import datetime
3
4  timeNow = datetime.now()
5  print(type(timeNow))
6  print("現在時間 : ", timeNow)
```

執行結果
```
====================== RESTART: D:\Python\ch27\ch27_9.py ======================
<class 'datetime.datetime'>
現在時間 :  2022-07-21 17:15:19.620313
```

我們也可以使用屬性 year、month、day、hour、minute、second、microsecond (百萬分之一秒)，獲得上述時間的個別內容。

程式實例 ch27_10.py：列出時間的個別內容。

```
1   # ch27_10.py
2   from datetime import datetime
3
4   timeNow = datetime.now()
5   print(type(timeNow))
6   print("現在時間 : ", timeNow)
7   print("年 : ", timeNow.year)
8   print("月 : ", timeNow.month)
9   print("日 : ", timeNow.day)
10  print("時 : ", timeNow.hour)
11  print("分 : ", timeNow.minute)
12  print("秒 : ", timeNow.second)
```

27-8

執行結果

```
=================== RESTART: D:\Python\ch27\ch27_10.py ===================
<class 'datetime.datetime'>
現在時間 :  2022-07-21 17:17:48.300373
年 :  2022
月 :  7
日 :  21
時 :  17
分 :  17
秒 :  48
```

另一個屬性百萬分之一秒 microsecond，一般程式比較少用。

27-2-1-2　設定特定時間

當你了解了獲得現在時間的方式後，其實可以用下列方法設定一個特定時間。

　　　xtime = datetime.datetime(年 , 月 , 日 , 時 , 分 , 秒)

上述 xtime 就是一個特定時間。

程式實例 ch27_11.py：設定程式迴圈執行到 2022 年 7 月 21 日 17 點 23 分 40 秒將甦醒停止列印 program is sleeping. 然後列印 Wake up。

```
1  # ch27_11.py
2  from datetime import datetime
3
4  timeStop = datetime(2022,7,21,17,23,40)
5  while datetime.now() < timeStop:
6      print("Program is sleeping.", end="")
7  print("Wake up")
```

執行結果

```
=================== RESTART: D:\Python\ch27\ch27_11.py ===================
Program is sleeping.Program is sleeping.Program is sleeping.Program is sleeping.
Program is sleeping.Program is sleeping.Program is sleeping.Program is sleeping.
Program is sleeping.Program is sleeping.Program is sleeping.Program is sleeping.
Program is sleeping.Program is sleeping.Program is sleeping.Program is sleeping.
Program is sleeping.Program is sleeping.Program is sleeping.Program is sleeping.
Program is sleeping.Wake up
```

27-2-1-3　一段時間 timedelta( )

這是 datetime 的資料類型，代表的是一段時間，可以用下列方式指定一段時間。

　　　deltaTime=datetime.timedelta(weeks=xx,days=xx,hours=xx,minutes=xx,seocnds=xx)

上述 xx 代表設定的單位數。

　　一段時間的物件只有 3 個屬性，days 代表日數、seconds 代表秒數、microseconds 代表百萬分之一秒。

27-9

程式實例 ch27_12.py：列印一段時間的日數、秒數和百萬分之幾秒。

```
1  # ch27_12.py
2  from datetime import datetime, timedelta
3
4  deltaTime = timedelta(days=3,hours=5,minutes=8,seconds=10)
5  print(deltaTime.days,deltaTime.seconds,deltaTime.microseconds)
```

執行結果
```
================ RESTART: D:\Python\ch27\ch27_12.py ================
3 18490 0
```

上述 5 小時 8 分 10 秒被總計為 18940 秒。有一個方法 total_second( ) 可以將一段時間轉成秒數。

程式實例 ch27_13.py：重新設計 ch27_12.py，將一段時間轉成秒數。

```
1  # ch27_13.py
2  from datetime import datetime, timedelta
3
4  deltaTime = timedelta(days=3,hours=5,minutes=8,seconds=10)
5  print(deltaTime.total_seconds())
```

執行結果
```
================ RESTART: D:\Python\ch27\ch27_13.py ================
277690.0
```

27-2-2　使用 Python 的 datetime 模組建立含時間戳的 Series 物件

對於時間序列 (Time Series) 而言，基本上就是將索引 (index) 用日期取代。

程式實例 ch27_14.py：使用 datetime 建立含 5 天的 Series 物件和列印，這 5 天數據則是使用串列 [34, 44, 65, 53, 39]，同時列出時間序列物件的數據類型。

```
1   # ch27_14.py
2   import pandas as pd
3   from datetime import datetime, timedelta
4
5   ndays = 5
6   start = datetime(2023, 3, 11)
7   dates = [start + timedelta(days=x) for x in range(0, ndays)]
8   data = [34, 44, 65, 53, 39]
9   ts = pd.Series(data, index=dates)
10  print(type(ts))
11  print(ts)
```

執行結果
```
================ RESTART: D:\Python\ch27\ch27_14.py ================
<class 'pandas.core.series.Series'>
2023-03-11    34
2023-03-12    44
2023-03-13    65
2023-03-14    53
2023-03-15    39
dtype: int64
```

27-2 時間序列 (Time Series)

我們也可以使用 ts.index 列出此時間序列的索引,以瞭解 Series 的索引結構。

```
>>> ts.index
DatetimeIndex(['2023-03-11', '2023-03-12', '2023-03-13', '2023-03-14',
               '2023-03-15'],
              dtype='datetime64[ns]', freq=None)
```

時間序列是允許相同索引執行加法或代數運算的。

程式實例 ch27_15.py:擴充前一個程式建立相同時間戳的 Series 物件,然後計算 2 個 Series 物件的相加與計算平均。

```python
1   # ch27_15.py
2   import pandas as pd
3   from datetime import datetime, timedelta
4   
5   ndays = 5
6   start = datetime(2023, 3, 11)
7   dates = [start + timedelta(days=x) for x in range(0, ndays)]
8   data1 = [34, 44, 65, 53, 39]
9   ts1 = pd.Series(data1, index=dates)
10  
11  data2 = [34, 44, 65, 53, 39]
12  ts2 = pd.Series(data2, index=dates)
13  
14  addts = ts1 + ts2
15  print("ts1+ts2")
16  print(addts)
17  
18  meants = (ts1 + ts2)/2
19  print("(ts1+ts2)/2")
20  print(meants)
```

執行結果
```
================== RESTART: D:\Python\ch27\ch27_15.py ==================
ts1+ts2
2023-03-11    68
2023-03-12    88
2023-03-13    130
2023-03-14    106
2023-03-15    78
dtype: int64
(ts1+ts2)/2
2023-03-11    34.0
2023-03-12    44.0
2023-03-13    65.0
2023-03-14    53.0
2023-03-15    39.0
dtype: float64
```

在上述 ch27_15.py 的計算過程中,如果時間戳不一樣,將產生 NaN 數值。

程式實例 ch27_16.py:重新設計前一個程式,執行 2 個 Series 物件相加,但是部分時間戳是不同。

```python
1   # ch27_16.py
2   import pandas as pd
3   from datetime import datetime, timedelta
4   
```

第 27 章 Pandas 視覺化與時間序列 - 趨勢洞察與預測

```python
5   ndays = 5
6   start = datetime(2023, 3, 11)
7   dates1 = [start + timedelta(days=x) for x in range(0, ndays)]
8   data1 = [34, 44, 65, 53, 39]
9   ts1 = pd.Series(data1, index=dates1)
10
11  dates2 = [start - timedelta(days=x) for x in range(0, ndays)]
12  data2 = [34, 44, 65, 53, 39]
13  ts2 = pd.Series(data2, index=dates2)
14
15  addts = ts1 + ts2
16  print("ts1+ts2")
17  print(addts)
```

執行結果

```
================== RESTART: D:\Python\ch27\ch27_16.py ==================
ts1+ts2
2023-03-07    NaN
2023-03-08    NaN
2023-03-09    NaN
2023-03-10    NaN
2023-03-11    68.0
2023-03-12    NaN
2023-03-13    NaN
2023-03-14    NaN
2023-03-15    NaN
Freq: D, dtype: float64
```

27-2-3 Pandas 的時間區間方法

Pandas 的 date_range( ) 可以產生時間區間，我們可以更方便將此方法應用在前一小節的程式。

程式實例 ch27_17.py：使用 date_range( ) 重新設計 ch27_14.py。

```python
1  # ch27_17.py
2  import pandas as pd
3
4  dates = pd.date_range('3/11/2023', '3/15/2023')
5  data = [34, 44, 65, 53, 39]
6  ts = pd.Series(data, index=dates)
7  print(type(ts))
8  print(ts)
```

執行結果

```
================== RESTART: D:\Python\ch27\ch27_17.py ==================
<class 'pandas.core.series.Series'>
2023-03-11    34
2023-03-12    44
2023-03-13    65
2023-03-14    53
2023-03-15    39
Freq: D, dtype: int64
```

基本上與 ch27_14.py 相同，但是多了註名 "Freq: D"，表示索引是日期。如果這時我們輸入 ts.index 也將獲得一樣的結果。

27-2 時間序列 (Time Series)

```
>>> ts.index
DatetimeIndex(['2023-03-11', '2023-03-12', '2023-03-13', '2023-03-14',
               '2023-03-15'],
              dtype='datetime64[ns]', freq='D')
```

上述我們使用 date_range( ) 方法時,是放了起始日期與終止日期,我們也可以用起始日期 (start=) 再加上期間 (periods=),或是終止日期 (end=) 再加上期間 (periods=) 設定時間戳。

實例 1:使用起始日期,加上期間設定時間索引。

```
>>> dates = pd.date_range(start='2023-03-11',periods=5)
>>> dates
DatetimeIndex(['2023-03-11', '2023-03-12', '2023-03-13', '2023-03-14',
               '2023-03-15'],
              dtype='datetime64[ns]', freq='D')
```

實例 2:使用終止日期,加上期間設定時間索引。

```
>>> dates = pd.date_range(end='2023-03-15',periods=5)
>>> dates
DatetimeIndex(['2023-03-11', '2023-03-12', '2023-03-13', '2023-03-14',
               '2023-03-15'],
              dtype='datetime64[ns]', freq='D')
```

此外在設定 data_range( ) 時,若是參數 "freq=" 設定 "B",可以讓時間索引只有包含工作天 (work day),相當於假日 (週六與週日) 不包含在時間索引內。

實例 3:設定 2023 年 3 月 1 日起至 3 月 7 日時間索引,參數 freq='B' 並觀察執行結果。

```
>>> dates = pd.date_range('2023-03-01','2023-03-07',freq='B')
>>> dates
DatetimeIndex(['2023-03-01', '2023-03-02', '2023-03-03', '2023-03-06',
               '2023-03-07'],
              dtype='datetime64[ns]', freq='B')
```

由於 3 月 4 日是週六,3 月 5 日是週日,所以最後皆不在時間索引內。若是設定 freq='M',代表時間索引是 2 個時間點之間的月底。

實例 4:觀察 freq='M' 的執行結果。

```
>>> dates = pd.date_range('2025-01-05','2025-04-10',freq='M')
>>> dates
DatetimeIndex(['2025-01-31', '2025-02-28', '2025-03-31'], dtype='datetime64[ns]'
, freq='M')
```

也可以使用 freq=W-Mon,Mon 是週一的縮寫,2 個時間點之間,代表每週一皆是時間索引,可以應用在其它日。

實例 5:觀察 freq='W-Mon' 的執行結果。

```
>>> dates = pd.date_range('2025-03-01','2025-03-31',freq='W-Mon')
>>> dates
DatetimeIndex(['2025-03-03', '2025-03-10', '2025-03-17', '2025-03-24',
               '2025-03-31'],
              dtype='datetime64[ns]', freq='W-MON')
```

其它常見的 freq 設定如下：

- A：年末
- AS：年初
- Q：季末
- QS：季初
- H：小時
- T：分鐘
- S：秒

27-2-4　將時間序列繪製折線圖

程式實例 ch25_18.py：將 ch27_17.py 的時間序列繪製折線圖。

```
1  # ch27_18.py
2  import pandas as pd
3  import matplotlib.pyplot as plt
4
5  dates = pd.date_range('3/11/2025', '3/15/2025')
6  data = [34, 44, 65, 53, 39]
7  ts = pd.Series(data, index=dates)
8  ts.plot(title='Data in Time Series')
9  plt.xlabel("Date")
10 plt.ylabel("Data")
11 plt.show()
```

執行結果

27-3　專題：鳶尾花

在數據分析領域有一組很有名的資料集 iris.csv，這是加州大學爾灣分校機器學習中常被應用的資料，這些數據是由美國植物學家艾德加安德森 (Edgar Anderson) 在加拿大 Gaspesie 半島實際測量鳶尾花所採集的數據。下列是鳶尾花的花瓣長度、花瓣寬度、花萼長度與花萼寬度的說明。

讀者可以由下列網頁了解此資料集。

http://archive.ics.uci.edu/ml/machine-learning-databases/iris/

進入後將看到下列部分內容。

```
5.1,3.5,1.4,0.2,Iris-setosa
4.9,3.0,1.4,0.2,Iris-setosa
4.7,3.2,1.3,0.2,Iris-setosa
4.6,3.1,1.5,0.2,Iris-setosa
5.0,3.6,1.4,0.2,Iris-setosa
5.4,3.9,1.7,0.4,Iris-setosa
4.6,3.4,1.4,0.3,Iris-setosa
5.0,3.4,1.5,0.2,Iris-setosa
4.4,2.9,1.4,0.2,Iris-setosa
```

總共有 150 筆資料，在這資料集中總共有 5 個欄位，左到右分別代表意義如下：

　　花萼長度 (sepal length)
　　花萼寬度 (sepal width)

花瓣長度 (petal length)

花瓣寬度 (petal width)

鳶尾花類別 (species)，有 setosa (山鳶尾花)、versicolor (變色鳶尾花)、virginica (維吉尼亞鳶尾花)

這一個專題章節筆者將教導讀者使用 Python 網路爬蟲功能下載、儲存成 iris.txt 與 iris.csv、然後一步一步使用此資料及配合 Pandas 功能執行分析。

27-3-1　網路爬蟲

其實網路爬蟲的知識可以用整本書做解說，此小節筆者將解說最基本的部分。所謂的網路爬蟲其實就是下載網頁資訊，甚至可以說下載網頁的 HTML 檔案，在 Python 可以使用模組 requests，使用下列指令下載此模組。

   pip install requests

在這個模組內可以使用 request.get(url) 取得指定網址 (url) 的 HTML 檔案，由鳶尾花資料及網頁可以發現此網頁內容非常單純，沒有其它 HTML 標籤，所以可以直接讀取然後儲存。

程式實例 ch27_19.py：讀取加州大學鳶尾花資料集網頁，然後將此資料集儲存成 iris.csv。

```
1  # ch27_19.py
2  import requests
3
4  url = 'http://archive.ics.uci.edu/ml/machine-learning-databases/iris/iris.data'
5  try:
6      htmlfile = requests.get(url)                    # 將檔案下載至htmlfile
7      print('下載成功')
8  except Exception as err:
9      print('下載失敗')
10
11 fn = 'iris.csv'                                     # 未來儲存鳶尾花的檔案
12 with open(fn, 'wb') as fileobj:                     # 開啟iris.csv
13     for diskstorage in htmlfile.iter_content(10240):
14         size = fileobj.write(diskstorage)           # 寫入
```

執行結果
```
================== RESTART: D:\Python\ch27\ch27_19.py ==================
下載成功
```

這時在 ch27 資料夾可以看到 iris.csv，開啟後可以得到下列結果。

27-3　專題：鳶尾花

上述第 13 列筆者用 for 迴圈一次寫入 10240 位元組資料，直到全部寫入完成。

27-3-2　將鳶尾花資料集轉成 DataFrame

程式實例 ch27_20.py：讀取 iris.csv，為此資料集加上欄位名稱，然後列出此資料集的長度和內容。

```
1  # ch27_20.py
2  import pandas as pd
3
4  colName = ['sepal_len','sepal_wd','petal_len','petal_wd','species']
5  iris = pd.read_csv('iris.csv', names = colName)
6  print('資料集長度 : ', len(iris))
7  print(iris)
```

執行結果

```
==================== RESTART: D:\Python\ch27\ch27_20.py ====================
資料集長度 :  150
     sepal_len  sepal_wd  petal_len  petal_wd         species
0          5.1       3.5        1.4       0.2     Iris-setosa
1          4.9       3.0        1.4       0.2     Iris-setosa
2          4.7       3.2        1.3       0.2     Iris-setosa
3          4.6       3.1        1.5       0.2     Iris-setosa
4          5.0       3.6        1.4       0.2     Iris-setosa
..         ...       ...        ...       ...             ...
145        6.7       3.0        5.2       2.3  Iris-virginica
146        6.3       2.5        5.0       1.9  Iris-virginica
147        6.5       3.0        5.2       2.0  Iris-virginica
148        6.2       3.4        5.4       2.3  Iris-virginica
149        5.9       3.0        5.1       1.8  Iris-virginica

[150 rows x 5 columns]
```

建立好上述 DataFrame 後，也可以使用 describe( ) 獲得數據的數量、均值、標準差、最小、最大、各分位數的值。

實例 1：使用 describe( ) 列出 iris 的相關數據。

```
>>> iris.describe()
        sepal_len   sepal_wd   petal_len   petal_wd
count  150.000000  150.000000  150.000000  150.000000
mean     5.843333    3.054000    3.758667    1.198667
std      0.828066    0.433594    1.764420    0.763161
min      4.300000    2.000000    1.000000    0.100000
25%      5.100000    2.800000    1.600000    0.300000
50%      5.800000    3.000000    4.350000    1.300000
75%      6.400000    3.300000    5.100000    1.800000
max      7.900000    4.400000    6.900000    2.500000
```

27-3-3 散點圖的製作

繪製散點圖可以使用 plot(…., kind='scatter')，另外還要給予 x 軸和 y 軸的座標陣列，由於是由 DataFrame 呼叫 plot( )，所以可以直接使用欄位 column 名稱即可。

程式實例 ch27_21.py：繪製 (Sepal Length, Sepal Width) 之散點圖。

```
1  # ch27_21.py
2  import pandas as pd
3  import matplotlib.pyplot as plt
4
5  colName = ['sepal_len','sepal_wd','petal_len','petal_wd','species']
6  iris = pd.read_csv('iris.csv', names = colName)
7
8  iris.plot(x='sepal_len',y='sepal_wd',kind='scatter')
9  plt.xlabel('Sepal Length')
10 plt.ylabel('Sepal Width')
11 plt.title('Iris Sepal length and width anslysis')
12 plt.show()
```

執行結果 可以參考下方左圖。

其實繪製這類圖表，也可以用繪點 plot( ) 方式完成。

27-18

27-3 專題：鳶尾花

程式實例 ch27_22.py：使用 plot( ) 方式完成，筆者嘗試用不同顏色和點標記，這個程式只有修改下列內容。

```
8  plt.plot(iris['sepal_len'],iris['sepal_wd'],'*',color='g')
```

執行結果 可參考上方右圖。

對於這類資料分析而言，我們可能想要了解各品種鳶尾花的花萼長度與寬度之間的關係，此時我們需要將鳶尾花資料集依據品種 (species) 先分離，然後將不同品種的鳶尾花繪在同一圖表，這樣就可以一目了然。下列是將不同品種鳶尾花擷取出來的方法。

實例 1：延續先前實例，擷取品種是 versicolor 的鳶尾花。

```
>>> iris_versicolor = iris[iris['species'] == 'Iris-versicolor']
>>> print(iris_versicolor)
    sepal_len  sepal_wd  petal_len  petal_wd         species
50       7.0       3.2        4.7       1.4  Iris-versicolor
51       6.4       3.2        4.5       1.5  Iris-versicolor
52       6.9       3.1        4.9       1.5  Iris-versicolor
53       5.5       2.3        4.0       1.3  Iris-versicolor
54       6.5       2.8        4.6       1.5  Iris-versicolor
55       5.7       2.8        4.5       1.3  Iris-versicolor
```

程式實例 ch27_23.py：將不同的鳶尾花的花萼使用不同的標記繪製散點圖。

```
1   # ch27_23.py
2   import pandas as pd
3   import matplotlib.pyplot as plt
4
5   colName = ['sepal_len','sepal_wd','petal_len','petal_wd','species']
6   iris = pd.read_csv('iris.csv', names = colName)
7
8   # 擷取不同品種的鳶尾花
9   iris_setosa = iris[iris['species'] == 'Iris-setosa']
10  iris_versicolor = iris[iris['species'] == 'Iris-versicolor']
11  iris_virginica = iris[iris['species'] == 'Iris-virginica']
12  # 繪製散點圖
13  plt.plot(iris_setosa['sepal_len'],iris_setosa['sepal_wd'],
14           '*',color='g',label='setosa')
15  plt.plot(iris_versicolor['sepal_len'],iris_versicolor['sepal_wd'],
16           'x',color='b',label='versicolor')
17  plt.plot(iris_virginica['sepal_len'],iris_virginica['sepal_wd'],
18           '.',color='r',label='virginica')
19  # 標註軸和標題
20  plt.xlabel('Sepal Length')
21  plt.ylabel('Sepal Width')
22  plt.title('Iris Sepal length and width anslysis')
23  plt.legend()
24  plt.show()
```

執行結果

27-3-4 鳶尾花分類統計與直條圖

如果我們想要獲得不同品種鳶尾花的花瓣與花蕊的平均值的直條圖，首先需計算統計不同品種鳶尾花的資料，這時可以使用 groupby( ) 方法。

實例 1：延續先前實例，統計不同品種鳶尾花的花萼與花瓣的長與寬。

```
>>> iris_mean = iris.groupby('species', as_index=False).mean()
>>> print(iris_mean)
           species  sepal_len  sepal_wd  petal_len  petal_wd
0      Iris-setosa      5.006     3.418      1.464     0.244
1  Iris-versicolor      5.936     2.770      4.260     1.326
2   Iris-virginica      6.588     2.974      5.552     2.026
```

程式實例 ch27_24.py：以平均值和直條圖方式繪製不同品種花萼與花瓣長與寬。

```python
1   # ch27_24.py
2   import pandas as pd
3   import matplotlib.pyplot as plt
4
5   colName = ['sepal_len','sepal_wd','petal_len','petal_wd','species']
6   iris = pd.read_csv('iris.csv', names = colName)
7
8   # 鳶尾花分組統計均值
9   iris_mean = iris.groupby('species', as_index=False).mean()
10  # 繪製直條圖
11  iris_mean.plot(kind='bar')
12  # 刻度處理
13  plt.xticks(iris_mean.index,iris_mean['species'], rotation=0)
14
15  plt.show()
```

27-20

27-3 專題：鳶尾花

執行結果 可以參考下方左圖。

各位可以看到目前品種前方字串是 "iris-"，我們可以使用 apply( ) 方法將此部分字串刪除，只留下品種名稱。

程式實例 ch27_25.py：重新設計上述程式，處理將品種前方字串 "Iris-" 刪除，這個程式增加下列程式碼。

```
7   iris['species'] = iris['species'].apply(lambda x: x.replace("Iris-",""))
```

執行結果 可以參考上方右圖。

我們也可以使用堆疊方式處理上述長條圖，方法是在 plot( ) 方法內增加 "stacked=True"。

程式實例 ch27_26.py：重新設計上述實例，但是使用堆疊方式處理數據，這個程式只有下列需修訂。

```
11   iris_mean.plot(kind='bar',stacked=True)
```

執行結果 可以參考下方左圖。

27-21

第 27 章　Pandas 視覺化與時間序列 - 趨勢洞察與預測

直條圖與橫條圖，差別是 "bar" 與 "barh"，可以參考下列實例。

程式實例 ch27_27.py：將前一個程式的直條圖改為橫條圖，這個程式只有下列需修訂。

```
10  # 繪製堆疊橫條圖
11  iris_mean.plot(kind='barh',stacked=True)
12  # 刻度處理
13  plt.yticks(iris_mean.index,iris_mean['species'], rotation=0)
```

執行結果　可以參考上方右圖。

第 28 章
網路爬蟲
自動化資料蒐集與整合

28-1　上網不再需要瀏覽器了

28-2　下載網頁資訊使用 requests 模組

28-3　檢視網頁原始檔

28-4　解析網頁使用 BeautifulSoup 模組

28-5　網路爬蟲實戰 – 12 星座圖片下載

28-6　網路爬蟲的潛在應用

第 28 章　網路爬蟲 - 自動化資料蒐集與整合

網路爬蟲 (Web Crawler) 是一種自動化的程式，主要目的是從網站上系統性地瀏覽和下載數據，可以用於各種不同的應用。過去我們瀏覽網頁是使用瀏覽器，例如：Microsoft 公司的 Edge、Google 公司的 Chrome、Apple 公司的 Safari … 等。現在學了 Python，我們也可以不再需要透過瀏覽器檢視網頁內容，此外，本章也將講解從網站下載有用的資訊。

註　一些著名的搜尋引擎公司就是不斷地送出網路爬蟲搜尋網路最新訊息，以保持搜尋引擎的熱度。

28-1　上網不再需要瀏覽器了

這一節將介紹 webbrowser 模組瀏覽網頁，在程式前方需導入此模組。

　　import webbrowser

28-1-1　webbrowser 模組

Python 有提供 webbrowser 模組，可以呼叫這個模組的 open( ) 方法，就可以開啟指定的網頁了。

程式實例 ch28_1.py：開啟明志科大 (http://www.mcut.edu.tw) 網頁。

```
1  # ch28_1.py
2  import webbrowser
3  webbrowser.open('http://www.mcut.edu.tw')
```

執行結果　下列網頁也有網址區，可以在此輸入網址瀏覽其它網頁。

28-1-2 認識 Google 地圖

筆者約 8 年前一個人到南極，登船往南極的港口是阿根廷的烏斯懷亞，當時使用 Google 地圖搜尋這個港口，得到下列結果。

上述筆者將網址區分成 3 大塊：

1： https://www.google.com.tw/maps/place/ 阿根廷火地省烏斯懷亞

2： -54.806843,-68.3728428

3： 12z/data=!3m1!4b1!4m5!3m4!1s0xbc4c22b5bad109bf:0x5498473dba43ebfc!8m2!3d-54.8019121!4d-68.3029511

其中第 2 區塊是地圖位置的地理經緯度資訊，第 3 塊是則是 Google 公司追縱紀錄瀏覽者的一些資訊，基本上我們可以先忽略這 2-3 區塊。下列是筆者使用 Google 地圖列出「台北市南京東路二段 98 號」地址的資訊的結果。

第 28 章　網路爬蟲 - 自動化資料蒐集與整合

比對了烏斯懷亞與台北市南京東路地點的網頁，在第一塊中前半部分我們發現下列是 Google 地圖固定的內容。

https://www.google.com.tw/maps/place/

上述內容後面 (第一塊的後半部分) 是我們輸入的<u>地址</u>，由上述分析我們獲得了結論是如果我們將上述<u>網址</u>與<u>地址</u>相連接成一個<u>字串</u>，然後將此<u>字串</u>當 webbrowser.open( ) 方法的參數，這樣就可以利用 Python 程式，使用 Google 地圖瀏覽我們想要查詢的地點了。

28-1-3　用地址查詢地圖的程式設計

其實設計這個程式也非常簡單，只要讀取地址資訊，然後放在 open( ) 參數內與上一節獲得的網址連接就可以了。

程式實例 ch28_2.py：設計由螢幕輸入地址，然後可以開啟 Google 地圖服務，最後列出地圖內容。

```
1   # ch28_2.py
2   import webbrowser
3
4   address = input("請輸入地址 : ")
5   webbrowser.open('http://www.google.com.tw/maps/place/' + address)
```

執行結果　下列是筆者輸入地址畫面，按 Enter 鍵後的結果。

28-2 下載網頁資訊使用 requests 模組

requests 是第三方模組,請使用下列指令安裝此模組。

    pip install requests

requests.get( ) 方法內需放置欲下載網頁資訊的網址當參數,這個方法可以傳回網頁的 HTML 原始檔案物件,資料型態是稱 Response 物件,Response 物件內有下列幾個重要屬性:

status_code:如果值是 requests.codes.ok,表示獲得的網頁內容成功。

text:網頁內容。

程式實例 ch28_3.py:列出是否取得網頁成功,如果成功則輸出網頁內容大小。

```python
1   # ch28_3.py
2   import requests
3
4   url = 'http://www.mcut.edu.tw'
5   htmlfile = requests.get(url)
6   print(f"回傳資料型態 : {type(htmlfile)}")
7   if htmlfile.status_code == requests.codes.ok:
8       print("取得網頁內容成功")
9       print("網頁內容大小 = ", len(htmlfile.text))
10      print(htmlfile.text)                    # 列印網頁內容
11  else:
12      print("取得網頁內容失敗")
```

執行結果 請連按兩下 Squeezed text 字串 (如果資料太多時會出現此字串),可以展開。

```
======================= RESTART: D:\Python\ch28\ch28_3.py =======================
回傳資料型態 : <class 'requests.models.Response'>
取得網頁內容成功
網頁內容大小 =  66111
Squeezed text (3023 lines).
```

第 28 章　網路爬蟲 - 自動化資料蒐集與整合

```
=============== RESTART: D:\Python\ch28\ch28_3.py ===============
回傳資料型態 : <class 'requests.models.Response'>
取得網頁內容成功
網頁內容大小 =  66405
<!DOCTYPE html>
<html lang="zh-tw">
<head>

<meta http-equiv="Content-Type" content="text/html; charset=utf-8">
<meta http-equiv="X-UA-Compatible" content="IE=edge,chrome=1" />
<meta name="viewport" content="initial-scale=1.0, user-scalable=1, minimum-scale
=1.0, maximum-scale=3.0">
<meta name="apple-mobile-web-app-capable" content="yes">
<meta name="apple-mobile-web-app-status-bar-style" content="black">
<meta name="keywords" content="請填寫網站關鍵記事,用半角逗號(,)隔開" />
<meta name="description" content="明志科技大學,是一所位於臺灣北部的技職院校,地
點在新北市泰山區。　前身為「明志工業專科學校」,由台塑企業創辦人王永慶先生於1963
年11月11日設立。入學生均需住宿。明志科技大學設有工程、環資及管等三個學院,其下
共有十個系及十一個研究所,另設有七個研究中心、一個通識教育中心以及一個語言中心。
" />
```

28-3　檢視網頁原始檔

前一節筆者講解使用 requests.get( ) 取得網頁內容的原始 HTML 檔,也可以使用瀏覽器取得網頁內容的原始檔。檢視網頁的原始檔目的不是要模仿設計相同的網頁,主要是掌握幾個關鍵重點,然後擷取我們想要的資料。

28-3-1　以 Chrome 瀏覽器為實例

此例是使用 Chrome 開啟深智數位公司網頁,在網頁內按一下滑鼠右鍵,出現快顯功能表時,執行檢視網頁原始碼 (View page source) 指令。

就可以看到此網頁的原始 HTML 檔案。

28-3-2 檢視原始檔案的重點

如果我們現在要下載某個網頁的所有圖片檔案，可以進入該網頁，例如：如果想要下載深智公司網頁 (http://deepwisdom.com.tw) 的圖檔，可以開啟該網頁的 HTML 檔案，請點選右上方的 ⋮ 圖示，然後執行 Find(尋找)，再輸入 '<img>'，就可以了解該網頁圖檔的狀況。

由上圖可以看到圖檔是在 "~wp-content/uploads/2023/11/" 資料夾內，其實我們也可以使用「網址 + 檔案路徑」，列出圖檔的內容。

第 28 章　網路爬蟲 – 自動化資料蒐集與整合

28-3-3　列出重點網頁內容

假設讀者進入 "http://www.xzw.com/fortune/" 網頁，可以針對要了解的網頁內容按一下滑鼠右鍵，再執行 檢查，可以在視窗右邊看到 HTML 格式的網頁的內容，如下所示：

28-8

從上述右邊小視窗可以看到一些網頁設計的訊息，這些訊息可以讓我們設計相關爬蟲程式。

28-4 解析網頁使用 BeautifulSoup 模組

從前面章節讀者應該已經瞭解了如何下載網頁 HTML 原始檔案，也應該對網頁的基本架構有基本認識，本節要介紹的是使用 BeautifulSoup 模組解析 HTML 文件。目前這個模組是第 4 版，模組名稱是 beautifulsoup4，可以用下列方式安裝：

  pip install beautifulsoup4

雖然安裝是 beautifulsoup4，但是導入模組時是用下列方式：

  import bs4

28-4-1 建立 BeautifulSoup 物件

可以使用下列語法建立下載十二星座網站的 BeautifulSoup 物件。

  htmlFile = requests.get('http://www.xzw.com/fortune/') # 十二星座網站
  objSoup = bs4.BeautifulSoup(htmlFile.text, 'lxml')

傳遞給 BeautifulSoup( ) 的第一個參數是網頁內容的 HTML 文件，第 2 個參數 "lxml" 是註明解析 HTML 內容的方法，回傳的就是 BeautifulSoup 物件。

程式實例 ch28_4.py：解析網頁 http://www.xzw.com/fortune/，列出資料型態。

```
1  # ch28_4.py
2  import requests, bs4
3
4  htmlFile = requests.get('http://www.xzw.com/fortune/')
5  objSoup = bs4.BeautifulSoup(htmlFile.text, 'lxml')
6  print(f"列印BeautifulSoup物件資料型態 {type(objSoup)}")
```

執行結果

```
============= RESTART: D:\Python\ch28\ch28_4.py =============
列印BeautifulSoup物件資料型態 <class 'bs4.BeautifulSoup'>
```

從上述我們獲得了 BeautifulSoup 的資料類型了，表示我們獲得初步成果了。

28-4-2 基本 HTML 文件解析 - 從簡單開始

真實世界的網頁是很複雜的，所以筆者想先從一簡單的 HTML 文件開始解析網頁。在 ch28_4.py 程式第 5 列第一個參數 htmlFile.text 是網頁內容，在 ch28 資料夾有一個簡單的 HTML 文件，這一節筆者會教讀者解析此 HTML 文件。

程式實例 **myhtml.html**：在 ch28 資料夾有 myhtml.html 文件，這個文件內容如下：

```html
 1  <!doctype html>
 2  <html>
 3  <head>
 4      <meta charset="utf-8">
 5      <title>洪錦魁著作</title>
 6      <style>
 7          h1#author { width:400px; height:50px; text-align:center;
 8              background:linear-gradient(to right,yellow,green);
 9          }
10          h1#content { width:400px; height:50px;
11              background:linear-gradient(to right,yellow,red);
12          }
13          section { background:linear-gradient(to right bottom,yellow,gray); }
14      </style>
15  </head>
16  <body>
17  <h1 id="author">洪錦魁</h1>
18  <img src="hung.jpg" width="100">
19  <section>
20      <h1 id="content">一個人的極境旅行 – 南極大陸北極海</h1>
21      <p>2015/2016年<strong>洪錦魁</strong>一個人到南極</p>
22      <img src="travel.jpg" width="300" >
23  </section>
24  <section>
25      <h1 id="content">HTML5+CSS3王者歸來</h1>
26      <p>本書講解網頁設計使用HTML5+CSS3</p>
27      <img src="html5.jpg" width="300">
28  </section>
29  </body>
30  </html>
```

執行結果

下列幾個小節將會解析此份 HTML 文件,如果將 myhtml.html 文件的相關屬性用節點表示,上述 HTML 文件可以用下圖顯示:

28-4-3 網頁標題 title 屬性

BeautifulSoup 物件的 title 屬性可以傳回網頁標題的 <title> 標籤內容。

28-11

程式實例 ch28_5.py：使用 title 屬性解析 myhtml.html 檔案的網頁標題，本程式會列出物件類型與內容。

```
1   # ch28_5.py
2   import bs4
3
4   htmlFile = open('myhtml.html', encoding='utf-8')
5   objSoup = bs4.BeautifulSoup(htmlFile, 'lxml')
6   print(f"物件類型　= {type(objSoup.title)}")
7   print(f"列印title = {objSoup.title}")
```

執行結果
```
==================== RESTART: D:\Python\ch28\ch28_5.py ====================
物件類型　= <class 'bs4.element.Tag'>
列印title = <title>洪錦魁著作</title>
```

從上述執行結果可以看到所解析的 objSoup.title 是一個 HTML 標籤物件，若是用 HTML 節點圖顯示，可以知道 objSoup.title 所獲得的節點如下：

28-4-4　去除標籤傳回文字 text 屬性

前一節實例的確解析了 myhtml.html 文件，傳回解析的結果是一個 HTML 的標籤，不過我們可以使用 text 屬性獲得此標籤的內容。

程式實例 ch28_6.py：擴充 ch28_5.py，列出解析的標籤內容。

```
1   # ch28_6.py
2   import bs4
3
4   htmlFile = open('myhtml.html', encoding='utf-8')
5   objSoup = bs4.BeautifulSoup(htmlFile, 'lxml')
6   print(f"列印title = {objSoup.title}")
7   print(f"title內容 = {objSoup.title.text}")
```

執行結果
```
==================== RESTART: D:\Python\ch15\ch15_6.py ====================
列印title = <title>洪錦魁著作</title>
title內容 = 洪錦魁著作
```

28-4 解析網頁使用 BeautifulSoup 模組

```
                    HTML
          ┌──────────┴──────────┐
         body                  head
    ┌─────┼─────┐                │
<section> <section> <img> <h1>  title
```

title.text 相當於列出此點內容

28-4-5　傳回所找尋第一個符合的標籤 find( )

這個函數可以找尋 HTML 文件內第一個符合的標籤內容，例如：find('h1') 是要找第一個 h1 的標籤。如果找到了就傳回該標籤字串我們可以使用 text 屬性獲得內容，如果沒找到就傳回 None。

程式實例 ch28_7.py：傳回第一個 <h1> 標籤。

```
1   # ch28_7.py
2   import bs4
3
4   htmlFile = open('myhtml.html', encoding='utf-8')
5   objSoup = bs4.BeautifulSoup(htmlFile, 'lxml')
6   objTag = objSoup.find('h1')
7   print(f"資料型態      = {type(objTag)}")
8   print(f"列印Tag       = {objTag}")
9   print(f"Text屬性內容  = {objTag.text}")
10  print(f"String屬性內容 = {objTag.string}")
```

執行結果

```
================== RESTART: D:\Python\ch28\ch28_7.py ==================
資料型態       = <class 'bs4.element.Tag'>
列印Tag        = <h1 id="author">洪錦魁</h1>
Text屬性內容   = 洪錦魁
String屬性內容 = 洪錦魁
```

```
                    HTML
          ┌──────────┴──────────┐
         body                  head
    ┌─────┼─────┐                │
<section> <section> <img> <h1>  title
```

find('h1')獲得第一個<h1>

28-13

28-4-6 傳回所找尋所有符合的標籤 find_all( )

這個函數可以找尋 HTML 文件內所有符合的標籤內容，例如：find_all('h1') 是要找所有 h1 的標籤。如果找到了就傳回該標籤串列，如果沒找到就傳回空串列。

程式實例 ch28_8.py：傳回所有的 <h1> 標籤。

```
1   # ch28_8.py
2   import bs4
3
4   htmlFile = open('myhtml.html', encoding='utf-8')
5   objSoup = bs4.BeautifulSoup(htmlFile, 'lxml')
6   objTag = objSoup.find_all('h1')
7   print(f"資料型態    = {type(objTag)}")        # 列印資料型態
8   print(f"列印Tag串列 = {objTag}")              # 列印串列
9   print(f"以下是列印串列元素 : ")
10  for data in objTag:                           # 列印串列元素內容
11      print(data.text)
```

執行結果

```
==================== RESTART: D:\Python\ch28\ch28_8.py ====================
資料型態    = <class 'bs4.element.ResultSet'>
列印Tag串列 = [<h1 id="author">洪錦魁</h1>, <h1 id="content">一個人的極境旅行 - 
南極大陸北極海</h1>, <h1 id="content">HTML5+CSS3王者歸來</h1>]
以下是列印串列元素 :
洪錦魁
一個人的極境旅行 - 南極大陸北極海
HTML5+CSS3王者歸來
```

find_all('h1')所有的<h1>

28-4-7 HTML 屬性的搜尋

我們可以根據 HTML 標籤屬性執行搜尋，可以參考下列實例。

28-4 解析網頁使用 BeautifulSoup 模組

程式實例 ch28_9.py：搜尋第一個含 id='author' 的節點。

```
1   # ch28_9.py
2   import bs4
3
4   htmlFile = open('myhtml.html', encoding='utf-8')
5   objSoup = bs4.BeautifulSoup(htmlFile, 'lxml')
6   objTag = objSoup.find(id='author')
7   print(objTag)
8   print(objTag.text)
```

執行結果
```
===================== RESTART: D:\Python\ch28\ch28_9.py =====================
<h1 id="author">洪錦魁</h1>
洪錦魁
```

程式實例 ch28_10.py：搜尋含所有 id='content' 的節點。

```
1   # ch28_10.py
2   import bs4
3
4   htmlFile = open('myhtml.html', encoding='utf-8')
5   objSoup = bs4.BeautifulSoup(htmlFile, 'lxml')
6   objTag = objSoup.find_all(id='content')
7   for tag in objTag:
8       print(tag)
9       print(tag.text)
```

執行結果
```
===================== RESTART: D:\Python\ch28\ch28_10.py =====================
<h1 id="content">一個人的極境旅行 - 南極大陸北極海</h1>
一個人的極境旅行 - 南極大陸北極海
<h1 id="content">HTML5+CSS3王者歸來</h1>
HTML5+CSS3王者歸來
```

28-4-8　select( ) 和 get( )

select( ) 主要是以 CSS 選擇器 (selector) 的觀念尋找元素，如果找到回傳的是串列 (list)，如果找不到則傳回空串列。下列是使用實例：

objSoup.select('p')：找尋所有 <p> 標籤的元素。

objSoup.select ('img')：找尋所有 <img> 標籤的元素。

程式實例 ch28_11.py：搜尋 <img> 標籤，同時列出結果。

```
1   # ch28_11.py
2   import bs4
3
4   htmlFile = open('myhtml.html', encoding='utf-8')
5   objSoup = bs4.BeautifulSoup(htmlFile, 'lxml')
6   imgTag = objSoup.select('img')
7   print(f"含<img>標籤的串列長度 = {len(imgTag)}")
8   for img in imgTag:
9       print(img)
```

執行結果

```
==================== RESTART: D:\Python\ch28\ch28_11.py ====================
含<img>標籤的串列長度 = 3
<img src="hung.jpg" width="100"/>
<img src="travel.jpg" width="300"/>
<img src="html5.jpg" width="300"/>
```

<img> 是一個插入圖片的標籤，沒有結束標籤，所以沒有內文，如果讀者嘗試使用 text 屬性列印內容 "print(imgTag[0].text)" 將看不到任何結果。<img> 對網路爬蟲設計是很重要，因為可以由此獲得網頁的圖檔資訊。從上述執行結果可以看到對我們而言很重要的是 <img> 標籤內的屬性 src，這個屬性設定了圖片路徑。這個時候我們可以使用標籤字串的 img.get( ) 取得或是 img['src'] 方式取得。

程式實例 ch28_12.py：擴充 ch28_11.py，取得 myhtml.html 的所有圖檔。

```
1   # ch28_12.py
2   import bs4
3
4   htmlFile = open('myhtml.html', encoding='utf-8')
5   objSoup = bs4.BeautifulSoup(htmlFile, 'lxml')
6   imgTag = objSoup.select('img')
7   print(f"含<img>標籤的串列長度 = {len(imgTag)}")
8   for img in imgTag:
9       print(f"列印標籤串列 = {img}")
10      print(f"列印圖檔      = {img.get('src')}")
11      print(f"列印圖檔      = {img['src']}")
```

執行結果

```
==================== RESTART: D:\Python\ch28\ch28_12.py ====================
含<img>標籤的串列長度 = 3
列印標籤串列 = <img src="hung.jpg" width="100"/>
列印圖檔      = hung.jpg
列印圖檔      = hung.jpg
列印標籤串列 = <img src="travel.jpg" width="300"/>
列印圖檔      = travel.jpg
列印圖檔      = travel.jpg
列印標籤串列 = <img src="html5.jpg" width="300"/>
列印圖檔      = html5.jpg
列印圖檔      = html5.jpg
```

上述程式最重要是第 10 列的 img.get('src') 或是第 11 列的 img['src']，這個方法可以取得標籤字串的 src 屬性內容。

28-5　網路爬蟲實戰 – 12 星座圖片下載

其實筆者已經用 HTML 文件解說網路爬蟲的基本原理了，在真實的網路世界一切比上述實例複雜與困難。

28-5 網路爬蟲實戰 – 12 星座圖片下載

延續 28-3-3 節，若是放大網頁內容，在每個星座描述的 <div> 內有 <dt> 標籤，這個 <dt> 標籤內有星座圖片的網址，我們可以經由取得網址，再將此圖片下載至我們指定的目錄內。

```
▼<div id="list">
  ▶<h1>…</h1>
  ▼<div class="alb">
    ▼<div class="al al1">
      <i style="display: none;"></i>
      ▼<dl>
        ▼<dt>
          ▼<a href="/fortune/aries/">
            <img src="/static/public/images/fortune/image/s_1.gif" alt="'.$v[2].'">
          </a>
        </dt>
```

圖片網址是由 2 個部分組成：

　http://www.xzw.com

　和

　/static/public/images/fortune/image/s_1.gif

上述是以白羊座為例，有了上述觀念，就可以設計下載十二星座的圖片了。

程式實例 ch28_13.py：下載十二星座所有圖片，所下載的圖片將放置在 out13 資料夾內。

```
1   # ch28_13.py
2   import requests
3   import bs4
4   import os
5
6   # 目標網址
7   url = 'http://www.xzw.com/fortune/'
8   # 發送 HTTP 請求並獲得網頁內容
9   htmlfile = requests.get(url)
10  # 使用 BeautifulSoup 解析網頁，'lxml' 是解析器的類型
11  objSoup = bs4.BeautifulSoup(htmlfile.text, 'lxml')
12
13  # 尋找包含星座串列的 div 標籤
14  constellation = objSoup.find('div', id='list')
15  # 在找到的 div 內進一步搜尋符合條件的子 div，並獲取所有子 div
16  cons = constellation.find('div', 'alb').find_all('div')
17
18  # 圖片的基本 URL
```

28-17

```
19    pict_url = 'http://www.xzw.com'
20    # 用於儲存圖片 URL 的串列
21    photos = []
22    # 遍歷每個 div 元素，獲取圖片的相對路徑並組成完整的圖片 URL
23    for con in cons:
24        pict = con.a.img['src']
25        photos.append(pict_url + pict)
26
27    # 定義儲存圖片的目錄
28    destDir = 'out13'
29    # 檢查目錄是否存在，不存在則創建
30    if not os.path.exists(destDir):
31        os.mkdir(destDir)
32
33    # 輸出搜尋到的圖片數量
34    print("搜尋到的圖片數量 = ", len(photos))
35
36    # 遍歷圖片 URL 串列，下載並保存每張圖片
37    for photo in photos:
38        # 透過 HTTP GET 請求下載圖片
39        picture = requests.get(photo)
40        # 確認 HTTP 請求成功，否則拋出異常
41        picture.raise_for_status()
42        print("%s 圖片下載成功" % photo)
43
44        # 開啟檔案物件用於二進制寫入
45        pictFile = open(os.path.join(destDir, os.path.basename(photo)), 'wb')
46        # for迴圈讀取圖片內容並寫入檔案
47        for diskStorage in picture.iter_content(10240):
48            pictFile.write(diskStorage)
49        # 下載完成後關閉文件
50        pictFile.close()
```

執行結果 讀者可以在 out13 子資料夾看到所下載的圖片。

```
================ RESTART: D:\Python\ch28\ch28_13.py ================
搜尋到的圖片數量 = 12
http://www.xzw.com/static/public/images/fortune/image/s_1.gif 圖片下載成功
http://www.xzw.com/static/public/images/fortune/image/s_2.gif 圖片下載成功
http://www.xzw.com/static/public/images/fortune/image/s_3.gif 圖片下載成功
                                  ...
```

這個程式第 30 列和 31 列使用了 os 模組的方法：

- os.path.exists(destDir)：如果 destDir 存在就會傳 True。
- os.mkdir(destDir)：建立 destDir 資料夾。

第 45 列也使用了 os 模組的方法：

- os.path.basename(photo)：從完整檔案路徑中取出 photo 的檔案名稱。
- os.path.join(destDir, os.path.basename(photo))：相當於將資料夾和**檔案名稱**，

組成一個檔案路徑。

上述程式第 47～48 列說明如下：

iter_content(chunk_size=10240)：

- iter_content( ) 是 requests 模組中的一個方法，用於逐塊讀取響應內容。
- chunk_size 參數是可選的，它指定了每個塊的大小（以 Byte 為單位）。在這個例子中，chunk_size 被設置為 10240 Byte，即每次從響應中讀取 10KB 的數據。

for 迴圈遍歷每個塊：

- for 迴圈用來遍歷 iter_content( ) 方法返回的所有內容區塊。
- 在每次迭代中，變數 diskStorage 包含從網絡響應中讀取的一塊數據。

寫入檔案：

- pictFile.write(diskStorage)：這列程式碼將當前塊 diskStorage 寫入到已開啟的檔案物件 pictFile。

這樣，整個文件最終會被分多次寫入，從而避免了一次性將大檔案加載到記憶體中的需求。

28-6 網路爬蟲的潛在應用

這一節會提供一些片段的程式碼，讀者可以參考了解網路爬蟲的潛在應用。

❑ 市場研究

企業可以使用網路爬蟲來收集關於特定市場的訊息，例如：競爭對手的價格、產品評價或市場趨勢，這些訊息對於制定市場策略和產品定價非常有用。

```
def fetch_competitor_pricing(url):
    response = requests.get(url)                                    # 發送 HTTP 請求
    soup = BeautifulSoup(response.content, 'html.parser')           # 解析網頁內容
    prices = soup.find_all('span', class_='product-price')          # 尋找所有包含價格的標籤
    return [price.get_text() for price in prices]                   # 獲得價格資料並回傳
```

❑ 社交媒體監控

通過對社交媒體網站的爬取，企業可以監控品牌聲譽、客戶反饋和市場趨勢，這有助於及時回應客戶意見和市場變化。

第 28 章　網路爬蟲 - 自動化資料蒐集與整合

```python
import tweepy

def fetch_tweets(api, brand_name):
    tweets = api.search(q=brand_name, count=100)    # 使用推特 API 搜索推文
    return [tweet.text for tweet in tweets]         # 提取並回傳推文內容
```

❑　**新聞彙總和監控**

企業可以使用網路爬蟲來自動收集和彙總行業相關的新聞，從而保持對最新市場動態和行業趨勢的了解。

```python
def fetch_news_headlines(url):
    response = requests.get(url)                                          # 發送 HTTP 請求
    soup = BeautifulSoup(response.content, 'html.parser')                 # 解析網頁內容
    headlines = soup.find_all('h2', class_='news-headline')               # 尋找所有新聞標題
    return [headline.get_text() for headline in headlines]                # 提取新聞標題並返回
```

❑　**產品評論和消費者意見挖掘**

爬取電商網站上的用戶評論，可以幫助企業理解消費者對產品的看法和需求。

```python
def fetch_product_info(url):
    response = requests.get(url)                                          # 發送 HTTP 請求
    soup = BeautifulSoup(response.content, 'html.parser')                 # 解析網頁內容
    product_info = soup.find('div', class_='product-info')                # 尋找產品資訊區塊
    return product_info.get_text()                                        # 獲得產品資訊並回傳
```

❑　**徵人訊息收集**

企業可以通過爬取人力銀行網站來分析行業就業趨勢和職位要求，從而優化自身的徵人策略。

```python
def fetch_job_listings(url):
    response = requests.get(url)                                          # 發送 HTTP 請求
    soup = BeautifulSoup(response.content, 'html.parser')                 # 解析網頁內容
    job_listings = soup.find_all('div', class_='job-listing')             # 尋找所有職位列表
    return [job.get_text() for job in job_listings]                       # 獲得職位資訊並回傳
```

第 29 章
Python 操作台股投資分析實戰

29-1　Stock( ) 建構元

29-2　Stock 物件屬性

29-3　Stock 物件方法

29-4　取得單一股票之即時資料 realtime.get( )

第 29 章　Python 操作台股 - 投資分析實戰

這一章將介紹使用 twstock 模組讀取台灣股票資訊，同時利用本節知識建立折線圖表，使用前需安裝 twstock 模組。

pip install twstock

欲使用上述模組需要安裝 lxml 模組。

pip install lxml

讀者可以參考下列網址，了解更完整的訊息。

https://twstock.readthedocs.io/zh_TW/latest/

29-1　Stock( ) 建構元

可以使用 Stock( ) 建構元傳入股票代號，然後可以傳回此股票代號的 Stock 物件。台灣著名的股票台積電的股票代號是 2330，如果輸入 2330，即可以獲得台積電的股票的物件。

```
>>> import twstock
>>> stock2330 = twstock.Stock("2330")
```

29-2　Stock 物件屬性

有了前一小節的 Stock 物件後，可以參考下表獲得物件屬性。

Stock 物件屬性	說明
sid	股票代號字串
open	近 31 天的開盤價 (元) 串列
high	近 31 天的最高價 (元) 串列
low	近 31 天的最低價 (元) 串列
close 或 price	近 31 天的收盤價 (元) 串列
capacity	近 31 天的成交量 (股) 串列
transaction	近 31 天的成交筆數 (筆) 串列
turnover	近 31 天的成交金額 (元) 串列
change	近 31 天的漲跌幅 (元) 串列
date	近 31 天的交易日期 datetime 物件串列
data	近 31 天的 Stock 物件全部資料內容串列
raw_data	近 31 天的原始資料串列

29-2 Stock 物件屬性

程式實例 ch29_1.py：獲得台積電股票代號和近 31 天的收盤價。

```
1  # ch29_1.py
2  import twstock
3  stock2330 = twstock.Stock("2330")
4
5  print("股票代號    : ", stock2330.sid)
6  print("股票收盤價 : ", stock2330.price)
```

執行結果

```
================== RESTART: D:\Python\ch29\ch29_1.py ==================
股票代號    : 2330
股票收盤價 : [530.0, 516.0, 513.0, 509.0, 508.0, 501.0, 498.0, 505.0, 494.5, 48
5.5, 486.5, 498.5, 497.5, 491.0, 476.0, 453.5, 440.0, 446.0, 435.5, 457.5, 467.0
, 462.0, 449.5, 470.5, 475.0, 492.5, 495.5, 491.0, 495.0, 501.0, 503.0]
```

在所傳回的 31 天收盤價串列中，[0] 是最舊的收盤價，[30] 是前一個交易日的收盤價。

實例 1：傳回台積電 31 天前的收盤價與前一個交易日的收盤價。

```
>>> import twstock
>>> stock2330 = twstock.Stock('2330')
>>> stock2330.price[0]
530.0
>>> stock2330.price[30]
503.0
```

實例 2：延續前面實例，瞭解台積電 data 屬性的全部內容，可以使用 data 屬性，此例筆者只是列出部份內容。

```
>>> stock2330.data
[Data(date=datetime.datetime(2022, 6, 10, 0, 0), capacity=22614596, turnover=120
11615014, open=530.0, high=533.0, low=529.0, close=530.0, change=-11.0, transact
ion=44802), Data(date=datetime.datetime(2022, 6, 13, 0, 0), capacity=36758925, t
```

在 Stock 屬性中除了股票代號 sid 是傳回字串外，其它皆是傳回串列，此時我們可以使用切片方式處理。

實例 3：延續前面實例，下列是傳回台積電近 5 天的股票收盤價。

```
>>> stock2330.price[-5:]
[495.5, 491.0, 495.0, 501.0, 503.0]
```

程式實例 ch29_2.py：列出近 31 天台積電收盤價的折線圖。

```
1  # ch29_2.py
2  import matplotlib.pyplot as plt
3  from pylab import mpl
4  import twstock
5
6  plt.rcParams["font.family"] = ["Microsoft JhengHei"]
7
8  stock2330 = twstock.Stock("2330")
9  plt.title("台積電", fontsize=24)
10 plt.plot(stock2330.price)
11 plt.show()
```

第 29 章　Python 操作台股 - 投資分析實戰

執行結果

台積電のグラフ

29-3 Stock 物件方法

有了 Stock 物件後，可以參考下表獲得物件方法。

Stock 物件方法	說明
fetch_31( )	最近 31 天的交易資料 (Data 物件) 串列
fetch(year, month)	指定年月的交易資料 (Data 物件) 串列
fetch_from(year, month)	指定年月至今的交易資料 (Data 物件) 串列
moving_average(data,days)	串列數據 data 的 days 日的平均值串列
continuous(data)	串列 data 持續上漲天數

實例 1：傳回 2022 年 7 月的台積電股市交易資料，下列只列出部份結果。

```
>>> import twstock
>>> stock2330 = twstock.Stock('2330')
>>> stock2330.fetch(2022,7)
[Data(date=datetime.datetime(2022, 7, 1, 0, 0), capacity=72597018, turnover=33459624760, open=471.5, high=474.0, low=452.5, close=453.5, change=-22.5, transaction=172267), Data(date=datetime.datetime(2022, 7, 4, 0, 0), capacity=61206245, tu
```

實例 2：接續上一個實例，傳回 2022 年 7 月台積電收盤價格資料。

```
>>> stock2330.price
[453.5, 440.0, 446.0, 435.5, 457.5, 467.0, 462.0, 449.5, 470.5, 475.0, 492.5, 495.5, 491.0, 495.0, 501.0, 503.0]
```

方法 moving_average(data,days) 是傳回均線串列，這個方法需要 2 個參數，days 天數是代表幾天均線，例如若是第 2 個參數是 5，則代表 5 天均線值。所謂的 5 均線值是指第 0 ~ 4 筆資料平均當作第 0 筆，第 1 ~ 5 筆資料平均當作第 1 筆，… 等。所以均線資料串列元素會比較少。

實例 3：接續上一個實例，傳回 2022 年 7 月台積電收盤價格資料的 5 天均線資料串列。

```
>>> ave5 = stock2330.moving_average(stock2330.price,5)
>>> ave5
[446.5, 449.2, 453.6, 454.3, 461.3, 464.8, 469.9, 476.6, 484.9, 489.8, 495.0, 497.1]
```

實例 4：接續上一個實例，傳回 2022 年 7 月台積電收盤價格資料的 5 天均線資料串列的連續上漲天數。留意：每天做比較如果上漲會加 1，下跌會減 1。

```
>>> stock2330.continuous(ave5)
11
```

程式實例 ch29_3.py：以折線圖列印台積電 2022 年 1 月以來的收盤價格資料。

```
1  # ch29_3.py
2  import matplotlib.pyplot as plt
3  from pylab import mpl
4  import twstock
5
6  plt.rcParams["font.family"] = ["Microsoft JhengHei"]
7
8  stock2330 = twstock.Stock("2330")
9  stock2330.fetch_from(2022,1)
10 plt.title("台積電", fontsize=24)
11 plt.xlabel("2022年1月以來的交易天數", fontsize=14)
12 plt.ylabel("價格", fontsize=14)
13 plt.plot(stock2330.price)
14 plt.show()
```

執行結果

29-4 取得單一股票之即時資料 realtime.get( )

在使用 twstock 模組時，可以使用 realtime.get( ) 取得特定股票的即時資訊，這些資訊包含股票代號 code、名稱 name、全名 fullname、收盤時間 time、… 等。同時有包含目前 5 檔買進和賣出的金額與數量。

第 29 章　Python 操作台股 - 投資分析實戰

實例 1：列出台積電的即時資料。

```
>>> import twstock
>>> stock2330 = twstock.realtime.get('2330')
>>> stock2330
{'timestamp': 1658471400.0, 'info': {'code': '2330', 'channel': '2330.tw', 'name
': '台積電', 'fullname': '台灣積體電路製造股份有限公司', 'time': '2022-07-22 14:
30:00'}, 'realtime': {'latest_trade_price': '503.0000', 'trade_volume': '4040',
'accumulate_trade_volume': '25152', 'best_bid_price': ['502.0000', '501.0000', '
500.0000', '499.5000', '499.0000'], 'best_bid_volume': ['93', '722', '785', '145
', '228'], 'best_ask_price': ['503.0000', '504.0000', '505.0000', '506.0000', '5
07.0000'], 'best_ask_volume': ['144', '1055', '1796', '1217', '793'], 'open': '5
05.0000', 'high': '505.0000', 'low': '500.0000'}, 'success': True}
```

實例 2：延續前一實例，列出目前 5 檔買進金額與數量。

```
>>> stock2330['realtime']['best_bid_price']       # 5 檔買進價格
['502.0000', '501.0000', '500.0000', '499.5000', '499.0000']
>>> stock2330['realtime']['best_bid_volume']      # 5 檔買進數量
['93', '722', '785', '145', '228']
```

實例 3：延續前一實例，列出目前 5 檔賣出金額與數量。

```
>>> stock2330['realtime']['best_ask_price']       # 5 檔賣出價格
['503.0000', '504.0000', '505.0000', '506.0000', '507.0000']
>>> stock2330['realtime']['best_ask_volume']      # 5 檔賣出數量
['144', '1055', '1796', '1217', '793']
```

第 30 章
Sympy 與符號運算
數學推導自動化

- 30-1　定義符號
- 30-2　解方程式
- 30-3　解聯立方程式
- 30-4　微分與 Sympy
- 30-5　積分與 Sympy
- 30-6　Sympy 模組的繪圖功能

第 30 章　Sympy 與符號運算 - 數學推導自動化

Sympy 模組常用於解線性代數、微分或積分問題，這些基礎數學是邁向機器學習、深度學習或是人工智慧的基礎，也可以用此模組繪製圖表 (建議使用 matplotlib 模組即可)，本節將一一說明。在使用前請先安裝此模組。

pip install sympy

30-1　定義符號

一般數學運算變數使用方式如下：

```
>>> x = 1
>>> x + x + 2
4
```

上述我們定義 x = 1，當執行 x + x + 2 時，變數 x 會由 1 代入，所以可以得到 4。使用 Sympy 可以設計含變數的表達式，不過在使用前必需用 Symbol 類別定義此變數符號，可以參考下列方式：

```
>>> import sympy as sp
>>> x = sp.Symbol('x')
```

當定義好了以後，我們再執行一次 x + x + 2，可以看到不一樣的輸出。

```
>>> x + x + 2
2*x + 2
```

經過 Symbol 類別定義後，對於 Python 而言 x 仍是變數，但是此變數內容將不是變數，而是符號。x 是變數你也可以設定不同名稱，等於 Symbol('x')，如下所示：

```
>>> y = sp.Symbol('x')
>>> y + y + 2
2*x + 2
```

30-1-1　name 屬性

使用 Symbol 類別定義一個變數名稱後，未來可以使用 name 屬性瞭解所定義的符號。

```
>>> x = sp.Symbol('x')
>>> x.name
'x'
>>> y = sp.Symbol('x')
>>> y.name
'x'
```

30-1-2　定義多個符號變數

假設想定義 a, b, c 等 3 個符號變數，可以使用下列方式：

```
>>> a = sp.Symbol('a')
>>> b = sp.Symbol('b')
>>> c = sp.Symbol('c')
```

或是，使用下列 symbols( ) 方法簡化程式：

```
>>> a, b, c = sp.symbols(('a','b','c'))
>>> a.name
'a'
>>> b.name
'b'
>>> c.name
'c'
```

30-1-3　符號的運算

當定義符號後就可以對此進行基本運算：

```
>>> x = sp.Symbol('x')
>>> y = sp.Symbol('y')
>>> z = 5 * x + 6 * y + x * y
>>> z
x*y + 5*x + 6*y
```

30-1-4　將數值代入公式

若是想將數值代入公式，可以使用 subs({x:n, …})，subs( ) 方法的參數是字典，可以參考下列實例：

```
>>> x = sp.Symbol('x')
>>> y = sp.Symbol('y')
>>> eq = 5 * x + 6 * y
>>> result = eq.subs({x:1,y:2})
>>> result
17
```

30-1-5　將字串轉為數學表達式

若是想建立通用的數學表達式，可以參考下列實例：

```
>>> x = sp.Symbol('x')
>>> eq = input("請輸入公式 : ")
請輸入公式 : x**3 + 2*x**2 + 3*x + 5
>>> eq = sp.sympify(eq)
```

上述所輸入的 x**3 + 2*x**2 + 3*x + 5 是字串，sympify( ) 方法會將此字串轉為數學表達式，公式 eq 經過上述轉換後，我們可以針對此公式操作。

```
>>> 2 * eq
2*x**3 + 4*x**2 + 6*x + 10
```

第 30 章　Sympy 與符號運算 - 數學推導自動化

由於 eq 已經是數學表達式，所以我們也可以使用 subs( ) 法代入此公式做運算。

```
>>> eq
x**3 + 2*x**2 + 3*x + 5
>>> result = eq.subs({x:1})
>>> result
11
```

30-1-6　Sympy 模組支援的數學函數

- pi：圓周率。
- E：歐拉數 e。
- sin(x)、cos(x)、tan(x)：三角函數
- log(x,n)：計算 n 為底的 x 對數，如果省略 n 表示是自然對數。
- exp(x)：計算 e^x。
- root(x,n)：開 x 的 n 次方根號 $\sqrt[n]{x}$，如果省略 n 表示是 2。

實例 1：基礎數學支援。

```
>>> x = sp.Symbol('x')
>>> eq = sp.sin(x**2) + sp.log(8,2)*x + sp.log(sp.exp(3))
>>> eq
3*x + sin(x**2) + 3
>>> result = eq.subs({x:1})
>>> result
sin(1) + 6
```

30-2　解方程式

30-2-1　解一元一次方程式

Sympy 模組也可以解下列一元一次方程式：

　y = ax + b

例如：求解下列公式：

　3x + 5 = 8

上述問題可以使用 solve( ) 方法求解，在使用 Sympy 模組時，請先將上述公式轉為下列表達式：

　eq = 3x + 5 − 8

可以參考下列實例與結果：

```
>>> x = sp.Symbol('x')
>>> eq = 3*x + 5 - 8
>>> sp.solve(eq)
[1]
```

上述解一元一次方程式時，所獲得的結果是以 串列 (list) 方式回傳，下列是延續上述實例的結果。

```
>>> ans = sp.solve(eq)
>>> print(type(ans))
<class 'list'>
>>> ans
[1]
>>> ans[0]
1
```

30-2-2 解一元二次方程式

Sympy 模組也可以解下列一元二次方程式：

$$y = ax^2 + bx + c$$

例如：求解下列公式：

$$x^2 + 5x = 0$$

上述問題可以使用 solve( ) 方法求解，在使用 Sympy 模組時，請先將上述公式轉為下列表達式：

$$eq = x^2 + 5x$$

可以參考下列實例與結果：

```
>>> x = sp.Symbol('x')
>>> eq = x**2 + 5*x
>>> sp.solve(eq)
[-5, 0]
```

上述解一元二次方程式時，所獲得的結果是以 串列 (list) 方式傳回，下列是延續上述實例的結果。

```
>>> ans = sp.solve(eq)
>>> print(type(ans))
<class 'list'>
>>> ans
[-5, 0]
>>> ans[0]
-5
>>> ans[1]
0
```

其實解一元更高次方程式，也可以依上述觀念類推。

30-2-3 解含未知數的方程式

Sympy 模組也可以解下列含未知數的一元二次方程式：

$$ax^2 + bx + c = 0$$

上述問題可以使用 solve( ) 方法求解，在使用 Sympy 模組時，請先定義 x, a, b, c 變數，將上述公式轉為下列表達式：

$$eq = ax^2 + bx + c$$

可以參考下列實例與結果：

```
>>> x, a, b, c = sp.symbols(('x','a','b','c'))
>>> eq = a*x*x + b*x + c
>>> sp.solve(eq,x)
[(-b + sqrt(-4*a*c + b**2))/(2*a), -(b + sqrt(-4*a*c + b**2))/(2*a)]
```

上述 solve( ) 需有第 2 個參數 x，這是告訴 solve( ) 應該解哪一個符號。

30-3 解聯立方程式

有一個聯立方程式如下：

    3x + 2y = 6
    9x + y = 3

可以使用下列方式求解。

```
>>> eq1 = 3*x + 2*y - 6
>>> eq2 = 9*x + y - 3
>>> sp.solve((eq1,eq2))
{x: 0, y: 3}
```

上述所得到的解是使用字典格式出現，下列是更進一步驗證上述資料格式的結果。

```
>>> ans = sp.solve((eq1,eq2))
>>> print(type(ans))
<class 'dict'>
>>> print((ans[x]))
0
>>> print((ans[y]))
3
```

下列是使用 subs( ) 方法將解代入方程式驗證的結果。

```
>>> eq1.subs({x:ans[x], y:ans[y]})
0
>>> eq2.subs({x:ans[x], y:ans[y]})
0
```

有時候在解聯立方程式時，所獲得的解是以分數表達方式呈現，請參考下列聯立方程式：

3x + 2y = 10
9x + y = 3

下列是求解的結果。

```
>>> x, y = sp.symbols(('x','y'))
>>> eq1 = 3*x + 2*y - 10
>>> eq2 = 9*x + y - 3
>>> sp.solve((eq1,eq2))
{x: -4/15, y: 27/5}
```

30-4 微分與 Sympy

Sympy 模組有提供可以解微分，相關觀念如下：

函數.diff( )

或是

diff(函數, 變數, n)

上述 n 是微分次數，如果省略表示微分一次。

程式實例 ch30_1.py：為下列函數做一次和二次微分。

$$f(x) = 3x^2 + 2x + 10$$

```
1  # ch30_1.py
2  import sympy as sp
3
4  x = sp.Symbol('x')
5  f = 3*x**2 + 2*x + 10
6  print("f'(x) = ", f.diff())
7  print("f'(x) = ", sp.diff(f, x))
8  print("-"*50)
9  print("f''(x) = ", sp.diff(f, x, 2))
```

執行結果

```
================ RESTART: D:\Python\ch30\ch30_1.py ================
f'(x) =  6*x + 2
f'(x) =  6*x + 2
--------------------------------------------------
f''(x) =  6
```

30-5 積分與 Sympy

在 Sympy 模組是使用 integrate( ) 執行積分運算，應用在函數時會省略常數項 C。此時 integrate( ) 用法如下：

integrate(函數 , 變數)

程式實例 ch30_2.py：對下列函數積分。

$$f(x) = ax$$

```python
1  # ch30_2.py
2  import sympy as sp
3
4  x = sp.Symbol('x')
5  a = sp.Symbol('a')
6  f = a*x
7  print(sp.integrate(f, x))
```

執行結果
```
==================== RESTART: D:/Python/ch30/ch30_2.py ====================
a*x**2/2
```

如果要對函數做定積分，可以擴充上述公式如下：

integrate(函數 , (變數 , start, end))

程式實例 ch30_3.py：計算函數 x^2，從 1 到 3 的定積分。

```python
1  # ch30_3.py
2  import sympy as sp
3
4  x = sp.Symbol('x')
5  f = x**2
6  print(sp.integrate(f, (x,1,3)))
```

執行結果
```
==================== RESTART: D:/Python/ch30/ch30_3.py ====================
26/3
```

30-6 Sympy 模組的繪圖功能

Sympy 模組的 sympy.plotting 子模組有 plot( ) 可以繪製圖形，此函數基礎語法如下：

plot(f, (x, x0, x1), line_color,show)　　　　# 預設是藍色，show=True

上述表示可以繪製 f 函數，預設是用藍色，line_color 可以設定顏色，從 x0 到 x1 的圖形。

30-6 Sympy 模組的繪圖功能

程式實例 ch30_4.py：繪製直線圖。

```
1  # ch30_4.py
2  import sympy as sp
3  from sympy.plotting import plot
4
5  x = sp.Symbol('x')
6  f1 = 2*x-5
7  f2 = 3*x+2
8  line = plot(f1,f2,(x,-10,10),legend=True)
```

執行結果　可以參考下方左圖。

程式實例 ch30_5.py：將前一個程式的第 2 條線改為紅色。

```
8   line = plot(f1,f2,(x,-10,10),legend=True,show=False)
9   line[1].line_color = 'r'
10  line.show()
```

執行結果　可以參考上方右圖。

第 31 章
AI 破冰之旅
從畢氏定理到餘弦相似度

31-1　畢氏定理－影片相似度計算

31-2　向量內積 / 餘弦相似度－推薦系統設計

31-3　人臉辨識（Face Recognition）

31-4　「畢氏定理」與「餘弦相似度」的 AI 應用總結

第 31 章　AI 破冰之旅 - 從畢氏定理到餘弦相似度

「畢氏定理（Pythagorean Theorem）」與「餘弦相似度（Cosine Similarity）」是人工智慧領域中重要的數學觀念，尤其廣泛應用於機器學習、深度學習與自然語言處理 (NLP)。這一章將從基礎開始說明。

31-1　畢氏定理 – 影片相似度計算

畢氏定理是人工智慧領域中重要的數學觀念，尤其廣泛應用於機器學習、深度學習與自然語言處理 (NLP)。這一章將從基礎開始說明。

31-1-1　基礎數學原理

畢氏定理描述直角三角形三邊關係，假設有一個直角三角形，短邊長的兩邊長分別是 a 和 b，斜邊長是 c，如下所示：

在畢氏定理中，較短的兩邊長的平方和等於第三邊的平方，所以我們可以得到下列結果：

$$c^2 = a^2 + b^2$$

31-1-2　畢氏定理應用在性向測驗情境

有一家公司的人力部門錄取了一位新進員工，同時為新進員工做了英文和社會的性向測驗，這位新進員工的得分，分別是英文 60 分、社會 55 分。

公司的編輯部門有人力需求，參考過去編輯部門員工的性向測驗，英文是 80 分，社會是 60 分。

行銷部門也有人力需求，參考過去行銷部門員工的性向測驗，英文是 40 分，社會是 80 分。

如果你是主管,應該將新進員工先轉給哪一個部門?

這類問題可以使用座標軸做在分析,我們可以將 x 軸定義為英文,y 軸定義為社會,整個座標說明如下:

這時可以使用新進人員的分數點比較靠近哪一個部門平均分數點,然後將此新進人員安插至性向比較接近的部門。

31-1-3　性向測驗的適性計算

☐ 計算新進人員分數和編輯部門平均分數的距離

可以使用畢氏定理執行新進人員分數與編輯部門平均分數的距離分析:

計算方式如下:

$c^2 = (80 - 60)^2 + (60 - 55)^2 = 425$

開根號可以得到下列距離結果。

c = 20.6155

第 31 章　AI 破冰之旅 - 從畢氏定理到餘弦相似度

❑ 計算新進人員分數和行銷部門平均分數的距離

可以使用**畢氏定理**執行**新進人員分數**與**行銷部門平均分數**的距離分析：

行銷部門平均(40, 80)
C
新進人員分數(60, 55)

計算方式如下：

$c^2 = (40 - 60)^2 + (80 - 55)^2 = 1025$

開根號可以得到下列距離結果。

$c = 32.0156$

❑ 結論

因為新進人員的性向測驗分數與編輯部門比較接近，所以新進人員比較適合進入編輯部門。

31-1-4　畢氏定理應用在三維空間

假設一家公司新進人員的性向測驗除了**英文**、**社會**，另外還有**數學**，這時可以使用三度空間的座標表示：

y　　　數學　z
社會

英文　　　x

這個時候畢氏定理仍可以應用，此時距離公式如下：

$$\sqrt{(dist\_x)^2 + (dist\_y)^2 + (dist\_z)^2}$$

在此例，可以用下列方式表達：

$$\sqrt{(英文差距)^2 + (社會差距)^2 + (數學差距)^2}$$

上述觀念主要是說明在三維空間下，要計算 2 點的距離，可以計算 x、y、z 軸的差距的平方，先相加，最後開根號即可以獲得兩點的距離。

31-1-5 畢氏定理應用在更高維的空間

在人工智慧或是機器學習應用中，分析多維數據的需求十分普遍。雖然三維空間已經超出了我們日常的直觀感受，但畢氏定理可以繼續延伸至更高的維度，幫助我們計算多維空間中數據點之間的距離。

對於任意兩個點 $(x_1, x_2, ..., x_n)$ 和 $(y_1, y_2, ..., y_n)$ 的 n 維空間，其距離公式為：

$$距離 = \sqrt{(x_1 - y_1)^2 + (x_2 - y_2)^2 + \cdots + (x_n - y_n)^2}$$

此公式使用了畢氏定理的擴展形式，以計算 n 維空間中任意兩點間的歐幾里德距離。當數據維度增加時，這種距離計算能夠幫助我們在高維度特徵空間中找出數據點之間的相似性和差異性，為模型的準確性提供數學理論架構的支持。

31-1-6 計算電影相似度

每年皆有許多電影上市，也有一些視頻公司不斷在自己頻道上推出新片上市，同時有些視頻公司追蹤到用戶所看影片，同時可以推薦類似電影給用戶。要完成類似工作，首先要計算影片相似度，我們可以應用畢氏定理計算。

❏ **規劃特徵值**

首先我們可以將影片分成下列特徵 (feature)，每個特徵給予 0 ~ 10 的分數，如果影片某特徵很強烈則給 10 分，如果幾乎無此特徵則給 0 分，下列是筆者自訂的特徵表。未來讀者熟悉後，可以自訂這部分特徵表。

影片名稱	愛情、親情	跨國拍攝	出現刀、槍	飛車追逐	動畫
xxx	0 ~ 10	0 ~ 10	0 ~ 10	0 ~ 10	0 ~ 10

下列是筆者針對影片玩命關頭打分數的特徵表。

第 31 章 AI 破冰之旅 - 從畢氏定理到餘弦相似度

影片名稱	愛情、親情	跨國拍攝	出現刀、槍	飛車追逐	動畫
玩命關頭	5	7	8	10	2

上述針對影片特徵打分數,又稱特徵提取 (feature extraction),此外,特徵定義越精確,對未來分類可以更精準。下列是筆者針對幾部影片定義的特徵表。

影片名稱	愛情、親情	跨國拍攝	出現刀、槍	飛車追逐	動畫
復仇者聯盟	2	8	8	5	6
決戰中途島	5	6	9	2	5
冰雪奇緣	8	2	0	0	10
雙子殺手	5	8	8	8	3

❑ 計算影片間的相似度

有了影片特徵表後,如果我們想要計算某部影片與玩命關頭的相似度,可以使用畢氏定理觀念。例如:下列是計算復仇者聯盟與玩命關頭的相似度公式:

$$\text{dist} = \sqrt{(5-2)^2 + (7-8)^2 + (8-8)^2 + (10-5)^2 + (2-6)^2}$$

上述 dist 是兩部影片的相似度,接著我們可以為 4 部影片用同樣方法計算與玩命關頭之相似度,dist 值越低代表兩部影片相似度越高,所以我們可以經由計算獲得其他 4 部影片與玩命關頭的相似度。

❑ 專案程式實作

程式實例 ch31_1.py:列出 4 部影片與玩命關頭的相似度,同時列出那一部影片與玩命關頭的相似度最高。

```
1   # ch31_1.py
2   import math
3
4   film = [5, 7, 8, 10, 2]                # 玩命關頭特徵值
5   film_titles = [                         # 比較影片片名
6       '復仇者聯盟',
7       '決戰中途島',
8       '冰雪奇緣',
9       '雙子殺手',
10  ]
11  film_features = [                       # 比較影片特徵值
12      [2, 8, 8, 5, 6],
13      [5, 6, 9, 2, 5],
14      [8, 2, 0, 0, 10],
15      [5, 8, 8, 8, 3],
```

```
16     ]
17
18  dist = []                              # 儲存影片相似度值
19  for f in film_features:
20      distances = 0
21      for i in range(len(f)):
22          distances += (film[i] - f[i]) ** 2
23      dist.append(math.sqrt(distances))
24
25  min_ = min(dist)                       # 求最小值
26  min_index = dist.index(min_)           # 最小值的索引
27
28  print(f"與玩命關頭最相似的電影 : {film_titles[min_index]}")
29  print(f"相似度值 : {dist[min_index]:6.2f}")
30  for i in range(len(dist)):
31      print(f"影片 : {film_titles[i]}, 相似度 : {dist[i]:6.2f}")
```

執行結果
```
================== RESTART: D:\Python\ch31\ch31_1.py ==================
與玩命關頭最相似的電影 : 雙子殺手
相似度值 :   2.45
影片 : 復仇者聯盟, 相似度 :   7.14
影片 : 決戰中途島, 相似度 :   8.66
影片 : 冰雪奇緣, 相似度 :  16.19
影片 : 雙子殺手, 相似度 :   2.45
```

從上述可以得到雙子殺手與玩命關頭最相似，冰雪奇緣與玩命關頭差距最遠。

❏ 電影相似度計算結論

了解以上結果，其實還是要提醒電影特徵值的項目與評分，最為關鍵，只要有良好的篩選機制，我們可以獲得很好的結果，如果您從事影片推薦工作，可以由本程式篩選出類似影片推薦給讀者。

31-2 向量內積 / 餘弦相似度 – 推薦系統設計

向量內積在人工智慧中特別有用於相似度度量與特徵選擇。例如，在推薦系統中，內積用來計算用戶和物品特徵向量之間的相似度，以推薦更符合個人偏好的內容。

如果直接使用向量內積的定義，可以用 2 列文字，外加公式就可以解釋，不過不好懂。筆者年輕時候所讀的書籍皆是如此，當然這也導致筆者困惑許久，直至有一天才開竅。這一節筆者將一步一步解析向量內積的所有觀念。

31-2-1 協同工作的觀念

車子壞了 2 個人要拖這輛車子，相關圖形如下：

第 31 章　AI 破冰之旅 - 從畢氏定理到餘弦相似度

　　A 往水平方向用了 10 分的力氣在拖車，B 也是用了 10 分的力氣如上圖所示方向在拖車，其實如果 B 也是往水平方向在拖車，所使用的 10 分力氣就會完全貢獻給 A，那麼究竟 B 貢獻多少力氣給 A？

　　如果從 B 所花力氣繪一條垂直線，這時可以構成一個直角三角形，此三角形底邊 k 的長度就是 B 所貢獻給 A 的力氣。在上述 B 協助拖車輛的圖形中，如果 B 所施力氣越靠近 A，k 值越長，對 A 的幫助越大，可以參考下圖：

　　如果 B 所施力氣離 A 越遠，k 值越小，對 A 的幫助越小，可以參考下圖：

如果 B 的力氣方向與 A 方向是 90 度，則是完全沒有幫到忙，如果是超過 90 度，則是在幫倒忙，可以參考下圖。

31-2-2　計算 B 所幫的忙

請參考下圖，假設 B 所使用的力氣是向量 *b*，則 B 所貢獻的力氣 *k* 的計算方式可以參考三角函數的 cos，如下所示：

因為：

$$cos\theta = \frac{k}{\|\boldsymbol{b}\|}$$

所以：

$$k = \|\boldsymbol{b}\|cos\theta$$

假設 B 幫忙施力的方向與 A 施力的方向角度是 60 度，假設所施的力是 10，則可以用下列方式計算 *k* 值。

```
>>> import math
>>> 10 * math.cos(math.radians(60))
5.000000000000001
```

31-2-3 向量內積的定義

向量內積的英文是 inner product,數學表示方法如下:

$$a \cdot b$$

可以唸作 **a** dot **b**,向量內積的計算結果是<u>純量</u>。

❑ **幾何定義向量內積**

幾何角度定義向量內積是兩個向量長度與他們夾角<u>餘弦值</u> (cos) 的乘積,觀念如下:

$$a \cdot b = \|a\|\|b\|\cos\theta$$

請再看一次下列座標圖:

看了內積的幾何定義,我們可以了解向量內積另一層解釋是,第一個向量投影到第 2 個向量的長度,乘以第 2 個向量的長度。

$$\underbrace{\|a\|}_{\text{向量}a\text{的長度}} \underbrace{\|b\|\cos\theta}_{\text{向量}b\text{投影到向量}a\text{的長度}}$$

所以向量內積的公式如下:

$$a \cdot b = \|a\|\|b\|\cos\theta$$

在應用上,向量內積有關下列的幾個規則是成立的:

1:<u>交換律</u>成立

$$a \cdot b = b \cdot a$$

不論是向量 **a** 投影到向量 **b** 或是向量 **b** 投影到向量 **a**,都可以得到下列結果公式:

$$a \cdot b = b \cdot a = \|a\|\|b\|\cos\theta$$

2：**分配律**成立

$$a \cdot (b + c) = a \cdot b + a \cdot c$$

請參考下列圖形：

從上述圖形可以看到下列最重要的公式：

$$\|b + c\|\cos\theta = \|b\|\cos\alpha + \|c\|\cos\beta$$

所以分配律成立。

❏ 代數定義向量內積

代數定義向量內積的觀念是：「對兩個等維度的向量每組對應的元素求積，然後再求和」。假設向量 a 與 b 資料如下：

$a = (a_1\ a_2\ \cdots\ a_n)$
$b = (b_1\ b_2\ \cdots\ b_n)$

向量內積定義如下：

$$a \cdot b = \sum_{i=1}^{n} a_i b_i = a_1 b_1 + a_2 b_2 + \cdots + a_n b_n$$

如果是 2 維空間，相當於定義如下：

$$a \cdot b = a_1 b_1 + a_2 b_2$$

例如：假如 2 個向量是 (1 3)、(4 2)，向量內積計算方式如下：

1 x 4 + 3 x 2 = 10

計算向量內積可以使用 numpy 模組的 dct( ) 方法，下列是使用相同數據計算的內積結果。

```
>>> import numpy as np
>>> a = np.array([1, 3])
>>> b = np.array([4, 2])
>>> np.dot(a, b)
10
```

❑ 代數定義與幾何定義是相等

因為代數定義與幾何定義是相等，所以可以得到下列公式：

$$\boldsymbol{a} \cdot \boldsymbol{b} = \|\boldsymbol{a}\|\|\boldsymbol{b}\|cos\theta = a_1b_1 + a_2b_2$$

接下來筆者要證明代數定義與幾何定義是相同的，假設有兩個向量 $\boldsymbol{x}$(1 0) 與 $\boldsymbol{y}$(0 1) 長度皆是 1。

從座標可以計算長度如下：

$$\|\boldsymbol{x}\| = \sqrt{1^2 + 0^2} = 1$$
$$\|\boldsymbol{y}\| = \sqrt{0^2 + 1^2} = 1$$

由於 $\boldsymbol{x}$ 與 $\boldsymbol{y}$ 的夾角是 90 度，所以可以得到下列推導結果：

$$\boldsymbol{x} \cdot \boldsymbol{y} = \|\boldsymbol{x}\|\|\boldsymbol{y}\|cos\frac{\pi}{2} = 1 \cdot 1 \cdot 0 = 0$$

角度90度轉弧度

上述觀念也可以用在 $\boldsymbol{y} \cdot \boldsymbol{x}$。

因為 $\boldsymbol{x}$ 與 $\boldsymbol{x}$ 的夾角是 0，所以可以得到下列結果。

$$\boldsymbol{x} \cdot \boldsymbol{x} = \|\boldsymbol{x}\|\|\boldsymbol{x}\|cos0 = 1 \cdot 1 \cdot 1 = 1$$

上述觀念也可以用在 $\boldsymbol{y} \cdot \boldsymbol{y}$。

現在使用下列方式表示向量 $\boldsymbol{a}$ 和 $\boldsymbol{b}$。

$\boldsymbol{a} = (a_1\ a_2) = a_1\boldsymbol{x} + a_2\boldsymbol{y}$
$\boldsymbol{b} = (b_1\ b_2) = b_1\boldsymbol{x} + b_2\boldsymbol{y}$

接著可以執行推導：

$$\boldsymbol{a} \cdot \boldsymbol{b} = (a_1\boldsymbol{x} + a_2\boldsymbol{y}) \cdot (b_1\boldsymbol{x} + b_2\boldsymbol{y})$$

展開可以得到下列結果：

$$\boldsymbol{a} \cdot \boldsymbol{b} = a_1b_1\boldsymbol{x} \cdot \boldsymbol{x} + a_1b_2\boldsymbol{x} \cdot \boldsymbol{y} + a_2b_1\boldsymbol{y} \cdot \boldsymbol{x} + a_2b_2\boldsymbol{y} \cdot \boldsymbol{y}$$

$$\quad\quad\quad\quad\;\; 1 \quad\quad\quad\;\; 0 \quad\quad\quad\;\; 0 \quad\quad\quad\;\; 1$$

所以可以得到下列推導結果：

$$\boldsymbol{a} \cdot \boldsymbol{b} = a_1b_1 + a_2b_2$$

31-2-4　兩條直線的夾角

繼續推導前一節的公式可以得到下列公式：

$$cos\theta = \frac{a_1b_1 + a_2b_2}{\|\boldsymbol{a}\|\|\boldsymbol{b}\|}$$

有了上述公式，相當於座標上有 2 個向量，可以利用上述觀念計算這 2 個向量的夾角。

31-2-5　向量內積的性質

請再看一次下列公式：

$$cos\theta = \frac{a_1b_1 + a_2b_2}{\|\boldsymbol{a}\|\|\boldsymbol{b}\|}$$

上述分母是兩向量長度相乘所以一定大於 0，可以推導得到下列關係：

向量內積是正值，兩向量的夾角小於 90 度。

向量內積是 0，兩向量的夾角等於 90 度。

向量內積是負值，兩向量的夾角大於 90 度。

$$\boldsymbol{a} \cdot \boldsymbol{b} < 0 \quad\quad\quad \boldsymbol{a} \cdot \boldsymbol{b} = 0 \quad\quad\quad \boldsymbol{a} \cdot \boldsymbol{b} > 0$$

上述夾角應用的功能是對設計 3D 遊戲是有幫助，假設玩家觀測點在超過 90 度的角度才看得到角色動畫表情，可以繪製，這時當角度小於 90 度時表示玩家看不到角色動畫表情，表示可以不用繪製。

31-2-6 餘弦相似度

假設有 *a*、*b* 兩個向量可以參考下圖,假設 *a* 向量是水平方向往右。

當 *a* 與 *b* 向量內積是 0 時,兩向量是垂直相交,也可以參考上圖。當向量內積值往 1 靠近時 *b* 向量方向則也會靠近 *a* 向量。如果向量內積是 1 時,表示兩個向量方向相同。如果向量內積是 -1,表示 *a* 與 *b* 兩個向量方向相反。使用這個特性判斷兩個向量的相似程度稱餘弦相似度 (cosine similarity)。

$$\text{餘弦相似度 (cosine similarity)} = cos\theta = \frac{a_1 b_1 + a_2 b_2}{\|a\| \|b\|}$$

程式實例 ch31_2.py:判斷下列句子的相似度。

1:機器與機械

2:學習機器碼

3:機器人學習

下表是每個單字出現的頻率。

編號	句子	機	器	與	械	學	習	碼	人
1	機器與機械	2	1	1	1	0	0	0	0
2	學習機器碼	1	1	0	0	1	1	1	0
3	機器人學習	1	1	0	0	1	1	0	1

這時可以建立下列向量:

a = (2 1 1 1 0 0 0 0)
b = (1 1 0 0 1 1 1 0)
c = (1 1 0 0 1 1 0 1)

31-2 向量內積 / 餘弦相似度 – 推薦系統設計

```python
1   # ch31_2.py
2   import numpy as np
3
4   def cosine_similarity(va, vb):
5       norm_a = np.linalg.norm(va)         # 計算向量大小
6       norm_b = np.linalg.norm(vb)         # 計算向量大小
7       dot_ab = np.dot(va, vb)             # 計算向量內積
8       return (dot_ab / (norm_a * norm_b)) # 回傳相似度
9
10  a = np.array([2, 1, 1, 1, 0, 0, 0, 0])
11  b = np.array([1, 1, 0, 0, 1, 1, 1, 0])
12  c = np.array([1, 1, 0, 0, 1, 1, 0, 1])
13  print(f'a 和 b 相似度 = {cosine_similarity(a, b):.3f}')
14  print(f'a 和 c 相似度 = {cosine_similarity(a, c):.3f}')
15  print(f'b 和 c 相似度 = {cosine_similarity(b, c):.3f}')
```

執行結果
```
==================== RESTART: D:\Python\ch31\ch31_2.py ====================
a 和 b 相似度 = 0.507
a 和 c 相似度 = 0.507
b 和 c 相似度 = 0.800
```

　　上述是 8 維向量的簡單應用，未來機器學習或深度學習將擴展至更高維度。程式第 5 列 np.linalg.norm( ) 函數主要用於計算向量或矩陣的範數（norm）。所謂範數，即是衡量一個向量或矩陣大小或長度的數值。其語法如下：

　　numpy.linalg.norm(x, ord=None, axis=None, keepdims=False)

- x：要計算範數的向量或矩陣。
- ord：範數類型，常見值：
  - ord=None 或 2：預設值，計算向量的 L2 範數（歐式距離）。
  - ord=1：L1 範數（向量元素絕對值之和）。
  - ord=np.inf：無窮範數（向量中絕對值最大元素）。
- axis：沿著哪個軸計算範數。
- keepdims：是否保留原本維度。

31-2-7　音樂推薦系統設計

程式實例 ch32_3.py：音樂推薦系統設計。以音樂推薦為例，每位用戶和每首歌曲都可以表示為一個向量，這些向量包含了用戶的偏好特徵和歌曲的特徵（例如風格、流派等）。餘弦相似度計算能反映用戶對某歌曲的匹配程度，用於篩選推薦。

31-15

第 31 章　AI 破冰之旅 - 從畢氏定理到餘弦相似度

```python
1   # ch31_3.py
2   import numpy as np
3   from sklearn.metrics.pairwise import cosine_similarity
4
5   # 假設有兩位用戶和三首歌曲，每個向量表示其特徵
6   # 用戶特徵向量表示偏好，例如 [流行, 搖滾, 古典]
7   user_vectors = {
8       "User_A": np.array([1, 0.8, 0.1]),
9       "User_B": np.array([0.3, 0.9, 0.4])
10  }
11
12  # 歌曲特徵向量表示類型，例如 [流行, 搖滾, 古典]
13  song_vectors = {
14      "Song_1": np.array([0.9, 0.1, 0.2]),
15      "Song_2": np.array([0.4, 0.8, 0.1]),
16      "Song_3": np.array([0.1, 0.3, 0.9])
17  }
18
19  # 計算用戶與每首歌曲的匹配度
20  for user, user_vec in user_vectors.items():
21      print(f"\n推薦給 {user} 的歌曲：")
22      recommendations = []
23      for song, song_vec in song_vectors.items():
24          # 計算用戶向量和歌曲向量之間的餘弦相似度
25          similarity = cosine_similarity([user_vec], [song_vec])[0][0]
26          recommendations.append((song, similarity))
27
28      # 按照相似度排序，從高到低
29      recommendations.sort(key=lambda x: x[1], reverse=True)
30
31      # 輸出推薦結果
32      for song, score in recommendations:
33          print(f"  {song} 相似度: {score:.2f}")
```

執行結果

```
==================== RESTART: D:\Python\ch31\ch31_3.py ====================
推薦給 User_A 的歌曲：
  Song_2 相似度: 0.91
  Song_1 相似度: 0.84
  Song_3 相似度: 0.35

推薦給 User_B 的歌曲：
  Song_2 相似度: 0.95
  Song_3 相似度: 0.67
  Song_1 相似度: 0.46
```

程式碼重點說明：

- 定義用戶和歌曲特徵向量：user_vectors 表示用戶對流行、搖滾、古典三種類型的偏好程度，song_vectors 表示每首歌曲的類型特徵。

- 計算餘弦相似度：第 25 行使用 cosine_similarity( ) 計算用戶向量和歌曲向量的餘弦相似度，值越高表示用戶對該歌曲的偏好度越高。

- **排序並推薦**：對每首歌曲按照相似度進行排序，推薦相似度最高的歌曲給用戶。

上述程式是使用餘弦相似度，其實也可以使用向量內積計算，此時第 25 列內容如下，細節可以參考 ch31_3_1.py。

```
23          # 計算用戶向量和歌曲向量之間的內積
24          similarity = np.dot(user_vec, song_vec)
```

31-3　人臉辨識（Face Recognition）

在人臉辨識任務中，常用的方法是將人臉影像透過深度學習模型（如 FaceNet 或 DeepFace）轉換成一組高維特徵向量（Embedding）。這些特徵向量會包含描述人臉特徵的關鍵資訊，例如眼睛、鼻子、嘴巴的細節或臉部結構等。

為判斷兩張影像是否為「同一個人」，我們會計算這兩張人臉特徵向量之間的相似度，這時就可以使用餘弦相似度。應用流程步驟說明：

❑ 步驟 1：取得人臉特徵向量

假設透過深度學習模型取得兩張人臉照片的特徵向量，分別稱作「人臉 A」和「人臉 B」：例如：

- 人臉 A：[0.11, 0.33, 0.58, 0.21, …, 0.78] (128 維)
- 人臉 B：[0.12, 0.31, 0.60, 0.22, …, 0.77] (128 維)

❑ 步驟 2：計算餘弦相似度

透過餘弦相似度公式計算這兩個特徵向量之間的相似度：

- 相似度範圍介於 -1～1 之間。
- 在實務上，人臉辨識任務中，相似度越接近 1，代表越可能為同一個人。

❑ 步驟 3：判斷閾值（Threshold）

通常在真實應用中，我們會設定一個閾值 (例如 0.8)：

- 如果兩張人臉特徵向量的「餘弦相似度 >= 0.8」，則判定為同一個人。
- 如果「餘弦相似度 ＜ 0.8」，則判定為不同人。

第 31 章　AI 破冰之旅 - 從畢氏定理到餘弦相似度

程式實例 ch31_4.py：人臉識別的應用。

```python
1   # ch31_4.py
2   import numpy as np
3   from sklearn.metrics.pairwise import cosine_similarity
4   
5   # 假設兩個人臉特徵向量 (透過AI模型取得)
6   face_A = np.array([[0.11, 0.33, 0.58, 0.21, 0.78]])
7   face_B = np.array([[0.12, 0.31, 0.60, 0.22, 0.77]])
8   
9   # 計算餘弦相似度
10  similarity = cosine_similarity(face_A, face_B)[0][0]
11  print("餘弦相似度：", similarity)
12  
13  # 判斷閾值
14  threshold = 0.8
15  if similarity >= threshold:
16      print(" 同一個人")
17  else:
18      print(" 不同人")
```

執行結果
```
==================== RESTART: D:/Python/ch31/ch31_4.py ====================
餘弦相似度： 0.9995052491511529
 同一個人
```

餘弦相似度在此人臉辨識應用的優勢

- 方向重於大小：人臉特徵向量關鍵在方向 (特徵模式)，而非數值大小，這正是餘弦相似度的最大特色。

- 高維特徵處理效果好：在人臉特徵通常是高維度的向量 (例如 128 維、512 維)，餘弦相似度對這種資料非常有效。

- 辨識準確度高：搭配深度學習模型產生的特徵向量，在業界廣泛使用 (例如手機解鎖、監控系統)。

餘弦相似度搭配人臉特徵向量，已經廣泛應用於：

- 智慧手機人臉解鎖系統

- 智慧門禁系統

- 金融服務 (如 ATM 人臉辨識身份確認)

- 公共安全與監控系統

- 照片或影片自動標記 (如社群網站人臉辨識功能)

31-4 「畢氏定理」與「餘弦相似度」的 AI 應用總結

31-4-1 畢氏定理的 AI 應用

❑ 概念說明

畢氏定理是指在直角三角形中，兩個直角邊的平方和等於斜邊平方的數學定理。當將此觀念擴展到多維空間後，就是我們熟知的「歐幾里德距離（Euclidean distance）」概念。

在 AI 領域裡，畢氏定理最常見的應用形式就是用來計算「歐幾里德距離」，用來衡量資料點之間的距離遠近。

❑ AI 中的實務應用

- K-最近鄰演算法 (KNN，K-Nearest Neighbors)：在 KNN 分類或回歸任務中，我們必須計算待分類或待預測資料與現有資料點之間的距離，透過畢氏定理計算歐幾里德距離，選出最近的 K 個鄰居，進而決定資料的分類或數值預測結果。

- K-Means 分群法：K-Means 演算法藉由計算各個資料點與各群中心之間的歐幾里德距離，決定資料點應該歸屬到哪個群集（cluster）。此演算法也經常用於市場區隔、客戶分群、影像分割等 AI 應用。

- 異常檢測（Anomaly Detection）：利用歐幾里德距離計算資料點與群體中心的距離，以判斷資料點是否為異常值。如果某個點的距離遠超其他點，可能表示其為異常點。

- 影像辨識與電腦視覺：在影像辨識或特徵比對任務中，經常需要計算特徵向量間的歐幾里德距離，以判斷兩張圖片特徵的相似程度，例如人臉識別或圖像匹配等。

31-4-2 餘弦相似度的 AI 應用

❑ 概念說明

餘弦相似度是用來衡量兩個向量之間方向的相似程度。具體而言，就是透過向量間的夾角餘弦值來表示相似程度。餘弦相似度的數值範圍介於 -1 到 1 之間，其中，數值愈接近 1 表示兩個向量的方向愈接近，也表示相似性愈高。

餘弦相似度特別適合處理高維且稀疏的資料，例如文字特徵、推薦系統中的用戶喜好特徵等等。

❑ AI 中的實務應用

- 自然語言處理 (NLP，Natural Language Processing)：在文字分析與文本挖掘中，餘弦相似度經常被用於比較兩篇文件或兩段文字的相似性。透過將文件轉換成高維的詞向量（例如 TF-IDF 或詞嵌入向量），再使用餘弦相似度計算文件間的語意相似程度，應用場景包括文件分類、語意搜尋、主題分析等。

- 推薦系統（Recommender Systems）：在基於內容（Content-based）或協同過濾（Collaborative filtering）的推薦系統中，餘弦相似度可用來衡量用戶與用戶之間，或物品與物品之間的相似程度，以推薦相似的產品或內容給使用者。

- 資訊檢索（Information Retrieval）：搜尋引擎或文件檢索系統中，利用餘弦相似度來計算使用者輸入的查詢（Query）與大量文件之間的相似性，從而排序並推薦最相關的搜尋結果。

- 電腦視覺與影像檢索：在影像檢索（Image Retrieval）任務中，圖片的特徵向量通常為高維向量，餘弦相似度經常被用於快速比對和查找相似圖片。例如人臉辨識中，將人臉特徵向量間的餘弦相似度用於識別同一個人的圖片。

31-4-3　兩者比較及 AI 使用時機

❑ 畢氏定理（歐式距離）

適合資料特徵維度較低且數值連續、均勻的情境，通常用於量化資料間的距離。例如 KNN 分類、K-Means 分群、異常偵測等。

❑ 餘弦相似度

適合處理高維、稀疏資料，特別是方向重要但絕對數值較不重要的情境，例如文字資料、推薦系統或高維影像特徵比對。

❑ 總結

畢氏定理與餘弦相似度都是 AI 資料處理過程中非常基礎且重要的數學工具。

- 「畢氏定理」重視資料點之間的絕對距離，適合處理低維度、數值型資料。
- 「餘弦相似度」重視資料向量之間的方向相似性，適合處理高維度、稀疏或語意相關的資料。

熟悉這兩種數學觀念，有助於我們在人工智慧應用中選擇適當的資料分析方法與演算法，達成更準確且更有效率的 AI 分析與建模目標。

第 32 章
scikit-learn 機器學習入門基礎與流程

- 32-1　網路購物數據調查
- 32-2　使用 scikit-learn 模組計算判定係數
- 32-3　預測未來值
- 32-4　人工智慧、機器學習、深度學習
- 32-5　認識 scikit-learn 數據模組 datasets
- 32-6　監督學習 – 線性迴歸
- 32-7　scikit-learn 產生數據

第 32 章　scikit-learn 機器學習入門 - 基礎與流程

32-1　網路購物數據調查

有時候我們收集的數據資料不適合一次或二次線性函數，這時可以考慮更高次數的線性函數，這一小節筆者將 24 小時購物網站當作實例解說，下列是時間與購物人數表。

點鐘	人數	點鐘	人數	點鐘	人數	點鐘	人數
1	100	7	55	13	68	19	88
2	88	8	56	14	71		
3	75	9	58	15	71	21	93
4	60	10	58	16	75	22	97
5	50	11	61	17	76	23	97
6	55	12	63			24	100

註　上述 18 點和 20 點有空白，這是本章未來要做預測之用。

在 24-8-2 和 24-8-3 節筆者分別介紹了一次和二次函數的迴歸模型，如果要建立三次函數，主要是在 np.polyfit( ) 函數的第 3 個參數輸入 3，如下所示：

```
coef = polyfit(x, y, 3)         # 建立 3 次函數的迴歸模型係數
reg = poly1d(coef)              # 建立迴歸曲線函數
```

以上述實例而言，polyfit( ) 函數的參數 x 是「點鐘」，y 是「購物人數」。

程式實例 ch32_1.py：建立網購數據的三次函數，同時繪製此函數的迴歸曲線。

```python
1  # ch32_1.py
2  import matplotlib.pyplot as plt
3  import numpy as np
4
5  x = [1,2,3,4,5,6,7,8,9,10,11,12,13,14,15,16,17,19,21,22,23,24]
6  y = [100,88,75,60,50,55,55,56,58,58,61,63,68,71,71,75,76,88,93,97,97,100]
7
8  coef = np.polyfit(x, y, 3)                              # 迴歸直線係數
9  model = np.poly1d(coef)                                 # 線性迴歸方程式
10 reg = np.linspace(1,24,100)
11
12 plt.rcParams["font.family"] = ["Microsoft JhengHei"]    # 微軟正黑體
13 plt.scatter(x,y)
14 plt.title('網路購物調查')
15 plt.xlabel("點鐘", fontsize=14)
16 plt.ylabel("購物人數", fontsize=14)
17 plt.plot(reg,model(reg),color='red')
18
19 plt.show()
```

執行結果

網路購物調查

上述程式實例使用三次函數的多項式迴歸，分析了 24 小時購物網站的購物人數與時間（點鐘）之間的關係，並繪製了迴歸曲線。我們可以得到：

- 迴歸模型選擇適當：資料點明顯具有非線性的趨勢，尤其在較早（凌晨）與較晚（夜間）的時間點有較高的人數，而白天較低。三次函數（高次多項式）能有效捕捉此非線性趨勢。
- 曲線擬合效果良好：從繪製的圖形可以看出，紅色迴歸曲線基本上貼合藍色點（實際數據點），表示所選擇的三次函數迴歸模型具有良好的擬合效果。
- 未來預測空間：文件特別指出 18 點與 20 點是空白資料，未來可透過此迴歸模型有效地預測這些缺失時間點的購物人數。

32-2 使用 scikit-learn 模組計算判定係數

32-2-1 安裝 scikit-learn

scikit-learn 是一個機器學習常用的模組，這一章將簡單介紹此機器學習模組，使用此模組前需要安裝此模組，由於筆者電腦安裝多個 Python 版本，目前使用下列指令安裝此模組：

py -版本 -m pip install scikit-learn

如果你的電腦沒有安裝多個版本，可以只寫 pip install scikit-learn。

32-2-2　計算判定係數評估模型

32-1 節我們建立了三次函數的迴歸模型，究竟是好的或是不好的模型，有幾個評估指標，scikit-learn 有提供幾種評估指標的方法，下列是比較常用的方法：

❑ 平均值平方差 (Mean Square Error)

MSE 是觀察值與預測值之間差值平方的平均值。MSE 越小，表示模型的預測能力越好，MSE 的公式如下：

$$MSE = \frac{1}{n}\sum_{i=1}^{n}(y_i - \hat{y}_i)^2$$

其中 y_i 是觀察值，$\hat{y}_i$ 是預測值，n 是樣本數量。評價 MSE 時，可以從以下幾個方面來判斷：

- 數值大小：MSE 越小，表示模型的預測能力越好。如果 MSE 接近 0，表示模型對資料的擬合程度較高，預測誤差較小。然而，MSE 的數值範圍可能因目標變數的量級而有很大差異，因此僅憑 MSE 數值大小無法直接判斷模型的好壞。
- 比較不同模型：在選擇多個模型中的最佳模型時，可以根據 MSE 進行比較。通常情況下，具有較低 MSE 的模型具有較好的預測能力。但需要注意的是，過於追求 MSE 的降低可能導致模型過擬合，因此還應該考慮模型的複雜性。
- 結合其他評估指標：單獨使用 MSE 可能無法全面評估模型的性能。為了更準確地評估模型，可以結合其他指標，例如：R 平方 (R^2) 判定係數等。
- 模型改進：通過比較模型在訓練集和測試集上的 MSE，可以判斷模型是否出現過擬合或欠擬合。如果訓練集 MSE 遠低於測試集 MSE，可能存在過擬合問題，可以嘗試簡化模型或增加正則化來降低模型複雜度。如果訓練集和測試集上的 MSE 都很高，可能存在欠擬合問題，可以嘗試增加模型複雜度或添加更多特徵。

總之，評價 MSE 時，應將其與其他指標一同考慮，並根據 MSE 的變化來優化和調整模型。

❑ R^2 判定係數 (Coefficient of Determination)

R^2 判定係數是一個迴歸模型性能評估指標，用於衡量模型解釋資料變異的程度。R^2 的值在 0 到 1 之間，數值越接近 1，表示模型對資料的擬合程度越好。評價 R^2 時，可以從以下幾個方面來判斷：

- **數值範圍**：R^2 的值在 0 到 1 之間。如果 R^2 接近 1，表示模型對資料的擬合程度較高，解釋了資料中大部分變異。而 R^2 接近 0 則表示模型對資料的擬合程度較低，無法有效解釋資料中的變異。
- **比較不同模型**：在選擇多個模型中的最佳模型時，可以根據 R^2 進行比較。通常情況下，具有較高 R^2 的模型具有較好的預測能力。然而，需要注意的是，過於追求 R^2 的提高可能導致模型過擬合，因此還應該考慮模型的複雜性。
- **結合其他評估指標**：僅憑 R^2 可能無法全面評估模型的性能。為了更準確地評估模型，可以結合其他指標，例如均方誤差（MSE）、均方根誤差（RMSE）或平均絕對誤差（MAE）等。
- **調整 R^2**：在多元線性迴歸中，隨著特徵數量的增加，R^2 可能會不斷提高，但這並不一定意味著模型性能的實際提升。為了解決這個問題，可以使用調整 R^2 來評估模型，它會根據特徵數量和樣本數量進行調整，更能反映模型的真實性能，此調整公式如下。

$$Adjusted\ R^2 = 1 - \frac{(1 - R^2) * (n - 1)}{(n - k - 1)}$$

上述公式 n 表示樣本數量，k 表示特徵數量，R^2 表示原始的判定係數。

總之評價 R^2 時，應將其與其他指標一同考慮，並根據 R^2 的變化來優化和調整模型。在多元線性迴歸中，建議使用調整 R^2 來避免因特徵數量增加而導致的性能評估偏差。

本節將使用 R 平方判定係數 (coefficient of determination) 做評估，此方法簡單的說就是計算資料與迴歸線的貼近程度。此判定係數的範圍是 0 ~ 1 之間，0 表示無關，1 表示 100% 相關，相當於值越大此迴歸模型預測能力越好，此 R 平方決定係數公式如下：

$$R^2(y, \hat{y}) = 1 - \frac{\sum_{i=0}^{n-1}(y_i - \hat{y}_i)^2}{\sum_{i=0}^{n-1}(y_i - \bar{y})^2}$$

上述 n 是數據量，$\hat{y}_i$ 意義是迴歸函數的值，scikit-learn 模組的 R 平方判定係數函數是 r2_score(y 值 , 迴歸 y 值)。

程式實例 ch32_2.py：延續先前實例，計算 R 平方判定係數。

```
1   # ch32_2.py
2   from sklearn.metrics import r2_score
3   import numpy as np
4   
5   x = [1,2,3,4,5,6,7,8,9,10,11,12,13,14,15,16,17,19,21,22,23,24]
6   y = [100,88,75,60,50,55,55,56,58,58,61,63,68,71,71,75,76,88,93,97,97,100]
7   
8   coef = np.polyfit(x, y, 3)                              # 迴歸直線係數
9   model = np.poly1d(coef)                                 # 線性迴歸方程式
10  print(round(r2_score(y, model(x)), 3))
```

第 32 章 scikit-learn 機器學習入門 - 基礎與流程

執行結果
```
======================= RESTART: D:\Python\ch32\ch32_2.py =======================
0.944
```

上述 R 平方判定係數得到 0.944，所以可以得到這是很好的迴歸模型。

32-3 預測未來值

有了好的迴歸模型，我們就可以使用此預測未來的值。

程式實例 ch32_3.py：預測 18 點和 20 點的值。

```python
1  # ch32_3.py
2  from sklearn.metrics import r2_score
3  import numpy as np
4
5  x = [1,2,3,4,5,6,7,8,9,10,11,12,13,14,15,16,17,19,21,22,23,24]
6  y = [100,88,75,60,50,55,55,56,58,58,61,63,68,71,71,75,76,88,93,97,97,100]
7
8  coef = np.polyfit(x, y, 3)                # 迴歸直線係數
9  model = np.poly1d(coef)                   # 線性迴歸方程式
10 print(f"18點購物人數預測 = {model(18).round(2)}")
11 print(f"20點購物人數預測 = {model(20).round(2)}")
```

執行結果
```
======================= RESTART: D:\Python\ch32\ch32_3.py =======================
18點購物人數預測 = 85.63
20點購物人數預測 = 92.62
```

上述我們推估了 18 點和 20 點的購物人數，購物人數應該是整數，但是筆者保留小數，這是因為未來讀者所面對的數值會非常龐大，所以保留小數可以讓數據更真實。上述預測用繪圖表示，可以得到下列結果。

32-4 人工智慧、機器學習、深度學習

在人工智慧時代，最先出現的觀念是人工智慧，然後是機器學習。機器學習成為人工智慧的重要領域後，在機器學習的概念中又出現了一個重要分支：深度學習 (Deep Learning)，深度學習也驅動機器學習與人工智慧研究領域的發展，成為當今資訊科學界最熱門的學科。

上述也是這 3 個名詞彼此的關係。

32-4-1 認識機器學習

機器學習的原始理論主要是設計和分析一些可以讓電腦自動學習的演算法，進而產生可以預測未來趨勢或是尋找數據間的規律然後獲得我們想要的結果。若是用演算法看待，可以將機器學習視為是滿足下列的系統。

1： 機器學習是一個函數，函數模型是由真實數據訓練產生。
2： 機器學習函數模型產生後，可以接收輸入數據，映射結果數據。

32-4-2 機器學習的種類

機器學習的種類有下列 3 種。

1： 監督學習 (supervised learning)
2： 無監督學習 (unsupervised learning)
3： 強化學習 (reinforcement learning)

32-4-3 監督學習

對於監督學習而言會有一批訓練數據 (training data),這些訓練數據有輸入 (也可想成數據的特徵),以及相對應的輸出數據 (也可想成目標),然後使用這些訓練數據可以建立機器學習的模型。

```
x1 -> y1
x2 -> y2
x3 -> y3
...
...
xn -> yn
```
訓練數據 → 建立機器學習模型 → $y = ax + b$ 機器學習模型

接下來可以給測試數據 (testing data),將測試數據輸入機器學習的模型,然後可以產生結果數據。

```
x1
x2
x3
```
測試資料 → $y = ax + b$ 機器學習模型 → 1, 5, 10 假設結果值

32-4-4 無監督學習

訓練數據沒有答案,由這些訓練數據的特性系統可以自行摸索建立機器學習的模型。例如:根據數據特性所做的群集 (clustering) 分析,就是一個典型的無監督學習的方法。

假設有一系列數據資料如下方左圖:

經過群集 (clustering) 分析的結果,可以得到上方右圖的結果。

32-4-5　強化學習

這類方法沒有訓練資料與標準答案供探測未知的領域，機器必須在給予的環境中自我學習，然後評估每個行動所獲得的回饋是正面或負面，進而調整下一次的行動，類似這個讓機器逐步調整探索最後正確解答的方式稱強化學習。例如：打敗世界圍棋棋王的 AlphaGo 就是典型的強化學習的實例。

32-5　認識 scikit-learn 數據模組 datasets

機器學習 scikit-learn 模組內有 datasets 模組，這個模組內含有許多適用於機器學習的數據集，例如：

- load_boston：波士頓房價數據，1.2 版起正式移除此數據集，因為判定此數據集會有種族偏見數據。
- load_iris：鳶尾花數據
- load_diabetes：糖尿病數據
- load_digits：數字及數據
- load_linnerud：linnerud 物理鍛鍊數據
- load_wine：葡萄酒數據
- load_breast_cancer：乳癌數據

32-6　監督學習 – 線性迴歸

32-6-1　訓練數據與測試數據

在機器學習中，我們可以將實際觀測數據分為訓練數據與測試數據，一般常將 80%(或 70%) 數據用於訓練，20%(或 30%) 數據用於測試。在學習過程，我們可以使用 scikit-learn 模組內的 datasets 模組，直接使用這些數據。或是也可以使用 datasets 模組內的相關函數建立訓練數據與測試數據。

簡單的說訓練數據是建立迴歸模型，測試數據是判斷所建立的迴歸模型是否足夠好。在前面的章節我們建立了迴歸模型，同時也做了數據預測，這一節我們將數據分為訓練數據與測試數據。訓練數據是建立迴歸模型，然後將測試數據代入迴歸模型，最後比對迴歸模型的結果與測試數據的結果，依此判斷此迴歸模型是否足夠好，可以參考下圖。

最後使用 R 平方判定係數函數計算 y_test 和 y_pred 預測數據，判斷所得到的迴歸模型是不是好的模型。上述函數需留意是，迴歸模型不一定是 y = ax + b，我們也可以建立多次函數的迴歸模型。

32-6-2　使用 make_regression( ) 函數準備迴歸模型數據

Scikit-learn 的 make_regression( ) 函數是一個用於生成迴歸數據集的工具，主要用於測試迴歸模型。該函數允許用戶自定義數據集的特徵數量、樣本數量、噪聲大小等參數，非常適合在模擬環境下訓練和測試模型。下面是此函數的基本語法：

from sklearn.datasets import make_regression
　　...
X, y = make_regression(n_samples=100, n_features=1, noise=10, random_state=42)

- n_samples：整數，指定生成樣本的數量（預設為 100）。
- n_features：整數，指定特徵數量，即每個樣本的特徵數（預設為 100）。
- noise：浮點數，指定數據中的高斯噪聲量，增加隨機性以模擬真實數據中的誤差。
- bias：浮點數，目標變數 y 的偏置量（預設為 0.0）。

- random_state:整數,指定隨機種子,以確保數據生成的可重現性。

返回值:

- X:生成的特徵矩陣,形狀為 (n_samples, n_features)。
- y:目標變數向量,形狀為 (n_samples,)。

這些數據可以直接用於訓練和測試迴歸模型,未來章節會說明訓練數據與測試數據。需要留意的是 make_regression( ) 生成的是理想的線性分佈數據,可能不會完全反映真實世界的情況,在實際應用中,你可能需要使用更複雜的數據生成或者數據蒐集方式。

程式實例 ch32_4.py:使用 make_regression( ) 建立 2 個線性分佈的數據,這 2 組數據樣本數皆是 100 個,分別使用噪音 noise = 0 和 noise = 20,同時繪製這 2 個圖表。

```
1   # ch32_4.py
2   import matplotlib.pyplot as plt
3   from sklearn.datasets import make_regression
4
5   plt.rcParams["font.family"] = ["Microsoft JhengHei"]
6   plt.rcParams["axes.unicode_minus"] = False    # 負數符號
7
8   # 生成兩組數據
9   X1, y1 = make_regression(n_features=1, noise=0, random_state=10)
10  X2, y2 = make_regression(n_features=1, noise=20, random_state=10)
11
12  # 建立一個含有兩個子圖的畫布, 這裡 nrows=1, ncols=2
13  fig, axs = plt.subplots(nrows=1, ncols=2, figsize=(10, 5))
14
15  # 在第一個子圖繪製 noise 為 0 的數據
16  axs[0].scatter(X1, y1)
17  axs[0].set_title('Noise = 0')
18
19  # 在第二個子圖繪製 noise 為 20 的數據
20  axs[1].scatter(X2, y2)
21  axs[1].set_title('Noise = 20')
22
23  # 設置圖表標題和標籤
24  for ax in axs:
25      ax.set_xlabel('特徵')
26      ax.set_ylabel('目標')
27
28  # 自動調整子圖間距
29  plt.tight_layout()
30  plt.show()
```

第 32 章　scikit-learn 機器學習入門 - 基礎與流程

執行結果

上述圖表繪製基本上是將回傳的 X 當作 X 軸資料，此軸標籤是「特徵」。y 當作 Y 軸資料，此軸標籤是「目標」。

32-6-3　建立訓練數據與測試數據使用 train_test_split( )

有了數據後，可以使用 train_test_split( ) 函數將數據分成訓練數據與測試數據，這個函數常用參數如下：

> from sklearn.model_selection import train_test_split
> …
> x_train, x_test, y_train, y_test=train_test_split(x, y, train_size=None, shuffle=True)

上述 (x, y) 是要分割的數據，train_size 可以設定有多少比例是訓練數據，shuffle 則是設定數據是否打散重排，預設是 True，上述函數所回傳的數據可以參考下列實例第 12 列。x_train, y_train 是依比例回傳的訓練數據，x_test, y_test 是依比例回傳的測試數據。

程式實例 ch32_5.py：設定訓練數據是 80%，測試數據是 20%，繪製散點圖時用不同顏色顯示訓練數據與測試數據。

```
1   # ch32_5.py
2   import matplotlib.pyplot as plt
3   import numpy as np
4   from sklearn import datasets
5   from sklearn.model_selection import train_test_split
6
7   np.random.seed(3)                        # 設計隨機數種子
8   x, y = datasets.make_regression(n_samples=100,
9                                   n_features=1,
```

32-12

```
10                                      noise=20)
11  # 數據分割為x_train,y_train訓練數據, x_test,y_test測試數據
12  x_train, x_test, y_train, y_test = train_test_split(x,y,test_size=0.2)
13
14  plt.rcParams["font.family"] = ["Microsoft JhengHei"]
15  plt.rcParams["axes.unicode_minus"] = False   # 可以顯示負號
16  plt.xlim(-3, 3)
17  plt.ylim(-150, 150)
18  plt.scatter(x_train,y_train,label="訓練數據")
19  plt.scatter(x_test,y_test,label="測試數據")
20  plt.legend()
21  plt.show()
```

執行結果

32-6-4　獲得線性函數的迴歸係數與截距

　　sickit-learn 模組內的 linear_model.LinearRegression 類別可以建立迴歸模型的物件，有了這個物件可以使用 fit( ) 函數取得線性函數的模型，然後使用下列屬性獲得迴歸係數 (可想成斜率) 與截距。

- coef_　：迴歸係數
- intercept_　：截距

　　瞭解了以上觀念，我們可以使用 linear_model.LinearRegression( ) 函數和 fit( ) 函數設計迴歸模型方程式。

程式實例 ch32_6.py：有一家便利商店記錄了天氣溫度與飲料的銷量，如下所示：

氣溫 x	22	26	23	28	27	32	30
銷量 y	15	35	21	62	48	101	86

第 32 章　scikit-learn 機器學習入門 - 基礎與流程

使用上述數據計算氣溫 31 度時的飲料銷量，同時標記此圖表。使用 linear_model.LinearRegression( ) 函數和 fit( ) 函數執行溫度與銷售預測。

```python
1   # ch32_6.py
2   import matplotlib.pyplot as plt
3   import numpy as np
4   from sklearn import linear_model
5
6   x = np.array([[22],[26],[23],[28],[27],[32],[30]])      # 溫度
7   y = np.array([[15],[35],[21],[62],[48],[101],[86]])     # 飲料銷售數量
8
9   e_model = linear_model.LinearRegression()               # 建立線性模組物件
10  e_model.fit(x, y)
11  a = e_model.coef_[0][0]                                 # 取出斜率
12  b = e_model.intercept_[0]                               # 取出截距
13  print(f'斜率　 = {a.round(2)}')
14  print(f'截距　 = {b.round(2)}')
15
16  y2 = a*x + b
17  plt.scatter(x, y)                                       # 繪製散佈圖
18  plt.plot(x, y2)                                         # 繪製迴歸直線
19
20  sold = a*31 + b
21  print(f"氣溫31度時的銷量　= {int(sold)}")
22  plt.plot(31, int(sold), '-o')
23  plt.show()
```

執行結果

```
================== RESTART: D:\Python\ch32\ch32_6.py ==================
斜率　 = 8.89
截距　 = -186.3
氣溫31度時的銷量 = 89
```

下列實例是延續 ch32_5.py 的數據建立訓練數據線性函數的迴歸係數與截距。

程式實例 ch32_7.py：擴充設計 ch32_5.py，建立訓練數據的迴歸模型，同時列出迴歸直線的迴歸係數 (可想成斜率) 與截距。

32-14

```
1   # ch32_7.py
2   import matplotlib.pyplot as plt
3   import numpy as np
4   from sklearn import datasets
5   from sklearn.model_selection import train_test_split
6   from sklearn import linear_model
7
8   np.random.seed(3)                                       # 設計隨機數種子
9   x, y = datasets.make_regression(n_samples=100,
10                                  n_features=1,
11                                  noise=20)
12  # 數據分割為x_train,y_train訓練數據, x_test,y_test測試數據
13  x_train, x_test, y_train, y_test = train_test_split(x,y,test_size=0.2)
14
15  e_model = linear_model.LinearRegression()               # 建立線性模組物件
16  e_model.fit(x_train, y_train)
17  print(f'斜率  = {e_model.coef_[0].round(2)}')
18  print(f'截距  = {e_model.intercept_.round(2)}')
```

執行結果
```
====================== RESTART: D:\Python\ch32\ch32_7.py ======================
斜率 = 27.39
截距 = 0.33
```

32-6-5　predict( ) 函數

在 linear_model.LinearRegression 類別內的 predict( ) 函數，這個方法可以回傳預測的 y_pred 值，通常可以使用下列方法獲得迴歸模型測試數據的 y_pred 值。

　　　y_pred = e_model.predict(x_test)   # e_model 是訓練數據的迴歸模型

x_test 是測試數據，上述可以得到預測的 y_pred 值。有了預測的 y_pred 值，可以參考 32-2 節的 R 平方判定係數，計算 y_test 和 y_pred 可以獲得判定係數，由這個決定係數可以判斷迴歸模型是否符合需求。

對照 32-2 節的 R 平方判定係數公式，y_pred = e_model.predict(x_test) 的結果 y_pred 就是 $\hat{y}_i$ 值。

32-6-6　迴歸模型判斷

程式實例 ch32_8.py：擴充 ch32_7.py 繪製 (x_test, y_pred) 的迴歸直線，同時計算判定係數。

```
1   # ch32_8.py
2   import matplotlib.pyplot as plt
3   import numpy as np
4   from sklearn import datasets
5   from sklearn.model_selection import train_test_split
6   from sklearn import linear_model
7   from sklearn.metrics import r2_score
```

```python
 8
 9  np.random.seed(3)                                    # 設計隨機數種子
10  x, y = datasets.make_regression(n_samples=100,
11                                  n_features=1,
12                                  noise=20)
13  # 數據分割為x_train,y_train訓練數據, x_test,y_test測試數據
14  x_train, x_test, y_train, y_test = train_test_split(x,y,test_size=0.2)
15
16  e_model = linear_model.LinearRegression()            # 建立線性模組物件
17  e_model.fit(x_train, y_train)
18  print(f'斜率   = {e_model.coef_[0].round(2)}')
19  print(f'截距   = {e_model.intercept_.round(2)}')
20
21  y_pred = e_model.predict(x_test)
22  plt.rcParams["font.family"] = ["Microsoft JhengHei"]
23  plt.rcParams["axes.unicode_minus"] = False
24  plt.xlim(-3, 3)
25  plt.ylim(-150, 150)
26  plt.scatter(x_train,y_train,label="訓練數據")
27  plt.scatter(x_test,y_test,label="測試數據")
28  # 使用測試數據 x_test 和此 x_test 預測的 y_pred 繪製迴歸直線
29  plt.plot(x_test, y_pred, color="red")
30
31  # 將測試的 y 與預測的 y_pred 計算決定係數
32  r2 = r2_score(y_test, y_pred)
33  print(f'決定係數 = {round(r2, 2)}')
34
35  plt.legend()
36  plt.show()
```

執行結果

```
================ RESTART: D:\Python\ch32\ch32_8.py ================
斜率   = 27.39
截距   = 0.33
決定係數 = 0.75
```

上述獲得了判定係數是 0.75，判定係數越接近 1，表示迴歸模型更好，由 0.75 可以得到這也是一個不錯的模型。

32-7 scikit-learn 產生數據

監督學習一個重要的功能是標籤分類，有了標籤分類模型，未來有新資料，透過模型就可以給予分類，例如：在葡萄酒數據中可以從已知資料判斷葡萄品種。

32-7-1 使用 make_blobs( ) 函數準備群集數據

在 scikit-learn 模組，可以使用 make_blobs( ) 函數建立群集的數據，這個函數的數據也是本節實例的重點，這個函數語法與常用參數如下：

```
from sklearn.datasets import make_bolbs
…
data, label = make_bolbs(n_samples, n_features, centers, random_state, shuffle)
```

- n_samples：總樣本數，預設是 100。
- n_features：每個樣本的特徵數量，預設是 2。
- centers：生成的簇的數量或指定的中心點，預設是 3。
- shuffle：是否對生成的樣本進行隨機排序，預設是 True。
- random_state：隨機數的種子，可保持結果一致。

上述可以回傳 data，此數據特色是有 n_samples 個樣本數，每個樣本有 n_features 個特徵。目標資料是標籤 label，標籤內容類別由 centers 決定。

程式實例 ch32_9.py：建立 5 筆測試數據，特徵數量是 2，標籤數量是 2 類，為了保持未來數據相同，所以設定 random_state=0。

```
1  # ch32_9.py
2  from sklearn.datasets import make_blobs
3
4  data, label = make_blobs(n_samples=5,n_features=2,
5                          centers=2,random_state=0)
6  print(data)
7  print(f"分類 : {label}")
```

執行結果
```
================= RESTART: D:/Python/ch32/ch32_9.py =================
[[0.87305123 4.71438583]
 [2.19931109 2.35193717]
 [2.81630525 1.01933868]
 [1.9263585  4.15243012]
 [2.84382807 3.32650945]]
分類 : [0 1 1 0 0]
```

當讀者瞭解上述 make_bolbs( ) 函數所建立的資料結構後，現在我們可以建立 200 個點，同時繪製散點圖。

第 32 章　scikit-learn 機器學習入門 - 基礎與流程

程式實例 ch32_10.py：延續前面實例的觀念，繪製 200 個點的散點圖。

```
1  # ch32_10.py
2  import matplotlib.pyplot as plt
3  from sklearn.datasets import make_blobs
4
5  data, label = make_blobs(n_samples=200,n_features=2,
6                           centers=2,random_state=0)
7  plt.scatter(data[:,0], data[:,1], c=label, cmap='bwr')
8  plt.grid(True)
9  plt.show()
```

執行結果　可以參考下方左圖。

32-7-2　標準化資料

　　有時候使用上述產生的數據，特徵資料的差異會很大，這時可以使用下列標準化函數，將資料標準化。

　　　　from sklearn.preprocessing import StandardScaler
　　　　…
　　　　StandardScalar( ).fit_transform(data)

　　上述函數可以將 data 資料標準化為平均數是 0，標準差是 1。

程式實例 ch32_11.py：延續前一個實例，將 data 標準化。

```
1  # ch32_11.py
2  import matplotlib.pyplot as plt
3  from sklearn.datasets import make_blobs
4  from sklearn.preprocessing import StandardScaler
5
6  data, label = make_blobs(n_samples=200,n_features=2,
7                           centers=2,random_state=0)
8  d_sta = StandardScaler().fit_transform(data)    # 標準化
```

```
 9  plt.scatter(d_sta[:,0], d_sta[:,1], c=label, cmap='bwr')
10  plt.grid(True)
11  plt.show()
```

執行結果　可以參考上方右圖，同時可以看到中心點已經改為 (0,0)。

32-7-3 分割訓練資料與測試資料

這一節要敘述的 train_test_split( ) 函數其實在 32-6-3 節已經用過，這邊使用 label，其實就是所謂的 y 變數，所以筆者再做說明。這個函數主要是將數據分割成訓練資料 (train data) 和測試資料 (test data)，整個語法如下：

　　x_train,x_test,label_train,label_test=train_test_split(data, label, test_size, random_state)

上述各參數意義如下：

● data：完整的特徵數據。

● label：完整的標籤數據。

● test_size：測試資料的比例。

● random_state：這是隨機數的種子，增加此參數，可保持結果一致。

程式實例 ch32_12.py：分割數據 80% 為訓練數據，20% 為測試數據。

```
 1  # ch32_12.py
 2  from sklearn.datasets import make_blobs
 3  from sklearn.preprocessing import StandardScaler
 4  from sklearn.model_selection import train_test_split
 5
 6  data, label = make_blobs(n_samples=200,n_features=2,
 7                           centers=2,random_state=0)
 8  d_sta = StandardScaler().fit_transform(data)   # 標準化
 9  # 分割數據為訓練數據和測試數據
10  dx_train, dx_test, label_train, label_test = train_test_split(d_sta,
11                      label,test_size=0.2,random_state=0)
12
13  print(f"特徵數據外形 : {d_sta.shape}")
14  print(f"訓練數據外形 : {dx_train.shape}")
15  print(f"測試數據外形 : {dx_test.shape}")
16  print(f"標籤數據外形 : {label.shape}")
17  print(f"訓練數據外形 : {label_train.shape}")
18  print(f"測試數據外形 : {label_test.shape}")
```

執行結果
```
================== RESTART: D:/Python/ch32/ch32_12.py ==================
特徵數據外形 : (200, 2)
訓練數據外形 : (160, 2)
測試數據外形 : (40, 2)
標籤數據外形 : (200,)
訓練數據外形 : (160,)
測試數據外形 : (40,)
```

從上述可以知道，因為我們設定了 test_size=0.2，相當於 20% 是測試數據，80% 是訓練數據，所以可以得到上述結果。

第 33 章
機器學習演算法原理與應用全解析

33-1　KNN(K-Nearest Neighbor)

33-2　邏輯斯迴歸 (Logistic regression)

33-3　支援向量機 (Support Vector Machine)

33-4　決策樹 (Decision Tree)

33-5　無監督學習 - 群集分析

第 33 章　機器學習演算法 - 原理與應用全解析

機器學習的演算法有許多，這一章節將舉幾個有代表性的演算法做解說。

33-1　KNN(K-Nearest Neighbor)

KNN 是一種簡單且直觀的監督式機器學習演算法（Supervised Learning Algorithm），中文可以稱為「K 最近鄰」演算法，適用於：

- 分類問題（Classification）：如辨識手寫數字、垃圾郵件分類。
- 迴歸問題（Regression）：如預測房價、顧客消費金額。

KNN 的核心概念是：「物以類聚」，也就是資料點傾向與其周圍鄰近資料點的屬性或類別相似。

33-1-1　KNN 在分類問題的應用

KNN 在分類問題的應用核心原理為：

「近朱者赤，近墨者黑」

即新資料的類別傾向於鄰近資料的多數類別。其步驟說明如下：

1. 選擇參數 K（最近鄰居數量）：通常是奇數（如 1、3、5），避免多數票產生平手。
2. 計算新資料點與所有訓練資料點之間的距離，例如：畢氏定理的歐幾里德距離。
3. 找到距離最近的 K 個鄰居：依距離由近到遠排序。
4. 由 K 個鄰居中最多數的類別決定新資料的類別。

　　假設是使用 5 – Nearest Neighbor 方法，相當於 K=5，請參考下圖：

33-1 KNN(K-Nearest Neighbor)

假設K是5, 會
找出最接近的
5個點做比較

從上圖可以看到最接近星星外形的 5 個點,其中有 4 個藍點、1 個紅點,所以依據 KNN 方法這個星星是歸類於藍色點。KNN 是一個容易理解的演算法,不過在使用 KNN 演算法時需留意,K 值越大可以獲得越精確的分類,但是所花的計算成本會比較高。

❑ **建立 KNN 演算法在分類應用的實例**

讀者必需導入模組如下:

```
from sklearn.neighbors import KNeighborsClassifier
...
k_model = KNeighborsClassifier(n_neighbors)
```

上述筆者是將 KNN 的模型物件設為 k_model,參數 n_neighbors 就是 K 值,此參數預設值是 5。有了 k_model 物件後就可以呼叫 fit( ) 方法為訓練數據做訓練,程式碼如下:

```
k_model.fit(dx_train, label_train)      # 建立訓練模型
pred = k_model.predict(dx_test)         # 對測試數據做預測
```

程式實例 ch33_1.py：水果分類應用，假設我們有以下水果特徵數據（重量與甜度得分）及其所屬類別（蘋果或橘子）。

編號	重量（g）	甜度得分	水果種類
1	150	12	蘋果
2	170	13	蘋果
3	140	11	蘋果
4	130	10	蘋果
5	160	8	橘子
6	180	7	橘子
7	165	9	橘子
8	175	8	橘子

現在我們有一個新水果：

- 重量 = 155g，甜度得分 = 9 分

我們要用 KNN（K=3）判斷這個新水果是蘋果還是橘子？可以用下列公式計算新水果與原水果的距離：

$$距離 = \sqrt{(重量_{新} - 重量_{舊})^2 + (甜度_{新} - 甜度_{舊})^2}$$

下表是手工計算得到新水果與原水果距離的結果。

編號	重量（g）	甜度得分	水果種類	距離
1	150	12	蘋果	5.83
2	170	13	蘋果	15.52
3	140	11	蘋果	15.13
4	130	10	蘋果	20.01
5	160	8	橘子	5.09
6	180	7	橘子	25.07
7	165	9	橘子	10.00
8	175	8	橘子	20.02

由於 K=3，最近 3 個水果如下：

- 新水果與編號 3 橘子 (160g，8 甜度) 距離約 5.09。
- 新水果與編號 1 蘋果 (150g，12 甜度) 距離約 5.83。

● 新水果與編號 7 橘子 (165g，9 甜度) 距離約 10.00。

所以結果是橘子，下列是正式的 KNN 程式設計。

```python
1   # ch33_1.py
2   from sklearn.neighbors import KNeighborsClassifier
3   import numpy as np
4
5   # 已知資料 (重量,甜度)
6   X = np.array([[150,12],[170,13],[140,11],[130,10],
7                 [160,8],[180,7],[165,9],[175,8]])
8
9   # 種類(0=蘋果, 1=橘子)
10  y = np.array([0,0,0,0,1,1,1,1])
11
12  # KNN模型(K=3)
13  k_model = KNeighborsClassifier(n_neighbors=3)
14
15  # 模型訓練
16  k_model.fit(X,y)
17
18  # 預測新水果 (155g, 9分)
19  new_fruit = np.array([[155,9]])
20  result = k_model.predict(new_fruit)
21
22  print('預測水果種類:', '蘋果' if result==0 else '橘子')
```

執行結果
```
===================== RESTART: D:/Python/ch33/ch33_1.py =====================
預測水果種類: 橘子
```

上述是一個 KNN 應用在簡單模型的預測，在正式大數據應用中，我們可能需要更進一步瞭解模型是否優質，此時可以用下列 score( ) 函數，對訓練資料和測試資料作準確性的計算。

  k_model.score(dx_train, label_train) # 訓練數據準確性預估
  k_model.score(dx_test, label_test) # 測試數據準確性預估

上述 score( ) 方法獲得的是準確率，在使用 score( ) 方法時，您需要先擁有一個已經訓練好的模型，然後使用訓練或是測試數據集（特徵 X, 標籤 y）作為輸入參數，此例是程式第 16 列是呼叫 fit( ) 訓練模型，訓練好後的模型則是 k_model。

程式實例 ch33_2.py：KNN 演算法中 K=5, 的實作與準確性輸出，這個程式會生成 200 個數據，其中 80% 是訓練數據，20% 是測試數據，用訓練數據產生的模型，分別了解訓練數據與測試數據的準確性。

第 33 章　機器學習演算法 - 原理與應用全解析

```python
1   # ch33_2.py
2   from sklearn.datasets import make_blobs
3   from sklearn.preprocessing import StandardScaler
4   from sklearn.model_selection import train_test_split
5   from sklearn.neighbors import KNeighborsClassifier
6
7   data, label = make_blobs(n_samples=200,n_features=2,
8                            centers=2,random_state=0)
9   d_sta = StandardScaler().fit_transform(data)       # 標準化
10  # 分割數據為訓練數據和測試數據
11  dx_train, dx_test, label_train, label_test = train_test_split(d_sta,
12                       label,test_size=0.2,random_state=0)
13  # 建立分類模型
14  k_model = KNeighborsClassifier(n_neighbors=5)      # k = 5
15  # 建立訓練數據模型
16  k_model.fit(dx_train, label_train)
17  # 對測試數據做預測
18  pred = k_model.predict(dx_test)
19  # 輸出測試數據的 label
20  print(f"測試數據的 label\n{label_test}")
21  # 輸出預測數據的 label
22  print(f"預測數據的 label\n{pred}")
23  print("-"*70)
24  # 輸出準確性
25  print(f"訓練資料的準確性 = {k_model.score(dx_train, label_train)}")
26  print(f"測試資料的準確性 = {k_model.score(dx_test, label_test)}")
```

執行結果
```
========================= RESTART: D:\Python\ch33\ch33_2.py =========================
測試數據的 label
[1 1 0 0 0 1 0 0 0 0 1 1 1 1 0 0 1 1 1 1 0 0 1 1 1 1 1 0 0 0 1 0 1 0 0 0 0
 0 0 0]
預測數據的 label
[1 1 0 0 0 1 0 0 0 0 1 1 1 1 0 0 1 1 1 1 0 1 1 1 1 1 1 0 0 0 1 0 1 0 0 0 0
 0 0 0]
------------------------------------------------------------
訓練資料的準確性 = 0.975
測試資料的準確性 = 0.975
```

　　我們獲得了訓練資料的準確率是 0.975，表示自變數可以很好的解釋目標變數的變化，模型對數據的擬合程度高。測試資料的準確率是 0.975，兩個數據沒有差異，這表示數據沒有被過度訓練，所以上述程式獲得了非常好的數據模型。此外，這個輸出的上半部是測試資料的正確標籤 (label)，以及預測標籤，只有一個預測錯誤，所以測試資料的準確性是 0.975。

❏　常見實務應用場景

● 垃圾郵件分類。

● 疾病診斷（如腫瘤良惡性分類）。

● 圖片分類（如數字識別、貓狗分類）。

33-1-2　KNN 在迴歸問題的應用

KNN 在迴歸問題中用來預測數值資料，原理為：「新資料的預測值，傾向於鄰近資料點的數值平均值」。其步驟說明如下：

1. 選擇參數 K（最近鄰居數量）：可為任意正整數（通常小於資料量的平方根）。
2. 計算新資料點與所有訓練資料點之間的距離，例如：畢氏定理的歐幾里德距離。
3. 找到距離最近的 K 個鄰居：依距離由近到遠排序。
4. 取 K 個鄰居的目標數值的平均作為預測值：亦可使用加權平均（距離近者權重較大）。

簡單範例（房價預測）：假設有房屋面積、房價資料，K=3。

- 新房屋附近的 3 個房屋價格：
- $500 萬、$550 萬、$520 萬 → 平均約 $523 萬
- 則新房屋的預測價格為約 $523 萬。

❏ 建立 KNN 演算法在迴歸應用的實例

讀者必需導入模組如下：

```
from sklearn.neighbors import KNeighborsRegressor
    ...
k_model = KNeighborsRegressor(n_neighbors)
```

上述筆者是將 KNN 的模型物件設為 k_model，參數 n_neighbors 就是 K 值，此參數預設值是 5。有了 k_model 物件後就可以呼叫 fit( ) 方法為訓練數據做訓練，程式碼如下：

```
k_model.fit(dx_train, label_train)      # 建立訓練模型
pred = k_model.predict(dx_test)         # 對測試數據做預測
```

實例 ch33_3.py：我們有以下已知房屋資料：

房屋編號	坪數	房屋年齡（年）	價格（萬元）
1	20	5	500
2	30	8	550
3	25	7	520
4	35	12	580
5	40	15	600

現在有一間新房屋：

● 坪數 = 28 坪，房屋年齡 = 6 年

希望透過 KNN 迴歸來預測此房屋的價格。我們要用 KNN（K=3）計算新房屋與原房屋的距離，可以用下列公式：

$$距離 = \sqrt{(坪數差)^2 + (房屋年齡差)^2}$$

下表是手工計算得到新房屋與原房屋距離的結果。

房屋編號	坪數	房屋年齡（年）	價格（萬元）	距離
1	20	5	500	8.06
2	30	8	550	2.82
3	25	7	520	3.16
4	35	12	580	9.22
5	40	15	600	15.00

由於 K=3，最近 3 個房屋如下：

● 編號 2：距離 2.82，價格 550 萬。
● 編號 3：距離 3.16，價格 520 萬
● 編號 1：距離 8.06，價格 500 萬

所以計算預測「28 坪，屋齡 6 年」，房價（平均值）如下：

● (550 + 520 + 500) / 3 = 523.33 萬

下列是正式的 KNN 程式設計。

```
1   # ch33_3.py
2   import numpy as np
3   from sklearn.neighbors import KNeighborsRegressor
4
5   # 訓練資料, (坪數，房齡)
6   X_train = np.array([[20, 5], [30, 8], [25, 7], [35, 12], [40, 15]])
7
8   # 訓練資料的房價
9   y_train = np.array([500, 550, 520, 580, 600])
10
11  # 建立KNN迴歸模型 (K=3)
12  k_model = KNeighborsRegressor(n_neighbors=3)
13
14  # 模型訓練
15  k_model.fit(X_train, y_train)
16
17  # 新房屋 (28坪，6年)
18  new_house = np.array([[28, 6]])
19
20  # 預測新房屋價格
21  predicted_price = k_model.predict(new_house)
22
23  # 顯示預測結果
24  print("預測房屋價格 : ", round(predicted_price[0],2), "萬元")
```

執行結果
```
=================== RESTART: D:/Python/ch33/ch33_3.py ===================
預測房屋價格 :  523.33 萬元
```

❏ 常見實務應用場景

- 房地產價格預測。
- 租屋價格評估。
- 二手車價格推估。
- 顧客購買量預測。

33-2 邏輯斯迴歸 (Logistic regression)

邏輯斯迴歸（Logistic Regression）是一種非常流行且有效的監督式學習演算法，主要用於分類問題，尤其是二元分類（Binary Classification）問題。雖然名為「迴歸」，但實際上它是一個分類演算法，透過計算「事件發生的機率」來分類資料點。

❏ 邏輯斯迴歸的核心觀念

透過線性迴歸的輸出結果進行一個邏輯斯轉換（Sigmoid 函數），這個函數是皮埃

爾 (Pierre) 在 1844 年或 1845 年研究此函數與人口增長關係時命名的，這個函數的特色是因變數 y 的值是落在 0～1 之間。

透過此函數機率值，設定一個閾值（通常是 0.5），來決定資料的分類。邏輯斯函數 (logistic function) 是一種常見的 S(Sigmoid) 函數，其定義如下：

$$y = f(x) = \frac{1}{1+e^{-x}}$$

邏輯迴歸函數與預測分類

所有數據資料經過邏輯斯函數計算後值會在 S 曲線上，如果 Y 值大於 0.5，則歸類為藍色點，如果小於 0.5 則歸類為紅色點，如上所示。

❑ 建立邏輯斯迴歸演算法與實例

讀者必需導入邏輯斯迴歸模組如下：

from sklearn.linear_model import LogisticRegression
...
lo_model = LogisticRegression(penalty='l2', C=1.0, solver='lbfgs', max_iter=100)

- penalty：'l1' 或 'l2'：限制權重以避免過擬合，預設為 'l2'。
- C：數值越小，正規化越強；數值越大，正規化越弱。
- solver：

33-2　邏輯斯迴歸 (Logistic regression)

- 'lbfgs'：適合中小型資料集，預設值，常用於多分類。
- 'liblinear'：小型資料集、二元分類。
- 'sag'、'saga'：大型資料集。
● max_iter：迭代次數上限，若資料難以收斂，應增加此數值。

對於簡單的程式，我們可以省略參數，用預設值即可。

程式實例 ch33_4.py：「冰淇淋與氣溫的故事」。想像一下，你經營一家冰淇淋店。你發現當氣溫較高時，顧客較可能會購買冰淇淋；氣溫較低時則可能不會。我們希望利用 Logistic Regression 來預測在特定氣溫下，顧客是否會購買冰淇淋。有一份數據如下：

天氣編號	氣溫（°C）	是否購買冰淇淋（1= 購買，0= 未購買）
1	15	0
2	17	0
3	20	0
4	23	1
5	25	1
6	28	1
7	30	1
8	16	0
9	22	0
10	26	1

這個程式會預測在 24°C 時，顧客是否會購買冰淇淋。同時輸出購買的機率。這樣一來，你就能根據氣溫提前預估當天的銷售情形，甚至規劃人力與庫存管理。

```
1   # ch33_4.py
2   import numpy as np
3   from sklearn.linear_model import LogisticRegression
4
5   # 準備訓練數據，氣溫與購買行為
6   X = np.array([[15],[17],[20],[23],[25],[28],[30],[16],[22],[26]])
7   y = np.array([0,0,0,1,1,1,1,0,0,1])
8
9   # 建立並訓練 Logistic Regression 模型
10  lo_model = LogisticRegression()
11  lo_model.fit(X, y)
12
13  # 使用訓練好的模型進行預測
14  new_temp = np.array([[24]])                        # 明日氣溫為24C
15  predicted = lo_model.predict(new_temp)             # 預測分類結果
16  probability = lo_model.predict_proba(new_temp)     # 預測機率結果
```

33-11

```
17
18  # 顯示預測結果
19  print("氣溫 : ", new_temp[0][0], "°C")
20  print("預測結果 : ", "會購買" if predicted[0]==1 else "不會購買")
21  print("購買機率 : 約", round(probability[0][1]*100,2), "%")
```

執行結果
```
==================== RESTART: D:/Python/ch33/ch33_4.py ====================
氣溫 : 24 °C
預測結果 : 會購買
購買機率 : 約 81.79 %
```

程式實例 ch33_5.py：用 make_blobs( ) 函數生成 200 筆數據，將數據分成 80% 訓練數據，20% 測試數據，然後用邏輯斯迴歸演算法實作分類與計算準確性。

```
1   # ch33_5.py
2   from sklearn.datasets import make_blobs
3   from sklearn.preprocessing import StandardScaler
4   from sklearn.model_selection import train_test_split
5   from sklearn.linear_model import LogisticRegression
6
7   data, label = make_blobs(n_samples=200,n_features=2,
8                            centers=2,random_state=0)
9   d_sta = StandardScaler().fit_transform(data)    # 標準化
10  # 分割數據為訓練數據和測試數據
11  dx_train, dx_test, label_train, label_test = train_test_split(d_sta,
12                       label,test_size=0.2,random_state=0)
13  # 建立分類模型
14  lo_model = LogisticRegression()
15  # 建立訓練數據模型
16  lo_model.fit(dx_train, label_train)
17  # 對測試數據做預測
18  pred = lo_model.predict(dx_test)
19  # 輸出測試數據的 label
20  print(f"測試數據的 label\n{label_test}")
21  # 輸出預測數據的 label
22  print(f"預測數據的 label\n{pred}")
23  print("-"*70)
24  # 輸出準確性
25  print(f"訓練資料的準確性 = {lo_model.score(dx_train, label_train)}")
26  print(f"測試資料的準確性 = {lo_model.score(dx_test, label_test)}")
```

執行結果
```
==================== RESTART: D:\Python\ch33\ch33_5.py ====================
測試數據的 label
[1 1 0 0 0 1 0 0 0 0 1 1 1 1 0 0 1 1 1 1 0 0 1 1 1 1 0 0 0 1 0 1 0 0 0 0
 0 0 0]
預測數據的 label
[1 1 0 0 0 1 0 0 0 0 1 1 1 1 0 1 1 1 1 1 0 0 1 1 1 1 0 0 0 1 0 1 0 0 0 0
 0 0 0]
----------------------------------------------------------------------
訓練資料的準確性 = 0.96875
測試資料的準確性 = 0.975
```

此程式使用了：

- make_blobs( )：產生二分類的模擬資料。
- StandardScaler( )：將資料標準化，有助於模型訓練。
- train_test_split( )：資料分割為訓練與測試資料，比例為 80% 與 20%。
- LogisticRegression( )：建立邏輯斯迴歸模型進行分類。

模型準確性分析：

- 訓練資料準確率 (96.875%) 與測試資料準確率 (97.5%) 都非常高，表示你的模型表現非常良好。
- 測試準確率甚至稍高於訓練準確率，這是良好的訊號，代表模型沒有發生明顯過擬合（Overfitting），泛化能力很好。

整體評價是程式架構清晰且完整，模組選用合理。Logistic Regression 模型在這組簡單的數據（make_blobs 產生的二分類資料）中有非常優秀的表現。

❏ 邏輯斯迴歸常見應用領域

- 醫療診斷（疾病風險預測）。
- 銀行信用風險評估。
- 行銷活動的成功率預測。
- 顧客流失預測。
- 郵件垃圾信分類。

33-3 支援向量機 (Support Vector Machine)

支援向量機（Support Vector Machine, SVM）是一種強大且廣泛使用的監督式學習方法，廣泛應用於分類與迴歸問題，這一節主要是描述在分類的應用。SVM 特別適合處理複雜且高維度的數據，並且能有效解決線性不可分的問題。

❏ SVM 的基本概念與原理

基本觀念是將數據投射到更高維的空間，藉此找出超平面可以分割資料。這個就好像，在升旗典禮時，因為我們是在台下無法看清楚有多少個班級參加此典禮。可是師長是在台上，從高往下看可以一目了然區分每個班級。

- 核心觀念
  - SVM 透過尋找一個「最佳分隔超平面（Optimal Hyperplane）」，將不同類別資料點區隔開來。
  - 最大化邊界（Margin）是 SVM 最關鍵的特色。
  - 最接近分隔超平面的資料點稱為「支援向量（Support Vectors）」。
- 什麼是超平面？
  - 在二維空間中，超平面即為一條直線。
  - 在三維空間中，超平面是一個平面。
  - 在高維空間中，我們則稱之為「超平面」。
- 最大邊界（Margin）的概念
  - 邊界是超平面到最近的點（支援向量）之間的距離。
  - SVM 的目標就是最大化這個邊界，以確保分類的穩定性及泛化能力。

為了找尋超平面，SVM 演算法會盡量擴大兩側決策邊界的距離，讓超平面到決策邊界的距離大於最近的距離，而在決策邊界上的點稱支援向量，相關說明可以參考上圖。

因為增加了維度，可以讓 SVM 可以有比較好的數據分類，可是也會比較耗費電腦計算的資源，所以如果對於比較大的數據量，建議可以使用前兩節的 KNN 或是邏輯斯迴歸演算法。

33-3 支援向量機 (Support Vector Machine)

❑ 建立 SVM 演算法與實例

讀者必需導入線性支援向量機模組如下：

from sklearn.svm import SVC

...

svc_model = SVC(kernel='rbf', C=1.0, gamma='scale', degree=3)

- **kernel**：核函數種類，可以有 'linear', 'poly', 'rbf', 'sigmoid'，預設是徑向基 (rbf)。
- **C**：正規化參數（容錯程度），預設 =1.0，數值越大，容錯越小，容易過擬合。
- **gamma**：核函數係數，'scale' (預設), 'auto' 或指定數值。
- **degree**：多項式核函數的次方，預設 =3 (僅適用於 kernel='poly')。
- **probability**：是否估計機率，預設 =False，設 True 可用 predict_proba()。

對於簡單的程式，我們可以省略參數，用預設值即可。有了上述線性支援向量機模型後，執行分類時也可用下列函數估計精確度。

from sklearn.metrics import accuracy_score

...

accuracy_score(y_true, y_pred)   # y_true 是真實標籤，y_pred 是預測標籤

程式實例 ch33_6.py：檸檬與柳橙的酸甜之戰。想像你經營一家果汁店，每次來貨都有兩種水果：「檸檬」與「柳橙」。由於外型相似，你決定用水果的「酸度」與「甜度」來區分這兩種水果，建立一個自動化分類系統。有一份數據如下：

水果編號	酸度	甜度	水果種類
1	8	2	檸檬
2	9	1	檸檬
3	7	3	檸檬
4	1	8	柳橙
5	2	9	柳橙
6	3	7	柳橙
7	6	4	檸檬
8	2	8	柳橙

註 酸度與甜度的評分：1~10 分。

這個程式會用模型 SVC 預測新水果的種類：

- 新水果 A：酸度 =5, 甜度 =5。
- 新水果 B：酸度 =2, 甜度 =7。

```python
# ch33_6.py
import numpy as np
from sklearn.svm import SVC

# 建立訓練數據 (酸度，甜度)
X = np.array([
    [8,2], [9,1], [7,3], [1,8],
    [2,9], [3,7], [6,4], [2,8]
])

# 類別標籤 (0=檸檬，1=柳橙)
y = np.array([0,0,0,1,1,1,0,1])

# 建立 SVC 模型 (預設使用 kernel='rbf')
svc_model = SVC()

# 模型訓練
svc_model.fit(X, y)

# 使用訓練好的模型進行新水果分類預測
new_fruits = np.array([[5,5], [2,7]])         # 新水果數據
predictions = svc_model.predict(new_fruits)    # 進行預測

# 顯示預測結果
for idx, pred in enumerate(predictions):
    fruit = '檸檬' if pred==0 else '柳橙'
    print(f"水果{chr(65+idx)}被分類為 : {fruit}")
```

執行結果
```
====================== RESTART: D:/Python/ch33/ch33_6.py ======================
水果A被分類為 : 檸檬
水果B被分類為 : 柳橙
```

第 27-3 節筆者有介紹鳶尾花數據，該數據也可以使用支援向量機做分類。

程式實例 ch33_7.py：使用 SVC( ) 方法執行鳶尾花資料集的分類，同時列出精確度。

```python
# ch33_7.py
from sklearn import datasets
from sklearn.model_selection import train_test_split
from sklearn.preprocessing import StandardScaler
from sklearn.svm import SVC
from sklearn.metrics import accuracy_score

# 載入鳶尾花數據集
iris = datasets.load_iris()

# 將特徵和目標變數分開
X = iris.data
y = iris.target
```

33-3 支援向量機 (Support Vector Machine)

```python
14
15  # 將數據分為訓練集和測試集
16  X_train,X_test,y_train,y_test = train_test_split(X,y,test_size=0.2,
17                                                   random_state=9)
18
19  # 特徵縮放
20  scaler = StandardScaler()
21  X_train_scaled = scaler.fit_transform(X_train)
22  X_test_scaled = scaler.transform(X_test)
23
24  # 建立 SVM 分類器
25  svm_classifier = SVC()
26
27  # 使用訓練數據擬合模型
28  svm_classifier.fit(X_train_scaled, y_train)
29
30  # 進行預測
31  y_pred = svm_classifier.predict(X_test_scaled)
32  print(f"測試數據的真實分類\n{y_test}")
33  print("-"*70)
34  print(f"測試數據的預測分類\n{y_pred}")
35  print("-"*70)
36
37  # 計算準確度
38  accuracy = accuracy_score(y_test, y_pred)
39  print("準確度 :", accuracy)
```

執行結果

```
================== RESTART: D:\Python\ch33\ch33_7.py ==================
測試數據的真實分類
[2 1 2 2 1 0 0 0 1 0 0 1 1 1 0 1 0 1 2 0 0 0 2 0 2 1 0 2 0 2]
----------------------------------------------------------------------
測試數據的預測分類
[2 1 2 2 1 0 0 0 1 0 0 1 1 1 0 1 0 1 2 0 0 0 2 0 2 1 0 2 0 2]
----------------------------------------------------------------------
準確度 : 1.0
```

此程式是一個完整且標準的機器學習分類流程，使用了知名的鳶尾花 (Iris) 資料集。程式步驟如下：

- 載入資料 (load_iris)。
- 訓練與測試資料分割 (train_test_split)。
- 資料標準化 (StandardScaler)。
- 建立並訓練 SVM 分類模型 (SVC 使用預設 RBF 核函數)。
- 預測測試資料並評估準確率 (accuracy_score)。

整個流程清晰、完整，並且資料處理（如標準化）步驟非常適當且正確。這意味著：

- 預測分類結果與真實分類結果完全一致，準確度為 100%。
- 這是極佳的分類效果，顯示 SVC 模型在這組測試資料上達到完美分類表現。

❑ SVC 常見應用場景
- 人臉識別、手寫字辨識。
- 文件與郵件分類。
- 信用風險評估。
- 生物醫療分類（腫瘤分類）。

33-4 決策樹 (Decision Tree) 演算法

決策樹是一種非常直觀且強大的監督式機器學習演算法，通常用於分類與迴歸問題。所謂的決策樹是指數據訓練時會產生一個含有許多節點的樹狀結構，預測資料時是從根結點開始，依據資料的特徵值逐步做出決策，然後逐步比對進入各個適合的子節點，最後可以到達葉節點，這個葉節點就是所要的分類標記或是數值預測。

❑ 決策樹建構演算法流程

建構決策樹的標準流程如下：

- 從根節點開始：將所有資料當作根節點的起始資料。
- 選擇最佳特徵與條件：以資訊增益或 Gini 不純度等標準，選擇最佳分割特徵。
- 節點分割（Split）：依據選擇的特徵條件，將資料分割成多個子節點。
- 遞迴重複上述步驟：對每個子節點重複以上步驟，直到：
  - 子節點資料完全純淨（同一類別），或
  - 到達預設樹的深度（depth），或
  - 節點資料數量低於指定數量。
- 最終形成樹狀規則結構：每個葉節點皆有明確的分類或數值預測結果。

33-4-1 分類應用

❑ 鳶尾花數據

讀者可以用下列簡單的程式碼認識鳶尾花在 scikit-learn 的儲存方式，讀者可以往下捲動看更多資料。

```
from sklearn import datasets
iris = datasets.load_iris()
iris
{'data': array([[5.1, 3.5, 1.4, 0.2],
       [4.9, 3. , 1.4, 0.2],
       [4.7, 3.2, 1.3, 0.2],
       [4.6, 3.1, 1.5, 0.2],
```

上述有 4 個欄位，分別是花萼長度 (sepal length)、花萼寬度 (sepal width)、花瓣長度 (petal length)、花瓣寬度 (petal width)。如果往下捲動視窗，可以看到 'target' 欄位，在這個欄位可以看到 0, 1, 2 編號，0 代表 setosa setosa(山鳶尾花)、1 代表 versicolor(變色鳶尾)、2 代表 virginica(維吉尼亞鳶尾花)。

程式實例 ch33_8.py：擷取我們想要的 iris 鳶尾花資料。

```
1   # ch33_8.py
2   from sklearn import datasets
3
4   data, label = datasets.load_iris(return_X_y=True)
5   print("鳶尾花花萼和花瓣數據")
6   print(data[0:5])
7   print(f"分類 : {label[0:5]}")
```

執行結果
```
=============== RESTART: D:\Python\ch33\ch33_8.py ===============
鳶尾花花萼和花瓣數據
[[5.1 3.5 1.4 0.2]
 [4.9 3.  1.4 0.2]
 [4.7 3.2 1.3 0.2]
 [4.6 3.1 1.5 0.2]
 [5.  3.6 1.4 0.2]]
分類 : [0 0 0 0 0]
```

❑ 決策樹分類方式

下列是筆者用簡單的數據說明鳶尾花的分類方式：

第 33 章　機器學習演算法 - 原理與應用全解析

❏ 建立決策樹演算法與實例

讀者必需導入決策樹模組如下：

from sklearn.tree import DecisionTreeClassifier
　…
tree = DecisionTreeClassifier(criterion='gini', max_depth=None,
　　　min_samples_split=2, min_samples_leaf=1, random_state=None)

- criterion：選擇特徵分割標準，預設是 'gini'，也可以選則 'entropy'。
- max_depth：控制樹的深度，None(無限制)、整數（如 3、5）。
- min_samples_split：內部節點再分割所需最少樣本數，預設為 2，可設 2 以上數值。
- min_samples_leaf：葉節點至少需要的樣本數，預設為 1，建議視情況調整。
- random_state：亂數種子，控制結果的可重現性。

程式實例 ch33_9.py：使用決策樹執行鳶尾花分類。

```
1   # ch33_9.py
2   from sklearn import datasets
3   from sklearn.model_selection import train_test_split
4   from sklearn.tree import DecisionTreeClassifier
5
6   data, label = datasets.load_iris(return_X_y=True)
7   # 分割數據為訓練數據和測試數據
8   dx_train, dx_test, label_train, label_test = train_test_split(data,
9                       label,test_size=0.2,random_state=0)
10  # 建立分類模型
11  tree_model = DecisionTreeClassifier()
12  # 建立訓練數據模型
13  tree_model.fit(dx_train, label_train)
14  # 對測試數據做預測
15  y_pred = tree_model.predict(dx_test)
16  print(f"測試數據的真實分類\n{label_test}")
17  print("-"*70)
18  print(f"測試數據的預測分類\n{y_pred}")
19  print("-"*70)
20
21  # 輸出準確性
22  print(f"訓練資料的準確性 = {tree_model.score(dx_train, label_train)}")
23  print(f"測試資料的準確性 = {tree_model.score(dx_test, label_test)}")
```

```
================== RESTART: D:\Python\ch33\ch33_9.py ==================
測試數據的真實分類
[2 1 0 2 0 2 0 1 1 1 2 1 1 1 1 0 1 1 0 0 2 1 0 0 2 0 0 1 1 0]
----------------------------------------
測試數據的預測分類
[2 1 0 2 0 2 0 1 1 1 2 1 1 1 1 0 1 1 0 0 2 1 0 0 2 0 0 1 1 0]
----------------------------------------
訓練資料的準確性 = 1.0
測試資料的準確性 = 1.0
```

❑ 決策樹的實務應用領域

- 信用風險評估（核貸與否）。
- 醫療診斷（疾病分類）。
- 客戶流失預測。
- 市場區隔分析（顧客分類）。
- 推薦系統（推薦產品或服務）。

33-4-2　迴歸應用

決策樹不僅可以用於分類問題，還可以用於迴歸問題。當我們要預測的是連續值而非離散類別時，我們可以使用稱為「決策樹迴歸」的技術。

在決策樹迴歸中，演算法會嘗試找出一種方式，將數據劃分為具有不同目標值 (也就是我們要預測的連續數值) 的子集，這種劃分方式會使得每個子集中的目標值的變異最小。

舉例來說，如果我們有一個房價預測問題，其中的特徵可能包括「房子的大小 (坪數)」、「房子的年齡」等等。決策樹迴歸可能會首先根據「房子的大小」這一特徵將數據分為兩部分，然後再根據「房子的年齡」這一特徵將這兩部分數據各自再進行分割，如此依此，直到達到某種停止條件。

在 Scikit-Learn 中，我們可以使用 DecisionTreeRegressor 來實現決策樹迴歸，它的使用方式與 DecisionTreeClassifier 非常類似。使用時，我們可以指定樹的深度、最小樣本數等參數來控制模型的複雜度，避免過度擬合。DecisionTreeRegressor( ) 方法的語法和主要參數如下：

from sklearn.tree import DecisionTreeRegressor

　　…

model = DecisionTreeRegressor( )

程式實例 ch33_10.py：用簡單的數據預估房價。

```python
1   # ch33_10.py
2   from sklearn.tree import DecisionTreeRegressor
3   from sklearn.model_selection import train_test_split
4   from sklearn.metrics import r2_score
5   import numpy as np
6
7   # 假設我們有一些房地產數據，X代表房子面積，y代表房價
8   X = np.array([50, 60, 70, 80, 90, 100, 110, 120, 130, 140, 150])
9   y = np.array([150000, 180000, 200000, 230000, 260000, 280000,
10                300000, 330000, 360000, 380000, 400000])
11
12  X = X.reshape(-1, 1)      # 改變形狀以符合sklearn的要求
13
14  # 分割數據為訓練集和測試集
15  X_train, X_test, y_train, y_test = train_test_split(X, y,
16                                      test_size=0.2, random_state=5)
17
18  # 建立決策樹迴歸模型
19  tree_reg = DecisionTreeRegressor(max_depth=3, random_state=10)
20
21  # 擬合模型
22  tree_reg.fit(X_train, y_train)
23
24  # 進行預測
25  y_pred = tree_reg.predict(X_test)
26
27  # R平方係數
28  r2 = r2_score(y_test, y_pred)
29
30  # 輸出預測結果
31  print(f'R平方判定係數 : {r2}')
32  print(f'實際房價       : {y_test}')
33  print(f'預測房價       : {y_pred}')
```

執行結果

```
=============== RESTART: D:\Python\ch33\ch33_10.py ===============
R平方判定係數 : 0.8671875
實際房價       : [280000 360000 200000]
預測房價       : [260000. 330000. 180000.]
```

上述執行結果代表：

- R 平方判定係數為約 0.867，表示模型能有效解釋大約 86.7% 的房價變異，表現良好。
- 預測結果與實際房價有些許差距，但整體趨勢與大小仍非常接近。

以上述程式的少量資料而言，模型的表現已經非常出色。若希望進一步改善結果，可以考慮：

- 增加更多特徵（例如房屋年齡、地點、樓層數等），提高模型準確度。
- 增加訓練樣本量，讓模型學習更充分。

33-5 無監督學習 - 群集分析

在 32-4-4 節筆者已經簡單說明了無監督學習，這一節將使用 scikit-learn 模組做實例解說。

33-5-1 K-means 演算法

當數據很多時，可以將類似的數據分成不同的群集 (cluster)，這樣可以方便未來的操作。例如：一個班級有 50 個學生，可能有些人數學強、有些人英文好、有些人社會學科好，為了方便因才施教，可以根據成績將學生分群集上課。

K-means 演算法是一種無監督學習方法，主要用於對資料進行聚類分析。該方法的目標是將資料點劃分為 K 個簇，使得每個簇內的資料點距離最小化，同時不同簇間的資料點距離最大化。在 K-means 算法中，K 代表預先設定的聚類數目。

K-means 算法主要包括以下幾個步驟：

1： 初始化：從資料中隨機選擇 K 個資料點作為初始聚類中心。

2： 分配資料點：計算每個資料點到各個聚類中心的距離，將資料點分配到距離最近的聚類中心所屬的簇。

3： 更新聚類中心：對於每個簇，計算簇內所有資料點的均值作為新的聚類中心。

重複步驟 2 和 3，直到聚類中心不再變化或達到最大迭代次數。

需要注意的是，K-means 算法的結果受初始聚類中心選擇的影響，可能會收斂到局部最優解。因此，在實際應用中，通常會多次執行算法，並從中選擇最佳結果。此外，K-means 算法需要預先設定 K 值，選擇合適的 K 值對結果具有重要影響。

33-5-2 使用 make_blobs( ) 函數準備群集數據

我們可以使用 make_blobs( ) 函數建立不同群集中心的數據。

程式實例 ch33_11.py：建立 3 個群集中心，n_features = 2，產生 300 個群集點。

```python
1   # ch33_11.py
2   import matplotlib.pyplot as plt
3   from sklearn import datasets
4
5   # 建立 300 個點, n_features=2, centers=3
6   data, label = datasets.make_blobs(n_samples=300, n_features=2,
7                                     centers=3, random_state=10)
8
9   plt.rcParams["font.family"] = ["Microsoft JhengHei"]   # 微軟正黑體
10  plt.rcParams["axes.unicode_minus"] = False             # 可以顯示負號
11  # 繪圓點，圓點用黑色外框
12  plt.scatter(data[:,0], data[:,1], marker="o", edgecolor="black")
13
14  plt.title("無監督學習",fontsize=16)
15  plt.show()
```

執行結果

33-5-3 使用 cluster.KMeans( ) 和 fit( ) 函數作群集分析

在 scikit-learn 模組內的 cluster 模組內有 KMeans( ) 函數可以建立群集分析物件，這個函數最常用的參數是 n_clusters，這是標註群集中心的數量。例如：下列是建立 3 個群集中心的物件。

```
from sklearn import cluster
…
e = cluster.KMean(n_clusters = 3)
```

上述可以回傳 e，接著呼叫 fit( ) 方法，同時將 data 放入 fit( ) 函數作群集分析，如下：

```
e.fit(data)
```

上述分析完成後，可以使用屬性 labels_ 獲得每個數據點的群集類別標籤，可以使用 cluster_centers_ 獲得群集中心，觀念如下：

- e.labels_ ：群集類別標籤
- e.cluster_centers ：群集中心

程式實例 ch33_12.py：繼續使用 ch33_11.py，建立 3 個群集，同時列出群集類別標籤和群集中心的點。

```python
1   # ch33_12.py
2   import matplotlib.pyplot as plt
3   from sklearn import datasets
4   from sklearn import cluster
5
6   # 建立 300 個點, n_features=2, centers=3
7   data, label = datasets.make_blobs(n_samples=300, n_features=2,
8                                     centers=3, random_state=10)
9
10  e = cluster.KMeans(n_clusters=3)    # k-mean方法建立 3 個群集中心物件
11  e.fit(data)                          # 將數據帶入物件，做群集分析
12  print(e.labels_)                     # 列印群集類別標籤
13  print(e.cluster_centers_)            # 列印群集中心
```

執行結果

這是標籤, 指出這個點的群集

```
[1 2 1 1 0 0 2 1 2 1 1 0 1 2 1 0 1 1 2 1 0 0 2 2 1 0 2 1 0 2 1 1 2 1 0 1 2
 1 0 0 1 1 2 2 2 0 0 0 2 2 2 0 1 1 2 0 0 0 1 2 2 1 2 2 2 0 2 2 1
 2 2 1 0 0 0 1 2 1 0 2 1 1 1 0 2 1 1 2 0 1 2 1 0 2 1 0 0 0 1 2 2 2 0 1
 2 1 1 1 0 1 1 0 2 2 0 0 0 0 0 2 1 2 0 1 0 0 2 2 0 1 1 0 1 0 1 1 0 1
 0 1 1 0 2 0 1 2 1 1 1 0 2 2 2 1 2 0 1 0 0 2 2 2 0 0 2 0 1 1 2 0 0
 1 0 0 2 0 2 2 1 2 2 0 2 1 0 1 0 1 2 2 0 1 1 1 0 0 2 2
 1 0 0 1 1 2 0 1 2 0 2 2 2 0 0 2 1 0 0 0 0 2 0 2 1 0 2 0 1 2 0 1 0 0 1 0
 1 0 0 2 0 0 2 0 2 1 2 0 1 1 1 1 2 2 0 1 2 2 2 1 1 0 2 0 2 0 0 1 1 1 0 1 2
 2 2 1 1 1]
[[ 5.58625317 -9.59640301]
 [ 2.79065611  4.90806187]
 [-0.09193383 -5.55939953]]
```
群集中心座標

33-5-4 標記群集點和群集中心

這一節是講解標記個群集的點,下列是用圓點標記每一個點,標記的顏色使用群集類別標籤,顏色分別是 0、1 或 2,可以使用下列指令。

　　plt.scatter(data[:,0], data[:,1], marker="o", c=e.labels_)

將群集中心標記為紅色星號使用下列指令。

　　plt.scatter(e.cluster_centers_[:,0], e.cluster_centers_[:,1], marker="*",
　　　　　color="red")

程式實例 ch33_13.py:延續 ch33_12.py,使用不同顏色標記所有數據點,同時使用紅色星號標記群集中心。

```
1   # ch33_13.py
2   import matplotlib.pyplot as plt
3   from sklearn import datasets
4   from sklearn import cluster
5   
6   # 建立 300 個點, n_features=2, centers=3
7   data, label = datasets.make_blobs(n_samples=300, n_features=2,
8                                     centers=3, random_state=10)
9   
10  e = cluster.KMeans(n_clusters=3)         # k-mean方法建立 3 個群集中心物件
11  e.fit(data)                              # 將數據帶入物件,做群集分析
12  print("列印群集標籤")
13  print(e.labels_)                         # 列印群集類別標籤
14  print("-"*70)
15  print("列印群集中心座標")
16  print(e.cluster_centers_.round(2))       # 列印群集中心
17  
18  plt.rcParams["font.family"] = ["Microsoft JhengHei"]   # 微軟正黑體
19  plt.rcParams["axes.unicode_minus"] = False             # 可以顯示負號
20  # 繪圓點,圓點用黑色外框,使用標籤 labels_ 區別顏色,
21  plt.scatter(data[:,0], data[:,1], marker="o", c=e.labels_)
22  # 用紅色標記群集中心
23  plt.scatter(e.cluster_centers_[:,0], e.cluster_centers_[:,1],marker="*",
24              color="red")
25  plt.title("無監督學習",fontsize=16)
26  plt.show()
```

執行結果

```
========================= RESTART: D:\Python\ch33\ch33_13.py =========================
列印群集標籤
[1 0 1 1 2 2 0 1 0 1 1 2 1 0 1 2 1 1 0 1 2 2 0 0 1 2 0 1 2 0 1 1 0 1 2 1 0
 1 2 2 1 1 0 0 0 2 2 2 0 0 0 2 1 1 0 2 2 2 1 0 0 1 1 0 0 1 0 0 2 0 2 0 0 1
 0 0 1 2 2 2 1 0 1 2 0 1 1 1 2 0 1 1 0 2 1 0 1 2 0 1 2 2 2 1 0 0 0 0 2 1
 0 1 1 1 2 1 1 2 1 2 0 0 2 2 2 2 2 0 1 0 2 1 2 2 0 0 2 1 1 2 1 2 1 1 2 1
 2 1 1 2 0 2 1 2 0 1 0 1 1 2 0 0 0 0 1 0 2 1 2 0 2 0 0 0 2 2 0 2 1 1 0 2 2
 1 2 2 0 2 0 0 1 0 0 2 0 1 0 1 1 1 0 2 0 1 2 1 0 0 0 2 0 1 1 1 2 2 0 0
 1 2 2 1 1 0 2 1 0 2 0 0 0 2 2 0 1 2 2 2 0 2 0 2 0 1 2 0 2 1 0 2 1 2 2 1 2
 1 2 2 0 2 2 0 2 0 1 0 2 1 1 1 1 0 0 2 1 0 0 0 1 1 2 0 2 0 2 2 1 1 1 2 1 0
 0 0 1 1]
----------------------------------------
列印群集中心座標
[[-0.09 -5.56]
 [ 2.79  4.91]
 [ 5.59 -9.6 ]]
```

無監督學習

33-5-5　數據分群的簡單實例

程式實例 ch33_14.py：有一艘漁船，捕獲 12 尾大小不同的魚類，其身長與體重資料如下，請設定 K 等於 3，然後繪製魚獲的分類。

身長	32	18	80	41	25	55	70	33	20	23	66	40
重量	3.5	0.9	15	4.8	1.3	13	14.5	4.1	1.9	1.7	12	3.8

33-27

第 33 章　機器學習演算法 - 原理與應用全解析

```python
1   # ch33_14.py
2   import numpy as np
3   import matplotlib.pyplot as plt
4   from sklearn.cluster import KMeans
5
6   # 創建一個簡單的12個二維數據點的資料集
7   data = np.array([[32, 3.5], [18, 0.9], [80, 15], [41, 4.8],
8                    [25, 1.3], [55, 13],[70, 14.5], [33, 4.1],
9                    [20, 1.9], [23, 1.7], [66, 12], [40, 3.8]])
10
11  # 設定K值
12  K = 3
13
14  # 使用scikit-learn的KMeans方法進行聚類
15  kmeans = KMeans(n_clusters=K, random_state=42)
16  kmeans.fit(data)
17
18  # 獲得聚類標籤和聚類中心
19  labels = kmeans.labels_
20  centroids = kmeans.cluster_centers_
21
22  # 繪製結果
23  plt.rcParams["font.family"] = ["Microsoft JhengHei"]    # 微軟正黑體
24  plt.scatter(data[:, 0], data[:, 1], c=labels, cmap='viridis')
25  plt.scatter(centroids[:, 0], centroids[:, 1], c='red', marker='*')
26  plt.title("無監督學習 - 捕獲魚的分類",fontsize=16)
27  plt.xlabel("身長")
28  plt.ylabel("體重")
29  plt.show()
```

執行結果

上述星號是群集中心。

33-28

第 34 章
機器學習專題
波士頓房價預測實務

34-1　從線性迴歸到多元線性迴歸

34-2　簡單資料測試

34-3　波士頓房價數據集

34-1 從線性迴歸到多元線性迴歸

34-1-1　簡單線性迴歸

線性迴歸（Linear Regression）是一種統計學中的預測分析方法，主要用於研究兩個變數之間的線性關係。在線性迴歸□，我們通常有一個自變數（獨立變數，Independent variable）X，也可以稱是特徵值 (feature)。和一個因變數 (dependent)Y，也可以稱是目標變數 (target variable)，我們試圖找到一條直線來擬合這些數據點，以便可以用來預測未來的數據點。

線性迴歸的基本方程式如下：

　　Y = b0 + b1 * X + e

上述公式各變數意義如下：

- Y：目標變數 (因變數)
- X：自變數 (獨立變數)
- b0：截距 (intercept)
- b1：斜率 (coefficient)
- e：誤差項 (error term)

線性迴歸的目標是找到合適的截距 (b0) 和斜率 (b1)，使得目標值 (Y 預測) 和實際值 (Y 實際) 之間的誤差平方和 (SSE) 最小化，這種方法也稱為最小二平方法 (Least Squares Method)。

34-1-2　多元線性迴歸

線性迴歸可以擴展到多元線性迴歸（Mutiple Linear Regression），又稱複迴歸，其中有多個自變數，若是以下列公式為例，X1、X2 … Xn 就是這些自變數：

　　Y = b0 + b1 * X1 + b2 * X2 + ... + bn * Xn + e

進行線性迴歸分析時，需注意以下幾個假設：

線性關係：自變數和因變數之間存在線性關係。

誤差項獨立：誤差項之間沒有相互關係。

同標準差性：對於所有的自變數，誤差項具有相同的標準差。

誤差項正態性：誤差項應該呈正態分佈。

線性迴歸在機器學習和預測分析中廣泛應用，例如房價預測、銷售額預測、學生成績預測等。

34-2 簡單資料測試

34-2-1 身高、腰圍與體重的測試

在正式進入本章的專題主題前，本小節將使用國內成年人的身高、腰圍與體重的測量，然後計算一個多元線性迴歸模型，最後做一個簡單的體重預測。因為有 2 個自變數 (身高 X1 和腰圍 X2)，一個目標變數 (體重 Y)，所以這時的多元線性迴歸方程式如下：

Y = b0 + b1 * X1 + b2 * X2 + e

本節實例所使用的資料有 10 個樣本，樣本欄位有身高 (height)、腰圍 (waistline，變數使用縮寫 waist)、體重 (weight)，此樣本的內容如下：

身高	162	160	167	180	177	168	189	182	176	169
腰圍	71	81	70	90	95	80	78	100	84	80
體重	53	62	58	71	72	69	80	91	78	70

註　上述身高、腰圍與體重是筆者自行編撰，如果要有一個好的多元線性迴歸模型，最好是有實際的測量資料當樣本。

程式實例 ch34_1.py：10 個樣本數對於機器學習或是設計線性迴歸模型而言，是算很少的，所以這個實例，將 10 筆資料都拿來當作訓練數據，然後產生多元迴歸模型。最後使用此模型，依據使用者輸入身高與腰圍，計算可能的體重，體重輸出到小數第 2 位。

```
1  # ch34_1.py
2  import pandas as pd
3  import numpy as np
4  from sklearn.linear_model import LinearRegression
5
6  # 建立10筆數據的範例
7  data = {
8      'height': [162, 160, 167, 180, 177, 168, 189, 182, 176, 169],
```

第 34 章 機器學習專題 - 波士頓房價預測實務

```python
 9         'waist':  [ 71,  81,  70,  90,  95,  80,  78, 100,  84,  80],
10         'weight': [ 53,  62,  58,  71,  72,  69,  80,  91,  78,  70],
11 }
12
13 # 建立DataFrame
14 df = pd.DataFrame(data)
15
16 # 定義自變數 和 因變數
17 X = df[['height', 'waist']]
18 Y = df['weight']
19
20 # 建立線性回歸模型並擬合訓練集數據
21 linear_regression = LinearRegression()
22 linear_regression.fit(X, Y)
23
24 # 查看模型的截距和係數
25 intercept = linear_regression.intercept_
26 coefficients = linear_regression.coef_
27
28 print(f"截距 (b0)     : {intercept:5.3f}")
29 print(f"係數 (b1, b2): {coefficients.round(3)}")
30 print("-"*70)
31
32 # 請輸入身高和腰圍,然後預測體重
33 h = eval(input("請輸入身高 : "))
34 w = eval(input("請輸入腰圍 : "))
35 new_weight = pd.DataFrame(np.array([[h, w]]),
36                           columns=["height","waist"])
37 predicted_weight = linear_regression.predict(new_weight)
38 print(f"預測體重 : {predicted_weight[0]:5.2f}")
```

執行結果
```
================== RESTART: D:\Python\ch34\ch34_1.py ==================
截距 (b0)     : -90.625
係數 (b1, b2): [0.689 0.504]
-----------------------------------------------------------------------
請輸入身高 : 170
請輸入腰圍 : 80
預測體重 : 66.87
```

上述計算結果,相當於得到了下列多元線性迴歸模型。

Y = 0.689*X1 + 0.504*X2 – 90.625

若是讀者將 X1 = 170,X2 = 80,代入上述公式,就可以得到 66.87。

34-2-2 了解模型的優劣

在 32 章的機器學習內容,有介紹過可以使用 80% 的數據當做訓練資料,20% 的數據做預測資料,然後可以了解模型的優劣,下列實例將做說明。

34-2 簡單資料測試

程式實例 ch34_2.py：使用 80% 的數據做訓練，20% 的數據做預測，然後計算 R 平方決定係數，了解模型的優劣。

```python
1   # ch34_2.py
2   import pandas as pd
3   from sklearn.model_selection import train_test_split
4   from sklearn.linear_model import LinearRegression
5   from sklearn.metrics import r2_score
6
7   # 建立10筆數據的範例
8   data = {
9       'height': [162, 160, 167, 180, 177, 168, 189, 182, 176, 169],
10      'waist':  [ 71,  81,  70,  90,  95,  80,  78, 100,  84,  80],
11      'weight': [ 53,  62,  58,  71,  72,  69,  80,  91,  78,  70],
12  }
13
14  # 建立DataFrame
15  df = pd.DataFrame(data)
16
17  # 定義自變數 和 因變數
18  X = df[['height', 'waist']]
19  Y = df['weight']
20
21  # 將數據分為訓練集和測試集（這裡使用80-20的比例）
22  X_train,X_test,Y_train,Y_test = train_test_split(X,Y,test_size=0.2,random_state=1)
23
24  # 建立線性回歸模型並擬合訓練集數據
25  linear_regression = LinearRegression()
26  linear_regression.fit(X_train, Y_train)
27
28  # 使用測試集進行預測
29  Y_pred = linear_regression.predict(X_test)
30
31  # 計算模型的性能指標
32  r2 = r2_score(Y_test, Y_pred)
33  print(f"R-squared Score   :{round(r2, 3)}")
34
35  # 查看模型的截距和係數
36  intercept = linear_regression.intercept_
37  coefficients = linear_regression.coef_
38  print(f"截距 (b0)    : {intercept:5.3f}")
39  print(f"係數 (b1, b2): {coefficients.round(3)}")
```

執行結果

```
==================== RESTART: D:\Python\ch34\ch34_2.py ====================
R-squared Score   :0.73
截距 (b0)    : -92.547
係數 (b1, b2): [0.71  0.482]
```

上述得到 R 平方決定係數是 0.73，這是一個非常好的值，所以我們得到下列多元迴歸模型是一個很好的公式。

Y = 0.71*X1 + 0.482*X2 – 92.547

34-5

34-3 波士頓房價數據集

34-3-1 認識波士頓房價數據集

波士頓房價數據集（Boston Housing Dataset）是一個知名的數據集，常被用於研究房價預測問題。該數據集於 1978 年首次發布，由 Harrison 和 Rubinfeld 收集。波士頓房價數據集包含 506 個樣本，每個樣本對應波士頓不同地區的房價資料，數據集的**目標變數**是房屋價格的中位數（以千美元為單位）。

波士頓房價數據集包含 13 個特徵（自變數），用於預測房價，和 1 個目標變數，這些特徵（自變數）包括：

- CRIM：城鎮人均犯罪率。
- ZN：住宅用地所佔比例（超過 25,000 平方英尺的土地）。
- INDUS：城鎮非零售業務佔地比例。
- CHAS：查爾斯河虛擬變數（如果位於河邊則為 1，否則為 0）。
- NOX：一氧化氮濃度（每千萬份）。
- RM：每間住宅的平均房間數。
- AGE：1940 年以前建造的自住單位比例。
- DIS：距離波士頓五個就業中心的加權距離。
- RAD：距離高速公路的便捷指數。
- TAX：每 10,000 美元的全值財產稅率。
- PTRATIO：城鎮的師生比例。
- B：1000（Bk- 0.63）^{2}，其中 Bk 是城鎮中黑人比例。
- LSTAT：低收入人群比例。

目標變數欄位如下，這個欄位就是**房價**：

- MEDV：房屋價格的中位數（以千美元為單位）。

波士頓房價數據集被廣泛用於迴歸分析和機器學習領域，特別是在研究房價預測問題時，由於其知名度和方便性，該數據集已經被包含在許多數據科學和機器學習庫中。

34-3-2 輸出數據集

從上一小節可以知道波士頓數據集有 506 個樣本，下列實例會列出樣本數和第 1 個樣本內容。

程式實例 ch34_3.py：輸出樣本數，和第一個樣本的內容。

```
1   # ch34_3.py
2   import pandas as pd
3   import numpy as np
4
5   data_url = "http://lib.stat.cmu.edu/datasets/boston"
6   raw_df = pd.read_csv(data_url, sep="\s+", skiprows=22, header=None)
7   data = np.hstack([raw_df.values[::2, :], raw_df.values[1::2, :2]])
8   target = raw_df.values[1::2, 2]
9
10  # 加載波士頓房價數據集
11  print(f"自變數　樣本外形 : {data.shape}")
12  print(f"目標變數樣本外形 : {target.shape}")
13
14  # 輸出第一筆自變數
15  print("自變數 特徵值")
16  print(data[0])
17
18  # 輸出第一筆目標變數，房價
19  print("目標變數 房價")
20  print(target[0])
```

執行結果
```
自變數　樣本外形 : (506, 13)
目標變數樣本外形 : (506,)
自變數 特徵值
[6.320e-03 1.800e+01 2.310e+00 0.000e+00 5.380e-01 6.575e+00 6.520e+01
 4.090e+00 1.000e+00 2.960e+02 1.530e+01 3.969e+02 4.980e+00]
目標變數 房價
24.0
```

註　scikit-learn 在 1.2 版已經移除波士頓房價數據集，因此，上述程式是列卡耐基美倫大學下載此數據集。

程式實例 ch34_4.py：列出所有波士頓數據集樣本的自變數和目標變數。

```
1   # ch34_4.py
2   import pandas as pd
3   import numpy as np
4
5   data_url = "http://lib.stat.cmu.edu/datasets/boston"
6   raw_df = pd.read_csv(data_url, sep="\s+", skiprows=22, header=None)
7   data = np.hstack([raw_df.values[::2, :], raw_df.values[1::2, :2]])
8   target = raw_df.values[1::2, 2]
9
10  # 輸出自變數
11  print("自變數 特徵值")
12  print(data)
13
14  # 輸出目標變數，房價
15  print("目標變數 房價")
16  print(target)
```

第 34 章　機器學習專題 - 波士頓房價預測實務

執行結果　第1筆特徵樣本與房價　　　第3筆特徵樣本與房價

```
自變數 特徵值
[[6.3200e-03 1.8000e+01 2.3100e+00 ... 1.5300e+01 3.9690e+02 4.9800e+00]
 [2.7310e-02 0.0000e+00 7.0700e+00 ... 1.7800e+01 3.9690e+02 9.1400e+00]
 [2.7290e-02 0.0000e+00 7.0700e+00 ... 1.7800e+01 3.9283e+02 4.0300e+00]
 ...
 [6.0760e-02 0.0000e+00 1.1930e+01 ... 2.1000e+01 3.9690e+02 5.6400e+00]
 [1.0959e-01 0.0000e+00 1.1930e+01 ... 2.1000e+01 3.9345e+02 6.4800e+00]
 [4.7410e-02 0.0000e+00 1.1930e+01 ... 2.1000e+01 3.9690e+02 7.8800e+00]]
目標變數 房價
[24.  21.6 34.7 33.4 36.2 28.7 22.9 27.1 16.5 18.9 15.  18.9 21.7 20.4
 18.2 19.9 23.1 17.5 20.2 18.2 13.6 19.6 15.2 14.5 15.6 13.9 16.6 14.8
 18.4 21.  12.7 14.5 13.2 13.1 13.5 18.9 20.  21.  24.7 30.8 34.9 26.6
 25.3 24.7 21.2 19.3 20.  16.6 14.4 19.4 19.7 20.5 25.  23.4 18.9 35.4
 24.7 31.6 23.3 19.6 18.7 16.  22.2 25.  33.  23.5 19.4 22.  17.4 20.9
```

34-3-3　波士頓房價測試數據的房價預估

這一節將完整設計波士頓房價預估，同時輸出實際房價與預測房價的圖表，這一個程式會增加計算 32-2-2 節介紹的平均值平方差 (Mean Square Error，簡稱 MSE)，計算 MSE 可以使用 mean_squared_error( ) 方法，細節可以參考下列程式第 32 列。

程式實例 ch34_5.py：使用多元迴歸計算 R 平方決定係數，截距、係數，同時輸出測試的真實房價與預測的目標房價。最後，繪製實際房價與預估房價的圖表，同時繪製對角線，如果實際房價與預估房價相同，則此點將落在對角線上。

```
1   # ch34_5.py
2   import pandas as pd
3   import numpy as np
4   import matplotlib.pyplot as plt
5   from sklearn.model_selection import train_test_split
6   from sklearn.linear_model import LinearRegression
7   from sklearn.metrics import mean_squared_error, r2_score
8
9   # 下載波士頓房價數據集
10  data_url = "http://lib.stat.cmu.edu/datasets/boston"
11  raw_df = pd.read_csv(data_url, sep="\s+", skiprows=22, header=None)
12  data = np.hstack([raw_df.values[::2, :], raw_df.values[1::2, :2]])
13  target = raw_df.values[1::2, 2]
14
15  X = data
16  Y = target
17
18  # 將數據分為訓練集和測試集（80-20的比例）
19  X_train, X_test, Y_train, Y_test = train_test_split(X, Y, test_size=0.2,
20                                                      random_state=1)
21
22  # 建立線性迴歸模型並擬合訓練集數據
23  linear_regression = LinearRegression()
24  linear_regression.fit(X_train, Y_train)
```

34-3 波士頓房價數據集

```
25
26  # 使用測試集進行預測
27  Y_pred = linear_regression.predict(X_test)
28
29  # 計算模型的性能指標
30  r2 = r2_score(Y_test, Y_pred)
31  print(f"R-squared Score:{round(r2, 3)}")
32  mse = mean_squared_error(Y_test, Y_pred)
33  print(f"Mean Squared Error (MSE):{mse.round(3)}")
34
35  # 查看模型的截距和係數
36  intercept = linear_regression.intercept_
37  coefficients = linear_regression.coef_
38  print(f"截距 (b0)         : {intercept:5.3f}")
39  print(f"係數 (b1, b2, ... ): {coefficients.round(3)}")
40  print("-"*70)
41  print(f"測試的真實房價\n{Y_test}")
42  print("-"*70)
43  print(f"預測的目標房價\n{Y_pred.round(1)}")
44
45  # 繪製實際房價與預測房價的圖表
46  plt.rcParams["font.family"] = ["Microsoft JhengHei"]
47  plt.scatter(Y_test, Y_pred)
48  plt.xlabel("實際房價")
49  plt.ylabel("預測房價")
50  plt.title("實際房價 vs 預測房價")
51
52  # 繪製對角線
53  plt.plot([min(Y_test), max(Y_test)], [min(Y_test),max(Y_test)],
54          color='red',linestyle='--',lw=2)
55  plt.show()
```

執行結果

```
R-squared Score:0.763
Mean Squared Error (MSE):23.381
截距 (b0)         : 42.934
係數 (b1, b2, ... ): [-1.1200e-01  5.8000e-02  1.8000e-02  2.1300e+00 -1.9581e+0
1  3.0950e+00
  4.0000e-03 -1.5000e+00  3.0500e-01 -1.1000e-02 -9.8900e-01  7.0000e-03
 -5.4500e-01]
----------------------------------------------------------------------
測試的真實房價
[28.2 23.9 16.6 22.  20.8 23.  27.9 14.5 21.5 22.6 23.7 31.2 19.3 19.4
 19.4 27.9 13.9 50.   24.1 14.6 16.2 15.6 23.8 25.  23.5  8.3 13.5 17.5
 43.1 11.5 24.1 18.5 50.  12.6 19.8 24.5 14.9 36.2 11.9 19.1 22.6 20.7
 30.1 13.3 14.6  8.4 50.  12.7 25.  18.6 29.8 22.2 28.7 23.8  8.1 22.2
  6.3 22.1 17.5 48.3 16.7 26.6  8.5 14.5 23.7 37.2 41.7 15.2 21.7 22.7
 23.  10.5 21.9 21.  20.4 21.8 50.  22.  23.3 37.3 18.  19.2 34.9 13.4
 22.9 22.5 13.  24.6 18.3 18.1 23.9 50.  13.6 22.9 10.9 18.9 22.4 22.9
 44.8 21.7 10.2 15.4]
----------------------------------------------------------------------
預測的目標房價
[32.7 28.1 18.  21.5 18.8 19.9 32.4 18.1 24.4 27.  27.  28.8 21.2 26.9
 23.4 20.7 17.3 38.2 30.5  8.7 20.8 16.3 25.2 24.9 31.4 10.7 13.8 16.7
 36.5 14.7 21.1 14.  43.2 18.  21.8 20.6 17.6 27.2  9.5 19.8 24.3 21.2
 29.6 16.3 19.3 14.6 39.2 18.1 25.9 20.3 25.2 24.4 25.1 26.7  4.6 24.1
 10.9 26.9 16.9 35.9 19.6 27.6 18.8 11.1 24.8 37.2 36.7 22.  24.6 25.1
 23.4  6.9 16.6 20.4 20.8 21.5 33.9 27.9 25.2 34.7 18.6 24.  34.6 13.3
 20.7 30.1 17.1 24.3 19.3 17.  27.  41.9 14.1 23.3 14.7 21.9 23.  29.1
 37.1 20.5 17.4 17.7]
```

第一筆資料

34-9

從上述得到 R 平方決定係數是 0.763，這是一個不錯的模型表現。另外上述程式也計算了 MSE = 23.381，此值越小表示模型越好，其實 23.381 也是很好的結果。上述除了列出截距、係數、也列出原先房價與模型預估房價。從上述我們可以得到多元線性模型如下：

MEDV = -0.112 * CRIM + 0.058 * ZN + … + 42.934

下列是實際房價與預測房價的對照圖。

實際房價 vs 預測房價

34-3-4　殘差圖 (Residual plot)

殘差圖（Residual plot）是一種圖形化的方法，用於分析迴歸模型的擬合效果和殘差（即實際值與預測值之間的差距）的分布特徵。在殘差圖中，橫軸通常表示模型的預測值或自變數（特徵），而縱軸表示對應的殘差。

殘差圖的主要目的是檢查模型的假設是否成立，並識別潛在的問題。以下是透過觀察殘差圖可以獲得的一些重要信息：

- **擬合效果**：如果模型的擬合效果良好，那麼殘差圖中的點應該隨機分布在橫軸的兩側，沒有明顯的模式或趨勢。這意味著模型能夠捕捉數據中的大部分變異，殘差主要由隨機噪聲引起。

- **線性關係**：如果殘差圖中的點呈現某種規律性的模式，例如曲線、波紋等，這可能表示模型未能完全捕捉自變數和目標變數之間的線性關係。在這種情況下，可能需要尋找其他變數或使用非線性模型。

- **變異數不齊性**（Heteroscedasticity）：如果殘差圖中的點呈現出隨預測值或自變數變化而變化的分布（例如，分布變窄或變寬），這可能表示數據具有變異數不齊性。變異數不齊性違反了線性迴歸的常數變異數假設，可能導致模型參數估計不準確。在這種情況下，可以嘗試對數據進行變換（例如，對數變換、Box-Cox 變換等）或使用其他能夠處理變異數不齊性的模型。

- **異常值和槓桿點**：殘差圖還可以幫助我們識別潛在的異常值和槓桿點。異常值是具有較大殘差的觀測值，可能對模型產生不利影響；槓桿點則是具槓桿點則是具有極端自變數值的觀測點，可能對迴歸線產生過大的影響。在殘差圖中，異常值可能會出現在圖形的上方或下方，而槓桿點則可能在橫軸的兩端。識別異常值和槓桿點後，可以進一步檢查這些觀測點的原因，以判斷是否需要對數據進行清理或修正。

總之，殘差圖是一個有用的工具，可以幫助我們了解迴歸模型的擬合效果，檢查模型假設是否成立，並識別潛在的問題。透過對殘差圖進行分析，我們可以評估模型的適用性，並在需要時對模型或數據進行調整。

程式實例 ch34_6.py：延續前一個實例的觀念，繪製波士頓數據集的殘差圖。

```
1   # ch34_6.py
2   import pandas as pd
3   import numpy as np
4   import matplotlib.pyplot as plt
5   from sklearn.model_selection import train_test_split
6   from sklearn.linear_model import LinearRegression
7   from sklearn.metrics import mean_squared_error, r2_score
8
9   # 下載波士頓房價數據集
10  data_url = "http://lib.stat.cmu.edu/datasets/boston"
11  raw_df = pd.read_csv(data_url, sep="\s+", skiprows=22, header=None)
12  data = np.hstack([raw_df.values[::2, :], raw_df.values[1::2, :2]])
13  target = raw_df.values[1::2, 2]
14  X = data
15  Y = target
16  # 將數據分為訓練集和測試集（80-20的比例）
```

```
17   X_train, X_test, Y_train, Y_test = train_test_split(X, Y, test_size=0.2,
18                                                       random_state=1)
19
20   # 建立線性回歸模型並擬合訓練集數據
21   linear_regression = LinearRegression()
22   linear_regression.fit(X_train, Y_train)
23
24   # 使用測試集進行預測
25   Y_pred = linear_regression.predict(X_test)
26
27   # 計算殘差
28   residuals = Y_test - Y_pred
29
30   # 繪製殘差圖
31   plt.rcParams["font.family"] = ["Microsoft JhengHei"]
32   plt.rcParams["axes.unicode_minus"] = False
33   plt.scatter(Y_pred, residuals, alpha=0.5)
34   plt.xlabel('預測房價')
35   plt.ylabel('殘差')
36   plt.title('波士頓房價的殘差圖')
37   plt.axhline(y=0, color='r', linestyle='--')
38   plt.show()
```

執行結果

一個好的模型，殘差值會很小，相當於上述各點會趨近於 0，各種不同的模型可以用殘差圖做比較。

第 35 章
機器學習專題 葡萄酒數據分析與分類

35-1 認識葡萄酒數據

35-2 使用 KNN 演算法執行葡萄酒分類

35-3 使用邏輯斯迴歸演算法執行葡萄酒分類

第 35 章　機器學習專題 - 葡萄酒數據分析與分類

本書第 33 章介紹了常見監督學習分類器，這一章將使用葡萄酒數據集，訓練各種分類算法 (如 KNN、邏輯斯迴歸等)，並對其性能進行評估和說明。這一節所述的葡萄酒數據集，是屬於 scikit-learn 內建數據集，可以使用下列方式取得自變數 (特徵) 和目標變數。

```
from sklearn import datasets
wine = datasets.load_wine( )
```

35-1　認識葡萄酒數據

Scikit-learn 提供了一個內建的葡萄酒數據集 (wine dataset)，這是一個用於分類問題的數據集。葡萄酒數據集包含了來自義大利同一地區的 178 個葡萄酒樣本，這些樣本分為 3 個不同的葡萄酒類別。

葡萄酒數據集包含 13 個特徵，即自變數，此自變數欄位順序分別是：

- Alcohol：酒精濃度。
- Malic acid：蘋果酸含量。
- Ash：灰分。
- Alcalinity of ash：灰分的鹼度。
- Magnesium：鎂含量。
- Total phenols：總酚含量。
- Flavanoids：類黃酮含量。
- Nonflavanoid phenols：非類黃酮酚含量。
- Proanthocyanins：原花青素含量。
- Color intensity：顏色強度：
- Hue：色調：
- OD280/OD315 of diluted wines：稀釋葡萄酒的 OD280/OD315 比值。
- Proline：脯氨酸含量。

目標變數 (y) 是葡萄酒的類別，葡萄酒數據集的目標變數表示葡萄酒的類別，共有三個類別，分別代表三個不同的葡萄酒品種。這些品種來自義大利同一地區的葡萄園，可以透過葡萄酒的化學成分和特性來區分。在數據集中，這些類別被表示為 0、1 和 2，具體對應的品種如下：

　　類別 0- Barolo（巴羅洛）

　　類別 1- Grignolino（格里諾利諾）

　　類別 2- Barbera（巴貝拉）

這些葡萄酒品種具有不同的風味、顏色、酒精度和其他化學特性，這些特性被表示為 13 個不同的特徵，使用這些特徵，我們可以應用機器學習算法來對葡萄酒品種進行分類。

程式實例 ch35_1.py：輸出葡萄酒的樣本數，和第一個樣本的內容。

```
1   # ch35_1.py
2   from sklearn import datasets
3
4   # 載入葡萄酒數據集
5   wine = datasets.load_wine()
6
7   print(f"自變數　樣本外形 : {wine.data.shape}")
8   print(f"目標變數樣本外形 : {wine.target.shape}")
9
10  # 輸出第一筆自變數
11  print("自變數 特徵值")
12  print(wine.data[0])
13
14  # 輸出第一筆目標變數, 分類
15  print("目標變數 葡萄酒品種")
16  print(wine.target[0])
```

執行結果

```
==================== RESTART: D:/Python/ch35/ch35_1.py ====================
自變數　樣本外形 : (178, 13)
目標變數樣本外形 : (178,)
自變數 特徵值
[1.423e+01 1.710e+00 2.430e+00 1.560e+01 1.270e+02 2.800e+00 3.060e+00
 2.800e-01 2.290e+00 5.640e+00 1.040e+00 3.920e+00 1.065e+03]
目標變數 葡萄酒品種
0
```

程式實例 ch35_2.py：列出所有葡萄酒資料集樣本的自變數和目標變數。

```
1   # ch35_2.py
2   from sklearn import datasets
3
4   # 載入葡萄酒數據集
5   wine = datasets.load_wine()
6
7   # 輸出自變數
8   print("自變數 特徵值")
9   print(wine.data)
10
11  # 輸出目標變數, 葡萄酒品種
12  print("目標變數 葡萄酒品種")
13  print(wine.target)
```

35-3

第 35 章 機器學習專題 - 葡萄酒數據分析與分類

執行結果

```
================== RESTART: D:/Python/ch35/ch35_2.py ==================
自變數 特徵值
[[1.423e+01 1.710e+00 2.430e+00 ... 1.040e+00 3.920e+00 1.065e+03]
 [1.320e+01 1.780e+00 2.140e+00 ... 1.050e+00 3.400e+00 1.050e+03]
 [1.316e+01 2.360e+00 2.670e+00 ... 1.030e+00 3.170e+00 1.185e+03]
 ...
 [1.327e+01 4.280e+00 2.260e+00 ... 5.900e-01 1.560e+00 8.350e+02]
 [1.317e+01 2.590e+00 2.370e+00 ... 6.000e-01 1.620e+00 8.400e+02]
 [1.413e+01 4.100e+00 2.740e+00 ... 6.100e-01 1.600e+00 5.600e+02]]
目標變數 葡萄酒品種
[0 0 0 0 0 0 0 0 0 0 0 0 0 0 0 0 0 0 0 0 0 0 0 0 0 0 0 0 0 0 0 0 0 0 0 0
 0 0 0 0 0 0 0 0 0 0 0 0 0 0 0 0 0 0 0 0 0 0 1 1 1 1 1 1 1 1 1 1 1 1 1 1
 1 1 1 1 1 1 1 1 1 1 1 1 1 1 1 1 1 1 1 1 1 1 1 1 1 1 1 1 1 1 1 1 1 1 1 1
 1 1 1 1 1 1 1 1 1 1 1 1 1 1 2 2 2 2 2 2 2 2 2 2 2 2 2 2 2 2 2 2 2 2 2 2
 2 2 2 2 2 2 2 2 2 2 2 2 2 2 2 2 2 2 2 2 2 2 2 2 2 2 2]
```

35-2 使用 KNN 演算法執行葡萄酒分類

有關 KNN 演算法的觀念，讀者可以參考 33-1 節。

35-2-1 設計葡萄酒分類程式

實例 ch35_3.py：使用 KNN 演算法設計葡萄酒的分類。

```python
# ch35_3.py
from sklearn.datasets import load_wine
from sklearn.model_selection import train_test_split
from sklearn.neighbors import KNeighborsClassifier

# 載入葡萄酒數據集
wine_data = load_wine()
X = wine_data.data
y = wine_data.target

# 將數據集分為訓練集和測試集
X_train,X_test,y_train,y_test = train_test_split(X,y,test_size=0.2,random_state=9)

# 建立KNN分類器, 設定n_neighbors為5
knn = KNeighborsClassifier(n_neighbors=5)

# 使用訓練集訓練KNN分類器
knn.fit(X_train, y_train)

# 使用KNN分類器對測試集進行預測
y_pred = knn.predict(X_test)

print(f"測試的真實分類\n{y_test}")
print("-"*70)
print(f"預測的目標分類\n{y_pred}")
print("="*70)
print(f"訓練資料的準確性 = {round(knn.score(X_train, y_train), 2)}")
print(f"測試資料的準確性 = {round(knn.score(X_test, y_test), 2)}")
```

執行結果

```
================ RESTART: D:\Python\ch35\ch35_3.py ================
測試的真實分類
[0 0 2 0 0 2 2 2 1 2 0 2 1 1 0 1 1 0 0 0 0 0 0 0 2 1 1 0 1 0 1 1 0 1 2 0]
預測的目標分類
[0 0 2 0 0 2 2 2 1 1 0 0 1 1 0 2 1 0 0 0 0 0 0 0 1 1 2 0 1 0 1 1 0 0 1 1]
訓練資料的準確性 = 0.75
測試資料的準確性 = 0.81
```

從上述可以得到，經過訓練所得到的 knn 模型，對於訓練資料的準確性 (accuracy) 是 0.75，對於測試資料的準確性 (accuracy) 是 0.81，這是算非常好的分類。如果更進一步檢測測試資料的分類，可以看到共有 36 筆資料，其中有 7 筆分類錯誤，29 筆分類正確，所以得到「(36-7) / 36 = 0.81」。

上述程式第 12 列筆者是設定 train_test_split( ) 的參數「random_state = 9」，經此設定後，未來持續執行可以產生相同的分類，如果設定不同的值會有不同的測試資料分類，因此會有不同分類的精確度。程式第 14 列筆者是設定「n_neighbors = 5」，如果設定不同的值也會影響分類的精確度。

35-2-2　KNN 分類器結果評估

前一小節筆者在設計程式中，使用了 score( ) 方法做最基礎的效能評估，這一節將對分類效能評估做一個更完整的解說，評估 KNN 分類器性能的方法主要有以下幾個：

❏　**準確率 (Accuracy)**

準確率是指分類器正確預測的樣本數與總樣本數之間的比例。它是最常用的分類器性能指標，但對於不平衡數據集（樣本類別分佈不均衡）可能不是最佳選擇。準確率所使用的函數 accuracy_score( ) 方法，這是 scikit-learn 中的一個評估函數，用於計算分類模型的準確率，使用前需要導入，可以參考下列實例第 2 列。準確率是指分類器正確預測的樣本數與總樣本數之間的比例。accuracy_score( ) 方法需要兩個參數，分別是實際的目標變數值 (y_true) 和模型預測的目標變數值 (y_pred)。

程式實例 ch35_4.py：使用簡單的實際與預測目標變數，做 accuracy_score( ) 方法的說明。

```
1   # ch35_4.py
2   from sklearn.metrics import accuracy_score
3
4   # 假設我們已經有了實際目標變數值和模型預測的目標變數值
5   y_true = [1, 1, 0, 1, 0, 0, 1]
6   y_pred = [1, 0, 1, 1, 1, 0, 1]
```

```
7
8   # 計算準確率
9   acc = accuracy_score(y_true, y_pred)
10  print(f"準確率 : {round(acc, 2)}")
```

執行結果
```
================== RESTART: D:\Python\ch35\ch35_4.py ==================
準確率 : 0.57
```

上述總共有 7 個樣本數，其中預測有 4 個正確，4 / 7 = 0.57，所以得到精確率是 0.57。需要注意的是，對於不平衡數據集（類別分佈不均衡），僅使用準確率來評估模型性能可能不是最佳選擇。在這種情況下，其他性能指標（如精確度、召回率和 F1 分數）可能會提供更多有用的訊息。

❏ 混淆矩陣 (Confusion Matrix)

混淆矩陣是一個矩陣，它顯示了分類器在各個類別上的表現。confusion_matrix( ) 方法是 scikit-learn 中的一個評估函數，用於生成分類模型的混淆矩陣，使用前需要導入，可以參考下列實例第 2 列。混淆矩陣是一個表格，顯示了分類器在各個類別上的性能。矩陣的列 (row) 表示實際類別，行 (column) 表示預測類別數。混淆矩陣可以幫助我們了解分類器在哪些類別上表現良好，以及在哪些類別上容易出現錯誤。

confusion_matrix( ) 方法需要兩個參數，分別是實際的目標變數值 (y_true) 和模型預測的目標變數值 (y_pred)。

程式實例 ch35_5.py：使用簡單的數據，了解實際與預測目標變數，做 confusion_matrix( ) 方法的說明。

```
1   # ch35_5.py
2   from sklearn.metrics import confusion_matrix
3
4   # 假設已經有了實際目標變數值和模型預測的目標變數值
5   y_true = [1, 1, 0, 1, 0, 0, 1]
6   y_pred = [1, 0, 1, 1, 1, 0, 1]
7
8   # 生成混淆矩陣
9   cm = confusion_matrix(y_true, y_pred)
10  print("混淆矩陣 :")
11  print(cm)
```

執行結果　　分類 0 猜對數是 1
```
================== RESTART: D:/Python/ch35/ch35_5.py ==================
混淆矩陣 :
[[1 2]      分類 0 猜錯數是 2
 [1 3]]                     分類 1 猜對數是 3
```
分類 1 猜錯數是 1

混淆矩陣的主對角線元素表示正確分類的樣本數，非主對角線元素表示錯誤分類的樣本數。透過混淆矩陣，我們可以獲得分類器在不同類別上的性能，並找出可能的問題點。

❑ 分類報告 (Classification Report)

分類報告提供了每個類別的性能指標，包括精確度 (Precision)、召回率 (Recall)、F1 分數 (F1-score) 等。這些指標有助於了解分類器在不同類別上的表現，尤其是在數據集不平衡的情況下。

- 精確度 (Precision)：表示分類器正確預測某類別的樣本數與分類器預測為該類別的樣本數之間的比例。
- 召回率 (Recall)：表示分類器正確預測某類別的樣本數與實際屬於該類別的樣本數之間的比例。
- F1 分數 (F1-score)：是精確度和召回率的調和平均值，用於綜合評估精確度和召回率。
- 準確率 (Accuracy)：這是一個綜合指標，表示分類器正確預測樣本類別的比例。
- 算術平均 (Macro average)：這是一種平均方法，對每個類別的性能指標 (例如精確度、召回率和 F1 分數) 進行算術平均。
- 加權平均 (Weighted average)：這也是一種平均方法，對每個類別的性能指標 (例如：精確度、召回率和 F1 分數) 進行加權平均。

classification_report( ) 方法是 scikit-learn 中的一個評估函數，用於生成分類模型的分類報告，使用前需要導入，可以參考下列實例第 2 列。分類報告提供了每個類別的性能指標，包括精確度 (Precision)、召回率 (Recall)、F1 分數 (F1-score) 和支持度 (support)。這些指標有助於了解分類器在不同類別上的表現，尤其是在數據集不平衡的情況下。classification_report( ) 方法需要兩個參數，分別是實際的目標變數值 (y_true) 和模型預測的目標變數值 (y_pred)。

程式實例 ch35_6.py：使用簡單的實際與預測目標變數，做為 classification_report( ) 方法的說明。

```
1  # ch35_6.py
2  from sklearn.metrics import classification_report
3
4  # 假設已經有了實際目標變數值和模型預測的目標變數值
5  y_true = [1, 1, 0, 1, 0, 0, 1]
6  y_pred = [1, 0, 1, 1, 1, 0, 1]
```

第 35 章　機器學習專題 - 葡萄酒數據分析與分類

```
 7
 8  # 生成分類報告
 9  report = classification_report(y_true, y_pred)
10  print("分類報告 :")
11  print(report)
```

執行結果

```
======================= RESTART: D:/Python/ch35/ch35_6.py =======================
分類報告 :
              precision    recall  f1-score   support

           0       0.50      0.33      0.40         3
           1       0.60      0.75      0.67         4

    accuracy                           0.57         7    準確率
   macro avg       0.55      0.54      0.53         7    算術平均
weighted avg       0.56      0.57      0.55         7    加權平均
```

分類報告中包含了以下性能指標：

- 精確度 (Precision)：表示分類器正確預測某類別的樣本數與分類器預測為該類別的樣本數之間的比例。因為正確預測樣本 0 是 1，預測樣本 0 是 2，所以 1 / 2 = 0.5。因為正確預測樣本 1 是 3，預測樣本 1 是 5，所以 3 / 5 = 0.6。

- 召回率 (Recall)：表示分類器正確預測某類別的樣本數與實際屬於該類別的樣本數之間的比例。正確預測樣本 0 的樣本數是 1，實際樣本 0 的樣本數是 3，所以 1 / 3 = 0.33。正確預測樣本 1 的樣本數是 3，實際樣本 1 的樣本數是 4，所以 3 / 4 = 0.75。

- F1 分數 (F1-score)：是精確度和召回率的調和平均值 (Harmonic mean)，用於綜合評估精確度和召回率。所謂的調和平均值，公式意義是：

  $H = n / (1/x_1 + 1/x_2 + \cdots + 1/x_n)$

  所以樣本 0 的調和平均值是 2 / (1/0.5 + 1/0.33) = 0.4。

  所以樣本 1 的調和平均值是 2 / (1/0.6 + 1/0.75) = 0.67。

- 支持度 (support)：表示實際屬於該類別的樣本數，所以樣本 0 有 3，樣本 1 有 4。

- Accuracy(準確率)：Accuracy 的計算公式如下：

  Accuracy = (正確預測的樣本數) / (所有樣本數)

- Macro average(算術平均)：Macro average 不考慮每個類別的樣本數量，因此對於數據集不平衡的情況，可能會產生偏差，此計算公式如下：

  Macro average = (指標類別 1 + 指標類別 2 + ... + 指標類別 n) / n

- Weighted average(加權平均)：不同於 Macro average，Weighted average 考慮每個類別的樣本數量，因此在數據集不平衡的情況下，可以得到更為合理的評估結果，此計算公式如下：

Weighted average = (指標類別 1 * 樣本數類別 1 + 指標類別 2 * 樣本數類別 2 + ... + 指標類別 n * 樣本數類別 n) / (樣本數類別 1 + 樣本數類別 2 + ... + 樣本數類別 n)

35-2-3　葡萄酒分類與效能分析實戰

程式實例 ch35_7.py：更新設計 ch35_3.py，同時輸出準確率 (Accuracy)、混淆矩陣 (Confusion Matrix) 和分類報告 (Classification Report)。

```
1   # ch35_7.py
2   from sklearn.datasets import load_wine
3   from sklearn.model_selection import train_test_split
4   from sklearn.neighbors import KNeighborsClassifier
5   from sklearn.metrics import classification_report,confusion_matrix,accuracy_score
6
7   # 載入葡萄酒數據集
8   wine_data = load_wine()
9   X = wine_data.data
10  y = wine_data.target
11
12  # 將數據集分為訓練集和測試集
13  X_train,X_test,y_train,y_test = train_test_split(X,y,test_size=0.2,random_state=9)
14
15  # 建立KNN分類器, 設定n_neighbors為5
16  knn = KNeighborsClassifier(n_neighbors=5)
17
18  # 使用訓練集訓練KNN分類器
19  knn.fit(X_train, y_train)
20
21  # 使用KNN分類器對測試集進行預測
22  y_pred = knn.predict(X_test)
23  print(f"測試的真實分類\n{y_test}")
24  print("-"*70)
25  print(f"預測的目標分類\n{y_pred}")
26  print("="*70)
27
28  # 評估KNN分類器的性能
29  print("\n準確率(Accuracy Score):")
30  print(round(accuracy_score(y_test, y_pred), 2))
31  print("-"*70)
32  print("混淆矩陣(Confusion Matrix):")
33  print(confusion_matrix(y_test, y_pred))
34  print("-"*70)
35  print("\n分類報告(Classification Report):")
36  print(classification_report(y_test, y_pred))
```

第 35 章　機器學習專題 - 葡萄酒數據分析與分類

執行結果

```
============== RESTART: D:/Python/ch35/ch35_7.py ==============
測試的真實分類
[0 0 0 2 0 0 2 2 2 1 2 0 2 1 1 0 1 1 0 0 0 0 0 0 0 2 1 1 0 1 0 1 1 0 1 2]
預測的目標分類
[0 0 0 2 0 0 2 2 2 1 1 0 0 1 1 0 2 1 0 0 0 0 0 0 0 1 1 2 0 1 0 1 1 0 0 1]
準確率(Accuracy Score):
0.81
混淆矩陣(Confusion Matrix):
[[17  0  0]
 [ 1  8  2]
 [ 1  3  4]]
分類報告(Classification Report):
              precision    recall  f1-score   support

           0       0.89      1.00      0.94        17
           1       0.73      0.73      0.73        11
           2       0.67      0.50      0.57         8

    accuracy                           0.81        36
   macro avg       0.76      0.74      0.75        36
weighted avg       0.79      0.81      0.80        36
```

其實如果讀者有讀懂 35-2-2 節，相信可以了解上述分類報告各細項內容。

35-3　使用邏輯斯迴歸演算法執行葡萄酒分類

有關邏輯斯迴歸 (Logistic Regression) 演算法的觀念，讀者可以參考 33-2 節。讀者可能會思考，邏輯斯迴歸是二分法，葡萄酒有 3 個分類，應該如何處理。

對於具有 3 個類別的葡萄酒分類問題，要使用二元邏輯斯迴歸，可以選擇一對多策略 (One-vs-Rest, OvR)。這種方法將多類分類問題分解為多個二元分類問題。對於每個類別，都會訓練一個單獨的邏輯斯迴歸模型，該模型將該類別與其他所有類別區分開。程式設計時 Logistic Regression() 函數參數，可以省略，使用預設就可以了。

程式實例 ch35_8.py：使用邏輯斯迴歸模型執行葡萄酒分類。

```
 1  # ch35_8.py
 2  from sklearn.datasets import load_wine
 3  from sklearn.model_selection import train_test_split
 4  from sklearn.linear_model import LogisticRegression
 5  from sklearn.metrics import accuracy_score, classification_report
 6
 7  # 加載葡萄酒數據集
 8  wine = load_wine()
 9
10  # 分割數據集
11  X_train,X_test,y_train,y_test = train_test_split(wine.data,wine.target,
```

35-3 使用邏輯斯迴歸演算法執行葡萄酒分類

```
12                                              test_size=0.2,random_state=9)
13
14   # 建立羅吉斯回歸分類器, 使用 OvR 策略
15   log_reg = LogisticRegression(max_iter=10000)
16
17   # 訓練分類器
18   log_reg.fit(X_train, y_train)
19
20   # 進行預測
21   y_pred = log_reg.predict(X_test)
22   print(f"測試的真實分類\n{y_test}")
23   print("-"*70)
24   print(f"預測的目標分類\n{y_pred}")
25   print("="*70)
26
27   # 計算 accuracy
28   acc = accuracy_score(y_test, y_pred)
29   print(f"準確率(Accuracy Score) : {acc:.2f}")
30   print("-"*70)
31   # 生成分類報告
32   report = classification_report(y_test, y_pred)
33
34   print("分類報告(Classification Report):")
35   print(report)
```

執行結果

```
==================== RESTART: D:/Python/ch35/ch35_8.py ====================
測試的真實分類
[0 0 0 2 0 0 2 2 2 1 2 0 2 1 1 0 1 1 0 0 0 0 0 0 0 2 1 1 0 1 0 1 1 0 1 2]
-------------------------------------------------------------------
預測的目標分類
[0 0 0 2 0 0 2 2 2 1 2 0 2 1 1 0 1 1 0 0 0 0 0 0 0 2 1 1 0 1 0 1 1 0 1 2]
===================================================================
準確率(Accuracy Score) : 1.00
-------------------------------------------------------------------
分類報告(Classification Report):
              precision    recall  f1-score   support

           0       1.00      1.00      1.00        17
           1       1.00      1.00      1.00        11
           2       1.00      1.00      1.00         8

    accuracy                           1.00        36
   macro avg       1.00      1.00      1.00        36
weighted avg       1.00      1.00      1.00        36
```

從上述可以看到獲得了比 KNN 演算法更好的結果,準確率是 1.0,相當於是 100%。此外,上述第 15 行的 LogisticRegression( ) 方法,使用了下列參數:

- max_iter:這個參數表示邏輯斯迴歸模型在優化過程中的最大迭代次數。優化過程會嘗試找到使損失函數最小化的參數。當迭代次數達到 max_iter 時,優化過程將停止,即使損失函數尚未完全收斂。較大的 max_iter 值可能會導致更好的收斂,但也可能增加計算時間。此參數的預設值為 100,根據問題和數據的不同,您可能需要增加或減少這個值。如果在訓練過程中收到關於收斂的警告,

可以嘗試增加 max_iter 的值。

總之，當使用 LogisticRegression() 方法時，multi_class 參數允許您選擇用於多類分類問題的策略，而 max_iter 參數允許您控制憂化過程中的最大迭代次數。根據您的具體問題和數據，您可能需要調整這些參數以獲得最佳性能。

第 36 章
機器學習專題
鐵達尼號生存預測

36-1 程式設計必備知識 one-hot 編碼

36-2 認識鐵達尼號 Titanic 資料集

36-3 鐵達尼號專題實作 – 邏輯斯迴歸

36-4 鐵達尼號專題實作 – 決策樹

第 36 章　機器學習專題 - 鐵達尼號生存預測

36-1 程式設計必備知識 one-hot 編碼

One-hot 編碼是一種將類別型變數轉換為數值型變數的方法，主要用於機器學習模型中。因為很多機器學習算法更適合處理數值數據，所以對類別型數據進行 one-hot 編碼是很常見的數據預處理步驟。One-hot 編碼的步驟如下：

1： 確定類別型變數中的所有唯一類別。

2： 為每個類別建立一個新的二進制特徵，其取值為 0 或 1。

3： 對每個觀測值 (樣本)，將該觀測值的類別特徵對應的二進制特徵設為 1，其餘二進制特徵設為 0。

Pandas 模組內的 get_dummies( ) 方法，可用於將類別型變數轉換為 one-hot 編碼，此方法的基本語法如下：

　　pd.get_dummies(data, columns=None, prefix=None, prefix_sep='_', drop_first=False)

上述個參數意義如下：

- data：要進行編碼的 DataFrame。
- columns：需要進行編碼的欄位名稱列表。如果為 None，則將對所有類別型欄位進行編碼。
- prefix：要為虛擬變數添加的前綴，可以是字符串或字符串列表。預設是 None，表示使用原始欄位名作為前綴。
- prefix_sep：連接原始欄位名和類別名的分隔符，預設是 '_'。
- drop_first：是否刪除第一個類別的虛擬變數，以避免線性相關性，預設是 False。

實例 ch36_1.py：假設有一個字典數據如下：

　　data = {'color': ['red', 'blue', 'green', 'blue']}

我們可以先將上述數據轉成 Pandas 數據。

　　df = pd.DataFrame(data)

然後可以使用 get_dummies( ) 方法執行 one-hot 編碼。

　　encoded_df = pd.get_dummies(df, columns=['color'])

```python
1   # ch36_1.py
2   import pandas as pd
3   
4   # 建立一個包含類別數據的簡單數據集
5   data = {'color': ['red', 'blue', 'green', 'blue']}
6   df = pd.DataFrame(data)
7   
8   # 使用pandas的get_dummies()方法進行one-hot編碼
9   encoded_df = pd.get_dummies(df, columns=['color'])
10  
11  # 輸出結果
12  print(encoded_df)
```

執行結果

```
====================== RESTART: D:/Python/ch36/ch36_1.py ======================
   color_blue  color_green  color_red
0           0            0          1
1           1            0          0
2           0            1          0
3           1            0          0
```

可以看到，原始的 color 列被分解成了 3 個新的二進制欄位（color_blue、color_green 和 color_red），每個新欄位表示對應顏色的存在與否，這就是使用 Python 進行 one-hot 編碼的過程。

這種編碼方法的主要優點是可以將類別數據轉換為機器學習算法更容易處理的數值數據，並且可以避免模型對類別的數值大小產生錯誤的解釋。然而，one-hot 編碼也會導致數據維度的擴增，特別是在類別數量較多時，可能會增加計算成本和存儲成本。

36-2 認識鐵達尼號 Titanic 數據集

Scikit-Learn 模組沒有提供 Titanic 數據集，不過可以使用 Seaborn 模組的數據集，此數據集原始欄位有 15 項，內容如下：

- survived：是否生還，0 表示沒有生還，1 表示生還。
- pclass：船票類別，1 表示一等艙，2 表示二等艙，3 表示三等艙。
- sex：性別，male 表示男性，female 表示女性。
- age：年齡。
- sibsp：船上兄弟姐妹和配偶的數量。
- parch：船上父母和子女的數量。
- fare：船票價格。
- embarked：登船港口，C 表示 Cherbourg，Q 表示 Queenstown，S 表示 Southampton。

- class：艙等，與 pclass 相同，但以文字表示，例如 First、Second 和 Third。
- who：乘客類型，分為 man（成年男性）、woman（成年女性）和 child（兒童）。
- adult_male：是否為成年男性，布林值，True 表示是，False 表示否。
- deck：艙位編號的首字母，表示所在甲板，可能包含 NaN（缺失值）。
- embark_town：登船港口城市名稱，與 embarked 相同，但以全名表示，例如 Cherbourg、Queenstown 和 Southampton。
- alive：存活狀態，與 survived 相同，但以文字表示，例如 yes 表示存活，no 表示死亡。
- alone：是否獨自一人，布林值，True 表示是，False 表示否。

程式實例 ch36_2.py：輸出 Seaborn 模組鐵達尼號的資料筆數，和第一筆資料內容。

```
1  # ch36_2.py
2  import seaborn as sns
3
4  # 讀取Seaborn模組的Titanic數據集
5  titanic_data = sns.load_dataset('titanic')
6
7  # 輸出資料訊息
8  print(titanic_data.info())
9  print("-"*70)
10
11 # 輸出第一筆資料
12 print("第 1 筆資料內容")
13 print(titanic_data.iloc[0])
```

執行結果

```
==================== RESTART: D:/Python/ch36/ch36_2.py ====================
<class 'pandas.core.frame.DataFrame'>
RangeIndex: 891 entries, 0 to 890
Data columns (total 15 columns):
 #   Column       Non-Null Count  Dtype
---  ------       --------------  -----
 0   survived     891 non-null    int64
 1   pclass       891 non-null    int64
 2   sex          891 non-null    object
 3   age          714 non-null    float64
 4   sibsp        891 non-null    int64
 5   parch        891 non-null    int64
 6   fare         891 non-null    float64
 7   embarked     889 non-null    object
 8   class        891 non-null    category
 9   who          891 non-null    object
 10  adult_male   891 non-null    bool
 11  deck         203 non-null    category
 12  embark_town  889 non-null    object
 13  alive        891 non-null    object
 14  alone        891 non-null    bool
dtypes: bool(2), category(2), float64(2), int64(4), object(5)
memory usage: 80.7+ KB
None
----------------------------------------
第 1 筆資料內容
survived                      0
pclass                        3
sex                        male
age                        22.0
sibsp                         1
parch                         0
fare                       7.25
embarked                      S
class                     Third
who                         man
adult_male                 True
deck                        NaN
embark_town         Southampton
alive                        no
alone                     False
Name: 0, dtype: object
```

從上述可以看到有 15 項原始欄位，同時列出每個 non-null 內容的資料數，從資料數可以看到有 891 筆，若是資料數少於 891 表示這個欄位有缺失值，未來如果有使用這個欄位必需補上缺失值。

36-3 鐵達尼號專題實作 – 邏輯斯迴歸

鐵達尼號生存預測是一個二元分類問題，這一節將使用邏輯斯迴歸 (Logistic Regression) 做預測，還有許多其他的機器學習算法可以應用在這個問題上，例如：決策樹 (Decision Trees)、隨機森林 (Random Forest)、梯度提升樹 (Gradient Boosting Trees)、K-近鄰算法 (K-Nearest Neighbors, KNN)、類神經網路 (Artificial Neural Networks, ANN)、非線性支持向量機 (Non-linear Support Vector Machines)、貝葉斯分類器 (Naive Bayes) … 等。

第 36 章　機器學習專題 - 鐵達尼號生存預測

程式實例 ch36_3.py：使用邏輯斯迴歸 (Logistic Regression) 演算法，設計鐵達尼號生存預測程式。

```python
# ch36_3.py
import seaborn as sns
import pandas as pd
from sklearn.model_selection import train_test_split
from sklearn.linear_model import LogisticRegression
from sklearn.metrics import accuracy_score,classification_report,confusion_matrix

# 下載鐵達尼號數據集
titanic_data = sns.load_dataset('titanic')
# 數據預處理，分別是刪除欄位，缺失值補上中位數年齡
titanic_data.drop(['deck', 'embark_town', 'alive', 'class', 'who',
                   'adult_male', 'alone'], axis=1, inplace=True)
titanic_data['age'] = titanic_data['age'].fillna(titanic_data['age'].median())
# 數據預處理，用眾數取代缺失值，這裡假設只有一個眾數
titanic_data['embarked'] = titanic_data['embarked'].fillna(titanic_data['embarked'].mode()[0])
# 對類別特徵進行one-hot編碼
titanic_data = pd.get_dummies(titanic_data, columns=['sex', 'embarked'])

# 劃分數據集
X = titanic_data.drop('survived', axis=1)   # X 數據及捨去 survived 欄位 - train
y = titanic_data['survived']                # survived 欄位當作 y 數據集 - test
X_train,X_test,y_train,y_test = train_test_split(X,y,test_size=0.2,random_state=9)

# 建立 Logistic Regression 模型
model = LogisticRegression(max_iter=1000, random_state=9)
model.fit(X_train, y_train)

# 進行預測
y_pred = model.predict(X_test)
print(f"測試的真實分類\n{y_test}")
print("-"*70)
print(f"預測的目標分類\n{y_pred}")
print("="*70)

# 評估模型
print(f"準確率(Accuracy Score) : {accuracy_score(y_test, y_pred):.2f}")
print("-"*70)
print("混淆矩陣(Confusion Matrix):")
print(confusion_matrix(y_test, y_pred))
print("-"*70)
print("分類報告(Classification Report):")
print(classification_report(y_test, y_pred))
```

36-3 鐵達尼號專題實作 – 邏輯斯迴歸

執行結果

```
=================== RESTART: D:/Python/ch36/ch36_3.py ===================
測試的真實分類
132    0
561    0
548    0
493    0
431    1
      ..         真實 vs 預測
106    1
322    1
643    1
3      1
726    1
Name: survived, Length: 179, dtype: int64
                                                預測錯誤
預測的目標分類
[0 0 0 0 1 0 0 0 0 1 0 0 1 0 0 1 1 0 0 0 0 0 0 0 0 0 1 0 0 1 1 0 0 1
 0 0 1 1 0 0 0 0 0 0 0 1 0 0 1 1 0 1 1 0 1 1 1 1 0 1 1 1 0 0 0 0 0 0 1
 0 0 0 0 1 1 0 0 0 0 0 0 1 1 0 0 1 1 0 1 1 0 1 0 0 0 0 1 0 0 1 1 0 0 0
 0 0 1 1 0 1 0 1 0 0 1 0 1 0 0 0 0 0 0 1 0 0 0 1 1 0 1 1 0 1 0 0 0 0 0 0
 1 0 0 0 0 1 0 0 1 1 0 1 0 1 0 1 0 0 0 1 1 0 0 0 0 1 1 1 1 0 0 1 1]
準確率(Accuracy Score) : 0.78

混淆矩陣(Confusion Matrix):
[[88 12]
 [28 51]]

分類報告(Classification Report):
              precision    recall  f1-score   support

           0       0.76      0.88      0.81       100
           1       0.81      0.65      0.72        79

    accuracy                           0.78       179
   macro avg       0.78      0.76      0.77       179
weighted avg       0.78      0.78      0.77       179
```

從上述程式可以看到預測的準確率是 0.78，這是一個非常好的模型。細看此模型，可以看到測試數據有 100 位沒有存活，結果有 88 個預測正確。有 79 位存活，結果有 51 個預測正確。

這個程式在進行預處理時，刪除了一些不需要的特徵，可以參考第 11 ~ 12 列，例如：'deck'、'embark_town'、'alive'、'class'、'who'、'adult_male'、'alone'。並對類別特徵(性別 sex 和登船港口 embarked) 進行了 one-hot 編碼，可以參考第 17 列。經過預處理後，數據集的欄位如下：

- survived：是否存活，0 表示沒有存活，1 表示存活。
- pclass：船票類別，1 表示一等艙，2 表示二等艙，3 表示三等艙。
- age：年齡。
- sibsp：船上兄弟姐妹和配偶的數量。
- parch：船上父母和子女的數量。

36-7

第 36 章　機器學習專題 - 鐵達尼號生存預測

- fare：船票價格。
- sex_female：性別編碼，女性為 1，否則為 0。
- sex_male：性別編碼，男性為 1，否則為 0。
- embarked_C：登船港口編碼，從 Cherbourg 登船為 1，否則為 0。
- embarked_Q：登船港口編碼，從 Queenstown 登船為 1，否則為 0。
- embarked_S：登船港口編碼，從 Southampton 登船為 1，否則為 0。

至於評估模型的準確率 (Accuracy)、混淆矩陣 (Confusion Matrix) 與分類報表 (Classification Report)，讀者可以參考 35-2-2 節。

36-4　鐵達尼號專題實作 – 決策樹

有關決策樹的觀念可以參考 32-8-5 節。

程式實例 ch36_4.py：使用決策樹 (Logistic Regression) 演算法，設計鐵達尼號生存預測程式。

```python
# ch36_4.py
import seaborn as sns
import pandas as pd
from sklearn.model_selection import train_test_split
from sklearn.tree import DecisionTreeClassifier
from sklearn.metrics import accuracy_score,classification_report,confusion_matrix

# 讀取Seaborn中的titanic數據集
titanic_data = sns.load_dataset('titanic')

# 數據預處理
titanic_data = titanic_data[['survived', 'pclass', 'sex', 'age', 'sibsp',
                              'parch', 'fare', 'embarked']]
titanic_data['age'] = titanic_data['age'].fillna(titanic_data['age'].mean())
titanic_data['embarked'] = titanic_data['embarked'].fillna(titanic_data['embarked'].mode()[0])
titanic_data = pd.get_dummies(titanic_data, columns=['sex', 'embarked'])

# 分割數據為訓練集和測試集
X = titanic_data.drop('survived', axis=1)
y = titanic_data['survived']
X_train,X_test,y_train,y_test = train_test_split(X,y,test_size=0.2,random_state=5)

# 建立決策樹模型
dt_classifier = DecisionTreeClassifier(random_state=5)
dt_classifier.fit(X_train, y_train)

# 進行預測
y_pred = dt_classifier.predict(X_test)
print(f"測試的真實分類\n{y_test}")
```

36-4 鐵達尼號專題實作 – 決策樹

```
30   print("-"*70)
31   print(f"預測的目標分類\n{y_pred}")
32   print("="*70)
33
34   # 評估模型
35   print(f"準確率(Accuracy Score) : {accuracy_score(y_test, y_pred):.2f}")
36   print("-"*70)
37   print("混淆矩陣(Confusion Matrix):")
38   print(confusion_matrix(y_test, y_pred))
39   print("-"*70)
40   print("分類報告(Classification Report):")
41   print(classification_report(y_test, y_pred))
```

執行結果

```
================== RESTART: D:/Python/ch36/ch36_4.py ==================
測試的真實分類
126    0
354    0
590    0
509    1
769    0
      ..
732    0
42     0
179    0
123    1
890    0
Name: survived, Length: 179, dtype: int64
----------------------------------------------------------------------
預測的目標分類
[0 0 0 0 1 0 1 0 1 0 0 0 1 0 1 0 1 0 0 1 1 1 0 0 0 0 1 0 0 0 1 0 0 1 1 0
 0 0 0 0 1 0 0 0 1 1 0 0 0 1 1 0 0 0 0 0 0 1 0 0 0 0 1 0 0 0 1 0 1 0 1 0
 1 0 0 0 1 1 0 0 0 0 1 1 0 1 0 0 1 0 1 0 1 0 1 0 0 0 1 1 0 0 1 1 0 0 0 1 0
 0 0 1 1 1 0 1 0 1 0 1 0 0 0 0 0 0 0 1 0 0 0 0 0 0 0 0 0 1 0 1 1 1
 0 0 1 0 0 0 1 1 1 0 0 0 0 0 0 1 1 0 1 0 0 0 1 0 1 1 0 0 0 1 0]
======================================================================
準確率(Accuracy Score) : 0.80
----------------------------------------------------------------------
混淆矩陣(Confusion Matrix):
[[97 14]
 [21 47]]
----------------------------------------------------------------------
分類報告(Classification Report):
              precision    recall  f1-score   support

           0       0.82      0.87      0.85       111
           1       0.77      0.69      0.73        68

    accuracy                           0.80       179
   macro avg       0.80      0.78      0.79       179
weighted avg       0.80      0.80      0.80       179
```

使用決策樹可以獲得 0.8 準確率，這比 ch36_3.py 的邏輯斯迴歸演算法好。其實相較於 ch36_3.py，這個程式主要是第 24 ~ 25 列建立決策樹模型有差異。

第 37 章
機器學習專題
糖尿病數據分析

37-1 認識糖尿病數據集

37-2 多元線性迴歸處理糖尿病數據

第 37 章 機器學習專題 - 糖尿病數據分析

這一節所述的糖尿病數據集，是屬於 scikit-learn 內建數據集，可以使用下列方式取得自變數 (特徵) 和目標變數。

```
from sklearn.datasets import load_diabetes
diabetes = load_diabetes( )
```

37-1 認識糖尿病數據集

糖尿病數據集共有 10 個特徵欄位，以下是每個特徵欄位的簡要說明：

- Age(年齡)：患者的年齡。
- Sex(性)：患者的性別。
- BMI(體質指數)：體質指數是衡量體重與身高關係的指數，計算公式為體重 (公斤) 除以身高 (米) 的平方。
- BP(平均血壓)：患者的平均血壓。
- S1：血清生化指標 1，總膽固醇（Total Cholesterol）。
- S2：血清生化指標 2，低密度脂蛋白膽固醇（Low-Density Lipoprotein Cholesterol，LDL-C）。
- S3：血清生化指標 3，高密度脂蛋白膽固醇（High-Density Lipoprotein Cholesterol，HDL-C）。
- S4：血清生化指標 4，甲狀腺素（Thyroid-stimulating Hormone，TSH）。
- S5：血清生化指標 5，甲狀腺素素（Free Thyroxine，FT4）。
- S6：血清生化指標 6，C- 反應蛋白（C-Reactive Protein，CRP）。

以上 10 個自變數 (特徵) 代表了患者的自變數，可用於預測糖尿病病情的進展。目標變數 (diabetes.target) 表示糖尿病患者在自變數測量後一年內疾病進展的程度。換句話說，它是患者接受治療後一年內疾病進展情況的量化評估。糖尿病數據集的特徵已經過中心化和標準化處理，因此在應用機器學習算法時無需進行額外的預處理。

程式實例 ch37_1.py：輸出糖尿病數據集自變數和目標變數的外形。

```
1  # ch37_1.py
2  from sklearn.datasets import load_diabetes
3
4  # 加載糖尿病數據集
5  diabetes = load_diabetes()
6  X = diabetes.data
7  y = diabetes.target
8
9  # 輸出數據集的形狀
```

```
10  print("X shape:", X.shape)
11  print("y shape:", y.shape)
12
13  # 輸出第一筆自變數（特徵）和目標變數
14  print("第一筆自變數（特徵）:", X[0])
15  print("第一筆目標變數      :", y[0])
```

執行結果
```
================= RESTART: D:/Python/ch37/ch37_1.py =================
X shape: (442, 10)
y shape: (442,)
第一筆自變數（特徵）: [ 0.03807591  0.05068012  0.06169621  0.02187239 -0.0442235
 -0.03482076
 -0.04340085 -0.00259226  0.01990749 -0.01764613]
第一筆目標變數      : 151.0
```

37-2 多元線性迴歸處理糖尿病數據

程式實例 ch37_2.py：使用 LinearRegression( ) 方法處理糖尿病數據，計算平均值平方差 (Mean Square Error，簡稱 MSE)、R 平方決定係數，截距、係數。同時輸出測試的真實目標數據與預測的目標數據，讀者可以做比較。

```python
1   # ch37_2.py
2   import numpy as np
3   from sklearn.datasets import load_diabetes
4   from sklearn.linear_model import LinearRegression
5   from sklearn.model_selection import train_test_split
6   from sklearn.metrics import mean_squared_error, r2_score
7
8   # 加載糖尿病數據集
9   diabetes = load_diabetes()
10  X = diabetes.data
11  y = diabetes.target
12
13  # 將數據集分為訓練集和測試集
14  X_train,X_test,y_train,y_test = train_test_split(X,y,test_size=0.2,random_state=9)
15
16  # 創建線性回歸模型並擬合數據
17  model = LinearRegression()
18  model.fit(X_train, y_train)
19
20  # 用測試集預測目標值
21  y_pred = model.predict(X_test)
22
23  # 計算模型的性能指標
24  mse = mean_squared_error(y_test, y_pred)
25  r2 = r2_score(y_test, y_pred)
26
27  # 輸出線性回歸模型的係數和截距
28  print(f"係數 : {model.coef_.round(2)}")
29  print(f"截距 : {model.intercept_:.2f}")
30  print("-"*70)
31  print(f"測試的真實值\n{y_test}")
32  print("-"*70)
33  print(f"預測的目標值\n{y_pred.round(1)}")
34  print("-"*70)
35
36  # 輸出模型性能指標
37  print(f"Mean Squared Error (MSE) : {mse:.2f}")
38  print(f"R^2 Score : {r2:.2f}")
```

第 37 章　機器學習專題 - 糖尿病數據分析

執行結果

```
==================== RESTART: D:/Python/ch37/ch37_2.py ====================
係數 : [  -18.86  -267.96   453.73   352.56 -1016.96   717.57   153.69   177.7
   860.74    50.81]
截距 : 153.07
----------------------------------------
測試的真實值
[104. 118. 186. 132. 199. 215. 279. 135.  65.  70.  57. 187.  97. 310.
 114. 134. 141.  71. 113. 178.  81.  87. 341.  83.  42. 178. 107.  53.
  98. 230. 195. 308. 281. 295. 162. 142.  58. 140. 139. 110.  96. 136.
 171.  93.  67.  61. 128.  37. 144. 168.  94.  78.  59.  74. 121. 111.
  79. 163. 141. 202. 143. 181. 265. 249.  88. 172. 122.  72.  72. 126.
 245. 113. 257.  59.  90. 202.  65. 220. 107. 336. 214. 122.  61. 220.
 116.  63. 185. 200. 265.]
----------------------------------------
預測的目標值
[ 79.9  99.2 201.  120.3 109.4 247.9 212.7 134.2 128.4  57.6  55.1 132.2
 150.7 247.6  86.2  77.1 173.6  83.8 121.1 190.3 144.7  89.1 256.5 150.4
  76.6 163.8 183.3 116.2  74.5 286.6 239.9 261.  253.3 217.3 130.6 114.7
 168.9 131.3 184.2 168.1  88.1 142.3 189.1  83.9 194.  109.8  70.8  78.
 187.7 152.1 105.1 126.1  77.4  87.6 163.2 108.8 123.1 213.8 161.1 211.9
 179.2 182.8 166.8 217.8  96.9 142.  193.1  66.6  61.8 180.8 240.1 157.5
 227.   69.5 135.6 142.3  79.3 261.  115.6 248.6 128.9 172.  147.9 197.3
 144.9  52.  166.  117.4 209.7]
----------------------------------------
Mean Squared Error (MSE) : 2257.80
R^2 Score : 0.59
```

從上述我們可以得到多元線性模型如下：

Quantitative_Measure =-18.86 * Age – 267.96 * Age + … + 153.07

在這個糖尿病數據集的實例中，目標變數（diabetes.target）表示糖尿病患者在自變數測量後一年內疾病進展的程度。換句話說，它是患者接受治療後一年內疾病進展情況的量化評估。

對於這個例子，R 平方值為 0.59，表示線性迴歸模型解釋了目標變數（糖尿病患者疾病進展的量化指標）59% 的變異性。換句話說，59% 的疾病進展變異可以由模型中的特徵（如年齡、性別、體質指數等）解釋。這個 R 平方值表明，雖然該線性迴歸模型在一定程度上可以解釋糖尿病患者疾病進展的變異，但仍有改進的空間。要提高模型性能，可以嘗試使用更複雜的迴歸模型，例如：支持向量機，或者透過特徵選擇、特徵工程等方法對特徵進行處理。此外，也可以嘗試收集更多數據，以提高模型的預測能力。

註　筆者有使用支持向量機 SVR( ) 獲得了 R 平方值為 0.57，沒有獲得比較好的結果，讀者可以參考書附的程式 ch37_3.py。

這個目標變數是連續的定量值，可以用於機器學習中的迴歸問題。透過預測這些目標變數的值，我們可以建立機器學習模型來研究患者自變數特徵（此例是指年齡、性別、體質指數等）與疾病進展之間的關係。這有助於理解哪些因素可能影響糖尿病患者的疾病進展，從而在未來的研究和醫療決策中發揮指導作用。

第 38 章
機器學習專題
乳癌診斷模型訓練

38-1　認識乳癌數據集

38-2　支援向量機處理乳癌數據

第 38 章　機器學習專題 - 乳癌診斷模型訓練

這一節所述的乳癌數據集，是屬於 scikit-learn 內建數據集，可以使用下列方式取得自變數 (特徵) 和目標變數。

from sklearn.datasets import load_breast_cancer
cancer = load_breast_cancer( )

38-1　認識乳癌數據集

乳癌數據集包含了 569 個樣本，每個樣本都是從美國威斯康星州的一名女性的乳腺腫瘤中提取的。數據集中的樣本分為兩類：惡性 (malignant) 和良性 (benign)。每個樣本有 30 個特徵，這些特徵涵蓋了從細胞核形狀和大小到細胞群體密度等各種特點，這些特徵可用於訓練機器學習模型，以預測腫瘤是良性還是惡性。

以下是依照資料集的欄位順序說明特徵：

- radius_mean：平均半徑
- texture_mean：平均紋理 (灰度值的標準差)
- perimeter_mean：平均周長
- area_mean：平均面積
- smoothness_mean：平均平滑度 (半徑範圍內的局部變化)
- compactness_mean：平均緊密度 (周長平方 / 面積 - 1.0)
- concavity_mean：平均凹度 (輪廓凹部的嚴重程度)
- concave points_mean：平均凹點數 (輪廓凹部的數量)
- symmetry_mean：平均對稱性
- fractal_dimension_mean：平均分形維數 (海岸線近似 - 1)
- radius_se：半徑的標準誤差
- texture_se：紋理的標準誤差
- perimeter_se：周長的標準誤差
- area_se：面積的標準誤差
- smoothness_se：平滑度的標準誤差

- compactness_se：緊密度的標準誤差
- concavity_se：凹度的標準誤差
- concave points_se：凹點數的標準誤差
- symmetry_se：對稱性的標準誤差
- fractal_dimension_se：分形維數的標準誤差
- radius_worst：最大半徑
- texture_worst：最大紋理
- perimeter_worst：最大周長
- area_worst：最大面積
- smoothness_worst：最大平滑度
- compactness_worst：最大緊密度
- concavity_worst：最大凹度
- concave points_worst：最大凹點數
- symmetry_worst：最大對稱性
- fractal_dimension_worst：最大分形維數

這些特徵綜合描述了乳腺癌患者腫瘤細胞的形狀、大小和組織結構等特點。透過這些特徵，機器學習模型能夠捕捉到不同類型腫瘤之間的差異，進而對乳腺癌進行分類預測。

在應用這些特徵訓練模型時，應對數據進行探索性分析和特徵選擇。這有助於了解特徵之間的相互關係，以及它們對目標變數的影響。此外，根據不同特徵的取值範圍和單位，可能需要對特徵進行縮放或轉換。常見的方法有標準化 (StandardScaler) 和最小最大縮放 (MinMaxScaler) 等。

在實際應用中，可以嘗試使用不同的機器學習演算法，如支持向量機、決策樹、隨機森林、邏輯斯迴歸、神經網絡等，對這些特徵進行建模，最終選擇在測試集上具有最佳性能指標（如準確率、F1 分數等）的模型作為最終模型。

在乳癌數據集中，目標變數的欄位名稱為「target」。這個欄位表示腫瘤是良性還是惡性，具體對應的目標標籤如下：

0：Malignant(惡性腫瘤)

1：Benign(良性腫瘤)

38-2 支援向量機處理乳癌數據

程式實例 ch38_1.py：使用支援向量機 SVC( ) 方法處理乳癌數據，輸出準確率 (Accuracy)、分類報告 (Classification Report)，同時輸出測試的真實目標數據與預測的目標數據，讀者可以做比較。

```python
# ch38_1.py
from sklearn.datasets import load_breast_cancer
from sklearn.model_selection import train_test_split
from sklearn.preprocessing import StandardScaler
from sklearn.svm import SVC
from sklearn.metrics import accuracy_score, classification_report

# 載入數據集
cancer = load_breast_cancer()
X = cancer.data
y = cancer.target

# 切分數據集為訓練集和測試集
X_train,X_test,y_train,y_test = train_test_split(X,y,test_size=0.3,random_state=9)

# 特徵縮放
scaler = StandardScaler()
X_train = scaler.fit_transform(X_train)
X_test = scaler.transform(X_test)

# 建立 SVM 分類器
clf = SVC(kernel='linear', C=1)

# 訓練模型
clf.fit(X_train, y_train)

# 預測測試集
y_pred = clf.predict(X_test)
print(f"測試的真實值\n{y_test}")
print("-"*70)
print(f"預測的目標值\n{y_pred.round(1)}")
print("-"*70)

# 計算 accuracy
acc = accuracy_score(y_test, y_pred)
print(f"準確率(Accuracy Score) : {acc:.2f}")
print("-"*70)

# 生成分類報告
report = classification_report(y_test, y_pred)
print("分類報告(Classification Report):")
print(report)
```

執行結果

```
==================== RESTART: D:/Python/ch38/ch38_1.py ====================
測試的真實值
[0 0 0 1 1 0 0 0 1 0 0 1 1 1 0 1 1 1 1 1 0 1 1 0 1 1 1 1 1 0 0 1 0 0 0 0 0
 1 0 1 1 1 1 1 1 1 0 0 1 0 0 1 1 1 0 1 1 0 1 1 0 0 0 1 1 1 0 1 0 1 1 1 1
 0 0 1 1 1 1 1 0 1 0 1 1 1 1 0 1 1 1 1 1 0 1 1 0 1 0 1 1 1 0 1 1 0 1 1 1 1
 1 1 0 1 1 1 1 0 1 0 0 1 1 0 1 1 1 0 0 0 0 0 0 1 1 1 1 1 0 1 0 0 1 1 1 0 0
 1 1 0 1 0 1 1 0 1 1 0 1 1 0 1 0 1 1 0 1 1 1 1 1]
---------------------------------------
預測的目標值
[0 1 0 1 1 0 0 0 1 0 0 1 1 1 0 1 1 1 1 1 0 1 1 0 1 1 1 1 1 0 0 1 0 0 0 0 0
 1 0 1 1 1 1 1 1 1 0 0 1 0 0 1 1 1 0 1 1 0 1 1 0 0 0 1 1 1 0 1 0 1 1 1 1
 0 0 1 1 1 1 1 1 1 0 1 1 1 1 0 1 1 1 1 1 0 1 1 0 1 0 1 1 1 0 1 1 0 1 1 1 1
 1 1 0 1 1 1 1 0 1 0 0 1 1 0 1 1 1 0 0 0 0 0 0 1 1 1 1 1 0 1 0 0 1 1 1 0 0
 1 1 0 1 0 1 1 0 1 1 0 1 1 0 1 0 1 1 0 1 1 1 1 1]
---------------------------------------
準確率(Accuracy Score) : 0.98
---------------------------------------
分類報告(Classification Report):
              precision    recall  f1-score   support

           0       1.00      0.95      0.98        62
           1       0.97      1.00      0.99       109

    accuracy                           0.98       171
   macro avg       0.99      0.98      0.98       171
weighted avg       0.98      0.98      0.98       171
```

上述程式第 17 列「scaler = StandardScaler( )」，這列程式碼將建立一個 StandardScaler 的實例並將其賦值給變量 scaler，StandardScaler 是來自 scikit-learn 函式庫的一個類，用於對數據進行特徵標準化。

上述程式第 18 列「X_train = scaler.fit_transform(X_train)」，這列程式碼執行了兩個操作：首先對 scaler(例如 StandardScaler 實例) 進行擬合 (fit)，然後將其應用於訓練數據 (X_train) 以進行特徵縮放 (transform)，最後將縮放後的數據重新賦值給 X_train。

第 19 列「X_test = scaler.transform(X_test)」，這列程式碼將測試集（X_test）進行特徵縮放，以便將其轉換成與訓練集相同的尺度。

準確率是衡量分類模型性能的一個常用指標，表示模型正確預測的樣本數與所有樣本數的比例。準確率越高，模型的預測性能越好。在這個例子中，準確率 (Accuracy) 達到 0.98 表示模型在測試集上表現出色，能夠非常有效地區分良性和惡性乳癌腫瘤。

第 38 章 機器學習專題 - 乳癌診斷模型訓練

第 39 章
機器學習專題
手寫數字影像辨識

39-1　認識手寫數字數據集

39-2　隨機森林處理手寫數字數據集

39-3　PCA 主成份分析

第 39 章　機器學習專題 - 手寫數字影像辨識

這一節所述的手寫數字數據集，是屬於 scikit-learn 內建數據集，可以使用下列方式取得自變數 (特徵) 和目標變數。

```
from sklearn.datasets import load_digits
digits = load_digits( )
```

39-1　認識手寫數字數據集

scikit-learn 的手寫數字數據集 (digits) 是一個典型的光學字符識別 (OCR) 數據集，用於識別手寫數字。這個數據集包含了 1797 張 8x8 像素的灰度圖像，每張圖像表示 0 到 9 之間的一個手寫數字。每個像素的值介於 0 到 16 之間，表示該像素的灰度級別，其中 0 表示白色，16 表示黑色。

手寫數字數據集的特徵是將 8x8 像素圖像展平為 64 維向量，每個特徵對應一個像素的灰度值。因此，特徵矩陣的形狀為 (1797, 64)。目標變數是每個圖像對應的實際數字 (0 到 9)，形狀為 (1797,)。

這個數據集主要用於機器學習和模式識別的任務，如手寫數字識別、特徵提取、降維和可視化等。

程式實例 ch39_1.py：使用 4 x 4 的方式輸出前 16 個手寫數字數據集的資料。

```
1  # ch39_1.py
2  import matplotlib.pyplot as plt
3  from sklearn.datasets import load_digits
4
5  # 加載手寫數字數據集
6  digits = load_digits()
7  X = digits.data
8  y = digits.target
9
10 # 繪製前 16 張圖像
11 num_images = 16
12 rows = 4
13 cols = 4
14 fig, axes = plt.subplots(rows, cols, figsize=(10, 10))
15
16 for i in range(rows):
17     for j in range(cols):
18         index = i * cols + j
19         # 將 64 維向量重塑為 8x8 的圖像
20         img = X[index].reshape(8, 8)
21         axes[i, j].imshow(img, cmap='gray')
22         axes[i, j].set_title(f'Label: {y[index]}')
23         axes[i, j].axis('off')
24
25 plt.show()
```

執行結果

39-2　隨機森林處理手寫數字數據集

決策樹簡單易懂，可是資料若是有變動常常會有不準確的情況，這個就好像做統計民調如果樣本數據太少，可能會有不準情況。

所謂的隨機森林 (Random Forest) 是將一堆決策樹組織起來，這樣可以獲得比較好的結果，這個也好像，統計民調時，如果樣本數據比較多，最後獲得的數據會更準確。因為，這個演算法會隨機將資料分配給各個決策樹，所以又稱隨機森林。

39-2-1　隨機森林的應用

隨機森林可以應用於分類和迴歸任務，具體方法如下：

- 迴歸：使用 RandomForestRegressor( ) 方法。隨機森林會將多棵樹的預測結果取平均值作為最終預測結果，這樣能夠平滑預測結果並提升精度。
- 分類：使用 RandomForestClassifier( ) 方法。隨機森林讓每棵樹對分類進行投票，最終選擇得票最多的類別作為預測結果，以提高分類的準確性和穩定性。39-2-2 節將針對分類應用解釋。

39-2-2 手寫數字數據集分類

分類應用使用的函數是 RandomForestClassifier( )，此函數是 Scikit-learn 模組的一種集成學習方法，用於解決分類問題。它透過構建多棵決策樹並採用多數投票的方式確定最終的分類結果，具有良好的穩定性和泛化能力。以下是 RandomForestClassifier( ) 的詳細用法說明，筆者只列出 2 個參數，不過可以有多個參數，回傳的 model 是初始化模型：

```
from sklearn.ensemble import RandomForestClassifier
    ...
model = RandomForestClassifier(n_estimators=100, random_state=42)
```

- n_estimators：可在此設定隨機森林中有多少棵樹，更多的樹可能會導致模型有更好的性能，但同時也會增加訓練時間和模型的大小，預設值是 100。
- random_state：這是用來控制隨機種子值，可以讓每次用相同的參數。
- criterion：分裂節點的標準。預設為 gini，可以設為 entropy 用來選擇最佳分割點。
- max_depth：樹的最大深度，控制每棵樹的深度可以防止過擬合。預設為 None，即樹會生長到數據的所有葉節點為止。
- min_samples_split：分裂節點所需的最小樣本數，預設為 2。增大此值可以減少模型的複雜度。
- min_samples_leaf：葉節點上的最小樣本數，預設為 1。較大的值可以防止生成過小的葉子節點，提升模型的泛化能力。

上述回傳的 model，可以引用 fit( ) 函數訓練模型：

```
model.fit(X_train, y_train)
```

預測模型，可以引用 predict( ) 函數：

```
y_pred = model.predict(X_test)
```

常用的評估方法包括準確率（accuracy）、混淆矩陣（confusion matrix）、分類報告（classification report）等。

39-2 隨機森林處理手寫數字數據集

程式實例 ch39_2.py：使用隨機森林樹 RandomForestClassifier( ) 方法處理手寫數字數據集，輸出準確率 (Accuracy)、分類報告 (Classification Report)，同時輸出測試的真實目標數據與預測的目標數據，讀者可以做比較。

```python
1   # ch39_2.py
2   from sklearn.datasets import load_digits
3   from sklearn.model_selection import train_test_split
4   from sklearn.ensemble import RandomForestClassifier
5   from sklearn.metrics import classification_report, accuracy_score
6
7   # 加載數據集
8   digits = load_digits()
9   X = digits.data
10  y = digits.target
11
12  # 劃分訓練集和測試集
13  X_train,X_test,y_train,y_test = train_test_split(X,y,test_size=0.2,random_state=9)
14
15  # 選擇機器學習模型
16  model = RandomForestClassifier(random_state=9)
17
18  # 訓練模型
19  model.fit(X_train, y_train)
20
21  # 預測測試集
22  y_pred = model.predict(X_test)
23  print(f"測試的真實值\n{y_test}")
24  print("-"*70)
25  print(f"預測的目標值\n{y_pred.round(1)}")
26  print("-"*70)
27
28  # 計算 accuracy
29  acc = accuracy_score(y_test, y_pred)
30  print(f"準確率(Accuracy Score) : {acc:.2f}")
31  print("-"*70)
32
33  # 生成分類報告
34  report = classification_report(y_test, y_pred)
35  print("分類報告(Classification Report):")
36  print(report)
```

第 39 章 機器學習專題 - 手寫數字影像辨識

執行結果

```
================== RESTART: D:/Python/ch39/ch39_2.py ==================
測試的真實值
[1 1 7 2 4 0 1 8 8 3 1 0 5 3 6 2 3 8 2 5 3 5 0 0 6 8 3 2 3 8 0 1 3 2 8 0 1
 7 1 3 9 2 1 4 1 1 2 8 4 4 0 2 8 4 8 5 7 3 8 8 9 2 4 1 5 2 0 5 1 4 8 4 7 6
 1 9 5 1 7 6 4 0 2 5 9 1 9 7 8 7 6 4 1 5 3 4 8 7 2 6 2 9 4 1 6 4 0 5 7 8 1
 3 4 3 1 3 8 6 2 5 0 7 8 9 0 1 9 7 5 6 7 9 9 2 4 3 8 9 0 5 2 2 1 5 4 0 1 8
 5 5 4 5 2 5 1 7 5 5 7 4 9 3 5 4 6 9 0 5 4 1 6 0 6 3 2 8 3 9 2 2 2 8 3 4 2
 2 8 3 7 4 2 8 5 0 1 8 9 0 7 5 1 6 9 0 7 5 1 3 7 3 0 9 2 9 9 8 9 4 0 7 8 3
 5 3 4 6 6 5 0 9 6 0 6 9 4 1 5 5 0 4 2 2 2 3 4 0 8 0 9 4 5 1 4 1 3 8 4 9 2
 8 2 2 7 1 8 2 0 2 9 6 2 9 3 7 4 5 7 4 5 5 6 4 5 9 2 9 1 6 7 9 5 2 0 5 6 1
 4 1 3 4 9 5 8 1 2 1 2 6 4 4 9 5 2 3 5 4 2 7 6 3 7 1 6 4 8 0 2 8 4 6 1 7 3
 0 0 9 1 9 2 1 9 8 2 6 6 0 6 2 7 0 4 6 5 5 7 8 3 3 8 3]
-----------------------------------------------------------------------
預測的目標值
[1 1 7 2 4 0 1 8 8 3 1 0 5 3 6 2 3 8 2 5 3 5 0 0 6 8 3 2 3 8 0 1 3 2 4 0 1
 7 1 3 9 2 1 4 1 1 2 8 7 4 0 2 8 4 8 5 7 3 8 8 9 2 4 1 5 2 0 5 1 4 8 4 7 6
 1 9 5 1 7 6 4 0 2 5 9 1 9 7 8 7 6 4 1 5 3 4 8 8 1 6 2 9 4 1 6 4 0 5 7 8 1
 3 4 3 1 3 8 6 2 5 0 7 8 9 0 1 9 7 5 6 7 9 9 2 4 3 8 9 0 5 2 2 1 5 4 0 1 8
 5 5 4 5 2 5 1 7 5 5 7 7 9 3 5 4 6 9 0 5 4 1 6 0 6 3 2 7 3 9 2 2 2 8 3 4 2
 2 8 3 7 4 2 8 5 0 1 8 9 0 7 5 1 6 9 0 7 5 1 3 7 3 0 9 2 9 9 8 9 4 0 7 8 3
 5 3 4 6 6 5 0 9 6 0 6 9 4 1 5 5 0 4 2 2 2 3 4 0 8 0 9 4 5 1 4 1 3 8 4 9 2
 8 2 2 7 1 8 2 0 2 9 6 2 9 3 7 4 5 7 4 5 5 6 4 5 9 2 9 1 6 9 9 5 2 0 5 6 1
 7 1 3 4 9 5 8 1 2 1 2 6 4 4 9 9 2 3 5 4 2 7 6 3 7 1 6 4 8 0 2 8 4 6 1 7 3
 0 0 9 1 9 2 1 9 8 2 6 6 4 6 2 7 0 4 6 5 5 7 8 3 3 8 3]
-----------------------------------------------------------------------
準確率(Accuracy Score) : 0.97
-----------------------------------------------------------------------
分類報告(Classification Report):
              precision    recall  f1-score   support

           0       1.00      0.97      0.98        33
           1       0.98      1.00      0.99        40
           2       1.00      0.98      0.99        45
           3       1.00      1.00      1.00        34
           4       0.95      0.93      0.94        41
           5       1.00      0.97      0.99        39
           6       1.00      1.00      1.00        29
           7       0.87      0.93      0.90        28
           8       0.97      0.94      0.96        36
           9       0.95      1.00      0.97        35

    accuracy                           0.97       360
   macro avg       0.97      0.97      0.97       360
weighted avg       0.97      0.97      0.97       360
```

上述我們得到準確率是 0.97，這是一個非常好的預測結果。程式設計時，如果模型不好，我們可以對模型進行調整和優化，以改善性能。以下是一些可能的優化方法：

- 特徵工程：嘗試使用不同的特徵表示手寫數字圖像，例如，可以使用主成份分析（PCA）或其他降維技術來減少特徵數量，或者使用卷積神經網絡（CNN）來自動學習特徵。

- 模型選擇與調整參數：嘗試使用不同的機器學習演算法，並對它們進行調整參數。您可以使用網格搜索（GridSearchCV）或隨機搜索（RandomizedSearchCV）等方法尋找最佳的模型參數。

- 使用交叉驗證：將數據集分成多個子集，並使用這些子集進行多次訓練和測試，以獲得更穩定的模型性能評估。這可以透過使用 scikit-learn 中的 cross_val_score 函數來實現。

- 數據增強：透過對圖像進行旋轉、縮放、平移等操作，可以創建更多的訓練數據。這有助於提高模型的泛化能力，尤其是在使用深度學習模型時。
- 模型融合與集成：組合多個不同的模型，例如使用投票、堆疊或其他集成方法，以提高模型的性能。

總之，使用手寫數字數據集進行機器學習時，需要經歷數據預處理、劃分訓練集和測試集、選擇合適的機器學習模型以及評估和優化模型性能等步驟。不同的機器學習算法和技術可以應用在這個過程中，以提高手寫數字識別模型的性能。

39-3 PCA 主成份分析

主成份分析 (Principal Component Analysis，PCA) 是一種無監督的降維技術，用於線性變換數據，將高維數據投影到低維空間。PCA 主要用於特徵提取、數據壓縮、可視化以及降低計算複雜度。PCA 的核心思想是找到一組新的特徵，這些特徵是原始特徵的線性組合，並且具有以下特點：

- 變異數 (variance) 最大化：新特徵在其對應方向上的變異數應最大化，以保留數據中的最多訊息。
- 正交性：新特徵之間彼此正交，以消除冗餘訊息並降低特徵之間的相關性。

PCA 的步驟如下：

1: 標準化數據：對數據進行標準化（將特徵值轉換為平均值為 0，標準差為 1 的分布），以消除特徵尺度對 PCA 的影響。

2: 計算共變異數 (covariance) 矩陣：計算數據的共變異數矩陣。共變異數矩陣能反映特徵之間的相關性和變異性。

3: 求解特徵值和特徵向量：對共變異數矩陣進行特徵分解，獲得特徵值和對應的特徵向量。特徵值表示對應特徵向量方向上的變異數大小，特徵向量則表示新特徵的方向。

4: 選擇主成分：按照特徵值的大小對特徵向量進行排序，選擇前 k 個具有最大特徵值的特徵向量作為主成分。k 的選擇取決於需要保留的訊息量或降維後的目標維度。

5: 投影到低維空間：將原始數據投影到選定的 k 個主成分上，形成新的低維數據。

在機器學習中，PCA 可以用於降低模型的計算複雜度和過擬合風險，同時保留數據中的重要訊息。在 sklearn-learn 中，常使用 sklearn.decomposition.PCA 模組來實現 PCA，下列是其基本語法和參數：

　　from sklearn.decomposition import PCA
　　　　...
　　pca = PCA(n_components, copy, random_state, whiten)

上述會建立 pca 物件，各參數意義如下：

- n_components：這是一個整數或者一個浮點數，代表需要保留的主成份數量。如果是一個小於 1 的浮點數，則表示我們希望保留的主成份能解釋原始數據變異性的百分比。例如，n_components=0.95，則 PCA 會選擇最少數量的主成份，並且保證這些主成份能解釋原始數據 95% 的變異性。
- copy：這是一個布林值，如果為 True，則將複製輸入數據。否則輸入數據將被覆蓋，預設值為 True。
- random_state：這是隨機數種子值。
- whiten：數據白化，預設是 False。如果設為 True，PCA 將在降維後執行一個附加步驟，對主成份進行標準化處理，使得每個主成份的數據具有單位變異數（即變異數為 1）。這不僅統一了數據的尺度，還會去除特徵間的數據關聯性，產生更加獨立的特徵。

在對數據進行 PCA 轉換之後，我們可以用 pca.fit_transform( ) 方法將數據轉換到主成份所構成的新的空間中。例如：

　　X_new = pca.fit_transform(X)

其中，X 是我們的原始數據，X_new 是轉換後的數據。

程式實例 ch39_3.py：PCA 觀念應用，將 4 維的鳶尾花數據，降為 2 維，同時輸出第 1 筆資料。

```
1  # ch39_3.py
2  from sklearn.datasets import load_iris
3  from sklearn.decomposition import PCA
4
5  # 加載 iris 數據集
6  iris = load_iris()
7  X = iris.data
8  print(f"維度 = {len(X[0])}")
9  print(X[0])
10 print("-"*70)
```

```python
11
12  # 建立 PCA 實例並指定要保留的主成分數量
13  pca = PCA(n_components=2)
14
15  # 對數據應用 PCA 降維，X_pca將變成 2 維
16  X_pca = pca.fit_transform(X)
17  print(f"維度 = {len(X_pca[0])}")
18  print(X_pca[0].round(2))
```

執行結果
```
================ RESTART: D:/Python/ch39/ch39_3.py ================
維度 = 4
[5.1 3.5 1.4 0.2]
-------------------------------------------------------------------
維度 = 2
[-2.68  0.32]
```

程式實例 ch39_4.py：將主成份分析 (PCA) 應用於手寫數字數據集，可以幫助您降低特徵維度，從而減少計算成本和記憶體需求，這個程式會降低 10% 的維度，也就是保留 90% 維度。

```python
1   # ch39_4.py
2   import numpy as np
3   import matplotlib.pyplot as plt
4   from sklearn.datasets import load_digits
5   from sklearn.decomposition import PCA
6   from sklearn.model_selection import train_test_split
7   from sklearn.ensemble import RandomForestClassifier
8   from sklearn.metrics import classification_report, accuracy_score
9
10  # 加載手寫數字數據集
11  digits = load_digits()
12  X = digits.data
13  y = digits.target
14
15  # 劃分訓練集和測試集
16  X_train,X_test,y_train,y_test = train_test_split(X,y,test_size=0.2,random_state=9)
17
18  # 創建 PCA 實例，設定目標維度
19  pca = PCA(n_components=0.9, whiten=True)
20
21  # 使用訓練集擬合 PCA 模型
22  X_train_pca = pca.fit_transform(X_train)
23
24  # 使用擬合的 PCA 模型轉換測試集
25  X_test_pca = pca.transform(X_test)
26
27  # 創建並訓練隨機森林分類器
28  model = RandomForestClassifier(random_state=9)
29  model.fit(X_train_pca, y_train)
30
31  # 計算 accuracy
32  y_pred = model.predict(X_test_pca)
33  acc = accuracy_score(y_test, y_pred)
34  print(f"準確率(Accuracy Score) : {acc:.2f}")
35  print("-"*70)
36
37  # 生成分類報告
38  report = classification_report(y_test, y_pred)
39  print("分類報告(Classification Report):")
40  print(report)
```

執行結果

```
====================== RESTART: D:/Python/ch39/ch39_4.py ======================
準確率(Accuracy Score) : 0.97
------------------------------------------------------------
分類報告(Classification Report):
              precision    recall  f1-score   support

           0       1.00      0.97      0.98        33
           1       0.95      1.00      0.98        40
           2       1.00      0.98      0.99        45
           3       1.00      1.00      1.00        34
           4       0.97      0.93      0.95        41
           5       0.95      0.95      0.95        39
           6       1.00      1.00      1.00        29
           7       0.85      1.00      0.92        28
           8       1.00      0.94      0.97        36
           9       0.94      0.91      0.93        35

    accuracy                           0.97       360
   macro avg       0.97      0.97      0.97       360
weighted avg       0.97      0.97      0.97       360
```

在這個實例中，我們首先下載手寫數字數據集並劃分為訓練集和測試集。接著建立一個 PCA 實例，並將其擬合到訓練數據上。我們設定 n_components 為 0.9，表示我們希望保留 90% 的變異量。設定 whiten=True 可以使轉換後的數據具有單位變異數。經過 PCA 轉換後，我們使用隨機森林分類器訓練模型，並對測試數據進行預測，最後評估模型的性能。

註 降維可能會導致一些訊息的丟失，因此您需要在保留足夠訊息的前提下權衡降維的程度。在這個例子中，我們保留了 90% 的變異量，但您可以根據實際需求調整 n_components 的值。

第 40 章：動畫與遊戲 - Python 創意應用 電子書

附錄 A：安裝與執行Python 電子書

附錄 B：Anaconda、Spider和Jupyter Notebook 電子書

附錄 C：使用Google Colab雲端開發環境 電子書

附錄 D：指令、函數索引表

附錄 E：安裝第三方模組 電子書

附錄 F：RGB色彩表 電子書

附錄 G：是非、選擇與實作題 - 習題檔案 電子書

附錄 H：ASCII碼值表 電子書

附錄 I：ChatGPT協助學習Python 電子書

附錄 D

指令、函數索引表

附錄 D　指令、函數索引表

!=	5-1	__pow__( )	12-8-4	array( )	23-3-2
#	1-7-1	__repr__( )	12-8-2	ascii_letters	13-10-2
$	16-5-5	__str__( )	12-8-1	ascii_lowercase	13-10-2
%	2-6-3	__sub__( )	12-8-4	ascii_uppercase	13-10-2
%=	2-7	__turediv__( )	12-8-4	asctime( )	13-6-2
&	10-2-1	{ }	4-1-4	askokcancel( )	18-11
*	2-6-2	|	10-2-2, 16-3-4	askquestion( )	18-11
*、**	11-5-2	+	2-6-2, 6-1-6	askretrycancel( )	18-11
**	2-6-4	+=	2-7, 6-1-6	askyesno( )	18-11
**=	2-7	<	4-1-4, 5-1	askyesnocancel( )	18-11
*=	2-7	<=	5-1	assert	15-6-1
.	16-5-6	=	2-6-1, 11-2-3	at	26-3-1
.*	16-5-7	-=	2-7	autofmt_xdate( )	22-6-5
/	2-6-2	==	5-1	axis( )	20-2-1
//	2-6-3	>	4-1-4, 5-1	bar( )	20-8-1
//=	2-7	>=	5-1	basicConfig( )	15-7-2
/=	2-7	-		BeautifulSoup( )	28-4-1
@classmethod	12-2-5	2-6-2		bin( )	3-2-4
@property	12-2-4	abs( )	3-2-6	bind( )	40-3-5
@staticmethod	12-2-6	absolute( )	25-1-2	bind_all( )	40-3-4
\	2-9	abspath( )	14-3-1	bit_length( )	6-2-2
\d	16-5-1	accuracy_score( )	35-2-2	bool( )	3-3-2
\D	16-5-1	add( )	10-3-1, 21-6-1	BooleanVar( )	18-5
\s	16-5-1	add_cascade( )	18-14	Button( )	18-4-1
\S	16-5-1	add_command( )	18-14	calendar	13-9
\w	16-5-1	add_data( )	17-9-1-5	calendar( )	13-9-3
\W	16-5-1	add_separator( )	18-14	Canvas( )	40-1-1
^	4-1-4, 16-5-3	add_subplot( )	20-7, 25-10-3	ceil( )	25-1-3
_	2-5-1	after( )	40-3-1	ceil( )	4-5-3
__add__( )	12-8-4	all( )	25-4	center( )	6-2, 6-3-3
__doc__	12-7-1	and	5-2	chdir( )	14-3-4
__eq__( )	12-8-4	annotate( )	20-11-3	Checkbutton( )	18-10
__floordiv__( )	12-8-4	any( )	25-4	choice( )	13-5-4, 24-9-9
__gt__( )	12-8-4	append( )	6-2, 6-4-1	chr( )	3-5-1
__init__( )	12-1-3	arccos( )	25-2	cla( )	20-1
__iter__( )	12-8-3	arccosh( )	25-2	clabels( )	20-12-2
__le__( )	12-8-4	arcsin( )	25-2	class	12-1
__lt__( )	12-8-4	arcsinh( )	25-2	classification_report( )	35-2-2
__main__	13-2-7	arctan( )	25-2	clear( )	9-1-9, 10-3-6
__mod__( )	12-8-4	arctanh( )	25-2	column_stack( )	23-10-4
__mul__( )	12-8-4	argsort( )	25-5-2	columns	26-2-2
__name__	12-7-2	around( )	25-1-3	concat( )	26-2-2
__ne__( )	12-8-4	arrange( )	20-4-1	concatenate( )	23-4-3

config( )	18-4-2	diff( )	25-4, 30-4	fit( )	32-6-4, 33-1-1
confusion_matrix( )	35-2-2	difference( )	10-2-3	fit_transform( )	32-7-2
continuous( )	29-3	digits	13-10-2	flatten( )	23-8-3
contour( )	20-12-2	dir( )	2-5-3	float( )	3-2-5
contourf( )	25-10-2	disable( )	15-7-11	floor( )	4-5-3, 25-1-3
copy( )	6-8-3	discard( )	10-3-4	font( )	18-2
copytree( )	14-8	div( )	26-3-3	for … break	7-3-2
corrcoef( )	24-8-1	divide( )	25-1-4	for … continue	7-3-3
cos( )	4-5-3, 24-8-1	divmod( )	2-8	for … else	7-3-4
cosh( )	25-2	dot( )	31-2-3	for	7-1
count( )	6-2, 6-6-2	DoubleVar( )	18-5	format( )	4-1-4
count( )	6-9-7	dropna( )	26-3-7	format_exc( )	15-4
create_acr( )	40-1-4	dump( )	21-4-1	from import … as	13-2-5
create_image( )	40-1-9	dumps( )	21-3-1	from import	13-2-2
create_line( )	40-1-2	e	4-4-3, 25-1-1	fromkeys( )	9-6-2
create_oval( )	40-1-5	ellipse( )	17-7-3	frozenset( )	10-5
create_polygon( )	40-1-6	empty( )	23-3-6	FuncAnimation( )	20-10-1
create_rectangle( )	40-1-3	encode( )	3-6-1	gcd( )	25-1-5
create_text( )	40-1-7	end( )	16-6-2	ge( )	26-3-4
critical( )	15-7-2	endswith( )	6-9-8	generate( )	19-2
crop( )	17-5-1	Entry( )	18-6	geometry( )	18-1
ctime( )	13-6-3	enumerate	6-12	get( )	9-6-3, 18-5
cummax( )	26-3-8	eq( )	26-3-4	get_dummies( )	36-1
cummin( )	26-3-8	error( )	15-7-2	get_test_data( )	25-10-3
cumsum( )	26-3-8	eval( )	4-3	getcolor( )	17-1-2
cut( )	19-4	executable	13-7-5	getcwd( )	14-2-1
DataFrame( )	26-2	exists( )	14-3-3	getmembers( )	2-10-5
date_range( )	27-2-3	exp( )	25-3-1	getpixel( )	17-4-4
datetime	27-2-1-2	exp2( )	25-3-1	getrecursionlimit( )	11-7-4
debug( )	15-7-2	extend( )	6-7-3	getrgb( )	17-1-1
DecisionTreeClassifier( )	33-4	extractall( )	14-10-3	getsize( )	14-3-6
DecisionTreeRegressor( )	33-4	eye( )	23-3-7	getter	12-2-3
decode( )	3-6-2	fetch( )	29-3	getwindowsversion( )	13-7-4
deepcopy( )	6-8-4	fetch_31( )	29-3	glob	14-4
def	11-1-1	fetch_from( )	29-3	globals( )	11-8-4
degrees( )	4-5-3, 25-2	figure( )	20-7	grid( )	18-3-2, 20-2-1
del	6-1-8	fill_between( )	20-4-6	group( )	16-3-1
delete( )	18-6, 40-3-5	fillna( )	26-3-7	groupby( )	27-3-4
delimiter	22-5-4	filter( )	11-9-4, 17-6	groups( )	16-3-2
diag( )	23-3-7	finally	15-5	gt( )	26-3-4
dict( )	9-1-15	find( )	6-9-7, 28-4-5	help( )	2-5-2
DictReader( )	22-4-4	find_all( )	28-4-6	hex( )	3-2-4
DictWriter( )	22-5-5	findall( )	16-2-3	hexdigits	13-10-2

附錄 D 指令、函數索引表

hist( )	20-8-2	iskeyword	13-8-2	log10( )	4-5-3, 25-3-2
hsplit( )	23-9-1	isleap( )	13-9-1	log2( )	4-5-3, 25-3-2
hstack( )	23-10-2	islower( )	6-9-2	logging	15-7-1
iat	26-3-1	isna( )	26-3-7	LogisticRegression( )	33-2
if	5-3	issubset( )	10-3-8	lower( )	6-2, 6-3-1
if … elif … else	5-5	issuperset( )	10-3-9	lstrip( )	6-2, 6-3-2
if … else	5-4	isupper( )	6-9-2	lt( )	26-3-4
iloc	26-3-1	items( )	9-2-1	main( )	13-2-7
Image	17	iter( )	11-12-1	mainloop( )	18-1
image_to_string( )	17-9-2-3	jieba	19-4	make( )	17-9-1-4
ImageColor	17	join( )	6-9-6, 14-3-5	make_blobs( )	32-7-1
ImageDraw	17-7	json	21-1	make_image( )	17-9-1-5
ImageFont	17-8	kdeplot( )	24-9-5	make_regression( )	32-6-2
import	2-11	keys( )	9-2-2	map( )	11-9-5
import … as	13-2-6	keyword	13-8	masked_where( )	25-11
import	2-10-4	KMeans( )	33-5	match( )	16-6-1
imshow( )	19-4	KNeighborsClassifier( )	33-1-1	match-case	5-7
in	6-10, 10-2-7	KNeighborsRegressor( )	33-1-2	math	2-10-4
index	26-2-6	kwlist	13-8-1	matplotlib	20
index( )	6-2, 6-6-1	Label( )	18-2	max( )	6-1-4, 25-4
inf	4-5-3, 25-1-1	lcm( )	25-1-5	maximum( )	25-4
info( )	15-7-2	le( )	26-3-4	maxsize( )	18-1
infolist( )	14-10-2	leapdays( )	13-9-4	mean( )	24-4-1, 26-3-8
input( )	4-2, 6-2	legend( )	20-2-7	median( )	24-4-2, 26-3-8
inspect	2-10-5	len( )	3-6-1	Menu( )	18-14
install	14-12	levelname	15-7-6	meshgrid( )	20-12-1
int( )	3-2-5, 3-4-5	line( )	17-7-2	min( )	6-1-4, 25-4
integrate( )	30-5	LinearRegression( )	32-6-4	minimum( )	25-4
interp( )	25-7	linspace( )	20-4-1	mkdir( )	14-3-4
intersection( )	10-2-1	list( )	6-9-4	mod( )	25-1-4
IntVar( )	18-5	listdir( )	14-2-2	mode( )	24-4-3
is not	6-11	ljust( )	6-2, 6-3-3	month( )	13-9-2
is	6-11	load( )	21-4-2	monthrange( )	13-9-4
isabs( )	14-3-3	load_breast_cancer( )	38	move( )	14-8, 40-3-1
isalnum( )	6-9-2	load_diabetes( )	37	moving_average(data, day)	29-3
isalpha( )	6-9-2	load_digits( )	39	mul( )	26-3-3
isdecimal( )	16-1	load_wind( )	35	multiply( )	25-1-4
isdigit( )	6-9-2	loads( )	21-3-4	name	26-2-3
isdir( )	14-3-3	loadtxt( )	25-9-1	namelist( )	14-10-2
isdisjoint( )	10-3-7	loc	26-3-1	nan	25-1-1
isfile( )	14-3-3	locals( )	9-1-6, 11-8-4	NaN	26-3-6
isinstance( )	12-6-2	localtime( )	13-6-4	ndarray	23-1
isinstance( )	9-1-6	log( )	4-5-3, 25-3-2	ne( )	26-3-4

negative( )	25-1-4	popitem( )	9-1-8	relpath( )	14-3-2
new( )	17-3-7	pow( )	3-2-6, 4-5-3	remainder( )	25-1-4
newaxis	23-8-5	pprint( )	13-10-1	remove( )	6-2, 10-3-3
newfile( )	18-14	predict( )	32-6-5	rename( )	14-3-4
next( )	11-12-1	print( )	4-1	render_to_file( )	21-6-1
None	11-3-1	process_time( )	13-6-5	replace( )	6-9-8
NoneType	11-3-1	prod( )	25-4	request.get( )	27-3-1
norm( )	31-2-6	property( )	12-2-3	reshape( )	23-8-1
normal( )	24-9-5	putpixel( )	17-4-4	resize( )	17-4-1
not in	6-10, 10-2-8	py	14-12	resizeable( )	18-1
not	5-2	pygal.maps.world	21-5-3	return	11-3-1
notna( )	26-3-7	pyperclip	14-12	reverse( )	6-2, 6-5-1
now( )	27-2-1-1	pytesseract	17-9-2-2	rfind( )	6-9-7
Numpy	20-4	qrcode	17-9-1-4	rgb( )	17-1-1
oct( )	3-2-4	QRCode( )	17-9-1-5	rindex( )	6-9-7
octdigits	13-10-2	r2_score( )	32-2-2	rint( )	25-1-3
ones( )	23-3-5	radians( )	4-5-3, 25-2	rjust( )	6-2, 6-3-3
open( )	14-5-1	Radiobutton( )	18-9	rmdir( )	14-3-4
or	5-2	raise	15-3	rmtree( )	14-8
ord( )	3-5-2	rand( )	24-9-3	roots( )	25-6-1
os	14-2	randint( )	13-5-1	rotate( )	17-4-2
os.path( )	14-3	randn( )	24-9-4	round( )	3-2-6
pack( )	18-2	random	13-5	row_stack( )	23-10-4
pass	7-4-7, 11-10	random( )	13-5-2	rstrip( )	6-2, 6-3-2
paste( )	14-12, 17-5-3	RandomForestClassifier( )	39-2-2	sample( )	13-5-6
path	13-7-3	RandomForestRegressor( )	39-2-1	save( )	17-3-5
PCA( )	39-3	range( )	7-2	savefig( )	20-2-8
permutation( )	24-9-8	ravel( )	23-8-2	savetxt( )	25-9-2
PhotoImage( )	18-12	ravel_multi_index( )	25-4	Scale( )	18-13
pi	2-10-4, 25-1-1	rcParams	20-6-1	scatter( )	20-3, 25-10-4
pie( )	20-9, 27-1-6	re	16-2	score( )	33-1-1
Pillow	17-1	re.DOTALL	16-5-8	Scrollbar( )	18-8
pip	14-12	re.I	16-3-5	search( )	16-2-2
place( )	18-3-3	re.IGNORECASE	16-3-5	seed( )	13-5-7
platform	13-7-2	re.VERBOSE	16-8-2	seek( )	14-7-2
plot( )	20-2, 27-1	read( )	14-5-2	select( )	28-4-8
plot_surface( )	20-12-3, 25-10-3	read_csv( )	26-4-2	self	12-1-3
plot_wireframe( )	20-12-3, 25-10-3	read_excel( )	26-5-2	send2trash	14-9
point( )	17-7-1	readline( )	14-5-4	send2trash( )	14-9
poly1d( )	24-8-2	readlines( )	14-5-5	Series( )	26-1
polyfit( )	24-8-2	realtime.get( )	29-4	set( )	3-3-2, 10-1-3
polygon( )	17-7-5	rectangle( )	17-7-4	set_aspect( )	20-7-3
pop( )	6-2, 9-1-7	reduce( )	11-9-6	set_axis_off( )	20-7-1

set_title( )	20-7-1	subtract( )	25-1-4	update( )	9-1-14, 40-1-3
set_xlabel( )	20-7-1	sum( )	6-1-4, 25-4	upper( )	6-2, 6-3-1
set_ylabel( )	20-7-1	super( )	12-3-5	values( )	9-2-3
setdefault( )	9-6-4	SVC( )	33-3	var( )	24-5-1
setrecursionlimit( )	11-7-4	SVR( )	37-2	version	13-7-1
setter	12-2-3	swapcase( )	6-2, 6-3-1	version_info	13-7-1
share_memory( )	23-7-2	Symbol( )	30-1	view_init( )	20-12-5, 25-10-5
show( )	17-3-6	symmetric_difference( )	10-2-4	vsplit( )	23-9-1
show( )	19-2	sympify( )	30-1-5	vstack( )	23-10-1
showerror( )	18-11	sys	13-7	walk( )	14-2-3
showinfo( )	18-11	tan( )	4-5-3, 25-2	warning( )	15-7-2
showwarning( )	18-11	tanh( )	25-2	webbrowser	28-1-1
shuffle( )	13-5-5, 24-9-8	tell( )	14-5-6	where( )	25-4
shutil	14-8	Text( )	18-7	while … break	7-4-4
sign( )	25-1-2	text( )	20-11-2	while … continue	7-4-5
sin( )	4-5-3, 25-2	tight_layout( )	20-7-2	while	7-4
sinh( )	25-2	tile( )	23-3-7	whitespace	13-10-2
solve( )	30-2-1	time	13-6	with	14-5-3
sort( )	6-2, 25-5-1	time( )	13-6-1	wordcloud	19-1
sort_index( )	26-3-11	timedelta( )	27-2-1-3	WordCloud( )	19-2
sort_values( )	26-3-11	title( )	6-2, 18-1	World( )	21-6-1
sorted( )	6-2, 9-2-4	Tk( )	18-1	write( )	14-6-1
span( )	16-6-2	tkinter	18	writeheader( )	22-5-5
split( )	6-9-5, 23-9-2	to_csv( )	26-4-1	writelines( )	14-6-6
sqrt( )	4-5-3, 25-1-2	to_excel( )	26-5-1	writer( )	22-5-2
square( )	25-1-2	to_image( )	19-2	writerow( )	22-5-3
squeeze( )	23-8-6	traceback	15-4	xaxis.set_ticks( )	20-7-1
stack( )	23-10-3	train_test_split( )	32-6-3	xlabel( )	20-2-3
start( )	16-6-2	train_test_split( )	32-7-3	xlim( )	20-1
startswith( )	6-9-8	transpose( )	17-4-3	yaxis.set_ticks( )	20-7-1
std( )	24-5-2, 26-3-8	transpose( )	23-8-4	yield	11-12-2
Stock( )	29-1	triangular( )	24-9-7	ylabel( )	20-2-3
str( )	3-4-4	trunc( )	4-5-3, 25-1-3	ylim( )	20-1
strftime( )	13-6-6	try … except … as	15-2-4	zeros( )	23-3-4
string	13-10-2	try … except … else	15-1-3	zfill( )	6-2, 6-3-3
StringVar( )	18-5	try … except	15-1-2	zip( )	8-10
strip( )	6-2, 6-3-2	tuple( )	8-7	zipfile	14-10
strptime( )	22-6-4	type( )	3-1	ZipFile( )	14-10-1
sub( )	16-7-1, 26-3-3	uniform( )	3-5-3, 24-9-6		
subplot( )	20-6-2	union( )	10-2-2		
subplots( )	20-7	unique( )	25-4		
subs( )	30-1-5	unravel( )	25-4		
subtitle( )	20-7-2	unzip( )	8-10		

Note

Note